特殊钢丝新产品新技术

徐效谦　著

北　京
冶　金　工　业　出　版　社
2016

内 容 提 要

全书共分 14 章，主要内容包括：不锈钢中的沉淀硬化相；沉淀硬化不锈钢和超马氏体不锈钢；不锈弹簧钢丝；光伏产业用切割钢丝；高强度螺栓用非热处理钢和非调质钢；油淬火-回火钢丝产品介绍；油气井用不锈录井钢丝；高强度弹簧的延迟断裂；钢丝索氏体化工艺探讨；伸长率的种类、定义和换算；强对流气体保护退火炉；钢丝的热处理；拉拔基础知识；辊轮传输工作原理和应用实例。

本书可供从事金属加工、材料等专业的工程技术人员参考使用。

图书在版编目(CIP)数据

特殊钢丝新产品新技术／徐效谦著. —北京：冶金工业出版社，2016. 11

ISBN 978-7-5024-7268-9

Ⅰ. ①特… Ⅱ. ①徐… Ⅲ. ①特殊钢—钢丝 Ⅳ. ①TG356. 4

中国版本图书馆 CIP 数据核字（2016）第 207125 号

出 版 人　谭学余

地　　址　北京市东城区嵩祝院北巷 39 号　邮编　100009　电话　(010)64027926

网　　址　www. cnmip. com. cn　电子信箱　yjcbs@ cnmip. com. cn

责任编辑　郭冬艳　美术编辑　彭子赫　版式设计　彭子赫

责任校对　王永欣　责任印制　牛晓波

ISBN 978-7-5024-7268-9

冶金工业出版社出版发行；各地新华书店经销；固安华明印业有限公司印刷

2016 年 11 月第 1 版，2016 年 11 月第 1 次印刷

787mm×1092mm　1/16；33. 25 印张；806 千字；516 页

138. 00 元

冶金工业出版社　投稿电话　(010)64027932　投稿信箱　tougao@cnmip. com. cn

冶金工业出版社营销中心　电话　(010)64044283　传真　(010)64027893

冶金书店　地址　北京市东四西大街 46 号(100010)　电话　(010)65289081(兼传真)

冶金工业出版社天猫旗舰店　yjgycbs. tmall. com

（本书如有印装质量问题，本社营销中心负责退换）

本书由

大连市人民政府资助出版

The published book is sponsored

by the Dalian Municipal Government

前　言

传统概念的特殊钢丝指以特殊钢热轧盘条为原料，经过一系列压力加工制成的金属制品。随着技术的进步和经济的发展，特殊钢丝的概念不断扩展，特殊钢丝品种日益增多，现在的特殊钢丝系指具有特定化学成分，特定力学性能、特定工艺性能、特定物理性能，特定形状和特定用途的钢丝。相对于普通钢丝而言，特殊钢丝的生产工艺流程长、工艺复杂、技术难度大、质量要求也更严格。一般说来，生产特殊钢丝的设备种类多、结构复杂、选用数量更多，因而生产成本较高，资金投入也较多，但产值和利润也相对丰厚。

进入21世纪以来，我国国民经济发展很快，目前制造业已成为我国国民经济的支柱产业之一。特殊钢丝是直接为制造业提供原料的产业，在制造业的带动下，多种所有制形式的特殊钢丝生产企业如雨后春笋般涌现，生产的特殊钢丝门类齐全，包括不锈钢丝、弹簧钢丝、冷镦钢丝、轴承钢丝、工具钢丝、结构钢丝、精密合金丝、高温合金丝、电热合金丝和银亮钢丝、胎圈钢丝、切割钢丝、异形钢丝及多种有特定成分和特殊性能要求的钢丝，产量已稳居世界第一。绝大部分新兴企业因建厂晚，投资充足，选择余地大，其设备配置水平已进入世界先进行列。

特殊钢丝生产企业要发展壮大必须把产品质量的提高和新产品的开发作为首要任务，技术工作是改进质量和开发产品的基础。特殊钢丝的复杂性决定了该行业的技术资料相对分散，多年前，中国金属学会特殊钢专业分会组织行业技术专家和高等院校教授编撰了《特殊钢钢丝》，介绍了特殊钢丝的基础知识、生产现状、技术关键和发展方向。本人受中国金属学会委托担任了该书主编。当时我国特殊钢丝正处于飞速发展的起步阶段，收集到的技术资料、积累的生产经验，精深程度明显不足。多年来我一直关注着国内外特殊钢钢丝的发展和进步，经历了东北特钢集团的异地搬迁和全面重建，主持了国家重点工程和专项工程用特殊钢丝的研究和开发，对特殊钢丝部分品种和技术的理解明显加深。逐步探索出新产品开发和新技术研究的规范程序：将各种使用要求转化为可量化、可考核的性能指标→将各项性能指标转化为对钢的显微组织结构的控制目标→按控制目标选定钢的化学成分和生产工艺流程→围绕各生产环节进行工艺优化，对性能指标进行检测、验证→对成品进行综合检测和评价→跟踪用户产品使用结果，写出阶段性总结，为下一循环产品改进提供依据。

作者将重要专题研究成果整理成本书，全书共分14章。因为研究钢的显微组织结构时，首先要掌握钢的相变点，故将花费了30多年时间收集、积累、验证的工具性资料——“钢的临界温度参考值”作为附录4列于书后。

本书前面以产品为主线展开，可视为新产品研究开发。后面结合生产实践经验，分别对特殊钢丝工艺技术、力学性能、设备、辅助材料方面的基础知识和技术进步作了详细、系统的描述，应视为创新。如果真正理解这些基础知识、掌握相关技能，并能灵活运用，可少走许多弯路，新产品的开发可取得事半功倍的效果。以“钢丝索氏体化工艺探讨”为例，只要充分理解索氏体组织的特性、掌握索氏体组织转变特点，了解热传导的基本知识，再查阅相关淬火介质的比热容、热导系数、熔点等物理常数，完全可以对“铅淬火”的可取代性以及能取代到什么程度做出基本准确的判定，何须花费数亿元资金，一次次地掀起研究的热潮！再以日常生产为例，拉拔脆断是日常生产常见缺陷，运用拉拔和热处理基础知识，只要取一支有代表性的试样，检查钢丝表面质量，再通过拉伸试验，测出抗拉强度和断面收缩率，根据表面质量、抗拉强度和断面收缩率基本可以查明脆断原因，只要措施得当，问题很快就能解决。对基础知识不甚了解，基本技能有所缺失，综合分析能力不强，流程管理抓不住要点，是我国新兴特殊钢丝生产企业技术管理工作的软肋。出版本书的目的之一就是为金属冷加工工作者提供一本简明、易懂、有实用价值的参考资料，为青年工人自学和企业专业培训提供开卷有益的教材。

对特殊钢丝的专题研究是在中国金属学会特殊钢专业学会扶持下起步的，北京科技大学、东北特殊钢集团、首钢集团北京钢丝厂、天津兴冶线材工程技术公司、湘潭钢铁公司和陕西钢厂等单位的专家和学者们曾为特殊钢丝的研究做了大量基础性工作，谨向他们表示深深的敬意。本书内容得益于东北特殊钢集团的科研生产实践，书中提到的钢种和牌号，东北特殊钢集团完全有能力生产或试制。本书注重生产实践，许多专题内容都是以不同时期的技术工作总结为基础编写的，几乎所有经验公式都建立在对生产和试验中积累的成千上万个检测数据进行系统分析，反复验证基础上。本书实际是大连钢丝两代人劳动成果的结晶。

本书各章节的内容有相对的独立性，但有些细节，如金属间化合物在不同钢种中的析出和演变过程往往有大同小异之处，具体描述时又必须将小异之处交代清楚，难免有重叠。为读者阅读方便，个别图表和公式，在不同章节中都要用到。

本书由大连市人民政府资助出版。在本书编写过程中唐律今教授、王铭琪高级工程师对全书进行了认真校阅，内蒙古科技大学刘宗昌教授，大连理工大学王来教授、张立文教授对全书进行了认真评审，提出许多宝贵意见，参与评审的人员还有：东北特殊钢集团高惠菊教授、曾新光教授、才丽娟教授，在此一并表示衷心感谢。

书中如有疏漏和不妥之处，敬请广大读者批评指正。

徐效谦

2015 年 5 月 15 日

目　　录

1 不锈钢中的沉淀硬化相

钢的种类繁多、性能迥异。但钢有一个共同点：都是在 Fe 中加入各种合金元素形成的固溶体。不同合金元素加入钢中会析出不同的沉淀硬化相，使钢具备了各种特定性能。

研究沉淀硬化相的类型、结构、形态、尺寸、分布、交互作用和演变规律，可为金属材料工作者改进生产工艺，优化钢的性能，为研发更理想的钢种提供有力的技术支撑。由于不锈钢中所用的合金元素种类最多，含量较高，本章从分析不锈钢中的沉淀硬化相着手，研究沉淀硬化相的基本特性、析出过程和形态演变规律。

要弄清沉淀硬化不锈钢和超马氏体不锈钢的作用机理和生产工艺操作要点，必须先从不锈钢中的沉淀硬化相说起。沉淀硬化的机理是共格理论，即在特定条件下，溶质原子在特定晶面上偏聚，形成薄层并与基体点阵共格，两种晶格相互协调，点阵间距差引发基体应变，产生硬化效果。沉淀硬化在有些合金钢中又称为时效硬化或时效强化。在特定温度区间进行时效处理，析出沉淀硬化质点；温度继续升高，质点长大，共格应变随之增大，达到临界值时导致滑移和剪切应变，共格应力得到释放，硬化效果减小，称为过时效。

获得沉淀硬化相的基本条件是：钢中应含有一种或多种在基体中溶解度可变，或可引发显微组织结构变化的合金元素，通过适当的热处理，使该元素以碳化物、氮化物或金属间化合物的形式析出，这些合金元素称为沉淀强化元素。目前广泛应用的沉淀强化元素有：Al、Ti、Nb、V、Zr、Cu、W、Mo、Si、N、B 等。可能形成的沉淀硬化相可分为两类：一类是 Al、Ti、V、Nb、Zr、Cr、Mo、W 的碳、氮、硼化合物；另一类是金属间化合物。到底形成哪种沉淀硬化相，主要取决于合金元素的原子半径和其在基体中的溶解度，半径较小的碳原子、氮原子和硼原子会进入到过渡金属晶体的间隙中，当碳、氮、硼的含量小于过渡金属溶解度时会形成相应的化合物：碳化物、氮化物和硼化物，原金属晶格不发生变化；当碳、氮、硼的含量大于过渡金属溶解度时则会形成金属间化合物（或间隙化合物），原金属晶格也就发生了变化。原子半径大于 130pm 的过渡金属才能与碳、氮、硼形成间隙化合物，其共同特点是：不透明，有金属光泽，熔点极高，硬度大，导电、导热性能较好，有良好的化学稳定性，但比较脆。

沉淀硬化不锈钢和超马氏体不锈钢的碳含量一般比较低，主要依靠析出金属间化合物来强化。不锈钢全部为铁基合金，铁在加热和冷却过程会产生如下同素异型转变：

$$\alpha\text{-Fe} \xrightleftharpoons{A_3\ =\ 910℃} \gamma\text{-Fe} \xrightleftharpoons{A_4\ =\ 1390℃} \delta\text{-Fe}$$

钢中合金元素对 α-Fe、γ-Fe 和 δ-Fe 及多型转变温度 A_3 和 A_4 均有重大影响，对于那些在 γ-Fe 中有较大溶解度，并稳定 γ-Fe 的合金元素，称之为奥氏体形成元素；对于那些在 α-Fe 中有较大溶解度，并稳定 α-Fe 的合金元素，称之为铁素体形成元素。在形成铁的固溶体时，d 层电子是主要参与金属键结合的电子，由钛到铜，3d 层电子由 2 个增加到 10

个：Ti为2个、V为2个、Cr为5个、Mn为5个、Fe为6个、Co为7个、Ni为8个、Cu为10个；4d层电子Zr为2个、Nb为4个、Mo为5个；5d层电子Ta为3个、W为4个。看来d层电子<5个的元素使A_3点上升、A_4点下降，是缩小奥氏区的铁素体形成元素。而5d层电子>5个的元素使A_3点下降、A_4点上升，是扩大奥氏区的奥氏体形成元素。介于V和Mn之间的Cr和Mo具有过渡性，钢中Cr<7.5%时使A_3点下降，Cr≥7.5%时使A_3点上升，但Cr使A_4点强烈下降，和Mo一起属于铁素体形成元素。总之，在不锈钢中属于奥氏体形成元素的有：C、N、Mn、Ni、Cu、Co；属于铁素体形成元素的有：Cr、Mo、V、W、Al、Ti、Zr、Nb、Ta、Ce、B、Si、P、S、As、Sn、Sb。

合金元素除C、N、B以外，都可与铁形成置换固溶体，不同元素在铁中的溶解度与其在周期表中位置、晶体点阵类型、原子直径以及相对于铁的电负性有关。Ni、Mn、Co在γ-Fe中无限固溶，Cr、V在α-Fe中无限固溶；电负性与铁差别大的元素，如Ti、Al、Nb、Si、P在钢中溶解度有限，倾向与铁形成金属化合物。尺寸因素对溶解度起重要影响，在C和N与铁形成的间隙固溶体中，面心立方体的间隙比体心立方体大得多，所以C和N在γ-Fe中溶解度也比α-Fe中溶解度大得多。B的原子半径（0.088nm）比C（0.077nm）和N（0.071nm）大，无论与铁形成间隙固溶体，还是置换固溶体，都会引起较大的畸变能，所以B在γ-Fe和α-Fe中的溶解度都很小。合金元素和常存元素在铁中的溶解度见表1-1。

表1-1　合金元素和常存元素在铁中的溶解度[1~4]

元素	最大溶解度/%				元素	最大溶解度/%			
	温度/℃	α-Fe	温度/℃	γ-Fe		温度/℃	α-Fe	温度/℃	γ-Fe
C	727	0.0218	1148	2.11	Zr	926	0.8	1308	约2
Si		18.5	约1150	约2	B		0.008[2]	1161[3]	0.021
Mn	<300	约3		无限	Co	600	76		无限
P	1049	2.55	1152	0.3	Be[3]	1165	7.4	1100	0.2
S	914	0.020	1370	0.065	Pd[3]	816	6.1		无限
Cr		无限	约1050	12.8	As[3]	841	11.0	1150	1.5
Ni		10		无限	Sn[3]	751	约17.9	1100	约1.5
Mo	1450	37.5	约1150	约4	Sb[3]	1003	约34	1154	2.5
W	1540	33	700	4.5	N[4]	590	0.087	650	2.82
Cu	700	2.1	1096	约9.5		25	0.04		
Al	1094	36		1.1	O	910	0.03	910	0.002
Ti	1291	9	1150	0.70				1390	0.003
V		无限	1120	约1.4	H	327	0.18×10^{-6}	910	4.30×10^{-6}
Nb	989	1.8	1220	2.6		910	2.70×10^{-6}	1400	8.34×10^{-6}

注：[H] 1ppm=1.117cm^3/100g=1.117mL/100g或1cm^3/100g=0.895×10^{-6}。

不锈钢中各种元素种类多、含量大，除常规采用的含量大的合金元素外，还有两大类含量很少的元素，一类是因生产工艺要求有意加入，又很难完全去除的，或为使钢具有某种特殊性能有意加入的元素，称为常存元素或微量元素。另一类是并非有意加入到钢中的残留元素，其含量受原材料或熔炼工艺限制，其中有害元素含量必须控制在极低水平，而无害元素则允许控制在一定限度内。美国《不锈钢手册》给出了不锈钢中常存元素、微量元素和残留元素典型含量，见表 1-2 和表 1-3。

表 1-2　不锈钢中常存元素、微量元素和残留元素典型含量[1]

元素	典型含量/%	元素	典型含量/%	元素	典型含量/%	元素	典型含量/%	元素	典型含量/%
Si	0.60	Cu	0.15	Se	>0.02	H_2	0.0007	Cb	0.01
Mn	1.25	Ti	>0.05	Sb	>0.01	Pb	0.002	Bi	0.0005
P	0.020	V	>0.05	Co	0.20	Sn	>0.01		
S	0.015	Al	0.01	O_2	0.015	As	0.01		
Mo	0.05	B	>0.0005	N	0.04	Zn	0.01		

表 1-3　常见易熔元素的熔点和沸点及其于铁、镍中可能形成的化合物

易熔元素	熔点/℃	沸点/℃	在 Fe 中			在 Ni 中		
			液相溶解度/%	固相溶解度/%	与 Fe 可能形成的化合物	液相溶解度/%	固相溶解度/%	与 Ni 可能形成的化合物
Pb	327.4	1750	0.2~0.4	不溶解	没有	34	不溶解	没有
Sn	231.9	2430	无限	在 α-铁中（900℃）约 18	Fe_2Sn FeSn $FeSn_2$	无限	（1100℃）约 19.6 （500℃）约 18	Ni_3Sn Ni_3Sn_2 NiSn
As	在 36 个大气压下 818	616.5	约 57	在 α-铁中（830℃）约 18	Fe_2As	约 56	（898℃）约 5.5	Ni_3As Ni_3As_2 NiAs $NiAs_2$
Sb	630.5	1635.8	无限	在 α-铁中约 2	FeSb $FeSb_2$	无限	（1100℃）约 7 低温溶解度小	Ni_5Sb NiSb
Bi	271	1560	不溶解	不溶解	没有	无限	约 1.5	NiBi $NiBi_3$
S	119	445	38~35	溶解在 α-铁中	FeS	约 31	不溶解	NiS Ni_3S_2
P	44.1	280	约 50	在 α-铁中（1050℃）约 2.8	Fe_3P Fe_2P FeP	<22.5	很小	Ni_3P Ni_5P_2 Ni_2P

沉淀硬化钢时效处理时产生三种效应：去除残余应力；碳化物类型的转变，趋向于形成更加复杂的类型；沉淀硬化型钢中，还有细小弥散的金属间化合物及少量碳氮化合物析出，可增加钢的强度和硬度。下面分章节描述不锈钢中各种析出相的特性和形成规律。

1.1　碳　化　物[2,5~7]

1.1.1　碳化物的特性和形成元素

碳化物在钢中是重要的强化相之一，碳化物的类型、成分、数量、尺寸、形态和分布对钢的性能有决定影响。与金属相比，碳化物具有高熔点、高弹性模量、高的强度和硬度，属于脆性物质。“三高一脆”是共价键物质的特性，说明碳化物具有一定的共价键点阵结构；但碳化物有正的电阻温度系数和低温超导性能，导电是金属的特性，说明碳化物仍保持着金属键。一般认为碳化物中金属键占主导地位。

根据合金元素与钢中碳的相互作用结果，可将常用合金元素分为两类：不与碳结合形成碳化物的元素，包括 Co、Ni、Cu、Al、Si、P、S、N 等，称为非碳化物形成元素。可与碳结合形成碳化物的元素，称为碳化物形成元素。根据形成碳化物的稳定性又可分为：

（1）强碳化物形成元素：Ti、Zr、Nb、V、Ta。

（2）中等强度碳化物形成元素：W、Mo、Cr。

（3）弱碳化物形成元素：Mn、Fe。

碳化物的稳定性取决于金属元素与碳的亲和力，金属元素 3d 层电子数越少，它与碳的亲和力越大，形成碳化物的稳定性越高。碳化物稳定性越高，其硬度、熔点也越高，晶体结构也越简单。钢中各元素碳化物相对稳定性的顺序为：

$$Ti > Zr > Nb > V > Ta > W > Mo > Cr > Mn > Fe > Co > Ni$$

Co 和 Ni 碳化物的稳定性最差，在钢中很少见到其碳化物，通常将其列入非碳化物形成元素中。

1.1.2 碳化物形成基本规律

钢中往往同时存在多种碳化物形成元素，强碳化物形成元素即使含量很低（<0.1%），也要优先形成 MC 型碳化物；中强碳化物形成元素在钢中含量较高时可形成特殊碳化物，含量较低时只能溶入 Fe_3C 中，形成合金渗碳体；弱碳化物形成元素 Mn 在钢中只形成合金渗碳体。

钢中多种碳化物可以完全固溶或部分固溶，形成复合碳化物。具有相同点阵结构、金属元素原子外层电子结构相近、原子尺寸差<8%～10%的碳化物可以完全固溶。原子可相互置换必须具备前两个条件，但原子尺寸差超出 10%的只能有限固溶，如在含 W 和 Mo 的钢中，很少见过 M_3C 型碳化物，多形成复合碳化物 $Fe_3(W, Mo)_3C$，其中只有 W 和 Mo 可以相互置换。

1.1.3 碳化物的类型

碳化物的点阵与形成它的金属点阵有所不同，按点阵结构碳化物可分为：简单密排结构碳化物和复杂结构碳化物，如果金属点阵间隙足够大，能容纳下碳原子，就形成简单密排结构的碳化物，否则形成复杂结构的碳化物。碳原子半径 r_C 和金属原子半径 r_M 之比就决定了碳化物的类型。碳原子半径 r_C 和过渡族金属的原子半径 r_M 之比见表 1-4。

表 1-4 过渡族金属碳化物的 r_C/r_M（r_C = 0.077nm）

金属	Fe	Mn	Cr	Mo	V	W	Ti	Nb	Ta	Zr
r_C/r_M	0.61	0.60	0.61	0.56	0.57	0.55	0.53	0.53	0.53	0.48

1.1.3.1 简单密排结构碳化物

当 r_C/r_M<0.59 时，形成 MC 型和 M_2C 型碳化物，晶体结构特点是：金属原子趋向于

形成密排结构，原子半径小的 C、N、B 原子位于金属原子的间隙中，形成间隙相，可细分为面心立方点阵、简单六方点阵和密排六方点阵。

TiC、ZrC、NbC 和 VC 属于面心立方点阵碳化物。实际碳化物中碳原子可能有空位：如 V_4C_3、$VC_{0.75}$。此类碳化物中，除了 ZrC 和 VC 之间因尺寸相差大，不能完全互溶外，其余碳化物之间均可完全互溶，如：(V，Ti)C、(Zr，Nb)C 等。在 Ti、Zr、Nb、V 碳化物中可溶解较多的 W 和 Mo，可溶解较少量的 Cr、Mn。

强碳化物在钢中的溶解温度相对较高，溶解速度较慢，析出时聚集长大速度相对较低，如 MC 型碳化物在 900℃以上开始溶于奥氏体中，1100℃以上才大量溶解，在 500~700℃范围内从奥氏体中析出，聚集、长大速度很低，因而可用作在此温度以下使用钢的强化相。不锈钢中的 MC 型碳化物主要以块状、条状和骨架形态存在，晶内析出碳化物多呈块状和条状，晶界析出碳化物多呈条状和骨架状，见图 1-1 和图 1-2。

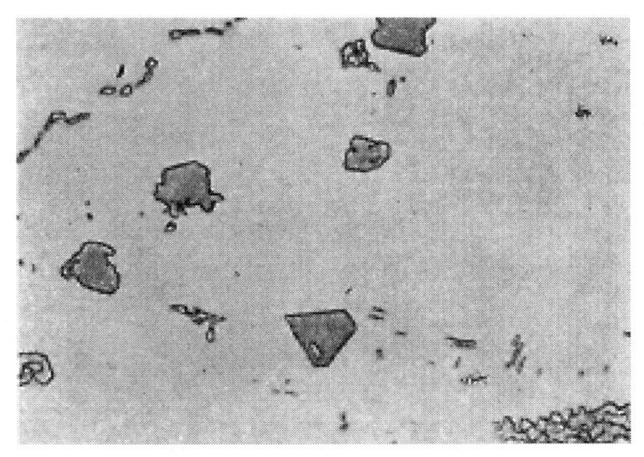

图 1-1 块状（粒状）MC（×1000）

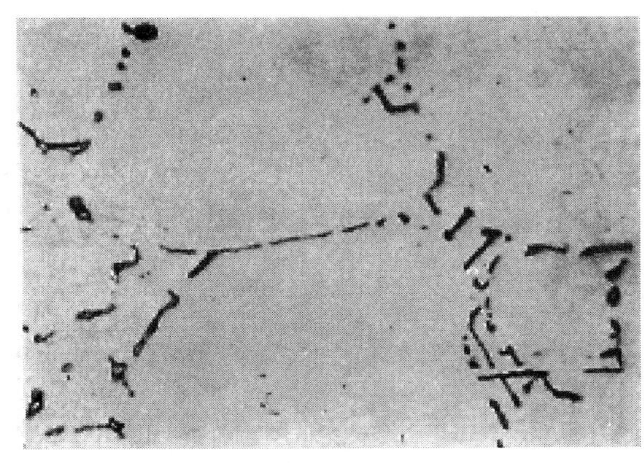

图 1-2 条状及骨架状 MC（×500）

WC 和 MoC 和 Cr_2C 属于简单六方点阵碳化物，W_2C 和 Mo_2C 属于密排六方点阵碳化物。在 W 和 Mo 碳化物中，结构相同的碳化物之间可完全互溶，如：(W，Mo)C、$(W，Mo)_2C$。在 Cr 的碳化物中可以溶解一定量的 Fe、Mn、Mo、W、V 等。在 W 和 Mo 的碳化物中可以溶解较多的 Cr。

中等强度的 M_2C 型碳化物的稳定性稍差，但仍可用作 500~650℃范围的强化相。

1.1.3.2 复杂结构碳化物

当 $r_C/r_M>0.59$，形成两类 M_3C 型和 M_7C_3 型或 $M_{23}C_6$ 和 M_6C 型碳化物，具有复杂密排结构，可细分为正交晶系点阵、斜交晶系点阵和复杂面心立方点阵。

A 第一类复杂结构碳化物

M_3C 型中 Fe_3C、Mn_3C 属于正交晶系点阵，一个晶胞中有 12 个金属原子，4 个碳原子，由于金属原子半径较小，晶体点阵中容不下间隙原子，密排结构被挤压出三棱间隙，间隙原子处于间隙位置，又称为非八面体间隙化合物。在 M_3C 碳化物中 Fe 和 Mn 之间可以完全互溶，形成 $(Fe，Mn)_3C$；可溶解一定量的 Cr、Mo、W、V 等，形成合金渗碳体，如 $(Fe，Cr，Mo)_3C$，合金元素在 Fe_3C 中的溶解度为：Cr：28%，Mo：14%，W：2%，V：3%，合金元素超出溶解度范围，将由合金渗碳体转变为特殊碳化物，如 Cr>28%时，$(Fe，Cr)_3C$ 转变为 $(Cr，Fe)_7C_3$。

M_7C_3型中Cr_7C_3、Mn_7C_3属于三斜交晶系点阵，一个晶胞中有56个金属原子，24个碳原子，由于同样原因，被称为非八面体间隙化合物。

M_3C和Cr_7C_3型碳化物极易溶于奥氏体中，析出后有较大的聚集长大速度，不能用作高温强化相。

B　第二类复杂结构碳化物

M_6C型中Fe_3W_3C、Fe_4W_2C、Fe_3Mo_3C、Fe_4Mo_2C，属于复杂面心立方点阵，一个晶胞中有96个金属原子，16个碳原子，多出现在含Mo和W的钢中。钢中Mo/C(原子比)≥0.32时，出现Fe_3Mo_3C、Fe_4Mo_2C；当Mo/C(原子比)≥1.7时，碳化物全部为Fe_3Mo_3C(Fe_4Mo_2C)型碳化物；钢中W/C(原子比)≥1.32时，碳化物主要为Fe_3W_3C(Fe_4Mo_2C)型碳化物；镍基合金含Mo时也会出现Ni_3Mo_3C(Ni_4Mo_2C)型碳化物。

$M_{23}C_6$型：$Cr_{23}C_6$、$Fe_{23}C_6$属于复杂面心立方点阵，一个晶胞中有92个金属原子，24个碳原子。不锈钢中最常见的碳化物是$Cr_{23}C_6$，在600~820℃范围内，钢中$Cr_{23}C_6$沿晶界析出，析出量与C含量正相关。由于$Cr_{23}C_6$相富铬，它的析出往往造成晶界附近贫铬，引起不锈钢的晶间腐蚀。工业生产中常用向钢加入强碳化物元素Ti和Nb的方法，优先析出TiC和NbC，抑制$Cr_{23}C_6$析出，从根本上解决不锈钢的晶间腐蚀问题。同时TiC和NbC还可提高不锈钢的室温和高温强度，但对不锈钢的韧性有不利影响。不锈钢中的$M_{23}C_6$型碳化物主要以链状、胞状和针状或与金属间化合物的复合形态存在，见图1-3~图1-6。

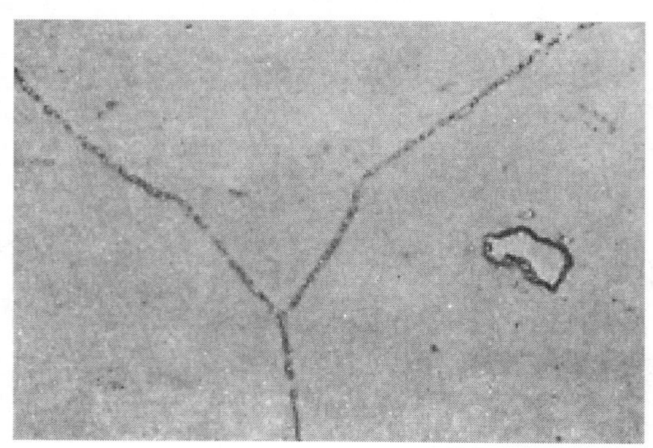

图1-3　晶界链状$Cr_{23}C_6$和晶内块状MC(×1000)

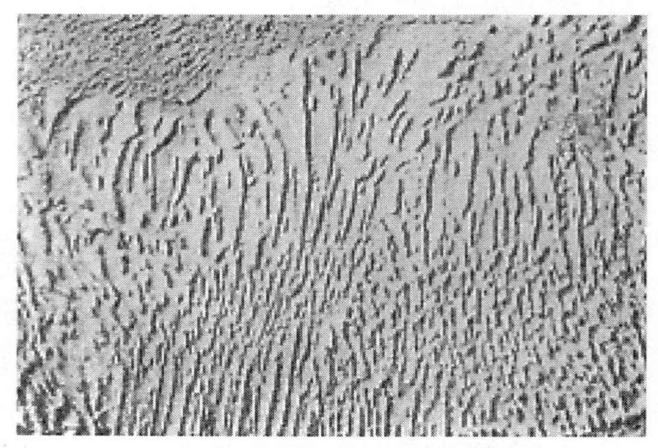

图1-4　胞状$Cr_{23}C_6$(×1000)

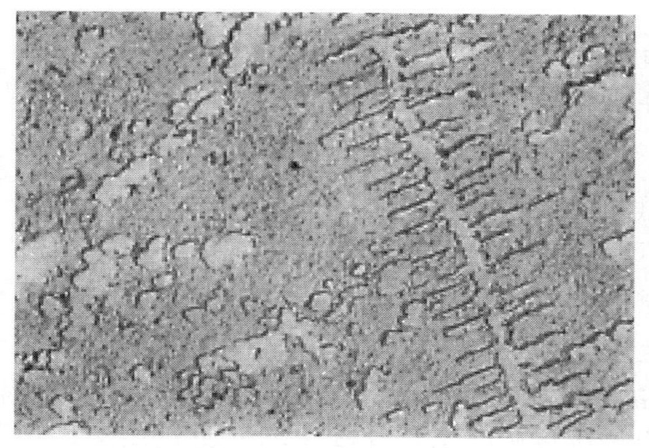

图1-5　针状$M_{23}C_6$(×8000)

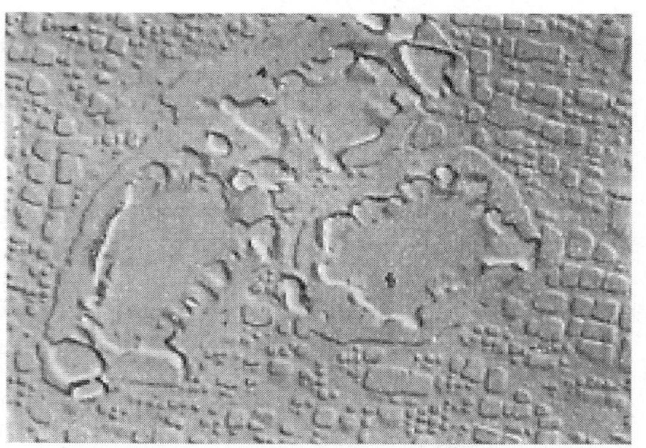

图1-6　MC分解为$M_{23}C_6$和γ′包膜(×5500)

因为 Fe 和 Mn 属于弱碳化物形成元素，合金元素 Cr、Mo、W、V 等均可溶入 $Fe_{23}C_6$ 中，形成三元碳化物 $Fe_{21}Mo_2C_6$、$Fe_{21}W_2C_6$、$(Cr, Fe, Mo, W, V)_{23}C_6$等。

除化学成分外，碳化物的数量、尺寸、状态和分布与固溶温度、冷却速度、回火或时效温度密切相关，碳化物技术参数详见表 1-5。

表 1-5　不锈钢中碳化物的结构和技术参数[2,5,6]

析出相（分子式）	析出温度范围/℃	点阵类型	点阵常数/nm	在钢中分布	熔点/℃	硬度（HV）	晶胞中原子数
MC：TiC	500~720	面心立方	$a=0.4313$	晶内、晶界、相界	3150	2900	8(4Me+4C)
ZrC			$a=0.4685$		3540	2600	
NbC			$a=0.4446$		3600	2400	
VC	450~720		$a=0.4182$		2830	2750	
TaC			$a=0.4458$		3983	2500	
MC：WC	400~600	简单六方	$a=0.2900$、$c/a=0.0975$	晶内、晶界、相界	2600 分解	1730	2(1Me+1C)
MoC			$a=0.2893$、$c/a=0.0969$		2700 分解	2250	
M_2C：Cr_2C	300~450	密排六方	$a=0.294$、$c/a=0.1605$				3(2Me+1C)
W_2C	450~625		$a=0.2986$、$c/a=0.1578$		2750	3000	
Mo_2C			$a=0.3001$、$c/a=0.1573$		2690 分解	2000	
M_3C：Fe_3C	430~850	复杂正交	$a=0.45144$，$b=0.50787$ $c=0.67297$	晶内、晶界、相界	1650	1245	16(12Me+4C)
Mn_3C					1728		
M_7C_3[13]：Cr_7C_3 Mn_7C_3	480~750	三斜交	$a=0.4523$、$b=0.6990$ $c=1.2107$	晶内、晶界	1680 分解	1450	80(56Me+24C)
M_6C：Fe_4Mo_2C Fe_4W_2C Fe_3Mo_3C $(Cr, Fe, Mo)_6C$	650~950	复杂面心立方	$a=1.093\sim1.128$	晶内、晶界	1400 分解	1350	112(96Me+16C)
$M_{23}C_6$：$Cr_{23}C_6$ $Cr_{16}Fe_5Mo_2C_6$ $(Cr, Fe, Mo, W, V)_{23}C_6$	482~950	复杂面心立方	$a=1.057\sim1.068$	相界、晶界、晶内	1520 分解	1300	116(92Me+24C)

1.1.4　碳化物相互溶解对稳定性的影响

各类碳化物的稳定性具有一定的变化规律，碳化物稳定性从大到小的排列顺序为：$MC>M_2C>M_6C(M_7C_3)>M_{23}C_6>M_3C$。MC 分解为 M_6C 或 M_7C_3时显微组织形态如图 1-7 和图 1-8 所示。

强碳化物形成元素溶解于弱碳化物中可提高其稳定性，其溶解到基体中的温度升高，析出后聚集长大速度减慢，如（Cr，Fe，Mo，W，V）$_{23}$C$_6$型碳化物的稳定性明显提高，可用作耐热钢的强化相。

弱碳化物形成元素的加入也会降低强碳化物的稳定性，如在含 Ti 和 V 的钢中加入 1.4%Mn，TiC 和 VC 的大量溶解温度从 1100℃ 降到 900℃；又如 Cr-Mo-V 中铬提高到 3.0%以上就能推迟 Mo_2C 的析出，降低 VC 的析出温度，碳化物析出温度越低，颗粒越细，强化效果越好。

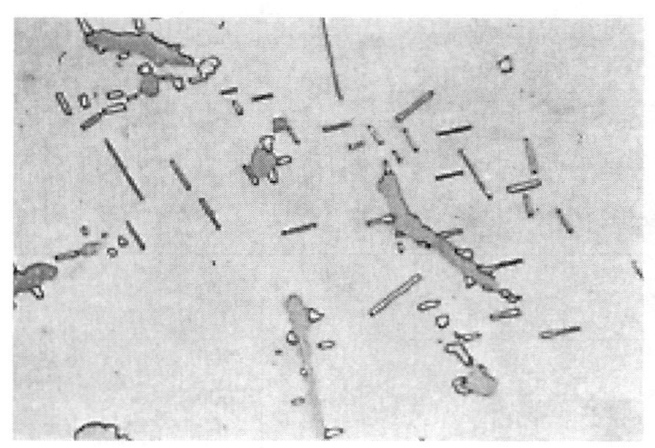

图 1-7　MC 分解为针状 M_6C(×1000)

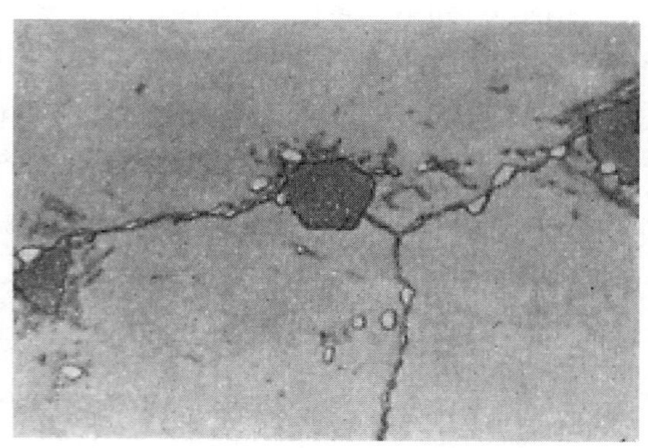

图 1-8　白色块状 MC 和 Cr_7C_3(×1000)

1.1.5　合金元素对共析点的影响

众所周知：碳素钢的共析点在 $w(C)=0.77\%$处，C 含量低于 0.77%的钢为亚共析钢，缓慢冷却到 Ac_1点以下，首先析出铁素体，当奥氏体中 C 含量浓缩到 0.77%时再析出碳化物；C 含量大于 0.77%的钢为过共析钢，缓慢冷却到 Ac_1点以下，首先析出碳化物，当奥氏体中 C 含量稀释到 0.77%时，转变为共析钢，进一步冷却时直接转化为珠光体钢，可见共析点对碳化物的结构、形态和特性有举足轻重的影响。所有的合金元素都具有使钢的共析点左移的功能，即合金钢的共析点均在 C 含量低于 0.77%处。例如 C 含量 0.4%的 40Cr13 已经是过共析钢了。合金元素对钢的共析点影响见图 1-9。

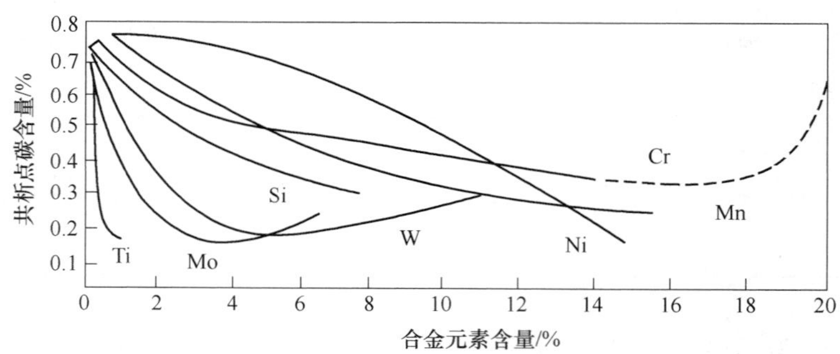

图 1-9　合金元素对共析点的影响[2]

从图 1-9 可以看出，合金元素降低共析点 C 含量的功能，从大到小的排列次序为：Ti>Mo>W>Si>Mn>Cr>Ni，此顺序在合金元素含量<5%时严格符合。当合金元素含量>5%时其顺序有所变化，如合金元素含量>15%时其顺序变为：Ni>Mn>Cr。所有合金元素降低共析点 C 含量的功能均是有限的，其中 Ti、Mo、W、Si 和 Cr 的含量增加到一定限度后，降低共析点的功能中止或不降反升；Ni 的降低共析点的功能稍平缓，但最持久。因此要特别注意：合金钢在 C 含量远低于 0.77%时已经有合金碳化物析出了。

1.1.6　合金钢的二次硬化相[8]

钢淬火后获得马氏体组织，马氏体钢又硬又脆、塑性变形能力不足，必须通过回火处理消除内应力，使钢获得一定的塑性才能使用。研究合金钢在回火过程中硬度变化规律时发现：普遍存在着随回火时间延长，硬度先降后升再降的现象。北京科技大学胡正飞等研究了 AF1410 钢在 482℃ 回火过程中，硬度随时间变化规律，见图 1-10。

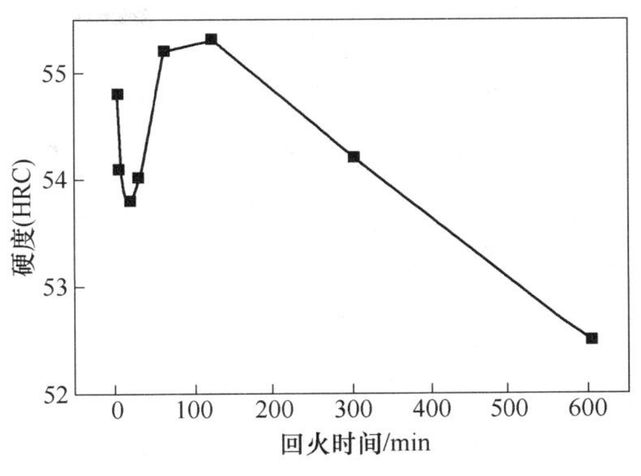

图 1-10　AF1410 钢 482℃ 回火时硬度随时间变化规律

从图 1-10 可以看出：在回火初期，硬度随回火时间的延长而下降，15min 时达到最低点（第 3 测量点），30min（第 4 测量点）时硬度又开始快速回升，150min 时达到最高点（第 6 测量点），此时硬度值已超回火前硬度值。显然从第 4 测量点到第 7 测量点钢中出现了一个硬化峰，不难推断：其间必定经历了一个二次硬化相的形核→粗化→回溶（或转变为其他相）的过程。

用高倍率电子显微镜（HRTEM）观察证实：二次硬化相为合金渗碳体 M_2C。硬度曲线的变化可以解释为：前 15min 是渗碳体（Fe_3C）优先析出过程。随时间延长（第 3~4 测量点），渗碳体又重新溶入基体中，为 M_2C 的析出提供了必要条件，为得到高的强韧性，该环节的工艺控制要点是从时间上保证 Fe_3C 颗粒全部回溶，否则，带孔洞的残留渗碳体充当 M_2C 的形核点，会降低钢的韧性。实际上，时效温度是一个比时效时间更重要的因素，时效温度提高对应最佳时效时间相应要缩短。从第 4 到第 6 测量点是 M_2C 相的形核→粗化过程：30min 时析出相尺寸约为 1.2nm 形态呈椭球状，和基体保持共格关系，形核区域和基体晶面没有明显的晶格畸变，表明析出相处于成核的初始阶段。1.5h 后析出相明显长大，形态呈针状，平均长度约 1.9nm，直径为 1nm，与基体仍保持共格关系，但针状相和基体共格界面表现出明显的畸变，表明析出相已经长大，开始有独立的晶体结构。5h 后得到高分辨率图像，针状相长度在 7~9nm 之间，平均直径约为 1.3nm，图中可以清楚地看出，针状相与基体仍保持完全共格关系，两者有清晰界面，界面存在十分明显的畸变，表明针状相已形成完整的晶体结构。即使回火时间达 10h，针状相仍和基体保持良好的共格关系。并随时间进一步延长，针状相与基体因过时效而失去共格关系。Montgomery 对 AF1410 进行过相似的研究，得出的结论是：510℃×5h 回火 AF1410 可得到最佳强韧性匹配。即使在此温度下保温数百小时，析出相仍保持十分细小的状态。研究以 W、Mo、Cr 和 V 为合金化元素的 Fe-M-C 系合金马氏体钢证明：二次硬化相在 400℃ 开始析出，一般在 520~560℃ 范围内硬度上升最快，并出现峰值[8]。

二次硬化现象在工具钢、模具钢、沉淀硬化钢和超高强度钢中屡见不鲜，常见合金渗碳体有 Cr_2C、M_2C、Mo_2C、(Fe，Cr)C 和 MoC、WC 等。以 Fe-Cr-Ni-Mo 型马氏体沉淀硬化不锈钢 AFC-77 为例，二次硬化是该类钢的重要强化手段，时效处理过程中，温度升到 300~350℃ 时逐渐显示出 Cr 的强化作用，主要强化相是 Cr_2C；温度继续上升，又逐渐显示出 Mo 的强化作用，即主要强化相由 Cr_2C 型转变为 Mo_2C 型，Mo 的二次强化效应可延续到 575℃ 左右。600℃ 已成为 Laves（Fe_2Mo、$(Fe，Cr)_2Mo$）相的硬化峰区。450~600℃ 是 Cr 和 Mo 的碳化物和金属间化合物共同或交叠的硬化峰区，超过 650℃ 时沉淀硬化相已变得很粗大，逐渐失去了强化作用[9]。

1.1.7 回火碳化物的形态和演变规律[2,5,7]

马氏体钢具有过饱和的体心立方点阵结构，只有经过回火处理后才有实用价值。在回火过程中，当碳和合金元素具有一定的扩散能力时，过饱和的 C 和合金元素必然要从马氏体中脱溶，以某些形态析出，随着回火温度的提高，析出碳化物的成分和形态会发生不同的变化。

1.1.7.1 碳素钢回火碳化物的形态和演变规律

在碳素钢中，参与碳化物形成和演变的元素为 C、Fe 和 Mn。由于 Fe 和 Mn 均属于弱碳化物形成元素，回火最终形成的碳化物为单一的 θ-Fe_3C。在回火过程中，温度对碳化物的形态和演变历程起主导作用，时间起辅助作用，或者说温度决定碳化物的质，时间决定碳化物的量。C 含量不同，碳化物的演变历程也不同，现按低碳、中碳和高碳分别描述随回火温度升高，钢中碳化物的形态和演变历程：

（1）低碳（$w(C) \leqslant 0.20\%$）板条状马氏体钢回火时，200℃以下只产生碳原子偏聚，即“柯氏（Cottrell）气团”，200℃以上直接析出平衡相 θ-Fe_3C。原因是低温下碳原子扩散能力有限，无法聚集足够的 C，形成碳化物。而柯氏气团指 C 在马氏体位错线上聚集形成的一种组织结构，这种偏聚是一种“非均匀偏聚”。实际上，柯氏气团确实能吸纳一部分从马氏体中脱溶的 C。

（2）中碳（$w(C) = 0.20\% \sim 0.60\%$）马氏体中存在位错和孪晶两种亚结构，回火温度小于 200℃时同样只能产生碳原子偏聚，但因钢中 C 含量增大，从马氏体中脱溶的 C 也随之增多，柯氏气团无法吸纳增多的 C，只能用另一种方式来固定 C，即“弘津气团”。弘津气团实际上是：处于八面体间隙同一晶向上 C 原子进一步偏聚，形成的小片状的碳原子气团。每个弘津气团仅包含 2~4 个碳原子，呈透镜状，法向最大尺寸约等于铁素体晶格常数 a，径向尺寸大约为 $2a$（0.573nm）。弘津气团趋向于在同一晶面上出现，惯析面为 {001} 或 {102}。严格讲，气团在钢中分布均匀，不能用偏聚一词来描述，更接近均匀固溶体。

回火温度超过 100℃时，钢中开始析出过渡相 η-Fe_2C 和 ε-$Fe_{2.4}C$，高于 200℃时即形成平衡相 θ-Fe_3C。θ-Fe_3C 通常是在位错气团的基础上直接形成的。在 100~300℃范围内析出的 η-Fe_2C 和 ε-$Fe_{2.4}C$ 则是从马氏体孪晶中析出的，随后回溶，重新析出 θ-Fe_3C。在中碳钢中至今尚未见过有析出 χ-Fe_5C_2 的报道。

（3）高碳（$w(C) > 0.60\%$）片状孪晶马氏体钢回火时，温度超过 100℃即开始析出极细小的片状过渡相 η-Fe_2C 和 ε-$Fe_{2.4}C$，当温度高于 200℃时，η-Fe_2C 和 ε-$Fe_{2.4}C$ 开始回溶，同时析出另一种过渡相 χ-Fe_5C_2。温度升到 260℃时析出平衡相 θ-Fe_3C。在一个相当宽的温度范围内 χ-Fe_5C_2 和 θ-Fe_3C 共存，直到 450℃以上 χ-Fe_5C_2 消失，全部转变为 θ-Fe_3C。

碳素钢中的 Mn 与 Fe 的作用完全相同，在碳化物中 Mn 可以取代 Fe 的位置。碳化物过渡相的晶体学参数见表 1-6。

表 1-6　碳化物过渡相的晶体参数[5,7]

类型	析出相（分子式）	碳含量/%	点阵类型	点阵常数/nm	位向关系	惯析面	晶胞中原子数
η	Fe_2C	9.7	正交	$a=0.4700$、$b=0.4320$、$c=0.2830$	$(010)_\eta // (011)_a$ $[001]_\eta // [100]_a$ $[100]_\eta // [011]_a$	$\{100\}_a$	3
ε	$Fe_{2.4}C$	7.9	密排六方	$a=0.2755$、$c/a=0.1579$	$(0001)_\varepsilon // (011)_a$ $[10\bar{1}0]_\varepsilon // [101]_a$ $[10\bar{2}0]_\varepsilon // [100]_a$	$\{100\}_a$	6
χ	Fe_5C_2	7.9	单斜交	$a=1.1562$、$b=0.4573$、$c=0.5060$、$\beta=97.74°$	$(100)_\chi // (1\bar{2}1)_a$ $[010]_\chi // [101]_a$ $[001]_\chi \wedge [\bar{1}11]_a$ 7.74°	$\{112\}_a$	20
θ	Fe_3C	6.7	复杂正交	$a=0.4525$、$b=0.5087$、$c=0.6744$	$(001)_\theta // (211)_a$ $[100]_\theta // [0\bar{1}1]_a$ $[010]_\theta // [111]_a$	$\{110\}_a$ $\{112\}_a$	16
α-基体	Fe	—	体心立方	$a=b=c=0.2866$	—	—	2

过渡相 η-Fe_2C 是弘津在 20 世纪 70 年代测定的，其晶胞中 C 原子以体心正交结构做框架，Fe 原子以类似八面体的形状处于碳原子周围。片状 η-Fe_2C 通常沿位错线析出，与基体保持一定的位向关系；片厚仅几个原子层（3~5nm），属于复杂结构的碳化物，在共格晶面上与基体有较大的错配，因此不易长大，120℃回火 24h，尺寸大约为 3nm，100 天后仅增加到 10nm。

过渡相 ε- $Fe_{2.4}C$ 是 20 世纪 50 年代初期测定的，晶格为密排六方点阵，无磁性，以弥散的细薄片状或条状析出，与基体保持共格关系。随回火温度升高、保温时间加长，ε-$Fe_{2.4}C$ 粗化，与基体的共格关系逐渐变为半共格关系，温度升到 250℃以上时，ε-$Fe_{2.4}C$ 陆续消失。

过渡相 χ-Fe_5C_2与 θ-Fe_3C 相似，同属三棱柱型间隙化合物，Fe 原子构成三棱柱的六个顶点，间隙原子 C 居中间位置。这类间隙化合物晶胞是由三棱柱堆垛而成的，三棱柱就是结构的最小单元。一个晶胞有 12 个金属原子和 8 个碳原子。

渗碳体 θ-Fe_3C 并不是真正的平衡相，在较高温度下或长时间保温最终会分解为铁素体和 C，马氏体淬火-回火析出的 θ-Fe_3C 是处于准平衡状态的相。低碳钢回火时无过渡相析出，200℃以上直接析出 θ-Fe_3C，此时 Fe 的扩散能力弱，位错形核起决定性作用，位错形核属于非均匀形。尽管形核早期由于位错密度高 θ-Fe_3C 分布还算比较均匀，但随着回火温度升高，板条马氏体界面和残余奥氏体晶界的 θ-Fe_3C 的长大速度显著超过晶内 θ-Fe_3C 的长大速度，θ-Fe_3C 一般在晶界和相界聚集、粗化，呈条片状分布，所以中温回火时，条片状碳化物大量析出，非均匀分布，对钢的强韧性有不利影响，高温回火后，条片状晶界 θ-Fe_3C 粗化、球化，颗粒数量减少，尺寸也趋于均匀，对韧性的不利影响逐渐消失，反而起到一定的强韧化作用。

中碳马氏体 η→θ 的转变过程中 θ 相形核，以及高碳片状孪晶马氏体 η→χ→θ 的转变过程中 χ 相形核，都是异位进行的，但 θ 相自 α+χ 状态的形核却是原位进行的。中高碳钢在 200~250℃ 回火时，在孪晶界面往往析出小片状碳化物集群，而且分布极不均匀，对钢的韧性产生不利影响。这些集群的小片状碳化物，实际上是 χ→θ 转变的产物。

1.1.7.2 合金钢回火碳化物的形态和演变规律

合金马氏体钢回火过程中碳化物形态和演变规律要比碳素钢复杂得多，主要差别是：碳素钢回火最终得到的碳化物稳定相是唯一的（Fe_3C），合金钢回火最终得到的碳化物千差万别。最终得到什么样的碳化物不仅取决于回火温度和时间，更多取决于合金化元素的种类、含量和交互作用的结果。

合金马氏体随回火温度上升，碳化物演变规律主要有以下几个特点：从渗碳体（θ-Fe_3C）向合金渗碳过渡；随钢中合金元素含量的增加，平衡态碳化物逐渐向该元素可以形成的碳化物中稳定性更大的类型过渡；随钢中碳含量的增加，平衡态碳化物向该系列钢碳化物稳定性更低的类型过渡。具有代表性的三类碳化物演变基本规律为：

（1）强碳化物形成元素 V(Ti、Nb、Zr)：$M_3C \Leftrightarrow MC$。

（2）中等强度碳化物形成元素 W(Mo)：$M_3C \Leftrightarrow M_{23}C_6 \Leftrightarrow M_6C$。

（3）中等强度碳化物形成元素 Cr：$M_3C \Leftrightarrow M_7C_3 \Leftrightarrow M_{23}C_6$。

上述演变中的箭头是双向的，表示随着合金元素含量增加，平衡态碳化物逐渐向右演变，形成更加稳定类型的碳化物。随着碳含量的增加，碳化物类型向左演变。当然不同钢种和牌号，因合金元素种类、含量和交互作用不同，加之还有氮化物和金属间化合物也参与到回火过程中，碳化物的演变过程出现异常变化也是必然的。

1.1.7.3 低碳合金马氏体钢回火碳化物演变规律[5]

低碳合金马氏体钢大多以 θ-M_3C 为平衡相，其回火碳化物的演变与低碳钢没有明显差别，在 200℃ 以上 θ-Fe_3C 开始析出，如回火温度继续升高，当合金元素在基体中的扩散能力达到一定水平后，就向 θ-M_3C 内扩散、富集，逐渐取代铁，最终完成从渗碳体向合金渗碳体的过渡。演变过程可表示为：θ-$Fe_3C \rightarrow \theta$-$(Fe, M)_3C \rightarrow \theta$-$M_3C$。$\theta$-$M_3C$ 中合金元素溶解量取决于合金元素的种类、回火温度和合金元素的含量，因为渗碳体和合金渗碳体结构上没有区别，合金元素的溶解量也没有严格界限，如合金元素含量过低当然无法完全取代铁原子，演变过程必然会中止。

因为渗碳体析出温度主要取决于 Fe 原子的自扩散能力，所以合金元素的种类和含量对 θ-M_3C 开始析出温度并无影响。但合金元素能阻碍 C 原子的扩散，在高温回火时，对碳化物的聚集、粗化有明显的阻碍作用，使合金钢的高温回火强度高于同等 C 含量的碳素钢。例如含 Cr 钢回火过程中形成 θ-$(Fe, Cr)_3C$，即使回火温度提高到 450℃ 以上，θ-$(Fe, Cr)_3C$ 仍能保持原有的细小和弥散状态，这就是合金钢调质处理后能保持较高强度的内在原因。

在合金元素向 θ-M_3C 内扩散，富集过程中，必然涉及各合金元素在 α 相中开始扩散温度概念，开始扩散温度高的合金元素形成的合金渗碳体，高温稳定性越好，对提高钢的热强性贡献越大。常用合金元素在 α 相中开始扩散的温度排列为：Si 高于 300℃，Cr 高于

400~450℃，Mo 高于 500℃，W 和 V 在 500~550℃。Si 的作用较独特，能把马氏体分解温度由 260℃提高到 350℃，并推迟 ε-$Fe_{2.4}C$ 溶解和 Fe_3C 析出，低温下硅不扩散，形成 ε-$Fe_{2.4}C$ 时，其中硅含量等于马氏体中平均硅含量。合金元素的特殊碳化物形成机制有两种：

（1）合金渗碳体原位转变特殊碳化物：碳化物形成元素不断向渗碳体富集，当其浓度超过溶解度时，就原位转变成特殊碳化物，中铬钢淬火-回火时出现的 $(Cr, Fe)_7C_3$ 就是由富 Cr 的 $(Cr, Fe)_3C$ 原位转变而来的。中铬钢中的 $(Cr, Fe)_{23}C_6$ 也是由富 Cr 的 $(Cr, Fe)_3C$ 原位转变而来的。由于合金渗碳物颗粒较粗大，原位转变来的 $(Cr, Fe)_7C_3$ 和 $(Cr, Fe)_{23}C_6$ 颗粒也粗大。

（2）直接从 α 相中析出的特殊碳化物：在含强碳化物形成元素的钢中，从过饱和 α 相中直接析出特殊碳化物，同时伴有渗碳体的溶解。属于这类元素的有 V、Ti、Nb 等。例如，成分为 $w(C)=0.3\%$、$w(V)=2.1\%$ 的钢淬火后，500℃回火时 V 仍固溶于马氏体中，强烈阻碍马氏体分解，只有 40%的 C 以 Fe_3C 形式析出，大部分 C 仍保留在马氏体基体中。当回火温度高于 500℃时，直接从马氏体基体中析 VC。VC 形核的有利位置在位错线上，VC 呈细片状，厚度约 1nm，与基体保持共格。在 VC 不断析出的同时，Fe_3C 逐渐溶解，直到 700℃时，VC 全部析出，Fe_3C 全部溶解。

第三种转变方式是：既有特殊碳化物从 α 相中析出，又有合金元素向 Fe_3C 中富集并在原位转变成特殊碳化物。含 W 和 Mo 的钢在 500℃以上回火时，既有从 α 相中析出 M_2C，又有合金元素向 Fe_3C 中富集并在原位转变成的 M_2C。M_2C 型碳化物析出于位错线并与基体保持共格关系。经长时间回火后，M_2C 转变为 M_6C。

直接从 α 相中析出的 VC、Mo_2C 和 W_2C 等特殊碳化物，与基体共格，不易聚集长大，有二次强化效应。VC 细小、呈薄片状，强化效果最显著。从 α 相中析出的 Mo_2C 呈棒状，与其基体保持共格关系，强化效果较好。但由原 Fe_3C 在原位转变生成的 $(Cr, Fe)_7C_3$、$(Cr, Fe)_{23}C_6$ 和 Mo_2C，因颗粒粗大，且不与基体共格，故不产生二次硬化效应。

1.1.7.4 平衡相为复杂碳化物的合金马氏体钢回火碳化物演变规律[5,7]

（1）以 Cr 为合金元素的马氏体不锈钢，回火时以复杂碳化物 M_7C_3 和 $Cr_{23}C_6$ 作为平衡相。对于 $w(C)\geqslant 1.0\%$ 的含 Cr 合金钢随着回火温度升高，复杂碳化物演变过程可表示为：θ-$Fe_3C \to \theta$-$M_3C \to M_7C_3 \to Cr_{23}C_6$。作为过渡相的 M_7C_3 是在 θ-M_3C 的原位上形核、长大的。当 Cr 含量大于 3.0%时 M_7C_3 与 θ-M_3C 共存；Cr 含量大于 5.0%时全部转变成 Cr_7C_3。当 Cr 含量大于 11.0%时 $Cr_{23}C_6$ 开始形成，含量大于 12.0%时全部转变成 $Cr_{23}C_6$。

沉淀硬化不锈钢和超马氏体不锈钢 C 含量均很低（≤0.20%），回火或时效时碳化物演变过程与前述过程完全相反，实为：$Cr_{23}C_6 \to Cr_{23}C_6+Cr_7C_3 \to Cr_7C_3 \to Cr_7C_3+(Fe, Cr)_3C \to Cr_2C$。温度再高时 Cr_2C 分解，C 溶入基体中。

（2）以 Cr、Ni、Mo、Nb 和 Ti 为合金元素马氏体不锈钢，回火时以复杂碳化物 M_6C 和 $Cr_{23}C_6$ 作为平衡相，碳化物随回火温度提高的演变过程可表示为：θ-$Fe_3C \to \theta$-$M_3C \to M_2C \to Cr_6C$ 或 θ-$Fe_3C \to \theta$-$M_3C \to M_2C \to Cr_6C \to Cr_{23}C_6$。在 $w(C)\leqslant 0.20\%$ 时只能完成第 1 系列转变；$w(C)>3.0\%$ 时才能完成第 2 系列转变。该系列钢在复杂碳化物形成之前，先析出简单碳化物，如 W_2C 和 Mo_2C 作为过渡相。W_2C 和 Mo_2C 具有密排六方点阵结构，不

在 θ-M_3C 的原位形成，而在异位形核、长大，在 450℃以上形成，分别在 625℃和 600℃以上转变为复杂碳化物。

（3）以 MC 为平衡相的马氏体钢，回火时碳化物演变过程为：θ-Fe_3C→θ-M_3C→MC。因为强碳化物形成元素在 θ-Fe_3C 中溶解度很小，MC 也是在 θ-Fe_3C 原地，异位均匀形核。在析出初期，造成过渡相颗粒数目和分布产生重大变化，可引发钢的二次硬化。以 Fe-V-C 钢为例，当 $w(V) \leqslant 0.20\%$时，形成含 V 的合金碳化物 θ-$(Fe, V)_3C$，$w(V) > 0.20\%$时，为 θ-$(Fe, V)_3C$ 和溶入少量 Fe 的简单碳化物（Fe，V）C，当 V 含量超过某一临界值后，渗碳体将消失，形成单一的平衡相（Fe，V）C。

1.1.8 时间对马氏体钢回火碳化物演变的影响

回火温度高于 450℃时，许多工业用合金马氏体钢经短时间回火可以达到低温长时间回火的效果，碳化物的析出速度与回火温度有明显的对应关系，回火温度越高析出速度越快，对于钢铁材料而言，回火温度始终比回火时间更重要。例如 Fe-W-C 系列马氏体钢，700℃回火 10h 可以达到平衡态；600℃回火时间需延长到 100h；而 500℃回火即使 1000h 也不能达到平衡态。Fe-Cr-C、Fe-Mo-C 和 Fe-W-C 系列马氏体钢，在 700℃回火时，碳化物随时间延长演变过程为：

$$\text{Cr：} M_3C \rightarrow M_7C_3 \rightarrow Cr_{23}C_6 + M_7C_3$$

$$\text{W(Mo)：} M_3C \rightarrow W_2C(Mo_2C) \rightarrow Cr_{23}C_6 + Cr_6C \rightarrow Cr_6C$$

各平衡相析出时间往往是重叠的，例如含 $w(C) = 0.4\%$、$w(Cr) = 0.36\%$的钢平衡相为 M_7C_3，550℃回火 6h 开始析出 M_7C_3，但直到回火 50h 后，M_3C 才完全消失。

1.2 氮　化　物[4,5,7,10]

1.2.1 氮化物的特性和形成规律

氮的特点是：资源丰富，取之不尽，用之不竭；价格便宜，使用方便；是钢中躲不开、去不掉的常存元素。

氮作为合金化元素使用是近 30 年来最重要的科技成果，超级奥氏体不锈钢、超级双相钢不锈钢、超级铁素体不锈钢、409 系列铁素体不锈钢、非调质钢、高淬透性齿轮钢、高锰奥氏体耐磨钢、高强度高韧性合金弹簧钢、超临界机组用合金耐热钢的开发都与用氮作合金化元素密切相关，同时氮是第一类回火脆性（不可逆脆性）的产生根源，又是导致各类合金钢在开坯过程中产生气泡开裂的主要因素。氮在钢中的作用是优劣掺半，而且是大好大坏，关键在于控制水平。控氮研究目前尚处于初级阶段。

钢在冶炼过程中要吸收空气中的氮，特别是电弧炼钢时，在电弧作用下氮分子分解成离子（N^{3+}），更容易渗入钢水中，初炼钢水中含氮量很难控制到 50×10^{-6}以下。在炉外精炼和浇铸过程中，工艺控制不当，常会造成钢中氮含量急剧回升（升幅高达一百个甚至数百个 ppm），不可避免地形成大量氮化物。氮化物与碳化物一样，具有以金属键为主导的化学结构，具有“三高一脆”的物理特性。

1.2.1.1　氮化物的特性

N 在不锈钢中的作用与 C 相似，均为扩大奥氏体区的元素，并且 N 对奥氏体的稳定作用比 C 还强烈，具体数据见铁-氮平衡相图（图 1-11）。

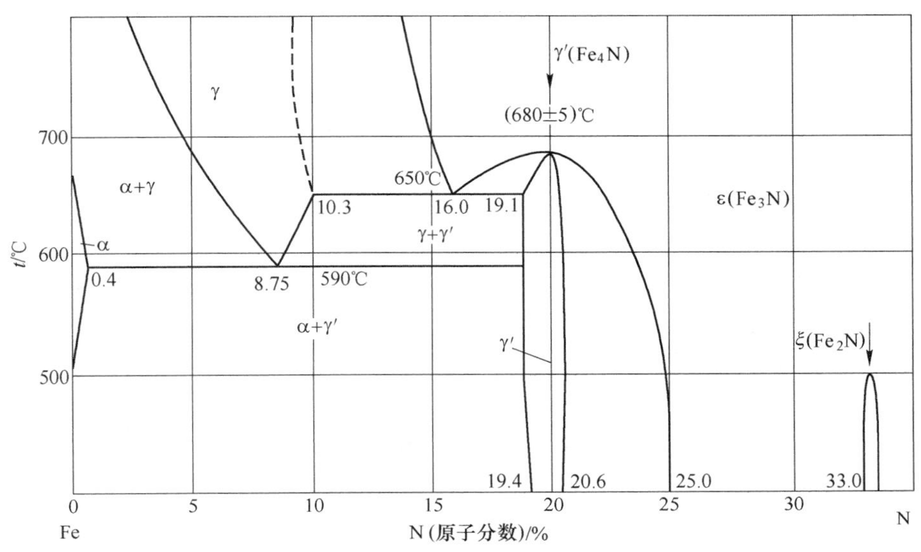

图 1-11　铁-氮平衡相图

铁-氮平衡相图中：α 相——氮溶于 α-Fe 铁中的固溶体（含氮铁素体），体心立方结构。590℃时 α 相氮最大溶度达到 0.11%，室温时下降至 0.04%。

γ′相——以 Fe_4N 为基的固溶体，面心立方结构，N 含量 5.7%~6.1%。具有铁磁性，脆性小，硬度约为 550HV。Fe_4N 粒子开始析出时是过渡形式，之后转变为薄片状，有次序地分布在铁素体晶格内。

ε 相——以 Fe_3N 为基的固溶体，密排六方结构，N 含量 8.25%~11.0%。

γ 相——存在于共析温度（590℃）以上，面心立方结构，高温相，室温不存在。

ξ 相——以 Fe_2N 为基的固溶体，正交结构，N 含量 11.0%~11.35%。极脆、容易脆裂和剥落，渗氮应避免此相出现。

铁-氮平衡两个共析反应：

590℃：α→α+γ′；650℃：ε→γ+γ′。

从图 1-11 中可以看出：铁-氮相图中的 α 区比铁-碳相图中的 α 区狭得多。N 与 C 相比又有很大差别，主要体现在以下几点：

（1）N 在钢中的溶解度比 C 大得多，但随着钢的组织转变和温度下降，析出量也增多。N 在 γ-Fe 中的最大溶解度为 2.82%（650℃时），C 的最大溶解度为 2.11%（1148℃时），见表 1-1。N 在 α-Fe 中最大溶解度为 0.087%（650℃共析温度时），C 的最大溶解度为 0.0218%（727℃共析温度时）。更大的不同是在低于共析温度条件下，C 在 α-Fe 中的溶解度不变；当温度降到室温时，N 在 α-Fe 中的溶解度下降至 0.04%，也就是说，在冷却过程中还有 0.047%的 N 要从钢中脱溶出来。N 在铁中的溶解度变化见图 1-12。从图中可以看出：在平衡状态下，N 在 α-Fe 中的溶解度随温度升高而增加；在α→γ 的转变点

（906℃），氮的溶解度呈现跳跃式的升高，然后平稳下降；直到 α→δ 的转变点（1402℃），氮的溶解度又明显下降。仔细观察可以发现，N 在 α-Fe 和 δ-Fe 中溶解度的变化是相同并连续的。值得特别强调的是 N 和 C 的扩大奥氏体区的功能只有以固溶状态存在时才具有，也就是说，一旦以氮化物或碳化物析出，这部分 N 或 C 也就失去了扩大奥氏体区的功能。

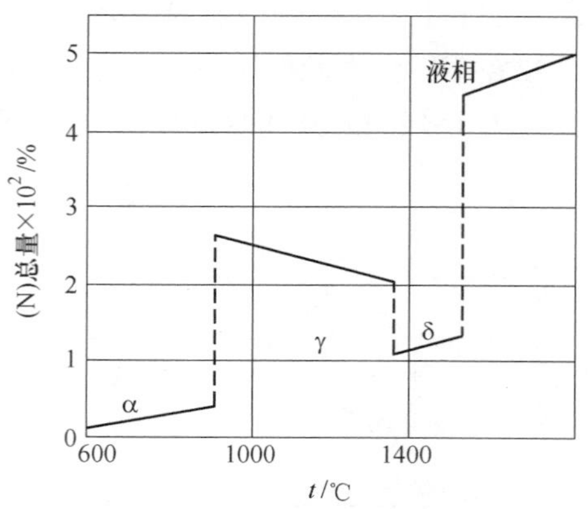

图 1-12 氮分压为一个大气压时，氮在 Fe 中的溶解度[4]

（2）N 和 C 都以离子或化合物形态存在于钢中，以离子形态存在时 N 的离子价位为 N^{3+}，C 的离子价位为 C^{4+}。

（3）氮化物或碳化物既相似又有很大差别：相似点是氮化物也分为强氮化物形成元素、中等强度氮化物形成元素和弱氮化物形成元素，一般说来两种化合物形成元素的强弱排列次序基本相同。差别是强者更强、弱者更弱；强氮化物元素形成的氮化物析出温度和全部溶入到基体中的温度远高于相应碳化物，氮化物开始析出对 N 浓度的要求又低于相应碳化物，也就是说氮化物的析出温度高于碳化物的析出温度，氮化物能在 N 含量更低条件下形成化合物。因此氮化物能在更宽浓度范围、更高温度范围内保持稳定，提高钢的热强性和热稳定性。

Cr 属于中强度碳化物和氮化物形成元素，在不锈钢中（Fe，Cr）$_3$C、Cr_7C_3、$Cr_{23}C_6$ 等碳化物随处可见，而且复杂结构碳化物一旦形成，在较低温度下不会再分解成简单结构的碳化物。在沉淀硬化不锈钢中 Cr 的氮化物 Cr_2N 与基体组织以共溶状态存在，金相图片中很难找到 Cr_2N，经冷加工后仍不见踪影；只有双相不锈钢 0Cr18Ni5Mo3N 在 1200℃ 固溶后快速淬水的条件下，才能看到 Cr_2N 的真容，见图 1-13。图中晶内析出的 Cr_2N 与基体 α 相维持一定的结晶学关系：〈0001〉Cr_2N//〈011〉$_\alpha$。Mn_2N 也具有类似特性。奥氏体中的氮化铬和氮化锰通常与基体以共溶状态存在，只有在 N 含量非常高的情况下，才能从基体中单独析出来。

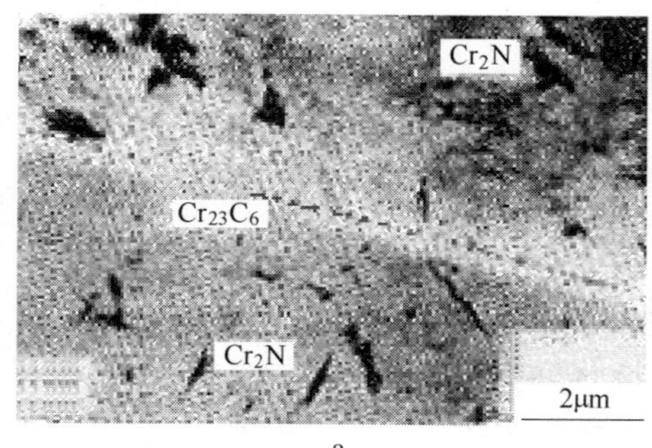

a

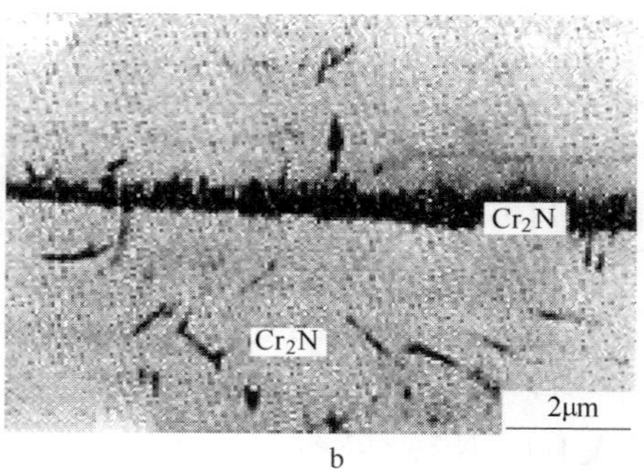

b

图 1-13 02Cr25Ni5Mo3N 中 Cr_2N 电镜形貌

（1200℃淬水+700～900℃等温时效）

N 在铁素体中溶解能力很低。当钢中溶有过饱和的氮，在放置较长一段时间后或随后在200~300℃加热就会发生N以氮化物（Fe_4N）的形式析出，使钢的硬度、强度提高，塑性下降，产生时效脆化作用。在放置初期或一直处于常温状态下，钢中过饱和的N以“气团”（N^{3+}）的形式在晶界和亚晶界、相界、位错线或夹杂物处聚集，处于游弋状态，是部分钢产生“第一类回火脆性”的主要原因之一。钢中加入Al、Ti或V，进行固溶+时效处理，将氮固定在AlN、TiN或VN中，可消除或减缓时效脆化倾向。在经压力加工成型的钢铁材料中一般很难发现Fe_4N的踪迹，只有焊缝或经渗碳处理的表面才容易找到Fe的一系列氮化物。

在焊接过程中，液态金属在高温时可以溶解大量的N，凝固结晶时N的溶解度突然下降，过饱和N以气泡形式从熔池中逸出，若焊缝金属的结晶速度大于N_2的逸出速度时，就形成气孔。如果熔池中含有比较多的氮，一部分氮将以过饱和的形式存在于固溶体中；另一部分氮则以针状或片状氮化物Fe_4N的形式析出，分布于晶界或晶内，因而使焊缝金属的强度、硬度升高，而塑性、韧性均有所下降。焊缝金属中过饱和的氮处于不稳定状态，随着时间的延长，过饱和的氮逐渐析出，形成稳定的碳氮化物M(C，N)。

机械行业常见的零件表面渗氮处理，实际上是在零件表面生成一层γ'-Fe_4N或ε-Fe_3N，以提高表面硬度和耐磨性。γ'-Fe_4N相具有面心立方结构，N含量5.7%~6.1%，有铁磁性，韧性较好，硬度约为550HV，主要用于承受较大动力载荷又要求耐磨的工作条件。ε相-Fe_3N相具有密排六方结构，N含量8.25%~11%，耐磨和耐蚀性好，但脆性大，主要用于耐磨耐蚀工件。机械零部件的表面渗氧层（深色部分）[10]，见图1-14。

图1-14　机械零部件的表面渗氧层（深色部分）

（4）氮在钢铁材料中以间隙固溶体和氮化物两种形式存在。钢铁材料属于以Fe、Ni、Co为基体的金属材料，Fe、Ni、Co均为第四周期元素，下面以第四周期元素与氮的关系为切入点，研究氮化物的特性：N在钢中的溶解度与基体金属电离能力成正比，与基体金属原子半径成反比。第I_A族碱金属K和第II_A族碱土金属Ca的电离能力很小，几乎无法溶解N；同样I_A族和II_B族金属Cu和Zn也无法与N形成氮化物。从III_B~VIII_B族金属依次为Sc(钪)→Ti→V→Cr→Mn→Fe→Co→Ni，其中Ti的电离能力最强，再往下金属电离能力又逐渐减小，氮在不同金属中的溶解度确实存在上述对应关系。溶解度与基体金属原子半径成反比：上述排序金属中Mn（0.139nm）的原子半径最大，Cr（0.127nm）次之，Ni（0.121nm）的原子半径最小，所以钢中Cr含量越高，溶解的N含量必然上升；在奥氏体钢中要固定更多的N，提高Mn含量是最有效方法。由此，人们得出关于N在钢中溶解度另一条结论：金属点阵结构间隙越大，N的溶解度越高。事实是N离子常常排列在面心和六方晶格结点间，很少排列在体心立方晶格内。另外N的原子半径为0.071nm，除H（0.046nm）外，比C（0.077nm）、O（0.073nm）、B（0.088nm）均要小，所以N在钢中溶解度远大于C。

（5）间隙元素溶入金属晶格中的存在形式可以通过内耗峰值来判断。碳和氮的内耗峰值是固定的，并且氮浓度与氮分压之间存在着平方根对应关系，据此断定氮在金属中以原子、带电离子或 MN 型化合物的形式存在[4]。

$$w(\mathrm{N}) = 0.044\sqrt{p_{\mathrm{N}_2}}$$

式中，$w(\mathrm{N})$为氮含量,%；p_{N_2}为氮分压，大气压。

(6) 钢中的氮含量首先取决于冶炼方法和冶炼过程中的工艺控制水平，电炉冶炼的钢中 N 含量一般为 $(80\sim120)\times10^{-6}$，并且随着钢中 Cr、Mn 含量的提高，常存 N 含量也随之增多，不锈钢中常存 N 量为 $(100\sim150)\times10^{-6}$，200 系列和高 Cr 不锈钢中常存 N 量更高；转炉冶炼的钢中 N 含量一般为 $(30\sim60)\times10^{-6}$，不锈钢中常存 N 量为 $(40\sim70)\times10^{-6}$；真空感应炉熔炼的钢，只要工艺得当，N 含量可以降至 30×10^{-6}以下。电炉钢 N 含量高的原因是在电弧作用下，空气中的 N_2电离成 N^{3+}离子，很容易溶入钢水中。真空熔炼钢的 N 含量低的原因是：钢水中的 N 在真空下自动挥发出来，感应炉的电磁搅拌功能促进了钢中 N 的挥发。所以现代不锈钢在炉外精炼过程中，都经历 RH 或 VD 真空脱气处理，同时还经历吹氩，促进钢中夹杂和气体上浮的洗礼。炉外精炼过程中钢水面临“氮氧平衡问题”，即当钢水中氧含量很高时空气中的 N_2无法进入钢中，进入炉外精炼工序的钢水中氧含量已降到相当低水平，如果氩气中残留一定量氮气，或者为节约生产成本，进行“以氮代氩”吹炼，会造成钢中氮含量急剧回升，回升量甚至高达数百个 ppm，致使钢在随后热轧过程中出现大量皮下气泡或轧制断裂等灾难性后果。同样，在铸锭过程中必须切实做好气体保护工作，否则钢中 N 含量产生 $(70\sim80)\times10^{-6}$回升是常有的事，由此可见，对于铁素体不锈钢和高温合金等严格限制 N 含量的材料而言，气体保护浇注也是一个不可忽视的环节。

1.2.1.2 氮化物的形成规律

生成氮化物的前提条件是钢中必须溶入足够量的 N，其次是 N 与钢中合金元素按照亲和力大小不同，依次形成不同的氮化物。N 在钢中的溶解度比 O 和 C 高，是形成氮化物的有利条件，但钢中氮和各种合金元素的亲和力既比不上氧，也比不上碳，造成生成氮化物的条件并不是经常具备的。钢在压力加工过程中析出的 O 和 C 几乎全部以化合物的形式存在于钢中，析出的 N，特别是共析温度以下析出的 N，有小部分始终以离子态（N^{3+}）甚至分子态（N_2）的形式存在于钢中；一些弱氮化物形成元素的氮化物（如 Fe_4N、Mn_4N 和 Fe_3N 等）只有在特定条件下才出现在钢中。N 和 C 在元素周期表中的位置紧靠在一起，所以氮化物和碳化物有许多共性：如球化退火后钢中渗碳体（Fe_3C）和氮化铁（F_4N）形态都有转变，碳化物相呈球粒状，氮化物相开始是过渡形式，之后转变为薄片状。当 N 和 C 同时存在时，N 往往有次序地分布在变形的铁素体晶格内。

氮的原子直径比碳小，常见氮化物的 r_N/r_M 均小于 0.59（见表 1-7），所以氮化物均为简单密排结构。属于面心立方点阵结构的氮化物有：TiN、NbN、VN、ZrN、CrN、Mn_4N 和 γ'-Fe_4N。因为氮化物中氮原子常有缺位，氮含量在一定范围内波动，如 TiN 中的氮含量在 30%~50%（原子分数）范围内波动、γ'-Fe_4N 中的氮含量在 19%~21%（原子分数）范围内波动。

表 1-7 金属氮化物的 r_N/r_M（r_N = 0.071nm）

金属	Fe	Mn	Cr	Mo	V	W	Ti	Al	Nb	Ta	Zr
r_N/r_M	0.56	0.54	0.56	0.52	0.52	0.51	0.50	0.49	0.49	0.49	0.44

属于简单六方点阵结构的氮化物有：TaN、WN、MoN、Nb_2N、Cr_2N、Mn_2N 和ε-$Fe_{2\sim3}N$。其中 WN、MoN、Cr_2N 与 MoC 相似，c/a 值在 0.916～1.016 范围内；TaN、Nb_2N、Mn_2N 和ε-$Fe_{2\sim3}N$ 与 Mo_2C 相似，c/a 值在 1.6～1.85 范围内。AlN 为密排六方点阵，a=3.104、c=4.965，但氮原子并不处于铝原子之间的间隙位置。氮化物技术参数详见表 1-8。在平衡状态下，TiN 可从钢液中析出，故容易出现大块 TiN 夹杂物，其他氮化物和碳化物一般都从固溶态中析出。

表 1-8　不锈钢中氮化物技术参数[2,4,6]

类型	析出相（分子式）	析出温度范围/℃	点阵类型	点阵常数/nm	在钢中分布	熔点/℃	硬度(HV)	备　注
氮化物	MN：TiN	850～1450	面心立方	a=0.423	晶内 晶界 相界	2950	1994	晶内析出，呈有规则的方形、长方形、菱形
	NbN	680～1200		a=0.439		2030	1396	
	VN	620～1080		a=0.413		2030	1520	
	ZrN	850～		a=0.456		2980	1988	
	CrN	700～1200		a=0.414		1500	1093	
	Fe_4N	380～580		—		—	550	
	AlN	660～1080	密排六方	a=0.3104，c=0.4965		2230	1230	
	TaN	650～		a=0.305，c=0.495		2980	—	
	CeN	800～		—				
	MN：WN、MoN	650～950	简单六方	a=0.277、c=0.446	晶界	1750	1816	晶界析出，呈波浪等轴形。晶内析出，呈短片状
	(Cr，Nb) N (Z 相)	700～1000		a=0.303、c=0.737	晶界			
	(Cr，Mo)N_2	400～600		a=0.284、c=0.457	晶内			
	M_2N：$(Cr，Fe)_2N$	650～950		a=0.277、c=0.446				
	M_2N：Cr_2N、$(Cr，Fe)_2N$ Nb_2N、Mn_2N、Mo_2N W_2N、ε-$Fe_{2\sim3}N$	650～950	密排六方	a=0.480、c=0.440 c/a=0.091～0.109	晶界 晶界 晶内	1650	1571	晶界析出，呈波浪等形。晶内析出，呈短片状、六角形、三角形、长方形、链串状分布
碳氮化合物	Ti(C，N)	700～1150	复杂面心立方	a=0.424～0.432				
	Nb(C，N)	700～1100		a=0.438～0.442				
	V(C，N)	825～975						

氮化物与碳化物相似，其稳定性取决于金属元素与氮的亲和力，即金属元素 3d 层电子数。Ti、V、Al、Nb、Zr 是强氮化物形成元素，其氮化物稳定性好，很难溶入奥氏体中，如（Ti，V)N，在微合金化钢中被用来细化奥氏体晶粒，通过弥散强化提高钢的强度和韧性。TiN、VN、ZrN 等均为面心立方晶系，呈有规则的几何形状，如方形、长方形等；AlN 为密排六方晶系，呈六角形、三角形、长方形分布。氮化物易成群聚集，成链状、串状分布，在明视场中有一定的色彩，比较容易鉴别，图 1-15 中显示 TiN 在明视场中呈亮黄色，当 TiN 中溶解部分碳时，色彩转为黄玫瑰色、玫瑰紫色，随着碳含量变化而

变化，见图 1-16。从图 1-17 可以看出，尽管 NbN 相图片放大倍率比 TiN 大，但其粒度明显比 TiN 更细小、更分散。

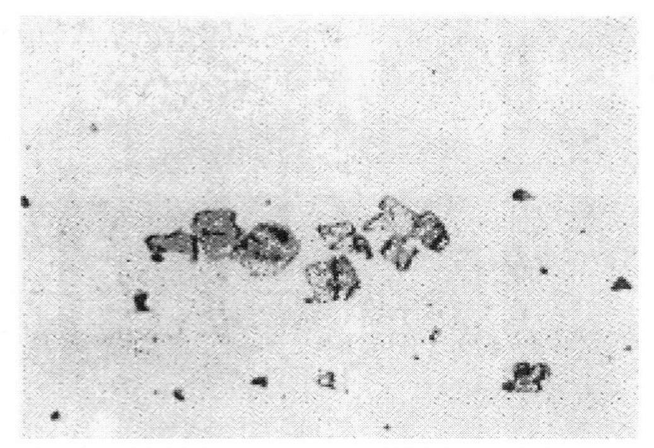

图 1-15 不锈钢中 TiN 相（明场）（×500）

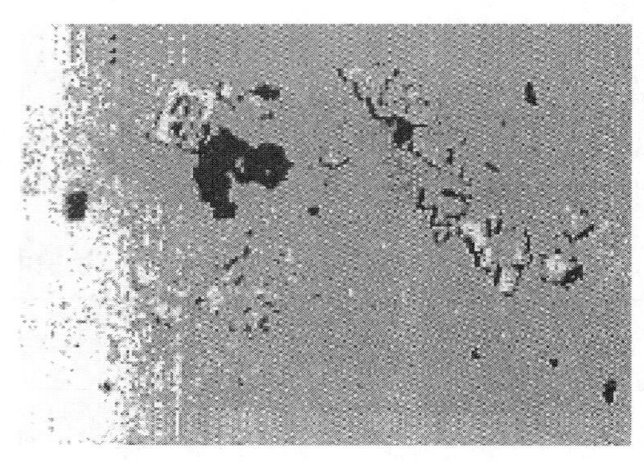

图 1-16 不锈钢中 TiN 和 Ti(C, N) 形貌（×500）

W、Mo 是中等强度氮化物形成元素，其氮化物在钢中有较强的稳定性和较小的溶解度，在奥氏体和马氏体不锈耐热钢中用作沉淀硬化或时效析出相。Cr、Mn、Fe 是弱氮化物形成元素，其氮化物高温时可溶于奥氏体中，低温时又重新析出，可用此特性来调整钢的显微组织结构，如晶粒度、析出相的数量、尺寸、形态和分布。在氮化物中 TiN 是从钢液中直接析出的，因而多以大块状出现，应严格加以控制。其他氮化物，如 VN、AlN、Mo_2N、W_2N 等已成为各类特殊钢和特种合金中广泛使用的强化相，用来提高材料的耐磨性能、耐高温性能和疲劳寿命。

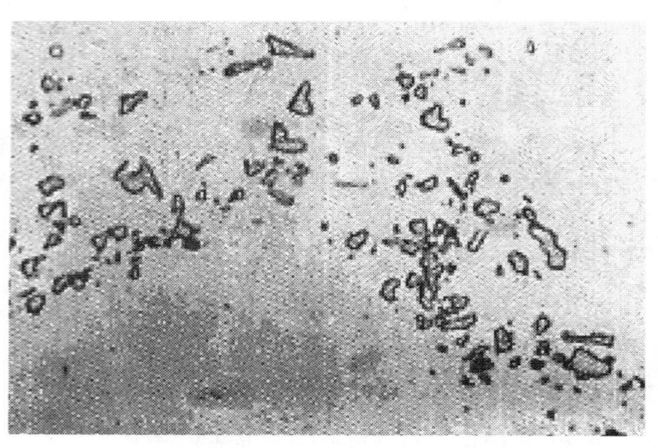

图 1-17 不锈钢中 NbN 相形貌（×800）

各类氮化物之间相互溶解的原理和规律与碳化物相同，氮化物和碳化物也是可以互溶的，最常见的碳氮化合物有 V(C, N)、Nb(C, N) 和 $(Cr, Fe)_{23}(C, N)_6$ 等，美国 Grot 和 Spruiell 研究证明：氮化物容纳碳的能力明显地比碳化物容纳氮的能力强，在 321 钢时效析出物中测定 Ti(C, N) 的点阵参数 $a=0.432$nm，而 Ti(N, C) 的点阵参数 $a=0.425$nm。

1.2.2 高氮奥氏体不锈钢中氮化物析出行为研究[11]

（1）马玉喜、苏凡和周荣等采用物理化学相分析技术，研究了两种不同氮含量的奥氏体不锈钢固溶时效后的碳、氮化物析出行为，确定了析出相的类型、粒度、分布、含量及组成结构式[11]。X 射线的分析结果表明：氮含量低的 1Cr22Mn15N(0.56%) 试样在 850℃时效时，随时间的延长析出物类型也由简单到复杂。时效 20min 时，钢中初生相为 $M_{23}C_6$；时间延长到 50min 时有少量 Cr_2N 析出；120min 时有 $(Cr, Fe)_2N_{1-x}$ 氮化物出现。钢在 700℃保温 480min，相分析结果显示，钢中析出相以 $M_{23}C_6$ 型碳化物为主和少量氮化物 Cr_2N，从衍射图看，氮化物的衍射峰不如碳化物强，说明氮化物的析出量较少。氮含量高的 1Cr22Mn15N（0.94%），析出相只有 Cr_2N 型氮化物及 $(CrFe)_2N_{1-x}$ 型氮化物，没

有 $M_{23}C_6$型碳化物出现，高氮奥氏体不锈钢中析出物的总量随时效时间的延长而增加。

高氮奥氏体不锈钢中析出相的粒度大小与自身的性能有密切的关系，分析结果表明，氮含量低的 1Cr22Mn15N（0.56%）钢析出物以碳化物为主，氮含量高的 1Cr22Mn15N（0.94%）钢析出物以氮化物为主。因为两种钢的 C 含量相当，氮化物粒度分布具有代表性，低 N 钢在 850℃×20min 时效后，析出相的颗粒以落在 36~120nm 范围居多，850℃×480min 时效后，颗粒多在 120~300nm。颗粒数比 20min 时明显增加。700℃×480min 时效后的颗粒尺寸多在 36~140nm。高 N 钢 850℃×20min 时效后，析出相的颗粒也在 36~120nm 范围居多，但氮化物颗粒的宽度要小于碳化物，颗粒数量增长较快；保温时间 480min 时效后，颗粒尺寸显著增长，多在 60~200nm 范围内。同样经 850℃×480min 时效，碳化物平均尺寸为 16116nm，氮化物平均尺寸为 11518nm，说明碳化物较氮化物尺寸大。钢在 700℃×480min 时效后析出相的平均尺寸为 11114nm，低于在 850℃×480min 时效后的尺寸，说明析出相在 850℃较为敏感。同时，因碳氮化合物的析出，造成邻近基体中碳和氮的贫化，会促使 σ 相析出，往往是 M_2(C，N）与 σ 相伴析出。

图 1-18 选用的两种钢首先进行 1100℃×1h 固溶处理空冷，然后进行 850℃×480min 时效处理，分别获得以碳化物（图 1-18a）和氮化物（图 1-18b）为主的析出相，从图中可以看出氮化物显微组织结构与珠光体相似，但白色 Cr_2N 相周边圆润，形态略呈透镜状[11]。两相比较，条状氮化物宽度较碳化物宽度小，并且层片排列较为规则密集，碳化物排列则较为杂乱、稀少。

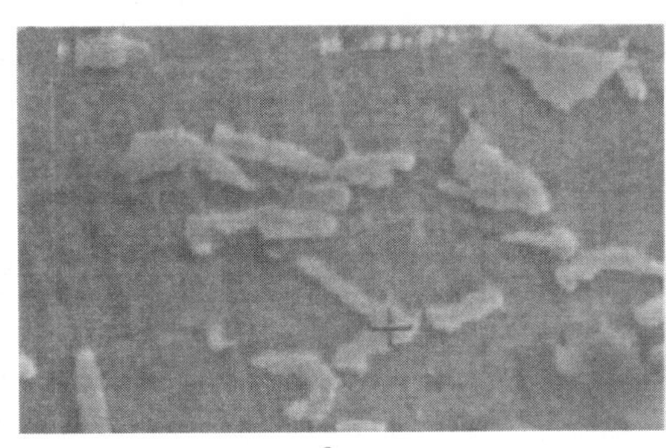
a

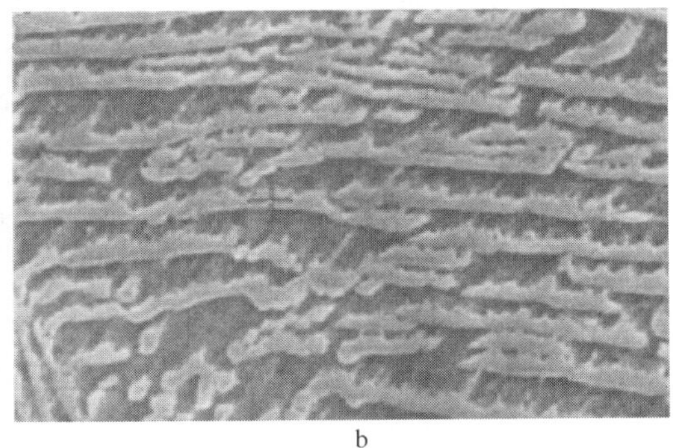
b

图 1-18 高氮奥氏体不锈钢碳化物和氮化物析出相形貌

a—低 N 钢 850℃×480min 时效后组织；b—高 N 钢 850℃×480min 时效后组织

（2）马玉喜等还研究了固溶时效对超高氮奥氏体不锈钢（0.11%C-22.22%Cr-15.74%Mn-0.94%N-0.60%Si-0.008%S-0.005%P-0.005%Al）析出行为的影响，钢首先进行 1150℃×1h 固溶处理，然后在 850℃时效处理，5min 时，沿晶界不连续析出 Cr_2N 相，开始为颗粒状和蠕虫状，然后沿晶界形成链状（见图 1-19a）10min 时，析出相在三晶界交汇处形成胞状，晶内出现少量层片状 Cr_2N 相和树枝状的 σ 相（见图 1-19b）50min 时，晶内和晶界 Cr_2N 相和 σ 相连成一体，呈菊花状，错落有致地分布在整个晶面上（见图 1-19c）。因钢中氮含量高达 0.94%，整个时效过程中未见有碳化物相析出[11]。

论起氮化物在钢中作用，VN 在各类合金钢用途最广泛。原因是：

1）V 在 γ-Fe 中溶解度为 1.4%，在 α-Fe 无限溶解，能最大限度地留存在奥氏体和铁

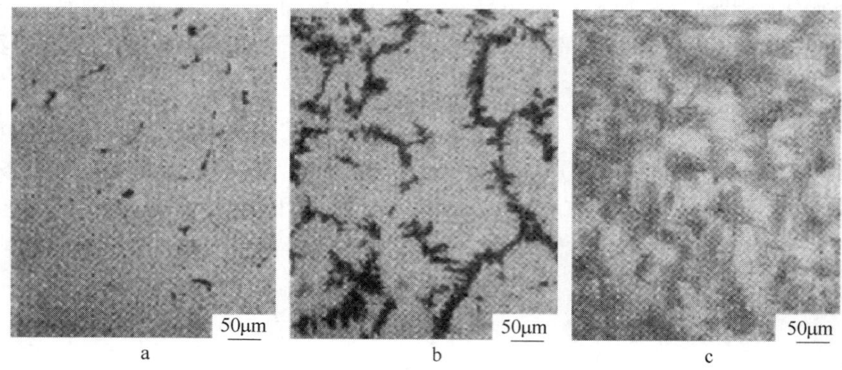

图 1-19　10Cr22Mn15N 钢 850℃时效处理过程中显微组织形貌[11]

素体中，只要使用微量元素就能发挥预期作用。

2）在以 α-Fe 为基体的合金耐热钢和马氏体不锈耐热钢中，V 是最常用的氮化物形成元素；在钢水冷却过程中，VN 析出温度比 VC 高，析出所需浓度比 VC 低，能优先析出；在 α-Fe 基体的钢中，V 与氮的亲和力大于 Cr、Mn、W、Mo、Fe，稳定性也强于上述元素的氮化物，也能优先析出，稳定存在；VN 能固定钢中的氮，缓解钢材的应变时效脆化效应，改善成品钢材的韧性。

3）在时效（加热）过程中，VN 是析出温度最低（约 600℃）的氮化物，因而颗粒度比 NbN 和 TiN 更细小，能均匀、弥散地分布于基体中，并与基体保持共格关系，显著提高钢的强度、硬度和耐磨性能，几乎不影响钢的塑性和韧性。

4）VN 热稳定性好，颗粒长大缓慢，能与基体长时间保持共格关系，直到 1000℃才开始溶入奥氏体中，1100℃左右全部溶解完毕。因而能有效地提高钢的持久强度和抗蠕变能力，增强钢的热强性和热稳定性。

5）V 和 N 的亲和力比 Mo 和 Cr 大，能阻碍 Mo 和 Cr 元素由固溶体向氮化物中迁移，避免和减少固溶体中 Mo 和 Cr 的贫化。VN 一旦析出，基体中剩余 N 的活度明显降低，能推迟或阻止其他合金氮化物的形成，不影响多元合金的功效。对于超临界机组用不锈耐热钢而言，钢中加入 Nb 的主要目的是溶入基体，实现固溶强化；加入 Al 和 Ti 的主要目的是充分脱氧和细化晶粒。

1.2.3　含钒微合金钢中氮化物析出行为研究[12]

钢铁研究总院结构材料研究所方芳、雍岐龙等，对含氮量不同的四种低碳钒微合金钢中的 V(C，N) 的形核机制及其在奥氏体中的析出过程进行了研究。试验用钢经真空感应炉冶炼，注成 40kg 铸锭。其化学成分（质量分数）为 0.05%C-1.5%Mn-0.3%Si-0.08%～0.015%V-0.005%～0.020%N。钢锭锻造成 40mm×130mm 的板坯。将板坯加热到 1200℃保温 2h 后，分 3 道次轧制成 12mm×130mm 的钢板。终轧温度控制在 850～870℃，轧后空冷。钢板经机加工成 8mm×12mm 的试样。试验在 Gleeble1500D 热模拟机上进行。

（1）试验目的：在微合金钢铁材料中，碳氮化物作为第二相粒子析出具有重要作用，但其控制理论体系一直未能系统地形成。本书基于 Johnson-Mehl-Avrami 方程法，通过理论计算和试验测定相结合的方法，研究了 Fe-C-V-N 合金体系中 V(C，N) 在奥氏体中的析出过程，以及氮的质量分数对其形核率-温度（nucleation rate -temperature，NrT）和析出-温度-时间（precipitation-temperature-time，PTT）曲线的影响。

（2）试验方法：用应力松弛法来研究 V(C，N) 在奥氏体中的析出行为。为减小应力松弛时形变带来的影响，可选择较慢的形变速率和较小的形变量，尽量减小变形对 PTT 曲线形状和规律的影响。试样经 1200℃ 奥氏体化后以 10℃/s 的冷速冷至形变温度（1000~800℃），每 50℃为一间隔进行热压缩变形，应变速率 $\dot{\varepsilon}=0.1\mathrm{s}^{-1}$，应变量 $\varepsilon=0.3$（小于发生动态再结晶所需的临界应变量），变形后停 1800s 进行等温应力松弛。为避免位错马氏体影响，且 V(C，N) 在奥氏体和铁素体中析出的形貌有明显区别，松弛后的试样空冷得到铁素体-珠光体组织，并沿中心轴剖开后制成薄膜试样并用 H800 透射电镜（TEM）观察分析。

（3）PTT（precipitation-temperature-time）曲线：PTT 曲线以析出 5%作为析出起始点，95%作为析出结束点。由于某些参量不能准确计算，开始形核的绝对零点 t_0（位错线上形核的析出开始时间，体积分数为 0）难以确定，但是可以计算得到相对值。

$$\lg t_{0.05}/t_0 = a_j\left(-1.28994 - 2\lg d^* + \frac{1}{\ln 10} + \frac{A_j\Delta G^* + Q_j}{KT}\right) \tag{1-1}$$

$$\lg t_{0.95}/t_{0.05} = \frac{1}{n}\lg\left(\frac{\ln 0.05}{\ln 0.95}\right) = \frac{1.76644}{n} \tag{1-2}$$

式中，a_j 为系数（$a_0=2/3$，$a_1=2$，$a_2=1$）；n 为动力学方程的时间指数，与形核和长大机制有关，这里取 1；$t_{0.05}$和 $t_{0.95}$表示析出的体积分数占析出总量的 5%和 95%时所需的时间。由此便可得到析出开始时间 $t_{0.05}/t_0$和结束时间 $t_{0.95}/t_{0.05}$（相对时间）随温度 T 变化的曲线（PTT 曲线）。

（4）形核率（I_j）：钢中的析出相变有多种形核方式，本书就典型 3 种形核方式进行研究和比较（均匀形核、界面形核及位错线上形核）。其形核率可表示为：

$$I_j = Kd^{*2}\exp\left(-\frac{A_j\Delta G^* + Q_j}{KT}\right)$$

式中，$j=0$，1，2 分别代表 3 种形核方式，均匀形核、界面形核、位错线上形核；I_j 表示形核方式为 j 时的形核率（与时间 t 无关）；K 为与温度无关的常数；d^* 为均匀形核的临界核心尺寸，nm；A_j 为系数（$A_0=1$；$A_1=0.5\times(2-3\cos\theta+\cos^3\theta)$，$\theta$ 为双凸透镜片球冠与母相晶界的接触角；A_2 与弹性模量 E 和界面能 σ 有关）；ΔG^* 为均匀形核的临界形核功，J；Q_j 分别表示单个 V 原子的体扩散、界面扩散和位错扩散激活能，J；k 为 Boltzmann 常数；T 为热力学温度。

（5）热力学计算：在 V-N 合金钢中，由于 VN 和 VC 之间可以完全互溶而形成 V(C，N)，因此可认为 V(C，N) 中无间隙原子缺位。若假设 C 的占位分数为 x，N 即为 $1-x$。以 Fe 基 0.05%C-0.08%V 钢为基本成分，理论计算得到的 x 值随氮的质量分数的变化如图1-20a 所示，图 1-20b 为热力学软件 Thermo-Calc 计算出的对应值。

对比图 1-20a 和 b 可以看到，模型与热力学软件 Thermo-Calc 计算得到的 x 值非常接近（后者所得 x 值偏小，可能是考虑了 C 原子的缺位）。在 700~1000℃ 范围内，随温度

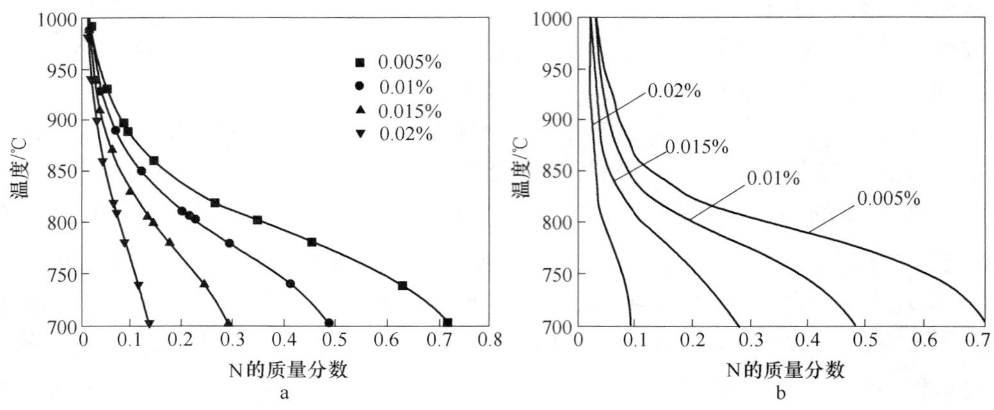

图 1-20　V(C，N) 在奥氏体中析出时氮的质量分数对 C 的占位分数 x 的影响

a—模型计算；b—热力学软件计算

的降低，VC 在 V(C，N) 中所占比例逐渐增加，x 值逐渐增大，表明 VC 比 VN 更容易在低温析出。当氮的质量分数从 0.005%增加到 0.02%时，x 值增大的趋势减缓，且均小于 0.15，此时 V(C，N) 中主要为 VN，可以认为氮的质量分数较高时更易形成 VN。根据固溶度积公式，计算得到 V(C，N) 在奥氏体中析出的驱动力 ΔG_M 均随温度的降低而增大。随氮的质量分数的增加，V(C，N) 的析出驱动力相应增加，可认为氮的质量分数的增加促进了 V(C，N) 的析出。在 750～850℃ 温度范围内，当氮的质量分数较低时（小于 0.01%），由于 x 值迅速增大（见图 1-20a），V(C，N) 的析出驱动力曲线形状改变，随温度的降低驱动力增大的速率明显减小，由此 NrT 和 PTT 曲线的形状受到影响。

（6）形核方式的确定：根据已有的经典形核理论，演算得到平衡固溶条件下 Fe-C-V-N 微合金钢中 V(C，N) 在奥氏体中析出的 NrT（形核率-温度）曲线。由计算结果可知：四种钢中均匀形核与位错线上形核的鼻点温度 t_N（no se temperature）均在 820℃左右；同一温度下晶界形核率最大，位错线上形核率次之，均匀形核率最慢。但是由于 V(C，N) 一旦在晶界上形成，就不再具有继续形核的能力，此后将转变为位错线上形核的方式为主。因此，本书计算动力学曲线时，认为 V(C，N) 在奥氏体中的析出以位错线形核为主要的形核方式。

（7）析出动力学曲线：根据式（1-1）和式（1-2）的计算结果，可得 Nr 及 PTT 曲线的理论值，结果如图 1-21 所示，t_N 在 820℃左右。随着氮的质量分数增加，图 1-21a 中 V(C，N) 析出的 NrT 曲线右移且 t_N 有所提高，变化趋势在 t_N 下十分缓慢，因此在低于 t_N 相当宽的温度范围内都有最大的形核率，有利于实际工业生产。

对于氮含量较高的钢来说，容易通过试验测得 V(C，N) 在奥氏体中析出的孕育期，根据图 1-21b 所示各曲线间数量级的差异，就可以预测 V(C，N) 在相应成分钢中析出的孕育期，对工业生产具有理论指导意义。

（8）试验结果：图 1-22 为采用应力松弛法得到 V(C，N) 在奥氏体中析出时的 PTT 曲线。由图 1-22 可知，试验钢的 PTT 曲线在 800～1000℃呈现非典型的 C 形；1000℃时的析出开始时间超过 1000s，表明 V(C，N) 在高温很难析出；析出开始和结束的鼻点温度

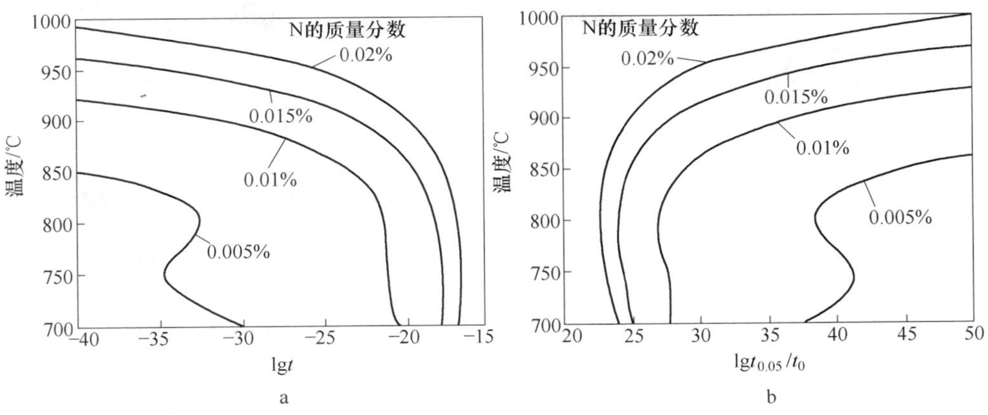

图 1-21　V(C, N) 从奥氏体中析出时，N 含量对 NrT(a) 和 PTT(b) 曲线的影响

都在 850℃，最快析出开始时间分别为 22s 和 12s。

将试验结果与理论计算对照，二者基本吻合：两种氮含量钢的鼻点温度都在 850℃，与计算结果 820℃ 相差 30℃ 左右；开始析出时间为 22s、12s。V(C, N) 粒子大量分布在基体内的位错线上且分布较为均匀，晶界可见零星分布的 V(C, N) 粒子，如图 1-22 所示。这表明，认为 V(C, N) 粒子的主要形核位置在位错线上是合理的，针对 Fe-C-V-N 合金所建立的 V(C, N) 在奥氏体中的析出动力学模型适应于试验所研究的成分条件，同时也验证了本书中各参数的选择是合理的。此时，取最快析出开始时间 12s，就可以根据模型得到 PTT 曲线预测 V(C, N) 在不同成分钢中析出的孕育期。

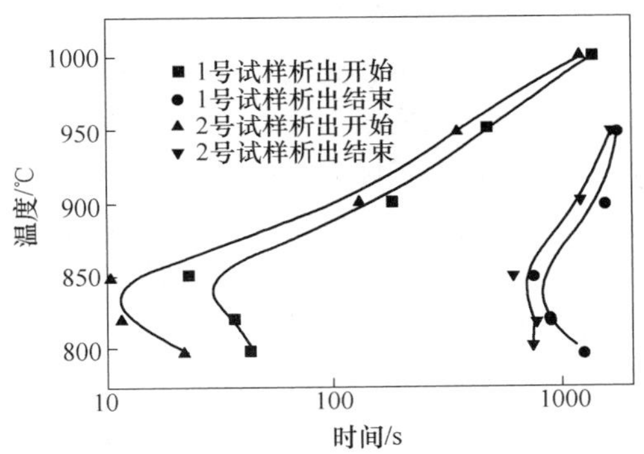

图 1-22　V(C, N) 在奥氏体中沉淀析出时的 PTT 曲线

(9) 结论：

1) 对均匀形核、界面形核和位错形核 3 种形核方式比较后发现，位错形核是 V(C, N) 在奥氏体中析出的主要形核方式。

2) 随着氮的质量分数的增加，V(C, N) 析出的 NrT 曲线其鼻点明显提高且右移，且在 t_N 以下曲线变化趋势十分缓慢。因此氮的质量分数较高时（大于 0.01%），在低于 t_N 的较宽温度范围 V(C, N) 都有最大的形核率，有利于实际工业生产。

3) 考虑了温度对弹性模量 E 和界面能 σ 的影响，模型中参数的选择更为合理。

4) 根据试验和模型计算得出：在氮的质量分数低于 0.01% 的钢中，V(C, N) 不太容易在奥氏体中平衡析出；试验所得较高氮含量钢的鼻点温度约 850℃，最快析出开始时间取 10s，可根据模型得到 PTT 曲线，预测 V(C, N) 在不同成分钢中析出的孕育期。

5) 从图 1-23 中可以看出：在位错线上析出的 V(C, N)、VN 颗粒比 TiN、NbN、Cr_2N 和 Fe_4N 更细小，分布更弥散。

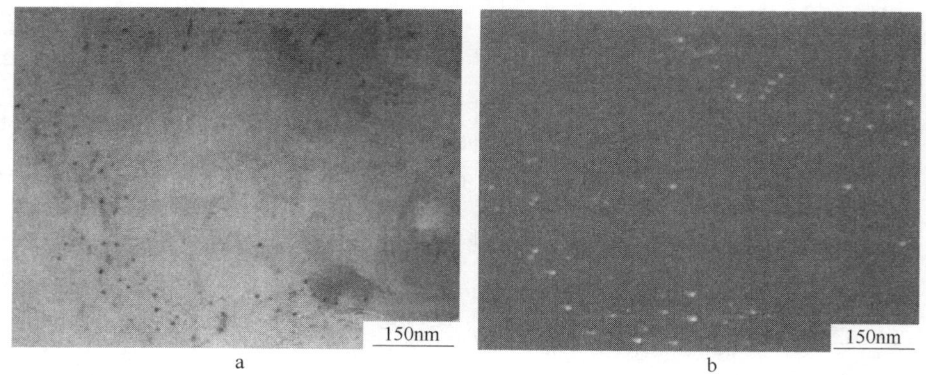

图 1-23 Fe-0.044%C-0.072%V-0.019%N 钢应力松弛后位错线上弥散分布的 V(C, N) 粒子

1.2.4 不锈钢中氮和氮化物的控制

1.2.4.1 各类不锈钢中氮的控制规范

以氮作为合金化元素，是不锈钢材料领域十年来取得的重大技术成果。特别在奥氏体和双相不锈钢系列普遍用氮进行合金化，并按用氮量对钢进行分类：含氮量≤0.10%（或≤0.12%）的钢被称为“控氮不锈钢”，含氮量≤0.40%（或≤0.50%）的称为“中氮不锈钢”，含氮量>0.40%（或>0.50%）的称为“高氮不锈钢”。含氮钢主要用在奥氏体钢和双相钢中的原因是：氮在奥氏体中有很高的溶解度，能以固溶状态存在，其是所有合金元素改善钢的各项性能的前提条件。氮通过固溶可显著提高奥氏体和双相不锈钢的室温和高温强度，在 Cr-Ni 基奥氏体钢中加入 0.10%的 N，可使钢的抗拉强度提高 60~100MPa，当氮量适宜时，并不显著降低钢的塑性和韧性。氮的大量加入可使高氮不锈钢获得非常高的强度，但钢的断裂韧性并未出现明显下降。氮在双相不锈钢中的主要作用是改善奥氏体组织性能，第二代和第三代双相钢，以及超级奥氏体不锈钢的开发都与氮的应用密切相关。

氮不仅可显著提高奥氏体和双相不锈钢在耐氧化性酸、还原性酸介质中的全面腐蚀性能，还能提高钢的耐晶间腐蚀、耐点蚀、耐缝隙腐蚀等局部腐蚀性能。研究结果表明：N 提高钢的耐点蚀和耐缝隙腐蚀能力是 Cr 的 16~30 倍[14]。当然钢中含有足够的 Cr 和 Mo 是必不可少的条件，N 的作用是促进或保证钝化膜中 Cr 的富集：N 可形成 NH_3 和 NH_4^+，提高微区溶液的 pH 值；富 Cr 的氮化铬在金属与钝化膜界面形成，进一步强化了钝化膜的稳定性。含氮奥氏体不锈钢钝化膜结构见图 1-24。

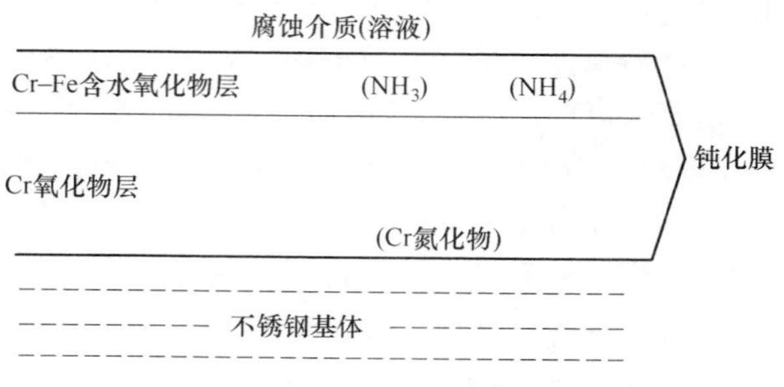

图 1-24 含氮奥氏体不锈钢钝化膜结构图

当奥氏体钢中 N 含量超过一定量时，钢的冷、热加工和成型性能均会下降，对整个加工过程非常不利。对于在 650℃以上长期工作的奥氏体耐热钢或高温

合金，钢中N会占据本来用于固溶强化基体的合金元素，形成的氮化物在高温下失去了沉淀强化作用，致使钢的持久强度和蠕变性能显著下降，所以奥氏体耐热钢通常根据成分和用途，将N严格控制在≤0.10%的水平，大多数高温合金都将N含量控制在尽可能低的水平。

氮在以α-Fe为基体的钢中溶解度很低，而且在热加工过程脱溶出的N量很大，脱溶出的N往往很难完全转变为固态氮化物，必然有一定量的N以过饱和状态存在于铁素体中，甚至以气态（N^{3+}）游弋于晶界、相界、空位或位错结之间。后两部分氮在钢中是有害无益的因素，所以铁素体不锈钢均严格限制钢中N含量，现代超铁素体不锈钢甚至把确保钢中C+N总量<150×10^{-6}作为首要控制目标。

作为在常温或中高温下（≤550℃）使用的钢，现代更倾向于用合金化手段，将N转化为氮化物，固定在钢中，Ti和V是最常用的合金化元素。基本思路是发挥氮化物热稳定性比碳化物好，沉淀强化功能比碳化物强的优势，尽可能使氮化物颗粒以细小，弥散状态析出，并与基体保持共格关系，在提高钢强度和硬度的同时，基本不降低钢的塑性和韧性。沉淀硬化不锈钢和超马氏体不锈钢正本着这种宗旨控制钢中的氮和氮化物的。

1.2.4.2 氮含量控制方法

钢中的氮含量首先取决于冶炼方法和冶炼过程中的工艺控制水平（详见1.2.1.1第（6）条款），要根据氮的规范选择适当的冶炼方法和冶炼工艺。从冶炼工艺角度考虑降低钢中N含量的措施主要有三类：造渣脱氮、合金元素脱氮、真空处理脱氮。

（1）造渣脱氮指通过调整炉渣成分得到降低钢水中氮的目标，生铁冶炼过程中用苏打-石灰（Na_2SO_4+CaO）渣系可以达到同时脱硫和脱氮的目标，渣系苏打耗量10kg/t，可使铁水中的氮含量下降50%；日本使用碳化钙（生铁质量的5%）脱硫，使铁水中硫含量从0.036%降低到0.005%，氮含量下降40%；用氧气转炉生产低碳钢用生铁时，在1370~1390℃条件下，在摇包中投入20%~30%的氧化钛，使钢水中氮降低到0.0003%的水平，这些都是造渣脱氮的实例[4]。造渣脱氮适用于炼钢用生铁或普通碳素钢（如深冲用碳素钢）的生产，合金钢如采用造渣脱氮很难保证化学成分的准确性，同时带来各种合金元素的无形损耗，从经济上考虑也不合算。特别是像不锈钢之类的高合金钢绝不会选用造渣脱氮的生产工艺。

（2）合金元素脱氮指在一定条件下向钢中添加合金元素达到降低钢水中氮的目标，常用合金元素有Al和Ti，两者都有去除钢水中氧和氮的功能，Al的脱氧和脱氮深度赶不上Ti，但Al的价格比Ti便宜很多。实际生产中常选择两者配合使用，先向钢水中插Al，将钢中O降到较低水平（≤25×10^{-6}），再向钢中添加Ti，达到降低钢中N的目标。先Al后N除考虑成本原因外，还有一个重要原因是Al_2O_3和AlN比TiO_2和TiN更容易上浮，在钢渣中，可以减少钢中非金属夹杂。

（3）真空处理脱氮通常有“RH”和“VD”两种方法。RH指钢水流过真空罐时对钢液进行脱氮处理，《金属中的氮》[4]书中（P149）介绍了用含碳0.3%的一炉钢水（90t）进行RH处理的测试结果，见表1-9。真空罐内的气压保持在1.07×10^3~1.6×10^3Pa（8~12mmHg），分别在真空中和$p=1.33\times10^3$Pa（10mmHg）并通入混合气体（40%H_2、15%N_2、45%CO）的条件下，测定钢锭中的氮含量变化情况。

表 1-9 采用不同工艺浇注时钢中气体含量的变化 （质量分数，10^{-6}）

元素	原始含量	RH 处理	
		在真空中（p=8～12mmHg）	通入混合气体（p=10mmHg）
H	35	17	2
N	70	6	9
O	60	35	15

注：1mmHg=133.322Pa。

从表 1-9 中可以看出：在真空中浇注钢的 H 和 O 含量减少近一半，而 N 含量减少一个数量级。如果采用还原性气体作保护气，H 和 O 的浓度减少得还要多。由于混合气体中含有 15%的 N，所以通入混合气体后，钢中 N 不降反升。进一步的试验表明：当真空室气压从(1.07～1.6)×10^3Pa(8～12mmHg)降到(1.33～4)×10^2Pa(1～3mmHg)时，含 w(C)0.9%～1.3%的钢中 H 含量又降低 10%～40%，而 N 和 O 的含量降低幅度不太大。可见降低气压对 H 的影响特别大。通入还原性气体对脱除钢中气体是有利的，通入丙烷和丁烷混合气体试验结果也证实了这一结论，甚至在 1 个大气压下也能使钢中氮含量从 0.015%降到 0.0076%～0.0095%。

VD 法采用钢包真空脱气，还在钢包底安装了多孔透气砖，通过炉底吹氩进一步强化了脱气效果。真空处理+吹氩是炉外精炼中最重要的环节，真空处理目的是促使钢中脱溶或处于过饱和状态的气体，主要是氮气和氢气，从钢水中析出。氩气是非常稳定的惰性气体，不与钢中任何元素起化学反应，从炉底吹入钢水中的氩气形成一股股气流，带动从钢水析出的氮气泡和氢气泡一起上升到顶部钢渣中，据资料[4]介绍：真空+吹氩处理可去除钢中 50%的 H 和 15%～36%N。钢水在前期冶炼过程带入和形成的，包括 Al_2O_3 和 TiO_2 在内的非金属夹杂物，尽管密度较轻，但由于钢水的黏滞作用，很难全部飘浮到顶层钢渣中，此时借助一股股氩气流，就可以顺利、彻底地进入钢渣中，形成相应化合物，达到去除钢中夹杂物的目标。与 RH 法相比，VD 法在去除钢中气体的同时还有去除钢中非金属夹杂物的功效和优势。

显而易见，保证氩气纯度是吹氩的第一控制要素，氩气流的流量、流速和分布也是吹氩的重要工艺条件。总的控制原则是：保证钢水处于平稳、均匀的沸腾状态，但气流不应冲破顶部渣层，造成钢水二次氧化。冶炼纯净度要求特别高的钢种时，可以考虑选用在钢包炉中换一次渣的生产工艺。

1.2.4.3 不锈钢中控氮规律

如何合理控制不同类型不锈钢中氮含量，可以作出如下简要描述：

（1）奥氏体和双相不锈钢要用好氮：在工艺条件允许情况下，尽可能提高钢中氮含量，充分发挥氮的好作用。当然必须提高钢中 Mn 和 Cr 的含量，把氮［N］稳定地固溶在奥氏体中；有目的地添加适量的强氮化物形成元素，通过时效处理在钢中析出均匀、细小、弥散分布的氮化物或碳氮化合物，在提高钢的热强性和热稳定性、抗氧化性和耐蚀性的同时，又不会明显降低钢的塑性和韧性。参见《钢中最神奇的合金化元素——氮》一文。

（2）马氏体不锈钢要控好氮：重点在适度，要按钢在常温下氮的最大溶度和氮化物占用氮份额总量来确定氮的控制范围。

（3）铁素体不锈钢中要限好氮：氮和碳都是奥氏体形成元素，在奥氏体中溶解度很大，在铁素体中溶解度有限（见表1-1），钢在冷却过程中必然有大量氮和碳脱溶析出，而且氮的脱溶析出量远大于碳。析出的碳95%以上以碳化物形态存在于钢中。而氮属于惰性气体，除少量仍然固溶在铁素体中或形成有限的化合物外，半数以上氮以离子态（N^{3+}）游弋在晶界、相界、位错线、孔隙和空位之间，极易形成不可逆转的气体析出，是引发钢的第一类回火脆性和钢坯气泡开裂的主因。所以按常规工艺生产的铁素体钢中［N］含量均超出钢的溶限度，必须从炼钢开始就严格控制钢中［N］实际氮含量。一般说来，铁素体不锈钢中氮含量最好小于150×10^{-6}，最多也不应超过200×10^{-6}。

1.3 硼　化　物[2,6]

1.3.1 硼化物的特性和形成规律

用硼进行合金化和表面进行硼化处理的钢和合金中均存在三种硼化物（见表1-10）：M_2B、MB、M_3B_2或$M_{23}B_6$。B的原子半径为0.088nm，遵循密排结构分类原则，Zr的r_B/r_M小于0.59，形成的硼化物应为简单点阵结构，但硼化物例外，不论r_B/r_M大小（$r_B/r_{Zr}=0.55$），都形成复杂点阵结构。

表1-10　金属硼化物的r_B/r_M（$r_B=0.088$nm）

金属	Fe	Mn	Cr	Mo	V	W	Ti	Al	Nb	Ta	Zr
r_B/r_M	0.71	0.67	0.69	0.64	0.64	0.62	0.62	0.61	0.61	0.61	0.55

M_2B型硼化物有：Ti_2B、Fe_2B、Co_2B、Ni_2B、Cr_2B、Mo_2B、W_2B，均属于正方点阵，$c/a<1$，单位晶胞有12个原子，8个金属原子，4个硼原子，点阵中的硼原子被隔开。Fe_2B在钢的包晶反应时形成，只有高硼钢中才有Fe_2B，硼吸收中子能力很强，核反应堆中常选用含w(B)0.1%~4.5%的高硼钢，其中Fe_2B起主要作用。钢中的Cr、Mo和Mn能溶入Fe_2B中，形成（Fe，Mn，Cr，Mo$)_2$B。W_2FeB_2型硼化物具有复杂正交点阵。

MB型硼化物有：TiB和FeB等，属于正交点阵，单位晶胞有8个原子，金属原子和硼原子各4个，其中硼原子呈链状排列。钢表面渗B时得到的就是FeB，这种结构硬度高（1800~2000HV），脆性大，耐磨性极好。M_3B_2型氮化物具有四方点阵，而分子式相近的$M_2^{I}M^{II}B_2$型氮化物中，Mo_2FeB_2具有复杂正方点阵。W_2FeB_2则为正交点阵。

B与过渡族元素形成的化合物，比正常间隙元素的晶体结构复杂得多，如FeB、Fe_2B、Ti_2B和ZrB_2等硬度极大，热稳定性好，硼化物的硬度和热稳定性比相应的碳化物、氮化物要高出许多。表面渗硼处理是提高机械零部件表面硬度和耐磨性能的最常用、最有效的工艺手段。

B在α-Fe中溶解度极微，约为0.008%；在γ-Fe中的溶解度仅有0.021%（1149℃时），远低于C的2.11%和N的2.82%，因此B在α-Fe中只能以置换固溶体的形式存在，而在γ-Fe中既可以置换固溶体的形式存在，又可以间隙固溶体的形式存在。因B在γ-Fe中扩散速度远大于在α-Fe中的扩散速度，渗硼温度大多选在钢处于奥氏体状态的温度范围内。

经渗硼处理钢具有以下特性：

（1）高硬度和耐磨性。碳钢渗硼后表面硬度可达1400~2000HV，具有极高的耐磨性。试验表明，渗硼试样的耐磨性能比其他任何处理（如渗碳、碳氮共渗等）的都高。此外，渗硼处理还具有比较高的耐腐蚀磨损和泥浆磨损能力。

（2）高的红硬性。钢铁渗硼后形成的铁硼化合物（FeB、Fe_2B）是一种十分稳定的金属化合物，具有良好的红硬性，经渗硼处理的工件一般可在600℃下可靠地工作。

（3）良好的耐腐蚀性和抗氧化性。渗硼层对盐酸、硫酸、磷酸及碱具有良好的抗蚀性，在600℃下硼化物层抗氧化性良好。例如45钢渗硼后在盐酸、硫酸水溶液中的耐腐蚀性比渗硼前提高5~14倍。

渗硼处理应用范围正在迅速扩大：从原有钻井用的泥浆泵零件，滚压模具、热锻模具及某些工夹具等领域，近年来逐渐扩大到硬质合金、有色金属和难熔金属，例如难熔金属的渗硼已在宇航设备中获得应用。此外，渗硼还可在印刷机凸轮、止推板、各种活塞、离合器轴、压铸机料筒与喷嘴、轧钢机导辊、油封滑动轴、块规、闸阀和各种拔丝模等领域应用。

不锈钢中的硼化物主要以M_3B_2型式存在，固溶成分范围广，可以是$M_2^{I}M_1^{II}B_2$型，也可以是$M_1^{I}M_2^{II}B_2$型，M^{I}代表较大原子半径元素：Mo、W、Ti、Al；而M^{II}代表较小原子半径元素：Fe、Ni、Co、Cr。硼化物的形态和分布如图1-25和图1-26所示。

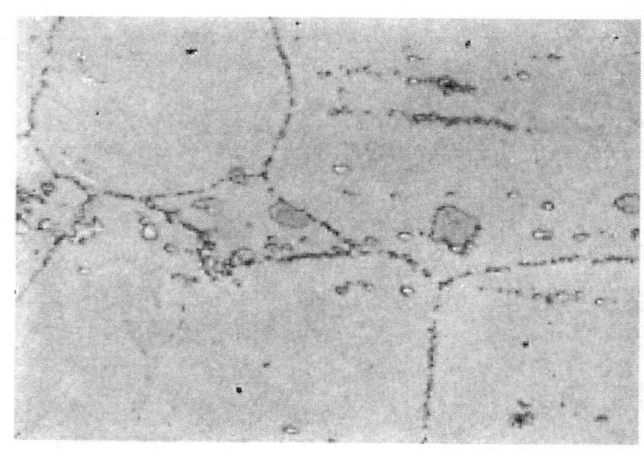

图1-25　椭圆小颗粒M_3B_2[13]（×500）

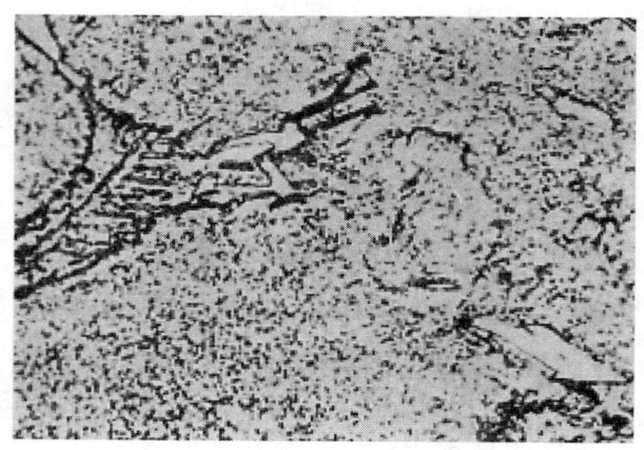

图1-26　骨架状M_3B_2[13]（×500）

当钢中存在Fe_3C时，B原子可以置换其中的C原子，置换率可达80%，形成$Fe_3B_{0.8}C_{0.2}$型化合物。从大尺寸的B原子可以置换小尺寸的C原子现象看出，形成间隙化合物时，起作用不仅是尺寸因素，电子价的作用更大，低原子序号的B可以溶入高原子序号的C中。反过来C不能置换B，也就是说C无法溶入硼化物中。有些钢和合金中还存在类似Fe_3C的Fe_3B相，见表1-11。

表1-11　不锈钢中硼化物技术参数

析出相（分子式）	点阵类型	点阵常数/nm	在钢中分布	熔点	硬度（HV）	备　注
MB：FeB	正交	$a=0.5506$、$b=0.2952$ $c=0.4061$	晶界	1540	1900	MB晶胞中原子数8（4Me+4C）
TiB				2200	—	
CrB				2050	1250	
MoB				1890	1350	
WB				2400	3700	

续表 1-11

析出相（分子式）	点阵类型	点阵常数/nm	在钢中分布	熔点	硬度（HV）	备　注
M_3B_2：Fe_3B_2 M_4B_3：Fe_4B_3	四方	$a=0.572\sim0.585$ $c=0.311\sim0.32$ $a=0.771$、$c=1.016$	晶界			
$M_2^{I}M^{II}B_2$：Mo_2FeB_2 W_2FeB_2	复杂正方 正交	$a=0.5782$ $a=0.7124$、$b=0.4610$ $c=0.3148$	晶内 晶界			
M_2B：Fe_2B Ti_2B Cr_2B Mo_2B W_2B	复杂正方	$a=0.5506$、$c=0.4061$ $c/a<1$	晶内 晶界	1389 — 1890 2140 2770	1450 2750 1350 2500 2420	M_2B 晶胞中 原子数 12 （8Me+4C）
$M_{23}B_6$：$T_{23-x}M_xB_6$ $Fe_{21}Mo_2B_6$	复杂面心 立方		晶界			
M_3B：Fe_3B	正交		晶内、晶界			

钢中加入微量 B 时，可以形成 $M_{23}B_6$ 型硼化物或碳硼化合物，如 $Fe_{23}B_6$、$Fe_{23}(C,B)_6$ 等，分子式中 Fe 可以被 Co、Ni、Ti、Zr、Nb、Mo、W 等元素置换，形成与 $Fe_{21}Mo_2B_6$ 类似的复杂硼化物 $T_{23-x}M_xB_6$，其中 T 为 Fe、Co、Ni，M 为 Ti、Zr、Nb、V、Mo、W，$x=2\sim3.5$，这类硼化物多在晶界上形成，大量存在会造成硼脆，使钢和合金的脆性增大。但在有些钢和合金中，适量的硼化物在晶界上优先析出，可以有效地阻止低熔点的夹杂和脆性金属间化合物在晶界上聚集，因为硼化物熔点很高（$TFe_2B=1389$℃），反而起到强化晶界，提高钢和合金耐高温强度的作用。关键在于适量，B 的含量一般控制在 0.001%～0.005%范围内。

1.3.2　硼化物在超临界机组用合金耐热钢中的应用[19]

T/P91 钢是制造超临界发电机组锅炉过热器管、再热器管、集箱等高温高压部件的经典牌号，随着蒸汽参数的提高，超临界发电机组的长期使用温度已超过 600℃，并向650～700℃方向发展。锅炉的设计寿命通常为 25～30 年，为提高 T/P91 钢的高温持久强度和热稳定性，人们向 T/P91 钢中加 W 和 B。加 W 的目的是提高钢基体的固溶强度，促使钢中析出热强度更高、热稳定更好沉淀硬化相，与传统的强化理念完全一致。但 B 的应用与传统理念有很大不同。下面简要介绍燕山大学材料科学与工程学院和钢铁研究院包汉生、刘正东等，关于《T122 耐热钢中氮化硼（BN）化合物的探讨》成果。试验用钢 T/P91 与 T/P92 和 T/P122 钢的化学成分如表 1-12 所示。

研究结果表明：加 B 的 T/P122 钢在 600℃×10^5h 的持久强度是 T/P91 钢的 1.3 倍。强化的基本原理是：B 元素固溶于基体中抑制 $M_{23}C_6$型碳化物粗化，B 原子在位错附近形成 Cottrell 气团抑制位错移动来稳定亚结构，而提高持久性能。但是添加 B 的同时，B 与 N 可能结合生成 BN 夹杂物，当硼氮含量超过一定含量时，必然析出大尺寸 BN 夹杂物。

经 1050℃×0.5h 油冷热处理后的 T/P122 钢，SEM 观察浸蚀前 BN 形貌特征见图 1-27。

表 1-12　T/P91 与 T/P92 和 T/P122 钢的化学成分

牌号	化学成分(质量分数)/%												
	C	Si	Mn	Cr	Ni	Mo	Cu	W	V	Nb	N	B	其他
T/P91	0.08 0.12	0.20 0.50	0.30 0.60	8.00 9.50	≤0.40	0.85 1.05	—	—	0.18 0.25	0.06 0.10	0.03 0.07	—	Al≤0.02 Ti≤0.01
T/P92	0.07 0.13	≤0.50	0.30 0.60	8.50 9.50	≤0.40	0.30 0.60	—	1.50 2.00	0.15 0.25	0.04 0.09	0.03 0.07	0.001 0.006	Al≤0.02 Ti≤0.01
T/P122	0.07 0.14	≤0.50	≤0.70	10.0 12.5	≤0.50	0.25 0.60	0.30 1.70	1.50 2.50	0.15 0.30	0.04 0.10	0.04 0.10	0.0005 0.0050	Al≤0.04 Ti≤0.01

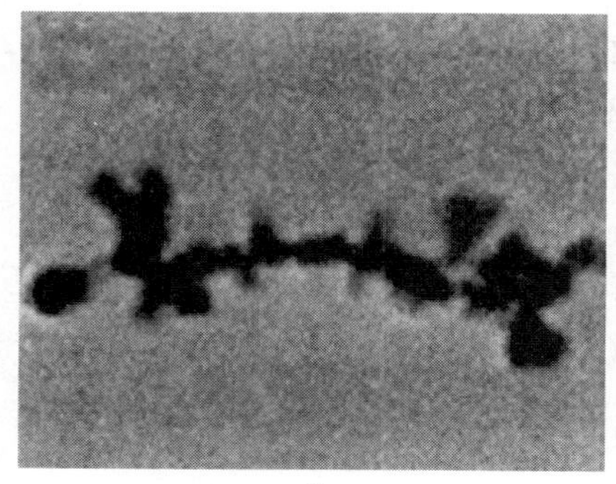

a

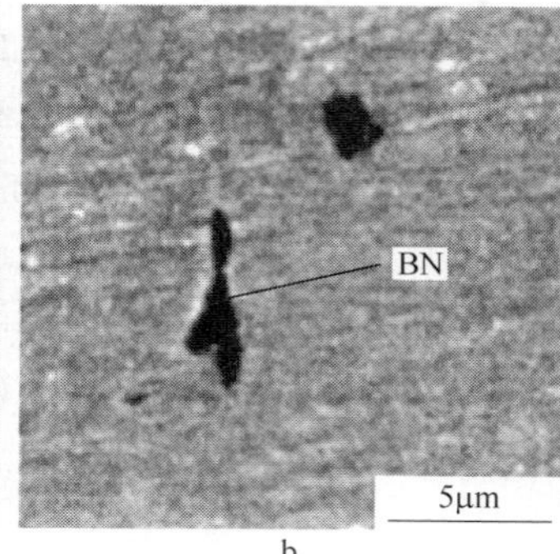

b

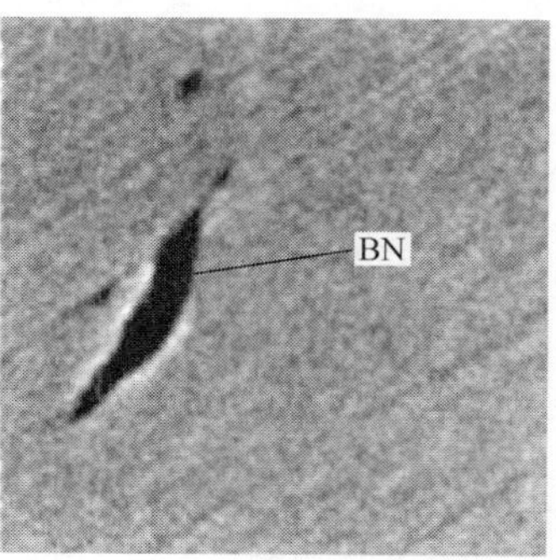

c

图 1-27　SEM 观察浸蚀前 BN 形貌特征

a—4 号钢纵截面；b—4 号钢横截面；c—8 号钢横截面

图 1-27a 和 b 为含 $w(Cu)=0.90\%$、$w(V)=0.19\%$ 的炉号，c 为含 $w(Cu)=0.90\%$、$w(V)=0.23\%$ 的炉号，BN 夹杂物形貌与 TiN、MnS 和 Al_2O_3 类夹杂物明显不同，2 个炉号中 BN 夹杂物的共同特征是：在纵截面上夹杂物呈长条状锯齿形，沿锻造方向分布，尺寸基本都在 20μm 以上，还有少量达到 80μm 左右，横截面上夹杂物为扁平状、梭形或柳叶形，长度大都在 8μm 左右。

图 1-28a 为含 $w(Cu)=0.50\%$、$w(V)=0.19\%$ 的炉号，图 1-28b 为含 $w(Cu)=0.90\%$、$w(V)=0.14\%$ 的炉号，图 1-28c 为含 $w(Cu)=0.90\%$、$w(V)=0.19\%$ 的炉号。图 1-28a 中呈球状 BN 夹杂物直径约 10μm，由于尺寸小、数量少，低倍未浸蚀的试样中没有观察到此类 BN 夹杂物，然而在浸蚀后的不同炉号钢中均观察到了呈球状 BN 夹杂物，而且纵截面尺寸 10μm 左右的 BN 夹杂物，基本都呈球状。观察浸蚀后的试样，可以清晰观察到球状与长条状 BN 夹杂物均沿晶界分布。20μm 以上长条状 BN 夹杂物尺寸大于一个原奥氏

体晶粒尺寸（平均晶粒尺寸约 14μm），长条状 BN 夹杂物边界为不规则的锯齿形，与基体联结处带有明显的棱角，见图 1-28b 和 c。

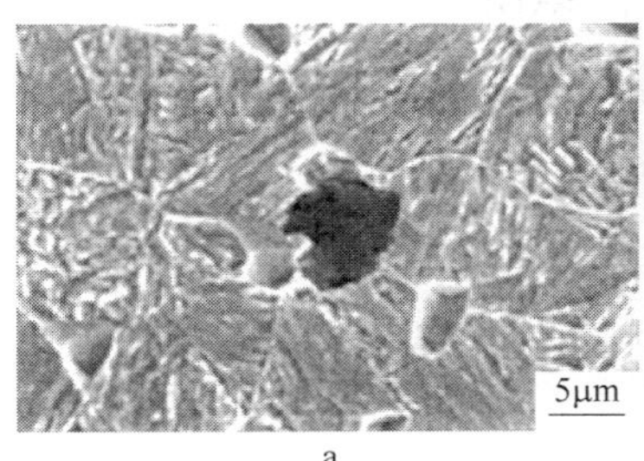

a

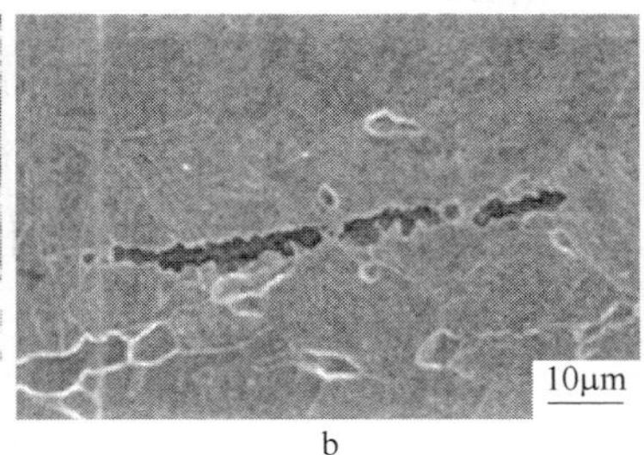

b

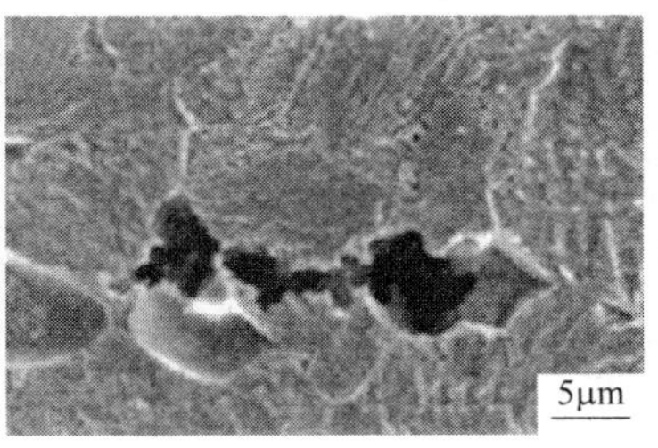

c

图 1-28 SEM 观察浸蚀后 BN 的形貌和分布

a—3 号钢中球状 BN；b，c—7 号、4 号钢中大尺寸长条状 BN

研究用 10 个炉号钢除 1 号钢 B 的质量分数为 36×10^{-6}外，其余炉号 B 的质量分数基本在 25×10^{-6}左右，氮的质量分数均在 0.060%左右。统计 10 个炉号、100 个试样中 BN 化合物在 SEM 视场中出现几率见表 1-13。

表 1-13 BN 化合物在 100 个 500 倍 SEM 视场中出现的几率 （%）

炉号	1	2	3	4	5	6	7	8	9	10
BN 出现几率	8	7	9	9	5	8	9	7	8	8

从表 1-13 可以看出：只要生产工艺稳定，BN 在钢中分布是均匀的，其形态大部分为长条状，仅有少量为球状。进一步观察证明，两种形态 BN 夹杂物基本都沿原奥氏体晶界分布，热加工对 BN 夹杂物分布没有明显影响。

在锻造加工过程中，大块的长条状 BN 受到加工变形中大应力的反复作用而破碎 P，长条状 BN 夹杂物碎化成大小不均匀的鹅卵石状 BN 夹杂物小颗粒，内部 BN 小颗粒之间存在 0.3μm 左右的间隙，见图 1-29。

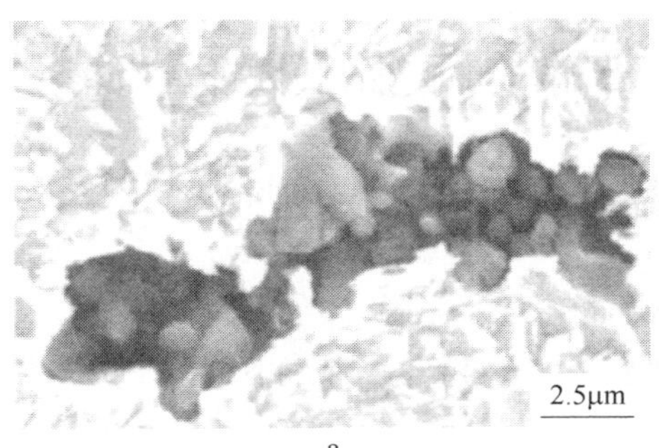

a

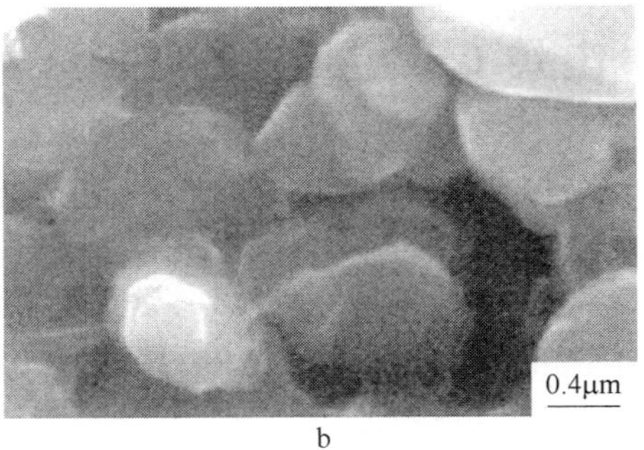

b

图 1-29 碎化呈鹅卵石状 BN 化合物形貌

图 1-30 为 BN 夹杂物的 EDS 能谱，10 炉试验钢中的 BN 夹杂物能谱均由硼、氮、铬、铁 4 条谱线组成，不含其他元素谱线。EDS 能谱分析硼、氮、铬、铁 4 种元素含量见表 1-14。10 炉试验钢中 BN 夹杂物中所含硼、氮、铬、铁 4 种元素质量分数略有不同，基本都在 $w(B)=55\%$，$w(N)=35\%$，$w(Cr)=2\%$，$w(Fe)=6\%$左右。

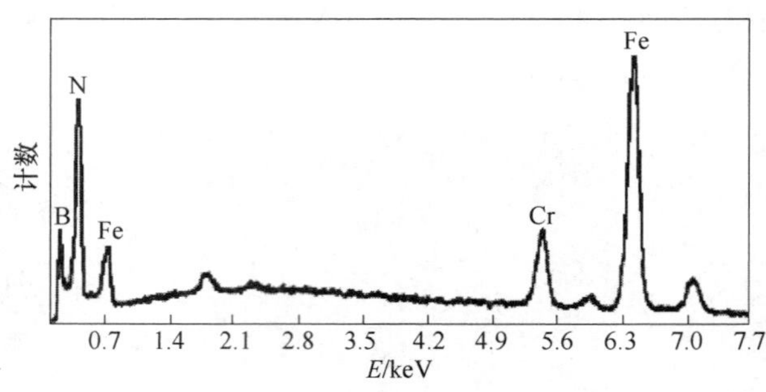

图 1-30　试样钢中 BN 夹杂物的 ED

表 1-14　试验钢中 BN 夹杂物 EDS 能谱分析元素含量　（%）

炉号	w(B)	w(N)	w(Cr)	w(Fe)
1	59.82	31.48	1.85	6.86
2	55.46	35.14	2.81	6.60
3	60.17	32.41	2.06	5.36
4	58.23	32.82	1.91	7.04
5	56.80	35.52	1.40	6.28
6	58.86	44.32	1.25	4.43
7	59.90	32.62	2.00	5.49
8	55.17	36.81	1.67	6.35
9	59.57	32.80	1.33	6.40
10	55.01	35.86	1.54	7.70

ASME 标准中要求 T/122 钢的室温拉伸断后伸长率 $A \geqslant 20\%$，10 炉试验钢的室温拉伸断后伸长率 A 都略高于标准要求，A 最高不超过 22%，特别是 1 号钢的 A 略低于 20%。检测钢中 P、S、Ti 以及 Al 元素的含量均较低，低倍观察硫化物、氮化钛以及氧化铝类夹杂物也较少，分析认为：大尺寸 BN 夹杂物可能是影响钢的塑性的原因。

1.4　金属间化合物和有序相的特性和形成规律[3,6,12~15]

钢中合金元素之间或合金元素与铁之间相互作用，形成各种金属间化合物。金属间化合物具有金属键结构，保持金属特性，沉淀硬化不锈钢和超马氏体不锈钢中的强化相以有序相为主。有序相组元之间的电化学性能差异无法全部满足形成稳定化合物的条件，处于固溶体和化合物之间的过渡状态。部分有序相更接近固溶体，如 Ni_3Fe、Ni_3Mn 和 Fe_3Al 等，当温度升高到临界温度以上时，就转变为无序固溶体；另一部分有序相更接近化合物，如 Ni_3Al、Ni_3Ti 和 Ni_3Nb 等，其有序状态可保持到熔点，实际上这部分有序相可以被看成化合物。

过渡族金属中可以形成的二元和三元金属间化合物和有序相见表 1-15，各金属间化合物和有序相的特性描述如下。

表 1-15　过渡族元素基体中形成的金属间化合物[1,2]

B 类过渡族元素	A 类元素									
	Ⅲ族元素（$3e/a$）	Ⅳ族元素（$4e/a$）			Ⅴ族元素（$5e/a$）			Ⅵ族元素（$6e/a$）		
	Al	Ti	Zr	Hf	V	Nb	Ta	Cr	Mo	W
Mn($7e/a$)		B_2A χ σ	B_2A χ	B_2A χ	BA χ σ	B_2A χ	B_2A χ	χ σ	χ σ	χ
Fe($8e/a$)	$B_3A(\gamma')$ BA	B_2A BA χ(Cr)	B_2A	B_2A	BA χ(Si) σ	B_2A σ	B_2A	σ	B_2A μ、σ χ(Cr)	B_2A μ
Co($9e/a$)		B_2A BA G(Si)	B_2A BA G(Si)	B_2A BA G(Si)	B_3A χ(Si) σ	B_2A G(Si)	B_2A G(Si)	σ	B_3A μ σ	B_3A μ
Ni($10e/a$)	$B_3A(\gamma')$ BA	$B_3A(\gamma')$ $B_3A(\eta)$ BA，G(Si)	G(Si)	G(Si)	B_3A σ、G(Si) χ(Si)	$B_3A(\gamma'')$ μ G(Si)	B_3A μ G(Si)	σ(Si)	B_3A	

注：1. e/a 表示电子浓度；

2. 加入第三组元（Si）和（Cr）后，金属间化合物趋于稳定。

1.4.1　γ′相（B_3A）

γ′相是具有面心立方结构的有序相，分子式为 B_3A，通常情况下 Ni、Co、Cu 占据 B 的位置，Al、Ti、Nb、V、Si、Mn、W 占据 A 的位置，形成的有序相更接近金属间化合物。Fe、Cr、Mo 既可占据 B 的位置，又可占据 A 的位置，形成的 Ni_3Fe、Ni_3Mn、Fe_3Al 有序相更接近无序固溶体。

γ′相本身具有较高的强度，并在一定温度范围内，其强度值随温度上升而提高，同时还具有一定的塑性，这些基本特点使 γ′相成为钢和合金的主要的强化相。γ′相析出有两种方式：（1）在晶内析出，又称连续析出。此时析出相呈球形，在晶内有序排列，由于 γ′相与基体同为面心立方结构，析出相具有形核均匀弥散、析出相颗粒细小（约 5~50nm）与基体共格、界面能低而稳定性高等特性。（2）在晶界析出，又称不连续析出。此时析出相呈棒状（ϕ(10~60)nm×(180~210)nm），并以一定的秩序平行排列成薄片，形成格子状结构。γ′相以哪种方式析出，首先取决于淬火温度，淬火温度低（<970℃），沉淀强化元素溶解不充分或不均匀，γ′相倾向于不连续析出。随着淬火温度提高，不连续析出程度减弱，连续析出部分增多，直至全部析出球形组织。在 650~700℃长期时效过程中，γ′相数量有所增加、尺寸长大，且逐渐向方形过渡。其次是原组织结构及内部应力状况的影响：不稳定沉淀硬化不锈钢冷拉后生成形变马氏体组织，马氏体沉淀硬化不锈钢和超马氏体不锈钢淬火后获得马氏体组织，由于后两种马氏体组织内部存在很大应力，在随后的时效处理时，在马氏体基体中析出球形 γ′相，使钢的强度和韧性同时得到增长。一般情况下两种析出方式互相竞争，结果可能是两种方式同时进行，也有可能是一种方式占上风，因此人们通过调整热处理工艺或控制冷加工减面率，可获得不同组织形态的 γ′相。

γ′相的组成与钢的成分密切相关，时效处理过程中γ′相的析出分为两个相对固定的阶段：首先析出面心立方结构的Ni_3Al、$Ni_3(Al, Ti)$或$(Fe, Ni)_3(Al, Ti)$有序相。随时效时间的延长或时效温度的提高，γ′相分解转变成密排六方结构的Ni_3Ti（η相）。各种形态的γ′相如图1-31~图1-34所示。

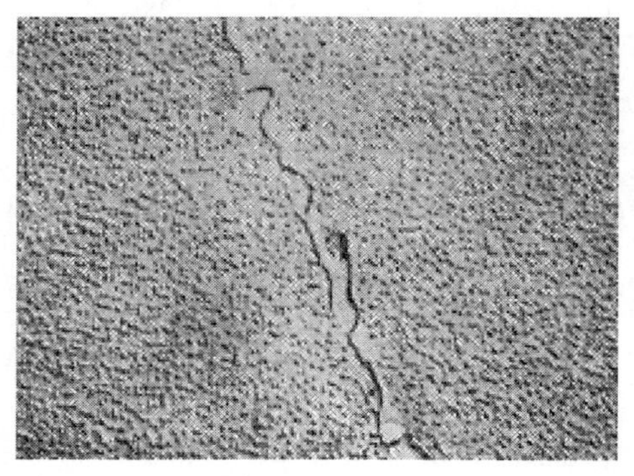

图1-31　晶内析出的球形γ′相（×10000）

图1-32　方形及球形γ′相（×5000）

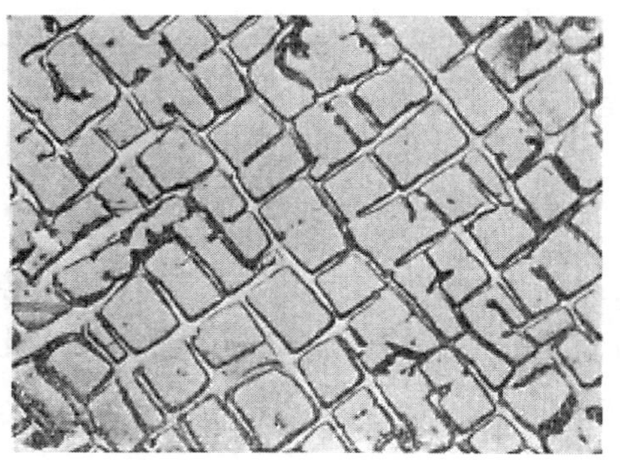

图1-33　方形γ′相（×5000）

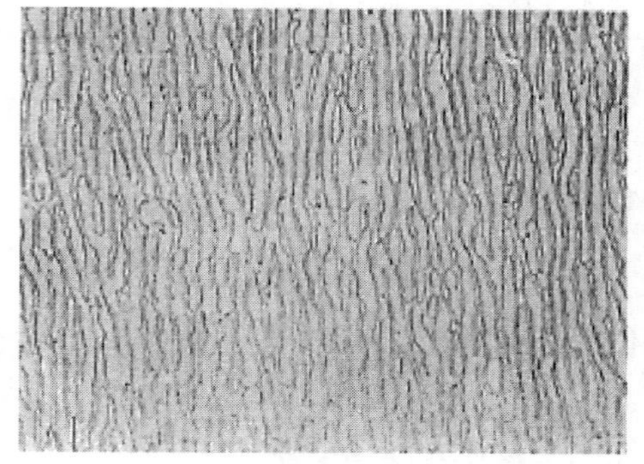

图1-34　长条形γ′相（×5200）

1.4.2　γ″相（Ni_xNb）

γ″相是含铌钢和合金中的主要强化相。γ″相为体心四方结构，有序排列，一个γ″相晶胞好像两个叠起来的γ′相晶胞，Nb原子占据四方晶胞的八个角和体心位置，Ni占据晶胞的面心和平行c轴棱的中心位置。因为γ-γ″之间点阵错配度较大，共格应力强化作用显著，钢和合金的屈服强度上升显著。同时γ″相和γ′相的有序排列方式不同，也增强了其强化效果，见图1-35和图1-36。

γ″的金相形态为圆盘状，析出温度约550~900℃，析出速度通常较慢，这有助于减轻焊缝热影响区产生应力裂纹的倾向，因此用Nb强化的钢和合金均有良好的焊接性能。

γ″相属于亚稳定过渡相，在高温下长期工作很容易聚集长大，产生γ″→δ-Ni_3Nb的转变，此类钢和合金使用温度不能超过650~700℃。进一步研究表明：Ni-Nb二元合金中未发现γ″相，只有同时加入Fe或Cr时才能形成γ″相。γ″相只能用作不锈钢及Fe-Ni基合金的强化相。

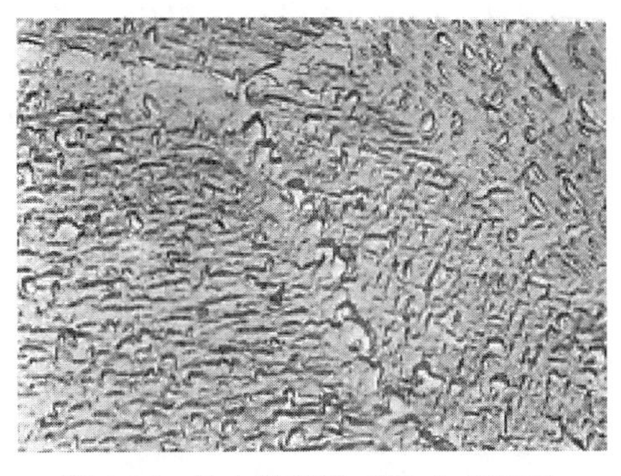
图 1-35 晶内圆盘状 γ″相（×10000）
（晶界颗粒状 δ 相）

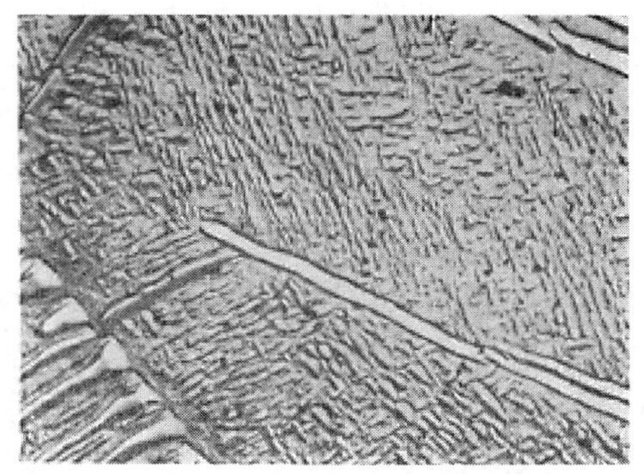
图 1-36 圆盘状 γ″相（×11000）
（片状 δ 相）

1.4.3 β 相（BA）和 Ni_2TiAl 相

β 相为体心立方有序相，Ni_2TiAl 相为面心立方有序相，二者点阵常数几乎相差一倍，但 X 衍射线条接近，金相形态也相似，常呈块状、棒状和粗片状。含 Al 高的 Fe 基合金容易形成 β 相（BA）和 Ni_2TiAl 相（见图 1-38），二者都属于硬脆相，都会降低合金的力学性能。

在 Fe 基合金中 Ni 和 Al 首先倾向于形成 NiAl（见图 1-37），而不是 Ni_3Al，Ni 基合金中 Ni 和 Al 首先倾向于形成 Ni_3Al。因此不含 Ti 只含 Al 的 Fe 基合金只能生成 β 相，只有加入 Ti 和 Al 后才能生成具有强化效应的 γ′-Ni_3(Ti，Al）相。当 Ti 和 Al 之比小于 0.5，Ti 和 Al 的总量又超过 4%时就会出现 β 相，提高 Ti/Al 比，能减少 β 相。当 Ti/Al 比接近 1 时就开始出现 Ni_2(Ti，Al）相，当 Ti/Al 比超过 1 时，Ni_2(Ti，Al）相逐渐减少，而 Ni_3(Ti，Al）相逐渐变为唯一的析出相。

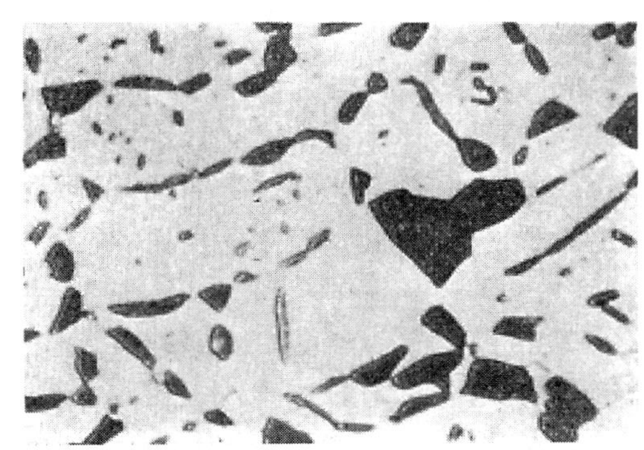
图 1-37 NiAl 相（×1000）

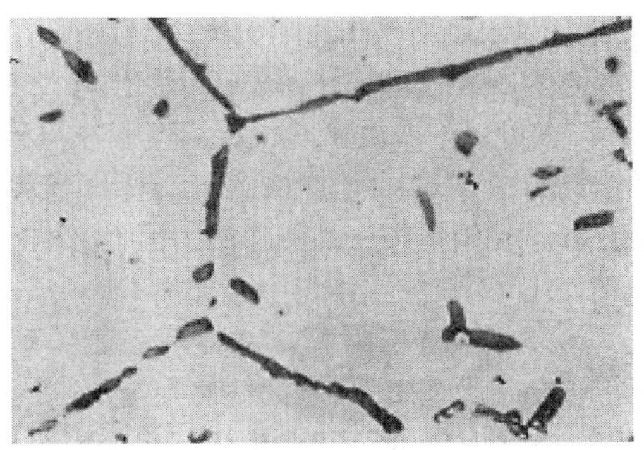
图 1-38 Ni_2TiAl 相（×1000）

1.4.4 η 相（B_3A）

η 相为 Ni_3Ti 型密排六方有序相，其组成较固定，不易固溶其他元素。Ni_3Ti 是由面心立方的组织结构转换成密排六方结构的，其转变方式有两种：（1）在晶界 γ′相不连续析出区域，由于棒状 γ′相成分很不均匀，在被 Ti 富集的薄片内部直接进行 γ′→η 转换。形

成胞状 η 相（见图 1-39），胞状 η 相由交错分布的 η 相和 γ 相半共格片层组成。(2) 在晶内 γ′相连续析出区域，球形 γ′相成分比较均匀，Al 含量较高。由于 Al 不溶解 η 相，Al 的存在抑制 γ′→η 相转变，只有 Al 先溶解然后再在 γ 中形核，从 γ 中不连续析出 η 相，此时的 η 相为晶内棒状组织（见图 1-40），并与基体组织有一定的取向关系：$(001)_{\eta}/\!/(111)_{\gamma}$、$(010)_{\eta}/\!/(110)_{\gamma}$。

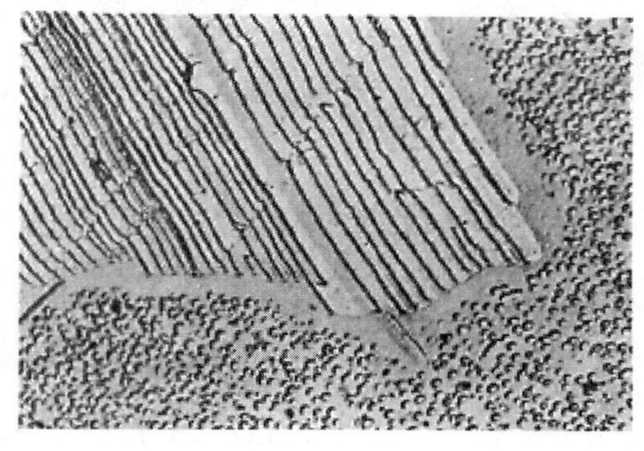

图 1-39　胞状群体 η 相（×10000）

图 1-40　晶内棒状 Ni_3Ti 相（×800）

η 相转换需要一定的扩散能和一段孕育期，完成第（1）种转换往往需要较高的温度（700～900℃），实际转换温度与合金成分有关，Ti 含量越高，完成转换的温度也越高，双相不锈钢和高温合金中的 Ni_3Ti 的析出往往需要较高的时效温度。冷加工也能促进 η 相形成，马氏体时效钢和超马氏体不锈钢往往借助于冷加工变形的应变能使奥氏体转变为形变马氏体，在较低时效温度下（450～650℃），首先在马氏体中产生镍偏析，由于镍偏析，导致富镍区出现逆转变奥氏体，最后 Ni_3Ti 在逆转变奥氏体上成核长大。Ni_3Ti 析出的形态和取向由逆转变奥氏体决定，Ni_3Ti 析出后，部分逆转变奥氏体可能重新转变成马氏体。在位错和晶界上也发生同样的非均匀析出过程。在长大的最终阶段，Ni_3Ti 析出相中又溶入了一部分钼，因此实际上析出相是 $Ni_3(Ti, Mo)$。

η 相的强化作用取决于其形态以及与母相的位向关系（共格、半共格，有序、无序），也可以说取决于其析出温度。在马氏体时效钢和超马氏体不锈钢中，Ti 都是最有效的强化合金元素，增加 Ti 含量，析出强化效应更加显著。但随着钛含量增加或时效温度的提高，η 相将失去强化作用，反而造成钢的塑性和韧性严重恶化。此时，应采取相应措施抑制 η 相。

由于 γ′相不连续析出能促进 η 相的形成，所以适当提高时效温度，减少 γ′相不连续析出，等于减少了 η 相形成机会；适当减小或控制钢中 Ti 含量，增加 Al 含量，或加入少量的 B 也能有效阻止 η 相的形成；在某些 Fe 基合金中加入 Si，优先在晶界形成 $G(Ni_{16}Ti_6Si_7)$ 相，造成晶界贫 γ′相，可明显抑制 η 相的形成。

1.4.5　δ 相（Ni_3Nb）

δ-Ni_3Nb 相是具有正交点阵的有序相，金相形态多数为薄片状（见图 1-41），在部分合金中也出现过颗粒状和胞状 δ-Ni_3Nb 相（见图 1-35）。Ni_3Nb 相析出温度约 700～980℃，大于 980℃ 开始溶解，完全溶解温度 1020℃。和 η 相一样，δ-Ni_3Nb 析出需要一定的扩散能和一段孕育期，低温时效时常呈胞状析出，高温时效时常呈晶内片状析出（见图 1-36）。

钢和合金中增加 Si 和 Nb 量将促进 δ-Ni_3Nb 相形成，加入 Al 和 Ti 可以抑制 δ-Ni_3Nb 相析出。

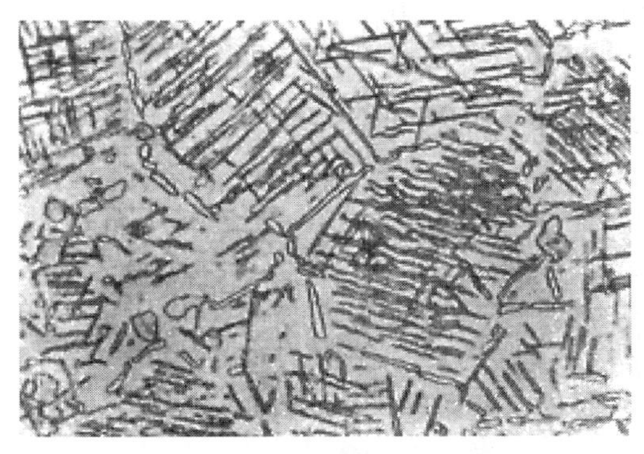

图 1-41　晶内片状 δ 相（×10000）

1.4.6　σ 相（BA）

σ 相是由一个过渡族金属（Fe、Mn、Co、Ni）原子与元素周期表中第 6 族或第 5 族中一个金属原子（Cr、Mo、V、Nb）组成的金属间化合物，目前已发现的 σ 相有：FeCr($Fe_{54}Cr_{46}$)、FeMo($Fe_{50}Mo_{50}$)、FeV($Fe_{50}V_{50}$)、CoCr($Co_{39}Cr_{61}$)、CoMo($Co_{40}Mo_{60}$) 和 NiCrSi($Ni_{2.5}Cr_{6.5}Si$)。σ 相又硬又脆、无磁性，可使钢的强度上升，塑性和韧性急剧下降，是不锈钢中危害性最大的析出相。不锈钢中的 σ 相单位晶胞有 30 个原子，当钢中 e/a 在 5.6~7.6 时最易形成。σ 相是富铬相，Cr 含量高达 42.0%~50.0%，沿相界晶界析出时往往造成周边严重贫铬，钢的耐蚀性显著下降。σ 相通常在 600~820℃范围内析出，析出速度相当缓慢（数百小时）；随着钢中 Cr、Mo 含量的增加，σ 相析出温度范围扩大到 650~1000℃，析出速度增快到数分钟即可完成。Si 和 Mo 是促进 σ 相形成的元素，即使不生成二元系 σ 相的 Ni 基合金，在 Si 的作用下也能生成三元系 σ 相 σ(Si)。在 Si 和 Mo 含量高的奥氏体钢（310S）中，σ 相名义成分依然是 FeCr，但由于 Ni 和 Mo 原子于沉淀中析出，实际成分比铁素体中析出的 σ 相更为复杂，应为 $(FeNi)_x(CrMo)_y$，并与奥氏体保持一定的位向关系。

σ 相常在相界和晶界形核，因为 σ 相点阵结构与 $Cr_{23}C_6$ 相似，且同样富铬，只要除去 $Cr_{23}C_6$ 中 C 原子，金属原子稍微移动一下位置，就可以变成 σ 相结构，因此 σ 相也常在 $Cr_{23}C_6$ 颗粒上形核。σ 相金相形态以颗粒状和片（针）状为主，量多时呈魏氏体状，在个别合金中呈短棒状，Fe 基钢中 σ 相常为沿相界和晶界析出的小颗粒，Ni 基合金中 σ 相常呈片（针）状。颗粒状 σ 相常引发沿晶界断裂，降低钢的冲击韧性；片（针）状 σ 相是裂纹产生和传播的通道，降低钢的持久强度，使钢脆化。

一般说来，$w(Cr) \leq 20\%$ 的不锈钢不易析出 σ 相。高铬铁素体和双相钢中，特别是 Cr、Mo 含量均高的超级双相钢应严格控制 σ 相。Ni 抑制 σ 相析出，沉淀硬化不锈钢和超马氏体不锈钢中均未见 σ 相析出。各种形态的 σ 相见图 1-42~图 1-44。

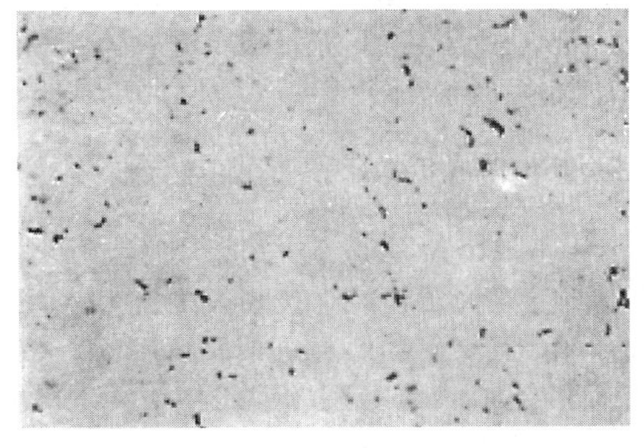

图 1-42　颗粒状 σ 相（×400）

1.4.7　拉维斯（Laves）相（B_2A）

钢和合金中的 B_2A 拉维斯（Laves）相具有密排六方结构，尺寸较小的合金元素（Fe、Mn、Cr、Ni）处于 B 的位置，尺寸较大的合金元素（W、Mo、Nb、Ti）处于 A 的位置，铁基合金中存在复合 B_2A，如（Fe，Ni，Cr)$_2$(W，Mo，Nb)。B_2A 相析出范围较宽，约 600～1100℃，低温时效时析出细小弥散粒状 B_2A 相，随着时效温度的提高，析出的 B_2A 相从短棒状向针状、竹叶状过渡，见图 1-45 和图 1-46。

图 1-43　片（针）状 σ 相（×500）

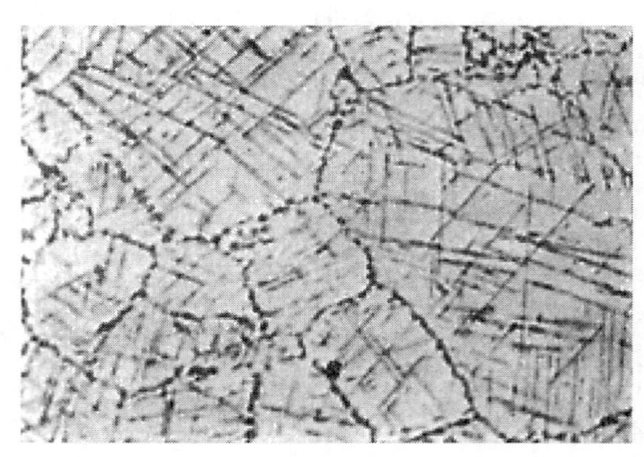

图 1-44　魏氏体 σ 相（×500）

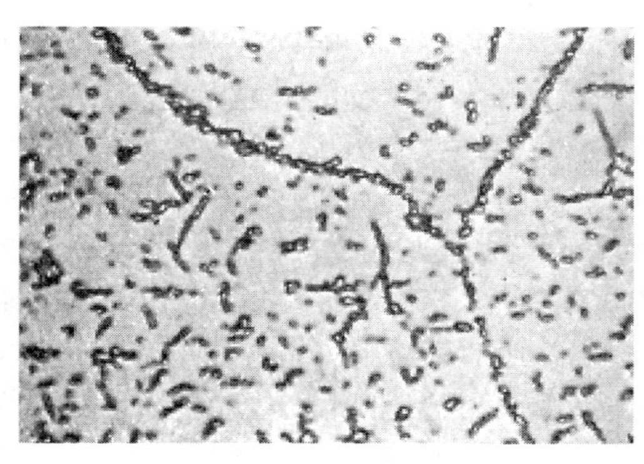

图 1-45　Laves 相（×500）

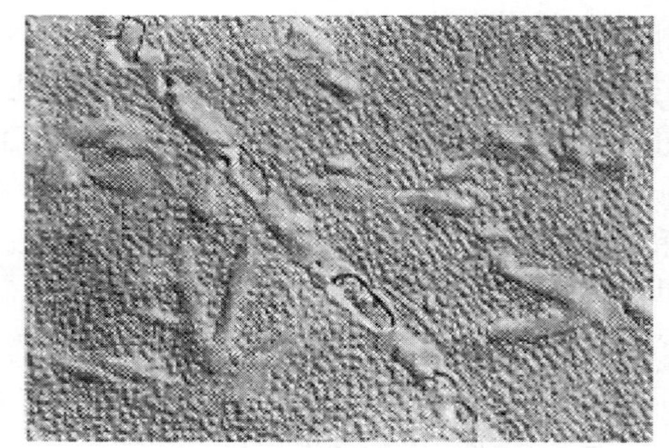

图 1-46　竹叶状 Laves 相（×5000）

细小弥散粒状 B_2A 相可对钢和合金产生一定的强化作用，对塑性影响不大，可用作沉淀硬化钢和超马氏体钢的沉淀强化相。少量短棒状也不会产生严重危害，大量针状就会降低钢和合金的室温塑性。由于 B_2A 相倾向于高温析出，实践中常用它来细化钢和合金的晶粒，获得细晶粒钢，是耐热钢和马氏体沉淀硬化不锈钢的强化相。不锈钢中的 W、Mo、Nb、Al、Ti、Si 等元素能促进 B_2A 相的形成，而 Ni、C、N、B、Zr 有抑制 B_2A 相析出的作用。

1.4.8　μ 相（B_7A_6）

μ 相（B_7A_6）具有三角形点阵结构，单位晶胞中有 13 个原子，典型分子式为 B_7A_6，式中 B 元素为Ⅷ族 Fe、Co、Ni 原子，A 元素为Ⅴ^a 族（V、Nb）或Ⅵ^a 族（Cr、Mo、W）原子，高温合金常见 μ 相有：Co_7Mo_6、Co_7W_6、Fe_7W_6、Fe_7Mo_6 等。μ 相的析出范围也比较宽（550～950℃），低温区析出形态为颗粒状和短棒状，强化作用比较明显；随着析出温度升高向片状和针状（见图 1-47）过渡，强化作用不明显；某些合金中的针状 μ 相会降低合金的室温塑性；Fe_7Mo_6 是热力学稳定相，对钢的韧性和耐蚀性能有不良影响，但对稳定钢的高温强度起有利作用。

合金中含有大量 W、Mo 元素容易产生 μ 相，这类合金中往往同时出现 M_6C 相，原因是 μ 相与 M_6C 相有相似的点阵结构和成分。在 W、Mo 总量适中（约 6%~9%）合金中 Al 含量 1.0%左右时也容易形成 μ 相，当 Al 含量继续增高时，形成 σ 相的倾向更大。一句话，Cr 和 Mo 大量偏聚容易形成 σ 相，W 和 Mo 大量偏聚容易形成 μ 相。

1.4.9 χ 相（$Fe_{36}Cr_{12}Mo_{10}$）[6]

χ 相（又称 Chi 相），首先在 Cr-Mo-Ni 耐热钢中发现，具有 α-Mn 的结构，单位晶胞中有 58 个原子，典型组成为 $Fe_{36}Cr_{12}Mo_{10}$。高 Ti(>2.5%)、高 Mo(>5.5%) 不锈钢中容易形成 χ 相，Ni 抑制 χ 相析出。Ti 有助于 χ 相析出，马氏体沉淀硬化不锈钢和超马氏体不锈钢中的 χ 相，更倾向于依附在已形核的 Ni_3Ti 相上析出。χ 相的析出范围 475~950℃，形态为粒状和球状，时效析出后期长成块状，见图 1-48。

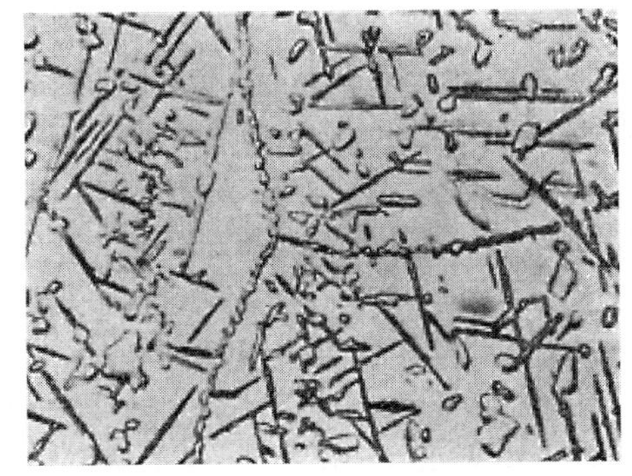

图 1-47 粒状、短棒状和针状 μ 相（×1000）

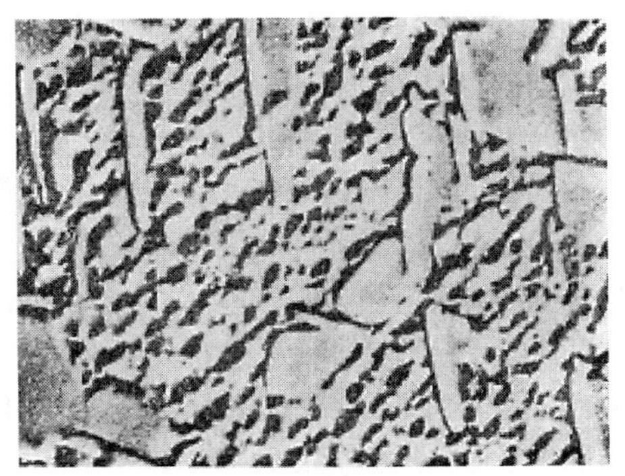

图 1-48 块状 χ 相（×1000）

1.4.10 G 相（$B_{16}A_6Si_7$）[6]

G 相是三元化合物，分子式为 $B_{16}A_6Si_7$，式中 B 元素为 Co、Ni 原子，A 元素为 Ti 族和 V 族原子，C 元素为 Si 原子。G 相单位晶胞中有 116 个原子，复杂面心立方结构，原子间距较大。G 相沿晶界析出，金相形态为块状（见图 1-49），量多时呈网状。晶界块状 G 相对钢的性能影响不大，网状 G 相将降低钢的持久强度。在含 Ti 钢中加入 Si 能促使 Ni_3Ti(η 相) 转化成与基体共格的 $Ni_{16}Ti_6Si_7$(G 相) 增强 Ti 时效强化作用。

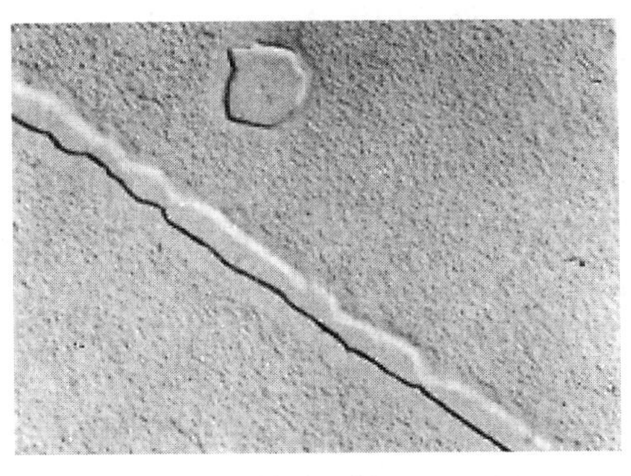

图 1-49 晶界 G 相（×8000）

Si 对 G 相的形成有重要影响，钢中 w(Si) >0.30%时，长期时效后会析出 G 相，Si 含量越多，析出越早、析出量越多。Ni 促进 G 相形成，w(Ni)≥25%的钢在 800℃长期使用易形成 G 相，但含 Ni 量较少的沉淀硬化和超马氏体不锈钢中未发现 G 相。Ti 是最有效形成 G 相的元素，而 Cr 和 Mo 族元素是抑制 G 相形成元素。含 Mo 高的合金即使 Ni 含量高达 36%也不容易出现 G 相，但含 Mo 低的合金容易出现 G 相。

1.4.11 α′相（富铬的 FeCr 固溶体）[1]

α′相是处于固溶体和化合物之间的过渡态相，也可以看成富铬的铁素体有序相，其含 Cr 量高达 60%~85%，而含 Fe 量仅有 37%~12%。α′相既硬又脆，在使钢塑性和韧性下降的同时，还会导致不锈钢耐蚀性能恶化，通常所说的475℃脆性，就与α′相析出有关。α′相主要存在于 w(Cr)>15%的铁素体不锈钢和双相不锈钢中，钢中 α′相在 400~500℃温区内形成，形成速度较慢。对已经脆化了的钢，在540℃以上重新加热，α′相重新溶入基体中，然后快冷，钢的韧性和耐蚀性能就可恢复。α′相开始溶解速度较慢，500℃时大约需要1000h才能恢复到脆化前的状态，加热温度提高到540℃需要5h，提高到600℃时，只要1h α′相就可以全部溶解。近期研究发现[15]：铁素体在一定温度范围内（400~500℃）会发生两相分离，形成富铬和富铁两个亚微观尺度的原子偏聚区，即α′和α相。因为两相都具有体心立方结构，共格并存，α′的晶格常数为0. 2877nm，介于铁和铬的晶格常数（α_{Fe}=0. 2866nm、α_{Cr}=0. 2885nm）之间，难于辨别。运用现代研究手段，观察铁素体不锈钢在450℃长期（100~1000h）时效过程中，确定α′和α相中的Cr含量（原子分数）分别为85%±1%和11%±1%，相当于α′相在时效期间，Cr含量在60%~85%（质量分数）范围内波动。进一步研究表明：Cr在α′相中的聚集，不同于一般相变，没有形核和长大过程，而像涨潮一样，在不稳定浓度起伏中实现两相分离。在一定温度区间开始时效初期，两相均无确定的成分，随着时间的延长，不同部位Cr的浓度开始起伏变化，就像海潮把砂子推向岸边一样，Cr在起伏中缓慢、连续地向某一区域聚集，最终形成两个相邻的，Cr浓度差很大的偏聚区——α′相和α相。475℃是α′相形成速度最快的温度，因而有“475℃脆性”一词。

1.4.12 ε相（富铜的 CuNi 固溶体）

ε相是处于固溶体和化合物之间的中间状态相，从表1-1可以看出Cu在α-Fe中只能有限溶解（质量分数）（约为2. 1%），形成固溶体需要3d层电子参与形成金属键，而Cu的3d层电子已满10个，主要靠s层电子参加结合形成析出相。超临界机组用合金耐热钢T/P122中的富铜相如图1-50所示。富铜相析出后，阻碍钢中位错运动，稳定马氏体板条和亚结构，起到提高蠕变强度的作用，但铜含量超过2‰会降低钢的高温塑性。

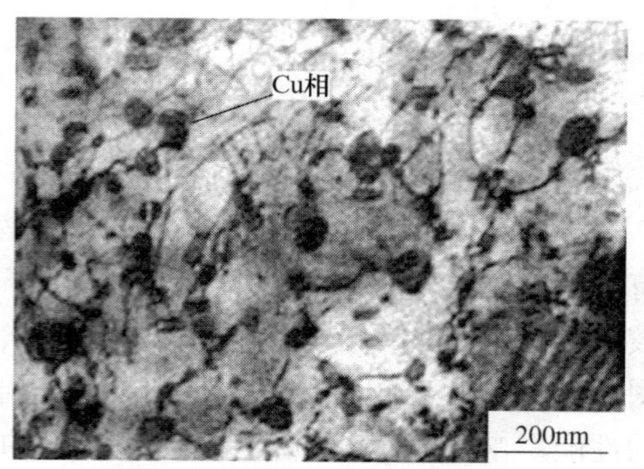

图 1-50 T/P122 钢马氏体板条内的富铜相和位错[19]

ε相还存在于含Cu量较高的各类不锈钢中。Cu在γ-Fe中溶解度（质量分数）较高（约为9. 5%），奥氏体不锈钢中的ε相在晶内弥散析出，可提高钢的室温和中温强度。富铜的ε相还可使不锈钢表面具有抗菌性能。

1.4.13 Z相（CrNbN）[14]

Z相多出现在高N、含Nb不锈钢中，如向316LN（≤0. 03C-17Cr-12Ni-2. 5Mo-0. 15N）

钢中加入0.1%Nb和0.3%Nb，分别在1050℃和1120℃高温固溶处理后，钢的晶内和晶界都有Z相析出（见图1-51中不规则的大块状析出物为固溶时析出的一次Z相）。在随后的蠕变试验中，Z相持续析出，在650℃分别蠕变81h和37890h后，含$w(Nb)=0.3\%$的钢，Z相粒子的平均尺寸为6nm和12nm（图1-51中的小块Z相为二次析出相，小棒状为Laves相），可见Z相抗粗化能力较强。Evans等在研究含有$w(C)=0.023\%$、$w(Nb)=0.41\%$和$w(N)=0.028\%$的310(0Cr25Ni20)钢时发现Z相是由MC转变而来的：钢在1150℃固溶处理后，再经过7%的冷加工，然后在810℃进行2h调节处理+640℃×2h时效处理，此时钢中可观察到细小的Nb(C，N)析出相，时效640h后形成Z相，同时Nb(C，N)相数明显减少。Araki等在0.07%C-20%Cr-25%Ni-1.5%Mo钢中加入$w(Nb)=0.26\%$、$w(Ti)=0.04\%$以及B进行复合强化，同时将钢中N含量提高到0.15%，该钢在600℃和700℃间进行时效处理后，从蠕变试样中检测到晶内和晶界上都存在着与Z相共生的$Cr_{23}C_6$和（Cr_3Ni_2Si)C两种碳化相，但Z相显著细于碳化相，是对改善蠕变性能有利的析出相。另外，Z相可抑制$Cr_{23}Ni_6$析出，可减轻晶间贫铬区、降低钢的晶间腐蚀倾向。

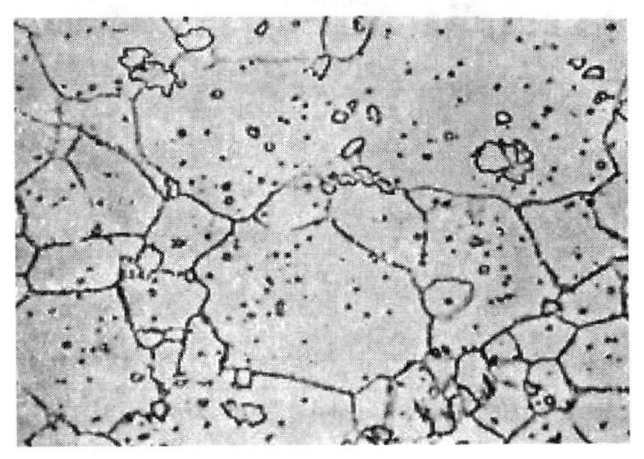

图1-51 块状Z相（×800）

1.4.14 R相（$Fe_{2.4}Cr_{1.3}MoSi$、18%Cr-51%Co-31%Mo）[17,18]

R相是一种Mo含量较高的金属间化合物，具有Fe_2Mo型的六方结构，最早在022Cr18Ni5Mo3Si2钢550℃×10h时效后的金属薄膜中，观察到的R相：长50nm、宽15nm、厚度小于5nm，呈片状，在铁素体{110}面上析出，并沿〈100〉和〈110〉方向长大；50h后长成不规则颗粒，650℃为析出峰，此时析出量增多，但颗粒变长不明显，厚度增加，变为颗粒状。700℃时析出量开始减少。电子衍射花样标定$a=1.083$nm、$c=1.915$nm，能谱半定量得出分子式为$Fe_{2.4}Cr_{1.3}MoSi$，α相内析出的R相见图1-52。

在超马氏体钢01Cr13Ni7Mo4Co4W2Ti中也使用R相强化，ϕ12.0mm热轧盘条经1100℃×1h水冷后再在450℃×24h~525℃×6h进行时效处理，钢的金相组织为：在马氏体基体上弥散分布着条状析出相（R相），见图1-53。R相尺寸在10~30nm，弥散极其均匀，温度稳定性良好，强化效果显著，对钢的韧性影响不大。要获得最佳的强度效果必须控制好时效温度和时间的关系：450℃×24h时效后析出相尺寸为10~20nm，强韧化效果最佳；温度提高到500℃×12h时，析出相尺寸为15~25nm，形态仍保持条状，强韧化效果变化不大；525℃×6h时效后，析出相尺寸开始长大，约20~30nm，部分析出相由条状转变为球状，强化效果开始减弱；550℃时效，只需要10min强度就已达到峰值。目前R相已成为Co-Cr-Ni-Mo钢常用的沉淀硬化相。

不锈钢中见过的析出相还有π相（$M_{11}(CN)_2$常见于控N、Si>3%的Cr-Ni奥氏体钢中）、τ相、P相、Y相、Γ相、L相和R′相（准晶体），因为在沉淀硬化不锈钢和超马氏体不锈钢中较少见，本章节不作详细描述，在相关章节再作详细描述。不锈钢中有序相和金属间化合物技术参数见表 1-16。

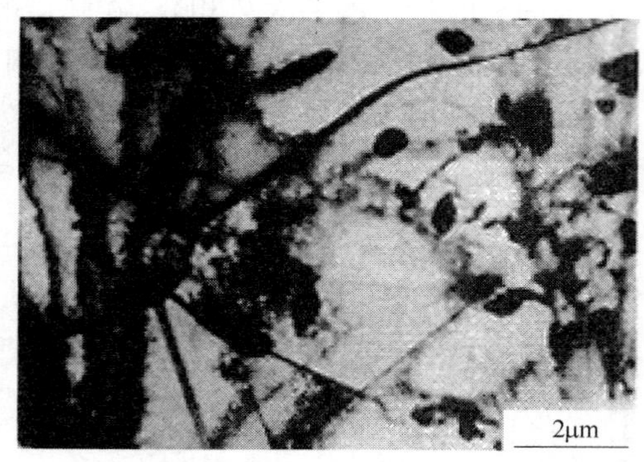

图 1-52　α 相内析出的 R 相[16]

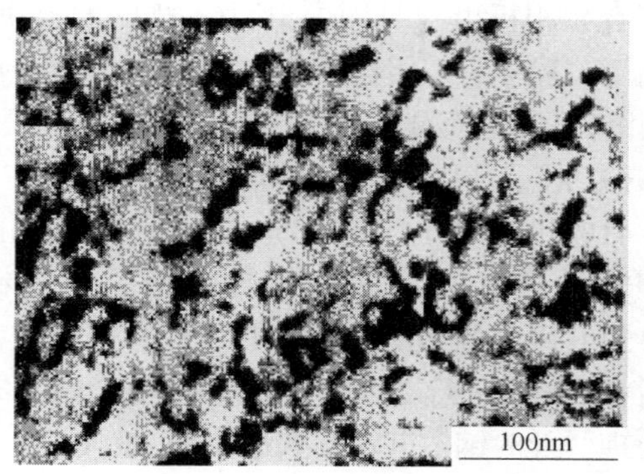

图 1-53　450×24h 时效后析出的 R 相

表 1-16　不锈钢中有序相和金属间化合物技术参数[4,11,13]

类型	析出相（分子式）	析出温度范围/℃	点阵类型	点阵常数/nm	在钢中分布	备　注
金属间化合物	γ′相(B_3A)：Ni_3Al、$Ni_3(Al,Ti)$、$(Ni,Co)_3(Al,Ti)$	400~650	面心立方（有序）	$a=0.358$	晶内	在晶内弥散析出，提高钢的室温和中温强度
	γ″相：Ni_xNb	500~900	体心四方（有序）	$a=0.3624$、$c=0.7406$ $c/a=0.204$	晶内	在晶内弥散析出，提高钢的室温和高温强度
	β 相（BA）：NiAl	400~600	体心立方（有序）	$a=0.291\sim0.292$	晶内	在晶内弥散析出，提高钢的室温和高温强度
	Ni_2TiAl		面心立方	$a=0.5810\sim0.5868$	晶内	
	η 相（B_3A）：Ni_3Ti $(Fe,Ni)_3Ti$	450~900	密排六方（有序）	$a=0.511\sim0.512$ $c=0.830\sim0.832$	晶内	
	δ 相：Ni_3Nb	700~980	正交（有序）	$a=0.5106$、$b=0.4251$ $c=0.4556$	晶内	不锈钢在 650~700℃ 时由 γ″相聚集长大而成
	σ 相(BA)：FeCr($Fe_{54}Cr_{46}$) FeMo($Fe_{50}Mo_{50}$)[1]	550~1050	四方	$a=0.8799$、$c=0.4544$ $a=0.9188$、$c=0.4812$	相界 晶界	
	Laves 相（B_2A）：Fe_2Ti、Fe_2Nb、Fe_2Mo、Fe_2W 48%Mo-35%Fe-13%Cr-2%Ni-2%Si	600~1100	密排六方	$a=0.475\sim0.483$ $c=0.769\sim0.777$	晶内 晶界	
	μ 相[16]（B_7A_6）：Co_7Mo_6 Fe_7Mo_6	700~1050	三角	$a=0.476\sim0.479$ $c=2.570\sim2.590$	晶界 晶内	
	χ 相：$(FeNi)_{36}Cr_{18}Mo_4$、62%Fe-21%Cr-17%Mo[18] $Fe_{36}Cr_{12}Mo_{10}$又称 Chi 相	475~950	体心立方	$a=0.886\sim0.892$ $a=0.891\sim0.892$	晶界 晶内	与 σ 相并存，能转变为 σ 相的亚稳定相
	G 相（$B_{16}A_6Si_7$）：$Ni_{16}Ti_6Si_7$	450~700	复杂面心立方	$a=1.113\sim1.147$	晶界	

续表 1-16

类型	析出相（分子式）	析出温度范围/℃	点阵类型	点阵常数/nm	在钢中分布	备　注
金属间化合物	α′：富铬的 FeCr 固溶体，含铬 61%~63%	350~550	体心立方（有序）	$a=0.2877$	晶内	富铬硬脆相，存在于 F 中，塑韧性、耐蚀性下降
	ε 相：富铜的 CuNi 固溶体	400~650			晶内	
	R 相：$Fe_{2.4}Cr_{1.3}MoSi$[17] 18%Cr-51%Co-31%Mo[18] 45%Mo-31%Fe-18%Cr-4%Ni-2%Si	550~700	三角	$a=1.083$、$c=1.915$ $a=1.090$、$c=1.934$	晶内	
	Z 相：CrNbN $(NbWMo)_{1.7}(CrFe)_{2.8}N$	600~1000	六方	$a=0.303$、$c=0.737$	晶内、晶界	
	π 相[14]：$Fe_7Mo_{13}N_4$	550~600	面心立方	$a=0.647$	晶内	
	τ 相[14]：$Ti_4C_2S_2$	550~650	正交	$a=0.205$、$b=0.484$ $c=0.286$		Ti 的碳硫化合物
	P 相[16]：18%Cr-40%Ni-42%Mo		正交	$a=0.907$、$b=1.698$ $c=0.475$		
	Y 相[1]：$Ti_{69}N_{9.7}C_{5.7}S_{4.4}$	800~900	六方	$a=0.3206$、$c=1.120$		相当于由 TiC、TiN 和 $Ti_2(CS)$ 组成的化合物
	Γ 相：60%Ti-29%S-11%C		六方	$a=0.32$、$c=1.120$		硫化物+碳硫化合物
	L 相：9%Fe-4%Cr-52%Ni-15%Mo-16%Ti-4%Al	450~600	面心立方（有序）			
	R′相（准晶体）：48%Mo-33%Fe-13%Cr-2%Ni-4%Si	450~550	二十面体	准晶结构		

注：1. 相是钢中成分、结构、性能相同的组成体，相与相之间有明显的界面，钢中固溶体和化合物均可称为相；
2. A 指元素周期表中处于 Mn 左边的元素，B 指元素周期表中 Mn 和处于 Mn 右边的过渡族元素；
3. 分子式中下标数为原子比，化学符号前的百分数表示质量分数。

参 考 文 献

[1] Donald Peckner, I. M. Bernstein. HANDBOOK OF STAINLESS STEELS [M]. Mc Graw-Hill Book Company USA 1977；顾守仁，周有德等译，唐祥云审校. 不锈钢手册 [M]. 北京：机械工业出版社，1987：131~132，167~169，281~282，392，477.

[2] 吴承建，陈国良，强文江. 金属材料学 [M]. 北京：冶金工业出版社，2005：7~24.

[3] 樊东黎. 热处理技术数据手册 [M]. 北京：机械工业出版社，2000：17~25.

[4] Аверин В В. 金属中的氮 [M]. 余新昌，张彦华，苏樾，译. 北京：冶金工业出版社，1981：30~55，148~150.

[5] 刘宗昌，等. 材料组织结构转变原理 [M]. 北京：冶金工业出版社，2006：226~238.

[6] 陈国良. 高温合金学 [M]. 北京：冶金工业出版社，1988：20，52~63.

[7] 崔忠圻. 金属学与热处理［M］. 北京：机械工业出版社，1989：65~71，280~289.
[8] 胡正飞，吴杏芳，王春旭. 二次硬化合金钢中多组元强化相 M_2C 碳化物的粗化动力学研究［J］. 金属学报，2003：585~591.
[9] 赵振业. 合金钢设计［M］. 北京：国防工业出版社，1999：250~310.
[10] Lutianyalang，北京矿业大学. 第六章　表面渗氮［EB/OL］. 百度文库，2015-04-03，48.
[11] 马玉喜，荣凡，周荣，等. 固溶时效对超高氮奥氏体不锈钢析出行为的影响［J］. 材料热处理学报，2008：66~70.
[12] 方芳，雍岐龙，杨才福，等. 含钒微合金钢的析出行为研究［J］. 钢铁，2010，45（3）：66~69.
[13] 高温合金图谱编写组. 高温合金图谱［M］. 北京：冶金工业出版社，1979：13~23，25~35.
[14] 陆士英. 不锈钢概论［M］. 北京：化学工业出版社，2013：12~37，168~175.
[15] 孟繁茂，付俊岩. 现代含铌不锈钢［M］. 北京：冶金工业出版社，2004：132~136.
[16] 吴玖，等. 双相不锈钢［M］. 北京：冶金工业出版社，1999：17~37，44~50.
[17] 姜越，甄彩霞，李彩霞. 00Cr13Ni7Mo4Co4W2Ti 马氏体时效钢的时效动力学研究［J］. 特殊钢，2009：4~6.
[18] 肖纪美. 不锈钢的金属学问题［M］. 第 2 版. 北京：冶金工业出版社，2006：75~83，220~226，232~238.
[19] 包汉生，傅万堂，程世长，等. T122 耐热钢中氮化硼（BN）化合物的探讨［J］. 钢铁，2005，10：68~70.

2 沉淀硬化不锈钢和超马氏体不锈钢

不锈钢是20世纪重要发明之一，经过一百多年的研制和开发已形成一个有300多个牌号的系列化的钢种。在特殊钢体系中不锈钢性能独特，应用范围广，是其他特殊钢无法代替的却几乎可以涵盖其他任何一种特殊钢的钢种。

不锈钢合金含量高，价格比较高，属于钢铁行业的高档产品，其使用寿命远远高于其他钢种，维护费用少，是使用成本最低的钢种。不锈钢回收利用率高，对环境污染少，是改善环境、美化生活的绿色环保材料。

不锈钢的生产和使用在一定程度上反映出一个国家或地区经济发展水平和人民生活水平。不锈钢的发展几乎不受某个特定行业发展的影响，而与国家和地区GDP（国民生产总值）的增长密切相关。目前我国不锈钢的生产量已稳居世界第一，人均表观消费量居于世界中上等水平。

近年来，我国不锈钢取得持续、突飞猛进的发展，当今世界最先进的冶炼设备，轧钢设备全在我国，毫不含糊地说，我国生产不锈钢的冶金装备是世界一流的。目前我国不锈钢产品与国际先进水平的差别体现在质量、品种和使用三方面。

传统的不锈钢有奥氏体不锈钢、马氏体不锈钢、铁素体不锈钢和双相不锈钢四大类型。沉淀硬化不锈钢和超马氏体不锈钢是在传统不锈钢基础上发展起来的，是具有特定物理、化学性能的钢，为不锈钢家族中后起之秀。这两类钢通过合理调控化学成分获得预期的显微组织，通过选择不同的压力加工和热处理工艺，获得传统不锈钢无法得到的综合力学性能和物理性能，最后通过时效处理，在钢中析出沉淀硬化相和逆转奥氏体，进一步提高钢的强度和韧性。时效处理或沉淀硬化是这类钢的特色和亮点。

本章节用“显微组织结构”作梳子，对两类最有发展前途的不锈钢——沉淀硬化不锈钢和超马氏体不锈钢进行了梳理和分析，推导出一套预测不锈钢临界点和特征值的经验公式。按照：化学成分→生产工艺→显微组织结构→使用性能的思路，介绍这两类钢典型牌号的生产工艺与技术参数之间的对应关系，为这两类钢的研制、推广和应用提供具有实用价值的参考资料。

2.1 沉淀硬化不锈钢[2]

马氏体钢可以通过热处理强化，但耐蚀性能一般，在低温条件下使用有一定的脆化倾向。奥氏体钢耐蚀性能和冷加工塑性俱佳，但无法通过热处理强化。沉淀硬化不锈钢兼有两者的优点：固溶（退火）状态下较软，容易加工成型；通过冷加工可获得很高强度；具有与奥氏体不锈钢相当的耐蚀性能。此外，沉淀硬化不锈钢通过冷加工达到一定强度后再进行适当的时效处理，析出沉淀硬化相，钢的强度进一步提高。沉淀硬化不锈钢与淬火-回火钢相比在很多方面均占有优势，由于沉淀硬化不锈钢最终靠时效处理达到预定的强韧性，时效处理温度相对较低，热处理引起制件尺寸和形状的变化非常小，各类沉淀硬化不锈钢名义尺寸变化一般均小于0.005mm/cm。所以最终热处理前可将制件直接加工成所需尺寸和形状，简化机械加工程序，节约制作成本。

相对于传统不锈钢，沉淀硬化钢是开发得比较晚的钢种。第二次世界大战期间，由于资源匮乏和对高强度不锈钢的需求激增，1946年美国匹茨堡（Carnegie-Illionois）钢公司开发了第一个沉淀硬化不锈钢Stainless W，1948年阿姆科（Armco）公司又开发了17-4PH和第一个半奥氏体沉淀硬化不锈钢17-7PH，50年代初期阿里根尼路德卢姆钢公司（Allegheny Ludlum）又开发了奥氏体沉淀硬化不锈钢A286。经过半个多世纪的努力，沉淀硬化不锈钢已形成一个独立体系，具有众多的牌号。美国AISI开始按惯例不给专利合金指定编号，这类钢基本用各公司的商品名称，后来使用范围拓展，AISI将这类钢编入600系列中。同期ASTM也给这类钢指定了XM-编号。现将常用的沉淀硬化不锈钢的商品名称、相应编号及化学成分一并列入表2-1和表2-58中。沉淀硬化不锈钢是在满足军工需求的背景下诞生的，至今仍以军工需求为主要市场。

按显微组织结构沉淀硬化不锈钢可以分为：马氏体沉淀硬化不锈钢、半奥氏体沉淀硬化不锈钢和奥氏体沉淀硬化不锈钢三大类，下面以钢丝为主，分类描述沉淀硬化不锈钢的特性及工艺控制要点。

沉淀硬化（PH）不锈钢热处理种类繁多，为标识方便，习惯沿用英文名称第一个字母作为该热处理方法的代号，因为不同牌号沉淀硬化不锈钢研发时间或研发公司不同，同一种热处理方法往往有几种不同的代号，为尊重研发者科学界习惯沿用原有代号：

A——固溶处理（Austenite conditioning）；

T——相变处理（Transformation treatment）；

C——冷加工（Cold working）；

R——冷处理（Refrigiration treatment）；

H——沉淀硬化处理（Hardening treatment）。

这些字母后面附加数字表示进行相应处理的华氏温度（℉），如A1750表示在1750℉（954℃）进行固溶处理；H900表示在900℉（482℃）进行时效处理。华氏温度与摄氏温变换算关系为：℃=（℉-32）×9/5。英文名称带下划线者，表示代号字母的来源。另外，PH14-8Mo、AM350和AM355等牌号常用以下代号：

SCT——深冷+回火（Subzero Cool and Temper）；

SRH——固溶+深冷+时效（Solution treatment Refrigiration and Hardening）；

SZC——冷处理（Sub Zero Cool）；

DA——双重时效（Double Age）；

CRT——冷轧与回火（Cool Rolled and Temper）；

L——低温固溶处理（Low temperature solution treatment）；

H——高温固溶处理（High temperature solution treatment）；

DADF——为了提高耐应力腐蚀开裂能力，SCT处理后进一步加以冷处理；

XH——通过大加工率冷轧后再回火，获得超高强度；

BCHT——同钎焊配合的循环热处理（Braze Cycle Heat Treatment）。

其他没有缩写代号的热处理方法还有：

homogenizing ——通常用于铸件的，促使显微组织均匀化的热处理；

equalizing ——促使应力均衡化的热处理等。

2.1.1 马氏体沉淀硬化不锈钢[1,2]

马氏体沉淀硬化不锈钢具有良好的强韧性，热处理相对比较简单，见图 2-1，在大气和弱腐蚀介质中的耐蚀性优于铁素体钢和马氏体钢，稍低于奥氏体钢，能承受一定程度的冷加工，比较容易焊接。缺点是冷加工能力有限，即使在退火态也无法满足深冲要求，该类钢冲击韧性较低，在 350~400℃ 区间长期使用有脆化倾向。

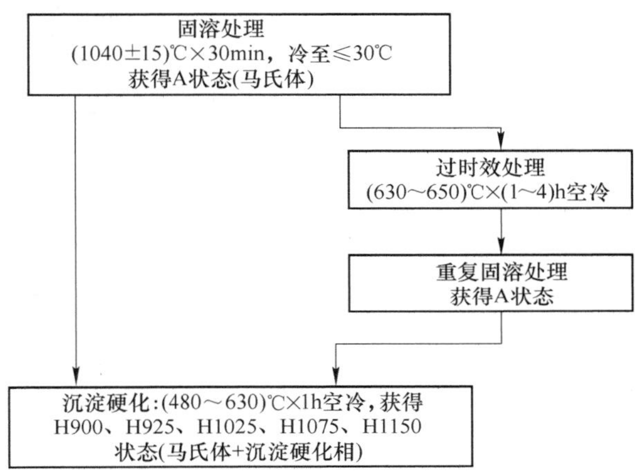

图 2-1 马氏体沉淀硬化不锈钢的生产工艺流程

2.1.1.1 马氏体沉淀硬化钢的显微组织结构和化学成分

从化学成分上分析，马氏体沉淀硬化不锈钢是不稳定奥氏体钢，其 *Ms* 点均在室温以上。固溶处理时，钢中的强化元素溶解到奥氏体中，形成单一的过饱和奥氏体；冷却时，奥氏体转变为低碳马氏体，而强化元素以过饱和状态留在马氏体中；随后再进行简单的时效处理，在马氏体基体上析出沉淀硬化相，使钢获得高强度和适宜的韧性。该类钢是沉淀硬化不锈钢中用量最大，常用牌号最多的钢种。马氏体沉淀硬化不锈钢的常用牌号及其化学成分见表 2-1。

马氏体沉淀硬化不锈钢的化学成分控制要点为：

(1) 为保证钢淬火后仍具有一定的塑性和韧性，必须获得板条状马氏体组织，钢中 C 应小于 0.15%。

(2) *Ms* 最好控制在 80~250℃ 范围，温度偏低淬火后残余奥氏体量增加，温度偏高淬火后马氏体产生自回火效应，均会造成基体强度下降。实践证明：魏振宇公式和 Pickering 公式预测马氏体沉淀硬化不锈钢的 *Ms* 点比较准确，预测结果见表 2-2。

1) 经修订的魏振宇公式[3]：$Ms(℃) = 1180 - 1450(w(C) + w(N)) - 30w(Si) - 30w(Mn) - 37w(Cr) - 57w(Ni) - 22w(Mo) - 32w(Cu)$（经修订的魏振宇公式适用于经充分奥氏体化后淬水状态的沉淀硬化型不锈钢和耐热钢的 Ac_3 点的计算，式中，$-32w(Cu)$ 为笔者增补的修正项）。

表 2-1　马氏体沉淀硬化不锈钢牌号和化学成分

牌号	化学成分(质量分数)/%											
	标准或实控	C	Si	Mn	P	S	Cr	Ni	Mo	Al	Cu	N	其他元素
06Cr17Ni7AlTi (StainlessW/635)	GB/T 20878—2007	≤0.08	≤1.00	≤1.00	≤0.040	≤0.030	16.0~17.5	6.00~7.50		≤0.40			Ti：0.40~1.20
	实际控制	0.06	0.40	0.50			16.7	6.8		0.3		0.01	Ti：0.60
05Cr17Ni4Cu4Nb (17-4PH/630)	中国航空材料手册[21]	≤0.07	≤1.00	≤1.00	≤0.035	≤0.025	15.0~17.5	3.00~5.00			3.00~5.00		Nb：0.15~0.45
	实际控制	0.04	0.40	0.50			16.0	4.2			3.4	0.01	Nb：0.30
05Cr15Ni5Cu4Nb (15-5PH/XM-12)	GB/T 20878—2007	≤0.07	≤1.00	≤1.00	≤0.040	≤0.030	14.0~15.5	3.50~5.50			2.50~4.50		Nb：0.15~0.45
	实际控制	0.04	0.40	0.30			14.8	4.6			3.5	0.01	Nb：0.30
06Cr15Ni5Cu2Ti (08X15H5Д2T)	中国航空材料手册	≤0.08	≤0.70	≤1.00	≤0.020	≤0.018	13.5~14.8	4.80~5.80			1.75~2.50		Ti：0.03~0.15
	实际控制	0.05	0.40	0.50			14.5	5.2			2.0	0.01	Ti：0.15
04Cr15Ni6Cu2Nb (Custom450/XM-25)	ASTM A959—09	≤0.05	≤1.00	≤1.00	≤0.040	≤0.030	14.0~16.0	5.00~7.00	0.50~1.00		1.25~1.75		Nb≥8×C
	实际控制	0.04	0.25	0.3	0.015	0.006	14.9	6.5	0.8		1.5	0.01	Nb：0.60
04Cr16Ni7AlTi (Croloy16-6PH/ЭИ814)	《不锈钢资料手册(上册)》[22]	0.025~0.045	≤0.50	0.70~0.90	≤0.025	≤0.025	15.0~16.0	7.00~8.00		0.25~0.40			Ti：0.35~0.50
	实际控制	0.035	0.40	0.80			15.75	7.5		0.30			Ti：0.40
05Cr14Ni5MoCu2Nb (FV520B)	弹性合金	0.04~0.07	≤0.60	≤0.80	≤0.025	≤0.015	13.0~15.0	5.0~5.8	1.2~2.0		1.5~2.2		Nb：0.25~0.45
	实际控制	0.045	0.34	0.58			13.8	5.54	1.5		1.6	0.01	Nb：0.40
04Cr13Ni8Mo2Al (PH13-8Mo/XM-13)	ASTM A959—09	≤0.05	≤0.10	≤0.20	≤0.010	≤0.008	12.3~13.2	7.50~8.50	2.00~3.00	0.90~1.35		≤0.01	
	不锈钢实用手册[18]	≤0.05	≤0.10	≤0.10	≤0.010	≤0.008	12.25~13.25	7.50~8.50	2.00~2.50	0.90~1.35		≤0.01	
	实际控制	0.04	0.08	0.15			13.0	8.0	2.2	1.10		0.008	
15Cr15Co13Mo5V (AFC-77)	中外不锈钢与合金钢号与标准手册[23]	0.12~0.17	≤0.25	≤0.30			13.5~14.5	0.30~0.70	4.5~5.5			≤0.10	V：0.10~0.30 Co：13.0~14.5
	实际控制	0.15	0.20	0.25			14.0	0.5	5.0			0.04	V：0.23 Co：13.5
07Cr12Co10Mo6 (X12K10Mo6)	[俄] 弹簧钢与弹性合金	0.09	0.40	0.50			11.88		5.65			0.03	Co：10.1

表 2-2 马氏体沉淀硬化不锈钢的临界点参考值 (℃)

牌 号	Ac_1	Ac_3	Ms	δ含量/%	A. R. I
马氏体沉淀硬化不锈钢					
06Cr17Ni7AlTi (StainlessW)	650①	705④	93	11.7	16.2
05Cr17Ni4Cu4Nb (17-4PH)	670	740	140	8.0	15.5
05Cr15Ni5Cu4Nb (15-5PH)	662①	702④	165②	4.2	14.5
06Cr15Ni5Cu2Ti (08Х15Н5Д2Т)	640	750	140	3.4	13.9
04Cr15Ni6Cu2Nb (Custom450/XM-25)	632	707	118	2.6	17.2
04Cr16Ni7AlTi (Croloy16-6PH/ЭИ814)	613①	690④	69②	5.7	20.1
05Cr14Ni5MoCu2Nb (FV520B)	667①	790④	162②	1.2	17.5
04Cr13Ni8Mo2Al (PH13-8Mo)	655①	790④	121	-4.7	19.7
15Cr15Co13Mo5V (AFC-77)	775①	830④	140③	-2.6	18.8
12Cr12Co10Mo6 (Х12К10М6)	810①	890④	155③	0.6	16.0

注：1. 经修正的 И. Я. 索科夫（Сокол）公式：δ(%)=2.4w(Cr)+1.0w(Mo)+1.2w(Si)+14w(Ti)+1.4w(Al)+1.7w(Nb)+1.2w(V)-41w(C)-0.5w(Mn)-2.5w(Ni)-0.3w(Cu)-1.2w(Co)-18(δ 表示高温铁素体的百分含量，适用于不锈钢，负数表示钢中不含 δ 铁素体)。

2. A. R. I 称为奥氏体保留系数，用来衡量淬火后钢中残余奥氏体留存量。

①不锈钢临界点计算公式：Ac_1(℃)=820-25w(Mn)-30w(Ni)-11w(Co)-10w(Cu)+25w(Si)+7(w(Cr)-13)+30w(Al)+20w(Mo)+50w(V)（Irving 公式，适用于含 w(Cr)=12%~17%马氏体和沉淀硬化不锈钢的 Ac_1 点计算）。

②沉淀硬化不锈钢 Ms 点的计算公式：Ms(℃)=1180-1450(w(C)+w(N))-30w(Si)-30w(Mn)-37w(Cr)-57w(Ni)-22w(Mo)-32w(Cu)（经修订的魏振宇公式，适用于经充分奥氏体化后淬水状态的沉淀硬化型不锈钢的 Ms 点计算）。

③不锈钢 Ms 点的计算公式：Ms(℃)=635-450w(C)-450w(N)-30w(Mn)-50w(Si)-20w(Cr)-20w(Ni)-45w(Mo)+10w(Co)-35w(Cu)-36w(W)-46w(V)-53w(Al)（Pickering 公式，适用于 0.10%C-17.0%Cr-4.0%Ni 为基础的钢和含钴、钨、钒、铝的钢）。

④不锈钢临界点 Ac_3 的计算公式：Ac_3(℃)=910-203$\sqrt{w(C)}$+44.7w(Si)-10w(Mn)-9w(Cr)-15.2w(Ni)+31.5w(Mo)-15.5w(Cu)+104w(V)+13.1w(W)+80w(Al)+100w(Ti)+250w(Nb)-4w(Co)（安德鲁斯(K. W. Andrews）公式，适用于不锈钢和耐热钢 Ac_3 点的计算）。

2）Pickering 公式：Ms(℃)=635-450w(C)-450w(N)-30w(Mn)-50w(Si)-20w(Cr)-20w(Ni)-45w(Mo)+10w(Co)-35w(Cu)-36w(W)-46w(V)-53w(Al)（适用于 0.10%C-17.0%Cr-4.0%Ni 为基础的钢和含钴、钨、钒、铝的钢）。

（3）经验证，马氏体和沉淀硬化不锈钢实用临点计算公式还有：

1）Irving 公式：Ac_1(℃)=820-25w(Mn)-30w(Ni)-11w(Co)-10w(Cu)+25w(Si)+7[w(Cr)-13]+30w(Al)+20w(Mo)+50w(V)（适用于 w(Cr)=12%~17%马氏体和沉淀硬化不锈钢的 Ac_1 点计算，式中，-11w(Co)-10w(Cu)和+7[w(Cr)-13]为笔者增补的修正项，Mo 的系数由 25 修订为 20）。

2）安德鲁斯（K. W. Andrews）公式：Ac_3(℃)=910-203$\sqrt{w(C)}$+44.7w(Si)-10w(Mn)-9w(Cr)-15.2w(Ni)+31.5w(Mo)-15.5w(Cu)+104w(V)+13.1w(W)+80w(Al)+100w(Ti)+250w(Nb)-4w(Co)（适用于不锈钢 Ac_3点的计算，式中，-10w(Mn)-9w(Cr)-15.5w(Cu)+80w(Al)+100w(Ti)+250w(Nb)-4w(Co)为笔者增补的修正项）。

(4) 钢中的δ铁素体因结晶过程中成分偏析、热加工后冷却速度不一致，尺寸大小、分布状态往往是不均匀的。冷加工使δ铁素体沿变形方向呈条状分布，但很难改变其分布不均状态，因而会造成钢板的纵向和横向性能，尤其是塑性和韧性严重不均，同时也会造成基体强度下降。实际上 Stainless W 和 17-4PH 两个早期开发的经典牌号均为双相钢，室温下为M+δ，高温下为A+δ，钢中δ铁素体含量约为7%~14%。而随后新开发的新牌号δ含量均控制在0~7%范围内。通过实际验证：经修正的И. Я. 索科夫（Сокол）公式能比较准确地预测沉淀硬化不锈钢中δ铁素体含量，预测结果见表 2-2。

经修正的И. Я. 索科夫（Сокол）公式[4]：$\delta(\%)=2.4w(\mathrm{Cr})+1.0w(\mathrm{Mo})+1.2w(\mathrm{Si})+14w(\mathrm{Ti})+1.4w(\mathrm{Al})+1.7w(\mathrm{Nb})+1.2w(\mathrm{V})-41w(\mathrm{C})-0.5w(\mathrm{Mn})-2.5w(\mathrm{Ni})-0.3w(\mathrm{Cu})-1.2w(\mathrm{Co})-18$（适用于不锈钢，式中，$+1.0w(\mathrm{Mo})+1.7w(\mathrm{Nb})+1.2w(\mathrm{V})-0.3w(\mathrm{Cu})-1.2w(\mathrm{Co})$为笔者增补的修正项）。

(5) 提高钢的使用温度和抗回火能力，常用方法是：添加强碳化物形成元素，如 Ti、Nb 和 V 等，以期在淬火或时效处理时形成稳定性更好的碳化物、氮化物和金属间化合物。

(6) 为提高钢的耐蚀性能，在保证显微组织结构达到预定要求前提下，尽可能提高 Cr 和 Mo 的含量。

(7) 根据沉淀硬化原理和钢的用途，合理添加沉淀强化元素 Ti、Nb、Al、Cu，达到最大强化效果。

2.1.1.2　马氏体沉淀硬化钢的热处理工艺制度

马氏体沉淀硬化钢的力学性能与热处理关系密切，在生产过程中要特别注意协调好冷加工、热处理和使用的关系。马氏体沉淀硬化不锈钢经固溶处理获得马氏体组织，随后通过简单的时效处理即可获得强韧性俱佳的综合力学性能。以 17-4PH(05Cr17Ni4Cu4Nb) 为例，钢的 *Mf* 点恰好在室温以上，在适宜的温度下进行固溶处理后空冷，得到完全马氏体组织，然后经 480~620℃单一的时效处理即可达强硬目标。对于一些不能完全转变为马氏体的牌号，可增加冷处理或再增加一次重复固溶处理，将 *Mf* 点调到室温以上再进行时效处理，见图 2-1。所以不同牌号马氏体沉淀硬化不锈钢的固溶处理温度和冷却速度有明显差别，如 PH13 -8Mo（04Cr13Ni8Mo2Al）的固溶温度为 925℃，为获得更高的强度，有时还需要增加深冷处理环节。Custom455（022Cr12Ni8Cu2NbTi）的固溶处理温度为 830℃，时效处理通常选在 480~510℃之间，使钢处于完全时效或轻微过时效状态，可获得最佳强韧性配合。在 510℃以上时效，钢处于明显过时效状态，钢的强度虽有下降，塑性和韧性却有改善。根据用途调节固溶和时效工艺是马氏体沉淀硬化不锈钢生产和使用的基本功。

该类钢的基础热处理工艺有三种：软化处理、固溶（淬火）处理和时效处理。

A　软化处理

尽管该类钢固溶（淬火）处理后具有一定的塑性变形能力，原则上仍不主张以固溶处理作为半成品的软化手段。因为固溶处理后的显微组织是板条状的马氏体，内部残存着很高的由于体积膨胀形成的应力，钢的裂纹敏感性很强，很容易从表面划痕诱发成表面裂纹，而且裂纹扩展速度极快，时常造成整批钢因裂纹报废。根据多年生产经验，笔者推荐以再结晶退火作为半成品的软化手段。

再结晶退火指将钢加热到 Ac_1 以下（或贴近 Ac_1）温度，保温一段时间，然后炉冷，冷到适当温度再出炉。由于马氏体沉淀硬化钢的 Ac_1 比较低，组织变化动力不足，往往需要保温较长时间（4~6h）才能初步实现软化，此时尽管抗拉强度偏高，伸长率（A）和断面收缩率（Z）均已达到较高水平。经过 2~3 个冷加工+退火循环，抗拉强度才能降到最低水平。

B 固溶处理

马氏体沉淀硬化钢固溶处理的目的是：为钢的冷加工和使用作组织准备。以钢丝为例，所有钢丝均以热轧盘条为原材料，热轧后盘条受冷却条件限制，同一卷盘条的组织结构和力学性能差别较大。首先要对盘条进行固溶处理，使其析出物充分溶入基体中，达到化学成分均匀一致。然后快冷，获得单一或均匀的马氏体组织。可以充分利用固溶（淬火）处理后的马氏体沉淀硬化钢，有一定的塑性变形能力的特性，进行控制拉拔（总加工率 50%以下），使钢丝内部积累一定的动力，达到缩短再结晶退火保温时间，强化软化效果的目标。

马氏体沉淀硬化钢丝通常以退火和冷拉状态交货，退火状态指钢丝拉拔到成品尺寸后再进行再结晶退火。冷拉状态指钢丝进行固溶处理后再进行适度冷拉。选择冷拉状态的用户，收到钢丝后可直接使用（如焊丝），或进行简单加工成形后，再进行时效硬化处理后使用（如精密轴）。固溶处理状态的钢丝具有低马氏体组织、强韧性俱佳，同时耐腐蚀性能也处于最佳状态。沉淀硬化钢也只有在马氏体基体上析出沉淀硬化相，才能达到预期的硬化效果。

固溶温度需根据牌号和用途确定，首先要保证钢中合金元素充分溶解，形成单一的奥氏体组织。不同牌号的钢应选用不同的固溶温度，Ni 含量高的钢 Ac_1 偏低，固溶温度相对偏低；以 Ti、Zr、Nb 为主要强化元素的钢，因合金元素全部溶入奥氏体中需要较高的温度，固溶温度当然也较高，以 Mo、Cu 为主要强化元素的钢，因合金元素全部溶入奥氏体中的温度较低，固溶温度当然也比较低。有的含 Ti 较高的钢也选用较低的固溶温度，目的是让部分 TiC 或 TiN 保留在奥氏体中，冷却后直接获得较高强度和韧性，可以不进行回火。具体牌号的固溶温度参见 2.1.3 小节。

马氏体不锈钢晶粒长大与固溶温度有一定的对应关系：当固溶温度小于 1050℃时，晶粒长大缓慢；1050~1200℃时晶粒迅速长大，晶粒的不均匀度也随之加大，主要原因是弥散在晶间、不均匀分布的析出相阻止部分晶粒长大；温度高于 1200℃后，晶粒长大趋势又稳定下来，随着弥散相逐渐溶解，细晶区消除，晶粒度逐渐均匀。另外，当固溶温度高于 A_4点（奥氏体向 δ 铁素体转变温度）时，钢中 δ 铁素体量明显增多（因为 δ→A 转变需要更长时间）。固溶温度还与钢的 Ms 点有一定的对应关系，固溶温度越高，Ms 点越低，残余奥氏体量有增加趋势，虽有利于韧性，但强度和硬度明显下降。所以，马氏体沉淀硬化钢的固溶温度一般不应超过 1050℃。有时为获得单一细晶粒奥氏体组织，或调节钢的 Ms 点，需要对马氏体沉淀硬化钢进行重复固溶处理，详见 2.2 小节调节处理。

冷却速度对马氏体沉淀硬化钢的韧性有直接影响，冷却缓慢会造成碳化物、氮化物沿晶界偏聚，引起钢的 A_k 值下降，固溶温度越高 A_k 值下降越显著。盘条推荐采用风冷或空冷，棒材采用水冷。对于某些 Ni 和 Co 含量偏高的牌号，空冷或水冷不能保证奥氏体完全转变成马氏体，需要增加−73℃深冷处理环节，PH13-8Mo 钢 A+RH 状态的固溶处理工艺为：925℃×(15~30)min，油冷或空冷到20℃，−73℃×8h深冷。AFC-77钢A+RH状态的固溶处理工艺为：(1000~1080)℃×1h，空冷，−73℃×2h深冷。

C　时效处理

马氏体沉淀硬化钢各牌号的时效处理工艺相对稳定，标准工艺规范见表2-3。

表2-3　马氏体沉淀硬化钢的时效处理工艺

处理状态	时效温度/℃	时效时间/h	冷却方式
H900	480	1	空冷
H925	495	4	空冷
H950	510	4	空冷
H975	525	4	空冷
H1000	538	4	空冷
H1025	550	4	空冷
H1050	565	4	空冷
H1075	580	4	空冷
H1100	595	4	空冷
H1125	610	4	空冷
H1150M(1400)	第一次时效760	2	空冷
H1150M	第二次时效620	4	空冷

注：1. 时效前所有钢均为A状态；
2. 时效温度允许偏差±8℃。

时效处理的目的是：消除马氏体相变产生的组织应力，析出沉淀硬化相，将钢的强韧性调整到适宜使用的范围内。沉淀硬化无疑是关键环节，按共格理论，沉淀硬化相首先在高能区形核，钢中晶界、相界、滑移面、位错线和过饱和马氏体基体都是应力集中的高能区，所以析出相是在马氏体基体中形核长大的。沉淀相的尺寸和分布取决于时效温度和时间，温度低、时间适宜（1~4h），沉淀相尺寸细小、分布弥散。强化效果明显。随温度升高、时间延长，沉淀相聚集长大，与基体失去共格关系，强化效果显著降低。马氏体沉淀硬化钢的时效温度大致在480~620℃范围内，480~540℃是强化峰值出现区，具体使用温度应根据牌号和使用条件选定，使用温度比较高的，或对塑性、韧性、氢脆敏感性以及应力腐蚀能力要求高的，应选用高时效温度。中高强度钢可确保韧性指标，常选择双重过时效工艺，例如，低温用钢可提高抗冲击能，往往选择双重过时效处理工艺，过时效处理还能给零部件的机械加工带来方便。时效过程中析出的沉淀硬化相以金属间化合物为主，含C较高的钢有时可能析出少量的碳化物和氮化物，如TiC、VC、$Cr_{23}C_6$和Mo_2C等。钢中常见析出相见表2-4。

时效处理除了可消除组织应力和析出沉淀硬化相两项效应外，还会产生部分马氏体逆转为奥氏体效应。逆转奥氏体量是时效温度和时间的函数，时效温度越高，时效时间越长，逆转奥氏体量越多。逆转奥氏体与残留奥氏体的组织结构和特性有很大差别，其晶粒更细、稳定性更好，对改善钢的强韧性十分有利，双重过时效处理就是合理利用逆转奥氏体的实例。逆转奥氏体的组织结构和特性将在后面章节集中讨论。

表 2-4 马氏体沉淀硬化钢中的沉淀硬化相

钢 类	牌 号	时效温度/℃	沉淀相类型
马氏体沉淀硬化钢	StainlessW	510~620	Ni_3Ti-η 相+NiA- β 相
	17-4PH	480~620	面心方立富 Cu 相-ε 相+Ni_3Nbδ 相
	15-5PH	480~620	面心方立富 Cu 相-ε 相+Ni_3Nbδ 相
	S45000	480~620	Fe_2Mo -Laves 相+ Ni_3Ti-η 相
	PH13-8Mo	480~620	连续的 NiAl+细小弥散的 γ′相
	AFC-77	480~620	Fe_2Mo -Laves 相+VC 相+$Cr_{23}C_6$相

2.1.1.3 马氏体沉淀硬化钢典型牌号的生产工艺和性能

经多年研究，马氏体沉淀硬化已经形成了包括中等强度、高强度和超高强度在内的完整系列。目前，行业普遍认同：以抗拉强度 1370MPa 作为中等强度和高强度的界限。至于超高强度钢的界定标准，随着材料生产和使用技术的进步而不断变化，目前普遍认同：塑性延伸强度（$R_{p0.2}$）≥1370MPa，抗拉强度≥1620MPa 的合金钢称超高强度钢。

A 06Cr17Ni7AlTi（Stainless W/635）[2]

Stainless W 钢经 1040℃固溶处理，*Ms* 点约为 93℃，空冷后的显微组织为低碳马氏体+6%~12%的 δ 铁素体和少量残余奥氏体，硬度约为 25HRC。由于马氏体转变需要一段时间才能完成，冷至温度后至少要停放 2~4h。时效处理后主要析出相有 NiTi、NiAl 和 Ni(TiAl)。钢的临界温度 $Ac_1=650$℃，$Ac_3=705$℃，$Ms=93$℃。钢的热处理工艺和性能见表 2-5，钢的瞬时高温强度见表 2-6。

表 2-5 Stainless W 钢的热处理工艺和性能

热处理工艺 /℃	抗拉强度 R_m/MPa	屈服强度 $R_{p0.2}$/MPa	伸长率 /%	硬度 (HRC)	持久强度 588℃×100h/MPa	蠕变强度 427℃，0.1%，1000h /MPa
1010~1065℃，空冷	825~1030	515~790	10	22~28		
A+H950（510℃）	1345~1550	1240~1450	10	38~47	216	241
A+H1000（538℃）	1310~1520	1170~1450	10	38~47		
A+H1050（565℃）	1170~1450	1030~1270	10	35~43		
A+H1300（705℃）	830~1030	480~760	12	23~29		

表 2-6 Stainless W 钢的瞬时高温强度

状 态	试验温度/℃	R_m/MPa	$R_{p0.2}$/MPa	A/%
H950	27	1320	1230	13.5
H950	316	1120	1070	12.0
H950	427	1000	930	13.5
H950	538	650	370	22.5

B　05Cr17Ni4Cu4Nb（17-4PH/630）[2]

17-4PH 钢是取代 Stainless W 的第二代钢，具有良好的综合性能，耐蚀性、抗氧化性和强韧性俱佳，目前已成马氏体沉淀硬化钢的代表牌号。马氏体相变和通过时效处理析出沉淀相是 05Cr17Ni4Cu4Nb 的主要强化手段，钢的抗拉强度和韧性指标可以通过调控热处理工艺进行。因钢中 C 含量较低（≤0.07%），又含有较高的 Cr 和 Cu，其耐腐蚀性能、综合力学性能和焊接性能要比传统马氏体不锈钢 2～4Cr13、95Cr18、14Cr17Ni2 好得多。此外，05Cr17Ni4Cu4Nb 钢的衰减性能好，可用作减震零部件；抗腐蚀疲劳和抗水滴冲蚀能力优于传统马氏体不锈钢，目前已成为汽轮机末级叶片的首选材料，在核反应堆驱动机构中用于制作耐磨、耐蚀、高强度部件，化工压缩机和阀门的泵体和杆件等。一般认为，05Cr17Ni4Cu4Nb 可作为在弱腐蚀条件下，既要求不锈性，又要求耐弱酸、弱碱腐蚀的，工作温度低于 300℃，有高强度要求的结构材料中。

（1）05Cr17Ni4Cu4Nb 的显微组织和临界点参考值。17-4PH 钢的临界温度 $Ac_1=670$℃、$Ac_3=740$℃、Ms 点约 120～140℃、$Mf=32$℃、$\delta=8.0\%$、A. R. I = 15. 5。典型的热处理工艺是：固溶温度为 1040℃×0. 5h，空冷到 30℃以下+480×1h 或（495～620）℃×4h 时效处理。固溶处理后的显微组织为低碳马氏体+6%～10%的 δ 铁素体和少量残余奥氏体，马氏体基体中含有过饱和的铜原子。时效处理后过饱和的铜以ε相的形式析出，同时析出的还有 $\gamma''(Ni_xNb)$ 相。

（2）05Cr17Ni4Cu4Nb 的耐腐蚀性能。AH480 状态（1050℃×1h，空冷+ 480℃×1h，空冷处理）的 05Cr17Ni4Cu4Nb 钢具有与奥氏体不锈钢相近的耐蚀性能（见表 2-7），钢的条件腐蚀疲劳寿命见表 2-8，断裂韧性（K_{IC}）和在 3. 5%NaCl 水溶液中的应力腐蚀门槛值（K_{ISCC}）见表 2-9，05Cr17Ni4Cu4Nb 在 260℃加压动水中的耐腐蚀性能见表 2-10。

表 2-7　几种钢耐腐蚀性能比较　　（腐蚀量，g/(m² · h)）

钢　种	腐 蚀 介 质			
	40%HNO_3	0. 1mol/L H_2SO_4	1mol/L CH_3COOH	1mol/L COOH
17-4PH(H480)	0. 24	4. 57	0. 01	1. 04
17-7PH(RH510)	0. 16	26. 6	0. 03	5. 63
316(750℃×2h，空冷)	0. 15	5. 39	0. 01	1. 88

表 2-8　条件腐蚀疲劳极限

热处理工艺制度	介　质	R_m/MPa（指定寿命 10^7）
(1038±13)℃×1h，空冷（≥14℃/min） +(649±5)℃×4h，空冷	22%NaCl 水溶液（80℃）浸涂，大气	206 468 255
(1038±13)℃×1h，空冷（≥14℃/min） +(816±5)℃×0. 5h，空冷（≥14℃/min） +(605±5)℃×5h，空冷	3%NaCl 水溶液（80℃）	324

表 2-9 05Cr17Ni4Cu4Nb 的断裂韧性（K_{IC}）和在 3.5%NaCl 中的应力腐蚀门槛值

牌 号	状态	试验温度/℃	R_m/MPa	$R_{p0.2}$/MPa	取向	K_{IC}/J (MPa$\sqrt{m}$)	K_{ISCC}/MPa$\sqrt{m}$
0Cr17Ni4Cu4Nb 1040℃空冷	H900	室温	1380	1210	T—L	48	
	H975	室温	1230	1160	L—T	93	
	H11000	室温	972	883	T—L	153	
0Cr17Ni4Cu4Nb (AM)1040℃空冷	H900	室温	1310	1170	L—T	53	
	H900	室温	1340	1210	—	57	57

注：K_{IC}表示用积分法测得的数据，J；AM 表示真空冶炼钢；L—T 取向表示纵向取样，开口轴线与轧向垂直；T—L 取向表示横向取样，开口轴线与轧向平行。

表 2-10 05Cr17Ni4Cu4Nb 在 260℃加压动水中的耐腐蚀性能

试 样 状 态	溶解气体/mL · L^{-1}		pH 值	腐蚀速率，mg/(dm^2 · 月) 已脱膜
	O_2	H_2		
机加工，硬化	1~5	—	7	-20
机加工，硬化	<0.1	40~88	7	-100①
机加工，酸洗并硬化	0.1~0.4	—	7	-8①
机加工，酸洗并硬化	—	50	7	-90
机加工，酸洗并硬化	1~4	—	7	-12①

①阳离子腐蚀产物用离子交换纯化系统连续地去除。

（3）05Cr17Ni4Cu4Nb 的力学性能。05Cr17Ni4Cu4Nb 固溶处理+不同温度时效处理后室温力学性能见表 2-11，钢的高温瞬时力学性能见表 2-12，不同状态钢的高温力学性能见表 2-13。

表 2-11 05Cr17Ni4Cu4Nb 室温力学性能

热处理工艺制度	R_m/MPa	$R_{p0.2}$/MPa	A/%	Z/%	硬度(HRC)	α_{KV}/J · cm^{-2}
1040℃×0.5h，水冷（A 状态）	1030	755	12	45	HB363	
1040℃×0.5h，水冷+480℃×4h，空冷（H900）	1373	1275	14	50	44	
1040℃×0.5h，水冷+495℃×4h，空冷（H925）	1304	1207	14	54	42	
1040℃×0.5h，水冷+550℃×4h，空冷（H1025）	1167	1138	15	56	38	
1040℃×0.5h，水冷+580℃×4h，空冷（H1075）	1138	1030	16	58	36	
1040℃×0.5h，水冷+620℃×4h，空冷（H1150）	1000	862	19	60	33	
1038℃×1h，空冷+649℃×4h，空冷（H1200）	933	747	18	62	HB304	185
1038℃×1h，空冷+816℃×1h，空冷（H1500）+605℃×5h，空冷（H1125）	883	738	24	70	HB287	227

表 2-12　05Cr17Ni4Cu4Nb 高温瞬时力学性能

热处理工艺制度	试验温度/℃	R_m/MPa	$R_{p0.2}$/MPa	A_4/%	Z/%
1040℃×1h，空冷+640℃×4h，空冷	20	917	738	26	74
	80	858	733	24	75
	100	848	728	24	74
	200	794	716	21	73
	300	760	682	19	71
	350	745	662	16	71
	400	724	655	15	68
	500	584	569	20	71
	600	471	456	25	81

表 2-13　05Cr17Ni4Cu4Nb 不同状态钢的高温力学性能

试验温度/℃	试样状态	R_m/MPa	$R_{p0.2}$/MPa	A_4/%	Z/%
315	H900	1190	1035	10	31
	H925	1135	1000	12	32
	H1025	1005	931	12	42
	H1075	980	910	9	38
	H1150	855	827	12	54
370	H900	1165	1005	8	25
	H925	1110	980	12	33
	H1025	979	903	10	38
	H1075	924	876	9	33
	H1150	827	786	12	52
425	H900	1115	972	10	21
	H925	1070	958	10	21
	H1025	945	982	11	39
	H1075	883	834	10	30
	H1150	800	772	13	43
480	H900	1025	910	10	30
	H925	1000	883	10	35
	H1025	869	814	12	30
	H1075	786	758	11	38
	H1150	752	717	13	51
540	H900	820	731	15	46
	H925	800	710	16	45
	H1025	731	696	15	43
	H1075	680	650	16	55
	H1150	660	640	15	55

不同状态 05Cr17Ni4Cu4Nb 钢的脆性转变点及在不同温度下的抗冲击性能见表 2-14，不同状态 05Cr17Ni4Cu4Nb 钢的持久强度和剩余塑性见表 2-15，钢的持久强度和蠕变强度见表 2-16，应力衰减性能见表 2-17。

表 2-14　不同状态 05Cr17Ni4Cu4Nb 钢的脆性转变点及在不同温度下的抗冲击性能

热处理工艺制度	试验温度/℃	A_{KV}/J			FATT/℃
1040℃×1h，空冷 +640℃×4h，空冷	100	153	—	166	-65
	60	141	—	156	
	20	139	—	140	
	0	128	119	137	
	-10	131	—	—	
	-20	114	137	147	
	-60	78	69	62	
	-70	92	78	57	
	-80	41	33	31	
	-90	26	20	17	
	液氮	7	5	5	
1038℃×1h，空冷 +816℃×0.5h，空冷 +595℃×5h，空冷	0	166	—	166	-88
	-20	166	—	150	
	-40	150	—	155	
	-60	118	105	110	
	-70	88	100	105	
	-80	64	71	75	
	-90	54	55	59	
	-100	48	48	49	
	-110	41	43	49	
	-120	30	31	35	
	-195	30	28	33	

注：FATT—脆性转变温度。

表 2-15　不同状态 05Cr17Ni4Cu4Nb 钢的持久强度和剩余塑性

试验温度/℃	试样状态	断裂考核时间/h	断裂应力/MPa	A/%	Z/%
330	H925	100	1125	3	13
	H1075	100	945	3. 5	4. 5
	H1150	100	850	5. 5	17. 5
	H925	1000	1005	2. 5	12
	H1075	1000	925	3	14
	H1150	1000	840	4. 5	16. 5
375	H900	100	1075	3	7
	H925	100	1060	3	13. 5

续表 2-15

试验温度/℃	试样状态	断裂考核时间/h	断裂应力/MPa	A/%	Z/%
375	H1075	100	869	4	15.5
	H1150	100	486	6.5	10
	H900	1000	1035	2	6
	H925	1000	1040	2.5	12.5
	H1075	1000	848	3.5	15
	H1150	1000	785	5.5	18
425	H900	100	965	4	8
	H925	100	883	3.5	13.5
	H1075	100	745	6	16
	H1150	100	689	6.5	25.5
	H900	1000	883	4	6
	H925	1000	834	4.5	13
	H1075	1000	710	5.5	15
	H1150	1000	650	6	20

表 2-16　05Cr17Ni4Cu4Nb 的持久强度和蠕变强度

试验温度/℃	持久强度/MPa		蠕变强度/MPa	
	100h	1000h	0.1%，1000h	0.01%，1000h
315	1130	1090	930	860
371	1080	1030	725	685
427	960	880	410	304
452	655	440	155	—

注：RH900 状态钢检测结果。

表 2-17　05Cr17Ni4Cu4Nb 的应力衰减性能

热处理制度	试验方法	应力/MPa	对数衰减率/×10⁴	热处理制度	试验方法	应力/MPa	对数衰减率/×10⁴
1038℃×1h，空冷+816℃×0.5h，空冷+595℃×5h，空冷	电磁激振自由衰减法，单臂弯曲振动	32.05	0.133	1038℃×1h，空冷+816℃×0.5h，空冷+595℃×5h，空冷	电磁激振自由衰减法，单臂弯曲振动	72.52	0.212
		41.45	0.137			73.89	0.177
		45.77	0.162			81.63	0.197
		50.57	0.164			86.24	0.213
		51.06	0.174			92.32	0.182
		53.51	0.179			95.06	0.197
		70.36	0.205			107.20	0.229

（4）05Cr17Ni4Cu4Nb 的工艺性能。

1）热加工：05Cr17Ni4Cu4Nb 的热加工温度为 1000～1170℃，对于大截面尺寸（≥75mm）或形状复杂的部件，热加工后应及时回炉加热到原热加工温度，随后缓慢冷却。

2）热处理：05Cr17Ni4Cu4Nb 的热处理工艺制度见表 2-18，钢固溶处理后获得 A 状态（马氏体），随后可进行时效处理。亦可采用固溶处理后先过时效处理，再重复固溶，再次进行时效处理的方式，获得预定的力学性能。

表 2-18 05Cr17Ni4Cu4Nb 钢的热处理工艺制度

状 态	固溶处理	时效处理
A	1035℃×30min，空冷至≤30℃	
H900	1035℃×30min，空冷至≤30℃	480℃×1h，空冷
H925	1035℃×30min，空冷至≤30℃	495℃×1h，空冷
H1025	1035℃×30min，空冷至≤30℃	550℃×1h，空冷
H1075	1035℃×30min，空冷至≤30℃	580℃×1h，空冷
H1100	1035℃×30min，空冷至≤30℃	595℃×1h，空冷
H1150	1035℃×30min，空冷至≤30℃	620℃×1h，空冷

（5）05Cr17Ni4Cu4Nb 的物理性能。

05Cr17Ni4Cu4Nb 的物理性能见表 2-19。

表 2-19 05Cr17Ni4Cu4Nb 的物理性能

项 目		技术参数	项 目		技术参数
密度/g · cm^{-3}		7.78	导热率 λ /W·(m · K)$^{-1}$	200℃	18.8
弹性模量 E/GPa	室温	213		300℃	20.1
	100℃	210		400℃	21.4
	200℃	205		500℃	23.0
	300℃	198	线膨胀系数 α/10^{-6} · ℃$^{-1}$	20~100℃	11.10
	400℃	190		20~200℃	11.50
切变模量 G(室温)/GPa		77.3		20~300℃	11.78
泊松比 μ		0.27		20~400℃	12.20
比热容 c/J · (kg · K)$^{-1}$		502（480℃时效）		20~500℃	12.58
导热率 λ /W · (m · K)$^{-1}$	室温	15.9		20~600℃	12.74
	100℃	17.2			

C 05Cr15Ni5Cu3Nb（15-5PH/XM-12）[2]

15-5PH 是在 17-4PH 的基础上改进而来的，两者同属中等强度钢。17-4PH 的缺点是钢中 δ 铁素体含量偏高，带来钢的抗冲击性能偏低，扁平材的纵向和横向力学性能差距较大。改进措施是适当降低 Cr 含量，提高 Ni 含量（见表 2-1），将 δ 铁素体含量控制在 0~5%范围内。该钢的特点是在强度高的同时，具有较高的横向韧性及良好的锻造性能，其耐蚀性能与 17-4PH 相当。主要用于对耐蚀性能有一定要求的高强度锻件、齿轮、高压阀门零部件和飞机部件。

（1）05Cr15Ni5Cu3Nb 的临界温度和热处理工艺制度。05Cr15Ni5Cu3Nb 的钢的临界温度 $Ac_1=662$℃、$Ac_3=702$℃、$Ms=165$℃，$\delta=4.2\%$。其热处理工艺与 05Cr17Ni4Cu4Nb 完全相同，经同一工艺热处理后，两者性能也完全相同，见表 2-20。从表中可以看出 05Cr15Ni5Cu3Nb 钢纵横向韧性差别很小。典型的热处理工艺是：固溶温度为 1040℃×0.5h，空冷到 30℃以下+480×1h 或（495~620)℃×4h 时效处理，双重时效工艺为 760℃×2h+620℃×4h。

表 2-20　05Cr15Ni5Cu3Nb 和 05Cr17Ni4Cu4Nb 力学性能比较

牌号	状态	R_m	$R_{p0.2}$	A	Z	硬度 (HRC)
		MPa		%		
17-4PH	AH925	1310	1207	14	54	42
15-5PH	AH925	1310	1207	14	54	42

（2）05Cr15Ni5Cu3Nb 的力学性能。05Cr15Ni5Cu3Nb 室温力学性能与时效温度的对应关系见表 2-21。不同冶炼方法对力学性能的影响见表 2-22，钢的高温力学性能见表 2-23，断裂韧性见表 2-24。冲击性能见表 2-25。

表 2-21　05Cr15Ni5Cu3Nb 钢室温力学性能

热处理状态	R_m/MPa	$R_{p0.2}$/MPa	A/%	Z/%
H925	1310	1205	16	59
H1025	1140	1105	17	64
H1100	1065	1030	19	67
H1150M	890	715	23	75

注：M 表示 760℃×2h+620℃×4h 双重过时效处理。

表 2-22　非真空+真空自耗炉重熔（VAR）的 05Cr15Ni5Cu3Nb 钢的室温力学性能

状态	R_m /MPa	$R_{p0.2}$ /MPa	A /%	Z /%	硬度 (HRC)	A_{KV}/J		
						纵向①	横向②	
						L	L	T
H900	1372	1269	14	50	44	27	9.45	10.8
H925	1303	1200	14	54	41	33.8	23	16.2
H1025	1166	1132	15	56	38	47	36.5	33.8
H1075	1132	1029	16	58	36	54	40.5	33.8
H1100	1026	926	17	58	34	60.8	40.5	33.8
H1150	995	858	19	30	33	67.5	67.5	60.8
H1150M	858	583	22	68	27	135	135	94.5

①非真空冶炼的钢；

②真空自耗炉重熔的钢，L—开口轴线平行于轧制方向，T—开口轴线垂直于轧制方向。

表 2-23　05Cr15Ni5Cu3Nb 钢的高温力学性能

试验温度/℃	R_m/MPa				$R_{p0.2}$/MPa				A_{4d}/%				Z/%			
	热处理工艺制度①				热处理工艺制度①				热处理工艺制度①				热处理工艺制度①			
	H925	H1025	H1100	H1150M	H925	H1025	H1100	H1150M	H925	H1025	H1100	H1150M	H925	H1025	H1100	H1150M
24	1310	1140	1065	890	1205	1105	1030	715	16	17	19	23	59	64	67	75
204	1150	1010	945	760	1045	955	920	685	15	15	16	20	54	58	62	64
316	1090	955	905	715	960	900	865	660	14	14	14	19	59	57	57	70
427	1020	910	845	670	865	815	780	605	15	15	14	17	60	60	60	69
849	400	370	—	—	315	280	—	—	26	28	—	—	83	83	—	—

①H×××表示试样经 1040℃空冷或油冷固溶处理后，再经不同温度 4h 空冷。数字×××表示华氏温度。H1150M 为双重时效：760℃×2h 空冷+621℃×4h 空冷。

表 2-24　05Cr15Ni5Cu3Nb（VAR）的断裂韧性

状态	试验温度/℃	R_m/MPa	$R_{p0.2}$/MPa	K_{IC}	
				取向	MPa$\sqrt{m}$
H900	室温	1380	1280	L—T	96
H900	室温	1320	1210	—	81
H900	室温	1330	1180	T—L	81
H1080	室温	1040	1030	任意	115~122
H1080	室温	1052	1044	任意	96~114
H1080	室温	1054	1041	任意	89~101

表 2-25　05Cr15Ni5Cu3Nb 的冲击性能

试验温度/℃	夏比冲击吸收功（A_{KV})/J				夏比冲击值（α_{KV})/J·cm^{-2}			
	热处理工艺				热处理工艺			
	H925	H1025	H1100	H1150M	H925	H1025	H1100	H1150M
24	78	113	130	235	46	88	95	210
-12	38	62	108	232	10	26	72	206
-40	22	31	73	225	52	16	37	197
-79	9.5	12	36	205	35	6.1	15	172
-196	—	3	4.7	45	—	—	—	19

（3）05Cr15Ni5Cu3Nb 的工艺性能。

1）热加工：05Cr15Ni5Cu3Nb 的热加工温度范围为 1000~1205℃，适宜的热加工温度为 1175~1205℃。此钢不含 δ 铁素体，可以进行顶锻、镦粗和展平锻造，锻后快冷到 30℃以下。

2）热处理：05Cr15Ni5Cu3Nb 的热处理规范见表 2-26。

表 2-26　05Cr15Ni5Cu3Nb 的热处理规范

状态	固溶处理制度	时效处理
A	1035℃×30min，空冷或油冷至≤30℃	
H900	1035℃×30min，空冷或油冷至≤30℃	480℃×1h，空冷
H925	1035℃×30min，空冷或油冷至≤30℃	495℃×1h，空冷
H4012	1035℃×30min，空冷或油冷至≤30℃	500℃×1h，空冷
H1075	1035℃×30min，空冷或油冷至≤30℃	580℃×1h，空冷
H1150	1035℃×30min，空冷或油冷至≤30℃	620℃×1h，空冷
H1150M	1035℃×30min，空冷或油冷至≤30℃	760℃×2h，空冷+621℃×4h，空冷

用 15-5PH 制作的齿轮可在 565℃进行渗氮处理，提高其抗咬死性能和耐磨性能，但渗氮对耐蚀性能有不利影响。

3）焊接：05Cr15Ni5Cu3Nb 钢可采用对焊和惰性气体保护两种焊接形式，不宜选用乙炔气焊。要求焊缝与母材等强时应选用 17-4PH 焊条，无此要求时选用 309 焊条。

（4）05Cr15Ni5Cu3Nb 的物理性能。05Cr15Ni5Cu3Nb 钢的物理性能见表 2-27。

表 2-27　05Cr15Ni5Cu3Nb 钢的物理性能

项　目		热处理状态			
		A	H900	H1075	H1150
密度/$g \cdot cm^{-3}$		—	7.80	7.81	7.82
热膨胀系数 α /$\times 10^{-6} \cdot K^{-1}$	−73～21℃	—	10.44	—	10.98
	21～93℃	10.80	10.80	11.34	11.88
	21～204℃	10.80	10.80	11.70	12.42
	21～316℃	11.16	11.34	11.88	12.78
	21～427℃	11.34	11.7	12.24	12.96
	21～482℃	—	—	—	13.14
导热率 λ /$W \cdot (m \cdot K)^{-1}$	149℃	—	17.9	—	—
	260℃	—	19.5	—	—
	460℃	—	22.5	—	—
	482℃	—	22.6	—	—
电阻率 ρ/$\mu\Omega \cdot m$		0.98	0.77	—	—
比热容 c/$J \cdot (kg \cdot K)^{-1}$		460	419	—	—
弹性模量 E/GPa		195	—	—	—
切变模量 G/GPa		77.0	75.0	69.0	69.0

D　06Cr15Ni5Cu2Ti（08X15H5Д2T）[5]

在马氏体沉淀硬化钢中 06Cr15Ni5Cu2Ti 的 C、Cr、Ni、Cu 含量均处于适中水平（见

表 2-28），因此钢具有较高强度、优良的塑性和韧性，耐蚀性能和焊接性良好，进行压力加工和机械加工也很方便，是一种强韧性结合得比较好的钢。适用于制造飞机发动机燃烧室和锥形梁安装边架等重要承力部件，是航空工业长期使用的材料。钢的临界温度 Ac_1 = 640℃、Ac_3 = 750℃、Ms = 140℃、Mf = 40℃，弹性模量 E = 190GPa。

航材主要以棒材和板材供货，产品供货标准及技术要求见表 2-28。

表 2-28　06Cr15Ni5Cu2Ti 产品标准及技术要求

品种	技术条件	组别	直径或厚度 /mm	热处理制度	R_m /MPa	$R_{p0.2}$ /MPa	A /%	Z /%	A_{KU} /J · cm^{-2}
					不小于				
棒材	Y. J0060(A)	Ⅰ	25	950℃，空冷	1080	785	10	55	120
		Ⅱ	25	(950~1000)℃×(0.5~1)h，空冷+650℃×(1~3)h，空冷+950℃×(0.5~1)h，空冷+(−70)℃×2h，空冷+(425~450)℃×(1~3)h，空冷	1225	930	10	55	80
板材	Y. J00 61(A)	Ⅰ		950~975℃，空冷	980	785	8		
		Ⅱ		950~975℃，空冷+(450±10)℃×1h，空冷	1225	1080	9		
		Ⅲ		950~975℃，空冷+(510±10)℃×2.5h，空冷	1130	930	9		

06Cr15Ni5Cu2Ti 固溶处理后的组织为马氏体和少量奥氏体，时效时析出碳化物和金属间化合物。固溶温度对力学性能的影响见表 2-29。固溶处理后经不同温度时效后的力学性能见表 2-30。

表 2-29　06Cr15Ni5Cu2Ti 固溶温度对力学性能的影响

品种	固溶温度/℃	R_m/MPa	$R_{p0.2}$/MPa	A/%	Z/%
棒材	900	1160	790	14	65
	950	1220	860	16	64
	1000	1180	790	14	67
	1050	1170	790	14	69
板材	850	955	725	7.3	
	900	980	795	8.0	
	950	1000	795	8.0	
	975	1000	805	7.0	
	1000	1010	820	6.5	
	1020	1050	810	7.3	
	1100	1055	845	8.5	

表 2-30　不同温度时效后的力学性能

品种	时效温度/℃	R_m/MPa	$R_{p0.2}$/MPa	A/%	Z/%	品种	时效温度/℃	R_m/MPa	$R_{p0.2}$/MPa	A/%	Z/%
棒材	400	1080	860	20	73	板材	400	1035	880	12	
	450	1270	1120	20	69		450	1250	1140	15	
	500	1200	1090	20	73		500	1155	1065	16	
	600	960	685	22	73		550	1015	970	14	
	650	915	740	22	75		600	910	745	16	
	700	950	725	20	75		650	915	650	11	
板材	300	985	820	12			700	930	710	10	
	350	990	830	12							

注：热处理状态 950℃×0.5h，空冷+时效×1h。

06Cr15Ni5Cu2Ti 低温力学性能见表 2-31，固溶温度和时效温度对冲击韧性的影响见表 2-32，持久和蠕变性能见表 2-33。

表 2-31　06Cr15Ni5Cu2Ti 低温力学性能

品种	规格/mm	热处理制度	试验温度/℃	R_m/MPa	$R_{p0.2}$/MPa	A/%	Z/%
棒材	$\phi 25$	950℃×1h，空冷	20	1180	805	19.5	64.5
			−196	1200	850	12.5	60.0
		950℃×1h，空冷+450℃×3h，空冷	20	1270	1130	17.5	63.0
			−196	1350	1260	15.0	60.0
板材	$\delta_{1.2}$	950℃×1h，空冷	20	1150	800	9.0	
			−196	1250	880	7.0	
		950℃×1h，空冷+450℃×3h，空冷	20	1320	1160	12.5	
			−196	1390	1250	8.0	

表 2-32　固溶温度和时效温度对 06Cr15Ni5Cu2Ti 冲击韧性的影响

固溶温度/℃	400	450	500	650	700	900	950	1000	1050
A_{KU}/J·cm^{-2}	2225	1400	1950	2675	2375	2350	2213	2338	2275

注：时效试样经 950℃×0.5h，空冷+指定温度时效 1h，空冷。

表 2-33　06Cr15Ni5Cu2Ti 持久强度和蠕变性能

材料状态	试验温度/℃	200h 持久强度/MPa	$R_{p0.2/100h}$/MPa	$R_{p0.2/2000h}$/MPa	试验温度/℃	σ_{-1}(10^7周)/MPa	σ_{-1H}(10^7周)/MPa
950℃，空冷+(450±10)℃×1h，空冷	300	1060~1080	920	870	20	540	460
	400		705				

06Cr15Ni5Cu2Ti 焊接性能良好，焊接变形小，无裂纹倾向，采用普通钨极氩弧焊可获得优质焊缝。采用普通交流点焊机焊接即可获得优质焊点。

E　022Cr15Ni6Cu2Nb（Custom450/XM-25）[2]

Custom450 的耐蚀性能与 0Cr18Ni9 相当，抗拉强度几乎是 0Cr18Ni9 的 3 倍，该钢具有良好的塑性和韧性，冷、热加工方便，成品固溶处理后，再经一次简单的时效处理即可使用。主要用于制作食品加工传送带的连接板、套管和销钉；化工设备用紧固件、泵轴、阀门和管道；机械行业用于制作有不锈性要求零部件，如齿轮、链条、轮船叶片和飞机透平机的部件等。

该钢通常以固溶状态交货，推荐固溶处理工艺为（1020~1050）℃×60min，水冷。制成零部件可根据使用条件，选择时效处理工艺，480℃×4h 时效，可得到良好的强韧性配合。钢的临界温度 $Ac_1=632$℃、$Ac_3=707$℃、$Ms=118$℃、$Mf=38$℃，弹性模量 $E=193$GPa、$G=77.5$。

a Custom450 的耐蚀性能

Custom450 在盐雾环境中具有良好的耐蚀性能，经时效处理的钢在 35℃ 的 5% 和 20% 盐喷雾试验中呈现优良的不锈性和耐点腐蚀能力。在酸性介质中耐蚀性优于 Cr13 型马氏体钢，与 06Cr18Ni9 相当，见表 2-34。在 480~620℃ 范围内时效对耐蚀性能无明显影响，时效温度再提高耐蚀性能将会下降。该钢在应力 410MPa 的条件下，仍具有稳定的抗应力腐蚀能力。

表 2-34 Custom450 的耐蚀性能

牌号	硬度（HRC）	48h 的腐蚀速率/mm · a^{-1}		
		20%HNO_3(93℃)	5%H_2SO_4(24℃)	50%CH_3COOH(沸腾)
1Cr13	45	0.2	43.99①	6.76①
AISI410	28	1.50②	30.93	41.33
022Cr15Ni6Cu2Nb	30	0.05	0.025	0.025
Custom450	41	0.05	0.025	0.025
0Cr18Ni9	80（HRB）	0.025	0.025	0.025

①以 48h 为一个试验周期，各试验周期的腐蚀速率基本相同；

②到第 3 个试验周期，腐蚀速率增加到 5.08mm/a。

b Custom450 的力学性能

Custom450 钢试样处理后的室温力学性能见表 2-35，不同温度时效后的室温力学性能见表 2-36，钢的高温瞬时力学性能见表 2-37。

表 2-35 Custom450 的室温力学性能

试样热处理制度	R_m /MPa	$R_{p0.2}$ /MPa	A /%	Z /%	硬度（HRC）	$R_N(N=10^7)$ /MPa	A_{KV} /J
1080℃×30min，水淬	990	805	14	60	28	515	81
1080℃×30min，水淬+482℃×4h，空冷	1345	1260	14	60	42	630	47

注：1. 试样取自 $\phi\leqslant50$mm 的棒材；

2. R_N典型（10^7）疲劳强度。

表 2-36　Custom450 不同温度时效后的室温力学性能

状态	R_m /MPa	$R_{p0.2}$ /MPa	A /%	Z /%	硬度（HRC）	A_{KV} /J	缺口抗拉强度（$K_t=10$）/MPa
A	≤1000	≤850	≥15	≥60	≤30		
H900	1340	1290	14	57	43	54	2035
H950	1285	1260	16	59	42	62	4975
H1000	1185	1160	17	62	39	69	1880
H1050	1090	1045	20	65	37	93	1750
H1150	980	640	23	69	28	131	1420

注：A 固溶温度 1050℃×30min，淬水。

表 2-37　Custom450 的高温瞬时力学性能（试样取自 ϕ25mm 棒材）

状态	试验温度/℃	R_m/MPa	$R_{p0.2}$/MPa	A/%	Z/%	A_{KV}/J
H600	480	1105	951	12	47.7	54
	565	1050	1005	12.4	49.3	68
	320	917	862	14.1	53.7	111
H800	480	1035	903	12.4	44.5	47
	565	986	896	12.2	44.5	73
	620	834	792	13.4	49.1	111
H1050	480	580	525	24	74.6	89
	565	585	540	26.5	73.7	91
	620	540	485	30	76.6	113

c　Custom450 的工艺性能

（1）热加工：Custom450 钢的热加工性能良好，热加工温度范围为 900～1260℃，为获得细晶粒钢，最佳加热温度为 1150～1170℃。

（2）冷加工：Custom450 钢通常选择退火软化，退火温度为 620～640℃。该钢的冷加工强化率较低，见表 2-38，退火后的钢可进行大变形量的冷加工，但应采用多道次，适中的道次加工率生产。

表 2-38　Custom450 钢冷加工强化效应

冷加工率/%	0	20	40	60	80
R_m/MPa	933	995	1010	1160	1260
$R_{p0.2}$/MPa	798	910	1015	1110	1220

（3）热处理：Custom450 钢通常以固溶状态交货，推荐固溶处理工艺为（1024～1052）℃×30min 水冷。用户将钢材加工成型后再进行时效处理，时效处理工艺规范见表 2-39，时效是获得适用力学性能的关键工序，需根据使用要求选用相应工艺。推荐采用 480℃时效，以得到最佳强韧性配合，时效温度提高到 538℃时钢的韧性明显提高，但强度下降。

表 2-39 Custom450 的时效热处理工艺

状 态	固溶处理	时效处理
H900	1035℃×1h，水冷	480℃×1h，空冷
H1000	1035℃×1h，水冷	538℃×1h，空冷
H1120	1035℃×1h，水冷	620℃×1h，空冷

（4）焊接：钢的焊接性能良好，焊前无需预热，焊接方法不限。如对耐蚀性能有严格要求，焊后应进行固溶处理。钎焊温度与固溶温度相同，可用 H06Cr19Ni9 作钎焊料。

d Custom450 的物理性能

Custom450 的物理性能见表 2-40。

表 2-40 Custom450 的物理性能

项 目		1040℃水淬	1040℃水淬+480℃×4h，空冷
密度/ $g \cdot cm^{-3}$		7.75	7.76
弹性模量/GPa		193	—
电阻率/$\mu\Omega \cdot m$		0.99	—
线膨胀系数 /$\times10^{-6} \cdot ℃^{-1}$	24~95℃	10.6	10.8
	24~150℃	10.1	10.4
	24~205℃	10.3	10.6
	24~360℃	10.4	11.0
	24~315℃	10.6	11.1
	24~370℃	10.8	11.3
	24~425℃	11.0	11.5
	24~480℃	11.1	11.7
	24~540℃	11.0	11.75
	24~595℃	11.2	11.75

F 04Cr16Ni7AlTi（Croloy16-6PH/ЭИ814）[6,7]

04Cr16Ni7AlTi 热加工性能良好，多用于制作无缝钢管和挤压成型的型钢。钢经 870℃×1h 退火后空冷，软硬适中，切屑易碎，不黏刀，切削加工性能优于传统奥氏体不锈钢。Croloy16-6PH 耐盐雾腐蚀和大气腐蚀性能与铁素体钢 430 相似。该钢通常有两种交货状态交货：以固溶处理状态交货的钢，冷加工和机械加工均方便，加工成型后再进行时效处理，达到预定的强度和韧性。另一种状态是根据使用要求，直接对钢材进行固溶+时效处理，达到预定的强度和韧性，但以该状态交货的钢材，只适用于制作经简单的加工（切断、倒棱、抛光）即可使用的零部件。

04Cr16Ni7AlTi 的热处理工艺相对简单，固溶处理：(870~1090)℃×(0.5~1)h，空冷或水冷，低温+上限时间保温可达到最大软化效果。随着固溶温度上升或保温时间加长，合金元素 Ti 和 Al 越来越充分地溶入奥氏体中，奥氏体固溶强化效果越显著，空冷或水冷后获得过饱和马氏体的强度也偏高。待合金元素已经全部溶解后，钢的抗拉强度达到最高值（约 1030MPa），此时钢仍具有相当高的韧性。再升温或延长保温时间，钢的韧性指标继续缓慢提高，但抗拉强度开始下降。最佳固溶温度和保温时间取决于钢材尺寸和形状，以及炉子供热和传热状况，具体工艺制度需根据实际使用条件试验确定。04Cr16Ni7AlTi钢的临界温度 $Ac_1=613℃$、$Ac_3=690℃$、$M_{d30}=95℃$、$Ms=69℃$、$\delta=5.7\%$。

时效处理：(480~595)℃,(H850~H1100)×(1~3)h 空冷。16-6PH 钢低温时效初期（H900 不到 2h）就已获得很高硬度，随时间延长，硬度上升缓慢。时效温度提高后，获最高硬度所需时间缩短到 1h 以内，继续延长时效时间，反而使硬度下降，见图 2-2。各种状态 Croloy 16-6PH 室温力学性能见表 2-41。

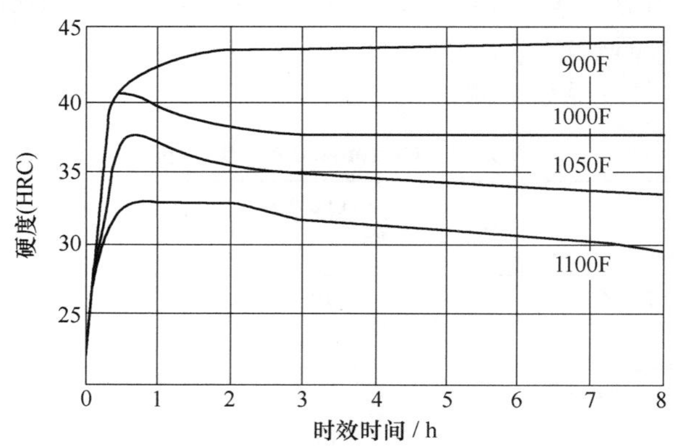

图 2-2　035Cr16Ni7AlTi 钢时效温度和时间与硬度的对应关系

表 2-41　035Cr16Ni7AlTi 的室温力学性能

状态	工艺制度	R_m/MPa	$R_{p0.2}$/MPa	A_4/%	Z/%	硬度（HRC）
A①	870℃×1h	910	755	16		28
A	924℃×1h	925	758	16	64	28
A	1040℃×1h，冷到 20℃	1030	790	10		28
H900	482℃×1h，空冷	1300	1275	16	54	45
H950	510℃×16h，空冷	1440	1400	14	46	44
H1000	538℃×1h，空冷	1205	1175	15	57	38
H1050	565℃×1h，空冷	1125	1090	18	60	37
H1050	565℃×3h，空冷	1035	985	18	62	33

①时效前全部按此工艺进行固溶处理。

G　05Cr15Ni5MoCu2Nb（FV520B）[9~11]

FV520 是英国 Firth-Vickers 材料研究所开发的一种马氏体沉淀硬化不锈钢，具有高强度、良好的低温塑性和冲击韧性、耐蚀性能好、焊接方便、抗氢脆能力强，被广泛用于制作齿轮、轴、轮盘、叶片、转子、泵体等部件。由于该类钢的强度、塑性和韧性随热处理工艺，尤其是时效工艺变化较大，可以通过改变时效工艺对钢的各项性能进行较大范围调整。英国近年来对 FV520 的化学成分进行调整，FV520B 是在 FV520 原有 Cr-Ni-Mo-Cu-Ti 的基础上，以 Nb 代 Ti，并添加微量 V 和 W 开发的新牌号，见表 2-1。东北大学材料和冶金学院周倩青等，用 FV520B 进口板材作试样开展一系列研究，取得一批重要成果，现简要介绍如下。

FV520B 钢的传统热处理工艺有两种：固溶处理（1050℃×1h，油冷）+低温时效（450℃×2h）和固溶处理（1050℃×1h，油冷）+高温时效（(580~650)℃×2h）。低温时效后钢的显微组织为马氏体+弥散细小的富铜 ε 相，抗拉强度较高（1000~1200MPa），但韧性较低。580~650℃高温时效后获得的钢韧性和低温塑性大幅度提高，但钢的抗拉强度明显下降。能否找到一种使钢同时具有高强和高韧性的热处理工艺，强度和韧性与钢丝显微组织有怎样的对应关系，是周倩青等研究的主题。

周倩青等人首先从厚度 15.0mm 的 FV520B 锻造板材上截取 ϕ3.0mm×10mm 圆棒作为试样，试样以 0.05℃/s 速率加热至 1000℃，保温 15min，待试样完全奥氏体化后，以 100℃/s 速率冷却至室温，测得相变点为：$Ac_1=589$℃、$Ac_3=847$℃、$Ms=180$℃。并以此为依据，设计一组时效热处理工艺，试验结果见表 2-42（笔者根据马氏体沉淀硬化不锈钢的临界点计算公式计算出 FV520B 的 $Ac_1=667$℃、$Ac_3=790$℃、$Ms=162$℃、δ 铁素体含量≈1.2%。两者的差距可能与周倩青等选用的加温和冷却速度较慢，加热炉热量供应能力偏低有关）。

表 2-42 时效工艺对 FV520B 力学性能和冲击性能的影响

时效工艺制度	R_m/MPa	$R_{p0.2}$/MPa	A/%	Z/%	A_{KV}/J · cm^{-2}
450℃×1h，空冷	1275	1170	18.4	63.0	31
600℃×1h，空冷	1058	975	18.6	63.7	112.6
630℃×1h，空冷	987	766	20.4	67.8	123.5
680℃×1h，空冷	1011	784	17.5	68.6	123.6
700℃×1h，空冷	1033	820	16.4	67.6	101.9
630℃×5min，炉冷	1113	1087	19.6	63.0	95
630℃×10min，炉冷	1162	1140	25.6	65.0	100

注：从板材上截取 100mm×15mm×15mm 试样，经 1050℃×1h 固溶后空冷，作为实验用料。再将部分实验料加工成 ϕ5.0mm 圆棒，经不同工艺时效处理后测定钢的力学性能，伸长率标距 25mm。冲击试样采用 V 形缺口。

a 时效工艺对力学性能和冲击性能的影响

FV520B 在 450℃×1h 低温时效处理后，钢的抗拉强度（R_m）和塑性延伸强度（$R_{p0.2}$）均很高，但冲击韧性（A_{KV}）却很低，仅为 31J/cm^2。(600~700)℃×1h 时效后，钢的冲击韧性全部提高到 100J/cm^2 以上，但强度相对较低。经过 630℃ 短时间时效（5min 和 10min）后炉冷，钢的冲击韧性即可达到 90J/cm^2 以上，强度、伸长和收缩均处于较高水平。说明 630℃ 短时间时效后炉冷，FV520B 钢可获得良好的高强和高韧性组合。

b 时效温度对钢显微组织和析出相的影响

FV520B 经 1050℃×1h 固溶后空冷，显微组织主要为马氏体，未发现有奥氏体和其他相存在。从图 2-3a 可以看出：450℃低温时效处理后，钢的显微组织为回火马氏体和尺寸为 100~230nm 的析出相，经能谱分析，粒状和条状的析出物为富 Cu 的ε相和以 NbC、$Cr_{23}C_6$为主的碳化物，分布于回火马氏体中，最大尺寸 230nm。经 600℃ 以上高温时效处理后，钢中析出相显著长大，同时也有部分溶解，在马氏体板条和原奥氏体晶界附近出现白色条索状的逆转奥氏体（A_n），见图 2-3b。逆转奥氏体的量随时效温度变化，从表 2-43 中可以看出，随时效温度升高，钢中奥氏体含量先升后降。在 630℃时逆转奥氏体含量达到最大值，体积分数约为 22%。

表 2-43　时效工艺对 FV520B 钢中逆转奥氏体含量的影响

时效工艺制度	A_n/%	时效工艺制度	A_n/%	时效工艺制度	A_n/%
600℃×1h，空冷	6	630℃×1min，空冷	<2	630℃×1min，炉冷	5
630℃×1h，空冷	22	630℃×2min，空冷	<2	630℃×2min，炉冷	5
680℃×1h，空冷	10	630℃×5min，空冷	<2	630℃×5min，炉冷	5
700℃×1h，空冷	<2	630℃×10min，空冷	2	630℃×10min，炉冷	5
720℃×1h，空冷	<2	630℃×30min，空冷	6	630℃×30min，炉冷	8

注：1. A_n%—逆转奥氏体含量；
2. 将固溶处理后试样块加工成 ϕ5. 0mm 圆棒，经不同工艺时效处理后测定钢中逆转奥氏体含量。

a

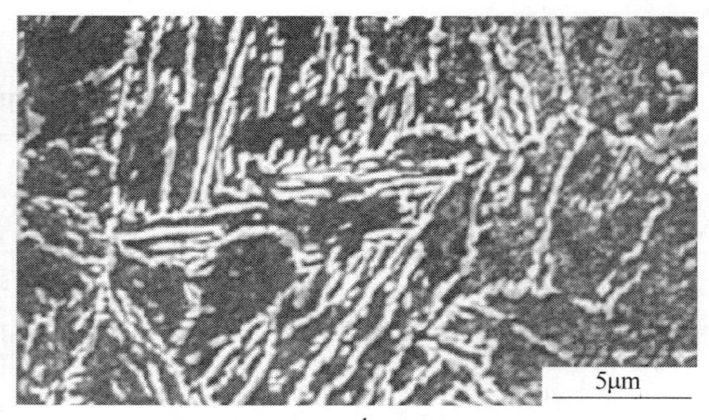

b

图 2-3　时效处理后 FV520B 显微组织（SEM）图像
a—450℃×1h，空冷；b—630℃×1h，空冷

钢中奥氏体含量先升后降的趋势与逆转奥氏体的形成机制有关，一般认为钢中 C 和 Ni 的分布是不均匀的，低温时效时，C 和 Ni 受扩散能力限制，无法在基体中聚集、促进奥氏体形成。当温度超过 A_S点时，随 C 和 Ni 扩散能力增强、逆转奥氏体开始形成、含量逐渐增加、稳定性逐渐加强，冷却后奥氏体含量达到最高水平。但温度高于 Ac_1点时，C 和 Ni 扩散加剧，向奥氏体聚积的趋势反而减弱，奥氏体稳定性开始下降，冷却过程又转为马氏体。因此 680℃以上时效冷却后，钢中奥氏体含量反而比较少。能谱分析（XRD）结果表明，630℃时效的钢冷却到室温，马氏体中 Ni 含量为 4. 5%～6. 5%，而奥氏体中 Ni 含量高达 14%。700℃时效的钢冷却到室温，奥氏体中 Ni 含量下降为 9%。720℃时效的钢冷却到室温，钢中奥氏体已全部转变为马氏体。实验结果表明：高温下形成的逆转奥氏体中 Ni 的富集程度大幅度降低，稳定性也降低，冷却过程中会全部转变成马氏体。

c　时效时间和冷却速度对逆转奥氏体及析出相的影响

从表 2-43 右边两栏中可以看出：630℃时效 1min 后钢中逆转奥氏体的含量已经达到 5%，说明逆转奥氏体形成速度快，类似于马氏体转变，形核的孕育期短，直接由马氏体切变而来。由奥氏体形成机制可知，要增加奥氏体含量，提高其稳定性，需要富集一定量的 C、Ni、Cu 等稳定奥氏体的元素，C 的扩散速度较快，从附近马氏体中扩散、富集到奥氏体中比较容易，但 Ni 的扩散速度较慢，富集到奥氏体需要一段时间。空冷钢扩散时间短，奥氏体中稳定奥氏体的元素富集程度低，稳定性也低，在冷却过程中绝大部分逆转奥氏体又转变为马氏体，所以在时效时间相同情况下，空冷钢的逆转奥氏体含量比炉冷钢低得多。

时效时间对析出相的尺寸也有显著影响，从图 2-4a 中看出：630℃×1min 时效后炉冷的试样中含有大量弥散分布的尺寸为几十纳米的析出相和少量大尺寸的碳化物；随时效时间延长到 10min 时，弥散析出相发生少量溶解和长大（见图 2-4c）；时效时间延长到 30min 时，基体中大多数小尺寸弥散析出相已经溶解，仅存下尺寸为 0.1～0.3μm 的析出相（见图 2-4d）。由此可见，FV520B 钢经 630℃×（1～5）min 时效，炉冷后具有最佳综合力学性能的原因是：钢中既有一定量的逆转奥氏体，又有细小、弥散的沉淀析出相。

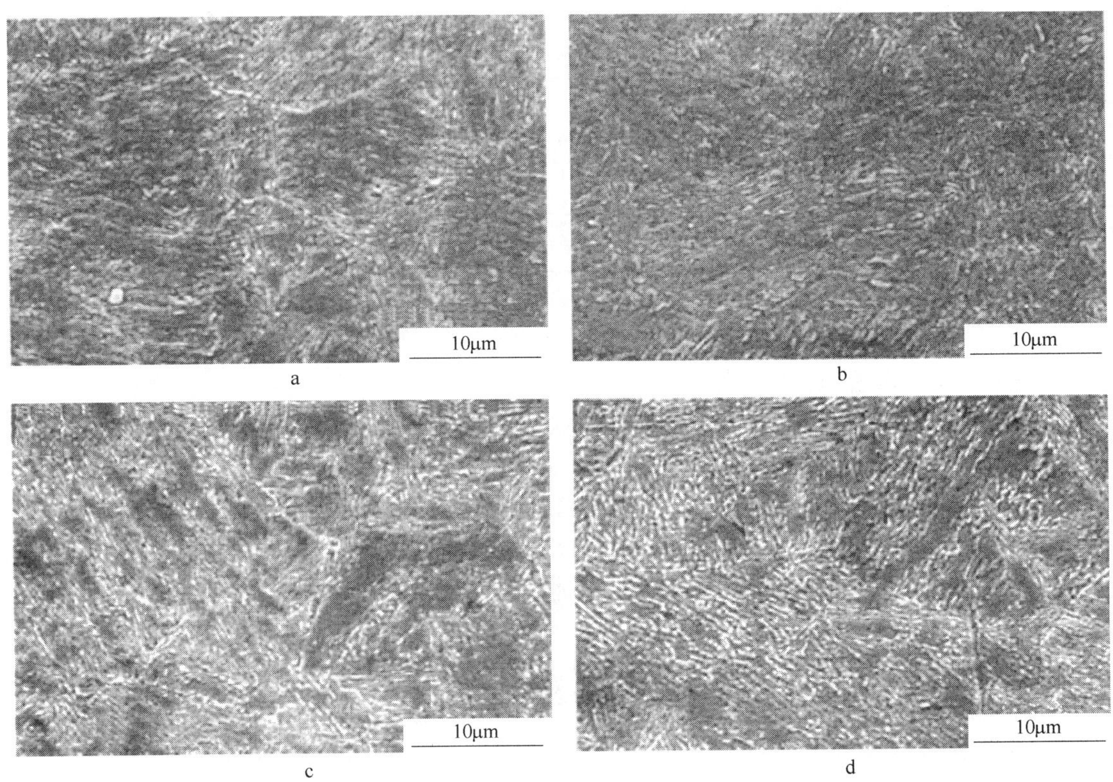

图 2-4　630℃不同时间时效后炉冷的 FV520B 显微组织（SEM）图像

a—1min；b—5min；c—10min；d—30min

d　FV520B 钢的低温力学性能

一般认为，低碳马氏体钢中逆转奥氏体分布在马氏体板条间或原奥氏体晶界处，具有很高的热稳定性，在较低温度也不会转变为马氏体。但在应力变形过程中很容易转变为马氏体。为弄清这种性能对钢的低温塑性和低温韧性会怎样影响，周倩青等人用拉伸试样方法，研究了 FV520B 钢逆转奥氏体含量与低温性能的对应关系。FV520B 钢在不同温度下的力学性能见表 2-44。

表 2-44　在不同温度下拉伸前后 FV520B 钢逆转奥氏体含量的变化

热处理工艺制度/℃	拉伸温度/℃	时效后 A_n/%	试验前 A_n/%	试验后 A_n/%	R_m/MPa	$R_{p0.2}$/MPa	A/%	Z/%
1050+600	室温	6			1058	975	18.6	63.7
	-50		7.8	1	1118	998	20.0	65.1
	-100		6.8		1178	1020	22.8	64.7
	-140		7.3		1268	1120	22.0	62.1
	-196		6.8	1	1464	1299	24.0	53.8
1050+630	室温	22			987	766	20.4	67.6
	-50		8.4	2.3	1079	782	22.0	64.8
	-100		7.7		1168	835	21.6	64.6
	-140		8.7		1272	905	20.8	61.0
	-196		7.7	1.3	1345	1027	19.6	59.3
1050+700	室温	2			1033	820	16.4	67.6
	-50		2.9	2.1	1170	978	16.4	67.2
	-100		3.1		1253	1037	16.0	63.6
	-140		3.3		1324	1109	18.0	62.4
	-196		3.6	1.3	1509	1288	18.4	57.6

注：1. ϕ5mm×25mm 试样经热处理后进行低温拉伸试验；
2. 试样拉伸前首先在试验温度下保温 30min，以 2mm/min 拉伸。每个温度拉 3 个试样取平均值。

从表 2-44 可出看出：FV520B 钢在室温下具有良好的综合力学性能，随温度降低，钢的强度略有升高，塑性略有变化，即使在液氮温度下（-196℃）钢仍具有相当高的塑性，不同时效温度处理的钢性能差别不大。630℃时效温度处理的钢伸长率和断面收缩率均略有降低，而 600℃和 700℃时效温度处理的钢断面收缩率略有降低，伸长率却略有上升。结果表明：经 600~700℃时效温度处理的 FV520B 钢具有良好的低温力学性能，在低温变形过程中，尽管大部分逆转奥氏体变为马氏体，但剩下的逆转奥氏体仍能使钢拥有良好的塑性。

e　FV520B 钢氢脆敏感性

为验证 FV520B 钢对氢脆的敏感性，周倩青等人用 ϕ5mm×25mm 时效后的试样进行充氢试验：将试样置于纯度为 99.999%的氢气高压釜中，在 300℃、10MPa 气氛中进行为期 10 天的气相充氢。充氢前试样含氢量为 1.1×10^{-6}，充气后试样含氢量见表 2-45。立即在 CS-10t 万能试验机上测定力学性能，拉伸速率 2mm/min。用 A 和 Z 来衡量材料的氢脆倾向，ΔA(%) 和 ΔZ(%) 表示伸长和断面收缩的氢致损减率，充氢前后 FV520B 钢的力学性能的变化见表 2-46。

表 2-45　FV520B 钢充氢以后的氢含量

时效温度/℃	450	630	680	700
氢气含量/$\times10^{-6}$	4.9	7.4	5.2	4.2

表 2-46 充氢前后 FV520B 钢的力学性能的变化

时效工艺制度	充氢前					充氢后						
	A_n/%	R_m/MPa	$R_{p0.2}$/MPa	A/%	Z/%	R_m/MPa	$R_{p0.2}$/MPa	A/%	Z/%	ΔA/%	ΔZ/%
450℃×1h，空冷	0	1275	1170	18.4	63.0	1325	1233	14.4	38.4	21.7	39.1
630℃×1h，空冷	22	987	766	20.4	67.8	1018	899	18.4	43.9	9.8	35.3
680℃×1h，空冷	10	1011	784	17.5	68.6	1058	983	15.2	46.8	13.1	31.8
700℃×1h，空冷	<2	1033	820	16.4	67.6	1074	1008	14.0	45.4	14.6	32.8

氢在奥氏体中溶解度大于在铁素体和马氏体中的溶解度，钢中加入 Nb、Ti、Cr 等能与氢形成化合物的元素会增加氢在钢中的溶解度，钢中产生析出相也会增加氢的溶解度，但析出相长大后，氢的溶解度相应有所降低。表 2-45 中显示充氢后的试样，氢含量随时效温度升高先升后降的趋势，与表 2-44 和图 2-4 显示的测量结果：钢中逆转奥氏体量随时效温度升高先升后降，析出相随时效温度升高逐渐长大的趋势密切相关。

钢的氢脆敏感性主要取决于显微组织结构和生产工艺过程，一般说来，奥氏体钢和含合金元素 Ti、Nb、Zr、Cr 的钢溶解氢的能力较强，能将氢固溶在钢中，氢脆敏感性低。而钢含有高量的 C、B、Si、Al 会造成氢在钢中的溶解度下降，增强钢的氢脆敏感性，C 和 B 的作用尤为显著。当钢从奥氏体转变为马氏体时，因溶解度下降，大量氢从固溶体中脱溶，以 H^+或 H 气团的形式聚集在晶界、相界、位错线或氢陷阱中，弱化了基体组织间结合力，造成"氢致裂纹"。所以马氏体不锈钢和半奥氏体沉淀硬化不锈钢都有氢脆敏感倾向。伸长和断面收缩的氢致损减率是衡量材料的氢脆倾向的标识，从表 2-46 可以看出：450℃×1h，空冷后钢的伸长氢致损减率为 21.7%，断面收缩氢致损减率为 39.1%，是这组试样中塑性氢致损减率最大的试样。原因是 450℃×1h 时效后，钢的显微组织中存在大量弥散细小的析出相和少量碳化物，析出相与基体保持共格关系，不会成为深的氢陷阱，无法固定住多少氢。大量脱溶的氢通过扩散聚集在碳化物周围，造成碳化物与基体界面结合力减弱，钢的塑性有较大幅度的下降。630℃×1h 时效后，钢中产生 22%的逆转奥氏体，由于奥氏体溶氢能力强，氢在奥氏体扩散速率小，能将更多的氢固定在基体中。同时逆转奥氏体高度弥散地分布在马氏体板条间，阻碍氢向拉伸裂纹尖端聚集，也就阻碍了裂纹的扩展，提高了钢的塑性。有的报道认为：氢能降低金属的位错能，逆转奥氏体位错能越低，越容易在较小外力作用下产生诱发马氏体转变，诱发马氏体转变本身就是一种塑性变形，等于提高了钢的塑性。总而言之，逆转奥氏体的存在提高了钢的抗氢脆能力，逆转奥氏体含量越高，钢的氢脆敏感性越低。

从表 2-46 还可以看出：FV520B 的抗氢脆能力远高于一般马氏体钢，经 630℃时效后，钢伸长氢致损减率为 9.8%，断面收缩氢致损减率为 35.5%，属氢脆敏感性低的钢。

马氏体沉淀硬化不锈钢普遍存在着低温冲击韧性差的缺点，半奥氏体沉淀硬化不锈钢普遍存在着氢脆敏感性强的不足。FV520B 钢的开发，以及周倩青等人的专题研究成果为我们改善这两类钢的缺点提供了有益的思路。

经查证英国的原牌号 FV520 是在 PH15-7Mo 的基础上，以 Ti 代 Al，又添加 Cu 发展起来的，FV520 的化学成分见表 2-47。

表 2-47　FV520 与 FV520B 钢的化学成分比较[12]

牌　号	化学成分(质量分数)/%							
	C	Si	Mn	Cr	Ni	Mo	Ti	Cu
FV520	≤0.07	≤0.60	≤2.00	14.0~16.0	4.0~7.0	1.0~3.0	≤0.50	1.0~3.0
FV520B	0.04~0.07	≤0.60	≤0.80	13.0~15.0	5.0~5.8	1.2~2.0	Nb0.25~0.45	1.5~2.2

FV520 原属于半奥氏体沉淀硬化不锈钢，热处理工艺制度为[11]：

A 状态：1050℃空冷；

ATH 状态：A+750℃×2h，空冷+450℃×2h，空冷；

ACH 状态：A+70%冷加工+450℃×2h，空冷。

不同状态 FV520 钢的力学性能见表 2-48。

表 2-48　不同状态 FV520 钢的力学性能

热处理状态	R_m/MPa	$R_{p0.2}$/MPa	A/%	硬度（HV）
A	845	310	30	170
ATH	1265	1080	10	410
ACH	1635	1610	5	500

H　04Cr13Ni8Mo2Al（PH13-8Mo/XM-13）[2,12,13]

PH13-8Mo 是通用马氏体沉淀硬化钢中强度最高，耐应力腐蚀能力最强的牌号，特点是在强度高的同时，还具有优良的断裂韧性。因完全不会出现 δ 铁素体，钢的纵向与横向力学性能基本一致，常制成棒材和锻件使用。因冷却速度对力学性能影响不大，适宜制成大断面部件，其缺口韧性良好。在海洋环境中的耐蚀性能良好。由于钢具有良好的综合性能，被广泛应用于宇航、核反应堆和石油化工等领域，制作高强度螺栓、飞行器、反应堆零部件和石油化工装备。

a　PH13-8Mo 的化学成分控制

化学成分设计思路是：以 Cr13 不锈钢为基准，保持钢的耐一般腐蚀性能；为减少晶界碳化物的析出，提高钢的热强度，将钢中 C 含量降到接近超低碳水平；用高的 Ni 含量，抑制钢中 δ 铁素体量；添加 Mo 增强钢的固溶强化效果，同时在较高温度下还能析出 Fe_2Mo 金属间化合物，提高钢的抗软化能力，同时 Mo 能有效提高钢的抗点腐蚀性能；加较大量的 Al 作为主要沉淀硬化元素。PH13-8Mo 的化学成分见表 2-1。为准确地控制化学成分，减少钢中气体含量，提高钢的纯净度，该钢通常采用 VIM+VAR 双真空熔炼。钢的临界温度 $Ac_1=655$℃、$Ac_3=790$℃、$Ms=121$℃，$Mf=21$℃，弹性模量 $E=195$GPa、泊松比 $\mu=0.278$。

b　PH13-8Mo 的耐蚀性能

PH13-8Mo 钢和其他沉淀硬化钢一样，在完全硬化条件下耐蚀性能最佳，在海洋性环境中耐应力腐蚀能力较强，见表 2-49。钢在高温水中有很强的耐应力腐蚀能力，在施加相当于 75%$R_{p0.2}$应力条件下，浸泡高温纯水中 2000h，也不会产生任何应力腐蚀开裂迹象。时效温度低于 1050℉（565℃）的钢有一定的氢脆敏感性，在 1050℉（565℃）以上时效后，钢对氢致裂纹有免疫能力。

表 2-49 PH13-8Mo 在 3.5%Na 中的应力腐蚀门槛值

热处理状态	介质条件	K_{IC}/MPa$\sqrt{m}$	K_{ISCC}/MPa$\sqrt{m}$
A+H950	3.5%NaCl 溶液	81	81

PH13-8Mo 的热处理工艺为：925℃固溶后快冷+480~620℃时效处理，时效后在马氏体基体上析出 β 型 NiAl 有序相和 γ′型 Ni_3Al 有序相，钢的抗拉强度显著提高，塑性和韧性均维持在较高水平，见表 2-50 和表 2-51。

表 2-50 PH13-8Mo 室温力学性能

热处理工艺	取样方向	R_m/MPa	$R_{p0.2}$/MPa	A/%	Z/%	硬度(HRC)	A_{KV}/J
A 状态 925℃×0.5h，空冷至 20℃	L③	1010	835	17	65	33	81
	T③	1010	835	17	65	33	54
RH950① -73℃深冷+510℃×4h，空冷	L	1610	1475	12	45	48	27
	T	1610	1475	12	35	48	14
H950 510℃×4h，空冷	L	1545	1440	12	50	47	27
	T	1545	1440	12	40	47	20
H1000 538℃×4h，空冷	L	1475	1405	13	55	45	41
	T	1475	1402	13	50	45	27
H1050 565℃×4h，空冷	L	1305	1235	15	55	43	68
	T	1305	1235	15	55	43	41
H1100 595℃×4h，空冷	L	1100	1030	18	60	35	54
	T	1100	1030	18	60	35	54
H1150 一次时效 760℃×2h，空冷	L	995	720	20	62	33	108
	T	995	720	20	63	33	81
H1150M 二次时效 620℃×4h②	L	890	585	22	70	32	162
	T	890	585	22	70	32	108

①H 后面数字为华氏温度℉；

②M 表面双重时效处理：760℃×2h，空冷+620℃×4h，空冷；

③L 和 T 分别表示纵向和横向。

表 2-51 PH13-8Mo 短试样的断裂韧性

状态和热处理工艺		R_m/MPa	$R_{p0.2}$/MPa	K_{IC}/MPa$\sqrt{m}$	
				L—T 取向	T—L 取向
锻材	A+H950	1490	1410	66	63
轧棒	RH950	1630 1630	1500 1510	68 64	— —
轧棒	RH975	1610 1590	1490 1510	79 72	— —
锻棒	H1000	1460 1430 1510	1390 1320 1460	104 87 113	99 89 99

续表 2-51

状态和热处理工艺		R_m/MPa	$R_{p0.2}$/MPa	K_{IC}/MPa$\sqrt{m}$	
				L—T 取向	T—L 取向
轧棒	H1000 焊缝 热影响区	1490	1430	96 91 97	82
轧棒	RH1000	1530 1560	1480 1500	122 104	— —
挤压棒	H1000	1520	1480	74	72

注：1. RH950、RH975 和 RH1000 表示试样经 925℃×0.5h 空冷固溶处理后，−73℃×5h 深冷，分别在 510℃×4h、525℃×4h、540℃×4h 时效处理后空冷。

2. L—T 取向表示纵向取样，开口轴线与轧向垂直；T—L 取向表示横向取样，开口轴线与轧向平行。

c　PH13-8Mo 的力学性能

PH13-8Mo 钢不含 δ 铁素体，冷却速度对力学性能影响不大，钢的纵向与横向力学性能基本一致，适宜制成大截面部件，表 2-52 给出了 PH13-8Mo 大规格型材的力学性能。

表 2-52　大规格型材的力学性能

截面尺寸/mm×mm	状态	方向和部位	R_m/MPa	$R_{p0.2}$/MPa	A_4/%	Z/%	A_K/J
300×300	H950	LI	1530	1390	14	37	—
		TI	1540	1410	13	31	—
		TC	1490	1330	14	33	—
76×200	H950	LI	1490	1300	16	66	24
		LC	1540	1380	14	63	—
		STC	1530	1350	14	53	—
76×200	H1000	LI	1530	1300	16	66	67
	H1050	LI	1390	1340	15	69	150
	H1100	LI	1210	1130	18	72	201
	RH510	STC	1580	1430	14	66	38
			1560	1400	13	61	—

注：1. 除 RH510 外，其余均为 A+H 状态，A 处理为 990℃×0.5h（1820℉，非推荐固溶温度）；

2. RH510：A925℃×1h，空冷+（−70）℃×8h，深冷+510℃×1h，空冷；

3. LI—纵向、1/2 半径处；TC—横向，中心；STC—短横向，中心。

H1000 状态 H13-8Mo 钢的高温瞬时力学性能见表 2-53。

表 2-53　H13-8Mo 钢的高温瞬时力学性能

试验温度/℃	R_m/MPa	$R_{p0.2}$/MPa	A/%	Z/%
27	1145	995	22	69
93	1065	1000	23	69
149	1055	1000	22	70
204	1015	965	20	70
260	990	945	19	69
316	975	925	18	69
371	945	885	18	69

d　PH13-8Mo 的工艺性能

（1）热加工：钢的最佳锻造加工温度为 1170～1205℃。为获得细化的晶粒组织，可选择在 1040℃温度下进行变形量大于 50%的热加工。

（2）冷加工：PH13-8Mo 钢可进行冷轧、冷拔、冷顶锻等冷加工，操作方便，无特殊要求。

（3）热处理：钢热处理时应控制好加热炉气氛，防止钢产生渗碳和脱碳。钢的固溶处理和时效处理工艺见表 2-54。535℃时效可获得强度、韧性和耐腐蚀性能的最佳配合。为获得最佳机械加工性能，为大型零部件成型提供有利条件，推荐钢材选用过时效处理，即采用 760℃×2h，空冷后，再进行 620℃×4h，空冷双重热处理，此状态又称为 H1150-M 状态。

表 2-54　PH13-8Mo 的热处理工艺

状态	固溶处理制度	时效处理
A	925℃×(15～300)min,油或空冷至 16℃	
RH900	925℃×(15～300)min,油或空冷至 16℃+(-75)℃×8h	510℃×4h,空冷
H950	925℃×(15～300)min,油或空冷至 16℃+(-75)℃×8h	510℃×4h,空冷
H1000	925℃×(15～300)min,油或空冷至 16℃+(-75)℃×8h	530℃×4h,空冷
H1050	925℃×(15～300)min,油或空冷至 16℃+(-75)℃×8h	565℃×4h,空冷
H1100	925℃×(15～300)min,油或空冷至 16℃+(-75)℃×8h	595℃×4h,空冷
H1150M	925℃×(15～300)min,油或空冷至 16℃+(-75)℃×8h	760℃×2h,空冷+620℃×4h,空冷

（4）焊接：PH13-8Mo 钢在 A 状态或其他状态下均可焊接，焊前不需要预热，通常宜选用钨极惰性气体保护焊（TIG）工艺。对于 $\delta<6$mm 的小截面钢材，焊后不必进行固溶处理，即可直接进行时效处理。对于大截面钢材，在经多道次焊接条件下，应首先进行固溶处理，然后再进行时效处理。

e　不同状态钢丝的工艺控制要点

PH13-8Mo 钢可根据使用条件选择不同交货状态，不同状态钢的工艺控制要点为：

（1）A 状态（固溶处理）：采用(954±9)℃(A1750℉)×1h，空冷或油冷，冷至 20℃以下。因为钢的 Mf=21℃，所以钢必须冷到 20℃以下。大规格棒材和大断面制件，都应选择 A 状态交货，待终成型后只要进行简单的时效处理即可使用。

（2）H 状态（时效处理）：采用(510～595)℃×4h，空冷。在此温区内时效，随着温度上升，抗拉强度和硬度稳步下降，伸长、断面收缩和冲击韧性稳步上升。565℃时综合力学性能最佳，见表 2-50。

（3）SRH 状态（固溶深冷时效处理）：采用(927±9)℃(A1700℉)×1h，空冷至 20℃以下，再在-73℃下进行 8h 冷处理，随后经 510℃时效处理（RH950）。PH13-8Mo 钢中奥氏体稳定性高，固溶后空冷会形成部分残余奥氏体，通过-73℃深冷处理可使奥氏体完全转变为马氏体，再进行 510℃时效处理，能获得更高的强度和硬度，同时其抗应力腐蚀和点腐蚀的能力也进一步提高。对抗腐蚀能力或耐磨损能力有较高要求中小型零部件，常选用此处理工艺。

（4）CH 状态（冷加工时效处理）：冷加工+时效处理可以在保证钢的基本塑性要求的前提下，最大限度地提高钢的抗拉强度。该处理主要用于高强度螺栓的生产，工艺操作程序为：A 状态钢丝（棒）经表面处理后进行 1~2 个道次拉拔（减面率 25%~45%），以冷拉状态交货。具体减面率要根据螺栓的形状选定，形状复杂或变形量大的选用较低减面率拉拔。螺栓冷镦成型后再进行时效处理，起消除应力和时效强化双重作用。

（5）H1150M 状态（双重过时效处理）：对于低温用钢推荐采用此处理，第 1 次时效处理 760℃×2h，实际上是过时效处理，作用是使马氏体逆转变为逆转奥氏体，空冷时再转变为二次马氏体，达到细化晶粒，改善钢韧性的目的。第 2 次时效处理 620℃×4h，属于高温时效处理，此时钢的强度和硬度虽有下降，但冲击功达到最高水准，见表 2-50。从表 2-50 还可以看出：通过二次时效处理的 H1150M 钢，与一次时效处理的 H1150M 钢相比，纵向试样冲击功提高了 54J，横向试样冲击功提高了 27J。

（6）经不同温度 H 处理的钢尺寸的收缩量见表 2-55。

表 2-55　PH13-8Mo 钢时效处理后尺寸收缩量

时效温度/℃	尺寸收缩量/$mm \cdot mm^{-1}$	时效温度/℃	尺寸收缩量/$mm \cdot mm^{-1}$
510	0.0004~0.0006	566	0.0005~0.0008
538	0.0004~0.0006	593	0.0008~0.0012

（7）PH13-8Mo 钢具有明显的 475℃ 脆性，经 593℃×4h 时效钢的冲击韧性值 A_{KV} = 77.0J（冲击功 163 英尺 · 磅）、427℃×800h 时效钢的冲击韧性值 A_{KV} = 29.3J（冲击功 62 英尺 · 磅），时效处理应尽量避开 475℃ 左右温度。

f　PH13-8Mo 的物理性能

PH13-8Mo 钢的物理性能见表 2-56。

表 2-56　PH13-8Mo 钢的物理性能

项　目		技术参数	固溶状态		固溶+时效状态
密度①/$g \cdot cm^{-3}$		7.76	电阻率②/$\mu\Omega \cdot m$	25℃	1.001
导热率②/$W \cdot (m \cdot K)^{-1}$	100℃	14.0		100℃	1.019
	200℃	15.8		200℃	1.049
	315℃	17.9		315℃	1.061
	425℃	20.5		425℃	1.081
	540℃	22.0		540℃	1.091
	600℃	22.6		600℃	1.095
线热膨胀系数①/$\times 10^{-6} \cdot K^{-1}$	21~93℃	10.4	弹性模量 E①/GPa		195
	21~204℃	10.8	泊松比①		0.278
	21~316℃	11.2			
	21~427℃	11.3			
	21~538℃	11.9			

①H1000 状态；②A 状态。

I 15Cr15Co13Mo5V（AFC-77）[12,13]

AFC-77 属于超高强度马氏体沉淀硬化不锈钢，从室温到 600℃其强度变化不大，直到 650℃仍具有优良的高温强度。该钢经固溶处理后具有良好的冷加工成型性；时效处理过程中尺寸稳定性好，几乎不变形；时效处理后有优异的强韧性。主要用于制作挤压模、冷冲模、大、中型冷镦模和精密、复杂的热塑性塑料制品成型模。作为热作模具钢，其使用寿命比用高速钢、高碳工具钢成倍增加，被称为不锈模具钢。钢的临界温度 Ac_1 = 755℃、Ac_3 = 830℃、Ms = 140℃、A. R. I = 18. 8。

AFC-77 钢的超高强度是固溶强化、马氏体相变强化、冷加工强化、碳化物强化和金属间化合物强化综合作用结果。钢的化学成分设计思路是：

（1）C 是奥氏体形成元素，高温时以间隙固溶的形式存在于钢中，是最常用的固溶强化元素。C 在 γ-Fe 中有较高溶解度（2. 06%），在 α-Fe 中溶解度有限（0. 02%），淬火时 C 以过饱和状态保留在马氏体中，是最重要的强化元素，保留在马氏体中的 C 越高，钢的强度也越高，但脆性也越强，因此钢必须进行回火，使钢恢复到有足够塑性和韧性时才能使用。回火时 C 以碳化物的形式从马氏体中析出，碳化物强化也是钢的很重要的强化方式。超高强度钢离开固溶强化和碳化物强化很难达到超高的标准，所以 AFC-77 中必须保持适量（0. 12%~0. 17%）的 C。如 w(C)>0. 17%不仅会降低钢的塑性和韧性指标，同时会降低钢的 Ms 点，造成钢淬火后残余奥氏体量增加，强度不达标。马氏体沉淀硬化不锈钢和超马氏体不锈钢的共同点是离不开马氏体相变强化；最大不同是 C 的控制标准不同，前者主要依靠控制钢中残余奥氏体量来保证钢的塑性和韧性，后者主要依靠低碳板条状马氏体组织来保证钢的塑性和韧性，因此要求钢中 w(C)≤0. 030%。

（2）Cr 是不锈钢不可或缺的元素，AFC-77 是以 Cr 型马氏体为基础设计的，考虑到碳化物和金属间化合物析出要占用部分 Cr，为保证基体中 Cr 含量能满足不锈性要求，将钢中 Cr 的规格提升到 13. 5%~14. 5%。Cr 是铁素体形成元素，再提高其含量将在钢中形成 δ 铁素体，会降低钢的强度，造成钢的纵、横向强度差增大。

（3）Mo 是铁素体形成元素，虽在 γ-Fe 中溶解度（3. 0%）和 α-Fe 中溶解度（37. 5%）均不高，但溶入后能提高基体的再结晶温度，对提高钢的热强性十分有利。AFC-77 中的 Mo 主要作用是高温时效时，在残余奥氏体基体中析出 Fe_2Mo、$(Fe, Cr)_2Mo$ 金属间化合物，使超高强度一直保持到 650℃。

（4）Co 也是扩大奥氏体区的元素，在 Fe-Cr 系合金中其抑制 δ 铁素体的作用远大于降低 Ms 点的作用。Co 虽不形成金属间化合物，但能减少 Mo 在马氏体的溶解度，促进含 Mo 的金属间化合物析出。同时 Co 可以抑制马氏体中位错亚结构的回复，为析出相形核提供有利条件，使析出相颗粒更细小，分布更均匀，间接地提高了钢的强韧性。

（5）V 是强碳化物形成元素，VC 析出温度低（450℃开始析出）、颗粒细、弥散好，强化效果显著；稳定性好（720℃以上开始溶入奥氏体），可对 AFC-77 钢全程起强化作用。

AFC-77 钢的超高强度与其热处理工艺密切相关：固溶处理后油冷或空冷，钢无法完全转变为马氏体，大约有 49%的残余奥氏体，此时钢的塑性良好，可承受 75%的冷加工变形，进行切削和研磨等机械加工也很方便。如油冷或空冷后再经-73℃×(6~8)h 深冷，钢中奥氏体全部转变成马氏体，强度达到最高值，但塑性和韧性明显下降。

在时效过程中，钢的显微组织随温度上升发生一系列变化：在316~427℃区间，钢的强度开始升高，长期停留表面有时会出现微小龟裂，但钢的室温韧性仍很好，据分析此温区是过渡相α′（富铬的FeCr固溶体）形成区。427~482℃区间，VC、MoC和Mo_2C陆续析出，钢的强化速度加快，但缺口韧性变坏，可能与475℃脆性有关。510~595℃是拉维斯相FeMo、Fe_2Mo和（Fe，Cr）$_2$Mo析出区，在此温区时效，钢强度进一步提高，韧性良好，其中565℃是AFC-77钢强韧性结合最佳的时效温度。温度超过600℃，碳化物$Cr_{23}C_6$开始析出，金属间化合物开始聚集、长大，逐渐形成Fe_3Mo和Chi相（又称X相，详见第1章1.4.9小节），这些相均有助于钢将高强度保持到650℃。

AFC-77固溶处理1040℃×1h，油冷，残余奥氏体49%。

AFC-77固溶处理（980~1090）℃×1h，油冷或空冷+(-73)℃×(6~8)h深冷，48~50HRC，无残余奥氏体。H1050(565℃×4h)时效处理强韧性最佳。

H600~950((316~510)℃×4h)时效处理后，R_m=1855MPa，$R_{p0.2}$=1515MPa，A=15%。

固溶处理1040℃×1h，油冷+45%~75%的冷加工+H1100(595℃×4h) 时效处理后，R_m=2360MPa，$R_{p0.2}$=1895MPa，A=5%[30]。

超高强度钢普遍存在的问题是断裂韧性不足，研究证明：调整马氏体沉淀硬化不锈钢中残余奥氏体和逆转奥氏体总量能有效改善钢的断裂韧性。在AFC-77钢中加入1%的Ni后，再通过调整时效处理温度就可以获得不同含量的残留和逆转奥氏体，见图2-5。在显微镜下观察断裂试样发现，当裂纹经过马氏体遇到奥氏体时，形成分支并绕过奥氏体而扩展。从图2-5还可以看出，奥氏体量对提高K_{IC}有显著作用。此外，在AFC-77钢加入0.1%~0.2%的Nb，通过细化晶粒，也能提高钢的抗冲击韧性。

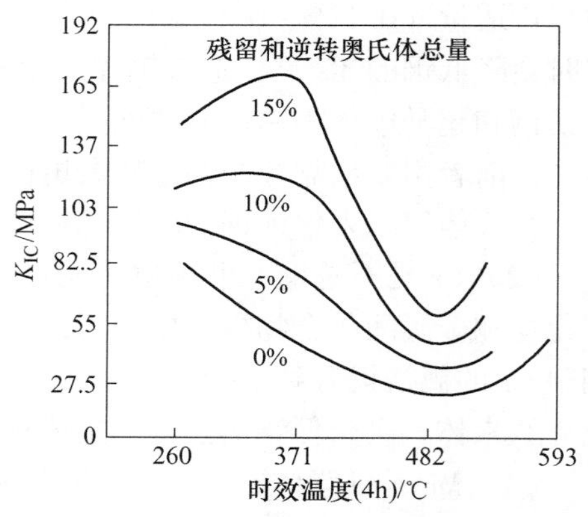

图2-5 残留和逆转奥氏体及时效温度对AFC-77断裂韧性的影响[13]

超高强度钢的典型热处理工艺及力学性能见表2-57。

表2-57 超高强度钢的典型热处理工艺及力学性能

牌 号	热处理工艺	R_m/MPa	$R_{p0.2}$/MPa	A/%	Z/%	A_K/J
15Cr15Co13Mo5V (AFC-77)	1040℃×1h空冷+（-73)℃×1h+370℃×2h空冷 980~1040℃×1h空冷+(-73)℃×8h+595℃×2h空冷	1725 ~ 1960	1350 ~ 1520	17.0 ~ 10.0	52.0 ~ 32.0	
07Cr12Co10Mo6(X12K10Mo6)	1050℃×1h空冷+550℃×10h空冷	2160	1860	10.0	20.0	
02Cr13Ni4Co13Mo5 (日NASMA-164)	950℃×1h空冷 950℃×1h空冷+（-73)℃×16h 950℃×1h空冷+（-73)℃×16h+525℃×4h空冷	1155 1215 1795	520 810 1620	22.0 22.2 19.7	66.3 66.4 49.1	

2.1.2　半奥氏体沉淀硬化不锈钢

半奥氏体沉淀硬化不锈钢的耐腐蚀性能和冷加工塑性与奥氏体钢相当，抗蠕变和抗应力松弛性能远优于奥氏体钢，可作为在腐蚀环境中使用的高强度高韧性钢；该类钢的缺点是氢脆敏感和应力敏感性较强，裂纹扩展速度较快[11]。

2.1.2.1　半奥氏体沉淀硬化钢的显微组织结构和化学成分[1]

半奥氏体沉淀硬化钢也是不稳定奥氏体钢，不过稳定性要高于马氏体沉淀硬化钢，其 *Ms* 点应控制在室温以下，一般在-5～-25℃之间。该类钢固溶处理后，在室温条件下仍为溶有强化元素的奥氏体组织；经冷加工、深冷处理（例如-75℃深冷）或760℃调节处理，钢中奥氏体完全转变为马氏体；最后再经400～550℃时效处理，在马氏体基体上析出沉淀硬化相，使钢获得高强度和适宜的韧性。该类钢的用量和常用牌号在沉淀硬化不锈钢中处于中间水平，钢的显微组织和化学成分控制要点如下：

（1）严格控制合金元素含量和配比，尽可能将 *Ms* 点控制在-5～-25℃之间，当 *Ms* 点偏高时表明奥氏体稳定性不足，固溶处理后钢中已经产生部分马氏体，对制件加工成型不利；当 *Ms* 点偏低时表明奥氏体稳定性太高，很难通过简单处理使奥氏体全部转变成马氏体，钢的强度和硬度上不去。经筛选能准确预测半奥氏体沉淀硬化钢 *Ms* 点的公式有魏振宇公式和 Pickering 公式。

经修订的魏振宇公式：$Ms(℃)=1180-1450(w(C)+w(N))-30w(Si)-30w(Mn)-37w(Cr)-57w(Ni)-22w(Mo)-32w(Cu)$；

Pickering 公式：$Ms(℃)=635-450w(C)-450w(N)-30w(Mn)-50w(Si)-20w(Cr)-20w(Ni)-45w(Mo)+10w(Co)-35w(Cu)-36w(W)-46w(V)-53w(Al)$。

（2）通过冷加工实现马氏体转变是半奥氏体沉淀硬化钢一个重要的强化手段，这要用到钢的一项重要技术参数 M_{d30}点，定义为：钢经30%冷加工，有50%形变马氏体完成转变的最高温度。M_{d30}点越低表明奥氏体的稳定性越好。半奥氏体沉淀钢期望钢固溶处理后能获得全奥氏体组织，有利于冷加工；但奥氏体不能太稳定，冷加工时尽可能多地转变成马氏体，需要控制 *Ms* 点低于0℃，M_{d30}略高于室温，见表2-59。M_{d30}与 *Ms* 同步增减，但又无明确的对应关系，经验证，Augel 公式可以比较准确地预测 M_{d30}点，可据此调控钢的化学成分。

Augel 公式：$M_{d30}(℃)=413-462(w(C)+w(N))-8.1w(Mn)-9.2w(Si)-13.7w(Cr)-9.5w(Ni)-18.5w(Mo)$。

（3）与马氏体沉淀硬化钢不同，作为调节处理用半奥氏体沉淀硬化不锈钢，通常有意保留8%～15%左右的δ铁素体，作为“引领相”来引导奥氏体向马氏体转变。由于碳在δ铁素体中溶解度较低，钢冷却过程中优先在δ铁素体边界析出铬的碳化物，造成周边奥氏体的 *Ms* 点升高，提前转变为马氏体。钢中存有适量的δ铁素体是调节马氏点，提高马氏转变率必不可少的条件。经修正的 И. Я. 索科夫（Сокол）公式可适用不锈钢中δ铁素体含量的预测。

经修正的 И. Я. 索科夫（Сокол）公式：$\delta(\%)=2.4w(Cr)+1.0w(Mo)+1.2w(Si)+14w(Ti)+1.4w(Al)+1.7w(Nb)+1.2w(V)-41w(C)-0.5w(Mn)-2.5w(Ni)-0.3w(Cu)-1.2w(Co)-18$（适用于不锈钢，+1.0Mo、+1.7Nb、+1.2V、-0.3Cu、-1.2Co 为笔者增

补的修正项）。

（4）经验证，马氏体和沉淀硬化不锈钢实用临点计算公式还有：

Irving 公式：$Ac_1(℃)=820-25w(Mn)-30w(Ni)-11w(Co)-10w(Cu)+25w(Si)+7(w(Cr)-13)+30w(Al)+20w(Mo)+50w(V)$（适用于含 $w(Cr)=12\%\sim17\%$ 马氏体和沉淀硬化不锈钢的 Ac_1 点计算，其中 $-11w(Co)-10w(Cu)$ 和 $+7(w(Cr)-13)$ 为笔者增补的修正项，Mo 的系数由 25 修订为 20）。

安德鲁斯（K. W. Andrews）公式：$Ac_3(℃)=910-203\sqrt{w(C)}+44.7w(Si)-10w(Mn)-9w(Cr)-15.2w(Ni)+31.5w(Mo)-15.5w(Cu)+104w(V)+13.1w(W)+80w(Al)+100w(Ti)+250w(Nb)-4w(Co)$（适用于不锈钢和耐热钢 Ac_3 点的计算，式中 $-10w(Mn)-9w(Cr)-15.5w(Cu)+80w(Al)+100w(Ti)+250w(Nb)-4w(Co)$ 为笔者增补的修正项）。

（5）为确保钢的强度和调整 *Ms* 点方便，半奥氏体沉淀钢应含有一定量的碳。从保证耐蚀性能、加工和焊接性能角度考虑，碳含量不宜太高，综合考虑，碳含量应控制在 0.05%~0.12%左右。

（6）为保证钢有足够的耐蚀性能，铬含量一般控制在 12.0%~17.0%；既要考虑降低 *Ms*，又要考虑获得适量 δ 铁素体，镍含量通常维持在 4.0%~7.0%。

（7）合理调配和添加沉淀强化元素，利用金属间化合物的析出来提高钢的强度和耐热性能，常用析出相有：Fe_2Mo、Ni_3Al、Ni_3Ti、Ni_3Mo 等。

半奥氏体沉淀硬化不锈钢的典型牌号及其化学成分见表 2-58，各牌号临界相变点的参考值见表 2-59。

2.1.2.2 半奥氏体沉淀硬化钢的生产工艺流程[8]

半奥氏体沉淀硬化钢有三种生产工艺流程，见图 2-6。

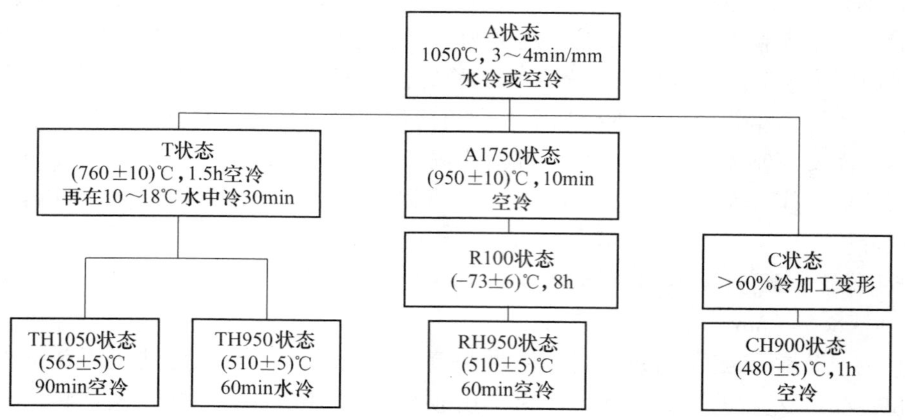

图 2-6 半奥氏体沉淀硬化钢的几种热处理制度

为获得均匀的显微组织结构，良好的加工性能，并为进一步时效硬化作好组织准备，半奥氏体沉淀硬化钢必须按图 2-6 所示的流程进行热处理。

A 固溶处理（A 处理）

半奥氏体沉淀硬化钢首先要进行 1000~1050℃ 固溶处理，然后空冷，获得以奥氏体为主，并含有少量（8%~20%）δ 铁素体的显微组织，要保证碳化物（$Cr_{23}C_6$）和合金元素

表 2-58 半奥氏体和奥氏体沉淀硬化不锈钢牌号和化学成分

牌号	化学成分(质量分数)/%											
	标准或实控	C	Si	Mn	P	S	Cr	Ni	Mo	Al	Cu	N	其他元素
半奥氏体沉淀硬化不锈钢													
07Cr17Ni7Al (17-7PH/631)	GB/T 20878—2007	≤0.09	≤1.00	≤1.00	≤0.040	≤0.030	16.0~18.0	6.50~7.75		0.75~1.50			
	实际控制	0.07	0.50	0.80			17.0	7.2		1.15		0.01	
07Cr15Ni7Mo2Al (PH15-7Mo/632)	GB/T 20878—2007	≤0.09	≤1.00	≤1.00	≤0.040	≤0.030	14.0~16.0	6.50~7.75	2.0~3.0	0.75~1.50			
	实际控制	0.07	0.50	0.80			15.2	7.2	2.5	1.15		0.012	
07Cr14Ni8Mo2Al (PH14-8Mo)	合金钢的设计	0.02~0.05	≤1.00	≤1.00	≤0.015	≤0.010	13.5~15.5	7.5~9.5	2.0~3.0	0.75~1.50			
	实际控制	0.04	0.50	0.80			15.1	8.2	2.2	1.15		0.012	
09Cr17Ni5Mo3N (美 S35000/AM350/633)	GB/T 20878—2007	0.07~0.11	≤0.50	0.50~1.25	≤0.040	≤0.030	16.0~17.0	4.0~5.0	2.50~3.20			0.07~0.13	
	实际控制	0.09	0.35	0.75			16.5	4.5	2.8			0.10	
12Cr16Ni5Mo3NbN (美 S35500/AM355/634)	ASTM A959—09	0.10~0.15	≤0.50	0.50~1.25	≤0.040	≤0.030	15.0~16.0	4.0~5.0	2.50~3.20			0.07~0.13	Nb：0.10~0.50
	实际控制	0.12	0.35	0.85			15.5	4.5	2.8			0.10	Nb：0.25
07Cr12Mn5Ni4Mo3Al (美 69111)	GB/T 20878—2007	≤0.09	≤0.80	4.40~5.30	≤0.030	≤0.025	11.0~12.0	4.0~5.0	2.70~3.30	0.50~1.00			
	实际控制	0.07	0.50	5.0			12.0	4.5	3.0	0.8		0.008	
06Cr16Ni6 (16-6PH/07X16H6)	中国航空材料手册第 1 卷[24]	0.05~0.09	0.30~0.80	0.30~0.80	≤0.030	≤0.020	15.0~17.0	5.0~7.5				≤0.10	Ti≤0.05
	实际控制	0.07	0.40	0.60			16.0	6.2				0.08	Ti：0.03
奥氏体沉淀硬化不锈钢													
GH2132 (06Cr15Ni25Ti2MoVB/S66286/AISI660/A286/X5NiCrTiMoVB25-15-2)	GB/T 14992—1994	≤0.08	≤1.00	≤2.00	≤0.030	≤0.020	13.5~16.0	24.0~27.0	1.00~1.50	≤0.40			Ti：1.75~2.30 V：0.10~0.50 B：0.001~0.010
	ASTM A959—09 EN10088-1：2005	≤0.08	≤1.00	≤2.00	≤0.040	≤0.030	13.5~16.0	24.0~27.0	1.00~1.50	≤0.35			Ti：1.90~2.35 V：0.10~0.50 B：0.001~0.010
	实际控制	0.06	0.50	1.20			15.0	25.5	1.27	0.20		0.01	Ti：2.1、V：0.25 B：0.005
06Cr14Ni26Ti2Mo3CuB (S66220/AISI662)	ASTM A959—09	≤0.08	0.40~1.00	0.40~1.00	≤0.040	≤0.030	12.0~15.0	24.0~28.0	2.0~3.5	≤0.35	≤0.50		Ti：1.80~2.10 B：0.001~0.010
	实际控制	0.06	0.6	0.7			13.5	26	2.8	0.3	0.35		Ti：1.95、B：0.005
GH2302 06Cr14Ni26Ti3MoCuB (S66545/AISI665)	ASTM A959—09	≤0.08	0.10~0.80	1.25~2.00	≤0.040	≤0.030	12.0~15.0	24.0~28.0	1.25~2.25	≤0.25	≤0.25		Ti：2.70~3.30 B：0.01~0.07
	实际控制	0.06	0.40	1.5			13.5	26.0	1.50	0.20	0.20		Ti：2.85、B：0.04

表 2-59 半奥氏体沉淀硬化不锈钢的临界点参考值 (℃)

牌　　号	Ac_1	Ac_3	M_{d30}	Ms	δ 含量/%
07Cr17Ni7Al（17-7PH/631）	660①	725	64	-15②	3.7
07Cr15Ni7Mo2Al（PH15-7Mo）	700①	820	41	-6②	-0.6
07Cr14Ni8Mo2Al（PH14-8Mo）	660①	808	52	-9②	-2.1
09Cr17Ni5Mo3N（美 S35000/AM350/633）	755①	830	37	5.5③	6.7
12Cr16Ni5Mo3NbN（美 S35500/AM355/634）	745①	827	36	7.5③	3.0
07Cr12Mn5Ni4Mo3Al（69111）	605	658	69	-10	5~20
06Cr16Ni6（16-6PH/07X16H6）	600	650	57	-9	2.6

注：1. Augel 公式：M_{d30}(℃)= 413-462(w(C)+w(N))-8.1w(Mn)-9.2w(Si)-13.7w(Cr)-9.5w(Ni)-18.5w(Mo)。

2. 经修正的 И. Я. 索科夫（Сокол）公式：δ 表示高温铁素体的百分含量，适用于不锈钢，负数表示钢中不含 δ 铁素体。

①不锈钢临界点计算公式：Irving 公式，适用于含 w(Cr)= 12%~17%马氏体和沉淀硬化不锈钢的 Ac_1 点计算。

②沉淀硬化不锈钢临界点 Ms 的计算公式：经修订的魏振宇公式适用于经充分奥氏体化后淬水状态的沉淀硬化型不锈钢的 Ms 点计算。

③不锈钢临界点 Ms 的计算公式：Pickering 公式，适用于 0.10%C-17.0%Cr-4.0%Ni 为基础的钢和含钴、钨、钒、铝的钢。

充分溶入奥氏体中，使 Ms 点降到零度以下，M_{d30}点略高于室温。钢的 Ms 点与固溶温度的关系见图 2-7。

固溶处理温度对钢 Ms 点有决定性的影响，从图 2-7 中可以看出，随固溶温度的提高，C、N 和合金元素充分溶入奥氏体中，奥氏体晶粒粗化，Ms 点不断下降，当温度高于 1000℃时 Ms 点已经降到 0℃以下，固溶处理后就可以获得以奥氏体为主的显微组织。但 Mf 点同时也降到-80℃以下，经 1000~1050℃固溶处理的钢，再经-73℃深冷处理，只有 50%左右的奥氏体转变为马氏体，如将固溶温度降到 950℃，则马氏体的转变率可提高到 95%。固溶温度如降到 700℃时钢的 Ms 点提高到 160℃左右，快冷后就可以获得全马氏体组织。

除固溶温度外，马氏体转变温度（Ms）还与下列因素有关：

（1）Ms 点与固溶处理后的冷却速度相关，冷却速度越快，Ms 点越低。以 PH15-7Mo 为例，冷却速度 3℃/min 时 Ms 点约为 5℃，冷却速度 20~25℃/min 时 Ms 点约-35~-40℃。

（2）固溶处理后，增加奥氏体状态停留时间会引起奥氏体的稳定，使 Ms 点下降。

（3）固溶处理的保温时间越长，碳化物溶解越充分，Ms 点越低。

B 固溶处理后的马氏体转变方式

固溶处理后的半奥氏体沉淀硬化钢具有良好的塑性和冷加工性能，但强度很低，必须使奥氏体转变成马氏体，并在马氏体基体上时效硬化才能得到预期的强度。半奥氏体沉淀硬化钢可以通过 3 种方式实现马氏体转变。

a 调节处理（T 处理）

固溶处理后的半奥氏体沉淀硬化钢，在较低温度下再次固溶处理，会从钢中析出碳化

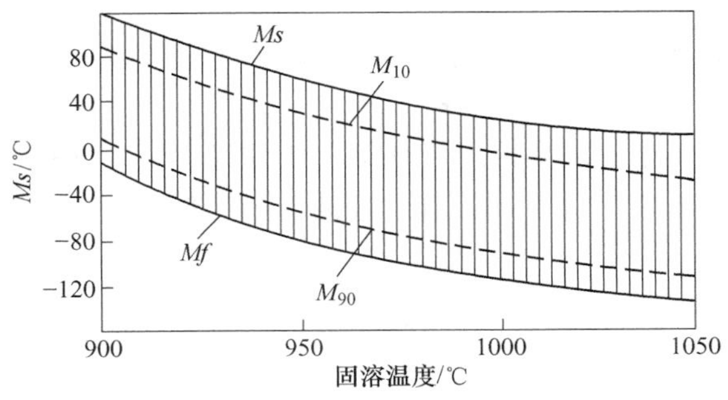

图 2-7 固溶温度与马氏体转变温度（*Ms*）之间的关系[1]

M_{10}，M_{90}—指形成 10%、90%马氏体量的温度；*Mf*—马氏体转变终了温度

物（$Cr_{23}C_6$）和少量氮化物（Cr_2N），碳和氮析出后钢的奥氏体稳定性降低，*Ms* 点必然上升，这种热处理方法习惯称为调节处理。实践证明，调节处理有三个加热区段：第一区段 200~500℃，此区段钢的热应力得以释放，但无碳化物和氮化物析出，延长保温时间和钢淬火后在室温下长期停留一样，会造成奥氏体陈化，*Ms* 点下降。第二区段 500~740℃，随着加热温度上升，奥氏体开始沿晶界析出碳化物和氮化物，*Ms* 点缓慢上升。第三区段 740~815℃，碳化物和氮化物析出速度加快，析出相达到极限值，*Ms* 点也升到最高。温度继续升高，析出相开始重新溶入奥氏体中，*Ms* 点开始回落。显而易见，T 处理应在第三区段进行，调节处理一般加热到 704~815℃，保温一段时间（≥90min），由于碳化物析出，钢的 *Ms* 点大多能升到室温以上（约为 100℃）。调节处理必须留有足够保温时间，除保证碳化物充分析出外，还有促进 δ 铁素体进一步分解成奥氏体的作用。然后空冷到室温，并停留一段时间，使奥氏体转变成马氏体，马氏体转变量一般可达 60%~90%。通过改变调节处理温度可在很宽范围内调节半奥氏体钢的 *Ms* 点，固溶温度在 704~815℃（1300~1500℉）范围内变化时，*Ms* 点约在 65~93℃（150~200℉）范围内变化。当温度高于 815℃（1500℉）时，*Ms* 点重新持续下降，到 953℃（1750℉）时，*Ms* 点降到室温。*Mf* 点是马氏体转变的终止点，大致比 *Ms* 点低 83℃（150℉）[1]，*Ms* 点与调节处理温度的关系见图 2-8。

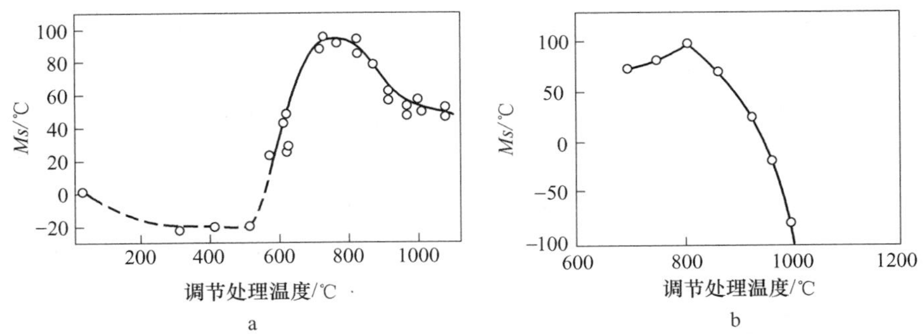

图 2-8 X15H9IO（07Cr15Ni9Al）和 17-7PH（07Cr17Ni7Al）的 *Ms* 点与调节处理温度的关系

a—X15H9IO（07Cr15Ni9Al）；b—17-7PH（07Cr17Ni7Al）

（原料经 1050℃固溶处理温度；实线表示连续冷却时的 *Ms* 点，虚线表示等温转变时的 *Ms* 点）

调节处理工艺控制要点为：

（1）加热保温后必须立即快冷，防止奥氏体稳定化导致马氏体转变不完全，一般空冷即可。

（2）冷至室温后需停留 30min 以上，保证奥氏体最大限度地转变成马氏体。

（3）钢中含有少量 δ 铁素体有利于调节处理，δ 铁素体含量偏高时可降低调节处理温度和缩短保温时间。

（4）由于调节处理时部分 C 和 Cr 已经析出，获得的马氏体碳和合金化程度较低，钢的力学性能（包括强度和塑性）偏低，耐蚀性能也有所下降。

b　调节+深冷处理（TR 处理）

高温调节处理+深冷处理也是实现半奥氏体沉淀硬化钢马氏体转变的常用方法之一。要保证奥氏体完全转变成马氏体，淬火介质温度必须低于 *Mf* 点。工业常用的干冰致冷法能达到的极限值约为-78℃，半奥氏体沉淀硬化钢的 *Mf* 点比 *Ms* 点大约低 83℃，据此推算，要获得尽可能多的马氏体，首先要将钢的 *Ms* 点调到 15℃以上。从图 2-7 和图 2-8 可以看出，得到预期效果有两种途径：一是高温调节处理，即将钢重新加热到 950℃左右，然后空冷，可将 *Ms* 点调到 60℃左右；其次是低温调节处理（又称 L 处理），即将钢重新加热到 650℃左右，然后空冷，也可将 *Ms* 点调到 60℃左右。两种途径比较，高温调节处理时碳化物经历了先析出后溶解的过程，颗粒度和均匀性相对更理想，而且经历一次析出——溶解热循环，基体的晶粒度有一定程度的细化，最终经时效处理，制件的综合力学性能和耐蚀性能更好点。低温调节处理虽然会先行析出少量二次马氏体，但对性能影响不大；因为调节处理温度较低，制件表面氧化较轻、形状和尺寸变化也较小，外形、尺寸和表面质量控制相对比较简单。

TR 处理的钢，碳化物和氮化物已部分重新溶入奥氏体，马氏体中碳、氮和合金元素的饱和度增大、晶界碳化物明显减少，钢的综合力学性和耐蚀性能比 T 状态有明显改观。由于 TR 处理工艺复杂，工件成型后再无法进行深加工，通常用于关键零部件的最终处理。马氏体沉淀硬化不锈钢和超马氏体钢也常进行 R 处理，因其 *Mf* 点较高，一般不需进行调节处理。

c　冷加工（C 处理）

C 处理指在室温条件下，通过冷加工使钢中奥氏体转变为形变马氏体的处理方法。其中要用到一项技术参数 M_d点，M_d指钢中奥氏体和马氏体自由能相等的温度，在低于 M_d 点温度中进行冷加工，冷加工应力打破原有平衡，部分奥氏体转变为形变马氏体。因为马氏体转变量是随加工率增大而缓慢增加的，工业生产中无法准确测定 M_d点，又引进一个便于测定的技术参数 M_{d30}，表示钢经 30%冷加工后，有 50%形变马氏体完成转变的最高温度。M_{d30}可应用 2. 1. 2. 1 小节提供的 Augel 公式进行预测。

C 处理主要用于弹簧钢丝、钢带和钢片的生产，通常以冷拉状态交货，用户将钢材加工成簧后再进行时效处理。该类钢生产工艺和质量控制要点见参考文献［25］。

C 处理工艺控制要点为：

（1）半奥氏体沉淀硬化钢的强韧性（抗拉强度和弯曲性能）与冷加工率成正比，以 07Cr17Ni7Al 为例，其冷加工相变强化的贡献远大于单纯的冷加工强化，实测其冷加工强化系数 $K=9+69w(\mathrm{C})$[15]，式中 C 表示碳的质量分数，可见马氏体中过饱和碳含量对钢的强化起重要作用。该类的马氏体转变量是随冷加工率加大而增加的，只有冷加工率超过60%时才基本完成马氏体转变，也可以说，基本用足了钢的冷加工相变强化能力。

（2）对于半奥氏体沉淀硬化钢中 *Ms* 点偏低（<-25℃）的牌号或炉号，可在冷加工前进行一次高温调节处理，调节温度一般选 950～1050℃，可提高 M_{d30}点，以保证室温冷加工后得到预期数量的马氏体。

（3）对以 CH 状态交货的钢丝，要严格控制化学成分，力争将 δ 铁素体控制在 5%以下。因 δ 铁素体始终是钢中的软点，会加重钢材的各向异性倾向，严重影响钢的力学性能均匀性。要控制 δ 铁素体可参照 2.1.2.1 小节提供的经修正的 δ 铁素体预测公式，调整化学成分。国内外不锈弹簧钢标准中均明确规定：根据需要可将 0Cr17Ni7Al(631) 中“镍的质量分数调整为 7.00%～8.20%”，目的是通过提高 Ni 含量，降低钢中 δ 铁素体含量。

C 时效处理与沉淀硬化相

a 时效处理（H 处理）

半奥氏体沉淀硬化钢时效处理的主要目的是在马氏体的基体上析出金属间化合物和少量的碳（氮）化物，所用的沉淀硬化元素以 Al、Mo、Nb 为主，析出的金属间化合物有：NiAl、$(Fe, Ni)_3Al$、Ni_3Nb、Fe_2Mo，与基体保持共格关系，强化效果显著，但耐热性能不强。析出的碳（氮）化物有：$Cr_{23}C_6$、Cr_2N，与基体也保持一定的共格关系，因为钢中本来 C 含量较少，奥氏体中又能溶入较多 C，时效温度稍高，$Cr_{23}C_6$很快就重新溶入奥氏体，钢中 C 只能对调节 *Ms* 点起一定作用，对时效硬化几乎不起作用，Cr_2N 含量更少，作用与 $Cr_{23}C_6$相当。所以控制半奥氏体沉淀硬化钢的力学性能，重点是控制金属化合物的种类、形状、尺寸、分布和数量。

半奥氏体沉淀硬化钢的金属化合物是在马氏体基体中析出的，因为半奥氏体沉淀硬化钢的马氏体转变方式不同，形成的马氏体组织结构和形态有很大差别，对不同牌号和不同方式获得的马氏体，要达到最佳强韧化效果，时效温度和时间各不相同。以含 Al 的 0Cr17Ni7Al 为例，其主要沉淀硬化相是 NiAl(β 相）和 $(Fe, Ni)_3Al$(γ′相）金属间化合物，以及少量的碳化物。在获得最佳强韧化效果时，NiAl(β 相）和 $(Fe, Ni)_3Al$(γ′相）与基体保持共格关系，只是产生偏析和位错重新分布，在显微镜下观察并无第 2 相析出。在研究时效工艺对 TH 状态 0Cr17Ni7Al 力学性能影响时得到的数据见表 2-60。

表 2-60 时效工艺对 TH 状态 0Cr17Ni7Al 抗拉强度和马氏含量的影响[1]

技术参数	时效温度	原始状态①	300℃	400℃	500℃	550℃	560℃	550℃	600℃
	时效时间		3h	3h	3h	2min	10min	3h	3h
抗拉强度（R_m）/MPa		705	835	1100	1185	1235	1175	1080	735
马氏体含量（*M*）/%		45	45	48	48	48	48	63	75

①1050℃固溶处理，750℃×3h 调节处理状态。

从表 2-60 中看出，时效温度低于 550℃时，钢中残余奥氏体产生陈化效应，在加热和随后冷却过程含量基本不变，所以马氏体含量也基本稳定（45%～48%）。抗拉强度随金属间化合物的析出稳步上升，550℃时达到最高值。随着温度进一步升高或保温时间延长，马氏体开始向奥氏体逆转变，在随后冷却过程中又转变为马氏体，导致马氏体反而增加。但这样形成的马氏体过饱和度低，而且未经时效处理，尽管总量增加仍会产生过时效的效果，抗拉强度开始下降。其他牌号 TH 状态半奥氏体沉淀硬化钢的时效演变过程大致如此。

CH 状态 0Cr17Ni7Al 是依靠冷加工变形促使奥氏体转变成形变马氏体的，最佳时效温度和时间与冷加工率相关：固溶后 0Cr17Ni7Al 为奥氏体组织，直接时效处理抗拉强度几乎没有变化。冷加工减面率在 30%以下的钢丝，由于形变马氏体量很少，时效处理后抗拉强度变化也不大（$\Delta R_m \leqslant 250$MPa）。从 30%开始随减面率增大；形变马氏体量超过 50%，时效后抗拉强度增值也加大；减面率达 70%左右，强度增值基本达到最大值（420~450MPa），如图2-9所示。由于 CH 状态 0Cr17Ni7Al 是依靠冷加工强化、相变强化和沉淀强化三重效应实现强化的，其最终抗拉强度远高于 RH 和 TH 状态钢。冷加工应力的存在对钢的时效硬化有促进作用，CH 状态的时效温度略低于其他两种状态钢，当时效温度大于 500℃时就显示出明显的过时效迹象。实践证明，CH 状态钢丝时效工艺应为：420~500℃，保温 0.5~2h，要获得最大强化效果，对直径不同的钢丝应采用不同时效工艺。直径较小钢丝（不大于 1.0mm）采用下限温度（420~450℃），较长时间（1~2h）时效。直径较大钢丝（大于 5.0mm）采用上限温度（480~500℃），较短时间（0.5~1h）时效处理[12]。

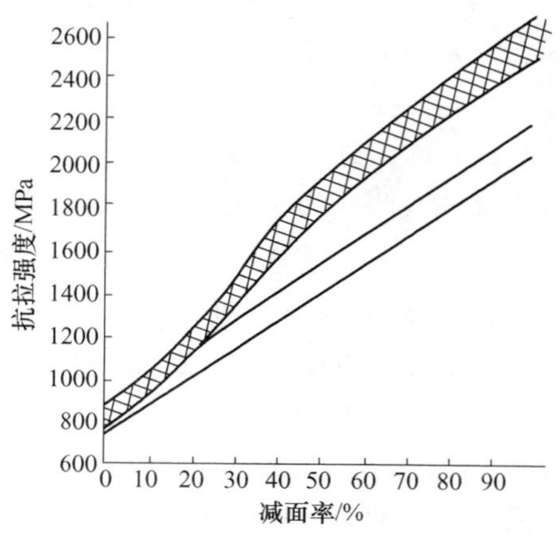

图 2-9　0Cr17Ni7Al 时效处理后抗拉强度的变化
（图中阴影部分为时效处理后的抗拉强度）

b　多重处理（M 处理）[8]

多重处理（M 处理）又称为分级处理，钢丝采用分级时效可获得更好的沉淀硬化效果。以 0Cr17Ni7Al 为例，采用 510℃×2h→480℃×3h→450℃×3h 三级时效处理后，其力学性能由一次时效处理后的 $R_m = 1550$MPa、$R_{p0.2} = 1440$MPa 提高到 $R_m = 1720$MPa、$R_{p0.2} = 1480$MPa，同时钢的非弹性行为（如弹性后效、应力松弛和内耗）也有明显改善。

时效处理的注意事项为：

（1）时效处理具有消除加工应力、稳定零部件尺寸、形状及析出沉淀硬化相三重作用，所以时效处理是材料成型后的最终处理。以 TH 状态使用的钢材冶金厂一般在调节处理后或调节处理后再进行轻度冷加工整形状态交货。以 CH 状态使用的钢材冶金厂一般以冷硬状态交货。

（2）半奥氏体沉淀硬化钢抗回火和抗松弛能力优于传统奥氏体钢，其耐热温度比对应牌号高出 50℃左右，但受沉淀硬化相热稳性限制，半奥氏体沉淀硬化钢的耐热性有限，07Cr17Ni7Al 的最高使用温度不得超过 350℃；07Cr15N7Mo2Al 由于加入 2%的 Mo，抗松弛能力有所提高，最高使用温度提高到≤420℃。

（3）半奥氏体沉淀硬化钢的缺点是氢脆敏感性和应力敏感性较强，裂纹扩展速度较快，尤其是 CH 状态钢，因为钢中马氏体量多、残余奥氏体量少、时效温度低，上述缺点表现得更突出。通常采用过时效或多重时效的方法，能很大程度克服上述缺点。另外，在冷加工过程中要采取必要措施防止钢材脆断和裂纹扩展，如控制半成品和成前酸洗温度和时间、用碱-酸联合清洗、或喷丸与酸洗结合的方法，缩短酸洗时间，减少氢气渗入量；用烘烤方法进行脱氢处理等。钢材在生产过程中难免会出现局部划伤和其他机械创伤，要特别注意，必须先行修整，确认缺陷已清除再进行冷加工，否则这些划伤和创伤很容易扩展成裂纹，或造成钢材脆断。同时要注意，修整前最好对钢材进行退火，或固溶处理（指钢丝）处理，消除钢材内应力后再进行修理。修整后的钢材不宜长时间存放，应尽快进入下一道次加工。如果修整量太大，必须再进行一次热处理后，再投入生产。

D 不同状态的钢丝力学性能对比

同一牌号钢采用不同热处理工艺获得的力学性能有很大差别，表 2-61 和表 2-62 列出 4 个常用半奥氏体沉淀硬化钢不同状态下的力学性能。

表 2-61 17-7PH 和 PH15-7Mo 不同状态的力学性能[14]

热处理状态	07Cr17Ni7Al（17-7PH）				07Cr15N7Mo2Al（PH15-7Mo）			
	R_m/MPa	$R_{p0.2}$/MPa	A/%	HR	R_m/MPa	$R_{p0.2}$/MPa	A/%	HR
A1950	890	275	35	B85	890	375	30	B90
T1400	1000	385	9	C31	995	620	7	C28
TH1050	1380	1275	9	C43	1520	1440	7	C45
A1750	915	280	19	B85	1030	375	12	B85
R100	1205	790	9	C36	1235	860	7	C40
RH950	1550	1440	6	C47	1605	1490	6	C48
RMH	1720	1585	6	—	1770	1615	5	—
C	1515	1305	5	C43	1515	1310	5	C45
CH900	1830	1790	2	C49	1830	1790	2	C50

注：1. A1950—（1065±13）℃×90min 固溶处理。

2. T1400—760±13℃调节处理，1h 内冷却到 16℃或冷却到室温，保持 30min，TH1050—（565±5）℉×1.5h 时效处理。

3. A1750—（955±8）℃×10min 固溶处理，R100—（−73±5）℃×8h 深冷，RH950—（510±5）℃×1.0h 时效处理，RMH—二次时效。

4. C—冷拉减面率 60%，CH900—（480±5）℃×1h 时效处理。

表 2-62 AM350 和 AM355 的热处理状态和力学性能[14]

牌号	09Cr17Ni5Mo3N（美 S35000/AM350/633）①				12Cr16Ni5Mo3NbN（美 S35500/AM355/634）②			
热处理状态	H	SCT	DA	CRT	H	SCT	DA	CRT
R_m/MPa	1110	1420	1230	1410	1280	1510	1310	1620
$R_{p0.2}$/MPa	420	1210	1060	1210	380	1250	1100	1340
A/%	38	12	12	19	29	13	12	16
硬度	95HRB	46HRC	42HRC	46HRC	100HRB	48HRC	43HRC	52HRC

①09Cr17Ni5Mo3N（美 S35000/633）：H—1065±15℃空冷；SCT—930±5℃空冷、（−75±5）℃×8h 深冷、（455±5）℃×3h 时效处理；DA—（746±5）℃×3h 空冷到室温、（455±5）℃×3h 时效处理；CRT—拉拔减面率 30%～35%、（455±5）℃×3h 时效处理。

②12Cr16Ni5Mo3NbN（美 S35500/634）：H—1025±15℃空冷，SCT—固溶空冷后（−75±5）℃×8h 深冷、（455±5）℃×3h 时效处理；DA—927～954℃空冷到室温→746℃×3h 空冷到室温、（455±5）℃×3h 时效处理；CRT—拉拔减面率30%～35%、（455±5）℃×3h 时效处理。

从表 2-61 和表 2-62 中可以看出 RH（SCT）状态钢的抗拉强度和硬度明显高于 TH(DA) 状态钢，两者的伸长率基本相当，也就是说 RH(SCT) 状态钢的强韧性明显优于 TH(DA) 状态钢。RH(SCT) 状态的优越性能与固溶体中碳含量更高（见表 2-63）、位错密度更高、有着更加精细的亚结构密切相关。实测 PH15-7Mo 衍射线物理宽度数值 β，得出 TH 状态钢的位错密度约为 $0.75\times10^{12}cm^{-2}$，而 RH 状态钢的位错密度约为 $1.85\times10^{12}cm^{-2}$。

表 2-63 各种状态 17-7PH 和 PH15-7Mo 钢中碳的分布情况[14]

热处理状态	07Cr17Ni7Al(17-7PH)		07Cr15N7Mo2Al(PH15-7Mo)	
	固溶体中 C/%	碳化物中 C/%	固溶体中 C/%	碳化物中 C/%
A 状态	0.064	0.006	0.064	0.002
T 状态	0.016	0.054	0.013	0.053
TH1050 状态	0.008	0.062	0.002	0.064
R100 状态	0.034	0.036	0.033	0.033
RH950 状态	0.026	0.044	0.027	0.039

CH(CRT) 状态和 RH(SCT) 状态钢比较：钢固溶处理后，奥氏体含量约占总量的 80%，经充分冷加工后绝大多数奥氏体转化成形变马氏体，CH 钢中残留奥氏体不超过 5%，马氏体的合金化程度高，δ 铁素体经冷变形已得到强化，即使仅承受 30%～35%的冷加工，钢的强度和硬度仍高于 RH 状态钢。CH 状态钢固溶处理后 85%的碳溶解于奥氏体中，在随后的冷加工过程中碳自然全部转入马氏体中，常温下钢中析出的碳化物已微乎其微了。可以推论，经时效处理后三种状态钢基体中碳化物从少到多的排列次序为：CH、RH 和 TH，所以三种状态钢的耐蚀性能从高到低的排列次序也是：CH、RH 和 TH。

作为弹性元件用钢需考核钢的应力松弛，一般说来，应力松弛与钢在小应力下的变形抗力（弹性极限 $R_{p0.002}$）一样，主要取决于钢中马氏体的形态，不同状态半奥氏沉淀硬化钢基体中的马氏体形态差别较大，其应力松弛性能差别也较大。表 2-64 显示了不同状态 17-7PH 和 PH15-7Mo 钢的弹性极限（$R_{p0.002}$）差别。CH 状态钢的马氏体为：板条状形变马氏体+弥散分布的 γ′ 相和少量 β 相，显微组织细密、C 饱和度较高，弹性极限（$R_{p0.002}$）处于较高水平，松弛稳定性也较好。

表 2-64 不同状态 17-7PH 和 PH15-7Mo 钢的弹性极限[8]

序号	原 始 状 态	$R_{p0.002}$/MPa
1	TH 状态：1050℃淬水+750℃×2h 空冷+450℃时效	785
2	RH 状态：1050℃淬水+ −70℃×2h 深冷处理+450℃时效	840
3	RH 状态：1050℃淬水+ −70℃×2h 深冷处理+450℃时效	1060
4	CH 状态：1050℃淬水+25%的冷加工+450℃时效	1250
5	CH 状态：1050℃淬水+25%的冷加工+450℃时效	1390
6	CH 状态：1050℃淬水+50%的冷加工+450℃时效	1430
7	CH 状态：1050℃淬水+50%的冷加工+450℃时效	1460

注：序号 2、4、6 为 17-7PH，序号 3、5、7 为 PH15-7Mo，在 TH 状态两者 $R_{p0.002}$ 基本一致。

总的说来，CH(SCT) 状态钢抗拉强度和硬度最高，还具有优异的弹性性能，但塑性不足。产品以薄板、钢丝、钢带等精细材料为主，以冷加工状态交货，主要用于制作形状或结构比较简单的弹簧或弹性元件。RH(CRT) 状态钢强韧配合最佳，适用于制作结构复杂的构件和尺寸精度要求较高的弹簧膜片，但受深冷工艺限制，仅在特定条件下使用，冶金厂一般以固溶或适度冷加工状态交货，用户加工成型后再进行后继热处理。TH(DA) 状态钢优势是热处理工艺简便，能适应锻件、厚板、大规格棒材的热处理要求，适用于制作有不锈要求的结构件、容器和管道等大型零部件，冶金厂多在调节处理后交货，用户加工成型后只要进行简单的时效处理即可使用。鉴于半奥氏体沉淀硬化不锈钢热处理工艺复杂，在世界范围内有被马氏体时效不锈钢替代的趋势。但目前仍占有广阔的应用领域。

E 不同状态半奥氏体沉淀硬化不锈钢的尺寸变化[12]

半奥氏体沉淀硬化不锈钢在加工过程随着显微组织的变化，钢的密度必然会产生变化，零部件的外形尺寸也会随之变化：经 T 处理的钢，由于马氏体相变引起钢的线性膨胀为 0.0045mm/mm，在 H 处理时因沉硬化相的析出而产生的收缩为 0.0005mm/mm，因此，经 TH 处理的钢线性膨胀为 0.0040mm/mm，经 RH 处理的钢也会产生同样的膨胀。CH 状态钢因只有 H 处理时的收缩，故尺寸会缩小 0.0005mm/mm。在零部件的设计和加工过程中必须充分考虑尺寸变化因素。

2.1.2.3 半奥氏体沉淀硬化不锈钢典型牌号的生产工艺和性能[1~3]

A 07Cr17Ni7Al（17-7PH）

在半奥氏体沉淀硬化不锈钢中 07Cr17Ni7Al 是最早开发的牌号，目前仍是用途最广，用量最大的牌号。该钢兼有奥氏体钢和马氏体钢的优点，固溶后获得以奥氏体为主的显微组织，因而具有与 06Cr19Ni10（304）相近的不锈性、耐蚀性、耐热性和强韧性。但这种奥氏体处于亚稳定状态，经过调节处理、深冷处理或冷加工，可以转变马氏体，因而又具有马氏体不锈的强硬性和耐磨性。因为钢中加入沉淀强化元素 Al，通过时效处理，析出沉淀硬化相，获得高于马氏体的强度、硬度和优越的弹性性能。可用于制作在 350℃ 以下长期工作的不锈结构件、导弹的压力容器、管道、飞机的外壳、喷气发动机的零件、天线、精密轴、弹簧、波纹管、隔膜、测量仪表的元件等。在航空、航天、电子通信、精密仪表等领域仍是不可或缺的材料。07Cr17Ni7Al 钢的临界温度参考值 $Ac_1=660℃$、$Ac_3=725℃$、$M_{d30}=64℃$、$Ms=-15℃$、$\delta=3.7\%$。

a 07Cr17Ni7Al 热处理工艺制度

07Cr17Ni7A 典型热处理工艺制度有 4 种。

(1) A1950 状态：1065℃固溶，空冷；A1750 状态：955℃固溶空冷，调节处理。

(2) RH950(RH1050) 状态：1065℃ 固溶，空冷 + 955℃ × 10min 空冷，调节处理 +(−75℃)×8h 深冷+510℃×1h 时效处理（或 565℃×1h 时效处理）;

(3) TH1050 状态：1065℃固溶，空冷+760℃×1.5h，1h 内冷至 16℃+565℃×1h 时效处理;

(4) CH900 状态：1065℃固溶，空冷+60%的冷加工+482℃×1h 时效处理。

07Cr17Ni7Al 的耐蚀性能与奥氏体钢 06Cr18Ni9 相当，见表 2-65。其他各项性能指标见表 2-66~表 2-70。

表 2-65　07Cr17Ni7Al 的耐蚀性能[2]

序号	腐蚀介质	$10\%HNO_3+2\%HF$，40%~60% 3~5min 钝化处理	原重 /g	腐蚀 70h 后质量 /g	质量损失 g	质量损失 %
1	$10\%H_2SO_4$ 水溶液	未经钝化处理	8.3285	6.5482	1.7803	21
2			8.4552	6.9226	1.5326	18
3		经钝化处理	8.4493	8.4488	0.0005	0.01

介质条件：介质	介质条件：浓度/%	介质条件：温度/℃	腐蚀率平均值 $/g\cdot(mm^2\cdot h)^{-1}$
HNO_3	65	沸腾	0.833
	40	沸腾	0.233
	60	60~70	0.020
	3mol/L+沸腾+0.143		
草酸	0.5mol/L	常温	0.023
HNO_3(1.25mol/L)+Fe^{3+}(0.42)+SO_4^{2-}(0.84mol/L)+HNO_3(8mol/L)		沸腾	1.287
		常温	0.002

表 2-66　07Cr17Ni7Al 薄板和中厚板的力学性能（AISI）[12]

热处理状态	R_m/MPa	$R_{p0.2}$/MPa	$A_{L=50.8mm}$/%	硬　度
A(1065℃)	895	275	35	85HB
T(760℃)	1000	690	9	31HRC
TH1050(565℃)	1380	1275	9	43HRC
C(>60%)	1520	1310	5	43HRC
CH900(482℃)	1830	1790	2	49HRC
A1750(950℃)	920	290	19	85HB
R100(-75℃)	1205	790	9	36.5HRC
RH950(510℃)薄板	1620	1520	6	48HRC
RH950(510℃)中厚板	1480	1345	9	47HRC

表 2-67　07Cr17Ni7A 的高温瞬时力学性能

试验温度 /℃	R_m/MPa		$R_{p0.2}$/MPa	
	TH1050	RH950	TH1050	RH950
92	1300	1475	1230	1410
204	1225	1380	1160	1260
316	1140	1295	1100	1155
371	1100	1230	1020	1085
426	1010	1125	910	965
482	870	935	635	795
538	—	655	—	635

表 2-68 07Cr17Ni7Al 钢的持久强度和蠕变强度[2]

试验温度/℃	$R_{m/100h}$/MPa			$R_{m/1000h}$/MPa			$R_{p0.1/1000h}$/MPa		$R_{p0.01/1000h}$/MPa	
	TH1050	RH950	CH900	TH1050	RH950	CH900	TH1050	RH950	TH1050	RH950
316	1195	1320	1545	1110	1265	1520	950	885	880	735
371	915	1155	1365	960	1025	1265	740	610	705	420
427	775	794	950	635	645	515	420	255	315	220
482	550	429	375	365	310	255	160	100	—	90

表 2-69 07Cr17Ni7Al 薄板的疲劳极限[2]

热处理状态	R_m/MPa	$R_{p0.2}$/MPa	$A_{L=50.8mm}$/%	Z/%	A_{KV}/J	光滑试样疲劳强度①/MPa
A	895	275	36	—	—	—
TH1050	1380	1275	9	26	8	550
RH950	1620	1515	6	—	8	730
CH900	1830	1790	2	—	—	565

①旋转梁试验，10^6～10^8循环次数。

表 2-70 07Cr17Ni7Al 的断裂韧性[2]

热处理状态	$R_{p0.2}$/MPa	取向	K_{IC}/MPa$\sqrt{m}$	K_{ISCC}/MPa$\sqrt{m}$
RH950	1180	L—T	35	<21①
TH1050	—	L—T	43	17.5①
RH1050	1310	T—L	52	<20②

注：1. K_{IC}—平面应变断裂韧性，K_{ISCC}—应力腐蚀断裂韧性；

2. 应力腐蚀条件：①3.5%的 NaCl 水溶液，室温；②20%的 NaCl 水溶液，室温。

b 制作弹簧用07Cr17Ni7Al

07Cr17Ni7Al 具有优良的塑性变形能力，通过冷加工+时效处理可获得 CH 状态钢丝和钢带。CH 状态钢丝和钢带具有很高的弹性模量和弹性极限、热稳定性好、弹性温度系数小、抗松弛性能强，具有与奥氏体不锈钢相当的耐蚀性能，是性能优异的弹性材料。两种常用不锈弹簧钢丝弹性性能比较见表 2-71，07Cr17Ni7Al 钢 CH900 状态的弹性性能见表 2-72，07Cr17Ni7Al 的扭转弹性模量随温度的变化情况见表 2-73，常用弹簧钢丝的应力松弛性能比较见表 2-74，07Cr17Ni7Al 弹簧的应力松弛见表 2-75。

表 2-71 两种常用不锈弹簧钢丝弹性性能比较

牌 号	拉力弹性极限（R_e）/%R_m	扭转弹性极限（τ_e）/%R_m	弹性模量 E /GPa	剪切模量 G /GPa	短期最高使用温度/℃	长期最高使用温度/℃
1Cr18Ni9	65～75	45～55	193.0	68.95	300	280
07Cr17Ni7Al	75～85	55～60	203.4	77.30	350	315

表 2-72 07Cr17Ni7Al 钢 CH900 状态的弹性性能[12]

弹簧丝直径/mm	抗拉强度 R_m/MPa	弹性极限 R_e/MPa	弹性模量/GPa
0.8~1.5	2100~2410	抗拉弹性极限=R_m×75% 抗扭弹性极限=R_m×55%	抗拉 E=207 抗扭 G=77
1.6~2.3	1940~2255		
2.4~3.2	1870~2125		
3.3~4.0	1765~2000		
4.1~10.0	1645~1960		

表 2-73 07Cr17Ni7Al 的扭转弹性模量随温度的变化情况

使用温度/℃	-76	-54	-17.8	26.7	121	177	232	288	343	399
G 的变化率/%	+2.4	+1.8	+1.5	0	-2.4	-4.8	-6.9	-9.2	-11.4	-15.4

表 2-74 常用弹簧钢丝的应力松弛性能比较[2]

钢 种	钢丝直径/mm	保持时间/h	使用温度/℃	100		150		200		250	
			初始载荷/MPa	637	784	637	784	637	784	637	784
07Cr17Ni7Al	3.8	16	载荷损失百分率/%	0.1	0.3	0.4	0.5	0.4	0.5	0.4	0.8
12Cr18Ni9	3.8	16		1.0	1.5	1.2	2.4	1.5	3.1	2.3	4.2
琴钢丝	3.8	16		3.0	4.8	6.4	9.5	13.3	17.3		

表 2-75 07Cr17Ni7Al 弹簧的应力松弛（载荷减少,%）[12]

弹簧丝直径/mm	初始应力/MPa	加载时间/h	177℃	232℃	288℃	343℃	399℃
1.0①	275	96	0	1.1	1.8	6.1	15.6
1.0	275	96			2.0	3.9	10.7
2.0	550	96	0	0.9	1.26	5.55	20.9
2.0②	550	96			3.7	4.0	13.2

①482℃×1h 时效，空冷；②454℃×0.5h 时效，空冷。

CH 状态钢丝和钢带虽然能达到最高的抗拉强度，同时也具有良好韧性，但只能用于制作形状相对简单的弹性元件，要制作形状复杂或成型困难的弹性元件必须选用 RH 和 TH 状态钢。以 07Cr17Ni7Al 和 07Cr15Ni7Mo2Al 为例，弹簧元件常用品种除钢丝和钢带外，还有薄板和小规格钢棒；使用状态除 CH900 状态外，还包括 RH950、TH1050 和 TH950 状态。不同状态 07Cr17Ni7Al 的弹性模量见表 2-76，弹簧设计最大许用应力见表 2-77，不同状态 07Cr17Ni7Al 弹簧的疲劳极限见表 2-78。

表 2-76 不同状态的 07Cr17Ni7Al 的弹性模量

弹性模量	A	TH1050	RH950	CH900
E/GPa		207.0	204.0	203.4
G/GPa				77.3

表 2-77 07Cr17Ni7Al 弹簧设计最大许用应力[12]

弹簧钢丝直径/mm	剪切弹性模量/GPa	设计最大许用应力/MPa
1.0	77.3	650
2.0	77.3	685

表 2-78 不同状态 07Cr17Ni7Al 弹簧的疲劳极限 (MPa)

状态	压缩应力	15×10^6 循环次数				10^7 循环次数
		热处理表面	酸洗表面	蒸汽喷射清理表面	12 号磨料研磨表面	
TH1050	1400	437	430	565	610	—
RH950	1655	534	—	690	—	—
C	1500	—	—	—	—	—
CH	2065	—	—	—	—	567

国内现行 07Cr17Ni7Al 不锈弹簧钢丝标准有：GB/T 24588—2009《不锈弹簧钢丝》、GJB 3320—98《航空用不锈钢弹簧丝规范》和 YB（T）11-83《弹簧用不锈钢丝》。其中 GJB 3320—1998 是目前国内要求最严的不锈弹簧钢丝标准，见表 2-79。不锈弹簧钢丝生产实用工艺参数见表 2-80。

表 2-79 GJB 3320—98 中 07Cr17Ni7Al 弹簧钢丝力学性能和工艺性能

钢丝直径/mm	A 组				B 组			
	抗拉强度 R_m		弯曲	扭转	抗拉强度 R_m		弯曲	扭转
	冷拉状态/MPa	时效状态/MPa	冷拉状态/次	冷拉状态/次	冷拉状态/MPa	时效状态/MPa	冷拉状态/次	冷拉状态/次
0.2~0.5	≥1920	2250~2450	—	≥10	≥1750	2050~2350	—	≥10
>0.50~0.70	≥1900	2230~2430	≥6	≥8	≥1700	2000~2300	—	≥8
>0.70~1.00	≥1900	2200~2400	≥5	≥6	≥1650	1950~2250	≥5	≥6
>1.00~1.20	≥1840	2140~2340	≥4	≥5	≥1600	1900~2200	≥5	≥5
>1.20~1.60	≥1800	2100~2300	≥4	≥5	≥1550	1850~2150	≥5	≥5
>1.60~2.00	≥1730	2030~2230	≥4	≥4	≥1500	1800~2100	≥5	≥4
>2.00~2.50	≥1670	1950~2150	≥4	≥4	≥1450	1750~2050	≥5	≥4
>2.50~3.00	≥1580	1860~2060	≥3	≥3	≥1450	1750~2050	≥4	≥3
>3.00~4.00	—	—	—	—	≥1400	1700~2000	≥4	≥3
>4.00~6.00	—	—	—	—	≥1350	1650~1950	≥3	≥2
>6.00~7.00	—	—	—	—	≥1300	1600~1900	≥3	—

注：1. 时效热处理温度 420~500℃，保温时间 1~3h，冷却方式：空冷；

2. 直径≤3.0mm 钢丝，用等于钢丝直径的芯棒缠绕 10 圈，钢丝不应折断或开裂；

3. 扭转后试样表面不得有裂纹和分层，扭转断口应平齐，垂直或近似垂直于轴线。

表 2-80　07Cr17Ni7Al 不锈弹簧钢丝生产实用工艺参数

牌　号	固溶处理温度/℃		软态强度 R_0[①]/MPa	时效处理工艺 /℃×h	强度升值 ΔR_m/MPa	冷加工强化系数[②]/K
	热轧盘条	半成前				
07Cr17Ni7Al	1030～1060	1020～1050	790～6d	(420～500)×(0.5～3)	280～430	9+69C

①指连续炉固溶处理后的钢丝抗拉强度，*d*—钢丝直径。周期炉固溶处理后的钢丝抗拉强度要低 30～50MPa。

②成品抗拉强度 $R_m = R_0 + KQ$，式中 R_0—成前抗拉强度，*K*—冷加工强化系数，*Q*—总减面率。

07Cr17Ni7Al 冷轧弹簧钢带现行标准为 GJB 3321—1998，标准中对 CH 状弹簧带力学性能和工艺性能的要求见表 2-81，不锈弹簧钢带生产实际控制工艺参数见表 2-82。

表 2-81　CH 状态弹簧钢带力学性能和工艺性能的要求

牌　号	交货状态	热处理工艺	R_m/MPa	$R_{p0.2}$/MPa	*A*/%	维氏硬度（HV）
07Cr17Ni7Al	TS	A	≤1030	—	≥20	—
		TH	≥1140	≥960	≥3	≥345
		RH	≥1230	≥1030	≥2	≥390
	H1/4	CH	≥1230	≥880	≥2	≥380
	H1/2	CH	≥1420	≥1080	≥1	≥450
	H	CH	≥1720	≥1320	提供实测数据	≥530

注：1. 拉伸试验合格，硬度试验结果不作判定依据，厚度小于 0.3mm 的钢带，以硬度试验代替拉伸试验；

2. 钢带应进行弯曲试验，弯曲试样的纵向应垂直于轧制方向。TS 弯心直径≤*a*，H1/4 弯心直径≤2*a*，弯曲角度 90°，弯曲部位的外表面不应有裂纹（*a* 为钢带厚度）。钢带宽度小于 1.0mm，厚度大于 1.0mm，均不进行弯曲试验。

3. TS 状态时效处理工艺（490～530)℃×1h 空冷；H1/4、H1/2、H 时效处理工艺（540～580)℃×1h 空冷。

表 2-82　07Cr17Ni7Al 钢带生产实际控制工艺参数

交货状态	H1/2	H	H1/2	H
冷轧压下率/%	40～50	>60	482℃时效	
R_m/MPa	1245～1380	1440～1620	1620～1795	1890～2165
A/%	8～11	1～2	0～2	0～2

c　07Cr17Ni7Al 的工艺性能

（1）热加工：最高加热温度 1150℃，钢坯或钢锭装炉温度不应高于 600℃，开始热加工温度 1100℃，终加工温度≥950℃，冷却方式为空冷。

（2）冷加工：钢的冷加工硬化倾向较大，冷加工通常在固溶状态下进行，在冷轧、冷拉、冷挤压和冷顶锻过程中，宜采用较大道次加工率，较少冷加工道次生产。07Cr17Ni7Al 钢的裂纹扩展趋势较强，钢材表面有严重划伤、斑疤、凹坑等缺陷，在冷加工过程中极易演成裂纹。所以在生产过程中应特别应注意检查表面质量，发现缺陷应及时清理干净再生产。当然清理表面缺陷必须在固溶状态下进行，否则清理时缺陷会顺势发展成裂纹。

（3）热处理：该钢的热处理工艺相对复杂，参见图 2-6。生产中应根据实际需求灵活选择热处理工艺。对于薄壁零部件，如壳体、筒件等宜选用 TH1050 状态钢材，因为这种状态不需要进行高温调节处理，从而避免了零部件的氧化和变形。对于棒材宜选用 RH950 状态，可获得最佳强韧性配合。制作弹性元件用钢，适合采用 CH 状态，其热处理工艺相对简单，采购冷加工状态交货的材料，可直接加工成型，再进行低温时效处理，就可获得弹性性能优异，尺寸精度高的元件。为降低钢的缺口敏感性和改善钢的耐应力腐蚀性能，还可采用过时效或多重时效处理工艺，获得强韧性更好的效果。

（4）焊接：07Cr17Ni7Al 可进行电弧焊和电阻焊，惰性气体保护焊是最佳工艺选择，惰性气体保护可避免焊口氧化、减少 Al 的烧损，改善焊缝力学性能的均匀性，提高接头效率。钢通常在固溶状态下焊接，焊前不需预热，但焊后最好先进行固溶处理，随后按实际需求进行其他处理。焊缝强度可达到基体强度的 94%～100%。此钢亦可进行钎焊，焊料为银-锂合金，在 900～940℃ 氩气保护下焊接，焊后进行时效处理。$\delta=1.6$mm 07Cr17Ni7Al 薄板，使用同材质焊丝，采用 TIG 焊接，焊缝的力学性能见表 2-83。

表 2-83　07Cr17Ni7Al 薄板经 TIG 焊接后焊缝的力学性能[2]

状　态	固溶+焊接 TH1050	固溶+焊接+固溶 TH1050	固溶+焊接 RH950	固溶+焊接 RH1100	固溶+焊接 TH1100	固溶+焊接+固溶 TH1100
抗拉强度 R_m/MPa	1406	1427	1509	1132	1098	1098
规定塑性延伸极限 $R_{p0.2}$/MPa	1338	1338	1406	906	892	592
伸长率（L=50mm）/%	1.5	2.5	2.0	6.0	6.0	6.0
断面收缩率 Z/%	6.0	8.0	6.0	14.0	10.0	12.0
横向收缩①/%	2.6	3.0	2.0	5.0	5.0	6.0

①断裂点试样宽度减少百分数。

d　07Cr17Ni7Al 的物理性能

07Cr17Ni7Al 钢的物理性能见表 2-84。

表 2-84　07Cr17Ni7Al 钢的物理性能

项　目		A 状态	TH1050	RH950	CH900
密度/g·cm^{-3}		7.81	7.65	7.65	7.67
比热容(20℃)/J·(kg·℃)$^{-1}$		460.6			
热导率①/W·(m·℃)$^{-1}$	150℃	17.2			
	260℃	18.4			
	480℃	20.9			
线膨胀系数/10^{-6}·K^{-1}	20～100℃	15.3	10.08	10.26	
	20～316℃	—	11.34	11.88	
	20～427℃	17.3	11.88	12.42	
电阻率/μΩ·m		0.80	0.82	0.83	0.84
磁导率/(7958A/m 时)		1.76～4.40	100.6～124.4	94.6～109.4	
熔点/℃		1415～1450			
Ms 点/℃			90	13	

①热导率指时效状态钢的热导率。

B　07Cr15Ni7Mo2Al（PH15-7Mo）[2]

07Cr15Ni7Mo2Al 是在 07Cr17Ni7Al 的基础上用 2%的 Mo 取代等量的 Cr 开发的牌号，由于 Mo 的碳化物和金属间化合物的高温稳定性较好（见表 2-61 和表 2-62），钢的允许使用温度明显提高。在 425℃保持 1000h 后，PH15-7Mo 的 $R_{p0.2}$ 是 17-7PH 的 3 倍，其强度/质量之比优于钛合金。由于加入 2%的 Mo，钢的耐蚀性能，尤其是耐点腐蚀性能显著提高。综合分析，PH15-7Mo 的室温力学性能与 17-7PH 相当，高温强度和耐蚀性能优于 17-7PH，在宇航、石油化工、能源工业和船舶制造领域得到广泛应用，可用于制造 400℃以下长期工作承力构件、压力容器和弹性元件，如飞机蒙皮、航空器薄壁结构件、导管和阀膜；化纤纺丝用挤压嘴、齿转和传动轴；化工用耐蚀弹性元件等。07Cr15Ni7Mo2Al 钢的临界温度参考值 $Ac_1=700℃$、$Ac_3=820℃$、$M_{d30}=41℃$、$Ms=-6℃$、$\delta=1.9\%$。

07Cr15Ni7Mo2Al 的热处理工艺制度与 07Cr17Ni7Al 完全相同。

a　07Cr15Ni7Mo2Al 的耐腐蚀性能

07Cr15Ni7Mo2Al 由于含有 2%的 Mo，在各种酸中，尤其是在非氧化性酸中的耐蚀性能显著提高。从表 2-74 中可以看出：固溶状态的钢耐蚀性能最好，经调节处理的钢（A1750 和 T 状态）析出部分碳化物，耐蚀性明显下降。在经沉淀硬化处理的钢中，CH 状态钢强度最高，耐蚀性能也最好；RH950 状态钢耐蚀性能次之，TH1050 状态钢耐蚀性能最差。07Cr15Ni7Mo2Al 钢在酸性介质中的耐蚀性能见表 2-85，钢的断裂韧性和应力腐蚀门槛值见表 2-86，钢的耐均匀耐腐蚀性能见表 2-87。07Cr15Ni7Mo2Al 钢的耐晶间腐蚀能力见表 2-88，看来耐晶间腐蚀能力与热处理条件有关，RH 状态钢 500℃时效后强度最高，但不耐腐蚀，但 400~450℃或 550~600℃时效后，钢的强度稍低，但耐腐蚀。TH 状态钢无论选用 400~450℃之间任何温度时效，钢均出现晶间腐蚀现象。

表 2-85　07Cr15Ni7Mo2Al 钢在酸性介质中的耐蚀性能　（g/(m²·h)）

试验条件	A	T	TH1050	A1750	R100	RH950	CH900
5%H_2SO_4 沸腾 8h	37.0	125.0	完全溶解	63.9	235.0	完全溶解	224.0
10%H_2SO_4 常温 24h	0.10	0.96	10	0.75	1.16	3.01	0.55
40%HNO_3 沸腾 8h	0.18	0.42	8.44	0.19	0.38	0.52	0.29
65%HNO_3 沸腾 8h	0.72	2.83	37.8	1.38	1.32	2.39	1.82
10%HC 常温 24h	1.16	16.4	23	13.00	21.9	23.00	14.00

表 2-86　07Cr15Ni7Mo2Al 的断裂韧性和应力腐蚀门槛值

热处理状态	R_m/MPa	取向	K_{IC}/MPa$\sqrt{m}$	K_{ISCC}/MPa$\sqrt{m}$
RH950	1405	T—L	34	<16①
RH950	1350	L—T	35	15②
RH1050	1345	T—L	44	<22①
TH1050	1160	L—T	37	20②
TH1080	—	L—T	35	—

①20%NaCl 溶液；

②3.5%NaCl 溶液。

表 2-87　07Cr15Ni7Mo2Al 钢的耐均匀耐腐蚀性能

<table>
<tr><th>状态</th><th>腐蚀介质</th><th>温度/℃</th><th>时间/h</th><th>失重/g</th><th>腐蚀速度
/g·(m²·h)⁻¹</th><th>浸蚀后的外观</th></tr>
<tr><td rowspan="9">RH950</td><td rowspan="2">发烟硝酸</td><td>15.5</td><td rowspan="2">8</td><td>0.005</td><td>0.172</td><td rowspan="9">灰色，有些地方腐蚀较轻，表面看不出腐蚀，非打字（标识）一面的中间腐蚀轻。
纵向有几道纹，打字（标识）一面上有腐蚀花纹</td></tr>
<tr><td>沸腾</td><td>0</td><td>0</td></tr>
<tr><td rowspan="3">65%硝酸</td><td>15.5</td><td>8</td><td>0.167</td><td>5.78</td></tr>
<tr><td>24</td><td>24</td><td>0.13</td><td>4.51</td></tr>
<tr><td>沸腾</td><td>24</td><td>0.01</td><td>0.0117</td></tr>
<tr><td>9.5%硫酸</td><td>15.5</td><td>24</td><td>0.628</td><td>7.34</td></tr>
<tr><td rowspan="2">9.12%盐酸</td><td rowspan="2">15.5</td><td rowspan="2">24</td><td>0.918</td><td>10.5</td></tr>
<tr><td>0.939</td><td>11.1</td></tr>
<tr><td colspan="5"></td></tr>
<tr><td rowspan="8">TH1050</td><td rowspan="2">发烟硝酸</td><td>15.5</td><td rowspan="2">8</td><td>0</td><td>0</td><td rowspan="8">灰面呈灰色</td></tr>
<tr><td>沸腾</td><td>0.002</td><td>0.0697</td></tr>
<tr><td rowspan="2">65%硝酸</td><td>15.5</td><td rowspan="2">8</td><td>0.664</td><td>23.0</td></tr>
<tr><td>沸腾</td><td>0.675</td><td>23.6</td></tr>
<tr><td rowspan="2">10%硫酸</td><td rowspan="2">15.5</td><td rowspan="2">24</td><td>1.7</td><td>19.8</td></tr>
<tr><td>1.431</td><td>16.6</td></tr>
<tr><td rowspan="2">10%盐酸</td><td rowspan="2">15.5</td><td rowspan="2">24</td><td>1.098</td><td>12.7</td></tr>
<tr><td>1.172</td><td>13.6</td></tr>
</table>

注：试验用钢成分为 w(C) = 0.06%、w(Si) = 0.41%、w(Mn) = 0.38%、w(P) = 0.017%、w(S) = 0.003%、w(Cr) = 14.28%、w(Ni) = 6.64%、w(Mo) = 2.72%、w(Al) = 1.24%、w(Cu) = 0.13%。

表 2-88　07Cr15Ni7Mo2Al 钢的耐晶间腐蚀能力

<table>
<tr><th>状　态</th><th>腐蚀介质</th><th>煮沸时间/h</th><th>质量损失/g</th><th>声音变化</th><th>弯曲试验
R=2mm，弯曲 90°</th></tr>
<tr><td>RH400</td><td rowspan="10">H_2SO_4 55mL+$CuSO_4$ ·$5H_2O$ 110g +H_2O 1000mL</td><td rowspan="10">48</td><td>0.0179</td><td>有金属声</td><td>无裂纹</td></tr>
<tr><td>RH450</td><td>0.1081</td><td>有金属声</td><td>有裂纹</td></tr>
<tr><td>RH500</td><td>4.8806</td><td>稍失声</td><td>有裂纹</td></tr>
<tr><td>RH550</td><td>0.2687</td><td>有金属声</td><td>无裂纹</td></tr>
<tr><td>RH600</td><td>0.1180</td><td>有金属声</td><td>无裂纹</td></tr>
<tr><td>TH400</td><td>0.0612</td><td>有金属声</td><td>有裂纹</td></tr>
<tr><td>TH450</td><td>0.6560</td><td>有金属声</td><td>断裂</td></tr>
<tr><td>TH500</td><td>1.9608</td><td>稍失声</td><td>断裂</td></tr>
<tr><td>TH550</td><td>1.1197</td><td>有金属声</td><td>断裂</td></tr>
<tr><td>TH600</td><td>0.3708</td><td>稍失声</td><td>无裂纹</td></tr>
</table>

注：试验用钢成分为 w(C) = 0.06%、w(Mn) = 0.38%、w(Si) = 0.41%、w(Cr) = 14.28%、w(Ni) = 6.64%、w(Mo) = 2.72%、w(S) = 0.003%、w(P) = 0.017%、w(Al) = 1.24%、w(Cu) = 0.13%。

b　07Cr15Ni7Mo2Al 的力学性能

07Cr15Ni7Mo2Al 钢的力学性能指标见表 2-89～表 2-96。

表 2-89　07Cr15Ni7Mo2Al 薄板及型材的力学性能

热处理工艺	R_m/MPa	$R_{p0.2}$/MPa	A/%	硬度
A	895	380	30	90HB
T	1000	655	7	28HRC
TH1050	1445	1380	7	45HRC
A1750	1030	275	12	85HB
R100	1240	860	7	40HRC
RH950	1655	1550	6	48HRC
C	1515	1310	5	45HRC
CH900	1825	1790	2	50HRC

表 2-90　时效处理对 07Cr15Ni7Mo2Al 棒材室温力学性能的影响

时效前处理	时效处理/℃×h	R_m/MPa	A/%	Z/%
1050℃，空冷+950℃，空冷+(-70℃)×2h 深冷处理	400×1	1250	8.7	45.9
	450×1	1360	9.8	42.7
	500×1	1535	11.2	35.7
	550×1	1580	8.8	35.8
	600×1	1285	13.7	41.9
	450×1+400×8	1460	11.1	39.1
	550×1+400×8	1630	8.3	41.9
1050℃，空冷+760℃×1.5h，空冷至 15℃保温 1.5h	500×1.5	1555	7.6	31.4
	600×1.5	1265	10.0	39.6

表 2-91　07Cr15Ni7Mo2Al 棒材瞬时高温力学性能

热处理工艺制度	试验温度/℃	R_m/MPa	$R_{p0.2}$/MPa	$R_{p0.01}$/MPa	A_{10}/%	Z/%
1050℃，空冷	50	1160	365	180	20.1	47.1
1050℃，空冷+975℃，水冷+(-70℃)×2h 深冷处理+450×1h，空冷时效	20	1360	1105	760	12.8	47.8
	350	1250	890	590	7.4	40.7
	400	1245	765	630	7.6	40.9
	450	1225	770	510	7.7	44.8
	500	1115	—	—	6.4	52.8
	550	950	605	345	7.5	61.9
	600	577	334	237	15.8	80.3

表 2-92　不同状态 07Cr15Ni7Mo2Al 薄板的瞬时高温力学性能

试验温度/℃	热处理状态	R_m/MPa	$R_{p0.2}$/MPa	A/%	τ/MPa
24	TH1050	1460	1425	7.0	985
	RH950	1655	1515	5.0	1115
	CH900①	1755	1675	3.0	—
	CH900②	1800	1760	3.0	—

续表 2-92

试验温度/℃	热处理状态	R_m/MPa	$R_{p0.2}$/MPa	A/%	τ/MPa
150	TH1050	1380	1345	4.5	895
	RH950	1515	1380	5.0	1000
	CH900①	1655	1550	1.5	—
	CH900②	1780	1605	1.5	—
315	TH1050	1255	1085	4.5	800
	RH950	1380	1200	5.0	885
	CH900①	1515	1405	1.5	—
	CH900②	1640	1455	1.5	—
370	TH1050	1205	1130	6.0	760
	RH950	1345	1140	6.0	855
	CH900①	1435	1330	1.5	—
	CH900②	1570	1380	1.5	—
425	TH1050	1125	1035	9.0	715
	RH950	1265	1035	8.0	800
	CH900①	1370	1250	1.5	—
	CH900②	1510	1310	1.5	—
480	TH1050	980	875	14.0	660
	RH950	1105	895	10.0	710
	CH900①	1370	1135	2.5	—
	CH900②	1395	1205	2.5	—
540	TH1050	795	725	19.0	550
	RH950	895	725	14.0	605
	CH900①	1090	905	4.0	—
	CH900②	1195	985	4.0	—

①纵向；②横向。

表 2-93 不同状态 07Cr15Ni7Mo2Al 钢带的瞬时高温力学性能

热处理工艺制度	试验温度/℃	R_m/MPa	$R_{p0.2}$/MPa	$R_{p0.01}$/MPa	A/%
1050℃，空冷+950℃×10min，水冷+(−70℃)×2h 深冷处理+500×1h，空冷时效	20	1530	1320	950	11.4
	200	1315	1045	740	5.9
	300	1275	935	635	7.2
	400	1190	790	565	7.3
	450	1060	740	545	6.9
	500	985	630	365	10.4
	550	690	375	300	14.8
	600	625	225	165	32.0
	700	240	105	70	49.4
	800	125	50	35	76.6

续表 2-93

热处理工艺制度	试验温度/℃	R_m/MPa	$R_{p0.2}$/MPa	$R_{p0.01}$/MPa	A/%
1050℃，空冷+950℃×10min，水冷+(-70℃)×2h 深冷处理+450×1h，空冷时效	20	1380	1180	840	12.7
	300	1190	885	555	6.2
	400	1160	875	515	6.4
	450	1145	820	545	6.3
	500	1075	725	430	7.6
1050℃，空冷+760℃×1.5h，空冷至 15℃保温 1.5h+570℃×1.5h，空冷	20	1500	1410	—	10.5
	300	1260	—	—	8.4
	500	935	—	—	20.9

表 2-94　时效工艺对 07Cr15Ni7Mo2Al 冲击性能的影响

时效前处理	时效处理工艺		A_{KU}/J · cm^{-2}
	时效温度/℃	时效时间/h	
1050℃，空冷+950℃×20min，空冷+(-70℃)×2h 深冷处理+450×1h	400	1	40
	450	1	36
	500	1	38
	550	1	19
	600	1	36
1050℃，空冷+975℃×10min，水冷+(-70℃)×2h 深冷处理	425	1	51
	450	1	52
760℃×1.5h，空冷至 15℃保温 1.5h	550	1.5	18
	600	1.5	34

表 2-95　07Cr15Ni7Mo2A 的持久强度和蠕变强度

品种	热处理工艺制度	试验温度/℃	$R_{m/100h}$/MPa	$R_{p0.2/100h}$/MPa
薄板	1050℃，空冷+950℃，水冷+(-70℃)×2h 深冷处理+450×1h，空冷时效	400	1185	—
		450	1100	—
		500	685	—
		550	—	—
棒材	1050℃，空冷+975℃，水冷+(-70℃)×2h 深冷处理+450×1h，空冷时效	400	1155	—
		450	1120	—
		500	765	335
		550	450	—

表 2-96　07Cr15Ni7Mo2Al 的持久强度和蠕变强度

热处理状态	试验温度/℃	R_m/MPa	$R_{m/100h}$/MPa	$R_{p1/1000h}$/MPa	$R_{p2/1000h}$/MPa
RH950	315	1395	1380	905	1035
TH1050	315	1235	1225	—	—
RH950	370	1330	1315	830	980
TH1050	370	1110	1040	—	—

续表 2-96

热处理状态	试验温度/℃	R_m/MPa	$R_{m/100h}$/MPa	$R_{p1/1000h}$/MPa	$R_{p2/1000h}$/MPa
RH950	425	1200	1180	655	950
TH1050	425	960	945	—	—
RH950	480	860	745	250	280
TH1050	480	745	675	—	—

c 07Cr15Ni7Mo2A 的工艺性能

(1) 热加工：钢的热加工温度范围为 1160~900℃。

(2) 冷加工：钢的冷加工硬化倾向较大，冷加工通常在固溶状态下进行，在冷轧、冷拉、冷挤压和冷顶锻过程中，宜采用较大道次加工率，较少冷加工道次生产。

(3) 热处理：零部件加工通常在固溶状态下进行，成型后再继续进行 RH 和 TH 处理。按 RH 工艺处理时。如经深冷处理后马氏体转变不充分，可适当降低调节处理温度，以提高 *Ms* 点温度，但不应低于 900℃。CH 状态适用于制造弹性元件，生产厂以冷加工状态交货，使用厂仅需要进行简单的时效处理即可。无论是冷处理或时效处理，可根据实际情况重复进行 1~2 次，重复时效温度不应低于初次时效温度。

(4) 焊接：该钢可进行电弧焊和电阻焊，但最好选用气体保护焊。焊接通常在固溶状态下进行，焊后宜进行全件热处理，焊接效率可达 90%以上。如在处理热状态下焊接，焊后又不重新进行热处理，焊缝强度将有较大幅度的下降。点焊、滚焊和氩弧焊的焊缝性能见表 2-97~表 2-99。

表 2-97 07Cr15Ni7Mo2Al 的点焊性能

状 态	试验温度/℃	焊点核心直径/mm	焊点平均总负荷/N	焊点数
焊前热处理	20	3. 5~4. 0	7522	7
焊后热处理		3. 8~4. 0	7473	6
焊前热处理	450	4. 0	5815	6
焊后热处理		3. 5~4. 5	6090	6

注：焊前热处理为 1050℃空冷+950℃空冷+(−70)℃×2h+450℃×1h℃，空冷，焊接；焊后热处理为 1050℃空冷，焊接，焊后 950℃空冷+(−70)℃×2h+450℃×1h℃，空冷。

表 2-98 07Cr15Ni7Mo2Al 的滚焊性能

状 态	试验温度/℃	焊缝宽度/mm	焊缝强度/MPa	焊缝强度系数
焊前热处理	20	5	975	70
焊后热处理		5	1170	84
焊前热处理	450	5	811	68. 4
焊后热处理		5	839	71. 3

注：材料厚度为 0. 8mm+0. 8mm，焊前热处理为 1050℃空冷+950℃空冷+(−70)℃×2h+450℃×1h℃，空冷，焊接；焊后热处理为 1050℃空冷，焊接，焊后 950℃空冷+(−70)℃×2h+450℃×1h℃，空冷。

表 2-99 07Cr15Ni7Mo2Al 氩弧焊性能

状态	试验温度/℃	焊接试样性能			焊缝与基体金属性能之比		
		R_m	$R_{p0.2}$	A_5	R_m(焊)/R_m(基)	$R_{p0.2}$(焊)/$R_{p0.2}$(基)	A_5(焊)/A_5(基)
		MPa		%	%		
焊前热处理	20	1003	608	9.0	73.5	51.5	66
焊后热处理		1297	1071	10.7	94	91	78
焊前热处理	450	687	547	3.1	60	66.7	49
焊后热处理		1119	773	4.2	98	94	66

注：1. 取样方向为横向；

2. 热处理工艺制度同表 2-86；

3. 试样厚度 1.3mm，电极由基体金属制造。

d　07Cr15Ni7Mo2Al 的物理性能

07Cr15Ni7Mo2Al 钢的物理性能见表 2-100。

表 2-100 07Cr15Ni7Mo2Al 钢的物理性能

项目		A	TH570	RH450	RH500	RH510	CH480
密度/g·cm^{-3}		7.80	7.69	—	—	8.30	8.40
比热容/J·(kg·℃)$^{-1}$	300℃	—	—	440	—	—	—
	400℃	—	—	406	—	—	—
	500℃	—	—	322	—	—	—
导热率/W·(m·℃)$^{-1}$	100℃	—	18.0	16.8	18.0	—	—
	200℃	—	18.8	18.0	18.8	—	—
	300℃	—	19.7	19.3	19.3	—	—
	400℃	—	21.4	20.9	20.9	—	—
	500℃	—	20.9	22.2	22.2	—	—
线膨胀系数/×10^{-6}·℃$^{-1}$	20~100℃	—	11.20	10.20	10.47	—	—
	20~200℃	—	11.50	10.70	10.62	—	—
	20~300℃	—	11.90	11.90	10.91	—	—
	20~400℃	—	12.10	11.40	11.35	—	—
	20~500℃	—	—	11.80	11.80	—	—
电阻率/μΩ·m		0.80	0.82	—	—	0.83	0.84
导磁率	1990A/m	6.4	178	—	—	82	—
	3980A/m	6.5	184	—	—	142	—
	7600A/m	9.4	118	—	—	109	88
	15920A/m	5.9	69	—	—	47	55
熔点温度范围/℃		1415~1450	—	—	—	—	—

C　07Cr14Ni8Mo2Al（PH14-8Mo）[12,13]

07Cr17Ni7Al 和 07Cr15Ni7Mo2Al 是半奥氏体沉淀硬化钢中用途较广的两个牌号，但存在着明显的缺点：在310~420℃条件下长期使用会产生明显脆化；要保持良好的焊接性能，必须对钢进行过时效处理，而处理后钢的抗拉强度降到1250~1400MPa水平。为此以07Cr15Ni7Mo2Al为基础，保持其Mo和Al含量；降C提Ni，提高钢的韧性；降Cr减少钢中δ铁素体含量、降低*Ms*点，改善钢的高温脆化倾向；同时降低钢中P、S含量，开发了新牌号——07Cr14Ni8Mo2Al。07Cr14Ni8Mo2Al具有较高的断裂韧性和较低的缺口敏感性，有更加优越的高温稳定性，长期使用不易脆化。07Cr14Ni8Mo2Al钢的临界温度参考值$Ac_1=660$℃、$Ac_3=808$℃、$M_{d30}=52$℃、$Ms=-9$℃、$\delta=0.1\%$。

热处理工艺制度：

(1) A处理：(980~1050)℃×1h，空冷，保温时间比PH15-7Mo钢稍长。

(2) SRH处理：925℃×1h，空冷+（-73℃）±5.6℃×8h+510℃×1h时效处理，空冷。SRH900、SRH950和SRH1050分别代表时效温度为480℃、510℃和560℃。

07Cr14Ni8Mo2Al钢热处理后的力学性能和显微组织见表2-101。

表2-101 07Cr14Ni8Mo2Al钢热处理后的力学性能和显微组织

热处理工艺制度	R_m/MPa	$R_{p0.2}$/MPa	$A_{L=50.8mm}$/%	硬度	显微组织
A处理980~1050℃，空冷	865	285	25	88HB	92%奥氏体+8%δ铁素体
SRH950	1620	1470	5	49HRC	80%马氏体+12%残余奥氏体+8%δ铁素体+少量Ni_3Al沉淀相

注：SRH950—925℃×1h，空冷+(-73)℃×8h+510℃×1h时效处理，空冷。

半奥氏体沉淀硬化钢常用牌号在不同状态时缺口韧性比较见表2-102，表中强度比指有缺口试样和无缺口试样的抗拉强度比值，是衡量材料缺口敏感性的指标，数值越小表示缺口敏感性越强。07Cr14Ni8Mo2Al与07Cr15Ni7Mo2Al断口韧性和断裂韧性比较见表2-103。07Cr14Ni8Mo2Al在不同温度下的力学性能见表2-104。

表2-102 不同牌号、不同状态钢的缺口韧性比较[15]

牌号（熔炼方法）	热处理状态	R_m/MPa	缺口强度/MPa	强度比
07Cr17Ni7Al（大气中熔炼）	RH950	1625	825	0.51
07Cr15Ni7Mo2Al（大气中熔炼）	RH950	4705	745	0.45
07Cr14Ni8Mo2Al（真空熔炼）	SRH950	1655	1551	0.93
07Cr17Ni7Al（大气中熔炼）	RH1100	1210	1085	0.90
07Cr15Ni7Mo2Al（大气中熔炼）	RH1100	1325	1200	0.91

注：1. RH950—1050℃×0.5h，水冷或空冷+950℃×10min，空冷+(-73)℃×8h+510℃×0.5~1h时效处理，空冷；
2. SRH1100—925℃×1h，空冷+(-73)℃×8h+595℃×1h时效处理，空冷。

表2-103 07Cr14Ni8Mo2Al与07Cr15Ni7Mo2Al断口韧性和断裂韧性比较

牌号	热处理状态	保温	R_m/MPa	$R_{p0.2}$/MPa	缺口强度/MPa	强度比	断裂韧性/$MN\sqrt{m}$
07Cr14Ni8Mo2Al	SRH950	无	1640	1485	1120	0.69	>189.2
		345℃×1000h	1755	1600	1000	0.57	166.1

续表 2-103

牌　号	热处理状态	保温	R_m/MPa	$R_{p0.2}$/MPa	缺口强度/MPa	强度比	断裂韧性/$MN\sqrt{m}$
07Cr14Ni8Mo2Al	SRH1000	无	1470	1405	1205	0.83	>181.5
		345℃×1000h	1650	1510	1180	0.70	>191.4
07Cr15Ni7Mo2Al	RH1050	无	1455	1410	930	0.64	145.2
		345℃×1000h	1585	1550	810	0.51	113.3

注：1. 保温指热处理试样，模拟使用条件进行长时间保温处理后的室温性能；

2. SRH1000—925℃×1h，空冷+(−73)℃×8h+540℃×1h 时效处理，空冷；

3. RH1050—1050℃×0.5h，水冷或空冷+950℃×10min，空冷+(−73)℃×8h+565℃×(0.5～1)h 时效处理，空冷。

表 2-104　07Cr14Ni8Mo2Al 在不同温度下的力学性能[5]

试验方向	试验温度/℃	R_m/MPa	$R_{p0.2}$/MPa	$A_{L=50.8mm}$/%	缺口强度①/MPa	强度比	屈服比②
纵向	−78	1850	1750	12	1620	0.87	0.94
	20	1620	1470	8	1500	0.92	1.01
	340	1370	1260	4.5	1090	0.79	0.86
横向	−78	1850	1785	11	1430	0.77	0.80
	20	1780	1550	5	1350	0.82	0.89
	340	1380	1210	3	1080	0.73	0.82

①缺口试样厚 0.625mm，宽 25.4mm、缺口根部半径≤0.15mm；

②缺口试样的规定塑性延伸强度和无缺口试样的规定塑性延伸强度比值。

D　09Cr17Ni5Mo3N（美 S35000/AM350/633）[2,12]

09Cr17Ni5Mo3N 是一种在马氏体基体中析出碳化物（Cr_2C 和 Mo_2C）和氮化物（Cr_2N）作为强化相的半奥氏体沉淀硬化不锈钢，在中高温度下具有高强度和良好的韧性，适用于制作在腐蚀环境中工作的中温高强度部件，如压力容器、飞机水管；飞机结构件：舱壁骨架、隔板和加强杆肋板；飞机发动机压缩机叶片和高温弹簧等。

09Cr17Ni5Mo3N 钢的临界温度参考值 Ac_1 = 755℃、Ac_3 = 830℃、M_{d30} = 46℃、Ms = −35℃、δ=9.5%。该类钢（AM350 和 AM355）的临界温度对化学成分和热处理工艺特别敏感，通过调整钢的化学成分和热处理工艺，可在很宽范围内调节钢的显微组织，因此该类钢又称为控制相变沉淀硬化钢。钢弹性模量 E=203GPa、G=78.0GPa。

热处理工艺制度：09Cr17Ni5Mo3N 通过调整钢的热处理工艺制度就可以改变钢的显微组织，热处理工艺制度相对要复杂一些，成品交货热处理和用户热处理工艺制度见表 2-105。

表 2-105　09Cr17Ni5Mo3N 供货状态热处理和用户热处理工艺制度

供货状态	热处理工艺制度	目　的
H	(1038～1080)℃×0.5h/25mm，空冷或水冷	便于加工或成型
L	913～968℃水冷或快冷	为时效硬化作组织准备

续表 2-105

供货状态	热处理工艺制度	目　　的
HSCT	（1038±16℃）×10min，快冷+（-73）℃×3h 冷处理+（450~540℃）×3h 时效处理，空冷	450℃时效处理得到较高硬度，540℃时效处理得到较高韧性
HDA	1065℃×1.5h/25mm，空冷至25℃以下+750℃×（1~2h），空冷+450℃×3h 空冷，双时效处理	与 SCT 状态相比，耐蚀性能和抗拉强度均有下降
CRT	H+冷轧或冷拉+450℃×3h 时效处理，空冷	抗拉强度最高，伸长率较低
DADF	SCT+（-73）℃×36h 以上冷处理	提高钢抗应力腐蚀性能

（1）H 处理：09Cr17Ni5Mo3N 钢经 1040~1080℃固溶，保温 10min 以上快冷，使碳化物全部溶入基体中，如温度超过这个范围 δ 铁素体会增多，晶粒变粗，后续热处理时钢的强度和硬度偏低。H 处理后 δ 铁素体最好控制在 10%左右，可以有效促进 TH 处理。固溶后冷却过程中，在 1040~650℃范围内，碳化物在晶界和滑移面上析出，要控制碳化物析出就必须加快冷却速度，推荐薄板和带材选用空冷，厚件选用水冷，在此条件下获得钢的抗拉强度较低，冷加工强化速率最小，有利于直接加工成型。

因为钢在随后时效处理时，碳化物是沿 δ 铁素体相界析出的，见 2.2.1.2 小节固溶处理描述和图 2-10。δ 铁素体分布均匀性对最终制件的力学性能均匀性有直接影响。薄板、带材、小直径棒线材、钢管和钢丝等品种钢丝 δ 铁素体分布比较均匀，而大截面的工件 δ 铁素体的大小和分布不易均匀，芯部往往聚集更多大块 δ 铁素体，因此厚壁工件不推荐使用于 09Cr17Ni5Mo3N 钢。

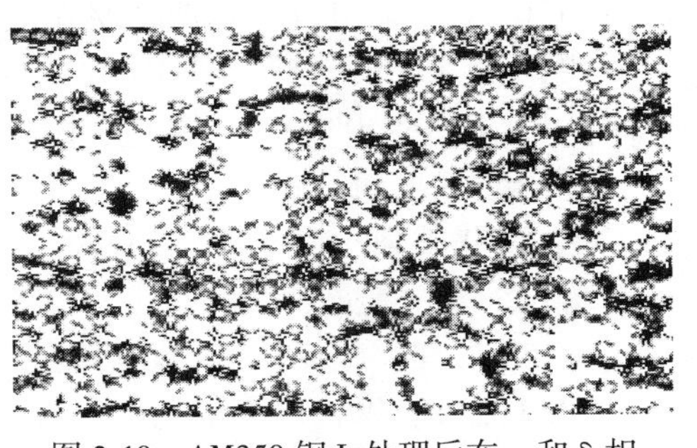

图 2-10　AM350 钢 L 处理后在 γ 和 δ 相界析出碳化物（×400）

（2）L 处理：即低温固溶处理（相当于调节处理），目的是调节钢的 *Ms* 点。由于 L 处理时从奥氏体中析出部分碳化物，钢的 *Ms* 点提高到室温以上。若选用 932±16℃保温 5~15min 快冷，*Ms* 点在 27~98℃之间，再在 -79℃ 深冷 3h 就完全转变为马氏体。选用 750℃快冷，*Ms* 点在 120~204℃之间，在室温条件下就可以完成马氏体转变。但不管采用哪种热处理工艺，钢中都有 10%~20%残留奥氏体（A_r），这种 A_r 在时效温度范围内是稳定的。厚度>3.2mm 的铸件，L 处理应选用 932±16℃保温 2h 油冷。经 L 处理的 09Cr17Ni5Mo3N 钢适合进行深冷处理或时效处理。

L 处理钢的力学性能随碳化物析出量不同而变化，调节处理温度越低或冷却速度越慢、碳化物析出量越多，力学性能越差。原因是高温析出的碳化物相对粗大，不参与马氏体软化，时效后马氏体中碳过饱和度下降，钢的强度、硬度和耐蚀性能自然有所下降。

（3）HSCT 处理：即固溶+深冷和时效硬化处理。钢在（1038±16℃）×10min，快冷后，碳化物能全部溶入基体中，而晶粒又不会长大，快冷到 650℃可防止碳化从晶界和相界析出，此时钢的 *Ms* 点稍高于室温，再经深冷处理，约有 30%以上的奥氏体转变为马氏体。再经 450℃保温 3h 以上时效，钢就可以获得最佳的强度和良好伸长率。为提高非比例塑性延伸强度（$R_{p0.2}$）可将时效温度提高到 540℃，同时高温冲击值和伸长率也随之提高，机械加工性能也明显改善。若调节处理温度偏低，力学性能会稍有下降；温度偏高，深冷处理时钢中奥氏体不能完全转变为马氏体，残余奥氏体量增多，强度也会下降。对AM350钢932℃处理不会出现残余奥氏体量增多的问题。

（4）E+OT处理：即均衡处理和过时效处理。钢材在热加工或消除应力退火过程中往往产生组织硬度不均，为促使组织和性能均匀化，可将钢材在746～802℃保温3～4h，水冷或油冷至25℃以下，进行均衡处理。均衡处理通常在SCT处理之前进行。

经均衡处理的钢材需经565℃保温3h过时效处理，才能改善其机加工性能。如无特殊要求，棒材和锻坯可以在E+OT处理状态交货。

（5）DA处理：即两步硬化处理（相当于TH处理）。第一步在732～760℃保温3h，空冷到25℃以下，使钢完全转变成马氏体。第二步是在400～468℃保温2～3h，空冷完成时效处理。

DA处理前的预处理温度对成品处理性能没有多大影响，一般说来选用1038℃预处理比选用927℃预处理，可使最终DA处理的工件强度稍有下降。

（6）DADF处理：为提高AM350钢的抗应力腐蚀开裂的能力，需对经SCT处理的钢材再进行36h以上的-73℃深冷处理。经DADF处理的厚度0.5～1.5mm的AM350钢板（$R_{p0.2}$=1100～1360MPa），施加80%$R_{p0.2}$的应力条件下，在3%NaCl溶液和工业性气氛中，反复浸渍1000h不破裂。如用SCT850状态钢板，在相同应力腐蚀试验条件下，能承受的最大应力仅为30%～40%$R_{p0.2}$。

（7）其他制度包括：

1）均匀化处理：铸件于1093℃保温2h急冷（壁厚50.8mm以上的水冷），在32℃以下至少要保温3h。

2）CRT处理：即冷轧+时效处理：30%～35%的冷轧+455℃时效处理。

3）XH处理：即大压下量的冷轧+时效处理：70%的冷轧+455℃时效处理。

09Cr17Ni5Mo3N（AM350）的常规交货状态见表2-106，各项性能指标见表2-107～表2-114。

表2-106 09Cr17Ni5Mo3N钢的品种和交货状态

品种	交货状态	品种	交货状态
板材	H L+SCT850 L+SCT1000 L+DA H+DA	棒材	SCT850 SCT1000 SCT1100

表2-107 09Cr17Ni5Mo3N的耐蚀性能 (g/(m² · h))

状 态	1%H_2SO_4 38℃，2h	100%CH_3COOH 沸腾，5周期×48h	65%HNO_3 沸腾，5周期×48h
冷处理	—	—	1.50
冷处理+时效处理	0.03	0.07	2.07
两次时效处理	0.21	0.16	3.48

表 2-108 09Cr17Ni5Mo3N 钢的典型室温力学性能

热处理状态	R_m/MPa	$R_{p0.2}$/MPa	A/%	硬度（HRC）	A_{KV}/J
H	1000	415	40	20	—
DA	1280	1030	12	41	—
SCT850	1420	1190	13	45	19
SCT1000	1165	1030	15	38	33.9
CRT	1440	1300	10	—	—

表 2-109 09Cr17Ni5Mo3N 薄板的高温力学性能和压缩性能

试验温度/℃	R_m/MPa	$R_{p0.2}$/MPa	A/%	R_s/MPa
27	1420	1207	12	1317
93	1372	1099	13	—
149	1351	1051	10	—
204	1351	1020	9	1110
360	1353	991	10	—
316	1356	960	7	1089
371	1358	915	10	1020
427	1308	861	11	986
482	1191	796	10	—
538	866	641	11	—

注：SCT850 状态薄板，SCT850 状态压缩试样尺寸为：68.6mm×16.5mm×38mm，试验速度 1.27mm/min。

表 2-110 高温下长时间保温对钢的力学性能的影响②

试验温度/℃	保温时间/h	施加应力/MPa	R_m/MPa	$R_{p0.2}$/MPa	A/%
室温	—	—	1385	1090	12
315	1000	410	1365	1115	14
315	1000	620	1395	1220	13
315	1000	970	1405	1385	12
370	1000	410	1405	1165	11
370	1000	620	1420	1240	11
370	1000	1030	1570	1565	5
425	1000	410	1515	1310	7
425	1000	620	1475	1325	7.5
425	1000	900	1515	1460	4.5①

①断口在标距外；②试样为 SCT850 状态。

表 2-111 09Cr17Ni5Mo3N 棒材不同温度下的冲击性能

试 样 状 态	试验温度/℃	A_{KV}/J
932℃冷至 0℃以下，454℃回火，SCT850	24	19
	100	33
	204	41
	316	45
932℃冷至 0℃以下，538℃回火，SCT1000	24	34

表 2-112　09Cr17Ni5Mo3N 钢的持久强度

热处理状态	试验温度/℃	$R_{m/10h}$/MPa	$R_{m/100h}$/MPa	$R_{m/1000h}$/MPa
455 时效	425	1280	1270	1255
540 时效	425	925	895	885
455 时效	480	1015	835	655
540 时效	480	745	710	625

表 2-113　不同状态的 09Cr17Ni5Mo3N 钢的持久强度

热处理状态	试验温度/℃	R_m/MPa（100h）	R_m/MPa（1000h）
DA	426	1110	1090
	482	725	635
	538	400	345
SCD	426	1285	1060
	182	815	655

表 2-114　09Cr17Ni5Mo3 的弹性模量（SCT 状态）[12]

使用温度/℃	27	204	316	371	427
E/GPa	203	188	179	174	168
G/GPa	78	72	68	66	64

a　工艺性能

09Cr17Ni5Mo3 的热加工和冷加工性能与 05Cr15Ni7Mo2Al 相近。

热处理较为复杂，推荐采用下述热处理规范，见表 2-115。

表 2-115　09Cr17Ni5Mo3 热处理规范

热处理状态	固溶处理	调节处理	时效处理
H	1065℃×30min/25mm 快冷		
L	1065℃×90min/25mm 快冷	930℃×90min/25mm 空冷	
SCT850	1065℃×90min/25mm 快冷	930℃×90min/25mm 空冷	455℃×3h 空冷
SCT1000	1065℃×90min/25mm 快冷	930℃×90min/25mm 空冷	535℃×3h 空冷

09Cr17Ni5Mo 钢可采用焊接奥氏体不锈钢的方法进行焊接，通常在退火状态下焊接。焊接使用与母材成分相同的材料，如果对韧性要求高于对强度的要求，可选用 308 和 309 作焊接材料，建议焊后采用 950℃退火处理，可获得最佳的综合力学性能，焊接头效率可达 90%～95%。对于退火和硬化材料适宜选用电阻焊。

b　09Cr17Ni5Mo3 的物理性能

09Cr17Ni5Mo3 钢的物理性能见表 2-116。

表 2-116 09Cr17Ni5Mo3 钢的物理性能

项目		H	SCT570	项目		H	SCT570
导热率/W·(m·℃)$^{-1}$	38℃	—	14.5	弹性模量 E/GPa	27	—	203
	93℃	—	15.4		204	—	188
	105℃	—	16.2		316	—	179
	205℃	—	17.0		371	—	174
	260℃	—	17.8		427	—	168
	315℃	—	18.7	切变模量 G/GPa	27	78	—
	370℃	—	19.6		204	72	—
	425℃	—	20.2		316	68	—
	480℃	—	21.2		371	66	—
线膨胀系数 /×10^{-6}·℃$^{-1}$	21~100℃	17.28	11.34		427	64	—
	21~314℃	17.64	12.24	电阻率 /μΩ·m	27	0.788	—
	21~400℃	17.82	12.60		93	0.826	—
	21~500℃	18.00	12.96		238	0.912	—
	21~621℃	18.72	12.96		388	0.998	—
	21~732℃	19.08	12.06		527	1.075	—
	21~816℃	19.44	12.60				
	21~927℃	19.80	13.50				

E 12Cr16Ni5Mo3NbN（美 S35500/AM355/634）[2,12]

12Cr16Ni5Mo3NbN 也是一种在马氏体基体中析出碳化物和氮化物（Cr_2N）作为主要强化相的半奥氏体沉淀硬化不锈钢，钢在中高温度下具有高强度和良好的韧性，在 316℃时其抗拉强度是铝合金的 5 倍，即使加热到 427℃的高温仍保持很高的强度，室温强度可保持到 538℃。钢中加入少量的 Nb(0.10%~0.50%)，通过时效析出 γ″(Ni_xNb)，可提高钢在中高温下的抗拉强度；同时能有效地减轻焊缝热影响区产生应变裂纹的倾向。该钢成型性能和焊接性能均良好，多用于制作高压水管道、压力容器、融冰装置、飞机发动机压缩机叶片和高温弹簧等。

12Cr16Ni5Mo3NbN(AM35）与 09Cr17Ni5Mo3N(AM350）的差别在于：AM350 主要用于制作薄件，而 12Cr16Ni5Mo3NbN(AM355）主要用于制作厚件。由于 AM355 的含碳量较高，固溶处理后的 δ 铁素体含量较少，有利于改善钢的纵横向性能不均匀性。但碳化物含量偏高会给耐蚀性能带来不利影响，需要通过工艺手段控制碳化物粒度和分布均匀性，推荐选用电渣重熔钢，热加工采用大锻造比或大的总压缩率生产。

12Cr16Ni5Mo3NbN 钢的临界温度参考值 Ac_1 = 745℃、Ac_3 = 827℃、M_{d30} = 28℃、Ms = −33℃、δ = 6.2%。该类钢（AM355 和 AM350）的临界温度对化学成分和热处理工艺特别敏感，通过调整钢的化学成分和热处理工艺，可在很宽范围内调节钢的显微组织。

热处理工艺制度：12Cr16Ni5Mo3NbN 通过调整钢的热处理工艺制度就可以改变钢的显微组织，热处理工艺制度相对要复杂一些，成品交货热处理和用户热处理工艺制度见表 2-117。

表 2-117　12Cr16Ni5Mo3NbN 供货状态热处理和用户热处理工艺制度

供货状态	热处理工艺制度	目　　的
H	1065℃水冷	锻造中间热处理
L	913～968℃水冷或快冷	为时效硬化作组织准备
LSCT	913～968℃水冷或快冷+(−73)℃×3h 冷处理+(450～540℃)×3h 时效处理，空冷	450℃时效处理得到较高硬度，540℃时效处理得到较高韧性
E+OT	(775±28℃) ×2～4h 油冷、水冷、空冷至25℃以下+(580±16℃)×2～4h 空冷	为得到良好的机加工性能
H+E+OT	(1038±16℃)×1～3h，水冷至 650℃+(−73)℃×3h 冷处理+E+OT	提高耐应力腐蚀能力，得到良好的机加工性能
CRT	H+30%～35%压下率冷轧+455℃时效处理	
XH	H+70%压下率冷轧+455℃时效处理	

12Cr16Ni5Mo3NbN 具体工艺制度与 09Cr17Ni5Mo3N 大同小异，仅对差异内容描述为：

（1）H 处理：由于 AM355 钢几乎不含 δ 铁素体，H 处理极易造成晶粒过分长大、变粗，进一步热处理时碳化物会沿相界析出，使力学性能、耐蚀和耐应力腐蚀性能变坏，因此不推荐此钢采用高温 H 处理。受此规定限制，要求成型性好的板材一般不选用 AM355 钢。

（2）L 处理：AM355 钢适合进行深冷处理或时效处理，为细化晶粒，通常在 1024℃左右进行压缩率大于 20%的热加工，促使晶粒细化，晶界面积增大，碳化物分散度随之改善，对钢的危害明显减轻。在 1010～650℃间应设法加快冷却速度，防止碳化物在晶界析出，促使碳化物在晶内析出。晶内碳化物一般以粒状形态分布，对钢的伸长率和冲击韧性影响不大。近年来推广使用“均衡热处理”来改善此类钢的碳化物分布均匀，即在最终热处理（SCT）前，将钢在 746～802℃温区进行一次保温 3～4h，然后油冷或水冷的均衡热处理，效果良好。

（3）均衡处理：AM355 钢经均衡处理后，可直接进行一次过时效处理，即将钢在 566℃保温 3h 空冷，马氏体回火软化，机械加工性能达到恢复，这种处理称为 E+OT 处理，棒材和锻材常以 E+OT 状态交货。

（4）硬化处理：AM355 钢均衡处理后，SCT 处理前要在 913～968℃进行 L 处理，目的是调节钢的 Ms 点，保证深冷处理后奥氏体能完全转变为马氏体，然后通过时效获得最高强韧性。

（5）铸件均衡热处理：AM355 铸件需要在 1093℃保温 2h 急冷，在 32℃以下至少要保持 3h，进行均衡热处理，使偏析减至最小限度。壳型铸件应在脱碳气氛中进行热处理，使表面渗碳层能脱去，为再进一步处理作好准备。

（6）焊后热处理：AM350 和 AM355 钢焊后应对焊缝进 DA 处理。为获得 SCT 性能则需进行 913～968℃固溶处理，再作硬化处理。

2Cr16Ni5Mo3NbN（AM355）钢的品种和交货状态见表 2-118，各项性能指标见表 2-119～表 2-121。

表 2-118 12Cr16Ni5Mo3NbN（AM355）钢的品种和交货状态

品种	交货状态	品种	交货状态	品种	交货状态
板材	H L+SCT DA CRT、XH	棒材	L+SCT850 L+SCT1000	铸件	L+SCT H+DA E+OT

表 2-119 12Cr16Ni5Mo3NbN（AM355）钢的力学性能

品种	热处理状态	R_m/MPa	$R_{p0.2}$/MPa	$A_{L=50.8mm}$/%	Z/%	硬度
棒材	L+SCT455℃	1490	1255	10	38	48HRC
	L+SCT540℃	1275	1180	19	57	40HRC
板材	H	1280	380	29	—	100HRB
	L+SCT455℃	1510	1245	13	—	48HRC
	L+SCT540℃	1225	1100	13	—	40HRC
	DA455℃	1310	1100	12	—	43HRC
	CRT	1620	1345	16	—	52HRC
	XH	2410	2275	1	—	56HRC
锻件	E+OT	1170	1070	14	42	37HRC

表 2-120 12Cr16Ni5Mo3NbN（AM355）钢的疲劳极限（一） （MPa）

品种	热处理状态	10^5周次	10^6周次	10^7周次	10^8周次
棒材	SCT455℃	—	895	770	725
	SCT540℃	830	730	715	725
板材	SCT455℃，无刻槽	1010	935	930	—
	SCT455℃，有刻槽	460	380	370	—

表 2-121 12Cr16Ni5Mo3NbN（AM355）钢的疲劳极限（二）

热处理状态	试验温度/℃	断裂应力/MPa		蠕变应力/MPa	
		100h	1000h	0.1%，100h	0.1%，1000h
SCT	427	1300	1265	665	205
	538	520	420	—	—

F 07Cr12Mn5Ni4Mo3Al（美 69111）[5,12,13]

07Cr12Mn5Ni4Mo3Al 是一种节镍型半奥氏体沉淀硬化不锈钢，在固溶状态下的显微组织为奥氏体+5%~20%的 δ 铁素体，具有良好的冷加工性能、冷成型性能和焊接性能。固溶处理后的钢经过适度的冷加工，奥氏体转变为形变马氏体组织，钢的抗拉强度大幅度提高，以冷加工状态（CH 状态）交货的钢丝、钢棒和带材，制成最终使用元件或结构件后再进行 500~540℃时效处理，时效处理后的最终组织为马氏体+残余奥氏体+沉淀硬化相（Ni_3Al）+少量 δ 铁素体，此时钢具有优异的综合弹性性能，通常用于制作航空、航天飞行器的弹性元件和结构件。该钢还有 RH 和 TH 两种交货状态，分别用于制作飞机液压系统的三通、四通、弯管嘴等零部件，座舱结构件、发动机吊杆螺栓，以及挤压式无扩口导管的连接管套等。07Cr12Mn5Ni4Mo3Al 作为中温使用的弹簧钢，最高使用温度应≤350℃。

07Cr12Mn5Ni4Mo3Al 钢的临界温度参考值 Ac_1 = 605℃、Ac_3 = 658℃、M_{d30} = 69℃、Ms=−10℃、Mf=−90℃、δ=5%。

a　07Cr12Mn5Ni4Mo3Al 的热处理工艺制度

（1）RH 状态：1050℃固溶+（−78℃）深冷处理+520℃或 560℃时效。

（2）TH 状态：1050℃固溶+760℃调节处理+560℃时效。

（3）CH 状态：1050℃固溶+冷变形+350℃（520℃或 560℃）时效。

b　固溶温度对 07Cr12Mn5Ni4Mo3Al 的显微组织结构的影响

固溶温度对马氏体转变点 Ms 的影响见表 2-122，固溶温度对 δ 铁素体含量的影响见表 2-123。

表 2-122　固溶温度对马氏体转变点 *Ms* 的影响

固溶温度/℃	900	950	1000	1050	1100
Ms/℃	35	0	−3	−10	−19

表 2-123　固溶温度对 δ 铁素体含量的影响

固溶温度/℃	950	1000	1050	1100	1150	1200	1250
δ 铁素体/%	5~10	10	10~15	15	20	25	30

c　07Cr12Mn5Ni4Mo3Al 的耐腐蚀性能

07Cr12Mn5Ni4Mo3Al 钢耐均匀腐蚀能力见表 2-124，07Cr12Mn5Ni4Mo3Al 钢与 95Cr18 和 14Cr17Ni2 两种不锈钢在高温纯净水中的耐蚀性能比较见表 2-125，钢在不同介质和不同应力水平下的耐应力腐蚀性能见表 2-126，在人造海水中交替试样 150h 后钢的扭转弯曲疲劳性能见表 2-127，钢在不同地区的耐大气暴晒性能见表 2-128。

表 2-124　经均匀腐蚀试验后 07Cr12Mn5Ni4Mo3Al 钢的力学性能

试 验 介 质	试验程序	交替持续 180 天		交替持续 360 天	
		R_m/MPa	A_5/%	R_m/MPa	A_5/%
3%NaCl 溶液+0.3%H_2O_2溶液	试验前	1604	13.0	1604	13.0
	试验后	1117	2.3	921	1.6
	损失率/%	30.4	82.3	42.6	88.0
人造海水 NaCl：27g/L+$CaCl_2$：1g/L +KCl：1g/L； +$MgCl_2\cdot6H_2O$：12.75g/L	试验前	1604	13.0	1604	13.0
	试验后	1580	9.4	1309	2.8
	损失率/%	1.5	27.8	18.4	79.0

注：采用于湿交替试验，即在 35±1℃的溶液内浸泡 5min，而后在空气中自然干燥 25min，组成一个循环周期，然后反复循环。

表 2-125 几种不锈钢在高温纯净水中的耐蚀性能比较

t/h	均匀腐蚀速率/g·(m²·h)⁻¹			t/h	均匀腐蚀速率/g·(m²·h)⁻¹		
	07Cr12Mn5Ni4Mo3Al	95Cr18	14Cr17Ni2		07Cr12Mn5Ni4Mo3Al	95Cr18	14Cr17Ni2
250	0.001	0.0023	0.0031	2000	0.0035	0.0064	0.0045
500	0.0018	0.0026	0.0022	3000	0.0033	0.0082	0.0051
1000	0.0027	0.0042	0.0041				

注：1. 试验介质为二次蒸馏水（pH≈7，含氧量≤0.00001%，含氯量≤0.00001%，电阻率为5000Ω·m）；
2. 试验温度为300℃，压力为饱和蒸汽压；
3. 试验在1Cr18Ni9Ti制作的铸造高压釜中进行。

表 2-126 07Cr12Mn5Ni4Mo3Al 在不同介质和不同应力水平下的耐应力腐蚀性能

试验介质	应力水平/MPa	持续时间/h	试验介质	应力水平/MPa	持续时间/h
3%NaCl 溶液 +0.3%H_2O_2溶液	0.65$R_{p0.2}$	1622	人造海水	0.55$R_{p0.2}$	411
	0.75$R_{p0.2}$	387		0.65$R_{p0.2}$	119
	0.90$R_{p0.2}$	511		0.75$R_{p0.2}$	655
				0.90$R_{p0.2}$	593

注：采用弓形试样干湿交替试验，$R_{p0.2}$=1450MPa。

表 2-127 在人造海水中交替试样 150h 后的扭转弯曲疲劳性能

热处理制度	疲劳试验前腐蚀条件		σ_{-1}/MPa	N/周	热处理制度	疲劳试验前腐蚀条件		σ_{-1}/MPa	N/周
	介质	t/h				介质	t/h		
1050℃×30min 空冷+(−78)℃ ×4h+520℃×2h 空冷	人造海水交替腐蚀	150	605	2.6×10^6	1050℃×30min 空冷+(−78)℃ ×4h+520℃×2h 空冷	人造海水交替腐蚀	150	605	$>10^7$
				3.9×10^6					$>10^7$
				7.46×10^6					$>10^7$
				$>10^7$					$>10^7$
				$>10^7$					

表 2-128 钢在不同地区的耐大气暴晒性能

暴晒地点	t/h	暴晒前		暴晒后		损失率/%	
		R_m/MPa	A_5/%	R_m/MPa	A_5/%	R_m/MPa	A_5/%
北京	35000	1605	12.0	1550	12.0	3.4	7.8
南京	35000	1605	12.0	1450	12.4	9.5	4.8

d 不同状态钢的弹性模量和力学性能

四种状态的 07Cr12Mn5Ni4Mo3Al 钢，在不同处理阶段的弹性模量及力学性能见表 2-129。

表 2-129 四种状态钢不同热处理阶段的室温弹性模量及力学性能[13]

状态	热处理工艺制度	E/GPa	R_m/MPa	$R_{p0.2}$/MPa	A/%	Z/%	A_{KV}/kJ·m^{-2}	HRC(HRB)
A	1050℃×0.5h	189	1155	—	24.0	63.0	>1800	(88)
R	1050℃×0.5h，空冷+(−78)℃×4h	193	1425	1050	15.7	56.3	1170	44.5

续表 2-129

状态	热处理工艺制度	E/GPa	R_m/MPa	$R_{p0.2}$/MPa	A/%	Z/%	A_{KV}/kJ · m^{-2}	HRC(HRB)
RH520	1050℃×0.5h，空冷+(-78)℃×4h+520℃×2h	203	1635	1440	15.7	62.7	860	50.5
TRH530	1050℃×0.5h，空冷+900℃×1h，空冷+(-78)℃×4h+530℃×2h	—	1670	—	14.0	54.5	195	48.7
TH560	1050℃×0.5h，空冷+760℃×2h，空冷+560℃×2h，空冷	—	1360	1097	13.2	45.5	570	40.5
CH520	1050℃×0.5h，空冷+30%冷拉+520℃×2h，空冷	—	1335	1075	13.2	45.5	559	50.0
C	1050℃×0.5h，空冷+60%冷轧	—	1525	—	13.6	—	—	—
CH520	1050℃×0.5h，空冷+60%冷轧+520℃×2h，空冷	—	1835	—	12.4	—	—	—
CH560	1050℃×0.5h，空冷+60%冷轧+560℃×2h，空冷	—	1615	—	16.4	—	—	—

注：弹性模量 E 用振动法测量。

07Cr12Mn5Ni4Mo3Al 不同时效温度对室温力学性能的影响见表 2-130，不同时效时间对室温力学性能的影响见表 2-131。

表 2-130　不同时效温度对室温力学性能

时效前处理	时效温度/℃	R_m/MPa	$R_{p0.2}$/MPa	A/%	时效前处理	时效温度/℃	R_m/MPa	$R_{p0.2}$/MPa	A/%
1050℃固溶+(-78℃)冷处理	400	1435	1235	17.5	1050℃固溶+(-78℃)冷处理	540	1695	1370	13.0
	450	1570	1365	17.2		560	1540	1230	13.0
	500	1660	1380	16.0		580	1365	1070	16.3
	520	1715	1445	14.2		600	1265	965	16.6

表 2-131　不同时效时间对室温力学性能的影响

时效时间/min	R_m/MPa	$R_{p0.2}$/MPa	A/%	Z/%	时效时间/min	R_m/MPa	$R_{p0.2}$/MPa	A/%	Z/%
15	1525	1400	19	65	120	1605	1410	15.8	62.7
30	1575	1420	18	64	240	1520	1285	16.5	65
60	1580	1430	17.2	64.2	600	1525	1240	16.5	65

注：试样热处理状态为 RH520。

RH 状态 07Cr12Mn5Ni4Mo3Al 钢在室温和不同温度下的力学性能见表 2-132，RH 状态钢不同温度时效后的硬度见表 2-133，350℃长期时效对 CH520 状态钢硬度值的影响见表 2-134。

表 2-132 RH 状态钢在室温和不同温度下的力学性能

热处理工艺制度	检测温度/℃	R_m/MPa	$R_{p0.2}$/MPa	$A^{[5]}$/%
1050℃固溶+(-70)℃冷处理+450℃时效	-56	1885	—	12.4
	20	1660	1455	13.7
	300	1410	1045	9.4
	350	1395	1010	10.2
	400	1315	935	12.5
	450	1230	845	15.1
	500	1110	720	18.0
	560	845	530	21.9
	600	625	385	26.5

表 2-133 RH 状态钢不同温度时效后的硬度

时效温度/℃	350	400	450	475	500	520	540	560	580	600
硬度（HRC）	43.3	45.9	48.3	49.9	50.3	50.0	48.3	48.7	41.7	38.1

表 2-134 350℃长期时效对 CH520 状态钢硬度值的影响

时效时间/h	0	1000	2000	3000
硬度（HRC）	49	49	51	48

07Cr12Mn5Ni4Mo3Al 钢的室温和低温冲击韧见表 2-135，不同状态钢的室温冲击韧性见表 2-136，RH 状态钢的高温持久强度见表 2-137。

表 2-135 07Cr12Mn5Ni4Mo3Al 钢的室温和低温冲击韧性

检测温度/℃	α_{KU}/kJ · m^{-2}				检测温度/℃	α_{KU}/kJ · m^{-2}			
	1 组	2 组	3 组	4 组		1 组	2 组	3 组	4 组
20	534	373	—	333	-40	440	373	33	100
0	475	—	76	137	-50	416	—	—	88
-10	471	—	—	137	-60	397	—	27	76
-20	461	385	44	106	-70	397	—	—	92
-30	436	—	—	108					

注：1. 组试样由 1.5mm 板材制取，经 RH520 处理；
2. 组试样用 2.9mm 热轧板材制取，经 1050℃固溶后冷轧 30%，而后加工成 1.5mm 试样，再经 520℃时效；
3. 组试样用 ϕmm 冷拉棒制取，冷拉加工率 20%~30%，制成 10mm×10mm×55mm 试样，再经 520℃时效；
4. 组试样用 ϕmm 热轧棒制取，制成 10mm×10mm×55mm 试样，再经 520℃时效处理。

表 2-136 不同状态钢的室温冲击韧性

状态	热处理工艺制度	α_{KU}/kJ · m^{-2}
RH	1050℃×40min 固溶	>1800
	1050℃固溶+(-78)℃×4h，冷处理	1167
	1050℃固溶+(-78)℃×4h，冷处理+520℃×2h，空冷	843
TH	1050℃固溶+760℃×2h，空冷+560℃×2h，空冷	191
CH	1050℃固溶+30%冷拉+560℃×2h，空冷	559

表 2-137 RH 状态钢的高温持久强度

热处理制度	检测温度/℃	R_m/MPa
RH520	350	1275
	400	1225
	500	815

室温和不同温度下 RH 状态钢的剪切强度见表 2-138，不同时效温度处理的 RH 状态钢室温低周疲劳性能见表 2-139。

表 2-138 室温和不同温度下 RH 状态钢的剪切强度

状态	钢丝直径/mm	检测温度/℃	剪切强度 τ_m/MPa
RH520	4.0	20	1210
		350	870
		400	715

表 2-139 不同时效温度处理的 RH 状态钢室温低周疲劳性能

热处理制度	σ_{max}/MPa	R	N/周	热处理制度	σ_{max}/MPa	R	N/周
RH520	1130	0.1	3969	RH580	1130	0.1	3908
RH560			4370	RH600			3775

e 弹簧钢丝和钢带用07Cr12Mn5Ni4Mo3Al

CH 状态 07Cr12Mn5Ni4Mo3Al 弹簧钢丝的力学性能和工艺性能见表 2-140，不同规格钢丝推荐硬度范围见表 2-141，不同直径钢丝的室温和低温力学性能见表 2-142，CH520 状态钢丝在不同温度下的低周疲劳性能见表 2-143，不同温度时效温度对钢丝室温低周疲劳性能的影响见表 2-144，圆形钢室温扭转性能见表 2-145，钢丝低温扭转性能见表 2-146，钢丝抗拉强度预测用技术参数见表 2-147。

表 2-140 07Cr12Mn5Ni4Mo3Al 弹簧钢丝的力学性能和工艺性能

钢丝直径 /mm	GJB 3320—1998 时效状态（CH）抗拉强度 R_m/MPa		单向扭转次数 N_t/次
	A 组	B 组	
0.10	2100~2360	≥1960	
0.20	2100~2360	≥1960	
0.30	2100~2360	≥1960	
0.40	2100~2360	≥1960	
0.50	2060~2300	≥1910	
0.60	2060~2300	≥1910	≥3
0.70	2060~2300	≥1910	≥3
0.80	2010~2260	≥1860	≥3
0.90	2010~2260	≥1860	≥3
1.00	2010~2260	≥1860	≥3

续表 2-140

钢丝直径/mm	GJB 3320—1998 时效状态（CH）抗拉强度 R_m/MPa		单向扭转次数 N_t/次
	A 组	B 组	
1.20	1960～2200	≥1820	≥2
1.40	1960～2200	≥1820	≥2
1.60	1910～2160	≥1760	≥2
1.80	1910～2160	≥1760	≥2
2.00	1910～2160	≥1760	≥2
2.20	1860～2110	≥1720	≥2
2.50	1860～2110	≥1720	≥2
2.80	1820～2060	≥1660	≥2
3.00	1820～2060	≥1660	≥2
3.50	1760～2010	≥1620	≥2
4.00	1720～1960	≥1570	≥2
4.50	1660～1910	≥1520	
5.00	1660～1910	≥1520	
5.50	1620～1860	≥1470	
6.00	1620～1860	≥1470	

注：1. 时效热处理温度 500～540℃，保温时间 2h，冷却方式：空冷。
2. 扭转后试样表面不得有裂纹和分层，扭转断口应平齐，垂直或近似垂直于轴线。
3. 直径<4.0mm 的钢丝用等于钢丝直径的芯棒缠绕 5 圈，直径≥4.0mm 钢丝用 2*d* 直径的芯棒缠绕 5 圈，缠绕后的钢丝不应折断或开裂。

表 2-141　不同规格钢丝推荐硬度范围

钢丝直径/mm	1	2	3	4	5	6
推荐硬度(HRC)	52～57	51～56	50～55	49～54	48～53.5	47～53

表 2-142　不同直径钢丝的室温和低温力学性能

状态	钢丝直径/mm	试验温度/℃	R_m/MPa	$R_{p0.2}$/MPa	$R_{p0.01}$/MPa	Z/%
CH520	1	20	2155	—	—	—
	2	20	2065	—	—	—
	3	20	1900	—	—	—
	4	20	1900	1830	1490	56.7
	4	-78	2020	—	—	—
	5	20	1855	—	—	—
	6	20	1710	1630	1095	46.3
	6	-78	1855	—	—	—

表 2-143　CH520 状态钢丝在不同温度下的低周疲劳性能

状态	直径	σ_{max}	R	温度/℃	N/周	状态	直径	σ_{max}	R	温度/℃	N/周
CH520	6. 0mm	915	0. 1	20	1984	CH520	6. 0mm	915	0. 1	300	1011
				250	1740					500	621

表 2-144　不同温度时效温度对钢丝室温低周疲劳性能的影响

状态	直径	σ_{max}	R	N/周	状态	直径	σ_{max}	R	N/周
CH350	6. 0mm	915	0. 1	1986	CH560	6. 0mm	915	0. 1	2405
CH520				1984					

表 2-145　圆形钢室温扭转性能

规格 ϕ/mm	状态	τ_m/MPa	$\tau_{p0.3}$/MPa	τ_p/MPa
19. 0 热轧棒	RH520	1395	885	765
6. 0 钢丝	CH520	1480	1300	1160
4. 0 钢丝		1610	1370	1250

表 2-146　钢丝低温扭转性能

钢丝直径/mm	状态	试验温度/℃	τ_m/MPa	至破断的扭转角/(°)
4. 0	CH520	−78℃	1735	190
6. 0			1670	270

表 2-147　07Cr12Mn5Ni4Mo3Al 钢丝抗拉强度预测用技术参数[12]

牌　号	固溶处理温度/℃		软态强度 (R_0)①/MPa	时效（消除应力）处理工艺/℃×h	强度升值 (ΔR_m)/MPa	冷加工强化系数②K
	热轧盘条	半成品				
07Cr12Mn5Ni4Mo3Al	1060~1100	1000~1050	1150−6d−30n	500~520×2 530~540×2	250~400 320~200	13. 3+12w(C)

①指连续炉固溶处理后的钢丝抗拉强度，d—钢丝直径。周期炉固溶处理后的钢丝抗拉强度要低 30~50MPa。

②成品抗拉强度 $R_m=R_0+KQ$，式中 R_0—成前抗拉强度，K—冷加工强化系数，Q—总减面率，w(C)—碳的质量分数，n—固溶处理次数。

弹簧钢带的力学性能和工艺性能见表 2-148，不同厚度的冷轧钢带的室温力学性能见表 2-149，不同冷变形率对带材室温力学性能的影响见表 2-150。

表 2-148　07Cr12Mn5Ni4Mo3Al 弹簧钢带的力学性能和工艺性能

品种	技术标准	交货状态	热处理工艺制度	抗拉强度 R_m/MPa	A/%
弹簧钢带	GJB 3321—1998	固溶	—	≤1030	≥20
			RH 或 TH	≥1470	≥9
		半硬	CH520	≥1325	≥5
		冷硬	CH520	≥1570	≥3
		特硬	CH520	≥1720	≥1

表 2-149 不同厚度的冷轧钢带的室温力学性能

厚度/mm	状态		R_m/MPa	A/%	厚度/mm	状态		R_m/MPa	A/%
	交货状态	热处理工艺				交货状态	热处理工艺		
0.5	R（软态）	—	840	41.8	0.5	Y(冷作硬化)	RH520	1890	5.0
0.8	R（软态）	RH520	1685	13.6	0.8	Y(冷作硬化)	RH520	1925	5.5

表 2-150 不同冷变形率对带材室温力学性能的影响

时效前处理	冷轧变形率/%	R_m/MPa	$R_{p0.2}$/MPa	A/%	时效前处理	冷轧变形率/%	R_m/MPa	$R_{p0.2}$/MPa	A/%
1050℃固溶	8	1125	345	21	1050℃固溶	43	1450	1325	7
	14	1275	520	15		57	1530	1460	—
	24	1315	970	10		71	1580	1510	—

f 07Cr12Mn5Ni4Mo3Al 的工艺性能

（1）热加工：热加工温度为 1120±10℃，终锻温度大于 850℃。

（2）冷加工：在室温条件下可顺利进行冷轧、冷拉、冷顶锻，也能承受弯曲和深冲等冷成型，但冷加工硬化倾向较大，需及时进行中间软化处理。1050℃固溶处理后钢带的杯突性能见表 2-151。

表 2-151 1050℃固溶处理后钢带的杯突性能

钢带厚度/mm	阴模直径/mm	阳模直径/mm	杯突深度/mm
1.5	27	20	10.5

（3）热处理：RH 处理是 07Cr12Mn5Ni4Mo3Al 棒材、板材和锻件的标准热处理制度，该处理包含三道工序：1050℃固溶、空冷或水冷（应在 1h 内连续快冷至室温并转入深冷处理工序）；−78℃×(2~4)h 深冷处理；520℃×2h 时效，空冷。冷成型或机加工通常在固溶状态下进行，亦可以根据不同产品要求，选用 350℃亚时效状态或 560~580℃过时效状态。零部件在热处理过程中的尺寸变化见表 2-152，对于尺寸精度要求高的零部件，在加工和制造过程中要充分考虑好尺寸的变化。

表 2-152 07Cr12Mn5Ni4Mo3Al 钢材热处理过程中的尺寸变化

试样号	固溶状态的长度/mm	冷处理后长度变化			时效处理后长度变化		
		长度/mm	伸长量/mm	伸长率/%	长度/mm	伸长量/mm	伸长率/%
1	110.32	110.68	0.36	0.33	110.66	−0.02	−0.03
2	110.28	110.64	0.36		110.60	−0.04	
3	110.32	110.70	0.38		110.66	−0.04	

CH 处理主要用于弹性元件，可按相应产品标准要求，选用 500~540℃、350℃或 560~580℃时效处理，保温时间 2h，空冷。

TH 主要用于对强度要求不很高的薄壁零部件，可以避开高温固溶处理，保持形状，减少氧化。

对于在超高强度状态下使用的零部件，还可选用表面喷丸处理，能大幅度提高部件的疲劳性能。

（4）机械加工：钢的机械加工和磨削加工性能参见18-8型不锈钢，锻造和热轧产品在热加工状态下进行切削和磨削加工，加工性能优于10Cr18Ni9Ti。对于尺寸精度要求高的零件，为防止马氏体相变时尺寸增大，造成零件变形或尺寸超差，可在冷处理或冷变形后进行切削加工，时效后进行磨削加工。宜用低速、较大切削量加工，以免引起加工硬化。

（5）焊接性能：07Cr12Mn5Ni4Mo3Al钢可选用点焊、对焊和氩弧焊等方法进行焊接。点焊对钢的力学性能影响见表2-153和表2-154。

表2-153　点焊对钢的力学性能影响

焊接前后材料状态	试验温度/℃	单点抗剪总负荷/N	单点正拉总负荷/N	正拉/抗剪/%
焊前1050℃×10min，空冷 焊后1050℃×10min，空冷+(−78)℃×4h+520℃×2h，空冷	20	9560	2500	26
	500	6455	1245	18.8
	−56	9070	—	—
焊前1050℃×10min，空冷 焊后(−78)℃×4h+520℃×2h，空冷	20	11325	2185	19
	500	7090	1630	23
	−56	10040	—	—
焊前1050℃×10min，空冷+(−78)℃×4h+520℃×2h，空冷 焊后不处理	20	10720	4540	42
	500	7305	—	—
	−56	12090	—	—
焊前1050℃×10min，空冷+(−78)℃×4h 焊后520℃×2h，空冷	20	12995	3875	29.8
	500	7805	—	—
焊前1050℃×10min，空冷+(−78)℃×4h 焊后(−78)℃×4h+520℃×2h，空冷	20	13180	2120	16
	500	8275	—	—

注：点焊试验用1mm厚的板材，在单相交流点焊机上进行。

表2-154　手工氩弧焊性能

焊接前后材料状态	试验温度/℃	R_m/MPa	强化系数/%	弯曲角度/(°)	持久强度	
					σ/MPa	时间/h
焊前1050℃×10min，空冷 焊后1050℃×10min，空冷+(−78)℃×4h+520℃×2h，空冷	20	1595	96	40	—	—
	500	1085	98	—	795	125
	−56	1595	84.6	—	—	—
焊前1050℃×10min，空冷+(−78)℃×4h+520℃×2h，空冷 焊后不处理	20	1145	68.8	129	—	—
	500	580	52.3	—	—	—
	−56	1435	76.1	—	—	—
焊前1050℃×10min，空冷 焊后(−78)℃×4h+520℃×2h，空冷	20	1405	84.5	85	—	—
	500	780	70.2	—	—	—
	−56	1610	85.5	—	—	—
焊前1050℃×10min，空冷+(−78)℃×4h 焊后520℃×2h，空冷	20	1145	62	—	—	—
	500	580	47	—	—	—

g 07Cr12Mn5Ni4Mo3Al 的物理性能[5]

07Cr12Mn5Ni4Mo3Al 的物理性能见表 2-155。

表 2-155 07Cr12Mn5Ni4Mo3Al 的物理性能

项 目		固溶态	冷处理	时效态	项 目		固溶态	冷处理	时效态
密度/g · cm^{-3}		7.8		7.7	辐射系数 ε /10^{-6} · ℃$^{-1}$	150℃	0.50		
导热率 λ /W · (m · K)$^{-1}$	100℃	17.6				200℃	0.51		
	200℃	19.3				300℃	0.51		
	300℃	20.9				400℃	0.52		
	400℃	22.6				500℃	0.53		
	500℃	23.9				540℃	0.53		
	600℃	25.1			线膨胀系数 α /10^{-6} · ℃$^{-1}$	20~100℃			
	700℃	26.0				20~200℃			
电阻率 ρ /μΩ · m	20℃	0.797				20~300℃			
	100℃	0.85				20~400℃			
	200℃	0.92				20~500℃			
	300℃	0.985				20~600℃			
	400℃	1.039			导磁率 μ① /10^{-6}H · m^{-1}	1990A/m	28.9	49.0	51.5
	500℃	1.093				3980A/m	45.2	88.0	91.7
	600℃	1.159				7960 A/m	44.0	85.5	91.7
						15920 A/m	31.4	56.6	60.3
						4775 A/m(max)	49.7	93.0	100.5

①测定导磁率试样在冬季加工，已有部分马氏体形成，测得的固溶状态下导磁率偏高。

G 06Cr16Ni6（16-6PH/07X16H6）[5]

半奥氏体沉淀硬化不锈钢 06Cr16Ni6，固溶处理后的显微组织约为 40% 马氏体，60% 奥氏体和少量 δ 铁素体。固溶处理后的马氏体转变方式有两种：深冷（R）处理和冷加工（C）处理，处理后组织中的马氏体量提高到 90% 左右，其余为奥氏体。再经时效处理获得高强度、较低的缺口敏感性、对氢脆的敏感性显著下降、耐应力腐蚀能力显著提高。该钢在 420℃ 以下的空气及航空燃烧产物的气氛中具有稳定的抗氧化性能，适用于制作飞机、发动机等重要受力构件和其他飞机的零部件。06Cr16Ni6 的现行技术标准：C1J15—1990《0Cr16Ni6 中温不锈钢棒材标准》。

06Cr16Ni6 钢的临界温度参考值 $Ac_1=600$℃、$Ac_3=650$℃、$M_{d30}=57$℃、$Ms=-9$℃、$Mf=-85$℃、$\delta=3.2\%$。钢的弹性模量 $E=202$GPa、$G=78.5$GPa。

热处理工艺制度：

（1）RH 状态：1000℃，水冷+(−70~−80℃)×2h 深冷+420℃×1h，空冷；

（2）CH 状态：1000℃，水冷+冷轧或冷拉+420℃×1h，空冷。

a 06Cr16Ni6 的耐腐蚀性能

06Cr16Ni6 钢的耐均匀腐蚀性能与 14Cr17Ni2 相近，耐晶间腐蚀性能可满足 L 法要求。耐应力腐蚀性能见表 2-156。

表 2-156　06Cr16Ni6 钢的耐应力腐蚀性能

试样截面积 /mm^2	试验应力 75%$R_{p0.2}$/MPa	试验时间 /h	剩余强度 R_m/MPa	试样截面积 /mm^2	试验应力 75%$R_{p0.2}$/MPa	试验时间 /h	剩余强度 R_m/MPa
4.7	—	720	1305	4.7	—	1440	1285
4.9	—		1265	4.8	—		1295
4.9	810		1315	4.8	760		1295
4.8	800		1315	4.8	760		1275

注：试验介质为 3.5%NaCl 蒸馏水溶液，温度为 (35±1)℃。

b　06Cr16Ni6 的力学性能

在室温和不同温度下钢的力学性能见表 2-157，钢的扭转和剪切性能见表 2-158；钢的高温持久强度和高温蠕变强度见表 2-159。

表 2-157　06Cr16Ni6 钢在室温和不同温度下的力学性能

品种	热处理工艺制度	试验温度/℃	R_m/MPa	$R_{p0.2}$/MPa	$R_{p0.01}$/MPa	A/%	Z/%
热轧棒材	1000℃，水冷+(-70～-80℃)×2h 深冷+420℃×1h，空冷	20	1325	1255	890	19	62
		350	1285	1130		17	64
		400	1235	1030		17	65
		450	1170	980		16	63
		500	805	640		18	72
锻造棒材	1000℃，水冷+(-70～-80℃)×2h 深冷+420℃×1h，空冷	20	1355	1295	900	20	61
		350	1300	1180		16	63
		400	1190	1100		15	66
		450	1180	1025		16	65
		845	845	650		14	70

注：试样固溶处理后的硬度为 40～48HRC。

表 2-158　06Cr16Ni6 钢在室温和不同温度下的扭转和剪切性能

热处理工艺制度	试验温度/℃	扭转性能 τ_b/MPa	剪切性能 $\tau_{0.3}$/MPa
1000℃，水冷+(-70～-80℃)×2h 深冷+420℃×1h，空冷	20	1080	765
	400	875	560
	450	835	500

表 2-159　06Cr16Ni6 钢的高温持久强度和高温蠕变强度

品种	热处理工艺制度	试验温度 /℃	高温持久强度 R_{100h}/MPa	高温蠕变强度 $R_{p0.2/100}$/MPa
棒材	1000℃，水冷+(-70～-80℃)×2h 深冷+420℃×1h，空冷	400	950	275
		450	510	98
		500		59

c　06Cr16Ni6 的工艺性能

06Cr16Ni6 钢的热加工温度范围：1100～900℃；冷加工性能介于奥氏体不锈钢与马氏体不锈钢之间；焊接性能良好，零部件焊后需进行 RH 处理，热处理工艺与棒材热处理工艺相同。钢的弹性模量随使用温度变化规律，见表 2-160 和表 2-161，泊松比见表 2-162。

表 2-160　06Cr16Ni6 钢在不同温度下的杨氏模量

温度/℃	20	100	200	300	400	500	600	700
E/GPa	202	197	190	183	175	166	155	151

表 2-161　在不同温度下的切变模量

温度/℃	20	400	450
G/GPa	78.5	60.8	57.9

表 2-162　06Cr16Ni6 钢在不同温度下泊松比

温度/℃	20	300	350	400	450
μ	0.23	0.24	0.25	0.26	0.27

d　06Cr16Ni6 的物理性能

06Cr16Ni6 钢的物理性能见表 2-163。

表 2-163　06Cr16Ni6 钢的物理性能

项　目		技术参数	项　目		技术参数
密度/g·cm^{-3}		7.12	热膨胀系数 /×10^{-6}·℃$^{-1}$	20～100℃	9.5
比热/J·(kg·℃)$^{-1}$		444		20～200℃	11.0
导热率/W·(m·℃)$^{-1}$	100℃	18.0		20～300℃	12.0
	200℃	19.3		20～400℃	12.5
	300℃	20.9		20～500℃	13.0
	400℃	22.2		20～600℃	13.0
	500℃	23.0	电阻率/μΩ·m		83.7
	600℃	24.3	熔点温度范围/℃		1360～1450

2.1.3　奥氏体沉淀硬化钢

奥氏体沉淀硬化不锈钢固溶处理后获得稳定、单一的奥氏体组织，具有很高塑性，可通过弯曲、压延、冲压和顶锻等加工，制成形状复杂的零部件，再经 650～750℃ 时效处理，在奥氏体基体上析出沉淀硬化相，使零部件获得高强度和适宜的韧性。奥氏体沉淀硬化钢的牌号众多，其中大多数牌号在我国被列入高温合金（如 GH2132、GH2136 等）和精密合金中（如 3J1、3J2、3J53 等）。按照不锈钢以 Fe 为基，Ni 含量通常不超过 35% 的习惯，一般将 GH2132（06Cr15Ni25Ti2MoVB）当成奥氏体沉淀硬化不锈钢代表牌号。

06Cr15Ni25Ti2MoVB（GH2132）是世界通用牌号，是美国阿姆科（Armco）公司 1948 年开发的第一个奥氏体沉淀硬化不锈钢，商品名称为 A286，美国钢铁协会统一编号为 AISI660，ASTM A959 编号为 S66286，欧洲标准 EN10088-1 编号为 X5NiCrTiMoVB25-15-2。奥氏体沉淀硬化不锈钢常用牌号还有 AISI662（06Cr14Ni26Ti2Mo3CuTi2AlB）和 AISI665（06Cr14Ni26Ti3MoCuTi3AlB），其化学成分见表 2-58。对于航空航天发动机零部件用钢均选用优质 GH2132，优质 GH2132 的化学成分见表 2-164。

表 2-164　优质 GH2132 的化学成分　　（质量分数,%）[16]

化学成分	C	Cr	Ni	Mo	Al	Ti	Fe	B	V
质量分数	≤0.08	13.50~16.00	24.00~27.00	1.00~1.50	≤0.35	1.90~2.35	余	0.003~0.010	0.10~0.50
化学成分	Mg	Ca	Si	Mn	P	S	Cu	N	O
质量分数	≤0.005	≤0.005	≤0.35	≤0.35	≤0.015	≤0.002	≤0.30	≤0.0100	≤0.005
化学成分	Sn	Pb	Se	Ag	Tl	Te	Bi		
质量分数	≤0.005	≤0.0005	≤0.0003	≤0.0005	≤0.0001	≤0.00005	≤0.00003		

奥氏体沉淀硬化不锈钢全部用作热强钢，在保留奥氏体钢不锈耐蚀性能的基础上，向钢中添加强化元素 Ti、Nb、Al、V、Cu、B 等，保证钢经 650~750℃长期时效后析出不同的沉硬化相，提高钢的高温强度，降低钢的低温脆性和应力腐蚀的敏感性，通常还要求钢不具有磁性。主要用于航天、航空部门，制作高温耐蚀部件，如发动机转轮、叶片、加力燃烧室部件和螺栓等。

2.1.3.1　奥氏体沉淀硬化钢化学成分控制要点[2,5,17]

（1）该类钢属 Fe-Cr-Ni-Mo 系列钢，为保证必要的耐蚀性能和抗氧化性能，Cr 含量必须控制在 12.0%以上。

（2）奥氏体钢中的 C 含量超过 0.08%，C 将以碳化物的形式在晶间析出，不仅降低钢的耐蚀性能，还会增强钢的低温脆性和应力腐蚀的敏感性。由于碳化物热稳定性差，温度高于 600℃时碳化物开始重新溶入基体中，造成钢的强度和硬度下降。所以奥氏体沉淀硬化不锈钢的 C 含量均控制在 0.08%以下，主要靠金属间化合物强化，使用温度可提高到 650~850℃，甚至到 900℃。

（3）因为奥氏体钢比铁素体钢和马氏体钢具有更高的高温强度，所有高温条件下使用的钢都以面心立方结构的奥氏体作为基体，在加入 Ti、Al、Nb、V、Mo 等铁素体形成元素后，要保持奥氏体必须相应提高 Ni 的含量，奥氏体沉淀硬化钢和铁基高温合金通常按 Ni 含量分为：Fe-15Cr-25Ni、Fe-15Cr-35Ni 和 Fe-15Cr-45Ni（列入高温合金中）三种基体。部分牌号还加入少量的 Cu，起稳定奥氏体和时效后析出富铜的 ε 相双重作用。

（4）以 Ti 和 Al 作为强化元素（以 Ti 为主）的钢，时效后钢中析出 γ'-Ni_3(Ti，Al) 相，析出相颗粒细小（为 5~60nm）与基体共格。γ'相本身具有较高的强度，并且在一定温度范围内，强度值随温度上升而提高，同时还具有一定的塑性，这些基本特点使 γ'相成为钢和合金的主要的强化相。部分牌号还引入 Nb 和 Ta 来增加钢的强化效果，时效后钢中析出 γ''相（Ni_xNb），一个 γ''相晶胞好像两个叠起来的 γ'相晶胞，因为 γ-γ''之间点阵错配度较大，共格应力强化作用更显著。γ″相属于亚稳定过渡相，在高温下长期工作会聚集长大，转变为 δ 相 Ni_3Nb（Ta）。钢的强化效果与 γ′相或 γ″相的折出量成正比，钢中 Ti+Al+Nb 的总量多，强化效果越显著，当析出相总量达到 5.2%时，析出相（γ′+γ″）总量开始超过 15%，并进入缓慢增长期，一般说来，Fe 基高温合金受稳性限制，总量不超过 7%，钢中的析出相总量不超过 20%，而 Ni 基高温合金中的析出相总量可达 60%~70%，所以 Fe 基合金钢的强度和最高使用温度均赶不上 Ni 基合金钢。有时以细小弥散状态存在的碳化物（VC，TiC）、氮化物（TiN）和硼化物（M_3B_2）对提高钢的高温强度是有利的。B、Zr、Ce、Mg 等元素在高温合金中起净化和强化晶界作用。

除了控制析出相总量外，还应掌握合金元素之间的交互作用：如在含 Ti 和 Al 的钢中，Al 具有稳定 γ′相作用，并可延迟或避免 γ′相向 η 相（Ni_3Ti）转变，（η 相本身无强化作用，又要消耗一部分 γ′相，应于限制）；Ti 和 Al 总量过高也会影响 γ′相的稳定性；在含 Nb 钢中，加入 Al 和 Ti 可以抑制 δ-Ni_3Nb 相析出；高 Ti（>2.5%）、高 Mo（>5.5%）不锈钢中容易形成 χ 相等。

w(Ti)/w(Al) 比也是该类钢化学成分控制要点，不同类别、不同牌号的钢控制范围大不相同，有时甚至是互相矛盾的：比如，在 Fe 基钢中 w(Ti)/w(Al) 比小于 0.5，Ti 和 Al 的总量又超过 4%时就会出现 β 相（NiAl），当 w(Ti)/w(Al) 比接近 1 时就开始出现 Ni_2(Ti，Al) 相，β 相和 Ni_2(Ti，Al) 都属于硬脆相，都会降低合金的力学性能。提高 w(Ti)/w(Al) 比，能减少 β 相。当 w(Ti)/w(Al) 比超过 1 时，Ni_2(Ti，Al) 相逐渐减少，Ni_3(Ti，Al) 相逐步成为唯一的析出相（参见本书 1.4.3 小节）。06Cr15Ni25Ti2MoVB（A286）钢标准规定 w(Ti) 1.75%~2.30%、w(Al)≤0.40%，w(Ti)/w(Al)=5.75，当钢中 Al≥0.40%时（相当于减小 w(Ti)/w(Al) 比），钢中 γ′相反而异常长大（相当于稳定性下降），由粒状长大成胞状，强化效果下降。再如，早期的高温合金 w(Ti)/w(Al) 均很大，第 3 代和第 4 代高温合金 w(Ti)/w(Al) 比不断下降，有的已经不含 Ti[16]。所以一定要从实际出发，调控 w(Ti)/w(Al) 比。

（5）W 和 Mo 是作为固溶强化元素加入钢中的，主要作用是增加钢的高温强度，提高钢的使用温度。Mo 在该类钢中有可能形成拉维斯（Laves）相（B_2A），钢中 w(W)>6.0%时即形成 B_2A 相。B_2A 相析出范围较宽，低温时效时析出细小弥散粒状 Fe_2Mo、Fe_2W 相，随时效温度的提高，析出的 B_2A 相从短棒状向针状、竹叶状过渡。细小弥散粒状和矮棒状 B_2A 相可对钢和合金产生一定的强化作用，对塑性影响不大，具有很强的抑制晶粒长大功能，是高温合金常用的沉淀强化相。W、Mo、Nb、Al、Ti、Si 等元素能促进 B_2A 相的形成，而 Ni、C、B、Zr 有抑制 B_2A 相析出的作用。含 W 和 Mo 钢在高温下长期使用有形成 μ 相（B_7A_6）的倾向。在含 W 条件下，甚至 w(Mo+W)>1.0%就有可能形成 μ 相，使钢产生脆性。

（6）奥氏体沉淀硬化钢 Si 含量偏高（>0.65%）时，在高温条件下长期工作易生成 $Ni_{13}Ti_6Si_7$ 型脆性析出相——G 相，Ni 促进 G 相形成，w(Ni)≥25%的钢在 800℃长期使用易形成 G 相，而 Cr 和 Mo 族元素是抑制 G 相形成元素。含 Mo 高的合金即使 Ni 含量高达 36%也不容易出现 G 相。奥氏体沉淀硬化钢 S 含量偏高（>0.002%）时，极易生成 Ti_2(SC) 型夹杂——Y 相，这些微量相不仅因本身的脆性，而且占用较多主要强化元素 Ti，造成钢材的脆化和软化，必须加以严格控制。

2.1.3.2 奥氏体沉淀硬化钢典型牌号的生产工艺和性能[2,5,14]

A 06Cr15Ni25Ti2MoVB（GH2132/A286/AISI660）的生产工艺

06Cr15Ni25Ti2MoVB 是以 Al、Ti、Mo、V 和 B 为沉淀硬化元素的奥氏体沉淀硬化钢，奥氏体基体非常稳定，经测算其 Ms 点约为-264℃，M_{d30}约为-100℃。奥氏体钢的优势在钢中得到充分发挥：钢耐蚀性能优于 07Cr15Ni7Mo2Al，在还原性介质中接近 06Cr17Ni12Mo2。在航空发动机的服役环境中直到 704℃仍具有优异的耐蚀性能，其抗氧化性能相当于 06Cr25Ni20 奥氏体不锈钢。该钢在≤750℃高温度条件下具有较高的强度、硬度和断裂韧性，可用作对热强度、耐磨性能和韧性有较高要求的热强钢，如汽轮机的涡轮盘、气体压缩机的叶片、紧固件等高温承力部件，常规使用范围-253～700℃。主要产品有盘件（圆饼状）、锻件、板、棒、丝和环形件等。

因为钢具有稳定的奥氏体组织，其强化途径要比其他类沉淀硬化钢和超马氏体钢更简便，相变强化和加工强化对这类钢无意义（高温时效基本抵消了冷加工强化作用），固溶强化和沉淀硬化成为钢的主要强化手段。

a 06Cr15Ni25Ti2MoVB 的工艺性能

（1）熔炼工艺：06Cr15Ni25Ti2MoVB 钢目前多采用非真空感炉+电渣重熔、电弧炉+电渣重熔或真空感炉+电渣重熔等方法熔炼。

目前对于航空航天发动机零部件用 06Cr15Ni25Ti2MoVB 钢基本采用真空感炉+电渣自耗炉熔炼。

（2）热加工：06Cr15Ni25Ti2MoVB 钢的热加工温度范围为 927～1120℃，最佳热变形温度范围为 1040～1120℃，其变形抗力稍大于 18-8 型奥氏体不锈钢。

（3）冷加工：06Cr15Ni25Ti2MoVB 钢在固溶状态下，钢具有良好的冷加工和冷加型性能，但比 06Cr17Ni12Mo2 和 Cr25Ni20 钢硬，冷加工硬化系数也较高。

（4）交货状态：不同品种规格产品一般的供货状态为：圆饼、棒材和环坯以热加工状态供货；热轧板和冷轧板、冷拉棒材以固溶+酸洗状态供货；冷镦钢丝以固溶+酸洗状态，并按用户要求以盘卷、直条或磨光形态供货；拉冷焊丝以冷拉半硬状态或固溶+酸洗状态供货。不同交货状态产品的标准热处理工艺制度见表 2-165。优质 GH2132 钢的标准热处理工艺制度为 900±10℃，1～2h、油冷+750±10℃，16h、空冷。

表 2-165 不同品种规格产品的标准热处理工艺制度

交货品种	标准热处理工艺制度
圆饼、棒材	980～1000℃，1～2h、油冷+700～720℃，12～16h、空冷。
热轧板、冷轧板	980～1000℃，1～2h、空冷+700～720℃，12～16h、空冷。
冷拉棒	980～1000℃，1～2h、油冷+700～720℃，16h、空冷。
环件毛坯	980～990℃，1～2h、油冷+700～720℃，16h、空冷。
冷镦用钢丝	980～1000℃，1～2h、水冷或油冷+700～720℃，16h、空冷。

b 06Cr15Ni25Ti2MoVB 的固溶处理

与其他显微组织结构相比，奥氏体中可以溶入更多种沉淀硬化元素，获得更高的热强性能，合理地控制钢中合金元素种类和数量、固溶处理温度和时间，以及冷却速度都能有效地调节钢的力学性能。06Cr15Ni25Ti2MoVB 常采用两种固溶处理制度，时效处理温度多选用 700~730℃，时效时间为 12~18h。

（1）980℃×1h，油冷+720℃×16h，空冷；

（2）900℃×1h，油冷+720℃×16h，空冷。

第（1）种热处理状态可获得最高强度，第（2）种热处理状态可获得最好的塑性、韧性和较高硬度。固溶冷却速度对 06Cr15Ni25Ti2MoVB 钢室温力学性能的影响见表 2-166。

表 2-166 淬火冷却速度对 06Cr15Ni25Ti2MoVB 钢室温力学性能的影响

冷却速度/℃ · min^{-1}	R_m/MPa	$R_{p0.2}$/MPa	A/%	Z/%
油冷	1030	680	24	39
15	1030	690	22	42
17	1020	680	24	39
5	990	700	22	36
1	1030	600	23	35

注：试样 980℃固溶保温 1h 后，以不同冷却速度冷至 535℃后，再经 720℃×16h 时效空冷。

晶粒度是奥氏体热强钢固溶处理时的重要调控目标，晶粒粗大对钢的室温强度是不利的，但在高温条件下，晶粒粗大对钢高温强度反而有好的作用。因为随着使用温度提高钢的晶界强度不断下降，晶内强度的贡献相对增大，这里涉及一个概念："等强温度"，在此温度下，晶粒本身强度与晶界强度基本一致。钢的晶粒度主要取决于固溶温度，选择固溶温度的基本原则有：

（1）固溶温度应保证合金元素析出相能溶入奥氏体中，并达到预定的溶入量；保证在一定的保温时间内，合金元素充分溶解、均匀分布。

（2）奥氏体晶粒度一般应控制在不大于 1~2 级范围内，晶粒粗化程度应均匀一致，钢的晶粒度级别差应小于 1.5 级。

（3）固溶后冷却速度应足够快，能将固溶效果维持到室温，获得过饱和固溶体。

每种钢的固溶温度、保温时间和冷却速度需经过实验测定，才能真正满足上述三点要求。

c 06Cr15Ni25Ti2MoVB 的时效处理[14]

06Cr15Ni25Ti2MoVB 钢时效处理的目标是：析出多种沉淀硬化相，通过多种沉淀硬化相的综合作用，进一步提高钢的高温强韧性。钢的时效强韧化效果主要取决于以下因素：

（1）析出相的种类和数量。

（2）析出相的尺寸，包括随时效温度和时间变化其尺寸的稳定性。

（3）析出相的分布状况。

（4）析出相的析出程序和交互作用。

（5）基体组织的稳定性。

析出相的种类和交互作用参见 2.1.3.1 小节，一般说来，析出相的数量越多、分布越弥散、粒度越细小，强韧化效果越显著；开始析出温度越低，强韧化效果越好。

电弧炉+真空电渣炉重熔的 GH2132 方锻材，经标准热处理工艺处理和长时间时效后，在不同温度下力学性能见表 2-167。

表 2-167 经标准热处理工艺处理和长时间时效后的 GH2132 锻材，在不同温度下的力学性能[22]

时效工艺		测试温度						
		20℃				650℃		
温度/℃	时间/h	R_m/MPa	$R_{p0.2}$/MPa	A/%	Z/%	R_m/MPa	A/%	Z/%
550	1	1090	690	26.9	51.2	775	34.8	57.1
	100	1122	751	26.7	50.2	775	39.6	62.3
	300	1141	772	27.3	45.4	796	36.8	61.5
	500	1144	749	26.0	48.5	777	28.0	62.1
	1000	1135	774	24.6	48.2	800	32.8	60.5
	1600	1132	803	25.9	44.0	781	30.8	59.3
	3000	1137	751	25.8	46.7	802	33.2	56.4
	6000	1166	829	24.5	44.9	808	33.4	62.0
	10000	1160	827	25.5	46.5	794	38.2	61.3
600	1	985	682	27.6	51.4	757	23.5	59.3
	100	1101	792	24.3	47.4	747	25.7	59.3
	300	1104	788	26.1	46.9	808	22.7	57.7
	1000	1091	792	25.2	44.9	—	—	—
	3000	1099	774	25.4	28.4	755	26.7	63.1
	6000	1080	757	24.1	44.9	771	30.2	64.2
	10000	1082	775	24.2	45.1	737	32.4	59.7
650	1	1011	678	24.1	46.1	772	34.4	61.1
	100	1090	744	25.3	46.1	781	23.2	33.8
	200	1091	740	24.7	15.4	771	25.0	52.4
	300	1087	733	24.5	44.4	780	24.3	54.9
	500	1082	715	25.0	45.0	753	28.9	51.9
	1000	1071	712	24.4	44.6	723	27.6	49.5
	1600	1065	677	23.7	42.8	712	26.1	42.5
	3000	943	596	20.4	22.8	610	23.8	36.7
	6000	907	—	11.3	15.9	605	21.8	33.1

d 06Cr15Ni25Ti2MoVB 的焊接[16]

06Cr15Ni25Ti2MoVB 钢焊接性能良好，手工电弧焊和惰性气体保护焊都很方便，推荐在固溶处理状态下进行焊接，焊后进行时效处理。手工和自动对接钨极氩弧焊规范见表 2-168，对接焊缝的强度系数为 90%。手工对接钨极氩弧焊焊缝抗拉强度和持久强度见表 2-169，自动对接钨极氩弧焊焊缝抗拉强度和持久强度见表 2-170。

表 2-168 06Cr15Ni25Ti2MoVB 钢钨极氩弧焊规范

焊接方法	厚度	焊丝		电流/A	电压/V	焊接速度/mm·min^{-1}	送丝速度/mm·min^{-1}	氩气流量/L·min^{-1}	背面气体流量/L·min^{-1}	钨极直径/mm	焊嘴直径/mm
		牌号	直径/mm								
手工氩弧焊	1.5+1.5	HGH2132	1.6	70~90	8~10	—	—	6~8	—	1.6	8
	2.0+2.0	HGH2132		90~100							
自动氩弧焊	1.5+1.5	HGH2132	1.6	95~100	7~8	0.25~0.32	0.32	5~8	2~3	3.0	18
	2.0+2.0	HGH2132		130							

表 2-169 手工对接钨极氩弧焊焊缝抗拉强度和持久强度

板厚/mm	焊丝	焊前状态	焊后处理	试验温度/℃	焊缝强度 R_m/MPa	焊缝持久强度	
						R_t/MPa	τ/h
1.5+1.5	GH2132	固溶	未处理	20	598~608		
			时效		980~990		
			时效	650	750~793		
			固溶+时效	20	955~970		
				650	666~759	588	>100
		时效	未处理	20	612~637		
				650	490~543		

表 2-170 自动对接钨极氩弧焊焊缝抗拉强度和持久强度

板厚/mm	焊丝	焊前状态	焊后处理	试验温度/℃	焊缝强度 R_m/MPa
1.5+1.5	GH2132	固溶	时效	20	867~950
				650	607~739
2.0+2.0	GH2132	固溶	时效	20	984~1019
				650	789~859
	不加焊丝	固溶	时效	20	745~994
				650	793~808

B 06Cr15Ni25Ti2MoVB 的力学性能

06Cr15Ni25Ti2MoVB 室温力学性能见表 2-171，高温瞬时力学性能见表 2-172，不同热处理制度处理后钢的高温硬度见表 2-173。

表 2-171 06Cr15Ni25Ti2MoVB 钢的室温力学性能

品种	热处理工艺制度/℃	R_m/MPa	$R_{p0.2}$/MPa	A/%	HB	HRC
中板 薄板 钢带	900~1028℃×1h，油冷	620	255	77	82	—
	固溶+718℃×16h 时效处理，空冷	1010	690	25	—	32
ϕ22mm 钢棒	1028℃×1h，油冷+718℃×16h 时效处理，空冷	1000	635	24	—	—

表 2-172　06Cr15Ni25Ti2MoVB 钢的高温瞬时力学性能[14]

温度/℃	R_m/MPa	$R_{p0.02}$/MPa	$R_{p0.2}$/MPa	A/%	Z/%
20	1010	570	705	25.0	36.8
205	1000	525	645	21.5	52.8
370	950	490	645	22.0	45.0
425	950	495	645	18.5	35.0
540	905	430	605	18.5	31.2
595	840	445	620	21.0	23.0
650	715	430	605	13.0	14.5
705	600	425	—	11.0	9.6
760	440	310	—	18.5	23.4
815	250	215	—	38.5	37.5

表 2-173　不同热处理制度处理后 06Cr15Ni25Ti2MoVB 钢的高温硬度

试验温度/℃	保温时间/min	硬度（HRC）	试验温度/℃	保温时间/min	硬度（HB）
21		33	538	20	265
93		31	593	20	252
204	20	29	649	20	240
316	20	27	704	20	196
407	20	24	730	20	116
538	20	22	816	20	91
649	20	20	871	20	65

注：左侧试样经 982℃油冷+718℃×16h 时效空冷。
　　右侧试样经 1177℃水冷+760℃×12h 时效处理，空冷。

06Cr15Ni25Ti2MoVB 钢的冲击韧性见表 2-174，在空气和真空中疲劳裂纹扩展速度见图 2-11，钢棒的持久强度见图 2-12，断裂韧性见表 2-175。

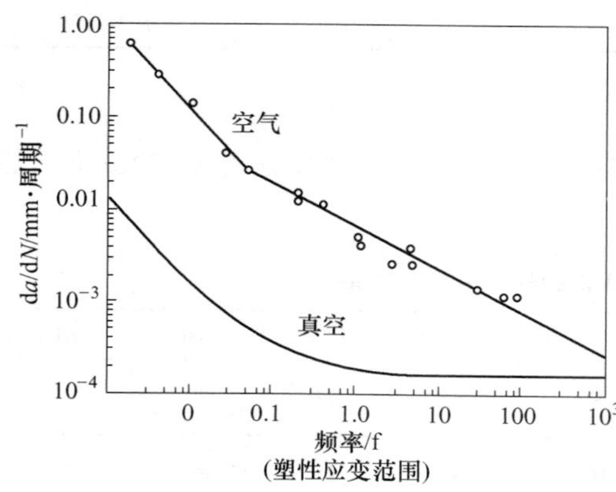

图 2-11　06Cr15Ni25Ti2MoVB 钢在空气和真空中疲劳裂纹扩展速度

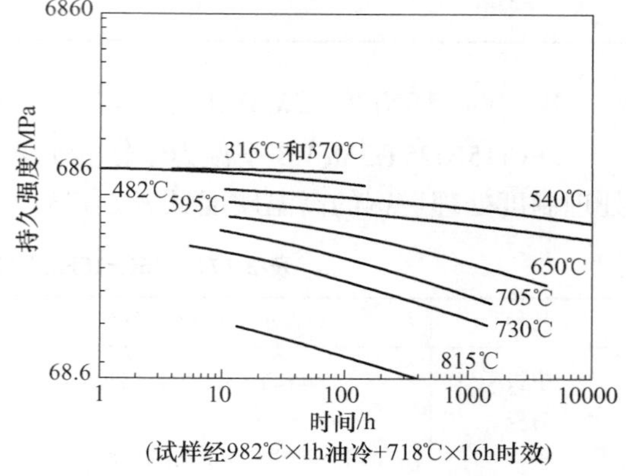

图 2-12　06Cr15Ni25Ti2MoVB 钢棒的持久强度

表 2-174　06Cr15Ni25Ti2MoVB 钢的冲击韧性[14]

温度/℃	-190	-73	21	204	427	538	593	649	704
冲击韧性（A_{KV}）/J	77	92	87	80	70	62	60	48	60

表 2-175　06Cr15Ni25Ti2MoVB 钢的断裂韧性[14]

热处理工艺制度/℃	厚度/mm	取向	试验温度/℃	R_m/MPa	α_{KU}/J · cm^{-2}	K_{IC}（J_{IC}）/MPa$\sqrt{m}$
980℃×0.5h，水冷+720℃×16h 时效处理	12.6	T—L	25 430 540	493	133 92 81	137 139 130
980℃×0.5h，水冷+720℃×16h 时效处理	3.05	—	25 540	722	120 99	159 144
固溶+时效处理	—	L—T	25		121	159
980℃×2h，油冷+730℃×16h 时效处理	38	T—S	25 -196 -269	607	75 67 31	125 123 118
900℃×5h，油冷+718℃×20h 时效处理	12.7	—	24 -269	800	121 143	161 180

注：1. L—T 表示纵向取样，开口轴线与轧向垂直；T—L 表示横向取样，开口轴线与轧向平行；T—S 横向中心取样，开口轴线与轧向平行。

2. J_{IC}—表示用 J 积分方法获得的断裂韧性。

06Cr15Ni25Ti2MoVB 棒材的疲劳强度见表 2-176，蠕变强度见表 2-177。

表 2-176　06Cr15Ni25Ti2MoVB 棒材的疲劳强度

热处理状态	试验温度/℃	疲劳强度/MPa		
		10^6周	10^7周	10^8周
982℃×1h	538	273	247	234
大截面油冷	649	291	268	259
小截面空冷	732	330	308	285

表 2-177　06Cr15Ni25Ti2MoVB 棒材的蠕变强度

试验温度/℃	$R_{0.5/100}$/MPa	$R_{1/100}$/MPa	$R_{0.5/300}$/MPa	$R_{1/300}$/MPa
540	560	634	540	586
595	525	552	470	483
650	365	414	240	283
708	205	245	—	155

C　06Cr15Ni25Ti2MoVB 的物理性能

06Cr15Ni25Ti2MoVB 钢的弹性模量见表 2-178，钢的物理性能见表 2-179。钢在空气中的抗氧化速率见表 2-180。

表 2-178　06Cr15Ni25Ti2MoVB 钢的弹性模量

温度/℃	E/GPa	G/GPa	泊松比 μ
24	201	71.7	0.306
538	162	57.9	0.328
649	153	54.5	0.336
760	142	51.7	0.340
815	137	50.3	0.344
871	130	—	—

表 2-179　06Cr15Ni25Ti2MoVB 钢的物理性能[15]

项　目		技术参数	固溶状态	固溶+时效状态
密度/g · cm^{-3}		7.93		
比热/J · (kg · K)$^{-1}$	38~704℃	460		
导热率/W · (m · K)$^{-1}$	100℃	14.2		
	150℃	15.1		
	200℃	15.9		
	300℃	17.2		
	400℃	18.8		
	500℃	20.5		
	600℃	22.2		
	700℃	23.9		
	800℃	25.5		
	900℃	27.6		
热膨胀系数/×10^{-6} · K^{-1}	21~100℃		15.7	16.7[16]
	21~200℃		16.0	
	21~300℃		16.5	
	21~400℃		16.8	
	21~500℃		17.3	17.6[16]
	21~600℃		17.5	
	21~650℃		17.6[17]	
	21~700℃		17.9	
	21~750℃		17.7[17]	18.5[16]
	21~800℃		19.1	
	21~850℃		19.7	—
	21~900℃		20.4	

续表 2-179

项　目		技术参数	固溶状态	固溶+时效状态
电阻率/μΩ · m	21℃	0.910		
	538℃	1.156		
	649℃	1.188		
	732℃	1.201		
	816℃	1.224		
导磁率/μ			1.010	1.007
熔点范围/℃		1364~1424[19]		

表 2-180　06Cr15Ni25Ti2MoVB 钢在空气中的抗氧化速率（试验时间 100~300h）[2]

工作温度/℃	氧化速率/g · (m^2 · h)$^{-1}$			工作温度/℃	氧化速率/g · (m^2 · h)$^{-1}$		
	100h	200h	300h		100h	200h	300h
650	0.00417	0.00276	0.00234	850	0.11630	0.12386	0.09672
750	0.03250	0.07216	0.08322				

2.2　超马氏体钢

传统的马氏体不锈钢 20Cr13~40Cr13 和 14Cr17Ni2 通过淬火处理可以得到足够的强度和硬度，但其塑性和韧性明显不足，无法使用，必须用回火处理获得必要的塑性和韧性。马氏体钢在淬火状态下耐蚀性能最好，但随着回火温度的升高，碳化物从马氏体中析出，钢的耐蚀性能下降，在铬含量相同的条件下，退火状态的马氏体钢耐蚀性能最差。加之钢的可焊性差、应力敏感性强、使用范围受到了限制。为克服马氏体钢的上述不足，近年人们已找到一种有效途径：通过降低钢的含碳量，增加镍含量，开发了一个新系列合金钢——超马氏体钢。这类钢抗拉强度高、韧性好，耐蚀性能、应力敏感性和焊接性能也得到了显著改善，因此超马氏体钢又称为软马氏体钢或可焊接马氏体钢，也有人直接将超马氏体钢归入马氏体时效钢中。

2.2.1　超马氏体钢的显微组织和化学成分

2.2.1.1　超马氏体钢的显微组织

超马氏体钢的碳含量通常维持在低碳或超低碳水平，通过淬火处理可获得板条状的低碳马氏体组织，这种组织具有很高的强度、良好的塑性和韧性，低碳或超低碳是超马氏体钢的特征。

钢中必须有足够的 Cr 来保证钢的耐蚀性能，Cr 含量一般大于 12.0%。但含 $w(Cr) > 16\%$的超马氏体钢中开始出现少量的 δ 铁素体，会影响淬火硬度，所以超马氏体钢中 Cr 一般小于 17.0%。

超马氏体钢中往往添加一定量的 Mo，提高其抗点蚀和抗应力腐蚀性能。Mo 还是沉淀强化元素，可以 Fe_2Mo 相或 χ 相形式析出，提高钢的强韧性。Mo 还具有改善钢的回火稳定性的功能。

由于碳含量低，为保证淬火后获得单一的马氏体组织，首先必须使用 Ni、Mn、Cu 等扩大奥氏体区的元素抑制 δ 铁素体，保证得到单一的奥氏体组织。随 Ni 含量增加和热处理工艺的变化，某些超马氏体钢显微组织中可能含有 5%~10%左右的细小弥散状残余奥氏体，此时钢的强度和韧性同时显著提高，可能与通过多次回火，马氏体的逆转变，获得晶粒更细的回火马氏体组织有关。

Ni 是稳定奥氏体的元素，能强烈地降低钢的 Ac_1 点和 Ms 点，当 $w(\mathrm{Ni})>9\%$ 时 Ac_1 点有可能降到 500℃以下，一来造成过时效温度下降，钢的使用温度受限制；二来很难采用再结晶退火使钢软化，不利于冷加工。同时由于 Ms 点偏低，淬火后残余奥氏体增加，导致钢的强度和硬度下降。所以超马氏体钢根据用途对 Ni 含量作一定的限制。

超马氏体钢必须综合考虑合金元素总量对 Ms 点的影响，希望 Ms 点高于室温，但不大于 150℃。因为 $Ms\geqslant150$℃的钢会产生自回火效应，降低钢的硬度和耐磨性能。

Co 可以有效抑制 δ 铁素体的形成，但对马氏体转变点影响不大。Co 虽然不是时效强化元素，但对钢的时效强化起十分有益的作用：在 Fe-Cr 和 Fe-Cr-Ni 钢中单独加入 Co，只有加入量大于 10%时才能见到强化效果，但 Co 和 Mo 同时加入时综合强化效果非常显著，（单独加入 Mo 的强化效果也较弱）。Fe-Cr-Co-Mo 和 Fe-Cr-Ni-Co-Mo 系列超马氏体钢是具有最佳强韧性配合和优异弹性能的新钢种。

近年来，各国不锈钢生产企业在开发低碳、低氮超马氏体钢方面做了很大努力，生产出一批适用于不同用途的超马氏体钢，几种典型的超马氏体钢的化学成分见表 2-181，超马氏体不锈钢的临界点参考值见表 2-182。

2.2.1.2 超马氏体钢的化学成分控制要点

（1）为提高钢的韧性、耐蚀性、可焊性、加工性，将 C 含量控制在 0.03%以下，因此超马氏体钢在回火或时效处理时无碳化物析出，避免了碳对位错的钉扎效应，使钢始终具有良好的韧性。但低碳不等于碳越低越好，实际上微量 C 的存在，对 Cr-Ni 钢中板条状马氏体的强度影响很大，无碳钢的 $R_{p0.2}=290\mathrm{MPa}$，而 $w(\mathrm{C})=0.02\%$ 的钢 $R_{p0.2}=685\mathrm{MPa}$。但 $w(\mathrm{C})>0.03\%$ 时易产生孪晶马氏体，使钢的韧性下降，冷加工性能变坏。

（2）在含 Ti、Al 和 Nb 的钢中尽可能降低氮，避免产生有害氮化物夹杂。

（3）为降低或消除钢中 δ 铁素体，必须综合控制化学成分，预测 δ 铁素体百分比经修正的 И. Я. 索科夫（Сокол）公式比较实用，计算结果为负值时表示无 δ 铁素体析出。

经修正的 И. Я. 索科夫（Сокол）公式：

$$\delta(\%)=2.4w(\mathrm{Cr})+1.0w(\mathrm{Mo})+1.2w(\mathrm{Si})+14w(\mathrm{Ti})+1.4w(\mathrm{Al})+1.7w(\mathrm{Nb})+1.2w(\mathrm{V})\\-41w(\mathrm{C})-0.5w(\mathrm{Mn})-2.5w(\mathrm{Ni})-0.3w(\mathrm{Cu})-1.2w(\mathrm{Co})-18$$

（4）控制 Cr+Mo 总量：在保证显微组织的前提下，Cr+Mo 总量越高耐蚀性能增强。

（5）合理使用时效沉淀强化元素，常用元素 Mo、Cu、Nb、Al、Ti、Si 和 V。

（6）控制钢的 Ms 点，预测马氏体不锈钢 Ms 点的经验公式有很多，笔者对这些公式进行分析和测算，用测算数据和实测数据进行比较，推荐使用 Pickering 的两个公式测算超马氏体不锈钢的 Ms 点。常用超马氏体钢的 Ms 点和 δ 铁素体的测算结果见表 2-182。

表 2-181 超马氏体不锈钢牌号和化学成分

牌 号	化学成分（质量分数）/%												
	标准或实控	C	Si	Mn	P	S	Cr	Ni	Mo	Al	Cu	N	其他元素
04Cr13Ni5Mo（美 S41500）	ASTM A959—09	≤0.05	≤0.60	0.50~1.00	≤0.030	≤0.030	11.5~13.5	3.50~5.50	0.50~1.00				
	实际控制	0.04	0.50	0.7			13.0	5.0	0.75			0.012	
022Cr13Ni6MoNb	企业标准	≤0.03	≤0.30	≤0.30	≤0.020	≤0.020	13.0~14.0	6.0~7.0	0.80~1.50				Nb：0.20~0.50
	实际控制	0.025	0.04	0.07			13.8	6.6	1.2			0.01	Nb：0.30
X04CrNiMo16-5-1 04Cr16Ni5Mo	EN 10088-1：2005	≤0.06	≤0.70	≤1.50	≤0.040	≤0.015	15.0~17.0	4.0~6.0	0.80~1.50			≥0.020	
	谢菲尔德 248SV 实际控制	0.045	0.2	0.5			16.0	5.0	1.0			0.020	
03Cr12Ni10Cu2TiNb（03X12 H10Д2ТБ）	（俄）《弹簧钢与合金》[24]	≤0.04	≤0.30	≤0.30	≤0.030	≤0.030	11.5~12.5	10.0~11.0			1.80~2.10		Ti：1.0~1.4 Nb：0.1~0.3
	实际控制	0.025	0.30	0.30			12.0	10.0		0.1	1.95	0.01	Ti：1.2 Nb：0.25
022Cr12Ni9Cu2NbTi（Custom455/S45500/XM-16）	GB/T 20878—2007	≤0.03	≤0.50	≤0.50	≤0.040	≤0.030	11.0~12.5	7.50~9.50	≤0.50		1.50~2.50		Ti：0.8~1.4 Nb：0.1~0.5
	不锈钢实用手册[19]	≤0.03	≤0.50	≤0.50	≤0.040	≤0.030	11.0~13.0	7.50~10.0	≤0.50		1.00~3.00		Ti：0.9~1.4 Nb+Ta：0.1~0.5
	实际控制	0.025	0.30	0.30			12.0	8.5	0.4	0.1	1.9	0.01	Ti：1.0 Nb：0.30
03Cr11Ni9Mo2Cu2TiAl（04X11H9M2Д2TЮ/ЭП832）	（俄）《弹簧钢与合金》[24]	≤0.04	≤0.20	≤0.20	≤0.030	≤0.030	10.5~12.5	8.50~9.50	1.50~2.20	0.8~1.2	1.70~2.20		Ti：0.8~1.2
	实际控制	0.03	0.20	0.20			11.5	9.0	2.0	1.0	2.0	0.008	Ti：1.0
015Cr12Ni10AlTi	实际控制	0.015	0.025	0.20			11.75	10.50		1.20		0.012	Ti：0.40
02Cr12Ni7MoAlCu	《弹性合金》[18]	0.02	0.23	0.21			12.5	7	0.5	0.74	0.14		
008Cr12Ni6Mo3Ti（住友 13-6-2.5Ti）	实际控制	0.008	0.3	0.4			12.0	6.2	2.5			0.008	Ti：0.07
022Cr15Ni6Ti（美 Almar362）	实际控制	0.03	0.30	0.60			14.5	6.5				0.012	Ti：0.80
X2CrNiMoV13-5-2 015Cr12Ni5Mo2V（英钢联 12-5-2）	EN 10088-1：2005	≤0.03	≤0.50	≤0.50	≤0.040	≤0.015	11.5~13.5	4.50~6.50	1.50~2.50				Ti≤0.01 V：0.10~0.50
	实际控制	0.015	0.2	0.5			12.2	5.5	2.0			0.01	V：0.20
X1CrNiMoCu12-5-2 015Cr13Ni5Mo2Cu2	EN 10088-1：2005	≤0.02	≤0.50	≤2.00	≤0.040	≤0.003	11.0~13.0	4.0~5.0	1.30~1.80		0.20~0.80	≤0.02	
	新日铁实际控制	0.015	0.3	0.5			12.5	4.5	1.5		1.5	0.015	
X1CrNiMoCu12-7-3 015Cr12MnNi7Mo3Cu	EN 10088-1：2005	≤0.02	≤0.50	≤2.00	0.040	0.003	11.0~13.0	6.0~7.0	2.30~2.80		0.20~0.80	≤0.02	
	沙勒洛伊 12-6.5-2.5 实际控制	0.010	0.12	1.0			12.0	6.5	2.5		0.3	0.015	

续表 2-181

牌　号	化学成分（质量分数）/%											
	标准或实控	C	Si	Mn	P	S	Cr	Ni	Mo	Al	Cu	N	其他元素
X04CrNiMo16-5-1 022Cr16Ni5Mo	EN 10088-1：2005	≤0.06	≤0.70	≤1.50	≤0.040	≤0.015	15.0~17.0	4.0~6.0	0.80~1.50			≥0.02	
	谢菲尔德 248SV 实际控制	0.03	0.2	0.5			16.0	5.0	1.0			≤0.02	
02Cr12Ni9Mo4Cu2TiAl （瑞典 1RK91/S46910）	Sandvik	≤0.02	≤0.50	≤0.50	≤0.02	≤0.005	12	9	4	0.4	2.0		Ti：0.9
	ASTM A959—09 S46910	≤0.03	≤0.70	≤1.00	≤0.030	≤0.015	11.0~13.0	8.0~10.0	3.5~5.0	0.15~0.50	1.5~3.5		Ti：0.50~1.20
	实际控制	0.015	0.40	0.30	0.015	0.003	12.0	9.0	4	0.4	2.0	0.01	Ti：0.9
02Cr12Ni9Mo2Si	实际控制	0.02	1.60	0.80			11.8	8.8	2.0	0.01		0.006	Ti：0.04
012Cr12Ni9Mo2AlTi X1CrNiMoAlTi12-9-2	EN 10088-1：2005	≤0.015	≤0.10	≤0.10	≤0.010	≤0.005	11.5~12.5	8.5~9.5	1.85~2.15	0.60~0.80		≤0.01	Ti：0.28~0.37
	实际控制	0.012	0.05	0.05			12.0	9.0	2.0	0.7		0.008	Ti：0.30
015C12Ni11Mo1Ti （Custom465/S46500）	ASTM F899—09	≤0.02	≤0.25	≤0.25	0.015	0.010	11.0~12.5	10.75~11.25	0.75~1.25			≤0.010	Ti：1.50~1.80
	实际控制	0.015	0.20	0.20	0.010	0.005	12.0	11.0	1.0	0.05		0.008	Ti：1.60
022Cr12Ni10Mo2CuTi AlVB	北科大	≤0.03	≤0.20	≤0.30	≤0.02	≤0.01	12.0~12.5	10.0~10.5	1.90~2.10	0.32~0.38	0.80~1.5	≤0.010	Ti：1.2~1.4 V：0.32~0.38 B≤0.005
	实际控制	0.02	0.18	0.25	0.015	0.008	12.25	10.25	2	0.35	1.2		Ti：1.3，V：0.35 B：0.004
02Cr10Ni10Mo2TiAl （Marvac736/In736）	实际控制	0.02	0.15	0.15			10.25	9.5	2.0	0.30			Ti：0.25
01Cr13Ni7Mo4Co4W2Ti	实际控制	0.007	0.15	0.15			13.44	7.47	4.15				Ti：0.12，W：1.84 Co：4.21
02Cr13Ni4Co13Mo5 （日 NASMA-164）	实际控制	0.02	0.08	0.12			12.5	4.5	5.0			0.04	Co：12.5
022Cr10Ni7Co10Mo5 （Pyromet X-23）	实际控制	≤0.03	≤0.20	≤0.20			10.0	7.0	5.5			0.01	Co：10.0
03Cr14Ni4Co13Mo3TiNbW （04X14K13H4M3TБB （ЭП767）	《弹性合金》[18]	≤0.04	≤0.20	≤0.20			13.5~15.0	3.8~4.8	2.60~3.20			≥0.02	Ti：0.20~0.50 Co：13.0~14.0 W：0.15~0.30 Nb≤0.15 Ce≤0.01
	实际控制	0.03	0.15	0.15			13.8	4.1	2.9			0.01	Ti：0.4，W：0.22 Co：13.5，Nb：0.1
03Cr12Ni4Co15Mo4Ti （H4X12K15M4T）	实际控制	0.03	0.15	0.15			12.2	4.0	4.1				Ti：0.80 Co：15.0

表 2-182 超马氏体不锈钢的临界点参考值

牌号	Ac_1/℃	Ac_3/℃	Ms/℃	δ/%	A. R. I
04Cr13Ni5Mo（美国 S41500）	680①	715⑥	105④	0. 1	15. 9
022Cr13Ni6MoNb	650①	765	153⑤	-0. 7	18. 4
04Cr16Ni5Mo（阿维斯塔·谢菲尔德 248SV）	480②	693	63	7. 9	18. 4
03Cr12Ni10Cu2TiNb（03X12H10Д2ТБ）	500②	720⑥	82⑤	-8. 0	19. 6
022Cr12Ni9Cu2NbTi（Custom/S45500/XM-16）	550①	760	96⑤	3. 2	18. 3
03Cr11Ni9Mo2Cu2TiAl（04X11H9M2Д2ТЮ/ЭП832）	590①	770	67④	2. 8	19. 4
015Cr12Ni10AlTi	530①	765⑥	98⑤	-9. 2	19. 9
02Cr12Ni7MoAlCu	640①	745⑥	93④	-4. 7	17. 3
008Cr12Ni6Mo3Ti（住友 13-6-2. 5Ti）	675①	785⑥	35④	-1. 4	17. 3
022Cr15Ni6Ti（Almar362）	630①	735⑥	86④	10. 6	18. 1
015Cr12Ni5Mo2V（英钢联 12-5-2）	690①	780⑥	68④	-0. 9	16. 5
015Cr13Ni5Mo2Cu2（新日铁 CRS）	690①	735⑥	30④	1. 3	15. 4
015Cr12MnNi7Mo3Cu（沙勒洛伊 12-6. 5-2. 5）	645①	752⑥	98⑤	-3. 8	17. 6
022 Cr16Ni5Cu（谢菲尔德 248SV）	705①	700⑥	75④	7. 9	18. 4
02Cr12Ni9Mo4Cu2TiAl（瑞典 1RK91/S46910）	618①	865⑥	14③	4. 4	21. 0
022Cr12Ni9Mo2Si	618①	775⑥	17⑤	-8. 4	19. 4
012Cr12Ni9Mo2AlTi（X1CrNiMoAlTi12-9-2）	604①	827⑥	75⑤	-5. 0	19. 8
015C12Ni11Mo1Ti（Custom465/S46500）	505①	815⑥	101⑤	6. 3	21. 2
022Cr12Ni10Mo2CuTi AlVB	562①	795⑥	6. 6④	5. 8	21. 3
02Cr10Ni10Mo2TiAl（Marvac736/In736）	565②	760⑥	113⑤	-11. 9	18. 9
01Cr13Ni7Mo4Co4W2Ti	635①	775⑥	55③	-6. 4	22. 0
02Cr13Ni4Co13Mo5（日 NASMA-164）	643①	810⑥	174⑤	-10	21. 3
022Cr10Ni7Co10Mo5（Pyromet X-23）	590①	825⑥	120⑤	-18	21. 3

续表 2-182

牌　　号	Ac_1/℃	Ac_3/℃	Ms/℃	δ/%	A. R. I
03Cr14Ni4Co13Mo3TiNbW (04X14K13H4M3TБB/ЭП767)	612①	800⑥	42③	-3. 8	20. 9
03Cr12Ni4Co15Mo4Ti (H4X12K15M4T)	610①	860⑥	170	-2. 5	20. 7

注：1. 经修订的 И · Я · 索科夫（Сокол）公式：δ(%) = 2. 4w(Cr) + 1. 0w(Mo) + 1. 2w(Si) + 14w(Ti) + 1. 4w(Al) + 1. 7w(Nb) + 1. 2w(V) − 41w(C) − 0. 5w(Mn) − 2. 5w(Ni) − 0. 3w(Cu) − 1. 2w(Co) − 18（δ 表示高温铁素体的百分含量，适用于不锈钢，负数表示钢中不含 δ 铁素体）。

2. A. R. I 称为奥氏体保留系数，用来衡量淬火后钢中残余奥氏体留存量。

①不锈钢临界点计算公式：Ac_1(℃) = 820 − 25w(Mn) − 30w(Ni) − 11w(Co) − 10w(Cu) + 25w(Si) + 7(w(Cr) − 13) + 30w(Al) + 20w(Mo) + 50V（Irving 公式，适用于含 Cr12%～17%马氏体和沉淀硬化不锈钢的 Ac_1 点计算）。

②不锈钢临界点计算公式：Ac_1(℃) = 154. 4 + 19. 4w(Cr) + 1. 9(w(Cr) − 17)^2 + 33. 3w(Mo) + 40. 5w(Si) + 84. 4w(Nb) + 161w(V) + 344. 4w(Ti) + 416. 7w(Al) + 777. 8w(B) − 138. 9w(C) − 155. 6w(N) − 63. 9w(Ni) − 36. 7w(Mn) − 10w(Cu)（Tricot 和 Castro 公式，适用于以 17Cr%为基准钢的 Ac_1 点计算）。

③沉淀硬化不锈钢临界点 Ms 的计算公式：Ms(℃) = 1180 − 1450(w(C) + w(N)) − 30w(Si) − 30w(Mn) − 37w(Cr) − 57w(Ni) − 22w(Mo) − 32w(Cu)（经修订的魏振宇公式适用于经充分奥氏体化后淬水状态的沉淀硬化型不锈钢和耐热钢的 Ms 点计算）。

④不锈钢临界点 Ms 的计算公式：Ms(℃) = 502 − 810w(C) − 1230w(N) − 13w(Mn) − 12w(Cr) − 30w(Ni) − 54w(Cu) − 46w(Mo)（Pickering 公式 1，适用于奥氏体-马氏体不锈钢的临界点计算）。

⑤不锈钢临界点 Ms 的计算公式：Ms(℃) = 635 − 450w(C) − 450w(N) − 30w(Mn) − 50w(Si) − 20w(Cr) − 20w(Ni) − 45w(Mo) + 10w(Co) − 35w(Cu) − 36w(W) − 46w(V) − 53w(Al)（Pickering 公式 2，适用于 0. 10%C − 17. 0%Cr − 4. 0%Ni 为基础的钢和含钴、钨、钒、铝的钢）。

⑥不锈钢临界点 Ac_3 的计算公式：Ac_3(℃) = 910 − 203 $\sqrt{w(C)}$ + 44. 7w(Si) − 10w(Mn) − 9w(Cr) − 15. 2w(Ni) + 31. 5w(Mo) − 15. 5w(Cu) + 104w(V) + 13. 1w(W) + 80w(Al) + 100w(Ti) + 250w(Nb) − 4w(Co)（安德鲁斯（K. W. Andrews）公式）。

Pickering 公式 1（适用于奥氏体-马氏体不锈钢的临界点计算）。

$$Ms = 502 - 810w(C) - 1230w(N) - 13w(Mn) - 12w(Cr) - 30w(Ni) - 54w(Cu) - 46w(Mo)(℃)$$

Pickering 公式 2（适用于 0. 10%C-17. 0%Cr-4. 0%Ni 为基础的钢和含钴、钨、钒、铝的钢）。

$$Ms = 635 - 450w(C) - 450w(N) - 30w(Mn) - 50w(Si) - 20w(Cr) - 20w(Ni) - 45w(Mo) + 10w(Co) - 35w(Cu) - 36w(W) - 46w(V) - 53w(Al)(℃)$$

（7）对低温下使用的钢，为改善其冲击韧性和断裂韧性，可将 Ni 含量提高到 4%以上。

（8）通过合金化可进一步改善超马氏体不锈钢的性能：如以 Mn 代 Ni 提高钢的耐磨性能；加 Cu 改善钢的韧性和焊接性能，并能提高钢氮化处理后的表面硬度；加 V 使钢在保持原有塑性的同时，提高抗拉强度，V 和 Mo 同时加入效果更显著；加稀土可提高钢的耐蚀性能和抗拉强度等。

2. 2. 2　超马氏体不锈钢的特性

2. 2. 2. 1　超马氏体钢的耐蚀性能

不锈钢的耐蚀性能与 Cr+Mo 的总量直接对应，组织结构也是影响耐蚀性能的决定性因素，传统马氏体钢在回火时析出碳化物或氮化物，要占用部分 Cr 和 Mo，势必降低耐蚀性能。超马氏体钢低 C，少 N，淬火-回火状态下晶界无碳化物、无 δ 铁素体，在各种介质中的耐一般腐蚀性能与高铬铁素体钢相当，抗应力腐蚀和抗氢脆能力远优于马氏体沉淀硬化钢和传统 Cr13 型马氏体钢。绝大多数超马氏体钢中均加入一定量的 Mo，相当于提高了铬的当量，再加上 Ni 的配合，耐蚀性能，特别是在含二氧化碳和硫化氢介质中的耐蚀性能有很大的提高，现已在石油和天然气开采、储运设备上得到了广泛应用，在水力发电，采矿、化工及高温纸浆生产设备上也极具应用前景。

2.2.2.2 超马氏体钢的强韧性

超马氏体钢具有淬火强化功能，因碳含量低，淬火后获得板条状马氏体组织。板条状马氏体结构是在一个奥氏体晶粒内，由几个捆组成，每个捆又由互相平行的板条束组成，各束之间以大倾角晶界相隔。同一板条束由平行排列的板条构成，相邻板条的位向基本相同，相互之间以小倾角的晶界接触，板条宽度为 0.025~2.25μm，一般在 0.2μm 左右。奥氏体晶粒度对板条宽度和分布没有影响，而捆的大小则随晶粒度增大有变大倾向。通过透射电镜观察，超马氏体钢的每根板条几乎没有孪晶存在，亚结构主要由高密度位错组成，位错密度为 $(0.3\sim0.9)\times10^{12}\,cm/cm^3$。与针状马氏体不同，板条状马氏体中无显微裂纹，回火后，也不会产生因碳化物沿精细的孪晶带分布而造成的韧性降低的缺点[2]，为改善钢的塑性、韧性和冷加工性能奠定了基础。但无法通过提高马氏体中碳含量或靠回火时析出碳化物来提高钢的强度和硬度，只能通过细化马氏体组织和沉淀析出金属间化合物的方法达到目标。

一般说来，相变温度越低，转变产物越细、位错密度越高、溶质饱和度越大、析出相也越细小、弥散度也越好，降低钢的转变温度是提高超马氏体钢的强度和硬度的有效方法，从表 2-181 可以看出：超马氏体不锈钢的 *Ms* 点远低于传统马氏体不锈钢和沉淀硬化不锈钢。

沉淀强化是超马氏体不锈钢常用的强化手段，强化元素有 Mo、Si、Al、Cu、Nb、Ti，主要的强化相有金属间化合物：NiAl、(Fe，Ni)Al、NiTi、CuNi、Fe_2Nb、Fe_2Mo、Fe_2Ti、Ni_3Al、Ni_3Mo、Ni_3Mn、Ni_3Ti、Ni_3Si 和 $Fe_{36}Cr_{12}Mo_{10}$（χ 相）和富铜的 ε 相等。这类钢淬火后经 450~500℃时效处理，沿板条状马氏体边界和位错线析出沉淀相，由于马氏体相变引发的高位错密度，为沉淀相形核和析出提供了有利条件，析出的金属间化合物尺寸细小、分布弥散，与基体保持共格关系，强化效果较大。高温下沉淀相迅速长大，形成非共格关系，强化效果明显降低。沉淀相长大和转变机制与马氏体时效钢相同。

韧性是衡量钢可靠性的重要指标，度量韧性的常用参数有：冲击韧性（α_K）、断裂韧性（K_{IC}）和脆性转变温度（t_e）三项。现有理论认为，钢材断裂分为三种：微孔聚集型断裂、解理断裂和沿晶断裂，三种断裂机理不同，改善和提高韧性的途径也不同。

微孔聚集型断裂起源于钢中非金属夹杂物、碳化物和氮化物，其中碳化物和 D 类非金属夹杂的影响更显著，超马氏体钢中基本无碳化物析出，是有利条件，控制氮化物和 D 类非金属夹杂成为提高钢韧性的主要途径；固溶强化是提高钢抗拉强度的方法之一，但抗拉强度提高的同时，晶格的畸变和空位增多，必然导致钢的韧性下降，间隙元素和固溶强化效果较大的元素 Si、Mn 和 P 对基体韧性影响更大，是超马氏体钢需要严格控制的元素；改善显微组织的均匀性、析出相细化和弥散分布、减小应力集中度也是提高超马氏体钢韧性的有效途径，为此要对淬火-回火工艺进行精准调度。

解理断裂是钢材沿一定晶面（即解理面）产生的断裂，是一种穿晶断裂，体心立方和密排六方晶格钢材在低温、冲击载荷和应力集中处常发生这种断裂，面心立方钢材很少发生这种断裂。解理断裂的特征是冷脆性，常用脆性转变温度（t_e）来衡量。在常温下晶粒越细，裂纹的形成和扩展阻力越大，抗解理断裂能力越强；另外，钢中添加 Ni 是提高钢脆性转变温度的最有效的方法，为获得良好的低温性能，随着对低温冲击性能要求加严（使用温度从-20℃降到-40℃），Ni 含量应从 2.0%增加到 4.5%。

沿晶断裂的表现形态很多，如回火脆性、焊接热裂纹、蠕变断裂、应力腐蚀和氢脆断裂一般都是沿晶断裂。沿晶断裂多属于脆性断裂，也有时表现出较好的塑性。产生沿晶断裂的原因有两种：低熔点溶质原子，P、Pb、Sn、As、Sb 和在晶界偏聚，降低原子间结合力，导致晶界弱化；或第二相，如 FeS、MnS、Fe_3C 和 χ 相、σ 相等在晶界析出，并聚集长大，产生沿晶断裂。消除沿晶断裂的工艺措施除冶炼时防止低溶点金属混入、降低 P、S 含量，尽可能提高钢的纯净度；加工过程防止过热、过烧外，向钢中添加适量的 Mo 和 W，抑制硫化物和析出相在晶界聚集长大是超马氏钢最常用的方法。

目前，超马氏体钢主要用于制作压缩机和阀门的连杆。人们越来越多的用超马氏体钢取代双相不锈钢，原因在于作为结构体用钢，超马氏体钢具备良好的抗应力腐蚀性能、断裂韧性和低温抗冲击性能，但其强度比双相钢高得多，制作零件可以减小壁厚，减轻质量，节约成本。

2.2.2.3 残余奥氏体（A_R）和逆转奥氏体（A_n）

目前，利用沉淀硬化效应已经开发了包括沉淀硬化不锈钢和超马氏体不锈钢在内的一大批高强度和超高强度钢，但这类钢有一个共同特点：强度有余、塑性和韧性不足，要么是塑性变形能力不足、加工成型有一定难度，只能用于制作形状相对简单的零部件；要么是韧性不足、冲击韧性较低、有脆化倾向、氢脆敏感性或应力敏感性较强，裂纹扩展速度较快等。近年来，参照金属材料强韧性研究成果，越来越多的人注意到：适当控制钢中的韧化相，可以有效地改善高强度和超高强度钢的塑性和韧性，而奥氏体组织是最有实用价值的韧化相。

A 奥氏体的种类

在室温条件下，奥氏体有以下几种：

（1）稳定奥氏体（stable austenite，A）。通过添加大量扩大奥氏体区合金元素，使奥氏体组织保持到室温，如奥氏体不锈钢和高锰钢的组织。

（2）过冷奥氏体（undercooled austenite，A_O）。在共析温度以下，处于亚稳定状态的奥氏体，一旦条件具备就会发生分解转变，最终可能转变成珠光体（P）、贝氏体（B）、马氏体（M）或混合组织。

（3）残余奥氏体（retained austenite，A_R）。淬火时未能转变成马氏体，而保留到室温的奥氏体，被称为残余奥氏体。在淬火过程中，随着马氏体的形成，引起体积膨胀，处于马氏体片间的奥氏体切变阻力增大，难以再转变成马氏体。此外，在马氏体中脊附近存在着孪晶，残留奥氏体承受着来自不同方向和不同晶团的压应力，奥氏体中位错密度显著升高，切变阻力增大，也难以完成马氏体转变。因此，残余奥氏体通常存在于马氏体片间和马氏体中脊附近。

（4）逆转奥氏体（reverse austenite，A_n）。沉淀硬化不锈钢和超马氏体不锈钢已经转变为马氏体组织后，在特定时效或回火温度范围内，会产生马氏体逆转变，形成逆转奥氏体。

从定义描述中可以看出：在沉淀硬化不锈钢和超马氏体不锈钢，或高强度和超高强度钢成品中不可能存在稳定奥氏体和过冷奥氏体组织，可用作韧化相的只有残余奥氏体和逆转奥氏体组织。

B　残余奥氏体[18,19]

残余奥氏体是所有可淬火硬化钢中普遍存在的一种显微组织，是过冷奥氏体转变为马氏体过程中因体积膨胀，受空间限制，致使部分奥氏体残留下来。残余奥氏体与过冷奥氏体的共同点是：都具有面心立方的晶格结构；当继续深冷时，都会陆续转化成为马氏体。

残余奥氏体与过冷奥氏体的主要区别有：

（1）因为γ-Fe 比α-Fe 能溶解更多的 C，所以残余奥氏体的碳含量高于钢的平均碳含量。

（2）残余奥氏体中储存能量较高，不稳定、相对于逆转奥氏体更容易转变。

（3）残余奥氏体受胁迫，第 2 类（在晶粒或亚晶范围内处于平衡的内应力）和第 3 类内应力（存在于一个原子集团范围内处于平衡的内应力）较大、位错密度较高。

（4）残余奥氏体晶粒为等轴晶，被马氏体分割，形貌各异，有薄膜状、片状、颗粒状和块状等。

钢中残余奥氏体优缺点掺半：钢中存在适量（5%~15%）残余奥氏体，能缓冲工件的淬火应力，减轻变形开裂倾向，提高钢的冲击韧性、降低钢的脆性变点；对于在交变应力或在冲击应力下工作的工件，钢中的残余奥氏体可以吸收形变能，起减振和提高疲劳寿命的作用，是有实用价值的韧化相之一。缺点是由于残余奥氏体较软，钢中存在过量的残余奥氏体势必降低钢件的淬火硬度、强度、耐磨性能和疲劳强度；残余奥氏体是不稳定相，在室温下长期存放或使用会逐渐转变为马氏体，使工件体积膨胀或内应力增加，引起工件加工变形甚至开裂。因此对尺寸精度、强度、硬度、耐磨性能要求较高；形状复杂，需要机加工、精磨、抛光成型的零部件，不宜选用残余奥氏体作为韧化相。建议采用深冷处理，使残余奥氏体全部转变为马氏体。

淬火后钢中残余奥氏体的数量主要取决于化学成分。一般说来，增加钢中降低 *Ms* 点元素的含量，就会增加残余奥氏体的含量，碳素钢中碳含量和淬火温度对 A_R 量的影响见图 2-13。实践证明，淬火后超马氏体不锈钢显微组织中留有 5%~15%的细小弥散状残余奥氏体，可使钢获得最佳的强韧性配合，对于 Fe-Cr-Ni-Mo 和 Fe-Cr-Ni-Co-Mo 系钢，可用 A. R. I（残余奥氏体保留指数）来预测淬火后钢中残余奥氏体含量，A. R. I 从 19 提高到 22 时，钢的抗拉强度随残余奥氏体量同步增长，升到 22 时 A_R 约为 10%，可获得最佳强韧性，再继续提高 A. R. I 抗拉强度开始下降，见图 2-14。近年来利用这个经验公式，已经研制出一批 A. R. I 接近 22 的具有高强度和高韧性的超马氏体钢。经适当热处理后，超马氏体钢的抗拉强度（R_m）最高可达到 2160MPa，同时还具有良好的塑性，断面收缩率 $Z=50\%$，伸长率 $A=10\%\sim15\%$。

$$A.R.I = w(\mathrm{Ni}) + 0.8(w(\mathrm{Cr})) + 0.6(w(\mathrm{Mo})) + 0.3(w(\mathrm{Co}))$$

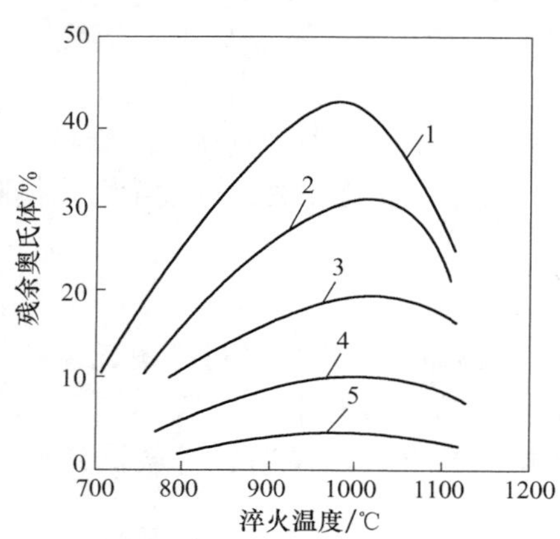

图 2-13　碳钢淬火温度对 A_R 量的影响[16]

1—1.28%C 水淬；2—0.89%C 油淬；3—0.89%C 水淬；4—0.40%C 油淬；5—0.40%C 水淬

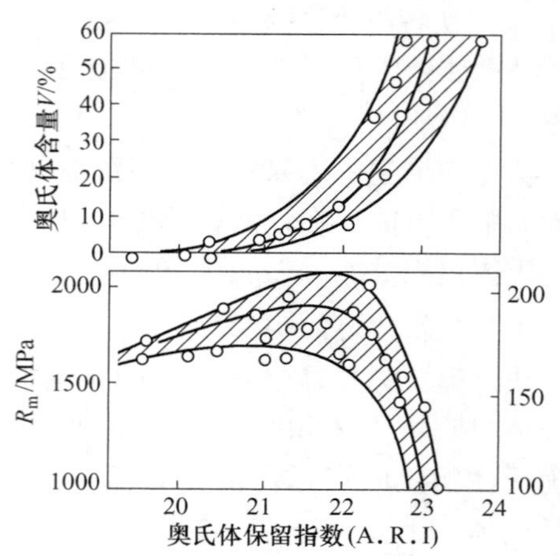

图 2-14　成分对残余奥氏体含量和 R_m 的影响[1]

残余奥氏体量还与淬火温度密切相关，从图 2-13 可以看出：碳素钢的 A_R 量随淬火温度升高呈先升后降的变化趋势，所有可淬火钢都具有类似特性，仅是峰值温度范围有所不同。延长保温时间的作用与提高淬火温度作用相同，但作用弱得多。

奥氏体的稳定性对残余奥氏体量也有重要影响，等温淬火过程中冷却速度较慢或在冷却过程停留都会引起奥氏体稳定性提高，而使马氏体转变产生迟滞的现象，称为奥氏体的热稳定化（又称为陈化）。连续淬火时，残余奥氏体的转变原则只取决于最终冷却温度，而与冷却速度无关，但大型零部件的冷却速度减慢时热稳定性明显增强。关于热稳定化产生的原因，共识是与 C 和 N 原子运动有关，只有 C 和 N 总量超过 0.01%的钢才会产生热稳定化，随 C 和 N 量增加稳定化效应增强；强碳化物形成元素，如 Cr、Mo、V 的存在也使稳定化效应增强；非碳化物形成元素，如 Ni 和 Si 对稳定化效应基本无影响。热稳定化理论解释为：在适当温度下 C 和 N 向点阵缺陷处和位错线上偏聚形成“柯氏气团”或碳、氮化合物，钉扎位错，使马氏体转变的切变阻力增大，需要附加动力（如增加过冷度）才能使马氏体转变继续下去。

热稳定化现象有一个上限，常用 M_C 表示。钢在 M_C 点以上等温停留并不产生热稳定化，只有在 M_C 点以下等温停留或缓慢冷却才会引起热稳定化。实际生产中可以灵活运用残余奥氏体的这些转变特性，来调节钢中的 A_R 量，获得最佳强韧性配合。例如高速工具钢，一次淬火后 A_R 量很高，硬度不足，采用在高于 M_C 点的温度（560℃）下回火，一方面使马氏体内应力得以释放，另一方面使处于点阵缺陷处或位错线上的 C 和 N 得以解脱，再冷却时部分残余奥氏体继续转变为马氏体，在 A_R 量下降的同时，钢的硬度提高。因此多次回火处理又称为“催化处理”。同理，沉淀硬化不锈钢和超马氏体不锈钢也可采用多重时效处理找到最佳强韧性配合。

C　逆转奥氏体[20]

逆转奥氏体是瑞典人最初发表的有关 Ni4 钢的专利中给出的定义，指 Cr-Ni-Mo 系马氏体不锈钢在回火过程中，由马氏体直接切变生成的奥氏体，这种奥氏体在室温下，甚至更低的温度下都可以稳定存在，为了与残余奥氏体区别开来，根据其形成特点，称之为逆转奥氏体。与残余奥氏体相比，逆转奥氏体的特点是：

（1）逆转奥氏体是马氏体钢在 *Ms* 点之上、Ac_1点之下回火或时效处理过程中，由马氏体逆转变形成的，是非扩散型转变产物。但因转变温度较高，组织中合金元素有一定的扩散能力，化学均匀性较好，内应力已得到释放；转变过程中钢的体积收缩，组织中不像残留奥氏体中存在着高密度的位错和孪晶。如在 Ac_1点以上回火，获得的是稳定奥氏体就不能称为逆转奥氏体了。

（2）逆转奥氏体是由马氏体直接切变生成的，尺寸十分细小、均匀、连续地弥散于马氏体基体中，可在不降低强度的情况下，改善钢的塑性、韧性和焊接性能。而残留奥氏体为等轴晶，被马氏体分割，以薄膜状、片状、颗粒状和块状存在于马氏体板条间，其韧化效果远不如逆转奥氏体。

（3）逆转奥氏体形成温度较高，组织中 C、Ni、Mn 等稳定奥氏体的元素聚集量较高，热稳定性很高，有人用低温磁称法测定逆转奥氏体的稳定性，结果表明：含逆转奥氏体的试样冷却到−196℃后再回到室温时，逆转奥氏体的含量仅减少 1.5%。

（4）逆转奥氏体的机械稳定性一般，冷加工时，逆转奥氏体很容易转变为形变马氏体。

逆转奥氏体的形成是有条件的，同样经历形核和长大的过程：当回火温度升至 A_S点以上时，马氏体开始转变为回火马氏体，基体部分应力得到释放。回火温度继续升高，C 和 N 原子有能力从基体扩散出来，形成碳化物，聚集在原马氏体板条边缘，逆转奥氏体的晶核在板条间形成，而 Ni 原子因动力不足仍停留在板条中。当回火温度升至稍高于 A_S点时，逆转奥氏体相的核心就通过切变方式在高 Ni 区直接生成逆转奥氏体，并沿板条界面和原奥氏体晶界纵向长大成极细的条索状。

（5）A_S点表示马氏体开始转变成逆转奥氏体的温度，与之对应的 A_f点表示马氏体转变成逆转奥氏体的终止温度。A_S点均高于 *Ms*，因钢种不同两者有很大差别，Fe-Ni30 合金的 A_S比 *Ms* 高 420℃左右，数值最大。沉淀硬化不锈钢和超马氏体不锈钢的差距均在 350~400℃之间。另有一类合金，如 Cu-Al-Ni、Au-Cd、Cu-Al-Mn 和 Cu-Zn-Al 等被称之为热弹性形变合金，A_S与 *Ms* 的差距均在 100℃以内，$M \Leftrightarrow A_n$转变是双向的，经多次反复，也不影响转变速率，该类合金俗称为记忆合金，基本特征是：在相变的全过程中，新相和母相始终保持共格关系，相变是完全可逆的[18]。

a　低温用钢（9Ni）中逆转奥氏体的形态及其对钢的低温冲击韧性的影响[20]

北京科技大学冶金工程院杨跃辉等，选用低温用钢 9Ni，研究逆转奥氏体形成过程、显微组织形貌、分布和取向，以及其对钢低温冲击韧性的影响，对我们认识和理解的逆转奥氏体韧化机理很有帮助，现简要介绍如下：

9Ni 钢是一种在深冷环境下使用的低温用钢（简称 LNG 用钢），在世界范围内被广泛用于制作液化天然气（liquid nature gas）储罐，对钢的低温韧性要求极为严格。目前，普遍认为回火过程中形成的逆转奥氏体对钢的低温韧性有重要影响。试验用钢的化学成分为 0.036C、0.1Si、0.70Mn、0.0068P、0.005S、9.02Ni、0.096Mo，钢的 Ac_1 = 650℃、Ac_3 = 730℃。试样从 15mm 厚热轧钢板上截取，首先进行 800℃×1h 水淬火处理。淬火后的试样分成两批，一批直接进行 570℃×1h 回火，水冷处理，简称 QT 状态，作为性能对比试样；

另一批试样分别在两相区选定 650℃×1h 水冷、670℃×1h 水冷和 700℃×1h 水冷进行调节处理，然后再在 570℃×1h 进行回火处理。采用扫描电镜（SEM）测得 9Ni 钢金相图片见图 2-15。

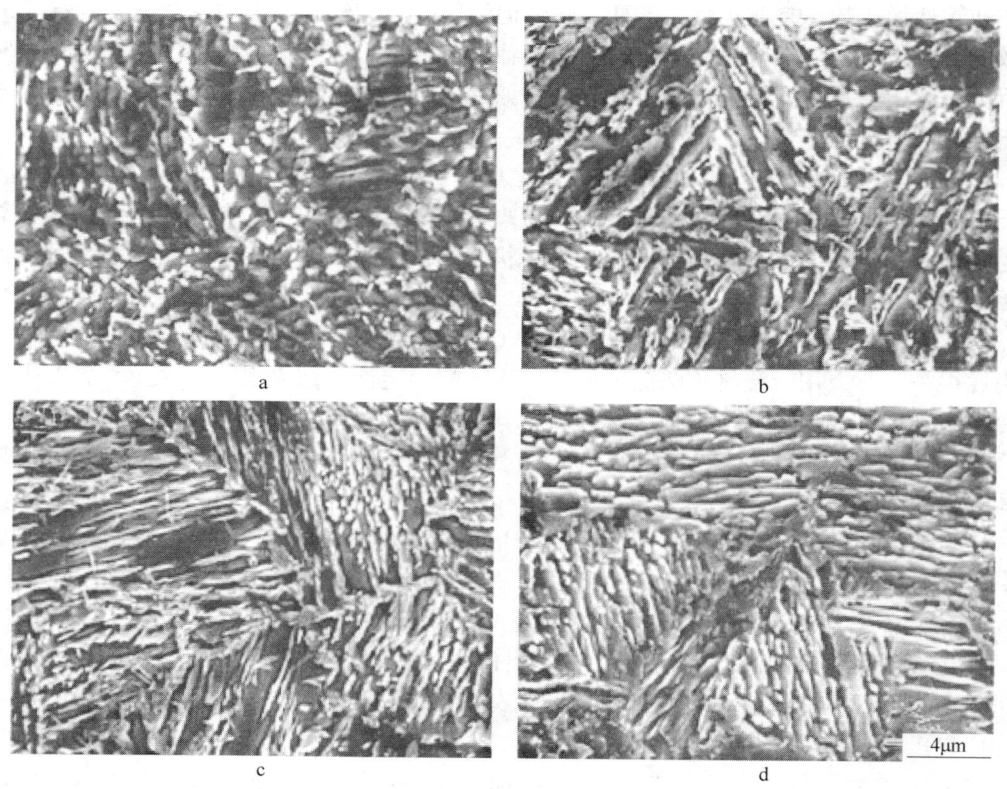

图 2-15 不同状态 9Ni 钢的扫描电镜（SEM）图片
a—570℃×1h 水冷；b—650℃×1h 水冷；c—670℃×1h 水冷；d—700℃×1h 水冷
（暗区为板条状马氏体，明亮区为逆转奥氏体与淬火马氏体的混合物）

从图 2-15 可以看出：淬火-回火后的 9Ni 钢的基体组织为板条马氏体，但在基体上分布着数量不等的明亮区，经分析这些明亮区由逆转奥氏体和水冷过程中生成的二次马氏体两部分组成，在扫描电镜下难以将它们准确分开。二次马氏体试样，浸蚀后只能部分保留下来，其遗留物分布不均匀，存在位置也比较散乱。而逆转奥氏体的分布比较规则，主要分布在原奥氏体晶界，板条束界和板条之间。图 2-15a 是 QT 状态钢，明亮区 A_n 呈断续块状，多分布于马氏体板条束界上，很少位于板条之间；衍射检测结果表明逆转奥氏体含量约为 4. 47%。经 650℃两相区处理的钢，板条之间分布着大量的条索状明亮区，逆转奥氏体含量约为 10. 15%（见图 2-15b）。经 670℃两相区处理的钢，明亮区分布没有多大变化，多存在于板条之间，但此时逆转奥氏体含量降到 5. 88%（见图 2-15c）。两相区处理温度升到 700℃后，组织为规则排列的不同取向马氏体板条，逆转奥氏体含量仅剩下 2. 34%。钢中奥氏体含量先升后降的趋势与逆转奥氏的形成机制有关，一般认为钢中 C 和 Ni 的分布是不均匀的，低温时效时，C 和 Ni 受扩散能力限制，无法聚集、促进奥氏体形成。当温度超过 A_S点时，随 C 和 Ni 扩散能力增强、逆转奥氏体开始形成、含量逐渐增加、稳定性逐渐加强，冷却后奥氏体含量达到最高水平。但温度高于 Ac_1 点时，C 和 Ni 扩散加剧，向奥氏体聚积的趋势反而减弱，奥氏体稳定性开始下降，冷却过程又转变为马氏体，钢中奥氏体含量反而比较少。

为观察逆转奥氏体在基体上的分布状况，采用电子背散射衍射技术（EBSD），对不同热处理状态钢的显微组织形貌、分布和取向进行检测，扫描步长 0.5μm，检测结果见图 2-16。图 2-16 中深色点状物为逆转奥氏体，其变化规律与图 2-15 显示的结果完全一致。与 QT 状态钢相比，经 650℃两相区调节处理的钢，逆转奥氏体的量明显增多，随着温度调节上升至 670℃和 700℃，其含量又有所下降。从分布状态看，QT 状态钢逆转奥氏体的绝大多数沿原奥氏体晶界和板条束界分布，见图 2-16a。经两相区调节处理后，逆转奥氏体不但在晶界形成，也存在于晶内部分区域（见图 2-16b～d）。图中晶粒内部浅色和深色细线分别代表取向差为 10°～15°和 5°～10°的小角度板条束界，晶内逆转奥氏体多分布其上。说明经两相区调节处理的钢，在晶内板条界上也生成了逆转奥氏体，其分布变得更加弥散和均匀。这就是逆转奥氏体的韧化效果优于残余奥氏体的原因。

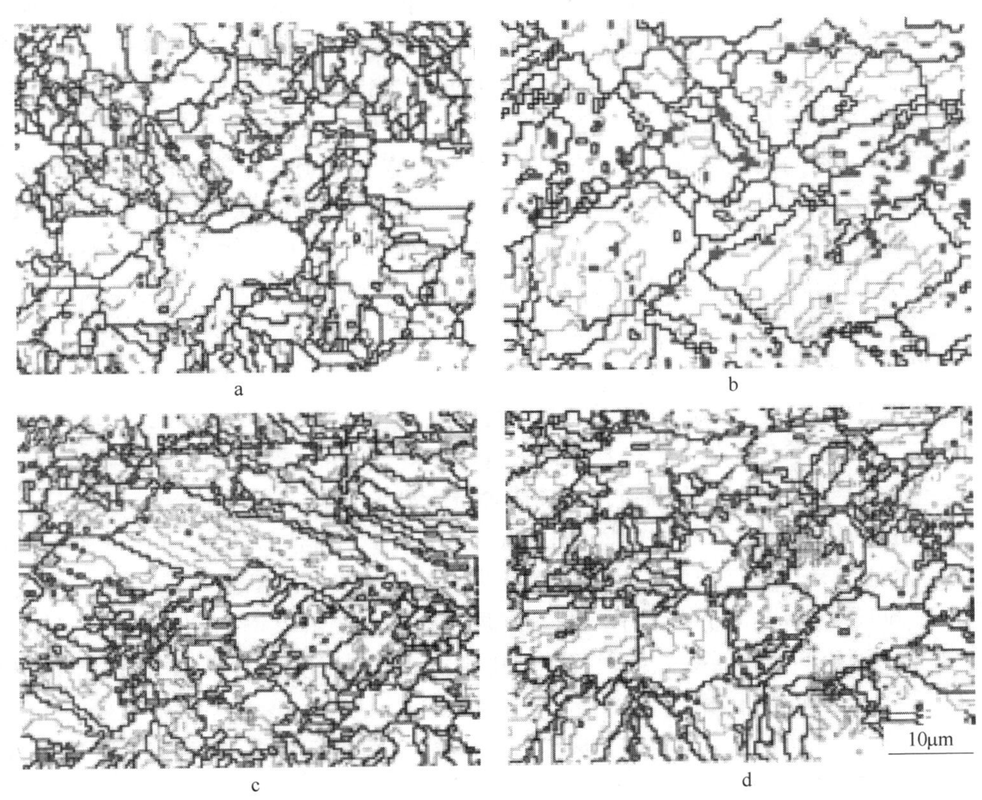

图 2-16 不同状态 9Ni 钢中逆转奥氏体分布和取向图

a—570℃×1h 水冷；b—650℃×1h 水冷；c—670℃×1h 水冷；d—700℃×1h 水冷

根据图 2-16 对逆转奥氏体分布进行统计分析，计算出分布于晶内的逆转奥氏体在所有逆转奥氏体中所占比例；与在-196℃条件下测定的试样冲击功 A_{KV} 汇总一起，列入表 2-183 中。

表 2-183　9Ni 钢中 A_n 的分布和取向、含量与冲击值的实测数量汇总表

试样热处理工艺制度	A_n 形成位置统计结果				A_n 体积比（室温）/%	A_{KV}（-196℃）/J
	晶内	晶界	总数	晶内/总数		
800℃×1h 水冷+570℃×1h 回火（QT）	13	120	133	9.8%	4.47	127
800℃×1h 水冷+570℃×0.5h 回火（QT）					4.47	
800℃×1h 水冷+650℃×1h 水冷+570℃×1h 回火	122	158	280	43.6%	10.15	177
800℃×1h 水冷+670℃×1h 水冷+570℃×1h 回火	55	156	211	26.1%	5.88	147
800℃×1h 水冷+700℃×1h 水冷+570℃×1h 回火	33	55	88	37.5%	2.34	15.5
800℃×1h 水冷+700℃×1h 水冷+570℃×0.5h 回火					3.48	

从对图 2-183 和图 2-16 的所作的分析和表 2-181 提供的数据中可以看出：

（1）两相区调节处理的温度均高于残留奥氏体的 M_C 点，调节处理相当于对 9Ni 钢中少量残留奥氏体起了“催化作用”，促使其在水冷过程中转化为二次马氏体。在随后 570℃×1h 回火过程中，逆转奥氏体可直接在原残余奥氏体晶界形核，提高了马氏体逆转变效率，促进逆转奥氏体形成。

（2）调节处理的温度较高，C、Ni、Mn 等奥氏体形成元素能够以较快速度向奥氏体中扩散，这部分奥氏体在随后水冷过程中大多数会重新转变为二次马氏体。二次马氏体的溶质原子浓度高于原始马氏体。在回火过程中，富集于二次马氏体中的 C、Ni、Mn 等原子，只需经过短距离扩散就能偏聚到逆转奥氏体中，有利于逆转奥氏体的长大。QT 状态的钢直接进行回火处理，由于温度较低，只有 C 尚有一定的扩散能力，并且扩散距离较长，逆转奥氏体形核与长大必然相对缓慢。

（3）650℃两相区调节处理后，钢的 A_n 量最高，冲击功也随之升到最高值。提高调节处理温度后，A_n 量不升反降，冲击功也随之起伏下降。

（4）两相区调节温度对室温逆转奥氏体含量有显著影响，选用 650℃、670℃和 700℃三个调节温度尚不全面，至少应再增加 600℃和 630℃两个温度，保温时间再加上 2h、3h 和 4h 三个区段，从中筛选出的工艺就可以认为是最佳调节处理工艺了。

（5）将调节处理和时效处理分开进行，调节处理主要解决钢的韧化问题，时效处理主要解决钢的硬化问题。时效处理因沉淀硬化相不同选用温度也不同，9Ni 钢选用 570℃×1h 时效，析出相可能是 R 相。

（6）时效时间也是一项重要的工艺参数，作者曾补充安排了 800℃×1h 水冷+570℃×0.5h 回火（QT）和 800℃×1h 水冷+700℃×1h 水冷+570℃×0.5h 回火两项试验，用来查明时效时间对逆转奥氏体含量的影响，结果是：经 700℃×1h 调节处理的钢，将 570℃回火时间缩短 0.5h，测得室温逆奥氏体含量增加到 3.48%，较 1h 回火试样上升了 1.14%，说明延长回火时间 0.5h，导致 1.14%的逆奥氏体再次转变为马氏体。而 QT 状态钢的逆转奥氏体含量没有变化。也说明高温调节处理可使逆转奥氏体稳定性有所下降。

回火或时效处理时，室温逆转奥氏体含量取决于两项工艺因素：高温调节处理时逆转奥氏体转变量和冷却过程中逆转奥氏体的稳定性。逆转奥氏体与残余奥氏体一样，其室温含量随回火温度的升高出现先增后减的趋势，不同钢种逆转奥氏体含量随温度变化曲线见图 2-17 和图 2-18，超高强度钢 AFC-77 中残余和逆转奥氏体总量与时效温度关系及对断裂韧性的影响见图 2-17。

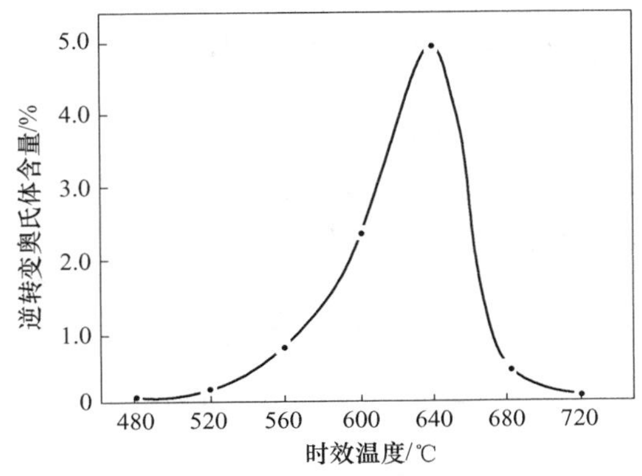

图 2-17 02Ni18Co7Mo5Ti 钢时效温度对室温逆转奥氏体含量的影响[21]

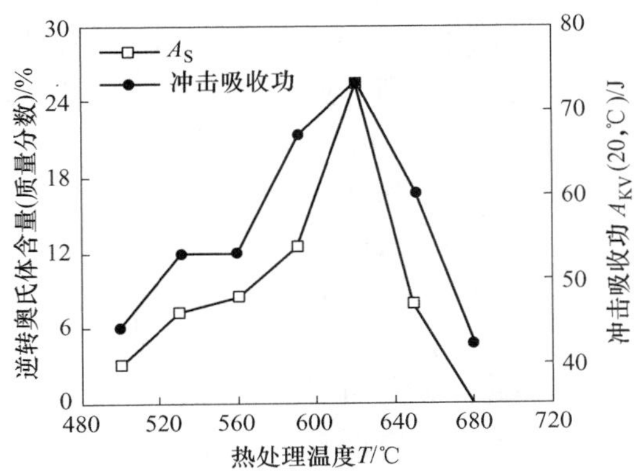

图 2-18 03Cr13Ni5Mo 焊缝时效温度对室温逆转奥氏体含量的影响[22]

b 02Ni18Co7Mo5Ti 马氏体时效钢中的逆转奥氏体[22]

图 2-17 中 02Ni18Co7Mo5Ti 钢属于 18Ni（250 级）型马氏体时效钢，钢铁研究总院朱静等对该类钢中逆转奥氏体的转变过程进行了研究，发现在 A_S点以上进行时效处理，钢中在析出沉淀硬化相的同时，还析出逆转奥氏体。尽管在不同时效状态下，逆转奥氏体的析出量、形态、大小和分布有所差别，但对钢获得高强度、高韧性均有良好作用，明显改善钢的冲压成型性能。李静等用膨胀法测得 18Ni 的相变点：$Ms=220$℃、$Mf=60$℃、$A_S=585$℃、$A_f=760$℃。

试样为 0.05~0.06mm 带材，首先经 860℃×1h，空冷固溶处理，然后分别在 480℃、520℃、560℃和 640℃下进行时效处理，保温 3h 后空冷。测定不同热处理状态钢的显微组织，逆转奥氏体的含量和钢最终热处理后的力学性能，结论如下：

（1）860℃×1h，空冷固溶处理后，钢的显微组织全部为板条状马氏体。时效空冷后的显微组织为一次马氏体、逆转奥氏体和二次马氏体相间排列，逆转奥氏体中混夹着少量沉淀硬化相，所有逆转奥氏体都沿着马氏体（111）方向加长。逆转奥氏体含量随温度变化规律见图 2-17，640℃×3h 时效后空冷逆转奥氏体含量最高。

（2）640℃×3h 时效后空冷的钢具有最好的深冲成型性能，从显微组织分析，经 640℃×3h 时效钢的高温基体组织为一次马氏体和逆转奥氏体，几乎各占 50%；逆转奥氏体有的环抱马氏体，有的处于板条状马氏体内部，呈短细的棒条状，弥散分布。空冷后大部分逆转奥氏体分解为二次马氏体，钢的基体组织为一次马氏体（M′）+逆转奥氏体（A_n）+二次马氏体（M″）。此时一次马氏体中的位错密度明显降低、逆转奥氏体中基本无精细结构，钢的塑性延伸强度（785MPa）虽稍低于固溶状态，但伸长率上升到最高水平，钢的成型性得到根本性改善。

（3）沉淀硬化相是钢的重要组成部分，480℃×3h 时效处理时主要析出相是 Ni_3Mo 和 Ni_3Ti，随时效温度上升，逐渐析出少量 σ 相（BA）和拉维斯（laves）相，虽能进一步提高钢强度，但对钢的塑性和韧性有一定的不利影响。σ 相在 620℃开始回溶，片状的 Laves 相在 680℃开始析出，深冲用钢选择在 630～640℃过时效处理可获得理想的强韧性配合。

用 JSEM-200 型透射电镜观察不同温度时效后钢的显微组织结构、形貌、大小和分布发现：

（1）经 480℃×3h，空冷时效的钢，在直径约 1μm 的单晶选区内，同时出现四种取向的逆转奥氏体。所有逆转奥氏体和沉淀硬化相的尺寸均为直径≤10nm、长度≤70nm 棒状（已考虑空间投影），也就是说，包括沿位错线析出的逆转奥氏体在内，它的大小、粗细也不会超过上述尺寸。钢中逆转奥氏体是沿马氏体基体螺旋位错线的<111>方向析出，马氏体与奥氏体之间的取向完全符合 K-S 关系，即非扩散的切变转换模式。

（2）经 560℃×3h，空冷时效的钢，从电子衍射花样图上看，一条条黑带为逆转奥氏体，在三个奥氏体斑组成的三角形斑中，奥氏体斑点“脱离”开马氏体斑点，但马氏体的（011）斑点与奥氏体的（111）斑点基本还在一条直线上，奥氏体与马氏体之间取向与 K-S 关系有一些偏离，但仍保持基本一致。

（3）经 860℃×1h 空冷+640℃×3h 空冷的钢，显微组织经历了从 A→M′、M′→A_n、A_n→M″的相转变过程，这种相转变是靠切变完成的，互为可逆。640℃×3h 空冷时效的钢中马氏体与奥氏体之间的取向基本符合 N-W（西山）关系。

（4）480℃时效的钢 A_n 与 M′的取向符合 K-S 关系，560℃时效后 A_n 与 M′的取向开始偏离 K-S 关系，640℃时效后 A_n 与 M′的取向符合 N-W 关系；M′与 M″有取向复原现象，这些现象都是切变机制的基本特征，从而证明了 M′→A_n→M″是切变的论断。深入研究发现：从体心立方的一次马氏体（M′）转变成面心立方的逆转奥氏体（A_n）是经过两次切变才完成的：首先由体心立方点阵→密排六方点阵→面心立方点阵，密排六方点阵可以看成是逆转奥氏体的中间相。局部地区的两次切变是要支付相变能的，所以才有 A_S 点，只有回火或时效温度高于 A_S 点时马氏体的逆转变才能启动。

（5）据观察：逆转奥氏体是在位错区上层错区形核，沿马氏体基体螺旋位错线的〈111〉方向析出，其形核过程可以看成是马氏体相变的逆转变。逆转奥氏体的长大基本分两种途径：一种是在原奥氏体晶界或马氏体板条边界的残余奥氏体基础上长大。此种逆转奥氏体集结生成较大的块状，是不希望出现的。要消除这种逆转奥氏体，必须首先设法消除残余奥氏体，使其全部转变为马氏体。或者调整钢的化学成分，改变 *Ms* 点，避免残余奥氏体的析出。另一种是采用适当的调节处理工艺，使奥氏体化元素 C、Ni、Mn 等通过短程迁移或扩散，产生适度偏聚，促使逆转奥氏体长大。此时逆转奥氏体形态为短细的棒条状，直径不超过 10nm，长度不超过 70nm，呈螺旋分布，才能在不降低钢强度的条件下改善钢的冲击韧性。由于时效过程中经历了 M′→A_n、A_n→M″的转变，促使钢的晶粒细化，甚至对钢强度和韧性同时起好的作用。

c　03Cr13Ni5Mo（HS13/5L）熔敷金属中的逆转奥氏体[22]

图 2-18 中的 03Cr13Ni5Mo（HS13/5L）是三峡电站水轮机转轮用焊接材料，焊缝的断裂韧性往往受焊接工艺影响出现大幅度下降，如何通过热处理恢复钢的断裂韧性成为至关重要的问题。哈尔滨焊接研究所李小宇等为此开展了专题研究，探讨热处理时产生的逆转奥氏体对熔敷金属塑、韧性恢复所起的作用。试验用试板为 03Cr13Ni5Mo 型铸钢，选用化学成分相同的焊丝（HS13/5L），采用多层多道次焊接，焊接工艺见表 2-184。

表 2-184　HS13/5L 焊丝气体保护焊接工艺

焊丝直径 /mm	电源极性	焊接电流 /A	电弧电压 /V	焊接速度 /mm·min^{-1}	保护气体	气体流量 /L·min^{-1}
1.2	直流反接	240~260	28~30	250	Ar+5%CO_2	20

从焊缝处提取熔敷金属试样，试样在 500℃、530℃、560℃、590℃、620℃、650℃和 680℃七个温度下进行时效处理，保温 12h 后随炉冷却，低于 100℃时出炉空冷。用 X 射线衍射法测定逆转奥氏体含量，然后进行冲击试验和硬度试验。测定逆转奥氏体含量与断裂韧性的对应关系见图 2-18，发现熔敷金属中逆转奥氏体含量与时效温度之间同样存在着先升后降的对应关系，断裂韧性和逆转奥氏体含量之间同样存在同步变化的关系，经 620℃×12h 时效处理的试样，奥氏体含量达到最大值 25.51%，此时冲击吸收功 A_{KV} 也达到最大值 73J。时效温度提高到 680℃时，奥氏体含量降到 0，冲击吸收功 A_{KV} 仅剩下 42J。硬度检测结果表明：熔敷金属硬度与逆转奥氏体含量成反比，500℃时效后逆转奥氏体含量为 3.12%，硬度为 314HB；然后硬度平稳下降，620℃时效后降到最低点 265HB，然后又平稳上升，680℃时效后又回升到 295HB。

d　ZG02Cr13Ni4Mo 超马氏体不锈钢铸件中的逆转奥氏体[23]

图 2-19 中 ZG02Cr13Ni4Mo 为超马氏体不锈钢铸件，美国 ASTM 标准对应牌号为 CA6NM。因其具有优异的铸造和焊接性能，良好的强韧性及耐腐蚀性能，被广泛地应用于水轮机组件、核电站压力容器及海上钻井平台构件中。沈阳金属材料研究所王培等，研究了该类钢在低加热速率下回火的显微组织转变过程，得出了不尽相同的结论，简要介绍如下：

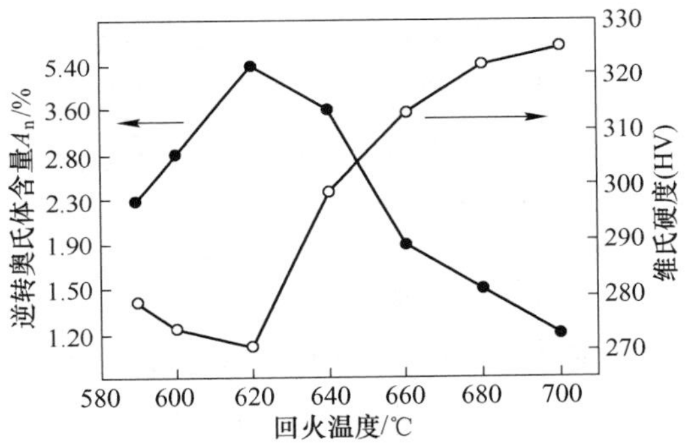

图 2-19　ZG02Cr13Ni4Mo 一次回火逆转奥氏体含量和显微硬度与回火温度的关系[33]

（1）试样的化学成分和显微组织。试样取自生产水轮机叶片现场，随炉浇注的试样块尺寸为 200mm×100mm×100mm。试样块在 1100℃保温 10h，完成均匀化处理，再经 1050℃保温 2h，空冷正火。XRD（X 射线衍射仪）测量结果表明正火钢的显微组织为 100%铁素体。用光谱法测定化学成分见表 2-185。

表 2-185　ZG02Cr13Ni4Mo 试样及 ASTM 标准中 CA6NM 的化学成分

牌　号	质量分数/%							
	C	Si	Mn	P	S	Cr	Ni	Mo
CA6NM	<0.06	<1.00	<1.00	<0.04	<0.03	11.5~14.0	3.50~4.50	0.40~1.00
ZG02Cr13Ni4Mo	0.015	0.41	0.44	0.024	0.007	11.84	4.40	0.43

（2）钢的相变点的测定。将样块加工成 ϕ3mm×10mm 的试样，以 0.05℃/s 的加热速率加热到 1000℃，保温 15min，完全奥氏体化后，再以 100℃/s 的速度快速冷却到室温。使用 Formast-D 热膨胀仪测定相变点 A_S、A_f、Ms 和 Mf，同时查出该钢的 Ac_1 和 Ac_3。在低

加热速率（0.05℃/s）条件下固溶处理的ZG06Cr13Ni4Mo钢，各相变点从低到高的排列次序为：Mf=135℃、Ms=318℃、A_S=578℃、Ac_1=688℃、Ac_3=740℃、A_f=807℃。

经固溶处理的试样，采用同样低加热速率进行620℃、640℃和660℃回火处理，保温15min后，以100℃/s的速度快速冷却到室温（一次回火），测定其Ms点分别为170℃、190℃、225℃。说明经回火处理钢中析出逆转奥氏体，低温回火逆转奥氏体稳定性较高温（1050℃）形成的奥氏体稳定性好，所以Ms点明显降低（与318℃相比）；620℃一次回火后Ms点最低，其逆转奥氏体含量最高，约为5.4%，见图2-19。

（3）回火工艺方案。对经固溶处理的试样，分别进行两次回火处理。第一次回火以0.05℃/s的速率将钢分别加热到590℃、600℃、620℃、640℃、660℃、680℃和700℃，保温15min后，以100℃/s的速度快速冷却到室温。第二次回火以同样的低速率将经过一次回火处理的钢加热到600℃，保温15min后空冷却到室温。分别将测定两次回火试样的显微组织、维氏硬度、逆转奥氏体含量和显微组织中Ni含量。

（4）第一次回火试样测量结果。回火后试样中逆转奥氏体含量与回火温度和显微硬度的对应关系见图2-19。检测结果表明：一次回火获得的逆转奥氏体含量随着回火温度的升高先升后降。600℃及其以下温度回火，钢中生成的逆转奥氏体在冷却过程中稳定性良好，能完整地保留至室温（即钢中未发现二次马氏体），620℃×15min回火获得的逆转奥氏体含量最大（约为5.4%）。但600℃以上回火得到的高温逆转奥氏体，在随后冷却过程中有部分或全部重新转变成二次马氏体，即逆转奥氏体在达到最大量之前已经开始失稳。

图2-19中显微硬度变化曲线和逆转奥氏体变化曲线显示：在590℃和660℃回火得到的奥氏体含量基本相同（分别为2%和1.9%），因为后者显微组织中存在新生成的未回火马氏体而使其硬度明显高于前者（两者显微硬度分别为277HV和313HV）。类似现象也存在于600℃和620℃回火试样之间，620℃回火试样中逆转奥氏体含量远高于600℃回火试样中逆转奥氏体含量（分别为5.4%和2.3%），但由于620℃回火试样显微组织中的未回火马氏体部分抵消了逆转奥氏体的软化作用使两者的显微硬度基本相同（分别为274HV和271HV）。

使用TEM（透射电镜）观察，发现经620℃×15min一次回火的试样，逆转奥氏体呈长条状分布，长约102~103nm，宽约100nm，未见有高密度位错。基体马氏体与逆转奥氏体之间具有：(011) M//($1\overline{1}\overline{1}$) A、{100} M// {110} A晶体学取向关系，即西山(N-W)关系。进一步使用EDX（能量分析谱仪）对5处逆转奥氏体和邻近马氏体中的Ni含量进行测定，显示马氏体中Ni含量略低于合金中平均含量（4.40%），逆转奥氏体中Ni含量略高于合金中平均含量（见表2-186），证实了逆转奥氏体中富集了大量的奥氏

表2-186　EDX测定逆转奥氏体和邻近马氏体中的Ni含量　（质量分数，%）

位置	逆转奥氏体中	马氏体中
1	5.41	3.99
2	5.48	4.20
3	7.75	4.16
4	7.64	4.36
5	8.24	4.49

体化元素是其在冷却过程中稳定存在的原因。回火过程中的逆转奥氏体优先在马氏体板条束间和原奥氏体晶界处形核长大，是因这些区域存在高密度缺陷，为其形核提供了能量，同时为相变时奥氏体化元素扩散提供了快速通道。而逆转奥氏体与马氏体之间的晶体学关系，只是为降低逆转奥氏体形核时的界面能而形成的，不是切变型相变的结果。

（5）第二次回火试样测量结果。总的看来，一次回火得到的逆转奥氏体量比较低，620℃×15min，水冷一次回火后，即使获得的逆转奥氏体含量最高，也不过是5.4%。而且其显微组织中含有一定量的新生马氏体。但作为实用材料一旦含有未回火马氏体，将会使材料的塑性和韧性恶化。随时有断裂的可能，因此必须进行二次回火处理。二次回火的目的是：使新生马氏体内应力得到释放，转变成回火马氏体；同时促使新生马氏体尽可能多地转变为逆转奥氏体，并保证随后冷却过程中不会产生二次马氏体。因ZG02Cr13Ni4Mo钢的 A_S 点为578℃，600℃以上逆转奥氏体失稳，所以将二次回火温度定为600℃，其加热速率仍维持在0.05℃/s，保温15min后空冷到室温。如温度和时间选择得当，最终回火处理可以做到同时析出沉淀硬化相和韧化相，使钢获得最佳强韧化配比。二次回火后的逆转奥氏体含量与一次回火温度的关系见图2-20。比较图2-19和图2-20不难看出：620~660℃一次回火+600℃二次回火的工艺制度可以显著提高逆转奥氏体含量。主要原因是一次回火时产生的弥散分布的未回火马氏体，增加了二次回火时逆转奥氏体的形核位置。

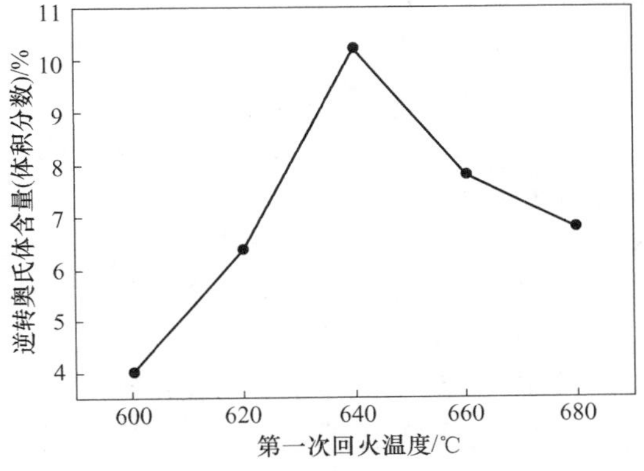

图2-20 ZG02Cr13Ni4Mo铸钢逆转奥氏体含量与第一次回火温度的对应关系[33]

D 实现奥氏体逆转变的工艺措施

通过对不同钢种逆转奥氏体形成过程的分析，我们对逆转奥氏体的形成条件逐渐有了较清晰的认识：

（1）钢中必须有适量的奥氏体形成元素，通过常规淬火能获得马氏体组织。从马氏体逆转变成奥氏体必须经历二次切变，需要一定的应变能，应变能提供两个途径：冷加工应力和加热温度，其中加热温度是主要来源。所以 A_n 的形成条件是加热到 A_S 点以上，冷加工对其的形成有促进作用。

通过回火或时效处理要获得一定量的奥氏体，钢中必须含有足量奥氏体形成元素，这些元素在回火或时效过程中要能从马氏体中脱溶，迁移、扩散、聚集到奥氏体中；同时能保证在随后冷却中继续以单质形式固溶在奥氏体中，使奥氏体稳定到室温以下。显然C元素不具备这种功能，因为C扩散能力强，回火初期最早从马氏中脱溶，向晶界、相界、位错或马氏体板条间聚集，为逆转奥氏体早期形核、长大做出贡献。但C活性强，随温度提高，碳很快从基体中析出，形成各种化合物，失去了稳定奥氏体的作用。碳素钢回火时，随着回火温度提高依次转变为回火马氏体、回火托氏体、回火索氏体和珠光体，但不会形成逆转奥氏体，只能依赖残余奥氏体完成韧化功能。

除C外，钢中常用奥氏体元素还有N、Mn、Ni和Cu等，尽管N的稳定性优于C，但钢中 N 含量一般小于 0.01%，对逆转奥氏体的形成起不了多大促进作用，只剩下 Mn、Ni 和 Cu 了。Mn 也是碳化物和氮化物的形成元素，目前尚未见 Mn 促进逆转奥氏体生成的报道。从理论上分析只剩下 Ni 和 Cu 了。Ni 和 Cu 均是非碳化物和氮化物的形成元素，在回火或时效过程中除少量以金属间化合物的形式析出外，绝大多数以单质形式固溶在奥氏体中，尤其是 Ni，对逆转奥氏体稳定到室温之下起到不可或缺的作用。

按合金元素的特性分析，Co 应该是除 Ni 之外，最能促进逆转奥氏体形成的元素，可能因为价格原因，实用事例少见报道。金属钴在 422℃ 以下具有密排六方晶格（ε），422℃ 以上转变成面心立方晶格（α）。Co 在铁基不锈钢和镍基特种合金中均有很高的固溶度，与 Ni 相似，是扩大和稳定奥氏体区的元素，但 Co 降低 *Ms* 点作用不明显，因此，提高钢中 Co 含量不会产生残余奥氏体量增加、马氏体转变率下降的现象。Co 具有抑制 C 析出，促进 W、Mo、Al、Ti、Nb 等析出的功能。如前所述，C 在 A_n 形成和长大初期起决定性作用，抑制 C 析出等于促进 A_n 形成和长大；在中高温阶段，抑制 C 析出可以延缓 $Cr_{23}C_6$ 的形成，提高钢的抗晶间腐蚀性能。W、Mo、Al、Ti、Nb 等元素都是金属间化合物的形成元素，促进 W、Mo、Al、Ti、Nb 析出等于促进沉淀硬化相形成，对提高钢的强度和硬度十分有利。Co 的相变自由能低、晶体位错能低[3]（500℃时 13.5×10^{-7} J/cm^2），在中、低温下原子扩散能力比 Ni 要强得多，在 A_n 形成初期可以比 Ni 更早更多地富集到 A_n 晶核周围，促使 A_n 长成。

目前，逆转奥氏体主要用在特殊用途的高合金钢中，这类钢除高强度高韧性以外，往往还有不锈、耐高温或低温、抗蠕变，具有特定的弹性性能等要求，钢中 C 通常控制在低碳或超低碳水平，主要依靠金属间化合物强化，依靠逆转奥氏体韧化。在回火或时效过程中不产生回火托氏体、回火索氏体和珠光体转变。

（2）如前所述，马氏体逆转变必不可少的环节有：C、Mn、Ni 等奥氏体形成元素从马氏体基体中析出，奥氏体化元素向层错区或晶界、相界及其他高能区富集，局部区域显微组织产生ε相变（由体心立方转变为密排六方）、逆转奥氏体形核、长大（由密排六方转变为面心立方）。而促成奥氏体逆转变启动的工艺措施通常有：多次回火、调节处理+低温时效，或双重时效处理。逆转奥氏体形成温区在 $A_S \sim Ac_1$ 之间，一般说来随着温度上升，析出量增大。但温度升高时，A_n 中的固溶 Ni 含量存在着先升后降的变化规律，而逆转奥氏体的稳定性与固溶 Ni 含量有严格的对应关系。要保证 A_n 达到最大量的原则是：保证奥氏体形成元素只能在小范围内迁移、扩散，不能形成大范围内的扩散。多次回火或双重时效中的第一次热处理，就其本质来说，目标均为调节逆转奥氏体总量，对于含残余奥氏体的钢而言，调节目标是对 A_R 进行催化处理，使残余奥氏体继续分解为 M″；对无 A_R 的钢，调节目标是使 M′尽可能多地转变为 A_n，并在随后的冷却中使大部分 A_n 转变为 M″。为二次热处理时 M″→A_n 转变创造条件。特殊钢的 A_S 点一般比 Ac_1 点低 100～140℃，A_S 点过去用得少，基本采用实测数据。而 Ac_1 点比较容易查到，即使查不到也可以使用相应的经验公式进行估算。上述经验数据为拟定新钢种的工艺试验方案提供了依据，通常一次热处理的最佳温度大约比 Ac_1 低 40～50℃左右。

二次热处理的目标有三个方面：消除 M″造成的内应力，只要回火温度大于 400℃ 即可；调整沉淀硬化相的组成、尺寸和分布，为此需根据钢的化学成分、沉淀硬化相的类型选择时效温度；促使 M″进一步转化为逆转奥氏体，热处理温度必须大于 A_S 点，一般将温

度控制在比 A_S 高 20～30℃处。

（3）特殊钢的逆转奥氏体析出温度往往与沉淀硬化析出温度重叠，逆转奥氏体也常与多种沉淀硬化相共存。所以逆转奥氏体与残余逆转奥氏体虽然同为韧化相，前者是混有沉淀硬化相的“硬韧化相”，后者是独立存在的“软韧化相”。

（4）逆转奥氏体的析出是温度与时间交互作用的结果，高温选用短时间，低温选用长时间，往往能得到等质等量的逆转奥氏体。如果兼顾马氏体的内应力消除、沉淀硬化的析出和细化，合理优化回火或时效工艺，可能获得意想不到的强韧化效果。

2.2.2.4　超马氏体钢的焊接性能[24]

作为焊接材料，用不同类型不锈钢各有利弊：传统马氏体钢具有一定的耐均匀腐蚀性能，焊后焊口和热影响区显微组织为针状马氏体，具有很高的强度和硬度，但塑性和韧性严重不足，由于组织应力很大，极易产生冷脆性裂纹，必须进行回火处理才能使用。回火后热影响区往往成为软化带，耐蚀性能也明显下降。

奥氏体焊材具有优良的耐蚀性能和足够的塑性、韧性，但焊口抗拉强度偏低，无法通过热处理提高强度。由于奥氏体钢比热容大、膨胀系数大，焊口冷却过程中产生很大的拉应力，极易在弧坑和热影响区形成热脆性裂纹。焊口的抗晶间腐蚀性能下降也是一个令人头疼的问题。为抑制热裂纹和晶间腐蚀倾向，通常选用含有一定量铁素体的焊材，但又带来如何防止焊口析出和消除 σ 相的问题，势必要增加焊后热处理工序。

铁素体焊材的耐蚀性能优于马氏体钢，强度不高，塑性和韧性良好，但焊接后存在焊口晶间腐蚀倾向加重和 σ 相的析出问题，导致焊口耐蚀性能、塑性和韧性同时下降；铁素体焊口对 475℃脆性的敏感性比母材更强；电焊时渗氮或焊材铬含量偏低，在焊口高温区往往形成少量奥氏体，冷却后出现马氏体，产生不同程度的脆化，同时焊接会造成热影响区晶粒过分长大，导致该区域钢材塑性和韧性急剧下降。

传统的奥氏体不锈钢综合耐蚀性能优良，但在石油、化工等环境中长期使用，逐渐暴露出其对晶间腐蚀、应力腐蚀、点腐蚀和缝隙腐蚀等局部腐蚀抗力不足，尤其是应力腐蚀造成的工业设备的突然损坏，危害性极大。20 世纪中期，为解决奥氏体钢耐应力腐蚀问题，冶金工作者进行了系统的研究，开发了一种新型不锈钢——奥氏体-铁素体型不锈钢，称为双相钢。双相钢综合了奥氏体和铁素体型钢的优点：具有良好的强度、韧性和焊接性能，其屈服强度是传统 18-8 型奥氏体钢的 2 倍，具有良好的抗点腐蚀和缝隙腐蚀能力，在中性氯化物气氛中的耐应力腐蚀性能远远超过 18-8 型奥氏体钢。双相钢耐应力腐蚀性能有根本改善的原因：首先是 Cr 含量有大幅度提高（双相钢分为 Cr18、Cr21、Cr25 三个级别），并含有 2.0%～4.0%的 Mo，钢的耐点腐蚀和缝隙腐蚀提高，杜绝了因点腐蚀和缝隙腐蚀引发的应力裂纹源；钢中含有适量的奥氏体形成元素 Ni 和 N，保证钢中奥氏体和铁素体含量为 40%～60%，由于两相组织电极电位不同、相界的扩展机制不同，优势互补，对裂纹的产生和扩展起抑制和阻碍作用；双相钢的屈服强度几乎提高一倍，产生表面滑移需要的应力更大，钢在更大拉应力作用下，表面钝化膜仍能保持在致密、完整状态，相当应力腐蚀的起始点也提高一倍；两相晶体取向差异，使裂纹扩展时频繁改变方向，从而延长了裂纹的扩展期。实测双相钢裂纹扩展无规律，多呈树枝状，走向曲折，发展缓慢，证实了上述分析。现在达成的共识是：相比例和相分布状态是影响双相钢耐应力腐蚀性能的主要因素，理想的相比例是其中一相占 40%～60%，理想的相分布状态是：两相均为条状或带状，叠置分布。

由于双相钢具有良好的耐应力腐蚀性能，目前有耐蚀要求的工程结构件，普遍选用双相钢焊材代替奥氏体焊材（ER308 和 ER309）。使用双相钢焊材面临的最大难题是：如何控制焊口及热影响区的相比例和相分布形态，防止焊口及热影响区“显微组织劣化”。焊材在快速、短暂的焊接过程中，必然要经历熔化、熔接、冷却、快速再结晶的全过程，双相钢不管原相比例是多少，加热到 1350℃以上时，显微组织几乎全部转化为高温（δ）铁素体，残存少量奥氏体。完成熔化、熔接后焊口快速冷却，从 δ 铁素体中分解出二次奥氏体，因冷却速度快，焊接过程中奥氏体溶入 δ 铁素体中的量多，而冷却时分解出的二次奥氏体量少，焊口相比例变成了铁素体+少量奥氏体，其中铁素体变成粗大等轴晶，二次奥氏体失去了原有走向，变成竹叶状，零散地分布于铁素体中。以铁素体为主的焊口及热影响区就失去了双相的优势，更多地呈现铁素体的不足。当然采取一系列工艺措施可以在很大程度上解决上述难题，本书不作描述。

使用双相不锈钢焊接另一难题是：因焊材成分与基体成分差别较大，极易在焊缝熔合区出现不均匀腐蚀现象。使用超马氏体钢焊材，可以选配与基体更接近的成分，减轻不均匀腐蚀。

与现用各类不锈钢焊材相比，超马氏体钢是更为理想的焊接材料。超马氏体钢的焊口和热影响区的强韧性、耐磨性和抗冲击性远高于双相钢，焊缝同样可以不经热处理直接使用，长期使用无明显脆化倾向。长江三峡水电站，水轮机的转轮和转轮下环属于高强度承力结构件，对耐蚀、耐磨、耐冲击性能有严格要求，该结构件就选用超马氏体焊材作为焊接材料，使用效果良好[2]。

超马氏体钢焊材的焊接特性[2,25]如下：

（1）超马氏体钢焊材具有良好的焊接性能，可用于手工电弧焊（SMAW）、钨极气体保护焊（GTAW）、熔化极气体保护焊（GMAW）、埋弧焊（SAW）和等离子焊（PAW）等，焊前不需预热，焊后不需热处理。为测试焊接效果，选用 02Cr17Ni6Mo 作焊材，对 04Cr13Ni5Mo 特厚板（$\delta=190$mm）实施多道次焊接，焊后分别检测未经热处理和经时效处理的焊缝力学性能，确认焊缝（焊口及热影响区）具有良好力学性能（见表 2-187）和足够高的耐蚀性能（见图 2-21）。

表 2-187　04Cr13Ni5Mo 特厚板焊缝力学性能

材料	状态	R_m/MPa	$R_{p0.2}$/MPa	A_5/%	Z/%	α_K/J · cm^{-2}	硬度（HV）
待焊母材	回火态	880	735	16. 12	65. 3	103	278
HAZI	焊态	1110	985	12. 7	63. 3	57	329
HAZI	回火态	890	815	19. 9	70. 0	92	273
HAZI+ Ⅱ	焊态	1090	1000	14. 2	71. 6	63	331
HAZI+	回火态	875	795	19. 1	74. 8	102	273
HAZI+ Ⅲ	焊态	1110	1010	13. 0	72. 6	59	333
HAZI+ Ⅲ	回火态	875	800	8. 7	73. 0	94	274

注：HAZI 为模拟手工电弧单道焊的热影响区；Ⅱ和Ⅲ为模拟单道焊的热影响区和再受后续焊道作用的热影响区。

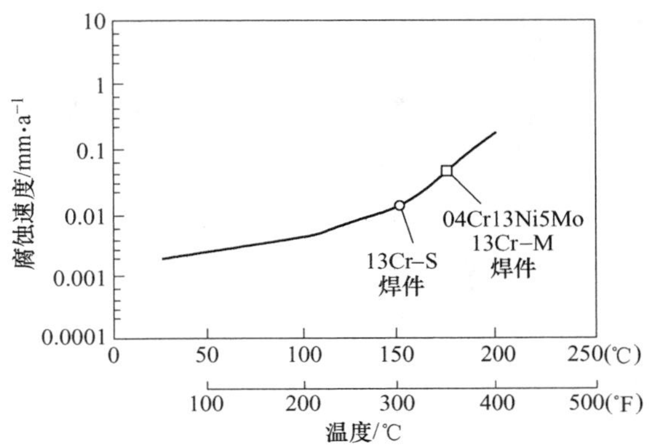

图 2-21 04Cr13Ni5Mo 焊缝在 CO_2 环境中的耐蚀性能[2]

（0.001MPaH_2S，3.0MPaCO_2，5%NaCl，PH3.0，1σ_y336h）

在含泥砂水中 04Cr13Ni5Mo 的耐磨性能优于铸钢、奥氏体钢、传统马氏体钢和马氏体沉淀硬化钢，见表 2-188。

表 2-188 04Cr13Ni5Mo 的耐磨损性能

牌 号	硬度（HB）	试验时间/h	磨损速度/mg·$(cm^2 \cdot h)^{-1}$
ZG30	121	4	7.47
06Cr18Ni9	158	4	4.63
06Cr13Ni6	269	4	4.80
05Cr17Ni4Cu4Nb	321	4	4.3
04Cr13Ni5Mo	285	4	1.12

注：试验介质为黄河花园口原型砂，含砂量 50kg/m^3；试验转速为 13.24~14.45m/s。

（2）超马氏体钢 C 和 N 含量均很低，焊件焊前无需加温预热，焊后冷却速度对焊缝显微组织和热影响区的强韧性无明显影响，焊缝显微组织均为板条状低碳马氏体，因组织内应力小，焊后不进行回火处理，也不会产生热应力裂纹。三峡工程技术人员对用 02Cr17Ni6Mo 焊条焊接的 03Cr14Ni6Mo 钢板焊缝进行了抗裂试验，证实了焊件焊前不预热和 50℃的预热，同样均获得稳定、无裂纹的焊缝。模拟焊接热循环试验也证实：尽管 04Cr13Ni4Mo 钢焊缝的冲击韧性与母材相比有所降低，但仍保持在较高水平，见图 2-22 和图 2-23。图 2-23 中 1 号、2 号曲线反映焊缝冲击韧性变化规律，1 号试样经一次加热后空冷（A_1），2 号试样经二次加热后空冷（A_2）；3 号曲线反映焊缝经时效处理后冲击韧性变化规律，试样经两个循环的加热和冷却后再进行时效处理（PWHT）；4 号曲线反映母材经 1000℃×0.5h 油淬，+610℃×2h 空冷和 600℃×2h 空冷两次时效处理后，试样冲击韧性变化规律。显而易见，钢材受到热冲击，冲击韧性有明显下降，但经过 600℃×2h 的时效处理，其韧性又恢复到接近母材原有水平（见曲线 3）。

经时效处理后，焊缝冲击韧性得以恢复的主要原因是：时效过程中产生 $M \rightarrow A_n$ 逆转变，形成的逆转奥氏体均匀弥散地分布在回火马氏体基体。此时，钢在具有较高的强度和良好的塑韧性同时，耐腐蚀性也明显提高。在超马氏体钢和超高强度钢中逆转奥氏体是最有效的韧性相，钢的冲击韧性和断裂韧性的恢复或提高程度与逆转奥氏体含量直接相关。由于逆转奥氏体的存在提高了钢的储氢能力，降低了氢的扩散作用，使焊接冷裂纹的敏感性大大降低。表 2-189 显示了 03Cr14Ni6Mo 钢模拟焊接试验中，硬度和韧性与逆变奥氏体量的对应关系。

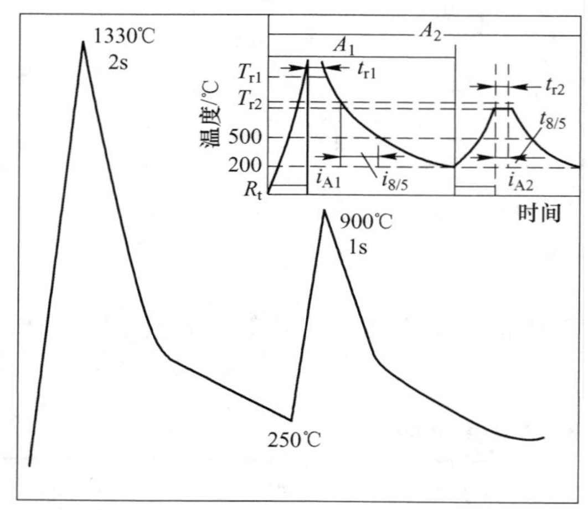

图 2-22　热模拟焊接实测曲线[2]

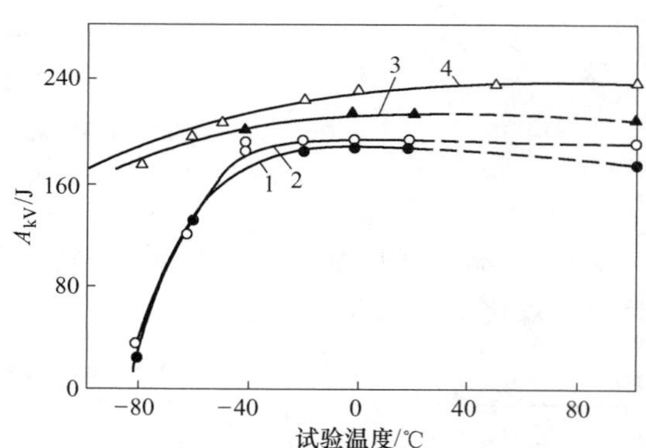

图 2-23　焊缝经最佳工艺时效后冲击韧性的变化[2]

表 2-189　03Cr14Ni6Mo 模拟焊接试验中硬度和韧性与逆变奥氏体量的对应关系

试样号	状　态	逆变奥氏体量/%	硬度（HV）	α_K/J · cm^{-2}
170	950℃×2h+600℃×2h	12.7	(286 275 274)/278	102.6
171	模拟焊态（A_1循环）	2.0	(315 303 328)/315	56.9
1711	模拟焊态+600℃×2h 时效（A_1循环）	9.8	(278 268 275)/274	91.9

（3）使用超马氏体钢焊材，可以选配与基体更接近的成分，消除因焊缝化学成分不均匀带来的腐蚀破坏，通常选用与母材同质的焊材。使用超马氏体钢代替双相钢的另一优点是，焊材成本可降低 30%左右。

2.2.2.5　超马氏体钢的弹性性能

超马氏体钢具有优异的弹性性能，有的牌号甚至可与弹性合金媲美。超马氏体钢弹性极限值随温度升高下降缓慢，有良好的抗松弛性能。以 03Cr12Ni10Cu2TiNb（03Х12Н10Д2ТБ）为例，其弹性极限值与温度的关系见表 2-190，明显优于奥氏体-马氏体沉淀硬化型不锈钢和弹性合金（3J1、3J2 和 3J3），可用于制作 400℃以下工作的弹性元件。含 Co 超马氏体钢的弹性极限的稳定更好点，03Cr12Ni4Co15Mo4Ti（Н4Х12К15М4Т）钢经典型热处理后的弹性极限值为 $R_{p0.002}$ = 1250MPa，在 400℃时降低甚少，至 500℃时弹性极限值仍能维持在 $R_{p0.002}$ = 780MPa。该牌号钢在 450℃以下有较高的抗松弛性能，可用于制作 400～450℃环境中工作的弹性元件。

表 2-190　03Cr12Ni10Cu2TiNb 的弹性极限与温度的关系[1]

试验温度/℃	弹性极限 R_e/MPa		
	$R_{p0.001}$	$R_{p0.002}$	$R_{p0.005}$
20	1270	1460	1670
200	830	1100	1470
300	735	930	1350
400	665	830	1150
500	580	655	840

美国牌号 022Cr12Ni9Cu2TiNb（Custom455/S45500/XM-16）和俄国牌号 03Cr12Ni10Cu2TiNb（03X12H10Д2TБ）的化学成分大同小异（见表 2-181），是同一牌号。美国 ASTM A313/A313M—2010《不锈弹簧钢丝》规定：钢丝以冷拉状态交货，力学性能应符合表 2-191 要求。

表 2-191　XM-16 的抗拉强度要求①

钢丝直径/mm(in)	冷拉状态公称值/MPa(ksi)	时效硬化处理②/MPa(ksi)
0.25(0.010)~1.20(0.040)	(1690)245	2205(320)~2415(350)
>1.02(0.040)~1.27(0.050)	1620(235)	2135(310)~2345(340)
>1.27(0.050)~1.52(0.060)	1550(225)	2100(305)~2310(335)
>1.52(0.060)~1.90(0.075)	1515(220)	2035(295)~2240(325)
>1.90(0.075)~2.16(0.085)	1480(215)	2000(290)~2205(320)
>2.16(0.085)~2.41(0.095)	1450(210)	1965(285)~2170(315)
>2.41(0.095)~2.79(0.110)	1380(200)	1915(278)~2125(308)
>2.79(0.110)~3.17(0.125)	1345(195)	1875(272)~2080(302)
>3.17(0.125)~3.81(0.150)	1310(190)	1825(265)~2035(295)
>3.81(0.150)~12.7(0.500)	1240(180)	1795(260)~2000(290)

①钢丝以直条或定尺长度交货时，最小抗拉强度为表中规定值的 90%；

②时效温度 900℉（482℃），保温 0.5h，然后空冷。

弹性比功是衡量材料弹性性能高低的重要指标，表示弹性变形范围内，单位体积的材料能吸收或储存的最大变形功，计算公式为：

$$\text{弹性比功} = \frac{1}{2}R_{p0.002}\varepsilon_e = \frac{R_{p0.002}^2}{2E}$$

弹性比功高，意味在承受同样负荷的条件下，材料能产生更大的弹性变形，这正是精密测量仪器需要的性能。从公式可以看出：要提高材料的弹性比功可降低弹性模量 E，或提高弹性极限 $R_{p0.002}$，两者相比，提高弹性极限 R_e 更有效。

用作弹性材料，超马氏体钢的最大优势是弹性极限高，而且热稳定好，可在更高应力和更高温度下工作。在同一应力条件下工作，选用超马氏体钢，元件尺寸可实现小型化。几种超马氏体钢与其他弹性合金的性能比较见表 2-192。

表 2-192　超马氏体钢与其他弹性合金的性能比较[1]

合金牌号	$R_{p0.002}$/MPa	$\frac{R_{p0.002}}{E}\times10^2$
03Cr14Ni4Co13Mo3Ti(04X14K13H4M3T)	1080	0.56
03Cr12Ni4Co15Mo4Ti(H4X12K15M4T)	1255	0.64
07Cr12Co10Mo6(X12K10Mo6) 马氏体沉淀硬化钢	1490	0.76
铍青铜 QBe1.9	835	0.66
弹性合金 3J1	835	0.435
弹性合金 3J3	980	0.50

表中弹性极限和弹性模量比值$\left(\frac{R_{p0.002}}{E}\right)$是反映弹性敏感性的技术参数，比值越高表明元件敏感性越强。超马氏体钢尽管弹性极限远高于铍青铜和弹性合金，但仍保持良好的弹性敏感性。

弹性滞后和弹性后效也是反映弹性精准度的重要技术参数，数值小说明弹性的精准度高、稳定性好，几种弹性材料的弹性滞后和弹性后效比较见表 2-193。从表中可以看出：超马氏体钢和马氏体沉淀硬化钢的非弹性行为比不稳定奥氏体沉淀硬化钢还要好，制作高弹性元件可与 3J21 和 3J22 媲美。

表 2-193　几种钢的弹性滞后和弹性后效比较[8]

合金牌号	弹性滞后×10^{-3}/mm · m^{-1} (R_0=590MPa)	弹性后效×10^{-3}/mm · m^{-1} (R_0=590MPa)
03Cr12Ni4Co15Mo4Ti(H4X12K15M4T)	0.9	0.7
07Cr12Co10Mo4(X12K10Mo4)马氏体沉淀硬化钢	0.6	0.5
0Cr17Ni7Al	4.7	2.0
0Cr15Ni7Mo2Al	6.8	3.5

超马氏体钢通常具有可调整的弹性模量温度系数，通过改变时效温度和反复时效次数，对恢复奥氏体的数量和成分进行调整，可使钢的弹性模量温度系数降到很低水平，甚至接近于零，与恒弹性合金媲美，可用于制作弹性敏感元件。

超马氏体钢优越的弹性性能与其在中低温度（室温~450℃）下的组织稳定性密切相关，因为钢中 C 和 N 含量较低，主要依靠板条状马氏体转变和金属间化合物强化，在中低温度区基本不产生碳化物和氮化物的转换，显微组织相对稳定。目前看来，最有希望用作弹性材料的超马氏体不锈钢牌号有 03Cr12Ni10Cu2TiNb（03X12H10Д2TБ）、022Cr12Ni9Cu2NbTi（Custom455/S45500/XM-16）、03Cr11Ni9Mo2Cu2TiAl（04X11H9M2Д2TЮ/ЭП832）、03Cr14Ni4Co13Mo3Ti（04X14K13H4M3T）、03Cr14Ni4Co13Mo3TiNbW（04X14K13H4M3TБB/ЭП767）、03Cr12Ni4Co15Mo4Ti（H4X12K15M4T）等。

A　超马氏体钢的弹性指标[1,8]

用 03Cr12Ni10Cu2TiNb（03X12H10Д2TБ）等超马氏体钢制作的弹性元件具有较高的

弹性极限、良好的抗松弛性能，其弹性滞后和弹性后效性能明显优于奥氏体-马氏体沉淀硬化型不锈钢和弹性合金（3J1、3J2 和 3J3），可用于制作 400℃以下工作的弹性元件。但制作工艺对弹性性能的好坏有决定性的影响。

弹性性能常用三项技术指标来衡量：比例极限、弹性极限和弹性滞后（或弹性后效）。

（1）比例极限（R_p）：指弹性元件的应变与应力呈严格的正比关系时所能承受的最大应力，比例极限又称为弹性门槛；

（2）弹性极限（R_e）：指拉伸试验中，弹性元件在外力解除后，不产生永久残余变形所能承受的最大应力。弹性极限比比例极限多出一个微塑性变形区，在此区域内的变形虽然可以消除，但应变与应力已不成正比了。晶体是理想的弹性体，有明显的弹性极限，并呈现各向异性。金属是多晶体，从统计学角度看金属弹性极限是各向同性的，但处于弹性变形区的晶粒，总有部分晶粒因位向的原因会产生微量塑性变形。绝大多数弹性合金和弹簧钢是无法准确测量出比例极限的，只能以产生一定量微塑性变形的应力来定义弹性极限，常选用的非比例微塑性变形量为 0.001%、0.002%和 0.005%时，对应的弹性极限分别为 $R_{p0.001}$、$R_{p0.002}$和 $R_{p0.005}$，又称为规定条件弹性极限。

（3）弹性滞后（或弹性后效）：理想弹性体在弹性极限范围内，应力和应变之间呈线性对应关系，实际金属材料，即使在弹性变形范围内，也有微量塑性变形，因此应力和应变不呈一一对应的线性关系。在弹性极限范围内，应力和应变之间的非线性关系称为弹性的不完整性。衡量弹性不完整性的技术参数除弹性模量外，还有弹性滞后和弹性后效。弹性滞后指在慢速加载过程中，应变增长量滞后于应力增长量的特性，主要用于衡量静态弹性性能。与弹性后效值一样，弹性合金的滞后系数越小越好。

弹性后效指在弹性范围内变形或卸载后，物体形状需经一段时间的延迟才能趋于稳定的特性，主要用于衡量动态弹性性能。在应力恒定、持续条件下，随时间 $t_0 \rightarrow t_1 \rightarrow t_2$ 推移带来的变形持续增加现象称为正弹性后效（或应变弛豫）。去除应力后，应变需经一段时间的延迟才能逐渐趋于稳定的现象称为反弹性后效。检测弹性后效的延迟时间均为 10min。弹性后效无量纲，通常以百分数表示；弹性合金的弹性后效要比普通钢小得多，一般碳钢的弹性后效高达 15%~30%，恒弹性合金 3J53 的弹性后效只有 0.05%。

弹性极限是弹性元件加载过程中不能超过的极限应力，对于已规定微塑性变形极限的仪表，弹性后效值不得超过相应的规定值。选用比规定变形量大的弹性合金材料，将导致仪表精度降低或失效。高弹性合金首先指弹性极限高的合金丝。根据弹簧使用状态，弹性极限可分为扭转弹性极限（τ_e）和拉伸弹性极限（Re）两种。压簧和拉簧用到扭转弹性极限，扭簧用到拉伸弹性极限。

弹性极限与弹性滞后、弹性后效和疲劳强度有密切关系，弹性极限越高疲劳强度也高，弹性滞后和弹性后效也越小。

提高钢的弹性极限的主要途径有：固溶强化、细晶强化、相变强化、冷加工强化和沉淀硬化。对于超马氏体钢而言，这 5 种强化需要通过化学成分设计、调整和严格控制钢的固溶、深冷处理、冷拉和时效处理等生产工艺来实现。超马氏体钢优异的弹性性能首先得益于其使用大量的固溶强化元素，并通过不同时效处理途径析出多种金属间化合物，来提高钢在微塑性变形条件下的抗力。其次是可以通过不同工艺措施，调节钢的显微组织结构，获得良好的力学性能和加工性能。

B　03Cr12Ni10Cu2TiNb（03X12H10Д2TБ）

俄国 М. Д. Перкас、Т. Я. Шамко 和 А. Г. Рахштадт 等人深入研究了 03Cr12Ni10Cu2TiNb（03X12H10Д2TБ）钢的弹性性能，研究含 $w(\mathrm{Ti})=0.40\%\sim1.40\%$ 的钢固溶温度对弹性性能影响时发现：当 $w(\mathrm{Ti})=0.40\%$时，固溶温度选用（870~900）℃×2h 即可；Ti 含量提高到 1.40%时，必须将固溶温度提高到 1100℃才能保证 Ti 全部溶入奥氏体中。Ti 只有溶入奥氏体中才能发挥其细化晶粒，时效时析出更多沉淀硬化相的作用。但随着奥氏体中固溶 Ti 含量的提高，钢中残余奥氏体明显增多，反而造成弹性极限明显降低。

03X12H10Д2TБ 钢的临界温度参考值 $Ac_1=500$℃、$Ac_3=720$℃、$Ms=82$℃、A. R. I = 19.6。钢的热处理规范为：(870~950)℃×1h 固溶+(−70)℃×2h 深冷+450℃×6h 空冷时效。钢固溶处理后的组织为马氏体和少量残余奥氏体，残余奥氏体的存在对提高钢的冲击韧性和低温断裂韧性是有利的，但对钢的弹性极限是非常不利的。−70℃×2h 深冷的目的是保证钢中残余奥氏体 100%转变成马氏体，因为奥氏体的弹性极限非常低，钢中存在残留奥氏体或逆转奥氏体都会不同程度地降低钢的弹性极限。时效处理是提高钢的弹性极限的关键工艺步骤，时效过程一般可分为三个阶段：

第一阶段是时效初期：一般仅在几秒钟内，钢的性能迅速改变，尤其是钢的抗微塑性变形能力（弹性极限）增长最快。03Cr12Ni10Cu2TiNb 经 450℃、6s 时效，其弹性极限 $R_{\mathrm{p0.002}}$已由 345MPa 增长到 785MPa，而反映钢抗宏观变形能力的硬度由 250HV 增长到 350HV，增长速度明显慢一点。时效初期的力学性能的迅速变化是显微组织的变化的结果，主要取决于马氏体内位错的重新排列（图 2-24a 中干涉线条宽度 B 的迅速减小就证明了这一点），和过饱和低碳马氏体的分解（图 2-24a 中电阻率 ρ 的迅速下降可证明这一点），这些变化只需要很小的激活能，所以很短时间内就能完成。这期间马氏体沿位错线形成沉淀硬化相晶核，或产生成分偏析，虽然目前电镜仍难以观察变化细节，但正由于显微组织亚结构的细化和马氏体的分解，才导致钢的力学性能，尤其是微塑性变形抗力的显著提高。6s 后弹性极限和硬度的提高的速率开始变缓。

第二阶段是随着时效时间的延长，钢中碳、氮和合金元素逐渐扩散，在过饱和马氏体第一阶段形成的细小晶核的基础上，沉淀硬化相开始长大。析出相的长大是相对缓慢和不稳定的变化过程，有些相往往经历长大→重新溶解→转变成另一种相→再长大的过程。这阶段力学性能的变化取决于析出相的晶核类型、形成速度和析出相类型转换的结果，钢的弹性极限经历短期的缓慢增长，1min 后开始平稳下降。硬度增长持续到 30min 后也开始下降，见图 2-24a。

第三阶段是随时间持续延长，弹性极限和硬度指标第二次迅速增长至最高值。这完全是细小的第二相沉淀析出带来的结果（图 2-24b 中电阻率继续下降可证实这一点）。在这一阶段，03X12H10Д2TБ 钢的弹性极限 $R_{\mathrm{p0.002}}$可达到 1080~1170MPa。时效时间继续延长，钢出现缓慢软化现象，被称为过时效的现象。

不同热处理工艺对 03X12H10Д2TБ 钢的弹性性能的影响见表 2-194，可以看出：03X12H10Д2TБ 钢具有相当高的热稳定性，其弹性极限随温度提高下降缓慢，可在 350℃条件下长期使用，短时加载时甚至可用到 400℃。如果采用分级时效工艺，再经 400℃×6h 二次时效，钢的弹性极限 $R_{\mathrm{p0.002}}$进一步升高 1300MPa，硬度 490HV，此时，由于马氏体充分分解，第二相的析出，松弛稳定性特别高，电阻系数的降低和（211）衍射线宽度从

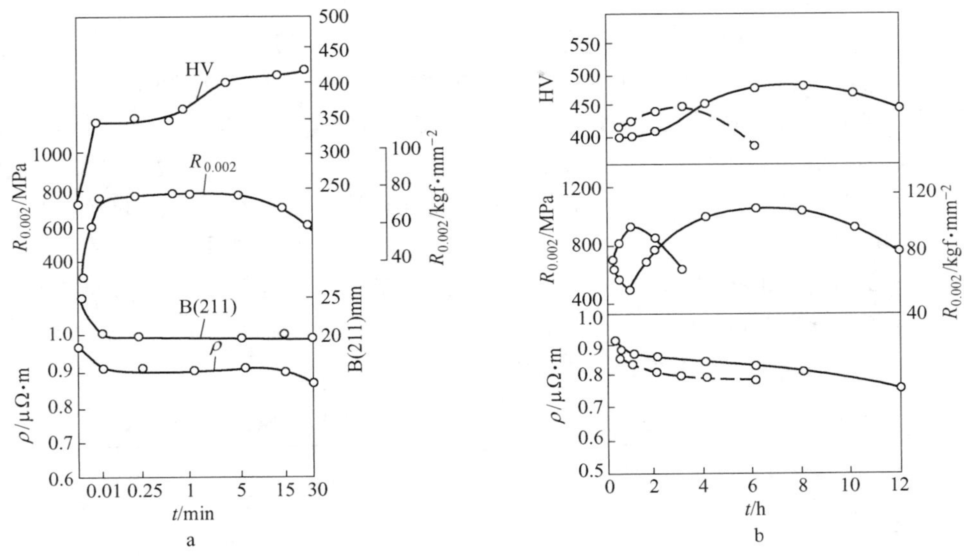

图 2-24 03H10X12Д2TБ 钢性能与 450℃（实线）和 480℃（虚线）时效时间的关系[1]

a—时效开始阶段；b—长时间时效阶段

5.3×10^{-3}增加到 6.62×10^{-3}nm 就证明了这一点。

表 2-194 工艺因素对 03X12H10Д2TБ 钢弹性性能的影响

技术参数		热处理工艺	实测指标	技术参数	热处理工艺	实测指标
弹性模量（E），20℃/GPa		(870~950)℃×1h 固溶 +(-70)℃×2h 深冷 +450℃×6h 空冷	216	规定塑性延伸强度（$R_{p0.2}$）/MPa	(870~950)℃×1h 固溶+(-70)℃×2h 深冷+450℃×6h 空冷	1700
400℃/GPa			190	抗拉强度（R_m）/MPa		1800
弹性极限（$R_{p0.002}$）	20℃/MPa		1260	伸长率（A_5）/%		10
	200℃/MPa		1100	硬度（HV）/%		460
	300℃/MPa		930	允许使用温度范围/℃		300~350
	400℃/MPa		830			

时效的三个阶段对其他马氏体沉淀硬化钢也同样适用。如 H4X12K15M4T(03Cr12Ni4Co15Mo4Ti）钢，在 520℃、15s 时效后，其弹性极限 $R_{0.002}$ 由 350MPa 提高到 590MPa，硬度由 300~320HV 提高到 440~450HV，随后强化速率变缓。经 1h 时效后，弹性极限达到第一个峰值 980MPa，随后略有下降。经 4h 时效后，弹性极限达到第二个峰值 1250MPa，再延长保温时间，钢开始缓慢变软。

将马氏体形变和其随后的时效（或回火）结合起来，是提高超马氏体钢弹性极限的最有效的方法之一，适度冷加工可使板条马氏体束尺寸减薄、马氏体束中位错亚结构表面积增大，对微塑性变形的抗力增强，位错滑移激活能有所提高，借助于随后的时效（或回火），位错分布很快变得极为均匀；同时还能促使马氏体中过饱和元素在位错上偏聚、为沉淀硬化相的均匀析出提供有利条件，进一步提高钢的抗微塑性变形能力。

另外，马氏体沉淀硬化钢还可以采用分级时效、预时效和动态应力（加张力）时效等工艺，进一步提高其弹性极限和硬度，在这一方面还需继续开展深入研究。

C　03Cr11Ni9Mo2Cu2TiAl（04X11H9M2Д2TЮ/ЭП832）

03Cr11Ni9Mo2Cu2TiAl（04X11H9M2Д2TЮ/ЭП832）是超马氏钢中用作弹簧元件最有发展前景的牌号，该牌号用 Mo、Ti 和 Al 作为沉淀硬化元素、不含 Nb（见表 2-181）。钢的临界温度参考值 $Ac_1=590℃$、$Ac_3=770℃$、$A_S=540℃$、$A_f=730℃$、$Ms=67℃$、A. R. I = 19. 4。经（890~920)℃×1h 固溶+500℃×5h 时效处理后，钢具有足够高的弹性性能，见表 2-195。由于钢的逆转奥氏体的转变温度在 540~730℃之间，如果降低固溶温度，并将时效温度提高到（570~600)℃×5h，钢中逆转奥氏体的含量有较大幅度增加，低温断裂韧性可提高到 3500~4500MPa · $mm^{-3/2}$，同时钢的规定塑性延伸强度（$R_{p0.2}$）有明显下降，降到 1200~1420MPa，当然，弹性极限也有明显下降。

表 2-195　工艺因素对 04X11H9M2Д2TЮ（ЭП832）钢弹性性能的影响

<table>
<tr><th>技术参数</th><th>热处理工艺</th><th>实测指标</th><th>技术参数</th><th>热处理工艺</th><th>实测指标</th></tr>
<tr><td>规定塑性延伸强度（$R_{p0.2}$）/MPa</td><td rowspan="5">(890~920)℃×1h 固溶 +500℃×5h 空冷</td><td>1650~1880</td><td>规定塑性延伸强度（$R_{p0.2}$）/MPa</td><td rowspan="2">730℃×1h 固溶 +(570~600)℃ ×5h 空冷</td><td>1200~1420</td></tr>
<tr><td>抗拉强度（R_m）/MPa</td><td>1700~1900</td><td>断裂韧性/MPa · $mm^{-3/2}$</td><td>3500~4500</td></tr>
<tr><td>伸长率（A_5）/%</td><td>3~8</td><td>弹性极限（$R_{p0.005}$）/MPa</td><td>(890~920)℃×1h 固溶+480℃×10h 空冷</td><td>1350</td></tr>
<tr><td>断面收缩率/%</td><td>30~40</td><td>弹性极限（$R_{p0.005}$）/MPa</td><td>(890~920)℃×1h 固溶+530℃×5h 空冷</td><td>1250</td></tr>
<tr><td>断裂韧性/MPa · $mm^{-3/2}$</td><td>1200~1600</td><td>弹性极限（$R_{p0.005}$）/MPa</td><td>固溶+70%冷加工 +530℃×1h 空冷</td><td>1400</td></tr>
</table>

04X11H9M2Д2TЮ（ЭП832）钢经（890~920)℃×1h 固溶后，在低温（350~500℃）下进行时效处理，尽管弹性极限变化缓慢，但仍可达到最大值，480℃×10h 时效处理后，钢的 $R_{p0.005}=1350MPa$。如将时效温度提高到 530℃×5h，钢仍能保持较高的弹性极限（$R_{p0.005}=1250MPa$）和良好的松弛稳定性。经（890~920)℃×1h 固溶处理的钢，如首先进行 70% 的冷加工变形，再进行 500℃×1h 时效处理，尽管弹性极限提高得较小（+150MPa)，但钢的瞬时抗拉强度却有显著提高（$R_m=2000\sim2400MPa$）。

O. П. Михлйлещ 检测后指出：04X11H9M2Д2TЮ 钢时效过程中析出的金属间化合物有：Ni_3Ti、(Fe，Ni)Al、Fe_2Mo 和（Fe，Ni)$_3$(Ti，Al）相；Ni_3Ti、（Fe，Ni)Al 和 Fe_2M 相是从马氏体基体中析出的，而（Fe，Ni)$_3$(Ti，Al）相是从逆转奥氏体中析出的。

D　03Cr14Ni4Co13Mo3TiNbW（04X14K13H4M3TБB/ЭП767）

俄国人研究认为：Fe-Cr-Ni-Co-Mo-Ti 系列钢比上述两种不含 Co 的钢具有更好的弹性性能，这个系列的典型牌号 03Cr14Ni4Co13Mo3TiNbW（04X14K13H4M3TБB/ЭП767）钢，具有很高的扭转强度、屈服强度和硬度，钢的临界温度参考值 $Ac_1=612℃$、$Ac_3=800℃$、$Ms=42℃$、A. R. I = 20. 9。钢的热处理规范为：1050℃×2h 固溶+(−70)℃×16h 深冷+520℃×5h 空冷时效处理。

不同热处理工艺对 04X14K13H4M3TБB(ЭП767）钢的弹性性能影响见表 2-196。

表 2-196 工艺因素对 04X14K13H4M3TБB（ЭП767）钢弹性性能的影响

技术参数	热处理工艺	实测指标	技术参数	热处理工艺	实测指标
扭转弹性极限($\tau_{p0.005}$)/MPa	1050℃×1h 固溶+(-70)℃×2h 深冷+520℃×5h 空冷	150	扭转弹性极限($\tau_{p0.005}$)/MPa	1050℃×1h 固溶+(-70)℃×16h 深冷+520℃×5h 空冷	280
应力松弛($\Delta\tau/\tau_0$)×100/%①		8.7	应力松弛($\Delta\tau/\tau_0$)×100/%③		5.0
屈服强度($\tau_{p0.3}$)/MPa		900	屈服强度($\tau_{p0.3}$)/MPa		1020
扭转强度(τ_m)/MPa		1260	扭转强度(τ_m)/MPa		1310
硬度(HV)		475			
弹性极限($\tau_{p0.005}$)/MPa	1050℃×1h 固溶+25%冷加工+(-70)℃×2h 深冷+520℃×5h 空冷	470	扭转弹性极限($\tau_{p0.005}$)/MPa	1050℃×1h 固溶+25%冷加工+(-70)℃×16h 深冷+520℃×4h 空冷	760
应力松弛($\Delta\tau/\tau_0$)×100/%②		21.9	应力松弛($\Delta\tau/\tau_0$)×100/%④		16.7
屈服强度($\tau_{p0.3}$)/MPa		1230	屈服强度($\tau_{p0.3}$)/MPa		1320
扭转强度(τ_m)/MPa		1400	扭转强度(τ_m)/MPa		1420
扭转弹性极限($\tau_{p0.005}$)/MPa	1050℃×1h 固溶+50%冷加工+(-70)℃×2h 深冷+520℃×5h 空冷	970	扭转弹性极限($\tau_{p0.005}$)/MPa	1050℃×1h 固溶+50%冷加工+(-70)℃×16h 深冷+520℃×4h 空冷	1370
应力松弛($\Delta\tau/\tau_0$)×100/%②		8.7	应力松弛($\Delta\tau/\tau_0$)×100/%④		4.95
屈服强度($\tau_{p0.3}$)/MPa		1400	屈服强度($\tau_{p0.3}$)/MPa		1560
扭转强度(τ_m)/MPa		1550	扭转强度(τ_m)/MPa		1640
扭转弹性极限($\tau_{p0.005}$)/MPa	1050℃×1h 固溶+75%冷加工+(-70)℃×2h 深冷+520℃×5h 空冷	1130	扭转弹性极限($\tau_{p0.005}$)/MPa	1050℃×1h 固溶+75%冷加工+(-70)℃×16h 深冷+520℃×4h 空冷	1400
应力松弛($\Delta\tau/\tau_0$)×100/%②		9.5	应力松弛($\Delta\tau/\tau_0$)×100/%④		4.1
屈服强度($\tau_{p0.3}$)/MPa		1570	屈服强度($\tau_{p0.3}$)/MPa		1650
扭转强度(τ_m)/MPa		1640	扭转强度(τ_m)/MPa		1670

① ($\Delta\tau/\tau_0$)×100%指钢在室温、100h、τ_0=600MPa 条件下的扭转应力松弛性能；

② ($\Delta R/R_0$)×100%指钢在室温、100h、R_0=800MPa 条件下的拉伸应力松弛性能；

③ ($\Delta R/R_0$)×100%指钢在 400℃、100h、R_0=600MPa 条件下的拉伸应力松弛性能；

④ ($\Delta R/R_0$)×100%指钢在 400℃、100h、R_0=800MPa 条件下的拉伸应力松弛性能。

从表 2-196 中看出：钢的初始扭转弹性极限很低（$\tau_{p0.005}$=150MPa），原因是尽管经过 2h 深冷处理，钢中仍存在大量残余奥氏体。深冷处理时间延长到 16h，残余奥氏体量稍有减小，弹性极限上升到 280MPa。甚至经过几个周期深冷处理，残余奥氏体仍然存在。为最大限度减少或消除残余奥氏体，只能借助冷加工，促使残余奥氏体转变为变形马氏体。变形马氏体的强化作用明显比冷却马氏体强，无论是反映微塑性变抗力的扭转弹性极限，还是反映宏观抗力的屈服强度和扭转强度均随着冷加工率的增大显著上升。还可以看出，经冷加工的钢具有更好的应力松弛稳定性。

动态应力时效也是提高钢弹性极限的有效方法。所谓动态应力时效指在试样上施加一定的扭转应力，让试样带着应力进行时效处理。B. H. Кдимов 和 A. Г. Рахштадт 等选用上述棒材试样进行补充动态应力时效试验，经 1050℃固溶+50%冷加工+(-70℃)×2h 深冷+520℃×5h 空冷的棒材的弹性极限 $\tau_{p0.005}$=970MPa，$\tau_{p0.2}$=1400MPa，在棒材上施加τ_0=1000MPa 的扭转应力（约等于 0.7$\tau_{p0.3}$），在 450℃进行 1h 补充时效处理，补充时效处理后的棒材弹性极限 $\tau_{p0.005}$上升到 1240MPa。未经冷拉的棒材试样，施加 τ_0=540MPa 的扭转应力，经同样补充时效处理后，弹性极限 $\tau_{p0.005}$也由 150MPa 上升到 280MPa。试验结果表明：动态应力时效工艺选 350℃×1h 时，弹性极限上升较快；温度从 350℃提高到 450℃

区间，弹性极限上升缓慢；从 450℃ 提高到 500℃ 区间，弹性极限上升速度稍为加快；500℃时弹性极限升到最高值，到 530℃时弹性极限开始快速回落。动态应力时效过程中，弹性极限增大幅度与施加应力正相关，从 $\tau_0=600\text{MPa}$ 开始，随应力增大，弹性极限增幅也加大，到 1200MPa 为止，弹性极限达到最高值。施加应力大小还与钢的应力松弛性能密切相关，随着施加应力的增大，尽管钢的弹性极限同步增大，但残余变形也同步加大，因此钢的应力松弛值也加大。比较 $\tau_0=1000\text{MPa}$ 和 $\tau_0=1200\text{MPa}$ 时的残余变形量，前者仅为后者的 2/3，因此从降低应力松弛值角度考虑应选用较小的初始应力（$\tau_0=1000\text{MPa}$）。综合考虑 $\tau_0=1000\text{MPa}$ 补充时效后弹性极限 $\tau_{p0.005}$ 接近 1200MPa，试样的剩余应力降到 790MPa，即 $0.56\tau_{p0.3}$，弹性性能改善效果是比较理想的。所以相应标准规定，动态应力时效的初始应力一般应选为 $0.7\tau_{p0.3}$。

E　03Cr12Ni4Co15Mo4Ti(H4X12K15M4T)

03Cr12Ni4Co15Mo4Ti（H4X12K15M4T）也是 Fe-Cr-Ni-Co-Mo-Ti 系列钢中常用牌号，该牌号的性能变化和组织转变规律与 H10X12Д2TБ 钢相似。钢的临界温度参考值 $Ac_1=610℃$、$Ac_3=860℃$、$A_S=525℃$、$A_f=825℃$、$Ms=170℃$、$Mf=-20℃$、A. R. I = 20. 4。钢的最佳热处理规范为：950℃×46h 固溶+(−70)℃×16h 深冷+550℃×6h 空冷(或 520℃×8h 空冷)时效。钢固溶处理后的组织为马氏体+40%的残余奥氏体，在（−70)℃×16h 深冷处理后，残余奥氏体含量减少到 5%的水平。随着进行 550℃×6h 空冷（或 520℃×8h 空冷）时效处理，钢的硬度和弹性极限急剧增加。

H4X12K15M4T 钢用作弹性元件，在有蠕变要求的条件下可工作到 400℃，在有松弛要求的条件下可工作到 400~450℃，在以硝酸为基的氧化性腐蚀介质中具有极高的耐蚀性能。

不同热处理工艺对 H4X12K15M4T 钢的弹性性能见表 2-197。

采用冷加工变形+深冷和时效的工艺，可以进一步提高 H4X12K15M4T 钢的弹性极限和强度，钢的松弛稳定性随强度的增长而提高，但同步提高现象仅发生在常温和低温区域。经 950℃×2h 固溶+（−70)℃×16h 深冷+550℃×6h 空冷规范处理的钢，在室温下，施加 $R_0=1200\text{MPa}$ 的初始应力，持续 100h 后，测定应力松弛为 2. 0%；如试样固溶处理后先进行 50%的冷加工，再进行深冷和 520℃×4h 时效处理，钢的应力松弛下降到 1. 6%。在 400℃和初始应力 $R_0=800\text{MPa}$ 的条件下，测定应力松弛的结果就完全不一样了，前者应力松弛为 9. 0%，后者反而增大到 15%和 H10X12Д2TБ 钢相比，显而易见：H4X12K15M4T 钢具有更高的弹性极限，很高的蠕变抗力和更高的松弛稳定性，其允许使用温度为 400~450℃。

2. 2. 2. 6　超马氏体钢的特殊物理性能[1]

超马氏体钢具有较好的辐照稳定性，试验证明：经中子照射后，超马氏体钢的冲击韧性仅下降 20%，而珠光体钢的冲击韧性下降达 86%。

2. 2. 3　超马氏体钢的生产工艺

2. 2. 3. 1　超马氏体钢的冶炼工艺

超马氏体钢具有良好的工艺性能，一般采用双重熔炼。对抗应力腐蚀和断裂韧性要求较高的钢最好采用 VOD 炉或感应精炼+真空自耗炉重熔，采用 VOD 炉冶炼+电渣重熔工艺亦可得到较理想的结果。许多工艺成熟的企业采用真空感应炉熔炼的钢，工艺性能和使用性能也与双重熔炼钢相当。

表 2-197 工艺因素对 H4X12K15M4T 钢弹性性能的影响

技术参数	热处理工艺	实测指标
弹性极限($R_{p0.002}$)/MPa	950℃×2h 固溶+(−70)℃×16h 深冷+550℃×6h 空冷(或+520℃×8h 二次时效)	1260
应力松弛($\Delta\tau/\tau_0$)×100/%①		2.0
规定塑性延伸强度($R_{p0.2}$)/MPa		1560
抗拉强度(R_m)/MPa		1700
伸长率/%		10
硬度(HV)		460
弹性极限($R_{p0.002}$)/MPa	规范处理后再一次500℃×1h 空冷时效	1300
硬度(HV)		510

技术参数	热处理工艺	实测指标
应力松弛($\Delta\tau/\tau_0$)×100/%①	950℃×2h 固溶+50%冷加工+(−70)℃×16h 深冷+520℃×4h 空冷	1.6
应力松弛($\Delta\tau/\tau_0$)×100/%②	950℃×2h 固溶+(−70)℃×16h 深冷+550℃×6h 空冷	9.0
应力松弛($\Delta\tau/\tau_0$)×100/%②	950℃×1h 空冷+50%冷加工+(−70)℃×16h 深冷+520℃×4h 空冷	15
弹性滞后×10^{-3}/mm · m^{-1}	1000℃×1h 空冷+(−70)℃×16h 深冷+550℃×5h	0.9
正弹性后效×10^{-3}/mm · m^{-1}		0.7
使用温度/℃	规范处理	400~450

① ($\Delta R/R_0$)×100%指钢在 20℃、100h、R_0=1200MPa 条件下的拉伸应力松弛性能；

② ($\Delta R/R_0$) ×100% 指钢在 400℃、100h、τ_0=800MPa 条件下的拉应力松弛性能。

2.2.3.2 超马氏体钢的加工工艺

超马氏体钢的热加工工艺流程比传统马氏体钢简单得多，热加工过程工艺控制要点是：严格控制加热温度（<1250℃）和加热时间，防止产生高温 δ 铁素体相。一般说来超马氏体钢锻造性能优于同类马氏体钢，即使锻造温度偏低，也可以生产出无裂纹的钢坯。钢的开锻温度一般控制在 1250~1180℃，终锻温度一般控制在 1000~930℃，在这个温度范围内不易产生热裂纹，锻后坑冷。钢的热轧温度范围为 1040~1220℃。为获得细晶粒组织和最佳强韧性，终加工（或吐丝）温度应控制在 815~950℃，线材轧后经斯太尔摩线控冷。为改善钢的显微组织均匀性，有利于冷加工，热加工材通常以固溶处理状态交货。

值得注意的是：超马氏体钢不能像常规不锈钢那样，采用碱浸+酸洗法去除表面氧化皮，因碱浸温度正好是超马氏体钢的沉淀硬化温度，经沉淀硬化处理的超马氏体钢，塑性损失 85%以上，无法进行冷加工。建议用碱性高锰酸钾溶液（80~95℃）浸泡或喷丸处理代替融碱浸洗。酸洗推荐用三酸（H_2SO_4+NaCl+$NaNO_3$）或硝酸+氢氟酸（HNO_3+HF）清洗。

超马氏体钢 C 和 N 含量低，冷加工塑性好，冷加工强化系数低，经适当的表面处理后均可承受变形量 80%以上的冷加工（冷拉或冷轧），可进行冷镦、冷冲和冷旋压加工，制成形状复杂的零部件。最终再进行沉淀硬化处理，固定形状。实践证明：将冷加工率控制在 50%以上，可促使钢中部分残余奥氏体转变成马氏体，进一步提高钢的强度和硬度，改善抗钢的抗松弛性稳定性，并将钢的弹性模量提高 10%～15%。

超马氏体钢的热处理工艺针对性强、灵活多变。冷加工过程软化推荐采用再结晶退火（或高温回火、过时效）处理。与马氏体钢相比，超马氏体钢盘条的强度、硬度和塑性均高出很多，并且无论是用完全退火还是球化退火的方法，都无法将盘条的强度（硬度）降到马氏体钢的水平。超马氏体推荐采用 650℃左右，长时间保温，然后空冷的退火工艺来实现软化，盘条退火后虽然强度（硬度）高，但冷轧与拉拔塑性很好（断面收缩率>40%），可以按常规工艺拉拔。一般经过两个循环的退火-拉拔，钢丝的抗拉强度可以降到 950MPa 以下。超马氏体钢热处理时不怕脱碳，但应防止增碳、渗硫和严重氧化。

2.2.3.3　超马氏体钢的淬火-回火处理

超马氏体不锈钢均在淬火-回火状态下使用（按不锈钢的习惯也可称为固溶+时效处理），由于钢中合金元素含量高，多以合金碳化物、氮化物或金属间化合物形式存在于钢中，在淬火前奥氏体化加热过程中，这些化合物扩散速度慢，必须使用更高的加热温度才能保证合金元素充分溶入奥氏体中。碳素钢和中、低合金钢的淬火温度通常选用 Ac_3+30～50℃，而超马氏体不锈钢的淬火温度通常选用 Ac_3+100～150℃，有的甚至高出 150℃以上。以 022Cr12Ni10Cu2TiNb 为例，其 Ac_1=760℃，而固溶加热温度为 870℃，高出 Ac_1点 140℃。对于含 Ti 量较高（1.0%）的钢，应根据其 Ti 含量选择固溶加热温度，如 022Cr12Ni10Cu2Ti（03X12H10Д2T）耐蚀弹簧钢，含 Ti 量为 0.40%时，固溶加热温度应为 870～900℃，保温 2h；而含 Ti 量为 1.20%时，其固溶加热温度应提高到 1050℃[8]。

超马氏体不锈钢一般无珠光体和铁素体转变问题，低碳马氏体可以在变温或等温中形成，冷却速度适当加快不会产生热应力裂纹。而且固溶加热温度和冷却速度会影响晶界偏析和合金碳（氮）化合物的析出行为，合金碳（氮）化合物在晶界偏聚，往往会造成超马氏体钢的热脆性。所以冷却速度宜快不宜慢。图 2-25 显示了不同加热温度和冷却速度对 022Cr13Ni6MoNb 钢冲击韧性（α_K）值的影响。

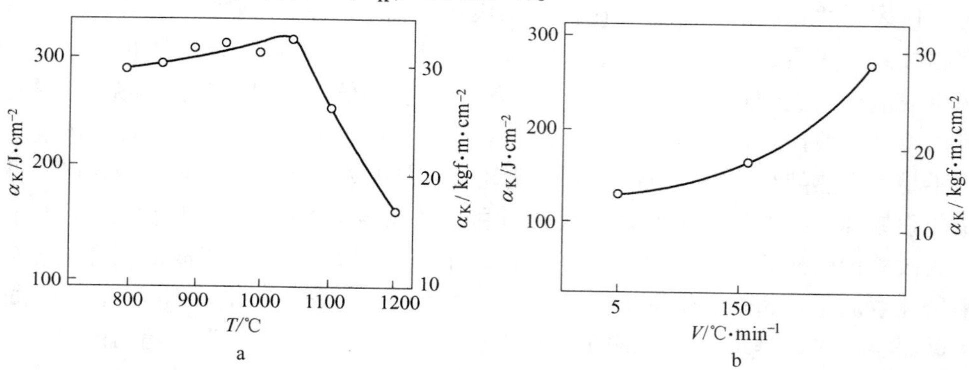

图 2-25　不同加热温度和冷却速度对 022Cr13Ni6MoNb 钢 α_K 值的影响[2]

a—不同加热温度的影响（慢冷）；b—不同冷却速度的影响（加热 1200℃）

低碳马氏体组织具有体心立方结构，没有 Fe-C 钢中马氏体的正方度，组织应力小，有良好的塑性。超低碳马氏体再加热时，不产生 Fe-C 马氏体的回火效应，不形成回火马氏体组织，只产生马氏体的逆转变，形成逆转奥氏体。逆转奥氏体比残余奥氏体更稳定，在较高温度条件下仍可沉淀于马氏体中，改善基体的韧性。利用超马氏体不锈钢上述特性，在钢中加入沉淀强化元素，通过时效处理析出金属化合物，就可以获得高强度、高韧性钢。

2.2.3.4　超马氏体钢晶粒度的控制[15]

一般说来碳素钢和中、低合金钢，淬火温度超过 Ac_3+50℃会造成奥氏体晶粒显著长大，影响钢淬火-回火后的力学性能，但超马氏体不锈钢的晶粒度一般超过 1050℃才开始长大。当然，因为牌号不同，晶粒开始长大的起始点也有所不同，俄国人检测了几种热轧状态超马氏体钢，固溶加热温度与晶粒显著长大的对应关系时发现：03Cr12Ni10Cu2NbTi（03H10X12Д2TБ）钢从 870℃ 开始晶粒显著长大，见图 2-26。而 03Cr13Ni8Cu2TiMo（03X13H8Д2TM）、03Cr11Ni10Mo2Ti（03X11H10M2T）和 03Cr11N10Mo2Ti1（03X11H10M2T1）钢，从 1050℃开始才出现晶粒显著长大现象，如图 2-27 所示。

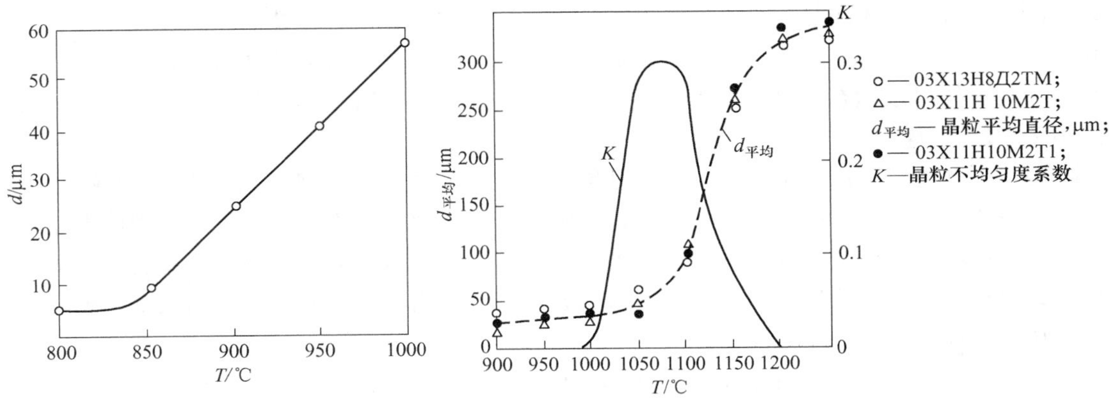

图 2-26　03X12H10Д2TБ 钢晶粒尺寸及固溶温度的关系

图 2-27　晶粒度平均尺寸和不均匀度系数与固溶温度的关系

经冷加工的超马氏体钢，加热时晶粒长大也有其特点，原因是冷加工后的超马氏体不锈钢的晶粒沿加工方向伸长，形成织构。合金碳化物、氮化物或金属间化合物通常沿晶界析出，合金元素自然沿织构富集。在淬火加热过程中，晶界上的合金碳化物、氮化物或金属间化合物首先开始溶解，晶粒才能长大，而富集在织构方向上的 Ti、Nb、Mo、Cr 和 Ni 等元素由于扩散速度慢，有效地阻止了晶粒的长大，所以在 1050℃以下超马氏体不锈钢的晶粒生长相对缓慢。加热温度超过 1050℃后，合金元素的溶解速度逐渐加快。晶粒才开始不均匀地加速长大，此时晶粒不均度（K）加大，最容易出现混晶现象。加热温度达到 1200℃时，合金元素已经全部溶入奥氏体中，晶粒长大也进入了相对缓和阶段。加热温度继续升高时，部分细晶粒亦长大，细晶区消除，晶粒基本均匀（$K\approx 0$）。所以通常认为 1050～1200℃是超马氏体不锈钢，也包括高合金应该避开的淬火加热温区。不言而喻，对于含 Ti 或 W 量较高的钢，其最佳淬火温度超过 1050℃也是正常的。

此外，还可利用合金元素能有效阻止奥氏体晶粒长大的特性，采用在 900～1050℃范围内进行两次或三次固溶处理，并且固溶处理温度逐次降低的方法，使奥氏体晶粒细化。同时将 Ms 点调整到较高温度，降低钢中残余奥氏体（A_R）含量，为钢获得更高的强韧性奠定基础。

2.2.4　超马氏体不锈钢典型牌号的生产工艺和性能

超马氏体不锈钢全面继承了传统马氏体不锈钢的耐蚀性能较好、可通过淬火-回火获得高强度、高硬度、高耐磨性能和适宜的韧性、有良好的耐热性能等优点，克服了马氏体不锈钢的冷加工塑性差、可焊性差、应力敏感性强、淬火时操作不当极易产生裂纹或尺寸不合格的缺点。同时全面继承了沉淀硬化不锈钢的冷热加工成型方便、通过冷加工可获得很高强度、可以通过时效处理调整钢的力学性能、时效处理时零部件尺寸和形状的变化小等优点，克服了马氏体沉淀硬化不锈钢的冲击韧性较低，在350~400℃区间长期使用有脆化倾向；半奥氏体沉淀硬化不锈钢的氢脆敏感和应力敏感性较强，裂纹扩展速度较快的缺点。尤其超马氏体不锈钢具有优异的焊接性能，可作为双相不锈钢焊丝的升级换代产品，几乎可以解决或改善各类特殊钢的焊接难题。

马氏体时效钢具有高强度、良好的抗断裂性能和焊接性能，加工成型方便，在时效过程中能保持较好的组织稳定性，有很好的抗过时效能力；但耐腐蚀性能一般，在超高强度状态下韧性明显下降。超马氏体不锈钢具有18Ni（350）级马氏体时效钢的全部优点，又克服了马氏体时效钢在超高强度条件下韧性不足的缺点，同时还具有马氏体时效钢不具备的不锈耐蚀性能。

超马氏体不锈钢的热加工和冷加工性能均比较好，通过压力加工可以顺利制成铸件、锻件、厚板、薄板、棒材、线材、钢带、钢管和钢丝，通过适当的加工和热处理可以制成形状复杂的零部件和功能性元件，应用范围极其广泛，从航空航天、海洋开发、原子能工业，到机械行业用结构件和模具、仪器仪表和家用电器用功能性元件等，到处都有超马氏体不锈钢拓展的空间。

2.2.4.1　以04Cr13Ni5Mo（美国S41500）为代表的焊接用超马氏体不锈钢

Fe-Cr-Ni-Mo基超马氏体不锈钢是在低碳马氏体铸钢（CA-NM）的基本上发展起来的，最初用于ZG0Cr13Ni4Mo和ZG0Cr13Ni5Mo等大型铸件（如水电站转轮和转轮下环）的焊接。超马氏体不锈钢焊接性能良好，焊材用钢的碳含量通常控制在超低碳范围内（见表2-198），焊前不需要预热，焊后无需立即回火，适用于各种厚度的板材和大型铸件的多层堆焊。对于一些截面较小的焊件，为提高焊口强度和耐磨性能，多选用碳含量稍高的钢。进一步研究表明：该类钢淬火后的组织为板条状马氏体，无明显的脆化倾向；由于合金元素Cr、Ni、Mo的共同作用，晶粒长大趋势受到抑制；钢材淬火后冲击韧性虽有所下降，如在600℃或610℃进行2~4h回火处理，在马氏体基体中析出8%~12%逆转奥氏体，国内研制成功并在工程上使用的两种超马氏体不锈钢的力学性能和冲击韧性已达到较高水平（见表2-199）。如条件允许，配以适当的时效处理，在马氏体基体中析出Fe_2Mo或FeCr型沉淀硬化相，则钢材或焊缝可得到最佳强韧化效果。

表2-198　超马氏体不锈钢焊材化学成分和应用实例[2,26]

牌　号	标准（国别）（冶炼方法）	化学成分（质量分数）/%①								
		C	Si	Mn	P	S	Cr	Ni	Mo	其他元素
ZG04Cr13Ni5Mo	JB/T 7349—2002	0.06	1.0	1.0	0.030	0.030	11.5~14.0	4.5~5.5	0.4~1.0	

续表 2-198

牌号	标准（国别）（冶炼方法）	化学成分(质量分数)/%①								
		C	Si	Mn	P	S	Cr	Ni	Mo	其他元素
CA-6NM（美国）	ASTM A743M—2003	0.06	1.0	1.0	0.030	0.030	11.5~14.0	3.5~4.5	0.4~1.0	
S41500	ASTM A959—2009	0.05	0.60	0.50~1.00	0.030	0.030	11.5~14.0	3.5~5.5	0.5~1.0	
Z4CND13-4-M	NFA 32-059—1984 AFNOR（法国）	0.06	0.80	1.00			12.0~14.0	3.5~4.5	0.7~1.5	
Z4CND16-4-M	NFA 32-059—1984 AFNOR（法国）	0.06	0.80	1.00			15.5~17.5	4.0~5.5	0.7~1.5	
ZG04Cr13Ni5Mo	企业标准（国内）	0.04	0.50	0.80	0.030	0.010	12.0~14.0	4.0~5.5	0.4~1.0	
ZG04Cr16Ni5Mo	企业标准（国内）	0.04	0.50	0.80	0.030	0.010	15.0~16.5	4.8~6.0	0.50	
13Cr-M	SUMITOMO（日本）	0.03					11.5~13.5	4.0~6.0	0.5~1.0	Ti0.01~0.50
X04CrNiMo16-5-1	EN 10088-1：2005 谢菲尔德 248SV	0.06	0.70	1.50	0.030	≤0.015	15.0~17.0	4.0~6.0	0.8~1.5	N：0.020
12Cr-4.5Ni-1.5Mo	CLI 公司（法国）	0.15	0.40	2.00	0.030	≤0.002	11.0~13.0	4.0~5.0	1.0~2.0	N：0.012
12Cr-6.5Ni-2.5Mo	CLI 公司（法国）	0.15	0.40	2.00	0.030	≤0.002	11.0~13.0	6.0~7.0	2.0~3.0	N：0.012
应用实例②										
04Cr13Ni4Mo	真空+电渣（国内研制）	0.029	0.30	0.73	0.013	0.002	13.25	4.11	0.57	Cu0.04 Co0.03 N0.015
03Cr14Ni6Mo	VOD 精炼（国内研制）	0.022	0.45	0.66	0.031	0.016	13.77	5.47	0.80	
04Cr16Ni5Mo	阿维斯塔·谢菲尔德 248SV 焊丝	0.025	0.2	0.5	0.015	0.010	16.0	5.0	1.0	N0.015
02Cr17Ni6Mo	国内三峡工程用	0.018	0.10	1.58	0.015	0.003	17.00	5.20	1.10	N0.023

①表中单值为最大值；

②我国工程上使用的超马氏体不锈钢焊丝的实际化学成分，焊丝用钢通常将碳控制在 0.03%以下，硫控制在 0.015%以下。

表 2-199 04Cr13Ni4Mo 和 03Cr14Ni6Mo 钢板淬火-回火后的力学性能

钢材	热处理工艺	显微组织	R_m/MPa	$R_{p0.2}$/MPa	A/%	Z/%	A_{KV}/J	HB	用途
04Cr13Ni4Mo 厚 26mm	1000℃×30min 油淬+610℃×2h 回火	M+8%A_n	793~798	714~716	21~22	78.0~78.7	226~228	260	核反应堆控制棒，耐压壳体
03Cr14Ni6Mo 厚 120mm	950℃×2h 正火+600℃×2h 回火	M+12%A_n	866~871		20~21	60.2~63.2	115~120		水轮机中环等

A　04Cr13Ni5Mo[2]

a　04Cr13Ni5Mo 的用途和技术参数

04Cr13Ni5Mo 主要用于焊接高强度承力部件，在三峡水电站中已成功用于耐磨转轮和转轮下环，在石油工业中用于耐 CO_2、H_2S 腐蚀并需要现场焊接管线的焊接；在核工业中用于压水堆 2、3 级辅助泵传动轴和控制棒驱动机构。该类钢除具有一定的耐蚀性外，还具有良好的抗汽蚀、耐磨损性能，在水轮机、大型水泵及核电站、油汽输送管道中获得广泛使用。在含泥砂水中 04Cr13Ni5Mo 的耐磨性能优于铸钢、奥氏体钢、传统马氏体钢和马氏体沉淀硬化钢，见表 2-181。

钢的室温力学性能见表 2-200，冲击韧性和试验温度关系见图 2-28，在流动自来水中进行疲劳寿命试验，水流量为 500mL/min，试验结果见图 2-29，高温拉伸性能见表 2-201。

表 2-200　04Cr13Ni5Mo 厚板的室温力学性能

钢材	取样部位	R_m/MPa	$R_{p0.2}$/MPa	A/%	Z/%	A_{KV}/10J · cm^{-2}
A 钢①	常规	865	730~740	190.0~21.0	58.5	12~13
	S-T	865~870	740	20.0~21.0	60.0~63.0	20~25
	C-T	865	740	19.8~21.1	58.5	12
	S-L	865	730~740	21.2~22.0	67.9~69.3	20~25
	C-L	865	710~725	21.2~21.8	65.6~65.7	20
	Z 向	820~830	595~615	8.5~11.2	16.1~16.9	11~12
B 钢②	常规	855~870	745	21.3~21.7	61.7~61.8	16~19
	S-T	860	765~775	21.4~21.7	64.3~65.1	16~18
	C-T	855	745	21.3~21.7	61.7~61.8	16~19
	S-L	855~860	705~775	22.8~25.0	74.1	25~26
	C-L	855	715~735	22.0~23.0	69.3~72.6	25~27
	Z 向	845	725	16.9~17.8	47.4~48.4	13

注：S 为表面、C 为芯部，T 为横向、L 为纵向，Z 向为厚度方向。

①A 钢：电炉+VOD 冶炼，锭重 13.1t；板厚 120mm；固溶处理：1080℃×2h，空冷+600℃×4h，空冷；

②B 钢：电炉+VOD 冶炼，锭重 21t；板厚 190mm；固溶处理：1080℃×2h，空冷+600℃×4h，空冷。

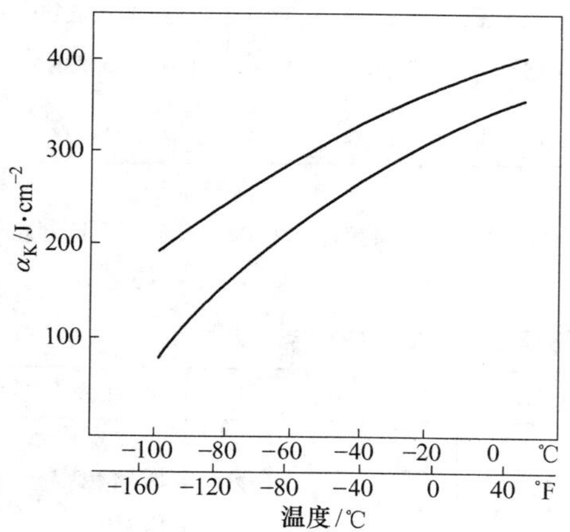

图 2-28　04Cr13Ni5Mo 钢的冲击韧性
（固溶+状态）

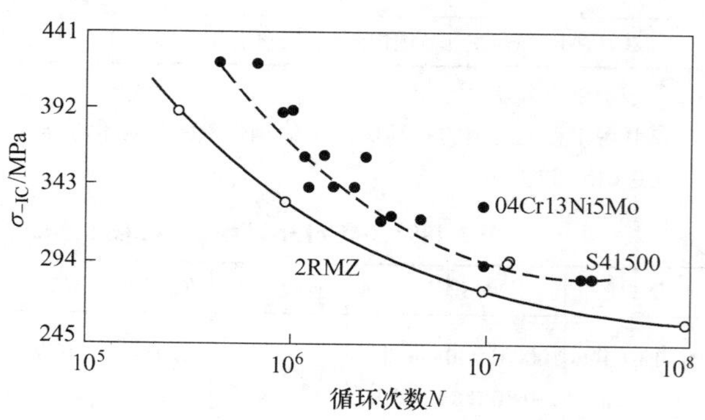

图 2-29　04Cr13Ni5Mo 钢的疲劳寿命
（试验在流动自来水中进行，水流量为 500mL/min）

表 2-201 04Cr13Ni5Mo 钢的高温拉伸性能

试验温度/℃	R_m/MPa	$R_{p0.2}$/MPa	A/%	Z/%
200	870	775~780	14.6~15.4	71.0~71.6
300	860~865	720~765	12.7~13.4	69.0~70.2
400	830~835	700~765	12.7~13.2	65.8~66.2
500	640~645	580~605	20.0~22.8	77.5~80.5
600	390~420	320~350	34.4~45.6	83.5~87.5
700	195~210	120~140	101.5~103.5	87.6~88.1
800	140~145	85~100	73.8	65.3~73.3
900	85~90	55~60	61.4~74.5	48.0~57.3
1000	50~55	35~40	57.2~62.1	46.8~52.5
1100	35	20~35	87.0~92.6	78.4~82.3
1200	15~20	10	78.1~83.5	—

b 04Cr13Ni5Mo 的工艺性能

(1) 热加工：04Cr13Ni5Mo 具有良好的热加工性能，热加工工艺与 18-8 型奥氏体钢相同，可顺利地生产出锻件、板、管、丝、带等品种。厚板的热成型温度最好控制在 700~1000℃范围内。

(2) 冷加工：可选择冷轧、拉拔、冷弯曲等方法成型。

(3) 热处理：04Cr13Ni5Mo 通常采用固溶（淬火或正火）+ 时效（回火）处理状态交货，固溶加热温度为 1080℃，时效温度为 600℃，固溶和时效保温时间可根据产品截面尺寸确定。600℃以上时效时，在原奥氏体晶界上析出沉淀硬化相，随时效温度升高析出相逐渐粗化，而且逆转奥氏体量也随之下降，这一结果有损于钢的强韧性。

(4) 焊接：钢具有良好的焊接性能，可采用 GTAW、GMAW、SMAW 等方法焊接，焊前不需预热，焊后不需热处理。与 04Cr13Ni5Mo 钢配套的焊接材料为 022Cr17Ni6Mo，特厚板经 3 道次焊接后其热影响区仍具有良好的综合性能，见表 2-187。焊后的耐蚀性亦能保持在足够高的水平，见图 2-21。

c 04Cr13Ni5Mo 的物理性能

04Cr13Ni5Mo 钢的物理性能见表 2-202。

表 2-202 04Cr13Ni5Mo 的物理性能

使用温度/℃	25	100	200	300
密度/g · cm^{-3}	7.79			
弹性模量 E/GPa	201	197	193	188
泊桑比 μ	0.31	0.29	0.296	0.29
导热率 λ/W · (m · K)$^{-1}$	16.3	18.2	20.4	22.4
热容/J · (m^3 · K)$^{-1}$	3.62×10^6	3.91×10^6	4.30×10^6	4.76×10^6
比热容 c/J · (kg · K)$^{-1}$	465.1	492.0	526.8	565.3
热扩散系数/m^2 · s^{-1}	4.51×10^6	4.65×10^6	4.74×10^6	4.71×10^6
热膨胀系数 α/10^{-6} · K^{-1}	10.7	11.1	11.1	11.7

B　04Cr16Ni5Mo

04Cr16Ni5Mo（阿维斯塔·谢菲尔德 248SV）钢因为 Cr 和 Ni 含量同时提高，耐蚀性能，特别是在含 CO_2 和 H_2S 介质中的耐蚀性能有明显提高，除用作焊材（$w(C)\leqslant 0.03\%$）外，在石油和天然气开采、储运设备上得到广泛的应用，在水力发电、采矿、化工及高温纸浆生产设备上也极具应用前景（$w(C)\leqslant 0.06\%$）。多用作浓缩离心机的旋转筒体，石油化工用压力容器，动力传动用的轴承、传动轴、联轴节、液压软管、高强度螺栓、拉杆等。上述用途的钢为提高钢的强度和耐磨性能，通常将碳控制在标准的中上限；焊丝和焊带用钢通常将碳控制在 0.03%以下。04Cr16Ni5Mo 的物理性能和力学性能见表 2-203。

表 2-203　04Cr16Ni5Mo（谢菲尔德 248SV）的物理性能和力学性能[17]

在 20℃时密度/$g\cdot cm^{-3}$	7.70	最低规定塑性延伸强度/MPa	(100℃)	610
导热率 λ/$W\cdot(m\cdot K)^{-1}$	22		(200℃)	590
比热容/$J\cdot(kg\cdot K)^{-1}$	460		(300℃)	570
在 20~100℃时的线膨胀系数 $\alpha/10^{-6}\cdot K^{-1}$	11		(400℃)	540
电阻率/$m\Omega\cdot m$	0.6	最低伸长率 A_5/%		15
弹性模量/GPa	215	最低冲击功 α_K/$J\cdot cm^{-2}$		59
最低抗拉强度/MPa	830	硬度（HB）		260~300
最低规定塑性延伸强度/MPa	(20℃)620			

2.2.4.2　022Cr13Ni6MoNb[27,28]

022Cr13Ni6MoNb 是耐蚀性能优良，强韧性适中的超马氏体不锈钢。适用于制作在腐蚀环境中工作，对韧性和中温热稳性要求较高的大截面的高强度零部件，如年产 48 万吨尿素装置的 CO_2 离心式压缩机高、低压缸的叶轮。叶轮外径 330mm、内径 133mm，技术要求为：叶轮在 25300r/min 条件下超高速运转，连续运转 3min 后，内、外径残余变形小于万分之二点五；又如用于制药厂的淀粉分离机主轴，耐腐蚀性能主轴要通过亚硫酸玉米水溶液腐蚀试验等。该牌号钢在机械、化工和原子能等工业领域有广阔的应用前景。

022Cr13Ni6MoNb 钢的化学成分见表 2-181，钢中 Cr 和 Mo 实际控制在 13.5%和 1.0%以上，Ni 含量控制在 6.5%以上，为钢耐一般腐蚀、耐硫化氢和氯离子点蚀和有机酸的腐蚀奠定了基础。钢中 $w(C)\leqslant 0.03\%$ 保证钢固溶处理后获得单一的体心立方晶格的板条马氏体组织；Ni 含量以控制钢在高温下为稳定奥氏体组织，能淬上火又不出 δ 铁素体为准；为确保大截面零部件有足够的韧性，钢在选择沉淀硬化元素时舍 Ti 用 Nb，相当于宁可舍部分高温强度，也要保中、低温的抗冲击韧性，该钢的实际使用温度仍可达400~450℃。022Cr13Ni6MoNb 钢的临界温度参考值 $Ac_1=650$℃、$Ac_3=765$℃、$Ms=153$℃、$Mf=50$℃；$\delta=-0.7$，PRE（点蚀指数）= 17.7。

022Cr13Ni6MoNb 棒材、板材和锻材交货力学性能见表 2-204。

表 2-204　022Cr13Ni6MoNb 棒材、板材和锻材交货力学性能

冶炼方法	试样规格	取样部位	R_m/MPa	$R_{p0.2}$/MPa	A/%	Z/%	α_{KU}/$J\cdot cm^{-2}$
电渣+自耗	ϕ19mm 圆棒		910	853	22.5	78.5	>319
	20mm 厚板材		867	805	22.5	71.5	>314

续表 2-204

冶炼方法	试样规格	取样部位	R_m/MPa	$R_{p0.2}$/MPa	A/%	Z/%	α_{KU}/J · cm^{-2}
电渣+自耗	150mm 方锻材	表面	905	862	20.0	65.5	288
		T/4	887	858	21.0	69.5	288
		中心	890	858	21.5	71.0	280
电炉+电渣	16mm 厚板材		1020	930	22.0	76.0	>210
	150mm 方锻材	表面	985	940	17.5	54.5	213
		T/4	1005	980	17.0	53.0	201
		中心	1005	965	16.5	57.5	194

022Cr13Ni6MoNb 钢一般以固溶状态交货，钢在 760～1100℃ 范围内固溶处理，保温 1h 空冷，测得力学性能与固溶温度的对应关系见图 2-30。由图 2-30 可以看出：固溶温度在 760～950℃ 范围内变化时，钢的力学性能基本稳定。固溶温度大于 950℃ 时，抗拉强度随温度升高而增加，但塑性韧性指标有所下降，而且未时效试样与 580℃ 时效试样变化趋势基本一致。

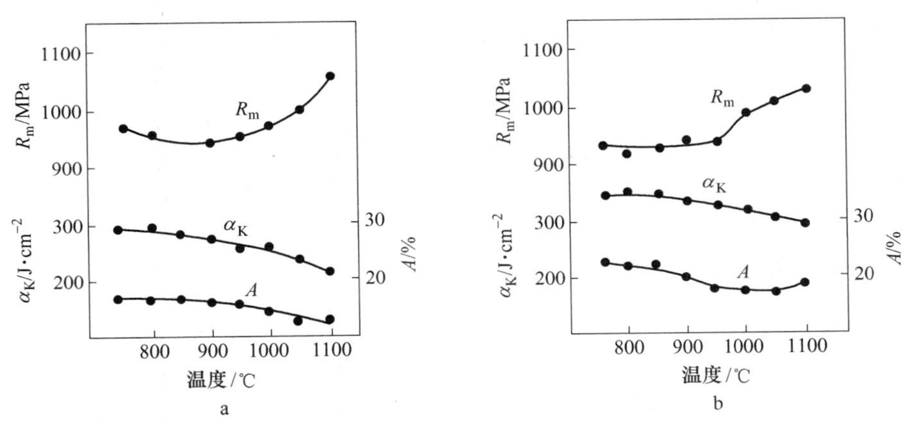

图 2-30 022Cr13Ni6MoNb 固溶温度对钢的力学性能影响[28]

a—未时效；b—580℃ 时效

抗拉强度随固溶温度变化的原因与钢的显微组织变化直接相关：950℃ 前随固溶温度提高，钢材内部热加工应力得以释放，碳化物或氮化物缓慢溶入奥氏体基体中，钢的强度稍有下降或基本不变。950℃ 后碳化物或氮化物加快分解，合金元素逐渐溶入奥氏体中，使基体得以充分强化，空冷转变为马氏体后，马氏体组织中的 C、N 和合金元素含量也偏高，所以钢的抗拉强度有小幅度上升，但塑性和韧性指标有所下降。固溶温度处理后再经 580℃ 时效的钢（图 2-30b），与未时效的钢（图 2-30a）相比抗拉强度变化不大，但塑性和韧性指标有明显提高。塑性和韧性指标的提高与钢中逆转奥氏体的增长有明显的对应关系。从图 2-25a 还可以看出：022Cr13Ni6MoNb 钢选用 850～950℃ 固溶处理可以获得最佳软化效果。

为观察时效时钢中逆转奥氏体的转变情况，将试样分别加热到 550℃、580℃、600℃、620℃、660℃、700℃，保温 2h，空冷。发现在时效过程中试样体积收缩，初始阶段变化速率较大，随后逐渐平缓；时效温度升高，试样收缩更加明显。用 X 射线衍射（XRD）法测得钢中逆转奥氏体含量，得到逆转奥氏体含量与时效温度对应关系见图 2-31。时效时间对 022Cr13Ni6MoNb 钢的力学性能的影响见表 2-205。

从图 2-31 和表 2-205 中可以看出：在 620℃以下，钢中逆转奥氏体含量随时效温度升高不断增加，620℃时逆转奥氏体含量达到最大值，说明逆转奥氏体可以在等温条件下形成和长大，其含量与等温温度和保温时间有关；当时效温度超过 620℃时，逆转奥氏体的稳定性下降，部分逆转奥氏体在空冷期间，转变为二次马氏体（M″）；时效温度提高到 700℃时，逆转奥氏体在空冷期间全部转变为二次马氏体（M″）。在加热速度为 5℃/min 条件下，测得逆转奥氏体的转变温度 $A_S=570$℃、$A_f=686$℃。[15]

为测定时效温度对 022Cr13Ni6MoNb 钢力学性能的影响，取经 850℃×1h，空冷固溶处理的试样，分别在 300~700℃范围内进行 4h 时效处理，测定其力学性能（R_m、$R_{p0.2}$、A、Z 和 α_K），结果如图 2-32 所示。从图 2-32 中可以看出：时效温度在 440~480℃时钢的规定塑性延伸强度（$R_{p0.2}$）达到峰值。而后随时效温度升高强度下降，温度升到 620℃时强度达最低值。直至时效温度高于 620℃时强度又有所恢复。显然，440~480℃是钢的沉淀硬化相（Cr_2C 、Mo_2C、(Cr，Mo)N_2、γ″相）析出高峰区。570~620℃区间逆转奥氏体析出，并逐渐达到最大含量（2.5%→24.0%）的区间，此时，随着逆转奥氏体含量增加，

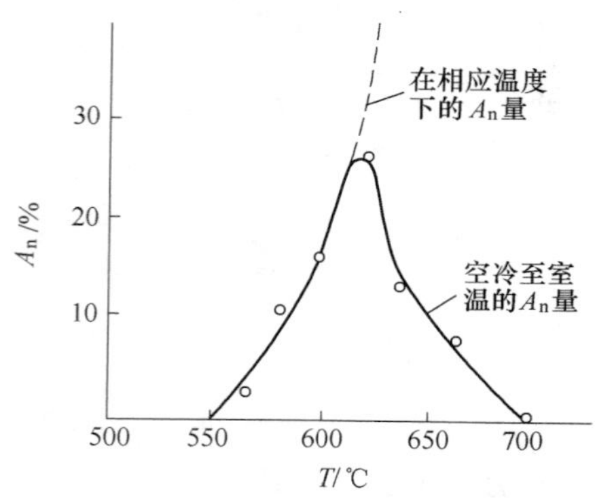

图 2-31 022Cr13Ni6MoNb 钢逆转奥氏体（A_n）含量与时效温度的对应关系[1]

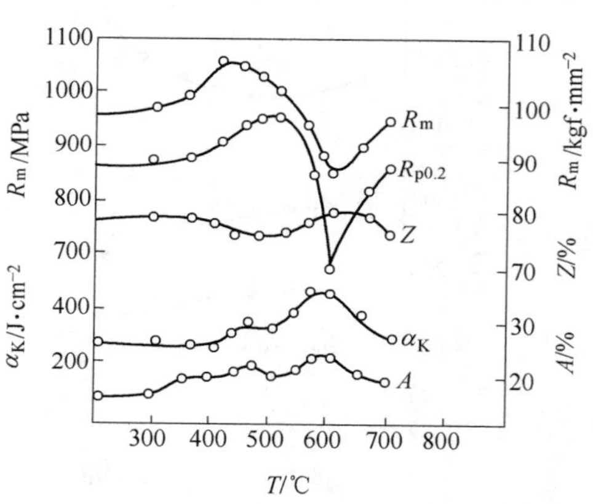

图 2-32 时效温度对 022Cr13Ni6MoNb 钢力学性能的影响[1]

表 2-205 时效时间对 022Cr13Ni6MoNb 钢的力学性能的影响（时效温度 580℃）[1]

时效时间/h	R_m/MPa	$R_{p0.2}$/MPa	A/%	Z/%	α_K/J · cm^{-2}
0	952	878	16.5	79.5	>272
0.25	981	942	21.0	75.5	>299
0.5	961	937	21.0	77.6	>298
1	956	922	20.5	75.0	>294
2	937	863	22.0	77.5	>343
4	912	853	22.5	78.5	>348
8	883	804	22.5	79.5	>357
16	873	809	23.5	76.5	>361

钢的强度下降，预计逆转奥氏体含量每增 10%，抗拉强度约降低 49~69MPa，规定塑性延伸强度（$R_{p0.2}$）约降低 98~118MPa；同时塑性（A 和 Z）和韧性（α_K）上升到最大值。时效温度>620℃进入过时效区，沉淀硬化相开始溶解，逆转奥氏体稳定性下降，空冷时分解为二次马氏体，此时强度回升，塑性和韧性缓慢下降。

022Cr13Ni6MoNb 钢的高韧性与其具有板条状低碳马氏体结构，以及过时效处理后沿马氏体板条和边界形成的逆转奥氏体有关。钢的高强度来源于板条马氏体内高密度位错结构和马氏体相变所产生的微观应变，以及时效处理时析出的沉淀硬化相。适当调整时效温度可消除基体组织的内应力，改变沉淀硬化相与逆转奥氏体之间的比例关系，获得适宜的强韧性配合。

2.2.4.3 022Cr12Ni9Cu2TiNb(Custom455/S45500/XM-16) 和 03Cr12Ni10Cu2TiNb (03X12H10Д2TБ)[2]

022Cr12Ni9Cu2TiNb 和 03Cr12Ni10Cu2TiNb 分别是美国和俄国开发的超马氏体型沉淀硬化不锈钢，该类钢 Ni 含量较高，通过热处理可有效地调控钢中逆转奥氏体含量，显著提高钢的断裂韧性和抗冲击能力，降低钢的脆性转变点、应力敏感性和氢脆敏感性。同时加入合金 Ti 和 Nb，通过时效处理，可析出 γ' 和 γ'' 型沉淀硬化相，进一步提高钢强度、硬度、耐磨和耐热性能，是一种强韧性俱佳，高低温皆宜的钢种。钢可在 450℃ 以下长期服役，瞬时的使用温度高达 850℃，主要用于制作在中温下工作、有耐蚀性要求的承力零部件，如垫片、紧固件、齿轮、阀门配件、弹簧和弹性元件等。钢具有良好的冷热加工性能，能顺利地制成棒、板、丝、带和铸件等冶金产品。在零部件制作过程中，加工、成型和焊接均很方便。

A 022Cr12Ni9Cu2TiNb 的力学性能

022Cr12Ni9Cu2TiNb 棒材、带材室温力学性能见表 2-206 和表 2-207，钢的高温瞬时拉伸性能见表 2-208，持久强度见表 2-209。

表 2-206 022Cr12Ni9Cu2TiNb（25mm）棒材室温力学性能

状态	R_m /MPa	$R_{p0.2}$ /MPa	缺口拉伸强度 $K_\tau=10$/MPa	A_4 /%	Z /%	A_{KV} /J	硬度 (HRC)
退火	995	789	1578	14	60	94.8	31
480℃时效	1680	1612	1784	10	45	12.2	49
510℃时效	1578	1510	2058	12	50	19.0	48
540℃时效	1406	1338	1990	16	55	27.1	45

表 2-207 022Cr12Ni9Cu2TiNb（4mm）带材室温力学性能

状态	R_m /MPa	$R_{p0.2}$ /MPa	$A_{L=25mm}$ /%	Z /%	硬度 (HRC)
退火	1098	926	18	54	33
480℃时效	1818	1784	8	25	51
510℃时效	1646	1612	10，40	48	—
540℃时效	1440	1406	14	45	46

表 2-208　022Cr12Ni9Cu2TiNb 钢的高温瞬时拉伸性能（815℃×30min 水淬+480℃×4h 时效空冷）

试验温度/℃	R_m/MPa	$R_{p0.2}$/MPa	A_4/%	Z/%	硬度（试验后）(HRC)
室温	1680	1625	11	48	49
260	1468	1385	10	49	49
316	1400	1290	11	50	49
371	1338	1235	12	52	49
427	1235	1139	14	56	49

表 2-209　022Cr12Ni9Cu2TiNb 钢的持久强度

热处理状态	试验温度/℃	R_m/MPa(10h)	R_m/MPa(100h)	R_m/MPa(1000h)
816℃×30min 水冷+480℃×4h 空冷	427	1034	827	641
816℃×30min 水冷+510℃×4h 空冷	427	979	807	627
	482	752	565	372

按美国 ASTM A313/A313M—2010《不锈弹簧钢丝》的规定：022Cr12Ni9Cu2TiNb 钢丝以冷拉状态交货，力学性能应符合表 2-191 要求。钢丝的冷拉减面率对力学性能的影响见表 2-210，冷加工时效钢丝室温力学性能见表 2-211，钢的断裂韧性和应力腐蚀门槛值（K_{ISCC}）见表 2-212。

表 2-210　022Cr12Ni9Cu2TiNb 钢丝的冷拉减面率对力学性能的影响（ϕ6.4mm 钢丝 816℃×30min 水冷）

冷拉减面率/%	R_m/MPa	$R_{p0.2}$/MPa	$A_{L=25mm}$/%	Z/%	硬度（HRC）
0	1015	837	13	68	.31～32
10	1070	988	10	65	32
20	1125	1056	9	62	33
30	1180	1105	8	60	34
40	1235	1180	7	58	35
50	1283	1228	6	57	36
60	1338	1297	5	54	37

表 2-211　022Cr12Ni9Cu2NbTi 冷加工时效钢丝室温力学性能（ϕ6.4mm 钢丝 480℃×4h 时效）

冷拉减面率/%	R_m/MPa	$R_{p0.2}$/MPa	$A_{L=25mm}$/%	Z/%	硬度（HRC）
0	1701	1564	6	—	49
10	1770	1674	5	—	49～50
20	1784	1729	5	—	50
30	1811	1756	4	—	510
40	1834	1784	4	—	52
50	1880	1811	4	—	52～53
60	1921	1839	4	—	54

表 2-212 钢的断裂韧性（K_{IC}）和应力腐蚀门槛值（K_{ISCC}）

状态①	温度/℃	$R_{p0.2}$/MPa	取向	K_{IC}/MPa$\sqrt{m}$	K_{ISCC}/MPa$\sqrt{m}$②
H900	室温	1760	L-T	51	—
H950	室温	1700	L-T	79	79
H1000	室温	1365	L-T	110	—

①980℃水淬再加热到518℃油淬；

②在室温 3.5%NaCl 中。

022Cr12Ni9Cu2TiNb 的疲劳断裂韧性见图 2-33。

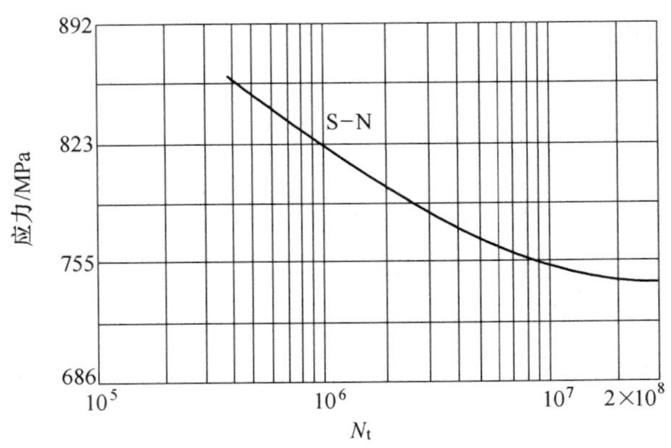

图 2-33 022Cr12Ni9Cu2TiNb 的室温疲劳强度

（棒材，815℃×30min 水淬+480℃×4h 时效空冷）

B 022Cr12Ni9Cu2NbTi 的工艺性能

（1）热加工：022Cr12Ni9Cu2NbTi 钢属于热加工性能良好的钢，热加工温度范围为 900~1260℃；为控制 δ 铁素体含量，获得良好的力学性能，加热温度应控制在 1040~1150℃范围内；为获得细晶粒组织和最佳强韧性，终加工（或吐丝）温度应控制在 815~950℃。

（2）冷加工：尽管固溶处理后的钢具有马氏体组织，但硬度仅为 31~35HRC，可以直接进行冷加工。钢的冷加工强化系数较低（见表 2-210），不需要进行多次中间退火，可实现大减面率拉拔，获得较高的强度和硬度。

（3）热处理：钢的软化退火和时效处理工艺制度简单，退火：（816~843）℃×30min，水冷。对于大截面钢材和部件，为改善横向力学性能，可选用二次退火工艺，980℃加热水冷后再加热到 816℃水冷。对棒、带、丝材产品没有必要采用二次退火工艺，退火后钢材最低硬度约为 30HRC。

钢的时效处理工艺：（480~540）℃×4h，空冷，480℃时效可得到最高强度水平，提高时效温度可改善钢的韧性，但钢的强度有所下降（见表 2-206 和表 2-207），可根据使用需要选用合适的时效温度和时效时间。

（4）焊接：此钢有优良的焊接性能，焊前不需预热，焊后不需热处理。带材选用同种成分材料，推荐采用 TIG 法焊接，接头效率可达 100%。焊后钢带经退火和时效处理，性能指标可达 80%以上。

C　022Cr12Ni9Cu2TiNb 的物理性能

022Cr12Ni9Cu2TiNb 的物理性能见表 2-213。

表 2-213　022Cr12Ni9Cu2TiNb 的物理性能（固溶处理+时效）

物理性能		技术参数
密度/g · cm^{-3}		8.4
热膨胀系数/$\times 10^{-6}$ · K^{-1}	22～93℃	10.6
	22～480℃	12.02
	22～620℃	12.55
弹性模量 E		199
弹性模量 G		75.7
泊松比 μ		0.30
导热率 λ/W · (m · K)$^{-1}$		17.16
电阻率/$\mu\Omega$ · m		0.90

2.2.4.4　015Cr12Ni10AlTi [2]

015Cr12Ni10AlTi 在超马氏体钢中属于强韧性和耐蚀性兼备的钢，该钢有良好的加工成型性能，可用于制作形状复杂、有高强度和高韧性要求，在特定腐蚀环境中工作的零部件，如供料装置的螺旋推进器、捏合元件、破碎机衬板、塑料成型的模具和模板等。

A　015Cr12Ni10AlTi 的力学性能

015Cr12Ni10AlTi 在退火条件下具有较高抗拉强度和规定塑性延伸强度，通过简单的时效处理，其抗拉强度和规定塑性延伸强度有成倍的提高，同时保留了足够的塑性和韧性。015Cr12Ni10AlTi 钢棒和钢带的室温力学性能见表 2-214 和表 2-215。

表 2-214　015Cr12Ni10AlTi（ϕ50mm）棒材室温力学性能

热处理状态	R_m/MPa	$R_{p0.2}$/MPa	A_5/%	Z/%	R_N/MPa	
					光滑试样	缺口试样
816℃×1h 退火，空冷	890	755	17	75	—	—
816℃×1h 退火，空冷+480℃×3h 时效处理，空冷	1545	1475	12	60	670	295

表 2-215　015Cr12Ni10AlTi 钢带材室温力学性能

带材厚度/mm	热处理状态	R_m/MPa	$R_{p0.2}$/MPa	A_5/%
1.5	816℃×1h 退火，空冷	1050	910	9.5
0.76		1015	860	5.5
0.38		1065	890	4.0
0.20		1010	870	3.2
0.10		1065	945	2.3
1.5	816℃×1h 退火，空冷+482℃×3h 时效处理，空冷	1710	1680	5.0
0.76		1695	1665	4.5
0.38		1695	1660	3.8
0.20		1690	1655	2.7
0.10		1690	1630	2.3

时效温度对015Cr12Ni10AlTi钢室温力学性能的影响见表2-216，钢的高温力学性能见表2-217。

表2-216 时效温度对015Cr12Ni10AlTi钢室温力学性能的影响

时效温度/℃	R_m/MPa	$R_{p0.2}$/MPa	A_5/%	Z/%	硬度（HRC）
482	1545	1490	12	60	48
510	1530	1475	12	60	47
538	1475	1425	14	66	46
566	1305	1260	16	68	42

表2-217 015Cr12Ni10AlTi钢的高温力学性能

试验温度/℃	R_m/MPa	$R_{p0.2}$/MPa	A_5/%	Z/%
204	1270	1200	14	61
316	1185	1130	14	62
427	995	925	16	67
538	650	590	35	85

B 015Cr12Ni10AlTi的耐蚀性能

015Cr12Ni10AlTi钢在大气中的耐蚀性能相当于06Cr18Ni9和Cr17型铁素体不锈钢；在盐雾试验中的耐蚀性能不如1Cr17而优于12Cr13；在沸腾20%H_3PO_4、60%醋酸、25%和65%HNO_3中，其耐蚀性能稍优于12Cr13，但不如06Cr18Ni9和10Cr17。

C 015Cr12Ni10AlTi的工艺性能

（1）热加工：015Cr12Ni10AlTi属于热加工性能良好的钢，钢的热加工温度范围为1040~1230℃。为获得细晶粒组织和最佳强韧性，终加工（或吐丝）温度应控制在816~927℃。热加工变形率应尽可能大点，至少应大于20%，加工后空冷到室温。

（2）热处理：钢的使用状态为固溶处理+时效处理，固溶处理为816℃×1h空冷，应根据使用要求选择合适的时效温度，保温3h后空冷即可。

（3）焊接：钢的焊接性能良好，无论在退火或时效状态下均容易焊接，可选用惰性气体保护焊和手工电弧焊接方法。应选用与母材相同的焊接材料，焊前不需要预热，焊后只要进行480℃时效处理，焊口即可获得与母材相近的强度和韧性。

D 015Cr12Ni10AlTi的物理性能

015Cr12Ni10AlTi钢的物理性能见表2-218。

表2-218 015Cr12Ni10AlTi钢的物理性能

密度/$g \cdot cm^{-3}$	线膨胀系数/$\times10^{-6} \cdot K^{-1}$			弹性模量/GPa		泊松比
	21~302℃	21~93℃	21~566℃	E	G	
7.75	10.98	11.52	12.06	199	72	0.30

2.2.4.5 02Cr12Ni9Mo4Cu2TiAl（瑞典1RK91/S46910）

02Cr12Ni9Mo4Cu2TiAl（1RK91）是瑞典山特维克（Sandvik）公司20世纪90年代初

研制的超高强度、高韧性超马氏体不锈钢。与传统的以合金碳化物或氮化物为主要的强化相使钢达到高强度的观念不同，该钢以 Fe-Cr-Ni 为基体，以 Cu、Mo、Ti、Al 作为强化元素，将 C 控制到≤0.02%的水平。首先通过固溶处理，使合金元素充分溶入基体中，然后快冷，获得合金元素过饱和的板条状马氏体组织；再进行时效处理，从马氏体基体中析出以金属间化合物为主的沉淀硬化相，同时使部分马氏体产生逆转变，形成逆转奥氏体。1RK91 钢以金属间化合物作为强化相，以逆转奥氏体作为韧化相，使钢获得最佳的强韧性配合，而 C 作为对强韧性起有害作用的元素，被列入控制存在行列。无论从理论上，还是实践上，该钢种的研制被看成是超高强度钢的突破性的进展。

1RK91 钢通过 1000℃左右固溶后，可冷加工制成棒材、板材、钢丝和钢带等冶金产品，再经 450~475℃时效处理，在获得 3000MPa 的高强度条件下仍具有良好塑性和优异的断裂韧性；同时还具有优良的冷加工性能和焊接性能，良好的耐腐蚀性能和抗过时效性能，用于制造在多种复杂条件下使用的零部件和器械。山特维克（Sandvik）的 1RK91 通过 Vitro（细胞毒性）试验，验证钢不具有任何潜在的细胞毒性，因此能安全地与人类组织、体液或血液接触，符合所有相关过敏和皮肤刺激试验标准的要求。目前主要用于制造电动剃须刀网孔刀片，医用缝合针、手术刀片、钻孔器、剪刀、锉刀、夹钳、冲子、导向器等外科医疗器械。

A　山特维克（Sandvik）1RK91 钢的品种和主要技术参数

a　1RK91（02Cr12Ni9Mo4Cu2TiAl）钢的品种

Sandvik 产品说明书给出的 1RK91 的化学成分见表 2-219，钢的统一数字代号为 UNS S46910，相应产品标准有：ASTM A959—2009（ASTM F899）和 ISO 16061。

表 2-219　Sandvik 1RK91 钢企标、实物及相应牌号的化学成分

牌号	C	Si	Mn	P	S	Cr	Ni	Mo	Cu	Ti	Al	标　准
1RK91	≤0.02	≤0.5	≤0.5	≤0.020	≤0.005	12	9	4	2.0	0.9	0.4	Sandvik 企标
S46910	≤0.03	≤0.70	≤1.00	≤0.030	≤0.015	11.0~13.0	8.0~10.0	3.5~5.0	1.5~3.5	0.50~1.20	0.15~0.50	ASTM A959—2009
S46910	≤0.03	≤0.70	≤1.00	≤0.030	≤0.015	11.0~13.0	8.0~10.0	3.5~5.0	1.5~3.5	—	0.15~0.50	ASTM F899—2009
实物值	0.015	0.40	0.30	0.010	0.003	12.3	8.9	4.2	2.2	1.0	0.35	

b　1RK91（02Cr12Ni9Mo4Cu2TiAl）钢的主要技术参数

钢的品种有棒材、板材、钢丝和钢带。钢丝交货表面状态有：表面涂层、冷拉光亮表面和圆截面直条，不同表面状态供货规格范围见表 2-220，盘圈钢丝、直条钢丝和钢棒的直径及允许偏差见表 2-221~表 2-223；不同品种、不同状态钢材在 20℃（68℉）时的力学性能见表 2-224。

表 2-220　钢丝不同表面状态供货规格范围

表面状态	规格范围/mm(in)
表面涂层	0.30~10.00(0.012~0.4)
冷拉光亮表面	0.10~1.50(0.004~0.059)
圆截面直条	0.60~10.00(0.024~0.4)

表 2-221 钢丝直径及允许偏差 (mm)

钢丝直径	直径允许偏差（±）	椭圆度（≤）
0. 10~0. 125	0. 004	—
>0. 125~0. 25	0. 005	0. 003
>0. 125~0. 25	0. 007	0. 004
>0. 25~0. 50	0. 009	0. 005
>0. 50~1. 00	0. 011	0. 006
>1. 60~2. 50	0. 014	0. 008
>2. 50~6. 00		

表 2-222 圆截面直条钢丝和钢棒的直径及允许偏差

直径范围/mm	允许偏差/mm
0. 6~100. 0	h8(ISO SMS 2141)

钢带以冷拉状态交货，钢带厚度和宽度的标准供货范围见表 2-223，根据用户要求，可提供其他尺寸的钢带。

表 2-223 钢带厚度和宽度的标准供货范围

钢带厚度/mm	钢带宽度/mm
0. 015~4. 00①	2~330

①取决于对抗拉强度的要求；冷轧带以卷状、条束状或定尺切断状态供货。

钢的强度取决于冷加工变形量和产品最终尺寸，强度的大小与产品品种和工艺流程有关，不同品种、不同状态钢材在 20℃（68℉）时的力学性能见表 2-224。

表 2-224 不同品种、不同状态钢材在 20℃（68℉）时的力学性能

品种	状态	抗拉强度 R_m/MPa	规定塑性延伸强度 $R_{p0.2}$①/MPa
棒材	冷加工	—	1100
	时效	1000~2100	900~1800
板材	冷加工	950~1850	600~1800
	时效	1400~2500	1200~2400
圆钢丝	冷加工	950~2150	—
	时效	1400~3100	—
带材	退火	≤750	≤350
	冷轧	950~1850	600~1800
	冷轧+时效	1400~2600	1200~2500

注：1MPa=1N/mm²。

①$R_{p0.2}$规定塑性延伸强度（即原屈服强度、规定非比例延伸强度，按 GB/T 228—2010 规定改称为规定塑性延伸强度）。

经冷加工，抗拉强度达到 1650MPa 后，再在 475~530℃进行 4h 时效处理的 1RK91 钢的试样在高温下的实测抗拉强度值见表 2-225。

表 2-225　不同品种钢材的高温力学性能

温度/℃	抗拉强度 R_m/MPa	
	棒材	丝材和带材
20	2000	2450
100	1900	2400
200	1770	2200
300	1630	2125
400	1510	1975

注：试样为 1650MPa 冷加工钢材，再经（475～530）℃×4 h 时效处理，测定其在不同温度下的 R_m。

c　时效处理对力学性能的影响

山特维克（Sandvik）的 1RK91 钢丝的最佳时效处理工艺为 475℃×4h，时效对抗拉强度的影响见表 2-226。

表 2-226　时效处理对钢的力学性能的影响

冷拉抗拉强度/MPa	时效后抗拉强度/MPa
950	1300
1000	1600
1200	2000
1500	2300
1800	2600

注：钢丝的最佳时效处理工艺为 475℃×4h。

d　物理性能

1RK91 钢的物理性能与许多工艺因素有关：包括合金元素含量、热处理和生产工艺流程等。下面给出的性能数据可用于粗略的计算。

密度：7.9g/cm^3；电阻率：冷拉状态 0.97μΩ · m，时效状态 0.83μΩ · m。

弹性模量（E）取决于钢丝尺寸及冷拉减面率，对棒材无法提供参考数据，但钢丝和直条钢丝的弹性模量（E）能达到 185～200GPa。

导热系数和比热容见表 2-227。

表 2-227　钢的导热系数和比热容

温度/℃	导热系数/W · (m · ℃)$^{-1}$	比热容/J · (kg · ℃)$^{-1}$
20	14	455
100	16	490
200	18	525
300	20	560
400	21	600

注：热处理（时效）状态钢。

1RK91 钢在不同温度范围内的热膨胀系数平均值与碳素钢接近，相对于常规奥氏体其热膨胀系数要小得多，见表 2-228。

表 2-228 不同状态钢丝的热膨胀系数平均值①

状态	温度范围/℃			
	30~100	30~200	30~300	30~400
冷拉	11.2	11.5	11.5	11.5
时效	11.2	12.0	12.0	12.5
比较钢种：				
碳素钢（w(C)=0.2%）	12.5	13.0	13.5	14.0
ASTM304L	16.5	17.5	18.0	18.0

①度量单位×10^{-6}/℃。

e 耐点状腐蚀和缝隙腐蚀性能

钢的临界点蚀温度（CPT）用电化学法测定。在 pH=6.0 的 NaCl 溶液中，圆形试样施加 300mV 恒电压条件下，以腐蚀量 600μm 为判定标准，测定不同 NaCl 浓度所对应的临界点蚀温度见图 2-34，数据为 6 个试样的（CPT）比较平均值。

图 2-35 为钢耐一般腐蚀的图解。从图中可以看出：1RK91 钢的耐点腐蚀性优于 304 和 316，耐一般腐蚀性能介于 304 和 316 之间。

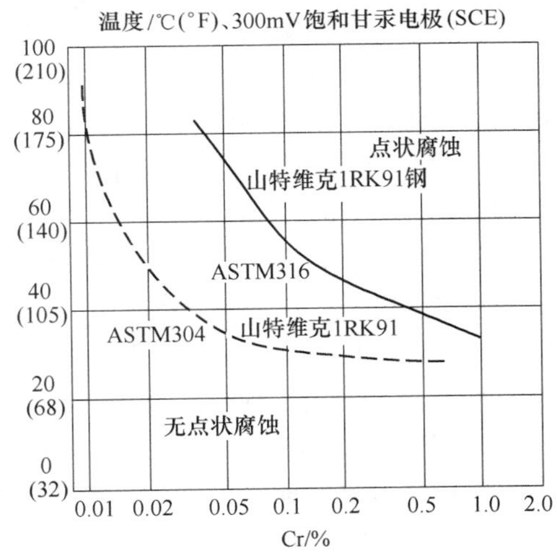

图 2-34 在恒电压、不同浓度的 NaCl 溶液中，1RK91 与 ASTM304 和 316 的临界点蚀温度（+300mV 饱和甘汞电极（SCE），pH=6.0）

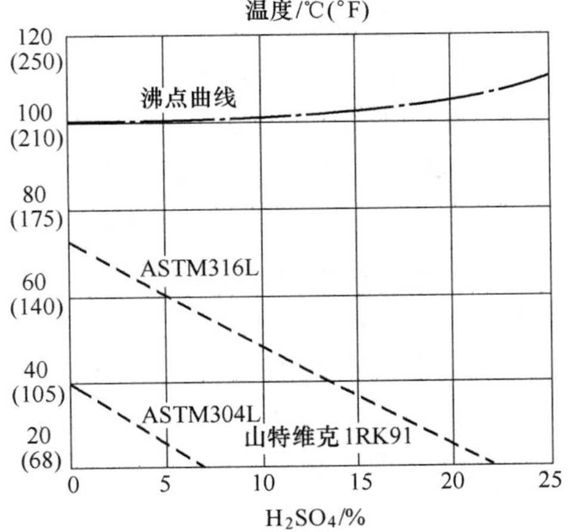

图 2-35 1RK91 与 ASTM304 和 316 浸泡在硫酸中的腐蚀率对比（1RK91 对应点的腐蚀率为 0.1mm/年）

B 02Cr12Ni9Mo4Cu2TiAl 生产工艺控制要点

从 02Cr12Ni9Mo4Cu2TiAl 钢的化学成分规范看，钢处在两相区附近，其力学性能对化学成分非常敏感。从实际生产的情况来看，钢化学成分的微小变动都会导致性能的急剧变化。

a　钢的化学成分控制

（1）C 含量的控制：C 是钢铁材料中最常用的强化元素，主要以固溶强化和碳化物析出强化两种方式发挥作用。碳化物析出强化效果显著，并随 C 含量增加强度和硬度呈直线上升，但钢的塑性、韧性和工艺性能同时呈直线下降。为提高 02Cr12Ni9Mo4Cu2TiAl 钢的韧性、耐蚀性、可焊性和冷加工性能，规范将钢中 C 含量控制在 0.03%以下。固溶强化效果与强化元素在钢中的溶解度密切相关，C 在 γ-Fe 中的最大溶解度 2.06%，在 α-Fe 中最大溶解度 0.02%，为避免碳化物析出，Sandvik 将 1RK91 的 C 含量规范为≤0.02%也是很有道理的。本书 2.2.12 节中已经介绍："实际上微量 C 的存在，对 Cr-Ni 钢中板条状马氏体的强度影响很大，无碳钢的 $R_{p0.2}$ = 290MPa，而 w(C) = 0.02% 的钢 $R_{p0.2}$ = 685MPa"，即每提高 0.001%的 C 含量，马氏体基体的规定塑性延伸强度（$R_{p0.2}$）可提高 20MPa，而且固溶状态 C 含量的提高，对钢的塑性、韧性和工艺性能并无实质性的影响，笔者认为：实际生产中可将 C 含量控制在 0.015%左右。

（2）以 12Cr-9Ni 为基体是一个经典选择：12%正好是不锈钢中 Cr 含量≥1/8 的原子比（相当于质量分数 11.65%）的第 1 个耐蚀性能突变点，含 12%Cr 的马氏体钢的耐蚀性能与同等强度奥氏体基本相当，此时钢中 δ 铁素体体积分数约为 5%~10%，钢的热塑性无明显下降，且具有良好的冷变形能力和可焊性。Cr 的规范为 11.0%~13.0%。如进一步提高钢中 Cr 含量，虽可提高钢的耐蚀性能，但会引发钢中 δ 铁素体含量快速增加，当 δ 铁素体含量达 15%~35%或更高时，钢的热加工塑性最差，强度和硬度也明显下降。综合考虑，Cr 的规范应为 11.7%~13.0%。

9%的 Ni 可保证钢的 *Ms* 点接近室温，固溶空冷后可获得以板条状马氏体和少量残留奥氏体（体积分数约 10%）为主的显微组织，有利于冷加工成型。Ni 的规范为 8.0%~10.0%，如降低 Ni 含量会导致钢的 *Ms* 点上升，残留奥氏体量下降或不含残留奥氏体，钢的冷加工性能下降，甚至无法进行深冷加工。提高 Ni 含量会导致钢的 *Ms* 点降到 0℃以下，马氏体转变不完全，造成残留奥氏体量增多，钢的强度和硬度上不去。

（3）Mo 含量的控制：不锈钢的钝化作用是在氧化性介质中形成的，通常所说的耐腐蚀，多指氧化介质而言。在非氧化性酸中，特别是在含有氯离子（Cl）的介质中，Cr 不锈钢和 Cr-Ni 不锈钢均有较强的点蚀和缝隙腐蚀倾向，钼能促使不锈钢表面钝化，提高不锈钢在非氧化性介质（如硫酸、有机酸和尿素）中的抗点腐蚀和缝隙腐蚀的能力。

Mo 是铁素体形成元素，具有强化铁素体的功能 w(Mo)≥3.0%的钢，每增加 1%的 Mo，强度将增加 56MPa。Mo 还能改善奥氏体不锈钢的高温力学性能。但随 Mo 含量的增加，钢在较低温度（950~1050℃）下固溶处理，δ-铁素体析出量偏高（>10%），需通过提高固溶温度来减少 δ-铁素体析出量。Mo 的存在可以阻止析出相沿原奥氏体晶界析出，从而避免了沿晶断裂、提高了钢断裂韧性。Mo 增强马氏不锈钢的回火稳定性和产生二次回火硬化效应。在本钢种中，Mo 是最重要的沉淀硬化元素，富 Mo（含量 48%）R′相的析出是 1RK91 钢具有超高强度和良好韧性的根源。Mo 的规范为 3.5%~5.0%，如进一步提高钢中 Mo 含量，在增加钢中 δ 含量的同时，还会使钢固溶空冷后残余奥氏体量增加，Mo 提高钢中残余奥氏体含量的效应相当于 0.6Ni。

（4）Cu 含量的控制：Cu 是奥氏体的形成元素，在 Fe 中溶解度有限：Cu 在 γ-Fe 中最大溶解度 8.5%，在 α-Fe 中最大溶解度 1.0%（700℃）、0.2%（室温）。含 w(Cu)≥

0.4%的低碳钢在400~550℃范围内回火、或正火时析出ε相，钢就产生明显的强化效应。铜不仅对钢的强度而且对耐腐蚀性能也有良好的作用，是应用广泛的合金化元素，因含Cu钢在氧化层下形成Cu的富集层，阻止氧化物继续向金属内部渗透，故在耐蚀钢中一般均含有0.4%~1.0%的铜。奥氏体和马氏体不锈钢中加入Cu，可显著提高钢的耐硫酸和盐酸腐蚀性能，也能提高钢的耐应力腐蚀性能；含铜不锈钢钢水流动性较好，容易铸成高质量的部件；铜还能提高不锈钢的冷加工性能，含Cu奥氏体钢多作为冷顶锻钢使用。

超马氏体不锈钢中的Cu除用于提高耐蚀性能外，更主要是用于析出沉淀硬化相。富铜的ε相，是时效时最早析出的沉淀硬化相，ε相在晶内弥散析出，可快速提高钢的室温和中温强度。在后续时效过程中ε相起引导作用，$Ni_3(TiAl)$ 等沉淀硬化以其为核心，陆续析出、长大。Cu的规范为1.5%~3.5%，当马氏体钢中 $w(Cu)>3.5\%$时，钢会产生热加工铜脆。

（5）Ti含量的控制：Ti是02Cr12Ni9Mo4Cu2TiAl钢中最有效的强化元素，每添加0.1%的钛，强度增加54MPa。Ti的规范为0.5%~1.2%，当马氏体钢中 $w(Ti)>1.2\%$时，钢的塑性和韧性严重恶化，所以Ti的加入量要有一定限制，通过添加Cr和Mo可在一定程度上抑制Ti的脆化效应。

除固溶强化外，Ti的强化作用还来自于细晶强化和析出沉淀硬化相两个方面。Ti能有效细化晶粒，提高合金的强韧性。晶界是位错运动的障碍，细化晶粒可使钢的屈服强度提高。晶界可把塑性延伸限定在一定的范围内，使变形均匀化，因此细化晶粒可以提高钢的塑性。晶界又是裂纹扩展的阻力，所以细化晶粒还可以改善钢的韧性。Ti含量对钢的晶粒度（μm）的影响见图2-36。

Ti在钢中是以η相，即Ni_3Ti或$Ni_3(Ti, Mo)$的形态析出强化的，η相是在奥氏体基体上析出的，所以η相的强化效果与Ti在奥氏体中的溶解度密切相关，为增加Ti的溶解度应根据Ti含量调整钢的固溶处理温度：李驹等研究表明[29]：1RK91在950~1000℃固溶处理后，钢中δ铁素体含量较多，并以网状形态分布于原奥氏体晶界，提高固溶处理温度δ铁素体数量逐渐减少，其分布形态也转变成颗粒状，均匀分布于晶粒内。Ti同时又是增加残余奥氏体量的元素，钢中残余奥氏体量随Ti含量的上升而增多，Ti含量对残余奥氏体体积分数的影响见图2-37，存在过量的残余奥氏体意味着马氏体转变率明显降低。所以钢的最佳固溶温度应为1050~1100℃。

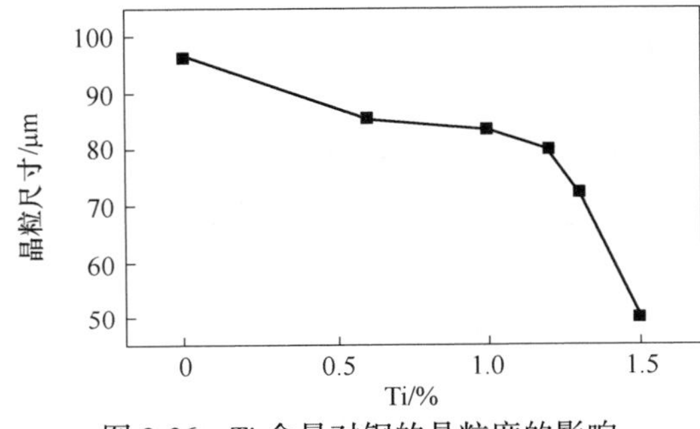

图2-36 Ti含量对钢的晶粒度的影响

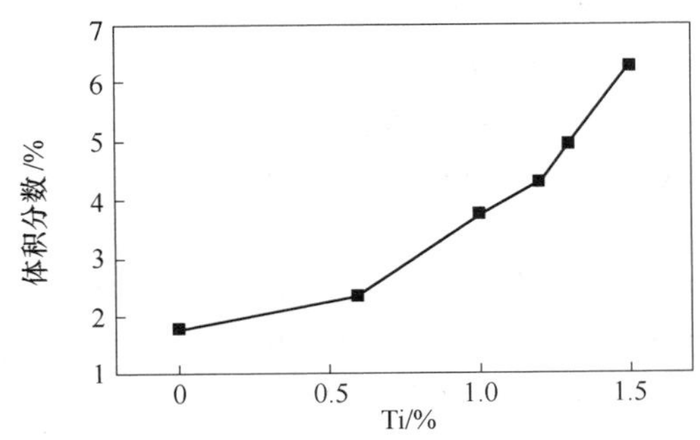

图2-37 Ti含量对残余奥氏体体积分数的影响

Ti钢的时效析出能力极强，当 $w(Ti)=0.5\%\sim1.2\%$时，Ti的金属间化合物主要弥散分布于马氏体基体中，强韧化效果显著；当 Ti 含量大于 1.5%时，析出相往往在马氏体板条界面析出，极易演变成裂纹源，并沿马氏体板条界面扩展，引发准解理开裂。

（6）Al 含量的控制：Al 是炼钢过程中最常用的脱氧固氮剂，一般钢中均含有微量的 Al。Al 是铁素体形成元素，促进铁素体形成能力是 Cr 的 2.5~3.0 倍；Al 能在钢表面形成一层致密的氧化膜 Al_2O_3，提高不锈钢的抗氧化能力。从控制钢中 δ 铁素体含量角度考虑，需要控制钢中 Al 含量。

在沉淀硬化不锈钢和超马氏体不锈钢中，Al 也是最常用的沉淀硬化元素。Al 的析出相有：γ′相：Ni_3Al、$(Ni, Co)_3(Al, Ti)$，β 相：NiAl 和 η 相：$Ni_3(Al, Ti)$，析出温度范围分别为：400~650℃、400~600℃和 450~900℃。γ′相是具有面心立方结构的有序相，具有较高的强度，并且在一定温度范围内，其强度值随温度上升而提高，同时还具有一定的塑性，这些基本特点使 γ′相成为钢和合金的主要的强化相；β 相为体心立方有序相，属于硬脆相，在 Fe 基合金中 Ni 和 Al 首先倾向于形成 NiAl，而不是 Ni_3Al，只有加入 Ti 和 Al 后才能生成具有强化效应的 γ′-$Ni_3(Ti, Al)$ 相；η 相为 $(Fe、Ni)_3Ti$ 型密排六方有序相，其组成较固定，不易固溶其他元素，η 相的强化作用取决于其形态以及与母相的位向关系（共格、半共格，有序、无序），也可以说取决于其析出温度。在马氏体时效钢和超马氏体不锈钢中，钛是最有效的强化合金元素，增加钛含量，析出强化效应更加显著。但随着钛含量增加或时效温度的提高，η 相将失去强化作用，反而造成钢的塑性和韧性严重恶化。此时，应采取相应措施抑制 η 相。η 相与 γ′相和 β 相析出温度范围不同，随时效温度升高，在被 Ti 富集的薄片内部可直接进行 γ′→η 转换。在含中等 Ti 量的钢中加入 Al，可稳定强化效果更好的 $Ni_3(Al, Ti)$相，防止 $(Fe、Ni)_3Ti$ 过早析出，所以 Ti 和 Al 同时加入比单独加入 Ti 有更好的强化效果[28]。1RK91 钢中 Al 的规范为 0.15%~0.50%，比美国 ASTM F899—2009 中 S46910（见表 2-181）的化学成分规范得更加合理。

（7）Si 是强烈的强化铁素体元素。Si 对提高铁基、镍基耐蚀合金在强氧化介质中的耐蚀性有明显作用。在高温下或在强氧化性介质中（如发烟硝酸），钢中加一定量的 Si，可在表面形成一层 SiO_2保护层，使钢的抗氧化性或抗腐蚀能力显著提高。Si 对钢的耐硫酸腐蚀也有一定作用，还可以抑制不锈钢在氯离子介质中的点腐蚀倾向。在沉淀硬化不锈钢和超马氏不锈钢中加入适量的 Si，时效时可促使钢中 η 相转化成与基体共格的 G 相（$Ni_{16}Ti_6Si_7$）增强钢的高温强化效果。但当含 Si 量高达 4%时，钢的脆性显著升高，压力加工中会产生一些困难。

从化学成分规范看，1RK91 钢的化学成分可称为超马氏体钢经典成分，其优越性能具体体现在钢的临界点和特殊性能参数中：1RK91 钢的：Ac_1 = 618℃、Ac_3 = 865℃、Ms = 14℃、M_{d30} = 72℃、A_S = 480℃、$\delta\%$ = 4.6%、A. R. I = 21.0、PRE = 24.9 和 GI = 53.8。其中，$\delta\%$表示钢中 δ 铁素体的体积分数。A. R. I 称为奥氏体保留系数，用来衡量淬火后钢中残余奥氏体留存量，数值越大，残留奥氏体留存量越大。PRE 和 GI 分别表示钢在氧化性介质和还原性介质中的点腐蚀系数，系数越大，钢的抗点腐蚀能力越强。

b 钢生产过程中显微组织和力学性能的变化

02Cr12Ni9Mo4Cu2TiAl 成品钢材的生产工艺流程主要分为 3 个环节：固溶处理、冷加工（冷拉、冷轧）和时效热处理，冶金产品交货必须完成前两个流程。时效热处理是该类钢的最终处理，需在产品制成零部件或器械后再进行处理，冶金厂要通过试样热处理，确认在标准规定范围内时效处理后，产品的力学性能符合标准要求，并提供试样时效处理的实际工艺制度。

02Cr12Ni9Mo4Cu2TiAl 半成品钢材，可参照马氏体沉淀硬化不锈钢 05Cr17Ni4Cu4Nb（17-4PH）的生产工艺，用退火消除冷加工硬化，达到软化处理的目标。02Cr12Ni9Mo4Cu2TiAl 钢的 $Ac_1=618℃$，$Ac_3=865℃$，$\delta=4.4\%$，加上冷加工后钢中产生形变马氏体和多种析出相，建议退火温度选用 750℃（过时效温度）退火，缓冷到 600℃以下出炉。当然，生产成品钢材首先应进行固溶处理。

c 固溶处理后的显微组织和力学性能

固溶处理是成品生产的第一步骤，选择固溶温度的原则是：

（1）通过固溶处理获得尽可能多的奥氏体组织，冷却后获得尽可能多的马氏体组织；

（2）使钢中析出相充分溶解，又不致使晶粒发生长大，时效后具有较佳的综合性能。

李驹等选用不同的温度对 02Cr12Ni9Mo4Cu2TiAl 钢进行固溶热处理，通过金相观察、SEM 和能谱分析、硬度分析，研究固溶温度对其组织和性能的影响，寻找合适的固溶温度，用于指导生产。

试样采用真空感应炉熔炼，浇铸成 1.8kg 重钢锭，经热锻后再切割成 12mm×12mm 方坯。钢的熔炼化学成分见表 2-229。固溶处理选用 950℃、1000℃、1050℃、1100℃、1150℃和 1200℃六个温度，保温 1h 后空冷。

表 2-229 试验用钢的熔炼化学成分[29]（质量分数,%）

C	Si	Mn	Cr	Ni	Mo	Cu	Ti	Al	Fe
0.01	0.06	0.05	12.0	8.72	4.12	2.31	1.23	0.40	余

02Cr12Ni9Mo4Cu2TiAl 钢固溶处理 1h，空冷后获得板条马氏体组织，随着固溶温度的升高，晶粒尺寸增大，马氏体数量增多。由于钢的成分介于两相区之间，固溶处理后钢中存在部分 δ 铁素体组织，随着固溶温度的升高，δ 铁素体的形态从网状分布于晶界逐渐变成椭圆状随机分布，数量逐渐减少，见图 2-38 和图 2-39。

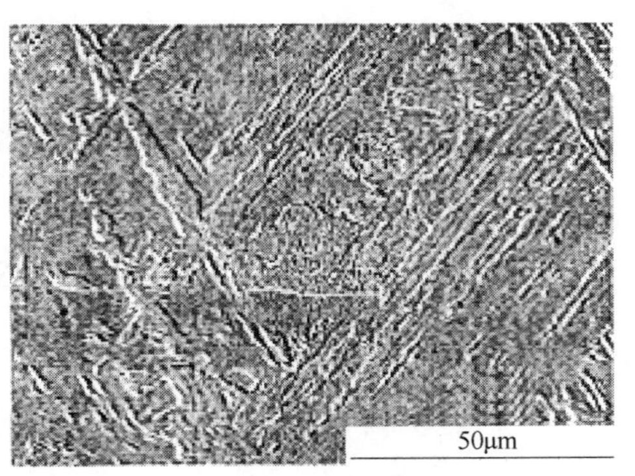

图 2-38 1200℃固溶处理 1h，空冷后的 SEM 照片[29]

从图 2-38 可以看出：钢的显微组织为一束束相互平行的细长的板条状马氏体，并呈现明显的表面浮突状。图 2-39 显示：由于马氏体内部存在大量缺陷，因而更易被浸蚀液腐蚀而呈现较深的颜色，板条之间分布的是残余奥氏体。从图 2-39a 中可以发现，950℃固溶处理后，晶粒平均尺寸约为 20μm，有个别异常长大晶粒；晶粒内马氏体分布不均匀，有较多的残余奥氏体；此外，在该温度固溶处理后的 δ 铁素体多数以椭圆状密集地分布在晶界处，形成网状，少数存在于晶粒内。随加热温度的升高，晶粒尺寸增大，金相照片清晰地显示在 1050℃和 1100℃温度范围内固溶处理时，晶粒增大不明显，但是在 1150℃和 1200℃固溶处理后，平均晶粒尺寸长到约 100μm 就比较粗大了。马氏体数量逐渐增多，表面浮突更加明显，但是马氏体形貌没有发生改变，仍保持板条状。δ 铁素体数量不断减少，从图 2-39 还可以看出，在温度为 950～1000℃时，δ 铁素体量约为 30%，而在 1200℃下几乎没有 δ 铁素体，分布形态也从网状变成长条状到椭圆球状。这是因为在高温条件下奥氏体是稳定相，它要长大，而 δ 铁素体是不稳定相，在大于 1000℃时就开始溶解，数量减少，温度不断升高，这个过程逐步加速。对于 δ 铁素体形态改变也是如此，从热力学和动力学的观点出发，在相当高的温度条件下，长条状的 δ 铁素体由于端头曲率大，压力小，化学势低，而中部曲率小，压力大，具有较高的化学势，这就产生压力差或化学势差，作为原子移动的驱动力，促使端部原子移向中间，以保持平衡或能量平衡，而成为椭圆球状[19] 02Cr12Ni9M04Cu2TiAl 钢的最佳的固溶处理温度应根据化学成分（Ti%）在 1050～1100℃之间选择。对于含 Ti 量较高（>1. 0%）的钢，如 03Cr12Ni10Cu2NbTi（03X12H10Д2TБ）耐蚀弹簧钢，应根据其 Ti 含量选择固溶加热温度，含 Ti 量为 0. 40%时，固溶加热温度应为 870～900℃，保温 2h；而含 Ti 量为 1. 50%时，其固溶加热温度应提高到 1100℃[7]。

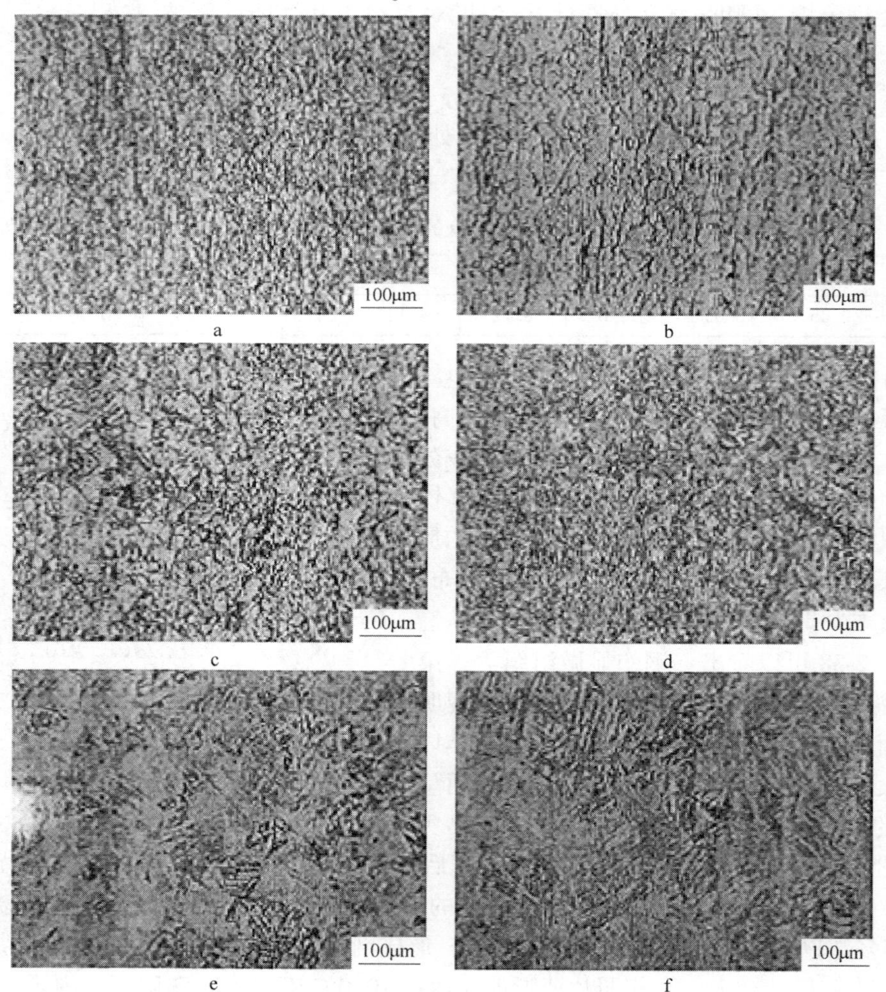

图 2-39　不同温度固溶处理 1h，空冷后的显微组织照片[33]

a—950℃；b—1000℃；c—1050℃；d—1100℃；e—1150℃；f—1200℃

固溶处理后 02Cr12Ni9Mo4Cu2TiAl 钢中，合金元素的分布极不均匀，图 2-40 显示了试样经 950℃和 1050℃固溶处理后，δ 铁素体中合金元素分布的情况：铁素体形成元素，如 Cr、Mo、Ti 的含量均高于钢的熔炼成分，特别是 Mo 含量更是高达 16. 52%和 14. 11%，而奥氏体形成元素，如 Ni 的含量，则远远低于熔炼成分，只有 2. 80%和 4. 76%。

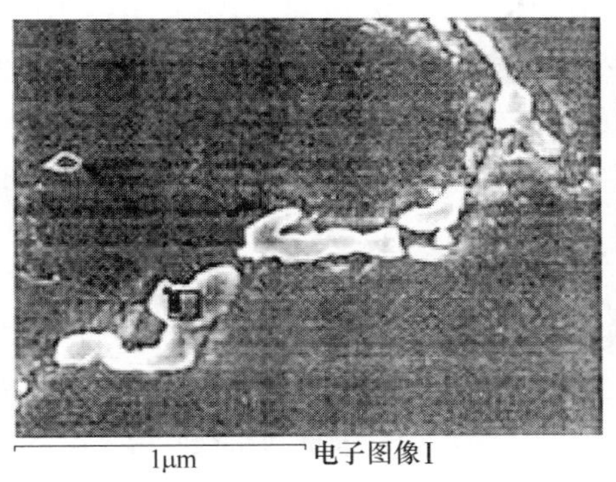

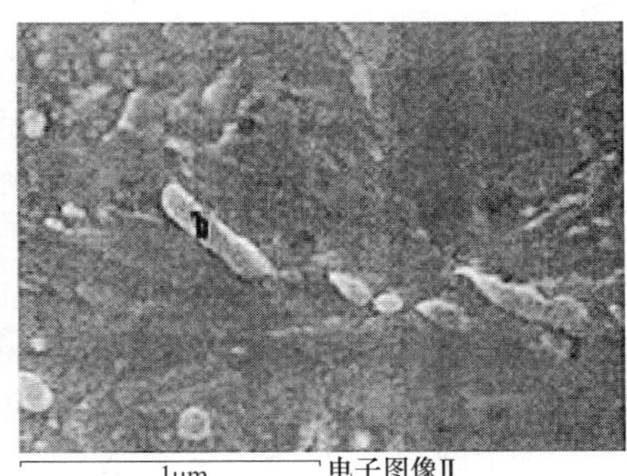

满量程128cts 光标0836(40cts) 1mV

a

满量程197cts 光标9242(1cts) 1mV

b

图 2-40 不同固溶温度下 δ 铁素体的 EDS 能谱图[29]

a—950℃；b—1050℃

同时对马氏体基体组织也进行了能谱分析，马氏体基体中合金元素含量见表 2-230 所示。从表中可以看到，在三个固溶温度下，除 Cu 含量远高出平均水平外（2. 31%），其他合金元素则达到或接近熔炼成分。马氏体基体中高浓度的 Cu 含量为时效初期富 Cu 相的首先析出提供了驱动力，通过对 1RK91 的时效初期研究表明，时效 5min 就观察到有富 Cu 颗粒团簇，并且促使富 Ni 和富 Ti 相的析出，随着富 Ni 相长大，Cu 从该相分离在富 Ni 颗粒上形成纯 Cu 薄片。

表 2-230 不同温度固溶处理后马氏体基体中合金元素含量

固溶温度 /℃	化学成分（质量分数）/%					
	Cr	Ni	Mo	Cu	Ti	Fe
950	12. 54	9. 54	4. 06	5. 01	0. 76	68. 10
1050	11. 88	10. 21	5. 35	3. 22	1. 11	68. 45
1200	11. 96	8. 22	4. 29	6. 44	1. 41	67. 67

能谱分析结果表明：δ 铁素体中的 Cr、Mo、Ti 含量均高于熔炼成分，而 Ni 含量远低

于熔炼成分；马氏体基体中 Cu 含量偏高，其他合金元素成分接近熔炼成分。合金元素的不均匀分布是造成时效后该钢中多种沉淀析出相共存，综合强韧化效果突出的重要原因。

Rack 和 Sillha 认为马氏体时效钢中形貌改变发生在 850～1000℃温度范围内，但马氏体板条尺寸或间距并不随晶粒尺寸的增大而改变。实验也证实了不同固溶温度处理后，马氏体的宏观形貌均为板条状，而未发现桁条状马氏体，固溶温度对马氏体形貌的影响比较微弱，因而对钢的硬度影响也很微弱，见图 2-41。除 1000℃下固溶硬度比较低之外（可能与含较多的 δ 铁素体有关），试样硬度随固溶温度上升基本上没有变化，平均值约为 278HV（890MPa），如钢中 C 含量增加到 0.015%时，钢固溶处理后的抗拉强度可增加到 980MPa 左右。

图 2-41 为固溶温度对固溶态（S. T 状态）、冷加工态和时效态试样的显微硬度影响曲线图。从图中可以看出，固溶后再经 75%冷加工变形的钢，硬度均增加到 387HV（1250MPa）左右，硬度增量 ΔHV 达 110 左右。固溶温度为 1000℃时，冷拉试样硬度达到最高值，因为起始硬度低，加工硬化稍快，硬度增量 ΔHV 高达 210。最后在 450℃下时效 2h，试样硬度分别达到 663HV（2440MPa）、655HV（2390MPa）、632HV（2270MPa）、624HV（2230MPa）和 632HV（2270MPa），时效态试样硬度随固溶温度升高呈略微下降趋势。可见，随固溶温度的升高，尽管原奥氏体晶粒平均尺寸由 20μm 长大到粗大状态，但未影响固溶态、冷加工态和时效态试样的硬度值，硬化增量几乎相同。可见，晶界强化对 02Cr12Ni9Mo4Cu2TiAl 钢的作用并不明显，固溶强化对超马氏体钢的贡献比晶界强化更为重要[29]。

d　冷加工（冷拉、冷轧）对显微组织和力学性能的影响

为研究冷加工对显微组织的影响，选用经 1050℃×1h 固溶处理后的钢，按 20%、40%、60%和 75%的变形率进行冷加工，加工后截取试样测定其显微组织变化情况见图 2-42。

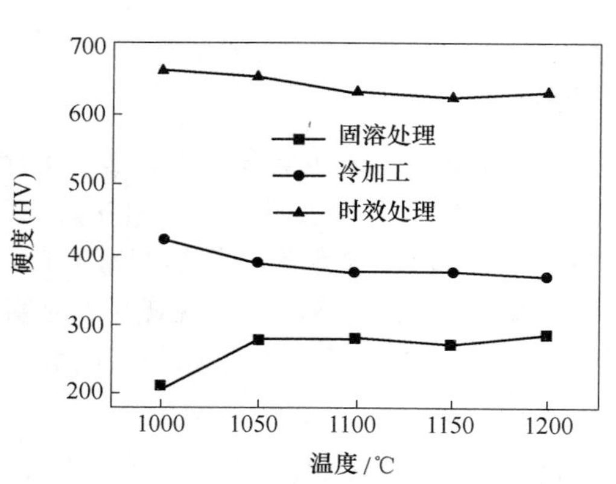

图 2-41　固溶温度对试样显微组织的影响

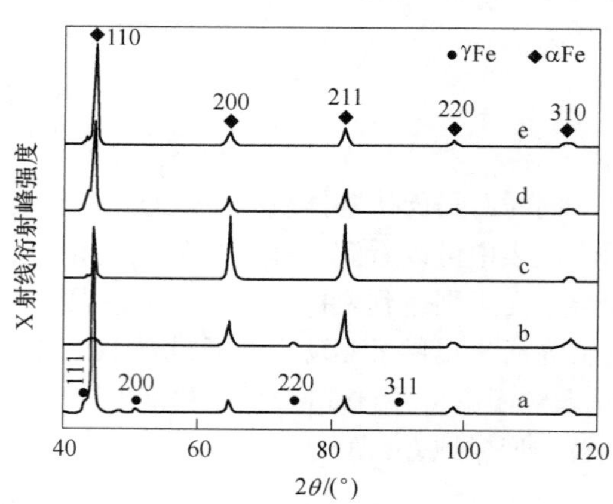

图 2-42　不同冷加工量试样的 X 射线衍射图谱[29]

a—0%；b—20%；c—40%；d—60%；e—75%

从图 2-42 的 X 射线衍射图谱可以发现，固溶处理后得到的主要是马氏体，并有少量残余奥氏体，进一步冷加工变形后，γFe 的（200）、（220）和（311）峰强度明显减小，αFe 峰强度增强，但 c 样品 αFe 的（110）、（200）、（211）峰出现了明显的织构现象。通过计算结果发现，经过 1050℃固溶后钢中残余奥氏体量为 13%，而经过 20%和 75%的冷

加工变形后残余奥氏体量减少到10%和7.7%。经查证02Cr12Ni9M04Cu2TiAl钢的奥氏体的保留系数A.R.I=21，M_{d30}=72℃，表明该合金在固溶处理后有残余奥氏体组织，在冷加工过程中部分残余奥氏体转变为形变诱发马氏体。大量冷加工变形位错在马氏体基体中堆积，使基体产生一定程度的强化，同时还为随后时效过程中金属间化合物的析出提供更多的析出点。另外，形变马氏体产生的时效强化比冷却马氏体产生的时效强化有更高的稳定性[7]。

马氏体时效前的冷加工变形被认为是强化材料的途径之一，由于超马氏体不锈钢固溶后形成的马氏体是板条马氏体，基体中含有高密度位错而无沉淀相，位错可以经过较长程滑移并相互交割，而在屈服后位错大量增殖，时效处理后，极度弥散的细小析出相钉扎住所有位错，因而位错不能长程滑移，在尚未绕过析出相或刚绕过或绕过形成少量缠结时即达到临界状态，因此位错不能大量增殖。因此钢的冷加工强化系数明显偏低，但钢的塑性未见明显下降，缺口拉伸强度有所提高。这是由于冷加工变形后马氏体晶粒细化，高密度位错的均匀分布，提供了大量的潜在形核位置并保证了较高的扩散率，从而使时效时核心的数目大大增加，为弥散析出创造了良好的条件。细小弥散的析出相粒子使位错运动的阻力增大，阻止了位错的长程运动。Stiller. K等人认为大的冷加工变形量促使时效初期富Cu颗粒团簇的析出。另外，冷变形促使部分残余奥氏体转变成形变马氏体也是该类钢的一大特点。实验表明：形变马氏体不仅使基体进一步强化，而且促使更多的金属间化合物析出。因此，时效前的冷加工是必不可少的处理工艺。

为研究冷加工对力学性能的影响，选用1050℃×1h固溶处理，空冷的钢，经不同冷加工率加工后，再在450℃进行2h的时效处理，测定其硬度变化情况见图2-43。试样固溶处理后的硬度平均值为278HV(890MPa)，冷加工率75%时钢的硬度增加到387HV(1250MPa)，硬度增量ΔHV为109，说明02Cr12Ni9Mo4Cu2TiAl钢的冷加工强化率明显偏低，经换算，冷加工钢的抗拉强度的变化可用下式测算：

$$R_m = R_0 + kQ$$

式中 R_m——冷加工后的抗拉强度，MPa；

R_0——固溶处理的抗拉强度，MPa；

k——冷加工强化系数，MPa/1%；

Q——冷加工加工率，%。

02Cr12Ni9Mo4Cu2TiAl钢的冷加工强化系数k=4.8，与铁素体不锈钢的加工强化系数基本相当，与其他类别不锈钢相去甚远。铁素体不锈钢00Cr11MoTi(409)k=4.6、10Cr17(430)k=6.4；奥氏体不锈钢06Cr17Ni12Mo2(316)k=12.4、06Cr19Ni9(304)k=13.7、12Cr18Ni9(302)k=14.5，马氏体不锈钢12Cr13(410)k=6.2、06Cr13Ni6MoNb k=9.5；沉淀硬化不锈钢07Cr17Ni7Al(17-7PH)k=13.8。

C 时效处理对02Cr12Ni9Mo4Cu2TiAl的显微组织和力学性能的影响

超马氏体不锈钢的强化由固溶强化、马氏体相变强化、细晶强化、位错与亚结构强化、晶界强化和时效强化等途径组成。在固溶态下，马氏体板条位错密度高达10^{11}~$10^{12}cm^{-2}$，这些位错缠结及亚结构并未随固溶温度的升高或晶粒尺寸的增大而改变，并在材料变形中成为位错运动的主要障碍。同时，马氏体板条晶界也成为比原奥氏体晶界更为有效的栅栏。这意味着原奥氏体晶界对位错运动的阻碍作用可能被大量间距更小的亚结构和板条界所取代，其强化作用也被淹没。因而固溶态超马氏体不锈钢在宏观上表现出强化率对屈服强度、塑韧性与晶粒尺寸的依赖关系非常微弱。经过 75%冷加工变形和时效后，在高密度位错基体中时效析出高度弥散的沉淀硬化相。通过硬度曲线图可以看出，时效处理对抗拉强度的贡献达 800~1100MPa，表明沉淀析出对超马氏体不锈钢的力学性能产生非常重要的影响。在时效过程中，金属间化合物颗粒在位错和板条界沉淀析出，形成细小的均匀分布，这样的分布有利于得到良好的强韧性配合。实验中发现，固溶态的超马氏体不锈钢的晶界腐蚀非常困难，而当试样经过冷加工变形和时效处理后腐蚀变得容易，也进一步证实在时效处理时沉淀相在晶界或板条界析出，这些沉淀相在基体中的析出使其重新成为位错滑移的主要屏障，而亚结构和板条界对位错的阻碍作用处于次要地位。因此，时效析出沉淀硬化相是超马氏体钢最重要的强化手段。

图 2-43 还显示了冷加工变形率对时效硬度的影响：经 20%，40%，60%和 75%冷加工变形，时效前后钢硬度增量 ΔHV 分别为 200，232，241 和 266，说明冷加工率对时效硬度的增量有积极的影响，钢的硬度随变形量的增加呈线性增大，变形量越大，时效硬度增量也越大。

a 准晶体（quasicrystal）及其特性[31]

原子呈周期性排列的固体物质叫做晶体，原子呈无序排列的叫做非晶体，准晶体是一种介于晶体和非晶体之间的固体。准晶体具有完全有序的结构，然而原子排列组合没有按照重复周期性对称排列，排列方式介于晶体和非晶体之间，具有晶体所不允许的宏观对称性。物质的构成由其原子排列特点而定，打个比方说，准晶体的原子排列组合类似于编织古代波斯地毯，地毯的花纹复杂有序，但没有两条地毯的花纹组合是相同的。准晶体具有凸多面体规则的外形，但显微结构与晶体的固态物质不同，有晶体物质不可能有的五重轴，见图 2-44。准晶体的发现不仅改变了人们对固体物质结构的原有认识，由此带来的相关研究成果也广泛应用于材料学、生物学等多种有助于人类生产、生活的领域。

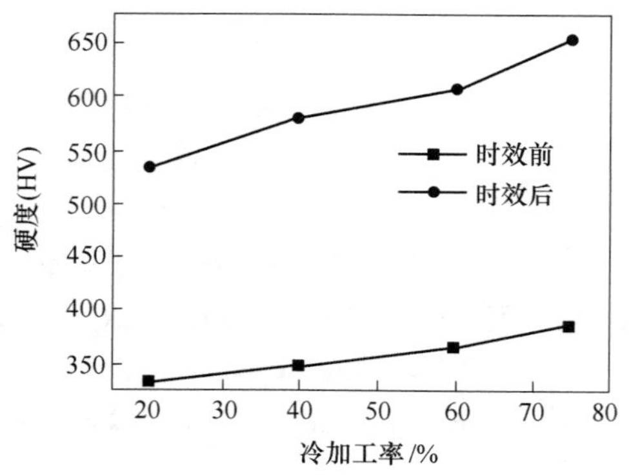

图 2-43 冷加工率对试样时效前后硬度的影响[29]

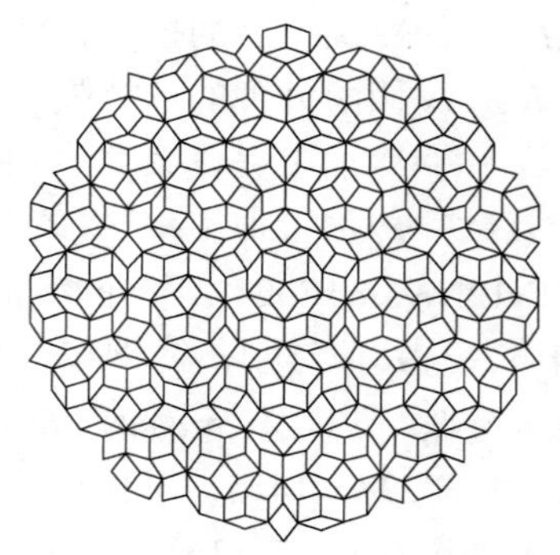

图 2-44 准晶体的显微组织结构

以色列科学家达尼埃尔·谢赫特曼（Daniel Shechtman）因 1982 年发现“准晶体”而独享 2011 年诺贝尔化学奖。据说当 30 年前谢赫特曼发现“准晶体”时，权威界认为其颠覆了固态物质的分类方式，是无稽之谈；人们普遍认为，晶体内的原子都以周期性不断重复的对称模式排列，这种重复结构是形成晶体所必需的，自然界中不可能存在具有谢赫特曼发现的那种原子排列方式的晶体。根据晶体局限定理（crystallogra phic restriction theorem)，普通晶体只能具有二次、三次、四次或六次旋转对称性。三维晶体不可能具有5次和6次以上的对称轴，但准晶体的原子的三维排列存在5次和6次以上对称轴，可以理解为：准晶体具有完全有序的结构，然而又不具有晶体所应有的空间周期性。而非晶体是短程有序、长程无序的固体，即在小范围内原子的排列是规则（有序）的，但在大范围内是不规则（无序）的。

目前对准晶体的物理性能研究，无论是实验还是理论方面都还处于开始阶段。研究的瓶颈在于实验上，毫米级的大块准晶单晶不易制备、准晶合金的原子结构大都不易精确测定，无法获取准晶体的相关数据，制约了理论研究的进展。最初获得的准晶相是亚稳态的，不适于进行一些力学性能的测试。现在，在Al-Li-Cu、Al-Cu-Fe和Al-Cu-Co合金系中已发现了大量热力学稳定的准晶，人们还可以通过普通的凝固方法制备出高质量，大晶块的准晶。目前已有上百种合金被观测到了准晶相，它们大部分都是Al基二元素或三元素合金，或者是与Al相类似的Ga及Ti元素的合金。

2009年，意大利佛罗伦萨大学的科学家卢卡·宾迪和同事在俄罗斯东部哈泰尔卡湖获取的矿物样本中发现了天然准晶体，这种新矿物质由铝、铜和铁组成。分析表明，“准晶体”这种结构能天然形成而且也能在自然环境下保持稳定。科学家莫刚最新研究的成果认为：俄罗斯天然准晶体或为太空陨石，岩石中氧元素的相对丰度与地球上的岩石有很大不同，更接近于太空流星的丰度，是陨石与地球高速撞击中时落入地下的。准晶体能在很多环境下自然产生，而且，在宇宙学时标（足以明显看出宇宙演化的时间尺度，动辄以亿年为单位）上保持稳定。

准晶体材料的组分是金属，但它的导电性和导热性比晶体金属材料低很多，而且电导率和导热率随温度升高而增加，更像非晶体材料——玻璃。与同类金属晶体合金相比，准晶体材料的Seebeck系数比较高（Seebeck塞贝克效应：指两种不同金属串联成闭合回路，当两个结点处于不同温度时，在回路内有电流产生，即两结点间产生电动势）。

准晶体具有密度小、摩擦系数低和非黏性的优点，在高温下比晶体更有弹性，十分坚硬，抗变形能力也很强，耐腐蚀、抗氧化，准晶的这些特性使其能作为一种弥散强化相，用来提高金属基体的强度。每种晶体都有自己确定的熔点，准晶体也应如此，只是准晶体中缺陷很多，熔点不易测准。

20世纪90年代中期，瑞典高科技工业集团山特维克的研发工程师在钢中率先发现了“准晶体”，在实践中印证了谢赫特曼的发现。这种“准晶体”是一种纳米析出物，其强度和硬度都很高，热稳定性也很好，最初山特维克是在化学成分（质量分数）为Cr12%、Ni9%、Mo4%、Cu2%、Ti0.9%、Al0.3%的1RK91钢中发现“准晶体”的，准晶体析出物被命名为R′相。

R′相具有二十面体准晶结构，按晶体学观念五次对称性和周期性是不能共存的。如果坚持五次对称，就必须考虑准周期性，沿与5次轴正交的一个轴看去，线段的长度并不是随意的，彭罗斯（Penrose）以拼图方式展示二十面体的结构，见图2-45。图中二十面体由一胖一瘦的两种四边形（内角分别为72°、108°和36°、144°）镶拼而成，两种四边形的数量之比，以及四边形的边长之比恰好均为黄金分割数1.618（通常称为τ），经检测，准晶体内原子之间的距离之比也往往趋近于这个值。τ和π一样是无限循环数，因此可以理解为：准周期性的特征是无理数。R′相成分为 48%Mo-33%Fe-13%Cr-2%Ni-4%Si，具有准晶体独特的属性：坚硬又有弹性、耐磨、耐蚀又耐热，特别适合用作超高强度钢的沉淀强化相。科学家尝试去合成纯的准晶体，但是离开了这种成分的钢还没有办法实现。也就是说，目前还没有办法在其他钢中应用“准晶体”来改善钢的性能。Mats Hättestrand 等人[32]在观察经 475℃时效 100h 时效的 1RK91 钢时发现：二十面体准晶结构的 R′相，存在于位错和板条马氏体周围，由于相中富集 Mo 和 Si，能有效地阻止析出相在长期时效过程中的长大、粗化，使钢呈现出良好的热稳定性。根据 R′相的富 Mo、Si 和贫 Ni 的特点，笔者认为 R′相是由 δ 铁素体相转化而来，见图 2-42。Ni 含量远低于马氏体基体中的含量，说明 R′相转变发生于逆转奥氏体转变之后，或与逆转奥氏体转变并行，此时 δ 铁素体和板条状马氏体中的 Ni 已被逆转奥氏体占用。

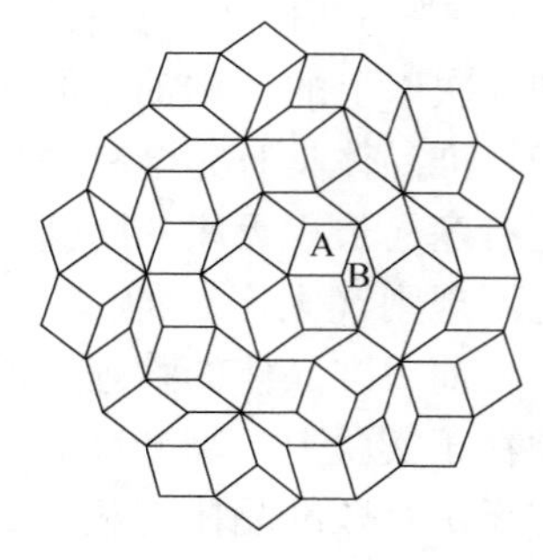

图 2-45　二十面体准晶的显微结构
A—72°、108℃胖菱；
B—36℃、144°瘦菱

1RK91 钢特定的化学成分范围使钢中板条状马氏体、δ 铁素体和逆转奥氏体并存；加之 R′相具有低密度和高硬度的特性，是在低压条件下形成的，在马氏体转变为逆转奥氏体过程中体积收缩，钢中局部形成压力较低区域，为 R′相的析出创造有利条件，这大概是唯有 1RK91 钢能产生 R′相的原因。R′相本来是脆性相，只有与逆转奥氏体并存，才能产生强韧性俱佳的效果。也可以认为是准晶体 R′相成就了 1RK91 钢的独特性能。

b　时效过程中钢的显微组织的演变

对于超马氏体不锈钢的时效过程及析出组织，研究者进行了大量深入的研究，取得一定的成果，但许多方面尚未取得一致。已达成的共识是钢时效时，显微组织的演变可分为三个阶段：马氏体的回复、沉淀硬化相析出和逆转奥氏体的形成。马氏体时效钢时效过程不存在孕育期或孕育期极短，其硬化速度极快。M. D. Perkas 认为置换型合金元素可以在马氏体体内产生应变强化，合金元素通过短程扩散而偏聚于位错线附近，形成类似 GP 区的原子集合体，尺寸非常细小，与基体保持共格关系。蔡其巩在 480℃时效 20min 的薄膜单晶衍射相上分析了有规则取向的附加漫射条纹。认为固溶体中形成了合金元素富集区或沉淀区，由于 Fe-Ni 马氏体位错常以螺形位错形式存在，位错线平行于柏氏矢量或 $\langle 111\rangle_a$ 方向，很自然地提出了沿 $\langle 111\rangle_a$ 方向形成细长条预沉淀区的假定。

钢中的时效析出相大多与基体共格，共格第二相质点产生的内应力场可以改变裂纹尖端的分布状态，通常这种应力场的作用方向与外力作用方向相反，宏观上起到了阻止裂纹形核与扩展的阻碍作用。同时，共格第二相的存在减少了位错滑移的距离，限制了具有不同柏氏矢量的位错群交阶时的位错塞积数目，防止过大的应力集中。这样，第二相强化是主要因素。板条马氏体的组织和亚结构形式决定了它的高韧性特点，在这种基体上的弥散沉淀强化又决定了其具有高强度，时效强化的效果主要取决于时效的种类、大小及分布。

在 1RK91 钢研究和开发过程中发现，除 R′相外钢中析出沉淀硬化相还有：ε相（富铜相)、Fe_2Mo (Laves 相)、Ni_3 (Al、Ti) 和 Ni_3Mo (γ' 相)，Ni_3Ti (η 相)、σ 相 (FeCr)、μ 相 (Fe_7Mo_6)、χ 相 ($Fe_{36}Cr_{12}Mo_{10}$)，以及数量较少的 G ($Ni_{16}Ti_6Si_7$) 相和 R 相 (45%Mo-31%Fe-18%Cr-4%Ni-2%Si)。普遍认为：1RK91 钢中 Ni_3(Ti、Al)、Fe_2Mo 和 Ni_3Mo 相是从马氏体中析出的；Ni_3Ti 相是从逆转奥氏体中析出的；σ 相析出温度偏高，析出过程相当缓慢，是在较高温度下长时间滞留的产物；μ 相是在 Mo 富集区生成的；χ 相是过渡相，在较窄温度范围内存在，往往在 Mo 富集区形成，很可能与 R′相有关联；在含 Ti 钢中 Si 的富集能促使 Ni_3Ti 转化成与基体共格的 G 相，从而增强 Ti 时效强化作用；R 相是一种 Mo 含量较高的金属间化合物，虽然其化学成分与 R′相相似 (48%Mo-33%Fe-13%Cr-2%Ni-4%Si)，但具有三角形晶体结构，超马氏体钢 01Cr13Ni7Mo4Co4W2Ti 中的 R 相呈条状，弥散分布在马氏体基体上，见图 1-47 和图 1-48。R 相尺寸在 10~30nm，弥散极其均匀，温度稳定性良好，强化效果显著。参见本书第 1.4 小节。R 相与 R′相两者之间化学成分和性能相似，晶体结构迥异的原因尚未查明。现将 1RK91 钢中，各种显微组织的演变过程的研究成果汇集如下，仅供参考。

Mats Hättestrand 等[32]通过三维原子力分析 (3DAP)、透射电镜 (TEM) 和能量补偿透射电镜 (EFTEM) 提出 1RK91 马氏体时效钢三种析出有助于沉淀硬化：首先析出的是富 Ni 颗粒，但其晶体结构尚不清楚；其次是二十面体准晶结构的 R′和富 Ni 相 (即 L 相)。就这些析出物对沉淀硬化的贡献而言，50%以上来自于晶体结构尚未完全弄明白的富 Ni 颗粒 (L 相)，而以后析出的 R′相因其能防止粗化，在长期时效过程中显得尤为重要。

K. Stiller 等[33]对 12Cr-9Ni-4Mo-2Cu 马氏体时效不锈钢时效初期的析出物进行研究，从 475℃下时效 5min、25min、4h 和 400h 的实验结果中发现，Cu 是时效早期析出的元素，时效 5min 后首先发生 Cu 颗粒团簇，导致基体中 Cu 元素含量下降 (Cu 在 Fe 中的溶解度比较低)，并促使含 Ti 的富 Ni 相的析出，随着富 Ni 相的长大，Cu 从该相分离在富 Ni 颗粒上形成纯 Cu 薄片，4h 后析出富 Mo 颗粒，400h 后观察到富 Mo 相有球形和圆盘形两种，尺寸为 4h 的两倍。称为 R′相，此外，还观察到 FeCr (σ 相)。并推断析出过程为：$\alpha \to \alpha +$ Cu 偏聚 $\to \alpha +$ L (富 Ni、Cu) $\to \alpha +$ Cu 相 + L + R′ $\to \alpha +$ Cu 相 + L + R′ + σ (面心立方有序相 L 相的成分为：9%Fe-4%Cr-52%Ni-15%Mo-16%Ti-4%Al)。

J. O. Nilsson 和 P. Li 等[34]研究 T12Cr-9Ni-4Mo 马氏体时效不锈钢在不同温度长时间时效下，析出物的形貌、成分、晶体类型。结果发现，475℃下等温时效主要析出物为二十面体准晶结构的 R′相 (48%Mo-33%Fe-13%Cr-2%Ni-4%Si)、少数具有有序面心立方结构的 L 相 (9%Fe-4%Cr-52%Ni-15%Mo-16%Ti-4%Al)；550℃下等温时效，主要析出物为三角晶系的 R 相 (45%Mo-31%Fe-18%Cr-4%Ni-2%Si) 和 Laves 相 (48%Mo-35%Fe-13%Cr-2%Ni-2%Si)。R′和 R 相在长时间时效过程中没有明显长大。无论在 475℃还是在 550℃下时效，都有 L 相伴随沉淀析出，L 相具有有序面心立方结构。此外作者发现在两个不同温度下时效，会产生两种不同的转变：

$$\alpha+\chi \xrightarrow{475℃} \alpha+\chi+R'+L \xrightarrow{550℃} \alpha+\chi'+\text{Laves}+R+L$$

$$\alpha+\chi \xrightarrow{550℃} \alpha+\chi+R'+R+L$$

比较两式可以看出：在 550℃二次时效过程中又产生两种转变：$\chi \to \chi'$+Laves、R′→

R 相。

S Krystyna 等[35]对 Mo 在 12Cr-9Ni-4Mo-2Cu 马氏体时效钢的析出做了详细研究，认为富 Mo 相在时效 1~2h 后形核，形核点在富 Ni 颗粒与基体的边界，因为4h 后富 Mo 颗粒密度远低于富 Cu、Ni 相，因此富 Mo 相在此并不起主要强化作用。在 400h 时效过程中至少存在三种硬化机制：

（1）1. 5~10nm 左右的富 Ni 相仍在硬化过程中起作用。

（2）板边界存在的连续的富 Ni 和富 Mo 沉淀也影响材料的硬化。

（3）基体中存在 R′相。

沙维（Sha W）等采用原子探针离子场显微镜、TEM 分析研究了超马氏体钢在时效过程中的相变。发现析出金属间化合物只存在 Fe_7Mo_6（μ 相）和 Ni_3Ti（η 相），没有单纯的 Ni_3Mo，但 Ni_3Ti 中含有较多的 Mo。研究认为，在 550℃时效 240s 即有 Ni_3Ti 产生，Mo 更倾向于偏附在已形核的 Ni_3Ti 析出物上，时效析出后期，Mo 要以 Fe_7Mo_6的形式析出，因为 Fe_7Mo_6是热力学稳定相。研究表明，Ni_3Ti 和 Ni_3Mo 均呈细长的棒状，而 Fe_2Mo 和 Fe_7Mo_6均呈球形。

Vasudervan 等对超马氏体不锈钢逆转变奥氏体形成过程进行了研究，发现析出过程中首先产生镍偏析，由于 Ni 偏析，导致富 Ni 区出现逆转变奥氏体，最后 Ni_3Ti 在逆转变奥氏体上成核长大，Ni_3Ti 析出的形状和取向由逆转变奥氏体决定，Ni_3Ti 析出后，部分逆转变奥氏体可能重新转变成马氏体。在位错和晶界上也发生同样的非均匀析出过程。在长大的最终阶段，Ni_3Ti 析出相中又溶入了一部分钼，因此实际上析出相是Ni_3(Ti，Mo)。

朱静等[21]研究认为，逆转变奥氏体沿基体螺旋位错线$<111>_\alpha$方向处析出，时效温度不同。其与基体的位向关系不同。逆转变奥氏体可能有助于超马氏体不锈钢时效时产生高强度及保持低的冷脆转变温度。

Thomas 和 Cheng 根据逆转变奥氏体的双重衍射效应，指出超马氏体不锈钢的主要强化相是高弥散度的逆转变奥氏体。Ni_3Ti 则是在逆转变奥氏体层错上形成的，进一步强化逆转变奥氏体。同时提出：时效强化过程是：马氏体→逆转变奥氏体→层错奥氏体→六角密排介稳定相 Ni_3Ti 等。这种观点认为，高弥散度的软相可以作为有效的强化相并保持高韧性，因而引起人们的重视。

图 2-46 是 450℃和 650℃下时效 2h 后的组织照片。图 2-46a 示出 450℃时效态下基体中 δ 铁素体形态，与固溶态相似，在较低温度下 δ 铁素体仍以椭圆形镶嵌在马氏体晶界附近，数量也没有显著增加；而到了 650℃时效（如图 2-46b 所示），发现部分较大的 δ 铁素体互相合并，长成大块的 δ 铁素体，直径有的甚至达到 4μm，这样的形貌显然不利于性能的提高。表 2-231 列出了 450℃时效前后马氏体基体中的元素分布情况，时效后合金元素含量接近熔炼成分，但主要的析出沉淀元素如 Cu、Ni、Mo 和 Ti 则均比时效前的固溶态低。借助场离子显微镜原子探针（APFIM）、能量补偿透射电镜（EFTEM）和透射电镜（TEM）分析研究表明：在该温度时效初期，首先发生 Cu 颗粒团簇，致使基体中 Cu 元素含量偏低，同时该团簇也促使了含 Mo 的富 Ni 相的析出沉淀，时效 1. 2h 后在富 Ni 析出相附近基体上含 Mo 的沉淀相形核，正是这些沉淀硬化相的析出导致基体中 Cu、Ni、Ti 和 Mo 元素含量的降低。

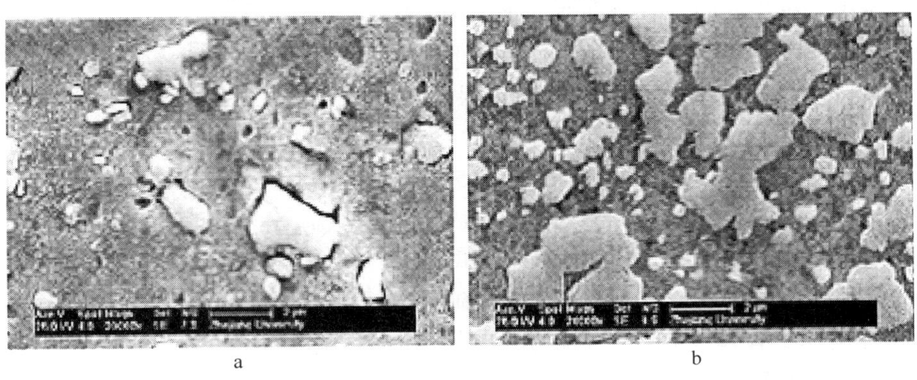

a b

图 2-46 450℃和 650℃时效 2h 后的扫描电镜照片

a—450℃；b—650℃

表 2-231 450℃时效状态与固溶状态下马氏体中合金元素含量对比

状态	化学成分（质量分数）/%					
	Cr	Ni	Mo	Cu	Ti	Fe
时效前	11.88	10.21	5.35	3.22	1.11	68.45
时效后	12.28	9.44	4.23	2.50	0.96	70.60

图 2-47 为固溶处理试样及随后 75%冷加工变形在不同温度下时效的 X 射线衍射图谱。图谱中显示，随时效温度升高，γ_{Fe}的（111）晶面衍射峰强度逐渐增强，且 γ_{Fe}的（200）、（220）、（011）晶面衍射峰在 450～550℃之间时效 2h 均未出现，600℃以上才产生，并且温度越高，衍射峰强度越强，由于在时效过程中，晶界上和马氏体板条束间会有逆转变奥氏体生成，且较高温度时效时，逆转变奥氏体量较多，对应地，在 450～750℃间时效，α_{Fe}的（110）、（200）和（211）晶面衍射峰强度则逐渐减弱，说明在高于 450℃时效已经有大量马氏体转变成逆转变奥氏体。因此较高温度下时效已不具有现实意义。最佳时效温度为 450～500℃间。

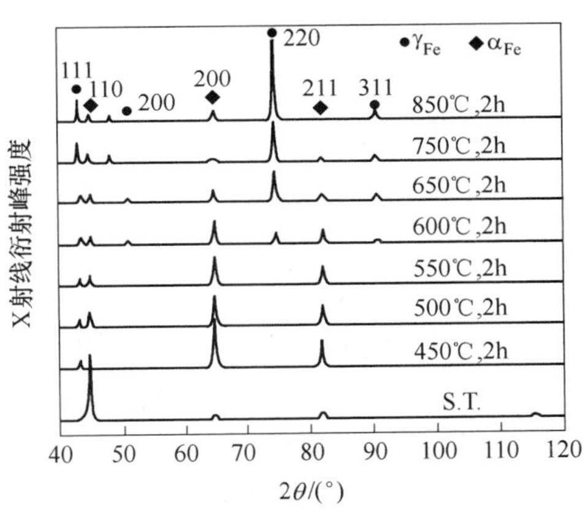

图 2-47 不同时效温度的 X 射线衍射图谱[42]

c 时效过程中钢的力学性能的变化

图 2-48 是在 1050℃固溶处理后经 75%冷加工变形，在 300～850℃间时效 2h 后硬度的变化情况，从图中可以看出，随温度不断升高，硬度值上升，至 450℃达到最大值 655HV，温度再升高，硬度急剧下降，在 650℃时效后硬度降到了固溶态水平，750℃以及更高温度时效后硬度甚至低于 300HV。

图 2-49 是经 1050℃固溶处理的钢，进行 75%冷加工变形后，450℃时效不同时间后的硬度曲线图。从图中可以看出，固溶处理后硬度为 278HV，经冷轧变形后增加到 387HV，

增幅为 110HV，硬度在时效初期迅速增加。在 2h 达到最大值 655HV，最大时效硬化增量 ΔHV 为 268，24h 内随时效时间的延长，硬度基本保持不变，再延长至 48h 和 60h 硬度略有下降。

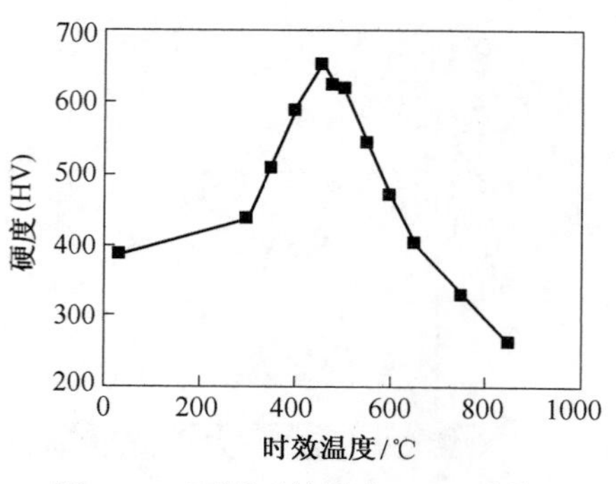

图 2-48　不同时效温度（2h 时效）与硬度的关系[42]

图 2-50 显示在 450℃，475℃、500℃和 550℃条件下，分别时效 30min、120min 和 1440min 后硬度变化情况。硬度曲线表明在各时效温度下，时效硬化速度极快，在最初 30min 内，在 450℃和 475℃时效条件下，硬度急剧增加到最大硬度值的 94%和 97%。而在 500℃和 550℃时效条件下，不到 2h 就达到硬度峰值，即产生了提前软化现象。可能在较高温度下时效，出现马氏体向奥氏体的逆转变，30min 时效硬度最大值只能达到 611HV 和 554HV，随着时间的延长，逆转奥氏体量增多，硬度不断下降。

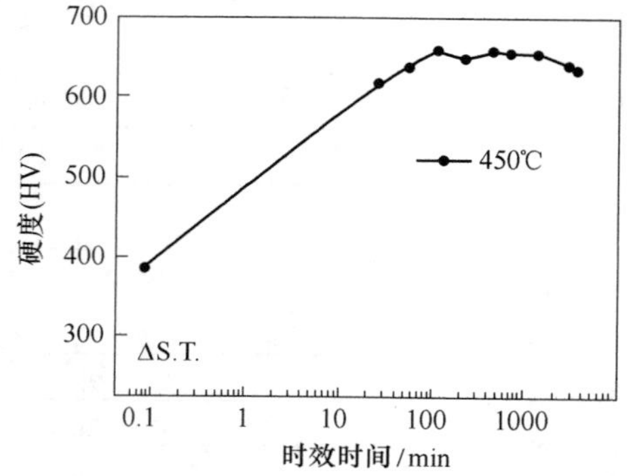

图 2-49　时效最大硬度值与时效时间的关系

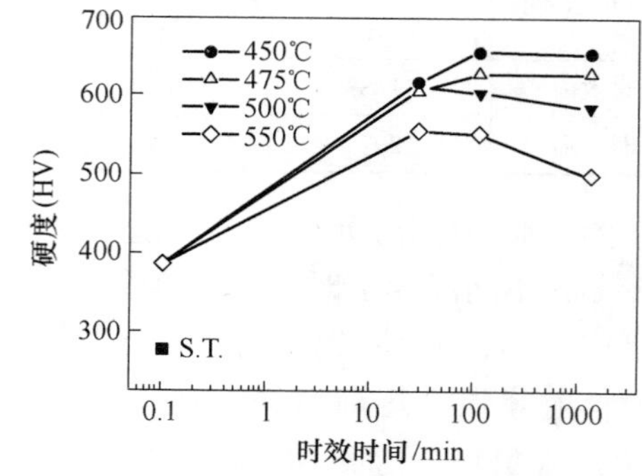

图 2-50　不同时效温度和时间对硬度的影响

d　钛对钢时效后力学性能的影响[30]

在 1RK91 钢中 Ti 是最有效的沉淀硬化元素，时效后的最大硬度值随着 Ti 含量的升高大致呈线性增大，见图 2-51，Ti 含量较低（0~1.0Ti）时，硬度值增大显著，Ti 含量较高（1.0~1.5Ti）时，硬度增值较为平缓。因为试验已经证明：低 Ti 合金（0~1.0Ti）的最佳时效温度是 475℃×48h，中高 Ti 合金（1.0~1.5Ti）的最佳时效温度是 450℃×48h，所以图中 Ti 含量较低的两个试样采用 475℃×48h 时效处理，Ti 含量较高的四个试样采用 450℃×48h 时效处理。

图 2-52 显示了不同 Ti 含量的钢，经固溶处理、冷加工和不同工艺时效处理的硬度增加量。从图中可以看出：试样经过冷加工获得的硬度增量为 72~103HV；试样经过450℃×2h 时效处理获得的硬度增量为 77~270HV；试样经过 450℃×48h 时效处理获得的硬度增量为 165~300HV。由此可见，超马氏体不锈钢时效处理对钢强度的贡献远远大于冷加工的贡献；随 Ti 含量的升高，时效获得的硬度增值也不断增大，在 450~500℃范围内时效处理，每增加 1%Ti，硬度值平均增量约为 115HV；不同 Ti 含量的试样经短时间（10min）时效，硬度均可获得迅速提高，随后一段时间硬度进入稳定期，继续延长时效时间硬度又略有上升，经 48h 时效硬度可达到最大值，见图 2-50。

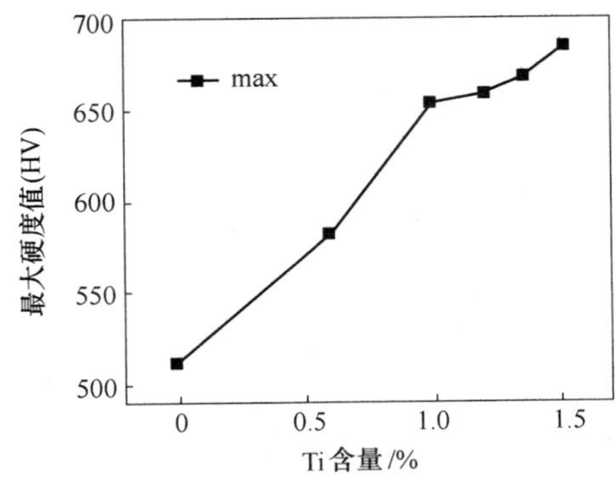

图 2-51 时效最大硬度值与 Ti 含量的关系
（前两个点经 475℃×48h 时效，
后四点经 450℃×48h 时效）[30]

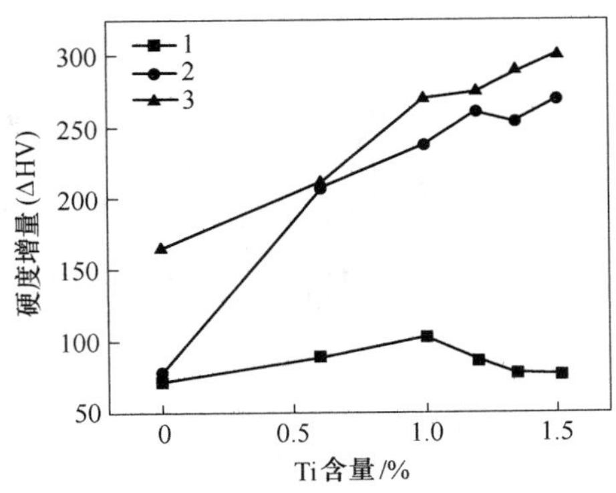

图 2-52 试样经冷加工和不同
工艺时效后的硬度增量
1—冷加工；2—450℃×2h；3—450℃×48h 时效[30]

尽管提高 Ti 含量可以有效地提高钢的强度和硬度，但同时也带来钢中 δ 铁素体和残余奥氏体量增加，反而限制钢的强硬性提高；另外，时效析出的 Ni_3Ti 等沉淀硬化相均为脆性相，含量过高会造成 Ni_3Ti 等沉淀硬化相从原来弥散分布于马氏体基体中，转化成在马氏体板条界面析出，极易演变成裂纹源，并沿马氏体板条界面扩展，引发准解理开裂，钢的塑性和韧性严重恶化。所以对 Ti 的加入量要有一定限制，美国标准 ASTM A959—2009 和瑞典山特维克公司企业标准规定：1RK91（S46910）钢的 Ti 含量为 0.5%～1.2%。

2.2.4.6 015C12Ni11Mo1Ti（Custom465/S46500）

Custom 465 是美国卡彭特（Carpenter）公司专利产品，ASTM 现已将这个牌号正式列入 ASTM A959—2009《压力加工用不锈钢牌号及化学成分导则》和 ASTM F899—09《外科器械用不锈钢牌号和化学成分》标准中。新型 Custom 465 是采用双真空（VIM/VAR）精炼的超马氏体不锈钢，具极高的强度，优异的韧性和耐腐蚀等综合性能。257ksi（1770MPa）以上的高强度和良好韧性使得 Custom 465 成为 PH13-8Mo 和 17-4PH 沉淀硬化不锈钢的升级材料，1997 年被首次用于航空工业。由于该合金具有独特优异的力学性能以及良好耐腐蚀性能，现已被医疗器械制造业广泛采用[36]。

A Custom 465 钢的特性和用途

Custom 465 钢的热加工性能良好，成型方便，通过冷加工可制成丝、管、板、带、棒等冶金产品。冷加工钢材一般经 900～950℃ 固溶处理和适度的冷加工，以冷拉（冷轧）状态交货。各种交货状态钢材均保留足够的塑性和韧性，可制成各种形状复杂的零部件和元器件，再进行时效处理，可获得理想的强韧性结合的综合性能和良好的抗应力腐蚀。最常用的状态为 H950 或 H1000，即时效处理温度 510～540℃，此时钢的抗拉强度大于 1720MPa。图 2-53 给出 Custom 465 与 17-4PH、13-8PH、Custom 455 等抗拉强度和断裂韧性的对比结果。

Custom 465 的耐一般腐蚀性能接近 304 奥氏体不锈钢。在 H950 和 H1000 状态下，按 ASTMB117 规定，在 35℃（95℉）、5%中性盐雾中进行试验，超过 2000h 仍无锈迹。经 3.5% NaCl（pH 6）、双悬臂梁试验，证实了 Custom 465 的抗应力腐蚀开裂能力与

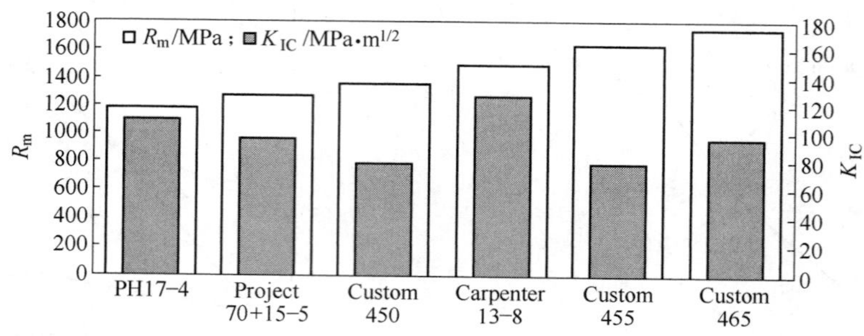

图 2-53　Custom 465 与各类沉淀硬化不锈钢的强度和韧性对比图[36]

pH 13-8Mo和 Custom 450 钢类似。提高 Custom 465 的时效温度可进一步改善其抗应力腐蚀能力。图 2-54 给出了 Custom 465 与各类沉淀硬化不锈钢强度，耐一般腐蚀性能和抗应力腐蚀开裂性能的比较。

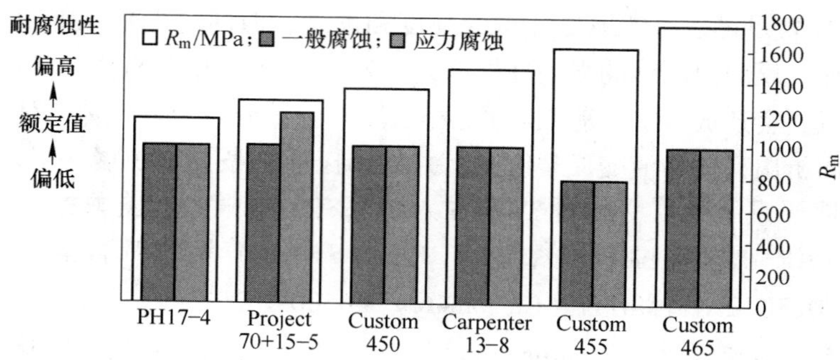

图 2-54　Custom 465 钢与沉淀硬化不锈钢强度，耐一般腐蚀性能和抗应力腐蚀性能比较图[36]

经冷加工，再经 482℃（900℉）时效处理的 Custom 465 棒材，当直径小于 20mm（0. 75in）时，其最高抗拉强度可达 2070MPa（300ksi）。这一突出性能使其成功用于诸多外科和牙科器械，如微创手术器械和手术工具，包括内窥镜、关节镜、打孔器、手术刀、强力扭矩螺刀、牙钻和缝合针等。比如关节镜、打孔器一类管型器械，考虑到强韧性，过去选用 420 或其他 400 系列钢制造，因这类钢无法拉拔成可用的管材，只能先加工出锋利的刀刃，然后再焊接在 304 钢管中使用，现在可以直接选用 Custom 465 薄壁管，制成的器材强度是 304 的两倍以上；国外几大医用器械制造厂正充分利用 Custom 465 的优势，推动微创技术的发展。医疗器械材料必须具高强度和高韧性。Custom 465 合金兼具极其出色的强度和韧性、优异断裂和冲击韧性，允许器械在外科手术时承受很大的扭矩，不会发生崩刃、断裂、变形或其他失效问题；在材料强度相同条件下，Custom 465 的冲击韧性是目前常用沉淀硬化不锈钢 Custom 455 和 17-4PH 钢的两倍。

Custom 465 钢制造的医疗器械经高温灭菌，在蒸汽环境下抗氧化、抗清洗液、消毒液以及人体组织液的侵蚀，满足外科器械用不锈钢规范 ASTM F899 的全部要求[37]。

在航空工业中，因 Custom 465 钢时效后的抗拉强度峰值可达到 1800MPa 以上，同时具有优异的缺口抗拉强度和断裂韧性，耐应力腐蚀裂纹抗力也较好，已应用于美国联合攻击机（joint strike fighter）的拉杆，并获准用于襟翼轨道（flap tracks）、缝翼轨道（slat tracks）、传动装置（actuators）、发动机防振垫（engine mounts）和起落架（landing gear hardware）等部件[38]。

B Custom 465（015Cr12Ni11Mo1Ti）的力学性能和生产工艺

015Cr12Ni11Mo1Ti 产品品种齐全、规格范围宽、应用范围广，从 350mm 热轧方坯和型钢、热精轧厚板，到冷加工钢棒、冷轧薄钢带、冷拉无缝钢管、直径 0.68mm 或更细的冷拉钢丝，可剪切成窄带、加工成异型截面的零部件。

Custom 465 钢对热处理敏感性不如沉淀硬化钢强烈，可以在更宽的温度范围内选择软化退火温度，也可以根据成品性能要求，或后续深加工工艺，选择不同的产品生产工艺流程。例如：对以热加工状态交货的方坯、型钢、钢棒和钢板，可选择在 750~950℃ 范围保温 4h，然后快冷的固溶退火处理，规格大于 180mm 的钢材应在液体中淬火，较长的钢材可在大气中快速冷却。以这种状态交货的钢材，具有良好的机加工（车、钳、铣、铯）性能。但钢材加工成型后必须在 980℃×4h 进行充分固溶退火，迅速冷却，并在-73℃×8h 进行深冷处理，最终在适当温度下时效处理。钢材常用的时效处理状态有 H900（480℃×4h 时效）、H950（510℃×4h 时效）、H1000（540℃×4h 时效）、H1050（565℃×4h 时效），不同时效状态钢材的力学性能见表 2-232。

表 2-232 Custom 465 钢材室温力学性能[39]

状态	取样方向	R_m（UTS）/MPa	$R_{p0.2}$ /MPa	硬度（HRC）	A_4 /%	Z /%	缺口抗拉强度（NTS）/MPa	NTS/UTS
H900	L	1770	1640	50	13	58	2415	1.36
	T	1770	1615		12	52	2330	1.32
H950	L	1750	1620	49	14	63	2495	1.43
	T	1725	1585		12	53	2450	1.42
H1000	L	1595	1495	47	15	65	2425	1.52
	T	1565	1455		15	61	2405	1.54
H1050	L	1480	1365	45	15	67	2250	1.52
	T	1470	1350		17	62	2235	1.52

注：1. UTS—抗拉强度；
2. NTS—缺口抗拉强度，$K_t=10$；
3. L—纵向试样，T—横向试样。

从表 2-232 可以看出，钢材经 480℃×4h 时效处理后抗拉强度和硬度达到最大值 1770 MPa 和 50 HRC，塑性指标伸长率（$A_4 \geqslant 12\%$）和断面收缩率（$Z \geqslant 52\%$）均维持在良好的水平，钢的纵向和横向力学性能基本一致。Custom 465 钢具有优异断裂韧性和缺口抗拉强度，随着时效温度的提高，钢的强度和硬度虽有所下降，但塑性和韧性稳步上升，540℃×4h 时效后钢 NTS/UTS 之比达到最大值，钢的抗裂纹扩展能力明显增强。与马氏体沉淀硬化不锈钢 PH13-8Mo，以及 Custom 455 超马氏体不锈钢相比，Custom 465 钢的断裂韧性具有明显的优势，见表 2-233，在钢的规定塑性延伸强度同为 1450MPa 条件下，Custom 465 钢的断裂韧性高达 132MPa · $m^{1/2}$；在钢的断裂韧性同为 140MPa · $m^{1/2}$ 的条件下，Custom 465 钢的规定塑性延伸强度高达 1585MPa。

表 2-233　不同牌号钢的断裂韧性与规定塑性延伸强度比[39]

牌　号	纵向断裂韧性/MPa · $m^{1/2}$	规定塑性延伸强度/MPa
	在规定塑性延伸强度固定在 1450 MPa 时	在纵向断裂韧性固定在 110 MPa · $m^{1/2}$时
Custom465	132	1585
PH13-8Mo	83	1415
Custom455	90	1380

Custom 465 钢的另一特点是热稳定性好，作为在较高温度下使用的结构件用钢，推荐采用（565~620)℃×4h 处理（H1050~H1150)，此时钢的抗拉强度虽有较大幅度下降，钢的冲击韧性和断裂韧性进一步改善，零部件在 315~480℃下保持 1000h，其抗拉强度与缺口抗张强度的变化非常小。

Custom 465 钢的耐一般腐蚀性与 304 相当，暴露在 35℃中性盐雾中，200h 后仅产生一点或几乎没有锈迹（参照 ASTM B117)。该钢的耐一般腐蚀性能与钢是否经过固溶退火，或是否在 H900~H1000 时效无关。钢在室温下，3. 5%的 NaCl（pH=6）溶液中进行双悬臂梁开裂试验，结果表明：经过时效处理的钢具有良好的抗应力腐蚀裂纹性能。并随着时效温度的提高，其耐腐蚀性也有所提高。表 2-234 中显示出该钢具有较高的断裂韧性。

表 2-234　不同时效温度对应力腐蚀裂纹影响[39]

状态	横向屈服强度 /MPa	K_{IC} /MPa · $m^{1/2}$	K_I /MPa · $m^{1/2}$	K_{ISCC} /MPa · $m^{1/2}$	观察结果
H900	1650	78	64	58	裂纹抑制
H950	1560	84	75	75	无裂纹
H1000	1470	119	108	108	无裂纹
H1050	1350	140	125	125	无裂纹

作为航空工业用材料，通过在 510℃或更高的温度下的时效处理，Custom 465 钢可制成对氯化物应力腐蚀裂纹更具抗力的零部件。其在同等强度水平条件下的抗腐蚀能力大大超出了那些 PH 类不锈钢。事实上 Custom 465 钢的抗拉强度在 H900~H1000 的任何时效状态下都高出任何一种 PH 类不锈钢。

Custom 465 钢固溶退火后具有较低的规定塑性延伸强度和良好塑性变形能力，其冷加工强化系数也比较低，能承受 90%以上的冷加工变形，可顺利地加工成薄带、毛细管和极细丝。冷镦用钢棒和钢丝，宜选用较高的固溶处理温度（950~980℃)，以获得相对较粗的晶粒度，有利于紧固件冷镦成型；成品选用 30%~45%的冷加工率生产，以冷拉状态交货，可降低成品表面粗糙度和提高尺寸精度。作弹性元件用钢带和钢丝，以及毛细管，为提高成品抗拉强度和弹性极限，应选用较大冷加工率（60%~90%）生产，以冷拉状态交货；钢材交用户加工成型后再进行（480~510)℃×4h 时效处理（H900~H1000)，其抗拉强度可达到 2070MPa(300KSi)以上，同时具有优异的缺口拉伸强度和断裂韧性，耐应力腐蚀裂纹抗力也较好。

综上所述，Custom465 钢通常有两种使用状态：

(1) SRH 状态= 固溶+深冷+时效处理（solution treat refrigiration and hardening)：多

用于热轧钢材，以固溶处理状态交货。下游企业将钢材经机械或压力加工成零部件后，再进行深冷处理（-73℃×8h）+时效处理后使用。

（2）SCH 状态＝固溶+冷加工+时效处理（solution treat cold working and hardening）：用于冷加工钢材，钢经固溶处理，直接进行冷加工，以冷加工状态交货。下游企业将钢材加工成零部件或元器件后，再进行时效处理即可使用。

两种状态钢有两个共同的特点：钢材在整个加工过程中至少要进行一次高温固溶处理（980℃×4h），通过高温扩散改善钢的化学成分均匀性，改善钢的冷加工性能。另一特点是需要根据用途选择合适的时效热处理工艺。

C　产品质量控制要点

a　化学成分和钢的临界点

根据已收集到的国外资料和国内外该牌号钢的研究实例，Custom 465 钢的化学成分规范见表 2-235。按国家钢的牌号表示方法标准规定，该钢的牌号应为：015C12Ni11Mo1Ti。

经初步测算，015C12Ni11Mo1Ti 钢的临界点 $Ac_1=505$℃、$Ac_3=815$℃、$M_{d30}=112$℃、$Ms=121$℃、$A_S=400$℃、δ 铁素体含量＝6.3%体积比、A.R.I＝21.2、PRE＝15.0。

表 2-235　015C12Ni11Mo1Ti 钢标准、实物及相应牌号的化学成分

牌　号	化学成分（质量分数）/%											
	C	Si	Mn	P	S	Cr	Ni	Mo	N	Ti	Fe	标　准
Custom465（015C12Ni11Mo2Ti）	≤0.02	≤0.25	≤0.25	≤0.015	≤0.010	11.0～12.5	10.75～11.25	1.25～2.75		1.50～1.80	余	Carpenter 公司实际控制
S46500	≤0.02	≤0.25	≤0.25	≤0.015	≤0.010	11.0～12.5	10.7～11.3	0.75～1.25	≤0.01	1.50～1.80	余	ASTM A959—2009
S46500	≤0.02	≤0.25	≤0.25	≤0.015	≤0.010	11.0～12.5	10.75～11.25	0.75～1.25	≤0.01	1.50～1.80	余	ASTM F899—09
015C12Ni11Mo1Ti。国内实物控制值	≤0.02	≤0.10	≤0.10	≤0.010	≤0.010	11.0～12.5	11.7～12.5	0.50～2.00	≤0.02	1.20～1.70	余	Al：0.02～0.25

b　冶炼工艺

C 和 N 含量固然可以提高钢的强度，但导致钢的韧性下降、可焊性变差和增加钢淬火开裂倾向，Custom 465 钢实际上将 C 和 N 当成夹杂元素加以严格限制。

超高强度钢对于夹杂物和气体导致的微裂纹特别敏感。钢中的杂质以及气体都显著的降低回火马氏体组织的塑性和韧性，影响钢的缺口敏感性。控制钢中各类夹杂物的形态和含量是所有超高强度钢的基本要求。

钢中的 P 会吸附于晶界，它降低晶界裂纹形核所需的表面能，使裂纹容易形核和扩展，影响钢的冲击韧性和断裂韧性。钢中的氢溶入 α 相中，将引起超高强度钢产生氢脆。钢中的 N、O 等夹杂使脆性转变温度升高。其他非金属相夹杂偏聚于晶界，将成为裂纹扩展的通道。实验研究表明，采用普通熔炼方法生产的超高强度钢，其韧性、塑性较低，容易发生低应力脆断失效，使钢的应用范围受到限制。目前，国内外均选用真空感应+真空自耗炉双联法熔炼 Custom 465 钢，采用先进的精确控制与超高洁净度熔炼技术可将钢中［H］+［O］+［N］+［S］+［P］总量控制在 40×10^{-6}以下。

c　热加工工艺

为改善钢的化学成分和显微组织的均匀性，Custom 465 重熔钢锭在锻造前需进行1200℃加热，保温 8 h 的均匀化处理，开锻温度 1150℃，终锻温度≥850℃，锻后空冷。锻坯经二次加热，热轧成材。

d　固溶温度对钢的力学性能和显微组织的影响[37]

陈嘉砚等采用真空感应+真空自耗炉双联法熔炼了 1 炉锭型为 350kg 的 Custom 465 钢，其化学成分（质量分数）为：C0. 004%、Si0. 026%、Mn0. 013%、S0. 0044%、P0. 004%、Cr11. 72%、Ni10. 83%、Mo1. 05%、Ti1. 68%、Al0. 083%。先锻造成 40mm×40mm 的方坯，再轧成 16mm 棒材，用作力学性能和冲击性能测试用料。将 16mm 试样分别进行700℃、750℃、800℃、850℃、900℃、950℃、980℃、1000℃和 1050℃固溶处理，保温时间 1h，水冷；固溶处理后试样再在-73℃下进行保温 8h 的冷处理，最后进行 510℃×4 h 时效处理，分别检测拉伸性能和晶粒度。同时在 PHILIPS APD-10 X 射线衍射仪上检测钢中奥氏体含量，在 S-4300 场发射扫描电子显微镜上分析钢的冲击断口。

（1）固溶温度对 SRH 状态钢的力学性能的影响

Custom 465 钢在 700～1050℃固溶处理后，再在-73℃下进行保温 8 h 的冷处理，最后进行 510℃×4h 时效处理，固溶温度对时效态 Custom 465 钢力学性能和冲击韧性的影响见图 2-55。从图 2-55a 可看出，在 850℃以下固溶处理，钢的强度水平随固溶温度的升高而升高，在 850℃ 以上固溶处理，钢的强度水平趋于不变；钢的伸长率变化不大；在 700～1000℃固溶温度范围内，断面收缩率均较高，且在 900～950℃达到最高值，在 1050℃时降到最低值。从表 2-236 看出，固溶温度 1050℃时，晶粒尺寸粗大（约为 114nm），是导致钢的塑性降低的原因，由此可以确定 Custom 465 钢的固溶温度不能超过 1000℃。从图2-55b 可以看出：钢在 700℃固溶处理时，冲击韧性已达到较好水平，随固溶温度升高，冲击韧性逐渐升高，在 900～950℃温度区间，达到最高水平 42J。随固溶温度继续升高，

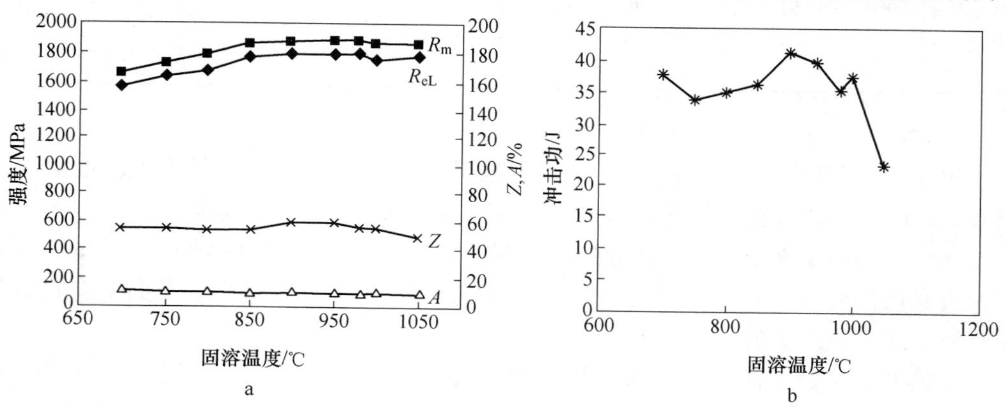

图 2-55　固溶温度对 Custom 465 钢力学性能（a）和冲击韧性（b）的影响[38]

钢的冲击韧性迅速下降，到1050℃时仅为23J。综上所述，对于实验钢而言，最佳固溶温度在900~950℃。

（2）固溶温度对SRH状态钢的显微组织的影响

检测结果表明：850℃以下固溶处理后的晶粒度与850℃固溶处理的晶粒度相近，表2-236为钢在850~1050℃固溶处理后钢的原始奥氏体晶粒度和平均晶粒尺寸。从表2-236可以看出，在保温时间不变（1h）的情况下，随着固溶温度的升高，钢的晶粒尺寸不断增大，且存在如下线性关系：

$$\lg d = a + bT$$

式中　d——晶粒尺寸，nm；

T——固溶温度，℃；

a，b——常数。

表2-236　Custom 465钢在不同固溶温度下的晶粒度和平均晶粒尺寸[38]

固溶温度/℃	晶粒度/级	晶粒平均尺寸/nm
850	10.0	10
900	8.0	20
950	6.0	38
980	5.0	52
1000	4.5	66
1050	3.0	114

从图2-55可以看出，减小钢的晶粒尺寸，屈服强度并无明显变化，反而有降低的趋势。原因可能是两方面的：（1）对于超马氏体不锈钢的静态力学性能不依赖于原始奥氏体晶粒尺寸，而是与板条马氏体的捆束大小有关，而钢的原始奥氏体晶粒尺寸变化时，板条马氏体的捆束大小变化较小；（2）参考00Kh11N10M2T钢的研究成果，钢在750~950℃温度区间固溶时，钢中析出Laves相、η相和χ相，在750~800℃析出η相，在800~900℃开始析出χ相，同时，η相开始减少，在900℃固溶时钢中只有χ相，并且在不到900℃时χ相也开始减少，到950℃时钢中χ相已很少。这样，通过改变固溶温度，从而改变η相和χ相在钢中的数量，进而改变Ti在固溶体中的含量，最终影响钢在时效处理后的抗拉强度。对于本实验钢而言，其规律应与之一致。

（3）时效对SRH状态钢的奥氏体含量的影响

Custom 465钢在900~950℃固溶温度后的显微组织为板条状马氏体+残余奥氏体+少量δ铁素体，固溶温度对钢中残余奥氏体含量的影响见图2-56。从图中看出，不论是固溶态还是时效态，钢中奥氏体含量总的变化趋势是随固溶温度的升高而降低。同时检定，固溶态钢中的奥氏体为残余奥氏体（A_R）。时效态钢指经不同温度固溶处理后，再在-73℃下进行保温8h冷处

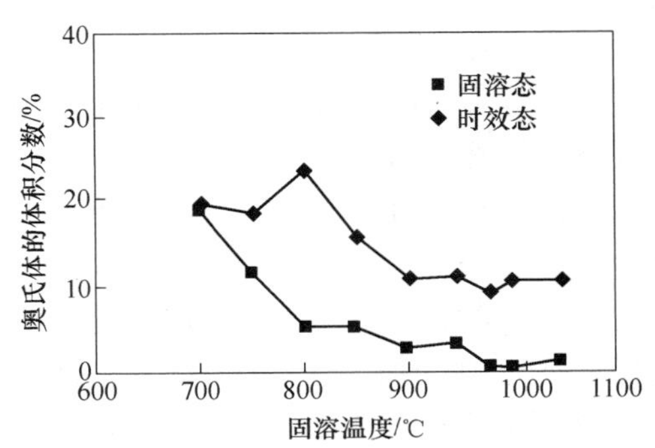

图2-56　不同温度固溶、时效后钢中奥氏体含量的变化[38]

理的钢，此时钢中残余奥氏体大部分转变成二次马氏体（M″），见图 2-56 中固溶态曲线。最终进行 510℃×4h 时效处理时，M″转变成稳定性和强韧性更好的逆转奥氏体（A_n），钢中奥氏体（A_n）的含量有明显上升，见图 2-56 中时效态曲线。因此，钢在抗拉强度高达 1800MPa 左右的条件下仍具有较高的塑性和韧性。经 900~950℃固溶处理的时效态钢中，残余奥氏体含量约为 3.5%。

e　冷加工对 SCH 状态钢的力学性能和显微组织的影响[43]

固溶处理后的 Custom 465 钢具有良好的塑性，通过冷压力加工成型，可制成各种形状复杂的零部件。冷加工进一步提高了马氏体组织内的缺陷密度，降低了马氏体的时效激活能，在随后的时效过程中硬化速率加快，最终获得更高的强度和硬度。陈嘉砚等利用上述 350kg 钢锭，锻成 40mm × 90mm ×200mm 板坯，板坯热轧成板材后，经 980 ℃× 1h 固溶（ST）处理，分别用 30%、50%和 70%左右的加工率，冷轧成厚度为 0.3mm 和 1.0mm 的冷轧板材。研究冷加工及随后的时效处理对 Custom 465 钢力学性能和显微组织的影响。

检测发现，经固溶处理获得的板条状马氏体内含有极高的位错密度，在随后的时效过程中，Ni 和强化合金元素 Ti、Mo 等通过位错捷径扩散，根据电阻率和硬度测试结果进行回归计算，得出的马氏体时效激活能在 130~170kJ/mol 之间，远低于 Mo 和 Ti 在 α-Fe 中的扩散激活能（Mo 为 272kJ/mol、Ti 为 238kJ/mol）。因为激活能更低，时效过程中马氏体基体内能快速、大量地析出 Ni_3Ti 和 Ni_3Mo 等金属间化合物，钢的强度有大幅度提高。不同冷轧加工率生产的板材，510℃×4h 时效前后的力学性能见表 2-237。

表 2-237　不同冷加工率生产的板材，510℃×4h 时效前后的力学性能[40]

力学性能	$\varepsilon=30\%$		$\varepsilon=50\%$		$\varepsilon=70\%$	
	时效前	时效后	时效前	时效后	时效前	时效后
R_m/MPa	1015	1880	1133	2017	1227	2130
R_{eL}/MPa	985	1825	1125	2003	1195	2110
A/%	4.3	7.8	6.2	6.2	5.8	6.5

从表 2-237 可以看出：钢的抗拉强度和非比例塑性延伸强度时效前后几乎提高了 1 倍，应归功于 Ni_3Ti 金属间化合物的析出。该钢具有用 Ti 强化的超马氏体不锈钢的共同特性——冷加工强化系数较低，说明钢的冷变形模式以基体中位错切割 Ni_3Ti 析出相为主导。Custom465 轧材经 980℃× 1h 固溶后的抗拉强度在（850±8）MPa 左右，据此测算钢的冷加工强化系数 $K\approx5.3$，与铁素体钢 430 相当（冷加工钢的抗拉强度可用 $R_m=R_o+K\varepsilon$ 公式预测，R_o 为加工前的抗拉强度）。图 2-57 显示了未时效试样的 X 射线衍射谱对比测试结果。

从图 2-57 可以看出冷轧变形致使钢的微观结构发生了明显变化：首先，冷轧变形消除了固溶态组织中的残余奥氏体，从固溶态 X 射线衍射谱图 2-57a 可以看出：存在明显的残余奥氏体 220 衍射峰，计算得到的残余奥氏体量（体积分数，下同）为 3.4%；但经过 $\varepsilon=30\%$和 70%冷轧变形后，再未观察到奥氏体衍射峰，见图 2-57c，证明在冷轧过程中，固溶处理时形成的残余奥氏体转变成形变诱发马氏体；其次，对比图 2-57a、b 和 c 可以发现：随冷轧变形量增加，马氏体的 110_M 衍射峰的相对强度稍有起伏，而对应的 200_M 和 112_M 衍射峰因形变马氏体的生成，相对强度明显增强，马氏体衍射峰宽化。众所周知，用 X 射线测量无缺陷晶体时，得到对应的某一晶面族（hkl）的衍射线轮廓尖锐。但实际晶

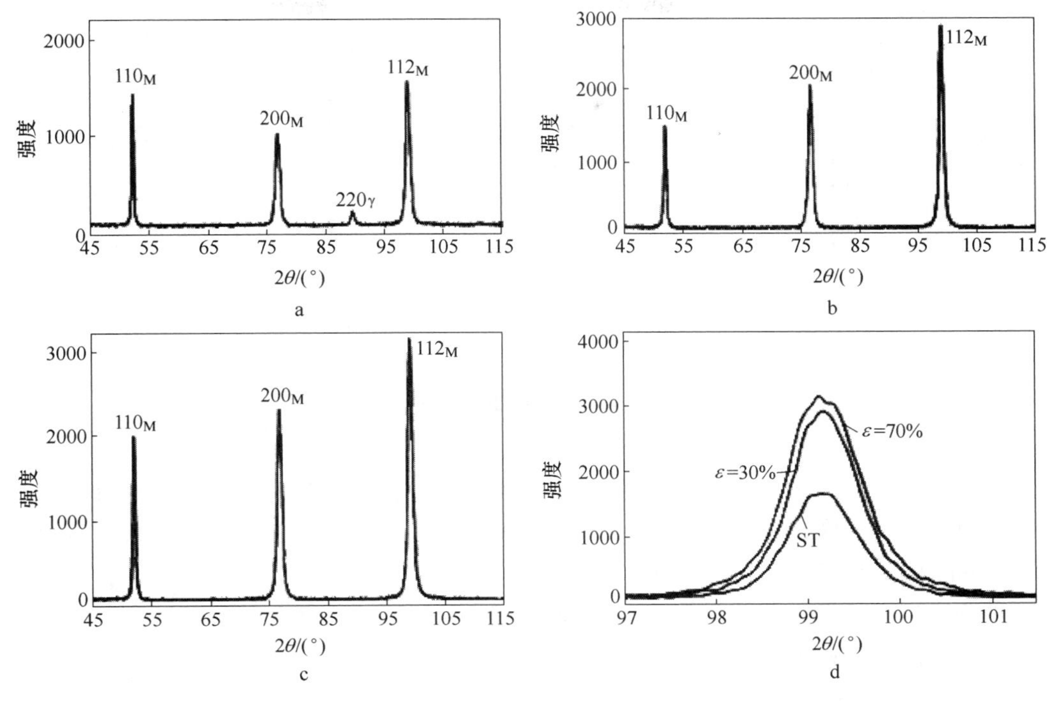

图 2-57　未时效试样的 X 射线衍射谱[40]

a—固溶态，b—$\varepsilon=30\%$；c—$\varepsilon=70\%$；d—112_M 衍射峰对比

体往往偏离理想晶体，因此相应的 X 射线衍射线轮廓出现线宽化现象。X 射线衍射峰宽化由 2 个因素决定：(1) 仪器和实验因素，这与所用设备有关；(2) 材料本身的作用，如晶粒尺寸、内应力、位错及层错等。在实验仪器状态相同的前提下，用线宽化对比分析研究材料的结构变化具有实质性的意义。冷轧过程中材料发生塑性变形，单个晶粒被扭歪，由于受相邻晶粒的抑制，致使变形不均匀，造成面间距改变，相应的衍射线宽度也发生变化。对比固溶、$\varepsilon=30\%$和 $\varepsilon=70\%$的 112_M衍射峰即可看出，冷轧变形量增加，材料内部缺陷密度上升，致使 112_M衍射峰发生实质性宽化，见图 2-57d。

因为 Ti 是增加残余奥氏体量的元素，Custom 465 钢 Ti 含量较高，固溶后残余奥氏体量也较多，尽管在冷加工过程中绝大部分残余奥氏体（A_R）会转变成形变马氏体，但形变马氏体在时效中也会转变成稳定性和强韧性更好的逆转奥氏体（A_n）。因此，冷轧+时效处理状态的轧材仍具有足够的塑性。冷轧变形进一步提高了马氏体基体的位错密度，在时效过程中析出细小、均匀、弥散分布的 Ni_3Ti，这些析出相有稳定位错结构、阻止回复的作用，所以随着时效时间延长，钢的强度和硬度仅稍有下降，见图 2-58。

(1) 冷加工对 SCH 状态钢的硬度的影响

图 2-58 显示了冷加工变形量和时效时间对钢硬度的影响，硬度试验采用宽 10mm、标距长 20mm 的板材试样，试样时效工艺为 510℃，保温时间在 15min~24h 范围内选取，测定维氏硬度（HV）的载荷为 3kg。

试样经 980℃×1h 固溶处理、冷轧后在 510℃进行不同保温时间的时效硬化处理。可以看出：Custom465 钢的硬化速度很快，很难分清析出相的形核和长大阶段，仅用 15min

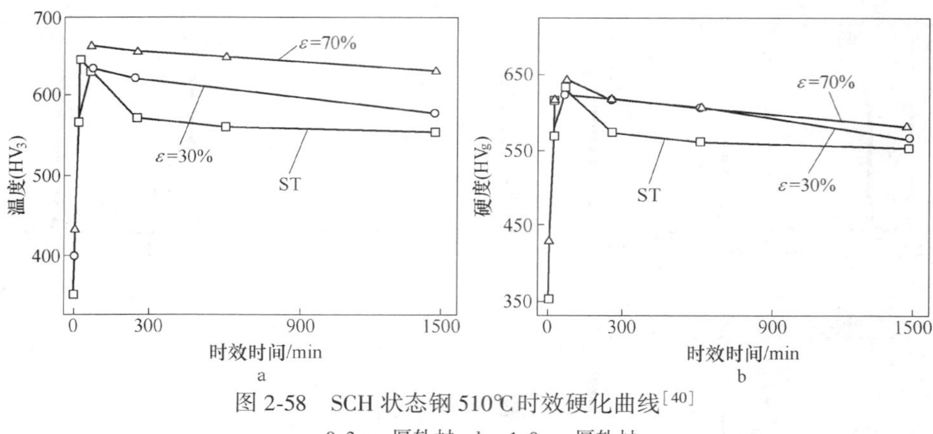

图 2-58　SCH 状态钢 510℃时效硬化曲线[40]

a—0.3mm 厚轧材；b—1.0mm 厚轧材

时间钢的硬度已达到最大值。冷轧更进一步提高了时效硬化，经 $\varepsilon=30\%$ 和 $\varepsilon=70\%$ 冷轧的试样，时效前后的硬化曲线始终高于固溶试样；对于 0.3mm 厚轧材，变形量较大（$\varepsilon=70\%$）的轧材硬化曲线始终高于变形量较小（$\varepsilon=30\%$）的轧材，见图 2-58a。随时效时间延长钢的硬度有所下降，不过冷轧材的硬度下降相对较慢。

（2）冷加工对 SCH 状态钢显微组织的影响

510℃×4h 和 510℃×24h 时效试样的透射电镜观察结果表明：无论是固溶后时效，或是固溶+冷轧后时效，时效析出相主要是 Ni_3Ti。图 2-59 为固溶+时效处理后试样，入射电

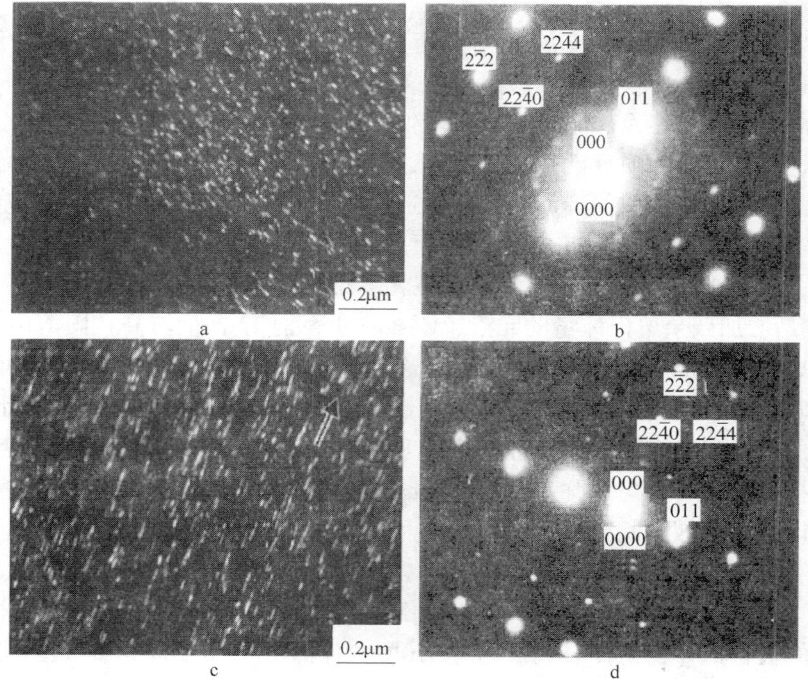

图 2-59　固溶+时效处理后试样中 Ni_3Ti 析出相的透射电镜照片[40]

a—用（$22\bar{4}0$）$_{Ni_3Ti}$ 得到的 Ni_3Ti 暗场像（510℃×4h 时效）；b—选区电子衍射花样（510℃×4h 时效）；

c—用（$22\bar{4}0$）Ni_3Ti 得到的 Ni_3Ti 暗场像（510℃×24h 时效）；d—选区电子衍射花样（510℃×24h 时效）

子束平行于 $[211]_M$ 晶带轴时的透射电镜照片。可以看出：510℃×4h 时效后析出很细的、密集分布的棒状 Ni_3Ti，棒的直径分布在 7～10nm 间，长度分布在 10～30nm（图 2-59a）；510℃×24h 时效后棒状 Ni_3Ti 析出相直径分布在 8～12nm 间，显然棒状 Ni_3Ti 横向长大倾向较小，但长度方向长大倾向较大，510℃×24h 时效后，Ni_3Ti 析出相长度分布为 25～65nm（图 2-59c）。棒状 Ni_3Ti 析出相的长大倾向具有方向性进一步证明：Ni_3Ti 析出相 $[11\bar{2}0]_{Ni_3Ti}$ 与马氏体基体 $[1\bar{1}1]_M$ 方向错配最小，Ni_3Ti 沿 $\langle 111\rangle_M$ 长大有利于降低 Ni_3Ti 析出长大的应变能。

经冷轧变形+时效的试样也具有类似的特征，图 2-60 为 30%冷轧变形、510℃×4h 时效后 Ni_3Ti 析出相的透射电镜照片。入射电子束平行于 $[011]_M$ 晶带轴时，观察到 Ni_3Ti 析出相的 2 个亚型的中心暗场像（图 2-60a 和 b）。可以看出：尽管时效前冷轧变形明显加快了时效硬化速率，但时效到一定时间后，马氏体内的 Ni_3Ti 析出相尺寸与固溶 510℃×4h 时效相比变化并不明显（增大或减小），Ni_3Ti 直径分布在 5～8nm 间，长度为 5～30nm。510℃×24h 时效后，棒状 Ni_3Ti 的直径为 7～12nm，长度分布在 24～70nm 范围内（见图 2-61a），Ni_3Ti 析出相长大的方向性倾向与固溶+时效处理一致。

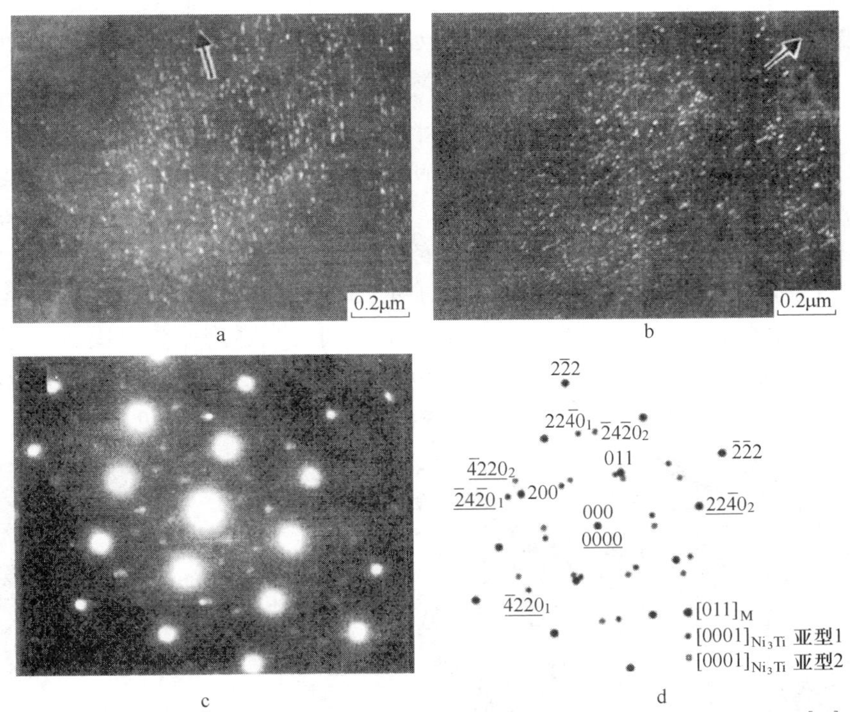

图 2-60　30%冷轧变形、510℃×4h 时效处理后 Ni_3Ti 析出相的透射电镜照片[40]

a，b—用 $(22\bar{4}0)_{Ni_3Ti}$ 得到 Ni_3Ti 一个亚型的暗场像；c—马氏体和 Ni_3Ti 析出相的复合衍射谱；d—衍射花样指数化

在超马氏体不锈钢中 Custom465 是 Ti 含量较高的钢，具有含 Ti 马氏体时效硬化钢的全部特性：以 Ni_3Ti 相（η 相）为强化相，析出温度低、析出速度快、抗剪切强度高，多以弥散、细小的短棒状分布于马氏体基体中，所以强化效果显著；Ti 能有效细化晶粒，加长晶界，把塑性变形限定在一定的范围内，使变形均匀化，因此细化晶粒可以提高钢的塑性。晶界又是裂纹扩展的阻力，所以细化晶粒还可以改善钢的韧性。但 Ti 是铁素体形

成元素，在铁素体中溶解度远大于在奥氏体中溶解度，当 Ti 含量大于 1.5%时，固溶处理时 Ti 无法全部溶入奥氏体中，只能留存在铁素体界面上；快冷转变成马氏体后留存在板条界面上，时效时 Ni_3Ti 往往也沿马氏体板条界面析出，极易演变成裂纹源，并沿马氏体板条界面扩展，引发准解理开裂。另外，η 相存在温度范围较宽（450~900℃），随着时效温度升高形态向长棒状、胞状、块状过渡，逐渐失去强化作用，反而造成钢的塑性和韧性严重恶化。

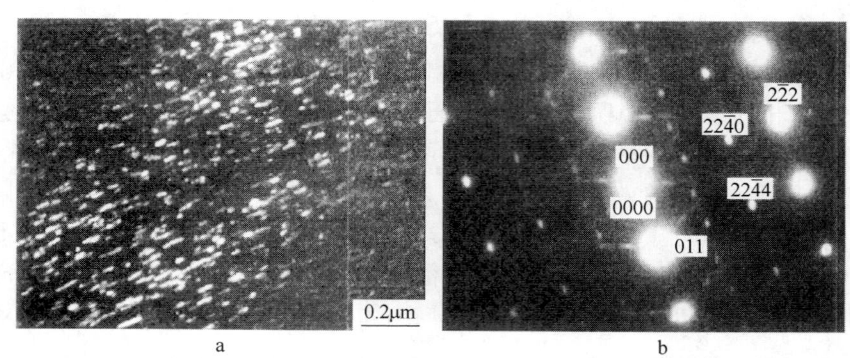

图 2-61　30%冷轧变形、510℃×24h 时效处理后，Ni_3Ti 析出相的透射电镜照片[40]

a—用 $(22\bar{4}0)_{Ni_3Ti}$ 得到的 Ni_3Ti 暗场像；b—衍射花样及其指数化

（3）冷加工对 SCH 状态钢逆转变奥氏体的影响

尽管冷轧材随着时效时间延长，析出相 Ni_3Ti 的尺寸变化不明显，析出相的数量未见明显增加，但冷轧材时效硬化程度始终高于经固溶+时效处理的钢材（见图 2-63），只能从冷轧过程中另一种相变，即逆转奥氏体相变找原因。

图 2-62a 显示了固溶深冷后未经冷加工的钢，510℃×4h 时效处理后的钢的组织形貌。可以看出：钢仍保持马氏体板条形貌，在部分板条间可观察到残余奥氏体的存在（见图 2-62b）。为对比分析时效前冷轧变形对残余奥氏体的影响，和时效过程中逆转奥氏体相变情况，对典型试样内的奥氏体进行 X 射线分析，结果见图 2-57、图 2-63 和图 2-64。

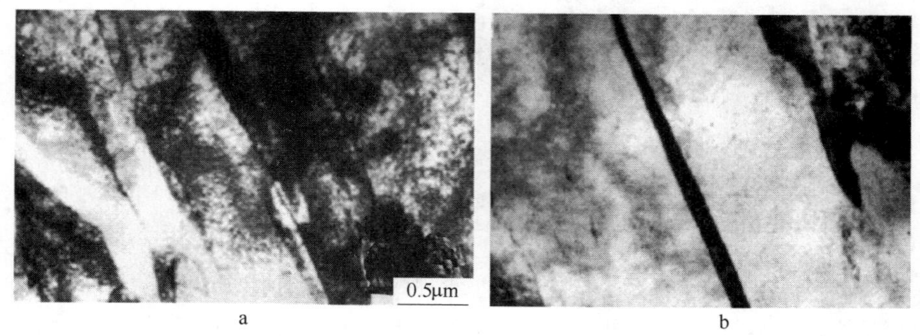

图 2-62　固溶+510℃×4h 时效处理后钢的 TEM 形貌[40]

a—马氏体组织的 TEM 形貌；b—马氏体板条间奥氏体的 TEM 形貌

未时效试样的 X 射线衍射谱见图 2-57，从图 2-57b 和 c 中可以看出：冷轧过程中残余的奥氏体发生了形变马氏体相变，残余奥氏体 220 衍射峰已经消失（见冷加工对 SCH 状态钢的力学性能和显微组织的影响一节）。图 2-63 显示了时效过程中钢的 X 射线衍射谱的变化情况，可以看出：随时效时间延长，固溶深冷+时效处理后的 200γ 和 220γ 奥氏体衍射峰相对强度明显增强，见图 2-63a、b。尤其经短时间（15min）时效后，220γ 奥氏体衍射峰相对强度增加明显（与图 2-57a 相比），说明时效初期就已产生了逆转奥氏体相变。经 $\varepsilon=30\%$ 及 $\varepsilon=70\%$ 冷轧的未经时效的试样中未观察到奥氏体相的 X 射线衍射峰，见图 2-57b 和 c；经短时间（15min）时效的试样中也未观察到奥氏体相的 X 射线衍射峰，如图 2-63c、e。说明上述试样中逆转奥氏体相转变并不显著。经长时间（4h）时效的冷轧试样（$\varepsilon=30\%$、70%）中均观察到明显的奥氏体衍射峰，见图 2-63d、f。说明冷轧变形致使逆转变奥氏体相变相对滞后。另一方面，根据马氏体→奥氏体逆转变的 X 射线衍射峰相对强度变化，定量计算得到的奥氏体体积分数（图 2-64），证明固溶深冷+时效处理试样随时效时间的延长，累积奥氏体量显著高于固溶冷轧+时效处理的试样。

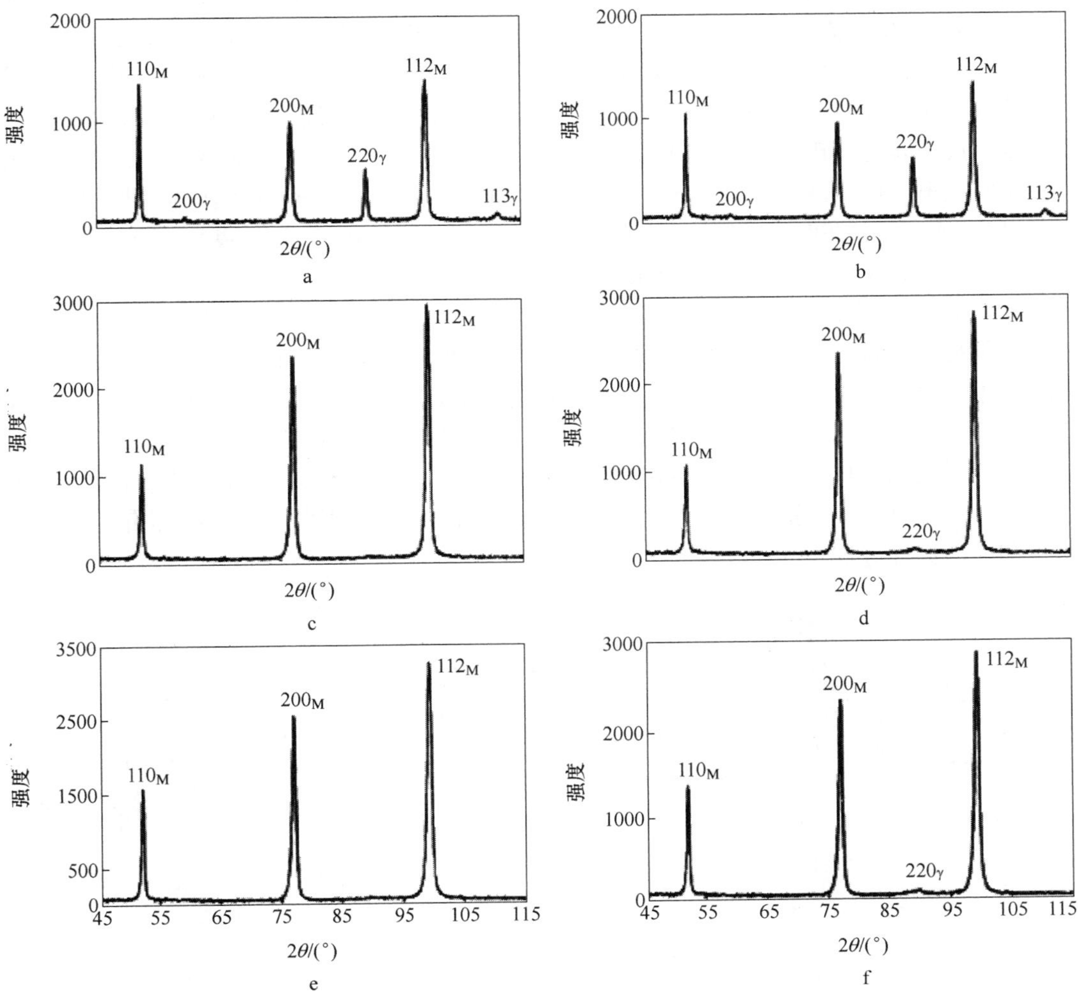

图 2-63 不同冷轧变形量在时效状态下典型试样的 X 射线衍射谱[41]

a—固溶+510℃×15min；b—固溶+510℃×4h；c—$\varepsilon=30\%$+510℃×15min；d—$\varepsilon=30\%$+510℃×4h；e—$\varepsilon=70\%$+510℃×15min；f—$\varepsilon=70\%$+510℃×4h

冷轧变形不仅使超马氏体不锈钢的奥氏体逆转变滞后于固溶态，而且经足够长时间时效后，逆转奥氏体量也远低于固溶态。可用以下两方面加以解释：(1) 固溶态下钢本身含有一定量的残余奥氏体 (3.4%)，在固溶后的深冷却过程中，奥氏体通过切变方式转变为二次马氏体，二次马氏体与残余奥氏体具有确定的位向关系（K-S 或 N-W 关系），时效很容易通过切变方式使残余奥氏体长大，即增加了奥氏体量；(2)冷轧变形使固溶后的残余奥氏体转变为形变马氏体，形变马氏体与原奥氏体之间的位相关系（K-S 或 N-W 关系）已被破坏，难以通过切变方式再转变为逆转奥氏体了。要通过冷轧变形重新形成一个奥氏体晶核极其困难，根据热激活能计算，在 590~610℃时效范围内，形成一个稳定的奥氏体核需近似 300 个 Ni 原子扩散、偏聚。因此，形变马氏体在 510℃时效处理过程中，要形成逆转变奥氏体晶核其难度可想而知。正因为冷轧变形使逆转变奥氏体转变滞后，逆转变奥氏体量减少，钢经 510℃时效处理前后，SCH 状态钢的奥氏体含量始终低于 SRH 状态钢。所以在时效工艺相同条件下，SCH 状态钢的强度和硬度要高于 SRH 状态钢，但其塑性和韧性不如 SRH 状态钢。

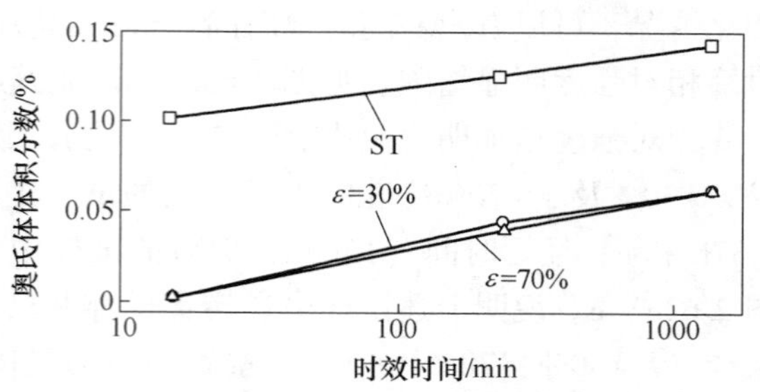

图 2-64　奥氏体随时效时间的变化[41]

f　时效温度对 Custom 465 钢力学性能的影响[38]

为研究时效温度对 Custom 465 钢力学性能的影响。选择 SRH 状态的 ϕ16mm 钢棒，加工成拉伸、冲击（U 型缺口）和 X 射线检测试样，分别进行 200~900℃保温 4h 的时效处理，根据 GB/T 228.1—2010 和 GB/T 229 的要求检测相应的室温力学性能，在 PHILIPS APD10 X 射线衍射仪上检测 Custom 465 钢中奥氏体含量，在 S-4300 场发射扫描电子显微镜上观察钢的冲击断口形貌。并根据检测结果绘制出时效温度对 Custom465 钢拉伸性能 (a) 和冲击韧性 (b) 的影响的示图，见图 2-65。

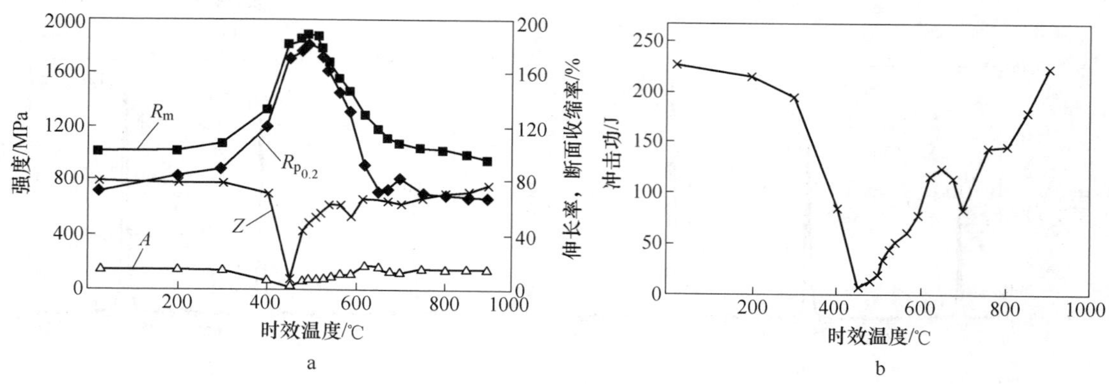

图 2-65　时效温度对 Custom 465 钢拉伸性能 (a) 和冲击韧性 (b) 的影响[42]

从图 2-65a 可以看出：时效温度在 300℃以下时，Custom 465 钢的抗拉强度和塑性变化很小，而屈服强度在时效温度为 200℃时已比固溶态时提高了 110MPa，当时效温度高于 300℃时，钢的强度随时效温度升高而迅速提高，495℃时达到峰值强度，当时效温度超过495℃时，钢发生了过时效。还可看出：Custom465钢的塑性指标（伸长率A和断面收缩率Z）在300~400℃时效温度范围内变化并不显著，但从400℃开始迅速下降，450℃时下降到最低值（$A=1.2\%$，$Z=5.5\%$），时效温度超过480℃后，塑性指标又迅速增加。

图2-65b显示了Custom 465钢冲击韧性随时效温度的变化规律：钢的冲击韧性与塑性指标的变化规律相近，同样在450℃到达最低值（仅10J），时效温度高于450℃后，钢的冲击韧性迅速提高。

图2-66显示了经200~650℃时效后Custom 465钢中的奥氏体含量变化规律：在200~300℃温度范围内时效时，钢中奥氏体未发生变化；时效温度在400℃左右时，钢中开始出现逆转变奥氏体；在400~590℃范围内，钢中奥氏体含量呈上升趋势；图2-67显示了540℃×4h和590℃×4h时效处理后钢中逆转奥氏体形态的变化，枣核状的逆转变奥氏体，随时效温度升高由细长状长成粗壮状。到650℃时，钢中形成的逆转变奥氏体已不稳定，时效后降温过程中，有部分逆转变奥氏体又转变成马氏体，钢中奥氏体总量又开始下降。

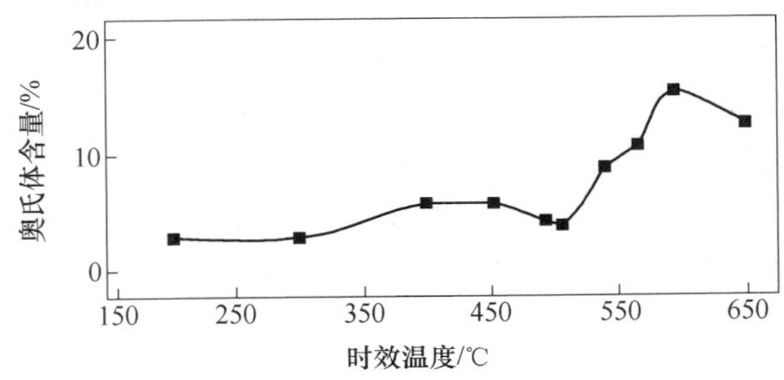

图2-66　时效温度对钢中奥氏体含量的影响[42]

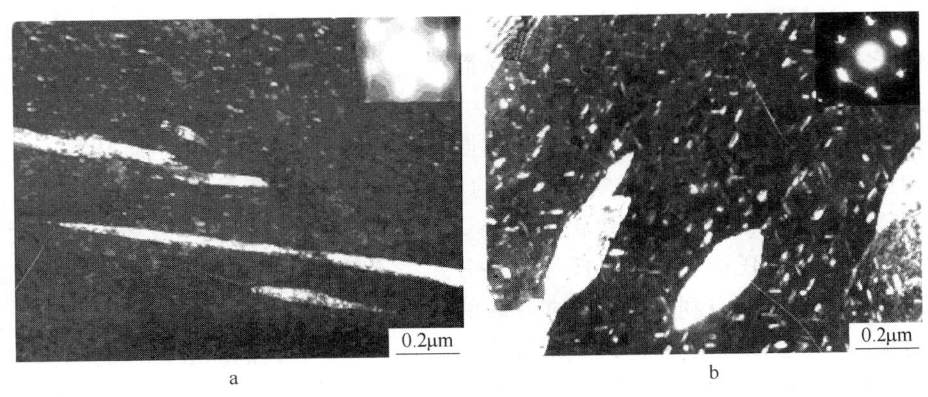

图2-67　奥氏体相的TEM中心暗场像[42]

a—540℃×4h；b—590℃×4h

Custom 465钢的力学性能的变化显然与时效过程中析出相的特性有关。经电子衍射结果证实，钢基体内的析出相为hcp结构的η-Ni_3Ti，与母相为共格或半共格关系，因而使钢得到有效强化。当时效温度高于510℃时，析出相逐渐聚集、粗化；时效温度为540℃时，析出相平均直径小于20nm；时效温度为590℃时，析出相长大，平均直径约70nm。由于聚集、粗化后的Ni_3Ti析出相的强化效应逐渐下降，因此才呈现出随时效温度上升，钢强度逐渐下降的结果，见图 2-61a。另外，随时效温度升高，钢中逆转变奥氏体量逐渐增加，这也是 Custom 465 钢强度随时效温度升高而下降，而且韧性相应提高的原因。从 Custom 465 钢的力学性能随时效温度的变化规律可以看出，在 510～540℃ 温度范围时效时，Custom 465 钢可达到最佳的强韧性配合，抗拉强度最高可达到 1800MPa，同时仍具有较高的韧性（冲击功大于 36J）；而在 450～480℃ 范围时效时，由于强烈的共格应变，导致钢的韧塑性急剧下降。因此，对于 Custom 465 钢，实际生产中应避免在该温度区间时效。

对于通过沉淀硬化达到强化目的的合金体系，在时效过程中大致发生如下变化：最初合金的强度基本和过饱和固溶体的固溶强度相当，开始阶段的沉淀硬化相和基体共格，而且尺寸很小，因而位错可以切过沉淀硬化相，力学性能对温度也比较敏感。在此阶段，屈服强度由切过沉淀相所需要的应力、共格应力、沉淀相的内部结构和相界面的效应等因素组成。当沉淀硬化相体积分数增加时，内部结构和界面结构都会发生变化，切割作为第二相的沉淀相粒子所需要的应力加大。当位错绕过粒子所需应力小于切割粒子应力时，奥罗万机制开始起作用，屈服应力将随粒子间距的增加而减少。这就是合金在时效后期屈服强度随时效时间的延长而降低的原因。总的来说：沉淀相的体积比越大，强化效果越显著，要使第二相有足够的数量，必须提高基体的过饱和度。第二相质点弥散度越大，强化效果越好；共格第二相比非共格第二相的强化效果显著，第二相质点对位错运动的阻力越大，强化效果也越好。因此，超马氏体不锈钢的时效强化的效果主要取决于时效析出相的种类、大小和分布状况。

在塑性较好的基体上弥散析出细小的 Ni_3Ti 相，与位错运动产生强烈的交互作用，使强度大幅度提高；但位错一旦开动就在整个基体中均匀运动，不会在局部不均匀分布的粗大晶粒处产生应力集中，这是超马氏体不锈钢韧性较好的原因之一。同时，严格控制时效温度和析出相总量，也能促使析出相沿晶界和板条界均匀析出，抑制和避免粗大的不连续析出相粒子在晶界和板条界上集中出现，从而产生的晶界弱化现象，这也是超马氏体不锈钢能保持高韧性的原因之一。

超高强度马氏体不锈钢的优良塑性和韧性主要得益于显微组织中的韧化相，残余奥氏体和逆转奥氏体组织是两种最有实用价值的韧化相。残余奥氏体为等轴晶，被马氏体分割，以薄膜状、片状、颗粒状和块状存在于马氏体板条间；分布在马氏体板条界面上的薄膜状或片状的残余奥氏体，可把马氏体板条分开，等于细化了断裂单元，使有效晶粒尺寸减小，对冲击韧性十分有利；薄膜状或片状的残余奥氏体还能松弛界面应力和防止裂纹尖端的应力集中，从而防止裂纹出现或缓解裂纹扩展，对提高钢的断裂韧性有利；作为韧化相，残余奥氏体最主要的缺点是组织稳定性太差，在时效后的冷却或在低温使用过程中，很容易转变为二次马氏体，完全失去韧化功能。逆转奥氏体是由马氏体直接切变生成的，尺寸十分细小、均匀、连续地弥散于马氏体基体中，可在不降低强度的情况下，改善钢的塑性、韧性和焊接性能。逆转奥氏体形成温度较高（$\geq A_s$ 点），组织中 C、Ni、Mn 等稳定奥氏体的元素聚集量较高，热稳性良好，有人用低温磁称法测定逆转奥氏体的稳定性，结果表明：含逆转奥氏体的试样冷却到 -196℃ 后再回到室温时，逆转奥氏体的含量仅减少 1.5%。相对而言，残留奥氏体的韧化效果远不如逆转奥氏体[7]。

以 Ni_3Ti（密排六方有序相）为强化相的钢，如超马氏体不锈钢、马氏体时效钢和高

温合金中的 Ni_3Ti 是由面心立方的组织结构转换成密排六方结构的，也就是这些钢中的 Ni_3Ti 是在富 Ni 的奥氏体基体上析出的。析出相的形态和取向完全取决于原奥氏体形态和取向，显而易见，由逆转奥氏体转换而来的 Ni_3Ti 相几乎与逆转奥氏体同时生成，具有细小、均匀、连续地弥散于马氏体基体中的特点，是强韧性俱佳的沉淀硬化相和韧化相。

2.2.4.7 022Cr12Ni10Mo2CuTiAlVB[43]

北京科技大学杨霞等以 Custom 465 钢为基础，探讨了合金元素对超马氏体不锈钢各项力学性能的影响规律，通过熔炼化学成分互不相同的一组钢，按照 Custom 465 钢 SRH 状态的生产工艺，制成冷镦用钢材，检测各项力学性能和显微组织结构，对测得数据进行多元线性回归分析，导出一组各项力学性能与合金元素含量之间关系的经验公式。并运用经验公式对该类钢的化学成分进一步优化，研制了新型超马氏体不锈钢——022Cr12Ni10Mo2CuTiAlVB。

A Cr-Ni-Mo-Ti-Al 系列超马氏体不锈钢力学性能预测经验公式

选用真空感应炉熔炼了 5 炉实验用钢，精炼温度在（1560±10）℃，出钢温度控制在 1520~1530℃，浇铸时充氩气保护，钢锭冷却方式采用空冷，实验用钢的化学成分见表 2-238。钢锭按照 Custom 465 钢 SRH 状态的生产工艺，加工成材后取试样。试样在 1000℃ 固溶，保温 60min，然后淬水快冷，24h 内进行−78℃×8h 深冷处理，冷处理之后温热至室温，再进行 510℃×4h 时效处理，空冷。检测钢的力学性能和物理性能见表 2-239。

表 2-238 实验用钢的化学成分

编号	化学成分（质量分数）/%										
	C	Si	Mn	P	S	Cr	Ni	Mo	Ti	Al	Cu	Fe
1	0.02	<0.2	0.22	<0.02	0.006	12.33	8.21	2.11	1.56	0.28	—	余量
2	0.03	<0.2	0.25	<0.02	0.010	12.31	10.02	1.98	1.05	0.35	—	余量
3	0.04	<0.2	0.23	<0.02	0.009	12.35	9.98	2.02	1.46	0.27	0.36	余量
4	0.02	<0.2	0.19	<0.02	0.008	12.25	9.93	1.06	1.50	0.29	—	余量
5	0.03	<0.2	0.22	<0.02	0.007	12.29	9.89	2.00	1.55	0.28	—	余量

表 2-239 实验用钢的力学性能和物理性能

编号	$R_{p0.2}$ /MPa	R_m /MPa	弹性模量 E/GPa	伸长率 $A_{11.3}$/%	断面收缩率 Z/%	冲击吸收功 A_{KU2}/J	断裂韧性 K_{IC}/MPa·m$^{1/2}$	硬度 (HV)
1	—	1850	—	10.5	56.0	29	—	513
	1730	1850	208	11.5	47.5			
2	1490	1610	184	12.5	54.0	80	59.08	336
	1510	1600	179	13.5	56.0			
3	1580	1670	188	11.0	55.5	56	83.90	358
	1560	1650	178	10.0	54.0			
4	1620	1730	194	13.0	55.0	47	46.61	484
	1650	1740	193	12.0	54.0			
5	1610	1720	198	11.0	52.4	49	59.19	478
	1630	1710	190	9.5	52.0			

从表 2-239 可以看出：实验用钢的规定塑性延伸强度均达到了 1490MPa 以上，抗拉强度最低为 1600MPa，达到了超高强度钢的标准，同时钢又保持了较高的塑性和韧性，伸长率基本都在 10% 以上。相对比较，1 号钢具有最高的强度和硬度，抗拉强度达到了 1850MPa，硬度达到 513HV，但冲击吸收功最低，只有 29J。与其他试样相比，1 号钢的最大特点是 Ni 含量低，说明 Ni 可在一定程度上提高钢的韧性。主要原因首先是 Ni 能抑制螺旋位错的分解；其次，Ni 是有效的奥氏体形成元素，Ni 含量高钢中的残余奥氏体含量也高，钢的韧塑性也相应提高，但强度将有所降低。同时，Ni 能降低钢的 *Ms* 点，有利于残余奥氏体的形成。马氏体不锈钢中残余奥氏体含量高则马氏体含量相应降低，而马氏体是超马氏体不锈钢获得高强度的关键，Ni 含量过高对提高钢的强度是不利的。

2 号与 5 号合金钢相比，断裂韧性相当，但规定塑性延伸强度、抗拉强度以及硬度都明显低于 5 号，冲击吸收功却远远高于 5 号钢。参考表 2-231 分析 2 与 5 号钢的成分差异，2 号钢 $w(\mathrm{Ti})=1.05\%$，明显低于 5 号合金钢 Ti 含量（1.55%），说明 Ti 是钢中非常有效的强化元素，含量的增加可以大幅度地提高强度和硬度，但同时显著降低钢的塑、韧性。原因是在时效过程中，Ti 与 Ni 形成金属间化合物 Ni_3Ti 引起弥散强化，同时添加 Ti 与 Si，还会形成 G 相（$Ni_{16}Ti_6Si_7$），析出相与基体共格，引起强化。同时 Ti 又是强的铁素体形成元素，而钢中铁素体的存在会严重损害钢的塑性和韧性。

3 号钢与 5 号钢相比，强度和硬度稍低，但其具有最高的断裂韧性 $83.9\mathrm{MPa\cdot m^{1/2}}$，冲击吸收功也高于 5 号钢，而伸长率和断面收缩率等塑性指标相当。分析二者成分差别在于 3 号钢中 $w(\mathrm{Cu})=0.36\%$，说明 Cu 在显著改善钢的断裂韧性的同时保证了钢的超高强度。Cu 是超马氏体不锈钢中主要添加的时效强化元素之一，它可以在马氏体基体上析出富 Cu 的共格沉淀相（ε 相），ε 相是时效时最早析出的沉淀硬化相，在晶内弥散析出，可快速提高钢的室温和中温强度。综合分析 5 种钢的强度和韧性数据，可以看出 3 号钢具备最优的强韧性结合。

4 号与 5 号钢相比，强度和硬度相当，5 号钢断裂韧性略高于 4 号，而其伸长率和断面收缩率略低。分析二者的成分发现主要差异为合金元素 Mo 的含量，说明 Mo 对钢的韧性提高有贡献，同时微弱地影响了塑性。原因是时效初期就析出富 Mo 沉淀硬化相（Fe_2Mo、Cr_2Mo），同时，Mo 可以阻止沉淀硬化相沿原奥氏体晶界析出，从而避免了沿晶断裂，提高了钢的断裂韧性。

实验用钢的显微组织见图 2-68，从金相图片上可以看出；5 种钢均为板条马氏体组织，马氏体板条分布均匀，其中 1 号钢马氏体板条最粗大，其次是 4 号钢，3 号和 5 号马氏体板条最细小。联系钢的力学性能可以发现马氏体板条越细小，钢的韧性越好。钢的强度则随着残余奥氏体的增多而依次降低。

根据实验用钢的成分和力学性能，对规定塑性延伸强度、抗拉强度、硬度、冲击吸收功及断裂韧性的检测结果进行多元线性回归分析，得到以下一组经验公式：

$$R_{p0.2}=1988.4+224w(\mathrm{Ti})-66.2w(\mathrm{Ni})-30.7w(\mathrm{Mo})-64.6w(\mathrm{Cu})\,(\mathrm{MPa}) \tag{2-1}$$

$$R_m=2281.3+200w(\mathrm{Ti})-81.5w(\mathrm{Ni})-35.4w(\mathrm{Mo})-80.4w(\mathrm{Cu})\,(\mathrm{MPa}) \tag{2-2}$$

$$\mathrm{HV}=293+279.5w(\mathrm{Ti})-20.6w(\mathrm{Ni})-22.1w(\mathrm{Mo})-257w(\mathrm{Cu}) \tag{2-3}$$

$$A_{KU2}=11.1-59w(\mathrm{Ti})+11.93w(\mathrm{Ni})+53.78w(\mathrm{Mo})+1.36w(\mathrm{Cu})\,(\mathrm{J}) \tag{2-4}$$

$$K_{IC}=70.7-17.2w(\mathrm{Ti})+15.13w(\mathrm{Ni})+11.52w(\mathrm{Mo})+80w(\mathrm{Cu})\,(\mathrm{MPa\cdot m^{1/2}}) \tag{2-5}$$

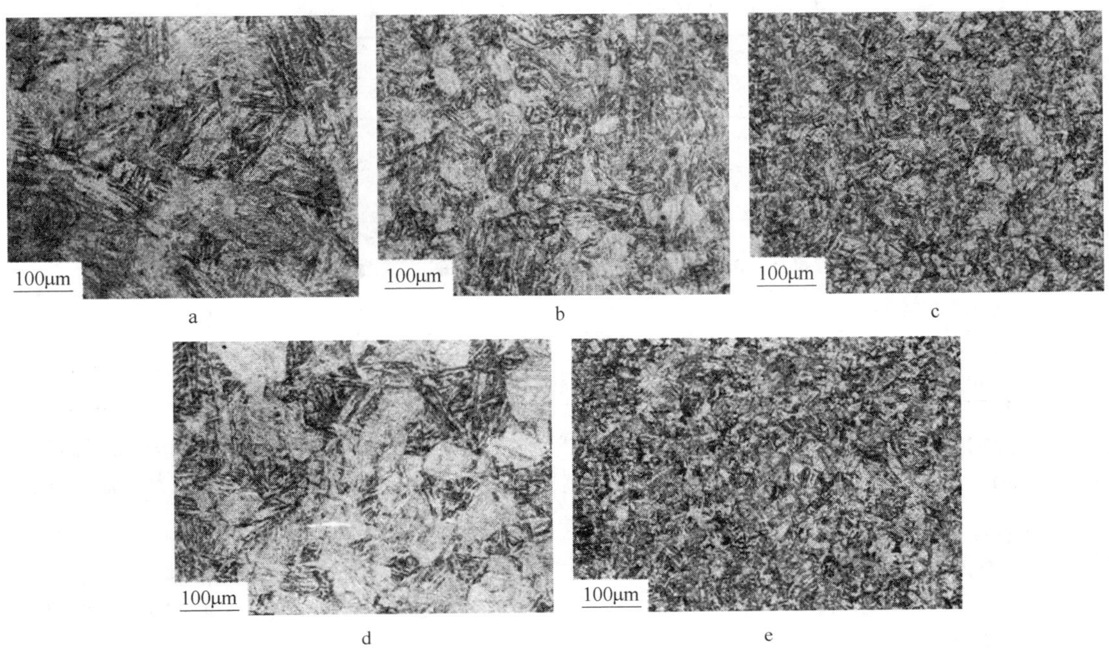

图 2-68 1~5 号钢的光学金相显微组织

a—1 号；b—2 号；c—3 号；d—4 号；e—5 号

从经验公式可以看出：影响强度和硬度的最主要合金元素是 Ti，Ti 的质量分数每增加 0.1 %钢的规定塑性延伸强度提高 22.4MPa，抗拉强度提高 20MPa，同时硬度提高约 28HV。这说明了 Ti 是超马氏体不锈钢中最有效的强化元素。但是随着 Ti 含量的增加，钢的冲击吸收功和断裂韧性都在降低，Ti 的质量分数每增加 0.1%，冲击吸收功降低约 6J，而断裂韧性则降低约 1.7MPa · $m^{1/2}$。Cu 是最有效的改善断裂韧性的合金元素，增加 0.1%的 Cu 可以使钢的断裂韧性提高 8MPa · $m^{1/2}$，但随着 Cu 含量的增加，钢的强度和硬度会有所降低，硬度降低比较显著。相比而言，合金元素 Ni 和 Mo 对强度、硬度以及韧性的影响不是很大，随着 Ni、Mo 含量的增加，钢的强度和硬度在降低，而冲击吸收功和断裂韧性都有不同程度的提高。总而言之，材料的强度和韧性是一个矛盾的体系，材料设计时，必须根据使用要求综合考虑，使合金钢在保证超高强度的同时具备优良的韧性。

B 022Cr12Ni10Mo2CuTiAlVB

根据上述经验公式，对 Cr-Ni-Mo-Ti-Al 系列超马氏体不锈钢的化学成分进行优化，同时添加少量 V 和微量 B，研制出一种新型超马氏体不锈钢 022Cr12Ni10Mo2CuTiAlVB（6 号钢）。6 号钢的化学成分见表 2-240，力学性能检测结果如表 2-241 所示。

经初步测算，022Cr12Ni10Mo2CuTiAlVB 钢的临界点 Ac_1 = 562℃、Ac_3 = 795℃、Ms = 66℃、A_S = 450℃、δ 铁素体含量 = 5.8%体积比、A. R. I = 21.3、PRE = 18.6。

从表 2-241 可以看出：6 号合金钢的断裂韧性达到了 94MPa · $m^{1/2}$，冲击吸收功也达到了 81J，在保证了超高强度的同时还具有出色的塑性和韧性。在前述 5 种实验钢中，经

表 2-240 022Cr12Ni10Mo2CuTiAlVB 钢的化学成分

牌 号	化学成分（质量分数）/%											
	C	Si	Mn	P	S	Cr	Ni	Mo	Cu	Ti	Fe	其他元素
022Cr12Ni10Mo2CuTiAlVB	≤0.03	≤0.20	≤0.30	≤0.02	≤0.01	12.0~12.5	10.0~10.5	1.90~2.10	0.80~1.5	1.2~1.4	余	Al：0.32~0.38 V：0.32~0.38 B≤0.005

表 2-241 022Cr12Ni10Mo2CuTiAlVB 钢的室温力学性能

热处理工艺制度	$R_{p0.2}$/MPa	R_m/MPa	A/%	Z/%	A_{KU}/J	K_{IC}/MPa · $m^{1/2}$
1000℃×1h 快冷+（-78）℃深冷+510℃×4 h 空冷	1480	1610	12.5	55.5	81	94
	1510	1620	13.0	56.0	78	

筛选综合力学性能最佳的是 3 号钢。现将 6 号钢和 3 号钢的三点弯曲试样的断口形貌对比见图 2-69。从图中看出：二者的宏观断口均较为平坦，基本上无宏观塑性变形，或者有极少的宏观塑性变形。3 号试样的断口含有较多的撕裂棱，属于准解理断裂，其中有极少量的韧窝。6 号试样的断口含有较多韧窝，韧窝大小不均，以撕裂棱的方式连接。通过断口形貌的观察可证实 6 号钢的韧性优于 3 号钢，这与表 2-239 和表 2-241 中断裂韧性的测试结果完全相符。

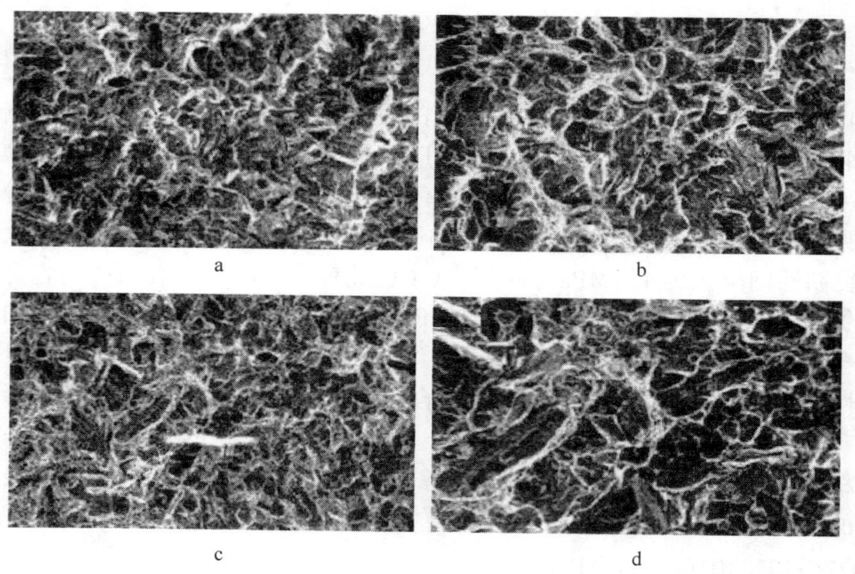

图 2-69 3 号、6 号钢三点弯曲试样断口微观形貌
a—3 号低倍；b—3 号高倍；c—6 号低倍；d—6 号高倍

2010 年初，经本实验优化设计的 022Cr12Ni10Mo2CuTiAlVB 钢，进入工业化批量生产和试用阶段，取得了较好的效果。以前生产的紧固件 $R_{p0.2}$ = 1450~1800MPa、A = 8.5%~20%、K_{IC} = 50~105MPa · $m^{1/2}$，但强度和塑性、韧性往往不能同时满足成品要求（$R_{p0.2}$≥1400MPa、A≥10%、K_{IC}≥90MPa · $m^{1/2}$）。使用 022Cr12Ni10Mo2CuTiAlVB 钢之后，生产出的紧固件力学性能与实验钢的数据完全一致：$R_{p0.2}$ = 1450~1550MPa、A≥

12%、K_{IC}≥90MPa·$m^{1/2}$，成品率由45%～55%提高到95%以上，目前该紧固件已经稳定批量供货。022Cr12Ni10Mo2CuTiAlVB钢的性能完全达到了超高强度高韧性钢的标准要求。

参考文献

[1] 中国特钢企业协会不锈钢分会. 不锈钢实用手册［M］. 北京：中国科学技术出版社，2003（9）.

[2] 陈复民，李国俊，苏德达. 弹性合金［M］. 上海：上海科学技术出版社，1986：234～248，270～315.

[3] 魏振宇. 某些沉淀硬化不锈钢的金属学问题［J］. 钢铁，中国金属学会主办，1980（1）：59～64，（2）：45～53.

[4] И. Я. 索科夫（Сокол）. 双相不锈钢［M］. 北京：原子能出版社，1979：6.

[5] 中国航空材料手册编辑委员会. 中国航空材料手册（第2版）第1卷 结构钢 不锈钢［M］. 北京：中国标准出版社，2002.

[6] 许祖心译，刘尔华校. 不锈钢资料手册（上册）［OL/M］，107.

[7] 林慧国，滕长岭，马绍弥，等. 中外不锈钢耐热钢特殊合金钢号与标准手册［M］.《中国不锈钢市场》杂志社出版，1999：140.

[8] A. Г. РАХШТАДТ（拉赫什塔德）. 弹簧钢与弹性合金［M］. 王传恩，栗振域译. 北京：机械工业出版社，1992：213～256.

[9] 周倩青，翟玉春. 高强高韧FV520B马氏体钢的时效工艺优化［J］. 金属学报，2009（10）：1249～1254.

[10] 周倩青，李秀艳，雍兴平，等. 沉淀硬化FV520B钢的低温性能研究［J］. 腐蚀科学与防护技术，2009，5（3）：299～301.

[11] 周倩青，雍兴平，翟玉春. 时效处理对FV520B马氏体钢的氢脆敏感性的影响［J］. 腐蚀科学与防护技术，2008，11（6）：416～419.

[12] 滕田辉夫. 不锈钢的热处理［M］. 丁文华等译. 北京：机械工业出版社，1983.

[13] 赵振业. 合金钢设计［M］. 北京：国防工业出版社，1999：250～310.

[14] 陆士英. 不锈钢概论［M］. 北京：化学工业出版社，2013：12～37，168～175.

[15] 肖纪美. 不锈钢的金属学问题［M］. 2版. 北京：冶金工业出版社，2006：75～83，220～226，232～238.

[16] 中国金属学会高温材料分会. 中国高温合金手册（上卷）［M］. 北京：中国质检出版社，中国标准出版社，2012.

[17] 陈国良. 高温合金学［M］. 北京：冶金工业出版社，1988：52～63.

[18] 罗光荣. 残余奥氏体对钢的机械性能的影响［J］. 金属热处理，1980（7），1～6.

[19] 刘宗昌，等. 材料组织结构转变原理［M］. 北京：冶金工业出版社，2006：226～238.

[20] 杨跃辉，蔡庆伍，武会宾，等. 两相区热处理过程中回转奥氏体的形成规律及其对9Ni钢低温韧性的影响［J］. 金属学报，2009（3）：270～274.

[21] 朱静，赵瑛伟，潘天喜，等. 18Ni（250级）马氏体时效钢中逆转变奥氏体的研究［J］. 钢铁，1981（8）：41～45.

[22] 李小宇，王亚，杜兵，等. 逆转奥氏体对0Cr13Ni5Mo钢热处理恢复断裂韧性的作用［J］. 焊接生产应用，2007（10）：47～49.

[23] 王培，陆善平，李殿中，等. 低加热速率下ZG06Cr13Ni4Mo低碳马氏体不锈钢回火过程的相变研究［J］. 金属学报，2008（6）：680～685.

[24] Erich Folkhard. 不锈钢焊接冶金 [M]. 栗卓新，朱学军，译. 北京：化学工业出版社，2004.

[25] 中国机械工程学会焊接学会. 焊接手册　材料的焊接第 2 卷 [M]. 3 版. 北京：机械工业出版社，2008：464～469.

[26] 徐效谦. 特殊钢钢丝 [M]. 北京：冶金工业出版社，2005：575～577.

[27] 上海钢铁研究所，王海春，张一，等. 00Cr13Ni6MoNb 马氏体时效不锈钢研究 [J]. 上海冶金，1979，1 (1)：92～99.

[28] 张一. 00Cr13Ni6MoNb 马氏体时效不锈钢中的 $\alpha' \rightarrow \gamma$ 转变 [J]. 金属学报，1982，8 (4)：395～403.

[29] 李驹. 00Cr12Ni9Mo4Cu2 马氏体时效不锈钢的时效硬化行为研究 [D]. 杭州：浙江大学，2007，1～61.

[30] 李蓉. Ti 含量对 00Cr12Ni9Mo4Cu 马氏体时效不锈钢组织和硬度的影响 [D]. 浙江：2008：1～61.

[31] 准晶体的发现与应用. www. baidu. com/p/likun 88088.

[32] Hättestrand M，Nilsson J O，Liu P，et al. Precipitation hardening in a 12%Cr-9%Ni-4%Mo-2%Cu stainless steel [J]. Acta Materialia 2004 (52)：1023～1037.

[33] Stiller K，Danoix E，Bostel A. Investigation of precipitation in a new maraging stainless steel [J]. Applied Surface Science 1996，94 (95)：326～333.

[34] Nilsson J O，Stigenberg A H，Lin P. Isothermal Formation of Ouasicrystalline Precipitates and Their Effect on Strength in a 12Cr-9Ni-4Mo Maraging Stainless Steel [J]. Metall TransA 1994，25A：2225～2233.

[35] Krystyna S，Danoix E，Hättestrand M. Mo precipitation in a 12Cr-9Ni-4Mo-2Cu maraging steel [J]. Materials Science and Engineering A 1998 (250)：22～26.

[36] 宋全明. Custom465 新型不锈钢的卓越性能及航空应用. 卡彭特上海贸易有限公司，2012-11-1.

[37] 周保仓. 医疗设备制造厂利用 Custom465 不锈钢的时效硬化特性 [J]. 不锈，2013 (3).

[38] 陈嘉砚，刘江，杨卓越，等. 固溶温度对 Custom 465 钢组织与性能的影响 [J]. 钢铁，2008，43 (1)：73～75.

[39] 张毅. 耐应力腐蚀的高强不锈钢 [J]. 上海钢研，1999 (2)：60～62.

[40] 陈嘉砚，杨卓越，张永权. 冷轧变形对 Custom 465 钢组织和性能的影响 [J]. 钢铁研究学报，2008，20 (8).

[41] 陈嘉砚，杨卓越，宋维顺，等. 时效温度对 Custom 465 钢力学性能的影响 [J]. 钢铁研究学报，2008，20 (12).

[42] 李楠，陈嘉砚，龙晋明. Custom465 马氏体时效不锈钢的强韧化特征及工艺优化 [J]. 物理测试，2005，23 (6)：1～6.

[43] 杨霞，白英龙，连玉栋，等. 合金元素对马氏体时效强化不锈钢力学性能的影响 [J]. 炼钢，2011，27 (4)：65～69.

3 不锈弹簧钢丝

不锈弹簧钢丝的使用范围和实际消耗量也与一个国家或地区经济发展水平和人民生活水平密切相关。在发达国家和地区，不锈弹簧钢丝的使用范围已深入到人类衣、食、住、行各领域；不锈弹簧钢丝的产量在不锈钢丝总产量中所占比例已超过10%，而我国所占比例仅为1%~2%。从另一方面考察，不锈弹簧钢丝的生产难度远大于其他不锈钢丝，目前我国不锈弹簧钢丝的生产和使用均有广阔的发展空间。本章节介绍了各国不锈弹簧钢丝的使用现状，以及我国不锈弹簧钢丝标准的演变和使用状况的变化。着重描述了奥氏体不锈弹簧钢丝的牌号、性能和生产工艺，同时给出了相应的技术数据，目的是架设一座连接生产和使用的桥梁，助推我国不锈弹簧钢丝的健康、稳步发展。

碳素弹簧钢丝和合金弹簧钢丝在干燥空气和非腐蚀性介质中使用，疲劳极限是相对稳定的，但在潮湿空气、海洋性气氛和腐蚀性介质中，钢丝的疲劳极限随着应力循环次数的增加而持续下降，见图3-1。此时，腐蚀破坏成为弹簧失效的主要因素，为此开发了一系列具有不同耐蚀性能的不锈弹簧钢丝。

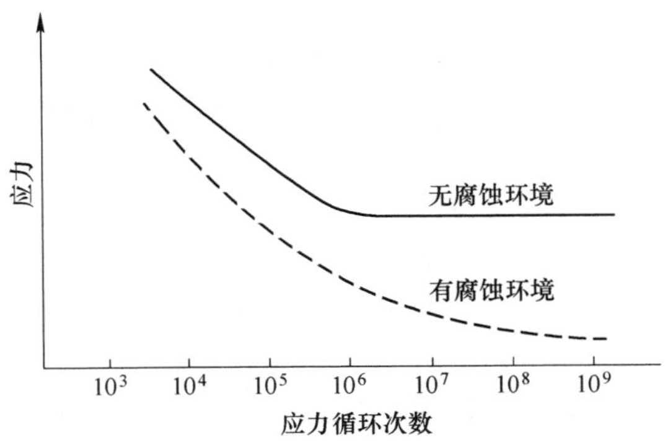

图3-1 腐蚀对钢丝疲劳极限的影响

3.1 不锈弹簧钢丝的分类及牌号

目前国际通用的不锈弹簧钢丝的牌号大约有10余个，按显微组织结构可分为马氏体型、铁素体型、奥氏体型三类；按加工和使用方式可分为相变强化型、形变强化型和沉淀硬化型三类。一般说来，马氏体钢丝属于相变强化型弹簧钢丝，多以轻拉或退火状态供货，钢丝缠绕成簧后再进行淬火-回火处理，获得回火马氏体或索氏体组织。退火或轻拉状态马氏体钢丝，强度适中，柔韧性好，可以加工成各种形状复杂的弹簧元件，淬回火后的弹簧元件性能均匀、各向同性，具有良好的耐蚀性能，在空气、水、水蒸气和一些弱酸性介质中有比较稳定的疲劳极限。马氏体弹簧钢丝国内常用牌号有 20Cr13、30Cr13、32Cr13Mo、12Cr12Ni2 和 20Cr17Ni2 等，国外常用牌号有 414、420、420J2、431、15X12H2MΦ、420S45、431S29 和 441S49 等。弹簧用马氏体钢丝成品抗拉强度一般不超过 950MPa，其生产工艺与不锈耐热钢相同，各国均将该类钢列入不锈钢丝通用标准中，我国马氏体不锈钢丝标准见 GB/T 4240—2009。

铁素体不锈钢丝无法通过淬火-回火强化，属于形变强化型弹簧钢丝。一般说来，铁素体不锈钢的耐蚀性能稍优于马氏体型不锈钢，铁素体钢丝的冷加工性能良好，能承受 90%以上减面率的拉拔，但其冷加工强化系数较低，成品钢丝抗拉强度一般不超过 1100MPa，多用于制作低应力弹簧，或进一步加工成形状复杂的异形弹簧。铁素体弹簧钢丝国内常用牌号有 06Cr11Ti、06Cr12Nb、10Cr17 和 10Cr17Mo，国外常用牌号有 409、409Nb、430、434、SUS430 和 GARBA17C1 等。铁素体不锈弹簧钢丝可按 GB/T 4240—2009 冷拉状态订货，成品抗拉强度由供需双方商定。

奥氏体型不锈钢具有优良的耐蚀性能，虽然无法通过热处理强化，但具有优异的冷加工塑性，且冷加工强化系数高，可以通过大减面率拉拔达到相当高的强度。形变强化的奥氏体不锈钢丝的耐蚀性能优于马氏体钢丝和铁素体钢丝，在低温和高温下均能保持良好的强韧性，钢丝磁性较弱（有的牌号无磁性），用于制作在腐蚀性环境和各种腐蚀性介质中使用的弹性元件。从石油、化工、纺织等传统工业部门，到食品加工、家电、日用化妆品，奥氏体不锈弹簧钢丝起着其他钢丝无法取代的作用。奥氏体不锈钢牌号较多，按美国习惯又分为 200 系列、300 系列和沉淀硬化型三类。200 系列为 Cr-Mn-Ni-N 钢，300 系列为 Cr-Ni 和 Cr-Ni-Mo 钢，美国标准 ASTM A313—2003《不锈弹簧钢丝》列出的 200 系列牌号 2 个：XM-28 和 S20430（204Cu），300 系列牌号 6 个：302、304、305、316、321 和 347，沉淀硬化型牌号有 2 个：631 和 XM-16，共列出 10 个牌号。国内常用的 300 系列奥氏体不锈弹簧钢丝牌号有 12Cr18Ni9、06Cr19Ni9、06Cr17Ni12Mo2、10Cr18Ni12、09Cr18Ni9Ti 和 24Cr19Ni9Mo2（3J9）；200 系列奥氏体不锈弹簧钢丝牌号有 07Cr12Mn5Ni4Mo3Al、20Cr15Mn15Ni2N、12Cr17Mn8Ni3Cu3N 和 12Cr18Mn9Ni5N。国外常用牌号有 302、304H、316H、SUS302、SUS304、SUS304N1、SUS316、302S26、301S81、X12CrNi17.7、XM-28、201 和 S20430（204Cu）等。

马氏体弹簧钢可以通过热处理强化，但耐蚀性能一般，弹簧在低温条件下使用有一定的脆化倾向。奥氏体弹簧钢耐蚀性能和冷加工塑性俱佳，但无法通过热处理强化；沉淀硬化不锈钢兼有两者的优点，固溶（退火）状态下较软，容易加工成型；通过拉拔可获得很高强度；具有与奥氏体不锈钢相当的耐蚀性能。此外，沉淀硬化不锈弹簧钢丝通过冷拉达到一定强度后再进行适当的时效处理，析出沉淀相，钢丝强度进一步提高。沉淀硬化钢常用牌号有 07Cr17Ni7Al、07Cr15Ni7Mo2Al 和 06Cr17Ni4Cu4Nb，其中 07Cr17Ni7Al 和 07Cr15Ni7Mo2Al 属奥氏体型沉淀硬化不锈钢，多用于制作飞机发动机、兵器和仪器仪表用弹簧、天线和紧固件等。06Cr17Ni4Cu4Nb 属马氏体型沉淀硬化不锈钢，用于制作有一定耐蚀要求的高强度容器、高强度螺栓和喷气发动机的零部件等。国内常用的沉淀硬化不锈钢丝牌号有 07Cr17Ni7Al 和 06Cr17Ni4Cu4Nb。国外常用牌号有 630、631、632、XM-16、SUS631J1、301S81 和 X7CrNiAl17.7 等。国内外常用的不锈弹簧钢丝牌号对照见表 3-1。

表 3-1 不锈弹簧钢丝牌号对照表

GJB 3320—98 GB/T 24588—2009 GB/T 4240—2009	ASTM A313	JISG 4314	DIN 17224	BS 2056	ISO 6931-1（-2） ISO 6931-2：2005 EN 10270-3	SANDVIK①	GARPHTTAN②
(12Cr17Ni7)	(301)	(SUS301)		301S36			
12Cr18Ni9	302	SUS302	X12CrNi17.7	302S26	X10CrNi18-8	12R10	GARBA178Mo
06Cr19Ni9	304H	SUS304	(X5CrNi18.10)	(304S31)		11R51	GARBA188
06Cr19Ni9N	304N	SUS304N1					
(12Cr18Ni12)	305	(SUS305)		305S11			
06Cr17Ni12Mo2	316H	SUS316	X5CrNiMo18.10	316S33	X2CrNiMo17-12-2	5S60	GARBA1812Mo
09Cr18Ni9Ti	321	(SUS321)		(321S31)	(俄 12X18H9T)		
(07Cr18Ni11Nb)	347	(SUS347)					
(24Cr19Ni9Mo2)（3J9)					(俄 2X19H9M)		
(022Cr20Ni25Mo4.5Cu)	(904L)			904S14		2RK65	GARBA904
07Cr17Ni7Al	631	SUS631J1	X7CrNiAl17.7	301S81	X7CrNiAl17-7	9RU10	GARBA17-7PH
(07Cr15Ni7Mo2Al)	(632)						
07Cr12Mn5Ni4Mo3Al							
(12Cr18Mn13Ni2N)	XM-28						
(12Cr17Mn8Ni3Cu3N)	204Cu						
(12Cr18Mn9Ni5N)	(202)	(SUS130M)		(202S16)	X11CrNiMnN19-8-6		
(20Cr15Mn15Ni2N)							
(04Cr12Ni8Cu2MoTiNb)	XM-16						
(06Cr17Ni4Cu4Nb)	(630)						
20Cr13	(420)	(SUS420J1)	(X20Cr13)	(420S37)	(X20Cr13)		
30Cr13	(420)	(SUS420J2)	(X30Cr13)	420S45	(X30Cr16)		
32Cr13Mo						7C17Mo2	GARBA14C4Mo
40Cr13					(俄 40X13)		
12Cr12Ni2	(414)						
20Cr17Ni2	(431)	(SUS431)	(X20CrNi17.2)	(431S29)			
(12Cr11Ni2W2MoV)					(俄 15X12H2MΦ)		
06Cr11Ti	(409)			(409S17)			
06Cr12Nb	(409Nb)						
10Cr17	(430)	(SUS430)		(430S18)			GARBA17C1
10Cr17Mo	(434)	(SUS434)		(434S20)			

① 括号中的牌号是该国使用，但列举标准中未列出的牌号。

② 我国不锈钢牌号表示方法 2007 年进行了变革（见 GB/T 20878—2007），本书采用变革后的表示方法，但介绍以前标准时仍用原牌号。

3.2 不锈弹簧钢丝标准

不锈弹簧钢丝现行国家标准及国外标准见表 3-2。在发达国家不锈弹簧钢丝使用范围广泛，在家电、装潢和日用品领域有完全取代碳素弹簧钢丝的趋势。我国不锈弹簧钢丝目前主要用于家用电器，仪表、化工机械和军品等少数领域，年表观消费量仅 3 万吨左右，相对而言使用牌号比较集中，标准中列出牌号有限，现行国家及行业标准有 GJB 3320—1998、YB/T 11—83（将被 GB/T 24588—2009 取代）和 YB/T 5135—1993，标准中未列出牌号生产企业均按企业标准交货。比较各国标准，美国材料试验协会标准 ASTM A313—03 列出牌号最多、最具权威性，该标准分类细，数据也比较详尽。从生产历史和品质方面看，瑞典山特维克（Sandvik）和加普腾（Garphttan）生产的不锈弹簧钢丝是最著名的品牌。

表 3-2 各国不锈弹簧钢丝现行标准

序号	标准代号	标准名称
1	GJB 3320—1998	航空用不锈弹簧钢丝规范
2	GB/T 24588—2009	不锈弹簧钢丝
3	YB/T 5135—1993	发条用高弹性合金 3J9（2Cr19Ni9Mo）
4	ASTM A313M—2003	不锈弹簧钢丝
5	JIS G4314—1994	弹簧用不锈钢丝
6	DIN 17224—1982	不锈弹簧钢丝和弹簧钢带
7	BS 2056—1991	机械弹簧用不锈钢丝
8	EN 10270-3：2001	不锈弹簧钢丝
9	ISO 6931-1—1994（E）	弹簧用不锈钢 第 1 部分：钢丝
10	ISO 6931-2：2005	弹簧用不锈钢 第 2 部分：窄带

3.2.1 GJB 3320—1998《航空用不锈弹簧钢丝规范》

国军标 GJB 3320—1998 是目前国内要求最严的不锈弹簧钢丝标准，标准中包含 0Cr12Mn5Ni4Mo3Al、0Cr17Ni7Al、0Cr18Ni9 和 3Cr13 四个牌号，每个牌号根据使用应力状况不同又分成不同的组别。标准规定：钢丝用钢经真空感应炉、电弧炉加炉外精炼或电弧炉加电渣重熔冶炼；钢坯经低倍检验，其横向酸浸低倍试片上不得有目视可见的缩孔、气泡、裂纹和夹杂，一般疏松、中心疏松和偏析级别均应大于 GB/T 1979 中的 2 级。

（1）0Cr12Mn5Ni4Mo3Al 由航空行业标准 HB 5298—85《航空用 Cr12Mn5Ni4Mo3Al（69111）不锈弹簧钢丝》升到国军标中，属于半奥氏体沉淀硬化型钢丝。该牌号钢在高温固溶状态下为奥氏体组织，含有 5%～10%的 δ 铁素体，具有良好的加工成型性能和焊接性能。经适量的冷加工、冷处理和时效处理，达到较高强度[3]。标准规定成品钢丝分 A 和 B 两个组别供货，成品钢丝主要考核力学性能、单向扭转和缠绕性能，0Cr12Mn5Ni4Mo3Al 弹簧钢丝的力学性能和工艺性能考核指标见表 3-3。

表 3-3 0Cr12Mn5Ni4Mo3Al 弹簧钢丝的力学性能和工艺性能

钢丝直径 /mm	时效状态抗拉强度 R_m/MPa		单向扭转次数 N_t/次
	A 组	B 组	
0.10	2100~2360	≥1960	
0.20	2100~2360	≥1960	
0.30	2100~2360	≥1960	
0.40	2100~2360	≥1960	
0.50	2060~2300	≥1910	
0.60	2060~2300	≥1910	≥3
0.70	2060~2300	≥1910	≥3
0.80	2010~2260	≥1860	≥3
0.90	2010~2260	≥1860	≥3
1.00	2010~2260	≥1860	≥3
1.20	1960~2200	≥1820	≥2
1.40	1960~2200	≥1820	≥2
1.60	1910~2160	≥1760	≥2
1.80	1910~2160	≥1760	≥2
2.00	1910~2160	≥1760	≥2
2.20	1860~2110	≥1720	≥2
2.50	1860~2110	≥1720	≥2
2.80	1820~2060	≥1660	≥2
3.00	1820~2060	≥1660	≥2
3.50	1760~2010	≥1620	≥2
4.00	1720~1960	≥1570	≥2
4.50	1660~1910	≥1520	
5.00	1660~1910	≥1520	
5.50	1620~1860	≥1470	
6.00	1620~1860	≥1470	

注：1. 时效热处理温度 500~540℃，保温时间 2h，冷却方式：空冷；

2. 扭转后试样表面不得有裂纹和分层，扭转断口应平齐，垂直或近似垂直于轴线；

3. 直径<4.0mm 的钢丝用等于钢丝直径的芯棒缠绕 5 圈，直径≥4.0mm 钢丝用 2*d* 直径的芯棒缠绕 5 圈，缠绕后的钢丝不应折断或开裂。

（2）0Cr17Ni7Al 弹簧钢丝力学性能和工艺性能考核指标见表 3-4。

表 3-4 0Cr17Ni7Al 弹簧钢丝的力学性能和工艺性能

钢丝直径 /mm	A 组				B 组			
	冷拉 R_m /MPa	时效 R_m /MPa	单向扭转 N_t（不小于）/次	反复弯曲 N_b（不小于）/次	冷拉 R_m /MPa	时效 R_m /MPa	单向扭转 N_t（不小于）/次	反复弯曲 N_b（不小于）/次
0.20	≥1920	2250~2450	10		≥1750	2050~2350	10	
0.30	≥1920	2250~2450	10		≥1750	2050~2350	10	
0.40	≥1920	2250~2450	10		≥1750	2050~2350	10	
0.50	≥1920	2250~2450	10		≥1750	2050~2350	10	
0.60	≥1900	2230~2430	8	6	≥1700	2000~2300	8	
0.70	≥1900	2230~2430	8	6	≥1700	2000~2300	8	
0.80	≥1900	2230~2430	6	5	≥1650	1950~2250	6	7
0.90	≥1900	2230~2430	6	5	≥1650	1950~2250	6	6
1.00	≥1900	2230~2430	6	4	≥1650	1950~2250	6	5
1.20	≥1840	2140~2340	5	4	≥1600	1900~2200	5	5
1.40	≥1800	2100~2300	5	4	≥1550	1850~2150	5	5
1.60	≥1800	2100~2300	5	5	≥1550	1850~2150	5	6
1.80	≥1730	2030~2230	4	5	≥1500	1800~2100	4	6
2.00	≥1730	2030~2230	4	4	≥1500	1800~2100	4	5
2.20	≥1670	1950~2150	4	4	≥1450	1750~2050	4	5
2.50	≥1670	1950~2150	4	4	≥1450	1750~2050	4	5
2.80	≥1580	1860~2060	3	3	≥1450	1750~2050	3	4
3.00	≥1580	1860~2060	3	3	≥1450	1750~2050	3	4
3.50	≥1460	1760~1960	3		≥1400	1700~2000	3	4
4.00	≥1460	1760~1960	2		≥1400	1700~2000	2	4
4.50	≥1400	1700~1900	2		≥1350	1650~1950	2	4
5.00	≥1400	1700~1900	2		≥1350	1650~1950	2	3
5.50					≥1350	1650~1950	2	3
6.00					≥1350	1650~1950		3
7.00					≥1300	1600~1900		3

注：1. 时效热处理温度 420~500℃，保温时间 1~3h，冷却方式：空冷；

2. 直径≤3.0mm 钢丝，用等于钢丝直径的芯棒缠绕 10 圈，钢丝不应折断或开裂；

3. 扭转后试样表面不得有裂纹和分层，扭转断口应平齐，垂直或近似垂直于轴线。

（3）1Cr18Ni9 弹簧钢丝时效热处理后的抗拉强度和工艺性能考核指标见表 3-5。

表 3-5 1Cr18Ni9 弹簧钢丝时效热处理后的抗拉强度和工艺性能

钢丝直径 /mm	时效后抗拉强度 R_m /MPa	钢丝直径 /mm	时效后抗拉强度 R_m /MPa
0.20	≥2150	2.00	1650~1890
0.30	≥2150	2.20	1650~1890
0.40	≥2100	2.50	1600~1840
0.50	≥2050	2.80	1550~1790
0.60	≥2000	3.00	1550~1790
0.70	≥1950	3.50	1500~1740
0.80	1900~2140	4.00	1400~1640
0.90	1850~2090	4.50	1350~1590
1.00	1850~2090	5.00	1300~1540
1.20	1800~2040	5.50	1250~1490
1.40	1750~1990	6.00	1200~1440
1.60	1750~1990	7.00	1100~1340
1.80	1700~1940	8.00	1100~1340

注：1. 时效热处理温度 350~450℃，保温时间≥0.5h，冷却方式：空冷；
2. 直径>3.0mm 钢丝进行反复弯曲试验，弯曲次数应大于 3 次；
3. 直径≤3.0mm 钢丝，用等于钢丝直径的芯棒缠绕 8 圈，钢丝不应折断或开裂。

3.2.2 GB/T 24588—2009《不锈弹簧钢丝》

不锈弹簧钢丝国家标准是以 ISO6931-1—1994（E）为基础，参考日本 JIS G4314—1994 标准、美国 ASTM A313-03，并结合各行业实际使用牌号和技术要求制定的，是不锈弹簧钢丝的通用标准。标准中包含四个国际通用牌号 12Cr18Ni9（302）、06Cr19Ni9（304）、06Cr17Ni12Mo2（316）、07Cr17Ni7Al（631），一个国内目前仍使用的牌号：10Cr18Ni9Ti，两个 200 系列奥氏体型牌号：12Cr17Mn8Ni3Cu3N（S20430）、12Cr18Mn9Ni5N（202）和一个有发展前途的牌号 06Cr19Ni9N（SUS304N1）。

3.2.2.1 概念

根据国内实际使用状况，标准增加了术语和定义一项，内容如下：

（1）表面状态分类术语及定义。

1）雾面：钢丝经干式拉拔、热处理等加工后，表面无光泽。

2）亮面：钢丝经湿式拉拔、热处理等加工后，表面光亮。

3）清洁面：钢丝经过拉拔、热处理等加工后，表面清洁。

4）涂(镀)层：钢丝表面带涂层或镀层。

（2）钢丝盘卷外形术语及定义。

1）弹高：从盘卷或线轴上截取几圈钢丝，使其处于自由状态，然后从其中截取一整圈钢丝，取其中点无约束地垂直悬挂，钢丝两端之间偏移的距离即为弹高。

2）弹宽：从盘卷或线轴上截取几圈钢丝，使其处于自由状态，然后从其中截取一整圈钢丝，无约束地放在水平面上，钢丝的圈径即为弹宽。

标准规定：按钢丝表面光亮或洁净程度，可分为雾面、亮面、清洁面和涂（镀）层表面四种表面状态，需求方不作说明时由供方确定表面状态。

成品钢丝主要以盘卷状供货，弹高和弹宽是衡量盘卷形状是否规整的参数，当然其数值越小越好。标准规定：钢丝以盘卷或缠线轴交货。盘卷应规整，打开盘卷时钢丝不得散乱、扭曲或呈“∞”字形；线轴应保证放线顺畅，端头有明显标识。其弹高和弹宽应符合表 3-6 规定。

表 3-6　盘卷的弹高和弹宽

钢丝公称直径/mm	弹高/mm	收线方式	弹宽/mm
≤0.50	≤60	线轴收线的钢丝	应为盘径的 0.9~2.5 倍
>0.50~1.00	≤80	盘卷收线的钢丝	应为盘径的 0.9~1.5 倍
>1.00~2.00	≤90		
>2.00	≤100		

3.2.2.2　性能

成品钢丝主要考核力学性能、扭转、缠绕和弯曲性能，力学性能和工艺性能考核指标见表 3-7。

表 3-7　不锈弹簧钢丝力学性能　（MPa）

公称直径 (d) /mm	A 组	B 组	C 组		D 组
	12Cr18Ni9 06Cr19Ni9 06Cr17Ni12Mo2 10Cr18Ni9Ti 12Cr18Mn9Ni5N	12Cr18Ni9 06Cr19Ni9N 12Cr18Mn9Ni5N	07Cr17Ni7Al		12Cr17Mn8Ni3Cu3N
			冷拉	时效	
0.20	1700~2050	2050~2400	≥1970	2270~2610	1750~2050
0.22	1700~2050	2050~2400	≥1950	2250~2580	1750~2050
0.25	1700~2050	2050~2400	≥1950	2250~2580	1750~2050
0.28	1650~1950	1950~2300	≥1950	2250~2580	1720~2000
0.30	1650~1950	1950~2300	≥1950	2250~2580	1720~2000
0.32	1650~1950	1950~2300	≥1920	2220~2550	1680~1950
0.35	1650~1950	1950~2300	≥1920	2220~2550	1680~1950
0.40	1650~1950	1950~2300	≥1920	2220~2550	1680~1950
0.45	1600~1900	1900~2200	≥1900	2200~2530	1680~1950
0.50	1600~1900	1900~2200	≥1900	2200~2530	1650~1900
0.55	1600~1900	1900~2200	≥1850	2150~2470	1650~1900
0.60	1600~1900	1900~2200	≥1850	2150~2470	1650~1900

续表 3-7

公称直径（d）/mm	A 组	B 组	C 组		D 组
	12Cr18Ni9 06Cr19Ni9 06Cr17Ni12Mo2 10Cr18Ni9Ti 12Cr18Mn9Ni5N	12Cr18Ni9 06Cr19Ni9N 12Cr18Mn9Ni5N	07Cr17Ni7Al		12Cr17Mn8Ni3Cu3N
			冷拉	时效	
0.63	1550~1850	1850~2150	≥1850	2150~2470	1650~1900
0.70	1550~1850	1850~2150	≥1820	2120~2440	1650~1900
0.80	1550~1850	1850~2150	≥1820	2120~2440	1620~1870
0.90	1550~1850	1850~2150	≥1800	2100~2410	1620~1870
1.0	1550~1850	1850~2150	≥1800	2100~2410	1620~1870
1.1	1450~1750	1750~2050	≥1750	2050~2350	1620~1870
1.2	1450~1750	1750~2050	≥1750	2050~2350	1580~1830
1.4	1450~1750	1750~2050	≥1700	2000~2300	1580~1830
1.5	1400~1650	1650~1900	≥1700	2000~2300	1550~1800
1.6	1400~1650	1650~1900	≥1650	1950~2240	1550~1800
1.8	1400~1650	1650~1900	≥1600	1900~2180	1550~1800
2.0	1400~1650	1650~1900	≥1600	1900~2180	1550~1800
2.2	1320~1570	1550~1800	≥1550	1850~2140	1550~1800
2.5	1320~1570	1550~1800	≥1550	1850~2140	1510~1760
2.8	1230~1480	1450~1700	≥1500	1790~2060	1510~1760
3.0	1230~1480	1450~1700	≥1500	1790~2060	1510~1760
3.2	1230~1480	1450~1700	≥1450	1740~2000	1480~1730
3.5	1230~1480	1450~1700	≥1450	1740~2000	1480~1730
4.0	1230~1480	1450~1700	≥1400	1680~1930	1480~1730
4.5	1100~1350	1350~1600	≥1350	1620~1870	1400~1650
5.0	1100~1350	1350~1600	≥1350	1620~1870	1330~1580
5.5	1100~1350	1350~1600	≥1300	1550~1800	1330~1580
6.0	1100~1350	1350~1600	≥1300	1550~1800	1230~1480
6.3	1020~1270	1270~1520	≥1250	1500~1750	
7.0	1020~1270	1270~1520	≥1250	1500~1750	
8.0	1020~1270	1270~1520	≥1200	1450~1700	
9.0	1000~1250	1150~1400	≥1150	1400~1650	
10.0	980~1200	1000~1250	≥1150	1400~1650	
11.0		1000~1250			
12.0		1000~1250			

注：1. 07Cr17Ni7Al 钢丝试样时效处理推荐工艺制度为：400~500℃，保温 0.5~1.5h，空冷；

2. 经供需双方商定，直径 0.50~4.00mm 钢丝可进行扭转试验，扭转后钢丝表面不得有裂纹、折叠和起刺，扭转断口应垂直或近似垂直于轴线，不得有开裂或分层；

3. 经供需双方商定，直径≤4.00mm 的钢丝可进行缠绕试验，沿等于钢丝直径的芯棒缠绕 8 圈，不应有断裂。直径>4.00~6.00mm 的钢丝，沿 2 倍直径的芯棒缠绕 5 圈，不应有断裂；

4. 经供需双方商定，直径>6.00mm 的钢丝可进行弯曲试验，沿 $r=10$mm 的圆弧，向不同方向弯曲 90°，表面不得有裂纹或开裂。

3.2.3 YB/T 5135—1996《发条用高强度弹性合金 3J9（2Cr19Ni9Mo)》

2Cr19Ni9Mo 具有较高的弹性模量和弹性极限，因含碳量较高，碳化物的存在温度范围为 600～1140℃，要使碳化物全部溶入奥氏体中，固溶处理温度应大于 1140℃。经充分固溶的钢丝冷加工塑性良好，能承受 90%以上减面率的拉拔。冷加工过程中钢丝产生少量形变马氏体，有微弱的磁性。弹簧消除应力处理温度为 400～450℃，保温 3h 后抗拉强度达到最高值。成品钢以冷加工状态交货，主要考核力学性能、缠绕和弯曲性能，2Cr19Ni9Mo 的力学性能和工艺性能考核指标见表 3-8。

表 3-8 2Cr19Ni9Mo 力学性能和工艺性能

钢丝直径/mm	抗拉强度/MPa
0.40～0.70	≥2058
>0.70～1.80	≥1666
>1.80～3.50	≥1470
>3.50～6.00	≥1274

注：1. 直径大于 0.70～3.00mm 钢丝进行缠绕试验，芯棒直径为钢丝直径 3 倍，缠绕 8 圈后不出现断裂、开裂和起皮；

2. 直径 0.40～0.70mm 钢丝进行反复弯曲试验，反复弯曲 2 次不得断裂。

3.2.4 我国不锈弹簧钢丝标准演变及新国标解读

我国不锈弹簧钢丝的使用是从军工产品开始的，20 世纪 50 年代使用的是从苏联引进的 1Cr18Ni9Ti 弹簧钢丝，同时将苏联标准直接转换成企业标准。70 年代引进“斯贝发动机”全套技术资料，开始推广使用英国 BS S205 标准中的 1Cr18Ni9 弹簧钢丝。80 年代随着改革开放步伐的加快，引进产品和技术推动不锈弹簧钢丝从军品向民品的过渡，消费量快速增长，使用牌号有 1Cr18Ni9、0Cr19Ni9 和 0Cr17Ni7Al 等，涉及标准包括：MIL-W46078B、ASTM A313、DIN17224（现转化为 ISO6931）和 JIS G4314，1983 年参照日本标准制定了冶金部标准 YB(T)11—83《弹簧用不锈钢丝》。到 2000 年，我国家电、五金和日用化工产品开始批量出口，并逐步占据国际市场的一定份额，带动不锈弹簧钢丝品种多样化，消费量急剧增长。目前市场使用的不锈弹簧钢丝涵盖马氏体、铁素体、奥氏体和沉淀硬化四个类型，10 余个牌号。其中 200 系列奥氏体和铁素体型牌号（409、409Nb 和 434）使用较多是具有中国特色的用法。2007 年全国钢标准化技术委员会的钢标委组织东北特殊钢集团有限责任公司、江苏省江阴康瑞不锈钢制品有限公司和法尔胜集团，着手制定不锈弹簧钢丝国家标准，2008 年 10 月不锈弹簧钢丝新国标送审稿在南京通过审核，GB/T 24588—2009《不锈弹簧钢丝》2009 年 10 月 30 日发布，2010 年 5 月 1 日实施。

3.2.4.1 牌号及化学成分

新国标中的牌号是根据国内使用现况选定的，除四个国际通用牌号外，保留 10Cr18Ni9Ti 是因为该牌号在航天航空领域仍广泛使用，一时无法取代。200 系列奥氏体钢在我国使用相当广泛，无可讳言，其源动力是以锰代镍，降低了材料的成本，但本次收录的 12Cr17Mn8Ni3Cu3N（S20430）和 12Cr18Mn9Ni5N（202）两个牌号，主要是考虑这两个牌号的耐一般腐蚀性能与 12Cr18Ni9 基本相当，而且具有 300 系列钢无法相比的优点：固溶处理后抗拉强度高、冷加工强化快、无磁、耐磨，国内近年来生产及应用数量较大，质量也比较稳定，同时也想借此规范 200 系列牌号。含氮不锈钢是近年发展起来的品种，含氮钢与同牌号不含氮钢相比，优点是：屈服强度和抗拉强度高、延展性好；冷加工强化系数高；磁性更弱；抗点腐蚀和应力腐蚀能力更强，因此参照 JIS 标准收录了 1 个有发展前途的牌号 06Cr19Ni9N（SUS304N1）。各牌号的化学成分是参照 ISO 6931-1:1994、ASTM A313—2003、ASTM A95920—03、JIS G4314—1994 和 BS 2056—1991 确定的，新国标 GB/T 24588—2009 化学成分与国外相关标准比较见表 3-9。因为不锈弹簧钢丝是通过冷拉以较高抗拉强度交货的，碳和氮是决定冷拉强化系数的关键元素，一般将碳控制在中上限，对氮也必须加以控制，否则不同炉号的抗拉强度的波动将加大，为此对不用氮作为合金元素的牌号规定其氮含量不大于 0.10%。值得指出的是 0Cr17Ni7Al 属不稳定奥氏体钢，钢中存在一定量的高温铁素体（δ），因为碳化物容易在两相交界处析出，所以钢中含有一定量的铁素体有利于调节热处理（TH 处理）。对于冷拉弹簧钢丝（CH 处理）来说，铁素体相较软，强化效应较弱，对提高成品强度有不利影响，还会给热加工带来困难，所以最好把铁素体量控制在 5%以下，实际生产中可用把镍含量控制在上限的方法来达到这一目的，所以参照 ISO 标准规定：07Cr17Ni7Al 经双方商定，镍的质量分数可定为 7.00%～8.25%。

表 3-9 各国不锈弹簧钢丝化学成分比较

牌 号	化学成分（质量分数）/%								
	C	Si	Mn	P	S	Cr	Ni	N	其他
S20430（ASTMA313—03）	0.15	1.00	6.5～9.0	0.060	0.030	15.5～17.5	1.5～3.5	0.05～0.25	Cu：2.0～4.0
12Cr17Mn8Ni3Cu3N（新国标）	0.15	1.00	6.5～9.0	0.060	0.030	15.5～17.5	1.5～3.5	0.05～0.30	Cu：2.0～4.0
S20200（ASTM A959—03）	0.15	1.00	7.50～10.0	0.060	0.030	17.00～19.00	4.00～6.00	0.25	
202S16（BS1554）	0.15	1.00	7.50～10.0	0.060	0.030	17.00～19.00	4.00～6.00	0.25	
12Cr18Mn9Ni5N（GB/T20878）	0.15	1.00	7.50～10.0	0.050	0.030	17.00～19.00	4.00～6.00	0.05～0.25	
X11CrNiMnN19-8-6（ISO6931-2:2005）	0.07～0.15	0.5～1.0	5.0～7.5	0.030	0.015	17.5～19.5	6.5～8.5	0.20～0.30	
12Cr18Mn9Ni5N（新国标）	0.15	1.00	7.50～10.0	0.050	0.030	17.00～19.00	4.00～6.00	0.15～0.30	
X9CrNi18-8（ISO6931-1:1994）	0.12	1.5	2.0			16.0～19.0	6.5～9.5		
S30200（ASTM A313—03）	0.12	1.00	2.00	0.045	0.030	17.0～19.0	8.0～9.5	0.10	
SUS302（JISG4314—94）	0.15	1.00	2.00	0.045	0.030	17.0～19.0	8.0～10.0		

续表 3-9

牌　号	化学成分（质量分数）/%								
	C	Si	Mn	P	S	Cr	Ni	N	其他
302S26（BS2056—91）	0.12	1.00	2.00	0.045	0.030	17.0~19.0	7.5~10.0		
1Cr18Ni9(302)(GB1220—2007)	0.15	1.00	2.00	0.045	0.030	17.0~19.0	8.0~10.0	0.10	
12Cr18Ni9（新国标）	0.15	1.00	2.00	0.045	0.030	17.0~19.0	8.0~10.00	0.10	
S30400（ASTM A313—03）	0.08	1.00	2.00	0.045	0.030	18.0~20.0	8.0~10.5	0.10	
S30409（ASTMA959—03）	0.04~0.10	1.00	2.00	0.045	0.030	18.0~20.9	8.0~11.0		
SUS304（JISG4314—94）	0.08	1.00	2.00	0.045	0.030	18.0~20.0	8.0~10.5		
0Cr19Ni9（GB/T4356—02）	0.08	1.00	2.00	0.035	0.30	18.0~20.0	8.0~10.5		
06Cr19Ni9（新国标）	0.08	1.00	2.00	0.045	0.030	18.0~20.0	8.0~10.5	0.10	
06Cr19Ni10N（GB1220—2007）	0.08	1.00	2.50	0.045	0.030	18.0~20.0	8.0~11.0	0.10~0.16	
SUS304N1（JIS G4314—94）	0.08	1.00	2.50	0.045	0.030	18.0~20.0	7.0~10.5	0.10~0.25	
06Cr19Ni9N（新国标）	0.08	1.00	2.50	0.045	0.030	18.0~20.0	7.0~10.5	0.10~0.30	
X5CrNiMo17-7-2（ISO6931）	0.07	1.0	2.0			16.5~18.5	10.5~13.5		Mo：2.0~2.5
S31600（ASTMA313—03）	0.07	1.00	2.00	0.045	0.030	16.5~18.0	10.5~13.5	0.10	Mo：2.0~2.5
S31609（ASTMA959—03）	0.04~0.10	1.00	2.00	0.045	0.030	16.0~18.0	10.0~14.0		Mo：2.0~3.0
SUS316（JISG4314—94）	0.08	1.00	2.00	0.045	0.030	16.0~18.0	10.0~14.0		Mo：2.0~3.0
316S33（BS2056—91）	0.07	1.00	2.00	0.045	0.030	16.5~18.5	11.0~14.0		Mo：2.5~3.0
06Cr17Ni12Mo2（新国标）	0.08	1.00	2.00	0.045	0.030	16.0~18.00	10.0~14.0	0.10	Mo：2.0~3.0
X7CrNiAl17-7（ISO6931）	0.09	1.0	1.0			16.0~18.0	6.5~7.5		Al：0.75~1.5
S17700（ASTMA313—03）	0.09	1.00	1.00	0.040	0.030	16.0~18.0	6.5~7.8		Al：0.75~1.5
SUS631J1（JI G4314—94）	0.09	1.00	1.00	0.040	0.030	16.0~18.0	7.0~8.5		Al：0.75~1.5

续表 3-9

牌号	化学成分（质量分数）/%								
	C	Si	Mn	P	S	Cr	Ni	N	其他
301S81（BS2056—91）	0.09	1.00	1.00	0.045	0.030	16.0~18.0	6.5~7.75		Al：0.75~1.5
07Cr17Ni7Al（新国标）	0.09	1.00	1.00	0.040	0.030	16.0~18.0	6.5~7.75		Al：0.75~1.5
S32100（ASTMA313—03）	0.08	1.00	2.00	0.045	0.030	17.0~19.0	9.0~12.0		Ti≥5×C
1Cr18Ni9Ti（GB/T4356—02）	0.12	1.00	2.00	0.035	0.030	17.0~19.0	8.0~11.0		Ti：5×（C-0.02）~0.80
10Cr18Ni9Ti（新国标）	0.12	1.00	2.00	0.035	0.030	17.0~19.0	8.0~11.0		Ti：5×C~0.80

注：ISO6931-1—1994（E）规定：经双方协商，冷加工用07Cr17Ni7Al的Ni质量分数可定为7.0%~8.25%。

3.2.4.2 交货状态

标准规定按钢丝表面光亮或洁净程度，可分为雾面、亮面、清洁面和涂(镀)层四种表面状态，需方不作说明时由供方确定表面状态。

雾面钢丝表面银白色、不反光。生产中采用干粉状润滑剂，配合硬质合金模拉拔，拉拔中干粉状润滑剂依靠钢丝变形产生的热量，溶化成胶体状态，均匀地附着在钢丝表面，具有优异的润滑效果，即使减面率高达35%，钢丝表面仍能形成完整的润滑膜，特别适用于多道次拉拔。但成品钢丝去除表面残留润滑剂后，表面无光泽、呈雾状。绝大多数弹簧钢丝均以雾面状态供货。

亮面钢丝表面有光泽，像镜面一样可反光。生产中采用湿式（油性或水性）润滑剂，配合聚晶金刚石模或金刚石模拉拔。由于湿式润滑效果远不如干式润滑好，拉拔道次减面率应控制在5%~12%间，大规格（直径大于3.0mm）控制在下限，小规格（直径小于0.5mm）控制在上限，不宜多道次连续拉拔（指直径大于1.5mm钢丝）。通常做法是：用干粉状润滑剂将钢丝拉拔到接近成品规格，彻底去除表面残留润滑膜后再改用油性润滑剂，经2~3道次拉拔到成品规格。对于直径小于0.5mm的细丝，基本选用水箱拉丝机，水性润滑剂+金刚石拉丝模拉拔。亮面钢丝主要用于制作在装饰性场合使用的弹簧，一般为直径3.0mm以下的钢丝。值得指出的是：表面光亮并不意味表面粗糙度差，一般说来雾面钢丝拉拔时润滑条件好，表面缺陷少，表面粗糙度往往差于亮面钢丝。

清洁面指钢丝表面经清洗，去除残留润滑膜，表面洁净、光滑、无油污。

涂层指钢丝表面带有润滑涂层或树脂涂层，保护表面，缠簧时不易造成划伤；镀层指用电化学方法在表面镀上一层金属保护层，如铜、镍或彩色保护层。

3.2.4.3 力学性能

抗拉强度是不锈弹簧钢丝最重要的考核指标，新国标按抗拉强度合格范围将不锈弹簧钢丝分为A、B、C、D四个组别。根据各牌号的特性和使用习惯，A组适用于制作使用应力较低、形状复杂或对疲劳寿命要求很高的弹簧，有强度要求的结构件，需要进一步加工成型的高强度异形钢丝，以及制绳用钢丝等，常用牌号有12Cr18Ni9、06Cr19Ni9、06Cr17Ni12Mo2、10Cr18Ni9Ti、12Cr18Mn9Ni5N。

B 组适用于制作使用应力较高、形状相对简单的弹簧，多选用 12Cr18Ni9、06Cr19Ni9N 和 12Cr18Mn9Ni5N。06Cr19Ni9 冷加工强化较慢，一般不生产 B 组钢丝。

C 组是沉淀硬化型 07Cr17Ni7Al 不锈弹簧钢丝，该类钢丝的耐腐蚀性与 A、B 组钢丝基本相当，但其弹减性、抗疲劳性能明显优于前者，特别是缠簧成型后，再经沉淀硬化处理，弹簧的强度还能提高 280~430MPa，是一类优质弹簧材料。

D 组 12Cr17Mn8Ni3Cu3N（204Cu）钢丝是美国标准 ASTM A 313 近来才纳标，并着力推广的 200 系列牌号。这类钢以 Mn、N 代替部分镍，基本保持了奥氏体钢具有良好的耐蚀性能、优异的冷加工性能、无磁性等优点，材料成本有明显下降；与其他组别钢丝相比，其在强腐蚀性介质中的耐蚀性能稍差，但用相同减面率生产的钢丝，其强度高于前者，特别是其良好的耐磨性能是前者无法相比的。为明确起见，在表 3-1 中增加注“此牌号不宜在腐蚀性较强的环境中使用”。

新国标依据下列原则确定各组别钢丝的抗拉强度范围：

（1）依据各牌号的冷加工强化特性确定各组别钢丝的抗拉强度范围，本标准所列牌号的冷拉强化速率从大到小依次排列的顺序为：12Cr18Mn9Ni5N 、12Cr17Mn8Ni3Cu3N、12Cr18Ni9、07Cr17Ni7Al、06Cr19Ni9N、06Cr19Ni9、06Cr17Ni12Mo2、10Cr18Ni9Ti。

（2）参照 ISO6931 规定各组别抗拉强度范围极差为下限的 15%，但考虑到我国不锈钢盘条化学成分和晶粒度实际控制水平不高，往往带来大规格钢丝成品强度波动较大，所以参考 JIS G4314 标准规定抗拉强度极差不小于 250MPa。

（3）考虑不同组别之间的连续性，各组别的抗拉强度力争不交叉或少交叉，在合理的范围内基本均可选到相应组别的钢丝。

（4）A 组和 B 组钢丝的力学性能基本参照 JIS G4314 的 A 组和 B 组确定，同时与 ISO6931 保持同步，详见表 3-10。

（5）C 组 07Cr17Ni7Al 的抗拉强度是参照 JIS G4314 的 C 组标准规定的，与 ISO6931 变化趋势基本保持一致，总体说来抗拉强度范围略高于 BS2056，略低于 ASTM A313，详见表 3-11。按照国内使用习惯，C 组钢丝冷拉状态不设上限，只要时效后的钢丝抗拉强度合格即可保证使用性能。

（6）D 组钢丝参照 ASTMA313 中 S20430（204Cu）的抗拉强度范围，依据第（2）条原则对抗拉强度上、下限进行了适当调整，并根据国内生产和使用现状，将规格范围下限放到 0. 5mm，上限放到 6. 0mm，详见表 3-12。

3. 2. 4. 4　工艺性能

弹簧钢丝最终是缠成各种形状弹簧使用的，钢丝必须具有良好的冷加工成型性能，通常称为工艺性能。考核钢丝的工艺性能的检验方法有弯曲试验、扭转试验和缠绕试验等，不同标准的考核方法不尽相同。本标准综合考虑。并根据国内弹簧行业的使用习惯确定：

（1）参照 JIS G4314 标准，ϕ0. 5~4. 0mm 钢丝进行扭转试验，规定“扭转后钢丝表面不得有裂纹、折叠和起刺，扭转断口应垂直或近似垂直于轴线，不得有开裂或分层”。

（2）参照 ASTM A313 和 ISO6931 标准，$\phi\leqslant$6. 0mm 钢丝进行缠绕试验，规定“直径小于等于 4. 00mm 的钢丝应进行缠绕试验，钢丝沿直径等于钢丝尺寸的芯棒缠绕 8 圈，不应有断裂。直径大于 4. 00~6. 00mm 的钢丝，沿直径等于钢丝尺寸 2 倍的芯棒缠绕 5 圈，不应有断裂”。

表 3-10 A 组和 B 组不锈弹簧钢丝抗拉强度

直径/mm	新国标		JIS G4314—1994		ASTM A313—03		BS 2056—1991		ISO 6931-1—1994			
	A 组	B 组	A 组	B 组	一级	二级	Ⅱ级	Ⅰ级	NS		HS	
	MPa	MPa	MPa(不小于)		MPa(不小于)		MPa(不小于)		MPa			
0. 2	1700~2050	2050~2400	1650	2150	2240		2160	1880	2200	2530	2350	2700
0. 22	1700~2050	2050~2400	1600	2050	2240		2060	1800	2150	2470	2300	2640
0. 25	1700~2050	2050~2400	1600	2050	2205		2060	1800	2150	2470	2300	2640
0. 28	1650~1950	1950~2300	1600	2050	2190		2060	1800	2150	2470	2300	2640
0. 3	1650~1950	1950~2300	1600	2050	2180		2060	1800	2150	2470	2300	2640
0. 32	1650~1950	1950~2300	1600	2050	2165		2060	1800	2100	2410	2250	2580
0. 35	1650~1950	1950~2300	1600	2050	2150		2060	1800	2100	2410	2250	2580
0. 4	1650~1950	1950~2300	1600	2050	2125		2060	1800	2100	2410	2250	2580
0. 45	1600~1900	1900~2200	1600	1950	2095		1960	1720	2050	2350	2200	2530
0. 5	1600~1900	1900~2200	1600	1950	2070		1960	1720	2050	2350	2200	2530
0. 55	1600~1900	1900~2200	1600	1950	2040		1960	1720	2000	2300	2150	2470
0. 6	1600~1900	1900~2200	1600	1950	2015		1960	1720	2000	2300	2150	2470
0. 63	1550~1850	1850~2150	1530	1850	2005		1960	1720	2000	2300	2150	2470
0. 7	1550~1850	1850~2150	1530	1850	1995		1960	1720	1950	2240	2100	2410
0. 8	1550~1850	1850~2150	1530	1850	1945		1860	1620	1950	2240	2100	2410
0. 9	1550~1850	1850~2150	1530	1850	1930		1860	1620	1900	2180	2050	2350
1	1550~1850	1850~2150	1530	1850	1895		1860	1620	1900	2180	2050	2350
1. 1	1450~1750	1750~2050	1450	1750	1975		1770	1530	1850	2130	2000	2300
1. 2	1450~1750	1750~2050	1450	1750	1840	2000	1770	1530	1850	2130	2000	2300
1. 4	1450~1750	1750~2050	1450	1750	1800	2000	1770	1530	1800	2070	1950	2240
1. 5	1400~1650	1650~1900	1400	1650	1780	2000	1770	1530	1800	2070	1950	2240
1. 6	1400~1650	1650~1900	1400	1650	1780	2000	1670	1430	1750	2010	1900	2180
1. 8	1400~1650	1650~1900	1400	1650	1725	2000	1670	1430	1700	1960	1850	2130
2	1400~1650	1650~1900	1400	1650	1695	2000	1670	1430	1700	1960	1850	2130

续表 3-10

直径 /mm	新国标		JIS G4314—1994		ASTM A313—03		BS 2056—1991		ISO 6931-1—1994			
	A 组	B 组	A 组	B 组	一级	二级	Ⅱ级	Ⅰ级	NS		HS	
	MPa	MPa	MPa(不小于)		MPa(不小于)		MPa(不小于)		MPa			
2. 2	1320~1570	1550~1800	1320	1550	1670	2000	1570	1330	1650	1900	1750	2010
2. 5	1320~1570	1550~1800	1320	1550	1600	2000	1570	1330	1650	1900	1750	2010
2. 8	1230~1480	1450~1700	1230	1450	1565	2000	1570	1330	1600	1840	1700	1960
3	1230~1480	1450~1700	1230	1450	1530	2000	1470	1230	1600	1840	1700	1960
3. 2	1230~1480	1450~1700	1230	1450	1495	2000	1470	1230	1550	1780	1650	1900
3. 5	1230~1480	1450~1700	1230	1450	1450	2000	1470	1230	1550	1780	1650	1900
4	1230~1480	1450~1700	1230	1450	1415	2000	1470	1230	1500	1730	1600	1840
4. 5	1100~1350	1350~1600	1100	1350	1365		1370		1450	1670	1550	1780
5	1100~1350	1350~1600	1100	1350	1295		1370		1450	1670	1550	1780
5. 5	1100~1350	1350~1600	1100	1350	1255		1370		1400	1610	1500	1730
6	1100~1350	1350~1600	1100	1350	1205		1370		1400	1610	1500	1730
6. 3	1020~1270	1270~1520	1000	1270	1205		1280		1350	1550	1450	1670
7	1020~1270	1270~1520	1000	1270	1160		1280		1350	1550	1450	1670
8	1020~1270	1270~1520	1000	1270	1070		1280		1300	1500	1400	1610
9	1000~1250	1150~1300		1130	1035		1230		1250	1450	1350	1550
10	980~1200	1000~1250		980	1000		1230		1250	1450	1350	1550
11		1000~1250		880	965							
12		1000~1250		880	930							

表 3-11 07Cr17Ni7Al（C组）不锈弹簧钢丝抗拉强度

直径/mm	新国标C组			ISO 6931-1—1994				ASTM A313—03		BS 2056—1991		JIS G4314—1994	
	冷拉	时效		C		T		C	CH900	C	CH	C类	
	MPa(不小于)	MPa		MPa		MPa		MPa（不小于）		MPa（不小于）		MPa	
0.2	1970	2270	2610	1950	2240	2250	2585						
0.22	1950	2250	2580	1925	2215	2225	2560						
0.25	1950	2250	2580	1925	2215	2225	2560	2035	2310	1880	2230	1930	2180
0.28	1950	2250	2580	1925	2215	2225	2560	2035	2310	1880	2230	1930	2180
0.3	1950	2250	2580	1400	1610	1700	1955	2035	2310	1880	2230	1930	2180
0.32	1920	2220	2550	1400	1610	1700	1955	2035	2310	1860	2210	1930	2180
0.35	1920	2220	2550	1400	1610	1700	1955	2035	2310	1860	2210	1930	2180
0.4	1920	2220	2550	1400	1610	1700	1955	2000	2275	1860	2210	1850	2100
0.45	1900	2200	2530	1400	1610	1700	1955	2000	2275	1820	2170	1850	2100
0.5	1900	2200	2530	1400	1610	1700	1955	2000	2275	1820	2170	1850	2100
0.55	1850	2150	2470	1400	1610	1700	1955	1965	2240	1820	2170	1850	2100
0.6	1850	2150	2470	1400	1610	1700	1955	1965	2240	1800	2150	1850	2100
0.63	1850	2150	2470	1400	1610	1700	1955	1965	2240	1800	2150	1800	2050
0.7	1820	2120	2440	1400	1610	1700	1955	1965	2240	1800	2150	1800	2050
0.8	1820	2120	2440	1400	1610	1700	1955	1895	2205	1770	2120	1800	2050
0.9	1800	2100	2410	1400	1610	1700	1955	1895	2205	1770	2120	1800	2050
1	1800	2100	2410	1400	1610	1700	1955	1895	2205	1770	2120	1800	2050
1.1	1750	2050	2350	1400	1610	1700	1955	1860	2135	1710	2030	1700	1950
1.2	1750	2050	2350	1400	1610	1700	1955	1860	2135	1710	2030	1700	1950
1.4	1700	2000	2300	1400	1610	1700	1955	1825	2100	1650	1970	1700	1950
1.5	1700	2000	2300	1400	1610	1700	1955	1825	2100	1650	1970	1600	1850
1.6	1650	1950	2240	1400	1610	1700	1955	1770	2050	1650	1970	1600	1850
1.8	1600	1900	2180	1400	1610	1700	1955	1770	2050	1630	1930	1600	1850
2	1600	1900	2180	1400	1610	1700	1955	1760	2015	1630	1930	1600	1850

续表 3-11

直径/mm	新国标 C 组 冷拉	新国标 C 组 时效		ISO 6931-1—1994 C		ISO 6931-1—1994 T		ASTM A313—03 C	ASTM A313—03 CH900	BS 2056—1991 C	BS 2056—1991 CH	JIS G4314—1994 C 类	
	MPa(不小于)	MPa		MPa		MPa		MPa（不小于）		MPa（不小于）		MPa	
2.2	1550	1850	2140	1400	1610	1700	1955	1690	1945	1630	1930	1500	1750
2.5	1550	1850	2140	1400	1610	1700	1955	1670	1925	1560	1860	1500	1750
2.8	1500	1790	2060	1400	1610	1700	1955	1640	1890	1560	1860	1400	1650
3	1500	1790	2060	1400	1610	1700	1955	1625	1875	1500	1800	1400	1650
3.2	1450	1740	2000	1400	1610	1700	1955	1625	1875	1500	1800	1400	1650
3.5	1450	1740	2000	1400	1610	1700	1955	1585	1795	1460	1760	1400	1650
4	1400	1680	1930	1400	1610	1700	1955	1560	1765	1460	1760	1400	1650
4.5	1350	1620	1870	1350	1550	1650	1900	1545	1750	1420	1720	1300	1550
5	1350	1620	1870	1350	1550	1650	1900	1530	1740	1400	1680	1300	1550
5.5	1300	1550	1800	1300	1500	1550	1790	1505	1710	1400	1680	1300	1550
6	1300	1550	1800	1300	1500	1550	1790	1470	1670	1380	1660	1300	1550
6.3	1250	1500	1750	1250	1450	1500	1725	1470	1670	1350	1600		
7	1250	1500	1750	1250	1450	1500	1725	1470	1670	1350	1600		
8	1200	1450	1700	1200	1400	1450	1670	1425	1620	1330	1530		
9	1150	1400	1650	1150	1350	1400	1610	1425	1620	1270	1470		
10	1150	1400	1650	1150	1350	1400	1610	1425	1620	1270	1470		
11								1425	1620				
12								1400	1585				

表 3-12　12Cr17Mn8Ni3Cu3N（D组）不锈弹簧钢丝抗拉强度

直径/mm	新国标	ASTM A313—03		新国标				ASTM A313—03（302）	
	D组	S20430（204Cu）		A组		B组		一级	二级
	MPa	MPa		MPa		MPa		MPa（不小于）	
0. 2	1750～2050			1700	2050	2050	2400	2240	
0. 22	1750～2050			1700	2050	2050	2400	2240	
0. 25	1750～2050			1700	2050	2050	2400	2205	
0. 28	1720～2000			1650	1950	1950	2300	2190	
0. 3	1720～2000			1650	1950	1950	2300	2180	
0. 32	1680～1950			1650	1950	1950	2300	2165	
0. 35	1680～1950			1650	1950	1950	2300	2150	
0. 4	1680～1950			1650	1950	1950	2300	2125	
0. 45	1680～1950			1600	1900	1900	2200	2095	
0. 5	1650～1900			1600	1900	1900	2200	2070	
0. 55	1650～1900			1600	1900	1900	2200	2040	
0. 6	1650～1900			1600	1900	1900	2200	2015	
0. 63	1650～1900			1550	1850	1850	2150	2005	
0. 7	1650～1900			1550	1850	1850	2150	1995	
0. 8	1620～1870			1550	1850	1850	2150	1945	
0. 9	1620～1870			1550	1850	1850	2150	1930	
1	1620～1870			1550	1850	1850	2150	1895	
1. 1	1620～1870			1450	1750	1750	2050	1975	
1. 2	1580～1830			1450	1750	1750	2050	1840	2000
1. 4	1580～1830			1450	1750	1750	2050	1800	2000
1. 5	1550～1800			1400	1650	1650	1900	1780	2000
1. 6	1550～1800			1400	11650	1650	1900	1780	2000
1. 8	1550～1800			1400	1650	1650	1900	1725	2000
2	1550～1800	1585	1795	1400	1650	1650	1900	1695	2000
2. 2	1550～1800	1585	1795	1320	1570	1550	1800	1670	2000
2. 5	1510～1760	1480	1690	1320	1570	1550	1800	1600	2000
2. 8	1510～1760	1480	1690	1230	1480	1450	1700	1565	2000
3	1510～1760			1230	1480	1450	1700	1530	2000
3. 2	1480～1730			1230	1480	1450	1700	1495	2000
3. 5	1480～1730			1230	1480	1450	1700	1450	2000
4	1480～1730			1230	1480	1450	1700	1415	2000
4. 5	1400～1650			1100	1350	1350	1600	1365	
5	1330～1580			1100	1350	1350	1600	1295	
5. 5	1330～1580			1100	1350	1350	1600	1255	
6	1230～1480			1100	1350	1350	1600	1205	

（3）参照 BS2056 和 ISO6931 标准，ϕ>6.0mm 钢丝进行弯曲试验，规定“直径大于 6.00mm 的钢丝，沿 r=10mm 的圆弧向不同方向弯曲 90°，表面不得有裂纹或开裂”。

3.3 不锈弹簧钢丝牌号选择

3.3.1 耐蚀性能与化学成分

具有良好的耐腐蚀性能是不锈弹簧钢丝的基本特性，但由于腐蚀的种类不同，不锈弹簧钢丝牌号也很多，如果选择不当，仍然无法避免腐蚀破坏。

按腐蚀形态可将腐蚀分为一般（全面、均匀）腐蚀和局部腐蚀两种。一般腐蚀指分布在整个不锈钢表面上的均匀腐蚀。局部腐蚀指分布于不锈钢表面某些部位的腐蚀，常见的有：点腐蚀、缝隙腐蚀、应力腐蚀、晶间腐蚀、冲刷腐蚀和腐蚀疲劳等。按腐蚀产生的环境可分为大气腐蚀，工业水腐蚀，土壤腐蚀，酸、碱、盐腐蚀，海水腐蚀和高温腐蚀等。不同环境会引发不同形态的腐蚀，要针对将会出现的腐蚀形态选用相应的牌号。以大气腐蚀为例，大气可分为干燥大气、潮湿大气、工业（城市）大气、海洋大气和沙尘大气。在干燥大气和潮湿大气中的主要腐蚀形态是一般腐蚀，选用不锈钢牌号从低到高依次为：Cr13 型马氏体钢→Cr17 型铁素体钢→304 系列奥氏体钢，最高选用 0Cr19Ni9（304）系列不锈钢便可满足耐蚀要求。在阴雨、潮湿、多雾的大气中主要腐蚀形态是一般腐蚀和缝隙腐蚀。工业（城市）大气除潮湿外，常含有 SO_2、H_2S、NH_3、NO_2 和较多 CO_2，引发的腐蚀形态除强烈的一般腐蚀外，还有硫化物、氮化物和碱类的局部点蚀，此外大气中悬浮颗粒和灰尘落在钢丝表面会引发缝隙腐蚀，在此环境中至少要选用 0Cr19Ni9（304）系列牌号，选用 06Cr17Ni12Mo2（316）系列牌号耐蚀效果更理想。在海洋大气中含较高的盐分，Cl^- 极易引发钢丝表面点腐蚀，通常都选用 06Cr17Ni12Mo2（316）不锈钢丝。沙尘大气相对干燥，引发的腐蚀形态主要是冲刷腐蚀，在此环境中宜选用 200 系列牌号——12Cr18Mn9Ni5N（202）和 12Cr17Mn8Ni3Cu3N（204Cu），相对而言 202 的耐蚀性能优于 204Cu。

一般说来，不锈钢的腐蚀性能主要取决于铬，不锈弹簧钢丝的抗一般腐蚀性能随铬含量增高而增强。实际使用中除一般腐蚀外，缝隙腐蚀和点腐蚀是最常见的腐蚀破坏。单纯提高抗缝隙腐蚀性能只要提高钢中铬和镍含量即可，但同时存在强烈的点腐蚀倾向时提高镍含量作用就不明显了。工程中普遍采用点蚀指数（PRE）来衡量奥氏体不锈钢的抗点腐蚀和缝隙腐蚀能力，数值越大抗点腐蚀和缝隙腐蚀能力越强[2]。

$$\mathrm{PRE(Mn)} = w(\mathrm{Cr}) + 3.3w(\mathrm{Mo}) + 30w(\mathrm{N}) - w(\mathrm{Mn})$$

由公式可以看出：铬、钼、氮均能提高钢的抗点腐蚀性能，钼的作用最显著，锰对抗点腐蚀性能有不利影响，常用不锈弹簧钢丝的点蚀指数（PRE）见表 3-13，各牌号的耐点腐蚀和缝隙腐蚀能力大致如序号所列。相对而言，200 系列钢的耐点腐蚀和缝隙腐蚀能力稍逊一筹，不宜在海洋大气中和含 Cl^- 的介质中使用。但在甲酸、醋酸、乳酸、氢氧基醋酸等有机介质中，200 系列钢的耐蚀性能明显优于铬含量相同的 300 系钢[3]。

晶间腐蚀是一种沿晶界扩展的局部腐蚀，产生晶间腐蚀的试样，表面可能十分光亮，但晶粒间的结合力几乎完全丧失，试样掷地时如同木材，全无金属声响。对于晶间腐蚀的成因目前比较统一的认识是贫铬论：奥氏体不锈钢在500~850℃区间长期停留，或反复、缓慢通过这一温区，晶界附近的碳向晶界扩散，以$Cr_{23}C_6$（C∶Cr=1∶17）的形式析出，造成晶界附近贫铬，耐蚀性能急剧下降。

表3-13 常用不锈弹簧钢丝的点蚀指数

序号	牌　　号	点蚀指数	序号	牌　　号	点蚀指数
1	022Cr20Ni25Mo4.5Cu	33.05	8	12Cr18Ni9	16.8
2	24Cr19Ni9Mo2（3J9）	22.95	9	10Cr18Ni12	16.8
3	07Cr15Ni7Mo3Al	22.45	10	10Cr18Ni9Ti	16.8
4	06Cr17Ni12Mo2	22.4	11	07Cr17Ni7Al	16.2
5	06Cr18Ni9N	18.4	12	06Cr17Ni4Cu4Nb	15.9
6	06Cr19Ni9	17.8	13	12Cr18Mn9Ni5N	9.65
7	07Cr12Mn5Ni4Mo3N	16.9	14	12Cr17Mn8Ni3Cu3N	9.15

贫铬论很好地解释了绝大多数奥氏体钢的晶间腐蚀现象，为改善晶间腐蚀指明了方向：消除贫铬就可防止晶间腐蚀。具体措施有[5]：

（1）在钢中添加定量的稳定化元素，为此开发了含稳定化元素钛和铌的牌号，因为钛和铌与碳的亲和力比铬大，优先形成TiC和NbC，把碳固定住，避免晶界贫铬。

（2）进行稳定化处理：$Cr_{23}C_6$在500℃开始形成，650℃是析出高峰，到850℃时重新溶入奥氏体中。TiC的形成温度850~900℃，NbC的形成温度约920℃以上，所以在850~900℃间进行稳定化处理，$Cr_{23}C_6$溶于奥氏体中，优先形成TiC，同时消除了晶界贫铬现象。由于不锈弹簧钢丝依靠冷加工强化，稳定化处理导致抗拉强度下降，该项措施对弹簧钢丝是不适用的。

（3）细化晶粒可增大晶界面积，使碳化物析出更加弥散，晶界贫铬减轻，晶间腐蚀有所改善，此项措施特别适用于弹簧钢丝，连续炉固溶处理+深冷加工，既可细化晶粒，又提高了抗拉强度的均匀性。

（4）冷加工对奥氏体稳定性不十分好的牌号，如12Cr18Ni8，可使碳固定在形变马氏体中；对奥氏体稳定性好的牌号，如06Cr17Ni12Mo2，可使碳化物在滑移带内沉淀，降低碳在晶界析出的趋势，均能显著提高钢丝的抗晶间腐蚀性能。其他一些措施如降低碳含量、调整化学成分使钢含有5%~10%的δ铁素体、固溶处理使$Cr_{23}C_6$重新溶解、延长敏化处理时间等均能改善晶间腐蚀，但同样不适用于弹簧钢丝。

评价不锈钢晶间腐蚀敏感性方法有多种，含稳定化元素的奥氏体钢通常选用GB/T 4334.5—2000《不锈钢硫酸-硫酸铜腐蚀试验方法》。试验方法规定：对于含稳定化元素的钢丝试样，首先进行固溶处理，然后再进行敏化处理：650℃，保温2h，空冷。将处理好的试样放在H_2SO_4-$CuSO_4$溶液中加铜屑，连续煮沸16h后弯曲成“Z字形”，弯曲处不得有裂纹或断裂。650℃是$Cr_{23}C_6$析出高峰，选择在此温度进行敏化处理，可以考查钢中稳定化元素的含量能否足以抑制晶界贫碳。不锈弹簧钢丝的最高使用温度是350℃，没有进入$Cr_{23}C_6$析出温区，而且冷拉状态是奥氏体不锈钢抗晶间腐蚀性能最好的状态，所以新国标规定：“10Cr18Ni9Ti钢丝可进行晶间腐蚀试验。推荐试样不固溶，不敏化，直接进行腐蚀试验。”对于直径≤1.0mm的钢丝，在H_2SO_4-$CuSO_4$溶液中连续煮沸16h后往往处于似断非断状态，根本无法检测弯曲处的表面或断口状况，因此标准规定：直径≤1.0mm的钢丝不作晶间腐蚀试验。

3.3.2 磁性与显微组织

奥氏体弹簧钢丝实现无磁首先要控制化学成分，Post 和 Eberly 提出[4]，300 系列钢在常温下，经 80%冷加工获得全奥氏体组织的最低含镍量为：

$$w(\mathrm{Ni})_{\text{理论值}} = \frac{(w(\mathrm{Cr}) + 1.5w(\mathrm{Mo}) - 20)^2}{12} - \frac{w(\mathrm{Mn})}{2} - 35w(\mathrm{C}) + 15$$

式中，Cr、Ni、Mn、C 均为质量分数（Cr 含量 19%，Cr = 19，其他元素表示方法相同），公式适用范围：C：0.03%～0.2%；Cr：14%～25%；Mn：0.4%～4.0%；Ni：7.5%～21%；Si：0.3%～0.5%；Mo：0～3%。

对于含铜和氮的 200 系列钢，Criffiths 和 Wright 提出[4]最低含镍量的修正公式为：

$$w(\mathrm{Ni})_{\text{理论值}} = \frac{(w(\mathrm{Cr}) + 1.5w(\mathrm{Mo}) - 20)^2}{12} - \frac{w(\mathrm{Mn})}{2} - 35w(\mathrm{C}) - w(\mathrm{Cu}) - 27w(\mathrm{N}) + 15$$

$$\Delta = w(\mathrm{Ni})_{\text{实际值}} - w(\mathrm{Ni})_{\text{理论值}}$$

可以用 Δ 值衡量钢中奥氏体稳定性，Δ 为正数的钢在冷加工后仍为奥氏体组织，无磁性。Δ 为负数的钢中有铁素体或形变马氏体组织，呈弱磁性，负值越大磁性越强。06Cr19Ni9 的 Δ 值为负数，呈弱磁性，06Cr17Ni12Mo2 的 Δ 为正数，无磁性。钢中 δ 铁素体含量主要取决于化学成分，热加工工艺和热处理工艺也有一定影响。通常可用下列公式测算 δ 铁素体含量：

$\delta = 2.4w(\mathrm{Cr}) + 1.2w(\mathrm{Si}) + 14w(\mathrm{Ti}) + 1.4w(\mathrm{Al}) - 41w(\mathrm{C}) - 0.5w(\mathrm{Mn}) - 2.5w(\mathrm{Ni}) - 18$（适用于 300 系列钢[7]）

$\delta = 15w(\mathrm{Cr}) + 8w(\mathrm{Si}) + 11w(\mathrm{Mo}) + 27w(\mathrm{Al}) - 180w(\mathrm{C}) - w(\mathrm{Mn}) - 10w(\mathrm{Ni}) - 3w(\mathrm{Cu}) - 200w(\mathrm{N}) - 190$（适用于 200 系列及沉淀硬化型钢[5]，Irvine 原公式 Al 的系数为 38，魏振宇先生对照 PH15-7Mo 实测数据认为偏高，修订为 32，笔者对照 07Cr17Ni7Al 实测数据，认为修订为 27 更符合实际）

式中，δ 为铁素体的质量分数，%；Cr 为铬的质量分数，%。

衡量固溶状态奥氏体钢是否具有磁性，可用马氏体转变点（Ms）计算公式进行预测：

$Ms = 502 - 810w(\mathrm{C}) - 13w(\mathrm{Mn}) - 12w(\mathrm{Cr}) - 30w(\mathrm{Ni}) - 54w(\mathrm{Cu}) - 46w(\mathrm{Mo}) - 1230w(\mathrm{N})$　（Pickering 公式[6]，$Ms \leq -10$℃为奥氏体钢）

$Ms = 1180 - 1450(w(\mathrm{C}) + w(\mathrm{N})) - 30w(\mathrm{Si}) - 30w(\mathrm{Mn}) - 37w(\mathrm{Cr}) - 57w(\mathrm{Ni}) - 22w(\mathrm{Mo})$　（魏振宇公式[5]，适用于沉淀硬化型钢）

对于奥氏体稳定性差的钢，尽管固溶处理后组织基本为奥氏体，无磁性或呈弱磁性，但在冷加工过程中生成部分形变马氏体，形变马氏体组织具有磁性，在进一步提高钢的抗拉强度的同时也增加了钢的磁性。形变马氏体量的多少与化学成分密切相关，皮克灵（Pickering）和奥格尔（Augel）给出的 Ms 和 M_{d30} 点计算公式比较精确地反映出奥氏体不锈弹簧钢丝金相组织与化学成分的关系。

$M_{d30} = 413 - 462(w(\mathrm{C}) + w(\mathrm{N})) - 8.1w(\mathrm{Mn}) - 9.2w(\mathrm{Si}) - 13.7w(\mathrm{Cr}) - 9.5w(\mathrm{Ni}) - 18.5w(\mathrm{Mo})$　（Augel 公式[4]）

$M_{d30}^{GS} = 551 - 462(w(\mathrm{C}) + w(\mathrm{N})) - 8.1w(\mathrm{Mn}) - 9.2w(\mathrm{Si}) - 13.7w(\mathrm{Cr}) - 29(w(\mathrm{Ni}) + w(\mathrm{Cu})) - 18.5w(\mathrm{Mo}) - 68w(\mathrm{Nb}) - 1.42(\gamma - 8.0)$ （原野修正公式[5]，此公式的优点是显示了晶粒度与 M_{d30} 的对应关系）

式中，Ms 为马氏体转变开始温度,℃；M_{d30} 为经 30%冷变形，有 50%的形变马氏体完成转变的最高温度,℃；γ 为 ASTM 晶粒度 N_r（级别），晶粒度每增加 1 级，M_{d30} 降低约 1.4℃。

不锈钢的 Ms 点高于室温时，固溶处理后快冷到室温就会产生马氏体。Ms 点低于室温，快冷可得到单相奥氏体组织。同理，在低于 M_{d30} 点温度下进行 30%冷加工，可获得一定量（占可转变量 50%以上）的形变马氏体量，在高于 M_{d30} 点温度下进行冷加工，可能无法获得一定量的形变马氏体；如果 M_{d30} 点远低于室温，冷加工就不会产生形变马氏体。表 3-14 为常用奥氏体及沉淀硬化型不锈弹簧钢丝典型化学成分和 $w(\mathrm{Ni})_{理论值}$、Δ、δ、Ms 和 M_{d30} 点的计算数值。

表 3-14　奥氏体及沉淀硬化型不锈弹簧钢丝磁性与显微组织的对应关系

牌号	化学成分（质量分数）/%								其他元素	$w(\mathrm{Ni})_{理}$	Δ	δ	Ms /℃	M_{d30} /℃
	C	Si	Mn	Cr	Ni	Mo	Cu	N						
12Cr17Ni7	0.12	0.5	1.2	17	7			0.01		10.7	-3.7	0.4	-37	39
12Cr18Ni9	0.12	0.5	1.2	18	9			0.01		10.3	-1.3	—	-53	6.5
06Cr19Ni9	0.06	0.5	1.2	19	9			0.01		12.1	-3.1	2.6	-52	20.5
06Cr19Ni9N	0.05	0.5	1.2	19	9			0.12		8.7	0.3	3.1	-76	-39.5
10Cr18Ni12	0.1	0.5	1.2	18	12.5			0.01		11	1.5	—	<-80	-17.5
06Cr17Ni12Mo2	0.07	0.5	1.2	17	12	2.0		0.01		11.7	0.3	—	-76	-22
10Cr18Ni9Ti	0.1	0.5	1.2	18	9			0.01	Ti：0.57	11	-2	6.6	-46	16
07Cr18Ni11Nb	0.07	0.5	1.2	18	11			0.01	Nb：0.75	12	-1	—	-69	10.5
24Cr19Ni9Mo2（3J9）	0.24	1.4	2	19.5	9.3	1.65				5.7	3.6	—	<-80	<-80
022Cr20Ni25Mo4.5Cu	0.025	0.35	1.8	20	25	4.5	1.5			15.3	9.7	—	<-80	<-80
07Cr17Ni7Al	0.07	0.5	0.8	17	7.4				Al：1.15	12.9	-5.5	5.3	-11.3	66.5
07Cr15Ni7Mo2Al	0.07	0.5	0.8	15	7.2	2.5			Al：1.15	12.28	-5.08	5.0	19.1	49.5
07Cr12Mn5Ni4Mo3Al	0.07	0.4	5.0	12	4.5	3.0			Al：0.75	11.07	-6.47	6.5(3)	-10(3)	73
12Cr18Mn13Ni2N	0.12	0.5	13	17.8	2			0.3		-3.4	5.4	—	<-80	<-80
12Cr17Mn8Ni3Cu3N	0.12	0.5	8.0	16.5	3		3.0	0.22		-1.1	4.1	5.8	<-80	-68
12Cr18Mn9Ni5N	0.12	0.5	9.0	18	5			0.20		0.7	4.3	3.9	<-80	-75

续表 3-14

牌　号	化学成分（质量分数）/%								其他元素	$w(\text{Ni})_{理}$	Δ	δ	Ms /℃	M_{d30} /℃
	C	Si	Mn	Cr	Ni	Mo	Cu	N						
20Cr15Mn15Ni2N	0.20	0.5	15	15	2.2			0.22		−3.4	5.6	—	<−80	−38.5
04Cr12Ni8Cu2MoTiNb	0.04	0.25	0.3	12	8.5	0.35	2.0	0.01	Ti：1.0 Nb：0.3	15.8	−7.3	2.1	95	—
06Cr17Ni4Cu4Nb	0.06	0.5	0.6	16.5	4.0		3.4		Nb：0.25	10.22	−6.22	9.4	140	—

根据表 3-14 的数据可以准确地断定不同牌号钢丝的显微组织结构：

（1）$\Delta \geqslant 2.0$ 的牌号固溶处理后获得单一、稳定的奥氏体组织，其 Ms 和 M_{d30} 点远低于 0℃，冷加工时不产生形变马氏体转变，成品钢丝完全无磁性。

（2）$0 \leqslant \Delta < 2.0$ 的牌号，其 Ms 点必然低于 0℃，固溶处理后获得较稳定的奥氏体组织，是否有磁性需要看 δ 铁素体，无 δ 铁素体无磁性，有 δ 铁素体呈弱磁性。成品钢丝是否有磁性或磁性是否增强，需看 M_{d30} 点，$M_{d30} \leqslant -20$℃冷加工时不产生形变马氏体转变，磁性无变化，否则磁性稍有增强。

（3）$-4.0 \leqslant \Delta < 0$ 的牌号属于亚稳定奥氏体钢，其 Ms 点一般低于 0℃ 或接近室温，高温固溶处理后获得处于不稳定的奥氏体组织，有少量 δ 铁素体。其 M_{d30} 点一般高于室温，冷加工时产生形变马氏体转变，成品钢丝有磁性。

（4）$-5.5 \leqslant \Delta < -4.0$ 的牌号属于半奥氏体（半马氏体）钢，固溶处理后的组织取决于固溶温度，高温固溶——溶质元素充分溶解时获得奥氏体组织，否则获得马氏体组织，成品钢丝有磁性。

（5）$\Delta < -5.5$ 牌号属于马氏体钢，其 Ms 点远高于室温，固溶处理后获得板条状马氏体组织，抗拉强度虽高但仍有一定的冷加工塑性，成品钢丝有磁性。

3.3.3　物理性能

使用弹簧钢丝要用到一些物理概念，如弹性模量和弹性极限等。拉伸弹性模量（又称为杨氏弹性模量或弹性模量）是衡量金属材料产生弹性变形难易程度的指标，不同牌号弹性模量各不相同，同一牌号的弹性模量基本是一个常数。工程上除表示金属抵抗拉力变形能力的弹性模量外（E），还经常用到表示金属抵抗切应力变形能力的切变弹性模量（G）。拉伸弹性模量与切变弹性模量之间有一固定关系：$G = \dfrac{E}{2(1+\mu)}$，式中，μ 称为泊松比，同一牌号的泊松比是一定数，弹性材料的 μ 值一般在 1/3～1/5 间。E 和 G 是弹簧设计时两个重要技术参数（拉压螺旋弹簧的轴向载荷力 $P = \dfrac{Gd^4}{8nD^{33}}$，扭转螺旋弹簧的刚度 $P = \dfrac{Ed^4}{64nD}$）。不锈弹簧钢的 E 和 G 值见表 3-15。

表 3-15　不锈弹簧钢的 E 和 G 值

牌　号	拉伸弹性模量 E/MPa	切变弹性模量 G/MPa	备　注
12Cr18Ni9	193200	71700	消除应力退火状态[9]
06Cr19Ni9	190000	70000	加普腾提供
06Cr17Ni12Mo2	190000	70000	加普腾提供
10Cr18Ni9Ti	186200	68600	消除应力退火状态[8]
022Cr20Ni25Mo4. 5Cu	200000	71000	加普腾提供
07Cr17Ni7Al	203200	75840	CH900 状态，实测
07Cr17Ni7Al	198000	75500	加普腾提供
07Cr12Mn5Ni4Mo3Al	187000		冷拉（R_m：1810MPa），实测
07Cr12Mn5Ni4Mo3Al	194000	79000[3]	CH520（℃）状态，实测
12Cr17Mn8Ni3Cu3N	193000		美不锈钢手册提供[4]
12Cr18Mn9Ni5N	193000		美不锈钢手册提供[4]
06Cr17Ni4Cu4Nb	196000	72100	AH900 状态[8]
30Cr13	221480	75700	淬火-回火状态[9]
12Cr12Ni2	200000	77200	淬火-回火状态[8]
20Cr17Ni2	206000	77300	淬火-回火状态[8]

钢丝在弹性范围内承受外力产生一定变形，外力消除钢丝恢复原状，钢丝不产生永久残余变形所能承受的最大应力称为弹性极限。弹性极限高的钢丝弹力大，根据弹簧使用状态，影响弹力的弹性极限可分为扭转弹性极限（τ_e）和拉伸弹性极限（R_e）两种。压缩拉伸螺旋弹簧用到扭转弹性极限，弹簧垫和板弹簧用到拉伸弹性极限。钢丝在退火或固溶条件下，弹性极限和屈服极限很接近，经大减面率拉拔后或经淬火后的钢丝，由于内应力作用往往有很高的屈服极限，但弹簧极限却很低。只有经消除应力退火或回火处理后的钢丝弹性极限才接近屈服极限。

弹性极限一般与抗拉强度有一定比例关系。常见不锈弹簧钢丝的拉伸弹性极限和扭转弹性极限见表 3-16。

表 3-16　弹性极限与抗拉强度的百分比　(%)

材料名称	拉伸弹性极限	扭转弹性极限
12Cr18Ni9（302）	65～75	45～55
07Cr17Ni7Al	75～85	55～60
12Cr12Ni2（414）	65～70	42～55
30Cr13（420）	65～75	45～55
20Cr17Ni2（431）	72～76	50～55

3.4　不锈弹簧钢丝生产

不锈钢各牌号化学成分规定的相对宽泛，根据不锈弹簧钢丝使用环境和使用要求选定不锈钢牌号，不一定能生产出性能理想的钢丝，还必须对化学成分进行更严格的控制，对生产工艺进行适当的规范。

3.4.1　化学成分的控制

控制化学成分的目的是控制钢丝的组织结构、耐蚀性能和冷加工强化系数。上节描述的化学成分对耐蚀性能的影响，典型化学成分以及 Δ、δ、Ms 和 M_{d30} 点的测算，为化学成分的控制提供了方向和依据。奥氏体不锈弹簧钢丝主要依靠冷加工强化，当然希望冷加工强化系数尽可能大点，一般说来，冷加工强化系数与碳和氮含量成正比，其中碳的作用具有双重性，随着碳含量的增加，冷加工强化系数迅速加大，但钢丝的耐蚀性能也随之下降，综合考虑生产弹簧钢丝用不锈钢通常将碳控制在标准规格的中上限。同时将锰控制在中限，有利于提高固溶钢丝的抗拉强度，将硅限制在 0.65% 以下，可改善冷加工塑性，提高成品钢丝扭转性能。氮的强化效应与碳基本相当，但氮对晶间腐蚀基本无影响，对点腐蚀和缝隙腐蚀性能的提高是有利的，问题是氮在钢中溶解度有限，成分很难精确控制，随着冶炼技术的进步这一问题正在逐步得到解决，所以说含氮的 06Cr19Ni9N 是一个有发展前途的牌号。

影响冷加工强化系数的第二因素是奥氏体的稳定性，稳定性差的牌号 M_{d30} 点偏高，冷拉过程中较早产生形变马氏体，形变马氏体量也较多，冷加工强化系数自然更大，特别是亚稳定型和半奥氏体型牌号表现得更明显。所以生产中在保证耐蚀性能和磁性能的前提下，适当降低 Ni 含量，或降低 Ni/Cr 当量比，均能显著提高冷加工强化系数。生产中不锈弹簧钢丝化学成分实际控制范围见表 3-17。

表 3-17　不锈弹簧钢丝化学成分实际控制范围

牌号	化学成分(质量分数)/%									
	C	Si	Mn	P	S	Cr	Ni	Mo	Cu	N	其他
12Cr17Ni7	0.07~0.15	0.65	0.80~1.40	0.045	0.030	16.00~18.00	6.00~8.00			0.10	
12Cr18Ni9	0.07~0.15	0.65	0.80~1.40	0.045	0.030	17.00~19.00	8.00~9.00			0.10	—
06Cr19Ni9	0.05~0.08	0.65	0.80~1.40	0.045	0.030	18.00~20.00	8.00~9.50	—	—	0.10	—
06Cr19Ni9N	0.05~0.08	0.65	0.80~1.40	0.045	0.030	18.00~20.00	7.50~9.50			0.10~0.25	—
10Cr18Ni12	0.08~0.12	0.65	0.80~1.40	0.035	0.030	17.0~19.0	11.5~13.0	—	—	—	—
06Cr17Ni12Mo2	0.04~0.08	0.65	0.80~1.40	0.045	0.030	16.00~18.00	11.0~14.0	2.20~3.00		0.10	—
10Cr18Ni9Ti	0.08~0.12	0.65	0.80~1.40	0.035	0.030	17.00~19.00	8.0~11.0				Ti：5×C~0.80
07Cr18Ni11Nb	0.05~0.09	0.65	0.80~1.40	0.035	0.030	17.00~19.00	9.0~12.0				Nb：8×C~1.10
24Cr19Ni9Mo2（3J9）	0.22~0.26	1.30~1.70	1.80~2.20	0.030	0.020	19.00~20.50	9.0~10.5	1.60~1.85			

续表 3-17

牌　号	化学成分(质量分数)/%										
	C	Si	Mn	P	S	Cr	Ni	Mo	Cu	N	其他
022Cr20Ni25Mo4.5Cu	0.02	0.40	1.50～1.80	0.040	0.030	19.5～22.0	24.0～27.0	4.0～5.0	1.0～2.0	0.06	—
07Cr17Ni7Al	0.05～0.09	0.65	1.00	0.040	0.030	16.00～18.00	7.20～7.70				Al：0.95～1.35
07Cr15Ni7Mo2Al	0.05～0.09	0.65	1.00	0.035	0.030	14.0～16.0	7.00～7.50	2.0～3.0	—	—	Al：0.95～1.35
07Cr12Mn5Ni4Mo3Al	0.05～0.09	0.65	4.40～5.30	0.025	0.025	11.0～12.0	4.00～5.00	2.7～3.3			Al：0.50～1.00
12Cr18Mn13Ni2N	0.15	0.65	11.0～14.0	0.060	0.030	16.5～19.0	1.00～2.50	—	—	0.20～0.45	—
12Cr17Mn8Ni3Cu3N	0.15	0.65	6.50～9.00	0.060	0.030	15.5～17.5	1.50～3.50		2.0～4.0	0.15～0.25	
12Cr18Mn9Ni5N	0.15	0.65	7.5～10.0	0.050	0.030	17.0～19.0	4.00～6.00			0.20～0.30	
20Cr15Mn15Ni2N	0.15～0.25	0.65	14.0～16.0	0.060	0.030	14.0～16.0	1.50～3.00	—	—	0.15～0.30	—
04Cr12Ni8Cu2MoTiNb	0.03～0.05	0.50	0.50	0.040	0.030	11.0～12.5	7.50～9.50	0.50	1.5～2.5	—	Ti：0.80～1.40 Nb：0.10～0.50
06Cr17Ni4Cu4Nb	0.04～0.07	0.65	1.00	0.035	0.030	15.5～17.5	3.00～5.00	—	3.0～3.6	—	Nb：0.15～0.45
20Cr13	0.16～0.25	1.00	1.00	0.035	0.030	12.0～14.0	0.60	—	—	—	—
30Cr13	0.26～0.35	1.00	1.25	0.035	0.025	12.0～14.0	0.60		—	—	—
32Cr13Mo	0.26～0.35	0.80	1.00	0.035	0.030	12.0～14.0	0.60	0.5～1.0	—	—	—
40Cr13	0.36～0.45	0.60	0.80	0.035	0.030	12.0～14.0	0.60				
12Cr12Ni2	0.12～0.15	1.00	1.00	0.035	0.025	11.5～13.5	1.25～2.50				
20Cr17Ni2	0.17～0.25	0.80	0.80	0.035	0.025	16.0～18.0	1.50～2.50	—	—	—	—
12Cr11Ni2W2MoV	0.10～0.16	0.80	0.80	0.030	0.030	10.5～12.0	1.00～1.80	0.35～0.50	1.5～2.5		W：1.5～2.0 V：0.18～0.30
06Cr11Ti	0.04～0.08	1.00	1.00	0.035	0.030	10.5～11.7	0.50				Ti：6×C～0.75
06Cr12Nb	0.04～0.08	1.00	1.00	0.035	0.030	10.5～12.5	0.50				Nb：6×C～1.00
10Cr17	0.04～0.08	1.00	1.00	0.035	0.030	16.0～18.0	0.60				
10Cr17Mo	0.04～0.08	1.00	1.00	0.035	0.030	16.5～18.0	0.60	0.75～1.25			

注：表中未列出规格范围的均为最大值。

3.4.2　弹簧钢丝生产工艺流程

近年来我国不锈钢发展很快，生产量和消费量已稳居世界首位，工艺流程和工艺装备水平也处于世界领先地位。不锈弹簧钢丝发展相对较慢，尽管生产量和消费量不占主导地位，工艺装备水平也说不上最先进，但一些新建钢丝厂的工艺流程却处于世界领先水平。目前最先进的不锈弹簧钢丝生产工艺流程见图 3-2。

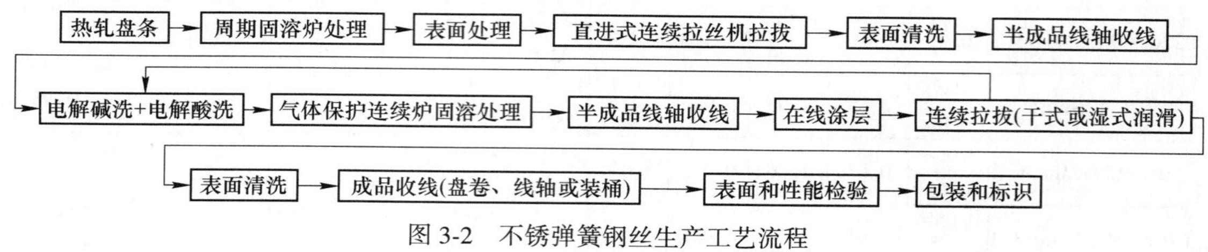

图 3-2　不锈弹簧钢丝生产工艺流程

先进流程特点：

（1）现代化连轧机生产的不锈钢盘条，经斯太尔摩线快冷（俗称在线固溶）后力学性能与固溶处理基本相当，完全可以直接拉拔，但用于弹簧钢丝生产存在一个隐患：因为斯太尔摩线采用散圈风冷，盘卷搭接处冷却速度慢，组织结构和力学性能与其他部位不一致，直接拉拔会造成弹簧钢丝力学性能不均，所以生产弹簧钢丝用盘条应选用周期炉（环形炉或井式炉）进行高温固溶处理，达到盘条化学成分均匀，组织结构一致的目标。固溶处理后的盘条多采用酸碱联合清洗的方法去除表面氧化皮，目前这两个环节已转移到盘条生产厂进行。

（2）热轧盘条表面粗糙，不用盘条直接生产成品钢丝是新旧流程的不同点。购进的盘条经表面涂层后，一般直接拉到成前尺寸（细丝除外），在线清洗，工字轮收线，每个工字轮收线质量约 500kg，实现半成品大盘重转移。

（3）周期炉固溶处理钢丝加热时间以小时计算，一般为 2～4h，能很好地解决化学成分均匀，组织结构一致的问题，但无法解决抗拉强度均匀性问题。新流程成前钢丝全部采用连续炉固溶处理，钢丝逐根展开加热，加热时间以分计算，不仅解决了抗拉强度均匀性问题，同时为钢丝晶粒细化提供保证。

（4）注意表面清洗，改善表面质量：每组干式拉丝机后均配置清洗装置，去残留润滑剂；每组连续固溶炉前均配置电解脱脂和电解酸洗装置，彻底去除油污及残留润滑膜；固溶炉用氢气或氨分解气作为保护气氛，实现光亮热处理。

（5）不锈钢丝必须涂敷特种涂层才能拉拔，这种涂层极易返潮。过去涂层装置安放在酸洗工序，涂层后烘干转移到拉丝现场，遇到阴雨潮湿天气，一大卷钢丝拉到一半就已返潮，无法生产。现在涂层装置配置在拉丝机前，与拉丝机连线，现场涂层、现场烘干，彻底解决阴雨天涂层返潮无法生产问题。

（6）钢丝厂完全取消酸洗工序，转变为环保型企业。电解酸洗用的是弱酸，电解液循环使用，整个装置封闭运行，不污染环境。

（7）成品钢丝交货状态多样化，包括亮面、雾面和镀层钢丝均可生产。成品包装商品化，包括盘卷、缠线轴、带线架和装桶均可提供。

（8）全部工艺设备可以组成联动生产线，占地少、用工少、物流顺畅，管理方便。

3.4.3　热处理工艺

3.4.3.1　固溶处理

固溶处理是奥氏体不锈弹簧钢丝生产的第一道工序，固溶处理的目标是获得单一的奥氏体组织，使钢丝具有最高强度和最大的冷加工塑性。对于 Cr-Ni 奥氏体钢，1050℃就能使钢中碳化物、氮化物等全部溶入奥氏体中，淬水后获得单一的奥氏体组织。当钢中合金元素含量（质量分数）较多，C>0.20%、Mn>2.0%、Si>1.0%、Mo>3.0%、W>0.5%、Nb>1.5%时，必须提高固溶温度，才能保证这些元素及其碳、氮化合物充分溶入奥氏体，获得强韧性俱佳的、单一的奥氏体组织。但固溶温度过高（如 12Cr18Ni9≥1200℃）会导致 δ 铁素体的出现或其数量增加。不锈弹簧钢丝生产实用工艺参数见表 3-18。

表 3-18 不锈弹簧钢丝生产实用工艺参数

牌 号	固溶处理温度/℃		软态强度 (R_0)①/MPa	时效(消除应力)处理工艺/℃×h	强度升值 (ΔR_m)/MPa	冷加工强化系数②K
	热轧盘条	半成前				
12Cr18Ni9	1050~1080	1020~1060	730−5d	(250~450)×(0.5~4)	100~200	13+12.5w(C)
06Cr19Ni9	1030~1060	1000~1050	700−4d	(250~425)×(0.5~4)	80~150	13+12w(C)
06Cr19Ni9N	1030~1060	1000~1050	730−5d	(350~450)×(0.5~2)	100~200	13+12.5w(C)
06Cr17Ni12Mo2	1030~1060	1000~1050	680−4d	(250~425)×(0.5~4)	80~150	11+25w(C)
10Cr18Ni9Ti	1020~1050	980~1040	750−5d	(250~425)×(0.5~4)	80~150	12.3+12w(C) −8(w(Ti)−0.3)$^{1.2}$
24Cr19Ni9Mo2(3J9)	1100~1150	1060~1120	850−5d	(420~500)×(0.5~4)	250~350	13.0+10w(C)
07Cr17Ni7Al	1030~1060	1020~1050	790−6d	(420~500)×(0.5~3)	280~430	9+69w(C)
07Cr15Ni7Mo2Al	1030~1060	1020~1050	800−6d	(420~500)×(0.5~3)	250~400	9+67w(C)
07Cr12Mn5Ni4Mo3Al	1060~1100	1000~1050	1150−6d−30n	(500~520)×2 (530~540)×2	250~400 320~200	13.3+12w(C)
12Cr17Mn8Ni3Cu3N	1070~1100	1050~1080	720−6d	(350~450)×(0.5~3)	120~250	13.3+15w(C)
12Cr18Mn9Ni5N	1080~1120	1070~1100	820−6d	(350~420)×(0.5~3)	100~200	13.5+17w(C)
06Cr17Ni4Cu4Nb	1020~1050	1000~1050	1000~1150	(480~500)×(1~4)	450~270	

①指连续炉固溶处理后的钢丝抗拉强度，d—钢丝直径。周期炉固溶处理后的钢丝抗拉强度要低 30~50MPa。

②成品抗拉强度 $R_m=R_0+KQ$，式中，R_0—成前抗拉强度；K—冷加工强化系数；Q—总减面率；w(C)，w(Ti)—碳和钛的质量分数；n—固溶处理次数。

几乎所有的合金元素（钴除外）都会降低奥氏体的 Ms 点和 M_{d30} 点，固溶温度的变化，导致合金元素在奥氏体中溶解度的变化，钢的组织结构会出现显著变化，见图 3-3。亚稳定奥氏体钢和半奥氏体钢表现得更明显，降低固溶温度 Ms 点升高，提高加热速度和延长保温时间 Ms 点下降，甚至改变冷却速度也会导致 Ms 点改变，以 07Cr15Ni7Mo2Al 为例，1050℃固溶后，以 3℃/min 速度冷却，Ms 点为 5℃；以 20~25℃/min 速度冷却，Ms 点为−35~−40℃[10]。因为亚稳定奥氏体钢的这些特性才会出现沉

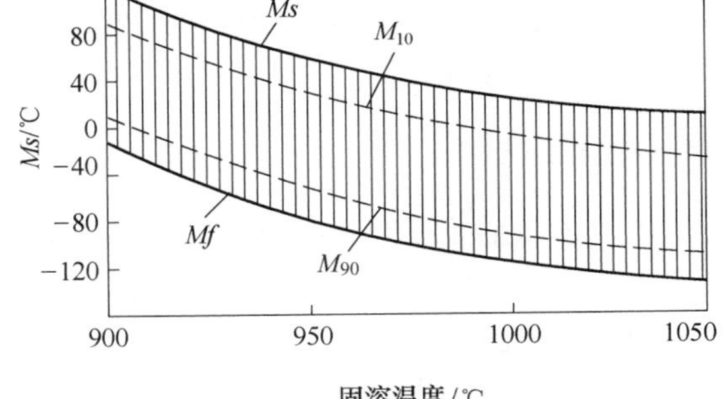

图 3-3 固溶温度与马氏体转变温度（Ms）之间的关系
M_{10}，M_{90}—形成 10%、90%马氏体量的温度；
Mf—马氏体转变终了温度

淀硬化不锈钢 TH1050、RH950、CH90、AH925 等诸多的使用状态。

3.4.3.2　消除应力处理

用奥氏体不锈弹簧钢丝制作的弹簧元件，冷缠成型后必须进行消除应力退火。消除应力退火有去除弹簧钢丝中残余应力和固定弹簧形状两种作用。常用牌号消除应力处理工艺和处理后钢丝抗拉强度上升水平见表 3-18，在强度上升的同时弯曲和扭转次数则明显下降。造成强度上升、韧性下降的原因，据分析可能与位错重新分布、合金元素的偏聚及少量碳化物析出有关。这种强度上升还有两个明显特点：一是强化效果与冷加工变形量有关，变形量越大，强化效果越小；二是抗微量塑性变形能力提高得比较显著，也就是说，弹性极限（R_e）和规定塑性延伸强度（$R_{p0.2}$）比抗拉强度（R_m）提高得更为显著，$R_{p0.2}$一般均可提高 150MPa 以上。另外，消除应力退火可显著提高钢的抗松弛稳定性。

有些标准：如 GJB 3320—98，把消除应力处理后的抗拉强度作为考核项目。这时需从成品钢丝中取试样，按标准要求消除应力处理后测定抗拉强度，在生产中必须把消除应力处理引起的抗拉强度上升考虑进去。

3.4.3.3　时效处理

沉淀硬化不锈弹簧钢丝的弹性优于奥氏体不锈弹簧钢丝的主要原因是具有时效强化作用。以 0Cr17Ni7Al 为例，成品钢丝经 420～500℃，1～3h 时效，在马氏体基体上析出 $(FeNi)_3Al$ 沉淀相，抗拉强度一般可提高 280～430MPa。由于沉淀相是在马氏体基体上析出的，可以推论，马氏体量的多少决定沉淀强化的效果。固溶后 0Cr17Ni7Al 为奥氏体组织，经时效处理抗拉强度几乎没有变化。冷加工减面率在 30%以下的钢丝，由于形变马氏体量很少，时效处理后抗拉强度变化也不大。从 30%开始随减面率增大，形变马氏体量超过 50%，时效后抗拉强度增值也加大，减面率达 70%以上，强度增值基本达到最大值。要获得最大强化效果，对直径不同的钢丝应采用不同时效工艺。直径较小的钢丝（ϕ0.60mm）采用下限温度（420～450℃），较长时间（2～3h）时效。直径较大钢丝（$\phi \geq$5.0mm）采用上限温度（480～500℃），较短时间（1～2h）时效处理。其他牌号时效处理工艺和处理后钢丝抗拉强度上升水平见表 3-18。

值得指出：消除应力处理和时效处理是弹簧成型后的最终处理，因为处理后的钢丝形状固定，具有宁折不弯的特性，再也无法调整其形状了。还有一个特性：用不锈弹簧钢丝制作的螺旋弹簧，消除应力处理或时效处理后，圈径放大（约 0.5‰），与碳素弹簧钢丝制作的螺旋弹簧正好相反。

3.4.4　拉拔工艺[10]

拉拔工艺包括拉拔路线整合和减面率分配两部分，拉拔路线整合指拉丝机、拉丝模具、拉拔润滑剂和辅助设施的选择和组合，减面率分配指钢丝成前投料尺寸（总减面率）的确定和道次减面率的分配。

不锈弹簧钢丝拉拔路线有三种组合方式：

（1）干式润滑拉拔：选用在线涂层装置、多道次连续拉丝机、硬质合金拉丝模、干粉状润滑剂、在线清洗装置和工字轮收线机组成生产线。在线涂层装置包括涂层槽和烘箱两部分，又分为立式和卧式两种，为合理使用厂房面积，多选用立式涂层槽与卧式烘箱配合。连续拉丝机现在基本都选用变频无级调速、直进式拉丝机，配有工字轮收线机，半成品用工字轮收线，成品钢丝卷筒收线。拉丝卷筒带有水冷或风冷系统，防止高速拉拔时钢丝表面温升太高，润滑剂焦化失效。拉丝模盒带水冷和润滑粉搅拌器，硬质合金拉丝模组装成压力模（哈夫模）使用。干式润滑拉拔润滑效果好、道次减面可达30%以上，生产效率高，适用于半成品钢丝和雾面交货的成品钢丝的生产。

（2）油性润滑拉拔：适用于亮面交货的成品钢丝，多选用单次倒式拉丝机，特种拉拔油与聚晶金刚石模组合生产。用油性润滑生产的钢丝表面光滑如镜，光亮照人，但因润滑效果较差，道次减面率一般在15%以下，拉拔道次也就是1~2次，相当于将钢丝拉拔到临近成品尺寸，留1~2道次进行上光拉拔。油拉机结构极其简单，拉拔速度较慢（35~60m/min），选用倒立式收线可实现大盘重交货，也便于装桶包装。

（3）水性润滑拉拔：适用于直径≤0.5mm的细丝生产，由水箱拉丝机、水溶性润滑剂、金刚石或聚晶金刚石模组合生产。水箱拉丝机有喷淋式和浸入式两种，可进行10~20道次连续拉拔，每道次间延伸系数是固定的，一般配有卷筒收线和线轴收线两套系统，收线张力自动控制。水箱生产的钢丝都属于亮面钢丝。

不锈弹簧钢丝的主要考核指标有抗拉强度，弯曲、扭转和缠绕性能。抗拉强度与拉拔总减面率的确定和道次减面率的分配密切相关，不同牌号钢丝的冷加工强化系数大不相同，但同一炉号、同一热处理状态钢丝的冷加工强化系数是相对稳定的，因此根据标准或合同对抗拉强度的要求，可以测算出不同规格钢丝的成前投料尺寸。表3-19是按新国标要求测算出来的不同组别钢丝的投料尺寸，仅供参考。也可利用表3-18中提供的冷加工强化系数K预测成品钢丝抗拉强度，但应注意：当12Cr18Ni9和200系列牌号总减面率在85%以下，06Cr17Ni12Mo2和沉淀硬化型牌号总减面率在90%以下，预测值的精度比较高。当总减面率高出上述范围时，实际值往往高于预测值。

道次减面率分配对抗拉强度的影响可以概括为：在总减面率确定的前提下，增加拉拔道次（道次减面率减小），抗拉强度下降；减少拉拔道次（道次减面率加大），抗拉强度上升。道次减面率的具体分配与拉拔路线有关，干式润滑拉拔，推荐道次减面率从25%→12%逐道次递减分配，对于奥氏体化充分的钢丝，第一道次减面率可提高到30%，甚至33%。强化慢的钢递减速度可适当快点，强化快的钢需严格按递减原则分配。油性润滑拉拔需严格控制道次减面率，较大规格（ϕ3.0mm）钢丝减面率控制在15%左右或更小，较小规格（ϕ1.0mm）钢丝减面率可提高到20%。水性润滑拉拔因拉拔道次间延伸系数是固定的，道次减面率也要基本固定，除最后一道次钢丝延伸系数必须大于设备延伸系数（约1.05倍）外，其他道次应尽可能贴近设备延伸系数，这样才能保证拉拔顺利，既不会断丝，也不会因钢丝在塔轮表面过渡滑动造成表面划伤。总的说来，拉拔道次的可调节范围有限，道次减面率分配对抗拉强度的影响在±50MPa范围内。

道次减面率分配对成品钢丝弯曲、扭转和缠绕等工艺性能的影响更显著，特别是最后2~3个道次的减面率起伏变化或数值偏大，均可能造成钢丝工艺性能达不到标准要求。

地处北方的不锈钢生产企业都知道，冬季生产的不锈弹簧钢丝抗拉强度普遍偏高，这一现象与钢的M_{d30}点有关，亚稳定奥氏体钢和半奥氏体沉淀硬化钢尤为明显。通常采用冬季适当压缩成前投料尺寸的方法解决问题，详见表3-19所附注第6条。

表 3-19　不锈弹簧钢丝成前投料尺寸

成品直径/mm	A 组				B 组			C 组	D 组
	10Cr19Ni9	06Cr19Ni9	10Cr18Ni9Ti	06Cr17Ni12Mo2	06Cr19Ni9N	12Cr18Ni9	12Cr18Mn9Ni5N	07Cr17Ni7Al	12Cr17Mn8Ni3Cu3N
0. 20	0. 55	0. 58	0. 7	0. 75	0. 92	0. 9	0. 6	0. 9	0. 45
0. 22	0. 58	0. 6	0. 75	0. 8	0. 96	0. 93	0. 65	0. 9	0. 50
0. 25	0. 65	0. 65	0. 85	0. 9	1. 1	1. 05	0. 7	1	0. 55
0. 28	0. 65	0. 65	0. 79	0. 9	1. 2	1. 15	0. 7	1. 05	0. 55
0. 30	0. 65	0. 67	0. 8	1	1. 3	1. 25	0. 75	1. 1	0. 62
0. 32	0. 7	0. 7	0. 85	1. 1	1. 3	1. 25	0. 8	1. 1	0. 62
0. 35	0. 75	0. 8	0. 95	1. 2	1. 4	1. 35	0. 92	1. 2	0. 7
0. 40	0. 85	0. 9	1. 07	1. 3	1. 6	1. 55	1	1. 4	0. 8
0. 45	0. 9	0. 9	1. 06	1. 3	1. 6	1. 5	1	1. 4	0. 9
0. 50	1	1	1. 18	1. 4	1. 8	1. 7	1. 1	1. 5	0. 95
0. 55	1. 05	1. 1	1. 3	1. 5	1. 9	1. 8	1. 2	1. 5	1. 0
0. 60	1. 15	1. 2	1. 4	1. 6	2. 1	2	1. 3	1. 7	1. 1
0. 63	1. 15	1. 2	1. 4	1. 6	2	1. 9	1. 3	1. 8	1. 15
0. 70	1. 25	1. 3	1. 5	1. 7	2. 2	2. 1	1. 45	1. 9	1. 25
0. 80	1. 45	1. 5	1. 7	2	2. 5	2. 4	1. 7	2. 2	1. 4
0. 90	1. 6	1. 7	2. 0	2. 2	2. 8	2. 7	1. 9	2. 3	1. 6
1. 0	1. 8	1. 9	2. 2	2. 4	3. 2	3	2. 1	2. 5	1. 8
1. 1	1. 8	1. 9	2. 0	2. 3	2. 8	2. 7	2	2. 5	2
1. 2	2	2. 1	2. 2	2. 5	3	2. 9	2. 2	2. 8	2. 1
1. 4	2. 3	2. 4	2. 6	2. 9	3. 5	3. 2	2. 6	3	2. 3
1. 5	2. 3	2. 4	2. 5	2. 8	3	2. 9	2. 4	3. 2	2. 5
1. 6	2. 4	2. 5	2. 7	3	3. 2	3. 1	2. 6	3. 2	2. 7
1. 8	2. 7	2. 9	3	3. 3	3. 6	3. 5	2. 9	3. 3	3. 0
2. 0	3. 1	3. 2	3. 4	3. 7	4	3. 9	3. 3	3. 7	3. 4
2. 2	3. 2	3. 3	3. 5	3. 7	3. 9	3. 9	3. 3	3. 9	3. 7

续表 3-19

成品直径 /mm	A 组				B 组			C 组	D 组
	10Cr19Ni9	06Cr19Ni9	10Cr18Ni9Ti	06Cr17Ni12Mo2	06Cr19Ni9N	12Cr18Ni9	12Cr18Mn9Ni5N	07Cr17Ni7Al	12Cr17Mn8Ni3Cu3N
2. 5	3. 6	3. 8	4	4. 2	4. 5	4. 4	3. 8	4. 4	4. 1
2. 8	3. 8	3. 9	4	4. 3	4. 5	4. 4	4	4. 7	4. 6
3. 0	4. 1	4. 2	4. 3	4. 6	4. 9	4. 7	4. 3	5	4. 9
3. 2	4. 3	4. 5	4. 6	4. 9	5. 2	5. 0	4. 6	5. 1	5. 1
3. 5	4. 7	4. 9	5. 1	5. 3	5. 7	5. 5	5	5. 6	5. 6
4. 0	5. 4	5. 6	5. 8	6	6. 5	6. 3	5. 7	6. 2	6. 5
4. 5	5. 7	5. 8	6	6. 3	6. 8	6. 6	6	6. 6	6. 8
5. 0	6. 3	6. 5	6. 6	7	7. 5	7. 4	6. 7	7. 4	7. 2
5. 5	6. 9	7. 1	7. 2	7. 7	8. 3	8. 1	7. 4	7. 8	8
6. 0	7. 6	7. 8	7. 9	8. 4	9	8. 9	8. 1	8. 5	8. 2
6. 3	7. 6	7. 8	7. 9	8. 2	9	8. 9	8. 2	8. 7	
7. 0	8. 5	8. 6	8. 7	9. 2	10	9. 9	9. 2	9. 7	
8. 0	9. 8	10	10	10. 5	11. 5	11. 3	10. 5	11	
9. 0	10. 9	11	11. 2	11. 7	12	11. 8	11	11. 8	
10	11. 9	12	12. 5	12	12. 4	12. 2	11. 5	13	
11					13. 7	13. 5	12. 7		
12					15	14. 7	13. 9		

注：1. A 组适用于碳含量为（0. 06±0. 01）%的 06Cr19Ni9 钢丝，碳含量为（0. 10±0. 01）%的 10Cr18Ni9 钢丝（碳含量为（0. 06±0. 01）%的 06Cr19Ni9N 钢丝），碳含量为（0. 06±0. 01）%的 06Cr17Ni12Mo2 钢丝、碳含量为（0. 010±0. 01）%、钛含量为（0. 50±0. 05）%的 10Cr18Ni9Ti 钢丝，当碳含量超出范围时应适当增减成前投料尺寸。

2. B 组适用于碳含量为（0. 12±0. 01）%的 12Cr18Ni9 钢丝、碳含量为（0. 12±0. 01）%的 12Cr18Mn9Ni5N 钢丝，碳含量为（0. 06±0. 01）%的 06Cr19Ni9N 钢丝，当碳含量超出范围时应适当增减成前投料尺寸。

3. C 组适用于碳含量为（0. 07±0. 01）%的 07Cr17Ni7Al 钢丝，当碳含量超出范围时应适当增减成前投料尺寸。

4. D 组适用于碳含量为（0. 12±0. 01）%的 12Cr17Mn8Ni3Cu3N 钢丝，当碳含量超出范围时应适当增减成前投料尺寸。

5. 根据炉号的碳含量来调整成前尺寸，碳含量降低增大成前尺寸，碳含量增高减小成前尺寸，增减幅度见表 3-20，必要时通过试验确定。

6. 成前投料尺寸表是按环境温度大于 20℃设定的，冬季气温低时成品抗拉强度偏高，可按+0. 02%碳的比例压缩成前尺寸。

表 3-20 碳含量变化 1%时成前尺寸增减量

成前尺寸/mm	2.0	3.0	4.0	5.0	6.0	8.0
06Cr17Ni12Mo2、10Cr18Ni9Ti	±0.04	±0.04	±0.05	±0.05	±0.08	±0.80
12Cr18Ni9、06Cr19Ni9N 12Cr17Mn8Ni3Cu3N	±0.05	±0.06	±0.08	±0.08	±0.10	±0.10
07Cr17Ni7Al、12Cr18Mn9Ni5N	±0.07	±0.08	±0.10	±0.10	±0.12	±0.15

3.5 不锈弹簧钢丝的其他强化途径

铁素体、稳定奥氏体、较稳定奥氏体和亚稳定奥氏体不锈弹簧钢丝主要靠冷加工强化，钢丝交货状态一律为冷拉状态。半奥氏体（半马氏体）和马氏体沉淀硬化不锈弹簧钢丝具有多种强化途径，马氏体不锈弹簧钢丝全部依靠相变强化，两者交货状态都具有多样性。

3.5.1 半奥氏体沉淀硬化不锈弹簧钢丝强化途径

半奥氏体沉淀硬化不锈弹簧钢丝通过冷拉+时效的方法得到需要的强度，这种强化方式称为 CH 强化，CH 状态钢丝虽然能达到最高的抗拉强度，同时也具有良好的抗蠕变性能，但只能用于制作形状简单的弹性元件，要制作形状复杂或成型困难的弹性元件必须采用另外两种强化方式：TH 和 RH 强化。以 07Cr17Ni7Al 和 07Cr15Ni7Mo2Al 为例，常用的强化处理除 CH900 处理外，还有 TH1050，TH950 和 RH950 处理。TH 和 RH 强化处理包括 3 个阶段：奥氏体调整处理，马氏体转变，沉淀（时效）硬化，见图 3-4。

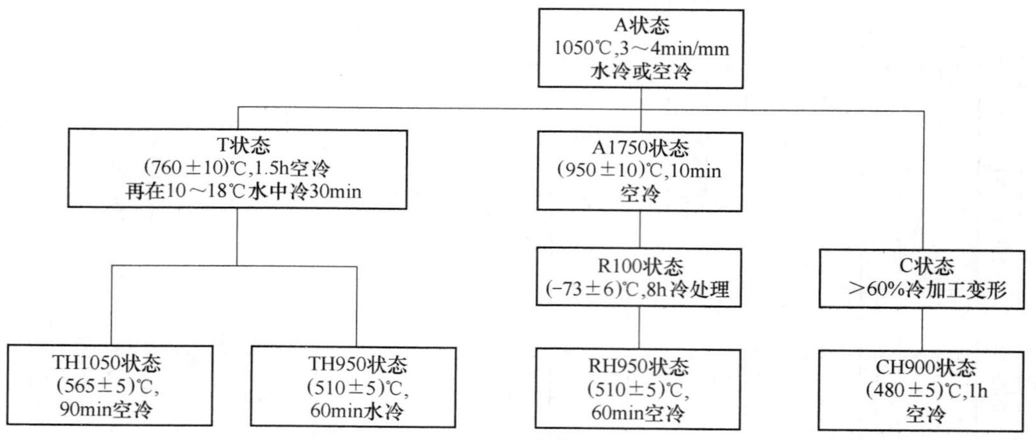

图 3-4 07Cr17Ni7Al 和 07Cr15Ni7Mo2Al 的强化途径

各种处理代号的含义如下：

（1）A ——固溶处理（austening conditioning）。

（2）T ——相变处理（transformation treatment）。

（3）R ——冷处理（refrigiration treatment）。

（4）C ——冷加工（cold working）。

（5）H ——沉淀硬化时效处理（hardening treatment）。

字母后的数字表示进行某种处理的华氏温度（℉）。

我国开发的半奥氏体半沉淀硬化钢 07Cr12Mn5Ni4Mo3Al 用摄氏温度来定义 RH、TH 和 CH 强化处理状态：

（1）RH 处理：1050℃ 固溶+（-78）℃ 冷处理+520℃ 或 560℃ 时效，分别表示为 RH520 和 RH560。

（2）TH 处理：1050℃ 固溶+760℃ 调整处理+560℃ 时效，表示为 TH560。

（3）CH 处理：1050℃ 固溶+冷变形+350℃、520℃ 或 560℃ 时效，分别表示为 CH350、CH520 和 CH560。

各种处理状态的钢丝和钢棒力学性能比见表 3-21。

TH 和 RH 强化处理都在弹簧成型后进行，实际供货均为直径 5.0mm 以上钢丝和钢棒，主要以轻拉状态供货。

表 3-21　半奥氏体沉淀硬化钢丝不同处理状态的力学性能

牌　号	处理状态	力学性能				硬度（HRC）
		抗拉强度（R_m）/MPa	非比例延伸强度（$R_{p0.2}$）/MPa	伸长率/%	断面收缩率/%	
07Cr17Ni7Al[18]	A	700~890	275~380	≥35	≥50	
	RH950	1550	1440	6	≥25	47
	TH1050	1410	1300	9	≥30	43
	CH900	1820	1790	2		49
07Cr15Ni7Mo2Al[18]	A	710~900	275~380	≥35	≥50	
	RH950	1605	1490	6	≥25	48
	TH1050	1520	1440	7	≥30	45
	CH900	1820	1790	2		50
07Cr12Mn5Ni4Mo3Al[1]	A	1060		28.0	64.0	
	RH520	1605	1410	15.7	62.7	
	TH560	1640	1420	14.0	54.5	
	CH520	1835		12.4		52.0

注：冷处理-78℃×4h，调整处理 760℃×2h，时效处理时间均为 2h；CH 状态冷加工状态抗拉强度 1525MPa。

3.5.2　马氏体沉淀硬化不锈弹簧钢丝强化途径

马氏体沉淀硬化不锈弹簧钢的典型牌号是 06Cr17Ni4Cu4Nb，固溶处理后获得低碳马氏体组织，有一定的冷加工塑性，可承受 45%减面率拉拔。作为精密弹性元件，推荐采用 AH 处理，即钢丝绕制成弹簧后再进行固溶+时效处理，这样成品尺寸稳定性好，具有良好的耐磨和耐蚀性能。不同处理状态 06Cr17Ni4Cu4Nb，钢丝的力学性能见表 3-22。钢丝和钢棒常以固溶处理+轻拉或退火状态交货。

从表 3-22 可以看出，固溶处理后的 06Cr17Ni4Cu4Nb 钢丝和钢棒抗拉强度比较高（1000~1200MPa），尽管有一定的塑性，矫直、弯曲、缠绕加工比较困难，不利于制作形

表 3-22　06Cr17Ni4Cu4Nb 钢丝不同处理状态的力学性能

处理状态	热处理工艺	抗拉强度（R_m）/MPa	非比例延伸强度（$R_{p0.2}$）/MPa	伸长率/%	断面收缩率/%	硬度（HRC）
A	1040℃固溶	1000~1200	≥755	≥12	≥45	32~38
AH900	1040℃固溶+480℃×1h 时效	≥1310	≥1170	≥10	≥40	40~47
AH925	1040℃固溶+500℃×4h 时效	≥1170	≥1070	≥10	≥40	38~45
AH1025	1040℃固溶+550℃×4h 时效	≥1070	≥1000	≥12	≥45	35~42
AH1075	1040℃固溶+580℃×4h 时效	≥1000	≥860	≥13	≥45	32~38
AH1100	1040℃固溶+594℃×4h 时效	≥965	≥795	≥14	≥45	31~37
AH1150	1040℃固溶+620℃×4h 时效	≥930	≥725	≥16	≥50	28~38
AHH1150	1040℃固溶+620℃×4h 两次时效	≥930	≥725	≥16	≥50	28~33

状复杂的弹性元件。退火状态的 06Cr17Ni4Cu4Nb 钢丝和钢棒为粒状珠光体组织，抗拉强度降到 700~900MPa，拉拔塑性和可加工能力有根本性的改善。06Cr17Ni4Cu4Nb 的 A_{c1} = 670℃，A_{c3} = 740℃，因为镍含量较高，延缓珠光体转变（C 曲线大幅度右移），几乎无法采用完全退火或球化退火实现软化，只能采用冷加工+再结晶退火的方法软化。推荐生产工艺流程为：盘条 1050℃固溶处理（使钢的化学成分和组织结构均匀一致）→2 个道次的拉拔（总减面率约 40%）→再结晶退火（660℃长时间保温）→常规拉拔（按马氏体钢丝工艺拉拔）→再结晶退火（660℃长时间保温），一般经两次冷加工+再结晶退火的循环，钢丝抗拉强度就可以降到 850MPa 以下。多年来我公司一直采用此工艺流程生产 06Cr17Ni4Cu4Nb 钢丝和钢棒，提高了生产效率，改善了表面质量，用户反映良好。

参 考 文 献

[1] 中国航空材料手册编辑委员会. 中国航空材料手册 [M]. 2 版. 中国标准出版社，2002：534~538.

[2] 徐效谦. 漫谈不锈录井钢丝 [J]. 不锈市场与信息，2006，2~4.

[3] 肖纪美. 不锈钢的金属学问题 [M]. 北京：冶金工业出版社，2006：173~177，323.

[4] 唐纳德 . 皮克纳（Donald Peckmer），等. 顾守仁等，译，不锈钢手册 [M]. 北京：机械工业出版社，1987：132，282，713.

[5] 魏振宇. 某些沉淀硬化不锈钢的金属学问题 [J]. 钢铁，1980（1）：63，（2）：45，46.

[6] 赵存先，宋为顺. 不锈钢冷变形特性的研究 [C]. 冶金部钢铁研究总院论文集.

[7] И. Я. 索科夫（Сокол）. 双相不锈钢 [M]. 北京：原子能出版社，1979：6.

[8] 陈复民，等. 弹性合金 [M]. 上海：上海科学技术出版社，1986：264~291.

[9] 张英会，刘辉航，王德成. 弹簧手册 [M]. 2 版. 北京：机械工业出版社，2008：29.

[10] 徐效谦，阴绍芬. 特殊钢钢丝 [M]. 2 版. 北京：冶金工业出版社，2005：503~534.

4　光伏产业用切割钢丝

地球现有能源是有限的，天长地久终有用尽之时，能源开发是人类面临的永恒的主题。目前各国都把新能源开发作为国民经济发展的首要任务，开发的目标同时瞄向风能(风力发电)、水能（水力发电、海潮发电）和太阳能。其中利用太阳能发电的产业被称为光伏产业。本章节系统地分析了光伏产业的现状和发展趋势。介绍了我国切割钢丝市场概况和发展前景，以及切割钢丝的性能要求和国内外生产工艺流程。通过对切割钢丝用钢及盘条的化学成分、组织结构、性能指标、使用特性等综合分析，提出生产高质量切割钢丝用盘条需运用：超高强度钢生产技术；微合金化技术；超纯钢生产技术；微细丝用钢生产技术等四项技术。改进切割钢丝使用性能可采用的工艺措施有：(1) 选用冷加工强化方法；(2) 选择合适牌号；(3) 优化冶炼工艺；(4) 完善连铸工艺；(5) 改进盘条生产工艺；(6) 强化对钢丝关键生产环节的工艺控制等。

太阳能光伏电池（以下简称光伏电池，光伏即光生伏特之意）是一种把光能直接转化为电能的装置，而从事光伏电池生产的企业总称为光伏产业。

太阳能光伏电池分为单晶硅、多晶硅、非晶硅三种。从能量转换效率和使用寿命等综合性能分析，单晶硅和多晶硅电池优于非晶硅电池。多晶硅转换效率稍低于单晶硅，但价格更便宜。按照应用需求，光伏电池经一定的组合，达到额定输出功率和输出电压的一组光伏电池，叫光伏组件（图 4-1）。根据光伏电站大小和规模，光伏组件可组成各种大小不同的阵列。组件的安装架设十分方便，其背面安装有一个防水接线盒，通过它可以十分方便地与外电路连接，再配合上功率控制器等部件就组成了光伏发电装置。对每一个光伏发电装置，都要保证 20 年以上的使用寿命。

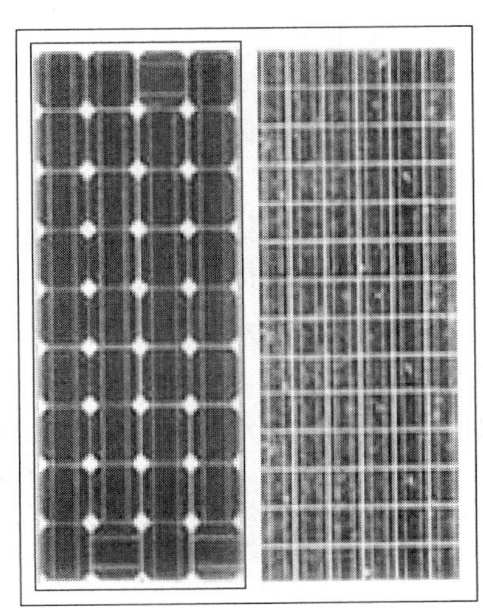
图 4-1　太阳能光伏组件

光伏组件是采用高效率单晶硅或多晶硅光伏电池、高透光率钢化玻璃、Tedlar（阳光跟踪面板）、铝合金边框等材料，使用先进的真空层压工艺和脉冲焊接工艺制造，即使在最严酷的环境中也能保证使用寿命。

光伏电池是光伏产业的主导产品，具有结构简单、使用方便的特点，无论地处多么偏远，无论基础设施如何简陋，只要有阳光就能安装和使用光伏电池。近 10 年来，光伏电池发展迅猛，全球光伏电池装机容量平均年增长率 48.5%。即使 2008 年美国金融危机波及全球，也未能阻止光伏电池的迅猛发展，近 5 年光伏电池装机容量平均年增长率高达 55.2%。

政府的推动是光伏产业飞速发展的主要原因。美国是最早制订光伏发电发展规划的国家，1997 年又提出“百万屋顶”计划，推进了光伏电池产业化的进程。日本 1992 年启动了“新阳光计划”，到 2003 年日本光伏组件生产占世界的 50%，世界前 10 大厂商有 4 家在日本。2004 年德国更新《可再生能源法》，规定了光伏发电的上网电价，有力地推动了光伏市场和产业的发展，使德国成为继日本之后世界光伏发电发展最快的国家。瑞士、法国、意大利、西班牙、芬兰等国，也纷纷制定光伏发展计划，并投巨资进行技术开发，加速光伏电池产业的发展。2009 年国家明确将光伏产业作为新能源产业予以支持后，我国光伏产业发展动力更加强劲[1]，2010 年我国光伏产业在全球产业中所占份额已达 52%。业内人士测算 2011 年全球光伏电池装机容量为 20.2GW，2012 年全球光伏电池装机容量为 25.0GW，按 52%的比例推算，2011 年和 2012 年我国生产的光伏电池装机容量约为 10.5GW 和 13.0GW。

4.1　国内光伏产业的现状与发展

《中国光伏产业发展报告》指出，“得益于欧洲光伏市场的拉动，中国的光伏产业在 2004 年之后经历了快速发展的过程，连续 5 年的年增长率超过 100%”。我国光伏产业的现状是“两头在外”，高纯度多晶硅需要从国外进口，光伏组件和电池 96%出口海外市场，其中欧洲市场占据了出口量的 80%，美国市场占 10%，其他国家仅占 6%。

国内光伏电池市场目前仍处于启动中，2011 年中国的装机量超过 1.6 GW，同比上涨约 230%，而过去几年，我国的装机量的增幅都在 100%左右。目前太阳能光伏电池推广应用的主要障碍是价格相对昂贵，储能设施不过关，以及政策调控问题。

我国光伏产业的发展并不是一帆风顺的，从 2004 年到 2011 年，我国光伏产业经历“缓慢—快速—爆炸—停滞”的新一轮循环。2009 年 7 月国家三部委财政部、科技部、国家能源局联合印发了《关于实施金太阳示范工程的通知》，随后又公布了具体的《金太阳示范工程财政补助资金管理暂行办法》，决定采取财政补助、科技支持和市场拉动综合方式，加快国内光伏发电的产业化和规模化发展。计划在 2~3 年内，采取财政补助方式支持不低于 500MW 的光伏发电示范项目。国外市场，特别是欧洲市场强劲的需求成为巨大的推手，国内光伏产业实现了爆炸式的发展。到 2010 年，我国在海外上市的光伏企业已有 16 家，全球光伏电池组件及多晶硅产量前 10 强中我国占了 4 家。但是进入 2011 年下半年，光伏产业呈现“自由落体”式下滑，欧洲受债务危机影响，各国政府削减对光伏产业的补贴，光伏市场萎缩，8 月我国光伏产品对德国和意大利的出口量，环比下降了 34%和 62.6%，年末欧洲市场陷入零增长状态；美国对中国光伏产品开展“双反”（反倾销、反补贴）调查，更是雪上加霜，光伏产业“爆炸式扩展”带来的产能过剩显现出来：2010 年末，国内多晶硅产能利用率为 52.94%，硅片硅锭产能利用率为 47.83%，晶体硅电池产能利用率 40.48%，太阳能薄膜电池产能利用率则仅为 20%。2011 年国家紧急修订《外商投资产业指导目录》，将多晶硅从鼓励行列中“摘除”，国内相关企业三分之一以上处于停产状态，光伏企业集体进入“寒冬”。外需扩张受阻，为拉动内需，国家发改委发布了《关于完善太阳能光伏发电上网电价政策的通知》，明确规定 2011 年 7 月 1 日前核准，2011 年 12 月 31 日建成投产的项目，上网电价分别定为 1.15 元/千瓦时和 1 元/千瓦时，给光伏产业带来新的希望。好消息不断传来，国家能源局近日再次向外界透露，《中国可再生能源发展“十二五”规划》目标已由原来的到 2015 年太阳能发电将达到 10 GW 上调至 15 GW；国际光伏研究机构“太阳能普资”，最近发布最新行业报告指出，2012 年全球光伏需求市场预计将增长 6%，欧洲市场的下滑将被其他地区 43%的增长率弥补。

光伏产业是由硅提纯、硅锭/硅片生产、光伏电池制作、光伏电池组件制作、应用系统五个部分组成。业内人士认为，整个光伏产业的利润主要集中在上游的晶体硅生产和晶硅片加工环节。多晶硅和单晶硅片光电转换效率高、性能稳定、使用寿命长，是一种理想的光电转换元件，目前光伏电池的太阳能面板 90%以上均选用晶硅片制造。在蓬勃发展的光伏产业推动下，我国半导体制造技术不断提高，国产多晶硅片的光电转换效率已达 16%，接近技术上的极限；单晶硅具有较高的技术壁垒，难以通过资本投入促进其快速发展，转化效率普遍为 17%～19%，有待进一步提高。晶硅棒规格越大，生产效率越高，国内生产的晶硅棒最大直径已达 400mm，常用规格为 200～300mm；晶硅棒的生产成本正在稳步下降。晶硅片是选用相应规格的晶硅棒切割成型的，上游产品价格昂贵的主要原因是晶硅片的加工成本居高难下，约占光伏电池总制造成本的 30%以上。近年来光伏产业推广应用多线切割技术，为提高晶硅片质量和进一步降低晶硅片生产成本带来希望。

储能设施不过关是指光伏电池无法连续供电，晴天必须将电能储存起来，保证阴天和夜间连续供电，但现用铅酸蓄电池存在充电时间长、能量转换率低、充放电次数有限和废旧电池容易对环境造成污染等不足，制约了光伏电池的推广应用。好在中国科学院大连物理化学研究所近年研制了一种大容量（100 kW）的“全钒液流储能电池”样机，该电池充放电循环次数突破 1 万次，充电时间短、放电平稳、电解液安全性高、材料回收方便，不会对环境造成污染。全钒液流（钒离子硫酸电解液）储能电池的产业化开发，必将为太阳能光伏电池推广应用拓宽道路。加拿大 VRB Power Systems 公司提供的全钒液流储能电池结构原理如图 4-2 所示。VRB-ESS 电池包括两个具有不同氧化状态钒离子的电解液存储罐，中间用质子交换膜（PEM）作为电池组的隔膜，电解质溶液平行流过电极表面并发生电化学反应，通过双电极板收集和传导电流。电池正负极反应均在液相中完成，充放电过程仅仅改变溶液中钒离子状态，没有外界离子参与电化学反应，将输入的不稳定电能转换成稳定可靠的电能输出。

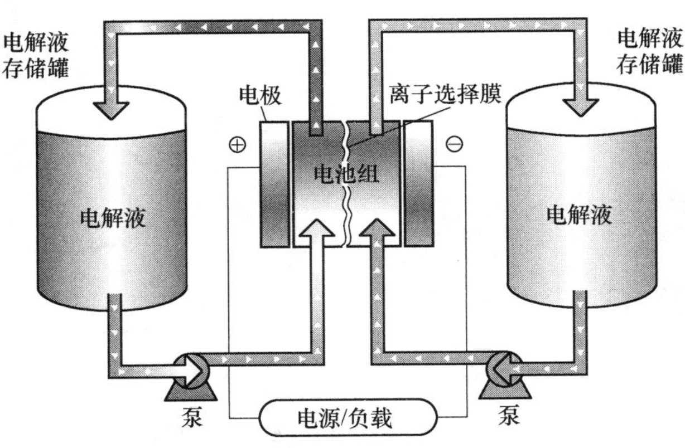

图 4-2　VRB-ESS 电池结构原理

全钒液流储能电池虽从技术上解决了电能储蓄问题，但价格较高，推广应用有待时日。可借鉴美国“百万屋顶”计划，将光伏电池并入公共电网，每家屋顶白天发的电输入电网，此时电表倒转，电网等价收购住户电能，晚上电表正转，正常供电。光伏电池并网就是将太阳能组件产生的直流电经过逆变器，转换成符合公共电网要求的交流电，直接输入公共电网，由电网统一向用户供电。但这种电站投资大、建设周期长、占地面积大，目前发展易受地域限制。而分散式小型并网光伏发电，特别是光伏建筑一体化发电，由于投资小、建设快、占地面积小、政策支持力度大等优点，应该是目前并网光伏发电的主流。

我国三分之二的面积年日照量在 2200h 以上，年太阳辐射能量达 5000MJ/m^2，利用太阳能条件比较好的地区有：西藏、青海、新疆、甘肃、内蒙古、山西、陕西、河北、山东、辽宁、吉林、云南、广东、福建和海南等[2]。充沛的资源、广阔的市场，还有锐意进取的企业家，再加上国家政策的扶持，我国光伏产业发展前景一片光明。

4.2　晶硅片切割技术的进步

4.2.1　晶硅片的传统切割方法

晶硅片的传统加工方法是用高速旋转的金刚石砂轮进行外圆切割或内圆切割，如图 4-3 所示。外圆刀片刚性差，刀口摆动难以控制，为增强刀片刚度，只能加厚刀片，这样一来切割刀缝加宽，材料浪费量加大，切割质量差，很难切出超薄晶硅片，因此，外圆切割很快被内圆切割取代。内圆切割具有：（1）切片精度高。直径 300mm 晶片厚度差仅为 0.01mm；（2）灵活的可调性。切片时可进行径向和厚度调整，特别适用于小批量，多规格加工。和外圆切割一样，内圆切割只能单片加工，也无法克服切口宽、材料浪费大、晶片表面损伤层厚和生产效率低的缺点。同时受圆锯片结构的限制，对于大直径（$\phi \geqslant 300$mm）和小厚度（$\delta \leqslant 0.3$mm）晶硅片，内圆切割从产量到质量均无法满足大型、快速、高精度、高效率、集成化的生产要求。

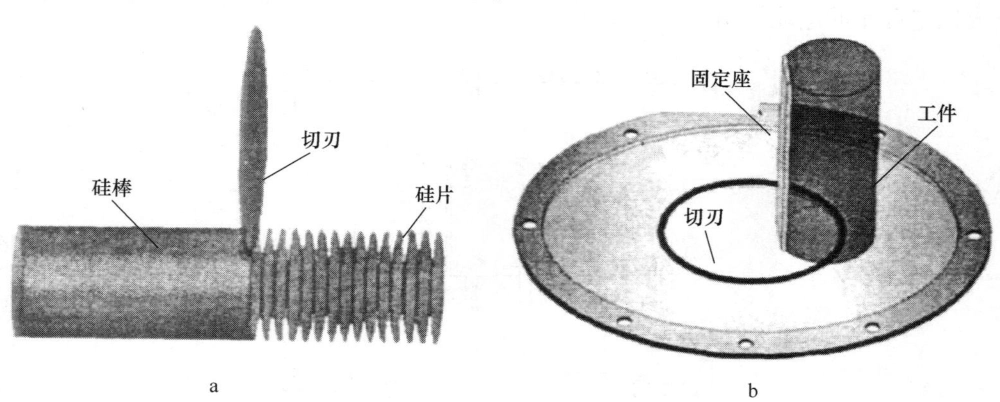

图 4-3　多晶硅和单晶硅片的切割

a—外圆切割；b—内圆切割

4.2.2 多线切割

多线切割是应集成化生产需求开发的一种高效切割技术，其原理如图 4-4 所示。

把一根细长钢丝缠绕在工字轮上 1 和 3 上，两端收放线系统对钢丝施加一定的张力，中间装有若干个张力控制轮 2，用以控制钢丝的刚度。工字轮 1 和 3 有节奏地高速旋转，可实现钢丝往复运动。设备配有切割液喷洒系统，切割液由表面活性剂（聚乙烯醇）、碳化硅磨料和油基添加剂组成。切割时将切割液 4 喷洒到钢丝上，切割进给机构匀速运动，把晶硅棒 5 压向高速往返运动的钢丝，切出一组符合要求的晶硅片。为节约晶硅材料，降低成本，光伏电池用硅片厚度已从原先的 0. 33mm 下降到 0. 18 ~ 0. 22mm，这种趋势仍在继续，目前薄片达到 0. 10 ~ 0. 16mm。切割时线速一般控制在 10 ~ 25m/s。必须保证硅片一次切割成型，如果中间断丝需要退出硅棒进行二次切割，两次切割难免使硅片厚薄不均或形成台阶，而成为次品或废品，所以要严格控制单丝长度，防止中间断丝。

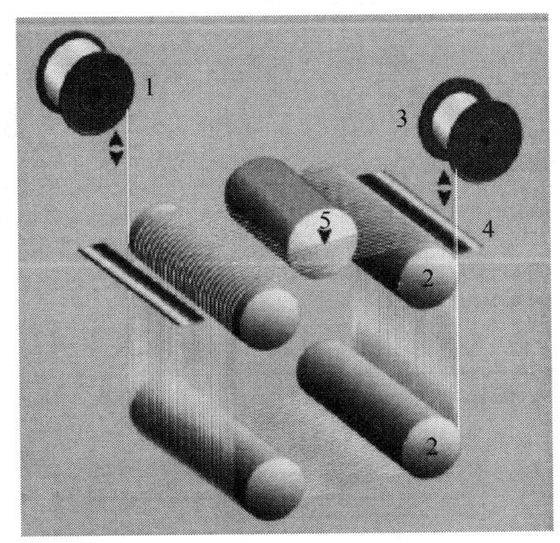

图 4-4 切割钢丝多线切割示意图

1—工字轮；2—张力控制轮；3—工字轮；4—切割液喷嘴；5—晶硅棒

多线切割的优势：切割效率高，一批次可切割数千片，每小时可切割 2000 ~ 13000cm^2 晶片；材料损耗少，仅为内圆切割的 60%；可切割直径 300mm 以上晶硅棒；可切割厚度小于 0. 3mm 的晶硅片；晶硅片表面损伤程度低等。但是多线切割也有其自身难以克服的缺点：切片一次定形，中间无法调整厚度；多线切片风险大，成功率与切割线的质量密切相关，一旦断线有可能造成整根硅棒报废等。晶硅片切割目前处于多线切割和内圆切割同时并存，互为补充的格局，这两种切割方式同样适用于超硬材料和贵重宝石的切割。多线切割和内圆切割的特性比较见表 4-1。

表 4-1 多线切割和内圆切割的特性比较[2]

项目	切割方式	硅片表面特性	破损深度 /μm	生产效率 /cm^2 · h^{-1}	每次加工数量/片	切痕损失 /μm	硅片最小厚度/μm	可加工硅棒直径/mm
多线切割	研磨	丝痕	5 ~ 15	110 ~ 200	200 ~ 400	180 ~ 210	200	≥300
内圆切割	磨削	刀片磨痕	20 ~ 30	10 ~ 20	1	300 ~ 500	350	Max200

4. 3 切割钢丝的基本性能和生产工艺流程

切割线用超高强度钢丝简称切割钢丝，主要用于单晶硅、多晶硅和各类宝石的切割成型。钢丝规格为 ϕ0. 08 ~ 0. 18mm，抗拉强度要求 3200 ~ 4000MPa。宝石切割用钢丝直径偏下限为 ϕ0. 08 ~ 0. 10mm，抗拉强度要求偏上限为 3800 ~ 4000MPa；ϕ0. 18mm 钢丝主要用于硅棒的端部切齐，抗拉强度要求偏下限 3200 ~ 3500MPa。半导体用单晶硅片和光伏电池用多晶硅片切割用钢丝常用规格为 ϕ0. 12mm 和 ϕ0. 13mm，是近年来需求量增长最快的品种。

4. 3. 1　切割钢丝的基本性能

切割钢丝必须具有高耐磨性能、良好的尺寸精度和足够的长度，性能指标要求如下：

（1）抗拉强度。钢丝的耐磨性能与硬度和抗拉强度成正比，细钢丝无法测量硬度，通常用抗拉强度来考核耐磨性能。根据目前的技术水平，在保证足够柔韧性（$A_{50}\geqslant 2\%$）条件下，细钢丝的抗拉强度只能到4000MPa左右，所以切割钢丝的抗拉强度要求在3200~4000MPa，比利时贝卡尔特对切割钢丝性能的要求见表4-2。

表 4-2　贝卡尔特切割钢丝的基本性能[1]

标称直径 /mm	工字轮中钢丝直径允许偏差/μm	椭圆度 /μm	线密度 /g · km^{-1}	破断力 /N	标称抗拉强度 /MPa
0. 180	≤3	≤3	200	77~95	3400
0. 175	≤3	≤3	189	73~91	3400
0. 160	≤3	≤3	158	67~77	3600
0. 150	≤3	≤3	139	60~70	3700
0. 140	≤3	≤3	121	53~63	3750
0. 130	≤3	≤3	104	47~57	3800
0. 120	≤3	≤3	89	40~50	4000

（2）尺寸精度。切割钢丝的尺寸精度与切片的尺寸精度及表面质量密切相关，同一根切割钢丝除保证椭圆度小于3μm，两头的直径偏差也不得大于3μm。对强度这样高的钢丝要保证如此高的尺寸精度难度很大，涉及模具质量、拉拔道次减面率分配、表面镀层质量、润滑剂的选择、冷却状况等诸多工艺因素的调控水平。

（3）钢丝表面镀黄铜（Zn/Cu = 32/68）质量。黄铜主要用作拉拔预镀层，能携带更多液体润滑剂，保证多道次拉拔顺利进行，要求成品钢丝表面残留铜层致密，“不露白”，以提高钢丝耐蚀性能，有利于携带切削液。

（4）切割钢丝长度。目前硅片规格有125mm×125mm和156mm×156mm两种，切割钢丝需要连续运行7~8h才能完成切割，每个工字轮的钢丝必须足够长，一般要求每根钢丝长度要大于300km、450km或500km，至少不能小于250km，短于这个长度的钢丝只能报废。以 ϕ0. 12mm 钢丝为例：每千米质量仅为0. 0887kg，500km质量为44. 35kg，即每轴钢丝质量要控制在45kg左右[3]。拉拔时是否断丝与钢材的化学成分、纯净度、气体含量，及非金属夹杂的成分、形态和分布状况有关，而且还与盘条的表面质量和显微组织结构，以及钢丝生产工艺流程和质量控制水平有关，即与钢丝生产全过程都有关联。通常用断丝率来考核钢材质量，世界先进水平钢丝的断丝率≤1. 5%。

（5）工字轮排绕。常用工字轮规格为 ϕ255mm×ϕ115mm×320mm，要求钢丝密排层绕，不得有夹丝和重叠现象，确保高速、恒张力放线时不断丝。钢丝的残余应力要小，放线后的自然圈径一般在150~200mm，单圈钢丝放在光滑的平面上两端不得有明显的翘起。

总之，钢丝的镀层质量、表面洁净度、平直度、工字轮排绕状况、抗拉强度的均匀性都是质量考核指标。

4.3.2 切割钢丝生产工艺流程

切割钢丝的生产流程与帘线用钢丝相同，只是切割钢丝的规格范围比帘线用钢丝（ϕ0.15~0.38mm）更小，对钢丝尺寸精度、抗拉强度均匀性要求更高，对表面洁净度和钢丝的平直度要求更严。切割钢丝半成品的生产流程与制绳钢丝和弹簧钢丝相同，成品需要先镀黄铜后拉拔，也有用直线式拉丝机先拉拔几道次，然后再镀黄铜。以 ϕ5.5mm C92（E）钢盘条拉拔 ϕ0.12mm 钢丝为例，介绍切割钢丝生产工艺流程为：

ϕ5.5mm 盘条→表面处理（涂硼砂）→粗拉到 ϕ3.0mm→铅淬火处理→表面处理（磷化）→中拉到 ϕ1.45mm→铅淬火处理→电解酸洗→冷水冲洗→碱性镀铜→热水冲洗→酸性镀铜→冷水冲洗→酸性镀锌→热水冲洗→热扩散→磷化→热水冲洗→湿式拉拔到 ϕ0.12mm→工字轮收线（恒张力）→真空封装。

国内切割钢丝生产企业按设备配置情况可分为两类，一类全流程配置，从盘条一直生产出成品，江苏兴达钢帘线、河南恒星科技、湖北福星和贵州钢绳等均属该类企业。另一类只配置成品拉丝机，从帘线厂采购镀好铜的钢丝（俗称“黄线”），生产成品钢丝，全成电机、张家港苏闽等地方或私营企业多属这类企业。

从生产工艺流程可以看出，切割钢丝的生产可分为 3 部分：粗拉、中拉和成品拉拔。

（1）粗拉。将 ϕ5.5mm 盘条先进行表面处理，包括清除表面氧化皮、涂上合适的涂层、烘干后采用直进式拉丝机，干式润滑剂，用 7 个道次拉到 ϕ3.0mm。目前国内多选机械除氧化皮、在线清洗、硼砂涂层、烘干、拉拔的工艺路线。该工序要点是表面氧化皮必须去除干净，拉拔过程中钢丝表面不应产生划伤。

（2）中拉。钢丝先进行铅淬火处理，此时要注意工艺控制，使钢丝显微组织细化，全部转变为索氏体，力学性能达到均匀一致（抗拉强度同批差小于 30MPa）。中拉用 10 个道次，将 ϕ5.5mm 盘条直接拉到成品前尺寸（ϕ1.45mm）。因总道次压缩率加大，必须采用附着和润滑效果更好的磷化涂层。该工序首次对钢的显微组织进行调整，应配以检测和监控手段，加强对抗拉强度均匀性的监控。中拉过程中要对模具、润滑剂、拉丝机冷却系统进行严格控制，彻底改善钢丝的表面质量。

（3）成品拉拔。拉拔成品前铅淬火处理的目的是对钢丝显微组织进行精细调整，获得片间距更小的索氏体组织（或托氏体、下贝氏体组织），严格说应根据化学成分调节铅淬火工艺才能达到预期效果。电解酸洗和镀黄铜是为较高道次压缩率拉拔做准备，该工序是技术含量高，设备（包括扩散炉）配置水平起决定性作用的工序，不少企业宁可花大价钱也要引进国外先进设备是值得的。目前国内多采用两步法镀黄铜，先镀铜，后镀锌，再通过热扩散处理形成黄铜。热扩散处理时，最外层黄铜中的锌发生氧化，形成氧化锌薄膜，不利于湿式拉拔，必须用磷酸进行清洗，使之转化成磷化膜，暂且也称为磷化。

电解酸洗后，厂房环境对成品钢丝的质量影响越来越大，厂房应封闭，并进行防尘、恒温、防潮处理。除钢帘线生产企业外，钢丝绳和钢丝生产企业均无此设备，设计和使用时都需慎重考虑。成品钢丝使用钻石模、水性润滑剂在水箱式拉丝机中，用 30 道次从 ϕ1.45mm 直接拉拔到 ϕ0.12mm。切割钢丝用水箱式拉丝机的道次压缩率一般控制在 14.5%、13.8%、12.5%左右，成品道次压缩率一般控制在 6%左右[3]。因为细丝不出量，生产厂的水箱式拉丝机数量庞大，往往有成百上千台。

用水箱式拉丝机生产 ϕ0.12mm 切割钢丝的典型拉拔工艺流程为：ϕ1.45→ϕ1.36→ϕ1.22→ϕ1.10→ϕ0.98→ϕ0.88→ϕ0.78→ϕ0.70→ϕ0.63→ϕ0.57→ϕ0.52→ϕ0.475→ϕ0.435→ϕ0.40→ϕ0.368→ϕ0.34→ϕ0.315→ϕ0.292→ϕ0.27→ϕ0.25→ϕ0.233→ϕ0.216→ϕ0.20→ϕ0.187→ϕ0.175→ϕ0.163→ϕ0.152→ϕ0.142→ϕ0.133→ϕ0.124→ϕ0.12mm。如果前 10 道次选用冷却性能良好的直进式拉丝机，采用干式润滑拉拔，然后再用水箱拉丝机拉拔成品，整个拉拔道次可适当减少，成品抗拉强度有所提高。典型拉拔工艺流程：ϕ1.45→ϕ1.30→ϕ1.16→ϕ1.04→ϕ0.94→ϕ0.85→ϕ0.765→ϕ0.69→ϕ0.63→ϕ0.57→ϕ0.52→ϕ0.47→ϕ0.43→ϕ0.39→ϕ0.355→ϕ0.325→ϕ0.30→ϕ0.275→ϕ0.252→ϕ0.232→ϕ0.214→ϕ0.198→ϕ0.182→ϕ0.168→ϕ0.155→ϕ0.143→ϕ0.133→ϕ0.124→ϕ0.120mm。比较两种工艺流程可以看出：减少 2 个拉拔道次主要是依靠加大前面道次的压缩率实现的。通过减少拉拔道次来提高成品钢丝的抗拉强度，而又不明显降低钢丝韧性的工艺调整原则基本如此。

（4）钢帘线因为“娇贵”，称为制品中的“皇后”，而切割钢丝比钢帘线更“娇贵”，所以成品钢丝在清洗、复绕、封装（多选用真空封装）各工序不可掉以轻心。

4.4　切割钢丝用盘条和生产工艺流程

4.4.1　切割钢丝用盘条

切割钢丝的断丝率很大程度上取决于盘条质量。优质高碳钢盘条首先要看化学成分控制水平，钢的纯净度和显微组织的均匀性。国内生产切割钢丝用盘条目前全部依赖进口，生产企业确认的优质盘条有日本神户制钢的 KSC82、KSC92E，新日铁的 NSC85、NSC90，韩国 POSCO 的 POSCORD90、POSCORD90E 等。日本神户和新日铁切割钢丝用盘条的牌号和化学成分见表 4-3。进口 C92E 盘条实物的化学成分见表 4-4、物理性能见表 4-5、金相组织及夹杂见表 4-6。

表 4-3　日本切割钢丝用盘条的牌号和化学成分

牌号	生产企业	化学成分（质量分数）/%							
		C	Si	Mn	P	S	Cr	Ni	Cu
KSC82	神户制钢	0.80～0.85	0.15～0.30	0.70～0.75	≤0.020	≤0.020	≤0.05	≤0.05	≤0.05
KSC90	神户制钢	0.88～0.93	0.15～0.30	0.70～0.75	≤0.020	≤0.020	≤0.05	≤0.05	≤0.05
KSC92E	神户制钢	0.90～0.95	0.10～0.30	0.25～0.45	≤0.020	≤0.015	0.15～0.30	≤0.06	≤0.09
KSC97-UH	神户制钢	0.95～0.99	0.10～0.25	0.30～0.42	≤0.012	≤0.010	0.10～0.30	≤0.05	≤0.05
NSC90	新日铁	0.915～0.935	0.18～0.25	0.30～0.42	≤0.012	≤0.010	0.15～0.30	≤0.04	≤0.04

表 4-4 进口 C92E 盘条化学成分 （质量分数,%）

C	Si	Mn	P	S	Cr	Ni	Cu	Fe
0.908	0.180	0.290	0.012	0.005	0.200	0.012	0.008	98.00

表 4-5 进口 C92E 盘条物理性能

直径/mm	椭圆度/mm	破断力/kN	抗拉强度/MPa	断面收缩率/%	伸长率/%
5.50	0.15	29.56	1 242	38.1	9.6

表 4-6 进口 C92E 盘条金相组织

金相组织		非金属夹杂物类别				基体组织	偏析/级
晶粒度/级	脱碳层深度/mm	A	B	C	D		
9.0	0.02	0.5	0	0.5	0.5	S	1.0

依据国外切割钢丝用优质盘条化学成分规范和实物性能检测结果，可对切割钢丝用优质盘条的基本性能作如下描述：

（1）盘条用钢碳质量分数控制在 0.82%~0.95%；硅对钢丝深冷加工有不利影响，质量分数最好控制在 0.25%以下；锰是延缓钢丝索氏体化转变的元素，为保证在有限的控冷时间内完成索氏体转变，通常将锰质量分数控制在 0.35%以下。

（2）拉拔断丝率与钢的纯净度正相关，优质盘条的各类非金属夹杂物应控制 0.5 级以下，即夹杂物的尺寸应小于 5μm。进口 C92E 盘条的 B 类夹杂物为 0，据此推论钢中氧的质量分数应在 20×10^{-6}以下。D 类夹杂物和 TiN 夹杂物也是细丝拉拔脆断的主要影响因素，应对钢中 Al 和 Ti 含量严加限制，精炼期适当降低炉渣的碱度，可降低钢中 D 类夹杂物含量。

（3）钢中氮虽然能提高钢丝的冷加工强化系数，但对深冷加工非常不利，帘线用钢为保证在较大压缩率冷拉顺利，明确规定钢中氮质量分数应小于 40×10^{-6}，切割钢丝用钢也应如此。

（4）钢中镍、铜都是延缓钢丝索氏体化转变的元素，应予以限制，实测 C92E 盘条中 Ni 和 Cu 含量均很低。

（5）实测 C92E 盘条的基体组织为 100%索氏体，盘条抗拉强度为 1242MPa，也验证了测量的准确性。国产 82B 控轧控冷盘条的索氏体化率一般为 90%，92A 盘条的索氏体化率一般不会超过 93%，这也是国内外盘条的重要差距。

4.4.2 切割钢丝用盘条生产工艺流程

国内进口盘条的主要供应商有新日铁、神户制钢、撒斯特和康立斯。这些公司都以铁水为原料，转炉炼钢。新日铁和神户的盘条生产工艺流程为：炼铁→铁水“三脱”处理→钢水初炼（转炉）→炉外精炼→连铸→钢坯修磨→高速无扭转轧机连轧→盘条→盐浴处理→包装。

铁水“三脱”处理指脱硫、脱磷和脱硅处理。国内盘条轧后全部用斯太尔摩线进行控制冷却，以获得拉拔性能良好的索氏体组织，但受冷却条件限制，实际只能获得质量分数为 85%~93%的索氏体组织，其余为珠光体组织，而且索氏体组织的片间距差别很大，盘条力学性能的均匀性和可拉拔性明显下降[5]。新日铁和神户制钢盘条轧后进行盐浴处理，获得 100%的索氏体组织。这是国内钢厂无法弥补的差距。

盐浴处理主要用于大规格（φ6.5~20mm）盘条或钢丝的散卷浸入式处理。散卷浸入是将盘条或钢丝放在传送辊上，传送辊匀速运动盘卷自动散开，进入加热炉完成奥氏体化后，首先落入 1 号盐浴槽（温度 500℃)，紧接着进入 2 号恒温盐浴槽（温度 550℃）后，完成索氏体化转变，然后经清洗、收线。为保证 900℃的盘条或钢丝落入盐浴槽时能保持外形，其盘条或钢丝的直径不能小于 6.5mm。盐浴是热导率仅次于铅浴的索氏体化处理方式，为弥补导热能力的不足，盐浴的温度稍低于铅浴的温度。日本新日铁和君津制铁所联合开发的连续式盐浴炉如图 4-5 所示。

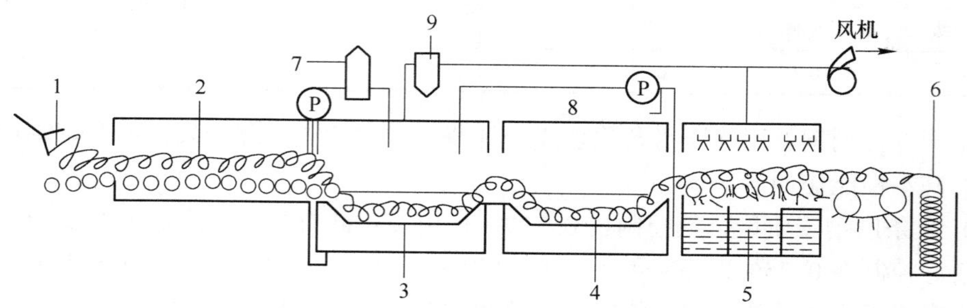

图 4-5 日本新日铁和君津制铁所联合开发的连续式盐浴炉
1—放线架；2—控温炉；3—1 号盐浴槽；4—2 号盐浴槽；5—清洗槽；
6—放线装置；7—盐液冷却器；8—盐浴补偿器；9—旋风收尘器

4.5 切割钢丝和盘条生产发展动态

4.5.1 切割钢丝生产发展动态

切割钢丝的生产流程长，对尺寸和抗拉强度稳定性要求苛刻，生产技术难度大，生产线建设投资高，国内市场过去几年主要被贝卡尔特（Bekaert）等外资企业垄断。江阴贝卡尔特公司凭借钢丝变形能力和钢丝镀膜两大核心技术控制市场，钢丝质量稳定，拉拔断丝率在 1.5%左右，年产钢丝 3 万吨。到 2010 年国内切割钢丝产能排前几位的外资企业还有：常州凡登、常州得一、东京制钢在常州所设分厂、高丽钢线在青岛所设分厂。国内江苏兴达、河南恒星科技、绵阳全成电机、张家港苏闽等企业也都在努力开发切割钢丝市场。据工业线材联盟提供的统计资料，2010 年国内切割钢丝的需求量为 6.84 万吨，其中国外企业产品使用量 6.16 万吨，国内企业产品使用量 6800t，仅占总需求量的 9.94%。

切割钢丝市场需求量的快速增长，引发了国内切割钢丝生产线的投资热。从生产工艺流程看，切割钢丝和钢帘线的流程几乎一致，前几年全国大上钢帘线，一度造成帘线产能过剩，所以钢帘线生产企业捷足先登，快速转向切割钢丝生产：亚洲最大的钢帘线生产企业——江苏兴达钢帘线有限公司，几年前就投资切割钢丝生产线，年生产能力已超过 5000t，2010 年已规划扩大生产规模。河南恒星科技股份有限公司 2010 年 9 月投资新建的年产5000t切割钢丝生产线现已达产，2012年公司定向增发3500万股，募集资金7.24亿元，计划切割钢丝产能新增1.5万吨。江苏维尔新材料股份有限公司是由无锡俊业投资有限公司、江阴澄星实业集团等4家合资新建的，该合资公司拟投资3.5亿元在江苏盱眙经济开发区兴建年产1万吨切割钢丝生产厂，2010年底先期投资2亿元，新厂占地15万平方米，新建厂房4万平方米，所有生产设备全部从行业中技术先进的德国、意大利、比利时和韩国等进口，包括意大利的COSECO电镀线、比利时的FIB淬火炉和扩散炉、韩国的STECO水箱拉丝机、美国INSTRON拉力试验机、德国ZEISS金相显微镜和扫描电镜、美国Varian ICP、挪威Conoptica轮廓检测仪等。江苏宝钢精密钢丝一期工程，2011年12月在海门市海门港工贸工业区开工，厂区占地20.7万平方米，建成后年产切割钢丝2万吨、钢帘线8万吨。大都（焦作）新材料科技公司，拟投资17.6亿元，在焦作新材料产业园内新建年产5万吨切割钢丝的新厂。江苏海德旺斯光伏新材料有限公司在张家港宿豫工业园区投资2亿元建厂，2011年10月底一期工程投产，年产黄铜线和切割钢丝1万吨。山东亿昌工贸有限公司在寿光新建切割钢丝生产厂，一期年产1200t，二期扩建后年产切割钢丝3600t。钢丝绳生产企业也积极投入切割钢丝生产线的建设：湖北福星股份拟投资1.3亿新建年产3000t切割钢丝生产线，专业生产切割多晶硅片的钢丝；据悉贵州钢丝绳和宁夏恒力钢丝绳厂也有筹划建设切割钢丝生产线的意向；一批地方企业和私有企业，在国家政策的支持下也满怀信心地投入切割钢丝生产线的新建和扩建中：邢台钢铁线材精制有限公司2011年9月在邢台经济开发区开工建厂，预计总投资15.3亿元，一期投资3.5亿元，主厂房建筑面积4.5万平方米，设备258台套，从意大利、德国和比利时进口，预计2012年3月一期工程竣工后年产切割钢丝5000t，全部项目达产后将年产切割钢丝2万吨。新余邦威合金2011年新建年产7000t切割钢丝生产线；绵阳全成机电投资将产能扩大到每年3000t；眉山瑞显光伏一期先建8000t/年的生产线，2012年再将产能扩大到1.63万吨/年；河津腾升帘线规划新建年产5000t切割钢丝生产线；余姚鸿鑫台一期计划建6000t/年的切割钢丝生产线。专家估计国内企业2011年切割钢丝实际产能将达到8.4万吨/年。预计到2012年底国内切割钢丝产能将达到17万~20万吨/年，产能与需求量基本达到平衡。鉴于切割钢丝生产难度较大，原材料缺口仍将持续一个阶段，新建厂达产可能仍需一段时间，目前国内市场发展态势为：外资企业和外国产品凭借质量优势，牢牢地占领市场。国内企业正在兴起，产品质量也在不断提高，正以价格优势向外企和进口产品发起冲击，力争替代前者。

按国内现有技术水平，生产1MW光伏电池大概需要晶硅片12t左右，而每切割1t晶硅片需要0.7~0.8t切割钢丝，可以推算出国内2012年切割钢丝的需求量约为11.7万吨。从以上分析可以看出：国内切割钢丝的产能已大于市场实际需求，今后很长一段时间内应优化产业结构，淘汰落后产能，降低生产成本，提高产品质量。

4.5.2 切割钢丝用盘条生产发展动态

切割钢丝是晶硅切片必不可少的材料，其消耗仅次于硅材料，占硅片加工成本的50%，近两年国内切割钢丝的技术飞速发展，从产能看供需基本达到平衡，但是制造切割钢丝需要的高品质高碳钢盘条，国内产品质量尚无法满足切割钢丝的生产要求，在很大程度上仍依赖进口。

相对于火热的切割钢丝生产线建设，切割钢丝用盘条的开发就显得冷清得多，据悉目前只有宝钢试生产小批量切割钢丝用盘条，尽管用户觉得与神户盘条仍有差距（拉拔断丝率偏高），但尚能满足单丝长度大于300km的要求。沙钢、青钢、武钢和兴澄钢厂也正在策划生产切割钢丝用盘条。鉴于切割钢丝用盘条研制落后的现状，国家有关部委已筹建了两个课题，促进切割钢丝的发展：一个是由清华大学牵头的切割钢丝研究小组；一个是由北京科技大学牵头的切割钢丝用盘条国产化研究小组。

国内钢铁工业经过近十年来的飞速发展，炼钢和盘条的设备装备水平已进入世界一流行列，世界最先进的冶金炉，最先进的冶炼-铸造工艺流程，最先进的轧机我国全有。生产不出合格的切割钢丝用盘条的原因大致有两点：首先是切割钢丝的技术要求远高于一般钢种，很难找准全部切入点，列出全部技术要求。其次是如何将技术要求转化成工艺操作规程，对全过程实施有效控制，达到预期目标。要生产出高质量切割钢丝用盘条，必须综合运用以下几项技术才能达到预期目标：（1）超高强度钢生产技术；（2）微合金化技术；（3）超纯钢生产技术；（4）微细丝用钢生产技术。显而易见，要同时熟练地运用这些技术，从工艺装备水平和实际操作经验两方面看，特钢厂比普钢厂更有优势。

4.6 提高切割钢丝质量的工艺设想

综合运用4项技术，提高切割钢丝的质量水平，建议从以下几个方面着手。

4.6.1 强化方法

钢的强化常用方法有：固溶强化、细晶强化、相变强化、沉淀析出强化和冷加工强化。切割钢丝要求抗拉强度达到4000MPa时仍具有良好的柔韧性（$A_{50} \geqslant 2\%$），显然，用淬火-回火处理（相变强化），在保证钢具有足够柔韧性的条件下，无法使钢的抗拉强度超过3000MPa。固溶强化、细晶强化、沉淀析出强化等最多能使钢的抗拉强度提高500MPa左右，只能用作超高强度钢的辅助强化手段，因此切割钢丝只能选用冷加工强化方法。

冷加工强化钢丝抗拉强度超过3000MPa必须具备两个基本条件：（1）钢丝经热处理后的抗拉强度应超过1200MPa；（2）钢丝能承受99%以上压缩率的拉拔。铁素体钢、奥氏体钢和各类合金钢都无法同时满足上述要求，只有$w(\mathrm{C}) \geqslant 0.82\%$的碳素钢丝经等温淬火，获得索氏体、托氏体或下贝氏体组织后有可能同时满足上述要求（上贝氏体组织无法满足第2条要求）。

合理控制钢的化学成分，提高盘条索氏体化率、细化钢丝索氏体片间距、改善索氏体组织的均匀性是提高切割钢丝强韧性的研究方向。而提高钢的纯净度、降低钢中非金属夹杂物含量，尤其是控制直至消除D类和B类夹杂，与降低生产及使用过程中的断丝率有直接的关系。

碳素钢等温淬火时，随着淬火温度的下降，依次获得片状珠光体、索氏体、托氏体（原称屈氏体）、上贝氏体、下贝氏体和马氏体组织。片状珠光体、索氏体和托氏体都是由铁素体薄片与渗碳体（包括碳化物）薄片交替重叠组成的共析组织，三者之间差别是片间距不同：珠光体片间距大致为0.40～1.0μm，索氏体片间距大致为0.10～0.40μm，托氏体片间距小于0.1μm。在充分奥氏体化的条件下，碳素钢片间距与实际转变温度直接对应，即在特定转变温度下必然得到固定的片间距。索氏体转变区间大致为450～550℃，托氏体转变区间大致为420～450℃，显然等温转变是获得单一、片间距一致显微组织的先决条件。扩散型等温转变的另一特性是：转变温度越低，完成转变的时间越长。碳素钢的下贝氏体转变往往要数天或十余天才能完成，尽管实验室研究认为下贝氏体钢的抗拉强度（1700MPa）要高于索氏体和托氏体钢，可拉拔性能接近索氏体钢，有可能获得更高的强韧性，但工业生产目前无法突破获得均匀、稳定的下贝氏体组织的难关[5]。

4.6.2 牌号的开发

索氏体化碳素钢丝的抗拉强度与含碳量有对应关系，不同含碳量钢丝铅淬火后的抗拉强度，以及用98.0%、99.0%和99.3%的压缩率拉拔到ϕ0.18～0.08mm的成品钢丝时的预测抗拉强度见表4-7。

表4-7 钢丝含碳量与抗拉强度的对应关系

碳质量分数/%	铅淬火抗拉强度/MPa	压缩率为98.0%时的抗拉强度/MPa	压缩率为99.0%时的抗拉强度/MPa	压缩率为99.3%时抗拉强度/MPa
0.82	1310	3060～3210	3350～3520	3540～3690
0.85	1340	3120～3360	3430～3580	3620～3750
0.87	1360	3170～3300	3480～3620	3670～3780
0.90	1390	3240～3650	3560～3680	3750～3840
0.92	1410	3290～3390	3620～3720	3810～3880
0.94	1430	3330～3420	3670～3750	3860～3920
0.96	1450	3380～3460	3720～3790	3920～3960

从表4-7可以看出：碳质量分数为0.82%的碳素钢丝只有经过98.0%以上压缩率拉拔，抗拉强度才能超过3000MPa，切割钢丝的标称抗拉强度一般均大于3400MPa，为留下足够的剩余塑性，冷拉压缩率通常选在99.0%左右，据此推断：切割钢丝应选用w(C)≥0.82%的碳素钢丝生产。但高碳钢丝铅淬火时渗碳体片有明显的粗化迹象，从而导致切割钢丝成品塑性和韧性下降，必须采用微合金化技术来阻止渗碳体片的粗化。

索氏体钢片间距与实际转变温度直接对应，抑制渗碳体片的粗化最有效的方法是在钢中添加稳定奥氏体的元素，降低奥氏体开始向索氏体转变温度。Mn和Cr都是延缓索氏体转变的元素，V、Nb和稀土元素是强碳化物形成元素，也能有效地阻止渗碳体粗化。经精心测算和实践验证，我们认为表4-8列举的牌号可以作为切割钢丝升级备用牌号。

表4-8 切割钢丝用盘条化学成分 （质量分数,%）

牌号	C	Si	Mn	P	S	Cr	Ni	Cu
C87B	0.85～0.89	0.10～0.25	0.70～0.75	≤0.020	≤0.010	≤0.05	≤0.05	≤0.05
DY105	0.90～0.94	0.10～0.25	0.30～0.45	≤0.020	≤0.010	≤0.05	≤0.05	≤0.05
C92Cr	0.92～0.96	0.10～0.25	0.30～0.42	≤0.015	≤0.010	0.10～0.30	≤0.04	≤0.04
C96V	0.94～0.98	0.10～0.25	0.30～0.42	≤0.015	≤0.010	0.10～0.30	≤0.04	≤0.04

注：稀土元素只计加入量；Ti、Al、N和O暂作为内控成分，w(Ti)≤0.005%，w(Al)≤0.003%，w(N)≤40×10^{-6}，w(O)≤20×10^{-6}。DY105盘条有质量分数为0.05%的Ce；C96V盘条有质量分数为0.07%～0.12%的V。

实践证明，适量的Cr（w(Cr)≤0.30%）可以改变Fe_3C形态，细化索氏体片，防止石墨碳析出，日本神户和新日铁开发的切割钢丝用钢KSC92E、KSC97-UH和NSC90都是实例。但使用含Cr和高Mn钢应注意适当延长等温处理时间（或在铅时间），否则会影响索氏体化程度。

早在1980年钢丝公司系统地做过Nb和稀土元素Ce对高强度弹簧钢丝（相当于现行GJB5260—2003中Ⅰ组）力学性能、工艺性能和可拉拔性能的影响，选用铅淬火用T9A钢，分别加入质量分数0.01%的Nb和质量分数0.08%的Ce，批量生产试验结果见表4-9。

表4-9　铌和稀土对T9A弹簧钢丝性能的影响

钢丝直径/mm	w(Ce)/%	w(Nb)/%	抗拉强度/MPa	弯曲次数/次	扭转次数/次
0.8	无	无	2871	13.4	27.4
	0.08	无	2775	16.9	24.4
	无	0.01	2854	13.1	32.8
1.6	无	无	2301	14.5	30.8
	0.08	无	2371	16.9	28.2
	无	0.01	2341	14.9	33

从表4-9中可以看出：添加Nb和Ce对抗拉强度的影响不显著，添加Nb能显著提高钢丝的扭转性能，添加Ce能显著提高钢丝的弯曲性能。进一步分析发现，钢中添加质量分数为0.08%的Ce，非金属夹杂中有很大部分是稀土夹杂，为此对冶炼工艺进行调整，强化加稀土前的脱氧和降氮处理，同时开展不同稀土含量对弹簧钢丝工艺性能的影响研究，最终结论是：加入稀土质量分数为0.05%时，成品钢丝的扭转次数和弯曲次数同时增加，增加幅度大于15%和20%。当时将加入质量分数为0.05%Ce的T9A钢定名为DY105，作为生产高强度和超高强度强簧钢丝专用料，一直使用至今。

工艺试验表明：无论是添加微量元素或未添加微量元素的T9A钢丝，拉拔到ϕ0.20mm时均未出现断丝现象。多年生产实践证明：DY105生产ϕ0.10mm高强度弹簧钢丝极少出现拉拔中断丝现象，估计断丝率在1.0%左右，值得推广使用。

V是强化和韧化效果俱佳的微合金化元素，广泛用于各类特殊钢和合金中，V被广泛应用得益于其独特的性能：

（1）V在γ-铁中溶解度为1.4%，在α-铁无限溶解，能最大限度地留存在奥氏体和铁素体中，微量元素就能发挥预期作用。

（2）V是强碳化物形成元素，VC的稳定性超过W、Cr、Mn、Fe的碳化物，铅淬火时能抢在Cr、Mn、Fe前析出VC，抑制粗片状Fe_3C的析出，缩小索氏体片间距。

（3）V又是强氮化物的形成元素，能固定钢中的氮，缓解超高强度冷拉碳素钢丝的应变时效脆化效应，提高成品钢丝的韧性。

（4）在常见显微合金的碳化物和氮化物中，VC的析出温度最低（如图4-6所示，VC：

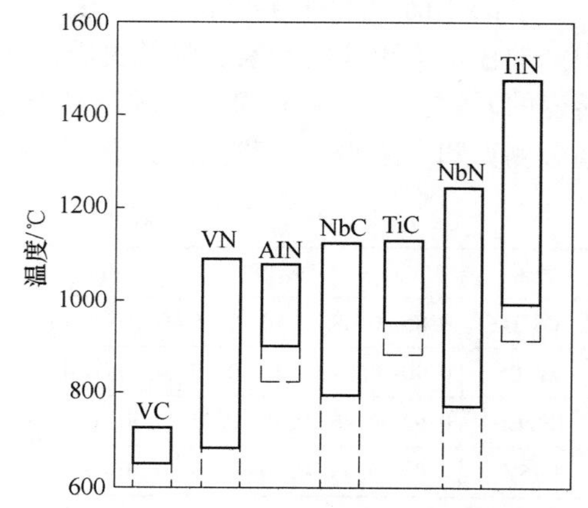

图4-6　碳化物和氮化物的生成温度范围

450~720℃、VN：640~1080℃)，所以其碳化物的粒度也最细，V 的析出相（VC 和 V(CN)）是所有析出相中唯一能达到纳米级的析出相。

(5) VC 和 V(CN) 的硬度远高于 Fe_3C，能显著提高钢丝的耐磨性能。常用微合金化元素碳化物和氮化物的硬度见表 4-10。

表 4-10 常用微合金化元素碳化物和氮化物的硬度

碳（氮）化物	硬度 HV 值
TiC	3200
NbC	2400
VC	2094
$Cr_{23}C_6$	1650
Fe_3C	860
TiN	1994
VN	1530
NbN	1396
AlN	1230

从图 4-6 和表 4-10 可以看出：常用微合金化元素 Ti 和 Al 的化合物 TiC、TiN 和 AlN 是在高温条件下生成的，属于颗粒粗大的脆性夹杂，是细丝用钢绝对禁止的。Nb 在 γ-铁中溶解度为 2.0%，在 α-铁溶解度为 1.8%，Nb 能留存在奥氏体和铁素体中，并保持到 600 ℃以下，有可能对索氏体片间距缩小起促进作用，但因其在较高温下已有部分开始转化成 NbC 或 NbN，NbC 或 NbN 的颗粒要比 VC 和 V(CN) 粗得多。相对而言，选用 V 作细化索氏体片间距的微量元素更理想。实际上钢丝公司早已开发了 T10VA 牌号，用于制作无纺布用刺针，优点是加 V 后刺针冲刺成功率高，使用中尖刺耐磨性明显提高，断尖现象有了根本性改善。考虑到刺针的尖刺尺寸远小于 0.08mm，切割钢丝选用该牌号应该是合适的；但切割钢丝的抗拉强度上限仅为 4000MPa，设计 C96V 时将碳质量分数降到 0.94%~0.98%就可以满足抗拉强度的要求了，C96V 值得推广使用。

4.6.3 冶炼工艺优化[5]

切割钢丝的生产工艺流程与钢帘线用钢丝的工艺流程相近，只是成品规格更细，抗拉强度更高，拉拔断丝率更低（或单丝质量更长），因此，以钢帘线用钢的冶炼工艺为基础，以如何保证钢丝更细、更高、更长为目标来优化冶炼生产工艺，根据前面的分析可将炼钢优化目标定为：按表 4-8 要求准确控制化学成分；按表 4-6 要求控制非金属夹杂的形态和含量，特别 D 类、B 类夹杂和 TiN 和 AlN 的含量。

目前钢帘线用盘条先进的冶炼流程有两种：

第 1 种：高炉铁水→铁水预处理+废钢→复吹转炉初炼→炉外精炼（LF+RH）→连铸（大方坯+电磁搅拌+轻压下）→连轧（控制冷）。

第 2 种：高炉铁水→铁水预处理（或生铁）+废钢→超高功率电炉初炼→炉外精炼（LF+VD）→连铸（大方坯+电磁搅拌+轻压下）→连轧（控制冷却或等温盐浴处理）。

国内外钢铁厂一般都根据自身条件，选用其中一种冶炼工艺流程。世界著名的钢帘线用盘条生产企业，德国 SaarstahlAG 公司的冶炼流程为：高炉铁水→铁水预处理（140t）+废钢（15%~20%）→LD（LD-AC）（165t，顶部配 5~6 个氧枪，每分钟吹氧 500~600m^3（标态）；底部有 10 个 ϕ4mm 孔，每分钟吹氩 0.015~0.5m^3（标态）→RH（真空度≤50Pa）→TN 喷粉（一台喷 CaC_2粉、一台喷 CaSi 粉）→CC（125×125mm、140×140mm）。

4.6.3.1　铁水预处理和废钢管理

严格控制化学成分，特别是 Ti、Al、Cr、Ni、Cu、Si、P、S、O 和 N 的含量是切割钢丝的特殊要求。为防止不期望的金属混入钢中，冶炼时尽可能多选用铁水，对废钢的化学成分也要进行严格筛选。要保证 Si、P 、S 和 O 处于低含量状态，必须对铁水进行预处理。

铁水预处理的目的是脱硫、脱硅和脱磷。脱硫基本原理是将与硫亲和力大的元素或化合物混入钢中，使其与铁水中的硫反应，生成更稳定、极少溶解或完全不溶解铁水的硫化物，实践证明：铁水脱硫（TDS）效果比钢水炉外精炼脱硫效果高 4~6 倍，原因是铁水中碳和硅的含量高，提高了硫在铁水中的活度系数。此外，铁水含氧量低对脱硫反应的进行是有利的。脱硫常用方法是用氮气或氩气作为载体将脱硫粉剂喷吹到铁水中（KIP 法），脱硫粉剂种类繁多，其中 CaC_2是高效脱硫剂，因其价格较贵，或出于安全考虑，一般均选用复合脱硫剂，主要有 CaO+CaF+活性 C、CaO+ $CaCO_3$+ CaF+C、CaC_2+Mg+$CaCO_3$、CaC_2+ CaO+硼砂等。目前除提高脱硫效率外，减少渣量和降低成本也是脱硫工艺改进的方向。

脱硅是通过向铁水中加氧化剂，把硅氧化成渣，再通过除渣达到脱硅目标。为减少石灰用量，减少 Mn 和 Fe 的烧损，用氧化铁皮或烧结矿进行铁水脱硅处理，脱硅率可达 55%~95%，处理后的铁水温度略有上升。硅含量与脱磷效果密切相关，只有在 $w(\mathrm{Si})<0.15\%$时，磷与氧的亲和力才大于硅与氧的亲和力，脱磷前必须先脱硅，否则优先生成的 SiO_2会降低渣的碱度，使脱磷效率降低，甚至无法进行。

铁水脱磷的热力学条件是低温、高氧化性、高碱度渣，常用脱磷剂分 CaO 系和 Na_2CO_3系，前者价廉，但脱磷效果稍差；后者脱磷效果虽好，但成本高，对炉体耐火材料侵蚀性较强。在铁水罐或混铁车内脱磷，自由空间小，反应速度受限制，从容器形状、反应空间、加渣、兑铁水、挡渣、排渣、除烟尘、装氧枪和底气搅拌等诸多操作条件考虑，复吹转炉是理想的铁水除磷设备。宝钢早在 1993 年就利用转炉脱磷法生产出超纯净钢，包钢也开发了 SRP 法脱磷工艺，均可以借鉴。

废钢的质量和稳定性是最难控制的，但对于切割钢丝用钢来说又是至关重要的，必须精心挑选 Ti、Cr、Ni、Cu 含量低的轧钢返回料，或成分明确的重、块状切割料，杜绝使用出处不明的轻薄料。

4.6.3.2　初炼工艺控制

现代炼钢已由传统的“熔化-氧化-还原”三段模式，逐步演变成“熔化-氧化”两段模式，将还原及精炼功能都转到炉外精炼炉中完成。平炉炼钢基本被淘汰，转炉和电弧炉成为主流炼钢设备。为加快生产节奏，跟上后步精炼和连铸的步伐，转炉采用大量、多方向吹氧的办法，缩短熔化时间；电弧炉采用提高电功率和强化吹氧法提高炼钢效率。

目前提高氧气转炉炼钢质量的关键环节是：如何精确控制终点成分和钢水温度。在吹末期，每吹 1m^3/t（标态）的氧钢水升温约 12.5℃，如要将出钢温度控制在±12℃范围内，实际上只有±18s 的调控时间。按降 C 速度计算，要将碳含量控制在±0.02%范围内，

对 $w(C)>0.15\%$ 的钢调控时间必须小于 8s，对于 C＝0.08%的钢调控时间也不会超过 20s。在冶炼过程中，对上述两项指标的影响因素实在太多，要准确调控已超出人的能力范围。长期实践经验表明，要精确控制终点成分和钢水温度，必须实现吹炼过程的可预报性，而可预报性又取决过程的稳定性和再现性，因此必须对冶炼全过程，包括兑铁水、配废钢、渣料配比，吹炼操作、炉温和化学成分波动等实施规范管理和自动化调控，即应用计算机建立吹炼过程的动态控制模式，实现全程自动化控制。此外还应根据切割钢丝用钢的特点，及后步精炼设备状况，探索确定挡渣方案、钢包换渣和保温措施，以及终点化学成分和钢水温度控制目标。

电弧炉炼钢的一般规律是：熔化和氧化阶段 N 含量持续下降，还原阶段在电弧作用下氮气电离，很容易渗入钢水中，N 含量通常会增加到（80～120）$\times10^{-6}$，因此不主张用电弧炉冶炼切割钢丝这类对氮含量严格限制的钢。现代炼钢技术将初炼炉的功能简化为“熔化-氧化”两段模式，因此可以放心地使用电弧炉来冶炼切割钢丝用钢了。电弧炉提高冶炼速度的最有效方法是加大功率，超高功率电炉应运而生。电弧炉炼钢的优势是能源供应多元化，将熔化和氧化功能分离开，不仅加快了熔化速度，也拓宽了工艺调节的选择性，为人工干预留下更充分的施展空间。在铁水预处理设施尚未完全到位的条件下，可将部分处理（如脱硫）转移到电弧炉初炼时完成。最终借助于炉外精炼来脱氮。

4.6.3.3　精炼工艺的选择和控制

炉外精炼指把初炼钢水移到另一容器进行二次冶炼，炉外精炼的功能是：脱碳、脱硫、脱气（包括氢、氮、氧）、去除氧化物；合金化、均匀化（包括成分和温度）；控制夹杂物形态、调整出钢温度。炉外精炼分为：（1）钢包精炼型，如 AOD、VOD 和 LF 等；（2）钢包处理型，如 RH、VD、钢包喷粉（KRT 和 KIP）和钢包喂线（单线和双线）等。两种精炼的共同特点是：（1）通过抽真空或通氧化型、还原型和惰性气体，建立一个适宜的精炼气氛；（2）采用电磁力、惰性气体或机械方法搅动钢水；（3）采用电弧加热、等离子加热或化学热补偿的方法保证钢水温度。

要进一步提高切割钢丝用钢的质量，生产出满足切割钢丝要求的盘条，必须要在炉外精炼环节下工夫。可选择工艺措施有以下几种。

A　造渣和搅拌

俗话说：“炼钢就是炼渣”，在不同阶段需要造不同的渣，通过渣与钢的紧密接触，产生化学反应，达到脱碳、脱硅、脱氧、脱硫和脱磷的目标；通过有序的造渣、调渣、流渣、扒渣和换渣，调整钢的成分，提高钢的纯净度；在整个冶炼过程中，对渣的配比、碱度、温度，流动性和保温性都必须按工艺规程进行严格控制。现代炼钢在渣控方面的技术进步体现在：转炉和 AOD 炉挡渣技术和电炉的偏心炉底出钢（EBT）两方面。

和造渣密切相连的是搅拌，不断搅拌才能实现钢水和炉渣的紧密接触，完成化学反应。搅拌方法有：人工搅拌、机械搅拌、气体搅拌、电磁搅拌，其中气体搅拌和电磁搅拌是现代炼钢技术进步的重要成果。气体搅拌又分为氧气、氮气、二氧化碳气和氩气搅拌，氩气搅拌已成为精炼不可或缺的工艺措施。

钢包吹氩是最简单的精炼手段，由于吹氩部位不同，可分为顶吹氩、底吹氩和侧吹氩三种方式。吹氩的目的是均匀钢水的成分和温度，促使钢中夹杂上浮。目前国内几乎所有钢厂都采用了吹氩精炼技术，吹氩主要工艺参数为：吹氩压力（0.2～0.6MPa），吹氩量

（0.1~0.3m^3/min），吹氩时间（2~6min），顶吹时还有插入深度。具体的工艺参数需要根据钢包容量、钢水温度、热量补偿方法、钢水质量状况和产品质量要求去规范。特别应注意，吹氩量绝不是越大越好，如吹成钢水沸腾反而会带来表面氧化的后果。夹杂上浮效果与吹氩量关联更大，可以肯定地说小气量比大气量更有利。实践证明：经吹氩处理的钢，氧含量降低20%~30%，氢含量降低20%，非金属夹杂总量减少30%~40%，钢水降温20~30℃，钢的化学成分均匀性有根本性改善。

B　真空脱气技术

真空处理的脱气效果和深度比吹氩更有效，在脱气过程中钢中夹杂能跟随气泡上浮，所以真空处理还具有提高钢的纯净度的功能。高碳钢生产中最常用的真空处理方法有RH和VD法。下面以RH法为例分析真空脱气的技术特性：RH处理的核心设备是真空室，目前多选用双真空室，大型真空室高度超过10m，可处理360t钢水包。利用蒸汽喷射泵抽真空，真空室的工作真空度可保持到67Pa(0.5托）以下，极限真空度小于20Pa（0.15托）。辅助设备有合金料斗，测温取样装置等。RH处理可达到以下效果：（1）真空脱碳，经25min真空处理可生产出［C］$\leqslant 20\times10^{-6}$的超低碳钢；（2）真空脱气，可生产出［H］$\leqslant 1.5\times10^{-6}$、［N］$\leqslant 20\times10^{-6}$的纯净钢水；（3）真空脱硫，经RH喷粉处理，可生产出［S］$\leqslant 10\times10^{-6}$的超低硫钢；（4）真空脱磷，经RH喷粉处理，可生产出［P］$\leqslant 20\times10^{-6}$的超低磷钢；（5）均匀钢水温度，可保证连铸中间罐钢水温度波动不大于5℃；（6）均匀钢水成分和去除夹杂物，可生产出［O］$\leqslant 15\times10^{-6}$的超纯净钢。一般说来，经RH处理脱氢率为60%~70%，脱氧率为75%~80%，脱氮率为10%~20%。现在还有真空室内增设吹氧装置，称为RH-OB技术；增设喷粉装置，称为RH-IP技术；在下部埋吹氧管，上部设加料斗，称为VOF技术；用于实现多功能精炼。VD法与RH法作用和原理相似，都是真空脱气，VD通常与LF炉配套使用。RH法通常与LD（LD-AC）炉配套使用。

C　喷粉技术

用气体作为载体将粉末材料直接喷射到钢水中，可加速冶金反应的进行，常用于炉内脱磷和增碳，还原期脱硫和脱氧，钢包深度脱硫，对非金属夹杂进行变性处理，对钢水进行微合金化等。根据冶金需要粉末材料可能是CaSi粉、CaC_2粉、活性石灰粉、造渣剂或合金粉末等，喷粉精炼的工艺参数见表4-11。喷粉站有SL和TN两种型式，目前这两种喷粉站国内钢厂均有选用。

表4-11　喷粉处理的工艺参数

工艺参数	炉内脱磷	炉内增碳	钢包喷粉脱硫
喷粉罐压力/MPa	0.4~0.6	0.3~0.4	0.2~0.4
助风压力/MPa	0.38~0.58	0.28~0.38	0.2~0.4
喷粉罐载气流量/$mm^3\cdot h^{-1}$	420	27	12~15
助风载气流量/$mm^3\cdot h^{-1}$	300	9	8~12
送粉速度/$kg\cdot min^{-1}$	230	120	30~50
粉剂单耗量/$kg\cdot t^{-1}$	700	50	30~50

续表 4-11

工艺参数	炉内脱磷	炉内增碳	钢包喷粉脱硫
载运气体	O_2	Ar	Ar
喷枪插入液水深度/mm			1.3~1.4
冶金效果	氧化期脱磷率 70%~80%	还原期增碳率 95%~100%	脱硫率 50%~70%

D　喂线技术

喂线起源于对夹杂物的变形处理，向钢水中喂 CaSi 线或 Ca 线，将高熔点的点状不变形 D 类夹杂转化为熔点较低的 C 类（$Ca\text{-}SiO_2\text{-}Al_2O_3$）塑性或半塑性夹杂。由于喂线设备简单、投资少、操作方便，很快得到推广，现在已被推广应用到微合金化元素的熔炼控制中。

喂线机是喂线技术的主体设备，必须具备以下功能：（1）运行速度恒定、可调；（2）驱动、制动灵活；（3）设备体积小，操作方便。国产喂线机设备参数见表 4-12。

表 4-12　国产喂线机设备参数

设备型号	外形尺寸/mm×mm×mm	电机功率/kW	质量/kg	线速度/m·min^{-1}	喂线尺寸/mm
GGN-1 单线	750×540×1150	4.4	300	0~150 0~300	ϕ6~15 9×24
GGN-2 双线	1500×700×1200	12.0	600	0~300	ϕ6~15 9×24
GWJ-10C	1600×800×1400	5.5	750	480~600	ϕ9.5~10

喂线是用 0.2~0.3mm 薄钢带将粉末材料包裹起来，再制成各种规格的圆形或矩形线材；常用规格为 ϕ6~15mm 圆线和（6~12）×(10~28）的矩形线。品种有 CaSi 线、Ca 线、CaC_2线、S 线、C 线、B 线、Ti 线和稀土线等。喂线可以垂直穿过渣层，避免合金元素烧损，合金元素的收得率高而且稳定。用喂线法调整微合金元素的含量，可缩小成分波动范围，准确命中预定目标，在脱氧、控氮充分的前提下，常用微合金元素的收得率可按以下范围进行计算：Cr100%、Al 85%~97%、Ti 87%~93%、Nb 95%~100%、V 95%~100%、B 77%~85%、S 75%~85%、Ca 10%~30%、Ce 40%~52%。

4.6.4　连铸工艺特性

十年来连铸技术发展极为迅速，连铸机不断改进，连铸工艺日趋完善，自动化控制和检测手段不断提高，目前碳素钢连铸坯不仅成材率高，其化学成分的稳定性、显微组织的均匀性和表面质量均优于模铸坯。电磁搅拌、轻压下、中间包、浸入式长水口、惰性气体保护浇注等技术的采用是切割钢丝用钢坯连铸必不可少的工艺措施。生产过程中应结合连铸设备状况和钢坯尺寸要求，对浇注温度、浇注速度、结晶冷却制度和钢坯拉速等摸索出一套理想的工艺参数，实施规范化管理。切割钢丝用钢属于高碳钢，一般说来应尽可能选用大方坯，盘条生产前增加一道开坯工序，对改善钢坯芯部碳化物的形态和分布是非常有益的。

表面质量和内部组织结构的均匀性要求极为苛刻，表面不允许有脱碳、划伤以及任何影响拉拔性能的缺陷；盘条的显微组织应为片间距一致的索氏体组织，索氏体程度越高越好；盘条芯部不得有明显的碳化物偏析、疏松和缩孔。改进盘条质量要从钢坯开始，钢坯必须100%经修整处理，彻底清除表面缺陷。

高速无扭转连轧机已成国内钢厂常规设备，生产中要控制好生产节奏，合理使用控制冷却技术，防止盘条中心因过热出现碳化物聚集和中心孔洞，或因冷却太快形成变态珠光体和马氏体。

充分运用控冷技术，力争获得100%的索氏体组织是轧机调控的基本功。高速连轧机终轧温度一般在1000℃以上，此时酌情开数级水冷（一次冷却），将盘条温度可调到900℃左右，再经吐丝机盘卷、布线后进入斯太尔摩冷却线。斯太尔摩线的前端配有多级大功率鼓风机，速度可调的传输系统，以及很长一段带盖的保温箱。散卷的盘条进入斯太尔摩线后首先实施强风冷却（二次冷却），盘条温度迅速降到600℃以下，然后进入关盖的保温箱，在保温箱中完成索氏体化转变。由于传输速度可以调整，保温箱盖可以随意开关，所以可以准确地控制索氏体化转变温度，不会产生低温转变组织，工艺稳定，可靠。

盘条规格细有利于控制冷却，切割钢丝成品规格在ϕ0.08~0.18mm，应尽可能选用细规格盘条，目前国内盘条最细规格为ϕ4.5mm，由东北特殊钢集团大连基地生产。

4.6.5 钢丝生产工艺控制

从钢丝生产工艺流程看，可把切割钢丝看成是钢帘用钢丝的延伸产品，但要生产出高质量的切割钢丝，首先要找出两者性能要求的差别，并采取相应工艺措施，提高产品质量。如前所述两者差别除更细、更高和更长外，更重要的差别在于：优质帘线钢丝靠捻制成型，钢丝应有更好的扭转性能，优质切割钢考虑耐磨性，需要有更高的硬度和更好的弯曲性能。有经验的弹簧钢丝生产企业和技术人员都知道，钢丝的硬度和弯曲性能与抗拉强度成正比，即在牌号确定的条件下，成品钢丝抗拉强度越高，硬度也越高，弯曲次数也随之增多。而扭转性能正好相反，随钢丝抗拉强度增高，扭转次数平稳减少。笔者多年观察发现，奥氏体晶粒度的差别是造成扭转和弯曲性能变化趋势不一致的主要原因，索氏片间距的差别是次要原因。

直径不超过2.0mm钢丝铅淬火处理时，同时提高奥氏体化温度（1000~1050℃）和铅淬火温度（500~550℃），适当降低收线速度，保证钢丝在奥氏体化炉出口处温度不低于900℃，处理后的钢丝抗拉强度偏低，但拉拔到成品时抗拉强度偏低不明显，扭转次数却显著提高。在同样条件下，将铅淬火温度降到430~450℃，处理后的钢丝抗拉强度明显上升，成品钢丝抗拉强度相应偏高，扭转次数明显下降，而弯曲次数达到较高水平。上述试验不受牌号限制，用45、65Mn、70、DY105获得试验结果完全一致。

对扭转和弯曲性能两极分化的现象，运用索氏体转变理论可解释如下：高炉温处理导致奥氏体原始晶粒度长大，铅淬火时一个奥氏体晶粒可能转变成多个索氏体团，多个索氏体团的位向稍有不同，铅淬火温度越高，索氏体团的位向差别越小，索氏体片间距越大。在深冷加工过程中，索氏体中的铁素体沿拉拔方向产生塑性伸长，而渗碳体薄片也随之产生弯曲、扭转位移和微塑性变形，一个奥氏体晶粒转变成的多个索氏体团的位向几乎完全一致（位向差别越小一致性越好），最终成为一根纤维束。奥氏体原始晶粒度越粗，纤维束越长；索氏体团的位向差越小，相界和晶界剩余塑性越大。因为扭转检验的实质是：放大钢丝截面从中心到表面不同层面上的应力差，扭转裂纹起始于相界和晶界，终止于晶内，纤维束越长，相界和晶界剩余塑性越大，扭转次数越高。

在冷状态下，金属的相界和晶界强度高于晶内强度，弯曲裂纹起始于晶内，终止于晶界。在较低温度下转变的索氏体团的位向差别越大，索氏体片间距越小，铅淬火后抗拉强度偏高。因为间距越小，应力分散能力加大，能承受的压缩率也加大。深冷加工后铁素体片强化效果更显著，弯曲次数自然增高。

根据上述解释可以推断：

（1）凡是能强化铁素体的元素，均可提高钢丝的弯曲性能和耐磨性能，可用作切割钢丝的微合金化元素，如 Cr、V 和稀土。

（2）凡是能改善相界和晶界韧性的元素，均可提高钢丝的扭转性能，可用作钢帘线的微合金化元素，如 Nb 和稀土（见表 4-9）。

（3）切割钢丝成品前铅淬火时应将铅温控制在下限（430～450℃），钢帘线用钢丝成品前铅淬火时推荐采用高炉温（1000～1050℃）和高铅温（500～550℃）工艺。

（4）为留有足够的扭转韧性，同规格帘线用钢丝的标准抗拉强度应低于切割钢丝的标准抗拉强度 100～200MPa。

4.7　结　束　语

（1）太阳能光伏电池是千秋万代不会枯竭的能源，光伏产业是光照千秋的产业。但世界各国的光伏产业毫无例外地都是在政府政策的支持，资金的资助下发展起来的。

（2）我国的光伏产业在政府的支持下，以“两头在外”的方式起步，即高纯度多晶硅需要从国外进口，光伏组件和光伏电池 96%出口海外市场。3 年来，在外需的拉动下，取得“爆炸式扩展”，2010 年中国光伏产品的产量已占据世界总装机量的 52%。2011 年年末受欧洲市场的冲击，又以“自由落体速度”下滑。目前国家出台多项政策，拉动内需，扭转光伏产业的被动局面。

（3）我国三分之二的面积年日照量在 2200h 以上，年太阳辐射能量达 5000MJ/m^2。充沛的资源、广阔的市场，有锐意进取的企业家，再加上国家政策的扶持，我国光伏产业前景一片光明。

（4）晶硅片是光伏电池的核心部件，切割钢丝是晶硅片多线切割不可或缺的消耗材料，必将随光伏电池的发展而发展。切割钢丝的生产流程长，对尺寸和抗拉强度稳定性要求苛刻，生产技术难度大，生产线建设投资高，目前国内市场发展态势为：外资企业和外国产品凭借质量优势，牢牢地占领市场。国内企业正在兴起，产品质量也在不断提高，正以价格优势向外企和进口产品发起冲击，力争替代前者。

（5）切割钢丝市场需求量的快速增长，引发了国内切割钢丝生产线的投资热，到 2012 年底国内切割钢丝产能已达到 17 万～20 万吨/年，产能已大于市场实际需求，今后很长一段时间内切割钢丝的发展方向应该是：优化产业结构，淘汰落后产能，降低生产成本，提高产品质量。

（6）切割钢丝用高碳钢盘条，国内产品质量尚无法完全满足钢丝生产要求，在很大程度上仍依赖进口。生产出高质量切割钢丝用盘条是国内钢铁企业的紧迫任务。要生产出高质量切割钢丝用盘条，必须综合运用超高强度钢生产技术、微合金化技术、超纯钢生产技术和微细丝用钢生产技术，才能达到预期目标。显而易见，要同时熟练地运用这些技术，从工艺装备水平和实际操作经验两方面看，特钢厂比普钢厂更有优势。

（7）在分析切割钢丝和切割钢丝用盘条的基本性能要求和现行生产工艺流程的基础上，从强化途径的选择、牌号开发、冶炼工艺优化、连铸工艺特性、盘条生产工艺改进和钢丝生产工艺控制 6 个方面提出了改善产品质量的切实可行的建议。

参 考 文 献

[1] 中国光伏晶硅切割钢线产业市场现状调查报告 [R]. 工业线材联盟，2011.

[2] 翟成武，苗为钢. 太阳能硅片切割钢丝开发及应用 [J]. 制品信息，2011 (11)：14~16.

[3] 李国府，吴文晨，宋仁伯，等. 切割钢丝与太阳能光伏产业的发展 [J]. 线材制品，2011 (7)：20~24.

[4] 徐光，操龙飞，补丛华，等. 超级贝氏体钢的现状和进展 [J]. 特殊钢，2012 (1)：18~21.

[5] 殷瑞钰. 钢的质量现代进展，上篇　普通碳素钢和低合金钢 [M]. 北京：冶金工业出版社，1995：11.

5 高强度螺栓用非热处理钢和非调质钢

冷镦成型是一种无屑加工方法，和机械切削加工相比，具有成型效率高、制作成本低、节能环保、资源利用合理的优点。冷镦制成品具有流线形显微组织，综合力学性能好，外形线条流畅，造型美观等特点。尽可能用冷镦代替机械切削加工，生产各类零部件，是现代工业生产的努力方向，这种努力已成为冷镦钢和模具钢的发展动力。

冷镦通常细分为冷镦（cold heading）、冷锻（cold forging）和冷挤压（cold extruding）三种加工方法，螺栓类紧固件基本采用冷镦成型，冷锻主要用于中型钢铁零部件成型，冷挤压主要用于有色金属零部件和钢铁小型零部件成型。对螺栓用钢的要求集中体现出冷镦钢的基本特性。

目前我国紧固件的年产量稳居世界首位，其中40%~45%用于出口，冷镦钢的年用量高达750万吨以上[1,2]。紧固件根据本身强度分成不同级别，其中8.8级以上螺栓被称为高强度螺栓。本章节采用理论与实践相结合的方式，探讨了充分利用冶金厂现有能力，开发高强度螺栓用优质、经济、实用、新型冷镦钢的途径。

按GB/T 342—1997《冷拉圆钢丝、方钢丝、六角钢丝尺寸、外形、重量及允许偏差冷拉圆钢丝、方钢丝、六角钢丝尺寸、外形、重量及允许偏差》的规定，钢丝指直径 ϕ（或边长 a 或对边距离 s）≤16.0mm的长度远远大于直径的冷拉钢材。现在普遍认为：钢丝指以热轧盘条为原料，经冷加工成型的金属制品。现代热轧盘条最大可以生产到 ϕ32mm，钢丝最大直径可延伸到 ϕ30mm，基本可以覆盖冷镦钢的常用尺寸范围。

5.1 螺栓的分类和钢号的选择

螺栓是紧固件中用量最大，最具代表性的品种，实际上适用于制作螺栓的钢，同样适用于制作各类紧固件，当然也适用于冷锻和冷挤压成型。

5.1.1 螺栓的分类

按GB/T 3098.1—2000《紧固件机械性能——螺栓、螺钉和螺柱》的规定，螺栓、螺钉和螺柱根据力学性能分10个等级：3.6、4.6、4.8、5.8、6.8、8.8、9.8、10.9和12.9级，各等级代号由两部分数字组成，两部分数字之间用“.”号隔开。

第一部分数字表示抗拉强度（R_m）的1/100。

第二部分数字表示屈服强度（R_S）或规定非比例延伸强度（$R_{p0.2}$）与抗拉强度（R_m）比值（屈强比）的10倍。两部分数字的乘积为屈服强度的1/10。

通常将6.8级以下的螺栓称为普通螺栓，将8.8级以及大于8.8级的螺栓称为高强度螺栓。对高强度螺栓的力学性能的要求见表5-1。

标准规定成品紧固件保证载荷（AS×SP/kN）试验必须合格，要求针对不同规格的螺栓，施加规定的保证载荷，测量载荷引发的永久伸长量，其数值不应大于12.5μm。

表 5-1　GB/T 3098.1—2000 对高强度螺栓力学性能的要求

序号	力学性能		性能等级				
			8.8		9.8	10.9	12.9
			$D \leqslant 16.0$mm	$D > 16.0$mm	$D \leqslant 16.0$mm		
1	抗拉强度 R_m/MPa	公称	800	800	900	1000	1200
		min	800	830	900	1040	1220
2	维氏硬度 HVF≥98N	min	250	255	290	320	385
		max	320	335	360	380	435
3	布氏硬度 HBF=$30D^2$	min	238	242	276	304	366
		max	304	318	342	361	414
4	洛氏硬度（HRC）	min	22	23	28	32	39
		max	32	34	37	39	44
5	规定非比例伸长强度 $R_{p0.2}$/MPa	公称	640	640	720	900	1080
		min	640	660	720	940	1100
6	保证应力 S_P/N	min	0.91	0.91	0.90	0.88	0.88
	保证应力 S_P/N	max	580	600	650	830	970
7	断后伸长率 A/%	min	12	12	10	9	8
8	断面收缩率 Z/%	min	52	52	48	48	44
9	楔负载	各规格螺栓的楔负载应符合最小拉力载荷（$A_S \times R_m$min）的规定					
10	冲击吸收功 A_{KU}/J	min	30	30	25	20	15
11	再回火后硬度	回火前后硬度均值之差不大于 20 HV					

5.1.2　冷镦钢必须具备的基本特性[3]

冷镦成型是一种不均匀变形，其变形速度快、变形程度大、尺寸精度要求高，制造螺栓用钢材首先必须有良好的冷镦性能和尺寸精度。

冷镦性能好指钢的变形抗力要低，变形能力要大。变形抗力低，冷镦成型时工模具的使用寿命增长。变形抗力低体现为屈服强度低，传统观念认为冷镦钢的屈强比应不大于 0.65。变形能力大，钢能承受更大程度的不均匀变形，可制作形状更加复杂的零部件。断面收缩率最能体现变形能力，一般的冷镦钢的断面收缩率不应低于 50%，即使是制作高强度螺栓用钢，断面收缩率也不应低于 45%。

螺栓成型后需进行各种热处理和表面处理（如淬火、回火、渗碳、渗氮）以达到预定的力学性能，要求钢材必须具有好的淬透性、回火稳定性和良好的综合力学性能。

螺栓服役期间承受各种应力，要保持构件稳定，要求钢材具有足够的尺寸稳定性、高的冲击韧性、低的缺口敏感性、良好的抗蠕变性能及耐蚀、耐寒冷和良好的抗延迟破坏性能。

总之，冷镦钢是对钢的内在质量和表面质量要求苛刻的钢种，从冶炼到钢丝生产各环节必须严格控制工艺操作，才能生产出质量稳定的钢丝。

5.1.3 冷镦钢的分类

紧固件行业习惯按紧固件加工工艺将冷镦用钢分为 4 类：非热处理钢、表面硬化钢、调质钢和非调质钢。

（1）非热处理钢：目前，非热处理冷镦钢丝主要依靠冷加工强化达到紧固件要求的强度，冷成型后无需再进行调质处理，但随着钢丝抗拉强度的上升，冷镦性能下降，因此非热处理型冷镦钢丝的冷加工减面率受到一定限制，一般用于生产 6.8 级以下的紧固件。非热处理钢多选用 $C \leqslant 0.30\%$ 的中低碳钢生产。

（2）表面硬化钢：表面硬化钢丝冷镦成型后需要进行表面渗碳处理，然后再经淬火+高温回火处理，主要用于制作自攻螺钉。

（3）调质钢：目前，绝大多数高强度螺栓选用中低碳钢或低合金钢制造，中低碳钢和低合金钢属 F-P（铁素体-珠光体）型钢，具有良好的韧性，经球化退火后轻拉的钢丝，具有变形抗力低，冷镦成型方便的特点，但成型后抗拉强度一般不超过 700MPa，需要通过调质（淬火-高温回火）处理获得回火索氏体（S）组织，才能达到预定的力学性能。

（4）非调质钢：非调质钢丝是近年来开发的新品种，与调质型钢丝的最大不同是钢丝冷拉前不进行球化退火处理，紧固件冷镦成型后也无需进行调质（淬火-高温回火）处理，只要进行低温时效处理即可达到强韧性俱佳的效果，主要用于代替中低碳钢和低合金钢，制作 8.8 级以上高强度紧固件。

5.2 高强度螺栓用非热处理钢的开发

目前市场上销售的高强度螺栓绝大多数为调质螺栓，即螺栓冷镦成型后再经淬火+高温回火处理，获得表 5-1 规定的力学性能，其显微组织均为回火索氏体或回火托氏体。按钢材的组织结构决定力学性能和工艺性能的基本原理，回火索氏体或回火托氏体确实是强韧性兼备的组织结构，但不是强韧性最佳的组织结构。从表 5-2 可从看出：索氏体抗拉强度高。冷变形能力大是综合力学性能最好的一种组织。另外，索氏体组织对氢脆的敏感性、对缺口和应力腐蚀的敏感性均低于其他组织，具有优良的抗延迟断裂性能，这点对高强度螺栓尤为重要。回火索氏体可以理解为具有球化倾向的索氏体组织。在相同转变温度下得到的回火索氏体抗拉强度略低于索氏体，回火索氏体对缺口和应力腐蚀的敏感性要比索氏体组织高，对酸洗、磷化、电镀引起的氢脆特别敏感。不同组织结构的碳素钢丝冷拉性能比较见表 5-2。

表 5-2 不同组织状态的碳素钢丝冷拉性能比较

牌号	热处理方法	显微组织	抗拉强度 /MPa	冷加工强化系数（K） 1%减面率抗拉强度上升值/MPa	极限减面率 /%
70	索氏体化处理	索氏体	1150	8.6	98
	正　火	索氏体+细片珠光光体	934	8.3	90
	再结晶退火	粒状+片状珠光体	661	7.3	85
	球化退火	3 级粒状珠光体	554	6.6	85

续表 5-2

牌号	热处理方法	显微组织	抗拉强度/MPa	冷加工强化系数（K）1%减面率抗拉强度上升值/MPa	极限减面率/%
45	索氏体化处理	索氏体+铁素体	834	7.3	99
	正火	细片珠光体+铁素体	775	6.9	90
	再结晶退火	粒状+片状珠光体	554	6.6	90
	球化退火	3 级粒状珠光体	474	6.1	90

索氏体是奥氏体等温转变的产物，是由铁素体薄层（片状）与渗碳体（包括合金碳化物）薄层（片状）交替重叠组成的共析组织，索氏体片间距大致为 0.10~0.40μm。弹簧钢丝和钢丝绳生产厂通常使用连续式铅淬火炉制取索氏体化钢丝。鉴于以上分析结果，东北特钢集团大连特殊钢丝公司试制索氏体组织的冷镦钢丝，分别选取 ML35 和 45 半成品钢丝，铅淬火处理后拉拔到不同规格，测定其力学性能和冷顶锻性能，见表 5-3 和表 5-4。

表 5-3　铅淬火处理的 ML35 钢丝的力学性能和工艺性能

钢丝直径/mm	状　态	抗拉强度 R_m/MPa	规定非比例伸长强度 $R_{p0.2}$/MPa	断后伸长率 A/%	断面收缩率 Z/%	冷顶锻
$5.25^{-0.015}$	铅淬火	732	642	27.8	71.4	1/5 合格
$4.8^{-0.03}$	铅淬火+17.0%冷拉	840	—	23.9	68.0	1/4 合格
$4.5^{-0.03}$	铅淬火+27.1%冷拉	886	—	23.2	66.2	1/3 合格

注：铅淬火状态钢丝屈强比：$R_{p0.2}/R_m=87.7\%$。

表 5-4　ϕ4.5mm 45 钢丝铅淬火+3 道次冷拉后的力学性能和工艺性能

钢丝直径/mm	状　态	抗拉强度 R_m/MPa	规定非比例伸长强度 $R_{p0.2}$/MPa	断后伸长率 A/%	断面收缩率 Z/%	冷顶锻
$3.0^{-0.03}$	铅淬火+56.4%冷拉	1200	1110	12.0	63.2	1/3 合格
		1205	1110	10.0	63.2	
		1210	1110	10.0	63.2	
		1225	1110	10.0	63.2	
		1225	1150	10.0	63.2	
平均值		1213	1 118	10.4	63.2	合格

注：成品钢丝屈强比：$R_{p0.2}/R_m=92.2\%$。

从表 5-3 的检测结果可以看出：

（1）铅淬火的 ML35 钢丝经 17%以上减面率的拉拔，各项力学性能和工艺性能完全达到 8.8 级螺栓的要求。

（2）随着冷拉减面率的增加，钢丝断面收缩率和断面伸长率变化不大，仍保持在较高水平，说明钢丝仍具有良好的变形能力，冷顶锻检验结果间接证明了这一点。

（3）索氏体化处理钢丝的屈强比（87.7%）明显高于退火（≤60%）和正火（≤65%）状态钢丝，意味着其变形抗力明显提高，冷镦成型时在工模具材质和润滑剂的选择方面需采取相应的改进措施。

（4）索氏体螺栓冷镦成型后无需再进行调质处理，但为了消除冷加工造成的内应力，稳定尺寸，确保载荷试验合格，参照弹簧消除应力处理工艺，仍需对成型螺栓进行(200~290)℃×30min 消除应力处理，因此索氏体螺栓可称为非热处理型螺栓。

从表 6-4 的检测结果可以看出：

（1）铅淬火+冷拉的 45 钢丝各项力学性能和工艺性能完全达到 9.8 级和 10.9 级螺栓的要求。

（2）冷拉钢丝的屈强比高达 90%以上，回火索氏体组织的 45 钢的屈强比一般仅能达到≥85%的水平，索氏体非热处理型螺栓的力学性能优于调质螺栓，可克服调质螺栓在装拆和服役过程中容易出现的滑扣、变形、断裂、回角磨圆等缺陷。

根据大连钢丝制品公司生产优质碳素钢丝和弹簧钢丝的经验，25～45 钢丝不同热处理状态的抗拉强度可用徐氏经验公式预测：

铅淬火处理：$R_m = 1000w(C) + 480 - 10d$（适用范围：$w(C) \leq 0.50\%$，$d \leq 12$mm）；

控轧控冷盘条：$R_m = 980w(C) + 400 - 9d$（适用范围：$w(C) \leq 0.55\%$，$d \leq 12$mm）；

正火处理：$R_m = 830w(C) + 435 - 7d$（适用范围：连续炉正火：$d \leq 12$mm）；

再结晶退火：$R_m = 430w(C) + 360$；

球化退火：$R_m = 320w(C) + 330$。

式中　$w(C)$——碳的质量分数，%；

　　　d——钢丝直径，mm。

连续炉热处理时随着钢丝直径减小，钢丝表面积与直径之比逐渐加大，冷却速度也逐渐加快，生产实践证明，钢丝抗拉强度与直径有明显的对应关系，直径 5.0mm 左右时表现得尤为显著，随直径增加，热处理后抗拉强度下降，直径增加到 12.0mm 时，抗拉强度基本不再下降了。所以经验公式中的尺寸效应项 d 的最大取值规定为 12。表 5-5 为 ϕ10.0mm 钢丝抗拉强度测算。

表 5-5　ϕ10.0mm 软态碳素钢丝抗拉强度测算表　（MPa）

牌号	铅淬火抗拉强度	正火抗拉强度	退火抗拉强度		控冷盘条抗拉强度
			再结晶	球　化	
25	630	575	470	410	555
30	680	615	490	425	605
35	730	650	510	440	650
45	830	740	555	475	750

表 5-5 中铅淬火抗拉强度指碳素钢的化学成分中 Mn、Cr、Ni、Cu 含量符合 GB/T 699—1999 中铅淬火（派登脱）用钢要求时的抗拉强度，如果这些元素含量偏高，抗拉强度将有不同程度的下降。

按优质结构钢生产积累数据测算，铅淬火 35 钢丝的冷加工强化系数（K）在 5.8～6.5 范围内，铅淬火 45 钢丝的冷加工强化系数（K）在 6.5～7.3 范围内。据此预测，用 35 钢生产 8.8 级和 9.8 级螺栓用索氏体化钢丝，用 45 钢生产 9.8 级和 10.9 级螺栓用索氏体化钢丝，只要将冷拉减面率分别控制在≥15%和≥30%的范围内即能满足要求。

索氏体化钢丝推荐生产流程为：控轧控冷盘条→表面处理→拉拔到成前尺寸→铅淬火处理→磷化处理→按预定减面率拉拔→成品检验→涂油→包装、标识。磷化处理的目的是为冷镦变形预涂一层润滑，在一定程度上可提高工模具的使用寿命。使用索氏体化钢丝生产高强度螺栓的好处相当于将紧固件厂的一道热处理转移到钢丝厂进行，紧固件厂的工艺流程简化为：索氏体化钢丝→冷镦成型→切边→搓丝→消除应力处理→电镀→成品检验→包装、标识。

5.3 高强度螺栓用非调质钢的开发[4]

冷镦用非调质钢指在碳素结构钢或低合金钢中加入微合金化元素（V、Ti 、Nb、Al、B)，使其在锻造或热轧后空冷就具有良好的综合力学性能。冷镦用非调质钢热轧后无需退火，一般经适度冷拉就可以用于制作紧固件。紧固件冷镦成型后不再进行调质处理，就可以达到调质处理钢所能达到的力学性能。非调质钢螺栓与中碳合金钢螺栓生产工艺流程对比为：

非调质钢螺栓：控轧控冷盘条→表面处理→拉丝→正火处理→表面处理→轻拉→冷镦成型→切边→搓丝→时效硬化处理→电镀（发蓝）→成品检验。

中碳合金钢螺栓：控轧控冷盘条→球化退火→表面处理→一次拉丝→退火→表面处理→二次拉丝→冷镦成型→切边→搓丝→调质（淬火+回火）处理→电镀（发蓝）→成品检验。

非调质钢对尺寸效应（体积效应）不敏感，其横截面上抗拉强度和硬度分布比较均匀，大规格调质螺栓，由于受淬透性的影响，表面和芯部力学性能和硬度差别很大，使用非调质钢更见优势；非调质钢制作的高强螺栓，屈强比高于调质紧固件，服役中不易出现滑扣、变形、断裂、回角磨圆等质量问题；表面硬化型螺栓使用非调质钢，表面渗碳或渗氮后淬火，可以达到更高的表面硬度。

非调质钢丝主要用于制造 8. 8~12. 9 级高强度螺栓。8. 8 级和 9. 8 级螺栓主要选用组织为铁素体-珠光体（F-P）的非调质冷镦钢丝，9. 8 级和 10. 9 级螺栓多选用组织为铁素体-贝氏体（F-B）非调质冷镦钢丝。10. 9 级和 12. 9 级螺栓常选用组织为铁素体-马氏体（F-M）的非调质冷镦钢丝。目前我国正在制定冷镦用非调质钢丝标准。

非调质冷镦钢丝与传统的非热处理型冷镦钢丝的区别在于：传统的非热处理型冷镦钢丝完全依靠冷加工强化，使紧固件达到预定强度，交货钢丝抗拉强度偏高，冷镦成型比较困难，模具损耗较大，一般用于生产 6. 8 级以下的紧固件。非调质冷镦钢丝一般只进行适度冷拉，使钢丝保留足够的塑性，待冷镦成型后再进行时效硬化处理，使紧固件产生沉淀硬化效应，达到高强度紧固件的要求。

非调质冷镦钢属于低碳微合金化钢，通常分为 3 类：低碳铁素体-珠光体（F-P）、低碳铁素体-贝氏体（F-B）和低碳铁素体-马氏体（F-M）钢。钢中 C 含量一般控制在 0. 05%~0. 25% 范围内。为获得良好的沉淀强化效应，钢中往往含有微量（0. 03%~0. 15%）碳化物、氮化物或碳氮化合物形成元素，如 V、Ti、Nb、Al、B 等。Mn 是低碳非调质钢最常用的元素，F-P 钢中一般含有 0. 60%~1. 00%或 1. 00%~1. 50%的 Mn，当 Mn 含量超过 1. 50%时将促进贝氏体（B）组织的形成，Mn 超过 2. 00%时就可能成为 F-M 钢。对各类冷镦用非调质钢的组织特性及生产工艺要点在下文简要描述。

5.3.1 低碳铁素体-珠光体（F-P）非调质冷镦钢

低碳 F-P 非调钢质钢轧后空冷获得铁素体+珠光体组织，钢的强韧性主要取决于铁素体与珠光体的比例、原奥氏体和铁素体的晶粒度、珠光体团的大小、珠光体的形态，珠光体片间距和沉淀相质点尺寸及分布状况、组织结构的基本特性为：

（1）提高显微组织中的珠光体比例，钢的抗拉强度提高，但韧性转变温度也升高，钢的韧性下降，因此在保证抗拉强度的前提下，应尽量降低珠光体的含量。

（2）细化铁素体的晶粒可提高钢的抗拉强度和韧性，细化珠光体团可改善钢的冲击韧性，但铁素体的晶粒度和珠光体团的大小都与原奥氏体的晶粒度成正比，因此采用各种措施：如控制轧制、将终轧温度降到接近两相区、在两相区上部加热然后正火等细化奥氏体晶粒的措施，均能有效地改善非调质钢的韧性。

（3）珠光体按形态分为粒状珠光体和片状珠光体，粒状珠光体抗拉强度低，塑性和韧性良好；片状珠光体抗拉强度高，但塑性和韧性远不如粒状珠光体。充分奥氏体化的钢转变为片状珠光体，碳化物溶解不充分的钢容易转变为粒状珠光体。非调质钢是轧后空冷获得的组织，均为片状珠光体组织，抗拉强度虽高，但韧性稍差。

（4）珠光体片间距具有双重性，一方面随着片间距减小，钢的抗拉强度提高，但韧性转变温度也升高，钢的韧性下降；另一方面随着片间距减小，珠光体中的碳化物层也变薄，钢的塑性和韧性显著提高。实际上钢的韧性取决两个因素综合作用的结果，即存在一个最佳片间距区，实践证明：片间距大致为0.10～0.40μm的索氏体组织是碳素钢中强韧最佳的组织。

（5）空冷获得的F-P组织即使经过冷拉，强韧性也很难全面达到高强度螺栓的要求，只能借助于微合金的沉淀强化达到目的。严格说来，没有显著沉淀硬化效应的F-P钢不能算作真正的非调质钢。

（6）沉淀强化常用合金元素均为强碳化物和强氮化物形成元素，在V、Ti、Nb、Al的碳化物、氮化物和碳氮化合物中，除TiN从钢液中直接析出外，其他化合物一般都从固溶体中析出。正是这些化合物的溶解和析出，使钢产生各种强化效应。

总之，F-P非调质钢在控制适当珠光体体积分数，保证抗拉强度的前提下，降低碳含量，细化铁素体晶粒，减小珠光体片间距，添加微合金化元素，在铁素体中析出沉淀强化相等是提高冷镦用钢冷成型性能和韧性的有效途径。

根据钢组织结构的基本特性可以导出化学成分控制要点：

C是低碳F-P非调质冷镦钢最主要的强化元素，为适应高强度螺栓的力学性能要求，钢中的C含量一般控制在0.06%～0.25%范围内。

Si是铁素体形成元素，能显著强化铁素体。Si能增加钢中铁素体的体积分数，细化铁素体晶粒，Si从0.30%提高到0.60%时能提高F-P钢的韧性，高于0.60%时虽然有利于强度的提高，但使钢的韧性下降。Si能加大铁素体冷加工硬化速率，使冷镦成型难度加大，因此冷镦用F-P非调质钢，在保证抗拉强度的条件下，应尽可能降低其含量。

Mn是改善F-P强韧性的重要合金元素，在室温条件下主要以固溶形式存在于铁素体中，其固溶强化作用仅次于Si，Mn含量低于0.8%对铁素体强化效果不明显。Mn的强化作用主要表现在随着Mn含量增加，珠光体转变温度不断降低，转变温度降低意味着空冷得到的珠光体团更细小，珠光体片间距更小，珠光体中渗碳片相应减薄，钢的强韧性都得到改善；同时钢中珠光体体积分数也随之增加，钢的冷加工性能有所降低。综合考虑F-P非调质钢质冷镦钢中的Mn含量一般控制在0.60%～1.30%范围内。Mn含量超过1.50%珠光体转变受到抑制，易生成贝氏体。此外，在含 V 钢中，Mn 可提高 VC 和 VN 在奥氏体中的溶解度，为其在铁素体中析出创造条件，增强 V 的沉淀强化效果。

Cr 在高温下溶入奥氏体中，显著提高钢的淬透性。空冷过程中，一部分 Cr 置换铁形成更加稳定的合金渗碳体，另一部分 Cr 溶于铁素体中提高了铁素体的强度和硬度，F-P 钢中 Cr 的加入量一般为 0.10%～0.20%，高强度钢中 Cr 的加入量高达 0.50%～0.60%。Cr 是延缓珠光体转变的元素，具有细化珠光体片间距的作用。

Mo 是延缓珠光体转变的元素，在 F-P 钢中起固溶强化和提高钢淬透性的作用，但因价格贵，很少使用。

非调质钢中一般含有一种或几种微合金元素，其含量多控制在 0.01%～0.20%间，具体含量需根据组织结构和力学性能要求确定，常用元素 V 的添加量为 0.02%～0.15%，Nb 的添加量为 0.01%～0.15%，Ti 的添加量为 0.01%～0.12%，B 的添加量为 0.0005%～0.005%。当选用 V、Ti、B 作为合金元素时，为保证元素的回收率，必须在铁合金加入之前充分脱氧，铝是最常用的脱氧元素，所以非调质钢都残留一定量的铝。

V、Nb、Ti 等强碳化物形成元素强烈延缓珠光体转变，对贝氏体转变的延缓作用较弱，同时升高珠光体最大转变速度的温度，降低贝氏体最大转变速度的温度，促使 C 曲线明显分为珠光体转变和贝氏体转变两段。

V、Nb、Ti、Al 等元素在钢中形成稳定的碳化物、氮化物和碳氮化合物，化合物弥散的质点钉扎奥氏体晶界，阻碍晶粒长大，起细晶强化作用。因氮化物比碳化物有更低的溶解度和更高的稳定性，细晶强化效果更明显。

V 是非调质钢最常用的微合金化元素，V 的碳化物、氮化物和碳氮化合物生成温度范围比较低（如图 5-1 所示，VC：450～720℃、VN：640～1080℃），溶解度高，析出范围宽。在高温下抑制奥氏体晶粒长大的作用比较小，但低温在铁素体中弥散析出，沉淀强化的贡献最大。

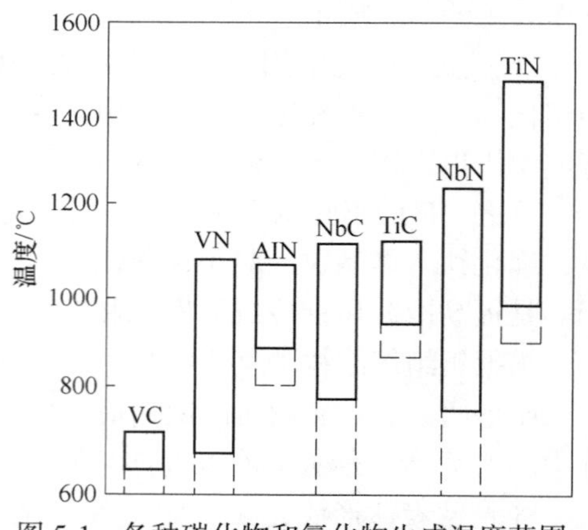

图 5-1 各种碳化物和氮化物生成温度范围

Nb 的碳氮化合物 Nb（C，N）在高温下比较稳定，其抑制奥氏体晶粒长大的钉扎作用可坚持到 1150℃，即使到 1250℃也未完全溶于奥氏体中，对奥氏体的动态再结晶仍有一定的抑制作用。在低温下 Nb（C，N）是主要的沉淀强化相，Nb≤0.04%，细化晶粒带来的抗拉强度增量大于沉淀强化带来的增量；Nb>0.04%，细化晶粒带来的增量基本不变，而沉淀强化带来抗拉强度增量大大增加。Nb-V 复合使用是非调质钢中常见的一种类型，尽管形成的（Nb，V）（C，N）的强化作用不如 V（C，N），但复合碳氮化合物的颗粒比 Nb 和 V 单质化合物更细小，析出温度范围更宽，能更有效地阻止奥氏体晶粒长大，随后转变成铁素体的晶粒也更细小，最终同时提高了钢的强度和韧性。

w(Ti)＝0.01%～0.02%时，钢液凝固时析出 TiN 质点，TiN 抑制奥氏体晶粒长大的作用可达到 1250℃，但沉淀强化的效果不明显，通常将 Ti 与其他微合金化元素复合使用。在 Ti-V 复合强化钢中，Ti(C，N）优先析出，V 随后沉淀在 Ti 的化合物上，形成稳定的

(Ti，V)(C，N) 质点，可得到强韧性配合良好的非调质钢。由于 Ti (C，N) 优先析出，占用了部分 C 和 N，使随后形成的 V (C，N) 中 N 贫化，降低沉淀强化效果，因此 Ti 含量不宜过高。Ti 含量过高还会降低钢的韧性。

非调质钢中的沉淀强化相主要是低温下析出的 Nb (C，N) 和 VC。V、Nb、Ti 对非调质钢屈服强度的影响如图 5-2[5] 所示，从图 5-2 中可以看出：V 的沉淀强化作用最显著，而 Ti 的作用处于 Nb 和 V 之间。

Al 通常作为脱氧剂加入钢中，能有效降低钢中氧含量；固溶在钢中的 Al 对铁素体有一定的强化作用，同时可促使晶粒细化，当钢中残余 Al 超过 0.02%时，可得到 8~9 级的细晶粒钢，钢的韧性也显著提高。俄罗斯 (25ХГФБ) 和日本 (神户 KNCH8S) 都有用铝作微合金元素的非调质钢，其 Al 含量高达 0.25%和 0.45%，KNCH8S 的 $w(\mathrm{Al})/w(\mathrm{N})$ 比高 14.1。

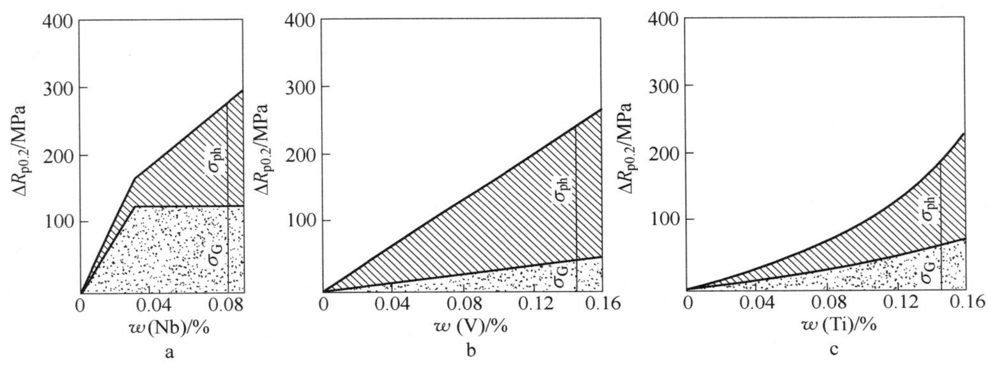

图 5-2　微合金元素对钢屈服强度的影响

σ_G—晶粒细化的贡献；σ_{ph}—沉淀强化的贡献

N 在 F-P 钢中的主要作用是与微合金元素形成氮化物和碳氮化合物。N 与 V、Ti、Nb、Al 等元素有很强的亲和力，可形成极为稳定的间隙相。氮化物和碳化物可以互相溶解，形成碳氮化合物。氮化物之间也可以互相溶解，形成复合碳氮化物。这些化合物通常以细小质点状存在，能有效抑制奥氏体晶粒粗化，得到细小的铁素体晶粒，既提高了钢的韧性，又能产生弥散强化效果。提高钢中 N 含量，使氮化物析出范围扩大，提高微合金元素的沉淀硬化效应，以含 V 为例，当 N 含量从 20×10^{-6} 提高到 250×10^{-6} 时，钢的屈服强度提高 100~150MPa，相当于每 10×10^{-6} 的 V 提高 5 MPa 的屈服强度。为达到预定的沉淀硬化效果，需要对钢中的 N 进行适当控制，尤其是含钒钢中的氮含量要稍高点，约为 $(100\sim200)\times10^{-6}$ (0.01%~0.02%)。

5.3.2　低碳铁素体-贝氏体 (F-B) 非调质冷镦钢[6,9]

低碳 F-B 非调质钢轧后空冷获得铁素体+贝氏体组织，但不会出现马氏体组织，其中贝氏体由铁素体板条 (BF) 和碳化物组成。钢的抗拉强度较高 ($R_m \geqslant 800$MPa)，有较高的韧性和良好的冷加工性能。组织结构的基本特性为：

(1) 贝氏体中铁素体板条作用相当于“有效晶粒度”，板条越细小，钢的强度越高。原奥氏体晶粒是次要因素，晶粒越细形成的板条当然也越细。

（2）降低贝氏体转变温度，可明显减小铁素体板条的宽度，有利于降低钢的脆性转变温度，是提高 F-B 钢韧性的有效途径。

（3）钢的屈服强度与碳化物颗粒数量、大小和分布有直接关联，碳化物均匀析出，颗粒小、数量多、弥散度好，强化效果当然好，但只有在碳化物间距小于铁素体板条宽度时，才能成为有效强化因素。

（4）钢的屈服强度还与铁素体板条位错密度的平方根成正比，但强化效应一般不超 100MPa。

（5）贝氏体钢主要分上贝氏体（B_U）、下贝氏体（B_1）和粒状贝氏体（Bg）3 种形态，上贝氏体在贝氏体转变区上部形成，下贝氏体在贝氏体转变区下部形成；奥氏体冷却到上贝氏体区析出板条状铁素体后，部分碳扩散到奥氏体中，使奥氏体不均匀富碳，不再转变为贝氏体，这些富碳奥氏体区域一般以粒状或长条状分布在铁素体基体中，在随后冷却过程中可以部分地分解或转变，形成（M-A）岛，这种由铁素体板条（BF）+（M-A）岛构成的组织称为粒状贝氏体（Bg）。冷镦用钢到底什么组织好，历来有不同说法：Mangonon 认为粒状贝氏体组织是韧性较差的组织，清华大学方鸿生等研究认为这种认识不全面，粒状贝氏体组织的性能取决于显微结构参量，即（M-A）岛形状、分布、尺寸和数量，通过成分控制，可以获得强韧性良好的配合[7]。董成瑞等则认为：冷镦钢不希望得到粗大的上贝氏体，最好是粒状贝氏体，其次是下贝氏体[4]。

（6）目前世界流行的贝氏体钢有两个系列：Mo 系贝氏体钢和 Mn 系贝氏体钢。Mo 系贝氏体钢是 20 世纪 50 年代由 Irvine 和 Pickering 发明的，主要有 Cr-Mo 和 Cr-Mo-B 两类。Mn 系贝氏体钢 20 世纪 70 年代由清华大学方鸿生等发明，主要有 Mn 和 Si-Mn-V 两类，是国家重点推广项目。

F-B 钢中不希望有珠光体和马氏体，控制起来涉及到两个基本概念——贝氏体转变点（*Bs*）和马氏体转变点（*Ms*），在制定生产工艺时要用到这两个概念：

$$Bs = 630 - 45w(\mathrm{Mn}) - 35w(\mathrm{Si}) - 30w(\mathrm{Cr}) - 20w(\mathrm{Ni}) - 24w(\mathrm{Mo}) - 40w(\mathrm{V}) - 12w(\mathrm{W}) \quad (℃)$$

$$Bs = 830 - 270w(\mathrm{C}) - 90w(\mathrm{Mn}) - 70w(\mathrm{Cr}) - 37w(\mathrm{Ni}) - 83w(\mathrm{Mo}) \quad \text{(适用于中低碳微合金钢)} \quad (℃)$$

$$Bf(50\%\ \text{贝氏体}) = B_s - 60 \quad (℃)$$

$$Bf = Bs - 120 \quad (℃)$$

$$Ms = 520 - 320w(\mathrm{C}) - 45w(\mathrm{Mn}) - 30w(\mathrm{Cr}) - 20(w(\mathrm{Ni}) + w(\mathrm{Mo})) - 5(w(\mathrm{Cu}) + w(\mathrm{Si})) \quad (℃)$$

$$Ms = 502 - 810w(\mathrm{C}) - 13w(\mathrm{Mn}) - 12w(\mathrm{Cr}) - 30w(\mathrm{Ni}) - 54w(\mathrm{Cu}) - 46w(\mathrm{Mo}) - 1230w(\mathrm{N}) \quad (℃)$$

$$Mf(10\%\ \text{马氏体}) = Ms - (10 \pm 3) \quad (℃)$$

$$Mf(50\%\ \text{马氏体}) = Ms - (47 \pm 9) \quad (℃)$$

式中，*Bs*、B_{50}和 *Bf* 分别表示贝氏体开始转变、转变 50%和转变终了的温度，℃；*Ms*、M_{10}和 M_{50}分别表示马氏体开始转变、转变 10%和转变 50%时的温度，℃；*w*(C)、*w*(Mn)、*w*(Ni)、*w*(Cr)、*w*(Mo)表示相应元素的质量分数，%。

根据钢的组织结构基本特性可以导出化学成分控制要点：

C 可提高钢的位错强化和沉淀强化效应，但脆性转变温度升高，含量一般控制在 0.15%以下。增加 Si 和 N 含量也会升高脆性转变温度。

Mn 延缓珠光体转变，强烈降低贝氏体转变温度，降低马氏体转变温度的作用比较弱，能改变贝氏体的形态，提高淬透性，是贝氏体钢的主要合金元素，含量一般控制在 1.20%~1.75%范围内。

Si 能促使共析铁素体优先析出，降低贝氏体转变温度，使 C 曲线右移，有助于粒状贝氏体的形成。Si 是铁素体固溶强化元素，含量≤1.55%时，抗拉强度随 Si 含量增长，在 C-Si-Mn-Mo 系钢中，强韧性同时增长。

Cr 可强烈降低贝氏体转变温度，促使钢的 C 曲线右移，并分解为珠光体转变和贝氏体转变两部分。Cr 降低马氏体转变温度的作用比较弱。在诸元素中 Cr 的 $\Delta Bs/\Delta Ms$ 比值最大，见表 5-6。Cr 能有效提高钢的淬透性。

Mo 基本不影响共析铁素体转变，但会强烈降低珠光体转变温度，降低马氏体转变温度的作用比较弱，降低贝氏体转变温度的作用远低于珠光体转变温度的作用，能改变贝氏体的形态，保证钢在相当大的冷却范围内获得全贝氏体组织。Mo 的 $\Delta Bs/\Delta Ms$ 比值仅次于 Cr，居第 2 位，是贝氏体钢常用合金元素。

Ni 能降低贝氏体转变温度，提高钢的强度，降低冲击韧性转变温度，改善韧性，是获得高冲击韧性必不可少的元素。

表 5-6 1%的合金元素对 $\Delta Bs/\Delta Ms$ 的作用[6]

元　素	$\Delta Bs/\Delta Ms$
C	0.57
Mn	2.72
Cr	4.11
Ni	2.17
Mo	3.19

B：微量 B 能抑制块状铁素体的析出，对珠光体和贝氏体转变的作用与 Mo 相近，有助于获得全贝氏体组织，也是贝氏体钢常用的合金元素，含量一般为 0.001%~0.005%，含量再高易产生热脆，影响热加工性能。

5.3.3 低碳铁素体-马氏体（F-M）非调质冷镦钢[8]

低碳 F-M 非调质冷镦钢轧后空冷，希望获得铁素体+板条状马氏体组织，尽力避免出现过量的孪晶（针状）马氏体。马氏体的强化作用使钢可达到比铁素体-贝氏体型更高的抗拉强度（R_m≥1000MPa）。钢的韧性则随组织形态的变化产生较大差别，组织结构的基本特性为：

（1）钢中的碳除极少数溶于铁素体外，大部分存在马氏体中。轧后空冷过程中随着先共析铁素体的不断析出，剩余的碳向奥氏体中富集，当冷却到马氏体临界转变温度（Ms）以下就转变为马氏体。

（2）防止或减少珠光体的析出是提高铁素体——马氏体强韧性的重要环节，该类钢的塑性和韧性主要靠铁素体，析出珠光体自然降低钢的塑性和韧性。因为是低碳钢，珠光体占用一份碳，奥氏体中富集碳量必然减少，转变成马氏体后的碳量也要减少，钢的强度达不到预期要求。

（3）综合前两个特性，F-M 钢的合金化目标是加速先共析铁素体的析出，抑制珠光体的转变，这两者是矛盾的。实际生产中只能先求出各合金元素延缓珠光体转变效果与推迟共析铁素体析出效果的比值，再从中选出比值最大的元素。在常用合金元素中 Mo 最佳，Si 其次，然后是 Mn 和 Cr 等。

（4）冷镦用钢中的马氏体应以板条马氏体为主，其体积含量应控制在 15%～25%的范围内，有利于冷加工成型。

（5）因为贝氏体的强化效果不如马氏体，应尽可能减少空冷过程中贝氏体析出，控制方法有两种：增高 *Ms* 点，即在钢中添加 Co、B 和 Al；另一种方法是添加 $\Delta Bs/\Delta Ms$ 数值大的元素（见表 5-6），如 Cr、Mo 和 Mn，拉近 *Ms* 与 *B*s 的距离。实际生产中因钴价格昂贵，B 和 Al 允许加入量有限，多采用添加 Cr、Mo 和 Mn 的方法，Mn 因资源丰富、价格便宜，用得最广泛。

根据钢的组织结构基本特性可以导出化学成分控制要点：

C 是控制低碳马氏体性能的主要元素，在 0.10%～0.25%范围内，低碳马氏体的强度与碳含量成线性正比关系，当碳含量超过 0.25%时孪晶马氏体量增多，钢的塑性和韧性明显下降，为获得尽可能多的板条状马氏体，在保证强度的条件下应尽可能地降低碳含量。将冷镦用钢的板条状马氏体的体积含量控制在 15%～25%的范围内，理论计算应将碳含量控制在 0.05%～0.11%，实际生产中碳含量最佳控制范围是 0.06%～0.08%。碳含量与马氏体的体积含量有对应关系，马氏体的体积含量又与钢的强度直接相关，每增加 1.0%的马氏体，抗拉强度上升 10～15MPa。

Si 在铁素体——马氏体钢的主要作用是加快共析铁素体先析出，促使奥氏体富碳，提高奥氏体的稳定性，最终转变成含碳量较高的马氏体。硅阻碍碳化物在 F-M 界面上析出，加大界面结合力，提高冷加工塑性。Si 提高钢的 A_3点温度（亚共析钢奥氏体与铁素体共存的最高温度），有利于轧钢的工艺控制，因为热轧时，只有将终轧温度控制在 A_3点以下，才能获得稳定的力学性能。Si 特别强烈地阻碍贝氏体转变时形成碳化物，促使尚未转变的奥氏体富碳，从而达到抑制或减少贝氏体析出的目标。因此，F-M 非调质钢的硅含量通常较高，一般控制在 0.50%～1.3%范围内。

Mn 是稳定奥氏体，提高淬透性的元素，对珠光体和贝氏体转变有强烈的抑制作用，如果单纯用 Mn 来获得马氏体组织，其含量必须达到 2.0%以上，即使用 Si、Cr、Mo 等合金元素配合，Mn 含量通常仍要控制在 0.75%以上。

Cr 溶于奥氏体中提高奥氏体稳定性，促使板条状马氏体的形成，是 F-M 钢中常用元素。

Ni 是奥氏体形成元素，强烈地延缓珠光体、索氏体和贝氏体的转变，Ni 和 Cr 配合使用可得到强韧性极佳的马氏体钢。但因价格较贵，非调质钢中很少使用。

一般说来，非调质钢强度虽高，但韧性稍差，提高韧性一直是非调质钢追求的目标。对于 F-P 型钢，提高韧性的方法是降 C 提 Mn，但 Mn 超过 1.50%会出贝氏体，常用添加少量 Cr 和 Si，或添加少量 Cr 来改善其韧性。Si 能提高铁素体强度，但对冷加工不利，通常控制在0.60%以下。对于F-B型钢常用添加Mo和微量B的方法来稳定贝氏体组织，改善韧性，提高钢的疲劳强度。对于F-M型冷镦钢，C含量一般控制在0.15%以下，除提高Mn含量外，常用添加Cr、Ni、Mo、Cu和微量N的方法稳定奥氏体，获得低碳板条状马氏体组织，达到高强度、高韧性配合的效果（GF型非调质钢）。此外，采用微合金复合强化，在提高强度的同时使钢的韧性也得到明显改善，是3类非调质钢共用的方法。国内外实用非调质冷镦钢丝牌号、化学成分、相变临界点和显微组织参见表5-7。

5.3.4　非调质冷镦钢的热加工

非调质钢目前存在的问题是韧性稍差，性能波动较大。生产中除严格控制化学成分外，线材必须实行控制轧制和控制冷却才能获得强韧性俱佳的冷镦性能。在轧制过程中，通过应变诱导，使微合金元素的碳化物、氮化物和碳氮化合物在晶界、亚晶界和位错上弥散析出，起钉扎作用，阻碍形变奥氏体的回复和再结晶，抑制奥氏体晶粒长大。在轧机强度允许的前提下，适当降低轧制温度可使析出相更细小，抑制奥氏体晶粒长大的作用更有效，终轧温度对非调质钢的晶粒度有决定性的影响，控制终轧温度（≤900℃）是提高冷镦钢塑性和韧性的关键因素。

轧后冷却工艺直接决定盘条的显微组织结构及力学性能，以F-P型钢为例，随着轧后冷却速度的增加，铁素体数量减少、厚度减薄、晶粒细化，形态也发生了根本性的变化。低碳F-P钢中铁素体有两种基本形态：缓慢冷却时，铁素体在奥氏体晶界形核长大，其沿晶界长大的速度远大于向晶内长大的速度，形成的铁素体沿晶界的位向不断增厚，最后连成一片，形成网状铁素体。空冷或风冷时，由于冷速加大（包含微合金元素析出相的作用），铁素体也可在奥氏体晶粒内形核长大，直到许多长大的晶粒相互会合，形成等轴状多边形铁素体。同样，非调质钢中珠光体也有多种形态：其中渗碳体有片状、也有粒状；有长片、也有短片；渗碳体片有可能是有序平行排列，也可能是无序排列的。形态各异的珠光体可以理解为：冷却速度的增加（包含微合金元素析出相的作用），使长片状渗碳体中的一部分变为短片或粒状，使有序平行排列的渗碳体变为无序排列，形成变态珠光体。等轴状多边形铁素体的韧性优于网状铁素体，变态珠光体的韧性优于长片状有序珠光体。由于非调质钢使用微合金化合物强化，这些化合物都是高强度脆性物质，因此造成钢强度升高的同时韧性有所下降，只能从调整组织结构入手来弥补韧性下降的不足。采用控轧控冷工艺改善非调质钢的组织结构，是提高非调质钢韧性的有效途径。理想的F-P非调质钢应具有等轴状多边形铁素体+片状珠光体和变态珠光体的混合组织结构。

现代的线材连轧机全部配置了斯太尔摩延迟冷却生产线，为非调质钢盘条生产提供了便利条件。对于F-P非调质钢，控制冷却工艺可按以下原则确定：推荐吐丝温度控制在860~900℃；酌情控制冷却风机开启状况。前部保温箱盖全部打开，后部箱盖需酌情关闭。控冷目标是通过控制风量和斯太尔摩线运行速度，使线材尽快冷却到Ar_1点以下。通过控制保温箱关闭数量，确保线材在保温箱内完成珠光体转变，不会形成贝氏体组织。要强调的是：只要不出现贝氏体，保温箱盖尽可能全部打开。

对于F-B非调质钢工艺控制要点是：吐丝温度尽可能控制在860℃以下。冷却风机全部打开，确保线材尽快冷却到B_s点以下。通过控制保温箱关闭数量，使保温箱内温度尽

表 5-7　国内外非调质冷镦钢丝牌号、化学成分、相变临界点和显微组织[4,9,10]

牌　号	化学成分（质量分数）/%													B_s	M_s	显微组织	备　注
	C	Si	Mn	P	S	Cr	Mo	Cu	V	Ti	Al	Nb	其他				
KNCH8P	0.12～0.17	≤0.10	1.35～1.65	≤0.03	≤0.03	0.15			0.11	0.03				549	400	F+P	日本神户
KNF5MC	0.05	0.25	1.50			适量						添加	B：添加	536	417	F+M	日本神户
B04HFG	0.04		2.95			2.03			0.05				B：添加	464	314	F+M	日本钢管
MC7	0.10	0.25	1.35	≤0.02	≤0.01				0.10					557	426	F+P	日本大同
MC8	0.14	0.24	1.47	≤0.02	≤0.01	0.10			0.10			0.02	N：0.013	548	405	F+P	日本大同
VMC20	0.20	0.28	1.56		0.017	0.38	0.05		0.09				Ni：0.17	530	369	F+B	日本东京钢公司
VMC15	0.14	0.28	1.52		0.021	0.38	0.05		0.08				Ni：0.17	533	390	F+B	日本东京钢公司
NHF60	0.13	0.25	1.35	0.025	0.015							≤0.04		559	417	F+P	日本新日铁
NHF590	0.10～0.15	0.15～0.30	1.20～1.70	≤0.03	≤0.03							≤0.10		550	402	F+P	日本新日铁
NQF25BAN	0.25	0.32	1.85		0.050	0.46			0.15					516	341	F+B	日本新日铁
NQF10MAT	0.10	0.25	1.63		0.015	1.06				0.020			B：添加	516	382	F+M	日本新日铁
Stelmax80	0.09	0.30	1.15	0.005	0.020				0.12		0.04	0.015	N：0.018	563	438	F+P	加拿大钢公司
Maxi-Form80	0.09	0.60	1.60	0.015	0.030				0.08		0.02	0.15		534	416	F+P+B	共和钢公司
Chaparral	0.09～0.17	0.44～0.69	1.50～2.00						添加			添加		538	393	F+M	美国 Chaparral
24MnSiV5	0.23	0.65	1.34	0.011	0.006	0.19			0.14	0.03				536	377	F+P	德国微合金
Metasafe800	0.15～0.25	0.10～0.40	1.30～2.00	≤0.03	≤0.015				0.12			0.06		541	380	F+B	法国微合金
S800	0.21	0.33	1.85	0.012	0.034	0.16			0.06			0.072		528	363	F+M	法国东部钢
F1200	0.11	0.57	1.72	0.031	0.015	2.00		1.67	0.079				Ni：1.22	445	277	F+M	法国东部钢
Hypress45	0.12		1.20	0.040	0.040			0.35		0.30		0.30		576	370	F+P	英国钢
Van80	0.12	0.45	1.35	0.010	0.015				0.12		0.04		N：0.020	549	419	F+P	琼斯-劳林
07SiMnCrMo[8]	≤0.07	1.0	1.1			0.50	0.40							521	430	F+B	Climax-Mo 公司
25XΓΦБ	0.26	0.55	1.00	≤0.03	≤0.03	0.6			≤0.2		≤0.19			540	361	F+P	俄罗斯
30ΓTЮ	0.28	0.54	1.01	≤0.03	≤0.03					0.01	0.25			566	382	F+P	俄罗斯

续表 5-7

牌号	化学成分（质量分数）/%													Bs	Ms	显微组织	备注
	C	Si	Mn	P	S	Cr	Mo	Cu	V	Ti	Al	Nb	其他				
10B21	0.18~0.23	≤0.10	0.70~1.00	≤0.03	≤0.035						≥0.02		B：0.0005~0.005	589	411	F+P	宝钢、邢钢、马钢、安钢
LF10MnSiTi	0.06~0.12	0.50~0.80	1.40~1.70	≤0.03	≤0.03					0.06~0.12				536	415	F+P	8.8 级螺栓
LF20Mn2VTi	0.16~0.22	0.30~0.60	1.35~1.75	≤0.03	≤0.03				0.01~0.04	0.01~0.04				540	439	F+P+B	8.8 级螺栓
LF20Mn2VTiS	0.15~0.20	0.35~0.65	1.35~1.75	≤0.03	≤0.05				0.04~0.07	0.01~0.04				540	382	F+P+B	
LF18Mn2VTi	0.15~0.20	0.35~0.68	1.35~1.75	≤0.03	≤0.03				0.04~0.07	0.01~0.04				553	392	F+P+B	9.8 级 U 型螺栓
18CrMn2Mo	0.18		1.8			1.2	0.50						B：0.002	521	420	F+B	
LF10Mn2VTiB	0.09~0.13	0.17~0.37	1.90~2.42	≤0.03	≤0.03				0.08~0.12	0.01~0.08			B：0.001~0.005	520	388	F+B+M	10.9 级螺栓
LF12Mn2VB	0.09~0.16	0.30~0.60	2.20~2.65	≤0.04	≤0.04				0.06~0.12				B：0.001~0.004	500	369	F+M	GB/T 15712-2008
F12Mn2VBS	0.09~0.16	0.30~0.60	2.20~2.65	0.035	0.035~0.075			0.30	0.03~0.12				N：0.008~0.020 B：0.001~0.004 Ni：0.30	490	364	F+M	GB/T 15712—2008
FM08Mn2Si	0.06~0.12	0.70~0.90	1.70~2.00	0.015	0.010						0.04		$N \leqslant 60\times10^{-6}$	523	412	F+M	宝钢双相钢
FM08Mn2SiV	0.06~0.12	0.70~0.90	1.70~2.00	≤0.015	≤0.010				0.04~0.10		0.04		$N \leqslant 60\times10^{-6}$	524	414	F+M	宝钢双相钢
MFT8	0.16~0.26	≤0.30	1.20~1.60	≤0.025	≤0.015				或添加			或添加	添加	557	389	F+P F+B	GB/T 3098.22
MFT9	0.18~0.26	≤0.30	1.25~1.60	≤0.025	0.015				或添加			或添加	添加	554	383	F+P F+B	GB/T 3098.22
MFT10	0.10~0.28	≤0.60	1.30~2.20	≤0.025	≤0.015				或添加			或添加	添加	468	356	F+B F+M	GB/T 3098.22
DB800[9]	0.058	0.16	1.57	0.008	≤0.006		0.29		0.08	0.02		0.05	B：0.001	544	424	F+B	

可能保持在 *Bs* 点到 *Ms* 点之间。

对于 F-M 非调质钢工艺控制要点是：吐丝温度尽可能控制在 860℃以下。冷却风机全部打开，风量调到最大值。保温箱盖全部打开。斯太尔摩线运行速度应根据轧机的实际状况，参照各牌号的连续冷却转变（CCT）曲线，通过试验确定。

生产实践表明：线材的抗拉强度随着轧后冷却速度的增加明显上升，空冷比缓冷抗拉强度最大可提高 70MPa，风冷比空冷抗拉强度最大可提高 25MPa。制作 8.8 级螺栓用（F-P）冷镦钢，热轧后的抗拉强度一般在 550～700MPa 范围内，制作 9.8 级螺栓用（F-B）冷镦钢，热轧后的抗拉强度一般在 630～780MPa 范围内。

非调质钢性能波动较大，原因是影响轧制和冷却的工艺因素很多，在线调控很难全部到位，彻底解决问题的方法是建立轧材调质中心，东北特殊钢集团目前已进行了有益的尝试。

5.3.5 非调质冷镦钢丝的冷加工

非调质冷镦钢丝以热轧盘条或棒材为原料，经适度冷拉达到预定力学性能，作为成品交付使用，冷拉过程中应注意以下几个问题。

5.3.5.1 盘条的自然时效

非调质钢控轧控冷盘条具有高碳钢盘条的某些特性，即刚轧完的盘条的冷拔塑性特差，拉拔时经常发生脆断，检查其断面收缩率一般为 25%～35%，甚至更低。如果将盘条在自然状态存放，其抗拉强度几乎不变，断面收缩率缓慢上升，在不同季节存放 10～20 天后，断面收缩率全部可以达到 55%以上。盘条力学性能的这种变化规律与高碳钢酸洗氢脆表现完全一致，高碳钢丝酸洗后抗拉强度无明显变化，断面收缩率急剧下降，在 200～400℃干燥箱中烘烤 4～2h 后，断面收缩率可以恢复到原有水平。分析起来，微合金的化合物确实与高碳钢中的 C 及碳化物有相似的作用，都以间隙固溶体或共格和半共格形态存在于钢中，改变了钢的原子间距或点阵结构，为氢在钢中储留、聚积和扩散留出足够空间。氢是唯一在常温仍能在钢中扩散的元素，因为其原子半径太小，不会引发畸变和位错等效应，所以对钢的抗拉强度几乎无影响。经实际验证，新轧制的控轧控冷盘条烘烤后的断面收缩率与自然时效后的断面收缩率处于同一水平。考虑到非调质钢普遍存在时效强化效应，200～400℃烘烤会造成微合金碳化物、氮化物和碳氮化合物过早析出，对冷拉，冷镦不利，也限制了最终时效处理的强化效果，推荐非调质钢盘条采用自然时效法提高拉拔塑性。

5.3.5.2 钢丝正火处理

控轧控冷的非调质钢盘条一般需进行适度冷拉，使钢丝达到相应级别螺栓力学性能的要求，才交付紧固件生产厂使用。不同牌号的非调质钢冷镦钢丝生产特定级别的螺栓，钢丝的冷加工减面率是相对固定的，但热轧盘条的规格是有限的，螺栓的尺寸也是固定的，生产某一规格冷镦钢丝有时无法订购到规格相应的盘条，必须首先将盘条拉拔到成前尺寸，必然引发成前钢丝热处理问题。根据非调质钢的特性不难看出，成前热处理只能采用正火或等温淬火的方式。冶金厂可以采用弹簧钢丝生产线上的铅淬火连续炉和油淬火-回火连续炉进行非调质钢冷镦钢丝的成前热处理。F-P 钢推荐采用铅淬火连续炉空冷处理；F-B 钢推荐采用铅淬火连续炉风冷处理；F-M 钢推荐采用油淬火-回火连续炉处理，使用

40℃油或70℃的水作为淬火介质。奥氏体化炉加热温度按 Ac_3+40℃确定，收线速度可参照相同规格的弹簧钢丝确定。成前热处理虽然增加一道工序，生产成本有所提高，但由于采用开卷单根连续热处理，成品钢丝力学性能的稳定性和均匀性有了根本性的改善，产品质量比盘条直接拉拔上了一个台阶。

5.3.5.3　钢丝冷拉

非调质冷镦钢冷拉的目的是：改善钢的表面质量、提高尺寸精度、提高钢的屈强比，为下一步冷镦创造有利条件。钢丝生产流程为：控轧控冷盘条──→酸洗──→磷化──→皂化──→拉拔──→检验──→涂防锈油──→包装。磷化+皂化涂层除了保证拉拔顺利外，更重要的是为螺栓冷镦成型准备良好的润滑载体。钢丝冷拉减面率一般控制在15%～45%左右，在此范围内，抗拉强度的上升与减面率的增加呈严格的正比关系，热轧盘条经冷拉抗拉强度可提高100～350MPa，断面减面率略有下降，冷镦性能基本保持不变。强度是成品钢丝的一项重要考核指标，生产中常用下列公式来预测钢丝抗拉强度：

$$R_m = R_0 + KQ$$

式中　R_m——拉拔后钢丝抗拉强度，MPa；

R_0——拉拔前钢丝抗拉强度，MPa；

K——冷加工强化系数；

Q——冷拉减面率，%。

拉拔前钢丝抗拉强度 R_0 可直接测得，对于某一牌号、特定炉号、特定组织状态钢丝的冷加工强化系数 K 是相当稳定的数值，可以通过试验测得。因此，借助上述公式可以相当准确地确定非调质冷镦钢丝的冷拉减面率。实际上冷镦钢丝都经1～3道次拉拔出成品，大规格（$\phi \geq 8.0$mm）钢丝的道次减面率应偏小（≤20%），小规格（$\phi < 8.0$mm）钢丝的道次减面率可适当加大到25%左右。

5.3.6　加工软化与包辛格尔（Bauschinger）效应

以冷拉状态交货的非热处理和非调质钢丝，在螺栓冷镦成型时，其屈服强度有一定程度的下降，这种现象被称为加工软化，LF18Mn2V非调质钢丝冷镦前后屈服强度的变化见表5-8。

表5-8　LF18Mn2V 非调质钢丝冷镦前后屈服强度的变化[4]

组别	减面率/%	冷拉钢丝的 $R_{p0.2}$/MPa	冷镦后的 $R_{p0.2}$/MPa	相对下降/%
1	22.0	624	564	14.4
2	46.0	847	629	25.7
3	57.0	843	663	21.3

加工软化现象是Bauschinger在1881年最先发现的，被称为包辛格效应（BE），具体描述为：沿一个方向变形后的金属，再沿反方向变形时，其弹性极限和屈服强度有明显下降。BE的大小与金属材料的显微组织结构、冷加工率、屈强比以及最终变形的应力和应变状况有关，凡是能造成金属材料内应力逆转的加工过程都会产生BE。冷镦前后钢丝的屈服强度变化是BE的典型事例，钢丝生产过程中，矫直造成冷拉钢丝抗拉强度下降是又一常见事例。BE对金属结构件的制造和使用性能有重要影响，钢材力学性能的方向性、钢结构的疲劳损坏和蠕变、弹簧和螺栓的延迟断裂等都与BE有关。至于BE指标的测定

方法、理论释义和近年的研究成果见参考相关文献［10］。

当然，冷镦成型时的强度下降，在随后的消除应力处理和沉淀强化处理过程中能得到很大程度上的恢复，但至少应记住：冷镦会导致金属材料强度的下降，而不是上升。

5.3.7 时效处理[4]

非调质型螺栓在冷拉、冷镦和搓丝等冷加工强化过程中，产生不均匀变形，钢显微组织中位错密度增高、内应力增强，处于不稳定状态，必须通过时效处理才能保证载荷试验时永久伸长量达到标准要求。采用 LF18Mn2VTi 冷拉钢丝制作的 8.8 级螺栓，时效处理前后永久伸长量的变化见表 5-9。

从表 5-9 可以看出：未经时效处理的螺栓保证载荷试验的永久伸长量最大值为 16.0μm，平均值为 13.4μm，均不符合 GB/T 3098.1—2000 中永久伸长量不应大于 12.5μm 的规定。380℃×1h 时效处理后，螺栓的永久伸长全部符合标准规定。由此可见，时效处理是非调质钢螺栓制作过程中必不可少的工序。同样，非热处理型螺栓必须通过消除应力处理，才能保证载荷试验时永久伸长量达到标准要求。

表 5-9 LF18Mn2VTi 制作的螺栓时效处理前后永久伸长量的变化

状 态	永久伸长量/μm	平均值/μm	状 态	永久伸长量/μm	平均值/μm
未经时效处理	16.0	13.4	380℃×1 h 时效处理后	2.0	4.6
	14.0			5.0	
	12.0			5.0	
	13.0			4.0	
	12.0			7.0	

图 5-3 显示了时效处理温度对永久伸长量的影响，在时效温度低于 100℃ 条件下，永久伸长量无法满足标准要求；时效温度提高到 200℃ 时，永久伸长量已完全达到 ≤12.5μm的要求；时效温度提高到 400℃时，永久伸长量已经可以忽略不计了。

非调质钢螺栓时效处理除消除内应力，稳定尺寸外，还有一个重要目的是促使微合金化元素的碳化物、氮化物和碳氮化合物析出，进一步提高螺栓的强度。

从图 5-4 可以看出：时效处理时，随着时效温度的升高，钢的强度逐步提高，在某一

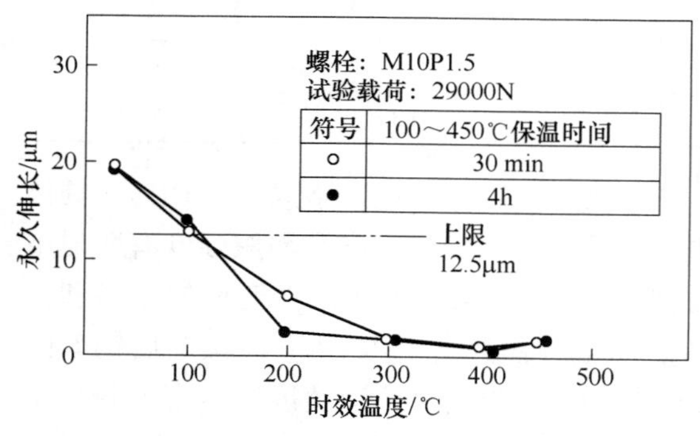

图 5-3 时效处理温度对永久伸长的影响

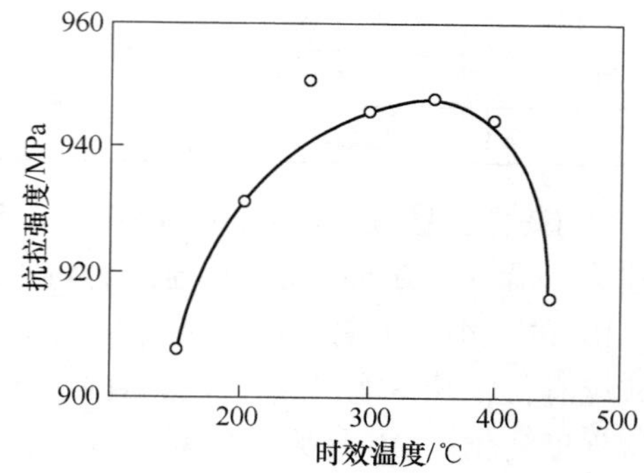

图 5-4 时效处理温度对 18Mn2VTi 力学性能的影响

温度，强度达到峰值，其后钢的强度随温度升高而下降。强度达到峰值的温度与钢中所含微合金化元素有关，含 Ti 钢的峰值温度为 200℃，含 Nb 钢及 Ti 和 B 复合钢的峰值温度约为 250℃，含 V 钢的峰值温度高达 300℃，LF18Mn2VTi 钢的推荐时效温度高达 380℃×1h。

一般来说，非调质钢时效处理时的伸长率与抗拉强度同步上升，抗拉强度达到峰值开始下降时伸长率继续缓慢上升，断面收缩率则随抗拉强度的上升略有下降。

综上所述，非调质钢螺栓时效处理可以抗拉强度峰值作为制订工艺的依据。因为时效处理是螺栓生产的后步工序，紧固件厂实际上常用 200℃ 左右的发蓝处理来代替时效处理。

参 考 文 献

[1] 张先鸣. 我国冷镦钢的现状和发展 [J]. 金属制品，2009 (2)：46~47.
[2] 苏亚红. 我国紧固件及用钢需求分析 [J]. 世界金属导报. 2009 年 3 月 31 日 (29).
[3] 徐效谦，阴绍芬. 特殊钢钢丝·冷镦钢丝 [M]. 北京：冶金工业出版社，2005：297~333.
[4] 董成瑞，任海鹏，金同哲，等. 微合金非调质钢 [M]. 北京：冶金工业出版社，2000：153~176，223~228.
[5] 吴承建，陈国良，强文江. 金属材料学 [M]. 北京：冶金工业出版社，2000：30~35.
[6] 赵振业. 合金钢的设计 [M]. 北京：国防工业出版社，1999：95~115.
[7] 方鸿生，白秉哲，冯春，等. 新型 Mn 系空冷贝氏体钢的发展及应用 [OL] www. mysteel. com.
[8] 项程云. 合金结构钢·冷镦钢 [M]. 北京：冶金工业出版社，1999：313~334.
[9] 陈忠伟，江雅民. 超低碳贝氏体钢 DB800 的研制 [J]. 特殊钢，2009 (5)：58~59.
[10] 雍歧龙，马鸣图，吴宝榕. 微合金钢——物理和力学冶金 [M]. 北京：机械工业出版社，1989：567~576.

6 油淬火-回火钢丝产品介绍

特殊钢丝中有一部分产品最终需要在淬火-回火状态下使用，传统的做法是金属制品厂提供冷拉或退火状态的钢丝，下游企业将钢丝制成相应零部件或元件，再进行淬火+回火处理，强韧性达到预定要求后交付使用。因为零部件或元件的尺寸、形状千变万化，带来最终热处理炉千差万别，势必增加生产成本，热处理性能波动加大。现在逐步演变成：将形状不复杂、加工成型方便的零部件或元件用钢丝的淬火-回火处理转移到金属制品厂进行，由此形成了一个新品种——淬火-回火钢丝。目前油淬火-回火弹簧钢丝在汽车，火车等运输车辆行业得到广泛应用，日本合金弹簧钢丝标准已用淬火-回火状态交货完全取代了原冷拉状态交货。在发达国家和地区，工模具行业用合金工具钢丝和马氏体不锈钢丝，也步弹簧钢丝后尘，交货状态逐步向油淬火-回火状态过渡，只不过工模具行业将油淬火-回火钢丝称为预硬化钢丝。严格说来，油淬火-回火处理和预硬化处理工艺流程确实有较大差别，我国已经制订了以预硬化状态交货的首个行业标准，对预硬化钢丝的技术要求进行了规范。

另外，油淬火-回火和预硬化处理装备也在不断改进，工艺也不断优化，带张力淬火-回火能使钢丝的抗蠕变性能、抗应力松弛性能有显著改善。本章简要介绍了油淬火-回火钢丝和预硬化钢丝的特性，现行产品标准、产品发展方向；以及产品生产流程，预应力的施加和工艺控制要点，为用户合理选用该类钢丝，订购优质产品提供了有用信息。

6.1 概　　况

油淬火-回火处理：指将拉拔到成品尺寸的钢丝，在连续炉中进行淬火和回火处理：展开的钢丝首先在连续炉中加热到完全奥氏体化温度，然后通过油槽淬火获得马氏体组织，再通过连续回火，获得预期的强韧性。油淬火-回火钢丝平直度好，力学性能均匀，制成零部件或元件后只需进行低温消除应力处理即可直接使用。

油淬火-回火热处理炉由张力放线装置、加热炉、油淬火槽、回火炉和收线机 5 部分组成。常用于碳素弹簧钢丝、合金弹簧钢丝、弹性针布钢丝、合金结构钢丝和马氏体不锈钢丝等成品热处理，热处理后钢丝的显微组织通常为回火马氏体、回火托氏体或回火索氏体，具有很高的强度（硬度）、适宜的韧性和良好的挺直性能。

预硬化处理是一种特殊的油淬火-回火处理，指钢丝拉拔到成品尺寸后进行油淬火处理，然后根据牌号及使用情况，再进行一次或多次高温回火处理，使钢丝的硬度或抗拉强度达到相应级别的要求。常用于冷作模具钢丝、热作模具钢丝和塑料模具钢丝等成品热处理。因为此类钢丝碳和合金元素含量较高，油淬火-回火时必须采用一些特殊的工艺措施：

（1）为保证碳和合金元素充分溶解，必须提高奥氏体化的加热温度（有的高达

1150℃)，延长保温时间。

(2) 淬火后钢丝中残留奥氏体含量大，为促使残奥分解确保钢丝达到预定硬度，必须选用多次回火的方法，回火保温时间比一般回火要延长十余倍到数十倍。

(3) 一般淬火-回火处理时，回火的目的是：促进马氏体转变成回火马氏体、回火托氏体、回火索氏体或珠光体，回火后钢丝的韧性和塑性显著提高，但抗拉强度和硬度必然有不同幅度的下降。预硬化处理时，回火同样有促使组织转变的目的，但同时还具有沉淀硬化效应和析出韧性相的功能。沉淀硬化效应指钢中 Fe、Mn 和合金元素（Cr、Ni、Mo、W、V、Ti、Al 等）的碳化物、氮化物或金属间化合物（γ′相、γ″相和 β 相等）沉淀析出，使钢的强度和硬度显著提高；析出韧性相指促使钢中残余奥氏体分解成二次马氏体，二次马氏体在二次或多次回火过程进一步转变为逆转奥氏体。最新研究成果表明：逆转奥氏体是高强度钢中最有效的韧化相，在使钢的韧性和塑性显著提高的同时，强度和硬度无明显下降，甚至有所提高[1]。

特殊的工艺要求决定了预硬化处理的设备与一般（弹簧钢丝）油淬火-回火设备有很大不同：弹簧钢丝通常选用连续炉进行油淬火-回火处理，淬火炉最高使用温度900℃，回火炉最高使用温度 600℃，炉长相对较短。硬化处理的淬火和一次回火通常也选用连续炉，但炉子的最高使用温度和炉长均有大幅度的提高。我公司利用整体搬迁改造的机会，新上一台具有世界先进水平的预硬化处理炉，淬火炉最高使用温度 1150℃、有效加热区长度 22m；回火炉最高使用温度 700℃、有效加热区长度 30m。此外，收放线系统可对钢丝施加一定的、可调整的预张力，以改善钢丝的蠕变和抗应力松弛性能。

一般说来，预硬化处理炉可以用于油淬火-回火处理，但油淬火-回火炉无法用于预硬化处理。更大的不同是：预硬化处理通常需进行 2 次或 2 次以上的回火，回火保温时间以小时计算，无法在连续炉中完成，需在气体保护退火炉中进行，生产厂可配置不同规格的气体保护退火炉，为该类钢丝的研制和开发奠定了基础。

6.2 油淬火-回火弹簧钢丝

油淬火-回火弹簧钢丝金相组织为均匀的回火马氏体或回火索氏体，各向同性；在抗拉强度相同的条件下，比冷拉钢丝具有更高的弹性极限，有良好的弹直性能；其疲劳寿命、抗应力松弛性能和抗蠕变性能均优于冷拉钢丝；如要保证松弛率≤6.0%，冷拉碳素钢丝的最高工作温度为 120℃，油淬火-回火碳素钢丝的最高工作温度为 150℃，油淬火-回火合金钢丝 50CrV 的最高工作温度为 200℃，55CrSi 和 60Si2MnA 的最高工作温度为 250℃，65Si2MnWA 的最高工作温度为 350℃。使用油淬火-回火钢丝绕制的弹簧，经消除应力回火后直接使用，简化了弹簧厂的生产工艺流程、可降低生产成本；与原绕制后再淬火-回火的弹簧相比，弹簧表面脱碳与力学性能均匀性有了根本性改善，疲劳寿命有了数十倍的提高。目前日本的合金弹簧钢丝已完全改为以淬火-回火状态交货。我国近年来中大规格油淬火-回火钢丝正在逐步取代冷拉钢丝。油淬火-回火钢丝的缺点是热处理不当时表面氧化、脱碳较重，影响疲劳寿命；钢丝的氢脆敏感性和缺口敏感强，抗应力腐蚀性稍差。参见本书第 11 章钢丝的热处理。

我国现行标准 GB/T 18983—2003《油淬火-回火弹簧钢丝》是参照 ISO/FDIS 8458-3

起草的，自 2003 年实施之日起，代替 YB/T 5008（原 GB 2271）《阀门用油淬火-回火铬钒合金弹簧钢丝》、YB/T 5102（原 GB/T 4359—85）《阀门油淬火-回火碳素弹簧钢丝》、YB/T 5103（原 GB/T 4360—85）《油淬火-回火碳素弹簧钢丝》、YB/T 5104（原 GB/T 4361—85）《油淬火-回火硅锰弹簧钢丝》、YB/T 5105（原 GB/T 5362—85）《阀门用油淬火-回火铬硅合金弹簧钢丝》。目前世界最先进的标准是欧洲标准化委员会 2011 年 10 月发布的，2012 年 4 月正式实施的新标准：EN 10270-2：2011（E）《机械用弹簧钢丝——第 2 部分：油淬火-回火弹簧钢丝》[2]。油淬火-回火弹簧钢丝常用牌号及化学成分见表 6-1。

表 6-1 钢丝的化学成分（熔炼分析） （质量分数，%）

牌 号	C	Si	Mn	Cr	V	P	S	其他元素	标准
FDC（60~75Mn）	0.60~0.75	0.10~0.35	0.50~1.20	—	—	≤0.030	≤0.030	Cu≤0.20	GB/T 18983—2003
TDC，VDC（60~75Mn）	0.60~0.75	0.10~0.35	0.50~1.20	—	—	≤0.020	≤0.025	Cu≤0.12	GB/T 18983—2003
FDCrV-A，TDCrV-A（50CrVA）	0.47~0.55	0.10~0.40	0.60~1.20	0.80~1.10	0.15~0.20	≤0.030	≤0.030	Cu≤0.20	GB/T 18983—2003
VDCrV-A（50CrVA）	0.47~0.55	0.10~0.40	0.60~1.20	0.80~1.10	0.15~0.25	≤0.025	≤0.025	Cu≤0.12	GB/T 18983—2003
FDCrV-B，TDCrV-B（67CrVA）	0.62~0.72	0.15~0.30	0.50~0.90	0.40~0.60	0.15~0.25	≤0.030	≤0.030	Cu≤0.20	GB/T 18983—2003
VDCrV-B（67CrVA）	0.62~0.72	0.15~0.30	0.50~0.90	0.40~0.60	0.15~0.25	≤0.025	≤0.025	Cu≤0.12	GB/T 18983—2003
FDSiMn，TDSiMn（60SiMn）	0.56~0.64	1.50~2.00	0.60~0.90			≤0.035	≤0.035	Cu≤0.25	GB/T 18983—2003
FDCrSi，TDCrSi（55CrSiA）	0.50~0.60	1.20~1.60	0.50~0.90	0.50~0.80		≤0.030	≤0.030	Cu≤0.20	GB/T 18983—2003
VDCrSi（55CrSiA）	0.50~0.60	1.20~1.60	0.50~0.90	0.50~0.80		≤0.025	≤0.025	Cu≤0.12	EN 10270-2：2011
FDCrSiV（60CrSiVA）	0.50~0.70	1.20~1.65	0.40~0.90	0.50~1.00	0.10~0.25	≤0.030	≤0.025	Cu≤0.12	EN 10270-2：2011
TDCrSIV（60CrSiVA）	0.50~0.70	1.20~1.65	0.40~0.90	0.50~1.00	0.10~0.25	≤0.020	≤0.020	Cu≤0.10	EN 10270-2：2011
VDCrSiV（60CrSiVA）	0.50~0.70	1.20~1.65	0.40~0.90	0.50~1.00	0.10~0.25	≤0.020	≤0.020	Cu≤0.06	EN 10270-2：2011

注：中等和高疲劳寿命钢丝的 V 含量可调整为 0.05%~0.15%。

6.2.1 GB/T 18983—2003《油淬火-回火弹簧钢丝》的主要技术要求

6.2.1.1 钢丝的物理性质

钢丝的分类、代号及直径范围见表 6-2，钢丝直径及允许偏差见表 6-3。

表 6-2 钢丝的分类、代号及直径范围

分类		静态	中疲劳	高疲劳
抗拉强度/MPa	低强度	FDC	TDC	VDC
	中强度	FDCrV（A、B）、FDSiMn	TDCrV（A、B）、TDSiMn	VDCrV（A、B）
	高强度	FDCrSi	TDCrSi	VDCrSi
直径范围/mm		0.50~17.0	0.50~17.0	0.50~10.0

注：1. 静态级钢丝适用于一般用途弹簧；以 FD 表示。

2. 中疲劳钢丝适用于离合器弹簧、悬架弹簧等，以 TD 表示；

3. 高疲劳钢丝适用于剧烈运动场合，例如阀门弹簧，以 VD 表示。

表 6-3 钢丝直径及允许偏差

公称直径/mm	允许偏差±/mm			公称直径/mm	允许偏差±/mm		
	TD	VD	FD		TD	VD	FD
0.50~0.80	0.010		0.015	>5.50~7.00			0.040
>0.80~1.00	0.015		0.020	>7.00~9.00			0.045
>1.00~1.80	0.020		0.025	>9.00~10.00			0.050
>1.80~2.80	0.025		0.03	>10.00~11.00	0.040	—	
>2.80~4.00		0.030		>11.00~14.50	0.080	—	
>4.00~5.50		0.035		>14.50~17.00	0.090	—	

6.2.1.2 表面质量

钢丝表面应光滑，不应有对钢丝使用产生有害影响的划伤、裂纹、锈蚀、折叠、结疤等缺陷，表面缺陷允许最大深度不超过表 6-4 的规定。

表 6-4 表面缺陷允许最大深度

钢丝直径/mm	VD	TD	FD
0.50~2.00	0.01mm	0.015mm	0.02mm
>2.00~6.00	0.5%d	0.8%d	1.0%d
>6.00~10.00	0.75%d	1.0%d	1.4%d
>10.00~17.00	—	0.10mm	0.20mm

6.2.1.3 力学性能

静态级、中疲劳级和高疲劳级钢丝的力学性能见表 6-5 和表 6-6。

表 6-5 静态级和中疲劳级钢丝的力学性能

直径范围/mm	抗拉强度/MPa					断面收缩率[①]（≥）/%	
	FDC TDC	FDCrV-A TDCrV-A	FDCrV-B TDCrV-B	FDSiMn TDSiMn	FDCrSi TDCrSi	FD	TD
0.50~0.80	1800~2100	1800~2100	1900~2200	1850~2100	2000~2250	—	
>0.80~1.00	1800~2060	1780~2080	1860~2160	1850~2100	2000~2250	—	
>1.00~1.30	1800~2010	1750~2010	1850~2100	1850~2100	2000~2250	45	45

续表 6-5

直径范围 /mm	抗拉强度/MPa					断面收缩率①(≥)/%	
	FDC TDC	FDCrV-A TDCrV-A	FDCrV-B TDCrV-B	FDSiMn TDSiMn	FDCrSi TDCrSi	FD	TD
>1. 30~1. 40	1750~1950	1750~1990	1840~2070	1850~2100	2000~2250	45	45
>1. 40~1. 60	1740~1890	1710~1950	1820~2030	1850~2100	2000~2250	45	45
>1. 60~2. 00	1720~1890	1710~1890	1790~1970	1820~2000	2000~2250	45	45
>2. 00~2. 50	1670~1820	1670~1830	1750~1900	1800~1950	1970~2140	45	45
>2. 50~2. 70	1640~1790	1660~1820	1720~1870	1780~1930	1950~2120	45	45
>2. 70~3. 00	1620~1770	1630~1780	1700~1850	1760~1910	1930~2100	45	45
>3. 00~3. 20	1600~1750	1610~1750	1680~1830	1740~1890	1910~2080	40	45
>3. 20~3. 50	1580~1730	1600~1750	1660~1810	1720~1870	1900~2060	40	45
>3. 50~4. 00	1550~1700	1560~1710	1620~1770	1710~1860	1870~2030	40	45
>4. 00~4. 20	1540~1690	1640~1690	1610~1760	1700~1850	1860~2020	40	45
>4. 20~4. 50	1520~1670	1520~1670	1 590~1 740	1690~1840	1850~2000	40	45
>4. 50~4. 70	1510~1660	1510~1660	1580~1730	1680~1830	1940~1990	40	45
>4. 70~5. 00	1500~1650	1500~1650	1560~1710	1670~1820	1830~1980	40	45
>5. 00~5. 60	1470~1620	1460~1610	1540~1690	1660~1810	1800~1950	35	40
>5. 60~6. 00	1450~1610	1440~1590	1520~1670	1650~1800	1780~1930	35	40
>6. 00~6. 50	1440~1590	1420~1570	1510~1660	1640~1790	1760~1910	35	40
>6. 50~7. 00	1430~1580	1400~1550	1500~1650	1630~1780	1740~1890	35	40
>7. 00~8. 00	1400~1550	1380~1530	1480~1630	1620~1770	1710~1860	35	40
>8. 00~9. 00	1380~1530	1370~1520	1470~1620	1610~1760	1700~1850	30	35
>9. 00~10. 00	1360~1510	1350~1500	1450~1600	1600~1750	1660~1810	30	35
>10. 00~12. 00	1320~1470	1320~1470	1430~1580	1580~1730	1660~1810	30	—
>12. 00~14. 00	1280~1430	1300~1450	1420~1570	1560~1710	1620~1770	30	—
>14. 00~15. 00	1570~1420	1290~1440	1410~1560	1550~1700	1620~1770	—	
>15. 00~17. 00	1250~1400	1270~1420	1400~1550	1540~1690	1580~1730	—	

注：1. 直径>1. 0mm 的钢丝应测量断面收缩率。

2. 经协议，钢丝也可采用其他抗拉强度控制范围。

① FDSiMn 和 TDSiMn 直径≤5. 0mm 时，断面收缩率应≥35%；直径>5. 0~14. 00mm 时，断面收缩率应≥30%。

表 6-6　高疲劳级钢丝的力学性能

直径范围 /mm	抗拉强度/MPa				断面收缩率 Z(≥)/%
	VDC	VDCrV-A	VDCrV-B	VDCrSi	
0. 50~0. 80	1700~2000	1750~1950	1910~2060	2030~2230	—
>0. 80~1. 00	1700~1950	1730~1930	1880~2030	2030~2230	—
>1. 00~1. 30	1700~1900	1700~1900	1860~2010	2030~2230	45
>1. 30~1. 40	1700~1850	1680~1860	1840~1990	2030~2230	45

续表 6-6

直径范围 /mm	抗拉强度/MPa				断面收缩率 $Z(\geqslant)/\%$
	VDC	VDCrV-A	VDCrV-B	VDCrSi	
>1. 40~1. 60	1670~1820	1660~1860	1820~1970	2000~2180	45
>1. 60~2. 00	1650~1800	1640~1800	1770~1920	1950~2110	45
>2. 00~2. 50	1630~1780	1620~1770	1720~1860	1900~2060	45
>2. 50~2. 70	1610~1760	1610~1760	1690~1840	1890~2040	45
>2. 70~3. 00	1590~1740	1600~1750	1660~1810	1880~2030	45
>3. 00~3. 20	1570~1720	1580~1730	1640~1790	1870~2020	45
>3. 20~3. 50	1550~1700	1560~1710	1620~1770	1860~2010	45
>3. 50~4. 00	1530~1680	1540~1690	1570~1720	1840~1990	45
>4. 00~4. 50	1510~1660	1520~1670	1540~1690	1810~1960	45
>4. 50~5. 00	1490~1640	1500~1650	1520~1670	1780~1930	45
>5. 00~5. 60	1470~1620	1480~1630	1490~1640	1750~1900	40
>5. 60~6. 00	1450~1600	1470~1620	1470~1620	1730~1890	40
>6. 00~6. 50	1420~1570	1440~1590	1440~1590	1710~1860	40
>6. 50~7. 00	1400~1550	1420~1570	1420~1570	1690~1840	40
>7. 00~8. 00	1370~1520	1410~1560	1390~1540	1660~1810	40
>8. 00~9. 00	1350~1500	1390~1540	1370~1520	1640~1790	35
>9. 00~10. 00	1340~1490	1370~1520	1340~1490	1620~1770	35

同一根钢丝抗拉强度允许波动范围：（1）VD 级钢丝不应超过 50MPa。（2）TD 级钢丝不应超过 60MPa。（3）FD 级钢丝不应超过 70 MPa。

6. 2. 1. 4 工艺性能

缠绕试验：直径<3. 0mm 钢丝应进行缠绕试验，钢丝在芯棒上缠绕至少 4 圈，芯棒直径等于钢丝直径，试验后其表面不得产生裂纹或断裂。

扭转试验：直径为 0. 70~6. 00mm 钢丝应进行扭转试验，试样标距长度为钢丝直径的 100 倍，经协议，允许用其他标距长度。试验方法有两种：

（1）单向扭转试验，即试样向一个方向扭转至少 3 次，直到断裂，断口应平齐。

（2）TD 级和 VD 级钢丝也可选用双向扭转试验，具体要求见表 6-7。

表 6-7 双向扭转试验要求

<table>
<tr><th rowspan="2">直径范围 /mm</th><th>TDC</th><th>VDC</th><th>TDCrV</th><th>VDCrV</th><th>TDCrSi</th><th>VDCrSi</th></tr>
<tr><th>右转圈数</th><th>左转圈数</th><th>右转圈数</th><th>左转圈数</th><th>右转圈数</th><th>左转圈数</th></tr>
<tr><td>>0. 70~1. 00</td><td rowspan="8">4</td><td>24</td><td rowspan="8">6</td><td>12</td><td>6</td><td rowspan="8">0</td></tr>
<tr><td>>1. 00~1. 60</td><td>16</td><td>8</td><td>5</td></tr>
<tr><td>>1. 60~2. 50</td><td>14</td><td rowspan="6">4</td><td rowspan="4">4</td></tr>
<tr><td>>2. 50~3. 00</td><td>12</td></tr>
<tr><td>>3. 00~3. 50</td><td>10</td></tr>
<tr><td>>3. 50~4. 50</td><td>8</td></tr>
<tr><td>>4. 50~5. 60</td><td>6</td><td rowspan="2">3</td></tr>
<tr><td>>5. 60~6. 00</td><td>4</td></tr>
</table>

弯曲试验：直径>6.0mm 钢丝应进行弯曲试验，钢丝绕直径等于钢丝直径 2 倍的芯轴弯曲 90°，试验后不得出现裂纹。

卷绕试验：根据需方要求，直径≤0.70mm 钢丝可进行卷绕试验。试验方法为：将长度约 500mm 的试样，均匀地密绕在芯棒上，芯棒直径等于钢丝直径的 3~3.5 倍。把绕好的线圈从芯棒上取下后拉长，使其在松开后达到线圈原始长度大约 3 倍，在此状态下线圈螺距和圈径应均匀。

6.2.1.5 脱碳

VD 级和 TD 级钢丝表面不得有全脱碳层，钢丝表面其他脱碳层要求应符合表 6-8 规定。

表 6-8 表面脱碳层深度要求

VD 级	TD 级	FD 级
1.0%d	1.3%d	1.5%d

注：TDSiMn 最大深度为 1.5%d。

6.2.1.6 特殊要求

根据需方要求，经供需双方协商，可在合同中注明以下特殊要求：(1) 代号或牌号。(2) 抗拉强度。(3) 包装类型。(4) 非金属夹杂级别和试验方法。(5) 是否涡流探伤。(6) 奥氏体晶粒度级别。(7) 其他要求。

6.2.2 EN 10270-2：2011 (E)

《机械用弹簧钢丝　第 2 部分：油淬火-回火弹簧钢》主要技术要求与 GB/T 18983—2003 (ISO/FDIS 8458-3) 相比，该标准对油淬火-回火弹簧钢丝的分类、特性、交货方式和表面质量做了更详细的描述和规定，并增加了一组 FDSiCrV、TDSiCrV 和 VDSiCrV 超高强度钢丝。

6.2.2.1 分类

标准收录了所有类型的油淬火-回火弹簧钢丝，常用的 FD 级碳素或合金钢丝，适用于静载荷条件。

具有中等疲劳寿命的弹簧钢丝，如制作的离合器弹簧用碳素或合金钢丝，简称 TD 级钢丝。

在高频动载荷条件下工作的碳素或合金弹簧钢丝，如阀门弹簧以及其他有类似要求的弹簧，简称为 VD 级钢丝。各级别钢丝的直径范围见表 6-9。

表 6-9 各级别钢丝的直径范围

抗拉强度	静　态	中等疲劳	高疲劳
低抗拉强度	FDC	TDC	VDC
中等抗拉强度	FDCrV	TDCrV	VDCrV
高抗拉强度	FDSiCr	TDSiCr	VDSiCr
超高抗拉强度	FDSiCrV	TDSiCrV	VDSiCrV
直径范围/mm	0.50~17.00	0.50~10.00	0.50~10.00

中等和高疲劳寿命 TD 和 VD 级钢丝的特性体现为：高的纯净度、特定的化学成分、力学性能和工艺性能、良好的表面状态，包括表面缺陷和脱碳深度。

静态 FD 级钢丝的特性体现为：钢的化学成分、力学性能和工艺性能，当然包括特定表面状态，以及相关的表面缺陷和脱碳深度。

6.2.2.2　交货方式

油淬火-回火弹簧钢丝以盘卷、工字轮盘绕或定尺直条方式交货。盘卷和工字轮盘绕钢丝应由一根钢丝组成。每个包装卷可以由一盘或几盘钢丝组成。

VD 和 TD 级钢丝，最终拉拔前进行热处理（成前热处理）时，不容许焊接；FD 级钢丝，用户如无特殊要求，（成前热处理时）可以焊接。

交货的钢丝卷应盘绕紧密，确保钢丝螺圈不会出人意料地弹起。盘卷开始端应有明显标志，末端应用防护套包裹。

6.2.2.3　表面质量

钢丝表面应光滑、盘卷端部表面缺陷深度应符合表 6-10 规定。如有要求 VD 级钢丝可进行剥皮或磨光处理。

对于直径 2.50~8.00mm 的 TD 和 VD 级钢丝，可选用适宜的在线无损探伤法，测定钢丝通长缺陷。对整个表面，超出表 6-11 规定的缺陷都要做清晰、永久性的标识，再由供需双方商定这种缺陷允许存在的个数。FD 级钢丝不进行涡流探伤检验。

表 6-10　表面缺陷允许深度　（mm）

钢丝级别	VD	TD	FD
C	0.005d	0.008d	0.010d
CrV	0.007d	0.008d	0.010d
SiCr，SiCrV	0.010d	0.013d	0.015d

表 6-11　在线涡流探伤表面缺陷允许深度

钢丝直径/mm	最大缺陷深度①	
	VD	TD
2.5≤d≤4.99	40μm	60μm
4.99≤d≤5.99	50μm	60μm
5.99<d≤8.0	60μm	0.01d

①要求其他值在询价或订货时商定。

6.2.2.4　力学性能

CrSiV（60CrSiVA）钢丝力学性能和工艺性能见表 6-12。

表 6-12　CrSiV（60CrSiVA）钢丝力学性能和工艺性能

钢丝直径/mm	允许偏差/mm	抗拉强度 R_m/MPa		最小断面收缩率 Z/%		最小扭转次数 N_t	
		FDSiCrV	TDSiCrV VDSiCrV	FDSiCrV	TDSiCrV VDSiCrV	FDSiCrV	TDSiCrV VDSiCrV
0.50	±0.010	2280~2430	2230~2380	—	—	—	—
0.50<d≤0.60		2280~2430	2230~2380				
0.60<d≤0.80		2280~2430	2230~2380			订货时商定	5
0.80<d≤1.00	±0.015	2280~2430	2230~2380				
1.00<d≤1.30	±0.020	2280~2430	2230~2380	45	50		

续表 6-12

<table>
<tr><th rowspan="2">钢丝直径/mm</th><th rowspan="2">允许偏差
/mm</th><th colspan="2">抗拉强度 R_m/MPa</th><th colspan="2">最小断面收缩率 Z/%</th><th colspan="2">最小扭转次数 N_t</th></tr>
<tr><th>FDSiCrV</th><th>TDSiCrV
VDSiCrV</th><th>FDSiCrV</th><th>TDSiCrV
VDSiCrV</th><th>FDSiCrV</th><th>TDSiCrV
VDSiCrV</th></tr>
<tr><td>1. 30<d≤1. 40</td><td rowspan="2">±0. 020</td><td>2260～2410</td><td>2210～2360</td><td rowspan="6">45</td><td rowspan="6">50</td><td rowspan="6">订货时
商定</td><td rowspan="6">4</td></tr>
<tr><td>1. 40<d≤1. 60</td><td>2260～2410</td><td>2210～2360</td></tr>
<tr><td>1. 60<d≤2. 00</td><td rowspan="3">±0. 025</td><td>2210～2360</td><td>2160～2310</td></tr>
<tr><td>2. 00<d≤2. 50</td><td>2160～2310</td><td>2100～2250</td></tr>
<tr><td>2. 50<d≤2. 70</td><td>2110～2260</td><td>2060～2210</td></tr>
<tr><td>2. 70<d≤3. 00</td><td>±0. 030</td><td>2110～2260</td><td>2060～2210</td></tr>
<tr><td>3. 00<d≤3. 20</td><td rowspan="3">±0. 030</td><td>2110～2260</td><td>2060～2210</td><td rowspan="3">42</td><td rowspan="5">45</td><td rowspan="14"></td><td rowspan="3">4</td></tr>
<tr><td>3. 20<d≤3. 50</td><td>2110～2260</td><td>2010～2160</td></tr>
<tr><td>3. 50<d≤4. 00</td><td>2060～2210</td><td>2010～2160</td></tr>
<tr><td>4. 00<d≤4. 20</td><td rowspan="5">±0. 035</td><td>2060～2210</td><td>1960～2110</td><td rowspan="4">40</td><td rowspan="6">3</td></tr>
<tr><td>4. 20<d≤4. 50</td><td>2060～2210</td><td>1960～2110</td></tr>
<tr><td>4. 50<d≤4. 70</td><td>2010～2160</td><td>1960～2110</td><td rowspan="2">40</td></tr>
<tr><td>4. 70<d≤5. 00</td><td>2010～2160</td><td>1960～2110</td></tr>
<tr><td>5. 00<d≤5. 60</td><td>2010～2160</td><td>1910～2060</td><td rowspan="2">38</td><td rowspan="7">35</td></tr>
<tr><td>5. 60<d≤6. 00</td><td rowspan="3">±0. 040</td><td>1960～2110</td><td>1910～2060</td></tr>
<tr><td>6. 00<d≤6. 50</td><td>1960～2110</td><td>1910～2060</td><td rowspan="3">35</td><td rowspan="5">—</td></tr>
<tr><td>6. 50<d≤7. 00</td><td>1960～2110</td><td>1860～2010</td></tr>
<tr><td>7. 00<d≤8. 00</td><td rowspan="2">±0. 045</td><td>1910～2050</td><td>1860～2010</td></tr>
<tr><td>8. 00<d≤9. 00</td><td>1890～2030</td><td>1810～1960</td><td rowspan="2">32</td></tr>
<tr><td>9. 00<d≤10. 00</td><td>±0. 050</td><td>1870～2010</td><td>1810～1960</td></tr>
<tr><td>10. 00<d≤12. 00</td><td></td><td>1830～1970</td><td></td><td rowspan="2">30</td><td rowspan="4">—</td><td rowspan="4">—</td><td rowspan="4">—</td></tr>
<tr><td>12. 00<d≤14. 00</td><td></td><td>1790～1930</td><td></td></tr>
<tr><td>14. 00<d≤15. 00</td><td></td><td>1780～1920</td><td></td><td rowspan="2">—</td></tr>
<tr><td>15. 00<d≤17. 00</td><td></td><td>1760～1900</td><td></td></tr>
</table>

6.3　预硬化模具钢丝

目前预硬化模具钢丝主要用作模具材料。由于模具材料种类繁杂，选用钢种涉及 YB/T 5322—2010《碳素工具钢丝》、YB/T 095—2015《合金工具钢丝》、YB/T 5302—2010《高速工具钢丝》和 YB/T 5301—2010《合金结构钢丝》和 GB/T 4356—2002《不锈钢盘条》。常用牌号的经典淬火-回火工艺与对应硬度的参考值可参照表 6-13 选定。预硬化状态是国外模具钢丝常用的一种交货状态，国内已经逐步认同和采用预硬化状态钢丝，但国内标准中均未列入预硬化状态，YB/T 095—2015 时，参照 ASTM A 681—2007《合金工具钢》的规定，增加了预硬化状态。

表 6-13　预硬化模具钢丝经典淬火-回火工艺与对应硬度的参考值

牌　号	试样淬火					
	淬火温度①/℃	冷却方式	淬火硬度(HRC)	回火温度②×时间③/℃×h	冷却方式	回火硬度(HRC)
T9A～T13A	760～790	水冷至 250～200℃转入 20～40℃油中	62～65	(160～180)×2	空冷	59～62
9SiCr	860～880	油冷	62～65	(200～220)×2	油冷	60～62
5CrW2Si（S1）	860～900	油冷	56～61	(200～250)×2 (430～470)×2	空冷	53～58 45～50
5SiMoV（S2）	840～870	水或油冷	60～63	(150～430)×2	空冷	50～60
5Cr3MnMo1V（S7）	925～955	空冷	59～61	(200～540)×2	空冷	47～57
Cr12Mo1V1（D2）	980～1050	油或空冷	62～65	(200～540)×2	空冷	58～64
Cr12MoV（SKD11）	980～1040	油冷至 150℃出油立即回火	61～64	(400～420)×2 (500～520)×2 二次或三次回火	空冷	55～57 60～62
Cr5Mo1V（A2）	925～985	油空冷	62～64	(160～180)×2 (510～520)×2	空冷	60～62 57～60
CrWMn（SKS31）	830～850	油冷至 150℃空冷	63～65	(150～200)×2	空冷	61～62
9CrWMn（O1）	820～840	油冷至室温	64～66	(150～200)×2	空冷	61～65
7CrSiMnMoV	870～920	油或空冷	59～63	(180～200)×2	空冷	58～62
6W6Mo5Cr4V	1120～1160	油冷或空冷	57～59	(540～580)×1.5 二次回火	空冷	58～62
3Cr2W8V（H21）	1050～1100	油冷至 150～180℃	49～52	(600～620)×2 二次回火	空冷	41～48
	1050～1150	600～620℃硝盐淬火 3～8min 后空冷	55～58			47～58
4Cr5MoSiV（H11）	1000～1030	油冷	53～55	(530～580)×2 二次回火	空冷	47～49
（Y）4Cr5MoSiVS	1 000～1 030	油冷	53～55	(530～580)×2 二次回火	空冷	47～49
4Cr5MoSiV1（H13）	1020～1050	油或空冷	56～58	(560～580)×2 二次回火	空冷	47～49
4Cr5MoWVSi（H12）	1030～1050 1060～1060	油或空冷	53～56 56～58	(590～610)×2 二次回火	空冷	48～52
3Cr2Mo（P20）	850～880	油或空冷	50～52	(580～640)×2	空冷	28～36
3Cr2MnNiMo	840～870	油冷	50～52	(550～650)×2	空冷	30～38
W6Mo5Cr4V2（M2）	1140～1180④ 1200～1220	油冷	≥62 ≥64	(550～570)×1 三次回火	空冷	62～64 64～66
W9Mo3Cr4V	1140～1180④ 1200～1220	油冷	≥64	(540～560)×1 三次回火	空冷	62～64 64～66

续表 6-13

牌　　号	试样淬火					
	淬火温度④ /℃	冷却方式	淬火硬度（HRC）	回火温度②×时间③ /℃×h	冷却方式	回火硬度（HRC）
W6Mo5Cr4V3（M3）	1190～1210	油冷	≥64	(550～580)×1 三次回火	空冷	≥64
W2Mo9Cr4V2（M7）	1180～1200	油冷	≥65	(550～580)×1 三次回火	空冷	≥65
W2Mo9Cr4VCo8（M42）	1180～1220	油冷	≥66	(550～570)×1 三次回火	空冷	≥66
40Cr	830～860	油冷	50～62	(150～190)×2 (400～600)×2	空冷 油冷	48～60 25～43
42CrMo	840～880	油冷	53～62	(450～650)×2	空冷	25～40
30CrMnSiNiA	880～900	油冷	≥50	(240～330)×2	油或空冷	≥45
38CrMoAl	930～950	油冷	≥55	(400～420)×2 (600～670)×2	水冷	46～48 32～37
GCr15	830～860	油冷	63～65	(150～190)×2	空冷	58～62
3Cr13	980～1030	油或空冷	52～54	(600～700)×1	空冷	50～52
6Cr13Mo	1000～1050	油或空冷	54～57	(600～700)×1	空冷	52～55
4Cr10Si2Mo	1020～1050	油或空冷	58～63	(720～780)×2	油冷	36～40
9Cr18	1000～1050	油冷	≥60	(200～300)×2	空冷	55～59

①试样应在奥氏体化温度下保持5～15 min（Cr12Mo1V1为10～20 min）。连续炉奥氏体化可参考文献［1］确定温度和时间。

②250～400℃是马氏体钢低温回火脆性转变区，回火应避开这个温区。

③多次回火时，再次回火温度应比前次降低20～10℃。

④适用于模具钢。

6.3.1 YB/T 095—2015《合金工具钢丝》

新标准录入16个合金工具钢牌号，其中14个牌号来自GB/T 1299—2000，其余2个牌号5SiMoV（S2）和（Y）4Cr5MoSiVS是国内市场常用牌号。标准中首次引入预硬化概念，明确规定：

（1）预硬化状态（prehardened condition）代号Ph。钢丝拉拔到成品尺寸后进行油淬火处理，然后根据牌号及使用情况，再进行一次或多次回火处理，使钢丝的硬度或抗拉强度达到相应级别的要求。

（2）牌号及化学成分。钢丝牌号为：9SiCr、5CrW2Si、5SiMoV、5Cr3MnSiMo1V、Cr12Mo1V1、Cr12MoV、Cr5Mo1V、CrWMn、9CrWMn、7CrSiMnMoV、3Cr2W8V、4Cr5MoSiV、4Cr5MoSiVS、4Cr5MoSiV1、3Cr2Mo、3Cr2MnNiMo。经供需双方协商，可生产其他牌号钢丝。

5SiMoV和4Cr5MoSiVS钢丝用钢的化学成分（熔炼分析）应符合表6-14规定，其他牌号化学成分应符合GB/T 1299—2014的规定。

表 6-14 钢的化学成分（熔炼分析）

序号	牌 号	化学成分（质量分数）/%							
		C	Si	Mn	P	S	Cr	Mo	V
1	5SiMoV	0. 40～0. 55	0. 90～1. 20	0. 30～0. 50	≤0. 030	≤0. 030	—	0. 30～0. 60	0. 15～0. 40
2	4Cr5MoSiVS	0. 33～0. 43	0. 80～1. 25	0. 80～1. 20	≤0. 030	0. 08～0. 16	4. 75～5. 50	1. 20～1. 60	0. 30～0. 80

（3）交货状态。钢丝以退火、预硬化或磨光状态交货。按预硬状态交货时，应注明级别。

（4）力学性能。

退火状态交货的钢丝布氏硬度和试样淬火洛氏硬度应符合表 6-15 要求，表 6-15 中未列牌号的硬度值由供需双方协商。供方如能保证淬火硬度合格可不进行检验。

表 6-15 退火钢丝的布氏硬度值与试样淬火后的洛氏硬度值

牌 号	退火状态钢丝硬度不大于（HRB）	试样淬火硬度		
		淬火温度/℃	冷却剂	淬火硬度不小于（HRC）
9SiCr	241	820～860	油	62
2CrW2V	255	860～900	油	55
5SiMoV	241	840～860	盐水	60
5Cr3MnSiMo1V	235	925～955	空	59
Cr12Mo1V1	255	980～1040	油或（空）	62（59）
Cr12MoV	255	1020～1040	油或（空）	61（58）
Cr5Mo1V	255	925～985	空	62
CrWMn	255	820～840	油	62
9CrWMn	255	820～840	油	62
3Cr2W8V	255	1050～1100	油	52
4Cr5MoSiV	235	1000～1030	油	53
4Cr5MoSiVS	235	1000～1030	油	53
4Cr5MoSiV1	235	1020～1050	油	56

注：直径小于 5. 0mm 的钢丝不作退火硬度检验，根据需方要求可作拉伸和其他检验，合格范围由双方协商。

预硬化状态交货钢丝的洛氏硬度和抗拉强度应符合表 6-16 的规定，其中钢丝直径大

表 6-16 各级别预硬钢丝的硬度和抗拉强度

级别	1	2	3	4
洛氏硬度（HRC）	35～40	40～45	45～50	50～55
抗拉强度/MPa	1 080～1 240	1 240～1 450	1 450～1 710	1 710～2 050
维氏硬度①（HV）	330～380	380～440	440～510	510～600

注：硬度与抗拉强度按 GB/T 1172—1999 中铬硅锰钢的规定换算，四舍五入取整。

①维氏硬度（HV）仅供参考，不作判定依据。

于 3. 0mm 时检验硬度，直径不大于 3. 0mm 时检验抗拉强度，其合格级别由双方协商确定。根据需方要求，经双方协商并在合同注明，允许以其他性能指标交货。

直条和磨光交货的退火钢丝硬度值允许有 10%的波动。

（5）脱碳层。退火和预硬交货钢丝的总脱碳层应不大于其公称直径的 1. 5%，含硅合金钢应不大于公称直径的 2. 0%。磨光钢丝表面不允许有脱碳层。

6. 3. 2 订货

订购预硬化模具钢丝时，可根据牌号和用途，按表 6-14 规定选定级别。也可以参照表 6-12 的数据与生产厂签订相应技术协议。

参 考 文 献

[1] 徐效谦. 残余奥氏体和逆转奥氏体［J］. 东北特殊钢，2013，3：1～13.

[2] 徐效谦. EN10270—2：2011（E）机械弹簧用钢丝，第 2 部分：油淬火—回火钢丝［J］.《东北特殊钢》特殊钢丝标准译文集，2013，1：15～24.

7 油气井用不锈录井钢丝

在石油和天然气的勘探、钻井和开采过程中，需要对油气井下的各项技术参数（包括温度、压力、液面位置和介质成分及含量等）进行测量和监控，通常用单根录井钢丝吊装各种测井仪器深入井下采集或测量各项技术参数，井有多深，钢丝就必须有多长。油气井下除石油和天然气外还含有大量的硫化氢、二氧化碳、氯化物及有机硫化物等强腐蚀介质，吊装测井仪器的钢丝在井下停留时间过长，极易造成腐蚀断裂。目前，国内主要使用镀锌碳素录井钢丝测井，井下腐蚀介质含量偏高、使用不当、维护不好、更换不及时都有可能造成录井钢丝断裂，引发贵重仪器落井，甚至造成油气井报废事故。因担心钢丝腐蚀断裂，经常无法完整记录油气井勘探或运行状况。选用不锈录井钢丝很好地解决钢丝腐蚀断裂问题，为油气井的连续测量和监控提供了可靠的保证。不锈录井钢丝每次使用后，只需稍做擦拭即可，减轻了维护保养的工作量。

油气井中的腐蚀破坏主要有三种形式：氢脆断裂、点蚀穿孔和应力腐蚀断裂，本章对三种破坏方式的作用原理、检测方法、具有抗腐蚀破坏能力的不锈钢牌号进行简要介绍。重点推介东北特钢集团自主研制的抗硫化氢、氯离子和二氧化碳腐蚀的不锈录井钢丝。

7.1 不锈录井钢丝牌号

不锈钢的耐腐蚀性能一般随着铬含量的增加而提高，当钢中含有足够铬时，会在钢的表面形成一层非常薄（5~10nm），但很致密的氧化膜（通称钝化膜），保护基体不再被氧化或腐蚀，不锈钢因此具有优良的耐蚀性能。纯化膜不是固定不变的，而是处于动态平衡中：在氧化性环境中，钝化膜一直处于不断破坏又不断回复的过程中，呈稳定状态。在酸性、还原性环境中纯化膜可能遭受破坏而无法恢复，造成钢的腐蚀。油气井中的环境恰好是酸性、还原性环境，因此并不是所有不锈钢都能承受这种环境，必须对制作录井钢丝的不锈钢牌号进行严格的选择。

油气井中的气相腐蚀介质以硫化氢和二氧化碳为主，液相腐蚀介质主要是硫化氢、甲酸、乙酸的水溶液和溶有大量氯化物和有机硫化物的地层水、气凝水。这种环境对录井钢丝造成的破坏主要有三种形式：氢脆断裂、点蚀穿孔和应力腐蚀断裂[1]。

7.1.1 氢脆断裂

一般说来，油气井中都含有不同量的硫化氢、二氧化碳、甲酸、乙酸、氯化物和硫化物，属于酸性环境。钢丝在酸性溶液中不可避免地要发生置换反应，井愈深，温度愈高，反应愈激烈。反应生成的氢气在高温高压下极易渗入金属基体中，造成钢丝氢脆断裂。马氏体不锈钢和铁素体不锈钢都是对氢脆敏感的钢种，所以介绍不锈钢用途的资料中一致认为：在含有硫化氢的溶液中不能使用淬火强化的马氏体不锈钢；在含有甲酸和乙酸的溶液中不能使用马氏体不锈钢，不宜使用铁素体不锈钢；奥氏体不锈钢对氢脆不敏感，在硫化氢、乙酸和碳酸溶液中具有良好的耐蚀性能，尤其是含有2%～4%钼的奥氏体不锈钢，在含高浓度硫化氢、甲酸和氯化物的溶液中也具有良好的耐蚀性能。综合分析，录井钢丝只能选用奥氏体不锈钢，或合金元素含量更高的耐蚀合金。美国常用不锈录井钢丝牌号见表7-1，我国东北特殊钢集团大连特殊钢丝有限公司生产的不锈录井钢丝牌号见表7-2。

表7-1　美国不锈录井钢丝牌号

牌　号	化学成分(质量分数)/%									
	C	Si	Mn	P	S	Cr	Ni	Mo	Co	其他元素
302（304）	0.015	1.00	2.00	0.045	0.030	17.00～20.00	8.00～10.00			
316	0.08	1.00	2.00	0.045	0.030	16.00～18.00	10.00～14.00	2.00～3.00		
NS-22 Nitronic50	0.06	1.00	4.00～6.00			20.50～23.50	11.50～13.50	1.50～3.00		N 0.20～0.40 Nb+Ta 0.10～0.30
254SMO UNS S31254	0.020	0.80	1.00	0.03	0.01	19.50～20.50	17.50～18.50	6.00～6.50		Cu 0.5～1.0 N 0.18～0.22
GD31Mo	0.020	0.80	1.00	0.03	0.005	20.0～21.0	24.5～25.5	6.0～6.8		Cu 0.8～1.0 N 0.18～0.20
Incoloy925 UNS N09925	0.03	0.50	1.00	0.03	0.03	19.50～22.50	42.00～46.00	2.50～3.50		Cu 1.50～3.00 Ti 1.90～2.40 Al 0.10～0.50 Nb+Ta 0.50
MP35N UNS R30035	0.025	0.15	0.15			19.00～21.00	33.00～37.00	9.00～10.50	余	Ti 1.00 Fe 0.10

注：表中未规定范围者均为最大值。

表7-2　大连特殊钢丝有限公司不锈录井钢丝牌号

牌号	化学成分(质量分数)/%							
	C	Si	Mn	P	S	Cr	Ni	Mo
D659	0.05～0.08	1.00	2.00	0.035	0.030	16.5～19.0	11.0～13.0	2.40～3.00
D660	0.05～0.08	0.80	0.80	0.035	0.030	17.0～19.0	17.0～20.0	4.50～5.50

注：表中未规定范围者均为最大值。

7.1.2　抗点腐蚀性能

点腐蚀是一种局部的腐蚀，其危害很大，尽管不锈钢耐一般腐蚀能力很强，但点腐蚀可以很快造成钢丝穿孔断裂。产生点腐蚀的先决条件是在表面局部区域存有电解液，电解液中溶有能破坏表面钝化膜的离子：氯离子（Cl^-）、氯酸离子（ClO_4^-）、氟离子（F^-）、溴离子（Br^-）和碘离子（I^-），后三项危害性相对较小。点腐蚀的速度是随温度升高而加快的，含有4%～10%的氯化钠溶液，温度达到90℃时，点腐蚀造成的质量损失最大；对更稀的溶液，最大值出现在较高温度下。因为油气井中的温度是随深井加大而升高的

（一般每加深 30~40m 温度升高 1℃），所以点腐蚀造成的断裂多发生的井底部。

影响不锈钢点腐蚀性能的主要合金元素是 Cr、Mo 和 N，为衡量合金元素含量和抗点蚀能力之间的关系，工程上普遍采用点蚀抗力当量值概念。点蚀抗力当量又称为点蚀指数（PRE），其数学关系式为：

$$PRE = w(Cr) + 3.3w(Mo) + (16 \sim 30)w(N)$$

式中，N 最常使用的系数是 16。进一步研究发现 W 可以提高钢的抗点腐蚀性能，而锰、硫和磷对点蚀有不利的影响，相应关系式为[2]：

$$PREMn = w(Cr) + 3.3w(Mo) + 30w(N) - w(Mn)$$

$$PREW = w(Cr) + 3.3(w(Mo) + 0.5w(W)) + 16w(N)$$

$$PRE(P + S) = w(Cr) + 3.3w(Mo) + 30w(N) - 123(w(S) + w(P))$$

使用上述关系式可以很方便地对钢的抗点腐蚀性能做出准确的评价。衡量钢的抗点腐蚀性能还要用到一个概念——临界点蚀温度（CPT），当钢丝工作温度低于临界点蚀温度时，点蚀作用极其微弱，达到临界点蚀温度后，随温度升高点腐蚀越来越强烈。一般说来 CPT 与 PRE 成正比，每个牌号的 CPT 可根据 ASTM G48 方法测得，制成 PRE 与 CPT 的关系图（见图 7-1），使用时查相应图表即可。表 7-1 中的超级奥氏体不锈钢 254SMO 的 CPT 高达 80℃。根据表 7-1 和表 7-2 提供的化学成分可以计算出常用不锈录井钢丝牌号的点蚀指数见表 7-3。

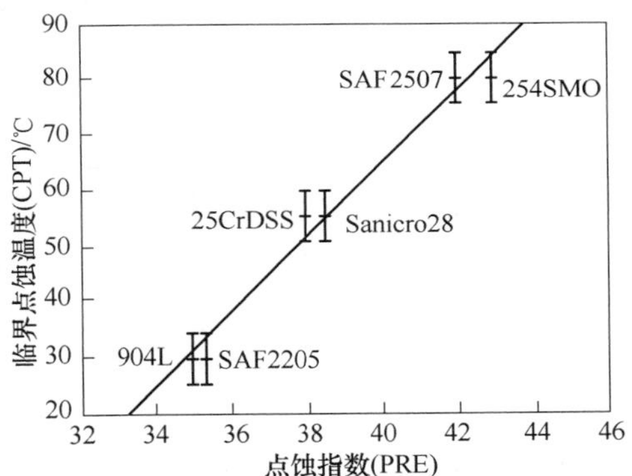

奥氏体钢：904L-00Cr20Ni25Mo4.5Cu、Sanicro28-00Cr27Ni31Mo3.5Cu、254SMO-00Cr20Ni18Mo6CuN

双相钢：SAF2205-00Cr22Ni5Mo3N、25CrDSS-含 25%Cr 的双相钢、SAF2507-00Cr25Ni7Mo4N

图 7-1　几种奥氏体不锈钢及双相不锈钢的 PRE 与 CPT 的关系图[2]

表 7-3　不锈录井钢丝技术参数

牌　号	合金总量 /%	密度/$g \cdot cm^{-3}$	点蚀指数（PRE）	弹性模量 /$\times 10^4$MPa	使用范围
302	29	7.9	19	19.3	用于低酸度，深度不超过 3500m 的油气井
NS-22	41.5	7.9	25	19.3	用于低酸度，深度不超过 5000m 的油气井
316	32.5	7.98	26	19.3	用于含硫化氢，氯化物 5000m 深油气井，工作温度≤120℃
D659	33.5	7.98	27	19.3	用于含硫化氢，氯化物，井深不超过 6500m 的油气井，工作温度≤120℃

续表 7-3

牌　号	合金总量 /%	密度/g · cm^{-3}	点蚀指数 (PRE)	弹性模量 /$\times 10^4$MPa	使 用 范 围
Inco925	71	8.14	32	20.1	用于含硫化氢，氯化物，中等酸度的油气井，工作温度≤167℃
D660	42	8.0	35	20.0	用于硫化氢，氯化物含量较高，井深超过6500m 油气井，温度≤150℃
254SMO	45	8.0	46	20.0	用于硫化氢，卤化物含量高，中等酸度的油气井，温度≤150℃
GD31Mo	53	8.1	47	20.0	用于硫化氢，卤化物含量高，较高酸度的油气井，温度≤150℃
MP35N	97+	8.55	53	23.3	用于任何酸度，或超深油气井，工作温度≤167℃

从表 7-3 可以看出：各牌号的点蚀指数从上到下逐渐增加，其耐点腐蚀性能确实是越来越强。油气井酸度高，井深大时应尽可能选用下边的牌号。D659 可用在酸度中等，深井不超过 6500m 的油气井中，在酸度不太高（pH≥6.0）的 6500m 以上油气井中也可以使用；D660 可用在酸度较高，深井超过 6500m 的油气井中，在酸度中等的井中，最深用到 8000m；井深超过 8000m，或酸度较高，腐蚀环境更强的油气井应选择下边的牌号。

7.1.3　抗应力腐蚀性能

应力腐蚀断裂是拉应力与电化学共同作用的结果，尽管目前还不能为应力腐蚀断裂提出一个统一的解释，但普遍认为造成应力腐蚀断裂因素有拉应力、介质和温度三个方面。

（1）拉应力：只有拉应力才能造成应力腐蚀断裂，压应力不会造成这种破坏；随着拉应力的提高，钢的应力腐蚀开裂的敏感性增强；应力腐蚀开裂有一个临界值，尽管这个值很难确定，但在强腐蚀介质中，施加应力达到钢的屈服强度的 50%以上，就有可能引发应力腐蚀开裂。

（2）介质：引发应力腐蚀开裂的介质有氯化物、氢氧化物溶液和硫化物。氯化物引发的应力腐蚀开裂是穿晶开裂，随着氯化物（NaCl、KCl、$CaCl_2$和 $MgCl_2$）含量增大，开裂的危险性增大；氢氧化物（NaOH、KOH 和 LiOH）引发的应力腐蚀开裂是穿晶或沿晶开裂，这种开裂通常发生在高温下；浓度在 20%左右；硫化氢（H_2S）引发的应力腐蚀开裂具有穿晶特性，在 pH 值低于 4 的 H_2S 饱和水溶液中，18-8 型不锈钢易发生应力腐蚀断裂，而含钼奥氏体很少见到这类损伤。

（3）温度：在温度低于 60℃时，氯化物一般不会引发应力腐蚀开裂，温度高于 60℃时，随着温度升高其敏感性急剧增加；氢氧化物引发的应力腐蚀开裂大约在 130℃左右；硫化氢的应力腐蚀开裂主要发生在低温区（常温下），随着温度升高其敏感性反而下降，据分析可能与 H_2S 在水中的溶解度随着温度升高而下降有关。

7.1.4　抗 H_2S 应力腐蚀试验[3]

为检验录井钢丝抗硫化氢（H_2S）应力腐蚀的能力，可在钢丝两端施加相当于屈服强度 35%～80%的拉应力，长期浸泡在以 H_2S 饱和的酸性、脱氧水溶液中，直至钢丝腐蚀断裂为止。钢丝施加拉应力越大、断裂时间越长，说明其抗 H_2S 应力腐蚀能力越强。美国 NACE TM-01-77 标准提供的方法是：在常温常压下将承受拉应力的试样浸在 NACE 腐蚀溶液中，试样断裂时间应大于 300h。NACE 腐蚀溶液成分为 5.0% NaCl、0.5% CH_3COOH、2500～3500mg/L 的 H_2S，余水，pH＝3；施加应力为抗拉强度的 40%。几种不锈钢丝抗 H_2S 应力腐蚀试验结果见表 7-4。

我国 GB 4157—84《金属抗硫化物应力腐蚀开裂恒负荷拉伸试验方法》规定：试验要制取标准拉伸试样；要用蒸馏水或去离子水配制腐蚀溶液，将 50g 氯化钠和 5g 无水冰乙酸溶解于 945g 水中，初始酸度 pH 值应接近 3，试验期间 pH 值可能增加，但不超过 4.5，试验溶液的温度应保持在 24±3℃。试验顺序为：

（1）将清洗过的试样放在容器中，并接好必要的密封装置，然后用惰性气体净化容器。

（2）试验容器净化后，小心加载，不得超过既定加载水平。

（3）立即将脱除空气的溶液注入试验容器，然后以 100～200mL/min 流速通入硫化氢，约 10～15min，使溶液为硫化氢所饱和，并记录开始时间。

（4）在试验期间必须保持硫化氢继续流通，以每分钟几个气泡的速度通过试验容器和出口捕集器，这样既保持了硫化氢浓度又保持了一个小的正压，从而防止空气通过漏隙进入试验容器。

（5）在试验某些高合金耐蚀材料时，为防止重新形成保护膜，有必要把试验顺序改变为（1）、（3）、（2）。

试验时可将拉伸试样加载到屈服强度的不同百分数量值，记录每一应力水平下的断裂时间，最终绘制出应力-断裂时间曲线图，用以衡量不同牌号钢丝的抗 H_2S 应力腐蚀能力。

表 7-4　不锈钢丝抗 H_2S 应力腐蚀试验结果

牌　号	钢丝直径 /mm	抗拉强度 R_m /MPa	施加应力 R_s /%	应力腐蚀时间/h	试验结果
T9A	2.5	1990	80	30～55min	断
1Cr18Ni9Ti	2.0	930	80	17、18	断
00Cr20Ni25Mo4.5Cu	1.5	1637、1529	70	170、174、146、146	断
00Cr25Ni8WCuN	1.5	1568、1597	40	130、140、135、137	断
0Cr18Ni11Mo	2.0	1352	70	122、140	断
0Cr23Ni32Mo7Cu2	2.0	1342	80	300、300、300	未断
NS-22	2.3	1666	30	348、348、347	断
		1646	35	216、220、217	断
D659	1.8	1529、1539	60	351、351、351	未断
			70	280、290、301	断
D659	2.0	1489、1499	40	306、306、306	未断
			60	351、351、351	未断
D660	1.5	1548、1529	70	430、430、430、430	未断
			80	309、309、309、309	未断

综上所述，不锈录井钢丝所承受的应力腐蚀主要来自两方面：氯化物水溶液的应力腐蚀和硫化氢的水溶液的应力腐蚀。氯化物的应力腐蚀和氯化物的点腐蚀很相似，多发生在深井、氯离子含量高处；提高不锈录井钢丝抗氯化物应力腐蚀能力，除提高钢的点蚀指数外，最有效的方法是提高钢中镍含量，要完全避免这种腐蚀，大约需要 35%~40%的镍，美国的 Incoloy925 和 MP35N 就是两个非常好的抗氯化物的应力腐蚀材料。硫化氢的应力腐蚀产生在低温区，多发生在井口处。防止硫化氢应力腐蚀的有效方法是降低不锈录井钢丝的使用应力，包括提高钢丝抗拉强度和加大钢丝直径两项措施；试验结果证明：D659 和 D660 是具有良好抗硫化氢应力腐蚀的材料，试验数据见表 7-4 和表 7-5，相对比较 D660 的抗硫化氢应力腐蚀的能力更强点。

表 7-5　D660 录井钢丝在硫化氢介质标准溶液中的试验数据

抗拉强度 /MPa	试验温度 /℃	介质 H_2S /mg · L^{-1}	施加应力与屈服强度的百分比及未断裂保持时间/h									
			35%	40%	45%	50%	55%	60%	65%	70%	75%	80%
1568	24	2632	333	334	334							
1568	24	2410				501	500	501				
1568	26	2931						408	407			
1568	25	2588								478	478	
1568	25	2481									309	309

注：D660ϕ2.0mm 钢丝抗拉强度（R_m）1568MPa，屈服强度（R_s）1324MPa。按美国 NACE TM-01—77 标准进行试验。

7.2　不锈录井钢丝规格

不锈录井钢丝单根作业，吊挂测井仪器后要下放到井底，现场作业状况见图 7-2。钢丝在仪器和自身重量作用下要保持笔直状态，直径不能太粗，太粗的钢丝抻不直。同时钢丝要承受一定的重量和起吊时的阻力，必须具有一定的强度，直径不能太细，太细的钢丝强度不够。美国录井钢丝的规格范围为 ϕ1.69~3.18mm（ϕ0.066~0.125in），我国不锈录井钢丝实际使用规格范围为 ϕ1.8~3.2mm（见表 7-8）。钢丝吊装测井仪器通常采用缠绕法连接，同时为保证钢丝在下放和起吊过程不乱线，一般先将钢丝缠绕在收放线卷筒上（见图 7-3）美国不同规格录井钢丝收放线卷筒直径见表 7-6，因此钢丝必须具有较好的弯曲性能或缠绕韧性。

图 7-2　录井作业现场

图 7-3　录井钢丝放线机

表 7-6 美国录井钢丝规格和收放线卷筒直径

钢丝直径		直径允许偏差		收放线卷筒直径	
mm	in	mm	in	mm	in
1.69	0.066	±0.0254	±0.001	280~305	11~12
1.83	0.072	±0.0254	±0.001	305~330	12~13
2.08	0.082	±0.0254	±0.001	356~395	14~15.5
2.34	0.092	±0.0254	±0.001	406~445	16~17.5
2.67	0.105	±0.0254	±0.001	495~520	19.5~20.5
2.74	0.108	±0.0254	±0.001	508~546	20~21.5
3.18	0.125	±0.0254	±0.001	622~673	24.5~26.5

7.3 不锈录井钢丝力学性能

因为奥氏体不锈钢丝固溶处理后屈服强度和抗拉强度均比较低，不锈录井钢丝主要依靠冷加工强化。冷加工过程中随着减面率加大，钢丝抗拉强度上升，而塑性和韧性则平稳下降，成品钢丝要保留一定的韧性，冷加工减面率不宜太大，也就是说其抗拉强度也不宜选得太高。一般说来，不锈录井钢丝的抗拉强度要稍低于相同规格的不锈弹簧钢丝的抗拉强度，美国不锈录井钢丝的抗拉强度见表 7-7。

表 7-7 美国不锈录井钢丝的抗拉强度[3]

钢丝直径		254-SMO（UNS S31254）		Incoloy925（UNS N09925）		GD31Mo		MP35N（UNS R30035）	
mm	in	ksi	MPa	ksi	MPa	ksi	MPa	ksi	MPa
1.68	0.066	235.0~265.1	1620~1820	215.0~245.0	1480~1680	≥235.0	≥1620	252.0~281.0	1730~1930
1.83	0.072	229.0~260.1	1580~1780	215.0~245.0	1480~1680	≥235.0	≥1620	250.0~278.0	1710~1910
2.08	0.082	225.0~255.1	1550~1750	205.0~235.0	1410~1610	≥235.0	≥1620	242.0~271.0	1660~1860
2.34	0.092	219.0~250.0	1510~1710	205.0~235.0	1410~1610	≥223.1	≥1600	238.0~268.0	1630~1840
2.87	0.105	219.0~240.0	1440~1650	200.0~230.0	1370~1580	≥223.1	≥1600	232.0~262.0	1590~1800
2.74	0.108	210.0~240.0	1440~1650	195.0~225.0	1340~1550	≥223.1	≥1600	227.0~257.0	1550-~1760
3.18	0.125	200.0~230.0	1370~1580	185.0~215.0	1270~1480	≥212.0	≥1460	222.0~253.0	1520~1740

确定不锈录井钢丝的抗拉强度还有另外一种思路——从减缓应力腐蚀的角度选择录井钢丝的抗拉强度。众所周知，各种材料在应力腐蚀环境中使用，存在着一个临界应力值（σ_c），在实际使用应力小于 σ_c 的时候，应力腐蚀不明显。材料的 σ_c 值一般为屈服强度的 50%，根据录井钢丝的实际使用应力就可以计算钢丝应有抗拉强度。

录井钢丝在井口部位承受的拉应力最大，此处的应力（σ_{max}）计算为：

$$\sigma_{max} = \frac{\text{井中钢丝自重} + \text{测井仪重}}{\text{钢丝截面积}} = \frac{LG}{1000} + \frac{4W}{\pi d^2} \qquad (\text{kg/mm}^2)$$

$$= 0.0098LG + 12.5W/d^2 \qquad (\text{MPa})$$

式中 d——钢丝直径，mm；

L——钢丝长度，m；

G——钢丝密度，g/cm^3；

W——测井仪重量，kg。

D659 和 D660 钢丝密度 $G=8.0g/cm^3$，测井仪质量按 10kg 计算，各规格钢丝工作时承受的应力见表 7-8。σ_{max}/R_s 值是衡量材料抗应力腐蚀能力的一项重要参数，其比值越小时，材料抗应力腐蚀能力越强，如果将使用应力 σ_{max}/R_s 值控制在 0.5 以下，可以认为录井钢丝是在临界应力之下工作的，其抗应力腐蚀能力应该是不成问题的。冷拉奥氏体不锈钢丝的屈强比（R_s/R_m）一般在 0.8~0.9 间，据此可以推算出各规格录井钢丝的最小抗拉强度（$R_{min}=\sigma_{max}/0.4$）见表 7-8。

表 7-8　各规格钢丝工作应力及最小抗拉强度

钢丝直径 /mm	千米质量 /kg · km^{-1}	各规格钢丝的使用应力及抗拉强度（σ_{max}/R_{min}）/MPa							
		4000m	4500m	5000m	5500m	6000m	6500m	7000m	7500m
1.8	20.347	352/880	391/978	431/1076	470/1174	509/1272	548/1370	587/1468	637/1577
2.0	25.120	345/862	384/960	423/1058	462/6115	502/1254	541/1352	580/1450	619/1548
2.2	30.395	337/848	379/947	418/1045	457/1143	496/1241	535/1339	575/1436	614/1535
2.4	36.173	335/838	375/936	414/1034	453/1132	492/1230	531/1328	571/1426	610/1524
2.6	42.435	332/830	371/928	410/1026	450/1124	489/1222	528/1320	567/1418	607/1516
2.8	49.235	329/824	369/922	408/1020	447/1118	486/1216	526/1314	565/1412	604/1510
3.0	56.520	327/818	367/917	406/1015	445/1113	484/1211	523/1309	563/1407	602/1505
3.2	64.307	326/815	365/913	404/1011	443/1108	483/1207	522/1305	561/1403	600/1501

从以上分析可以看出：不锈录井钢丝的抗拉强度应随规格变化，大规格钢丝的抗拉强度可以适当低点；成品钢丝的抗拉强度范围因选用牌号不同而有较大差异，固溶处理后抗拉强度偏高、冷加工强化快的牌号，成品钢丝的抗拉强度要高一些；在保证钢丝留有一定韧性的条件下，抗拉强度越高越好；随着井深加大，应选用抗拉强度更高的录井钢丝。

7.4　不锈录井钢丝生产

目前各国都未制订不锈录井钢丝统一标准，美国各企业均按技术协议供货。我国特殊钢丝有限公司经 20 余年潜心研究，自主开发了一系列油气井用不锈录井钢丝和油井铠装电缆用不锈钢丝，其中不锈录井钢丝的现行企业标准为 Q/DT 0036—2011。该标准包含 D659 和 D660 两个牌号，D659 主要用于含有硫化氢和氯离子的 5000m 左右的酸性油气井，在酸度不高（pH>6.0）的 6500m 油气井中也可以使用；D660 的抗点蚀和抗应力腐蚀性能要优于 D659，主要用于硫化氢和氯离子含量较高的 6000m 左右的超深油气井中，最深用到 8000m；大连产不锈录井钢丝主要技术指标见表 7-9。

D659 和 D660 两个牌号都通过抗 H_2S 应力腐蚀试验，保证应力腐蚀断裂时间大于 300h（详见表 7-4 和表 7-5）。由于该项试验需要专用设备、试验周期长，更重要的是抗应力腐蚀性能主要取决于钢的化学成分，所以实际生产中通过控制化学成分来保证性能，一般不再进行检测了。

表 7-9 大连产不锈录井钢丝主要技术指标

钢丝直径 /mm	允许偏差 /mm	千米质量 /kg·km^{-1}	D659		D660	
			抗拉强度 /MPa	反复弯曲 /次	抗拉强度 /MPa	反复弯曲 /次
1.8	±0.05	20	≥1370	≥4	≥1470	≥4
2.0		25				
2.2		30				
2.4		36				
2.5		39				
2.6		42				
2.8		49				
3.0		56				
3.2		64				

不锈录井钢丝的生产工艺流程与不锈弹簧钢丝相同，基本流程为：热轧盘条（ϕ5.5~6.5mm）→周期炉固溶处理→表面处理→拉拔到成前尺寸→连续炉固溶处理→表面处理→拉拔→成品检验。周期炉固溶处理的目的是获得均匀的化学成分，连续炉固溶处理的目的是获得均匀的抗拉强度。表面处理一般包括碱浸、酸洗去除氧化膜和涂敷合适的润滑涂层两个环节。冷拉工艺控制要点是选择合适的总减面率和道次减面率，总减面率可应用经验公式进行测算，道次减面率可按30%~15%的范围递减分配。D659 和 D660 是组织相对稳定的奥氏体钢，其冷加工强化趋势比 302 和 304 要慢得多，D659 拉拔时抗拉强度的变化可用下列经验公式表示：

$$R_m = R_0 + (11 + 25w(C))Q$$

式中 R_m——拉拔后钢丝抗拉强度，MPa；

R_0——拉拔前钢丝抗拉强度，MPa；

$w(C)$——碳含量,%（含碳量 0.06%时 $w(C) = 0.06$）；

Q——冷拉总减面率,%（总减面率 65.4%时 $Q=65.4$）。

D660 的冷拉强化率稍低于 D659，其冷拉强化经验公式可表示为 $R_m = R_0 + (11 + 21w(C))Q$。

7.5 不锈录井钢丝的研究方向

围绕着不锈录井钢丝的生产与使用，目前至少有以下几个课题需要开展研究。

7.5.1 尽早制订行业标准

录井钢丝是使用条件特殊的专用材料，从牌号的选择到性能指标的确定都有独特的要求，应该尽早制订录井钢丝行业标准，以规范录井钢丝的生产和使用。录井钢丝行业标准应包含 3~5 个牌号，在 ϕ1.8~3.2mm 范围内，设定 7~8 个规格。考核指标应包括尺寸、允许偏差、单根长度（质量）、成品抗拉强度、弯曲次数、耐蚀性能等。钢丝的抗拉强度可根据第 7.3 小节提供的原则确定，特别要强调的是抗拉强度应该与牌号、规格和单根长度挂钩。

7.5.2　编制录井钢丝使用手册

石油部门应与冶金部门联合，对油气井按井下介质状况进行分类，针对不同的腐蚀强度，推荐使用不同牌号的录井钢丝。并对每组钢丝的实际使用效果进行跟踪测量，积累数据，进而编制录井钢丝使用手册。

7.5.3　录井钢丝商品化及辅助装置的研制

为保证录井钢丝收放线顺畅，使用时一般先将钢丝缠绕到收放线卷筒上。制品厂应考虑逐步实现录井钢丝缠工字轮交货。要根据钢丝规格，规范工字轮的外形和尺寸，统一使用 2~3 种工字轮。同时研制与之相配套的收放线小车，制品厂提供的卷线工字轮，到油气井现场，直接装到小车上就可以平稳、有效地使用。

参 考 文 献

[1]《钢铁材料手册》总编辑委员会. 钢铁材料手册第 5 卷，不锈钢 [M]. 北京：中国标准出版社，2001：35~38.

[2] 吴玖. 双相不锈钢 [M]. 北京：冶金工业出版社，2001：118，346~368，416~427.

[3] DONALD PECKER，I M BERNSTEIN. 不锈钢手册 [M]. 顾守仁等，译. 北京：机械工业出版社，1987.

8　高强度弹簧的延迟断裂

延迟断裂是指高强度弹簧在低于屈服极限的应力作用下，经过一段时间后突然发生的脆断。延迟断裂是高强度弹簧使用过程中较常见的一种缺陷，近期研究表明延迟断裂主要发生在回火马氏体钢中，产生延迟断裂的条件有[1]：

（1）使用应力≥1200MPa，也就是说产生延迟断裂的门槛值是1200MPa。

（2）断裂产生于拉应力最大处，压应力一般不会产生延迟断裂。

（3）350℃左右低温回火，往往导致弹簧的延迟断裂敏感性增大。

（4）延迟断裂多产生于原始奥氏体晶界处，P、S及其化合物在晶界的析出、碳化物在晶界的析出和集聚，尤其是氢在晶界的聚集都会增大弹簧延迟断裂的敏感性。

深刻认识延迟断裂的现象和本质，在弹簧设计、制造、使用过程中，弹簧钢丝生产过程中采用相应工艺措施，消除引发延迟断裂的隐患，是冶金厂和机械厂共同的任务。本章节介绍了国内外关于弹簧延迟断裂的最新研究成果，从分析60Si2MnA弹簧延迟断裂实例着手，展示延迟断裂断口形貌，找出产生延迟断裂的原因，指出防止延迟断裂的途径。

8.1　延迟断裂实例

以60Si2MnA弹簧的断裂为例来分析延迟断裂的断口形貌和产生原因：用ϕ4mm钢丝绕制的螺旋弹簧，为提高耐蚀性能，成型后进行镀锌处理。弹簧原高85mm，服役时处于强压状态，弹簧压缩24mm，同时扭转135°，工作应力为1500MPa，动作后弹力释放，弹簧恢复自由状态。弹簧制作流程为：弹簧成型→淬火+回火→酸洗→镀锌（电化学镀）→脱H处理（烘烤）→强压试验→装机。装机7个月后进行例行检查，发现部分弹簧断裂。

在扫描电镜下观察失效弹簧的断口形貌，然后将断口磨平，在光学显微镜下观察断口附近的显微组织。在断裂的弹簧上取样，用光谱分析仪对弹簧的化学元素进行全分析，用气体分析仪对弹簧及原材料中的气体H、O含量进行检验。弹簧的失效断口和组织的扫描电镜照片如图8-1~图8-3所示。

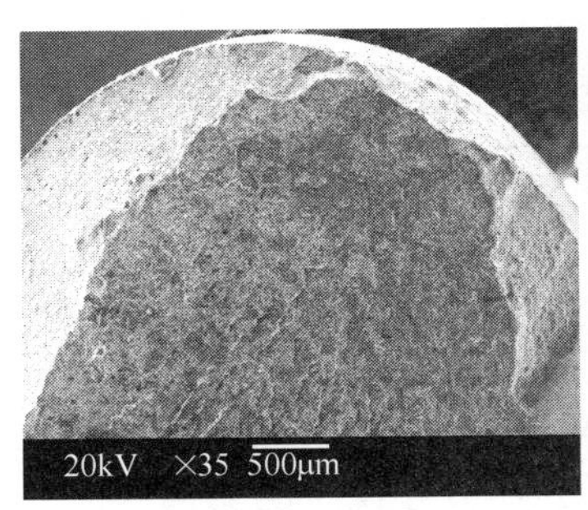

图8-1　弹簧断口的宏观形貌

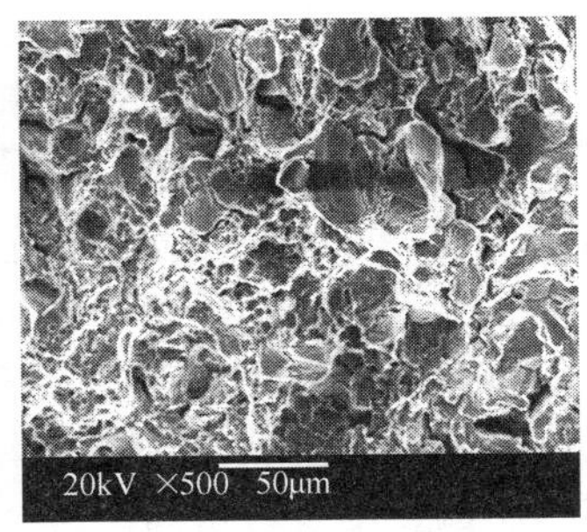

图8-2　弹簧断口的显微形貌

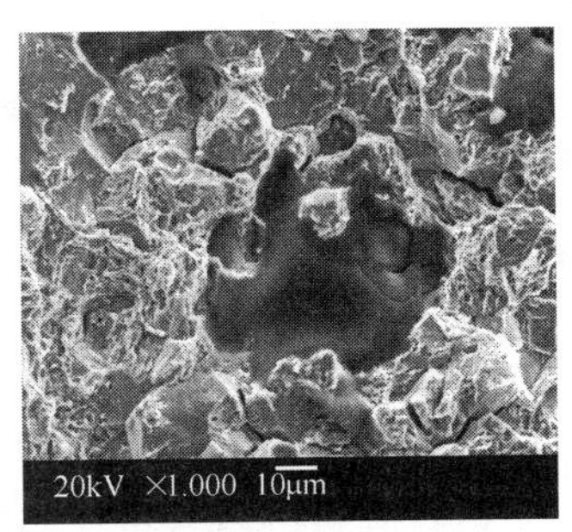

图8-3　弹簧断口的高倍显微形貌

从图 8-1 可以看出，弹簧断裂起源于螺旋弹簧距端部 2～3 圈处的外侧（照片左侧），因为弹簧压缩和扭转受力，钢丝承受的是剪切应力和弯曲应力，断裂处却是弹簧承受应力最大处。裂纹起始和缓慢扩展于粒状断口区，颜色稍灰暗，然后是放射区，周围有剪切唇，这是典型的氢脆断口形貌。从图 8-2 和图 8-3（断口形貌放大图）可以看出，断口为光滑平整的冰糖状和纤维状的混合断口。裂纹主要分布在晶界处，形成沿晶断裂。

图 8-4 和图 8-5 分别是弹簧断口处和 ϕ4. 0mm，60Si2MnA 钢丝的显微组织，图 8-4 的显微组织为细小均匀的回火索氏体，图 8-5 的显微组织为退火后的粒状珠光体组织，两者均为正常的显微组织。

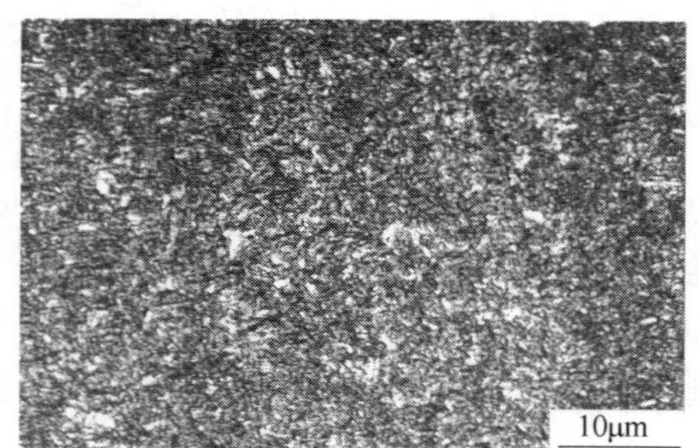

图 8-4　弹簧的断口处显微组织

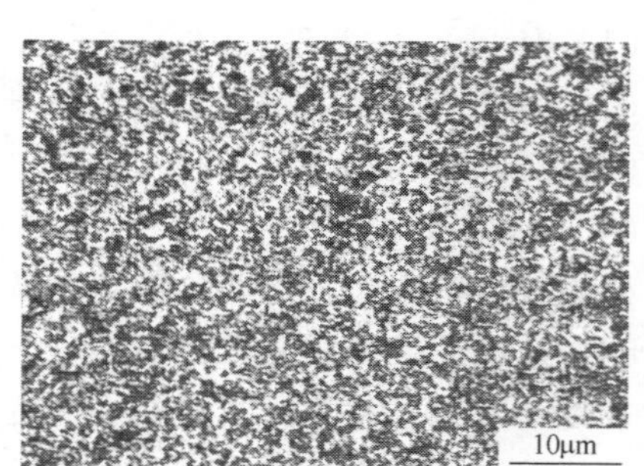

图 8-5　弹簧钢丝的显微组织

用光谱分析仪对弹簧断口处的化学元素进行全分析，分析结果见表 8-1。

表 8-1　60Si2MnA 弹簧化学成分

化学成分	质量分数/%											
	C	Si	Mn	P	S	Cr	Ni	Cu	Mo	Ti	Al（t）	Al（s）
检验结果	0. 59	1. 76	0. 68	0. 015	0. 003	0. 09	0. 06	0. 12	0. 01	0. 01	0. 025	0. 02
GB/T 1222	0. 56～0. 64	1. 60～2. 00	0. 60～0. 90	≤0. 030	≤0. 030	≤0. 35	≤0. 35	≤0. 25				

从表 8-1 检验结果可以看出：60Si2MnA 弹簧的化学成分中磷、硫含量较低，各项成分均符合国标要求。

用气体分析仪对弹簧以及原材料中的气体（H、O）含量进行检验，检验结果见表 8-2。

表 8-2　弹簧及 ϕ4. 0mm 钢丝的氢、氧含量

样　品	弹　簧	钢　丝
氢含量/×10⁻⁶	10. 13、11. 1	0. 1
氧含量/×10⁻⁶	24	16

综合分析，弹簧的化学成分符合国家标准要求，钢丝和弹簧的显微组织也基本正常，但是镀锌弹簧的氢含量却非常高，比钢丝中氢含量高出 2 个数量级。超高量的氢含量很可能是酸洗、镀锌过程中渗入钢材中的，是弹簧产生延迟断裂的原因。

8.2 延迟断裂机理

无论从检验结果，还是理论分析都认为：氢含量偏高是高强度弹簧产生延迟断裂的主要原因，延迟的过程实际上是氢在弹簧钢中扩散、聚集、造成断裂的过程。关于氢致开裂（hydrogen induced cracking）的机理众说纷纭，肖纪美教授将其概括为三大类[2]：压力理论、结合能理论和过程理论，三种理论对氢致开裂过程的描述是一致的，这个过程可简述为：

（1）钢中的氢来自内生和外部渗入两个途径。内生指冶炼时溶解于钢中的氢，随着温度降低溶解度下降，氢在钢内的不规整处：如晶界、相界或微裂纹处析出；氢在钢中形成间隙固溶体，由于奥氏体的间隙大于铁素体，氢在奥氏体中的溶解度大于在铁素体中的溶解度，在钢锭冷却过程中，奥氏体转变为铁素体时必然有氢析出。

外部渗入指弹簧钢在酸洗、电镀或在酸性环境中使用，氢气由外部渗入钢中。上面分析的60Si2MnA弹簧，经酸洗、镀锌处理后钢中氢含量从0.1×10^{-6}上升到11×10^{-6}是典型的外部渗氢事例。

（2）在250℃以下，钢中的合金元素和夹杂物几乎不能扩散，氢原子直径小（0.106nm）仍能活跃地进出，因此氢气的渗入和去除是可逆的。即使在常温下长期存放，渗入的氢也能缓慢地释放，随着温度升高，氢扩散速度加快，因此烘烤是有效的去氢方法[3]。

（3）钢的组织结构不均匀，内部应力集中都会导致氢在钢中局部区域聚集，这些氢聚集的区域俗称“氢陷阱”。反映陷阱特性的三个参数是：陷阱密度（N_X陷阱）、陷阱深度（U_B）和填充度或浓度（C_X）。氢陷阱又可以分“组织陷阱”和“应力陷阱”，高强度弹簧的延迟断裂是组织陷阱和应力陷阱综合作用的结果。

（4）组织陷阱指钢中晶界、相界、夹杂物与基体交界处和显微空隙处，落入陷阱中的氢成为不可逆的氢。氢陷阱的存在使氢的溶解度增大，有效扩散系数降低，局部氢浓度增高，进而发展成裂纹源。组织陷阱的密度和深度主要取决于钢的化学成分、晶粒度和显微组织，一般说来，合金钢的陷阱密度和深度大于碳素钢；马氏体钢陷阱密度最高，奥氏体钢陷阱密度最低；合金弹簧钢中索氏体组织陷阱密度最低，深度也最浅。

（5）应力陷阱指钢材压力加工和热处理使得内部晶格畸变、位错堆积、夹杂物的破碎、显微空洞和微裂纹处成为氢的汇聚点。应力陷阱是可逆性陷阱，应力消除后氢陷阱随之消失。最深的应力陷阱往往在承受拉应力最大的区域，溶解于钢中的氢逐渐向深阱（$U_B\geqslant58$kJ/mol）汇集，使陷阱处应力进一步增大，当内应力超过结合力时，钢中产生微裂纹，随着氢不断扩散、聚集，裂纹逐渐加长，最终造成钢材突然断裂。

（6）弹簧钢氢陷阱的深度与弹簧服役时的应力状况密切相关，弹簧承受的拉应力增大，陷阱的深度随之加深。只有在足够深的陷阱中填充足够量的氢时才能引发延迟断裂，陷阱不够深或氢填充度不足只能引起氢脆，不至于产生延迟断裂。中、低强度钢的氢脆和高强度钢的延迟断裂造成钢的力学性能变化是迥然不同的，氢脆钢抗拉强度变化不大，但塑性急剧下降，集中体现在断面收缩率指标的大幅度降低上和延迟断裂集中体现在钢的抗拉强度下降上。

(7) 除固溶态的氢原子外，钢中氢以氢分子、氢化物和气团三种形态存在。钢凝固或冷却过程中析出的氢以分子态分布在钢中，形成白点；氢化物指氢与钢中组元形成的固态化合物 TiH 和气态化合物 CH_4（$Fe_3C+2H_2=3Fe+CH_4\uparrow$）等；气团指原子氢在金属及合金中的晶界和相界形成的类似化合物的形态，如间隙原子氢偏聚在某些晶界上形成的片状“氢原子气团”，氢原子气团与钢中常见的片状碳原子富集区相似，结构相当稳定，可以看成广义的相。分子氢、气态氢化物和气团的扩散和聚集是造成钢材氢脆和延迟断裂的根源。而固态氢化物，如 TiH，因为形成 TiH 是放热反应，随温度下降，氢在钛中的溶解度加大，钢中分布均匀的钛起固定氢的作用，对减轻氢脆和防止延迟断裂是有利的，钒、钽（Ta）和稀土元素有与 Ti 类似的作用[4]。

8.3 防止延迟断裂的途径

从延迟断裂的机理分析可以看出，防止延迟断裂应从以下几个方面着手。

8.3.1 降低弹簧内部氢含量

以气态存在于钢中的氢是引发延迟断裂的罪魁祸首，防止延迟断裂首先要降低钢中氢的含量。因为氢原子直径小，很容易渗入钢中，控制弹簧内部氢含量涉及钢材生产、弹簧制作和使用维护的全过程。

钢材降氢的工艺措施包括：炼钢原辅材料的充分烘烤、炉外精炼、真空脱气处理；钢坯缓冷、扩氢退火；钢丝酸洗选用适当的缓蚀剂，酸洗后涂层前的烘烤等。只要工艺措施得当，电炉钢氢含量一般均可达到 3×10^{-6}以下，电炉+LF+VD（或电炉+LF+RH）钢的氢含量可达到 1.5×10^{-6}以下。

弹簧制作过程渗氢主要发生在淬回火后的酸洗和镀层工序，一般主张弹簧淬回火后先进行酸洗和去氢处理（200~250℃不少于 4h 的烘烤），然后再进行电镀。为提高耐腐蚀性能，弹簧常用镀层有电镀锌和电镀镉两种。电镀锌加工方便，成本低；锌层在干燥空气中较稳定，不易变色，有一定的耐蚀性能；锌为阳极镀层，在强腐蚀环境中优先腐蚀，对弹簧起良好的保护作用；但电镀锌时产生的大量氢极易渗入弹簧基体中，镀锌后的弹簧必须进行去氢处理。由于表面有锌层保护，一般烘烤很难达到去氢效果，要将氢含量控制在 3×10^{-6}以下，推荐采用真空烘烤法去氢。镉镀层附着力比锌强，特别是在海洋性气候，或与海水接触的环境中，镉镀层仍有良好的耐蚀性能，表面也比锌层更光亮、更美观，航空、航海和电子工业用弹簧和紧固件多选用电镀镉保护层。尽管电镀镉时渗氢作用比镀锌弱，若采用致密镀镉工艺，需要长时间（8~20h）烘烤才能达到去氢效果，因此一般采用疏松镀镉工艺。

8.3.2 改善弹簧组织结构[3]

钢材基体组织结构对延迟断裂的影响仅次于氢含量，从氢在钢中溶解度、扩散速度、形成氢陷阱的密度、深度和填充角度分析，奥氏体钢抗氢脆能力最强，几乎不产生延迟断裂。铁素体钢在 H_2S、甲酸、乙酸等酸性环境中氢脆倾向比较明显，但未见有延迟断裂的报道，可能与铁素体钢抗拉强度偏低，不能在高应力条件下使用有关。对于高强度弹簧而言，抗延迟断裂能力与显微组织结构密切相关，抗延迟断裂能力从强到弱的组织结构依次为：索氏体、珠光体、下贝氏体、马氏体。马氏体组织内应力大、位错密度高、存在大量显微裂纹（微裂纹条数总长高达 1000~2000n/mm^2），非常有利于氢的扩散和聚集，极容易引发延迟断裂。高强度碳素弹簧钢丝具有纤维化的索氏体组织，内应力分布相对均匀，氢脆倾向较弱，抗延迟断裂能力最强。合金弹簧在淬回火状态下使用，作为淬火-回火组织，单一的马氏体的回火组织抗延迟断裂能力最强，马氏体+下贝氏体混合的回火组织次之，上贝氏体或珠光体+马氏体混合的回火组织的抗延迟断裂能力明显减弱，所以 60Si2MnA 弹簧淬火时必须保证淬透，获得单一的马氏体组织，不得有上贝氏体和珠光体组织。

淬火后的弹簧尽管强度和硬度均很高，但弹性极限急剧下降，塑性和韧性严重不足，必须通过回火来提高弹性极限，获得足够的塑性和韧性。以 60Si2MnA 弹簧为例，油淬火后弹簧内部存在很大的内应力，如不及时回火可使内部微裂扩展为宏观裂纹，此时再回火也无济于事了。据检测，淬火后弹簧显微裂纹每平方毫米高达 1500~2000 条，经 200℃左右回火，显微裂纹数可以降到每平方毫米 500 条左右，再提高回火温度，微裂纹条数无明显变化，直到 600℃以上才开始明显减少[5]。从显微组织结构看，200℃左右回火获得回火马氏体组织，弹簧体积缩小，显微裂纹数明显减少，氢陷阱的数目也明显减少；回火温度提高到 250~350℃时，弹簧进入第 1 回火脆性区，碳化物在沿马氏体相界呈薄片状析出，残余奥氏体相对稳定，但冷却时重新转变为马氏体，氢陷阱的数目又增加，弹簧的延迟断裂敏感性反而增强；回火温度提高到 350℃以上时，获得回火托氏体组织，弹簧的抗延迟断裂性能显著好转；直到回火温度提高到 600℃以上，内应力充分释放，马氏体完全分解为粒状索氏体，弹簧的抗延迟断裂才达到最佳水平。

8.3.3　改善弹簧晶界、相界结构[3]

钢的晶界、相界、亚晶界和位错等区域是晶体缺陷区，当钢从高温冷却下来时，因溶解度的变化，钢中气体、溶质元素和夹杂从固溶体中析出，在晶界处偏聚，相转变和位错往往也是从晶界处开始，因此晶界结构的变化对钢的性能产生决定性的影响。从机理分析可以看出：弹簧的延迟断裂是晶界弱化和氢气聚集综合作用的结果。要防止延迟断裂必须强化晶界，防止磷、硫和低熔点金属在晶界偏聚，常用的办法是添入适量的硼（0.001%~0.003%），近期利用 B^{10}同位素裂变原理，采用射线照相技术证实：铁素体中的硼原子因尺寸关系，优先分布于界面处，降低了界面能，抑制了磷、硫和低熔点金属在晶界的偏聚，强化了晶界，但硼含量超过铁素体固溶度，以硼化物析出时就有害无益了。钼特别容易在位错线附近聚集，阻碍位错移动，抑制了微塑性变形，提高弹簧的抗弹减性能；钼可以降低氢在钢中的扩散速度，大幅度降低钢的吸氢能力，具有减少氢陷阱功能；钼形成的碳化物细小分散，既有细化晶粒提高强度的作用，又可以改善钢的回火脆性。所以硼和钼是改善晶界、相界和位错结构，提高弹簧抗延迟断裂的有效元素。

非金属夹杂物与基体的交界处往往成为氢气聚集的陷阱，不同类型、大小和形态的夹杂物对氢脆或抗延迟断裂的影响规律大致为：在压力加工过程中能够延展性变形的 A 类（硫化物）和 C 类（硅酸盐）夹杂物危害较大，而 B 类（氧化物）在加工过程中破断成点状，D 类点状不变形夹杂物的危害较小，这一规律与夹杂物对疲劳寿命的影响正好相反。实际上在钢中加入适量的铝、钛、钒和铌等元素确实能改善抗延迟断裂性能，以 Al 为例，在钢中形成的 AlN 质点均匀分布，起到了固定氢的作用，阻止了氢的扩散和聚集，因而提高了钢的抗延迟断裂能力。

8.3.4 消除内应力、控制使用应力

在钢丝生产过程中，弹簧绕制和淬火回火处理过程中，钢材内部必然会产生不同状态的内应力，消除内应力或使内应力均匀分布是改善抗延迟断裂性能的有效途径。对高强度碳素弹簧而言，改善内应力分布措施有：等温淬火（铅浴处理）获得均一的索氏体组织；小减面率多道次拉拔，使成品钢丝截面硬度差降到最低水平；弹簧成型后进行消除应力退火等。对合金弹簧而言，改善内应力分布措施有：分级淬火、及时回火、表面喷丸处理等。

弹簧的延迟断裂敏感性是随着使用应力的增加而增大的，弹簧设计时，在保证弹力的条件下可适当增加钢丝的直径，让使用应力降到门槛值以下，或尽可能低点，也是最有效的防止延迟断裂的方法。

参 考 文 献

[1] 任玉辉，等. 线材在深加工时质量问题的分析和解决办法 [C]// 中国金属学会. 全国线材深加工技术研讨会会议文集. 2005：127.

[2] 肖纪美. 不锈钢的金属学问题 [M]. 第 2 版. 北京：冶金工业出版社，2006.

[3] 项程云. 特殊钢丛书. 合金结构钢 [M]. 北京：冶金工业出版社，2002，5.

[4] 马肇曾. 热处理化学 [M]. 北京：冶金工业出版社，1989.

[5] 陈复民，李国俊，苏德达. 弹性合金 [M]. 上海：上海科学技术出版社，1986.

9 钢丝索氏体化工艺探讨

“铅淬火”是英国人詹姆斯·豪斯福尔（James. Horsfall）19 世纪中期（1854 年）发明的一项热处理技术，当初作为专利（patent）技术发布，又称为派登脱（patenting）处理。就其本质而言，铅淬火（或铅浴）处理称为索氏体化处理似乎更合适。

尽管铅淬火热处理过程中产生的铅烟和铅尘对人体危害，对环境的污染都很严重，100 多年来人们也一直在寻找代替铅的淬火介质，无论国内还是国外都曾多次掀起研究取代铅淬火处理的热潮，投入大量的人力和物力，取得的“成果”也屡见不鲜，在这些“成果”的诱惑下，国家相关部门甚至下达了淘汰铅淬火炉的封杀令。但时至今日，铅淬火仍作为经典工艺，广泛地应用在碳素弹簧钢丝、制绳钢丝、橡胶管增强用钢丝、胎圈钢丝、针布钢丝、预应力钢丝和钢绞线等众多生产领域，究其原因是铅淬火可以获得具有优异综合力学性能和冷加工性能的完全索氏体组织。其实要找到取代铅淬火的工艺，无需盲目投入大量的人力和物力，只要弄清索氏体组织特性、索氏体转变特点就能预测出哪些铅淬火炉可以取代，能取代到什么程度，进而找出取代铅淬火的热处理方法即可。

本章节分析了钢丝性能与组织结构的关系、索氏体组织转变特点；淬火介质的物理性能和化学性能、索氏体化处理的实践经验和试验数据、各国弹簧钢丝标准的技术要求。深入、系统地论证了铅淬火目前尚无法完全被取代。对国家相关产业结构的调整提出了切实可行的建议。

9.1 索氏体组织的特性

索氏体是奥氏体等温转变的产物，是由铁素体薄层（片状）与渗碳体（包括碳化物）薄层（片状）交替重叠组成的共析组织，索氏体片间距大致为 0.10～0.40μm，通常放大 600 倍以上才能看清其片层结构。在放大 1500 倍的显微镜中观察，其铁素体呈宽条状，渗碳体呈窄条状。若干铁素体与渗碳体平行排列组成一个晶体群叫索氏体晶团。一个奥氏体晶粒等温淬火时可能转变成几个索氏体晶团，各晶团之间的位向稍有差别。如果放大到足够倍数，就可以看清铁素体和渗碳体都呈灰白色，有珍珠的亮光，两者交界处因被腐蚀得凹凸不平而呈黑色。放大倍率不够时，渗碳体两边的界线分辨不开，渗碳体呈现为黑色细条。放大倍率太低时，整个索氏体都呈现为一片灰黑色。

索氏体是钢铁组织结构中强韧性兼备、综合力学性能最好的一种组织，具有以下特性：

（1）具有索氏体组织的碳素钢丝抗拉强度高，有优异的深冷加工性能，能承受 98% 减面率的拉拔，冷加工强化系数也大于其他组织的钢丝，见表 9-1，所以高强度高韧性钢丝首先要进行索氏体化处理，尤其是超高强度（R_m>3000MPa）弹簧钢丝，希望通过铅淬火，获得索氏体晶团偏大，片间距偏薄的索氏体[1]。

表 9-1　不同组织状态的碳素钢丝冷拉性能比较

牌号	热处理方法	显微组织	抗拉强度 /MPa	冷加工强化系数 1%减面率抗拉强度上升值 /MPa	极限减面率 /%
70	索氏体化处理	索氏体	1150	8.6	98
	正火	索氏体+细片珠光体	934	8.3	90
	再结晶退火	粒状+片状珠光体	661	7.3	85
	球化退火	3 级粒状珠光体	554	6.6	85
45	索氏体化处理	索氏体+铁素体	884	7.7	98
	正火	细片珠光体+铁素体	775	6.9	90
	再结晶退火	粒状+片状珠光体	554	6.6	90
	球化退火	3 级粒状珠光体	474	6.1	90

（2）索氏体组织具有良好的耐磨性，就制绳用钢丝而言，如果索氏体化处理工艺不当，生成先共析铁素体，或因表面脱碳形成铁素体，都会造成钢丝绳早期或局部磨损，成为安全隐患。

（3）弹簧的疲劳寿命是一项重要指标，从组织结构着手，提高疲劳寿命的基本措施是保证钢丝具有单一的、片间距基本一致的索氏体。钢丝中如有游离铁素体，其疲劳寿命会成十倍，甚至是上百倍的下降；如有贝氏体或马氏体存在，其疲劳寿命会成百倍，甚至是上千倍的下降。

（4）索氏体组织对氢脆的敏感性低于其他组织，酸洗、磷化以及弹簧电镀一般不会引起氢脆，因此，具有索氏体组织的钢丝在高应力条件下使用，具有良好的抗延迟断裂性能。

（5）索氏体对缺口和应力腐蚀的敏感性低于其他组织。

（6）铅淬火+冷拉可获得纤维化的索氏体组织，见图 9-1。具有这种组织的钢丝退火后可获得碳化物充分弥散的细粒状珠光体，特别适合进行冷顶锻、开齿、冲眼、研磨、淬火等精细加工，碳素弹簧钢丝、制绳钢丝、橡胶管增强用钢丝、胎圈钢丝、预应力钢丝和钢绞线选用铅淬火+冷拉的生产工艺是鉴于索氏体组织的前五项特性。纺织工业各种针丝和金属针布钢丝选用铅淬火+冷拉的生产工艺是鉴于索氏体组织的第六项特性[1]。

图 9-1 显示 70 冷拉弹簧钢丝纵截面显微组织为纤维状索氏体和少量铁素体，钢丝具有很高的抗拉强度、良好的弯曲、扭转和缠绕性能，可直接制成各类弹簧，只要经过 200℃消除应力处理即可使用，回火索氏体组织是钢丝中常见的高强度、高韧性、高疲劳寿命的组织结构。图 9-2 显示 70 钢丝试样经 810℃淬火+500℃回火处理，4%的硝酸酒精溶液浸蚀后，显微组织为回火索托氏体，回火索氏体组织是马氏体、贝氏体、托氏体组织经高温回火（450~600℃）后得到的组织，可以理解为具有球化倾向的索氏体组织。在相同转变温度下得到的回火索氏体抗拉强度略低于索氏体，回火索氏体的冷加工性能却远不如索氏体，能承受的极限减面率一般不超过 85%，冷加工强化系数也较低。回火索氏体对缺口和应力腐蚀的敏感性也高于索氏体组织，对酸洗、磷化、电镀引起的氢脆特别敏感。

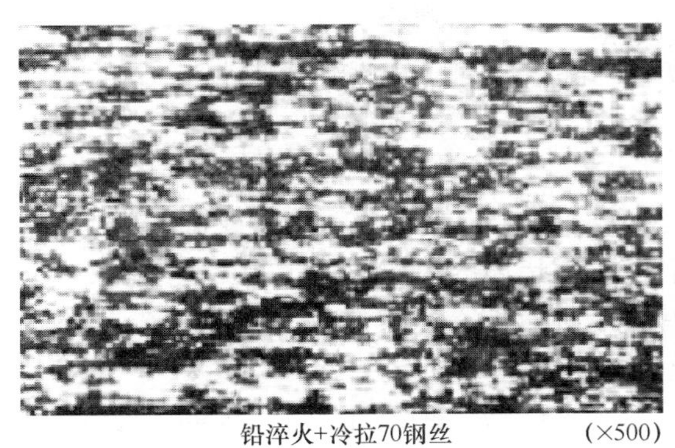

铅淬火+冷拉70钢丝 (×500)

图 9-1 冷拉弹簧钢丝的索氏体组织

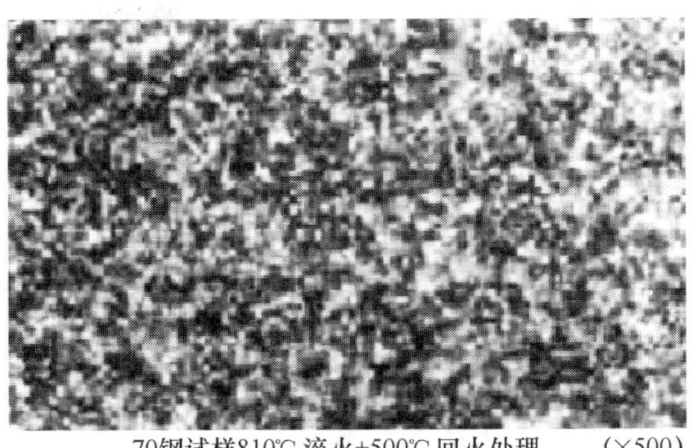

70钢试样810℃淬火+500℃回火处理 (×500)

图 9-2 油淬火-回火获得的回火索氏体组织

铅淬火+冷拉钢丝金相组织呈纤维状，各向异性明显，回火索氏体几乎是各向同性的。但油淬火-回火钢丝的抗松弛性能优于冷拉钢丝，使用温度（≤175℃）也略高于冷拉钢丝（120~160℃）。

回火索氏体组织另一重要特性是[2]：马氏体、贝氏体、托氏体回火得到的回火索氏体抗拉强度差别不大，但塑性和韧性差别很大，以断面收缩为例，原始组织为马氏体的具有最大的断面收缩率，贝氏体的其次，托氏体的最差。若用不同温度下的冲击韧性来比较，差别更明显，如图 9-3 所示，原始组织为马氏体的脆性转变温度最低（约-80℃），贝氏体的其次（约 0℃），托氏体的最差（0℃以上）。正因为如此，淬火的目标是尽可能获得 100%马氏体组织。

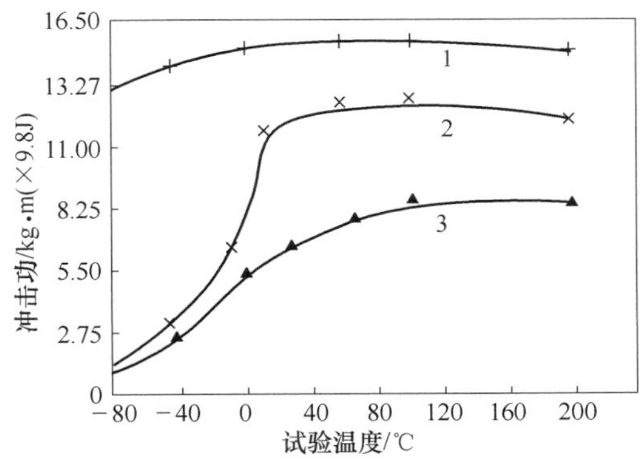

图 9-3 不同组织的钢回火到相同抗拉强度时冲击韧性的差别

1—马氏体回火；2—贝氏体回火；3—托氏体回火

9.2 索氏体转变特点

铅淬火处理工艺流程是：将钢丝逐根展开，通过奥氏体化炉加热，使钢丝转变为单一的奥氏体组织，然后进入熔融的铅槽淬火，完成索氏体化转变，出槽后水冷，用收线机组收线。钢丝在热处理过程中，遵循钢的等温转变曲线完成组织转变，转变特点可描述为：

（1）加热充分的钢丝组织为均匀的奥氏体，冷却后形成片状组织。未烧透的钢丝组织为不均匀的奥氏体，冷却过程中易形成粒状组织。

（2）完全奥氏体化的钢丝，随着等温温度的下降，分别转变成片状珠光体、索氏体、托氏体、上贝氏体、下贝氏体和马氏体。在珠光体与上贝氏体转变区间，当奥氏体全部转化为索氏体时，钢丝抗拉强度和硬度达到最大值。

（3）等温的过冷度与片间距有严格的对应关系，碳素钢索氏体等温转变区间为580~450℃。同一牌号的钢丝，在特定温度下等温转变，索氏体的片间距是相对恒定的。

（4）奥氏体晶粒度对索氏体晶团的大小有决定性影响，索氏体晶团的尺寸与奥氏体的晶粒度成正比。索氏体片间距基本不受奥氏体晶粒度的影响。

（5）索氏体等温转变除铅温外，铅时间也是关键参数。钢丝在铅液中停留时间必须大于奥氏体完全分解所需时间，否则离开铅液时钢丝中残余奥氏体会继续分解为托氏体、上贝氏体、下贝氏体或马氏体。

（6）常用铅液温度为580~450℃，奥氏体完全分解所需时间随铅温提高而缩短，分解最短时间大约在550~500℃范围内。奥氏体实际晶粒度偏大，会延缓奥氏体分解时间。

（7）合金元素Mn、Cr、Ni、Cu提高奥氏体的稳定性，延缓奥氏体分解时间，所以GB/T 699—1999《优质碳素结构钢》中明确规定："铅浴淬火（派登脱）钢丝用35~85钢的锰含量为0.30%~0.60%；65Mn和70Mn钢的锰含量为0.70%~1.00%；铬含量不大于0.10%、镍含量不大于0.15%、铜含量不大于0.20%；"就碳素钢而言，亚共析钢含碳量越高，奥氏体的稳定性越大，过共析钢含碳量越高，奥氏体的稳定性越小。

（8）对于含碳量0.35%~0.9%的碳素钢，如果延缓奥氏体分解的合金元素含量符合标准要求，奥氏体完全分解的理论时间一般不超过15s，考虑合金元素成分波动，留有一定的保险系数，也不会超过20s。实际生产中要充分考虑合金元素迟缓奥氏体分解的作用，当铅时间远远超过理论时间，笔者根据国内主要厂家实际生产工艺，推导出在铅时间经验公式如下：

$$t_{铅}=(11.6+0.3d)d \qquad d\text{（钢丝直径）}\leqslant 4.0\text{mm，单位 s；}$$

$$t_{铅}=(4.8+2d)d \qquad d\text{（钢丝直径）}>4.0\text{mm，单位 s}$$

9.3 铅浴处理的不可取代性

铅淬火过程中，钢丝出炉温度一般为850~900℃，而索氏体等温转变温度为580~450℃，要实现完全索氏体化必须以最快的冷却速度通过850℃到580℃的过渡区，防止铁素体或粗片状珠光体析出；同时希望铅淬槽温度在尽可能小的范围内波动，获得片间距基本一致的组织；铅槽恒温区要足够长，保证奥氏体在此区间完成索氏体化转变。下面分析一下，采用什么措施才能满足上述要求。

（1）如何实现850℃到580℃范围内的快速冷却：从热力学原理获知，热传播有三种方式：辐射、对流和传导。三种传热方式各主导一个温度区段，辐射主导高温段，对流主导中温段、传导主导低温段。高温段（>950℃）要实现快速传热，85%~99%的热量要靠辐射传热，无需载体，直面无挡是关键，温度越高越明显；中温段（600~900℃）要实现快速传热，85%以上的热量要靠对流传热，气体和液体是对流传热的载体，对流是关键，载体比热容越大、热导率越高、传热效果越好；低温段（<600℃）要实现快速传热，

80%的热量传递主要靠传导，液体传热效果远远超过气体。850℃以下传热，热辐射作用减弱，对流传热逐渐起主导作用，热传导作用有限。到580℃以下时，热传导开始成为主导的传热方式，对流传热成为次要因素，辐射传热作用有限。从表9-2可以看出：在此温度区间，固体热导率最高，但固体之间无法实现紧密接触的热传导；而气体热导率又太低，无法实现快速传热；唯有液体可以与固体实现紧密接触，快速传热，这就是淬火通常都选用液体介质的原因。考虑到850℃时对流传热起主导作用。要求选用液体必须有良好的流动性，液体的熔点不应超过400℃。

表9-2　不同介质的热导率[3]

介质	状态	温度/℃	热导率/W·(m·K)$^{-1}$
45钢	固态	600	35.6
70钢	固态	400	36.4
70钢	固态	600	29.5
铅	液态	350	16.0
铅	液态	550	15.5
水	液态	20	0.604
水	液态	100	0.686
水	气态	107	0.0245
空气	气态	27	0.0260
氮气	气态	27	0.0261
氢气	气态	27	0.182

（2）为保证淬火顺利，液体介质不得黏附在钢丝表面，不能与钢丝产生化学反应，也不会对钢丝产生腐蚀伤害。

（3）液体介质在400~600℃范围内要保持恒温，必需保证在此温度区间，不产生物理状态变化，不分解，不易挥发。

（4）液体介质最好具有较大的体积比热容，一方面能吸收钢丝不断带入的热量，局部温度不至于上升太高；另一方面整体温度也不会因为加热源波动产生太大的波动。

以上各项要求是完全索氏体化的最基本要求，也是生产高强度、高韧性和高疲劳寿命钢丝的最基本要求。我们逐项对照，从表9-3可以看出，符合第1项要求的液体介质有熔铅、熔锡、熔锌和几种熔盐（碱）。对照第2项要求，因为锡和锌易黏附在钢丝表面被排除在外，熔盐（碱）有一定的腐蚀性能，暂时保留。再对照第3项要求，KNO_3和$NaNO_3$ 400℃左右分解，Na_2CO_3高温分解，均不能单独使用，只剩下熔融铅、KOH和NaOH熔碱了。最后对照第4项要求，KOH和NaOH熔碱的体积热容和熔化热高于铅是长处，但综合考虑，熔碱对钢丝表面有一定的腐蚀作用，且导热能力不如熔融铅，所以铅淬火到目前为止仍是无法取代的。国外制造承受高应力和要求高疲劳寿命弹簧用钢丝标准，如JIS G3522—1991《琴钢丝》、EN 10270-1：2001《铅淬火冷拉非合金弹簧钢丝》、ASTM A 228—2002《琴用优质冷拉圆弹簧钢丝》，包括国际标准ISO 8458-2：2002《铅淬火冷拉碳素钢丝》，均明确规定必须采用铅淬火+冷拉工艺生产弹簧钢丝。

表 9-3　常用淬火介质的物理性能[4]

介质	熔点 /℃	沸点 /℃	密度 /g · cm^{-3}	摩尔热容 /J · (mol · K)$^{-1}$	相对分子质量	比热容 /J · (g · K)$^{-1}$	体积热容 /J · (cm^3 · K)$^{-1}$	熔化热 /kJ · kg^{-1}
Pb	327.3	1750	11.34	—	—	0.128	1.452	26.2
Sn	231.9	2690	7.298	—	—	0.226	1.649	60.7
Zn	419.5	907	7.134	—	—	0.387	2.761	100.9
KNO_3	333	400 分解	2.109	115.7	101	1.145	2.415	119.4
$NaNO_3$	308	380 分解	2.257	93.05	85	1.095	2.471	189.4
KOH	360	1320	2.044	65.87	56	1.176	2.404	119.1
NaOH	318	1690	2.130	59.66	40	1.476	3.144	168.2
Na_2CO_3	851	分解	2.532	109.2	106	1.030	2.609	—

铅淬火是连续热处理，钢丝连续不断地将大批热量带入铅槽中，势必会造成入口端局部温度升高，整个铅槽的前端温度高于后端温度。为解决温度均匀性问题，现代化铅浴槽在前端埋设几根风冷管道，解决局部过热问题。在铅浴槽的后端安装铅泵，将低温铅不断泵向前端，同时在铅浴槽中部安装搅拌泵，促使铅液流动，整个铅浴槽的温度均匀性有了根本性的改善。

9.4　水浴处理的局限性

国际上早在 1942 年就已开展线材水浴处理试验，国内重庆钢丝绳厂在 1971 年也进行过沸水浴处理代替铅淬火的试验，但由于水浴处理的局限性，至今不能推广使用。水浴处理的基础理论是膜沸腾-核沸腾理论，该理论认为高温金属浸入静止水中的冷却过程分五个阶段[5]：

(1) 冷却初期阶段：钢丝刚浸入静止水中时，表面温度急剧下降，冷却速度最大可达 900℃/s，同时周围水迅速汽化，形成汽泡，阻止钢丝温度继续降低，初期阶段结束，初期阶段时间一般不超过 1s。

(2) 稳定的膜沸腾阶段：当钢丝周围水全部汽化，将钢丝包裹在蒸汽膜中，使其冷却速度很快变慢，冷却进入稳定的膜沸腾阶段。此时有汽泡从水中逸出，而钢丝主要依靠蒸汽膜传导和热辐射，以及蒸汽膜周围的水流动传热，此阶段是五个阶段中冷却最慢的阶段。

(3) 不稳定的膜沸腾阶段：又称变沸腾阶段，此时蒸汽膜不断破裂，逸出汽泡数增多，同时新蒸汽膜不断形成，使钢丝表面局面不断与水直接接触，冷却速度显著加快，当钢丝温度降到一定值后，蒸汽膜完全崩溃，表面不再有蒸汽膜时就进入冷却第四阶段。

(4) 核沸腾阶段：此阶段水与钢丝表面直接接触，激烈沸腾，形成大量汽泡逸出，增强水对流传热效果，此阶段是 5 个阶段中冷却速度最大阶段。随着钢丝快速降温，汽泡数量减少，进入核膜沸腾阶段末期，钢丝温度接近水的沸点时，几乎不产生汽泡。

(5) 对流传热阶段：水面平静，钢丝依靠表面周围水温高于邻近水温自然对流，进行散热。

通过观察液体气化时生成汽泡的形状可以大致判断冷却处于什么阶段，以及钢丝冷却效果，见图9-4。第1种汽泡尺寸较小，蒸汽膜与钢丝表面接触面积最小，容易脱离钢丝表面上浮，单位表面积产生汽泡数目最多，液体对钢丝的冷却能力最强。第2种汽泡尺寸略大于第1种，冷却能力也比较强。出现这两种汽泡表明冷却处于核沸腾阶段。

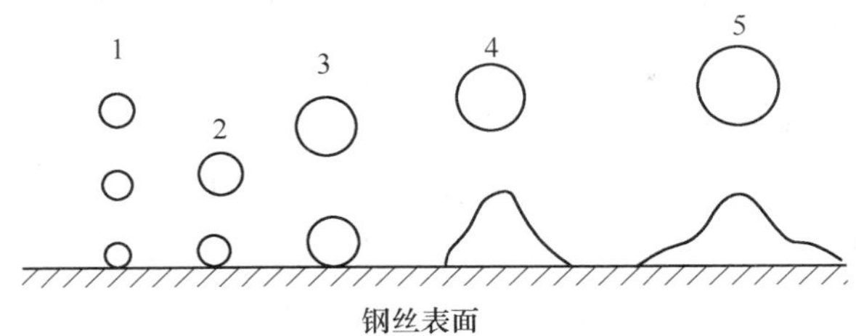

图9-4 汽泡的基本类型

第5种汽泡气化过程中形成的蒸汽膜与钢丝表面接触面积最大，汽泡大面积覆盖住钢丝表面，经较长时间的长大，逐渐凸起，生成较大汽泡，才能脱离钢丝表面，液体对钢丝的冷却能力最弱。第4种汽泡覆盖较小，汽泡数目明显增多，冷却能力逐渐增强。出现这两种汽泡表明冷却处于稳定的膜沸腾阶段和不稳定的膜沸腾阶段，出现第3种汽泡表明冷却处于膜沸腾到核沸腾的过渡阶段。

水浴处理各阶段的有无和长短取决于蒸汽膜形成的难易程度、蒸汽膜厚度和稳定性，而蒸汽膜的这三项特性又取决于钢丝的直径（携带热量）、表面状况、运行速度和浸入深度，液体介质的汽化温度、黏度（表面张力）和导热率等。钢丝直径变化，表面氧化和锈蚀都会显著改变蒸汽膜形成时间和稳定性；钢丝浸入深度增加、运行速度加快都会增大液体的压力，使蒸汽膜变薄，缩短膜沸腾时间，加快冷却速度；水中加食盐会降低表面张力，延缓蒸汽膜的形成，缩短蒸汽膜存在时间，极大地提高冷却速度。水中加入胶质物质，如0.5%的肥皂、6%的聚丙烯酸钠、0.25%的羟基纤维素（CMC）等，均可以改变蒸汽膜的性能，有效地延长半稳定膜沸腾阶段时间，有利于索氏体转变。

目前热水浴处理已经广泛地应用在油淬火-回火生产线上，水浴的目的是利用水具有最大的比热容和100℃汽化的特点，尽快吸收钢丝的热量，实现 M_s 点以下的等温淬火，获得接近100%的马氏体组织，然后根据产品的不同用途，选用不同的回火温度，获得理想的组织（回火马氏体、回火托氏体或回火索氏体）和性能。目前，油淬火-回火生产线上 ϕ8.0mm 以下的钢丝，通过喷射热水（70℃）冷却，可以完成马氏体转变。直径更粗的钢丝，由于水形成的汽泡阻碍了钢丝芯部的进一步冷却，很难获得单一的马氏体组织。为及时破除汽泡，提高钢丝冷却速度，常用的方法是提高水压，驱赶或冲破水泡；或者在水中添加食盐等溶剂，降低水的表面张力，降低成泡率，缩短汽泡存在时间。总之水浴追求的目标是尽可能多地完成马氏体转变，再通过回火获得均匀单一的组织。

要用水浴取代铅浴进行索氏体化处理，首先必须解决三个问题：

（1）如何保证充分奥氏体化的钢丝从880~900℃尽可能快地冷却到580~450℃，不析出或少析出铁素体或珠光体。

（2）如何保证钢丝冷却到400℃时及时中止冷却，不生成贝氏体和马氏体。

（3）如何保证过冷奥氏体在580~450℃范围内某一温度附近完成等温转变，生成片间距基本一致的索氏体。

根据膜沸腾—核沸腾理论，解决第 1 个问题需要设法缩短稳定的膜沸腾阶段时间，具体方法有：增加钢丝浸水深度、加快钢丝运行速度、水中加食盐延缓蒸汽膜的形成，缩短蒸汽膜存在时间等。解决第 2 个问题需要尽可能地延长稳定的膜沸腾和不稳定膜沸腾阶段时间，保证过冷奥氏体有足够的时间，完成索氏体转变，最有效的方法是向水中添加胶质物质，如肥皂、聚丙烯酸钠、羟基纤维素（CMC）等，提高水的表面张力和黏度，降低水的流动性。显然，前两者的要求是矛盾的。为此，历史上有人曾尝试采用两段式水浴的方法解决问题[5]，即在水浴后增加一个保温炉的方法。但实际运行效果并不理想：水浴处理后的钢丝抗拉强度偏低，制成钢丝绳后耐磨性能明显下降；因工艺因素波动，如钢丝表面不均匀锈蚀、氧化皮厚、水温偏低、浓度变化、中间接头、停车卸线等，钢丝经常出现钢丝局部脆断现象。要解决第 3 个问题，因为水在 580～450℃温度区间处于不稳定状态，根本无法得到片间距基本一致的索氏体。笔者理性分析认为：ϕ2. 5～5. 5mm 左右钢丝沸水浴处理，如果浸入搅动的水溶液中，在冷却初期阶段的 1～2s 时间内有可能完成从 900～850℃到 580～450℃的转变，随后只要对水中胶质物质浓度控制得当，完全有可能将膜沸腾阶段延长到 30～40s，有可能获得完全索氏体组织，但索氏体组织的片间距差别很大。ϕ>5. 5mm 的钢丝沸水浴处理，无论采取什么措施，都不可避免地生成铁素体或粗片状的珠光体组织，直径越大越明显。ϕ<2. 5mm 的钢丝沸水浴处理，很容易产生托氏体、贝氏体或马氏体组织，工业生产中应避免使用。

江苏大学材料学院陈锐、罗新民曾做过 ϕ5. 0mm 70 钢丝铅浴和水浴处理对比试验，得到一组处理过程中钢丝温度和冷却速度变化曲线[6]，见图 9-5～图 9-7，有助于我们正确评估水浴取代铅淬火的可行性[6]。

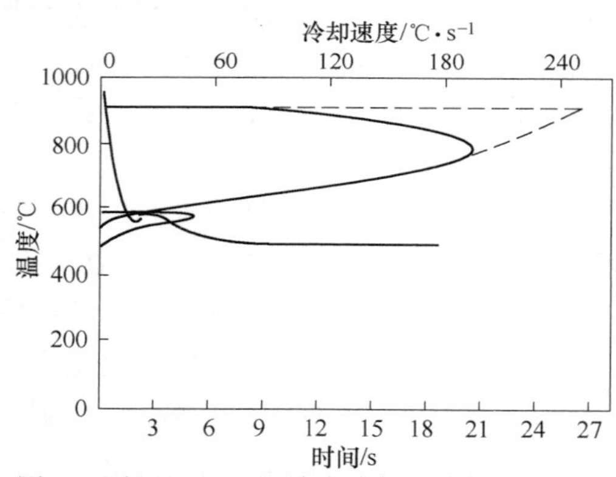

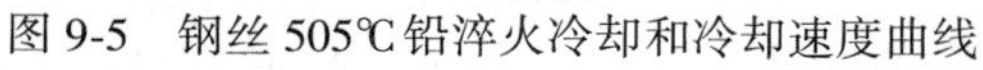
图 9-5　钢丝 505℃铅淬火冷却和冷却速度曲线

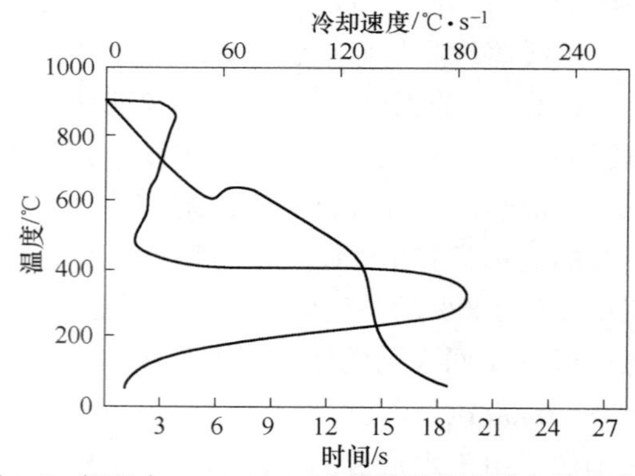

图 9-6　钢丝在 0. 25%CMC 水溶液冷却和冷却速度曲线

图 9-5 为 ϕ5. 0mm70 钢丝 910℃奥氏体化后，在 505℃铅液中的冷却曲线。从图 9-5 中回转曲线可以看出：钢丝在冷却过程中最大冷却速度可达 200℃/s，回转曲线的虚线部分表示“理论冷却速率”，实线表示实测理论速率；图 9-5 中短回转曲线表示测温探头温度变化速率。单向曲线代表转变时间，大约 1. 5s 后，奥氏体开始转变，转变热引发钢丝温度稍有上升（俗称驼峰区），到 3s 左右时钢丝完全进入了索氏体化转变区间，并恒温在 500℃左右（出现恒温平台），直至完成索氏体化为止。图 9-6 和图 9-7 是 70 钢丝 910℃奥氏体化后，在水溶液中的冷却曲线，图 9-6 所用的水溶液中羟基纤维素 CMC（如聚丙烯

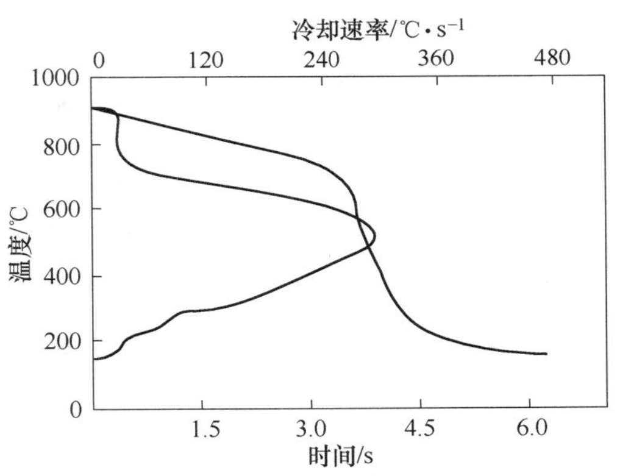

图 9-7　钢丝在 0.10%CMC 水溶液冷却和冷却速度曲线

酸钠）的含量较高（0.25%），在 600℃左右出现了短暂的恒温平台，更接近水浴处理要求。从图 9-6 中看出：钢丝 910℃到 500℃冷却速度很低，大约 5s 后，奥氏体才开始转变，钢丝温度稍有上升，到 9～10s 时钢丝才进入索氏化转变区间，此时冷却速度快速增大，到 13s 时钢丝已进入托氏体转变区，并以更快的冷却速度通过托氏体、贝氏体转变区，进入马氏体转变区。从本书第 2 节描述可知，ϕ5.0mm 钢丝，过冷奥氏体完成索氏体转变所需理论时间约 15s，按经验公式计算所需时间约 70s，由此可判断，钢丝水浴后的组织为少量珠光体、索氏体、少量贝氏体和马氏体的混合组织，如果采用两段式水浴的方法生产，则得到索氏体+回火索氏体+少量珠光体组织。图 9-7 所用的水溶液中 CMC 的含量为 0.10%，淬透性较好，水浴后可直接获得马氏体组织。

从本节分析可知：即使钢丝规格相当，水浴处理工艺得当，水浴处理后钢丝的抗拉强度、部分塑性指标与铅淬火钢丝相近，其组织结构只能是片间距差别很大的索氏体+回火索氏体组织，与铅淬火的初衷相差甚远。

据说，近期有些研究者通过改变水浴添加剂，使水浴钢丝性能得到改善，在中等规格钢帘线和胎圈钢丝的生产中已经使用了水浴处理技术，但未见系统报道，要推广应用仍有许多工作要做。

9.5　几种索氏体化处理方式比较

单就索氏体化处理而论，正火（初期强风冷）、沸腾粒子（流态床）冷却、盐浴处理都可以获得以索氏体为主的组织。这几种索氏体化处理的共同点是：淬火介质在 580～450℃温度区处于稳定状态，因而比水浴处理更稳妥、可靠，有的已用在工业生产中，但与铅淬火相比，在防止铁素体或珠光体前期析出方面尚有差距。图 9-8 所示为钢棒在铅浴、盐浴、流态床和电炉中加热速度的差别，更清楚地表明了这几种介质导热性能的差距是：铅浴导热性能优于盐浴，盐浴优于流态床，流态床优于普通电炉。相对比较，正火（初期强风冷）和盐浴处理应用的更广泛，沸腾粒子（流态床）冷却因设备复杂、噪声大、粉尘大、钢丝二次氧化较重等问题，未能推广使用。

9.5.1　正火（初期强风冷）

含碳量 0.45%～0.85%的碳素钢丝，经正火处理可获得以索氏体为主的组织，因而具有良好的拉拔性能。目前热轧硬线广泛采用的控制冷却技术实际上就是正火索氏体化技术：高速线材轧机线材终轧温度一般均在 1000℃以上，经二级水冷（一次冷却）后温度可降到 900℃左右，再经吐丝机盘卷、布线进入斯太尔摩冷却线，见图 9-9。斯太尔摩线

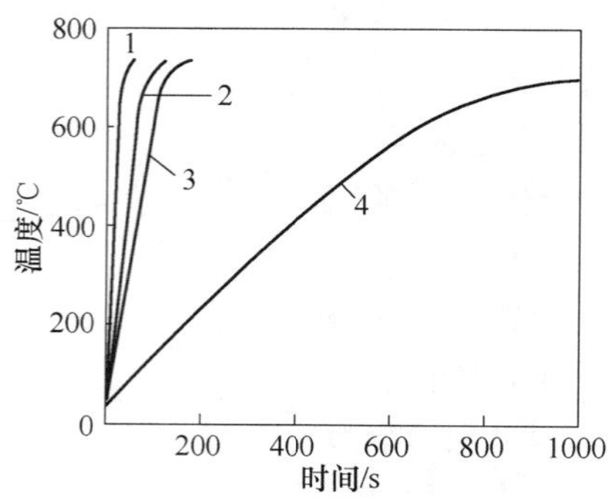

图 9-8　钢棒（ϕ16mm）在铅浴、盐浴、流态床和电炉中加热速度
1—铅浴；2—盐浴；3—流态床；4—电炉

的前端配有多级大功率鼓风机，速度可调的线材传输系统，以及很长一段带盖的保温箱。散卷的线材进入斯太尔摩线后首先实施强风冷却（二次冷却），线温迅速降到600℃以下，然后进入关盖的保温箱，在保温箱中完成索氏体化转变。由于传输速度可以调整，保温箱盖可以随意开关，可以准确地控制索氏体化转变温度，不会产生低温转变组织，工艺稳定，可靠[7]。目前国产盘条65Mn控制冷却后的索氏体化率可达80%以上，70钢的索氏体化率可达85%以上，82B的索氏体化率可达90%以上。

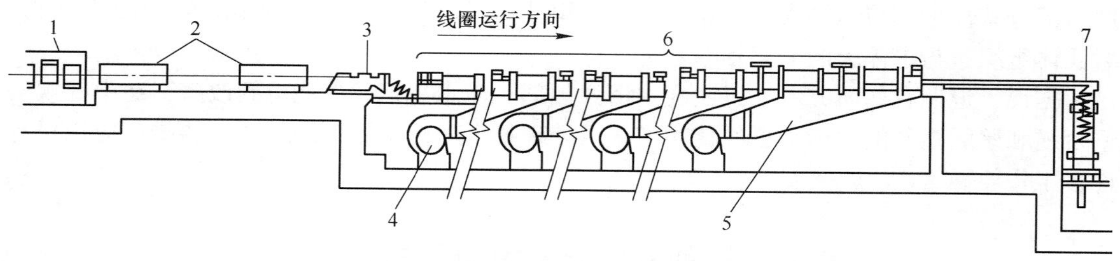

图 9-9　斯太尔摩线延迟冷却示意图
1—精轧机组；2—水冷段；3—吐丝机；4—鼓风机；5—送风道；6—保温箱；7—集卷器

钢丝同样可以通过正火获得以索氏体为主的组织，但对于 ϕ<2.5mm以下的钢丝，风冷易生成马氏体组织，造成钢丝脆断，不宜采用正火处理。另外正火处理的终止转变温度不易控制，实际生产中多采用调整化学成分的方法，使索氏体转变的下限温度适度降低，避免出现贝氏体和马氏体组织。如前所述，合金元素Mn、Cr、Ni、Cu可提高奥氏体的稳定性，延缓奥氏体分解时间。以Mn为例，在C含量相近的条件下，Mn含量从0.30%提高到1.13%，索氏体化完成时间延长近20倍，先共析铁素体和珠光体的析出量明显减少，索氏体化转变终止温度也明显降低，反而获得更高的抗拉强度。表9-4显示了 ϕ6.35mm（0.25英寸）盘条铅淬火和正火后分别拉拔到 ϕ3.0mm（0.12in）时的抗拉强度变化[8]。从表9-4可以看出，正火钢丝的抗拉强度低于铅淬火钢丝；锰含量对铅淬火后的抗拉强度影响不大，但正火钢丝，随着锰含量的增加，钢丝的抗拉强度显著提高。在美国和加拿大等美洲国家，制造不承受高应力和不要求高疲劳寿命弹簧用的冷拉机械弹簧钢丝（ASTM A227=2002）和制绳钢丝，广泛选用锰含量较高（1.0%）的钢，采用正火索氏体化+冷拉工艺生产。

表 9-4　Mn 含量对正火性能的影响

热处理方法	炉号	C/%	Mn/%	抗拉强度/MPa	
				ϕ6.35mm 盘条	ϕ3.0mm 冷拉钢丝
正火	A	0.67	0.46	890	1550
正火	B	0.66	0.54	945	1565
正火	C	0.64	0.77	940	1530
正火	D	0.65	1.15	1000	1635
铅淬火	A	0.67	0.46	1080	1760
铅淬火	B	0.66	0.54	1140	1745
铅淬火	C	0.64	0.77	1100	1765
铅淬火	D	0.65	1.15	1145	1750

9.5.2　盐浴处理

盐浴是热导率仅次于铅浴的索氏体化处理方式，见图 9-10。为弥补导热能力的不足，盐浴的温度稍低于铅浴的温度，目前盐浴处理主要用于大规格（ϕ8.0~20mm）线材或钢丝的散卷浸入式处理。散卷浸入是将线材或钢丝放在传送辊上，传送辊匀速运动盘卷自动散开，进入加热炉完成奥氏体化后，首先落入 1 号盐浴槽（温度 500℃），紧接着进入 2 号恒温盐浴槽（温度 550℃），完成索氏体化转变，然后经清洗、收线。为保证 900℃ 的线材或钢丝落入盐浴槽时能保持外形，其直径不得小于 8.0mm，见图 9-10。笔者认为，在连续炉上用盐浴代替铅浴用于非重要用途的弹簧钢丝和制绳钢丝的索氏体化处理，起码比水浴处理更可靠。可用于索氏体化处理的融盐（碱）介质见表 9-5。

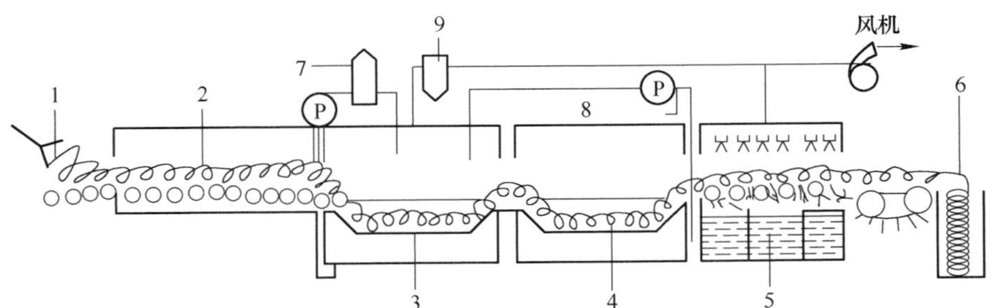

图 9-10　日本新日铁和君津制铁所联合开发的连续式盐浴炉

1—吐丝机；2—控温炉；3—1 号盐浴槽；4—2 号盐浴槽；5—清洗槽；6—收线装置；7—盐液冷却器；8—盐浴补偿器；9—旋风收尘器

表 9-5　常用中温盐（碱）浴淬火介质[5]

淬火介质	熔点/℃	使用温度/℃
100%$NaNO_3$	308	325~600
100%KNO_3	333	350~600
100%NaOH	318	350~700
100%KOH	360	400~650
95%NaOH+5%$NaCO_3$	304	380~550
95%NaOH+5%$NaNO_3$	270	300~550
50%$NaNO_3$+50%KNO_3	220	280~550

值得注意的是：$NaNO_3$、KNO_3和硝盐有很强的碱性和氧化性，易造成钢丝氧化和脱碳，但不会引起点蚀，新盐需进行脱氧和时效处理，经 15~20h 处理后氧化和脱碳作用明显减轻。盐（碱）浴后的钢丝也应及时用水冲洗，尽快进行表面处理。盐（碱）浴槽应加盖，以减少融盐挥发和热量散失。

9.6　铅浴处理的可取代性研究

铅浴处理对人体、环境的危害是人所共知的，从该工艺诞生起，国内外多次掀起“取代铅浴”的研究热潮，几乎每代人都经历一次洗礼，该项研究已成为耗资巨大的跨世纪工程。我认真研究了不同时期取代铅浴的研究成果，起码可得出以下 3 点结论：

（1）索氏体组织是碳素钢获得各项最佳性能的源泉。

（2）索氏体组织具有多种形态：如淬火索氏体，冷拉索氏体、回火索氏体；多项性能指标：如索氏体化度、晶团尺寸、形态、成分、片间距、粒度、位向、取向度、纤维化程度等。

（3）铅淬火是获得均匀、一致索氏体组织的最佳工艺措施。

一般说来，对单体工作的钢丝，如弹簧钢丝、切割钢丝的质量要求远严于集体工作的钢丝，如轮胎钢丝、制绳钢丝、帘线用钢丝；每类钢丝中，在高应力条件下工作，或对疲劳寿命、松弛应力、塑性、韧性、耐磨性和耐蚀性有特殊要求的钢丝，都必须高度关注钢的显微组织结构。如果一项工艺改革不能保证钢获得相应显微组织，当然也无法保证获得相应的力学性能、工艺性能和物理性能。如果认同上述 3 条结论，取代铅浴处理的研究将转化为：从实用出发，放弃某些领域虚高的质量指标，选用适当介质代替铅；由研究机关立项，研究不同淬火介质对索氏体转变形态的影响，寻找通过改变显微组织形态改善钢丝各项性能的途径；研制安全、可靠的环保设备，彻底解决铅尘和铅烟污染问题。

9.7　结　　论

（1）到目前为止，铅淬火处理仍然是生产高强度、高韧性、高疲劳寿命弹簧和钢绳的最有效、最经济的热处理方法。

（2）水浴处理目前还达不到铅淬火处理的效果，无法完全取代铅淬火处理。单就索氏体化处理而论，笔者认为：水浴处理不如强风冷，强风冷不如沸腾粒子冷却，沸腾粒子冷却不如盐浴，盐浴不如铅淬火。

（3）2005 年出台的《产业结构调整指导目录》中，把“热处理铅浴炉”列入淘汰类机械，缺少科学依据。应将该类机械产品的工作重点放在铅尘和铅烟的限制和治理上。

（4）对非重要用途的弹簧钢丝和钢绳、静态弹簧用钢丝，应积极开发、推广使用正火（强风冷）或盐浴处理代替铅淬火处理的技术。

（5）用于加热的铅浴炉（槽）完全可以用可控气氛炉、气体保护无氧化炉或沸腾粒子炉等取而代之，需要考虑的是这几种炉型的传热效率远赶不上铅浴炉（槽），所以要取得相同的加热效果，前者炉长应为铅浴炉（槽）的 2.5~3 倍，后者长度至少是 2 倍。

参考文献

[1] 徐效谦．钢丝的组织与热处理［C］．全国金属制品信息网第21届年会论文集，25~38.

[2] 刘永铨．钢的热处理［M］．第2版．北京：冶金工业出版社，1987：142~143.

[3] 饭田修一，大野和郎，等．物理学常用数表［M］．北京：科学出版社，1979：89~91.

[4] 樊东黎，徐跃明，佟晓辉．热处理技术数据手册［M］．第2版．北京：机械工业出版社，2006：6~10.

[5] 李志深．钢丝生产工艺［EB/OL］．冶金部金属制品情报网，1992：111.

[6] 陈锐，罗新民．高碳钢丝在铅浴和CMC水溶液中冷却行为比较［C］．2006年金属制品新技术新工艺新设备信息交流会论文集．中国金属制品信息网等出版，2006：4~8.

[7] 袁志学，杨林浩．高速线材生产［M］．北京：冶金工业出版社，2005：11~50.

[8] 艾伦·德福．钢丝［M］．卢冬良等，译．中钢集团金属制品研究院，1995：213~216.

10 伸长率的种类、定义和换算

对广大冷加工工作者来说，伸长率是一个既熟悉又陌生的概念，说熟悉指大家都知道：伸长率是表征材料塑性的一项重要技术参数；说陌生指很少有人知道：伸长率有6种之多，不同伸长率表征的意义大不相同，同一试样测得的不同伸长率数值差距很大。冶金材料标准中规定的伸长率通常为断后伸长率，材料的实测断后伸长率与试样的形状、取样部位、标距长短、夹具结构、拉伸速度等诸多因素密切相关，这些因数的变动往往造成实测值产生1倍甚至数倍的差距。此外，伸长率与钢材的种类、显微组织结构、状态、加工工艺之间对应关系；同一种钢材，因测试条件限制，用不同标距测得的数值如何换算；通过什么手段提高钢材某种（如残余）伸长率的指标等都是人们非常关注却又很少深入研究的问题。

本章节以最新国家标准为依据，从分析钢铁材料拉伸时应力-应变特性着手，揭示了各种伸长率的含义、区别及换算关系。同时根据大量实验数据，努力探索组织结构和冷加工工艺对伸长率的影响，为深入研究伸长率找到突破口。

钢丝伸长率是衡量钢丝塑性的一项参数，其种类、定义和换算执行国标 GB/T 228 的规定。新国标 GB/T 228. 1—2010《金属材料 拉伸试验 第1部分：室温试验方法》参照国际标准 ISO 6892-1：2009 进行了修订，整体结构、层次划分、编写方法和技术内容与 ISO 6892-1：2009 基本一致，代替了原国标 GB/T 228—2002《金属材料 室温拉伸试验方法》。新国标将伸长率分6种：断后伸长率（A）、残余伸长率（A_r）、最大力塑性伸长率（A_g）、最大力总伸长率（A_{gt}）、断裂总伸长率（A_t）和屈服点伸长率（A_e）。其中4项伸长率均为在应力状态下测定的指标，2项伸长率为卸除应力后测定的指标，但对于残余伸长率新国标只给出定义："卸除指定应力后，伸长相对于原始标距（L_0）的百分率"，对其测定方法未作统一规定。

10.1 伸长率种类、定义和用途

GB/T 228. 1—2010 定义伸长时采用了两个近义术语：伸长（elongation）和延伸（extension）。拉伸试验期间任一时刻，试样原始标距（L_0）的增量称为"伸长"；延伸可以理解为拉伸试验期间任一给定时刻，引伸计上标距（L_e）的增量。试验中可以用测延伸的方法测定伸长，两者无本质区别。

10.1.1 断后伸长率

断后标距的永久伸长（L_u-L_0）与原始标距（L_0）之比的百分率。断后伸长率（percentage elongation after fracture）是在拉断后的试样上测取的，计算方法如公式（10-1）。

$$A = \frac{L_u - L_0}{L_0} \times 100\% \qquad (10\text{-}1)$$

式中 L_0——试样原始标距，mm；

L_u——断后试样拼接后的标距，mm。

断后伸长率也可以通过引伸计测得，见图 10-1。图中 ΔL_r实际上代表塑性伸长+局部缩颈伸长，计算方法如公式（10-2）。

$$A = \frac{\Delta L_r}{L_e} \times 100\% \qquad (10\text{-}2)$$

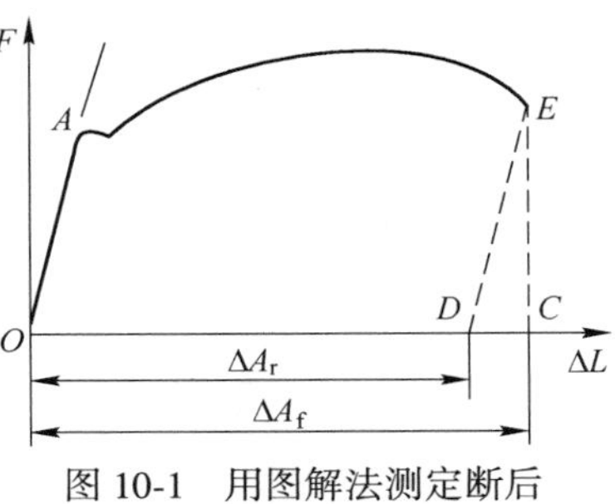

图 10-1 用图解法测定断后伸长率和断裂总伸长率

10.1.2 断裂总伸长率

断裂时刻标距的总延伸 ΔL_f（弹性延伸+塑性延伸+缩颈延伸）与引伸计标距 L_e之比的百分率，断裂总伸长率是在应力下测定的伸长率。试验时纪录应力-延伸曲线，引伸计的标距为 L_e，确定图中 C 点，OC 为断裂总伸长（ΔL_f），则断裂总伸长率（percentage total extension at fracture）计算方法如式（10-3）。

$$A_t = \frac{\Delta L_f}{L_e} \times 100\% \qquad (10\text{-}3)$$

10.1.3 最大力塑性伸长率

最大力原始标距的塑性延伸 ΔL_g与引伸计上标距 L_e之比的百分率。在用引伸计测得的应力-应变曲线图上，从最大力总延伸 ΔL_m 中扣除弹性延伸部分即为塑性延伸 ΔL_g，将其除以引伸计标距 L_e，即为最大力塑性伸长率（percentage plastic extension at maximum force），见公式（10-4）。最大力塑性伸长率实际反映了试样塑性变形伸长率。

$$A_g = \left(\frac{\Delta L_m}{L_e} - \frac{R_m}{m_E}\right) \times 100\% \qquad (10\text{-}4)$$

式中 L_e——引伸计标距；

m_E——应力-应变曲线上弹性变形部分的斜率；

R_m——抗拉强度；

ΔL_m——最大力下总延伸。

也可用图解法测定最大力伸长率，见图 10-2a；当最大力出现平台时，取平台中点的最大力对应的塑性延伸为 ΔL_ξ，见图 10-2b。此时，最大力塑性伸长率的计算如公式（10-5）。

$$A_g = \frac{\Delta L_g}{L_e} \times 100\% \qquad (10\text{-}5)$$

10.1.4 最大力总伸长率

最大力时原始标距的总延伸 ΔL_m（弹性延伸+塑性延伸）与引伸计标距 L_e之比的百分率，最大力总伸长率是在应力下测定的伸长率，见图 10-2，将最大力点的总延伸 ΔL_m除以引伸计标距 L_e，即为最大力的总伸长率（percentage total extension at maximum force），见

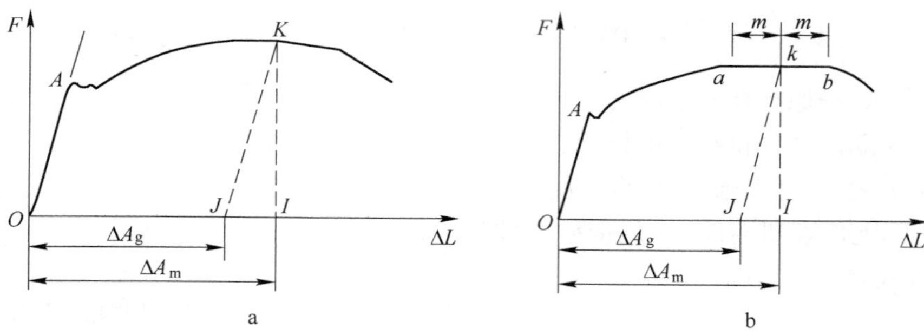

图 10-2　用图解法测定最大力伸长率方法

a—最大力明显时；b—最大力出现平台时

公式（10-6）。如拉伸力-延伸曲线在最大点呈现一个平台，则取平台宽度的中点作为最大力总伸长率的最大力点。最大力总伸长率实际包含了试样弹性伸长和塑性变形伸长两项伸长率。

$$A_{gt} = \frac{\Delta L_m}{L_e} \times 100\% \tag{10-6}$$

10.1.5　残余伸长率

残余伸长率（percentage permanent elongation）是在引伸计上测定的伸长率，指试样施加并卸除指定应力后，引伸计标距的残余伸长量与引伸计标距（L_e）之比的百分率，曾称为永久伸长率。

10.1.6　屈服点伸长率

屈服点伸长率（percentage yield point extension）是在应力下测定的伸长率，对呈现不连续屈服的材料，指从应力-应变曲线图上，均匀加工硬化开始点的延伸减去上屈服强度对应的延伸得到的延伸 ΔA_y，再用 ΔA_y除以引伸计延伸 L_e即得到屈服点伸长率，见图 10-3 和公式（10-7）。均匀加工硬化开始点的确定方法为：根据经过不连续屈服阶段的最后最小值点（图 10-3a）作一条水平线，或经过均匀加工硬化前屈服范围的回归线（图 10-3b），与均匀加工硬化开始处曲线的最高斜率线相交点确定。

$$A_e = \frac{\Delta L_y}{L_e} \times 100\% \tag{10-7}$$

式中　A_e——屈服点伸长率；

ΔA_y——屈服点延伸。

10.1.7　伸长率应用实例

上述 6 种伸长率中，断后伸长率、断裂总伸长率、最大力总伸长率、最大力塑性伸长率和残余伸长率是成品钢丝选用的检测项目，尚无成品钢丝选用屈服点伸长率的实例[2]。目前，绝大多数钢丝标准中要求测定的伸长率均指断后伸长率。选用其他伸长率的实例有：GB/T 11182—2006《橡胶管增强用钢丝》中要求钢丝断裂总伸长率不小于 2.0%

（L_0=250mm），预应力应小于 10%R_m；YB/T 123—2005《铝包钢丝》中要求钢丝断裂总伸长率不小于 1.5%（L_0=250mm）；GB/T 5223—2002《预应力混凝土用钢丝》中要求冷拉钢丝最大力总伸长率不小于 1.5%，消除应力光圆及螺旋肋钢丝最大力总伸长率不小于 3.5%（L_0=200mm）；YB/T 156—2005《中强度预应力混凝土用钢丝》中要求成品钢丝最大力总伸长率不小于 2.5%；YB/T 125—1997《光缆用镀锌碳素钢丝》中要求"钢丝永久伸长率不得大于 0.1%"，对永久伸长率的测量方法规定为："把钢丝试样夹紧在合适的拉力试验机上，施加最小破断拉力 2%的初负荷，标定好 250mm 以上的距离 L_1 为标记长度，然后以不大于 50mm/min 的拉伸速度加载到最小破断拉力的 60%，（保持此力 10~12s）再卸载到初负荷，接着测出标记长度 L_2，按公式（10-8）计算永久伸长率的值。"

$$\text{残余伸长率(永久伸长率)}A_r = \frac{L_2 - L_1}{L_1} \times 100\% \tag{10-8}$$

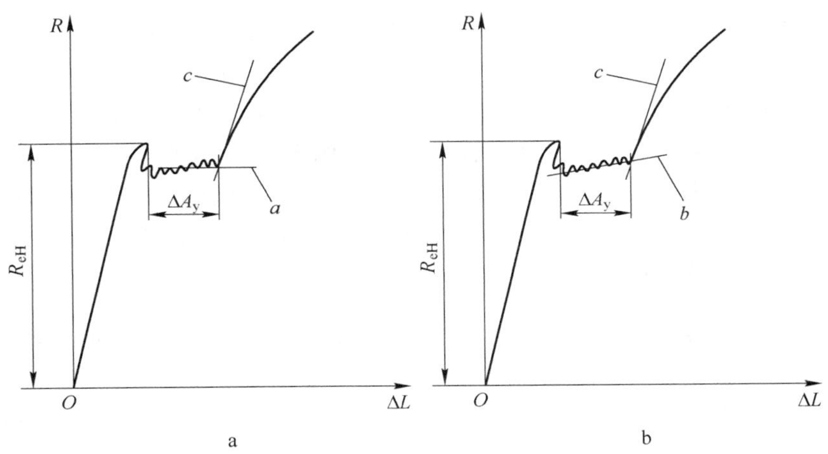

图 10-3　屈服点延伸率 A_e 的不同评估方法

a—水平线法；b—回归线法

ΔA_y—屈服点延伸；ΔL—应变；R—应力；R_{eH}—上屈服强度；a—经过均匀加工硬化前最后最小值点的水平线；b—经过均匀加工硬化前屈服范围的回归线；c—均匀加工硬化开始处曲线的最高斜率线

10.2　影响伸长率的因素[1]

10.2.1　金属材料锭坯内部存在各类冶金缺陷

在压力加工过程中，金属晶粒沿主变形方向拉长，夹杂也沿变形方向排列，形成金属纤维，造成材料各向异性，即使是同一批产品，取样部位和取样方向不同，伸长率往往有一定的差异，因此产品标准应对试样的截取部位和方向有明确的规定。

10.2.2　拉伸试验速率

拉伸试验时的拉伸速率对金属材料的伸长率有明显的影响，伸长率值一般随拉伸速率增加而降低。拉伸速率对不锈钢断后伸长率的影响见图 10-4。

不同钢种对速率变化的敏感程度各异，到目前为止尚未找到一个公式或一个固定的数值来表示拉伸速率对伸长率的影响。因此 GB/T 228.1 根据钢铁材料的特性，规定测定屈服点伸长率（A_e）时，应变速率（$\dot{e}_{L_e}$）应控制在 0.00025 ~ 0.0025/s 范围内；测定其他伸长率（或伸长率）时，应变速率应控制在≤0.008/s 范围内，以此来排除速率的影响。

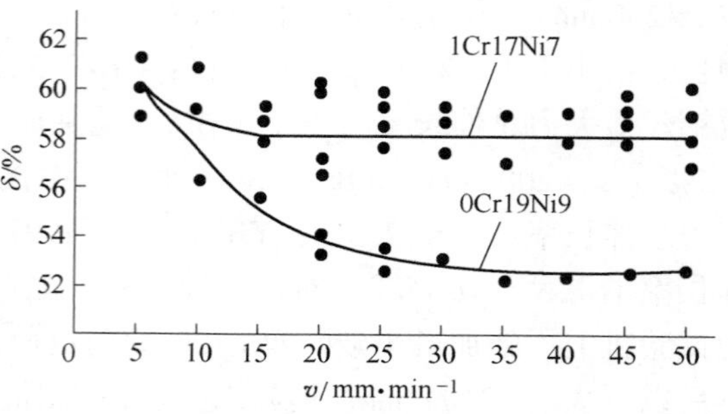

图 10-4　拉伸速率对不锈钢断后伸长率的影响

10.2.3　试样的几何形状、标距、直径

断后伸长率与试样的几何形状、标距、直径密切相关，同一材料，圆形横截面试样比矩形横截面试样具有更高的断后伸长率和断面收缩率；试样标距分为比例标距和非比例标距两种，凡试样原始标距（L_0）与原始横截面积（S_0）存在 $L_0 = k\sqrt{S_0}$ 关系的称为比例试样，不存在上述关系的称为非比例试样。常用比例系数有 $k=5.65$ 和 $k=11.3$ 两种，分别称为短（标距）试样和长（标距）试样。国际标准 ISO 和 GB/T 228.1 均优先推荐 $k=5.65$ 的短试样，同时规定原始标距不得小于 15mm，当试样原始横截面积太小，短试样标距不足 15mm 时，可选用长试样（优先考虑）或非比例试样。实际上短试样和长试样最初是按照圆形截面试样设定的，相当于 $L_0 = 5d$ 和 $L_0 = 10d$。因为圆截面积 $S_0 = \frac{\pi}{4}d^2$，则 $d = \sqrt{\frac{4}{\pi}S_0}$，短试样 $L_0 = 5d = 5\sqrt{\frac{4}{\pi}S_0} = 5.65\sqrt{S_0}$。这就是比例系数 $k=5.65$ 和 $k=11.3$ 的来源。对于同一材料，选用不同标距测得的伸长率数值不一样，用短试样和长试样测得的伸长率分别用 $A_{5.65}$ 和 $A_{11.3}$ 表示。仅当标距（引伸计标距）、横截面形状和面积相同或比例系数相同时，断后伸长率才具有可比性。对于直径或厚度小于 4mm 的钢丝，GB/T228.1 推荐采用 $L_0 = 100$mm（R9 试样）或 200mm 的非比例试样（R10 试样），此时测得的伸长率用 A 表示，但需注明原始标准长度 $L_0 = 100$mm 或 $L_0 = 200$mm，也可以用 A 或 A_{200mm} 来表示（A_{100mm} 可以取消下标）。

10.2.4　试样表面粗糙度、拉力试验机的夹具、引伸计精度、试样对中状况和热耗等

GB/T 228.1 在试样加工、试验设备的准确度、试验速率、夹持方法等相关条款中均有明确的规定，检测时必须严格按规定操作。

10.3　伸长率的换算

钢丝拉伸试验时，试样伸长由弹性伸长、塑性均匀变形伸长和局部缩颈伸长 3 部分组成，其中弹性伸长和塑性均匀变形伸长基本是全标距范围内的均匀伸长，弹性伸长率和塑性均匀变形伸长率取决于材料的特性，基本不受标距长度的影响。局部缩颈伸长是拉拔力

达到最大值后，在试样的某一处开始产生局部缩颈引起的伸长，局部缩颈伸长仅局限于断裂点附近（5*d*~10*d* 区间内），因而局部缩颈伸长率除取决于材料的特性外，还与试样标距的长度有关，见图 10-5。

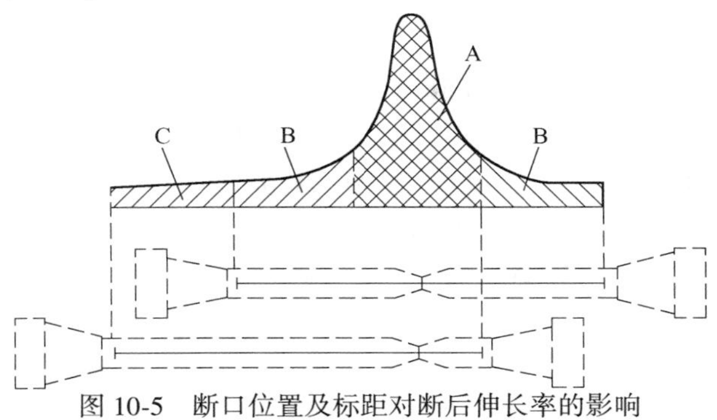

图 10-5　断口位置及标距对断后伸长率的影响

图中阴影面积代表断后伸长率的大小，A 区局部缩颈伸长贡献大，B 区局部缩颈伸长贡献减小，而 C 区几乎不受局部缩颈伸长影响。因断后伸长率是塑性均匀变形伸长率和局部缩颈伸长率之和，所以断后伸长率值与试样标距相关，标距愈长，伸长率愈小。下面将介绍一些与伸长率相关的换算公式。

10.3.1　伸长率（*A*）与断面收缩率（*Z*）关系[3]

在塑性变形过程中，试样瞬时长度（L_t）等于原标距（L_0）加上伸长量（ΔL）：

$$L_t = L_0 + \Delta L = L_0\left(1 + \frac{\Delta L}{L_0}\right) = L_0(1 + A) \tag{10-9}$$

在塑性变形过程中，试样瞬时截面积（S_t）等于原截面积（S_0）减去截面积变化量（ΔS）：

$$S_t = S_0 - \Delta S = S_0\left(1 - \frac{\Delta S}{S_0}\right) = S_0(1 - Z) \tag{10-10}$$

由于塑性变形过程中体积不变，$L_t S_t = L_0 S_0$，两式联立得到：

$$(1 + A)(1 - Z) = 1$$

从上式可推导出：

$$A = \frac{Z}{1 - Z} \quad 或 \quad Z = \frac{A}{1 + A} \tag{10-11}$$

上述伸长率与断面收缩率的换算关系只有在均匀变形阶段才成立，如果产生缩颈变形，上式就不成立了，但由此可推算均匀变形收缩和局部缩颈收缩对断面收缩率的贡献。

10.3.2　弹性伸长率（$A_{弹}$）

根据材料弹性模量（*E*）的定义可以推导出，钢丝的弹性伸长率（$A_{弹}$）：

$$A_{弹} = \frac{R_m}{E} \times 100\% \tag{10-12}$$

10.3.3　包氏（Bauschinger）关系式

包氏在分析断后伸长时提出，塑性均匀变形伸长是整个试样的均匀伸长，可表示为

$\Delta L_{塑}=\alpha L_0$；局部缩颈伸长是局部伸长，可表示为：$\Delta L_{缩颈}=\beta\sqrt{S_0}$，则断后伸长率 A=塑性均匀变形伸长率+局部缩颈伸长率：

$$A=\alpha+\beta\frac{\sqrt{S_0}}{L_0} \tag{10-13}$$

上式又称为包氏关系式，式中，α 和 β 是与材料特性相关的常数。从关系式中可以看出：随原始标距增加，断后伸长率减小；同一材料，试样截面积不同，即使采用同一标距测得的断后伸长率也不同；只有采用同一比例系数的试样，检测结果才有可比性。国内外许多人都研究过包氏关系式，认为该公式反映的断后伸长率与试样尺寸的关系不那么准确，需要修正，其中典型的修正公式为：

$$A=\alpha+\beta\frac{\sqrt{S_0}}{L_0}-\beta\frac{\sqrt{S_0}}{L_0}\times\frac{S}{S_0} \tag{10-14}$$

式中，S 为缩颈处最小截面积，说明断后伸长率与断面收缩率之间存在一定的正关联。

10.3.4 奥氏（Oliver）公式

一般认为奥氏公式比包氏关系式更准确、更适用，现行国际标准 ISO 2566:1984 和国家标准 GB/T 17600—1998《钢的伸长率换算》均是以奥氏公式为基础演算出来的。奥氏公式的基本表达式为：

$$A=R\left(\frac{\sqrt{S_0}}{L_0}\right)^n \tag{10-15}$$

式中，R 和 n 是与材料特性相关的常数。对于某种材料，取不同标距和不同截面积的试样测定断后伸长率，然后对测得数据进行数理分析，求出常数 R 和 n，即可得到该材料断后伸长率的计算公式。

奥氏公式准确给出了断后伸长率和试样尺寸的关系，只要对基本表达式进行适当变换，就可以用于断后伸长率的换算。对于比例标距基本表达式可变换为：

$$A=R\left(\frac{1}{k}\right)^n \tag{10-16}$$

对于同一材料 R 和 n 相同，若在 $L_0/\sqrt{S_0}=k$ 时断后伸长率为 A，而 $L_{0r}/\sqrt{S_{0r}}=k_r$ 时断后伸长率为 A_r，则：

$$A_r=\left(\frac{k}{k_r}\right)^n A \tag{10-17}$$

或

$$A_r=\left(\frac{L_0}{\sqrt{S_0}}\right)^n\left(\frac{\sqrt{S_{0r}}}{L_{0r}}\right)^n A \tag{10-18}$$

10.4 同牌号、不同标距钢材断后伸长率换算

10.4.1 GB/T 17600—1998（等效于 ISO 2566：1984）《钢的伸长率换算 第 1 部分》规定的适用范围

（1）适用于抗拉强度在 300~700MPa 范围内的热轧、热轧后正火、退火、回火的碳

素钢和低合金钢。

（2）不适用于冷轧（拔）状态钢，淬火回火钢和奥氏体钢。

（3）不适用于试样的原始标距长度超过 25 $\sqrt{S_0}$ 或宽厚比超过 20 的试样。

（4）标准以奥氏公式为基础，确定指数 $n=0.4$。

横截面积相等的试样，从一个定标距伸长率换算到另一个定标距伸长率的简化公式为：

$$A_r = \left(\frac{L_0}{L_{0r}}\right)^{0.4} A \tag{10-19}$$

由比例标距伸长率换算到定标距伸长率的简化公式为：

$$A_r = k^{0.4} \left(\frac{\sqrt{S_{0r}}}{L_{0r}}\right)^{0.4} A \tag{10-20}$$

10.4.2 GB/T 17600—1998《钢的伸长率换算　第 2 部分》规定的适用范围

（1）适用于固溶处理状态下的奥氏体不锈钢，抗拉强度在 450~750MPa 范围内。

（2）试样的原始标距长度不超过 25 $\sqrt{S_0}$ 或宽厚比不超过 20 时，断后伸长率换算方法。

（3）标准以奥氏公式为基础，确定指数 $n=0.127$，换算公式同碳素钢和低合金钢。

10.5 不同牌号、不同标距钢丝的实测数据

国家标准给出了热轧碳素钢和低合金钢，以及固溶处理状态奥氏体不锈钢的断后伸长率换算方法，但不同牌号、不同状态、不同标距冷拉钢丝断后伸长率换算时指数 n 应该取什么数值？笔者通过实际测量，并对测得数据进行数理分析，求得部分牌号，不同状态的 R 和 n 数值，见表 10-1，仅供参考。

表 10-1　不同牌号、不同状态钢丝断后伸长率换算系数

序号	钢丝牌号	状态	工艺参数及组织结构	R_m /MPa	Z /%	R	n
1	1Cr18Ni9Ti	固溶处理	周期炉固溶	650	71.7	75.2	0.195
2	0Cr17Ni12Mo2	固溶处理	连续炉固溶	746	71.6	55.0	0.20
3	0Cr17Ni12Mo2	固溶处理	连续炉固溶	783	69.8	63.2	0.23
4	00Cr19Ni13Mo3	固溶处理	周期炉固溶	640	71.2	68.8	0.21
5	1Cr18Mn9Ni5N	固溶处理	周期炉固溶	795	71.3	74.5	0.18
6	3J9	固溶处理	周期炉固溶，（2Cr19Ni9Mo）	889	65.6	51.3	0.17
7	GH2132	固溶处理	周期炉固溶	708	33.8	55.2	0.26
8	0Cr25Al5	退火	罩式炉 850℃退火	714	61.8	52.7	0.48
9	2Cr13	轻拉	退火+轻拉（减面率 22%）磨光丝	305	69.5	59.0	0.50
10	3Cr13	退火	氮气保护井式炉退火	588	73.7	71.5	0.40
11	4Cr13	退火	氮气保护井式炉退火	612	63.9	55.0	0.30

续表 10-1

序号	钢丝牌号	状态	工艺参数及组织结构	R_m /MPa	Z /%	R	n
12	MlCr17Ni2	退火	氮气保护井式炉退火	702	72. 8	53. 4	0. 39
13	9Cr18Mo	退火	氮气保护井式炉退火	790	24. 8	25. 3	0. 23
14	921A（07Mn2Ni2Mo）	退火	氮气保护井式炉 660℃退火	645	82. 9	55. 2	0. 29
15	ML15	球化退火	氮气保护井式炉球化退火	440	75. 2	73. 4	0. 42
16	ML15	冷拉	球化退火+轻拉（减面率 42%）	580	63. 3	44. 5	0. 49
17	25	冷拉	盘条直接冷拉（减面率 60%）	816	42. 2	40. 4	0. 57
18	70	铅浴处理	索氏体组织	1140	33. 1	22. 6	0. 34
19	70	球化退火	3 级粒状珠光体组织	587	58. 1	50. 2	0. 28
20	T9A	退火	氮气保护井式炉退火	718	47. 8	51. 6	0. 36
21	ML16CrSiNi	冷拉	球化退火+冷拉（减面率 7. 5%）	549	82. 2	63. 5	0. 41
22	50B	油淬火回火	840℃×15′油淬，630℃×15′油冷	777	64. 2	55. 6	0. 40
23	50B	油淬火回火	840℃×15′油淬，600℃×8′油冷	979	62. 9	47. 1	0. 43
24	30CrMnSi	油淬火回火	880℃×20′油淬，540℃×30′油冷	1154	60. 5	38. 5	0. 50
25	35CrMo	油淬火回火	850℃×20′油淬，550℃×10′油冷	1238	61. 0	37. 5	0. 54
26	40Cr	油淬火回火	850℃×15′油淬，520℃×20′油冷	1143	55. 8	36. 5	0. 51
27	40CrNiMo	油淬火回火	850℃×20′油淬，600℃×10′空冷	1143	61. 5	39. 0	0. 56
28	40CrNiMo	油淬火回火	850℃×20′油淬，630℃×15′空冷	924	67. 9	52. 2	0. 51
29	50CrV	油淬火回火	860℃×15′油淬，500℃×20′油冷	1268	40. 8	30. 2	0. 52
30	25Cr2Ni4WA	油淬火回火	850℃×20′油淬，550℃×15′油冷	1167	60. 3	42. 3	0. 53
31	38CrMoAl	油淬火回火	940℃×15′油淬，640℃×8′油冷	1073	66. 8	52. 5	0. 56
32	20CrMnMo	油淬火回火	850℃×20′油淬，200℃×30′空冷	1475	55. 6	36. 5	0. 54
33	30CrMnMoTiA	油淬火回火	870℃×20′油淬，200℃×30′空冷	1742	52. 4	35. 2	0. 57

以横截面积相等的试样，从一个定标距伸长率换算到另一个定标距伸长率的公式为基础，两边取对数可以导出 n 和 R 的计算公式：

$$\lg\left(\frac{A_r}{A}\right) = n \cdot \lg\left(\frac{L_0}{L_{0r}}\right) \quad 则 \quad n = \lg\left(\frac{A_r}{A}\right) / \lg\left(\frac{L_0}{L_{0r}}\right) \tag{10-21}$$

由

$$A = R\left(\frac{\sqrt{S_0}}{L_0}\right)^n \quad 导出 \quad R = A / \left(\frac{\sqrt{S_0}}{L_0}\right)^n \tag{10-22}$$

为了使伸长测量更准确，试验用钢丝全部先矫直，然后打上间隔 10mm 的标距，分别测出 $A_{5.65}$、$A_{11.3}$（按 $5d$、$10d$ 计算标距，不足 10mm 的一律进到 10mm）和 $L_0 = 100$mm 时的伸长率。

从表 10-1 可以看出：

（1）n 的数值大小可反映出标距变化对钢材伸长率的影响程度，n 数值小，标距变化时伸长率变化也小，说明该牌号钢具有良好的冷加工塑性。n 数值大，检测标距加长时伸长率明显减小，钢的冷加工塑性相对较低。

（2）钢丝的 n 值与热处理后的抗拉强度有一定的关联，但与组织结构的关联似乎更密切。热轧堆冷的70钢盘条，组织为片状珠光体，抗拉强度775MPa，$n=0.40$；铅浴处理的70钢丝，组织为索氏体，抗拉强度1140MPa，$n=0.34$；球化退火的70钢丝，组织为粒状珠光体（3级），抗拉强度587MPa，$n=0.28$；不同组织结构的70钢，n 值最大差达0.12。对珠光体型钢而言，粒状珠光体组织的 n 值最小，塑性最好；索氏体（细片状珠光体）组织的 n 值居中，塑性较好；片状珠光体组织的 n 值最大，塑性不如其他两类组织。再看表10-1中的T9A（20号）和ML16CrSiNi（21号），退火后组织接近片状珠光体，其 n 值分别为0.36和0.41，据此推论：片状珠光体的钢，可以按GB/T17600—1998第1部分的规定，换算系数 n 取0.40。

（3）第1~7号钢为奥氏体钢，其 n 值在0.17~0.23范围内，是各类组织中 n 值最小，塑性最好的钢。其中第7号高温合金GH2132，固溶处理后的组织尽管也是奥氏体，因为合金元素种类多，含量大，n 值高达0.26。从上述实验数据中可以推论：奥氏体不锈钢丝在固溶状态下进行伸长率换算时，n 取0.20是比较合适的。

（4）铁素体钢0Cr25Al5（第8号）退火后的 n 值为0.48，高于GB/T 17600—1998第1部分 $n=0.40$ 的规定。

（5）第9~13号钢为马氏体钢，2Cr13和1Cr17Ni2再结晶退火后的组织为片状珠光体，其换算系数 $n=0.40$，4Cr13和9Cr18Mo为拉拔顺利，采用球化退火，组织为粒状珠光体，其 n 值分别为0.30和0.23，低于0.40。

（6）第22~31号钢淬火-回火后的组织为回火索氏体，第32~33号钢淬火-回火后的组织为回火马氏体。这两类钢的 n 值与最终热处理抗拉强度有一定关联，以40CrNiMo为例，在同一淬火工艺条件下，回火温度从600℃×10′提高到630℃×15′时，抗拉强度从1143MPa降到924MPa，n 值从0.56降到0.51。综合分析，中低碳合金结构钢淬火-回火获得回火索氏体时，其 n 值约为0.50~0.56，其换算系数 n 可取为0.53；淬火-回火获得回火马氏体时，其换算系数 n 可取为0.55。

（7）钢丝的 n 值随着冷加工减面率增大而增大，以ML15为例，球化退火后钢丝抗拉强度440MPa，$n=0.42$；经45%减面率冷拉后，钢丝抗拉强度上升到580MPa，n 上升到0.492。对冷拉钢丝 n 值的变化规律有待于进一步验证。

参 考 文 献

[1] 梁新邦，李久林. GB/T 228—2002金属材料 室温拉伸试验方法实施指南［M］. 北京：中国标准出版社，2002.

[2] 钢丝　钢丝绳　钢绞线及相关标准汇编［M］. 第2版. 北京：中国标准出版社，2006.

[3] 那顺桑，姚青芳. 金属强韧化原理与应用［M］. 北京：化学工业出版社，2006：33.

11 强对流气体保护退火炉

强对流气体保护退火炉是近年来开发并逐步推广使用的一种高效、节能、环保型退火炉，可用于带材、线材和丝材的退火处理。如果保护气体有足够的纯度，退火工艺得当，经这种炉退火的特殊钢钢丝和盘条显微组织均匀、力学性能稳定、表面脱碳层也无加深的趋势。与一般退火炉相比，强对流气体保护退火炉的优势是整个退火过程中，炉内保护气体始终处于高速、有序流动状态。要正确地制造和合理使用强对流气体保护退火炉必须对退火炉的结构和特性有一定的了解。

本章节系统地介绍了强对流气体保护退火炉的类型、结构、特性、优势和使用注意事项，同时给出了与炉体设计和退火炉使用相关的计算公式和经验公式，为该类型退火炉的设计、制造和使用提供了理论依据和技术支持。根据上述理念和计算公式，我们先后与热处理炉生产厂配合设计了一台强对流气体保护罩式退火炉和一组（装炉量6~20t）强对流气体保护井式退火炉，8~10年的生产实践证明：经两种炉型热处理的钢丝均达到预期效果，相对比较井式炉处理的钢抗拉强度的均匀性更好点。根据长期监测，各类钢、同一炉号热轧盘条的抗拉强度极差，一般在60~120MPa范围内，经强对流气体保护罩式退火炉热处理，同一炉号钢的抗拉强度极差，稳定地保持在≤50MPa范围内；经强对流气体保护井式退火炉热处理，抗拉强度极差可稳定地保持在≤30MPa范围内。钢的单位能耗与实际装炉量直接对应，装炉量越大，吨钢能耗越低；大炉能耗低于小炉，满载低于半载。初步分析认为：井炉退火料抗拉强度均匀性更好与强对流气体有序流动效率更高有关。

11.1 热交换的基本方式

退火炉的热效率主要取决于炉体散热状况和炉内热交换状况，一旦选定退火炉，炉体散热状况也就固定了，要提高退火炉的热效率只有一条路：提高炉体与物料的热交换能力。炉内的热交换有三种基本方式：辐射传热、对流传热和传导传热。三种传热的基本公式分别为：

辐射传热 $$Q_f = 4.18\sigma\left[\left(\frac{T_1}{100}\right)^4 - \left(\frac{T_2}{100}\right)^4\right]\varphi_{12}A_1 \quad (\text{kJ/h}) \tag{11-1}$$

式中 σ——导出辐射系数，$\text{kcal}/(\text{m}^2 \cdot \text{h} \cdot \text{K}^4)$；

T_1，T_2——传热双方的温度，K；

φ_{12}——钢材表面投向壁的角度系数，一般 $\varphi_{12}=1$；

A_1——钢材的传热面积，m^2。

其中，导出辐射系数 $\sigma = \varepsilon C_0$，ε 表示黑度；C_0表示绝对黑体的辐射系数 $C_0 = 4.88\text{kcal}/(\text{m}^2 \cdot \text{h} \cdot \text{K}^4)$。

对流传热 $$Q_d = 4.18\alpha A\Delta t \quad (\text{kJ/h}) \tag{11-2}$$

式中　α ——对流给热系数，kcal/(m^2 · h · ℃)；

Δt ——炉气与钢材表面温度差,℃；

A——钢材的传热面积，m^2。

传导传热

$$Q_{da} = 4.18\lambda \frac{A\Delta t}{\delta} \quad (\text{kJ/h}) \tag{11-3}$$

式中　λ ——物体的导热系数，kcal/(m^2 · h · ℃)；

A——物体的传热面积，m^2；

Δt ——物体的温度差,℃；

δ ——物体的厚度，m。

以钢铁材料为例，将相关参数代入公式计算可以发现：在常规热处理中，辐射传热占主导地位，特别是在高温（>900℃）条件下，几乎全依赖辐射传热；随着热处理温度下降，在600~900℃范围内，对流传热比例逐渐上升，最终占主导地位；温度进一步下降，传导传热的贡献逐步占上风。特殊钢盘条和钢丝（奥氏体不锈钢除外）退火基本在600~900℃范围内，因此强化对流传热效果是提高退火炉热效率的有效途径。

11.2　强对流气体保护退火炉传热计算的经验公式[1]

在特殊钢退火过程中，传热发生在炉气与钢材表面之间，实际上已包含了对流和传导双重作用，所以强对流传热基本上由辐射给热和对流给热两部分组成，综合给热系数的经验公式为：

$$\alpha_{总} = 4.18(\alpha_f + \alpha_d) \quad (\text{kJ/(m}^2 \cdot \text{h} \cdot ℃)) \tag{11-4}$$

辐射给热系数

$$\alpha_f = 4.18\sigma \frac{\left(\frac{T_1}{100}\right)^4 - \left(\frac{T_{jb}}{100}\right)^4}{T_1 - T_{jb}} \quad (\text{kJ/(m}^2 \cdot \text{h} \cdot ℃)) \tag{11-5}$$

式中，T_1、T_{jb} 表示炉温及钢的表面温度（K），加热温度900~1300℃时，σ =3.0~3.5；加热温度≤900℃时，σ =2.5~3.0。

对流给热系数按表11-1计算。

表 11-1　退火炉对流给热系数计算公式

表面状态	气体流动速度 W/m · s^{-1}	
	W≤5	W>5
热轧和冷拉表面	α_d = 5 + 3.4W　式（11-6）	α_d =6.14 $W^{0.78}$　式（11-7）
粗糙表面	α_d =5.3+3.6 W	α_d =6.47 $W^{0.78}$
磨光表面	α_d =4.8+3.4 W	α_d =6.12 $W^{0.78}$

11.3　强对流气体保护退火炉的结构

近年来开发的强对流气体保护退火炉主要有两种类型：强对流气体保护罩式退火炉和强对流气体保护井炉退火炉，其结构见图11-1和图11-2。

11.3.1　强对流气体保护罩式退火炉

强对流气体保护罩式退火炉由加热罩（外罩）、炉台总成、内罩、导流桶和冷却罩几部分组成。

加热罩用碳素钢板焊接成型，底部配有用陶瓷纤维制成的密封圈，用来与内罩下法兰端面压紧密封。加热罩分燃气加热和电加热两种类型，燃气加热炉选用天然气或煤气作燃料，炉子造价虽高，但运行成本低，在燃气充足的条件下比较实用。电加热炉不受气源限制，无需考虑废气排放问题，造价也略低于燃气炉。电加热罩上部配有风机和可以控制流量和压力的空气管道，供加热时散压，冷却时通风用。加热罩是多炉台共用，加热时罩上，加热完吊走。

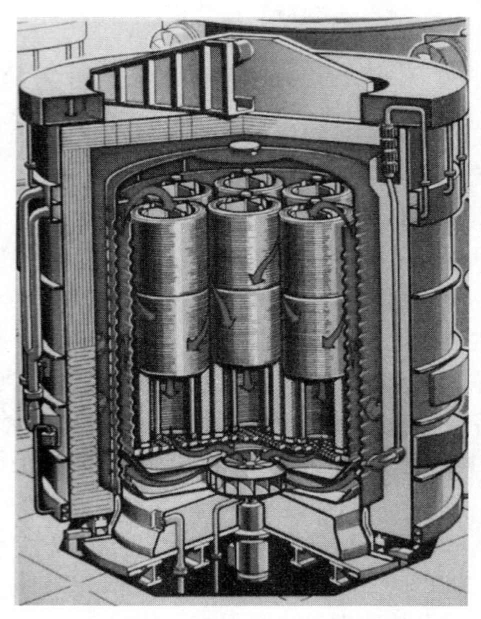

图 11-1　强对流气体保护罩式退火炉结构

炉台总成由炉台、强对流风机、耐热钢分流器及耐热钢托料盘、液压卡紧油缸组成。炉台底部用型钢和钢结构件焊成型，上面固定耐热钢支撑件，用硅酸铝耐火纤维制品隔热保温。高热面用板和分流器均选用 310S 耐热钢板焊接成型。最上面是耐热钢铸造或焊接成型的托料盘。炉台外围设有带水冷套的法兰盘，法兰盘的梯形槽内装配耐热硅橡胶密封环，用来与内罩密封配合。

强对流循环风机是炉台核心部件，要在密封的保护气氛中高速运转，要承受和加热温度相同的高温，转速高达 1400r/min，风量达 $4\times10^4 m^3/h$，对密封、冷却、耐热强度、动平衡精度要求极为苛刻。由于加热和冷却过程中气体密度变化较大，风机一般选配多速电机或变频电机。

内罩用耐热钢板（310S 或 253 MA）焊接成型，为增加内罩热交换面积，提高强度，罩体压制成波纹形。内罩底部焊有钢质法兰盘及冷却水套，可与炉台实现密封配合。导流桶是用耐热钢（304）焊接成型的圆桶，悬挂在罩体内部，起非常重要的导流作用。

冷却罩用不锈钢板焊接成型，顶部两侧各装一台轴流风机，顶部配有喷水系统。热处理进入冷却阶段时，移开加热罩，扣上冷却罩，可以对炉料实施不同速度的快速冷却。

热处理过程中，强对流循环风机鼓起的强大的气流在导流桶的引导下，沿内罩壁上行，气流快速升温，到炉顶后折回，从钢丝料架中间穿过，将热量传递给炉料，再返回风机进风口（见图 11-1 中的箭头指向）。由风机、内罩和导流桶配合工作，钢丝在强热流中完成热处理，炉温的均匀性是一般退火炉无法比拟的。

强对流气体保护罩式退火炉的装炉量一般为 24～40t，适用于热轧盘条和钢丝专业生产线（品种单一，批量较大）的成品和半成品热处理。缺点是炉体基本安装在地平线以上，再加上吊罩预留高度，厂房吊车标高要大于 14m，起重能力一般大于 20t，厂房和设备投资较大。这种炉子奥地利艾伯纳（EBNER）、德国洛伊（LOI）公司（分厂在天津）

和北京北方东升工业炉公司均可生产。

11.3.2 强对流气体保护井式退火炉

电加热式强对流气体保护井式退火炉结构见图 11-2，强对流气体保护井式退火炉由炉体（图 11-2 中序号 4、5）、炉胆（2）、强对流风机（8）、导流桶（3）和炉盖（1）几部分组成。

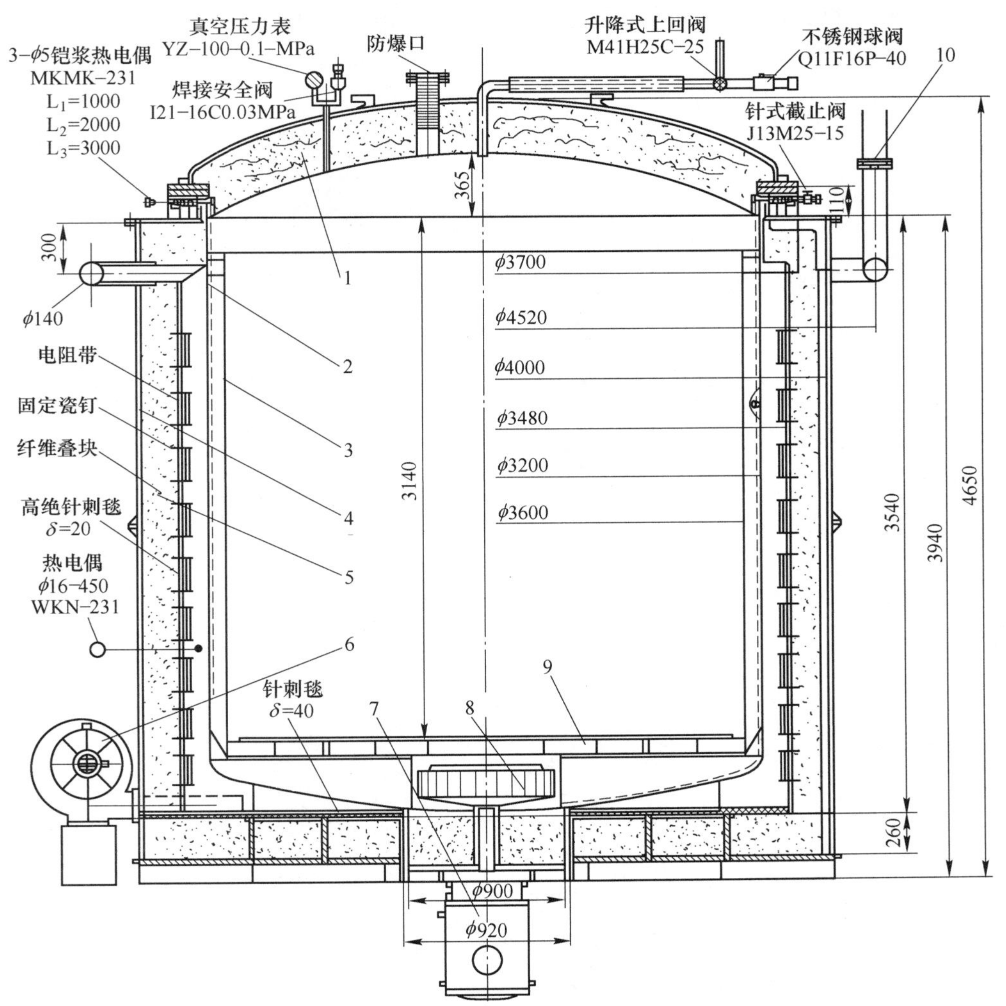

图 11-2 强对流气体保护井式退火炉结构

炉体外壳（4）采用 6 mmQ235 钢板焊接成型，上面板和底板用 25mmQ235 钢板加固。炉膛采用 250mm 厚的全纤维压制成型的高铝针刺毡（5）构筑，固定件焊接在炉壳内壁上，用横销将高铝针刺毡固定在内壁上。加热元件采用 Cr20Ni80 优质电阻带，制成波形线，用耐高温螺旋式陶瓷钉锁挂在高铝针刺毡上。电阻带总功率 300kW，分上、中、下三区自动控温。炉体下部两侧装有 2 台 1.5kW 冷却风机（6），热处理进入缓冷或快冷阶段，程序温控仪按给定工艺，自动控制降温速度，冷风由下向上吹扫炉膛，热气在炉体上部 4 个风口汇总（10），集中排放。热处理后可将冷却风机打到手动挡，快速降温。

炉胆是一个密闭的圆柱形容器，盘圆或钢丝装在炉胆中进行热处理。炉胆用 8mm 厚 1Cr23Ni13 或 1Cr18Ni9Ti 不锈钢板焊接成型，圆柱面压成波纹形，以增强炉胆耐压性能。炉胆底部封头用 10mm 310S 耐热不锈钢板旋压成型，封头中用同材质的钢板焊出 14 条放射形导流通道，见图 11-3，导流通道对胆底同时起加固作用。导流通道上方装配一个杯状导流筒，导流筒底板为 12mm304 不锈钢板，底板上焊出放射形导流通道，见图 11-4，在上面覆盖一张 12mm 多孔的不锈钢板（9），作用是将气流汇总到中间的气道中。导流筒上部焊接一圈网格式法兰盘，用来固定导流筒与炉胆内壁的相对位置，使两者保持同心。

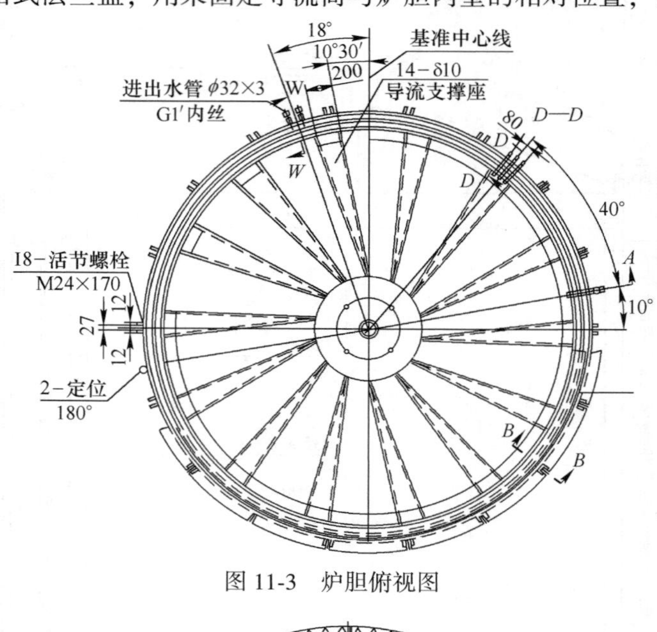

图 11-3　炉胆俯视图

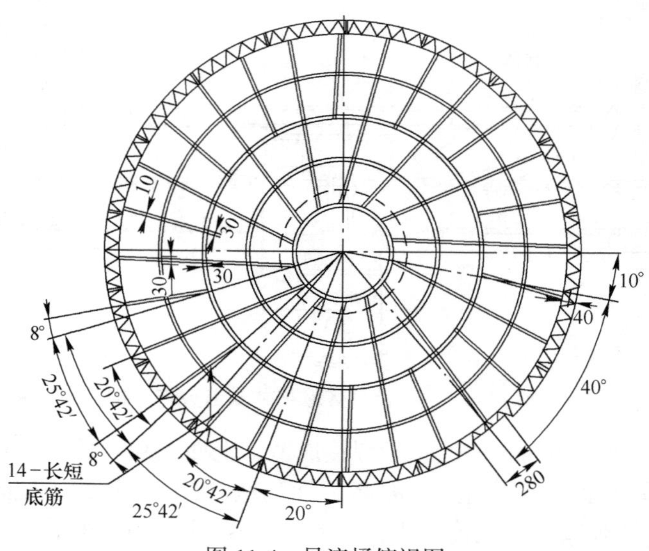

图 11-4　导流桶俯视图

双速强对流风机安装在炉胆底部，其叶轮装配在封头导流通道中间，叶轮中间吸风孔正对着导流筒的中间气道，叶轮和电机轴均采用耐热不锈钢制作，电机（7）配有冷却水套。

炉胆内侧还装配了保护气体输入管道和热电偶导入孔。炉胆上部法兰盘采用40mmQ235钢板焊接成型，法兰盘上面镶有一条耐高温橡胶密封圈，密封圈下设有水冷套，法兰盘四周配置了18个压紧螺栓，用来与炉盖密封连接。

拱形炉盖（1）外面用12mmQ235钢板压制成型，里面封头用的是6mm1Cr18Ni9Ti不锈钢板，中间填充硅酸铝保温材料。炉盖上方设有抽真空管道、抽气接头、压力表、安全阀（起跳压0.05MPa）、限压（0.0025MPa）单向排气阀、冷却水活接头和防爆排气孔。还设有4个起吊攀，配备了一套专用吊具。

在热处理全过程，炉中通入保护气体。当强对流风机打开时，保护气体始终处于快速流动中，气体的流动方向是沿炉胆与导流筒的间隙（100mm）从下向上流动，同时被加热成热气流，升到炉盖时受阻，从四壁向中心汇聚；由于导流筒内整个装料区都与强对流风机的吸风口相通，升顶的热气流从上向下回流，将热量均匀地传递给钢丝，所以保护气体的强对流是实现钢丝均匀加热的关键。可以想象，保护气体纯度不够，即使含有微量氧气和水也会造成钢丝灾难性的氧化和脱碳。

电热式强对流气体保护井式退火炉的主要特点是：

（1）采用电加热，温度控制精度高，热处理过程实现自动化。

（2）炉底安装强对流风机，在热处理全过程中实现稳定的环流传热，炉温均匀性好，设计温控精度±5℃，实际达到±3℃。

（3）采用氨分解气体或高纯氮气等作为保护气体，实现无氧化、无脱碳热处理，金属损耗少。

（4）装载量适中，中型炉装料一般在8~16t，与特殊钢丝品种多、批量小(≤10t/批)的特征相适应，生产组织方便。

（5）井式结构，可以深埋地下，能适应老厂房吊车标高不很高的基础条件。

（6）设备结构简单，要达到同样的生产能力，设备投资仅为强对流气体保护罩式退火炉的50%左右。

（7）操作方便，装、出料时只要吊走炉盖，就可以操作，无需配备大吨位吊车，安全可靠。

强对流气体保护井式退火炉型号较多，小型炉装炉量2t，大型炉装炉量可达20t，各类金属制品加工厂可根据品种结构和厂情选购。目前苏州东升和东盛，嘉兴三翁（台资企业）等电炉厂生产的强对流气体保护井式退火炉质量已过关、工艺成熟、使用性能也较好。

11.4　强对流气体保护退火炉的特性

使用风机在退火炉中建立强制对流的气氛，提高炉子对流传热能力，提高热效率，是强对流气体保护退火炉的基本特性，可以说“强对流”是该炉型的灵魂。要发挥强对流的作用，还必须解决以下几个方面的问题。

11.4.1　保护气氛

在常规热处理中气体流动速度加快，势必造成炉料的氧化和脱碳加剧。要发挥强对流的作用，首先需要严格控制炉气中的氧含量，将装料空间密封起来，再通入保护气体，是实现强对流退火的前提条件。无论是罩式退火炉，还是井式退火炉，装料空间的气密性，保护气体的种类和纯度，钢丝和盘条表面的洁净度，与退火后钢丝和盘条表面的氧化和脱碳有直接对应关系。

11.4.2　气体流动状况

保护气体的流动必须是有序和稳定的，气体的流动方向就是热传导方向，从图 11-1 和图 11-2 可以看出，强对流风机均安装在炉底，鼓起的风在导流桶的引导下，首先沿热源——内罩或炉胆上行，抵达炉顶后折回，从中间装料区返回风机吸风口，形成有规律的环流传热。由于通风道截面是等宽的环状，四周气体的流量和流速也是等同的，在加热区各部位炉料接受的热量当然是等同的，这就是用强对流气体保护退火炉退火后，钢丝或盘条性能均匀性优于其他炉型的原因。对强对流气体保护退火炉而言，提高传热速度靠增大气体流量，改善炉温均匀性靠改善气体流动状况。不难看出，导流桶的破损和缺失，对退火的均匀性和热效率将产生致命的影响。

11.4.3　强对流风机特性

目前工业生产中使用的强对流气体保护退火炉，都是借助于离心式风机和导流桶配合建立强对流气氛的，在热处理过程中，保护气体的密度、热容和导热性能的变化必然带来气流状况的很大变化，下面以电加热强对流气体保护井式退火炉（见图 11-2）为例，分析温度对气流特性的影响规律。

11.4.3.1　风机性能参数的换算

强对流风机的性能参数是在风机进风处空气绝对压力为 1.01×10^5Pa（760mm 汞柱）、空气温度为 20℃ 的条件下标定的，在使用中随着气压和气温的变化，风机的性能参数会发生很大变化，变化后的性能参数可按下式进行换算：

（1）气压不变，气温变化后的风机风量（m^3/h）：
$$V_1 = \frac{T_s}{T_1}V_s \tag{11-8}$$

（2）气压不变，气温变化后的风机功率（kW）：
$$N_1 = \frac{T_s}{T_1}N_s \tag{11-9}$$

（3）转速变化时风机风量（m^3/h）：
$$V_1 = \frac{n_1}{n_s}V_s \tag{11-10}$$

（4）转速变化时风机风压（Pa）：
$$P_1 = \left(\frac{n_1}{n_s}\right)^2 P_s \tag{11-11}$$

（5）转速变化时风机功率（kW）：
$$N_1 = \left(\frac{n_1}{n_s}\right)^3 N_s \tag{11-12}$$

式中　V_s，P_s，N_s——风机标定风量、风压和功率；

V_1，P_1，N_1——升温后的风量、风压和功率；

n_s——调整前的转速，r/min；

n_1——调整后的转速，r/min；

T_s——风机标定温度，293K；

T_1——实际炉温，K。

从公式（11-8）和式（11-9）可以看出：在转数和压力不变的条件下，风机的风量随温度的上升而平稳下降，电机的运行功率随风量同步下降。为保证高温下有足够的风量，电机功率又不至于过大，强对流气体保护退火一般都配置多极风机，而且高速风机在温度升到规定度数时才允许启动。哈尔滨金龙电器技术有限公司生产的双速风机性能见表11-2。

表 11-2　国产双速风机性能参数[4]

电机参数					叶轮参数			
电机型号	功率/kW	电压/V	电流/A	转速/r·min^{-1}	叶轮直径/mm	风量/m^3·h^{-1}	风压/Pa	最高使用温度/℃
YLMD200L$_1$-8/4	5.5/22	380	13/40	730/1740	600	10800	2700	850
YLMD200L$_2$-8/4	6/26	380	14/50	730/1740	650	13000	3168	850
YLMD225M-8/4	8/34	380	19/65	730/1740	750	17500	3498	850
YLMD250-1-8/4	10/37	380	24/71	740/1480	800	28000	2150	850
YLMD250-2-8/4	11/45	380	26/84	740/1480	850	42000	2350	850
YLMD250-3-8/4	13/55	380	30/102	740/1480	900	55000	2000	850
YLMD280M-8/4	15/67	380	32/128	740/1480	950	60000	2100	850

11.4.3.2　热处理全过程

退火炉在热处理全过程始终通保护气，维持微正压状态，可以认为在热处理全过程中炉中气压是不变的，图11-2中强对流风机和退火炉相关参数见表11-3。

表 11-3　强对流循环基本参数

强对流风机技术参数		退火炉相关参数	
双速电机功率/kW	37/10	有效加热区容积	ϕ3.0m×h3.0m
双速电机转速/r·min^{-1}	1480/740	热处理工作区容积/m^3	23.324
离心风机风压/Pa	2210/612	通风道截面面积/m^2	0.9734
离心风机风量/m^3·h^{-1}	39020/19500	常温时风速（W）：高速挡/m·s^{-1}	11.135
叶轮直径/mm	800	低速挡/m·s^{-1}	5.565

11.4.3.3　双速离心式强对流风机

退火炉选配双速离心式强对流风机，退火开始时首先启动风机低速挡，炉温升到300~400℃时再切换到高速挡，所以计算加热过程中对流及给热状况时，低速挡计算到400℃，高速挡从300℃起算。给热系数按公式（11-4）~式（11-7）计算，计算辐射给热系数时设定钢温 $T_{jb}=0.7T_1$（炉温），650℃、700℃、750℃、800℃、850℃、900℃时的 σ 分别取2.5、2.6、2.7、2.8、2.9、3.0，计算结果见表11-4。

表 11-4 加热过程中对流及给热状况[2]

项目名称	风机低速挡			
温度/℃	20	200	300	400
风量/$m^3 \cdot h^{-1}$	19500	12080	9971	8490
风量比（V_1/V_S）	1	0.62	0.51	0.44
换气系数/次 · min^{-1}	13.93	8.63	7.12	6.07
风道流速（W）/$m \cdot s^{-1}$	5.67	3.15	2.85	2.42
辐射给热系数（α_f）/kcal · $(m^2 \cdot h \cdot ℃)^{-1}$		1.57	3.68	7.10
对流给热系数（α_d）/kcal · $(m^2 \cdot h \cdot ℃)^{-1}$	23.41	16.73	14.69	13.23
综合给热系数（$\alpha_{总}$）/kcal · $(m^2 \cdot h \cdot ℃)^{-1}$		18.30	18.37	20.33

项目名称	风机高速挡									
温度/℃	20	300	400	585	650	700	750	800	850	900
风量/$m^3 \cdot h^{-1}$	39020	19953	16988	13325	12387	11750	11176	10655	10181	9755
风量比/$V_1 \cdot V_S^{-1}$	1	0.51	0.44	0.34	0.32	0.30	0.29	0.27	0.26	0.25
换气系数/次 · min^{-1}	27.88	14.26	12.14	9.52	8.85	8.40	7.99	7.61	7.27	6.96
风道流速 W/$m \cdot s^{-1}$	11.14	5.69	4.85	3.80	3.53	3.35	3.19	3.04	2.91	2.75
辐射给热系数（α_f）/kcal · $(m^2 \cdot h \cdot ℃)^{-1}$		3.68	7.10	17.92	23.77	30.0	37.39	46.07	57.59	67.86
对流给热系数（α_d）/kcal · $(m^2 \cdot h \cdot ℃)^{-1}$		23.83	21.49	18.11	17.0	16.39	15.85	15.34	14.89	14.45
综合给热系数（$\alpha_{总}$）/kcal · $(m^2 \cdot h \cdot ℃)^{-1}$		27.51	28.59	36.03	40.77	46.39	53.24	61.41	72.48	82.31

计算结果显示：在转数和压力不变的条件下，风机的风量随温度的上升而平稳下降，炉温达 300℃时风量只有标定风量的一半（51%），炉温达 900℃时风量只有标定风量的 1/4。表中换气次数是保护气氛控制常用的一项指标，指额定温度下，实际风量与加热区容积之比。在 900℃退火时要保证加热区换气次数不小于 7，则风机标定的最大风量应不小于加热区容积的 28 倍。

从表 11-4 中还可以看出：强对流气体保护退火炉在高温条件下辐射给热系数（α_f）大于对流给热系数（α_d），随退火温度降低，对流传热的贡献逐渐加大，到 585℃左右，对流给热系数开始超过辐射给热系数。

11.4.4 装料区的尺寸

退火炉装料区的尺寸是炉子设计的最重要参数之一，德国洛伊（LOI）公司提供的测算方法简单明了，值得借鉴，见图 11-5。

图 11-5 中 d 表示装料架底部直径，D 表示退火炉装料区直径，实际多采用双层料架或 3 层料架，据此可以确定加热区高度。

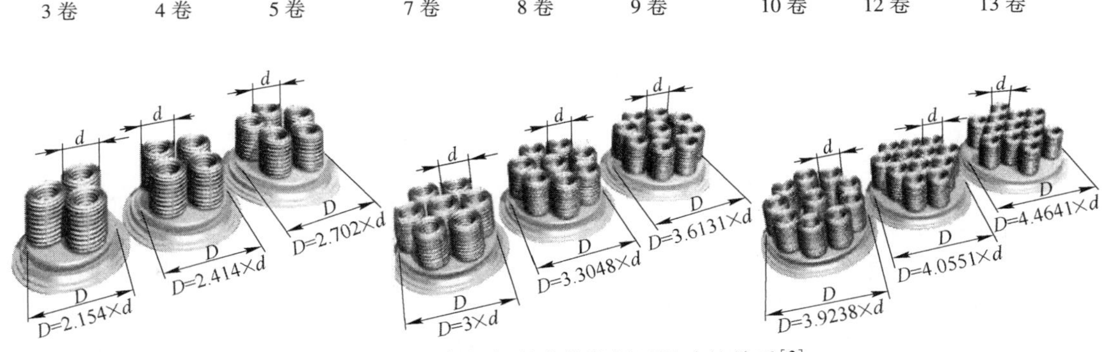

图 11-5　钢丝盘径与退火炉装料区尺寸的关系[2]

11.4.5　电加热功率

电井炉的加热功率需根据预定退火温度、装炉量、热处理周期、保护气体种类来确定，通常用热平衡计算方法确定配置功率。在使用过程中不同退火温度，不同装炉量热处理升温时间差别较大，也需要通过热平衡计算为退火工艺的制订提供依据。热平衡计算方法如下：

（1）计算加热钢丝或台架等热量消耗的基本公式为：

$$Q = m(C_1t_1 - C_0t_0) \tag{11-13}$$

式中　m——钢丝或台架等重量，kg；

C_1——加热到预定温度时的平均比热，kJ/(kg·℃)；

C_0——装炉时的平均比热，kJ/(kg·℃)；

t_1——预定加热温度，℃；

t_0——钢丝或台架等原始温度，℃；

Q——热量消耗，kJ。

（2）炉体表面散热计算公式

$$Q = qF \tag{11-14}$$

式中　q——散热系数，kJ/(m^2·h)；

F——炉体外表面积，m^2。

式（11-14）中的散热系数（q）是与炉体外表面温度相关的经验数据，从表 11-5 中可以查出相应数值。

表 11-5　炉体外表面温度与散热系数（q）的关系

表面温度/℃	散热系数/kJ·(m^2·h)$^{-1}$(kcal/(m^2·h))	表面温度/℃	散热系数/kJ·(m^2·h)$^{-1}$(kcal/ m^2·h))	表面温度/℃	散热系数/kJ·(m^2·h)$^{-1}$(kcal/(m^2·h))	表面温度/℃	散热系数/kJ·(m^2·h)$^{-1}$(kcal/(m^2·h))
25	159.10(38)	50	1230.92(294)	80	2888.89(690)	120	7285.03(1740)
30	347.50(83)	60	1741.71(416)	90	3546.22(847)	140	9085.36(2170)
40	762.00(182)	70	2302.74(550)	100	4228.67(1010)	160	11136.89(2660)

注：其他温度对应的 q 值可用插入法求得。

（3）热量消耗换算成单位时间的电耗-功率

$$N = \frac{Q}{860\tau_0} \tag{11-15}$$

式中　τ_0——钢丝加热到预定温度的时间，h。

（4）总电耗

$$N_{总} = K(N_1 + N_2 + N_3 + \cdots + N_n) \tag{11-16}$$

式中　K——安全系数。

式（11-15）中的安全系数主要考虑电压波动、电热元件接线孔和热电偶观察孔等造成的热量损失。保温条件较好的连续生产的电井式炉 K 取 1.2~1.3。强对流气体保护退火炉加热区空间有限，电加热配置功率过大，热量传不出去，往往造成电热元件频繁损坏，同时降低炉胆使用寿命。所以不能以最高使用温度和最大装料量作为热平衡计算基准，加热速度也不宜太快（≤80℃/h）。推荐以最常用的退火温度、平均装炉量、24h 热处理周期为基准进行热平衡计算。热平衡计算实例参见文献［2］对流气体保护退火炉热平衡计算(《金属制品》2006 年第 5 期 39~41 页)。

11.4.6　炉胆壁厚

强对流气体保护退火炉是在密闭空间完成退火的，为彻底驱除炉胆或内罩里的残余空气，有的要进行抽真空处理；即使不抽真空，通过保护气体时也要产生一定的微正压，为防止炉胆或内罩在工作中变形，要对炉胆或内罩进行“失稳”计算，以确定选用材质和厚度。

圆柱体“失稳”临界压力计算公式为[1]：

$$Q = (K^2 - 1)\frac{Et^3}{12(1 - \mu^2)R^3} \tag{11-17}$$

式中　Q——临界压力，MPa；

K——圆柱一周中包含的余弦波（凹凸波）的波数；

E——杨氏弹性模量，MPa；

t——内胆壁厚，mm；

μ——泊松比；

R——内胆圆柱体半径，mm。

电井炉设计过程中常常是先确定炉胆或内罩的工作压力，然后计算出炉胆或内罩的壁厚。设内胆工作压力为 P，要保证内胆热处理过程不变形，必须保证 $P<Q$。从公式(11-17)可以导出：

$$P < (K^2 -1)\frac{Et^3}{12(1 - \mu^2)R^3}$$

$$t > \sqrt[3]{\frac{12(1 - \mu^2)R^3 P}{(K^2 - 1)E}} \tag{11-18}$$

式中　P——内胆允许工作压力，MPa。

炉胆或内罩的壁厚计算实例参见文献［3］。

11.4.7　保护气的选择

按气体对钢材氧化和脱碳的影响，可将炉气中的气体分为 5 类：氧化性气体和还原性气体，脱碳性气体和渗碳性气体，以及中性气体。O_2、CO_2、H_2O 属于氧化性气体，H_2、CO 属于还原性气体，O_2、CO_2、水蒸气和湿 H_2属于脱碳性气体，CO、CH_4属于渗碳性气体，N_2和惰性气体属于中性气体。强对流气体保护退火炉要求在无氧化、无脱碳气氛中工作，选用的保护气体必然是中性气体或还原性气体，常用的保护气体有氮气、氨分解气、高纯氢气和甲醇裂解气，常用的保护气体的制备方法和成分如表 11-6。

表 11-6 常用的保护气体的制备方法和成分[4]

名 称	制备方法	气体成分 φ/%						安全性
		N_2	H_2	O_2	CO	CH_4	H_2O	
空分氮	空气液化精馏	99.9	0.0	$\leqslant 25\times10^{-6}$	0.0	0.0	露点 −57℃	不可燃、无毒
分子筛制氮	用碳分子筛吸附氧，制氮[6]	99.5~99.9	0.0	0.5~0.1	0.0	0.0	露点 −40℃	不可燃、无毒
氨分解气体	氨用催化剂加热分解+纯化处理	25	75	$\leqslant 15\times10^{-6}$	0.0	0.0	露点 −60℃	需防爆、无毒
高纯氢	电解水+纯化处理	0.0	100	$\leqslant 15\times10^{-6}$	0.0	0.0	露点 −60℃	需防爆、无毒
甲醇裂解气	甲醇热裂解	0.0	66	0.0	33	微量	微量	可燃、有毒

氮气无毒、无味、安全可靠，是强对流气体保护退火炉的首选保护气体。对钢铁厂而言，炼钢需用大量的氧气，氮气是制氧的副产品，只要稍加净化就可利用，资源极为丰富。自然选用空分氮，其他厂可根据资源状况选用瓶装工业氮或碳分子筛制备的氮。碳分子筛制氮一次投资虽然高，但其长期使用成本仅为瓶装氮的 23%，可以推广使用[4]。

一般说来，中低碳钢退火选用表 11-6 中的纯氮就可以达到无氧化、无脱碳的效果，但要达到光亮表面则需要在氮气中添加 3%~5%的氢气。高碳钢、弹簧钢和合金工具钢为防止脱碳多在氮气中添加 1%~6%的甲醇裂解气，1kg 的甲醇可产生 1.66m^3的裂解气，此时因炉气中含有 CO 和 CH_4，退火后的钢丝或盘条表面会覆盖一层炭黑。马氏体和铁素体不锈钢丝，以及要求以光亮状态交货的各类制针钢丝，通常选用氨分解气体或高纯氢气作保护气体。

凡是用保护气氛的热处理除了要严格控制气体纯净度以外，还要注意工作区空间密封，残余氧气驱赶，以及炉料的洁净度等环节，否则很难达到预期效果。以氮基气氛热处理为例，典型热处理工艺由四个阶段组成：

(1) 残余氧气排除期：这阶段的主要目标是用大气量的氮气排除工作区空间的残留氧气，装料密封后，一般通入相当于工作区空间容积 5 倍的氮气，可以使炉胆或内罩内的氧含量达到 0.1%左右，就可以送电升温了。

(2) 加热期：炉温上升时，钢丝表面残留润滑剂开始蒸发，当炉温达到 400℃左右时，润滑剂的蒸发最为剧烈，对钢丝表面质量的影响最严重，需要用一定流量（3~5m^3/h）的氮气驱赶烟气。当烟气明显减少时，可将氮气流量控制到下限。

(3) 保温期：钢丝进入保温阶段后，氮气流量可以控制在加热末期的下限水平。

(4) 冷却期：气体流量只要能保证炉内处于微正压（1.176×10^3Pa（120mmH_2O 水柱））即可，具体流量取决于炉子的气密性。

选用氨分解气体或高纯氢气作保护气体时，一般需要对钢丝进行预处理，彻底去除表面残留润滑剂及湿气；加热前，通常采用先抽真空的方法排除炉内残留空气，然后通入一定量的氮气洗炉，最后才接通氨分解气体或高纯氢气。冷却后期同样需要先通氮气赶净炉内氢气后才能出炉。此外，根据德国洛伊（LOI）公司提供的资料，使用氢气作为保护气体可以明显缩短热处理周期（见图 11-7），原因是氢气的导热率远高于氮气（见图 11-6），大大缩短均热时间。实践也证明了紧密盘卷的钢带和细钢丝，只有在高纯氢气中退火，才能达到里外卷同样光亮的效果，这可能与氢气具有更好的渗透性有关。

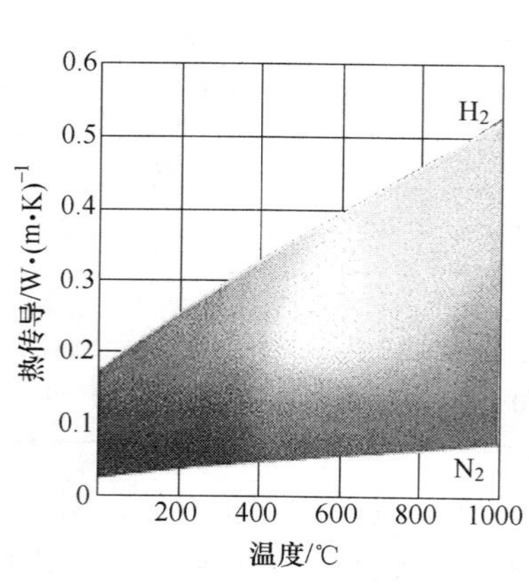

图 11-6 氢气和氮气导热率

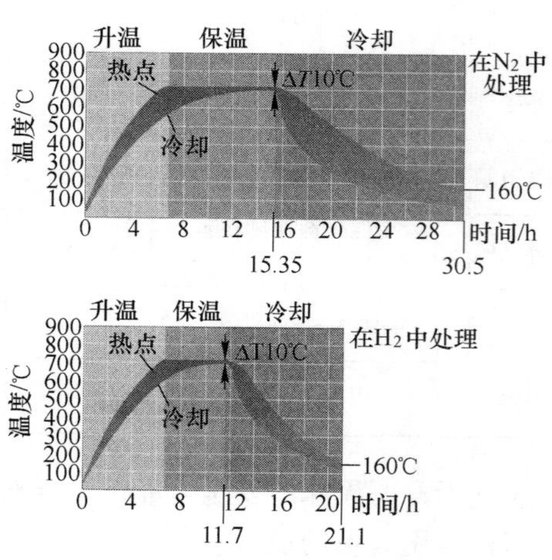

图 11-7 保护气体对热处理时间的影响

11.5 强对流气体保护退火炉使用注意事项

强对流气体保护退火炉要实现高效、节能和优质的目标，掌握一些操作技巧，合理操作也是一个不可忽视的环节。

11.5.1 装料架的选择

选择装料架第一个原则是在强度够用的前提下，重量尽可能轻，以减少热量损失。推荐采用不锈钢（如 304）料架，虽然一次投入成本高，但因料架重量轻，使用寿命长，经多年使用验证，成本消耗基本与 Q235 料架相当。不锈钢料架还有一个优点是：装在底部的钢丝退火后表面无局部氧化压疤。

第二个原则是尽可能选用多层料架套装。不管选用什么料架，钢丝在退火过程中全要落到底部，造成过度密集，不易透烧。分层套装可以充分利用炉膛上部热量，缩短钢丝保温时间，提高退火均匀性。对于装炉量 2~3t 的小型退火炉也可以不用炉架，将钢丝直接装入导流桶中。不管是否用料架都应将钢丝头部卷好，防止钢丝头插入底部风机叶轮中，损坏强对流风机。装料架实例见图 11-8。

11.5.2 工艺曲线的设置[5]

热处理工艺曲线的设置对钢丝热处理后的性能均匀性有决定性影响。强对流气体保护

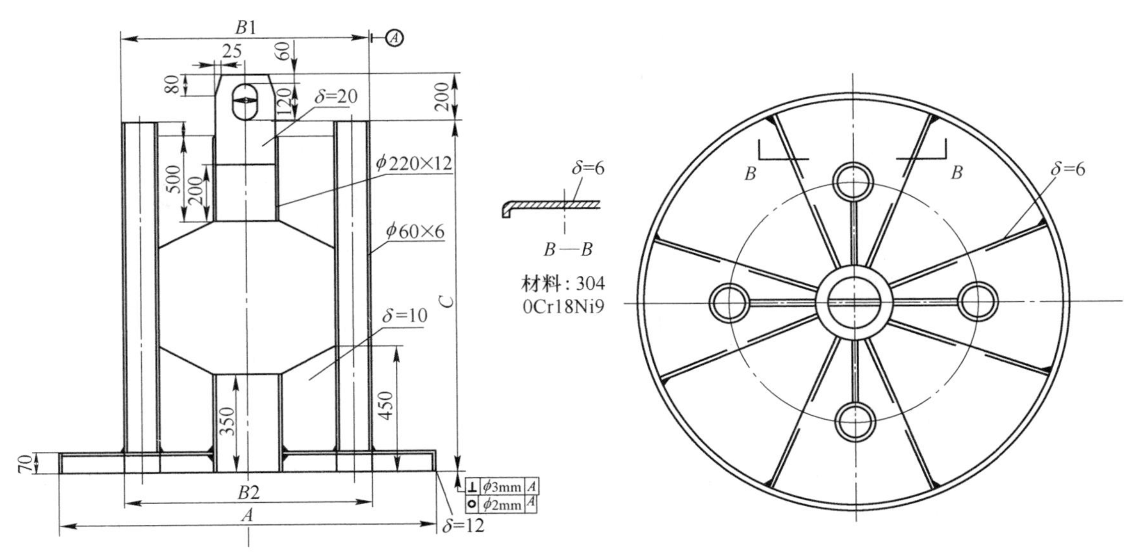

型号	A	$B1$	$B2$	C	单重/kg
1	1300	850	880	1600	195
2	900	690	720	1400	160
3	700	360	380	1400	120

图 11-8　不锈钢装料架

退火炉工艺曲线的设置原则是：合理控制加热速度，采用较短的保温时间（2~4h）完成热处理。生产中常见的工艺曲线的设置方法是：满功率（快速）升温到规定退火温度，采用长时间保温来实现均热，选用这种不合理的加热方法的预期目标是提高生产效率和节约能源，实际上新式热处理炉的保温性能都比较好，无论选用哪种加热方式，钢丝热处理总能耗变化不大，提高生产效率和节约能源的效果不显著，反而使钢丝性能均匀性显著降低。因为强对流气体保护退火炉的控温热电偶均安装在炉胆或内罩的上、中、下部，快速升温时这些部位首先达到规定的退火温度，靠近炉胆或内罩的钢丝也首先达到规定退火温度，远离炉胆或内罩的钢丝要达到规定退火温度还要等数小时，甚至十多个小时，显然，处在两个部位的钢丝组织和性能会有很大差距，尤其是低温退火（650~680℃）的钢丝性能差距更大。

合理的加热速度可通过热平衡计算，确定某一装炉量，升温到规定温度所需的大致时间，然后经生产验证，确定最终升温时间。表 11-7 给出了电加热强对流气体保护井式退火炉加热时间设置的实例。表 11-7 中在 500℃设置一个台阶的目的是强化低温均热效果，加快加热速度。

表 11-7　电加热强对流气体保护井式退火炉加热时间的设置　　(min)

装炉量/t	退火温度/℃										
	装炉~500	500~660	500~680	500~700	500~720	500~730	500~750	500~780	500~800	500~820	500~850
≤8.0	150	310	330	350	370	390	420	460	480	510	540

续表 11-7

装炉量/t	退火温度/℃										
	装炉~500	500~660	500~680	500~700	500~720	500~730	500~750	500~780	500~800	500~820	500~850
8.5	150	320	340	370	390	410	440	480	500	530	560
9.0	160	330	350	380	400	420	450	490	510	540	57
⋮	⋮	⋮	⋮	⋮	⋮	⋮	⋮	⋮	⋮	⋮	⋮
15.5	280	460	490	520	550	570	620	690	730	780	820
16.0	290	470	500	530	560	590	630	700	740	790	840

11.5.3　双速风机的转换

风机的风压、风量和功率具有随温度变化的特性，决定了强对流气体保护退火炉必须选用双速风机或多速风机，也带来一个风机速度转换的问题。从加快加热速度角度考虑，尽早启动高速风机是有利的，但在低温下启动高速风机启动电流太大，频繁启动不仅造成电能浪费，还会降低风机电机的使用寿命，实践证明：当炉温升到 300℃时，双速风机低速挡风量已降到标定风量的一半，升温速度已明显减慢，此时启动风机高速挡，运行电流也只有标定电流的一半，启动电流不至于影响电机的使用寿命，建议将双速风机的速度转换温度选定在 300℃。

尽管风机叶轮是用耐热不锈钢（310S）制造的，但高温（750℃以上）高速运行时使用寿命一般在 2 年左右，为延长叶轮使用寿命，同时也为了节省能源，当退火进行保温阶段后 1h 时，已经不需要传输很大的热量了，可将风机转入低速挡运行。

11.5.4　保护气体用量

保护气体用量与炉胆或内罩的密封性能，与炉料的洁净度密切相关。选用耐高温密封胶垫和水冷密封圈，加强密封操作，实际上可以减少保护气体用量。装炉后，为排除炉内残余氧气，一般需要用 5 倍体积的保护气体来置换和清洗，如果配上一台真空泵，用 10~15min 可将炉压抽到-0.04MPa，然后通保护气体，至少可节省 3 倍体积的保护气。同理，如果炉料干净，可以减小加热时的保护气体用量，热轧盘条加热期的用气量一般要少于钢丝。因退火炉状况差别大，很难给出退火炉用气量标准，原则上，容积 2.2m^3左右的退火炉，平均用气量为 3~5m^3/h，最大用气量为 10m^3/h。具体用气量要通过试验确定，以退火钢丝表面无氧化（少氧化）、无脱碳或光亮为准。

11.5.5　退火保温时间

退火保温时间可通过热平衡计算给出范围，再通过生产验证确定。要强调的是钢丝密实度对保温时间有很大影响，小规格钢丝的密实度大于大规格钢丝，冷拉钢丝的密实度大于热轧盘条，现场可以验证，密实度大的钢丝出炉冷却时冷却速度明显变慢，可以推论，加热时密实度大的钢丝均温时间明显增加。制定退火工艺时，建议根据冷拉钢丝的直径调整保温时间，以直径>5.0mm 钢丝为基准，直径>3.0~5.0mm 的钢丝保温时间延长 0.5h，直径>2.0~3.0mm 的钢丝保温时间延长 1h，直径≤2.0mm 的钢丝保温时间延长 1.5h。

11.5.6 躲峰电用谷电

现在我国不少地区用电分峰、谷、平 3 个时段计价，峰电的价格往往是谷电的 1 倍多，躲峰电用谷电是充分利用资源、降低生产成本的有效途径。生产中使用调整装炉量和合理安排不同品种的退火顺序等方法，将热处理周期控制在 24h 左右，使加热时间尽可能多地落在谷电时段，退火的成本会有明显下降。

总之，开动脑筋、及时调整生产工艺和计划，也是实现强对流气体保护退火炉节能、高效、优质、环保的重要环节。

参考文献

[1] 第一机械工业部第一设计院．工业炉设计手册［M］．北京：机械工业出版社，1984.

[2] 徐效谦．强对流气体保护退火炉热平衡计算［J］．金属制品．2006（5）：39~41.

[3] 徐效谦．气体保护退火炉内胆壁厚计算［J］．金属制品．2006（4）：35，46.

[4] 樊东黎，徐跃明，佟晓辉．热处理技术数据手册［M］．第 2 版．北京：机械工业出版社，2006.

[5] 刘永铨．钢的热处理［M］．第 2 版．北京：冶金工业出版社，1987.

[6] 马肇曾．热处理化学［M］．北京：冶金工业出版社，1989.

12　钢丝的热处理

热处理是钢丝生产过程中的一个重要环节，热处理的目的有3个：获得均匀的成分和适于冷加工的组织；消除加工硬化和内应力，以便继续进行冷加工；获得需要的力学性能、工艺性能和物理性能。要全部达到上述3项目标，需要选用完全不同的热处方式，因此钢丝热处理方式又分为原料热处理、半成品热处理（又称中间热处理）和成品热处理。原料热处理的目标是：获得均匀的成分和适于冷加工的组织；半成品热处理的目标是：消除加工硬化和内应力，获得均匀、一致的冷加工组织；成品热处理的目标是：获得需要的力学性能、工艺性能和物理性能。特殊钢丝种类繁多，成品性能要求千差万别，几乎要用到钢铁领域的全部热处理种类，如索氏体化处理，预硬化处理，多重时效处理，其他领域很少涉及这些热处理种类。

另外，特殊钢丝新产品不断涌现，热处理手段也随之不断完善和更新（见第一章中超马氏体不锈钢的热处），因此有必要对钢丝热处理原理和工艺进行系统的介绍。本章节以生产实践为基础，用全新观念，对钢丝热处理工艺进行了梳理；从分析热处理原理，组织结构与使用性能关系入手，介绍各类钢丝的热处理工艺制定原则，并提供了一些实用技术数据和经验公式。

钢丝生产有3个环节：热处理、表面处理和冷加工，所有钢丝均以热轧盘条为原料，经过一个或几个循环，才生产出合格的成品，工艺流程见图12-1。

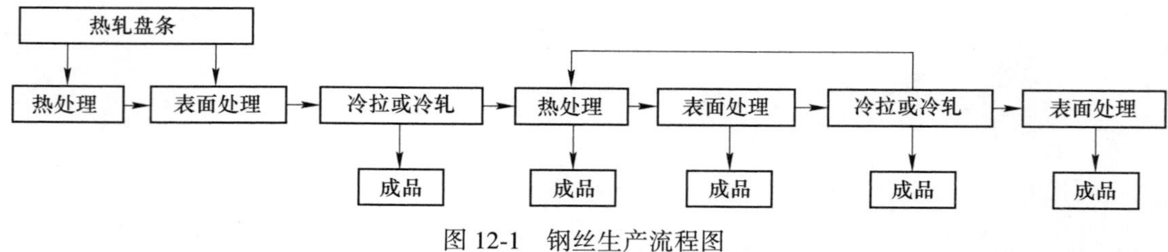

图12-1　钢丝生产流程图

钢丝热处理按工艺流程可分为：原料热处理、半成品热处理（又称中间热处理）和成品热处理；按热处理效果可分为：软化处理、球化处理和强韧化处理。不同种类的钢丝为达到软化、球化和强韧化的效果，往往采用不同的热处理方法。众所周知，钢铁材料的性能取决于内部组织结构，组织结构取决于成分、冶炼、热加工、冷加工，特别是热处理工艺。要选择合理、高效、经济的热处理工艺，必须了解材料性能与组织结构、显微组织与热处理工艺之间的关系，以及显微组织的种类和热处理的基本原理。

12.1　热处理基本原理[1]

钢铁材料可以通过热处理改变性能是基于材料的两项基础特性：所有金属材料都是结

晶体，并且具有稳定的晶体结构。铁在凝固（≤1538℃）过程中首先形成具有体心立方晶格的 δ 铁，在 1394~912℃区间转变为具有面心立方晶格的 γ 铁，912℃以下又转变为体心立方晶格的 α 铁。其次，所有的钢铁材料都是由两种以上元素组成的合金固溶体，固溶体由溶质和溶剂组成，从组织结构分析可分为两大类，即所有的钢间隙固溶体或置换固溶体。溶质原子挤进基体（溶剂）金属晶格中间形成的固溶体叫间隙固溶体；溶质原子取代基体金属晶格中的原子形成的固溶体叫置换固溶体（见图 12-2）。由于溶质在溶剂中的溶解度随着温度变化而变化，因此在钢铁材料加热和冷却过程中必然出现溶质溶解和析出现象，钢的化学成分不同，工艺流程的变化，热处理加热温度、保温时间、冷却速度不同，热处理气氛和冷却介质的差异，使钢的显微组织产生千变万化，因而才有可能通过热处理改变钢材的性能，制造出适合各种用途的钢铁材料。

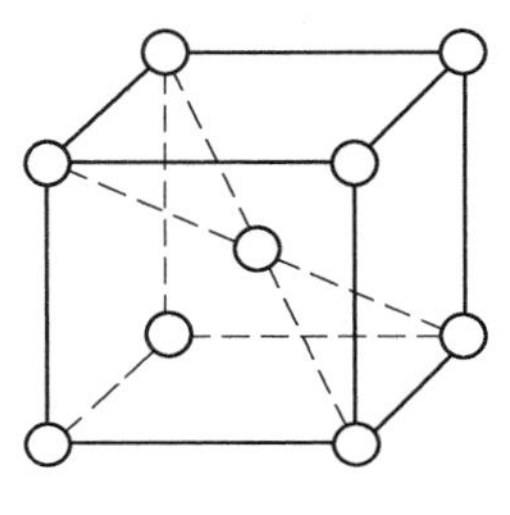
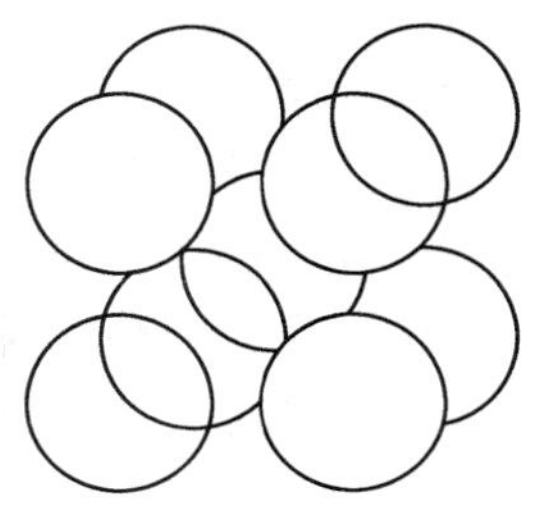

a

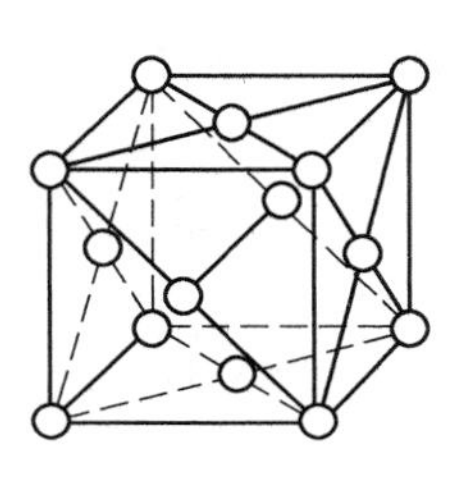
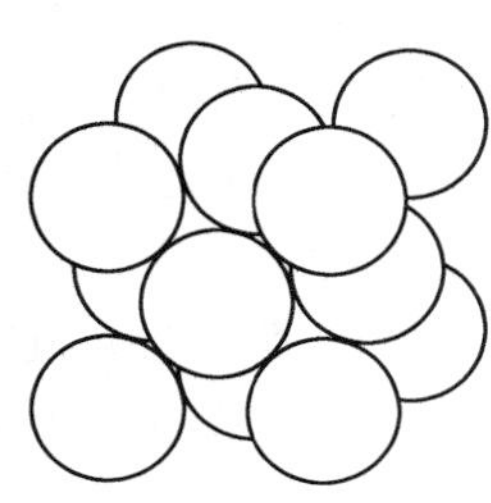

b

图 12-2 铁的晶格结构[2]

a—体心立方晶格；b—面心立方晶格

12.1.1 显微组织[2,3]

钢的显微组织有明确的定义，可以用金相显微镜进行检测和评定，钢丝热处理涉及的显微组织有以下几种：

（1）奥氏体（A）：碳或其他合金元素溶解于面心立方晶格的 γ 铁中形成的固溶体叫 γ 固溶体，又称为奥氏体。奥氏体晶粒呈多边形，并有明显的孪晶结构（晶内小条块），黑色小点是碳化物，多边形小块是氮化物，见图 12-3。

（2）铁素体（F）：碳或其他合金元素溶解于体心立方晶格的 α 铁中形成的固溶体叫 α 固溶体，又称为铁素体，见图 12-4。铁素体晶粒呈白色颗粒状，黑色曲折线是晶界，黑色小点为氧化物。

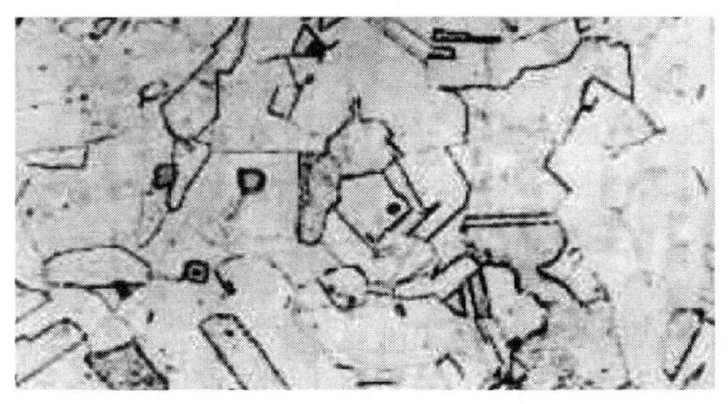

图 12-3 奥氏体显微组织（1Cr18Ni9Ti）

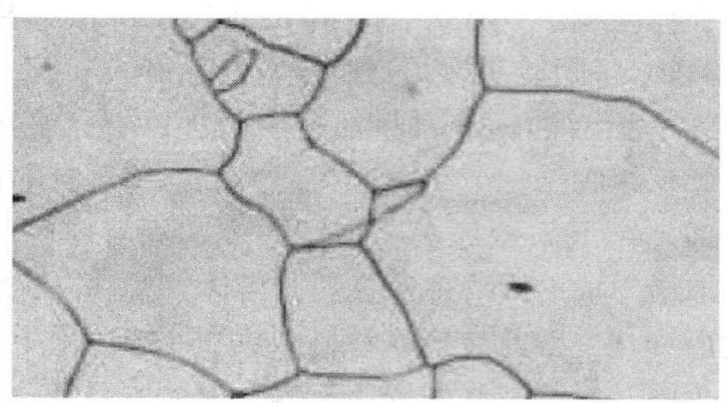

图 12-4　铁素体显微组织（纯铁）

（3）渗碳体（C_m）：铁与碳的金属化合物，含碳量 6.69%，分子式为 Fe_3C。渗碳体具有复杂的斜方晶格结构，溶点 1227℃，不发生同素异构转变。渗碳体硬度高，几乎无塑性，在钢中以不同形态分布，对钢的力学性能有很大的影响。

（4）珠光体（P）：珠光体是铁素体薄层（片）与碳化物（包括渗碳体）薄层（片）交替重叠组成的共析组织，含碳量 0.77%，渗碳体片和铁素体片相间分布，交替排列，见图 12-5a。经球化退火后渗碳体呈球粒状，均匀分布在铁素体基体上，又称为粒状珠光体，见图 12-5b。根据珠光体片间距的大小，珠光体又可分为珠光体、索氏体（S）和托氏体（T）。珠光体片间距大致为 0.40~1.0μm，通常放大 500 倍就可以看清其片层结构；索氏体片间距大致为 0.1~0.40μm，通常放大 600 倍以上才能看清其片层结构；托氏体（原称屈氏体）片间距小于 0.1μm，需要用放大倍率更高的电子显微镜才能看清片层结构。

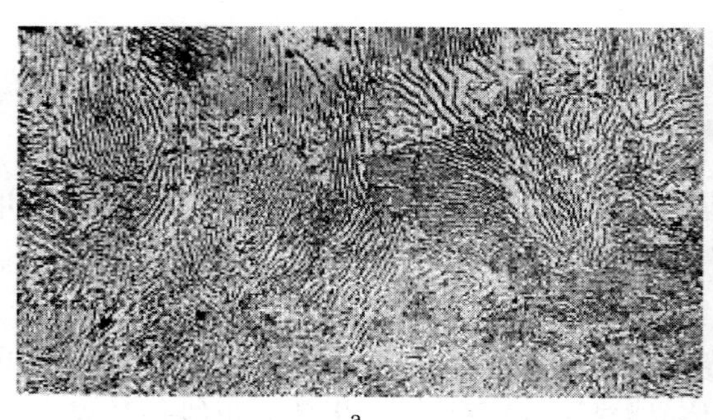

a

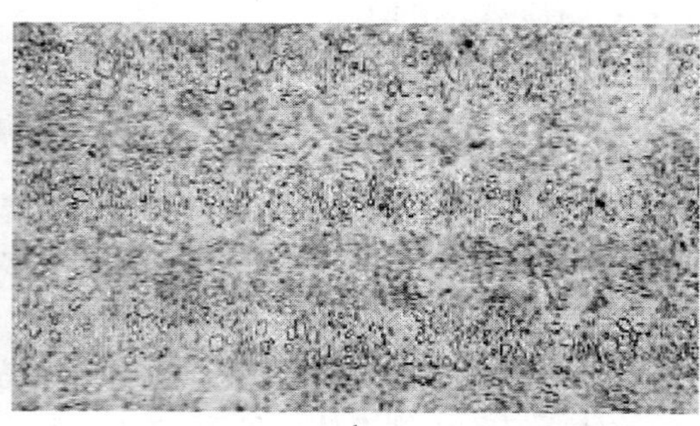

b

图 12-5　珠光体显微组织

a—片状珠光体；b—粒状珠光体

（5）贝氏体（B）：由极细片状（或针状）渗碳体与碳含量过饱和的铁素体组成的混合物，在较高温度下形成的贝氏体呈羽毛状，叫上贝氏体见图 12-6a；在较低温度下形成的贝氏体呈针状，叫下贝氏体，见图 12-6b。粗看起来，下贝氏体很容易与马氏体混淆，但因下贝氏体易受腐蚀，针的颜色较黑，其硬度比马氏体低，韧性比马氏体高。

（6）马氏体（M）：碳以过饱和状态存在于 α 铁中形成的组织，由于碳位于体心立方晶格的间隙位置，使 α 铁晶格产生畸变，变为体心正方晶格。含碳量较高（1.0%）的马氏体钢，其单元立体结构为针状，称为针状马氏体见图 12-7a；含碳量较低（0.2%）的马氏体钢，其单元立体结构为板条状，称为板条马氏体，见图 12-7b。

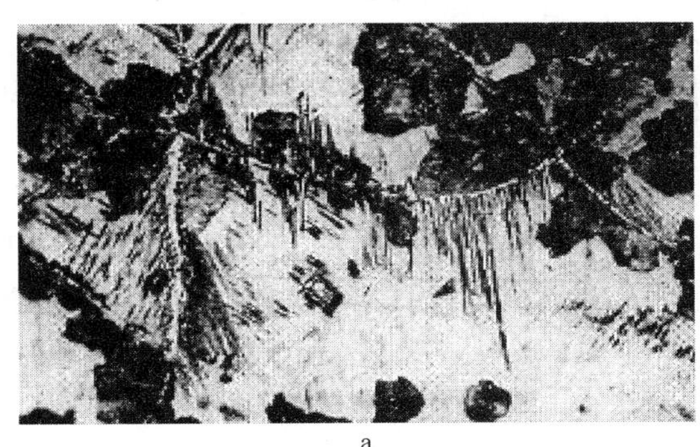
a

b

图 12-6　贝氏体显微组织
a—上贝氏体；b—下贝氏体

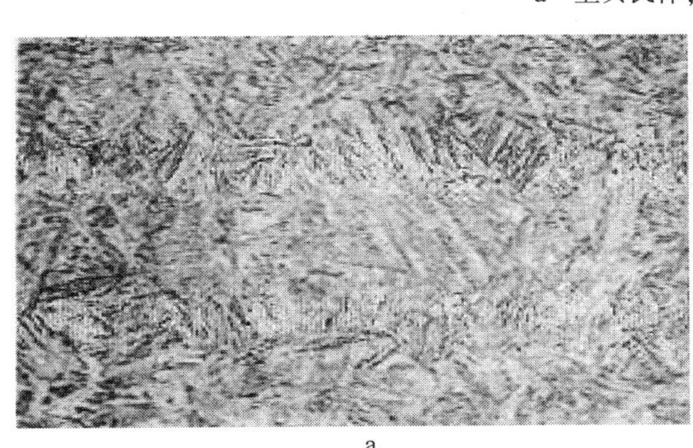
a

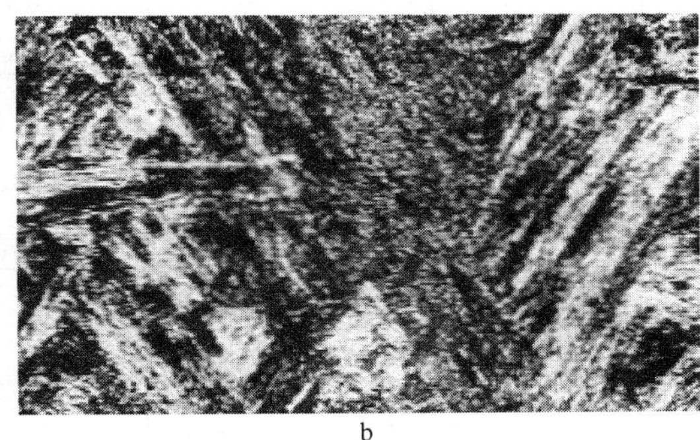
b

图 12-7　马氏体显微组织
a—针状马氏体；b—板条马氏体

（7）莱氏体（Ld）：高碳钢液冷却到1148℃以下时，发生共晶反应，结晶出来的奥氏体与共晶渗碳体（$Fe_3C_{Ⅰ}$）混合物，称为高温莱氏体（见图 12-8），莱氏体中碳含量为4.3%。冷却到727℃以下后，高温莱氏体中的奥氏体转变为珠光体和渗碳体，获得 $P+Fe_3C_{Ⅰ}+Fe_3C_{Ⅱ}$ 混合物，称为低温莱氏体。

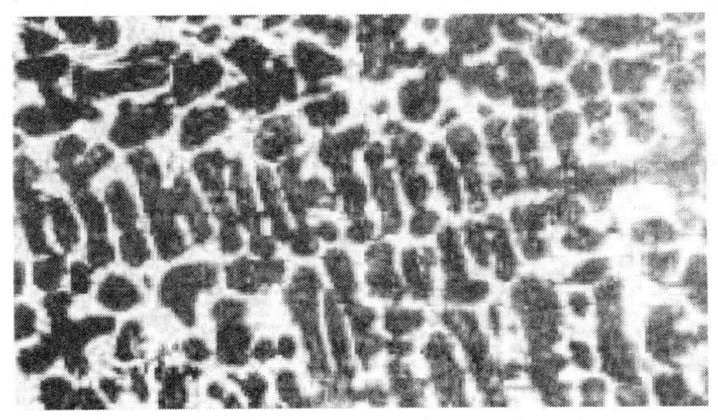

图 12-8　莱氏体显微组织（Cr12）

上述七种显微组织中，奥氏体、铁素体和渗碳体是钢铁材料的基本相，珠光体、贝氏体、马氏体和莱氏体是钢铁材料的基本组织。

12.1.2　铁-碳平衡图

碳素钢可以看成是铁-碳合金，碳在 γ 铁中的最大溶解度可达 2.11%，而在 α 铁中的最大溶解度仅有 0.0218%，当碳素钢从高温冷却下来时，奥氏体转变为铁素体，必然有部分碳以渗碳体（Fe_3C）的形态析出，此时因温度较高，渗碳体有足够的扩散能力聚积长大，形成片状珠光体，因此奥氏体转变为珠光体称为扩散性转变。如果冷却速度太快，因温度太低，原子扩散能力小，奥氏体只能完成晶格结构的转变，超过溶解极限的碳来不及析出，被冻在 α 铁的晶格中，形成不稳定的马氏体（M）组织，因此奥氏体转变为马氏体称为非扩散性转变，又叫共格性转变。通常用铁-碳平衡图来判定碳素钢在加热和冷却过程中的显微组织的变化情况，见图 12-9。

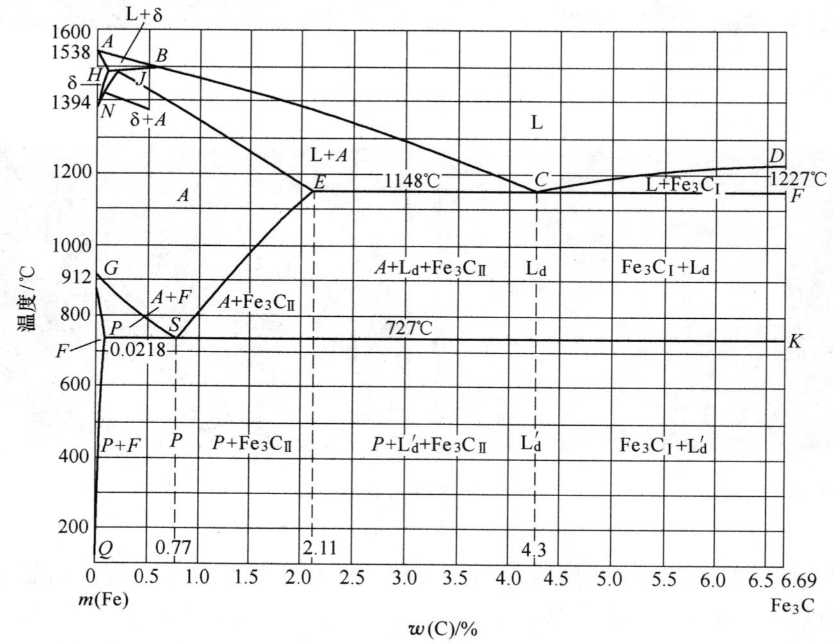

图 12-9　碳素钢的金相组织图

碳素钢金相组织图是根据钢在缓慢加热、缓慢冷却条件下显微组织实际变化状况绘制的，又叫铁-碳平衡图，钢的碳含量一般不超过 2.0%，钢丝热处理仅用到平衡图左面一小部分，含碳量 0.77% 的钢叫共析钢，含碳量小于 0.77% 的钢叫亚共析钢，含碳量大于 0.77% 的钢叫过共析钢。铁-碳平衡图中几个主要临界点的温度、含碳量及其物理含义见表 12-1。

表 12-1　铁-碳平衡图的几个主要临界点[1]

临界点符号	温度/℃	含碳量/%	物　理　含　义
A	1538	0	纯铁的熔点
C	1148	4.3	共晶点，$L_c \rightleftharpoons A+Fe_3C$
D	1227	6.69	渗碳体的熔点
E	1148	2.11	碳在 γFe 中的最大溶解度
G	912	0	纯铁的同素异构转变点（A_3）α 铁$\rightleftharpoons$γ 铁
S	727	0.77	共析点（A_1）　$A_s \rightleftharpoons P$（$F+Fe_3C$）

铁-碳平衡图中的分界线是不同碳含量的碳素钢具有相同含义的临界点的连线，在热处理过程中经常用到的几条分界线含义为：

（1）*ACD* 线：液相线，此线以上钢全部为液相（L），继续冷却钢液开始结晶。

（2）*AECF* 线：固相线，冷却到此线以下钢液全部结晶为固态，在此线以上，*AEC* 区为液相（L）与奥氏体相（A）共存区，*DCF* 区为液相（L）与一次渗碳体（$Fe_3C_{Ⅰ}$）相共存区。

（3）*GS* 线：冷却时奥氏体向铁素体转变的开始线，或加热时铁素体向奥氏体转变的终止线，通常用 A_3 表示。随着碳含量的增加，钢的显微组织转变温度逐渐下降，到 *S* 点（w(C) = 0.77%处）不再先行析出铁素体，奥氏体直接转变为珠光体。

（4）*SE* 线：碳在奥氏体中溶解度线，通常用 A_{cm} 表示。在 *S* 点（727℃）奥氏体中碳的最大溶解度为 0.77%，随着温度升高，碳在奥氏体中的最大溶解度逐步升高到 2.11%（1148℃时）。高碳钢从 1148℃冷却到 727℃时，由于碳在奥氏体中的溶解度下降，多余的碳以渗碳体的形态从奥氏体中析出，为与从液态中析出的共晶（一次）渗碳体（$Fe_3C_{Ⅰ}$）相区别，此时析出的渗碳体又称为二次渗碳体（$Fe_3C_{Ⅱ}$）。

（5）*ECF* 线，共晶线，钢冷却到此线（1148℃）以下，发生共晶反应，同时结晶出奥氏体（A）与共晶渗碳体（$Fe_3C_{Ⅰ}$）的混合物，即莱氏体（Ld）。

（6）*PSK* 线：共析线，通常用 A_1 表示，冷却到此线以下（727℃）时，共析钢由奥氏体组织转变为珠光体（P）组织，亚共析钢转变为铁素体（F）+珠光体（P），过共析钢转变为渗碳体（Fe_3C）+珠光体（P）组织。

铁-碳平衡图中 A_1、A_3 和 A_{cm} 点是在缓慢加热、缓慢冷却条件下的临界点，实际生产中，钢的组织转变总有滞后现象，实现组织转变，加热温度要高于 A_1、A_3 和 A_{cm} 点，冷却温度要低于 A_1、A_3 和 A_{cm} 点。通常把加热时的临界点表示为 Ac_1、Ac_3 和 Ac_{cm}，把冷却时的临界点表示为 Ar_1、Ar_3 和 Ar_{cm}，见图 12-10。

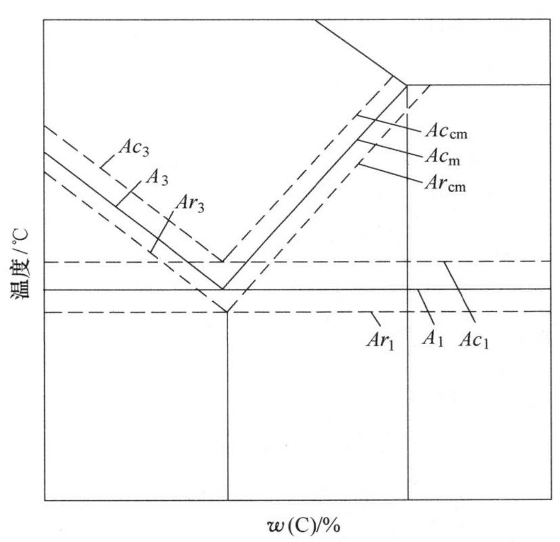

图 12-10　钢丝加热和冷却时的临界温度

12.1.3　等温转变与连续冷却转变

除铁-碳平衡图外，热处理常用到的两种工具性转变图是等温转变曲线和连续冷却转变曲线。

12.1.3.1　等温转变

钢的过冷奥氏体等温转变曲线是用实验方法绘制的：首先将钢加热到 Ac_3（或 Ac_{cm}）点以上，保温一定时间，获得均匀的奥氏体，然后快速淬入温度低于 A_1 点的不同温度的盐浴槽中，使过冷奥氏体产生等温转变，最后将过冷奥氏体在不同温度、不同等温时间的组织转变结果绘成等温转变曲线，见图 12-11。

钢的奥氏体等温转变曲线又叫 C 曲线或 TTT 曲线，图中横坐标表示时间的对数，纵坐标表示温度，左边一条 C 形曲线是等温转变开始线，右边一条是终了线。曲线左侧，*Ms* 线以上区域是过冷奥氏体区，两条曲线之间区域是转变进行区，曲线右侧是转变产物区。从图 12-11 可以看出，奥氏体在 700℃左右转变产物是粗珠光体，700～600℃的转变产物是细珠光体（索氏体），600～500℃的转变产物是极细珠光体（托氏体或屈氏体），500℃～*Ms* 点的转变产物是贝氏体，*Ms*～*Mf* 点（共析钢的马氏体转变终了线低于室温，图中未标出）的转变产物是马氏体+残余奥氏体，低于 *Mf* 点的转变产物是马氏体。

12.1.3.2 连续冷却转变

在钢丝生产中，热处理批量比较大，通常采用连续炉进行等温热处理，完全奥氏体化的钢丝实际上是在连续冷却过程中完成组织转变的，因此在 C 曲线上加上冷却速度的连续冷却转变曲线（CCT 曲线）更适用于工业生产，见图 12-12。图中冷却速度 v_1 相当于炉冷的速度，转变产物为粗片珠光体；冷却速度 v_2 相当于空冷的速度，转变产物为索氏体；冷却速度 v_3 相当于油冷的速度，奥氏体在 C 曲线鼻尖附近部分转变为托氏体或屈氏体，其余转变为马氏体，得到混合组织；冷却速度达到 v_4 时，冷却线不与 C 曲线相交，转变产物为马氏体。$v_{临}$ 表示马氏体临界冷却速度，意味着要实现马氏体转变，淬火冷却速度必须大于 $v_{临}$。淬火时选择冷却介质和评定钢的淬透性主要依据 M_s 和 $v_{临}$。各种钢的等温转变曲线和钢的连续冷却转变曲线可以从相关热处理手册中查到。

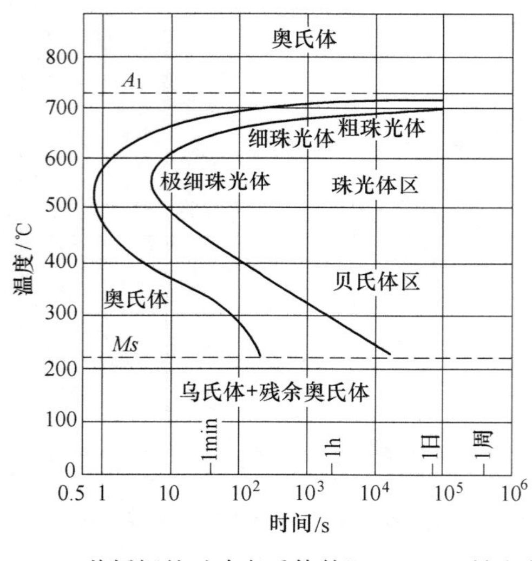

图 12-11 共析钢的过冷奥氏体等温（TTT）转变曲线

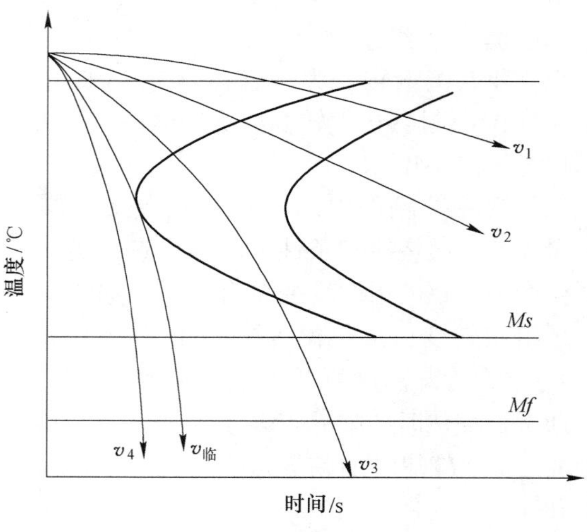

图 12-12 钢的连续冷却（CCT）转变曲线

12.1.3.3 合金钢的等温转变

与碳钢一样，合金钢奥氏体等温转变时可能发生珠光体、贝氏体和马氏体 3 种转变，由于碳素钢的珠光体和贝氏体转变温度非常接近，珠光体转变与贝氏体转变曲线重合为一条 C 曲线。随着合金元素的加入，C 曲线位置就要发生变化，一般说来，除钴以外的合金元素都能促使 C 曲线位置右移，降低临界冷却速度，提高钢的淬透性。其中 Mo、Mn、W、Cr、Ni、Cu 等都促使 C 曲线较大幅度地右移，延缓珠光体的转变；Mn、Ni、Cu 能使 C 曲线下移，降低索氏体的转变温度，延缓索氏体的转变时间；特别是 Cr、Mo、W、V，在延缓珠光体转变的同时还降低贝氏体转变温度，使贝氏体转变曲线显现出来，在图12-13b中右侧C曲线下部300~400℃区间又出现一条小C曲线，即贝氏体转变曲线。

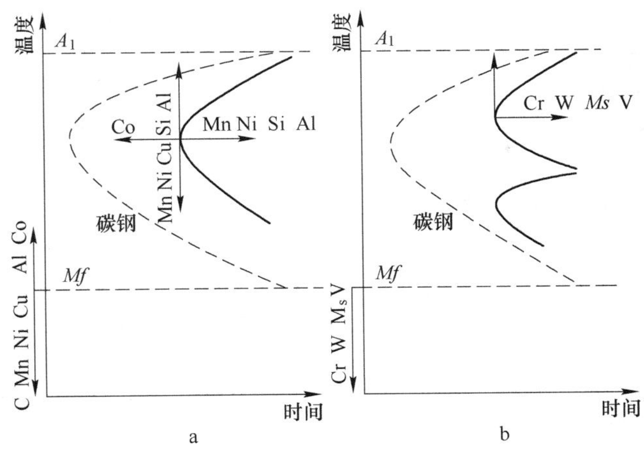

图 12-13 合金元素对等温转变曲线的影响

从图12-14可以看出，含碳0.5%的钢，贝氏体转变曲线随着Cr含量的增加逐渐显现出来，最终与珠光体转变曲线完全分离开来。另外，形成铁素体组织的元素，如Si、Cr、Mo、Ti、Al、V和W，均能不同程度地提高Ac_1点温度。稳定奥氏体组织的元素，如Ni、Mn和Cu，均能不同程度地降低Ac_1点温度。除Co和Al以外所有合金元素均可以降低*Ms*点温度，其中以C、Mn、Cr、Mo和V较为显著。C、Mn、Si、Cr、Mo、V能明显降低贝氏体转变温度B_s。

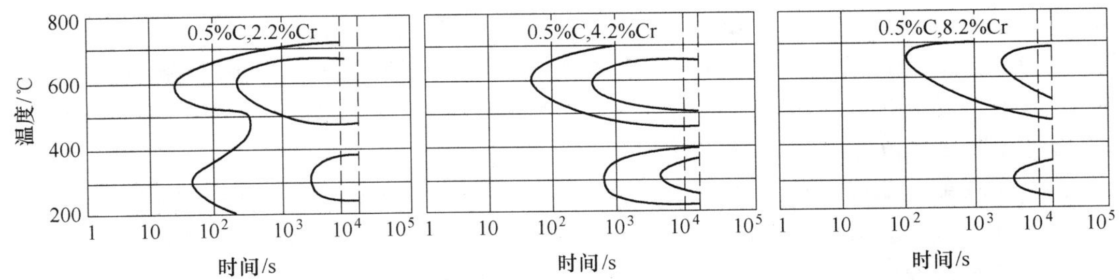

图 12-14 铬对含碳0.5%钢的C曲线形状的影响

合金钢的等温转变曲线形状可分为5种基本类型，见图12-15。第1种曲线（a）有两个"鼻子"，铬钢、铬镍钢、铬锰硅钢以及高速工具钢的等温转变曲线就属于此类型；第2种曲线（b）是碳素钢和锰钢的等温转变曲线；第3种曲线（c）是含碳量较低，镍含量较高的合金结构钢和超马氏体钢，如25Cr2Ni4WA、Y2Cr13Ni2、00Cr12Ni5Mo2N、00Cr16Ni5MoN等钢的等温转变曲线，由于较高镍含量降低了珠光体转变温度，极大地延缓了珠光体转变时间，奥氏体实际上不发生珠光体转变，直接转变为贝氏体；第4种曲线（d）与第3种相反，只发生珠光体转变，不会发生贝氏体转变，一些高碳合金钢，如含碳1.0%，铬8.8%的等温转变曲线就是这种类型；第5种曲线（e）奥氏体组织相当稳定，过冷过程中不会发生铁素体、珠光体和贝氏体转变，其马氏体转变点*Ms*也降到零度以下，高锰钢 Mn13 和奥氏体不锈钢就属于此类型。

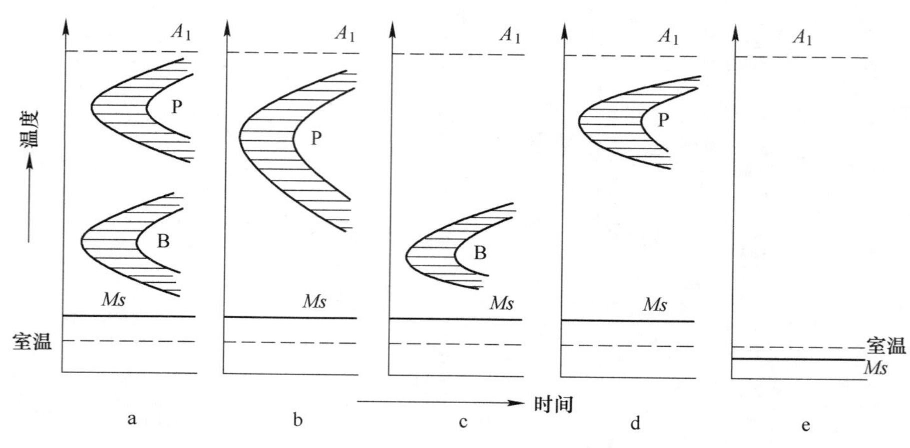

图 12-15 合金的典型等温转变曲线

12.1.4 晶粒度

钢铁材料是由许多外形不规则的小晶粒组成的多晶体，每个晶粒的结构完全相同，但晶粒位向、晶粒大小、晶粒均匀度不尽相同。晶粒内部也存在着位向差很小（仅差几秒、几分，最多 1°~2°），相互嵌镶的小晶块，称为亚晶粒。晶粒或亚晶粒之间的接触面叫晶界或亚晶界，晶界和亚晶界处原子排列不规则，处于不稳定状态。此外，晶粒内部实际上存在着空位、间隙原子挤入带来的晶格畸变，还存在一列或几列原子有规律的错位排列，叫位错。多晶体的晶粒大小、位向，均匀度，晶界和亚晶界结构，内部空位、间隙原子种类和位错的数量及分布都会对材料性能有很大的影响。一般说来，钢的晶粒越细，强韧性越好，碳素钢和低合金钢晶粒度每细化一个级别，冲击韧性值提高 20~30J/cm^2，冷脆性转变温度可降低 10℃，但有几类钢丝须防止晶粒变细。

多晶体晶界的强韧性要高于晶内，在常温下，晶粒越细、晶界越长，钢的强韧性越好；但在高温下，晶界聚集一些低熔点金属和夹杂，比晶内更易于软化，导致钢的蠕变性能下降，故耐热钢丝和对蠕变性能有严格要求的预应力钢丝的晶粒宜粗不宜细。

晶界处的原子排列不规则，冷加工时变形抗力大，承受深加工变形能力远不如晶内，对于靠大减面率拉拔强化的碳素弹簧钢丝和胎圈钢丝来说，当然是粗晶粒比细晶粒好，晶粒粗钢丝能承受更大减面率的拉拔，抗拉强度更高；内应力分布更均匀，扭转性有所改善；成品钢丝纤维组织中的单根纤维长度更长，韧性也有所提高。

晶界也是各类碳化物、氮化物和碳氮化合物的聚集处，碳素工具钢丝，尤其是合金弹簧钢丝和合金工具钢丝，制成零部件后需经淬-回火处理才能使用，淬火时首先要将合金碳化物、氮化物和碳氮化合物溶入奥氏体中，大量存在于晶界处的这些物质，势必要延长奥氏体化的时间，增大脱碳几率，影响淬透性，因此淬-回火用钢丝也要控制好晶粒度。此外，冷顶或冷锻用钢丝，为改善冷加工成型性能，晶粒度不应太细（粗于 7 级），冷镦用奥氏体不锈钢丝晶粒度最好控制在 4~6 级。

反复冷加工-退火，或正火（调质）处理，加大奥氏体转变为珠光体的过冷度等，都能有效地细化晶粒，一般说来生产过程就是晶粒细化过程，小规格钢丝的晶粒明显细于大规格。上述对钢丝晶粒度有特殊要求的钢丝，可以通过适当提高热处理温度，更主要是延长保温时间达到粗化晶粒的目的。根据临界变形可以促进晶粒长大的理论，钢丝经15%左右小减面率拉拔，再进行再结晶退火，也是促进晶粒长大的方法之一。钢的晶粒度级别示意见图12-16。

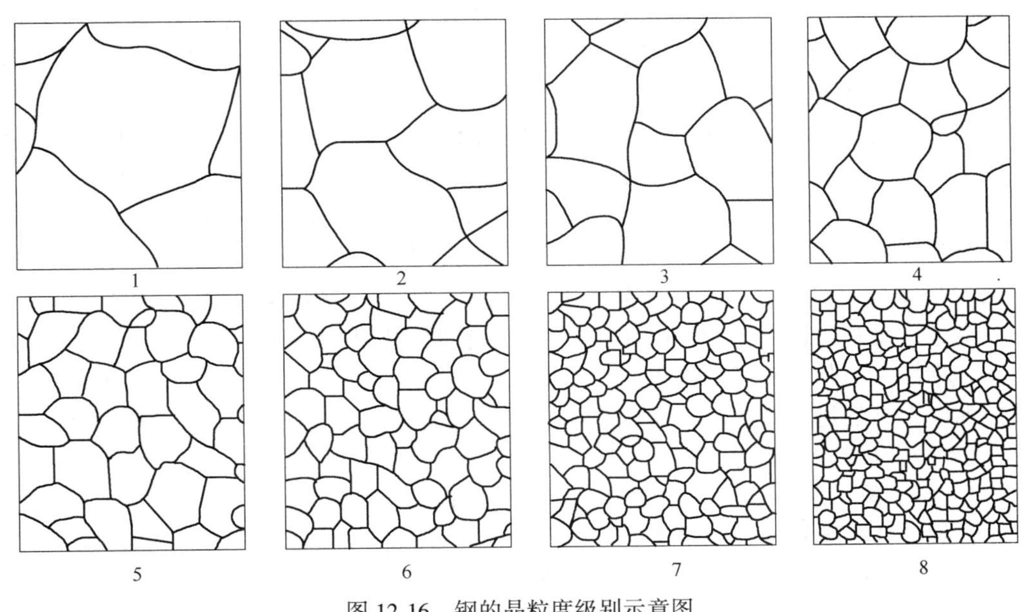

图12-16　钢的晶粒度级别示意图

12.2　钢丝的组织结构与性能

12.2.1　组织结构

钢丝的组织结构除指显微组织、晶粒度外，还包括显微组织缺陷。显微组织缺陷指钢实际晶格结构与理想晶格结构之间存在的差异，按冶金学理论，金属材料的显微组织缺陷可以分为[4]：（1）点缺陷：包括空位、间隙原子的数量和分布、置换固溶原子和间隙固溶原子的种类等。（2）线缺陷：主要是位错结构。（3）面缺陷：包括相界、晶界和亚晶界。（4）体缺陷：广义说包括除占主导地位的基体组织以外的其他相，如渗碳体、各类夹杂、沉淀析出相等。

当然，显微组织结构的各种缺陷可用相应的技术参数去定义和度量，也可以借助各种检验方法去观察和研究。钢丝的性能完全取决于组织结构，组织结构在很大程度上取决于热处理和冷加工工艺，要生产出顾客满意的钢丝产品，必须搞清组织结构与使用性能的关系，以及组织结构与热处理工艺的关系。

12.2.2 组织结构与使用性能[3,5]

12.2.2.1 组织结构

钢铁材料有 7 种基本组织结构：奥氏体、铁素体、渗碳体、珠光体、贝氏体、马氏体和莱氏体，其中奥氏体、铁素体和渗碳体是基本相，珠光体、贝氏体、马氏体和莱氏体是多相混合物。各种组织结构的表观特性及性能特点描述如下：

（1）奥氏体（austenite）：碳钢的奥氏体在低温下不稳定，无法直接观察，如果钢中加入 Mn、Ni 和 Cu 等稳定奥氏体的元素，奥氏体可以保持到室温状态，观察 Mn13 或奥氏体钢 1Cr18Ni9Ti 的金相组织可发现：奥氏体的晶界比较直，晶内有孪晶或滑移线。淬火钢中的残余奥氏体分布在马氏体的空隙处，颜色浅黄、发亮。

奥氏体钢具有优异的冷加工性能，在高低温条件下均可保持良好的强韧性。一般说来奥氏体钢的冷加工硬化速率远大于珠光体和索氏体钢，经大减面拉拔可以制备具有特殊性能的弹簧，高锰奥氏体钢具有优异的耐磨性能和减振性能，奥氏体不锈钢具有良好的耐蚀性能和耐热性能。固溶状态的奥氏体钢无磁，经深冷加工有微弱的磁性。

（2）铁素体（ferrite）：铁素体晶界圆滑，晶内很少见孪晶或滑移线，颜色浅绿、发亮，深腐蚀后发暗。钢中铁素体以片状、块状、针状和网状存在。纯铁素体组织具有良好的塑性和韧性，但强度和硬度都很低，冷加工硬化缓慢，可以承受较大减面率拉拔，但成品抗拉强度很难超过 1200MPa。常用铁素体钢丝有铁素体不锈钢丝（0Cr17）和铁-铬-铝电热合金丝（0Cr25Al5）等。

（3）渗碳体（cementite）：渗碳体具有复杂的斜方晶格结构，硬度高到可以刻划玻璃，非常脆，几乎无塑性。钢中渗碳体以各种形态存在，外形和成分有很大差异：一次渗碳体多在树枝晶间处析出，呈块状，角部不尖锐；共晶渗碳体呈骨骼状，破碎后呈多角形块状；二次渗碳体多在晶界处或晶内，可能是带状、网状或针状；共析渗碳体呈片状，退火、回火后呈球状或粒状。在金相图谱中渗碳体白亮，退火状态呈珠光色。一次渗碳体和破碎的共晶渗碳体只有在莱氏体钢丝，如 9Cr18、Cr12、Cr12MoV 和 W18Cr4V 中才能见到，只要热加工工艺得当，冷拉用盘条中的一次渗碳体块度应较小、无尖角，共晶碳化物应破碎成小块、角部圆滑，否则根本无法拉拔，渗碳体带轻度棱角的盘条，可以通过正火后球化退火+轻度（Q020%）拉拔+高温再结晶退火的方法加以挽救。带状和网状渗碳体也是拉丝用盘条中不应出现的组织，这两种组织可提高钢的脆性，但不利于钢丝加工成型，显著降低成品钢丝的切削性能和淬火均匀性，对网状 2.5 级的盘条可用正火的方法改善网状，一般说来钢丝经冷拉-退火两次以上循环，网状可降低 0.5~1 级。

渗碳体在合金钢中可与其他元素形成固溶体，固溶体中碳可能被氮等小直径原子置换，铁原子也可能被其他原子（Mn、Cr 等）代替，形成合金渗碳体 $(Fe \cdot Me)_3C$。合金渗碳体的形成会改变钢的临界点温度，阻碍或延缓奥氏体向珠光体转变时间，参见图 12-13。

（4）珠光体（pearlite）：珠光体是由片状铁素体和渗碳体组成的混合物，其中渗碳体的质量分数为 12%，铁素体的质量分数为 88%，两者密度相近，在金相图谱中铁素体呈宽条状，渗碳体呈窄条状。若干铁素体与渗碳体平行排列组成一个晶体群叫珠光体晶团。一个奥氏体晶粒缓冷时可能转变成几个珠光体晶团，各晶团之间的位向明显不同。如果放大到足够倍数，就可以看清铁素体和渗碳体都呈灰白色，有珍珠的亮光，两者交界处因被腐蚀得凹凸不平而呈黑色。放大倍率不够时，渗碳体两边的界线分辨不开，渗碳体呈现为黑色细条。放大倍率太低时，整个珠光体都变为一片黑色。

片状珠光体是由成分均匀的奥氏体冷却转变来的，等温转变温度，或连续冷却速度直接影响到珠光体的片间距。片间距指相邻的一片渗碳体和一片铁素体厚度之和。高温区形成的珠光体，片层厚而且平直；低温区形成的珠光体，即索氏体（sorbite）和托氏体(troostite)，索氏体指在金相显微镜下放大 600 倍以上才能分辨片层的细珠光体，托氏体指在金相显微镜下已无法分辨片层的极细珠光体。索氏体和托氏体片层薄而且弯曲，往往呈现不连续现象。过冷度与片间距有严格的对应关系，同一牌号的钢丝，在一定等温区间，珠光体的片间距是相对恒定的。实验证明，奥氏体晶粒度虽然对珠光体晶团的大小有决定性影响，但基本不影响珠光体片间距。

片状珠光体经适当的热处理，渗碳体变为球状或粒状，转化为粒状珠光体。从奥氏体状态冷却时，是转变为片状珠光体，还是粒状珠光体，主要取决于奥氏体成分的均匀性。完全奥氏体化的成分均匀的奥氏体，冷却后形成片状珠光体；成分不均匀的奥氏体，冷却后形成粒状珠光体。在奥氏体临界点（A_1）附近反复冷却-加热，然后缓冷，或钢丝冷拉后再退火，都是实现粒状珠光体转变的有效方法。

珠光体钢丝的力学性能（抗拉强度 R_m、伸长率 A、断面收缩率 Z、硬度），可拉拔性(变形抗力、冷加工硬化速率、极限减面率 Q)，工艺性能（弯曲 N_b、扭转 N_t、缠绕、顶锻、冲压）与显微组织结构密切相关。一般说来，粒状珠光体钢丝的抗拉强度 R_m 和硬度要低于片状珠光体钢丝，伸长率 A 和断面收缩率 Z，前者要高于后者；粒状珠光体钢丝的拉拔性能优于片状珠光体钢丝，表现为拉拔力低、冷加工硬化慢、能承受的道次减面率大；工艺性能前者优于后者。在粒状珠光体范围内，随着球化度提高（球化组织从 1 级升到 3 级），钢丝抗拉强度和硬度下降，塑性和韧性上升，可拉拔性和工艺性能也越来越好，特别冷顶锻和深冲性能显著改善。在片状珠光体范围内，珠光体晶团和片间距对钢丝性能起决定性的影响，珠光体晶团的尺寸与奥氏体的晶粒度成正比；而片间距与奥氏体的晶粒度基本无关，主要取决于过冷度（冷却速度），可以说，在一定的转变温度范围内，片间距必定在一定的范围内。此外，碳和合金元素的含量对片间距也有一定的影响，随着碳含量的增加，片间距逐渐减小，Co、尤其是 Cr 能显著减小片间距，而 Ni、Mn、Mo 则使片间距加大。当片间距小到索氏体范围内时，钢丝的各项性能又有另一番变化。

（5）贝氏体（bainite）：贝氏体转变温度范围较宽，在较高温度下（500~350℃），奥氏体等温转变生成上贝氏体（upper bainite）。上贝氏体在晶界成核，短条状渗碳体与板条状或棒状铁素体以晶界为对称轴，平行生长，呈板条状或羽毛状。高碳钢的短条状渗碳体断续分布在铁素体板条间，羽毛往往分辨不清，颜色是蓝黑色，中碳钢羽毛较明显，低碳钢羽毛很清楚，铁素体条较粗。在贝氏体区下部等温转变生成下贝氏体（lower bainite）。下贝氏体晶粒呈针状，两端尖，针叶不交叉，但可以交接。晶内渗碳体呈细针状，与铁素体长轴成 55°~65°夹角，颜色分散度大，比马氏体针颜色深。

在贝氏体转变温度范围内（$B_s \sim B_f$），渗碳体扩散缓慢，铁素体的扩散受阻，即使温度降到 B_s 点以下，贝氏体转变仍无法完成，随温度下降，贝氏体数量逐渐增加，直到 B_f 点，过冷奥氏体往往也不能完全转变，剩余未转变的奥氏体叫残余奥氏体。对于大多数钢来说，下贝氏体转变温度（B_s）多在260~375℃间。B_f点可能位于 *Ms* 点以上，也有可能位于 *Ms* 点以下，而且基本不受碳和合金元素含量的影响。

（6）马氏体（martensite）：常见马氏体组织有两种类型：中低碳钢淬火获得板条状马氏体，板条状马氏体是由许多一束束尺寸大致相同，近似平行排列的细板条组成的组织，各束板条之间角度比较大，高碳钢淬火获得针状马氏体，针状马氏体呈竹叶或凸透镜状，针叶一般限制在原奥氏体晶粒之内，针叶之间互成60°或120°角。

马氏体转变同样是在一定温度范围内（*Ms*~*Mf*）连续进行的，当温度达到 *Ms* 点以下，立即有部分奥氏体转变为马氏体，随着温度继续下降，马氏体数量不断增加，如果降温停止，马氏体转变也立即停止。先转变的马氏体针叶或板条又粗又长，有的横贯晶粒，颜色也较深，后转变的马氏体针叶或板条越来越细、越短，颜色也较浅，完全转变的马氏体组织由长短不一、分布不规则、颜色深浅不一致的板条或针叶组成，与下贝氏体比较起来马氏体金相图片的层次感更强。

板条状马氏体有很高的强度和硬度，较好的韧性，能承受一定程度的冷加工；针状马氏体又硬又脆，无塑性变形能力。马氏体转变速度极快，转变时体积产生膨胀，在钢丝内部形成很大的内应力，所以淬火后的钢丝需要及时回火，防止应力开裂。

珠光体、贝氏体和马氏体都是奥氏体等温转变的产物，为加深对奥氏体等温转变的了解，现将这3种组织转变特点和结构形态比较如下，见表12-2。

表 12-2 珠光体、贝氏体和马氏体转变特点[5]

转变类型	珠光体转变	贝氏体转变	马氏体转变
转变温度范围	高温转变（Ar_1~550℃）	中温转变（500℃~*Ms*）	低温转变（*Ms* 以下）
扩散性	铁原子与碳原子均扩散	碳原子扩散、铁原子不扩散	无扩散
生核、长大与领先相	生核、长大，一般以渗碳体为领先相	生核、长大，一般以铁素体为领先相	生核、长大
共格性	无共格性	有共格性，产生表面浮凸	有共格性，产生表面浮凸
组成相	两相组织 γ-Fe（C）→α-Fe+Fe_3C	两相组织 γ-Fe（C）→α-Fe（C）+Fe_3C （约350℃以上） γ-Fe（C）→α-Fe（C）+Fe_xC （约350℃以下）	单相组织 γ-Fe（C）→ α-Fe（C）+Fe_3C
合金元素的分布	合金元素扩散，重新分布	合金元素不扩散	合金元素不扩散

（7）莱氏体（ledeburite）：常温下，莱氏体是珠光体、渗碳体和共晶渗碳体的混合物。在高温下形成的共晶渗碳体呈鱼骨状或网状分布在晶界处，经热加工破碎后，变成块状，沿轧制方向链状分布，其块度和形状对冷加工性能有决定性的影响，热加工变形程度不足、终锻或终轧温度偏高，往往造成共晶渗碳体块度大，带明显的尖角，这样的盘条根本无法冷拔。莱氏体钢丝热处理的目标是：使经冷拔逐渐破碎的共晶渗碳体逐渐球化。

12.2.2.2 使用性能

（1）冷加工性能[6]：钢丝的可拉拔性能与显微组织结构密切相关，以珠光体钢丝为例：渗碳体几乎没有塑性变形能力，塑性变形全部在铁素体中进行，随着冷拉减面率的增加，铁素体片伸长变薄，内部位错密度不均匀性增加，形成胞状亚结构（俗称位错胞），逐渐堆积在相界处，相界很快就变得模糊不清。粗片状渗碳体无法变形，在拉应力作用下只能破碎成链状碎片或碎粒，破碎的渗碳体与位错胞缠结在一起，很快阻塞铁素体中位错线的移动，钢丝就达到了拉拔极限。当珠光体片层减薄到索氏体范围时，渗碳体与铁素体相界急剧加长，钢丝抗拉强度进一步提高，同时可变形铁素体更加分散，不均匀变形产生位错胞的几率明显减少，可变形深度加大，强化均匀性有所改善，钢丝的可拉拔性能和工艺性能自然相应提高。索氏体中渗碳体薄到一定程度后塑性和韧性也产生一定的变化，拉拔时可产生小角度的弯曲和扭转，破碎阻塞作用明显减小，对提高冷拉变形极限也做出一份贡献。近期研究成果证明[7]，当渗碳体薄到一定程度后确实有一定的塑性，理论解释是：渗碳体薄片能沿几个位向滑移，并断裂成碎片，同时也产生一些显微裂纹。渗碳体碎片表面具有很高的自由能，变得很不稳定，其中碳原子自发向铁素体位错胞处扩散，产生强制溶解现象，随减面率增大，渗碳体最终变成微粒，弥散硬化效应进一步增强，钢丝的抗拉强度可增大到5000MPa以上。同时拉拔产生的高温使显微裂纹实现自愈合，金相观察也证实了这点，经90%以上减面率拉拔的碳素弹簧钢丝，组织沿拉拔方向完全纤维化，绝无显微裂纹存在。

粒状珠光体中渗碳体呈球状分布，相界变短，钢丝变形抗力减小，同时铁素体连成一体，由于变形的不均匀性，很容易在局部形成位错胞，在有的铁素体变形还不充分时，局部已经达到了变形极限，所以粒状珠光体钢丝抗拉强度低，冷加工硬化慢，但承受最大减面率远不如索氏体钢丝，不同组织状态的碳素钢丝冷拉性能数据见表12-3。

表12-3 ϕ4.5mm不同组织状态的碳素钢丝冷拉性能比较

牌号	热处理方法	显微组织	抗拉强度/MPa	冷加工硬化率 1%减面率抗拉强度上升值/MPa	极限减面率/%
T9A	索氏体化处理	索氏体	1346	10.2	95
	正火	细片状珠光体	1150	9.8	90
	再结晶退火	粒状珠光体+少量片	747	8.0	80
	球化退火	3级粒状珠光体	618	7.0	80
70	索氏体化处理	索氏体	1150	8.6	98
	正火	细片状珠光体	934	8.3	90
	再结晶退火	粒状珠光体+少量片	661	7.3	85
	球化退火	3级粒状珠光体	554	6.6	85
45	索氏体化处理	索氏体	884	7.7	98
	正火	细片状珠光体	775	6.9	90
	再结晶退火	粒状珠光体+少量片	554	6.6	90
	球化退火	3级粒状珠光体	474	6.1	90

铁素体钢丝中没有渗碳体的阻碍作用，变形抗力更小，冷加工硬化慢，可拉拔性能优于珠光体钢丝，但承受深冷加工变形能力不如索氏体钢丝。

奥氏体钢丝冷拉变形时可滑移面多，冷加工塑性良好，但变形抗力大、冷加工硬化快，部分奥氏体钢丝冷拉时会产生形变马氏体，进一步加快冷加工硬化速度，所以尽管奥氏体钢丝塑性好，但拉拔抗力大，如果拉丝模质量不好、表面处理不当或润滑不良，极易造成钢丝与模具的局部熔接，生产难度反而超过铁素体和珠光体钢丝。

莱氏体钢丝塑性变形能力最差，但只要盘条生产工艺得当，经球化处理，还是可以拉拔的，但冷拉减面率不宜过大（原料冷拉减面率不宜超过25%），要及时退火，防止出现渗碳体过度破碎，在钢丝内部形成退火无法修复的孔洞，失去拉拔塑性。

（2）切削加工性能：切削性能一般用工件切削后的表面粗糙度和刀具寿命等来衡量，金属材料在具有适中硬度（170～230HB）和一定脆性的条件下切削性能最好。为获得理想切削性能，不同钢种可采用不同热处理工艺来得到适于切削加工的组织结构：低碳钢采用正火得到片状珠光体组织，中碳钢采用再结晶退火得到带有少量片状的粒状珠光体（1～2级）组织，高碳钢和合金钢采用球化退火得到3～4级的粒状珠光体组织。为提高切屑的脆性，改善工件表面粗糙度，推荐选用含硫或含硒的易切削钢。

（3）冷顶锻性能：冷顶锻指工件不经机械加工，直接顶压或锻造成型，是一种高效、资源节约型加工方法。冷顶锻变形量大，变形速率快，要求钢丝的硬度适中（70～98HRB）钢丝太硬模具破损大，太软的钢丝切断时易产生黏连；冷加工硬化要慢；承受极限变形能力要大（有时加工率大于90%）；变形尽可能均匀。根据前四条要求，在珠光体钢中粒状珠光体组织性能完全符合要求，3级粒状珠光体组织最佳。改善变形均匀性的有效方法是加粗晶粒度，因为晶界是阻碍变形，造成变形不均的主要因素，晶粒适当加粗，界晶减少，变形均匀性提高，同时冷加工硬化也减慢。对于低碳和低合金铆螺钢丝，如ML10、ML20和ML20CrMoA等，为防止硬度太软，切断时黏连，多选用球化退火后轻拉状态交货。

（4）淬火-回火性能：工具钢丝和合金弹簧钢丝制成零部件后，最终要进行淬-回火才能使用，要保证淬-回火性能，关键是控制碳化物形态，细片状渗碳体或细粒状渗碳体钢加热时，渗碳体比较容易溶化奥氏体中，获得均匀的奥氏体，是理想的淬-回火组织。中低碳钢正火获得细片状珠光体，强度适中（参见本文第12.5小节），塑性良好，所以淬-回火用中低碳钢丝，中间热处理多选用正火。高碳钢正火后强度偏高，不利于拉拔，实际生产中多采用球化退火+再结晶退火工艺，原料一般进行球化退火，获得细粒状珠光体，中间热处理选用再结晶退火，小规格钢丝为防止渗碳体球过度长大，随着拉拔-热处理循环次数增加，退火温度应逐步降低到650℃左右。降低退火温度的另一目的是减轻脱碳趋势。

12.3 钢丝热处理方法[5,7,8]

钢丝热处理既不同于机械零件的热处理，也不同于热轧钢材的热处理，常用热处理方法有：软化处理、球化处理和强韧化处理。

12.3.1 软化处理

软化处理（softening treatment）是钢丝生产中用得最多的一种热处理方法，软化处理的主要目的是：使显微组织均匀一致、消除加工硬化、降低强度、提高塑性，以利于进一步冷加工或使用，可用于原料、半成品和成品热处理。钢丝软化处理工艺包括：完全退火、不完全退火、再结晶退火、固溶处理、高温回火和消除应力退火等。

（1）完全退火（dead（full）annealing）：把亚共析钢加热到 Ac_3 以上 20～30℃，然后缓慢冷却。由于钢经历了从铁素体+珠光体转变为奥氏体，再从奥氏体转变为铁素体+珠光体的相变，又经缓慢冷却，得到的是细晶粒、粗片状的珠光体组织。完全退火可以使热轧钢棒的硬度降到最低水平，有利于机械加工，但因退火温度高，带来较重的表面脱碳或贫碳，钢丝基本不采用完全退火，特别是过共析钢应严禁完全退火处理。

（2）不完全退火（incomplete annealing）：将钢丝加热到 Ac_1～Ac_3 之间温度，得到不完全奥氏体化组织，然后缓慢冷却的热处理，球化退火实际上也是一种不完全退火。

（3）再结晶退火（recrystallization annealing）：经冷加工的钢丝加热到再结晶温度以上、Ac_1 点以下，保温适当时间，然后空冷，使晶粒重新结晶为均匀的等轴晶粒，以消除冷加工硬化。再结晶退火是钢丝应用最多的一种软化处理方法，退火温度越接近 Ac_1 点，钢丝强度和硬度越低。

（4）固溶处理（solution treatment）：将钢丝或合金丝加热到高温单相区，使析出相充分溶解到固溶体中，然后快速淬水冷却，以获得过饱和固溶体，主要用于奥氏体不锈钢丝，以及某些高温合金、精密合金和耐蚀合金丝的软化处理。高锰钢（Mn13）经固溶、淬水获得完全奥氏体组织的热处理又叫水韧处理（water toughening）。

（5）回火（tempering）：把淬火后的钢丝加热到 Ac_1 点以下温度，然后以一定的方式冷却。按回火温度不同可以分为：

1）低温回火（low temperature tempering，150～250℃回火），获得回火马氏体组织。硬度比淬火马氏体稍低，残余应力部分消除，脆性有所改善。

2）中温回火（medium temperature tempering，300～450℃回火），获得细粒状珠光体（回火托氏体）组织，残余应力消除，硬度较高，有较高弹性极限和良好的抗冲击韧性。

3）高温回火（high temperature tempering，500～700℃回火），获得回火索氏体组织，高强、高塑、高韧，具有良好的综合力学性能。

周期式热处理炉装炉量大，热效率高、能耗相对较低，软化处理多选用井式、罩式或台车式周期炉进行热处理，特别是现代化、由计算机控制的强对流气体保护罩式或井式退火炉，炉温控制水平高（±1℃）、均匀性好（±3℃），基本无氧化、无脱碳，是软化处理和球化处理首选炉型。但周期炉很难实现真正的光亮热处理，而且冷却速度比较慢，所以需要快冷的奥氏体不锈钢丝固溶处理，铁素体不锈钢丝的退火处理，以及部分碳素钢丝的成品光亮处理多数选用连续炉。

（6）消除应力退火（stress relief annealing）：目的是消除冷加工硬化或实现钢丝软化，退火温度一般为 600～700℃。

12.3.2　球化处理

球化处理（spheroidizing）的目的是得到粒状珠光体组织，具有粒状珠光体组织的钢丝与具有片状珠光体组织的钢丝比较，抗拉强度低、塑性更好、冷加工硬化得慢、能承受更大减面率的拉拔；细粒状（或细片状）珠光体钢丝淬火时碳化物能很快溶入奥氏体中，淬火范围宽、淬火性能稳定、不易出现裂纹；特别是粒状珠光体组织钢丝的冷顶锻性能远优于其他状态的钢丝。所以碳素工具钢丝、合金工具钢丝、冷镦钢丝和冷锻成型的缝纫机针钢丝，半成品和成品基本选用球化热处理工艺。实现钢丝组织球化的方法有 3 种：球化热处理、冷拔+球化处理和铅浴（或正火）+球化处理。

（1）球化热处理（spheroidizing treatment）：钢丝加热到 Ac_1 点以上 20~30℃，保温 2~4h，以 20~40℃/h 的速度冷到 Ar_1 点以下，再空冷或炉冷，使其显微组织中的碳化物呈球状。加热控制要点是使渗碳体部分溶入奥氏体，部分残留，在随后缓冷过程中，部分溶入奥氏体中的渗碳体以残留渗碳体为核心重新析出，形成粒（球）状珠光体组织。

（2）冷拔+退火多次循环球化处理：球化热处理加热温度比再结晶处理要高出 30~40℃，能耗相对加大，特别是在无保护气氛条件下进行的球化热处理，容易造成钢丝脱碳趋势加重，对于中低碳冷顶钢丝，可采用盘条直接拉拔+再结晶退火+拉拔+再结晶退火……多次循环的方法，获得良好的粒状珠光体。热轧状态的中低碳盘条显微组织为片状珠光体，具有良好的冷加工塑性，经一定减面率拉拔后，渗碳体部分破碎，同时拉拔形成的内应力为渗碳体碎片的球化提供了一定的动力，一般经两次拉拔+再结晶退火循环（俗称两酸两退），即可获得良好的粒状珠光体组织。与经球化处理的钢丝相比，用此工艺获得的粒状珠光体组织，碳化物的球化度更规整、更细小、更均匀。

（3）铅浴（或正火）+再结晶退火球化处理：对冷顶锻成型，最终需要进行淬-回火处理的钢丝，希望以粒状珠光体交货，同时要求碳化物颗粒度小于 1μm，采用一般球化工艺很难生产出完全符合要求的钢丝。可采用铅浴（或正火）处理，先将渗碳体彻底打碎成薄片（当然铅浴效果最好，在没有铅浴炉的单位也可用正火处理）。然后用拉拔+再结晶退火多次循环的方法实现球化。第 1 次再结晶退火可选用较高（贴近 Ac_1）的温度，然后逐渐降低再结晶退火温度，防止碳化物颗粒过度长大。

无论用哪种方式进行球化退火，都必须保证钢丝在高温下停留一段时间，使珠光体中的渗碳体溶解、成核、聚集、长大，连续炉不管多长，钢丝在炉中停留时间毕竟有限，因此球化处理只能在周期炉中进行。

12.3.3　强韧化处理

强韧化处理（strengthening and toughening treatment）的目的是得到高强度、高韧性的钢丝，强韧化处理方法有 9 种：正火、铅浴（派登脱）处理、贝氏体化等温淬火、油淬火-回火、预硬化处理、沉淀硬化处理、时效处理、消除应力处理和稳定化处理。

（1）正火（normalizing）：将钢丝加热到 Ac_3 或 Ac_{cm} 以上 30 ~50℃，保温适当时间后，在流动的空气中急速冷却。中、低碳钢正火后的组织为较细片状珠光体，抗拉强度和硬度要高于退火，但有较好的塑性和韧性。合金钢空冷后的组织是索氏体或贝氏体，甚至会出现部分马氏体，此时，钢的硬度往往较高，塑性较差，不利于冷加工和机械加工，需要进行高温回火来改善加工性能。

（2）铅浴（派登脱）处理（patenting）：用连续炉将钢丝加热到完全奥氏体化温度，然后在铅液、盐液、空气、水溶性有机介质或流态床中等温淬火，冷却到 Ar_1 以下适当温度，获得索氏体或以索氏体为主的组织，因此又叫索氏体化处理。由于热处理中冷却介质不同，派登脱处理又分为铅浴派登脱、盐浴派登脱、空气派登脱等。

（3）贝氏体化等温淬火（isothermal quenching for lower bainite）：将钢丝加热到完全奥氏体化温度，然后在盐液中等温淬火，冷却到下贝氏体转变温度以下，保温一段时间，获得下贝氏体或粒状贝氏体组织。因为下贝氏体或粒状贝氏体转变是介于扩散型和非扩散型之间的转变，等温时间较长，工业上 $\phi \leqslant 3.0$mm 以下的钢丝才选用连续炉等温淬火处理，大规格钢丝必须选用周期炉来完成等温转变。

（4）油淬火-回火（oil tempering）：拉拔到成品尺寸的钢丝，在连续炉中进行淬火和回火处理，展开的钢丝首先在连续炉中加热到完全奥氏体化温度，然后通过油槽淬火获得马氏体组织，再通过连续回火，获得高强度（高硬度）、高韧性钢丝。油淬火-回火弹簧钢丝平直度好，缠簧后经消除应力处理即可使用。

（5）预硬化处理（prehardened treatment）：预硬化处理是一种特殊的油淬火-回火处理，指钢丝拉拔到成品尺寸后进行油淬火处理，然后根据牌号及使用情况，再进行一次或多次高温回火处理，使钢丝的硬度或抗拉强度达到相应级别的要求。常用于热作模具钢丝、高速工具钢丝、冷作工具钢丝和马氏体不锈耐热钢丝的成品处理。因为此类钢丝碳和合金元素含量较高，油淬火-回火时必须采用一些特殊的工艺措施：

1）为保证碳和合金元素充分溶解，必须提高奥氏体化加热温度（有的高达 1150℃），延长保温时间；

2）淬火后钢丝中残留奥氏体含量大，为促使残奥分解确保钢丝达到预定硬度，必须选用多次回火的方法，回火保温时间比一般回火要延长数倍到数百倍。

3）一般淬火-回火处理时，回火的目的是：促进马氏体转变成回火马氏体、回火托氏体、回火索氏体或珠光体，回火后钢丝的韧性和塑性显著提高，但抗拉强度和硬度必然有不同幅度的下降。预硬化处理时，回火同样有促使组织转变的目的，但同时还具有沉淀硬化效应，钢中的 Fe、Mn 和合金元素（W、V、Ti、Al 等）的碳化物、氮化物或金属间化合物（γ'和 γ''相）沉淀析出，钢丝可以做到在韧性和塑性显著提高的同时，抗拉强度和硬度无明显下降，甚至有所提高。

特殊的工艺要求决定了预硬化处理的设备与一般（弹簧钢丝）油淬火-回火设备有很大不同：弹簧钢丝通常选用连续炉进行油淬火-回火处理，淬火炉最高使用温度 900℃，回火炉最高使用温度 600℃，炉长相对较短。硬化处理的淬火和一次回火通常也选用连续炉，但炉子的最高使用温度和炉长均有大幅度的提高，以东北特钢集团大连特殊钢丝公司的预硬化处理炉为例，淬火炉最高使用温度 1150℃、有效加热区长度 22m；回火炉最高使用温度 700℃、有效加热区长度 30m。此外，收放线系统可对钢丝施加一定的、可调整的预张力，以改善钢丝的蠕变和抗松弛性能。一般说来，预硬化处理炉可以用于油淬火-回火处理，但油淬火-回火炉无法用于预硬化处理。

更大的不同是：预硬化处理的 2 次或 2 次以上的回火，保温时间以小时计算，无法在连续炉中完成，通常在气体保护退火炉中进行，强对流气体保护井式退火炉可作为首选设备。

（6）沉淀硬化处理（precipitation hardening treatment）：钢丝经固溶处理或冷拉变形后，在一定温度保温一段时间，从过饱和固溶体中析出沉淀硬化相，弥散分布于基体中，从而导致钢丝硬化的热处理。通常用于沉淀硬化不锈弹簧、弹性合金和高温合金零部件的最终处理。

（7）时效处理（ageing treatment）：钢丝经固溶处理或冷拉变形后，在室温或一定温度保温一段时间，使过饱和元素从固溶体中析出，通常析出相（金属或金属间化合物）

与基体保持共格关系，叫做时效处理。

（8）消除应力处理（stress relieving treatment）：为消除钢丝冷加工应力所进行的热处理。冷拉强化弹簧钢丝和油淬火-回火弹簧钢丝绕制弹簧后必须进行消除应力处理，主要目的有：消除绕簧时形成的内应力，稳定弹簧形状和尺寸；提高弹簧抗拉强度、弹性极限、抗松弛能力和疲劳强度。钢丝抗拉强度高并不等于弹性极限也高，消除应力处理是提高钢丝弹性极限的最有效处理方法。

（9）稳定化处理（stabilizing treatment）：为减缓钢丝在使用过程中组织结构、性能或尺寸的变化所进行的热处理。如预应力钢丝（或钢绞线）为减小应力松弛，在一定的拉应力（30%~50%R_m）作用下进行的短时回火（350~400℃）处理。尽管预应力钢丝（或钢绞线）稳定化处理的机理尚不明白，但处理效果是明显的，经稳定化处理钢丝的比例极限增加到抗拉强度（R_m）的80%，屈服强度（$R_{p0.2}$）增加到抗拉强度的90%，伸长率（$A_{L=50d}$）可达4%~8%（处理前$A_{L=50d}=3\%$），抗蠕变和抗松弛性能也大幅度提高。表12-4显示了不同状态的钢丝应力松弛试验测得的应力松弛率。

表12-4 ϕ5.08mm（0.2in）钢丝应力松弛试验时测得的应力松弛率（以初始应力为100%计算）[7]

初始应力	时间/h	热轧盘条	消除应力处理	稳定化处理	热轧盘条	消除应力处理	稳定化处理
70%R_m	1000	5.8	5.0	1.0	20.0	19.0	7.8
	10000	8.4	8.0	1.5	23.8	22.6	10.2
80%R_m	1000	8.0	8.2	1.8	25.0	28.0	14.4
	10000	11.9	12.2	2.1	29.4	32.0	17.4
试验温度/℃		20	20	20	100	100	100

强韧化处理是一种等温处理，为保证性能的均匀和稳定，通常选用连续炉将钢丝展开进行热处理。当然沉淀硬化处理、时效处理和消除应力退火多采用小批量半连续热处理。

除预应力钢丝稳定化处理外，两种合金钢丝为达到特定性能所进行的热处理也叫稳定化处理，如含稳定化元素（Ti和Nb）的奥氏体不锈钢为改善抗晶间腐蚀性能，在一定温度（约850℃）下进行的热处理；电热合金为提高使用寿命，在800~1000℃范围内进行的预氧化处理。

12.4 钢丝热处理工艺的制定

制定钢丝热处理工艺应按三段分析的原则进行：首先弄清钢丝的使用性能，保证使用性能，钢丝应以什么样的组织状态和表面质量交货，最终选择用什么热处理工艺获得理想的显微组织。热处理工艺通常包括：加热速度、加热温度、保温时间、冷却介质、冷却方法等工艺参数，以及热处理炉型和保护气氛等工艺条件。对于生产企业来说，工艺条件是相对稳定的；钢丝规格较细，容易透烧，无论什么牌号钢丝都可以最快的加热速度来加热；因此制定钢丝热处理工艺实际上就是要确定钢丝的加热温度、保温时间、冷却介质、冷却方法等四项工艺参数，细化分解又可以分为周期炉热处理工艺和连续炉热处理工艺。

12.4.1　周期炉热处理工艺

周期炉热效率高、装炉量大、操作方便，广泛用于钢丝的软化处理和球化处理，软化处理和球化处理工艺曲线见图 12-17。

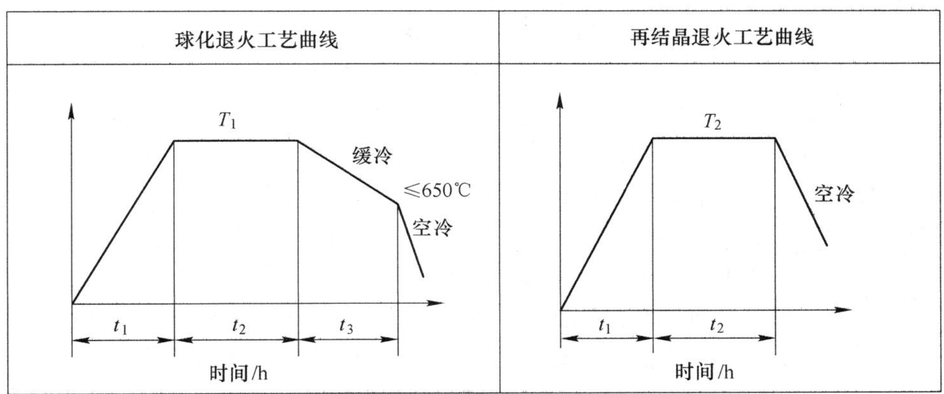

图 12-17　周期炉热处理工艺曲线

图中 T_1、T_2 表示加热温度，t_1、t_2和 t_3分别表示加热时间、保温时间、冷却方法和时间。毫无疑问，热处理的先决条件是：热处理炉结构合理、炉温均匀、测温准确、控温得当，在上述基本条件具备的情况下，就可以讨论热处理工艺参数的确定方法了。

（1）加热时间（t_1）：加热时间指将炉内钢丝的各部位全部加热到预定加热温度所需要的时间，加热时间主要取决于加热温度、装炉量和钢丝密实度。其中密实度是一个容易忽视的因素，一般说来，冷拉钢丝的密实度大于热轧盘条，从拉丝卷筒上直接下线的密实度大于倒立式下线和“象鼻子”下线，细规格钢丝密实度大于粗规格钢丝。对密实度高的钢丝通常采用在标准加热时间的基础上补加一段时间的方法来保证烧透，以装炉量 15t 左右的热处理为例，直径大于 3.0mm 钢丝执行标准加热时间，直径 2.0~3.0mm 钢丝加热时间增补 0.5h，直径小于 2.0mm 钢丝加热时间增补 1h。

现代化的燃气炉和电炉，热源稳定，保温条件较好，可以用热平衡计算的方法导出加热时间计算公式，以 285kW 的强对流气体保护退火炉（电加热）为例[9]，经热平衡计算导出的加热时间计算公式为：

$t_1(650℃\ 时) = 0.61M + 3.1$　$t_1(700℃\ 时) = 0.67M + 3.5$　$t_1(720℃\ 时) = 0.69M + 3.7$

$t_1(750℃\ 时) = 0.75M + 4.0$　$t_1(780℃\ 时) = 0.82M + 4.4$　$t_1(800℃\ 时) = 0.86M + 4.5$

$t_1(850℃\ 时) = 0.93M + 5.1$

式中，t_1为加热时间，h；M 为装炉量，t。

经生产验证，加热时间完全符合实际情况。对于水煤气、热煤气加热，或烧煤的老式加热炉，热源不稳定，保温条件较差，炉温控制偏差较大，基本无法进行热平衡计算，可以用直接观察的方法，测出炉中钢丝内外圈，料架上中下部位均达到预定加热温度所需时间，并以此为依据制定热处理工艺。

（2）加热温度（T_1 和 T_2）：加热温度要根据钢丝牌号、热处理目的来设定，周期炉基本可按球化处理和再结晶处理来设定工艺，钢丝和合金丝球化加热温度范围在 700~

900℃之间，再结晶加热温度范围在600～850℃之间，实际生产中可参考本书12.3小节附录——钢的临界温度参考值，确定不同牌号钢丝的加热温度。现代化的热处理炉，多采用计算机自动控制热处理全过程，计算机可以预设多条工艺曲线（10～100条），球化处理工艺曲线的加热温度通常预设为：700℃、720℃、750℃、790℃、800℃、820℃、850℃、880℃、900℃，再结晶退火工艺曲线的加热温度通常预设为：600℃、620℃、740℃、660℃、680℃、700℃、720℃、730℃、750℃、780℃、800℃、850℃。生产中可以根据钢丝牌号直接调用第××号曲线。此外设定加热温度还要考虑炉中气氛，在氧化性气氛中退火，要考虑钢丝脱碳和贫碳问题，一般说来，高碳钢丝和高硅钢丝脱碳或贫碳趋势较重；在强氧化性气氛中钢丝脱碳或贫碳最严重，在微氧化气氛中（如装罐密封）钢丝脱碳或贫碳也较重，在中等氧化气氛中退火（尤其在750℃以下退火），因为氧化速度大于脱碳速度，钢丝的脱碳层无明显加深，甚至有减少的可能。为防止或减轻脱碳和贫碳，有时需有意识地压低加热温度，适当延长保温时间。

在氮气、氨分解气、氢气和其他保护气氛中退火，可以适当提高加热温度，以缩短保温时间，提高生产效率。特别是使用氢气作为保护气氛，因为氢气导热性好，可加快升温速度，缩短均温时间，减少降温时间，根据德国洛伊（Loi）公司提供的工艺曲线[10]，轴承钢丝球化热处理（装炉量24t）如用氮气作保护气氛，一炉热处理周期约为30.5h，同样热处理改用氢气作保护气氛时，热处理周期缩短到21.1h，生产效率提高30%以上。

（3）保温时间（t_2）：保温的作用是使钢丝从表面到内部温度进一步均匀化，同时完成预期的组织转变。对再结晶退火而言，实际生产中保温时间一般按2h设置。球化处理要完成奥氏体化和半数以上渗碳体的溶解，需要较长时间，一般按3～4h设置，上限加热温度选用下限时间，下限加热温度选用上限时间。

（4）冷却方法和时间（t_3）：球化处理的钢丝保温期满后，以每小时20～40℃的速度，控制冷却到Ar_1或Ar_{cm}点以下，完成渗碳体的球化。无保护气氛退火，一般将控冷终止温度定在650℃，然后出炉空冷。当然，对于Ar_1或Ar_{cm}点较低的钢丝必须冷到临界点以下才能出炉。另外，高碳高合金工具钢丝，特别是莱氏体钢丝为降低热应力，防止产生裂纹，最好冷到500℃或250℃以下再出炉（或出罐）。氮气保护热处理的钢丝，为防止钢丝出炉后二次氧化，同时也为了避免炉胆的氧化，球化完成后通常采用炉冷、风冷或喷水冷却（对炉胆损害大，尽量少用），待温度降到400℃以下再出炉。氨分解气体和氢气保护热处理的钢丝，为彻底消除爆炸的危险，多选用300℃以下出炉的方案。

再结晶退火的钢丝保温期满后，不存在过冷奥氏体等温转变问题，实际上可以直接出炉空冷。但生产中，保护气体热处理的钢丝和高碳高合金工具钢丝，也采用与球化处理完成后相同的冷却方法。

特殊钢丝厂因日常生产的钢丝牌号多，品种多，再加执行标准和交货状态的差别，使热处理工艺更加繁琐和复杂，通常做法是先将热处理钢丝按球化处理和软化处理进行分类，每类钢丝预设若干条工艺曲线，如前所述球化处理预设9条曲线，再结晶退火预设12条曲线。每天生产的钢丝按工艺曲线对号入座，凑够一炉再根据装炉量、规格，核算加热时间、保温时间，以及冷却方法和时间。热处理工艺制度通常用两种表格来表述：第一种表格适用于装炉量不大，每炉装料量基本恒定的退火炉，表格内容包括钢丝牌号、生产状态（原料、半成品、成前和成品）、规格范围、热处理曲线序号（隐含了热处理类型、冷却方法)、执行技术标准，见表 12-5。第二种表格是作为第一种表格的补充规定，适用于装炉量较大，每炉实际装料量波动较大的退火炉，表格内容包括热处理类型、加热温度、装炉量、升温时间、保温时间等，见表 12-6。因此，周期炉热处理工艺制度可以用 2~3 种图表来表述：工艺曲线图、工艺制度表和不同退火温度、不同装炉量对应的工艺制度表。

表 12-5 井式退火炉热处理工艺制度

钢种	技术条件	牌号	状 态		工艺曲线	升温时间 t_1	保温时间 t_2	冷 却		备注
								方式	时间 t_3	
工具钢	YB/T095	9SiCr 9CrWMn MnCrWV（O1）	原料		1			缓冷		20~40℃/h
			半成品	$\phi \geq 3.0$	2			炉冷		
				$\phi < 3.0$						
			成品		3			空冷		装罐密封
	GB/T4240	0Cr18Ni9			4			淬水		

表 12-6 井式炉不同退火温度、不同装炉量对应的工艺制度

退火温度/℃	装炉量/t							
	11.5	12	12.5	13	13.5	14	14.5	15
再结晶退火，升温时间 t_1/min/保温时间 t_2/min								
660	620/120	640/120	650/120	680/120	700/120	710/120	730/120	750/120
700	670/120	690/120	710/120	730/120	750/120	770/120	790/120	810/120
球化退火，升温时间 t_1/min/保温时间 t_2/min								
750	760/200	780/200	800/200	830/200	850/200	870/200	890/200	920/200
800	860/200	890/200	920/200	940/200	970/200	990/200	1020/200	1040/200

12.4.2 连续炉热处理工艺

钢丝连续热处理炉主体设备由放线系统、连续热处理系统和收线机 3 部分组成。热处理时每卷钢丝首先放线、展开通过加热炉加热，实现奥氏体化，然后根据热处理目的不同，或铅淬火、或油淬火+回火、或快速冷却、或在保护气氛中缓慢冷却，最后用收线机重新卷取。连续热处理具有升温速度快、加热均匀、冷却速度可以控制的特点，主要用于钢丝等温热与连续热处理，如铅浴处理、油淬火-回火处理、固溶处理和光亮退火处理。

12.4.2.1 铅浴（派登脱）处理工艺要点

铅浴热处理炉由自由放线装置、加热炉、铅淬火槽和收线机 4 部分组成。常用于碳素弹簧钢丝、制绳钢丝、胎圈钢丝、金属针布钢丝和预应力混凝土用钢丝的热处理，以及易切削钢丝、针丝、弹性针布钢丝和中低碳结构的原料处理或预处理。铅浴处理的目的是获得均一的索氏体组织，为此要仔细地分析一下在索氏体形成温区附近的组织转变特性，经充分奥氏体化的钢丝，随着等温温度的下降，分别转变成细片状珠光体、索氏体、托氏体、上贝氏体、下贝氏体和马氏体，若从下贝氏体转变区开始逐步提高转变温度，同时检验钢丝抗拉强度就会发现：进入上贝氏体区后钢丝抗拉强度和韧性不断下降，到托氏体区后钢丝抗拉强度下降放缓、最终停止；从第一批索氏体形成开始，抗拉强度通过最低点，并逐渐回升，当奥氏体全部转化为索氏体时，钢丝抗拉强度和硬度达到最大值；继续升温，出现细片状珠光体，钢丝抗拉强度又开始下降。随着钢丝碳含量的增加，强度的起伏更加明显，生产中可以用测定抗拉强度的方法，寻找最佳铅浴处理工艺。钢丝断面收缩率的变化与强度正好相反，强度达到最高值时断面收缩率降到最小值；伸长率基本随温度上升而增大；弯曲与扭转值与强度同步，只是最大值出现的稍早点。

目前，国内外铅浴热处理大多数仍采用马弗砖式燃气加热炉+铅槽型的连续炉，铅浴处理的工艺参数包括：加热温度、在炉时间、出口温度、铅槽温度、在铅时间和收线速度。

A　加热炉工艺控制要点

（1）加热时选用很大的过热度（Ac_3或Ac_{cm}+100～200℃），缩短奥氏体化时间；碳含量低的钢丝应选用更高的加热温度。

（2）传统的马弗加热炉靠马弗砖间接传热，热效率比较低，炉温实际控制在950～1150℃之间，从钢丝入口到出口，炉温逐段降低。

（3）粒状珠光体钢丝奥氏体化时间比片状珠光体钢丝长；粗钢丝奥氏体化时间比细钢丝长。通常用在炉时间来表示钢丝加热+保温时间，设定在炉时间的经验公式有多种，笔者对这些公式进行验证和调整，对马弗式加热炉推荐采用如下公式：

$$\tau = (14 + 6d)d \qquad d \geqslant 4.0\text{mm}$$
$$\tau = (34 + d)d \qquad d \leqslant 4.0\text{mm}$$

式中，τ为在炉时间，s；d为钢丝直径，mm。

（4）应按钢丝成品抗拉强度控制奥氏体晶粒度，对于冷拉减面率小于85%的钢丝晶粒度对性能基本没有影响，对于冷拉减面率大于85%的钢丝，粗晶粒钢具有更好的拉拔性能和工艺性能，铅浴时可考虑适当加长在炉时间。

（5）钢丝在加热炉出口的温度（又称线温）是非常重要的工艺参数，笔者推荐对不同碳含量和规格钢丝的出口温度按如下公式进行控制[11]：

$$T_{出} = 910 - 50w(\text{C}) + 6d$$

式中，$T_{出}$为钢丝的出口温度,℃；w(C)为钢丝含碳量（质量分数）,%。

（6）索氏体转变温度较高，完成转变的时间远小于奥氏体化时间，因此收线速度基本取决于炉长和在炉时间。

B　铅槽工艺控制要点

（1）高碳高锰钢丝采用较高铅温，粗钢丝应采用较低铅温。生产中因不同规格的钢丝向铅槽中带入的热量不同，铅槽温度波动较大，很难确切地测定铅温，通常将热电偶固定在距钢丝入铅900mm，铅槽中心线铅液下120mm处。在上述条件下，笔者推荐不同碳含量、不同规格钢丝的铅温采用如下公式计算[11]。含锰量大于0.6%的钢丝，超出部分按0.3%的锰相当于0.1%的碳计算。

$$T_{铅} = 490 + 50w(\text{C}) - 10d$$

式中，$T_{铅}$为铅槽温度,℃。

（2）如果钢丝在铅槽中不能完成索氏体转变，在出槽后的水冷过程中可能会转变为马氏体，而影响拉拔。经验表明，碳素钢丝完成索氏体转变的时间一般不会超过15s，加上安全系数也不过20s。但Cr、Ni、Mn和Cu等合金元素的存在会明显延缓索氏体转变，因此标准中对铅浴用碳素钢丝的合金元素的含量有严格限制。铅槽温度过低（<430℃）也会延缓索氏体转变。

（3）铅槽要设在尽可能靠近加热处的位置。国内外均使用控制铅槽与加热炉长度的比例来控制在铅时间，一般铅槽长度为炉长的30%~60%，铅槽深度500mm，铅液深度400~450mm，钢丝应在铅液面80mm以下运行。因细钢丝运行速度快，铅槽长度与加热炉长度比值取上限值。

（4）因为钢丝是带着温度进入铅槽的，在接触铅槽的瞬间，钢丝温度高于铅槽温度，特别是粗钢丝带入热量大，实际上是在一定温度区间连续冷却，完成索氏体转变的，为减小索氏体片间距，粗钢丝通常采用更低的铅温。另外连续作业会造成钢丝入铅端0.5~1m处铅温明显过热（有时高达600~700℃），所以有条件时应尽可能配置铅液循环泵降温，或在过热区下冷却风管或水管。

（5）铅浴炉使用不是一朝一夕的事，设计时应考虑意外因素，如化学成分不均和工艺因数的波动，以及热处理速度有可能加快的趋势，常把铅槽设计得长些。明火加热、电接触加热、感应加热线上等铅淬火炉的铅槽当然也必须加长。

C　收线速度的确定

收线速度可用加热炉长和在炉时间直接推算，生产中为测量和调整方便，一般将收线速度用收线卷筒每旋转一圈用多少秒来标定，实际操作时测定收线卷筒转10筒的时间，并据此调整收线速度。

$$v = \frac{\text{加热炉长度}}{\text{在炉时间}} = \frac{L}{\tau/60} \quad (\text{m/min}) \qquad v = \frac{\pi D\tau}{1000L} \quad (\text{s/r})$$

式中，v为收线速度，m/min或s/r（秒/转）；τ为在炉时间，s；L为加热炉长度，m；D为收线卷筒直径，mm。

在炉温和铅温恒定的条件下，弹簧钢丝随收线速度的加快，钢丝抗拉强度稍有增加；中低碳钢丝随收线速度的加快，钢丝抗拉强度稍有下降，当然收线速度不应有太大的波动。

12.4.2.2　盐浴派登脱处理

铅浴处理的最大缺点是铅污染，铅尘对人体的伤害，对环境的污染几乎是不可逆转的，百余年来人们一直努力寻找能代替铅的材料，但至今收效甚微，目前工业生产正式使用的代替铅浴处理的最可靠的工艺是盐浴派登脱处理。

用连续炉进行铅浴处理，随规格加大，钢丝抻直、弯曲、盘卷难度加大，直径13.0mm以上的钢丝几乎无法操作。近年来国外开发一种浸入式盐浴派登脱处理方法，钢丝或盘条散开呈螺旋状，装在可以扇形张开的料架上（装架由几组可开合的花瓣状夹具组成），夹紧后转入奥氏体化炉中加热，完全奥氏体化后，料架转到另一端的盐浴槽的上方，打开夹紧装置，盘圈落入盐浴槽中的摆动料架上，淬火期间摆动料架在盐浴液中上下晃动，增强冷却效果，完成索氏体转变后用C形吊钩将盘卷吊出浴槽。该方法选择盐作为淬火介质的主要原因是盐液密度比钢铁小，盘圈能自动沉入淬火液中。浸入式盐浴派登

脱处理炉适用于 ϕ8.0~20.0mm 钢丝和盘条的索氏体化处理，直径小于 8.0mm 的盘圈在盐浴中很难保证料形，容易散乱。此外，因为钢丝在盐液中冷却速率赶不上在铅液中的冷却速率，为减少亚共析钢中铁素体和片状珠光体的析出，通常用加大钢中锰含量的方法来提高过冷奥氏体的稳定性。同时适当降低奥氏体化温度（实际 900℃），减少钢丝带入盐浴中的热量，加快索氏体转变速度。

12.4.2.3 正火

钢丝如成捆正火，内外圈冷却速度差别很大，组织和性能严重不均，无法使用，因此只能用连续炉进行正火处理。钢丝通常采用铅浴工艺和设备进行正火，只是钢丝通过加热炉后，不进铅槽，直接在空气中冷却，又称为空气派登脱处理。因为不进铅槽，操作比铅浴处理方便，生产成本也比铅浴处理低，常用于中、高碳钢丝的中间热处理，低碳钢的成品热处理。钢丝尽管是展开自然冷却，冷却速度却仍赶不上铅淬火快，亚共析钢丝组织中往往含有较多的铁素体。正火实际上是奥氏体连续转变热处理，奥氏体的分解是在一个很宽温度区间完成的，钢丝从表面到芯部珠光体的片间距不太均匀，其抗拉强度和硬度比铅浴低（见表 12-3），冷加工性能也不如铅浴好，但用于消除冷加工硬化，消除高碳钢网状组织，改善渗碳体形态，为中、低碳钢丝提供一种有利于淬火的组织，仍是一种经济、高效的热处理方法。

为改善正火组织，大规格钢丝常用提高锰含量的方法，提高过冷奥氏体的稳定性，抑制铁素体和粗片状珠光体的析出量，获得以索氏体为主的组织。正火钢丝的抗拉强度随锰含量增加而提高。以 ϕ6.5mm 的 65Mn 盘条为例，当锰含量从 0.46%提高到 1.15%时，正火后的抗拉强度从 890MPa 提高到 1000MPa；两种盘条以相同的工艺拉拔成 ϕ3.0mm 的钢丝，其抗拉强度分别为 1550MPa 和 1635MPa。Mn≥1.0%的钢丝用连续炉正火代替铅浴处理流行于美国，美国人认为正火钢丝的扭转性能优于铅浴钢丝，德国人认为产生这种想法与美国弹簧钢丝标准总是规定高的扭转值，一般不规定弯曲次数有关[8]。

钢丝直径对正火后的抗拉强度有明显影响，钢丝变细时正火冷却速度加快，抗拉强度偏高，但抗拉强度增高的幅度不如铅浴处理时大。直径小于 2.0mm 的钢丝正火处理时，因为没有一段等温时间，直接空冷，比铅浴处理更容易产生马氏体组织，为避免产生马氏体组织，同样需要将锰含量控制在较低水平，使钢丝尽早完成索氏体转变。

12.4.2.4 贝氏体化等温淬火

在铅浴处理一节介绍了过冷奥氏体随等温转变温度下降，分别获得珠光体、索氏体、托氏体、上贝氏体、下贝氏体组织。托氏体和上贝氏体的抗拉强度低于索氏体，虽能进行拉拔，也能获得较高强度，但韧性较差，没有实用价值。具有下贝氏体组织的碳素钢丝抗拉强度高于索氏体，同时具有较好的塑性和韧性，兼有高的弹性极限、弹性模量和良好的抗冲击韧性，抗应力松弛和抗蠕变性能优于索氏体化钢丝。根据目前研究结果，贝氏体化钢丝可以三种状态使用：贝氏体化冷拉状态、等温淬火状态和等温淬火+低温回火状态。

A 等温淬火工艺

工业生产中的下贝氏体化热处理通常选用盐浴淬火炉，其奥氏体化温度和时间与可参照油淬火-回火工艺确定，盐浴温度一般按 Ms+(20~100℃) 选定，碳素弹簧钢丝的盐浴温度通常为 260~360℃，合金弹簧钢丝的盐浴温度范围可参考 B_s点选定，常用计算合金

弹簧钢丝的 B_s 点经验公式为[5]：

$$B_s = 630 - 45w(\mathrm{Mn}) - 35w(\mathrm{Si}) - 30w(\mathrm{Cr}) - 20w(\mathrm{Ni}) - 24w(\mathrm{Mo}) - 40w(\mathrm{V}) - 12w(\mathrm{W}) \quad (℃)$$

$$B_s(\text{下贝氏体}) = B_s - (200 \sim 220) \quad (℃)$$

（上式适用钢的成分范围为：w(C)=0.1%~0.55%、w(Mn)=0.2%~1.7%、w(Cr)=0.1%~3.5%、w(Ni)=0.1%~5.0%、w(Mo)=0.1%~1.0%，测算偏差为±20~25℃）

过冷奥氏体冷却到 B_s 点时开始贝氏体转变，随温度下降贝氏体量逐渐加大，但因转变温度较低，尽管盐浴槽的长度达到加热炉的 2 倍以上，过冷奥氏体也很难完全转变。工业生产中往往采用补充回火的方法，促使残余奥氏体分解，即将经等温淬火处理的下贝氏体钢丝，在接近盐槽温度的融盐中长时间保温，此时钢丝中碳化物形态基本不变，残余奥氏体完全分解为下贝氏体。研究表明，即使有残余奥氏体存在，下贝氏体弹簧钢丝仍有很高的弹性极限，而常规油淬火-回火钢丝如含有较多的残余奥氏体时，钢的弹性极限显著下降，在含硅钢（60Si2MnA）中尤其如此。例如 60Si2MnA 钢丝经 320℃等温淬火处理和常规油淬火-回火钢丝相比，前者的多次冲击寿命 1430 次，后者只有 920 次[14]。看来，两种热处理工艺得到的残余奥氏体的显微组织结构有明显差别。

弹簧钢丝的下贝氏体化等温淬火工艺见表 12-7。

表 12-7　常用弹簧钢丝的等温淬火工艺[12,13]

牌号	淬火加热温度/℃	等温淬火温度/℃	等温停留时间/min	处理后硬度（HRC）
65	820±10	320~340	15~20	46~48
65Mn	820±10	260~280 320~340	15 15~20	52~54 46~48
75	800~850	260~280	15~20	48~52
T10A	800±10	260~280 315~335 320~360	10 10 15~20	48~52 43~48 40~45
60Si2MnA	870±10	280~320	30	48~52
65Si2MnWA	870±10	260~280	60	55~57
50CrVA	860~900	300~320	30	48~52
55CrSiA	860~900	300~320	30	50~52

B　贝氏体化冷拉钢丝[14]

贝氏体化钢丝可承受大减面率（≥90%）拉拔，俄国人将 ϕ1.5mmT9A 钢丝进行贝氏体化处理（900℃×6min 奥氏体化后在 300℃盐浴中等温淬火），获得下贝氏体组织，其抗拉强度（R_m）1860MPa（铅浴处理后的钢丝可达 1450MPa）、断面收缩率（Z）44%、扭转次数（N_t）7，钢丝拉拔到 ϕ0.36mm（减面率 94%）时，其抗拉强度（R_m）高达 3670MPa（铅浴处理后的钢丝最高可达 3100MPa）、断面收缩率（Z）40%、扭转次数（N_t）10、打结率 58%。相关资料还报道了不同组织结构的 T8A 钢丝拉拔试验结果，见表 12-8。

表 12-8　不同组织结构的 T8A 钢丝力学性能[12]

显微组织	热处理规范	热处理后		80%减面率冷拉后	
		R_m/MPa	Z/%	R_m/MPa	Z/%
索氏体	奥氏体等温淬火 520℃×15min	1080	54	1470	40
回火索氏体	淬火-回火 620℃×20min	1030	42	1420	20
下贝氏体	奥氏体等温淬火 300℃×1h	1420	55	1960	42

从表 12-8 可以看出，下贝氏体钢丝与索氏体钢丝一样具有优良的冷加工性能，经 80%减面率冷拉后有更高的抗拉强度和较高的剩余塑性（$Z=42\%$）；索氏体、回火索氏体和下贝氏体三种组织钢丝的冷加工强化速率基本相当，但回火索氏体钢丝的断面收缩率仅为 20%，意味着其承受极限变形能远不如其他两种组织的钢丝（判定钢丝能否拉拔、能拉到什么程度，要看断面收缩率，道次冷拉减面率不能大于断面收缩率）。

一般说来，下贝氏体弹簧钢丝与索氏体弹簧钢丝相比，经同等减面率拉拔后，抗拉强度更高，但韧性稍差（弯曲和扭转次数稍低），如 65Mn 下贝氏体钢丝和索氏体钢丝，同样经 90%的减面率拉拔，前者 $R_m=2730$MPa、$N_t=32$，后者 $R_m=2420$MPa、$N_t=45$。但 200℃时效处理后，下贝氏体钢丝强度上升 5.9%，而索氏体钢丝强度上升 7.3%，相比之下，下贝氏体钢丝时效稳定性较好，抗松弛能力更强。

C　等温淬火下贝氏体钢丝

等温淬火的下贝氏体钢丝可以直接使用，该状态钢丝与油淬火-回火状态钢丝相比，不仅抗拉强度高，弹性好，塑性和韧性指标提高更显著，以碳含量 0.74%的 ϕ4.5mm 钢丝为例，两种热处理工艺处理的钢丝力学性能比较见表 12-9。

表 12-9　两种热处理工艺处理的 75 钢丝力学性能比较[12,13]

处理方法	热处理工艺	硬度（HRC）	抗拉强度 R_m/MPa	非比例延伸强度 $R_{p0.2}$/MPa	伸长率 /%	断面收缩率 Z/%	冲击值 α_K/J · cm^{-2}
等温淬火	790℃×5min 加热 305℃×15min 淬火，水冷	50.4	1970	1060	1.9	34.5	48
油淬火-回火	790℃×5min 加热，油淬 315℃×30min 回火	50.2	1715	850	0.3	6.7	4

另外，等温淬火的弹簧有较高的微塑性变形抗力，松弛稳定性好，热应力和组织应力很小，弹簧的变形小，从而减轻了弹簧整形工作量；由于下贝氏体组织不产生微裂纹，弹簧的抗冲击性能显著提高，如果在碱液中等温淬火，还可得到光亮的表面。下贝氏体钢的抗应力腐蚀能力和氢脆敏感性接近索氏体钢，明显优于油淬火-回火钢[14]。

D　等温淬火+低温回火下贝氏体钢丝

等温淬火获得下贝氏弹簧钢丝已具备良好的强韧性，一般不进行回火就能使用，如果成型后再进行一次补充回火，可以获得更高的性能。表 12-10 列出了等温淬火后再进行回火处理的 60Si2MnA 钢丝力学性能的变化。

表 12-10 回火处理对等温淬火后 60Si2MnA 钢丝力学性能的影响[12]

热处理工艺	抗拉强度 R_m/MPa	非比例延伸强度 $R_{p0.2}$/MPa	弹性极限 /MPa	伸长率 A/%	断面收缩率 Z/%	冲击值 α_K/J · cm^{-2}
290℃等温淬火，等温 45min	2050	1717	1373	11	40	49
290℃等温淬火，150℃×1h 补充回火	1982	1766	1570	12	46	59
290℃等温淬火，290℃×1h 补充回火	1937	1815	1648	12.5	50	49
290℃等温淬火，400℃×1h 补充回火	1776	1717	1570	13.5	40	37
常规油淬火-回火，420℃×1h 回火	1766	1648	1521	11	48	34

从表 12-10 可以看出：下贝氏弹簧钢丝按等温淬火温度，再进行 1h 补充回火，钢丝的屈服比和弹性极限有显著提高，断面收缩率和伸长率指标同时得到提升，冲击值基本保持在良好状态。对大多数弹簧钢，如 65Mn、T9A、50CrV、65Si2MnWA、70SiCrA 等经试验均得到相同结论。T9A 的补充回火试验还证实了：补充回火能显著降低弹簧的正、反弹性后效，提高弹簧的疲劳强度和抗应力松弛稳定性[14]。

12.4.2.5 油淬火-回火处理工艺要点

油淬火-回火热处理炉由张力放线装置、加热炉、油淬火槽、回火炉和收线机 5 部分组成。常用于碳素弹簧钢丝、合金弹簧钢丝、弹性针布钢丝、预硬化模具钢丝和马氏体不锈钢丝等成品热处理，热处理后钢丝的显微组织通常为回火马氏体、回火托氏体或回火索氏体，具有很高的强度（硬度）、适宜的韧性和良好的挺直性能。

目前，生产中实际采用的油淬火-回火热处理炉种类较多，加热炉有铅浴加热炉、马弗式燃油（液化气）加热炉、不锈管式电加热炉、电接触加热炉、感应加热炉等。回火炉有铅浴炉、盐炉、电炉、沸腾粒子炉和感应回火炉等。各类油淬火-回火热处理炉的使用性能和工艺参数差异较大，其中铅浴加热和回火炉的热效率最高，处理同一品种、同一规格钢丝，铅浴加热炉的热效率是马弗式炉的 8~15 倍，产品质量稳定性也是最好的，但因对环境污染严重，现已很少使用；感应加热+电炉回火运行速度最快，但对电网波动要求严格，质量控制难度大，用得也不多。使用较广泛的是电热式油淬火-回火炉，其工艺参数包括：加热温度、在炉时间、油槽温度、回火温度、回火时间、收线速度和收线张力。

A 加热炉工艺控制要点

(1) 索氏体转变基本不受原奥氏体稳定性和均匀性的影响，奥氏体化越充分，等温转变得到的组织均匀性越好，所以铅淬火时为提高生产效率，奥氏体化炉过热度一般比较大。马氏体转变是非扩散转变，马氏体组织结构与奥氏体的稳定性和均匀性密切相关，充分奥氏体化的组织中碳含量高，马氏体相变点 *Ms* 和 *Mf* 降低，淬火热应力加大，往往造成零部件变形，甚至开裂；淬火后组织中往往出现大量残余奥氏体，导致零部件强度和硬度不足，耐磨性下降。钢丝油淬火-回火时必须严格控制奥氏体化炉的温度和钢丝在炉时间。与铅浴处理不同，油淬火-回火钢丝奥氏体化时过热度不宜太高，过热度太高往往会造成淬火后钢丝中马氏体针粗大、残余奥氏体量增加，钢丝的强度、硬度和弯曲值下降，同时回火时需用更长时间来完成残余奥氏体的分解，大幅度降低连续炉的生产效率。总之，奥氏体化（或淬火）温度的高低主要看钢种，或看钢的化学成分。由于合金钢中合金元素形成的碳化物和氮化物更难溶于奥氏体中，所以合金钢的淬火温度一般高于碳含量相同的碳素钢，合金化元素含量越大，淬火温度越高。

（2）传统观念认为[11]：亚共析钢丝油淬火连续炉奥氏体化温度应为 $Ac_3+(30\sim50℃)$；过共析钢丝的油淬火连续炉奥氏体化温度应为 $Ac_1+(50\sim100℃)$，但不应超过 Ac_3。近期研究成果表明[15]：亚共析钢丝和中碳低合金钢丝奥氏体化温度应取下限或更低温度，如 60 钢的 $Ac_3=766℃$，连续炉奥氏体化温度选用 820℃左右效果最好；40Cr 的 $Ac_3=805℃$，选用 800℃的奥氏体化温度，尽管有大约 10%～15%的铁素体未溶入奥氏体中，但淬火后不仅获得最高硬度，而且塑性和韧性得到改善，淬火变形和开裂明显减少，回火脆性减弱。对合金元素种类和含量较高的合金弹簧钢丝和预硬化模具钢丝，主张采用上限或更高的奥氏体化温度，如 50CrVA 的 $Ac_3=810℃$，生产中奥氏体化温度为 960℃时淬火效果最好；4Cr5MoSiV1（H13）的 $Ac_3=915℃$，奥氏体化温度从 1030℃提高到 1100℃时，奥氏体晶粒无明显长大，碳化物溶入奥氏体中的速度加快，结果钢丝的抗拉强度（R_m）、屈服极限（$R_{p0.2}$）和热疲劳性能均有提高，模具使用寿命明显延长。

（3）铅浴处理加热时要根据钢丝规格选择不同的加热温度，油淬火-回火加热习惯于不管什么规格均选择一个固定的温度，或者是一组波动不大的温区，以便准确控制奥氏体组织结构和饱和度。对高合金钢应格外注意正确选择奥氏体化温度：大多数合金元素（Co 除外）都使钢的共析温度左移，部分合金钢尽管碳含量不高（<0.77%），但因合金元素总量较高，实际上已是过共析钢了，必使按过共析钢的特性选择奥氏体化温度。

（4）在炉时间是油淬火-回火生产中必须严格控制的另一工艺参数。因为油淬火-回火钢丝牌号多，加热炉类型也多种多样，很难给出通用的、确定在炉时间的经验公式，很大程度上要依赖现场工艺试验，主要根据淬火硬度（强度）和韧性来确定在炉时间。表 12-11是加拿大某工厂油淬火-回火生产线上奥氏体化炉（加热炉）的典型工艺操作数据，可供参考。

表 12-11　加拿大某工厂油淬火-回火炉的典型工艺操作数据[7]

钢丝直径 /mm（英寸）	钢丝根数	收线速度 /m · min^{-1}（英尺/min）	在炉时间/s	K/s · mm^{-1}	DV/mm · m · min^{-1}
15.24m（50 英尺）马弗式加热炉					
12.7（0.500）	3	5.4（17.7）	169	13.3	68.6
10.3（0.406）	4	6.5（21.3）	140	13.6	67.0
8.4（0.331）	6	8.1（26.6）	113	13.5	68.0
7.1（0.281）	8	9.4（30.8）	97	13.7	66.7
(5.7)（0.225）	8	12.0（39.4）	76	13.4	68.4
4.9（0.192）	8	14.0（45.9）	65	13.3	68.6

续表 12-11

钢丝直径 /mm（英寸）	钢丝根数	收线速度 /m·min^{-1}（英尺/min）	在炉时间/s	K/s·mm^{-1}	DV/mm·m·min^{-1}
3.05m（10英尺）熔铅加热炉					
4.9（0.192）	5	7.8（25.5）	23.5	4.8	38.2
3.8（0.148）	6	10.0（32.8）	18.3	4.8	38.0
3.0（0.120）	8	13.0（42.6）	14.0	4.7	39.0
2.7（0.105）	9	14.5（47.6）	12.6	4.7	39.2
2.3（0.0915）	10	16.8（55.1）	10.9	4.7	38.6
2.0（0.080）	10	19.5（63.9）	9.4	4.7	39.0

注：在炉时间 $\tau=KD$。

从表 12-11 可以看出：铅浴加热炉由于热效率高，钢丝在炉时间仅为马弗式加热炉的 1/13.8。不同规格钢丝的在炉时间（τ）等于钢丝直径乘以一个固定的系数 K（约 13.7）。表 12-11 中 DV 值栏的 D 指钢丝直径，单位 mm；v 指收线速度，单位 m/min。加拿大油淬火-回火生产线上马弗式加热炉的 DV 值约为 67.8（66.7~68.6）也是一个固定的数。实际上，K 和 DV 是确定油淬火-回火炉在炉时间的两个重要参数。K 取决于油淬火-回火炉的供热能力和钢丝牌号，与加热炉长短无关，确定油淬火-回火炉生产工艺时，首先根据钢丝牌号选定 K 值，计算钢丝理论在炉时间。DV 值与加热炉长短密切相关，在炉时间确定后需结合加热炉长，计算出钢丝理论 DV 值：

$$DV=\frac{60LD}{\tau}=\frac{60L}{K}$$

式中，D 为钢丝直径，mm；τ 为收线速度，m/min；L 为奥氏体化炉有效加热区长度，m；K 为系数，s/mm。

油淬火-回火生产线上奥氏体化炉的长度通常有 15m、18m 和 22m 三种，K 和 DV 的对应关系见表 12-12。

表 12-12 K 值和 DV 值的对应关系

炉长 L=15m		炉长 L=18m		炉长 L=22m	
K/s·min^{-1}	DV/mm·m·min^{-1}	K/s·min^{-1}	DV/mm·m·min^{-1}	K/s·min^{-1}	DV/mm·m·min^{-1}
30	30.0	30	36.0	30	44.0
32	28.1	32	33.7	32	41.2
35	25.7	35	30.8	35	37.7
38	23.6	38	28.4	38	34.7
40	22.5	40	27.0	40	33.0
42	21.4	42	25.7	42	31.4
45	20.0	45	24.0	45	29.4
48	18.7	48	22.5	48	27.5

续表 12-12

炉长 $L=15$m		炉长 $L=18$m		炉长 $L=22$m	
K/s · min^{-1}	DV/mm · m · min^{-1}	K/s · min^{-1}	DV/mm · m · min^{-1}	K/s · min^{-1}	DV/mm · m · min^{-1}
50	18.0	50	21.6	50	26.4
52	17.3	52	20.7	52	25.3
55	16.3	55	19.6	55	24.0
58	15.5	58	18.6	58	22.7
60	15.0	60	18.0	60	22.0
65	13.8	65	16.6	65	20.3

（5）由于高碳钢中的碳完全溶解于奥氏体中的时间比低碳钢长，合金元素在 γ 晶格扩散能力比碳小得多，使得奥氏体成分均匀化过程变缓，所以高碳钢比低碳钢，合金钢比碳素钢，高合金钢比低合金钢的在炉时间要更长些。另外低导热率钢达到预定加热温度时间比高热率钢更长些，其在炉时间也相对要长些。用天然气加热的马弗砖式炉和电加热不锈钢管式炉处理特殊钢钢丝，根据钢种不同，推荐 K 值取 30～65。常见钢种的油淬火-回火参考资料见表 12-13。

表 12-13　常见钢种的油淬火-回火参考资料[13,16]

牌　号	临界温度参考值/℃			导热率 λ（温度）	淬火温度	K	回火温度
	Ac_1	Ac_3（Ac_{cm}）	Ms	/W·（m·℃）$^{-1}$	/℃	/s·mm^{-1}	/℃
45	725	770	336	46.89（200℃）	780～860	30	200～500
65Mn	726	765	270	38.18（200℃）	780～840	35	350～450
T10（A）	730	（800）	200	42.20（200℃）	770～800	32	320～350
20Cr	765	836	390	46.05（100℃）	840～900	32	170～190
40Cr	743	805	355	40.19（100℃）	800～850	35	200～500
42CrMo	730	780	310	40.61（100℃）	850～870	35	450～600
25Cr2Ni4WA	685	770	290	22.60（200℃）	840～860	58	400～550
50CrVA	752	810	300	42.00（100℃）	840～880	35	350～540
55CrSiA	765	825	290	35.58（200℃）	850～880	38	430～480
60Si2MnA	755	810	305	29.31（200℃）	860～880	40	400～550
3Cr2Mo（P20）	770	825	335		810～870	45	150～260
5SiMnMoV（S2）	764	788	300		850～880	50	500～620
4Cr5MoSiVl（H13）	860	915	330	27.63（200℃）	1000～1050	50	540～650
4Cr5MoWVSi（H12）	835	920	290		1020～1050	55	540～650
7CrSiMnMoV	776	834	211		870～900	55	140～160
Cr5MolV（A2）	785	（835）	180		920～980	58	175～530
3Cr2W8V（H21）	820	（925）	380	22.18（200℃）	1050～1100	65	600～620
Cr12Mo1V1（D2）	810	（875）	190		1000～1040	60	200～425

续表 12-13

牌　号	临界温度参考值/℃			导热率 λ（温度）/W·(m·℃)$^{-1}$	淬火温度/℃	K/s·mm^{-1}	回火温度/℃
	Ac_1	Ac_3（Ac_{cm}）	Ms				
6W6Mo5Cr4V	820		240	23.65（198℃）	1120~1160	65	(540~580)×2h 二次回火
GCr15	760	900	245	44.00（100℃）	830~860	35	130~170
3Cr13	800	850	230	25.53（200℃）	1000~1050	55	300~450
4Cr10Si2Mo	850	950	280	21.78（300℃）	1010~1050	60	720~760
9Cr18	810	840	170	24.20（100℃）	1000~1060	60	200~580

（6）油淬火-回火是钢丝最终的热处理，尽管成品拉拔工艺对油淬火-回火性能没有决定性的影响，但要减小力学性能波动，稳定产品质量，仍需要对成品生产流程和加热工艺制度进行适当的控制和调整。一般说来，加大成品钢丝冷拉减面率，可改善碳化物的形态，有利碳化物的溶解和均匀分布，粗钢丝（ϕ>8.0mm）的冷拉减面率不应小于20%，中等规格钢丝（ϕ8.0~3.0mm）的冷拉减面率最好控制在40%~60%范围内，细钢丝（ϕ<3.0mm）的冷拉减面率不宜超过80%。成前铅浴处理的钢丝油淬火-回火时可以缩短加热时间，成前具有粒状珠光体的钢丝油淬火-回火时需适当延长加热时间。

B　油槽淬火工艺控制要点

油槽淬火工艺的控制要点是：

（1）油淬火的介质大多数选用矿物油，添加少量的添加剂，以保持油质稳定。也有5%的肥皂水、0.5%~1%聚乙烯醇水溶液、羟基纤维素（CMC）水溶液或热水（70℃）等。

（2）油槽长度一般为加热炉的1/3。油温一般控制在40~50℃，实际生产中有时高达70℃，对钢丝性能未产生根本性的影响。为防止油温过高，通常设有容积较大的储油箱，淬火槽中的油通过溢流回到储油箱，同时进行过滤和冷却，再用油泵压入淬火油槽中。储油箱设有加热装置和冷却水管，用来调节油温。

C　回火工艺控制要点

回火工艺的控制要点是：

（1）油淬火-回火钢丝的力学性能主要取决于回火温度，钢丝的强度和韧性是相互制约的关系，一般说来，回火温度越高，强度和硬度越低，韧性指标相应提高。具体回火温度是根据品种和用途进行选择，油淬火-回火弹簧钢丝既要保持高强度（高弹性极限），又要具有良好的工艺性能和疲劳性能，理想的显微组织是回火托氏体，所以选用中温回火，回火温度范围为400~500℃，生产中更多选用400~450℃的温度。弹性针布钢丝（55钢）希望有更好的弹性，韧性可以适当放松，回火温度降到380~420℃。预硬化模具钢丝和马氏体不锈钢丝，根据使用状况，有的选用150~250℃低温回火，获得回火马氏体组织；有的选用500~650℃高温回火，获得回火索氏体组织。

（2）所有钢丝回火处理有一共同目的：促使显微组织中的残余奥氏体完全分解，但在较低温度下残余奥氏体完全分解需要一定时间，因此，油淬火-回火生产线上回火炉都比加热炉长，收线速度主要取决于回火时间和回火炉长。

（3）如果加热炉和回火炉选择同一种热源，生产弹簧钢丝的回火炉长度是加热炉长度的 1.2 倍；生产预硬化模具钢丝的回火炉长度一般为加热炉长度的 1.35～1.5 倍，有的甚至配置两段回火炉。

D　收线速度和收线张力

（1）*DV* 值是衡量加热炉加热能力的一项技术参数，*DV* 值取决于加热炉单位时间能提供多少热量，以及炉体把热量传递给钢丝的能力和炉长。设计油淬火-回火加热炉时，首先要根据生产钢种选定 *K* 值，再根据能源状态、产能要求、参考表 12-12 提供的数据选定加热炉长度。常规配置为：发生炉煤气加热的马弗砖式炉的 *DV* 值约为 15～30，天然气加热的马弗砖式炉和电加热不锈钢管式炉的 *DV* 值约为 15～45，液化气或轻柴油加热的马弗炉的 *DV* 值约为 30～70，而感应加热炉的 *DV* 值可超过 100。每台连续炉处理特定钢丝时的 *DV* 值是定数，制定工艺时只要用中等规格进行工艺试验，找出最佳收线速度后即可确定该炉的最佳 *DV* 值，其他规格钢丝按此 *DV* 值就可以直接算出合理的收线速度。

（2）收线张力：钢丝在张应力下回火，可以显著提高弹性极限，改善抗蠕变或抗松弛性能（参见表 12-4），有助于钢丝保持挺直性能。生产中多在回火炉前后各设置一个直径很大的导线轮，通过调节两个轮子的运行速度对钢丝施加一定的张应力；或者两个轮子同速运行，靠轮子直径差对钢丝施加一定的张应力。张力大小用传感器直接测量，按工艺要求控制。粗钢丝油淬火-回火炉也有将前张力导线轮设在加热炉前的，此时，施加张力必须考虑保证钢丝不会在加热炉中抻细。

（3）挺（弹）直性能[7]：油淬火-回火钢丝要求打开盘卷后，钢丝能回复挺直状态。钢丝要保持挺直性能，必须保证钢丝收线弯曲应力小于钢丝的弯曲弹性极限，钢丝的收线弯曲应力可通过下式计算：

$$\sigma = \frac{d}{D}E \quad (\mathrm{MPa})$$

式中，σ 为弯曲应力，MPa；d 为钢丝直径，mm；D 为收线卷筒直径，mm。

油淬火回火钢丝的弯曲弹性极限保守地估算约等于抗拉强度的 75%，据此可以推算出生产不同规格钢丝时收线卷筒的最小直径见表 12-14。

表 12-14　钢丝直径与收线卷筒直径的对应关系

强度级别	钢丝直径/mm	2.0	4.0	6.0	8.0	10.0	12.0	14.0
VDC 级	抗拉强度/MPa	1650～1800	1530～1680	1450～1600	1370～1520	1340～1490		
	最小弯曲弹性极限/MPa	1237	1147	1087	1027	1005		
	收线卷筒直径（>）/mm	320	690	1090	1530	1960		
TDCrSi 级	抗拉强度/MPa	2000～2250	1870～2030	1780～1930	1710～1860	1660～1810	1660～1810	1620～1770
	最小弯曲弹性极限/MPa	1500	1402	1335	1282	1245	1245	1215
	收线卷筒直径（>）/mm	270	580	920	1270	1640	1960	2350

注：1. 抗拉强度见 GB/T 18983—2003《油淬火-回火弹簧钢丝》；

2. 美国《弹簧设计手册》推荐：油淬火-回火碳素弹簧钢丝 $E=196500\mathrm{MPa}$，Cr-Si 弹簧钢丝 $E=203400\mathrm{MPa}$。

从表 12-14 可以看出：油淬火-回火钢丝的盘径远大于其他钢丝的盘径，抗拉强度越低的钢丝要保证挺直性能，交货盘径越大。当然，这组数据留有较大的保险系数，国内外厂家通常最大收线盘径均为 1800mm。同理，油淬火-回火生产线上的导轮和张力轮的直径也是很大的。

12.4.2.6 固溶处理工艺要点

奥氏体不锈钢丝以及部分精密合金（3J）丝、高温合金丝和耐蚀合金丝是通过高温固溶处理实现软化的，固溶处理炉有周期炉和连续炉两种，现代化的企业多按钢丝规格范围配置固溶处理作业线，作业线的流程见图 12-18。我国南方或沿海企业，为保证天气潮湿时不影响生产，通常不在热处理作业线上配制涂层槽，而将涂层装置安装在拉丝机前。立式涂层装置的下部安装导向轮、加热器和涂层容器，上部安装导向轮和热风干燥系统，钢丝在装置中多次重复涂层，出系统时已基本吹干，再经烘干炉充分烘干后就可直接拉拔了。

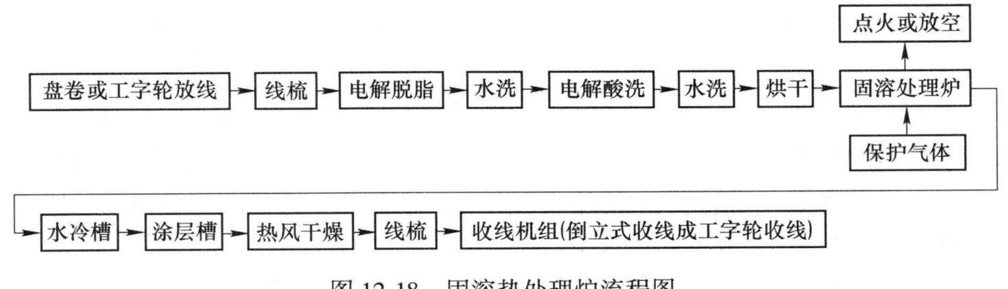

图 12-18 固溶热处理炉流程图

为保证高速拉丝放线顺畅，直径 3.0mm 以下的半成品钢丝推荐选用工字轮收线。电解脱脂和电解酸洗的目的是彻底去除钢丝表面残余润滑剂和污垢，同时对表面进行抛光。必要时可将电解脱脂和电解酸洗装置改成电镀作业线，用于钢丝表面镀镍或其他金属，生产镀层钢丝。固溶热处理炉为管式气体保护炉，整个热处理过程中要连续不断地向炉管中通入高纯保护气体，如氢气、氨分解气等。炉子加热温度范围 900～1200℃，根据有效加热区长度分 2 区或 3 区控温，有效加热区长度可参考表 12-15 选定。如果生产规模不大，4～12m 炉可以合并为 6m 和 10m 两台炉，但 2m 以下炉子不宜再合并，可以适当减小收线机头数。炉管从冷却水槽中穿过，热处理时水槽连续不断通入冷水，对出炉钢丝进行急速间接冷却，为防止钢丝出炉管时温度太高，产生二次氧化，冷却水槽的长度一般为加热炉长的 40%以上。涂层槽和热风干燥是为继续拉拔半成品钢丝准备的，软态成品钢丝热处理可不启用这两项设施。固溶热处理的工艺参数包括：加热温度、在炉时间、保护气体的纯度、流向和流量以及收线速度。

表 12-15 固溶热处理炉有效加热区长度和头数

直径/mm	炉体加热区长度/m	收线机头数
>8.0	12	16
>5.0～8.0	10	24
>2.0～5.0	8	28
>0.50～2.0	4	30

续表 12-15

直径/mm	炉体加热区长度/m	收线机头数
>0.10~0.50	2	24
>0.02~0.10	1	20
≤0.02	0.5	12

固溶热处理炉工艺控制要点有：

（1）加热温度根据牌号选定，基本温度范围为 1000~1050℃，当钢中 Mn、Mo、Nb 含量较高（≥2.0%）时、或添加较多 W、Mo、V、Nb 等合金化元素时，要按工艺规范提高固溶加热温度。

（2）奥氏体不锈钢丝在炉时间可按 $\tau=(35+2d)\ d$，合金元素含量高的高温合金丝和耐蚀合金丝要适当延长在炉时间。

（3）直径 0.10mm 以下细丝热处理，因高温下破断力很低，引线困难，只能采用降低加热温度，同时适当延长在炉时间的方法进行热处理。加热温度一般降到 900℃左右，在炉时间按直径加大 1.0mm 计算。

（4）加热炉管一般选用 0Cr25Ni25（310）或 0Cr25Ni25Si2（314）不锈钢制造，炉管进钢丝端要伸出炉体 400mm 以上，一直延伸到水冷槽的出口端，保护气体从钢丝出炉处导入，对钢丝实施强制风冷，逆向流动，从钢丝进口端放空。在水槽出口端用胶木塞等稍加堵塞，迫使气体与钢丝逆向流动。

（5）实现不锈钢丝光亮热处理的关键是保护气体的纯度，气体中氧含量应小于 10×10^{-6}，露点应低于-60℃。其次是钢丝的洁净度，气体输送系统的气密性，以及气体流量。连续炉无法密封，只能使用不断输送高纯度气的方法，保持炉管内正压，防止氧气渗入。气体流量可以用换气系数来估算，每小时输气量等于炉管总容积时，换气系数为 1。不锈钢丝光亮热处理炉的实际换气系数为 15~45，在钢丝表面清洗干净，炉管两端堵塞较好，特别是进气端炉管堵塞较严的条件下，气体流量可取换气系数的下限，即 15~20 次/h。

（6）粗钢丝固溶热处理炉多配置倒立式下线机；中等规格钢丝固溶处理热炉多同时配置倒立式下线和工字轮收线两套机组，半成品钢丝一般走工字轮收线机组；细丝固溶处理热炉多配置工字轮收线机。收线速度可根据在炉时间、炉长和收线卷筒或工字轮直径计算，计算公式见铅浴处理一节。

12.4.2.7 光亮退火处理

光亮退火热处理可用于各类成品钢丝的退火处理，设备配置包括放线装置、线梳、退火炉、线梳和收线机。退火炉和收线机的结构与固溶处理炉相似，所不同的是：

（1）加热温度范围 650~850℃。

（2）对保护气体纯度要求比较低，气体中氧含量小于 150×10^{-6}，露点低于-45~-55℃即可，铬不锈钢丝露点要求较高（-55℃），其他钢丝要求较低（-45℃）。

（3）保护气体从钢丝入口端导入，气体与钢丝顺向流动，从钢丝出口端放空，为防止钢丝出管时二次氧化，炉管从加热炉出口处继续延伸一段，延伸长度与处理钢丝直径和退火温度有关，以保证钢丝无二次氧化为准。

（4）用于马氏体不锈钢丝和特种钢丝退火的光亮热处理作业线，有的在电解脱脂和电解酸洗处配置一组电镀（镍、锌等）设施，用于生产镀层钢丝。

各种连续炉的热处理工艺制度同样可以用表格的形状来表述，以铅浴处理为例，通常根据每台铅浴炉的特性，逐台制定相应的工艺制度，同时规定不同牌号和规格钢丝铅浴处理后应达到的抗拉强度范围，由操作工按工艺制度和实际情况，通过现场工艺试验，确定每批料的具体工艺参数，铅浴热处理工艺制度举例见表 12-16。

表 12-16　某铅浴炉热处理工艺制度

钢丝直径 /mm	在炉时间 /min	收线速度 /s · r^{-1}	加热炉各段炉温/℃				钢丝出口温度/℃	铅液温度 /℃
			1	2	3	4		
6.0	5.0	28.7	1000~1130	1000~1100	930~1030		890~920	460~540
5.5	4.3	24.8						

注：煤气加热马弗炉，加热炉长 20m，收线卷筒直径 610mm。

值得注意，选用倒立式收线时，下线速度往往低于收线卷筒的转速，需要根据实际下线速度控制钢丝在炉时间。

12.5　几种钢丝热处理实例

前面介绍了热处理基本原理，钢丝组织结构与使用性能的关系，钢丝热处理的种类和特性，本节以实例说明，只要合理、灵活地运用这些知识和经验，就可以生产出使用性能更加优异的钢丝。

12.5.1　弹簧钢丝

目前弹簧钢丝的常规交货状态主要有索氏体化+冷拉、油淬火-回火、轻拉三种，碳素弹簧钢丝以索氏体化+冷拉状态为主，少量油淬火-回火状态。合金弹簧钢丝油淬火-回火状态和轻拉状态各占一半，用发展的眼光看，油淬火-回火合金弹簧钢丝有取代轻拉合金弹簧钢丝的趋势。除上述常规交货状态外，俄国人一直致力于开发贝氏体化弹簧钢丝。

索氏体化碳素钢丝通过冷拉可以得到相当高的抗拉强度，具有高的弹性极限、弹性模量和良好的韧性，目前，工业化生产的 ϕ0.12mm 的切割钢丝抗拉强度高达 4200MPa、同时保证 $A_{50}\geqslant 2\%$。而油淬火-回火在保证良好韧性的条件下，无法得到抗拉强度≥2450MPa 的钢丝。在直径小于 ϕ2.0mm 时，油淬火-回火弹簧钢丝的强度性能比冷拉钢丝低得多。当直径大于 ϕ8.0mm 时，索氏体化钢丝无法采用大减面拉拔达到很高强度，此时采用淬火-回火处理很容易获得强韧性俱佳的弹簧钢丝。一般说来冷拉碳素弹簧钢丝组织呈纤维状，各向异性明显，有很高的抗拉强度和弹性极限，良好的弯曲和扭转性能；钢丝尺寸精度高，表面光洁，无氧化和脱碳缺陷，疲劳寿命比较稳定，是使用最广泛的弹簧钢丝。具有索氏体组织的钢丝是碳素钢丝中抗应力腐蚀和抗氢脆能力最强的钢。缺点是弹性后效大，抗应力松弛和抗蠕变性能差。

油淬火-回火钢丝品种多，金相组织为均匀的回火马氏体或回火索氏体，各向同性，在抗拉强度相同条件下，比冷拉钢丝具有更高的弹性极限，有良好的弹直性能，抗应力松弛性能和抗蠕变性能优于冷拉钢丝；如要保证松弛率≤6.0%，冷拉碳素钢丝的最高工作温度为 120℃，油淬火-回火碳素钢丝的最高工作温度为 150℃，油淬火-回火合金钢丝 50CrV 的最高工作温度为 200℃，55CrSi 和 60Si2MnA 的最高工作温度为 250℃，65Si2MnWA 的最高工作温度为 350℃。使用油淬火-回火钢丝绕制的弹簧，经消除应力回火后直接使用，简化了弹簧厂的生产工艺流程、降低生产成本；与原绕制后再淬火-回火的弹簧相比，弹簧表面脱碳与力学性能均匀性有了根本性的改善，疲劳寿命有了数十倍的提高。日本的合金弹簧钢丝标准完全用油淬火-回火状态取代了冷拉状态，我国近年来中大规格油淬火-回火钢丝大有取代冷拉钢丝的趋势。油淬火-回火钢丝的缺点是处理不当表面氧化、脱碳较重，影响疲劳寿命；氢脆敏感性强，抗应力腐蚀性稍差。

贝氏体化钢丝可以三种状态使用：贝氏体化冷拉状态、等温淬火状态和等温淬火+低温回火状态。具有下贝氏体组织的碳素钢丝抗拉强度高于索氏体，同时具有较好的塑性和韧性，可承受大减面率（≥90%）拉拔。一般说来，下贝氏体弹簧钢丝与索氏体弹簧钢丝相比，经同等减面率拉拔后，抗拉强度更高，塑性相当，但韧性稍差（弯曲和扭转次数稍低）相比之下，下贝氏体冷拉钢丝时效稳定性较好，抗松弛能力更强。

等温淬火的下贝氏体钢丝可以直接使用，该状态钢丝与油淬火-回火状态钢丝相比，不仅抗拉强度高，弹性好，塑性和韧性指标提高更显著，见表 12-8。另外，等温淬火的弹簧有较高的微塑性变形抗力，松弛稳定性好，热应力和组织应力很小，弹簧的变形小，从而减轻了弹簧整形工作量。由于下贝氏体组织不产生微裂纹，弹簧的抗冲击性能显著提高。下贝氏体钢的抗应力腐能力和氢脆敏感性接近索氏体钢，明显优于油淬火-回火钢。

等温淬火获得的下贝氏弹簧钢丝，再进行 1h 补充回火，钢丝的屈服比和弹性极限有显著提高，断面收缩率和伸长率指标同时得到提升，冲击值基本保持在良好状态。补充回火还能显著降低弹簧的正、反弹性后效，提高弹簧的疲劳强度和抗应力松弛稳定性。

冷拉强化弹簧钢丝和油淬火-回火弹簧钢丝绕制弹簧后必须进行消除应力处理，消除应力处理工艺要根据钢丝品种、牌号、尺寸和弹簧的使用条件来确定。笔者经试验证实了；碳素钢丝应变时效脆化效应与碳含量和冷拉减面率正相关，碳含量越高效应显现的温度越低，冷拉减面率越大指标变化幅度越大。对于冷拉强化碳素弹簧钢丝（w（C）= 0.62%~0.94%）而言，性能变化的基本规律是：100~200℃回火处理时抗拉强度缓慢上升、扭转性能基本不变；200~300℃时抗拉强度迅速上升，达到最高值、扭转性能迅速下降；300~400℃时抗拉强度开始下降、扭转性能稍有下降；大于 400℃时抗拉强度继续下降、扭转性能有所回升。抗拉强度的增幅约 5%~10%，扭转值降幅最大达 23%。为获得最佳强化效果，消除应力处理温度不宜超过 300℃。另外还应考虑弹簧使用条件，如以提高弹性极限和松弛性能为目标应选用（215~260）℃×（45~60）min；如以提高疲劳强度为目标应选用（260~300）℃×（30~90）min，参照美国《弹簧设计手册》推荐冷拉碳素弹簧钢丝消除应力处理工艺见表 12-17。

表 12-17　冷拉碳素弹簧钢丝绕簧后去除应力处理工艺

钢丝直径/mm	一般载荷		重载荷		高温下使用	
	处理温度/℃	保温时间/min	处理温度/℃	保温时间/min	处理温度/℃	保温时间/min
≤1.5	215~230	15~20	230~260	20~30	260~290	30~45

续表 12-17

钢丝直径/mm	一般载荷		重载荷		高温下使用	
	处理温度/℃	保温时间/min	处理温度/℃	保温时间/min	处理温度/℃	保温时间/min
>1.5~3.0	215~230	20~25	230~260	30~35	260~290	45~55
>3.0~5.0	215~230	25~30	230~260	35~40	270~300	55~65
>5.0~8.0	215~230	30~35	230~260	40~50	270~300	65~80
>8.0	215~230	35~45	230~260	50~60	270~300	80~90

注：1. 这类钢丝的最高使用温度 160℃；

2. 钢丝直径偏大时，去除应力处理温度和保温时间取上限。

油淬火-回火弹簧钢丝绕制弹簧后进行消除应力处理的主要目的是：消除缠簧时材料内部形成的不均内应力，及由内应力带来的弹性极限和弹性模量的下降。消除应力处理温度应比回火温度低 20℃以上，才能保证钢丝抗拉强度保持在原有水平或略有上升。因为油淬火-回火弹簧钢丝均采用连续炉处理，回火时间有限，很难保证残余奥氏体完全分解，消除应力处理有助于残余奥氏体进一步分解，转变成马氏体，抗拉强度略有上升就不足为奇了。常用油淬火-回火弹簧钢丝去除应力处理工艺见表 12-18。

表 12-18　油淬火-回火弹簧钢丝绕簧后去除应力处理工艺

钢丝品种	钢丝直径/mm	一般载荷		重载荷		高温下使用	
		处理温度/℃	保温时间/min	处理温度/℃	保温时间/min	处理温度/℃	保温时间/min
碳素钢丝	≤3.0 >3.0	210~240	20~25 25~30	260~290	30~40 40~50	315~345	45~60 60~80
50CrVA	≤3.0 >3.0	240~260	20~25 25~30	290~315	30~40 40~50	345~370	50~60 60~80
55CrSiA	≤3.0 >3.0	260~290	20~25 25~30	315~340	25~30 30~40	370~400	40~50 50~60
60Si2MnA	≤3.0 >3.0	370~390	20~25 25~30	390~410	25~30 30~40	410~430	40~50 50~60
65Si2MnWA	≤3.0 >3.0	380~420	20~25 25~30	400~440	25~30 30~40	420~460	40~50 50~60

注：1. 最高使用温度：碳素钢丝 175℃、50CrVA220℃、55CrSiA250℃、60Si2MnA250℃、65Si2MnWA300℃；

2. 钢丝直径偏大时，去除应力处理温度和保温时间取上限。

12.5.2　工具钢丝

工具钢丝工艺可以细分为：冷作工具钢丝、热作模具钢丝、高速工具钢丝，典型牌号有：T10A ~ T13A、9CrWMn、Cr5MolV（A2）、MnCrWV（O1）、Cr12Mo1V1（D2）、3Cr2Mo（P20）、4Cr5MoSiVl（H13）、4Cr5MoWVSi（H12）、3Cr2W8V（H21）、W6Mo5Cr4V2（M2）和 W9Mo3Cr4V 等。冷作工具钢丝和高速工具钢丝的碳含量通常大于 0.8%，主要用于制造刃具、模具和量具，该类钢丝塑性变形能力较差，成品钢丝制成零件后多在淬回火状态使用，钢丝热处理时既要考虑软化，又要兼顾淬回火性能。因为冷变形能力差，为提高钢的塑性变形能力，原料需通过球化退火实现软化。为防止碳化物过分聚集、长大，给淬火带来麻烦，球化时选用贴近 Ac_1 的较低温度，通常采用 Ac_1+20～30℃的温度球化退火处理，以每小时 20～30℃的冷却速度缓慢冷却到 600℃（Ar_1）以下，再改为炉冷，一般 400℃以下出炉。缓慢冷却段的目的是保证碳化物充分球化，过冷奥氏体完全分解。炉冷段的目的是尽量降低热应力，防止应力脆断。钢丝生产过程中热处理频繁，原料拉拔 1～2 个道次就要热处理，两次热处理后，每次也只能拉拔 2～4 个道次。该类钢丝脱碳倾向较强，如无保护气氛，可采用装罐密封退火，此时应注意罐体要充分干燥，罐中通常加入木炭或铸铁屑等以提高碳势。装罐退火的钢丝在冷却结束时可吊入保温坑中冷却，以提高退火炉的工作效率。为防止碳化物颗粒长大，拉拔后的半成品钢丝不宜重复进行球化退火，一般采用低于 Ac_1 点 10～20℃的温度进行再结晶退火，并且随着热处理次数增加，退火温度应越来越低（每次降 10～20℃）。当然出炉（或出罐）温度仍要严格控制。

热作模具钢丝的碳含量适中，并含有多种合金元素，主要用于制作在较高温度下工作的模具，如热锻模和塑料成型模（工作温度 300～400℃）、热挤压模（工作温度 500～800℃）、热铸模（工作温度高达 1000℃以上）。其中 4Cr5MoSiVl（H13）、4Cr5MoWVSi（H12）、3Cr2W8V（H21）是目前应用最广泛的热作模具钢丝，该类钢丝具有良好的综合力学性能，具有较高强度和较高韧性、优良的耐热冲击和抗龟裂能力、优良的淬透性和良好的热处理尺寸稳定性。钢丝的生产流程和热处理工艺与冷作模具钢丝相似，但其可拉拔性能远优于冷作模具钢丝和高速工具钢丝，可承受 5～6 个道次的连续拉拔。成品钢丝原交货方式为退火交货，近年来逐步过渡到以预硬化状态为主要的交货方式。

预硬化模具钢丝和易切削模具钢丝是近年正在走红的产业，模具制造业为稳定产品质量，降低生产成品，期望将模具成型后再淬火的工序转移到冶金厂进行，冶金厂采用油淬火-回火连续炉预先将钢丝处理到特定硬度范围，硬度的均匀性和稳定性比制成零件后再淬火有了根本性的改善。同时模具厂收到预硬化钢丝后，只需进行少量切削或磨削加工成零件就可以直接使用，大幅度降低模具生产成本，自然愿意订购质量稳定的预硬化钢丝。

因为预硬化钢丝毕竟要进行少量的切削或磨削加工，交货时对硬度要求必须为机械加工留有余地，一般均根据实际使用条件提出不同级别的要求。要改善有一定硬度钢丝的切削或磨削性能最有效的方法是研制易切削钢，所以是预硬化带动了易切削热作模具钢的发展。日本大同开发 DH2F 即为易切削热作模具钢，通常以预硬化状态交货，交货硬度 37～42HRC。我国新修订的冶金标准 YB/T095《合金工具钢丝》已将易切削热作模具钢 4Cr5MoSiVS 纳入标准中，同时规定预硬化状态钢丝可从 4 个硬度（或抗拉强度）级别中任选一种。预硬化状态钢丝一般选用连续炉进行淬火和一次回火，对于硬度级别要求较高（50～55HRC）的品种，以及某些冷作工具钢丝和高速工具钢丝牌号，需要选用周期热处理炉进行 2 或 3 次补充回火处理，补充回火保温时间一般为 1～4h。

12.5.3 莱氏体钢丝

莱氏体钢丝常用牌号有：9Cr18（Mo）、Cr12（SKD1）、Cr12MoV（SKD11）和 Cr12Mo1V1（D2）等，该类钢属于难变形钢，热处理时除全部执行高碳工具钢丝和高速工具钢丝工艺制度要点外，生产中特别要注意两点：

（1）莱氏体钢盘条的拉拔塑性与热加工工艺，与盘条终轧温度密切相关，如果热加工变形率不足，或终轧温度太高往往造成钢中一次碳化物颗粒粗大，呈棱角分明的块状，盘条塑性极差，几乎无法拉拔，此时不可强拔，应检验盘条断面收缩率，如果尚有一定塑性可用小于 Z 值的减面率拉拔一道次，然后进行调质处理。通常将钢丝加热到 930~950℃，保温 1~2h，然后空冷，冷到不见红时再装炉进行球化退火。调质处理的目的是促使一次碳化物块的棱角消溶，使拉拔塑性得到一定程度的改善。因为莱氏体钢中的块状碳化物在冷拔过程中逐步破碎，必然要在其周围形成空洞或间隙，这些空洞或间隙要靠热处理再结晶修复，如果空洞或间隙大到不能修复时，钢丝的冷拔塑性就大受影响了。因此即使盘条塑性良好也不宜连续拉拔，拉拔 1~2 道次必须退火，随着退火次数增多，碳化物破碎成细粒状时再逐步增加拉拔道次。

（2）莱氏体钢丝对氢脆特别敏感，生产中要注意去氢烘烤，每次酸洗后都要在 200~300℃的条件下烘烤 4~2h，彻底去氢后再进行涂层处理。检验去氢效果的方法是看断面收缩率是否达到 30%以上。

12.5.4 冷顶锻钢丝

冷顶锻钢丝全部为中、低碳碳素钢丝或合金钢丝，理想的显微组织是细粒状珠光体组织，碳化物颗粒均匀性好的为优等品。用盘条直接球化得到的组织往往颗粒度偏大，颗粒的均匀性也较差，行业人士一致认为采用冷拉+球化的工艺，即“两酸两退”工艺生产的冷顶锻钢丝具有更好的综合性能。以碳素钢为例，热轧盘条直接冷拔，总减面率最好大于 45%，使原有的片状碳化物充分破碎，在此基础上借助冷加工应力进行球化退火处理，可以用较低的球化温度和较短的球化时间，获得更加均匀的粒状珠光体。然后酸洗、涂层拉拔，拉拔后的钢丝进行再结晶退火，消除加工硬化，降低强度和硬度，同时使粒状碳化物进一步圆滑、长大，颗粒度完全达到 3 级要求。再一次酸洗+涂层+轻拉，在钢丝表面形成强度略高于芯部的硬化层，彻底解决了紧固件加工第一道工序的切断黏刀问题。钢丝经两次拉拔、两次退火、不少于两次的酸洗后，表面粗糙度与热轧状态相比有了显著根本性的提高，各项技术指标均达到最佳状态。

合金冷顶锻钢（如 ML40CrNiMo\ML30CrMnSi 等）热轧盘条强度高、塑性差，无法直接拉拔，通常先进行再结晶退火，然后按碳素冷顶锻钢丝的工艺流程生产，同样可以生产性能优异的钢丝。

12.5.5 轴承钢丝

轴承钢丝主要用于制作轴承滚动体（滚珠、滚柱、滚针），滚动体制作包括冷顶锻成型、粗磨、淬回火和精磨等几个工序，因此轴承钢丝应兼有冷顶锻钢丝的良好冷镦性能和工具钢丝的良好淬回火性能，综合考虑轴承钢丝的显微组织最好是 2 级粒状珠光体。

轴承钢丝的代表牌号是 GCr15（w(C) 0.95%~1.05%、w(Cr) 1.30%~1.65%）。GCr15 常规热轧盘条组织为片状珠光体+碳化物，塑性较差，很难拉拔；控轧控冷盘条组织为细片状珠光体+索氏体+碳化物，有一定的塑性，可进行 1~2 道次小减面率拉拔（道次减面率≤20%）；通常热轧盘条首先进行球化退火，改善其冷加工性能，GCr15 的 Ac_1 = 740~766℃，Ar_1 = 695~702℃，经典的球化退火工艺是：加热温度 790±10℃，保温时间 4~6h，然后以 25℃/h 的速度冷却到 650℃以下，完成球化退火。加热温度偏低

（≤760℃）或加热温度偏高（≥840℃）组织中都会出现片状珠光体，前者是盘条中片状珠光体未能完全球化的残留物，珠光体片往往呈断续分布，钢丝抗拉强度和硬度偏高；后者是过冷奥氏体在冷却过程中形成的片状珠光体，珠光体片相对完整，较粗大，钢丝抗拉强度和硬度偏低，但滚动体冷镦性能变差，淬火硬度偏低，易出现裂纹和变形。钢丝半成品和成品全部采用再结晶退火，随着冷拉+退火循环次数的增加，退火温度可逐步降低到720℃、700℃，甚至680℃（ϕ<2.0mm）。

老式复两重轧机生产的GCr15盘条，表面氧化皮较厚，脱碳较重，过去多在氧化性气氛的台车式煤炉或煤气炉中球化退火，退火后表面氧化皮进一步加厚，此时，常采用等料温降到640~620℃时淬水的方法，爆除氧化皮，如果温度控制得当（料卷局部温度高于640℃处会成为脆断点），因氧化速度大于脱碳速度，反而起到减小脱碳层的作用。

12.5.6　易切削钢丝

易切削钢有含硫、含硒和含铅三大类，含铅易切削钢在生产过程中会造成严重的环境污染，各国都限制使用；含硒价格较贵，只在重要仪表中使用，使用量有限；广泛使用的是含硫易切削钢，国内易切削钢丝的常用牌号有：Y12、Y15、Y30、Y40Mn、Y75，以及不锈易切削钢丝Y1Cr13、Y3Cr13等。含硫易切削钢丝有两个不同于其他钢种的特点：第一，由于大量硫化物的存在，钢丝的伸长率指标远低于同牌号非易切削钢丝，能承受的冷拉减面率也远低于同牌号非易切削钢丝，以Y40Mn为例，盘条只能拉拔2道次（减面率45%左右），再拉拔会频繁断线。第二，考虑切削性能，希望硫化物弥散分布，颗粒越细越好，但是每次退火，尤其是球化退火都会造成硫化物聚积和长大，影响切削性能。按第一点生产易切削钢丝必须增加退火次数，按第二点要求尽量减少退火次数，两者是矛盾的。为缓解矛盾笔者建议实施以下措施：

（1）尽可能选用贴近成品尺寸的盘条，减少中间退火次数，甚至不退火。

（2）降低中间退火温度，减弱硫化物聚积和长大的倾向。低碳钢Y12和Y15的退火温度可降到600~650℃，Y1Cr13和Y3Cr13的退火温度可降到650~700℃。

（3）选用连续炉铅浴处理或正火处理，使硫化物弥散度加大，形成索氏体或以索氏体为主的组织，既提高了热处理后的抗拉强度，又大幅度改善了钢丝可拉拔性能。以Y40Mn为例，ϕ10mm盘条退火后R_m = 540MPa，经两道次拉拔到ϕ7.5mm，R_m不超过850MPa，继续拉拔时频繁断线，改用铅浴处理后R_m = 820MPa，经四道次拉拔到ϕ6.5mm，R_m达到1250~1300MPa。生产中曾遇到顾客订购ϕ8.0mm的Y40Mn磨光钢丝，要求成品抗拉强度为930~1080MPa，选用ϕ11mm退火盘条两道次拉拔后磨光，抗拉强度达不到要求，选用ϕ12mm退火盘条拉不到预定尺寸（ϕ8.25mm）。改用ϕ10mm盘条经铅浴处理后，两道次拉拔后磨光，成品R_m在1030MPa左右，完全满足顾客要求，尽管钢丝抗拉强度提高了，表面粗糙度反而劣于退火钢丝。

（4）高碳易切削钢丝（Y75）要求成品钢丝的显微组织为2.0~4.0级粒状珠光体，可选用尺寸稍大的盘条，首先进行铅浴处理，然后再经过2次再结晶退火，就可以得到显微组织合格，切削性能优良的钢丝。

12.5.7　高硅钢丝

高硅钢丝，如9SiCr、60SiMnA、65Si2MnWA、ML30CrMnSiA和ML16CrSiNiA等，生

产中的最大难题是脱碳和贫碳，贫碳指金相观察时钢丝表面无明显脱碳，化学成分分析时发现碳含量明显降低，甚至低于下限要求，贫碳多出现在中、低碳合金钢中。实践证明：脱碳和贫碳与退火温度和退火气氛密切相关，脱碳与退火温度有明显的对应关系，退火温度越高，脱碳倾向越重；贫碳与退火温度之间似乎无明显的对应关系，而与退火次数有一定的对应关系，碳含量超标多发生在小规格钢丝中；退火气氛的影响相对复杂些，据笔者观察，中性气氛（高纯氮气保护）退火防止脱碳和贫碳效果最好，还原性气氛（氨分解气体保护或氮+氢气体保护）退火似乎不如前者；在强氧化性气氛中退火，钢丝表面氧化皮很厚，脱碳显著加重；在中等氧化性气氛中退火，钢丝表面有一层较薄的氧化皮，多次弯曲可出现少量脱落，此时钢丝脱碳层不见增加，从统计规律看反而有减轻的趋势，初步分析认为可能与氧化速度大于脱碳速度有关；在弱氧化性气氛中退火，如装罐密封退火，罐中或钢丝表面有潮气时，退火后钢丝表面仅有氧化色，而无氧化皮，钢丝脱碳或贫碳有明显的加重趋势。

为防止脱碳和贫碳在生产中要尽可能选用中性保护气氛退火炉；尽可能降低退火温度，合金冷顶钢丝建议选用低于 Ac_1 点的再结晶退火+冷拉多次循环的方法进行球化；适当控制盘条尺寸，小规格钢丝选用 $\phi5.5 \sim 6.5$mm 的盘条。另外，发现表面脱碳的钢丝，可以采用分次酸咬的方法，减轻，甚至消除表面脱碳层。

12.5.8 纺织行业用针丝

纺织行业中针丝品种较繁多，如无纺布用刺针，针织用舌针、家用缝纫机针、工业缝纫机针、金属针布钢丝、弹性针布钢丝等，针丝的一个共同点是：用高碳钢或高碳低合金钢制造，经特种加工成型，制成品（纺织针）需进行淬火-回火处理。特种加工包括冷锻，急剧弯曲，开槽、冲孔、开齿、磨尖等，有的加工条件对材料的要求是相当苛刻的，以缝纫机针为例，取 $\phi2.02^{\pm0.01}$mm 钢丝首先冷锻出针尖，9 号针尖部冷锻比超过 90%，再在针尖部冲出穿线孔，对穿线孔整形后，淬火、磨尖、电镀才制成针。钢丝要通过 90%的冷锻必须有良好的球化组织，在深度冷加工的针尖处冲孔要求材料组织结构相当均匀，不得有石墨碳和有害的非金属夹杂，要保证针尖能淬上火，不出现变形和开裂，钢中的碳必须是细片状或细粒状。实际生产中家用缝纫机针选用 T9A 加适量铬的炉外精炼钢，盘条首先铅浴处理，打碎碳化物，获得细片状的索氏体组织，以大减面率冷拔使细片状碳化物进一步断裂，接着进行两个循环的再结晶退火+冷拉，碎片状碳化物全部转变成直径小于 1μm 的小球，最后经连续炉光亮退火后交货，通批强度差一般不超过 50MPa。优质刺针、舌针和工业针丝也都应具有类似的组织结构和均匀的力学性能。针布钢丝为获得细密，均匀的组织，在半成品生产过程中也常选用铅浴处理或正火处理工艺，差别是金属针布钢丝以退火状态交货，弹性针布钢丝以油淬火-回火状态交货。

12.5.9 高镍结构钢丝

Cr-Ni、Cr-Ni-Mo、Cr-Ni-W 系结构钢中有一类镍含量大于 3%的牌号，如 12Cr2Ni4Mo、30CrNi4Mo、18Cr2Ni4W、25Cr2Ni4WA 等，由于镍具有很强的稳定奥氏体作用，钢的 Ac_1 点降到 660~700℃范围内，其过冷奥氏体等温转变曲线上的珠光体 C 曲线大幅度右移，有的只剩下贝氏体了，如果选用球化退火，无论冷速多慢都无法实现珠光体转变，最终得到的是贝氏体和马氏体混合组织，因此钢丝的强度和硬度都很高。要软化这类钢丝只能采用高温回火的方法，或者说采用低于 Ac_1 点再结晶退火的方法。实践证明，单纯回火或退火无法将盘条的硬度降到 269HB 或 950MPa 以下，只有采用冷拉和退火相配合的方法才能将硬度和强度降下来，一般说来，经冷拉+退火两次循环抗拉强度就可以降到 680～800MPa 范围内。特别要注意的是退火温度一旦高于 Ac_1 点以上，钢丝的强度和硬度重新又回到居高难下的状态。

不锈钢中也有类似牌号，如 1Cr17Ni2、Y2Cr13Ni2，对这类马氏体不锈钢丝盘条推荐采用二步法软化工艺：第一步 750℃ 正火，使盘条组织均一化，第二步 660℃ 高温回火，二步法处理的盘条尽管硬度和强度仍较高，但拉拔塑性良好，能进行 1～2 道次拉拔。马氏体沉淀硬化不锈钢 0Cr17Ni4Cu4Nb 也可采用二步法软化，只是第一步改为 1050℃ 固溶后空冷，第二步仍为 660℃ 高温回火。超低碳软马氏体钢 00Cr12Ni5Mo2N、00Cr16Ni5MoN 盘条也常用 1050℃ 固溶、淬水，获得均一的板条状马氏体，板条状马氏体有一定的塑性，可以直接拉拔。其后一直采用 660℃ 中间热处理和成品热处理。

12.6　软态碳素钢丝抗拉强度测算

碳素钢丝化学成分和组织结构相对单纯，热处理后性能稳定，笔者以多年来几个厂的生产统计数据为基础，参考国内外碳素钢丝抗拉强度测算公式[9]，推导出一套碳素钢丝经不同工艺热处理后的抗拉强度测算公式，经验证，其准确度还是比较好的，同批料抗拉强度标准偏差 $S \leqslant \pm 50$MPa，同一炉号的抗拉强度标准偏差可达到 $S \leqslant \pm 30$MPa。受气温的影响，不同季节生产的控轧控冷盘条的标准偏差（S）可达±135MPa。

12.6.1　徐氏经验公式

铅浴处理：$R_m = 1000w(C) + 480 - 10d$　　$w(C) \leqslant 0.50\%, d \leqslant 12$mm

$R_m = 980w(C) + 510 - 10d$　　$w(C) > 0.50\%, d \leqslant 12$mm

$R_m = 1000w(C) + 400 + 150w(Mn) - 10d$　　含 $w(Mn) \geqslant 0.60\%$ 的钢

控轧控冷盘条：$R_m = 980w(C) + 400 - 9d$　　$w(C) \leqslant 0.55\%, d \leqslant 12$mm

$R_m = 940w(C) + 465 - 9d$　　$w(C) > 0.55\%, d \leqslant 12$mm

常规热轧盘条：$R_m = 760w(C) + 370$

正火处理：$R_m = 830w(C) + 435 - 7d$　　连续炉正火，$d \leqslant 12$mm

$R_m = 880w(C) + 370$　　强风冷

再结晶退火：$R_m = 430w(C) + 360$

球化退火：$R_m = 320w(C) + 330$

式中　$w(C)$ ——碳的质量分数；

$w(Mn)$ ——锰的质量分数；

d——钢丝直径，mm。

连续炉热处理时随着钢丝直径减小，钢丝表面积与直径之比逐渐加大，冷却速度也逐渐加快，生产实践证明：钢丝抗拉强度与直径有明显的对应关系，直径 5.0mm 左右时表现得尤为显著，随直径增加，热处理后抗拉强度下降，直径增加到 12.0mm 时，抗拉强度基本不再下降了。所以经验公式中的尺寸效应项 d 的最大取值规定为 12。

12.6.2　测算结果

直径 5.0mm 钢丝热处理后抗拉强度测算采用公式：（1）$R_m = 1000w(C) + 480 - 10d$；（2）$R_m = 980w(C) + 510 - 10d$；（3）$R_m = 830w(C) + 435 - 7d$；（4）$R_m = 430w(C) + 360$；（5）$R_m = 320w(C) + 330$；（6）直径 6.5mm 常规热轧盘条 $R_m = 760w(C) + 370$；（7）直径 6.5mm 的控轧控冷盘条 $w(C) \leqslant 0.55\%$，$R_m = 980w(C) + 400 - 9d$；$w(C) > 0.55\%$，$R_m = 940w(C) + 465 - 9d$。测算结果见表 12-19。

表 12-19　软态碳素钢丝抗拉强度测算表　（MPa）

牌号	铅浴处理抗拉强度		正火抗拉强度	退火抗拉强度		热轧抗拉强度	
	（1）	（2）	（3）	（4）再结晶	（5）球化	（6）常规	（7）控冷
08	510		465	395	355	430	420
10	530		485	405	360	445	440
15	580		525	425	380	485	490
20	630		565	445	395	520	540
25	680		610	470	410	560	590
30	730		650	490	425	600	640
35	780		690	510	440	635	680
40	830		730	530	460	675	730
45	880		775	555	475	710	790
50	930	950	820	575	490	750	830
55	980	1000	860	595	505	790	880
60	1030	1050	900	620	520	830	970
65		1100	940	640	540	860	1020
70		1150	980	660	555	900	1060
82B		1260	1080	715	590	990	1180
T9A		1340	1150	750	620	1050	1250

12.7　热处理工艺的分类及代号

为了规范热处理工艺名称，有利于机械制造业的工艺设计和计算机辅助工艺管理，我国早在 1990 年就制定了国家标准——GB/T 12603—90《金属热处理工艺分类及代号》，按该标准规定，常用热处理工艺都可以用 4 位数和相应的字母来标识。随着机械制造业的发展与科学技术的进步，2005 年由北京机电研究所负责对该标准进行了修订，GB/T 12603—

2005《金属热处理工艺分类及代号》于 2006 年 1 月 1 日正式实施。

12.7.1　分类原则

金属热处理工艺分类按基础分类和附加分类两个主层次进行划分，每个主层次还可以进一步细分。

（1）基础分类。根据工艺总称、工艺类型和工艺名称（按获得的组织状态或渗入元素进行分类），将热处理工艺按 3 个层次进行分类，基础分类代号见表 12-20。

（2）附加分类。对基础分类中某些工艺，按具体条件更细化的分类，包括加热方式及代号（见表 12-21）；退火工艺及代号（见表 12-22）；淬火冷却介质和冷却方法及分类代号（见表 12-23）；化学热处理中渗非金属、渗金属、多元共渗工艺按渗入元素分类。

表 12-20　热处理工艺分类及代号

工艺总称	代号	工艺类型	代号	工艺名称	代号
热处理	5	整体热处理	1	退火	1
				正火	2
				淬火	3
				淬火和回火	4
				调质	5
				稳定化处理	6
				固溶处理、水韧处理	7
				固溶处理+时效	8
		表面热处理	2	表面淬火和回火	1
				物理气相沉积	2
				化学气相沉积	3
				等离子体增强化学气相沉积	4
				离子注入	5
		化学热处理	3	渗碳	1
				碳氮共渗	2
				渗氮	3
				氮碳共渗	4
				渗其他非金属	5
				渗金属	6
				多元共渗	7

表 12-21　加热方式及代号

加热介质	可控气氛（气体）	真空	盐浴（液体）	感应	火焰	激光	电子束	等离子体	固体装箱	流态床	电接触
代号	01	02	03	04	05	06	07	08	09	10	11

表 12-22　退火工艺代号

退火工艺	去应力退火	均匀化退火	再结晶退火	石墨化退火	脱氢退火	球化退火	等温退火	完全退火	不完全退火
代号	St	H	R	G	D	Sp	I	F	P

表 12-23　淬火冷却介质和冷却方法及代号

冷却介质和方法	空气	油	水	盐水	有机聚合物水溶液	热浴	加压淬火	双介质淬火	分级淬火	等温淬火	形变淬火	气冷淬火	冷处理
代号	A	O	W	B	Po	H	Pr	I	M	At	Af	G	C

12.7.2　代号

12.7.2.1　热处理工艺代号

基础分类代号采用了 3 位数字系统。附加分类代号与基础分类代号之间用半字线连接，采用两位数和英文字头做后缀的方法。热处理工艺代号标记规定为：

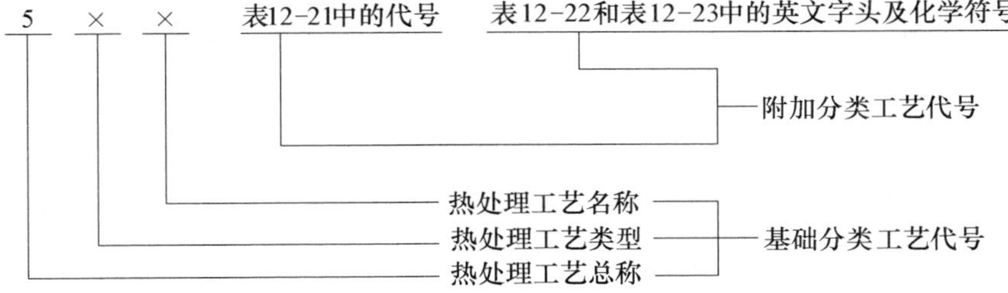

12.7.2.2　基础分类工艺代号

基础工艺代号由 3 位数字组成，第一位数字“5”为机械制造工艺分类与代号中热处理的工艺代号；第 2、3 位数字分别代表基础分类中的第 2、3 层次中的分类代号。

12.7.2.3　附加分类工艺代号

（1）当对基础工艺中的某些具体实施条件有明确要求时，使用附加分类工艺代号。附加分类工艺代号接在基础分类工艺代号后面，其中加热方式采用两位数字，退火工艺、淬火冷却介质和冷却方法采用英文字头。具体代号见表 12-21～表 12-23。

（2）附加分类工艺代号按表 12-21～表 12-23 的顺序标注，当工艺在某个层次不需分类时，该层次用阿拉伯数字 0 代替。

（3）当冷却介质和冷却方法需要用表 12-21 中两个以上字母表示时，用加号将两个或几个字母连结起来，如 H+M 代表盐浴分级淬火。

（4）化学热处理中，多元共渗、渗金属、渗非金属，可以在其代号后用括号表示出渗入元素的化学符号。

12.7.2.4　多工序热处理工艺代号

多工序热处理工艺代号用破折号将各工艺代号连接，除第一工艺外，后面的工艺均省略第一位数字“5”，如 515-33-01 表示调质和气体渗碳。

12.7.2.5　常用热处理工艺

常用热处理工艺代号见表 12-24。

表 12-24　常用热处理工艺及代号

工　艺	代　号	工　艺	代　号	工　艺	代　号
热处理	500	形变淬火	513-Af	离子渗碳	531-08
整体热处理	510	气冷淬火	513-G	碳氮共渗	532
可控气氛热处理	500-01	淬火及冷处理	513-C	渗氮	533
真空热处理	500-02	可控气氛加热淬火	513-01	气体渗氮	533-01
盐浴热处理	500-03	真空加热淬火	513-02	液体渗氮	533-03
感应热处理	500-04	盐浴加热淬火	513-03	离子渗氮	533-08
火焰热处理	500-05	感应加热淬火	513-04	流态床渗氮	533-10
激光热处理	500-06	流态床加热淬火	513-10	氮碳共渗	534
电子束热处理	500-07	盐浴加热分级淬火	513-10M	渗其他非金属	535
离子轰击热处理	500-08	盐浴加热盐浴分级淬火	513-10H+M	渗硼	535（B）
流态床热处理	500-10	淬火和回火	514	气体渗硼	535-01（B）
退火	511	调质	515	液体渗硼	535-03（B）
去应力退火	511-St	稳定化处理	516	离子渗硼	535=08（B）
均匀化退火	511-H	固溶处理，水韧处理	517	固体渗硼	535-09（B）
再结晶退火	511-R	固溶处理+时效	518	渗硅	535（Si）
石墨化退火	511-G	表面热处理	520	渗硫	535（S）
脱氢退火	511-D	表面淬火和回火	521	渗金属	536
球化退火	511-Sp	感应淬火和回火	521-04	渗铝	536（Al）
等温退火	511-I	火焰淬火和回火	521-05	渗铬	536（Cr）
完全退火	511-F	激光淬火和回火	521-06	渗锌	536（Zn）
不完全退火	512-P	电子束淬火和回火	521-07	渗钒	536（V）
正火	512	电接触淬火和回火	521-11	多元共渗	537
淬火	513	物理气相沉积	522	硫氮共渗	537（S-N）
空冷淬火	513-A	化学气相沉积	523	氧氮共渗	537（O-N）
油冷淬火	513-O	等离子体增强化学气相沉积	524	铬硼共渗	537（Cr-B）
水冷淬火	513-W	离子注入	525	钒硼共渗	537（V-B）
盐水淬火	513=B	化学热处理	530	铬硅共渗	537（Cr-Si）
有机水溶液淬火	513-Po	渗碳	531	铬铝共渗	537（Cr-Al）
盐浴淬火	513-H	可控气氛	531-01	硫氮碳共渗	537（S-N-C）
加压淬火	513-Pr	真空渗碳	53102	氧氮碳共渗	537（O-N-C）
双介质淬火	513-i	盐浴渗碳	531-03	铬铝硅共渗	537（Cr-Al-Si）
分级淬火	513-M	固体渗碳	531-09		
等温淬火	513-At	流态床渗碳	531-10		

目前，热处理工艺代号在机械制造业的工艺设计和计算机辅助工艺管理中已逐步采用，作为金属材料供方的冶金企业，对热处理工艺代号必须有深刻的理解。同时，在冶金产品标准、工艺规程、热处理流动卡片、管理台账和原始记录中也应逐步推广使用热处理工艺代号。

参考文献

[1] 劳动部培训司组织．金属材料与热处理［M］．第3版．北京：中国劳动出版社，1999.

[2] 汽轮机、锅炉、发电机金属材料手册编写组．汽轮机、锅炉、发电机金属材料手册［M］．上海：上海人民出版社，1973.

[3] 黄振东．钢铁金相图谱［M］．北京：中国科技文化出版社．

[4] 雍岐龙，等．微合金钢—物理和力学冶金［M］．北京：机械工业出版社，1989.

[5] 刘永铨．钢的热处理［M］．第2版．北京：冶金工业出版社，1987.

[6] 宋清华，王伯健．剧烈冷拉塑性变形珠光体钢丝研究现状［J］．金属制品，2007（2）：7~10.

[7] 艾伦·德福．钢丝［M］．卢冬良等，编译．中钢集团金属制品研究院出版，1991：186~189.

[8] 维尔纳·巴普斯多夫，等．钢丝生产．张炳南等译，热处理对钢丝性能的影响，湘潭钢铁厂情报研究室编印，1985.

[9] 徐效谦．强对流气体保护退火炉热平衡计算［J］．金属制品，2006（5）：39~41.

[10] 徐效谦，阴绍芬．特殊钢钢丝［M］．北京：冶金工业出版社，2005：485.

[11] 李志深．钢丝生产工艺［M］．北京：湘潭钢铁公司职工大学教材，1992.

[12] 陈复民，李国俊，苏德达．弹性合金［M］．上海：上海科学技术出版社出版，1986：117~121.

[13] 中国机械工程学会热处理专业分会，热处理手册编委会．热处理手册（第3版）第2卷　典型零件热处理［M］．北京：机械工业出版社，2001.

[14] A.Г. 拉赫什塔德．弹簧钢与合金［M］．王传恩等译．北京：机械工业出版社，1992.

[15] 赵振东．钢的淬火-回火工艺参数的确定［J/OL］．弹簧知识，中国91弹簧网，2006.

[16] 张会英，刘辉航，王德成．弹簧手册［M］．第2版．北京：机械工业出版社，2008.

13 拉拔基础知识

冷加工和热加工是金属材料最常用的两项压力加工方法，相对而言，冷加工不仅具有尺寸精度高的特点，也更有利于材料显微组织结构的改善，力学性能、工艺性能和物理性能的提高。冷压力加工又可分为轧制、拉拔和挤压三种，用这三种方法加工时，金属材料的受力状况、变形方法和成型后材料中的残余应力各不相同。以拉拔为例，首先应认识到：拉拔过程金属材料受力不均匀、变形不均匀、成型后材料中的残余应力当然也不均匀。这种不均匀给材料性能带来的影响是双向的，既有有利的一面，又有不利的一面，如何根据材料的用途调整生产工艺，扬长避短，最大限度发挥材料的潜能？调整到什么程度最合适？全部依赖制品工作者根据自己掌握的基础知识做出决断。

论述拉拔基础知识的资料少而分散、表述的观点也不完全一致，作者收集了德、俄、加、日及国内多年来的相关资料，进行系统地分析和梳理，融合生产实践经验，重新编写了本章节内容。文中的理论描述力求通俗、易懂，讲解基本知识和推荐计算公式注重简明、实用。

拉拔是金属压力加工方法之一，拉拔的加工特点是：在拉力作用下，使截面积较大的金属材料通过拉丝模孔，获得需要的截面形状和尺寸。和其他压力加工方法相比，拉拔具有成品尺寸精度高，设备简单，操作方便，适应性强，可以随时变换品种和规格等特点。

按成品截面形状不同，拉拔可分为拉丝、拉管和拉型材。就拉丝而言，金属丝材截面大多数是圆形，但也有非圆形的，如方形、矩形和六角形、椭圆形、工字形等。通常将所有非圆形截面的丝材称为异型丝，而将圆形截面的丝材称为圆丝，或统称丝材。

拉丝通常在室温下进行，即被拉的丝材在室温下通过模孔产生塑性变形，称为冷拉。严格地说，冷拉是在常温条件下的拉拔。冷拉时由于丝材在模孔中变形及与模具的摩擦作用，会产生大量的热，这些热量一部分被模具吸收和散发，绝大部分热量使丝材升温，并随后在拉丝卷筒上散发。故拉出来的丝材具有光亮的表面和足够精度的截面尺寸。

拉拔难变形金属时，常因金属塑性较差而不能进行冷拔，往往需要对丝材进行预热。如预热后丝材温度在再结晶温度以上时，称为热拉。预热温度在再结晶温度以下，称为温拉。拉拔某些截面形状复杂的丝材，为减少真实变形抗力，往往采用温拉。

13.1 丝材变形程度表示方法及计算[1]

拉拔时丝材通过模孔变形的结果是截面积减少而长度增长。变形程度愈大，上述变化愈大。为衡量拉拔变形程度的大小，经常采用下列参数。

13.1.1 延伸系数

延伸系数（拉伸系数）代号为μ，表示拉拔后丝材长度与原长度之比，或表示为拉拔后截面积减小的倍数：

$$\mu = \frac{l_K}{l_0} = \frac{A_0}{A_K} = \frac{d_0^2}{d_K^2} \tag{13-1}$$

式中　l_0——拉拔前长度；

l_K——拉拔后长度；

A_0——拉拔前截面积；

A_K——拉拔后截面积；

d_0——拉拔前直径；

d_K——拉拔后直径。

由于拉拔过程中截面积总是减小的，所以丝材拉拔的延伸系数$\mu>1$。

13.1.2　减面率

减面率（压缩率）代号为 Q（q），表示丝材在拉拔后截面积减小的绝对量与拉拔前截面积之比。由于拉拔过程中丝材截面总是减小的，所以减面率的数值小于 1（$q<1$），通常用百分数表示。

$$q = \frac{A_0 - A_K}{A_0} \times 100\% = \frac{d_0^2 - d_K^2}{d_0^2} \times 100\% \tag{13-2}$$

减面率是制定拉拔工艺时经常用到的一个参数。它能准确地反应变形程度的大小，当减面率相同时，尽管粗丝和细丝直径变化绝对值相差很大，但变形程度是一样的。

13.1.3　延伸系数自然对数

延伸对数代号为 ε，等于延伸系数的自然对数 $\ln\mu$，引入延伸系数自然对数概念的作用是将乘方、开方运算简化为加减运算，便于配模计算，也为拉拔力和拉拔功的计算提供方便。

$$\varepsilon = \ln\mu = \ln\frac{A_0}{A_k} = \ln\frac{l_k}{l_0} = \ln\frac{d_0^2}{d_k^2} \tag{13-3}$$

$$\varepsilon_{总} = \varepsilon_1 + \varepsilon_2 + \varepsilon_3 + \cdots + \varepsilon_k$$

13.1.4　伸长率

在实际生产中，除用μ、q 和 ε 表示变形程度外，有时还用伸长率来表示变形程度。伸长率代号为 λ，表示拉拔过程中的绝对伸长与原来长度之比。当变形程度不大时，伸长率数值小于 1，因此伸长率也常用百分比表示：

$$\lambda = \frac{l_k - l_0}{l_0} \times 100\% = \frac{A_0 - A_K}{A_K} \times 100\% = \frac{d_0^2 - d_K^2}{d_K^2} \times 100\% \tag{13-4}$$

上述四个变形程度参数之间有一定的关系$\left(\mu = \frac{\lambda}{q}\right)$，可以相互转换。这种关系是建立在被拉丝材体积不变定律基础上的。例如延伸系数与其他变形参数的关系式为：

$$\mu = \frac{l_k}{l_0} = \frac{A_0}{A_k} = \frac{d_0^2}{d_k^2} = \frac{1}{1 - q} = 1 + \lambda = e^{\varepsilon} \tag{13-5}$$

为便于计算，将各参数换算关系式列于表 13-1。

表 13-1　拉拔变形参数换算公式[1]

变形参数	代号	用下列各项表示关系式						
		直径 d_0及 d_k	截面积 A_0及 A_k	长度 l_0及 l_k	延伸系数 μ	减面率 q	伸长率 λ	延伸系数自然对数 ε
延伸系数	μ	$\frac{d_0^2}{d_k^2}$	$\frac{A_0}{A_k}$	$\frac{l_k}{l_0}$	μ	$\frac{1}{1-q}$	$1+\lambda$	e^{ε}
减面率	q	$\frac{d_0^2-d_k^2}{d_0^2}$	$\frac{A_0-A_k}{A_0}$	$\frac{l_k-l_0}{l_k}$	$1-\frac{1}{\mu}$	q	$\frac{\lambda}{1+\lambda}$	$1-\frac{1}{e^{\varepsilon}}$
伸长率	λ	$\frac{d_0^2-d_k^2}{d_k^2}$	$\frac{A_0-A_k}{A_k}$	$\frac{l_k-l_0}{l_0}$	$\mu-1$	$\frac{q}{1-q}$	λ	$e^{\varepsilon}-1$
延伸系数自然对数	ε	$\ln\frac{d_0^2}{d_k^2}$	$\ln\frac{A_0}{A_k}$	$\ln\frac{l_k}{l_0}$	$\ln\mu$	$\ln\frac{1}{1-q}$	$\ln(1+\lambda)$	ε

表 13-2 列出延伸系数（μ）在 1.10、1.11、1.12…1.70 时，以及减面率（q）在 10%、11.0%、12.0%…42%时与其他变形参数的换算关系。

表 13-2　变形参数换算表

延伸系数 μ	减面率 q /%	伸长率 λ /%	延伸系数自然对数 ε	延伸系数 μ	减面率 q /%	伸长率 λ /%	延伸系数自然对数 ε
1.10	9.09	10.0	0.09531	1.111	10.0	11.1	0.10536
1.11	9.91	11.0	0.10436	1.124	11.0	12.4	0.11653
1.12	10.71	12.0	0.11333	1.136	12.0	13.6	0.12783
1.13	11.50	13.0	0.12222	1.149	13.0	14.9	0.13926
1.14	12.28	14.0	0.13103	1.163	14.0	16.3	0.15082
1.15	13.04	15.0	0.13976	1.176	15.0	17.6	0.16252
1.16	13.79	16.0	0.14842	1.190	16.0	19.0	0.17435
1.17	14.53	17.0	0.15700	1.205	17.0	20.5	0.18633
1.18	15.25	18.0	0.16551	1.220	18.0	22.0	0.19845
1.19	15.97	19.0	0.17395	1.235	19.0	23.5	0.21072
1.20	16.67	20.0	0.18232	1.250	20.0	25.0	0.22314
1.22	18.03	22.0	0.17885	1.266	21.0	26.6	0.23572
1.24	19.35	24.0	0.21511	1.282	22.0	28.2	0.24846
1.26	20.63	26.0	0.23111	1.299	23.0	29.9	0.26136
1.28	21.88	28.0	0.24686	1.316	24.0	31.6	0.27444
1.30	23.08	30.0	0.26236	1.333	25.0	33.3	0.28768
1.32	24.24	32.0	0.27763	1.351	26.0	35.1	0.30111
1.34	25.37	34.0	0.29267	1.370	27.0	37.0	0.31471
1.36	29.47	36.0	0.30748	1.389	28.0	38.9	0.32850
1.38	27.54	38.0	0.32208	1.408	29.0	40.8	0.34249
1.40	28.57	40.0	0.33647	1.429	30.0	42.9	0.35667
1.45	31.03	45.0	0.37156	1.471	32.0	47.1	0.38566
1.50	33.33	50.0	0.40547	1.515	34.0	51.5	0.41552
1.55	35.48	55.0	0.43825	1.563	36.0	56.3	0.44629
1.60	37.50	60.0	0.47000	1.613	38.0	61.3	0.47804
1.65	39.39	65.0	0.50078	1.667	40.0	66.7	0.51083
1.70	41.18	70.0	0.53063	1.724	42.0	72.4	0.54473

13.1.5 延伸系数和减面率的计算

延伸系数（μ）和减面率（q）是拉拔中经常用到的两个参数。在实际生产中丝材需经多次拉拔，所以将丝材的总变形程度用总减面率（Q）和总延伸系数（$\mu_{总}$）表示，而将每个道次的减面率和延伸系数分别称为道次减面率（q）和道次延伸系数（μ_n）。实际生产中，各道次的减面率和延伸系数往往是不一样的，为了计算方便，特别是在制订拉拔工艺，确定拉拔道次时，常假定各道次变形程度是一样的，就需用道次平均减面率和道次平均延伸系数的概念。它们之间的关系如下所述。

（1）总延伸系数，道次延伸系数和道次平均延伸系数。

$$\mu_{总} = \frac{A_0}{A_n} = \frac{A_0}{A_1} \cdot \frac{A_1}{A_2} \cdots \frac{A_{n-1}}{A_n} = \mu_1 \cdot \mu_2 \cdots \mu_n = \mu_p^n$$

$$\mu_p = \sqrt[n]{\mu_{总}} \tag{13-6}$$

式中 $\mu_{总}$——总延伸系数；

μ_1，μ_2，…，μ_n——第一道、第二道……第 n 道次延伸系数；

A_0，A_1，…，A_{n-1}——第一道次、第二道次……第 n 道次拉拔前截面积；

A_n——第 n 道次拉拔后的截面积；

n——拉拔道次；

μ_p——道次平均延伸系数。

（2）总减面率与道次平均减面率：

$$Q = \frac{A_0 - A_n}{A_0} = 1 - \frac{A_n}{A_0} = 1 - \frac{1}{\mu_{总}} = 1 - \frac{1}{\mu_p^n}$$

又因为：

$$q_p = 1 - \frac{1}{\mu_p}$$

$$\frac{1}{\mu_p} = 1 - q_p$$

$$\frac{1}{\mu_p^n} = (1 - q_p)^n$$

所以：

$$Q = 1 - (1 - q_p)^n$$

$$1 - Q = (1 - q_p)^n \tag{13-7}$$

式中 q_p——道次平均减面率。

（3）计算举例：

生产 ϕ2. 5mm06Cr19Ni9 不锈钢丝，原料尺寸为 ϕ5mm，经 7 道次拉拔。求总减面率、总延伸系数、道次平均减面率和道次平均延伸系数：

$$Q = \frac{d_0^2 - d_n^2}{d_0^2} = 1 - \left(\frac{d_n}{d_0}\right)^2 = 1 - \left(\frac{2.5}{5}\right)^2 = 75\%$$

$$\mu = \frac{d_0^2}{d_k^2} = \left(\frac{5}{2.5}\right)^2 = 4$$

$$\mu_p = \sqrt[n]{\mu_{总}} = \sqrt[7]{4} = 1.2$$

$$q_p = 1 - \frac{1}{\mu_p} = 1 - \frac{1}{1.22} = 18\%$$

13.2　拉拔时丝材受力状况及变形条件

13.2.1　拉拔时丝材所受的外力

可塑性是金属材料的基本属性，当金属材料承受的外力超过一定限度就会产生塑性变形，塑性变形的起点和深度取决于外力状况和金属的组织结构。一般说来，金属材料在压应力下的变形能力要大于在拉应力下的变形能力。如果把丝材放在拉力试验机上拉伸，丝材承受单向拉应力，拉到一定程度就会被拉断。把丝材穿过拉丝模拉拔，丝材承受一向拉伸应力、两向压缩应力，其截面在压缩应力的作用下均匀减少，长度方向在拉伸应力作用下不断伸长，实现冷加工塑性变形，丝材拉拔应力和应变状态如图 13-1 所示。拉拔时丝材在模孔变形区所承受的外力有三种：

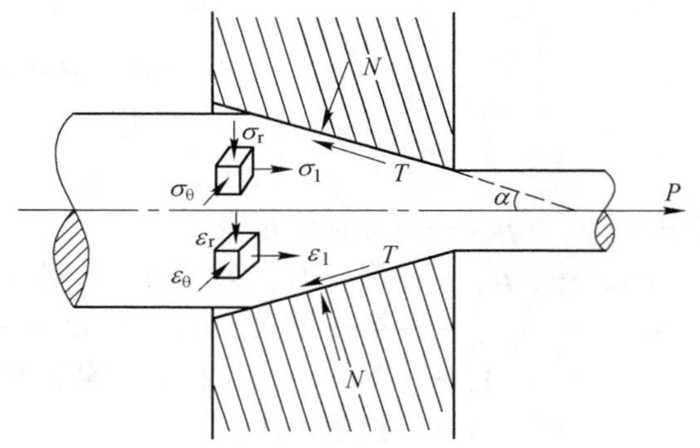

图 13-1　丝材拉拔过程中受到的外力[1]

（1）拉拔力（正作用力，用 P 表示）。拉拔力是拉丝机加在丝材出模孔端的轴向拉力，它在丝材内部产生拉应力，并使丝材沿轴线方向通过模孔，完成拉拔过程。

（2）正压力（模孔壁的反作用力，用 N 表示）。当丝材受拉拔力（P）作用向前运动时，模孔壁产生阻碍丝材运动的反作用力（N），因为它的方向是垂直于模孔壁的，故称为正压力。正压力在丝材内部产生主压应力，其数值大小取决于丝材的减面率大小和模孔几何形状、尺寸等。

（3）摩擦力（附加切应力，用 T 表示）。拉拔时模孔壁与丝材表面之间产生摩擦，由于正压力作用，就产生摩擦力。摩擦力方向总与丝材运动方向相反，与模孔壁成切线方向。摩擦力在丝材内部产生附加切应力，其数值大小与丝材及模孔的表面状况，润滑条件及拉拔速度等有关。

摩擦力的计算公式为：

$$T = f \cdot N \tag{13-8}$$

式中，T 为摩擦力；f 为摩擦系数；N 为正压力。

应当指出，拉拔力和正压力都作用在丝材内部的每个质点上，而摩擦力作用在丝材与模孔壁接触的表面上，因此拉拔时丝材表面承受的摩擦力最大，愈接近丝材中心，所受摩擦力越小，甚至为零。

13.2.2 实现拉拔变形的条件

我们把丝材单位面积（A）所承受的拉拔力叫做拉拔应力（p），则

$$p = \frac{P}{A} \tag{13-9}$$

显而易见，要使拉拔顺利进行，作用在丝材出口端的拉拔应力必须小于丝材的非比例塑性延伸强度：

$$p < R_{p0.2} < R_m$$

式中 R_m ——丝材抗拉强度；

$R_{p0.2}$ ——丝材非比例塑性延伸强度。

因为丝材的抗拉强度容易测定，部分丝材，特别是合金丝的屈服强度很难测定，而且各钢种的屈强比 $\left(B = \frac{R_{p0.2}}{R_m}\right)$ 通常相对稳定，所以用抗拉强度和屈强比来代替屈服强度，则上式可表示为：

$$p < B \cdot R_m$$

软态丝材的屈强比（B）通常在 0.5~0.7 之间，随着拉拔减面率加大，丝材屈强比逐渐加大，冷拉碳素弹簧钢丝的屈强比可高达 0.95。设 $K = \frac{1}{B}$，上式可变换为：$p < \frac{R_m}{K}$ 则：

$$K < \frac{R_m}{p} \tag{13-10}$$

式中，K 为安全系数，K 值越大拉拔越顺利。实际生产中，因软态丝材的屈强比（B）通常在 0.7~0.5 之间，拉拔过程，安全系数 K 一般应控制在 1.40~2.00 范围内，虽然经多道次拉拔后丝材屈强比（B）逐渐增大，但冷加工硬化会导致丝材塑性下降，如 $K<1.4$，表示道次减面率太大，拉拔时可能经常断丝；$K>2.0$，则表示道次减面率太小，丝材本身的塑性没有充分利用，势必使拉拔道次增多。碳素钢屈强比偏低，拉拔时安全系数可选上限；合金钢丝屈强比较高，安全系数可适当小点。安全系数除用于确定道次拉拔工艺外，还可以用来确定拉丝机的功率，如要顺利拉拔直径为 d mm 抗拉强度为 R_m MPa 的钢丝，拉丝机的拉拔力 p 应不小于 $\frac{\pi d^2 R_m}{4K}$，K 应取下限值 1.4。

13.2.3 模具的压缩作用[2]

前面讲过，要使拉拔顺利进行，必须保证拉拔应力小于丝材的屈服强度。拉拔应力既然小于丝材的屈服强度，丝材怎么能产生变形呢？

在拉拔过程中，模具的压缩力是使丝材产生塑性变形的主要因素。压缩力不仅是正压力（N），还包括摩擦力（T）所产生的部分压缩作用，压缩力（Q）实际上是正压力（N）与摩擦力（T）所产生的合力。压缩力的大小并不等于拉拔力（P），而是远远地大于它，这是由于模具工作区角度和摩擦角作用相互平衡的结果，见图 13-2。

根据图 13-2，按西伯（E. Siebel）的平衡式：

$$P = Q \cdot \sin(\alpha + \beta)$$

$$Q = \frac{P}{\sin(\alpha + \beta)} \qquad (13\text{-}11)$$

$$f = \tan\beta$$

式中 P——拉拔力；

Q——压缩力（合力）；

α——模具工作区半角；

β——摩擦角；

f——摩擦系数。

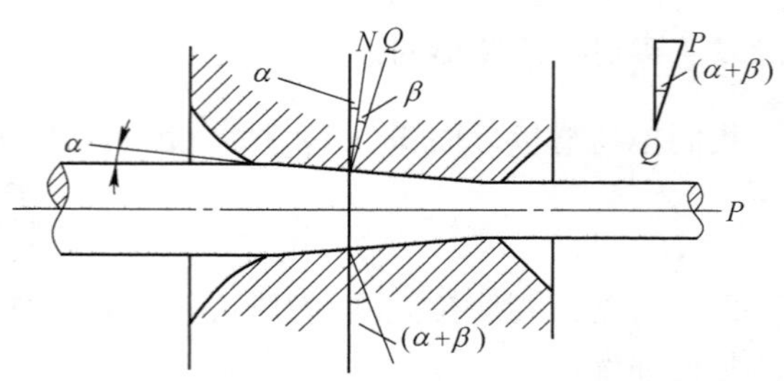

图 13-2　拉拔力与压缩力的关系[2]

[**例 13-1**]　1Cr18Ni9 不锈钢丝从 $\phi8.0$ 拉至 $\phi6.0$mm，其拉拔力（P）为 1685N，摩擦系数为 0.05，模具工作区半角为 8°，求压缩力是多少？

解：（1）$\tan\beta = f = 0.05$

$$\beta = 2.86°$$

（2）

$$Q = \frac{P}{\sin(\alpha + \beta)} = \frac{1685}{\sin(8° + 2.87°)} = 8935\text{N}$$

通过上式计算可以看出，压缩力比拉拔力增大到 5 倍左右。也就是说在模具变形区内 1Cr18Ni9 钢丝所受的压缩力已超过本身的屈服极限，正因为这样，才能使用较小的拉拔力，使丝材产生塑性变形。

13.3　拉拔时丝材应力分布及塑性变形

13.3.1　应力状态[3]

外力是金属材料塑性变形的源动力，作用在金属材料上的外力分两种：表面力和体积力（又称为质量力）。表面力指压力加工过程中施加的拉力或压力，以及在接触表面上的切向摩擦力，金属材料的塑性变形通常是由表面力引发的。体积力作用于金属材料内部所有质点上，如重力和惯性力等，体积力与材料质量成正比，压力加工过程中金属质点流动速度变化时就会产生惯性力，但质量力通常很小，可以忽略不计。

当金属承受外力时，内部便产生与之抗衡的内力，内力是材料内部一部分与另一部分之间相互作用产生的力，内力不仅具有与外力抗衡的作用，而且还有维持材料各部分平衡的作用。内力在截面上的分布一般是不均匀的，在截面上任一质点周围选取一单位面素 ΔA（如 1mm^2），若该质点的主矢（与外力方向一致）内力为 ΔP，则比值 $\frac{\Delta P}{\Delta A}$ 称为面素 ΔA 上的平均应力。应力是一种具有方向性的矢量，通常将拉应力定为“+”应力，压应力定为“-”应力。处于应力状况下的材料，内部任一质点都承受周围的应力作用，而且四周应力的大小和方向彼此不同，因此质点的应力状态不能用简单的矢量来表示，必须用张量来表示。张量指通过该质点的、方位不同的无数个面素 ΔA 的应力矢量的集合。张量主要用于应力分析的理论计算，工程中很少使用。

为简化工程计算和定性地评估应力引发的变形结果，通常按压力加工变形的方向，建立一个长、宽、高三维坐标，设定一个正六面体，将其对应的三组平面看成是主平面，与主平面垂直的正应力称为主应力。如果已知过一点的三个主平面的主应力，就可以求出过该点的任意倾斜截面上的应力。根据应力的存在状况和方向，主应力图示共有九种，见图 13-3。

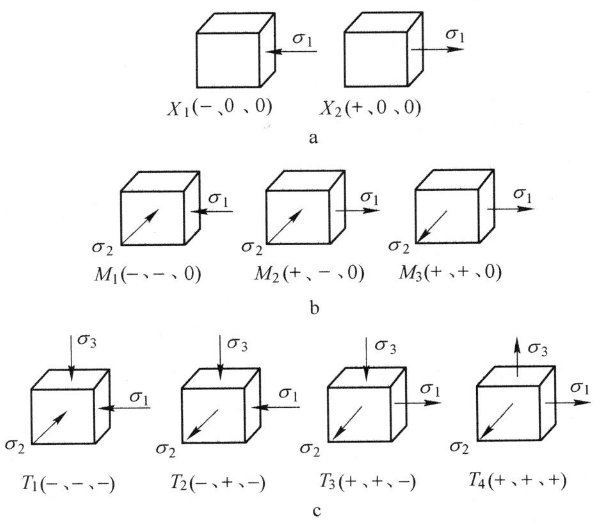

图 13-3　主应力状态图[3]

a—线应力状态；b—面应力状态；c—体应力状态

主应力图示是应力状态分类工具，所有可能存在的应力状态都包含在九种图示中。金属材料塑性变形时的应力状态取决于加工方法、工件和工具的形状、接触面摩擦状况、材料不均匀变形引发的附加应力和变形前材料内部的残余应力，这些因素往往共同起作用，所以变形材料内往往不是单一的一种应力状态图示。有时随变形的进行应力状态会发生变化，如金属棒材在拉伸试验的均匀变形阶段承受单向拉应力，拉伸到出细颈阶段，缩颈处应力线弯曲，应力状态变为三向拉应力。挤压是三向压应力状态；圆柱体镦粗和板材轧制也是三向压应力状态，但镦粗比 $\frac{H}{D}>2$ 或厚板轧制时工件或板材中心部承受的是单向压应力；拉拔是一向拉应力两向压应力状态。

金属材料在不同应力状态下塑性变形能力有很大差别，一般说来，压应力成分越多、拉应力成分越少，材料塑性变形能力越强。原因是金属材料在压应力下，显微组织缺陷，如纤维裂纹、中心疏松、晶格空位等得到不同程度的修复，气泡自动焊合，同时，在冷状态下晶界强度高于晶内强度，更多的晶界变形转化为晶内变形，材料的变形能力有很大的提高。反之，拉应力促使显微组织缺陷扩展，使晶界参与变形的比例增大，材料的变形能力自然下降。同一种金属材料在不同应力状况下的变形能力，从大到小排列次序见表 13-3。

表 13-3　金属材料在不同应力状态下的变形能力

排列次序	1	2	3	4	5	6	7	8	9
应力状态	T_1	M_1	X_1	T_2	M_2	X_2	T_3	M_3	T_4

在不同应力状态下，金属材料的真实变形抗力也有明显差别，材料在同号应力下变形比异号应力下变形需要更大的力。铜棒从 ϕ10mm 加工到 ϕ8mm，挤压成型时施加压力

3530kg，拉拔成型施加拉力仅为1050kg，挤压成型所用力是拉拔成型用力的1倍多。但对于低塑性合金材料拉拔时经常脆断，挤压就能顺利成型。

13.3.2 塑性变形理论[4]

塑性变形有两种根本不同的研究方法：金属学塑性理论和力学塑性理论。金属学塑性理论以金属材料晶体结构为模型来解释变形机理：金属是按一定规律排列的多晶体，如体心立方晶格或面心立方晶格，在外力作用下将产生变形，根据主应力的大小，可能产生弹性变形或塑性变形，如果晶格原子从原始位置滑移到一个能量合适的新位置，金属就产生了塑性变形。塑性变形的要点是原子总是沿着特别有利的晶面（滑移面）滑移。对于滑移机理有平移理论和位错理论两种不同解释，这里不作更多的介绍。力学塑性理论假定金属在塑性变形过程中体积不变，根据应力-应变状态图，引进屈服极限的概念，能有效地解释塑性变形的特征，可进行变形参数计算，可定量地预测塑性变形的结果，是一种实用的基础理论，本节将重点介绍力学塑性理论。

力学塑性变形理论中有两种常用塑性方程：H. 特雷斯卡和B. 圣维南的最大剪切应力塑性方程和V. 米赛斯的变形能塑性方程，建立方程时假设金属材料是各向同性的均质体、有明显的屈服极限、无包辛格效应、变形前后体积不变。两种塑性方程都是用来预测塑性变形的初始值，因此又称为屈服条件或塑性条件。

按照H. 特雷斯卡（H. Trasca）的最大剪切应力假设，塑性变形的产生不取决于主应力的绝对值，而取决于主应力之差，即最大剪切应力 τ_{max}。对于任何应力状态，只有产生最大剪切应力，并且剪切应力超过材料的剪切屈服极限（剪切变形抗力）时才能产生塑性变形。在三向应力状态下只考虑最大主应力 σ_1 和最小主应力 σ_3，中间的主应力不管大小均无关紧要。后来B. 圣维南（B. Saint-Veant）发展了特雷斯卡的研究成果，提出了最大剪切应力等于常值的假设，并据此建立了塑性方程为：

$$\tau_{max} = \frac{\sigma_1 - \sigma_3}{2} \quad \text{或} \quad 2\tau_{max} = \sigma_1 - \sigma_3 \tag{13-12}$$

因为 $2\tau_{max} = \sigma_s = S_t$，所以 $\sigma_1 - \sigma_3 = S_t$ （13-13）

按照V. 米赛斯（V. Mises）的变形能假设，要使处于应力状态材料中的某一点进入塑性变形，必须使该点的单位弹性形状改变势能达到材料允许的极限数值 S_t（真实变形抗力），该极限数值和应力状态的种类无关，为一常数。根据单向应力状态和三向应力状态功相等的原理，最终导出塑性方程为：

$$(\sigma_1 - \sigma_2)^2 + (\sigma_2 - \sigma_3)^2 + (\sigma_3 - \sigma_1)^2 = 2S_t^2 \tag{13-14}$$

为使用方便对上述进行简化，假设 σ_1 为最大值，σ_3 为最小值，σ_2 为中间值，取三个特殊情况对方程式简化，结果为：

$\sigma_2 = \sigma_1$ 时　　$\sigma_1 - \sigma_3 = S_t$

$\sigma_2 = \frac{\sigma_1 + \sigma_3}{2}$ 时　　$\sigma_1 - \sigma_3 = \frac{2}{\sqrt{3}}S_t = 1.155S_t$

$\sigma_2 = \sigma_3$ 时　　$\sigma_1 - \sigma_3 = S_t$

设 $\sigma_1 - \sigma_3 = KS_t$　　则 $K = 1 \sim 1.155$

简化塑性方程式可表示为：　　$\sigma_1 - \sigma_3 = (1 \sim 1.155)S_t$ （13-15）

比较公式（13-13）和公式（13-15），两者之间仅差一个系数 K。两个方程的差别在公式（13-13）未考虑中间应力 σ_2，实际上，中间主应力具有不同数值时，材料进入塑性状态所必须的最大剪切应力的数值是不一样的。实验证明，对于钢材公式（13-15）的精度更高些，据有关资料介绍，板带轧制时 K 值取 1.15，型材轧制时 K 值取 1.08~1.15。

13.3.3 拉拔时丝材应力分布[1]

拉拔时丝材在模孔变形区的应力分布是很复杂的问题。为了便于分析，我们先假设模具角度很小，丝材与模具的摩擦力可以忽略不计，丝材在模具变形区内承受一向拉应力 σ_1，两向压应力 σ_2 和 σ_3。显然，切向和径向上的压应力是相等的，假设丝材在变形时真实变形抗力 S_t 为一常数，从 V · 米赛斯塑性方程可知：

$$(\sigma_1 - \sigma_2)^2 + (\sigma_2 - \sigma_3)^2 + (\sigma_3 - \sigma_1)^2 = 2S_t^2$$

因为 $$\sigma_2 = \sigma_3$$

所以 $$|\sigma_1 - \sigma_3| = S_t$$

因拉拔应力为 +，压缩应力为 -，

则： $$\sigma_1 - (-\sigma_3) = S_t$$

$$\sigma_1 + \sigma_3 = S_t \tag{13-16}$$

从公式（13-16）可以看出拉拔过程中单项拉拔应力和单项压缩应力均小于材料的真实变形抗力，所以拉拔可以连续进行。

用塑性方程分析拉丝过程中丝材的应力分布，是在假设模具角度很小、摩擦力忽略不计以及材料真实变形抗力为一常数等特定条件下得出的结论，与实际生产有较大差距。如前所述，拉拔过程中，丝材进入模孔变形区后承受拉拔力 P、正压力 N 和摩擦力 T 三种外力，在这三种外力的联合作用下，丝材内部形成三种与其平衡的内应力：轴向拉应力 σ_1、径向压应力 σ_r 和圆周向切应力 σ_θ。不难理解拉拔力 P 作用于丝材通长的横截面上，而丝材直径在变形区的轴向上越来越小，所以拉应力 σ_1 的总趋势是沿轴向逐渐增大。径向压应力 σ_r 也作用于丝材整个的横截面上，根据塑性方程 $\sigma_1 + \sigma_3 = S_t$，拉应力逐渐增大必然导致压应力 σ_r 沿轴向逐渐减小。图 13-4 是综合各项检测结果，绘制的丝材各同心圆层的拉应力和压应力在变形区内的变化情况[1]。

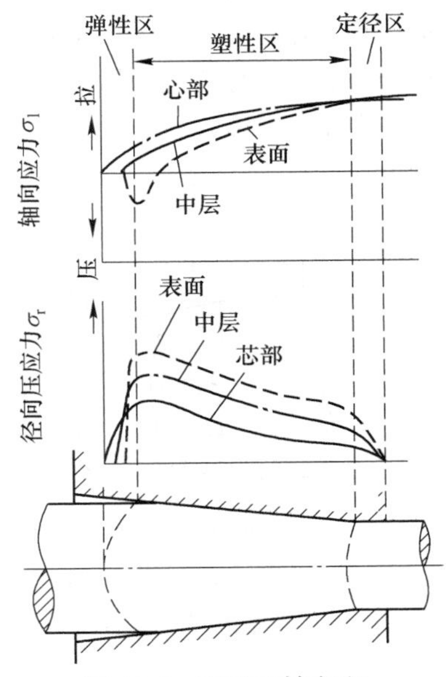

图 13-4 变形区轴向和径向应力变化示意

从图 13-4 可以看出，拉拔过程中，丝材在未进入变形区之前轴向拉应力和径向压应力已经开展上升，进入工作锥后开始塑性变形，轴向拉应力持续上升，径向压应力持续下降。仔细观察，在模孔中丝材截面不同环形层上的轴向拉应力和径向压应力变化规律大不相同：在变形区内丝材芯部的轴向拉应力最大，中间层次之，表层最小；进入定径区后芯部和中间层拉应力趋于一致，表层拉应力持续上升；到出口处，芯部和中间层拉应力维持不变，表层仍受摩擦力的影响，拉应力达到最大值，轴向拉应力在变形区分布状况见图

13-5[2]。

径向压应力是平衡压缩力 Q 的内应力，在整个变形区中始终是丝材表层最大，中间层次之，心部最小；进入定径区后三层压应力同时减小；到出口处，均降为零。在整个变形区内，拉应力与压应力一直保持着 $\sigma_1 + \sigma_r = S_T$ 的关系，见图 13-6[2]，图中 S_{TH} 和 S_{TK} 分别表示丝材拉拔前和拉拔后的真实变形抗力。圆周向切应力 σ_θ 是作用在丝材圆周表面的剪切力，通常为压应力，只有在丝材进入变形区前的环形周边层中（见图 13-7[5]）可能形成拉应力。因为压应力和圆周表面积沿轴向减小，切应力也沿轴逐渐减小。在整个拉拔过程中，切应力 σ_θ 与压应力 σ_r 以固定的比率同步增减。在径向上拉应力和压应力变化不大，但切应力 σ_θ 从圆周到圆心均匀减小，芯部降到零，但在同一层圆周上切应力是相等的。切应力的方向总趋势是与拉应力相反。切应力的反向作用在一定程度上也改变了拉应力和压应力的方向：在切应力的作用下，拉应力方向通常与拉拔方向不一致，通过冷拉丝材的纤维织构方向可间接地看出拉应力方向，见图 13-8[2]，从图示中可以看出，纤维织构方向从圆周表面向芯部倾斜一定角度，越靠近芯部倾斜角度越小，芯部方向与拉拔方向完全一致。压应力的方向变化见图 13-4 中的两条压应力轨迹线（虚线），轨迹线上任一点的切线方向表示该点的压应力方向。显而易见，在模孔工作区入口处，轨迹线的向后凸起度明显大于出口处轨迹线的向后凸起度，这就表明：入口处压应力的方向从表面层到芯部变化比较激烈，出口处压应力的方向变化比较平缓。拉应力线的倾斜度和压应力轨迹线的凸起度是反映丝材受力均匀性的重要标志，实际上倾斜度和凸起度都随模孔工作锥的角度和摩擦系数的增大而增大，所以说，模孔工作锥的角度和摩擦系数是拉拔工艺的两项不容忽视的工艺参数。

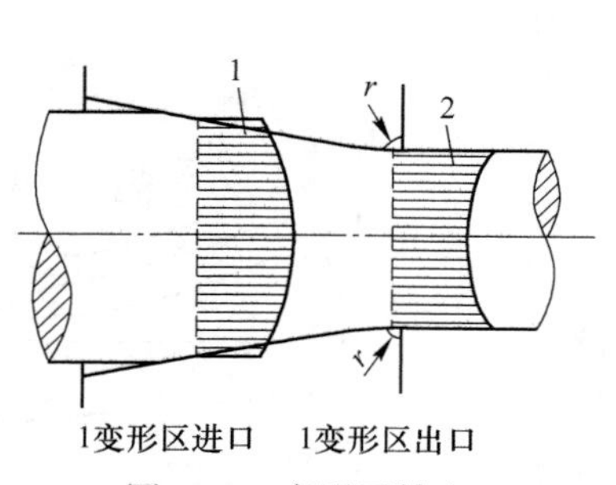

图 13-5　变形区轴向拉应力分布示意图

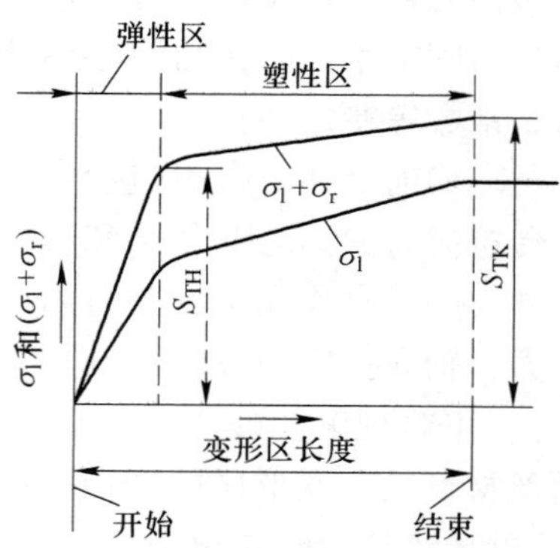

图 13-6　变形区环形层轴向拉应力和径向压应力的关系

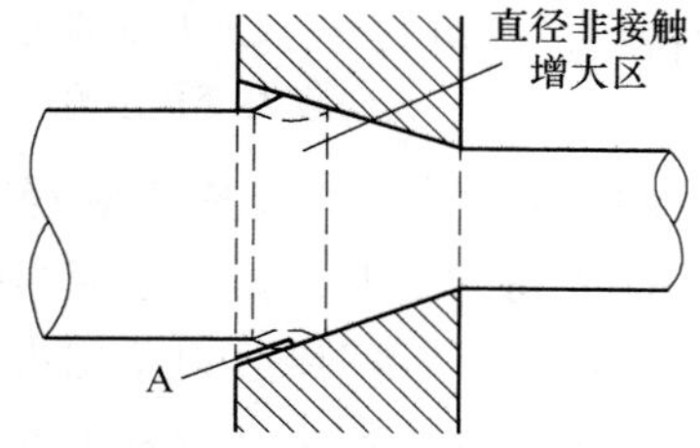

图 13-7　变形区前丝材直径增大示意图

A—具有轴向压应力、圆周压应力、径向压应力的环形周边区

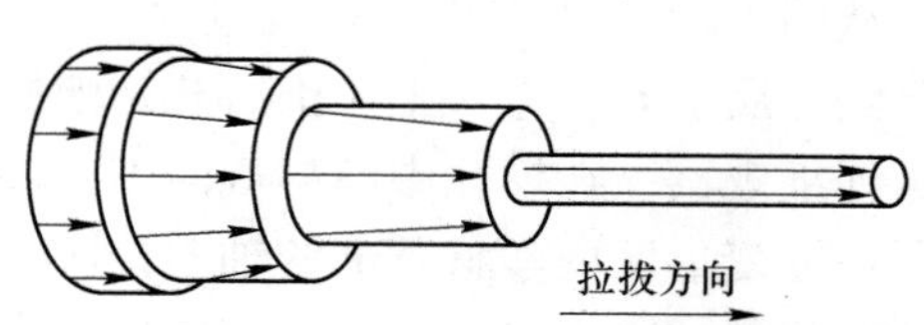

图 13-8　圆钢棒冷拉织构方向示意图

综上所述，拉拔过程中丝材承受的应力是不均匀的，应力不均匀必然带来塑性变形不均匀、成品丝材的残余应力分布不均匀、力学性能和工艺性能不均匀，工艺控制的目标是充分利用不均匀带来的好处，最大限度地克服或抑制不均匀带来的坏处。

13.3.4 拉拔时丝材塑性变形

通常采用坐标网格法，准确、直观地展示丝材拉拔过程中的塑性变形状况。首先选用合适的棒材，从中间纵向剖开，将剖面磨光，刻上坐标网格，再将两半整合（铆合或焊合），整圆（车圆或磨圆），见图 13-9，拉拔后再卸开观察网格变形状况，用上述方法试验了不同材质的棒材，都得到了相同的结果。

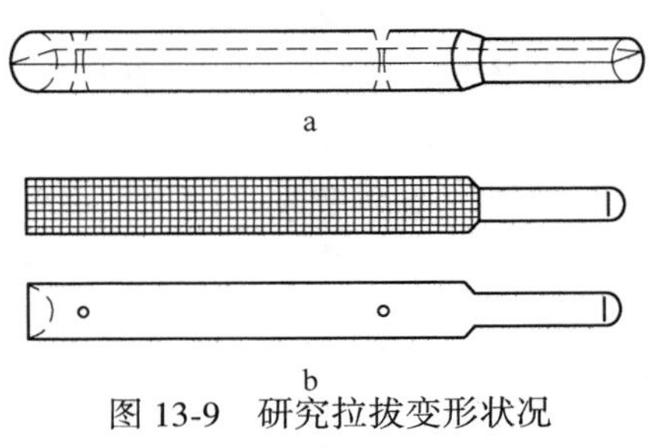

图 13-9 研究拉拔变形状况用可拆卸圆棒材试样

a—组装试样；b—拆开试样

根据试验结果绘制出拉拔过程中坐标网格变化示意图，见图 13-10。从图中坐标网格的变化状况可以看出棒材在模孔中的塑性变形的基本特性：

（1）拉拔前棒材剖面上刻画的是正方形网格，内接圆形图案，进入模孔后，中心层网格受径向压应力和轴向拉应力作用，方格变成近似长方形，圆形逐渐变成鸭蛋形、椭圆形。说明材料中心层基本无附加扭曲变形。

在周边层中，正方形网格变成平行四边形网格，四边形径向被压缩，轴向被拉长，四个直角转变成相对应的钝角和锐角，其畸变程度从中心向周边逐渐增大，由此可见，丝材表面除沿轴向拉长、径向压缩外，还产生了附加切变形。据观察，正方形网格的畸变程度与拉丝模工作区角度和摩擦系数直接对应，工作区角度越大、摩擦系数越大，网格畸变也越大。圆形图案在正压力（dN）和摩擦力（dT）的合力的作用下，沿 dQ 方向被挤压

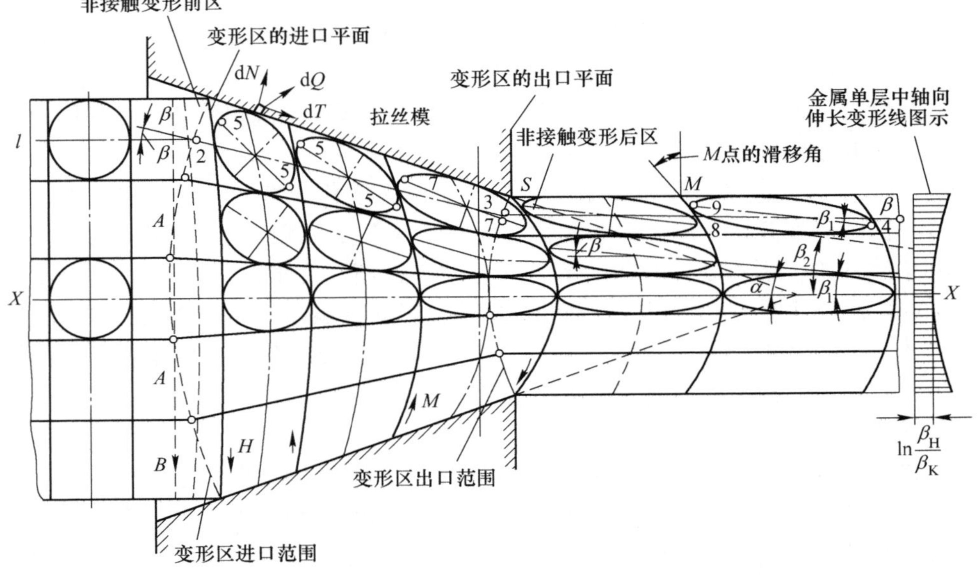

图 13-10 圆棒拉拔过程中坐标网格变化示意图[2]

成卵形和扭曲的椭圆形，处于同一纵列的卵形（5-5、6-6、7-7）和扭曲的椭圆形的长轴（8-8、9-9），与原正方形网格中心连接线（2-3 和 3-4）成一定角度，离中心越远的环形层中，扭曲角度越大（$\beta_2 > \beta_1$），由此可见，丝材内部的附加切变形是不均匀的。

（2）原垂直于轴线的网格线，在接近变形区（非接触变形前区）时已经开始前凸，进入变形区后这些线的凸起曲率逐渐增大，拉拔后变成中间凸起的弧线，并且凸起指向拉拔方向。网格线凸变表明：丝材中心层金属流动速度明显大于周边层。实际上在丝材尚未进入变形区时，表层金属受切应力 σ_θ 的影响，已产生一定弹性变形滞后现象，进入变形区后，拉应力逐渐加大，压应力和切应力逐渐减小，表层和中心层应力差也逐渐加大，所以凸起曲率也逐渐增大。因为金属是一个整体，截面圆周层之间具有一定的抗剪切强度，致使网格线轴向的凸起曲率不会太大。但到丝材的尾部，因为抗剪切强度下降，端面就产生不同深度的凹陷，凹陷深度与模孔变形区角度和冷拉减面率直接对应，见图 13-11[2] 和图 13-12[2]。

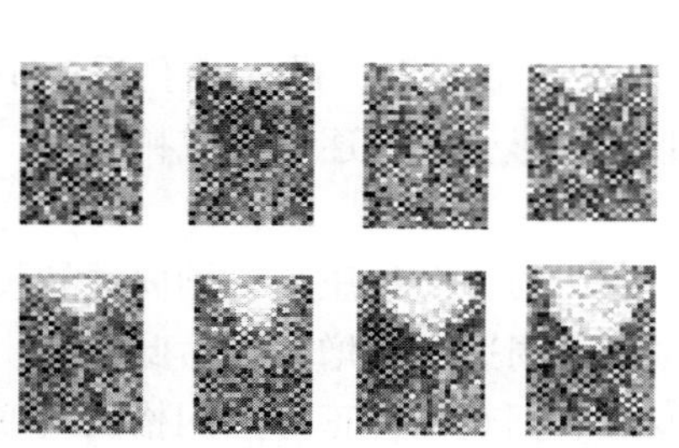

图 13-11　丝材末端凹坑深度

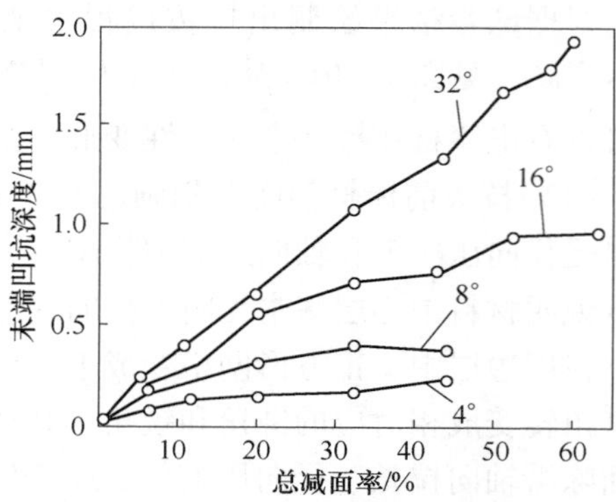

图 13-12　丝材末端凹坑深度与变形区角度和减面率的关系

（3）原平行于轴线的网格线，进入变形区时，周边层网格线产生不同程度的折转（见图 13-10 中 2），以不同角度向轴线倾斜，越靠近表面倾斜角度越大；到出口处再次反向折转（见图 13-10 中 3），拉拔后网格线仍然平行于轴线，但从入口到出口线间距离逐渐缩小，尽管各层面所承受的应力状态不同，但变形后线间距离仍然相同，说明丝材径向各层都得到了几乎相同的压缩变形（末端面除外）。

（4）如以变形区进口平面和变形区出口平面作为模孔变形区界限，实际上，丝材尚未进入变形区时已经开始变形，在非接触变形前区，垂直轴线的网格线开始弯曲点和平行轴线的网格线开始转折点 2，距进口平面都有一段距离，变形前区呈现为一个接近球形（虚线）的表面。中心 A 层的网格，轴向被拉伸，径向被压缩；周边 B 层的网格，轴向缩短（只有准确测量才能发现），径向增大。如果 A 层的网格径向缩小值小于 B 层的网格径向增大值，丝材在非接触变形前区的直径增大（见图 13-7），反之，丝材在非接触变形前区的直径减小。

在出口处，网格线开始弯曲点和开始转折点 3 出现在出口平面之前，出口区（非接触变形后区）接近球形，并向模孔内隆起。金属变形包含弹性变形和塑性变形两部分，拉拔过程中弹性变形起源于非接触变形前区，开始消退于非接触变形后区，由于弹性后效作用，丝材离开变形区后直径还有所增大。

（5）尽管拉拔过程中丝材各层面上的拉伸变形和压缩变形的程度几乎是相同的，但由于各层面承受的应力状态大不相同，各层面的金属流动历程也有很大差别。如图 13-13 所示，如果没有附加变形，方形网格 a 应转变为矩形 b，由于附加应力的影响，丝材不同层面的网格产生不同程度的弯折或扭曲，网格实际转变为 c 形。这种弯折或扭曲在模具工作区入口和出口处表现得尤为激烈，从图 13-10 中可以看出：在 H 和 K 处，丝材垂直于轴向的两条网格线产生方向相反的位移（见箭头所指方向），导致丝材表层金属流动历程加长，拉拔功耗增加。如果用 $I=\frac{F_H}{F_K}$ 来表示丝材芯部的金属流动量，显而易见，丝材表层的金属的实际流动量要大于 VI（V—拉伸金属体积）。图 13-10 右边金属单层中轴向伸长变形线显示：丝材表层的伸长量明显大于中心层，图 13-11 和图 13-12 丝材末端凹陷深度的变化也可以直观地反映出丝材表层的伸长量明显大于中心层。

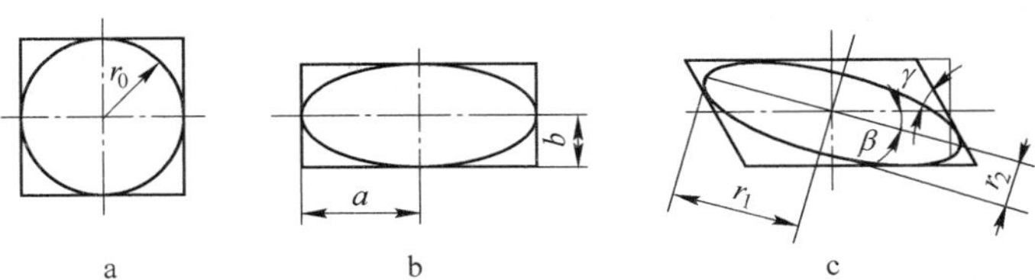

图 13-13 附加变形对坐标网格变化的影响[2]

综合上面的分析可以看出：

1）拉拔中的主要变形是拉伸变形，同时除丝材中心层外，各层面均产生不同程度的附加变形，越接近表层产生的附加变形越大。

2）摩擦力使丝材拉拔时产生附加切变形（除中心部位），切变形程度是不均匀的，越靠近丝材表层，运动速度越慢，变形程度越大。

3）由于模孔工作区角度的影响，丝材通过模孔时会产生弯曲变形。离丝材中心距离越远，弯曲程度越大。

4）丝材在进入变形区前，靠近中心部位变形已开始，并在离出口前终止变形。而靠近表面部位，变形开始得晚，结束得也迟。这种情况随模孔工作区角度、摩擦力和道次减面率加大而更加明显。

总之，拉拔时拉拔应力的不均匀分布，导致了丝材的不均匀变形，离中心部位越远，附加切变形和弯曲变形程度越大。从而造成丝材横截面各处变形量不等，越靠近表层变形量越大，致使冷拉丝材表层的硬度和强度明显高于中心层。

13.3.5 反张力对塑性变形的影响[7]

反张力(q)指在丝材拉拔的同时，对进入拉丝模前的丝材施加一定的与拉拔方向相反的张力。早在 1933 年英国的 F. C. 汤普森（F. C. Thompson）首先发表了关于反张力的三项实验结果，到 1938 年美国的 L. 西蒙（L. Simoms）报道了用反张力拉伸法拉出丝材的性能，K. B. 刘易斯（Lewis）对变形过程进行了研究。目前，带有反张力的直线式连续拉丝机，在钢、铜、铝等各类丝材的生产中得到了广泛的应用。

常规拉拔过程中，丝材的拉应力在非接触变形前区才形成，施加反张力后丝材未进入拉丝模前已带有一定的拉应力了，势必导致塑性变形区拉应力的增加，一般情况下反张力不宜太大，特别是已经加工强化的丝材，反张力一定要小于丝材的屈服极限，否则经常出现拉断现象。图 13-14 显示有反张力拉拔时和无反张力拉拔时变形区应力变化状况，无反张力拉拔时的轴向拉应力的变化见 σ_{Lo} 线，有反张力（σ_q）拉拔时的轴向拉应力的变化见 σ_{Lq} 线。$\sigma_I + \sigma_r = S_T$ 线反应轴向拉应力和径向压应力之和变化状况，两种应力之和等于丝材的真实变形抗力（S_T）。根据 13. 3. 3 小节分析可知，该曲线的走向不受有无反张力的影响。塑性变形区纵坐标 $Y—Y$ 上的 ac 线段代表无反张力时变形区内某点的径向压应力，ab 线段代表有反张力时变形区内某点的径向压应力，显然 $ac>ab$，说明反张力导致丝材在变形区内的径向压应力显著降低。

径向压应力降低，即使润滑条件不变也会带来摩擦力下降，图 13-15 显示了反张力对几种内应力大小分布的影响：轴向拉力的增量几乎与反张力相等；径向压力的降低幅度与反张力大小成正比；在反张力作用下，丝材在定径区的摩擦力应力有可能降到零。由于压应力和摩擦力应力同时降低，变形区的圆周向应力必然下降，丝材横截面各环层塑性变形的不均匀度有显著改善。

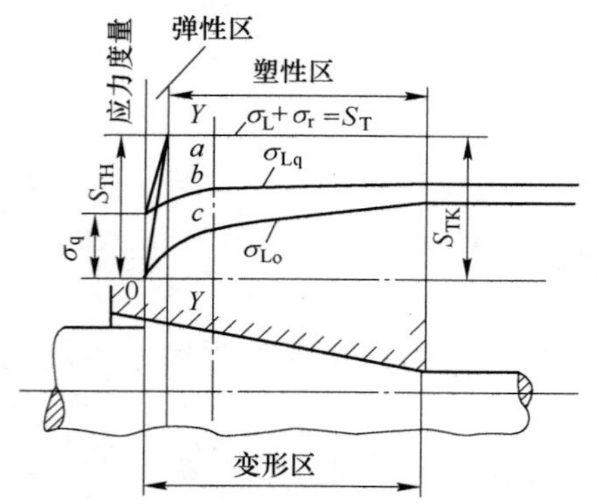

图 13-14　有无反张力拉拔时轴向应力和径向应力的变化

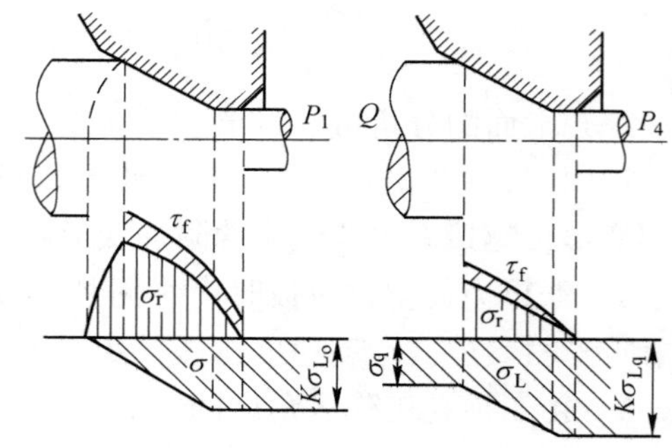

图 13-15　反张力对轴向拉应力、径向压应力和摩擦应力（τ_f）的影响示意图

综合分析，反张力给丝材生产带来以下收益：

(1) 减缓拉丝模的磨损，延长模具使用寿命。

(2) 改善润滑条件，选用拉丝润滑剂的标准可以放宽。

(3) 只要施加反张力适当，尽管拉拔力有所增加，但摩擦力降低使丝材拉拔发热量减少，拉拔能耗总体有所下降。

(4) 由于塑性变形均匀性得到改善，丝材塑性变形能力有所提高，拉拔断丝几率显著下降。

(5) 丝材横截面变形差距缩小，对抗拉强度无明显影响，但伸长率、断面收缩率和工艺性能（弯曲、扭转和缠绕）有所改善。当然反张力的大小和稳定是至关重要的，如控制不当将适得其反。

进一步研究表明：使用反张力时存在着一个临界值 $q_{临}$，即施加的反张力小于 $q_{临}$ 时，拉拔力无明显增加，模具压力却有显著的减小。丝材拉拔过程中与反张力对应存在着一个

的临界应力 $\sigma_{q临}$，$\sigma_{q临}$ 实际上是一个与材料弹性极限或规定总延伸强度（$R_{t0.1}$）相对应的物理量。也就是说，施加的反张应力不超过弹性极限（或 $R_{t0.1}$）时，可以达到只降低压应力，而不增加拉应力的效果，由于丝材与模孔接触面压应力降低，有利于润滑剂进入接触面，减缓模孔变形区入口处的环状磨损。选配反张力时还应考虑到以下两点：

（1）直线式拉丝机随着拉拔道次的增加，丝材不断强化，弹性极限（或 $R_{t0.1}$）也随之升高，选配的反张力应相应加大。

（2）施加任何反张力都会导致拉丝模压应力下降，当反张力 $q \leqslant q_{临}(\sigma_q \leqslant \sigma_{q临})$ 时，拉丝模压载荷下降值正好等于 q。当反张力 $q > q_{临}(\sigma_q > \sigma_{q临})$ 时，拉丝模压载荷下降值总是小于 q。拉丝模压力下降值大小可以用反张力利用系数（γ_q）表示：

$$\gamma_q = \frac{M_0 - M_q}{q} \tag{13-17}$$

式中　M_0——无反张力时拉丝模载荷，N；

M_q——施加反张力后拉丝模载荷，N。

现代化直线式连续拉丝机的反张力是依靠张力轮自动调节的，张力轮的反张力靠气缸压力控制，实际生产中可按上述原则，调节各气缸的压力，实现最佳恒张力拔丝。

13.3.6　残余应力分布[5]

即使丝材拉拔前组织结构均匀，并在均衡、对称的应力条件下变形，下列三项原因仍会在丝材内部造成残余应力的不均匀分布：

（1）模具工作区的圆锥形形状，使丝材变形过程中承受了与轴向成（90°−α）角的正压力（N），致使丝材表层金属流动落后于中心层，由于流动出现转折或弯曲，流动历程也变长。

（2）丝材与模孔圆锥形接触面的摩擦力（T）加剧了丝材表层金属流动滞后的局面，进一步加大了金属流动历程。

（3）压缩力（Q）是正压力与摩擦力的合力，作用方向与轴向成（90°−α−β）角，与拉拔力相反，是引发丝材变形的主要外力。压缩力在丝材径向上产生的压应力表层大于中心层，导致表层金属压缩变形位移大于中心层，表层的强度和硬度也高于中心层。拉拔时丝材表层比中心层产生更多的变形位移，由于弹性后效作用，拉拔后丝材表层在轴向上比中心层收缩得更多些，但丝材作为一个整体，必须保持内外层收缩均匀一致，就不可避免地要在表层中产生残余拉应力。中心层产生残余压应力，见图 13-16a。冷拉棒材的表面有时可以观察到残留的弯曲细鳞片状小斑点，实际上就是残余拉应力的存在的迹象。

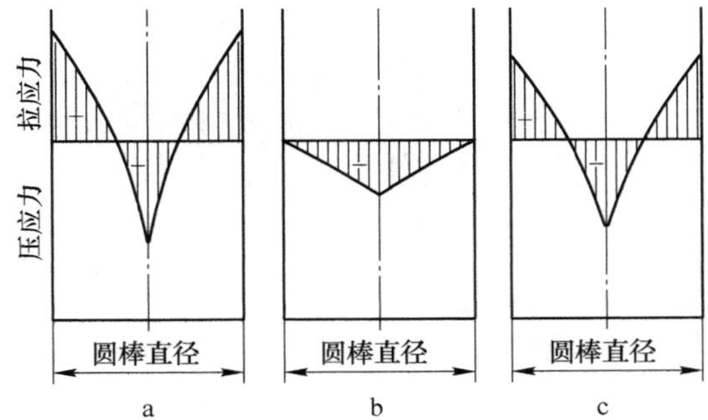

图 13-16　圆棒拉拔后的残余应力分布图

a—轴向残余应力；b—径向残余应力；c—圆周残余应力

在径向上，拉拔后压缩力（Q）消失，由于弹性后效作用，圆截面各环形层的直径都有增大的趋势，但每个环形层都受相邻环形层的包围和阻挠，承受着均匀一致的压应力，压应力从中心到表面逐渐减小，到表面处降为零，见图 13-16b。此时如将圆棒表面扒掉一层，由于弹性后效作用，剩下的圆棒直径将有所增大。如果在圆棒中心钻一通长孔道，孔道直径在弹性后效作用下，将有一些缩小。

丝材拉拔过程中，摩擦力的影响，圆截面各环形层所承受的切应力 σ_θ 从表层到中心逐层递减，表层切应力最大，中心层切应力降到零。因为表面剪切变形程度大，拉拔后由于弹性后效作用，切向收缩趋势也越大，所以圆周残余应力的分布与轴向残余应力的分布状况完全相同，见图 13-16c。

残余应力的存在状况和大小对丝材的力学性能和工艺性能有很大影响，表层残余拉应力太大会造成高碳钢丝和难变合金钢丝表面应力裂纹；径向压应力会造成丝材矫直时尺寸超差；圆周残余拉应力太大会造成碳素弹簧钢丝扭转性能下降。在实际生产中，减面率过大或道次减面率分配不当，润滑不良，模具角度过大等都会增加丝材不均匀变形程度，导致残余应力增大，生产中应采取相应措施，减缓丝材不均匀的变形程度，降低表面残余应力。

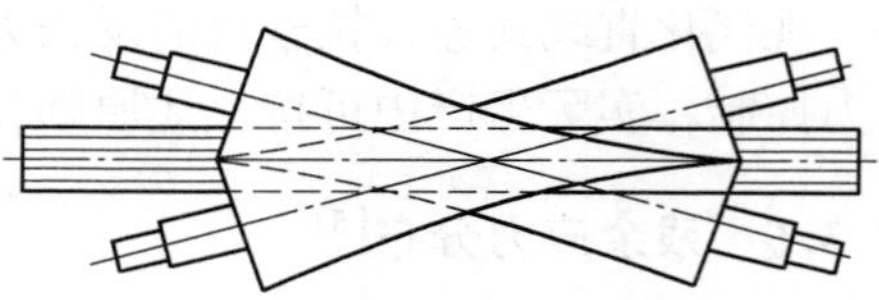

图 13-17　用双曲线辊精整圆棒示意图

通过适当的机械加工和轻微的拉拔变形（又称表拔）可以改变丝材的残余应力分布状态，图 13-17 和图 13-18 显示了冷拉圆棒经双曲线辊矫直精整后，表面残余应力状况发生了很大变化：因为矫直使棒材表面产生一定的伸长，表面弹性后效回缩变形潜能转化为塑性变形（伸长），残余拉应力得到释放。如果矫直引发的表面伸长深度不够，未完全转化，残余拉应力未完全释放，则次表层的弹性回缩变形潜能会在表层形成压应力，次表层在表层和芯部的压应力作用下形成拉应力，见图 13-18a。

在径向上，表层伸长造成直径胀大使弹性后效潜能得以发挥，棒材直径有所增大。此时表层伸长遗留的弹性后效回缩变形潜能受内层金属的牵制，表层残余应力转化为拉应力，见图 13-18b。冷拉丝材矫直时直径增大是无法改变的规律，直径越大，冷加工不均匀变形程度越大，直径胀幅越大，生产中应充分考虑此种因素，防止丝材矫直后尺寸超出公差规定。

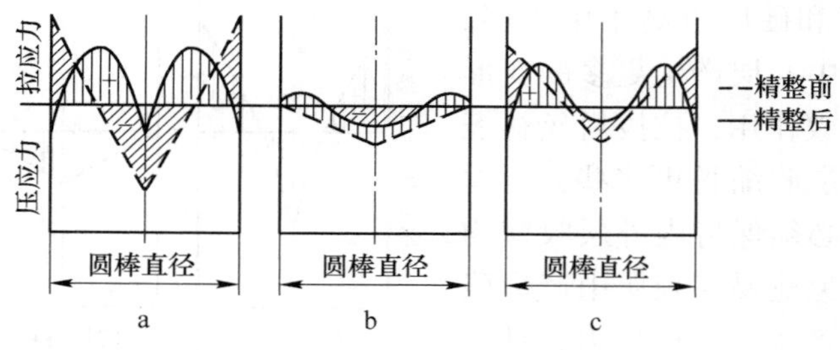

图 13-18　经精整后圆棒的残余应力分布图

a—轴向的；b—径向的；c—圆周的

冷拉减面率对丝材的残余应力分布有很大影响，据俄国《拉拔理论》介绍[2]，最后一道减面率控制在 0.8%～1.5%范围内，可以得到与矫直同样的效果，轻微拉拔（表拔）仅在丝材表层造成塑性变形，使表层轴向和圆周向弹性后效潜能达到释放，表层残余应力由拉应力转为压应力。德国的 H. 比勒和 E. H. 舒尔茨[5]也证实了表拔可以改善表面残余应力，见图 13-19，当道次减面率为 0.8%时表面残余应力接近于零，减面率进一步增大，表面残余应力又转化为拉应力。实际生产中，我们常用减面率小于 1.0%的表拔来改善碳素弹簧钢丝的扭转性能，其原理应该是表拔使丝材表层的拉应力减小，或转化为压应力。而扭转试验的本质是检验丝材圆周向残余应力均匀性的，在扭转过程中，丝材表层承受的剪切应力要大于芯部，随着扭转次数增加，内外层承受的应力差越来越大，直至超过金属的扭转极限时产生断裂。显然，如将丝材表面残余应力转化为压应力，就能显著提高扭转性能。扎克斯（Закс）用试验进一步证明，在 20%~30%范围内残余应力随减面增大而增大；减面率继续增大，残余应力反而开始下降，下列表达式可以解释此种现象：如 L_0—拉拔前丝材长度，L_b—拉拔后丝材表层长度，L_z—拉拔后丝材中心长度，则表面伸长与中心层伸长之差占丝材总长的比例 B 可表示为：

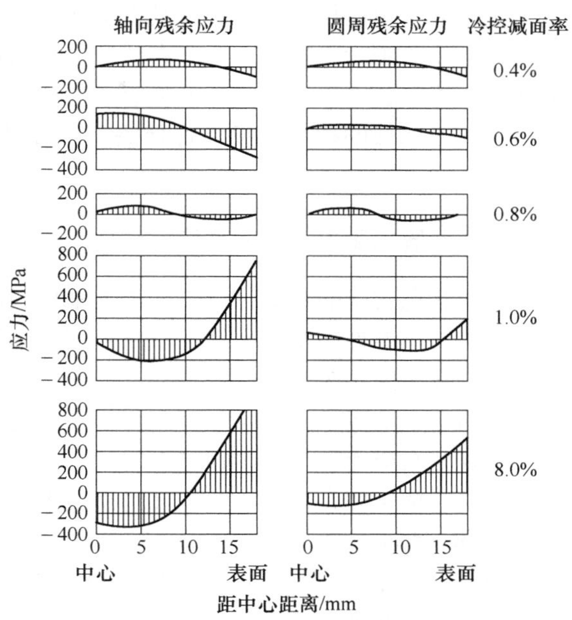

图 13-19 轻微拉拔后的棒材残余应力分布

$$B = \frac{(l_b - L_0) - (L_z - L_0)}{(L_b + L_z)/2} = \frac{L_b - L_z}{(L_b + L_z)/2} \tag{13-18}$$

当减面率较小时，(L_b-L_z) 值增长比丝材总长 (L_b+L_z) 增长得快，B 值增大，轴向和圆周残余应力和弹性后效潜能增大，丝材内外层残余应力差值增大。当减面率大幅提高时，(L_b-L_z) 值增长比丝材总长 (L_b+L_z) 增得慢，B 值减小，轴向和圆周残余应力和弹性后效潜能降低，丝材内外层残余应力差值也随之降低，所以用多道次拉拔达到较大总减面率时，残余应力的不均度有所降低。

由于反张力能改善丝材塑性变形的均匀性，自然就缩小了丝材表层与中心层的应力差值，降低残余应力。

前面已经提到丝材表层残余拉应力是由于表层金属塑性变形滞后、流动历程加长、变形率大于芯部金属造成的，因此很容易联想到：如果不断改变丝材拉拔方向，即正向-反向-正向-反向轮换拉拔，能否改变丝材残余应力的分布状况呢？答案是不能。俄国的伏勒斯捷尔（Форстер）和希塔姆布克（щтамбк）曾做过双向轮换拉拔试验：选用同一炉号、同一热处理生产的镍丝，按同一套拉拔流程，一批采用单向拉拔，另一批采用双向轮换拉拔，拉拔到同一尺寸。测定同一尺寸两批料的残余应力分布状况，结果表明：双向轮换拉拔镍丝的轴向残余应力绝大多数大于单向拉拔镍丝；单向拉拔镍丝的轴向残余应力随着拉拔道次的增加平稳、缓慢上升。双向轮换拉拔镍丝的轴向残余应力随着拉拔道次的增加大起大落地变化，第 2 道次急剧上升，第 3 道次又急剧下降，其中第 3 道次和第 4 道次的残余应力还略低于单向拉拔的镍丝，其余道次均远大于单向拉拔的镍丝。由此可见双向轮换拉拔不但不能改善丝材残余应力分布状况，反而加大了残余应力的不均匀分布。仔细分析原因在于不管朝什么方向拉拔，丝材表层的伸长量总要大于芯部，换向拉拔无法改变表面伸长量要大于芯部的现状，反而促使表层金属流动历程进一步加长，残余应力也进一步增大。

13.3.7　降低残余应力的一般方法

以冷拉状态交货的丝材，由于变形的不均匀性，其内部残存着拉应力和压应力，两种残余应力在一定条件下实现平衡，丝材尺寸和形状暂时稳定。但由于弹性后效作用，丝材不同部位都在不断地改变自己的尺寸，甚至改变自己的形状，释放残余应力。一根直棒，大约 1~2 年会出现纵向侧弯；在腐蚀性环境中，丝材表面拉应力会在表面形成应力腐蚀开裂。而且残余应力越大，出现变形时间越早，危害越大，如何降低丝材残余应力是生产工艺控制的一项重要任务，一般说来可从以下几方面着手：

（1）尽可能降低变形的不均匀性，具体措施有：降低总减面率，适当降低最后一道次的减面率（12%~15%），降低异形丝材横截面各部分变形的不均匀性；保证丝材入模和出模方向与模孔轴线方向一致；使模孔变形区角度接近最佳角度；选用合适的涂层和润滑剂，降低摩擦力。

（2）采用矫直、表拔、喷丸等工艺措施，将弹性变形的潜能转变为表面塑性变形，消除或降低丝材表面拉应力。由于表面拉应力消除或降低，丝材抗拉强度略有下降，弯曲、扭转性能有所改善。回旋式矫直、平立辊式矫直，因矫直过程中丝材产生深度的弯曲和扭转变形，导致弯曲、扭转性能下降；同时因变形强烈，丝材温升较高，会产生一定的时效脆化效应。弹簧经喷丸处理后疲劳寿命显著提高。

（3）采用低温回火处理（200~300℃），使晶格重新排列、内部的残余应力得到释放，丝材或弹簧的尺寸和形状长期稳定下来。各类丝材经低温回火处理，在内部残余应力得以消除的同时，会产生时效硬化效应，实际抗拉强度往往有一定幅度（5%~10%）的上升。

13.4　拉　拔　力

拉拔力是作用在丝材上，使丝材通过模具产生变形的外力（P）。在设计拉丝机时，拉拔力是确定拉丝机传动功率和零件强度的主要依据。在使用拉丝机时也要根据拉拔力确定拉丝机能生产什么规格的丝材。拉拔力是丝材生产和拉丝机设计时的一项重要参数。

13.4.1　测定拉拔力的方法[6]

测定拉拔力大小的方法很多，常用方法有以下四种：

（1）用测力计测定拉拔力。可以用任何一个有足够功率和量程的测力计，或带有夹具的拉力试验机，进行实际测量。

这种方法的缺点是试验过程复杂，需要一套灵敏度高的测力仪器和专用夹具。因此，一般在实验室范围内使用。

（2）根据拉拔时耗用的功率测定拉拔力。拉拔耗用功率等于拉拔力（P）与拉拔速度（v）的乘积。即

$$N_o = Pv \tag{13-19}$$

$$P = \frac{N - N_K}{V} \tag{13-20}$$

式中 N_o——拉拔时耗用功率，W(N · m/s)，

$$N_o = N - N_K$$

P——拉拔力，N；

v——拉拔速度，m/s；

N——电机总耗功率；

N_K——空载功率。

实际生产中功率单位多用千瓦（kW），拉拔速度多用米/分（m/min），则计算公式变换为：

$$P = 60 \times 1000 \frac{N - N_K}{V} = 60000 \frac{N_o}{V} \tag{13-21}$$

用这种方法确定拉拔力较为简单，有一定的精度。但实际生产中需要先测定电机功率和空载功率。

（3）用理论公式计算拉拔力。计算拉拔力的理论公式很多，但这些计算公式很难得出准确的结果。原因在于影响拉拔力的因素很多，研究者通常为简化计算，提出一些假设，影响计算的准确性。有的研究者提出的公式考虑虽全面，但计算涉及的多种未知数很难准确确定。所以按不同公式计算出来的拉拔力往往差异很大。

（4）用经验公式计算拉拔力。根据特定生产条件，把一些因素（如丝材表面处理、润滑、模具等）看成固定不变的，得出一些经验公式。这类公式对特定生产条件往往是比较准确的，但通用性稍差。

13.4.2 拉拔力计算公式

各种理论计算公式，按其理论推导依据不外乎有三类。

第一类：根据变形区静力平衡原则，推导出的公式，如加夫里林科公式。

第二类：根据主变形所需要的功，推导出的公式。如塞齐斯公式和考尔布尔公式。

第三类：由塑性变形的基本原理，推导出的公式。如古布金公式。

常见的计算公式如下：

（1）加夫里林科（А. П. ГАвриленко）公式：

$$P = K_f \cdot (A_0 - A_k) \cdot (1 + f \cdot \cot\alpha) \tag{13-22}$$

（2）塞齐斯（Sachs）公式：

$$P = K_f \cdot A_k \cdot \ln\mu \cdot (1 + f \cdot \cot\alpha) \tag{13-23}$$

（3）兹别尔公式：

$$P = K_f \cdot A_k \cdot \ln\mu \cdot (1 + f \cdot \tan\alpha + f \cdot \cot\alpha)$$

（4）考尔布尔（Körber）公式：

$$P = K_f \cdot A_k \left[\ln\mu \cdot \left(1 + \frac{f}{\alpha}\right) + 0.77\alpha \right] \tag{13-24}$$

（5）古布金（С. И. Губкин）公式：

$$P = K_f \cdot A_k \left[\frac{a+1}{a}\left(1 - \frac{1}{\mu^a}\right) + m + n \right] \tag{13-25}$$

$$a = (\sec\frac{\alpha}{2} - 1) + f \cdot \cot\alpha \cdot \sec\alpha$$

$$m = \frac{4}{\sqrt[3]{3}}\left(\tan\alpha + \frac{f}{2}\right) \approx 0.77\left(\tan\alpha + \frac{f}{2}\right)$$

$$n = \frac{f \cdot M \cdot L}{A_k} \cdot \frac{1}{\mu^a}$$

（6）勒威士（B. Lewis）经验公式：

$$P = 42.56 d_k^2 \cdot \sigma_{b0} \cdot K_q \tag{13-26}$$

（7）克拉希里什柯夫经验公式：

$$P = 0.6 d_0^2 \cdot \sqrt{q} \cdot K_f \tag{13-27}$$

（8）在施加反张力条件下，萨克斯提出计算公式：

$$P = P_0 + \frac{P_q}{A_0}\left(\frac{A_k}{A_0}\right)^{f\cot\alpha} \tag{13-28}$$

式中　P_0——无反张力时的拉拔力。

（9）伦特（R. W. Lunt）和莫克勒兰（G. D. S. Moclellan）引入反张力系数概念，推导出更简捷的计算公式：

反张力系数

$$B = 1 - \left(1 - \frac{A_0 - A_k}{A_0}\right)^{1+f\cot\alpha}$$

$$P = P_0(1 - B)P_q \tag{13-29}$$

式中　P——拉拔力，kg；

P_q——反张力，kg；

K_f——平均真实变形抗力，kgf/mm²，在实际中常用：

$$K_f = \frac{\sigma_{s0} + \sigma_{sk}}{2} \approx \frac{\sigma_{b0} + \sigma_{bk}}{2}$$

σ_{s0}, σ_{sk}——拉拔前、后丝材屈服极限；

σ_{b0}, σ_{bk}——拉拔前、后丝材抗拉强度；

A_0，A_k——拉拔前、后丝材截面积，mm²；

f——摩擦系数；

α——模具变形区半角（考尔布尔公式中为弧度，其他为角度）；

μ——延伸系数；

M——模具定径区周长，mm；

L——模具定径区长度，mm。

13.4.3 计算举例

现有 $d_0=3.27\text{mm}$ 丝材，用硬质合金模，肥皂粉润滑，拉拔成 $d_k=2.74\text{mm}$。已知模孔半角为 $\alpha=6°$，定径区长度 $L=1.37\text{mm}$，拉拔前抗拉强度 $\sigma_{b0}=920\text{MPa}$，拉拔后的抗拉强度 $\sigma_{bk}=1090\text{MPa}$，拉拔时摩擦系数 $f=0.06$，求拉拔力。

解：(1) 按加夫里林科公式计算：

$$\begin{aligned}P &= K_f \cdot (A_0 - A_k) \cdot (1 + f \cdot \cot\alpha)\\ &= \frac{920 + 1090}{2} \times \frac{\pi}{4} \times (3.27^2 - 2.74^2) \times (1 + 0.06\cot 6°)\\ &= 3950(\text{N})\end{aligned}$$

(2) 按塞齐斯公式计算：

$$\begin{aligned}P &= K_f \cdot A_k \cdot \ln\mu \cdot (1 + f \cdot \cot\alpha)\\ &= 1005 \times 5.89 \times \ln\left(\frac{3.27}{2.74}\right)^2 \times (1 + 0.06\cot 6°)\\ &= 3290(\text{N})\end{aligned}$$

(3) 按兹别尔公式计算：

$$\begin{aligned}P &= K_f \cdot A_k \cdot \ln\mu \cdot (1 + f \cdot \tan\alpha + f \cdot \cot\alpha)\\ &= 1005 \times 5.89 \times \ln\left(\frac{3.27}{2.74}\right)^2 \times (1 + 0.06\tan 6° + 0.06\cot 6°)\\ &= 3350(\text{N})\end{aligned}$$

(4) 按考尔布尔公式计算：

$$\begin{aligned}P &= K_f \cdot A_k \cdot \left[\ln\mu \cdot \left(1 + \frac{f}{\alpha}\right) + 0.77\alpha\right]\\ &= 1005 \times 5.89 \times \left[0.353 \times \left(1 + \frac{0.06}{0.1047}\right) + 0.77 \times 0.1047\right]\\ &= 3765(\text{N})\end{aligned}$$

(5) 按古布金公式计算：

$$P = K_f \cdot A_k \left[\frac{a+1}{a}\left(1 - \frac{1}{\mu^a}\right) + m + n\right]$$

式中

$$\begin{aligned}a &= \left(\sec\frac{\alpha}{2} - 1\right) + f \cdot \cot\alpha \cdot \sec\alpha\\ &= (\sec 3° - 1) + 0.06 \times \cot 6° \times \sec 3°\\ &= 0.573\end{aligned}$$

$$\begin{aligned}m &= \frac{4}{\sqrt[3]{3}}\left(\tan\alpha + \frac{f}{2}\right) \approx 0.77\left(\tan\alpha + \frac{f}{2}\right)\\ &= 0.77 \times \left(\tan 6° + \frac{0.06}{2}\right)\\ &= 0.104\end{aligned}$$

$$n = \frac{f \cdot M \cdot L}{A_k} \cdot \frac{1}{\mu^a}$$

$$= \frac{0.06 \times \pi \times 2.74 \times 1.37}{5.89} \times \frac{1}{1.423^{0.573}}$$

$$= 0.098$$

$$P = 1005 \times 5.89 \times \left[\frac{1.573}{0.573} \times \left(1 - \frac{1}{1.424^{0.573}} + 0.104 + 0.098\right)\right]$$

$$= 4170(\mathrm{N})$$

（6）按勒威士经验公式计算：

$$P = 42.56 d_k^2 \cdot \sigma_{b0} \cdot K_q$$

其中，$q = 1 - \left(\frac{d_k}{d_0}\right)^2 = 1 - \left(\frac{2.74}{3.27}\right)^2 = 30\%$。查表 13-4 得出：$K_q = 0.0124$。

$$P = 43.56 \times 2.74^2 \times 920 \times 0.0124 = 3730(\mathrm{N})$$

表 13-4　勒威士经验公式中 K_q 与减面率 q 的关系

减面率 q/%	K_q	减面率 q/%	K_q	减面率 q/%	K_q	减面率 q/%	K_q
10	0.0054	22	0.0104	34	0.0146		
11	0.0058	23	0.0107	35	0.0150	46	0.0214
12	0.0066	24	0.0110	36	0.0155	47	0.0222
13	0.0070	25	0.0112	37	0.0161	48	0.0224
14	0.0072	26	0.0115	38	0.0166	49	0.0227
15	0.0081	27	0.0118	39	0.0172	50	0.0232
16	0.0082	28	0.0120	40	0.0176	51	0.0234
17	0.0084	29	0.0121	41	0.0184	52	0.0238
18	0.0090	30	0.0124	42	0.0190	53	0.0243
19	0.0092	31	0.0129	43	0.0195	54	0.0246
20	0.0097	32	0.0134	44	0.0200	55	0.0250
21	0.0102	33	0.0139	45	0.0207		

（7）按克拉希里什柯夫经验公式计算：

$$P = 0.6 d_0^2 \cdot \sqrt{q} \cdot K_f$$

$$= 0.6 \times 3.27^2 \times \sqrt{0.3} \times 1005 = 3530(\mathrm{N})$$

将用各种方法测定的拉拔力数值列出见表 13-5。

表 13-5　拉拔力测算结果比较

测定拉拔力的方法	所得拉拔力/MPa
拉力试验机测定	3360
在拉丝机上拉拔时（$v = 27\mathrm{m/min}$）测力计值	3580
据实测功率计算 $N_o = 11.6\mathrm{kW}$，$v = 160\mathrm{m/min}$	4350
$N_o = 1.92\mathrm{kW}$，$v = 27\mathrm{m/min}$	4265

续表 13-5

测定拉拔力的方法	所得拉拔力/MPa
按加夫里林科公式计算	3950
按塞齐斯公式计算	3290
按兹别尔公式计算	3350
按考尔布尔公式计算	3765
按古布金公式计算	4170
按勒威士公式计算	3730
按克拉希里什柯夫公式计算	3530

从表 13-5 可以看出，各种方法计算出来的拉拔力和实测值相比都有误差。理论计算公式以考尔布尔、兹别尔和塞齐斯公式误差较小。特别是克拉希里什柯夫和勒威士的经验公式，计算最简便，并具有一定的精度。

值得指出：上面介绍的拉拔力测算公式都是从碳素弹簧钢丝，或钢绳用钢丝生产工艺研究中得出的结论，这些公式仅适用于显微组织结构为索氏体+片状珠光体+少量铁素体的碳素钢丝。实际上，钢丝的拉拔力与材料的变形抗力密切相关，材料的变形抗力主要取决于钢的合金化元素的含量和显微组织结构。以高碳钢丝为例，主要合金化元素是碳和锰，碳和锰含量越高钢的变形抗力越大，钢丝的拉拔力也越大。钢丝通过适当的热处理可以得到粒状珠光体、片状珠光体、索氏体、托氏体或马氏体织织，在碳和锰含量相同的条件下，从粒状珠光体→片状珠光体→索氏体组织，钢丝的冷加工强化速率逐渐加大，经同样减面率的拉拔后，后者的抗拉强度远高于前者，索氏体组织的钢丝变形抗力最大，所需拉拔力也最大。托氏体和马氏体组织虽然变形变抗力大于索氏体组织，但其能承受的道次减面率小于索氏体组织，拉拔力自然也较小。碳素弹簧钢丝一般用含碳量 0.60%～0.90%的热轧盘条为原料生产，显微组织结构为索氏体+片状珠光体；钢绳用钢丝一般用含碳量 0.45%～0.70%的热轧盘条为原料生产，显微组织结构为索氏体+片状珠光体+少量铁素体。热轧盘条的索氏体化度往往有较大差别，即使经正火或铅浴处理，这种差别仍然存在，索氏体化度高的钢丝变形抗力大，所需拉拔力也大。我估计上述不同经验公式计算值的差距，可能与试验用钢丝的索氏体化度差距直接相关。对于特殊钢丝而言：具有粒状珠光体组织的碳素钢丝和具有铁素体组织的合金钢丝，其拉拔力远低于上述公式的预测结果；而具有奥氏体组织的钢丝，其拉拔力远高于上述公式的预测结果，在实际运用中应根据材料的显微组织对拉拔力计算值进行修正，粒状珠光体钢丝的修正系数一般取 0.65，铁素体钢丝的修正系数一般取 0.70，奥氏体钢丝的修正系数一般取 1.4。

13.5　变形功和变形效率

13.5.1　拉拔所需的功

丝材拉拔时所需的功由三部分组成：主变形功、外摩擦损耗功和附加变形损耗功。

13.5.1.1　主变形功（W_0）

主变形（W_0）是在无摩擦力和无附加变形的情况下，丝材有效变形所需要的功。显然在实际拉拔过程中，由于$f\neq0$，$\alpha\neq0$，所需的功总是超过此值的。

按理论推导：

$$W_0 = U \cdot K_f \cdot \ln\mu \tag{13-30}$$

式中　U——丝材体积，mm^3；

K_f——平均真实变形抗力（实际计算时取拉拔前后抗拉强度的平均值），MPa；

$\ln\mu$——延伸系数的自然对数。

13.5.1.2　摩擦损耗功（W_R）

实际拉拔时，丝材与模孔壁之间不可避免地存在着外摩擦，克服外摩擦阻力所做的功称为外摩擦损耗功，亦称外界消耗功。

$$W_R = U \cdot K_f \cdot \ln\mu \cdot \frac{f}{\alpha} = W_0 \cdot \frac{f}{\alpha} \tag{13-31}$$

式中　f——摩擦系数；

α——模孔工作区半角，弧度。

从式（13-31）可以看出，外摩擦损耗功（W_R）不仅与主要变形功（W_0）成正比，而且与摩擦系数（f）成正比，与模孔半角成反比。摩擦系数（f）增高，W_R增大。而模孔角度（α）减小，其他拉拔条件不变，则丝材和模孔的接触面积必然增大，外摩擦力也会增大。因此当f过大，α过小时，都会使W_R增大。

13.5.1.3　附加变形损耗功（W_s）

由于拉拔时丝材截面变形不均匀，除中心部位为纯主变形外，其余各部位还有附加切变形和附加弯曲变形。这两种附加变形所需的功称为附加变形损耗功（W_s），亦称内在损耗功。

$$W_s = \frac{4}{3\sqrt{3}}U \cdot K_f \cdot \alpha = 0.77U \cdot K_f \cdot \alpha \tag{13-32}$$

从式（13-32）可以看出，附加变形功（W_s）与模孔角度（α）成正比。α增大，附加切变形和弯曲变形增大，W_s增大。

拉拔时实际所需的功（W）等于三部分的总和：

$$\begin{aligned} W &= W_0 + W_R + W_s \\ &= U \cdot K_f \cdot \left[\ln\mu\left(1 + \frac{f}{\alpha}\right) + 0.77\alpha\right] \end{aligned} \tag{13-33}$$

13.5.2　变形效率

拉拔时有效变形所需的功（W_0）与实际所需的功（W）之比，叫做变形效率（μ）

$$\eta = \frac{W_0}{W} \times 100\%$$

$$= \frac{U \cdot K_f \cdot \ln\mu}{U \cdot K_f \cdot \left[\ln\mu\left(1 + \frac{f}{\alpha}\right) + 0.77\alpha\right]} \times 100\%$$

$$= \frac{\ln\mu}{\ln\left(1 + \frac{f}{\alpha}\right) + 0.77\alpha} \times 100\% \tag{13-34}$$

变形效率的高低是衡量拉拔工艺合理程度的标志，变形效率高，不仅节约拉拔能量消耗，减少模具磨损，而且可以提高产品质量。应当指出，变形效率（η）只考虑变形理论功和实际功之间的关系。不包括拉丝机的机械传动损耗和电气损耗。

13.5.3 影响变形效率的主要因素

从公式（13-34）可以看出，变形效率除随着减面率增大（q 与 $\ln\mu$ 同步增大）而提高外，影响的因素还有两个：摩擦系数和模具工作区的角度。

在一般拉拔条件下，摩擦损耗功（W_R）约占总损耗功（W_R+W_s）的 35%~50%，减少这部分损耗可提高变形效率，是节约能量的重要途径。要降低摩擦损耗功（W_R），需要降低模孔正压力（N），或降低摩擦系数（f），具体方法有：

（1）增大 α：增大模孔角 α，可减少摩擦力，但只能在 $2\alpha \leqslant 10°$ 范围内有效。因为超出这个范围，α 再增大，起主导作用的反而是 W_s 增大，见图 13-20[2]。

（2）采用反张力拉拔工艺：在丝材入口端施加反张力，可以减少模孔壁对丝材的正压力（N），降低摩擦力（F）。

（3）降低摩擦系数：包括丝材进行适当的表面处理，改进模具材质，降低粗糙度，改善润滑条件等。做好上述几项工作，摩擦系数（f）能控制在 0.03~0.06 之间。润滑不良时，f 将波动在 0.06~0.16 之间。

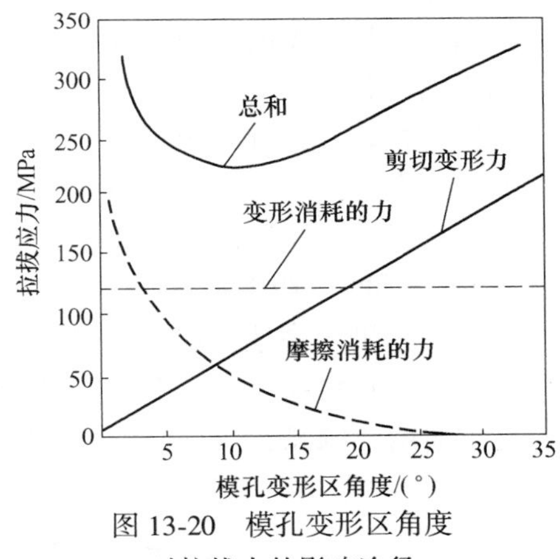

图 13-20 模孔变形区角度对拉拔力的影响途径

（4）附加变形功（W_s）与模孔变形区的角度密切相关，从图 13-20 可以看出，减小角度模孔变形区角度，剪切变形力急剧降低，附加变形损耗功显著降低，但同时造成丝材与模具的接触面积增大，摩擦消耗的力和摩擦损耗功随之增大，当角度小于 10°时，总功耗反而增大，显然，通过改变模孔角度提高变形效率的调节范围是有限的。

13.6 影响拉拔的工艺因数

13.6.1 模具

13.6.1.1 模具材质

硬的模具材料可降低拉拔力。据资料介绍，选用碳化钨+钴硬质合金模可比钢模减少拉拔力 40%~50%，用金刚石模又比硬质合金模拉拔力减少 20%~30%。降低模孔表面粗糙度可以收到和提高模具硬度的同样效果。

13.6.1.2 模孔变形区的几何形状

对丝材拉拔也有一定的影响，工作区常用的形状有辐射形和圆锥形两种，见图 13-21。辐射形模是传统拉丝模，被称为“R”系列拉丝模。圆锥形模是为适应高速拉拔而开发的新式拉丝模。

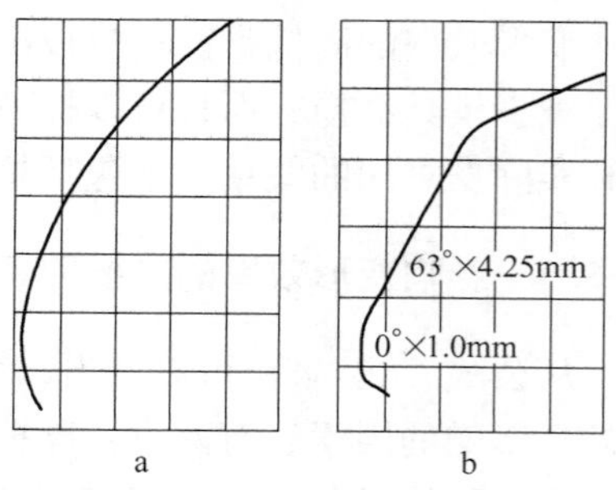

图 13-21 模孔工作区形状（实测）
a—辐射形；b—圆锥形

辐射形拉丝模孔分 5 个区：入口区、润滑区、工作区、定径区和出口区，各区之间圆滑过渡。拉拔时丝材在工作区中变形速度由高到低（见图 13-22b[2]），变形程度随加工硬化而降低，相对比较合理；辐射形工作区磨损时，总是先磨成圆锥形，以后才形成凹形圆环，模具使用寿命比圆锥形要长。多年实践证明在拉拔速度低于 200m/min 的条件下，辐射形拉丝模孔形设计合理，使用效果良好，模具修理也比较方便，研磨时用手托着模具左右摇晃，很容易将过渡区磨圆。但随着拉拔速度的提高，辐射形拉丝模因润滑区角度大，长度短，无法建立起稳定的流体动力润滑膜，限制了拉拔速度的进一步提高。

圆锥形拉丝模是针对辐射形拉丝模在高速拉拔时暴露出来的不足，对孔形进行了改进，取消原润滑区，工作区较原先加长，入口区角度缩小，把建立润滑膜的功能分配到入口区和工作区中。圆锥形拉丝模孔分 4 个区，各区全部变为直线，要求过渡区必须保持锐角，不允许研磨成圆弧。因为模具工作区加长了 50%，并改为直线，润滑剂的“楔入效应”加强，借助于高速拉拔，很容易建立起致密、稳定的流体动力润滑膜。但从图13-22a 中可以看出，丝材在工作区中变形速度由低到高，变形程序不如传统模具合理；另外，因为不允许研磨成圆弧，模具修理必须选用相应的研磨设备。

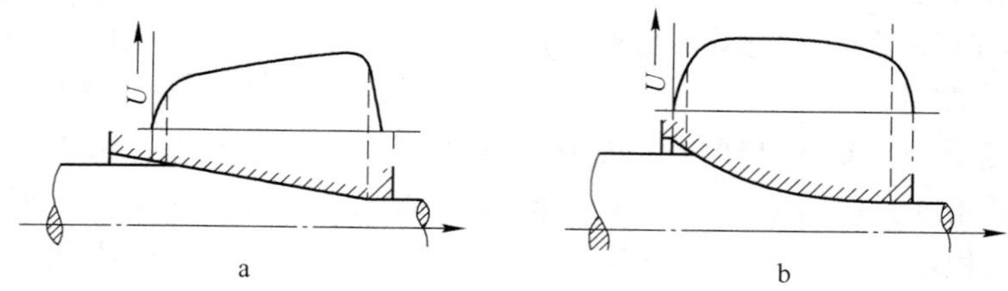

图 13-22 拉拔时变形速度沿变形区变化情况
a—在锥形模孔中；b—在辐射形模孔中

我国现行硬质合金模早已全部过渡到圆锥形拉丝模，GB 6110—1985《硬质合金拉制模具型式和尺寸》规定，硬质合金拉丝模由模芯和模套两部分组成，钢丝拉丝模分为 A 型和 C 型两种，每种模具按模套外形又分为 Z 型模套（圆柱体）和 K 型模套（圆锥体）两种。A 型模直径范围 ϕ0.1~13.0mm，C 型模直径范围 ϕ2.4~61.0mm，拉丝模的结构和形状见图 13-23。

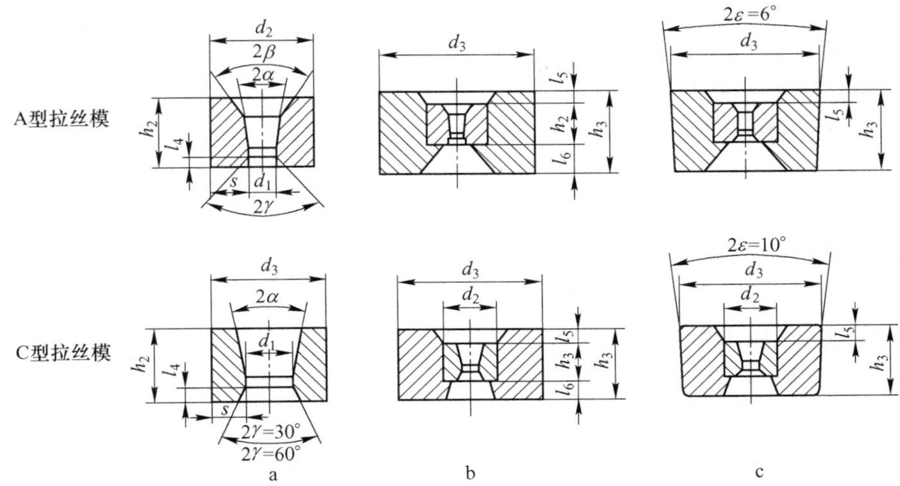

图 13-23 硬质合金拉丝模结构和形状

a—模芯；b—Z 型模套；c—K 型模套

13.6.1.3 模孔工作区角度

如前所述，从降低附加变形功（W_s）来考虑，模孔角度 α 小好，从降低摩擦损耗功来考虑，模孔角度 α 大好，实践证明，在各种不同减面率下，都有一对应的最适宜的模孔角度，这时拉拔力最小，变形效率最高。德国的 J. G. 维斯特赖希从分析钢丝塑性变形受力状况出发，提出的模孔工作区最佳的角度计算公式（见式（13-35）），并绘制出模孔变形区角度与拉拔力的关系图，见图 13-24[2]。

$$\alpha = \sqrt{1.5f\ln\frac{d_0}{d_1}} \qquad (13\text{-}35)$$

式中 α——工作区半角，弧度；

f——摩擦系数；

d_0——拉拔前直径，mm；

d_1——拉拔后直径，mm。

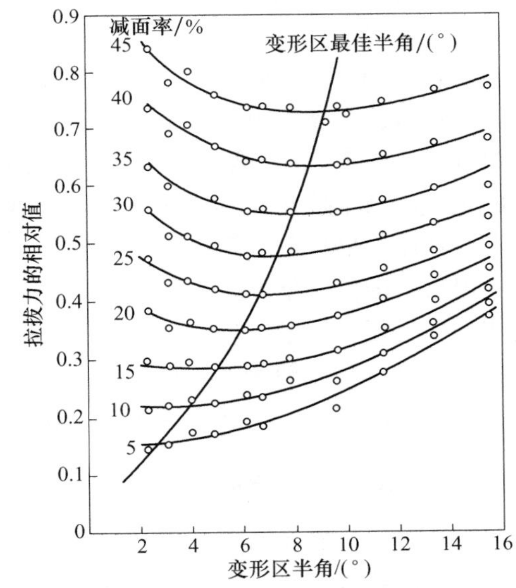

图 13-24 模孔变形区角度与拉拔力的关系

从图 13-24 看出，钢丝减面率较大时宜采用较大角度，粗规格（$\phi \geq 6.0$mm）钢丝一般道次减面率较大，模孔角度多选用 14°～16°，中等规格钢丝一般道次减面率适中，模孔角度多选用 12°～14°，较细规格（$\phi \leq 1.5$mm）钢丝一般道次减面率较小，模孔角度多选用 10°～13°。

选用模孔工作区角度应该考虑丝材的强度，抗拉强度较低时工作区角度应适当加大，以拉拔直径 ϕ3.0mm 各类丝材为例：铝丝选用 18°模具、铜丝选用 16°模具、中低碳钢丝选用 14°模具、高强度弹簧钢丝选用 12°模具。

13.6.1.4　模具基本尺寸

除模孔形状和工作区角度外，入口区、工作区和定径区长度，入口区和出口区的角度，以及拉丝模的外形尺寸都是模具的基本尺寸，见图 13-25。

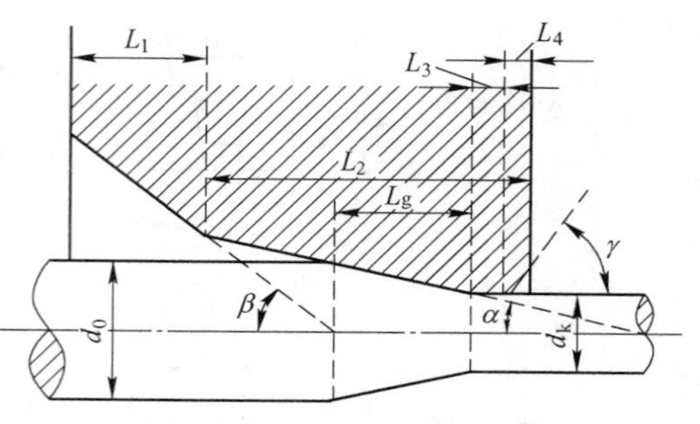

图 13-25　拉丝模孔尺寸结构示意图

入口区的主要作用是将丝材导入拉丝模孔，贮存一定量的润滑剂，同时为修磨时扩大孔径留下余地。干式拉拔用拉丝模入口区角度通常为工作区角度的 2～3 倍，即 $\beta=(2\sim3)\alpha$，实测美国、日本、德国、瑞典和意大利等国干式拉丝模入口区角度均在 35°～46°之间，模孔直径越大角度也相应增大。同样要根据模孔直径确定入口区长度（L_1），通常 $L_1=(1\sim1.5)L_2$，模孔直径越大长度倍率取上限。

工作区的角度较小，高速拉拔时能在前区形成高压的润滑剂储留区，阻止润滑剂回流，有利于流体动力润滑膜的建立。工作区的后区为变形区，是拉拔成型的关键区域，要严格控制好该区的锥度、粗糙度和（与入口区和定径区的）同心度。变形区长度（L_g）可按下式计算：$L_g=0.5(d_0-d_1)\text{ctg}\alpha$；工作区的长度一般取变形区长度的 1.1～1.3 倍，即：$L_2=(1.1\sim1.3)L_g$。

定径区的形状是圆筒形，作用是保证丝材尺寸精度和表面粗糙度，提高模具使用寿命。定径区越长摩擦力越大，拉拔力和摩擦功（W_R）相应增大；安全系数（K）和变形效率（η）降低。但从保证丝材尺寸精度和提高模具使用寿命来考虑，又希望定径区有一定的长度。通常按丝材的强度和直径来考虑定径区长度，$L_3=(0.35\sim1.5)d$，丝材强度高、直径小，倍率取上限；湿式拉拔用拉丝模的 L_3 一般相应缩短 1/3～1/2。

出口区的作用是加强定径区强度，防止模芯在出口处破裂、掉肉，避免丝材在出口处划伤，同时便于拉拔钳咬住丝材轧尖的端部。出口区的角度比较大，$\gamma=(5\sim6)\alpha$；出口区的长度（L_4）一般为模芯总高度的 1/3～1/5，出口区稍长点可以使拉丝模受力中心向前移动，为修模时扩孔留下更大的余地。

13.6.2　摩擦力和摩擦状态

如前所述，降低摩擦力是提高拉拔效率的最有效途径。在拉拔过程中丝材与模具直接接触，不可避免地产生摩擦力，摩擦力大小取决于三个要素：正压力、摩擦系数和接触面积。前面已经提到的使用反拉力是通过降低正压力来降低摩擦力的；改变模具材质和降低模孔粗糙度是通过降低摩擦系数来降低摩擦力的；增大模孔角度是通过减小接触面积来降低摩擦力的，其实，改变摩擦状态才是降低摩擦力的关键措施。按摩擦理论，滑动摩擦有四种状态：干摩擦、边界润滑摩擦、混合润滑摩擦和流体动力润滑摩擦，见图 13-26。干摩擦指滑动接触面任何无润滑的摩擦，干摩擦状态的摩擦系数高达 0.7～1.0；如果滑动接触面有一层很薄的润滑膜将两者分开称为边界润滑摩擦，边界润滑膜只有几个分子厚，摩擦系数约为 0.10～0.30。边界润滑摩擦一般在高负荷、低速滑动条件下形成，随着滑动速度增大而急剧减薄，直至失去润滑作用；如果在滑动接触面间形成一层稳定的、可流动的润滑层，将两者完全隔开，则摩擦进入了流体动力润滑摩擦状态，此时摩擦系数可降到很低水平（0.001~0.005）。流体动力润滑摩擦状态下的摩擦系数在很大程度上取决于流体润滑层的平均压力，压力越大，摩擦系数越低。流体动力润滑摩擦状态只有在一定的滑动速度下才能建立，并且只要流体润滑层未失效，速度进一步增加时摩擦系数升幅很小。混合润滑摩擦是介于边界润滑摩擦和流体动力润滑摩擦之间的一种摩擦状态，摩擦系数约为0.005~0.10，绝大多数丝材拉拔均处于混合润滑摩擦状态。降低摩擦力首先要设法改善拉拔的摩擦状态，尽可能增大流体动力润滑摩擦的比例，润滑方式和润滑剂的选择是其中最重要的一个环节。

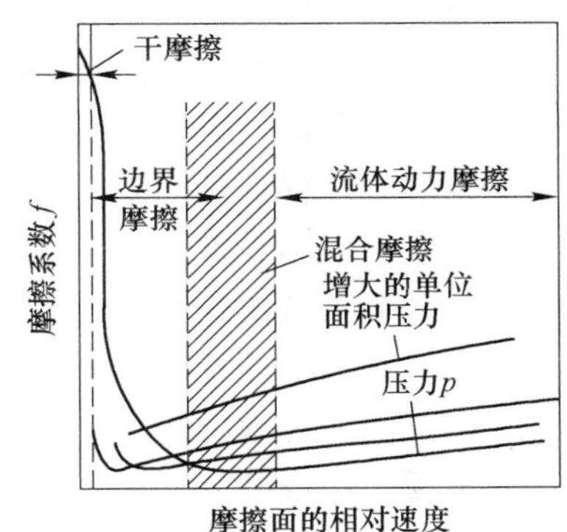

图 13-26　摩擦状态与摩擦系数、相对速度和单位面积压力之间的关系

13.6.3　润滑方式和润滑剂

拉丝润滑方式可分为干式润滑和湿式润滑两种，湿式润滑又分为油性润滑和水性润滑两种。如果使用得当，干式润滑的润滑效果优于湿式润滑，油性润滑优于水性润滑。按冷却效果排列，得到正好相反的排列次序，水性润滑优于油性润滑，湿式润滑优于干式润滑，但无论哪种润滑方式都得依赖丝材表面处理、润滑剂和模具三者配合才能达到降低摩擦力的效果。在润滑正常条件下，干式润滑拉拔的丝材表面呈雾面（类似毛玻璃）状态，湿式润滑拉拔的丝材表面呈光亮（类似镜面）状态。各类丝材通常选用的润滑方式见表13-6。

表 13-6　各类丝材通常选用的润滑方式

润滑剂 / 金属种类	表面涂层处理	干式润滑剂	油性润滑剂	水溶性润滑剂
钢丝	◎	◎（中-粗）	△	◎（细）
不锈钢丝及镍铬合金丝	◎	◎（中-粗）	◎（细）	△（细）
钛及钛合金丝	◎	◎	△	×
铝及铝合金丝	×	×	◎	△（细）
铜及铜合金丝	×	△	△	◎
镀锌线	○	◎（中-粗）	△	◎（细）
铜及黄铜电镀线	×	○	△	◎
镍电镀线	×	◎	△	×

注：◎—常用；○—亮面部分；△—可以选用；×—不用；（中-粗）—直径 $\phi>1.0$mm 的丝材；（细）—直径 $\phi\leq 1.0$mm 的丝材。

表面处理是保证润滑剂吸附量适度最重要的因素，良好的润滑效果往往是通过表面处理和润滑剂之间恰当的组合来实现的，表面处理包括去除丝材表面氧化皮和涂敷适当的润滑涂层两道工序。

丝材表面氧化皮又硬又脆，会划伤模具，是塑性变形的障碍，拉拔前必须彻底去除。去除氧化皮的方法有机械法（如反复弯曲、喷丸、刷除等）、化学法（碱浸、酸洗等）和电化学法（电解酸洗）三种。化学法使用效果最好，成本也比较低，但污染环境，遗留下废弃物质的环保处理问题。机械法对环境污染较轻，废弃物质的处理难度不大，反复弯曲和刷除生产成本最低，喷丸处理成本略高于酸洗；但机械法仅适用于中低碳钢丝，很难彻底清除合金钢丝的氧化皮；电化学法通常用在连续生产线上。

为保证润滑剂能牢固地黏附在丝材表面，能顺利地进入拉拔变形区，达到预期的润滑效果，拉拔前要对丝材进行涂层处理，即在丝材表面覆盖一层润滑剂的载体膜。涂层也是拉丝润滑膜的组成部分，一定粗糙度的涂层将润滑剂载入模孔内，和润滑剂一起组成足够厚的润滑膜，所以涂层也是广义的拉丝润滑剂，通常称为润滑涂层。钢丝的涂层种类繁多，常用涂层有：黄化、磷化、镀铜、皂化、涂石灰、涂硼砂、涂硅酸盐、涂盐石灰和涂特种涂料等，前四种（黄化、磷化、镀铜、皂化）涂层依靠化学反应在钢丝表面形成一层载体膜，称为转换型涂层；后几种（涂石灰、涂硼砂、涂硅酸盐、涂盐石灰）涂层依靠物理黏附在钢丝表面形成一层载体膜，称为非转换型涂层；特种涂料往往是两者兼备。一般说来：转换型涂层的附着效果优于非转换型涂层；非转换型涂层只适用干式润滑涂层；黄化和涂石灰生产成本最低，磷化和特种涂料生产成本最高。具体使用哪种涂层需根据丝材的种类、变形抗力、拉拔工艺流程、减面率的大小及道次减面率的分配、选用的润滑方式确定。

干式润滑通常选用干粉状皂类润滑剂，拉拔时首先需借助变形热使拉丝粉软化，才能均匀地涂敷在丝材表面，形成润滑膜；在变形区润滑膜必须能承受高温和高压考验，保持良好的延展性，不破裂、不分解、不焦化。干粉状润滑剂的软化点必须与拉拔工艺相匹配，软化温度太高，在拉拔初始阶段产生的热量不足以使干粉转化为胶体，无法形成有效的润滑膜；软化温度低意味着焦化温度必然低，进入变形区后，润滑膜在高温和高压条件下失去润滑作用。到底需选用软化温度多少的润滑剂，取决于丝材的材质、变形抗力、道次减面率、涂层及拉拔速度，说到底：取决于变形的功率消耗，或模具变形区的温度和压力。干粉状润滑剂的主要成分是脂肪酸（牛油脂、羊油脂、油酸、棕榈酸、硬脂酸）与碱金属（K、Na、Li）或碱土金属（Ca、B、Zn、Mg）的化合物，即金属皂。皂类润滑剂的软化点与脂肪酸中碳-氢链的长短和金属离子种类密切相关。为改变软化点，特别是加宽软化点到焦化点的温度范围，通常根据需要，在润滑剂中添加一定量的极压添加剂（S系、Cl系、P系有机或无机添加剂），在拉拔过程中，极压添加剂借助变形热与涂层和金属表面产生化学反应，形成 FeS 等具有一定润滑性能的化合物，显著地提高了润滑剂的耐热耐压性能，为建立流体动力润滑奠定基础。提高润滑膜的厚度也是建立流体动力润滑的必要条件，为此要根据拉拔工艺和拉拔道次选择合适的涂层，在润滑剂中添加适量的黏附添加剂（硼砂、元明粉、磷酸盐等）也能有效增加润滑膜的厚度。此外，干粉状润滑剂中有时还含有一定量层状无机物，如滑石、胶体石墨、云母、二硫化钼，以及防锈剂（亚硝酸钠、苯甲酸钠）和着色剂等。

油性润滑剂通常由矿物油（机油、锭子油、透平油）、动植物油（魚油、猪油、棕榈油、椰子油、蓖麻油、菜子油）、合成油（聚乙烯、聚丙烯）、油性改善剂（脂肪酸、醇类、酯类）、极压添加剂（S系、Cl系、P系或有机添加剂）、黏度改善剂（异丁烯、丙烯酯）以及抗氧化剂（二烷基二硫代磷酸锌 ZDDP）、防锈剂（磺酸钡、牛油脂肪酸胺）、消泡剂（硅油）组成。拉丝用油性润滑剂所承受的压力远远大于机械润滑剂所承受的压力，再好的矿物油也无法满足拉丝的润滑要求。拉丝用润滑油必须在矿物油的基础上添加极压添加剂和油性改善剂才能适应拉丝要求。极压添加剂依靠与金属表面起化学反应生成极压膜来改善润滑。油性改善剂依靠极性分子吸附在金属表面来改善润滑。一般说来，极压添加剂所形成的极压膜的摩擦系数远大于油性改善剂所形成的吸附膜的摩擦系数，但两种添加剂作用区域不同，极压膜在高温区摩擦系数低，吸附膜在低温区摩擦系数低，只有两种添加剂复合使用，才能保证油性润滑剂在高温和低温区域均有较低的摩擦系数。油性润滑剂还包括油基膏状润滑剂。

水性润滑剂可分为乳化液和皂溶液两类，乳化液是水中加油组成的一种水包油型的乳浊液，通常由矿物油（机油、锭子油、透平油）、油性添加剂（硫化动植物油、氯化石蜡、油酸、酯类）、乳化剂（阴离子型的碱金属皂、环烷酸钠盐、三乙醇胺盐、磺化蓖麻油和非离子型添加剂）、防腐剂（酚化合物、氮化物）、抗氧化剂等组成。皂溶液是由水溶性碱金属皂（钾皂、钠皂），加入防腐剂（酚化合物、氮化物）、消泡剂（乙醇、硅酮）组成。

要实现流体动力润滑除选用适当涂层和润滑剂外，还必须采取适当的技术措施，在模具入口处建立高压区，防止润滑剂回流。目前干式润滑选用压力模（哈夫模），即在拉丝模前套装一个孔径稍大于丝材直径的拉丝模，两个拉丝模之间留出一个空间，拉拔时借助于涂层的携带作用和压力模的“楔形效应”，在拉丝模前形成一个高压润滑剂储留区，为流体动力润滑的建立奠定基础。选用油性润滑剂时大多数选配压力管，即孔径稍大于丝材直径的金属，其作用与压力模相同；也有在拉丝模装配一个储油腔，采用压力泵将高压油打入腔中的方式润滑，称为流体静力润滑。

13.6.4 拉拔时的温升和冷却

13.6.4.1 拉拔时的温升

丝材虽然在室温下进行冷拉，但拉拔所消耗的主变形功和附加变形功 90%以上转化为热量，变形消耗的功不到 10%，最终作为潜能残留在拉拔后的丝材中，而摩擦功几乎全部转化为热量。试验表明，变形功造成钢丝温度升高是整个截面均匀的温升，而摩擦功引起的温升只限于很薄的表面，丝材整体的温升分布是不均匀的，在变形区内温升沿长度方向增大；在横截面上丝材表面温升大于芯部温升。丝材的温升取决于本身变形抗力、热导率、密度、比热容，以及拉拔速度和道次减面率，诺曼·威尔逊（Wilion）提出一般拉拔速度时丝材温升的估算公式，如公式（13-36），其中变形抗力、拉拔速度和道次减面率的影响隐含在拉拔力（P）或拉拔应力（R_p）中。

$$T = \frac{0.558P}{A_k c\rho} - 17.8 = \frac{0.558R_p}{c\rho} - 17.8 \tag{13-36}$$

式中 T——丝材温升，℃；

P——拉拔力，N；

A_k——拉拔后丝材的横截面积，mm^2；

R_p——拉拔应力，MPa；

c——丝材比热容，J/(g·K)；

ρ——丝材密度，g/cm^3。

其中，若钢丝 $c=0.482$J/(g·K)、$\rho=7.85$g/cm^3，公式可简化为：

$$T = \frac{0.558R_p}{0.482 \times 7.85} - 17.8 = 0.148R_p - 17.8$$

拉拔产生的热量必然导致丝材、模具、润滑剂的温度随之升高，实测证明，在一般拉拔速度（120~150m/min）条件下，低碳钢丝拉拔一个道次平均温升60~80℃；而高碳钢则达到100~160℃左右。在连续拉丝机上，钢丝经多次拉拔后，模具变形区局部累积温升可达350~450℃。总的看来，温度升高给生产带来的后果是弊大于利：温度升高金属材料的变形抗力下降是有利的一面，但对于有应变时效脆化效应的高碳钢丝，温度超过180℃时，钢丝抗拉强度升高，弯曲、扭转和缠绕性能急剧下降，成为不合格品，所幸的是应变时效脆化效应除温度外还与停留时间有关（见表13-7），因为钢丝直径有限，出模很短时间（千分之几秒）就可达到内外温度均匀一致，研究结果表明：应变时效是钢丝出模后在高温下停留时间太长造成的，只要冷却得当完全可避免产生时效脆化。相对比较，受温度影响最大的是润滑剂和模具，温升太高，润滑剂失效，模具磨损和损坏，拉拔根本无法正常进行。拉拔产生的热量只有不足20%传递给模具，80%以上被钢丝带走，这些热量需要通过模具和拉丝卷筒散发，长期以来模具冷却和卷筒冷却一直是连续拉拔和高速拉拔必须攻克的难关。

表13-7　冷拉高碳钢丝在不同温度下应变时效的开始时间

温度/℃	开始时间/s	温度/℃	开始时间/s	温度/℃	开始时间/s
100	7×10^3	200	4.2	300	4×10^{-2}
120	2.2×10^3	220	1.5	340	8×10^{-3}
140	3.2×10^2	240	5×10^{-1}	380	2×10^{-3}
160	8×10	260	2×10^{-1}	420	7×10^{-4}
180	20~30	280	8×10^{-2}		

注：试样为含碳0.80%的从 ϕ1.8mm拉到 ϕ1.0mm的钢丝。

现代化高速拉丝机的高速拉拔，使钢丝和模具的温升更加严重。因此，如何降低发热、减少温升成为提高拉拔速度的重要前提条件，目前降低发热、减少温升的主要措施有[9]：

(1) 改进润滑方式（如采用流体动力润滑），降低摩擦系数（如选用高硬度耐磨材料作模芯），减少模孔压力（如采用反拉力拉拔等）。

(2) 拟订合理的拉拔工艺，选择合适的模具。

(3) 采取有效措施，对卷筒、模具和钢丝进行冷却。如对卷筒采用高速风冷、对钢丝采用道次间的喷水冷却或直接过水冷却等。

13.6.4.2　拉拔时的冷却

A　模具冷却

拉拔发热的源头在模具变形区，要实现高速、连续拉拔首先要解决模具冷却问题。模具冷却的目标是防止润滑剂因温度太高分解、焦化失效；防止模具磨损超标和损坏。日常生产中模具升温最高点也不会超过 450℃，模具冷却属于低温传热范畴。按热力学原理，拉拔时的冷却主要靠固体间或固体与液体间的热传导降温，风冷只能起辅助降温作用。

目前，工业生产中的干式拉拔全部选用硬质合金模与脂肪酸皂类润滑剂。在脂肪酸皂类润滑剂中硬脂酸钠皂的耐热性能最好（见表 13-8），是高速拉拔首选润滑剂，但硬脂酸钠皂的软化点偏高，对拉拔初始成膜不利，一般需在润滑剂中配入适量的低熔点皂类（短碳链脂肪酸皂）。高速拉拔用润滑剂为提高耐热和耐压性能，通常还配入一定量的极压添加剂，因为硬脂酸的沸点（焦化点）为 376℃，润滑剂的使用温度一般不应超过 300℃。

表 13-8 硬脂酸皂的种类与性能

品 名	软化点/℃	熔点/℃	性 能
硬脂酸钠	180	260	软化点高，耐热性好，溶于水，易清洗
硬脂酸钡		240	软化点高，展性好，不溶于水
硬脂酸锂	200	220	性质像钠皂，润滑性好，但价格贵
硬脂酸钙	145	165	润滑性，延展性良好，不溶于水，用途广泛
硬脂酸铝	140	160	用于软化点调整（光亮用）
硬脂酸镁		140	用于有展性要求的软化点调整
硬脂酸锌	120	140	软化点低，黏度小，用于调整软化点

钨-钴硬质合金制作模具耐热、抗磨，膨胀系数低，尺寸稳定性好；但其抗拉强度不如抗压强度，抗冲击性能也远不如碳素钢，通常将硬质合金模芯镶嵌在钢质外套中，使模芯处于压应力状态来扬长避短。拉拔时模具局部高温使硬质合金抗磨性能下降，磨损加快；同时因钢质外套的膨胀系数远大于模芯的膨胀系数，造成模芯受力状态改变，容易出现模芯出口处掉肉和模芯碎裂现象，模具冷却是必不可少的工艺措施。

模具冷却方式有间接水冷、自流水冷、强制水冷、直接水冷等。间接水冷是将模具装在冷却水套中，通过水套内的水循环实现模具冷却，单次拉丝机和生产低碳、低合金钢丝的拉丝机多采用这种冷却方式。自流水冷和强制水冷是对模具外套进行直接水冷，自流水冷指将水注入外套四周空间，任其自流回储水槽中的敞开式水冷；强制水冷指将水泵入外套四周空间，让水在压力驱动下流回储水槽中的封闭式水冷，这两种冷却方式主要用在直线式连续拉丝上，是生产中、高碳钢丝必备的冷却方式。日本神户制钢 1978 年曾设计一种模具直接水冷装置，在对模套直接水冷的同时，对拉拔后的钢丝也实施控量水冷，其冷却效果无疑会大幅度提高，不少资料都提及该装置，但 30 多年过去了，鲜见其在工业生产中使用的实例，估计高速、连续拉拔基本使用钠皂润滑剂，水能溶解钢丝表面残留润滑膜，是该装置难以推广的主要原因。水冷可以降低模套与模芯的温差、改善模具内部温度分布状况，保证润滑剂正常工作，但即使水冷效率非常好，也只能带走 10%左右的热量，无法从根本上解决高速连拔温升太高的难题。

B 卷筒冷却

拉拔产生的热量 80%以上被丝材带走，如何促使丝材自身热量的快速散发成为关键问题。如前所述，低温传热主要靠传导，对流传热只能起辅助作用，丝材拉拔过程中的风冷降温仅起辅助作用，降温主要依靠拉丝卷筒的热传导。丝材与拉丝卷筒的接触面积和卷筒表面温度是决定丝材冷却速度的重要控制参数。要增加接触面积需加大拉丝卷筒的直径、丝材拉拔后应尽可能在拉丝卷筒多缠绕几圈；对拉丝卷筒实施强制冷却才是降低丝材温度的最有效方法。不同拉丝机的冷却效果也有差别，一般说来，单次拉丝机的冷却效果优于积线式滑轮拉丝机，积线式滑轮拉丝机的冷却效果又优于直线式连续拉丝机；拉拔速度越快，卷筒冷却方式的选择越显重要。传统的卷筒冷却方式有：喷淋水冷、溢流水冷和强制水冷，为适应高速拉拔的要求，现代化的直线式连续拉丝机几乎全部采用薄壁卷筒缝隙强制水冷的方式，拉丝卷筒常用冷却方式见图 13-27。

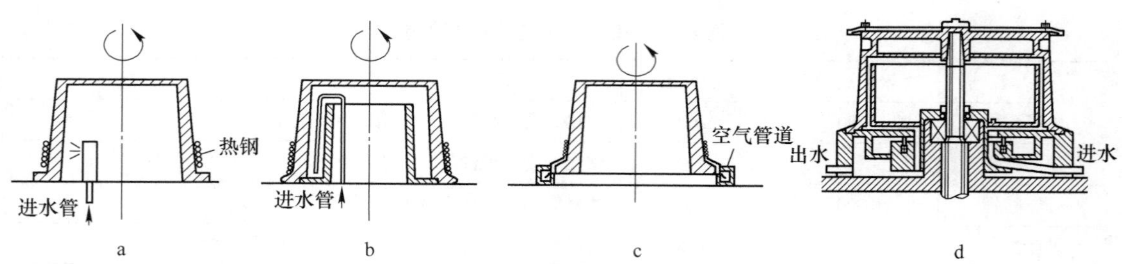

图 13-27　拉丝卷筒冷却方式[8]

a—喷淋水冷；b—溢流水冷；c—外部压缩空气冷却；d—薄壁卷筒缝隙水冷

薄壁卷筒缝隙水冷通常是多台拉丝机配备一个水循环系统集中供水，冷却水预先进行软化处理，循环过程进行多道次过滤，及时去除油污和杂物，循环压力控制在 0.4～0.6MPa，大部分配置冷却水塔或制冷装置。使用中要定期清除卷筒和模具冷却系统中的水垢，疏通上回管水道，适当加大丝材在卷筒上的缠绕圈数（>10 圈)。上述冷却措施完全实施后，即使用较高速度、较大道次减面率拉拔应变时效脆化效应显著的中、高碳钢丝，也能确保成品性能。据有关资料介绍，在 7/600 连续机上，拉拔 65Mn（w(C)＝0.63%、w(Mn)＝0.5%）控轧控冷盘条，从 ϕ5.5mm 用 8 个道次拉拔到 ϕ1.8mm，平均道次压缩率为 24.36%，拉拔速度为 850m/min。一般冷却条件下的钢丝温度在 200℃以上，强化水冷却后的钢丝表面温度可降至 150℃以下，每道均降温 80～100℃；模具使用寿命也明显提高，特别是中间道次的寿命提高尤为显著，平均寿命值由 40t/只提高到 50t/只，提高了 25%。成品钢丝力学性能改善，抗拉强度虽有下降，塑性、韧性指标明显提高(见表 13-9)。温升引发碳素弹簧钢抗拉强度上升最高可达 320MPa。

表 13-9　65Mn 弹簧钢丝在不同冷却条件下拉拔时的性能变化

牌号	直径 /mm	冷却方式	抗拉强度 /MPa	伸长率 /%	断面收缩率 /%	弯曲值 (R=2.5mm)	扭转值 ×100d
65Mn	1.8	常规冷却	1830	0.8	38.0	7	31
		强化冷却	1695	1.2	44.0	8	41

13.6.5　拉拔速度

拉拔速度是与丝材生产效率、能源和辅助材料的消耗、产品质量密切相关的重要工艺参数，理所当然成为基础研究的重点，但查历史资料发现，关于拉拔速度对拉拔过程的影响往往给出完全相反的结论。系统分析发现，提高拉拔速度可获得的效果更多地取决于下列因素：丝材的化学成分、显微组织结构、热处理状态、盘卷单重；拉拔时的表面处理状况、润滑方式，润滑剂型号、模具材质和形状、冷却条件；拉丝机的种类、速度调控方式、运行阶段等。现代化的拉丝机正在向高速化、连续化、自动化方向发展，实践证明在拉丝各环节采取相应措施的条件下，提高拉拔速度是可行的，确实可收到节能减耗，提高产品质量的效果。

13.6.5.1　拉拔速度与变形速度

拉拔速度是指丝材运动速度。在一定生产条件下，拉拔速度高丝材的变形速度快。变形速度指的是丝材单位时间内变形程度，通常用 u 表示：

$$u = \frac{\ln\mu}{t} \times 100 \tag{13-37}$$

式中　u——变形速度，%/s；

μ——延伸系数；

t——丝材在变形区内停留时间，s。

丝材在变形区内停留时间为：

$$\begin{aligned} t &= \frac{\dfrac{d_0 - d_K}{2\sin\alpha}\left[\dfrac{1}{3}(\mu + \sqrt{\mu} + 1)\right]}{\dfrac{v}{\cos\alpha}} \\ &= \frac{d_K(\sqrt{\mu} - 1)(\mu + \sqrt{\mu} + 1)}{6v \cdot \tan\alpha} \\ &= \frac{d_K(\mu^{\frac{3}{2}} - 1)}{6v \cdot \tan\alpha} \end{aligned} \tag{13-38}$$

则变形速度为：

$$u = \frac{6v \cdot \ln\mu \cdot \tan\alpha}{d_K(\mu^{\frac{3}{2}} - 1)} \times 100 \tag{13-39}$$

式中　v——拉拔速度，mm/s；

d_K——拉拔后丝材直径，mm。

从式（13-39）可以看出，变形速度（u）随拉拔速度、模孔角度增大而增大，随拉拔后直径和延伸系数的增大而减小。变形速度是与拉拔功耗直接挂钩的工艺参数，变形速度提高将导致：

（1）随变形速度提高拉拔主变功成正比增大，附加变形功稍有增大，而摩擦功取决于润滑状态，与变形速度没有必然关联。所以拉拔速度增大等于变形速度提高，导致变形效率提高。

（2）模孔角度增大也使变形速度提高，但增大的附加变形功，最终导致变形效率降低。

（3）延伸系数增大（即减面率增大），变形速度随之减小，主变形功也随之减小。消耗同样的功率可以完成更大量丝材的拉拔，因此变形效率得到提高。

（4）同理，拉拔直径较大丝材，变形速度相对较低，主变形功也随之降低，变形效率自然要提高。

（5）生产实践证明，在拉丝设备平稳，润滑状态良好的条件下，适当提高拉拔速度，断线概率降低，拉拔安全系数提高。估计因拉拔速度提高，丝材在模具与卷筒之间停留时间短，丝材内部的显微缺陷，在张力下扩展断裂的几率也降低。对水箱式拉丝机，因存在累积滑动问题，高速拉拔断线的可能性比低速要大。

13.6.5.2 拉拔速度对丝材强韧性的影响

提高拉拔速度后丝材力学性能和工艺性能会产生怎样的变化，一直是人们研究的焦点：

加拿大 Godfrey 用高碳钢（w(C) = 0.80%）铅淬火盘条，进行不同拉拔速度对成品抗拉强度影响的试验，盘条直径 8.9mm（0.35in），用不同道次拉拔到 4.83mm（1.790in），总减面率 70%，道次减面率 19%～0.27%，拉拔速度 107～275m/min（350～900fpm），成品钢丝抗拉强度随拉拔速度提高而上升，道次减面率越大（拉拔道次越少）效应越强烈，见图 13-28[8]。

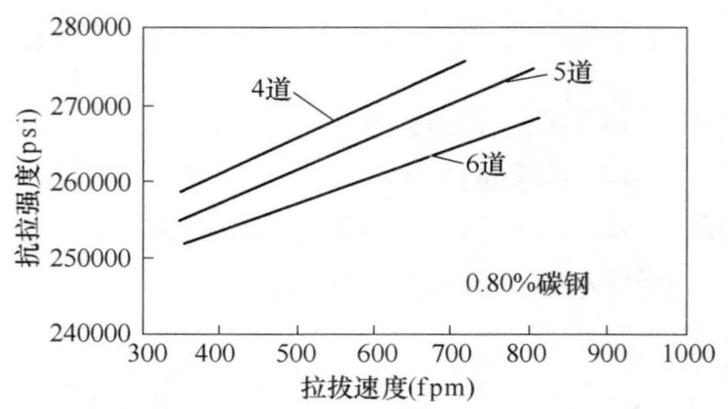

图 13-28 拉拔速度和减面率对成品性能的影响

（1fpm = 0.3048m/min，1000psi = 6.89MPa）

德国 P. 施维尔和 C. 艾森胡特，在 6 个不同工厂里，对碳含量 0.60%～0.75%的铅淬火钢丝，在不同类型拉丝和不同冷却条件的拉丝机上进行拉拔速度对钢丝性能影响试验，结论是拉拔温升对钢丝性能有决定性的影响：以无冷却或冷却条件相当的单次拉丝机与多道次连续拉丝机相比，单次拉丝机拉拔的钢丝每道次有充分的时间冷却，抗拉强度全部在标准范围之内，弯曲和扭转值也保持在较高水平。在多道次连续拉丝机用相同工艺拉拔的钢丝，其抗拉强度，弹性极限都和屈服强度大幅度升高，断面收缩率、弯曲和扭转性能急剧下降，原因是连续拉拔产生的温度积累使成品钢丝温度升高，产生时效脆化效应，不仅强度升高，韧性下降，各项性能指标的分散度也显著加大。

几乎所有可查到的资料都提出类似事例，证明随着拉拔速度的提高，引起钢丝温度上升，最终导致成品钢丝强度升高，韧性下降，但这种现象仅为一个特例，绝不能认为这是钢丝生产的基本规律，更不能认为是丝材生产的基本规律。实际上，提高拉拔速度给丝材力学性能和工艺性能带来什么样的变化，主要取决于丝材自身特性（化学成分和组织结构），其次才是拉拔温升，而且温升带来的变化是多向的，有上升，也有下降，当然也包括基本不受影响的。

（1）应变时效脆化效应：前面提到的温升引发应变时效脆化效应的解释是完全正确的，问题是具有应变时效脆化效应的丝材仅占丝材品种的一小部分。笔者认为：应变时效脆化效应主要取决于丝材的化学成分和组织结构，其次才是应变条件。时效脆化与金属材料中的间隙元素在冶炼、热加工过程中的溶解、析出和形态变化密切相关，也与冷加工过程中应力导致间隙元素在金属材料中的再分配有一定的关联。众所周知，冶炼的金属材料不可避免地溶入较大量的间隙元素，在凝固和冷却过程中这些间隙元素的溶解量随温度变化持续下降，特别在钢从奥氏体转变为铁素体时，C、N和H在钢中的溶解有大幅度的下降，由于冷却条件不同，析出的C、N和H以不同形态存在于钢中，带来钢的性能千变万化。即使冷却到300~200℃以下，C和N的析出也未终止，仅仅是被“冻住”，活动范围受到限制，但H的活动可延续到0℃以下。在冷加工过程中由于应力和温升的作用，可将已经冻结的C和N激活，引发C、N和H的再分配。C在时效脆化中的机理在所有有关热处理和冷加工的资料中都有描述，人们往往忽视了N在时效脆化中的作用，N与C的原子和离子半径、电子层电荷数相近，与钢中溶解和析出行为相当，Fe-N平衡图和Fe-C平衡图的左下角部分极其相似。比较C和N两个间隙元素，C的共析温度727℃，C在γ-Fe中的溶解度为0.70%，在α-Fe中的溶解度为0.03%；N的共析温度590℃，N在γ-Fe中的溶解度为2.82%，在α-Fe中的溶解度为0.087%，显然在冷却过程中N的溶解量和析出量远大于C。C的化学活性大，在钢中主要以碳化物的形态存在，形体大，其“解冻”温度高得多；N的化学活性小，在碳钢中基本以离子态N^{3+}和不太稳定的氮化物形态存在，其“解冻”温度比C低，活动能力比C大，时效脆化的效应远大于C。H对时效脆化有推波助澜的作用，但因其在正常情况下含量微小（$\leqslant 3\times10^{-6}$），活动能力也强，容易形成H_2气，从钢中散发出去，对时效脆化效应的影响远不如N。

（2）目前对应变时效脆化的共识是：冷加工过程中钢丝的内应力和温度升高，导致间隙元素在金属材料中的再分配，C、N和H从相界和晶界转移到位错线上，对已有位错线起“钉扎”作用，对位错的转移和增殖起“堵塞”作用，因而造成钢丝强度升高，韧性下降。根据上述理论描述和实践经验可以导出以下结论：

1）时效脆化效应与钢中C含量密切相关，低碳钢基本无时效脆化效应（不考虑N的影响），随着C含量增加时效脆化效应越来越强烈，对拉拔过程中的冷却和润滑应予更多的关注。

2）N含量对时效脆化效应有直接影响，低碳钢的轻度时效脆化效应就是N引发的。电炉炼钢时因电弧促使氮气离解，原子N在钢中溶解速度比分子氮高e^{18}倍，电炉钢的N含量要高于转炉钢，前者一般为$80\sim120\times10^{-6}$，后者目前要控制$N\leqslant70\times10^{-6}$并不困难，所以电炉钢的时效脆化效应明显比转炉钢显著。

3）奥氏体钢因N的溶解度高，冷却过程无组织转变，N的析出量有限，其C含量也很低，所以不锈钢丝（如1Cr18Ni9）拉拔中毫无时效脆化效应。相反，对不稳定奥氏体不锈弹簧钢丝，因为M_{d30}点相对不变，拉拔引发钢丝温度升高时，其抗拉强度反而明显下降。所以在拉拔和润滑条件不变的情况下，夏季拉拔碳素弹簧钢丝应适当降低总减面率，拉拔不锈弹簧钢丝应适当增大总减面率。

4）H对时效脆化有推波助澜作用，而且对C含量偏高的钢应更加关注H的影响。尽管C含量增高不会导致钢中H含量增加，但冷加工酸洗时钢的氢脆敏感性会急剧加大，酸洗浓度高、酸洗时间长、酸洗后除氢烘烤不充分，往往使钢丝失去拉拔塑性。即使能拉拔到成品，高的H含量为高强度钢的延迟断裂埋下祸根。

5）时效脆化效应是随拉拔总减面率的加大而加大的，生产中应根据实际用途合理选择牌号，不宜盲目使用加大减面率的方法，满足高强度要求，这点对钢绳用钢丝尤为重要。

6）合金化是改善钢丝时效脆化倾向的有效途径，一般说来，添加强碳化物和强氮化物形成元素 Ti、Nb、Al、V、W 和 Cr 等，将 C 和 N 固定在化合物中均能改善钢丝低温时效脆化倾向。Mn 能加大 N 在奥氏体和铁素体中的溶解度，因此 Mn 含量偏高的碳素钢比一般碳素钢的时效脆化效应弱。

13.6.5.3　拉拔速度对拉拔力的影响[6]

提高拉拔速度后拉拔力如何变化是人们关注的第二个焦点。

俄罗斯 И. Л. Перлин 在 3～360m/min 速度范围内拉拔直径 0.23mm 铜质丝，随速度的提高拉拔力仅提高 4%～7%。Бернгефт 在 180～800m/min 速度范围内拉拔退火铜质丝，随速度的提高拉拔力有所下降（3%～4%）。

俄罗斯 Л. Д. Соколов 在 0.06～6m/min 速度范围内拉拔直径 5.0mm 钢丝，随速度的提高拉拔力提高 30%～40%。И. Н. Недовизий 在 3～12m/min 速度范围内拉拔直径 1.0mm 的低碳钢丝，随速度的提高拉拔力降低。В. Ф. Мосеев 以接近 1500m/min 的高速拉拔直径 0.9mm 的低碳钢丝，与普通拉拔速度相比，其拉拔力下降 15%～17%。

俄罗斯 Н. Г. Решетников 在实验室中拉拔铝及铝合金丝，拉拔速度在 0.5～3m/min 范围内，随速度的提高拉拔力稍有下降。Б. З. Жилкин 在拉拔钛丝时，发现拉拔力不受拉拔速度的影响。

孙金茂选用 45 铅浴钢丝，从 2.13mm 拉拔到 2.0mm，只有在拉拔速度小于 6m/min 范围内，拉拔力随速度增加而增加。拉拔速度大于 6m/min 时，拉拔力随速度增加而减小。当拉拔速度在 6～50m/min 范围内增加时，拉拔力减少较显著（约 30%～40%），在 50～400m/min 范围内减少较缓慢（约 5%～10%）。

显然，如按上述事例评价拉拔速度对拉拔力的影响，会得出不同的结论，经分析笔者认为：提高拉拔速度后拉拔力如何变化主要取决于丝材变形抗力和摩擦状态的变化趋势，可从以下几个方面理解：

（1）一般说来拉拔速度的提高会带来丝材温度的上升，对于低熔点材料和低强度材料，如铝、铜和低碳钢丝，即使温度仅上升 100℃，也会带来变形抗力的明显下降，变形抗力下降，拉拔力自然下降。像钛丝、不锈钢丝等，丝材温度升高 100～200℃ 对变形抗力基本无影响的品种，其拉拔力也基本不变。

（2）干式拉拔的润滑状态通常为混合润滑状态，即由边界润滑与流体动力润滑组成的润滑状态，流体动力润滑所占比例越大，摩擦系数越低。而建立流体动力润滑状态必须在模具变形区前形成一个高压区，阻止润滑剂回流，同时适当高的温度使润滑剂处于流动状态也是必要条件。提高拉拔速度可以同时创造这两个条件，因而可以改善润滑状态，降低摩擦系数，拉拔力随之下降。

（3）对于应变时效脆化效应显著的钢种，如前所述，提高拉拔速度导致钢丝屈服强度提高，拉拔力也随之提高。

（4）拉拔速度提高，必然导致拉拔功耗增加；丝材温升增大，这是不可改变的规律。冷却条件改善是有限的，润滑剂能承受的温度也是有限的，因此拉拔速度也是有限的。

（5）不同品种丝材的拉拔速度极限也不相同，在拉拔方式、冷却和润滑条件固定的情况下，变形抗力高，冷加工强度快的丝材，拉拔速度极限相应较低。

13.6.5.4 高速拉拔用拉丝机[9]

现用拉丝机多为直线式连续拉丝机，各级卷筒之间都施加一定的反张力，并通过电气对反张力实施有效控制。高速拉拔对拉丝机的机械传动和电气控制都提出了更高的要求：启动平稳、高速运行时无明显震动、反张力恒定可调、模具强制水冷、拉丝卷筒薄壁窄缝水冷+风冷、计米定尺下线、配置乱线停车和紧急停车装置等都是现代拉丝机的基本要求。

值得指出的是，在较高拉拔速度（$v \geqslant 250\text{m/min}$）条件下，拉丝机启动时要克服设备的摩擦阻力和较大的启动力矩，启动瞬间的拉力是稳定运转时拉力的 1.4~2.0 倍，同时拉拔初期润滑膜的建立也需要一个温升积累的过程。因此，高速度拉丝机必须配置点动加速设施，拉丝操作过程中要稳步加速，才能保证拉拔的正常运行。

13.6.6 工艺流程和道次减面率的分配

工艺流程和道次减面率的分配是丝材拉拔的两项工艺参数，拉拔工艺流程包括为丝材拉拔所作的组织准备和表面准备，以及拉拔过程中模具和润滑方式的选择、总减面率的确定和道次减面率的分配等内容。过程决定结果，同一牌号的丝材，因生产工艺流程不同，可得到完全不同的力学性能和工艺性能；不同种类、不同牌号的丝材，因生产工艺流程相同，可得到力学性能和使用性能相似的成品。

减面率增大意味着丝材变形量增大，必然导致拉拔力（P）和变形功（W）的增大。如其他条件不变（模孔角度是适宜的），单纯增大减面率，主要增大的是拉拔有效功（W_0），而摩擦功（W_R）略有增加，附加变形功（W_s）增加甚微，因而变形效率明显提高。但安全系数（K）却随着减面率的增加而降低（原因是抗拉强度的增加没有拉拔应力增加的快），断线机会增多，所以拉拔道次减面率需要严格控制。

半成品丝材的拉拔总减面率要根据组织结构、变形能力、用途确定，成品丝材的拉拔总减面率主要根据产品标准中的各项技术指标确定，无相应标准时根据用途确定。道次减面率的分配需考虑丝材的变形抗力、冷加工强化系数，拉拔润滑和冷却方式、力学性能和工艺性能要求等。下面以钢丝为例，介绍几类钢丝较先进的工艺流程和道次减面率的分配特点。

13.6.6.1 低碳和低合金结构钢丝

代表牌号 Q195、Q235、08Al、10~25、08Mn2Si。低碳和低合金结构钢丝品种多、用途广、产量大。按品种分有：光面钢丝、镀锌钢丝、焊丝；按用途分有：编织、牵拉、捆绑、制钉、文教用品、通信电缆架空线、铠装电缆、焊条或气体保护焊用钢丝。该类钢丝塑性良好，变性抗力低，冷加工强化缓慢，盘条经机械除鳞、黄化、涂石灰后即可拉拔，拉拔总减面率可高达 90%以上。现代化工艺流程多选用专业流水线，高速拉拔。镀锌钢丝原先普遍采用先拉后镀工艺生产，但热镀造成钢丝抗拉强度和扭转性能较大幅度下降，为保证成品力学性能，现在多采用先镀后拉，或中镀后拉（先拉到中间规格，镀后再拉到成品）工艺生产。气体保护焊丝在成品前 1~2 个道次镀铜，成品缠线轴交货。

（1）光面钢丝工艺流程：控轧控冷盘条→机械除鳞（反复弯曲、刷除、喷丸）→表面清洗→涂硼砂→烘干→连续拉拔（直线式拉丝机，干式润滑）→再结晶退火→机械除鳞→涂硼砂→烘干→连续拉拔→成品。

（2）先镀或中镀后拉镀锌钢丝：半成品钢丝→连续炉正火处理→在线酸洗→水洗→电解酸洗→水洗→助镀→烘干→第一次镀锌→助镀→烘干→第二次镀锌→收线→连续拉拔（直线式拉丝机，脂状润滑或水箱拉丝机，水性润滑）→成品。

（3）气体保护焊丝：半成品钢丝→再结晶退火→酸洗→高压水冲洗→涂硼砂→烘干→连续拉拔（直线式拉丝机，干式润滑；成品转水箱拉丝机，水性润滑）→在线镀铜（电镀）→光亮拉拔（油性润滑剂拉拔1~2个道次）→工字轮收线→精绕（标准线轴密排层绕）→真空封装。

（4）减面率的分配（光面钢丝）：最大总减面率≤94%，道次减面率24%~35%，递减分配。

（5）先镀或中镀后拉镀锌钢丝：根据抗拉强度要求确定总减面率，脂状润滑拉拔道次减面率22%~28%，递减分配；水箱拉拔道次延伸系数1.2~1.22（塔轮速比$\gamma=1.2$），成品延伸系数1.15~1.17（收线速比$\gamma=1.16$）。

（6）气体保护焊丝：根据抗拉强度要求确定总减面率，干式润滑道次减面率20%~26%，递减分配。水箱拉拔道次延伸系数1.2~1.22（塔轮级比$\gamma=1.2$）。

13.6.6.2　冷镦钢丝

代表牌号ML15、ML35、ML15MnB、ML30CrMo、ML30CrMnSiA。冷镦成型是一种不均匀变形，变形速度快、变形程度大、尺寸精度要求高，冷镦钢丝必须有良好的冷镦性能和尺寸精度。冷镦性能好指钢的变形抗力要低，变形能力要大，在化学成分固定的条件下，具有粒状珠光体组织的钢变形抗力最低，变形能力也较大，所以冷镦钢丝理想组织是粒状珠光体，最好是3级粒状珠光体。为保证表面质量和组织均匀性，冷镦钢丝不允许用热轧盘条直接拉拔出成品，一般需经两个和两个以上退火+拉拔循环出成品。

（1）工艺流程：热轧盘条→球化退火（气体保护）→酸洗→黄化（涂石灰）→烘干→拉拔（连续拉丝机，干式润滑）→再结晶退火（气体保护）→酸洗→黄化（磷化）→涂石灰（涂硼砂）→烘干→拉拔（单拔或2~3道次连拔，干式润滑）→成品。

（2）减面率的分配：半成品拉拔总减面率不小于45%，成品总减面率根据产品标准抗拉强度要求确定。半成品道次减面率控制在22%~32%范围内，递减分配。成品大多数轻拉1道次（道次减面率≤25%）。

13.6.6.3　弹簧钢丝、制绳钢丝、帘线用钢丝、切割钢丝、胎圈钢丝、橡胶软管增强用钢丝等

代表牌号：弹簧钢丝常用牌号65Mn、70、82B、T9A、制绳钢丝常用45~82B、胎圈钢丝常用65~T9A 、帘线用钢丝常用72A~82B、橡胶软管增强用钢丝$w(\mathrm{C})\geqslant0.57\%$、伞骨用钢丝常用55、辐条用钢丝常用45。该类钢丝的一个共同特点是要求钢丝具有良好的强韧性，索氏体组织是碳素钢中强韧性最好的显微组织，因此，拉拔前进行适当的预处理获得索氏体组织，然后通过拉拔获得适宜的力学性能和工艺性能是该类钢丝的共同工艺流程。中、高碳钢抗拉强度是随着碳含量增大逐步升高的，在化学成分固定后，索氏体组织的起始抗拉强度最高，冷加工强化速率最快、能承受的总减面率最大。索氏体组织的优劣又可以通过3项工艺参数区分：索氏体化率、索氏体片间距和索氏体组织均匀性。这3项工艺参数与钢丝的强韧性和制簧后的疲劳寿命直接挂钩，索氏体化率越高、片间距越小、组织均匀性越好，强韧性和疲劳寿命值也越高。索氏体组织可通过盘条控轧控冷、连续炉

正火处理、连续炉铅淬火处理或连续炉水浴处理获得，其中连续炉铅淬火处理获得的索氏体组织，索氏体化率高、片间距小、组织均匀性最好；连续炉正火处理获得的索氏体组织，索氏体化率高、片间距偏大，组织均匀性稍差；控轧控冷盘条索氏体化率低、片间距和组织均匀性仅次于正火组织；连续炉水浴处理索氏体化率仅次于铅淬火处理，但片间距和组织均匀性波动很大，大规格钢丝易产生铁素体，小规格钢丝易产生变态珠光体或马氏体，目前主要用在中等规格的帘线钢丝和制绳钢丝生产中。

（1）弹簧钢丝、制绳钢丝、胎圈钢丝、橡胶软管增强用钢丝等。

1）弹簧钢丝工艺流程：控轧控冷盘条→酸洗→磷化→涂硼砂（涂石灰）→烘干→连续拉拔（直线式拉丝机，干式润滑）→连续炉铅淬火（铅浴）处理→酸洗→磷化→涂硼砂（皂化）→烘干→连续拉拔（直线式拉丝机，干式润滑；$\phi \leqslant 0.6$mm 成品，水箱式拉丝机，水性润滑）→成品。

2）减面率的分配：总减面率根据弹簧组别（抗拉强度）计算确定。第 1 道次选用 ≤25%的道次减面率，保证形成良好的润滑膜，第 2 道次保持或选用稍小点的道次减面率 ≤24%拉拔，随后逐道次减小拉拔道次减面率，为改善表面残余应力，提高弯曲、扭转性能，最后两个道次的减面率最好控制在 15%和 13%左右。拉拔 60~45 钢时，每个道次的减面率可酌情提高 1%~3%。水箱拉拔的道次减面率应按塔轮及成品卷筒（线轴）的速比分配。先镀后拉的帘线用成品钢丝通常选用多道次、小减面率（12%~14%）拉拔，选用的水箱拉丝机的塔轮速比一般较小（$\gamma=1.16\sim1.17$、成品道次 $\gamma=1.12$），拉拔道次较多（22~25 道）。

碳素弹簧钢丝的应变时效脆化效应随着碳含量和冷拉减面率的提高而更加显著，时效脆化效应显著表示钢丝在更低的温度下就开始产生时效脆化效应，在更短时间内就变脆了，因此拉拔该类钢丝时应更加注重润滑剂的选用、更加注重拉丝机卷筒和模具的冷却，力争在整个拉拔过程中钢丝表面温度不超过 150℃，在模具出口处钢丝的瞬时温度不超过 200℃。

该类钢丝中工艺流程大同小异，制绳钢丝（强度级别不高的）、胎圈钢丝、橡胶软管增强用钢丝、伞骨钢丝、辐条钢丝常用正火代替铅浴。生产高强度和超高强度弹簧钢丝用盘条第一循环就必须进行铅淬火处理，为缩小片间距和改善组织均匀性，钢丝必须经两次和两次以上铅淬火再出成品。

（2）帘线用钢丝、切割钢丝、胎圈钢丝、橡胶软管增强用钢丝。该类钢丝必须进行表面镀铜处理，镀铜又分为：先拉后镀和先镀后拉两种，现代化镀铜作业线在高速运行过程中很难实现不停车卸线，在更换工字轮时须将钢丝从溶液中提起，生产线上安装了 7 台提升装置。

胎圈钢丝、橡胶软管增强用钢丝镀青铜作业线工艺流程：工字轮放线（恒张力）→回火处理→冷却水槽→提升装置→电解酸洗→提升装置→冷水冲洗→提升装置→电解脱脂→提升装置→热水冲洗→冷水冲洗→提升装置→镀青铜→镀青铜→提升装置→冷水冲洗→热水冲洗→热风干燥→涂库玛隆（0.02~0.25g/kg）→工字轮收线（恒张力）。

制作子午线轮胎的帘线用钢丝素有钢丝中“皇后”之称，该类钢丝成品规格小（ϕ0.15~0.38mm）、表面洁净度高、回弹性（平直度）好、与橡胶有良好的黏合性能，近年来为满足橡胶骨架轻量化的要求，帘线用钢丝从普通强度（NT）向高强度（HT）、超高强度（ST）和特高强度（UT）方向发展。生产帘线用钢丝必须选高纯钢盘条，半成的生产流程与高强度弹簧钢丝相同，成品采用先镀（黄铜）后拉工艺，以 2×0. 30ST 型超高强度钢帘线用钢丝生产为例，典型工艺流程为：帘线用钢丝工艺流程：C92Crϕ5. 5mm 盘条→粗拉到 ϕ3. 14mm→铅淬火处理→中拉到 ϕ1. 8mm→铅淬火处理→电解酸洗→冷水冲洗→碱性镀铜→热水冲洗→酸性镀铜→冷水冲洗→酸性镀锌→热水冲洗→热扩散→表面处理（磷化）→热水冲洗→湿式拉拔到 ϕ0. 30mm→工字轮收线（恒张力）。

切割钢丝的生产流程与帘线用钢丝相同，只是切割钢丝的规格范围比帘线用钢丝更小，对钢丝尺寸精度、抗拉强度均匀性要求更高，对表面洁净度和钢丝的平直度要求更严。切割钢丝半成品的生产流程与高强度弹簧钢丝相同，成品需要先镀黄铜后拉拔，也有用直线式拉丝机先拉拔几道次，然后再镀黄铜。以 ϕ5. 5mm C92(E) 钢盘条拉拔 ϕ0. 12mm 钢丝为例，切割钢丝生产工艺流程为：切割钢丝工艺流程：C92Crϕ5. 5 mm 盘条→表面处理（涂硼砂）→粗拉到 ϕ3. 0 mm→铅淬火处理→表面处理（磷化）→中拉到 ϕ1. 45 mm→铅淬火处理→电解酸洗→冷水冲洗→碱性镀铜→热水冲洗→酸性镀铜→冷水冲洗→酸性镀锌→热水冲洗→热扩散→表面处理（磷化）→热水冲洗→湿式拉拔到 ϕ0. 12 mm→工字轮收线（恒张力）→真空封装。

从生产工艺流程可以看出，切割钢丝的生产可分为 3 部分：粗拉、中拉和成品拉拔。

1）粗拉。将 ϕ5. 5 mm 盘条先进行表面处理，包括清除表面氧化皮、涂上合适的涂层、烘干后采用直进式拉丝机，干式润滑剂，用 7 个道次拉到 ϕ3. 0 mm。目前国内多选机械除氧化皮、在线清洗、硼砂涂层、烘干、拉拔的工艺路线。该工序要点是表面氧化皮必须去除干净，拉拔过程中钢丝表面不应产生划伤。

2）中拉。钢丝先进行铅淬火处理，此时要注意工艺控制，使钢丝显微组织细化，全部转变为索氏体，力学性能达到均匀一致（抗拉强度同批差小于 30 MPa）。中拉用 10 个道次直接拉到成品前尺寸 ϕ1. 45mm。因总道次压缩率加大，必须采用附着和润滑效果更好的磷化涂层。该工序首次对钢的显微组织进行调整，应配以检测和监控手段，加强对抗拉强度均匀性的监控。中拉过程中要对模具、润滑剂、拉丝机冷却系统进行严格控制，彻底改善钢丝表面质量。

3）成品拉拔。拉拔成品前铅淬火处理的目的是对钢丝显微组织进行精细调整，获得片间距更小的索氏体组织（或托氏体、下贝氏体组织），严格地说应根据化学成分调节铅淬火工艺才能达到预期效果。电解酸洗和镀黄铜是为较高道次压缩率拉拔作准备，该工序是技术含量高，设备（包括扩散炉）配置水平起决定性作用的工序，不少企业宁可花大价钱也要引进国外先进设备是值得的。目前国内多采用两步法镀黄铜，先镀铜，后镀锌，再通过热扩散处理形成黄铜。热扩散处理时，最外层黄铜中的锌发生氧化反应，形成氧化锌薄膜，不利于湿式拉拔，必须用磷酸进行清洗，使之转化成磷化膜，暂且也称为磷化。

钢丝减面率的分配：成品钢丝使用钻石模、水性润滑剂在水箱式拉丝机中，用 30 道次从 ϕ1. 45mm 直接拉拔到 ϕ0. 12mm。切割钢丝用水箱式拉丝机的道次压缩率一般控制在 14. 5%、13. 8%、12. 5%左右，成品道次压缩率一般控制在 6%左右[3]。因为细丝不出量，生产厂的水箱式拉丝机数量庞大，往往有成百上千台。

用水箱式拉丝机生产 ϕ0. 12mm 切割钢丝的典型拉拔工艺流程：ϕ1. 45mm→1. 36mm→1. 22mm→1. 10mm→0. 98mm→0. 88mm→0. 78mm→0. 70mm→0. 63mm→0. 57mm→0. 52mm

→0. 475mm→0. 435mm→0. 40mm→0. 368mm→0. 34mm→0. 315mm→0. 292mm→0. 27mm→0. 25mm→0. 233mm→0. 216mm→0. 20mm→0. 187mm→0. 175mm→0. 163mm→0. 152mm→0. 142mm→0. 133mm→0. 124mm→0. 12mm。如果前 10 道次选用冷却性能良好的直进式拉丝机，采用干式润滑拉拔，然后再用水箱拉丝机拉拔成品，整个拉拔道次可适当减少，成品抗拉强度有所提高。典型拉拔工艺流程：ϕ1. 45mm→1. 30mm→1. 16mm→1. 04mm→0. 94mm→0. 85mm→0. 765mm→0. 69mm→0. 63mm→0. 57mm→0. 52mm→0. 47mm→0. 43mm→0. 39mm→0. 355mm→0. 325mm→0. 30mm→0. 275mm→0. 252mm→0. 232mm→0. 214mm→0. 198mm→0. 182mm→0. 168mm→0. 155mm→0. 143mm→0. 133mm→0. 124mm→0. 120mm。比较两种工艺流程可以看出：减少 2 个拉拔道次主要是依靠加大前面道次的压缩率实现的。通过减少拉拔道次来提高成品钢丝的抗拉强度，而又不明显降低钢丝韧性的工艺调整原则基本如此。

目前切割钢丝的常用规格为 ϕ0. 18~0. 08mm，成品抗拉强度高 3500~4000MPa，从减面率的分配可以看出：钢丝抗拉强度越高，必须选用更小的道次减面率拉拔，才能保证拉拔顺利进行。

13. 6. 6. 4　合金弹簧钢丝

代表牌号 50CrV、55CrSi、60Si2Mn。合金弹簧钢丝有两种交货状态：油淬火-回火状态，弹簧厂收货后直接缠簧，成型后只要进行消除应力处理即可使用，因为油淬火-回火钢丝规格太大时缠簧困难，油淬火-回火钢丝的供货规格基本在 ϕ5. 0~13. 0mm 范围内。另一种状态是轻拉状态，轻拉状态钢丝盘形整齐、不易出死弯，弹簧厂缠簧后再进行油淬火-回火处理。对油淬火-回火处理而言，细片状珠光体是理想组织，所以合金弹簧钢丝选用再结晶退火软化。合金弹簧钢变形抗力和冷加工强化系数适中，表面处理、模具和润滑剂的选择相对宽松。拉拔总减面率和道次减面率控制在常规范围内。为获得大盘重钢丝，最后一道拉拔推荐采用倒立式拉丝机。

（1）工艺流程：控轧控冷盘条→再结晶退火→酸洗→黄化（涂石灰）→烘干→拉拔（2~4 道次连拔，倒立下线，干式润滑）→再结晶退火（气体保护）→酸洗→镀铜（磷化）→涂硼砂（涂石灰）→烘干→拉拔（单拔或 2~3 道次连拔，倒立下线，干式润滑）→成品→油淬火-回火处理。

（2）减面率的分配：总减面率控制在 55%~65%，第 1 道次减面率 25%左右，其他道次从 25%→20%递减分配。轻拉交货成品总减面率控制在 20%（ϕ≤8. 0）、30%（ϕ≤5. 0）和 50%（ϕ≤1. 5）以下。

13. 6. 6. 5　碳素工具钢丝、合金工具钢丝和轴承钢丝

代表牌号 T12A、9SiCr、9CrWMn、GCr15。工具钢丝的碳含量高，钢中不变形碳化物的含量大，拉拔塑性较差，需通过球化退火提高钢的塑性变形能力。但所有工具钢丝制成零部件后均要进行淬火-回火处理，为防止碳化物过分聚集、长大，给淬火带来麻烦，球化时通常选用贴近 Ac_1 的较低温度。对于碳含量大于 0. 90%以上的工具钢盘条，球化退火后第一循环拉拔要严格控制总减面率，即使塑性好，拉拔总减面率也不宜超过 55%，防止碳化物破碎形成的孔洞达到退火无法修复的程度。碳素工具钢的氢脆敏感性强，酸洗后要借助高温烘烤排除吸附氢气，当断面收缩率恢复到 30%以上再拉拔。轴承钢丝需进行冷镦加工，通常选用较高球化温度（780~800℃），以获得 2. 0~4. 0 级球化组织。

（1）工艺流程：热轧盘条→球化退火→酸洗→黄化（涂石灰）→烘烤→拉拔（2～5道次连拔，倒立下线，干式润滑）→再结晶退火（气体保护）→酸洗→黄化（磷化）→涂石灰（涂硼砂）→烘烤→拉拔（单拔或2～3道次连拔，倒立下线，干式润滑）→再结晶退火（气体保护）→成品。

（2）减面率的分配：根据钢种和牌号，盘条总减面率原则不超过55%，随着拉拔+退火循环次数增加，总减面率可加大到65%左右。碳素工具钢丝和合金工具钢丝的道次减面率控制在20%～25%范围内；轴承钢丝的道次减面率控制在22%～32%范围内，递减分配。

13.6.6.6 奥氏体不锈钢丝及高温合金、精密合金丝

代表牌号12Cr18Ni9、3J9、GH2132。奥氏体钢冷加工塑性好，拉拔总减面率达到90%时仍有良好的残余塑性，其断面收缩率和伸长率要大于经同等减面率拉拔的碳素弹簧钢丝；因为奥氏体钢是单相组织，位错线的分散度不如索氏体钢，其弯曲和扭转值远小于碳素弹簧钢丝。奥氏体钢变形抗力大（是中、低碳钢的1倍以上），冷加工强化快，可选用较大的道次减面率拉拔，但拉拔温升要高于其他钢丝。奥氏体钢一般均含有大量的Cr和Ni，具有良好的耐蚀性能，但因其氧化皮化学稳定性好，很难彻底清除；又不与磷化液反应，无法形成转换型磷化膜，将润滑剂带入变形区的难度增大。所以奥氏体钢丝的表面处理工艺不同于其他钢丝，需选用特种涂层，拉拔时必须选用极压添加剂含量高的耐温、耐压的专用润滑剂，拉拔后要及时去除残留润滑膜。奥氏体钢丝无明显的应变时效脆化效应，适当提高拉拔温度，变形抗力有所下降，反而有利于塑性变形。

（1）工艺流程：热轧盘条→固溶处理→碱浸→三酸洗→中和→涂覆特种涂层（涂盐石灰）→烘干→连续拉拔（不锈钢用拉丝粉，干式润滑）→去除残余润滑膜→连续炉光亮热处理→在线涂层（特种涂层）→烘干→连续拉拔（不锈钢专用拉丝粉，干式润滑；$\phi \leqslant 1.5$mm成品，可选用油性润滑剂；$\phi \leqslant 0.4$mm成品，水箱式拉丝机，水性润滑）→去除残余润滑膜（指干式润滑）→冷拉成品（→连续炉光亮热处理→软态成品）。

（2）减面率的分配：第1道次选用最大减面率28%～35%，$\phi \leqslant 1.5$mm选上限，$\phi > 10.0$mm选下限。第2、3道次降至20%～25%，半成品钢丝从第4道次起，道次减面率在20 %左右持平或略有降低。对弹簧钢丝成品，为改善表面残余应力，提高弯曲、扭转性能，从第4道次起减面率应持续下降，最后两个拉拔道次的减面率应控制在15%或更低水平。

13.6.6.7 铁素体不锈钢丝、超低碳奥氏体不锈钢丝

代表牌号022Cr11Ti、10Cr17、0Cr25Al5。铁素体和超低碳钢变形抗力低、冷加工塑性好，能承受的总减面率不次于奥氏体钢，但因冷加工强化速率低，道次减面一般不应大于25%，否则拉拔时断线几率很高。该钢表面处理工艺与奥氏体钢相同，对拉拔润滑剂耐温耐压要求、对模具和拉丝机的冷却要求可适当放松。

（1）工艺流程：热轧盘条→高温退火→碱浸→三酸洗→中和→涂覆特种涂层（涂盐石灰）→烘干→连续拉拔（不锈钢用拉丝粉，干式润滑）→去除残余润滑膜→连续炉光亮退火→在线涂层（特种涂层）→烘干→连续拉拔（不锈钢用拉丝粉，干式润滑；$\phi \leqslant 1.5$mm成品，可选用油性润滑剂；$\phi \leqslant 0.4$mm成品，水箱式拉丝机，水性润滑）→去除残余润滑膜（指干式润滑）→成品。

（2）减面率的分配：适宜用较小减面率多道次拉拔，第 1 道次减面率控制在 22%～25%，含碳低的牌号选用下限，以后各道次的减面率可维持在 20%左右。

一般认为铁素体钢韧性低，拉拔时易断丝，实际上铁素体钢的韧性非常好和奥氏体钢一样，可承受 93%以上总减面率的拉拔，拉拔断丝的原因是铁素体钢冷加工强化速率低，无法承受一般钢丝那么大的道次减面率。因为超低碳奥氏体不锈钢丝的冷加工强化速率同样也低，所以拉拔这两类钢丝的工艺要点是：小减面率，多道次拉拔。

13.6.6.8　马氏体钢丝

代表牌号 25Cr2Ni4W、3Cr2W8V、30Cr13、14Cr17Ni2。马氏体钢需要退火软化才能拉拔，对于高镍马氏体钢（25Cr2Ni4W），Ac_1点降到 680℃以下，C 曲线右移，只能采用在相变以下温度（类似于高温回火的温度）长时间退火的方法软化 。对于中碳马氏体钢（3Cr2W8V），为了制成品淬火方便，也不主张采用球化退火工艺，通常选用贴近 Ac_1点再结晶退火软化。马氏体钢的冷加工塑性较好，冷加工强化速度中等，拉拔总减面率一般控制在 50%～75%，随拉拔+热处理循环次数的增多，总减面率可适当加大。道次减面不宜太大，提倡按缓慢递减分配。马氏体不锈钢的表面处理可执行铁素体不锈钢丝的工艺。特别值得注意的是冷拉后的半成品钢丝应及时退火，退火不及时极易产生表面应力裂纹。

（1）工艺流程：热轧盘条→软化退火→酸洗→黄化（涂石灰）→烘干→拉拔（2～5 道次连拔，倒立下线，干式润滑）→再结晶退火（气体保护）→酸洗→黄化（磷化）→涂石灰（涂硼砂）→烘干→拉拔（单拔或 2～3 道次连拔，干式润滑）→再结晶退火（气体保护）→成品。

（2）减面率的分配：第 1 道次减面率控制在 25%～28%，以后各道次的减面率逐渐降到 20%左右。

13.6.6.9　莱氏体钢丝

代表牌号 Cr12MoV、9Cr18、W6Mo5Cr4V2。莱氏体钢中的一次碳化物又硬又脆，无塑性变形能力，在拉拔过程中逐步破碎成小块碳化物和空洞，如及时退火，空洞得到修复，钢的塑性稍有改善。所以莱氏体钢丝只能用适度拉拔+及时退火的方法进行冷加工，经两个道次拉拔+退火循环后钢丝塑性变形能力可达到 T12A 的水平。莱氏体钢酸洗时渗氢强烈，9Cr18 是氢脆敏感性最强的牌号之一，酸洗后要借助高温烘烤排除吸附氢气，然后再漂洗去除烘烤时形成的氧化膜，才能保证涂层吸附牢靠。钢丝氢脆的表现是抗拉强度几乎无变化，而断面收缩率急剧下降，因此，可通过检测断面收缩率来确定除氢效果，钢牌号不同，判定标准可定在大于 25%或大于 30%。

（1）工艺流程：热轧盘条→球化退火→碱浸→酸洗→200℃以上烘烤去氢→酸漂洗→黄化（皂化或特种涂层）→烘干→拉拔（单次拉丝机，干式润滑）→再结晶退火（气体保护）→碱浸→酸洗→200℃以上烘烤去氢→酸漂洗→特种涂层（皂化）→烘干→拉拔（单次拉丝机，干式润滑）→去残余润滑膜→再结晶退火（气体保护）→成品。

（2）减面率的分配：热轧盘条第 1 次拉拔总减面率严格控制在 45%以下，分两次拉拔。如盘条终轧温度偏高，拉拔塑性差，第 1 道次能拔多少是多少，但道次减面率不得超过 25%。如盘条终轧温度控制得当，即使拉拔塑性良好，也只允许拔两个道次，否则不及时修复内部空洞，根本就拉不下去了。两个循环以后就可酌情增加拉拔道次，即使钢丝直径小到 ϕ2.0mm 以下，拉拔道次也不要超过 4 次，平均道次减面率不宜超过 20%。

13.7　拉拔常见缺陷

由拉拔工艺、拉拔设备或操作不当造成的丝材常见缺陷有以下几种。

13.7.1　内裂

丝材在拉拔过程中金属变形不均匀，芯部承受的拉应力最大，中间层次之，表面最小（见 7.3.3 小节），如果模具工作区角度过大或润滑不良，表层与芯部承受的拉应力差距将进一步增大。另一方面丝材芯部组织结构难免存在疏松、空穴或夹杂等个别缺陷（用连铸坯生产的盘条更难避免）。加上拉拔总减面率或道次减面率偏大，丝材剩余塑性不足。三个因素结合在一起，往往造成丝材芯部出现人字形内裂，见图 13-29。

从图 13-29 可以看出：芯部人字形内裂在拉丝模变形区内开始形成，呈周期性的断续分布，有裂纹处丝材直径通常会缩小；芯部有内裂的丝材表面色泽不一，呈现竹节形，手摸很容易感觉到丝材直径有周期性地缩小。采用连铸坯生产 65Mn 碳素弹簧钢丝时偶尔会出现这种缺陷，65Mn 钢丝铅淬火处理后抗拉强度较高（1080～1120MPa），热处理后钢丝表面需经磷化+涂硼砂（或磷化+皂化）处理，再经通过 4～10 个道次的拉拔，抗拉强度才能达到相应标准要求。

拉拔过程中，遇到阴雨天气磷化层极易返潮，有时拉到中间道次时出现返潮，造成表面润滑性能急剧下降，钢丝产生剧烈震动，发出周期性的尖叫声，俗称“叫模”，钢丝表面呈现竹节形，黑白色泽不一的花纹。此时如遇上钢丝芯部有残余缩孔和疏松，就可能形成芯部人字形内裂缺陷，用手摸可以感觉到钢丝直径的变化。据分析润滑不良导致钢丝摩擦力急剧增大，表层金属流动受阻，钢丝中心与表层轴向拉应力差距也随之加大，此时，如钢丝芯部存在冶金缺陷极易引发内裂，内裂沿拉拔方向逐层向表面扩展，形成“人字形”。在裂纹的形成和扩展处钢丝直径缩小，压应力减小，摩擦应力随之减小，拉应力也恢复正常。钢丝继续前进又会遇到同样问题，形成新的内裂，所以中心内裂呈现一定的周期性。除上述润滑不良造成的拉拔内裂事例外，难变形钢丝的过度拉拔也是比较常见的，但往往是内裂和表裂同时出现。

13.7.2　应力裂纹

冷拉丝材的表层受内层膨胀力的作用，产生圆周向拉应力。众所周知，处于拉应力下金属材料在腐蚀性气氛中极易形成应力腐蚀开裂，开裂通常分布在丝材的表层，有可能是纵向的，也有可能是横向的，见图 13-30 中 a 和 b。

应力裂纹的表观通常是断续分布、弯曲行进的线段，裂纹两端均为尖角，如果继续加工，或随着时间的推移，裂纹有明显的扩展趋势。当丝材塑性不足或过度拉拔也会产生应力裂纹，裂纹往往呈头部开裂状，图 13-30 中 c 是易切削钢丝（Y40Mn）第 3 道次拉拔（$Q>55\%$）时呈现的头部应力开裂。实际生产中遇到过轴承钢丝（GCr15）因热处理工艺不当，内部产生变态珠光体组织，拉拔过程中在组织异常处出现类似 c 图的应力开裂，而且开裂处的形状像搓衣板一样规则。

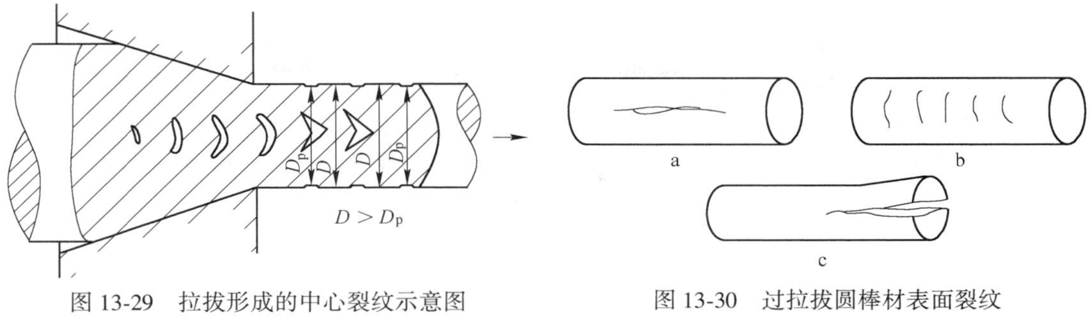

图 13-29　拉拔形成的中心裂纹示意图
D—丝材直径；D_p—裂纹处丝材直径

图 13-30　过拉拔圆棒材表面裂纹
a—纵向应力裂纹；b—横向应力裂纹；
c—低韧性合金的头部开裂

13.7.3　扭曲

冷拉丝材的扭曲是弹性后效在长度方向上的体现，冷拉丝材在拉拔力消失后存在着长度缩短的趋势，变形程度越大，长度方向缩短的趋势也越大，如果丝材四周变形程度不均，弹性后效作用必然使盘卷丝材产生扭曲，扭曲严重时整卷料呈“∞”字形或球形。产生扭曲的根本原因是拉拔时拉拔方向与模孔轴心未重合，造成丝材变形不对称和不均匀，具体影响因素涉及模具，润滑、卷筒和操作 4 个方面。当然热处理性能不均也是不可忽视的重要因素。

首先应保证模具的镶套质量，模芯与模套必须同芯，模具出口端面必须与模孔轴线垂直；要彻底去除丝材表面氧化皮，并涂敷适当的润滑载体（磷化、硼砂、皂化等涂层），选用适当的拉丝润滑剂；要防止因丝材与模具接触面质量的动态变化，涂层和润滑剂质量不好造成局部摩擦条件改变，使丝材外表面受力不均、变形的对称性遭到破坏。

拉丝卷筒和拉丝模盒的相对位置对防止丝材扭曲有决定性的影响，卷筒收线点与模具出口处应保持在同一水平线上；保证丝材以切线方向卷到拉丝卷筒上，即丝材运动方向与卷筒收线点到卷筒中心连线成 90°角，生产中主要依靠调整拉丝模盒的高度，以及与模盒卷筒的相对角度达到上述要求。因为拉拔过程中模孔和丝材的直径不断变化，操作工必须适时调整模盒位置，调整原则是：丝材进入模盒点，离开模具点和卷筒收线点必须在一条水平线上，俗称三点一线。同时必须调整好模盒与卷筒的相对角度保证丝材以切线方向卷到拉丝卷筒上。当然上述调整全凭经验，以丝材盘形作为衡量标准，“三点一线”调整目标是盘卷无“元宝形”扭曲；“切线方向”调整目标是盘卷规整，无胀缩圈。调整盘卷形状也有一些技巧，如常用套模生产改善润滑、保证进线方向与模孔轴线重合，即在工作模前套一个孔径比丝大 0.02~0.05mm 的模具；又如在拉拔后迫使丝材通过一组平、立辊式矫直器再缠绕等，均能有效防止丝材产生扭转变形。

另外为保证拉拔时丝材自动向上滑动，不会造成表面擦伤和扭曲，拉丝卷筒根部通常加工成圆弧状，圆弧 $R \geqslant 2d$（d 为最大进线丝材的直径）；卷筒积线区通常带一定锥度，锥度随丝材直径减小而增大，随丝材抗拉强度增大而减小，直径 ϕ3.0~10.0mm 锥度一般控制在 2.0°~1.0°，ϕ3.0~1.0mm 锥度一般控制在 2.0°~3.0°。生产较小规格（$\phi \leqslant$ 1.5mm）丝材时，拉丝卷筒直径太大，往往造成丝材的丝纵向不均匀增大，每一圈丝材都力求恢复其自然弯曲度，常常往往造成整盘丝扭成“∞”字形或球形，因此要控制卷筒直径，不得大于丝材直径的450~500倍，细钢丝（$\phi \leqslant 0.5$mm）取上限倍率。

生产较小规格（$\phi \leqslant 1.5$mm）丝材时，对卷筒直径还有一个下限要求。丝材拉拔后需在拉丝卷筒上盘绕成卷，有的需要经矫直器后重新盘绕，此时丝材均要承受弯曲变形，但应保证丝材外圈表面的伸长率（λ_w）不得超过丝材均匀伸长率（屈服点延伸率）。丝材外圈表面的伸长率可用下式计算，最终导出拉丝卷筒最小直径的计算公式（13-40）。

$$\lambda_w = \frac{1/2(D + 2d)\alpha - 1/2(D + d)\varepsilon}{1/2(D + d)\alpha} = \frac{d}{D + d}$$

$$D_{min} > \frac{d(1 - \lambda_w)}{\lambda_w} \tag{13-40}$$

如冷拉碳素弹簧钢丝的均匀伸长率（A_e）为0.8%，则$\lambda_w = A_e$，$D_{min} > 124d$。经研究发现：弯曲产生的附加变形使丝材抗拉强度降低、伸长率略有上升，抗拉强度越高的丝材变化越明显。抗拉强度降低幅度还与弯曲率相关，卷筒或矫直轮直径越小降幅越大，一般认为：拉丝卷筒或收线工字轮直径$D > 250d$时，弯曲不致引起显著塑性变形，不会对丝材力学性能产生明显影响。

13.7.4　拉拔断裂

丝材生产的理想状态是拉拔顺畅，质量稳定，但拉拔毕竟受多种因素制约，其中任何一因素发生变化，改变了塑性变形条件，就会出现拉拔断裂现象，根据多年生产实践，引发拉拔断裂的因素依次有以下几种，生产中应分别采取相应措施加以防范，保证拉拔顺畅。

（1）模孔内表面不完善：包括模孔工作区角度超出最佳度范围、定径区过长、入口锥和出口锥轴线倾斜或角度偏小，上述缺陷需通过模具修整解决。

（2）丝材与模具接触摩擦力增大：包括涂层和润滑剂受潮，或模孔磨损严重、表面粗糙度高、变形区入口出现环状凹陷，无法建立有效润滑膜；润滑剂活性、黏附性差，或耐热、耐压性能不足，造成丝材与模孔内表面出现点状熔接；模具和卷筒冷却不足，丝材拉拔温升超出允许范围等。

（3）丝材表面处理不好：包括氧化皮清除不尽；对氢脆敏感的钢种，酸洗后烘烤不充分，引发氢脆断裂；丝材表面有横纹、飞刺、耳子等缺陷，或丝材在进口处急剧弯曲，丝材带入的油污或灰尘堵塞模孔等。

（4）拉拔工艺问题：包括道次减面率分配不当、拉拔速度过快、反张力选配不合适等。

（5）金属塑性储备不足：包括丝材热处理不均、局部塑性不足，难变性丝材拉拔过度等。

（6）与操作有关的因素：包括轧尖不圆滑或带飞刺，起动速度太快、冲击力大、无法建立有效润滑等。

（7）与设备有关的因素：包括拉丝机老化、传动不平稳、震动强烈，收线卷筒或水箱塔轮出沟槽夹丝等。

（8）冶金质量因素：造成丝材断裂的冶金质量因素主要有内部夹杂和组织结构缺陷。钢中夹杂一般分为外来夹杂和自生夹杂，外来夹杂指来自炼钢炉衬、钢包、水口等处的耐火材料微粒，以及炉渣微粒，其成分接近 $CaO\text{-}SiO_2\text{-}Al_2O_3$ 或 $SiO_2\text{-}MnO\text{-}Al_2O_3$，一般在低倍检测时就可发现。自生夹杂指钢水凝固过程和钢坯冷却过程中形成的 A、B、C、D 类非金属夹杂和低熔点金属的氧化物或硫化物夹杂。

组织结构缺陷分低倍缺陷和显微缺陷，低倍缺陷包括外来夹杂、中心偏析、中心疏松和冷加工过程形成的内部孔隙或空洞等；显微缺陷包括自生夹杂、显微孔隙和异常的金相组织，特别是自生夹杂中的 D 类和 B 类脆性夹杂，以及氮化铝和氮化钛等带棱角的脆性夹杂。

对于 ϕ>1.5mm 以上的钢丝引发拉拔断裂的主要原因是低倍缺陷，显微缺陷尚不足以引发拉拔断裂。对于 ϕ0.10~1.5mm 的细钢丝，引发拉拔断裂的主要原因是显微缺陷。对 ϕ<0.10mm 的特细钢丝，钢中不允许有粗系非金属夹杂物，D 类、B 类和氮化物细系脆性夹杂的粒度也不能超过丝材直径的 1/5。钢中 D 类和 B 类夹杂的粒度与 O 含量有直接对应的关系，见表 13-10，提高脱氧能力，降低钢中氧含量一直是现代冶炼技术发展的动力。

表 13-10　AOD 冶炼的 06Cr18Ni9 不锈钢中［O］含量与氧化物的关系

钢中［O］含量/$\times10^{-6}$	20μm 以上夹杂物个数	最大夹杂物尺寸/μm
20	0	1
38	50	11
43	220	13

采用不同的冶炼工艺，可以改变钢中自生夹杂物的形态、粒度大小和分布：用纯铝或以铝为主的脱氧剂时便产生脆性长链状 B 类夹杂物，用少量铝和大量硅铁脱氧产生 C 类夹杂物，用硅钙为主的脱氧剂时便产生点状不变形的 D 类夹杂物。炉外精炼和真空脱气处理可以大幅度降低钢中［O］和［N］的含量，从而改善钢的纯净度。目前提高纯净度最有效的冶炼方法是真空自耗炉重熔，其次为电渣重熔。据最新资料介绍：电子束重熔钢的气体含量和纯净度要优于真空自耗钢，但目前尚未用于工业生产。

钢的纯净度对细丝生产至关重要，尤其是极细丝（直径 ϕ<0.03mm），钢的纯净度不好，拉丝时经常断线，无法正常生产。经真空（VD 和 RH）处理的电炉和转炉钢一般均能生产出 ϕ0.1mm 细丝。电渣重熔的钢，夹杂含量较少，且弥散分布，一般均能生产出 ϕ0.03mm 细丝。对直径小于 0.03mm 的细丝，宜采用真空自耗炉重熔的钢，以保证生产稳定。另外，含钛和含铝的钢（1Cr18Ni9Ti 和 0Cr17Ni7Al），其夹杂含量较多，分布也不均匀，通常只生产直径大于 0.10mm 的细丝。

13.8　拉拔时钢丝性能变化的一般规律

13.8.1　力学性能

钢丝的力学性能通常指钢丝的强度和塑性，强度包括抗拉强度、弹性极限（$R_{p0.01}$）、屈服极限（规定非比例延伸强度 $R_{p0.2}$）和硬度，塑性包括断后伸长率和断面收缩率。拉拔时，随着减面率的增大，钢丝产生“冷加工强化”：抗拉强度，弹性极限和屈服极限增高，硬度增大；断后伸长率和断面收缩率随减面率增大而减小。不同钢种、不同牌号的钢丝的冷加工强化系数不一样，一般说来，随含碳量增大，钢丝的冷加工强化系数成正比增大，碳素钢丝的力学性能随减面率变化的规律见图 13-31[8]。在显微组织结构相同的前提下，钢丝冷加工强化系数随含碳量增大而增大，是大家普遍认知的基本规律。实际上，氮与碳具有完全相同的特性，往往被人们忽视了，氮对冷加工强化的贡献几乎与等量碳相同。因此对气体保护焊丝（08Mn2Si）和帘线用钢丝（72A）等，希望从盘条用最少循环道次直接拉拔到成品的钢丝，必须控制钢中氮含量（$\leqslant 60\times10^{-6}$或$\leqslant 40\times10^{-6}$）才能保证拉拔顺利进行。氮含量的增加还会导致钢丝的应变时效脆化效应增强。

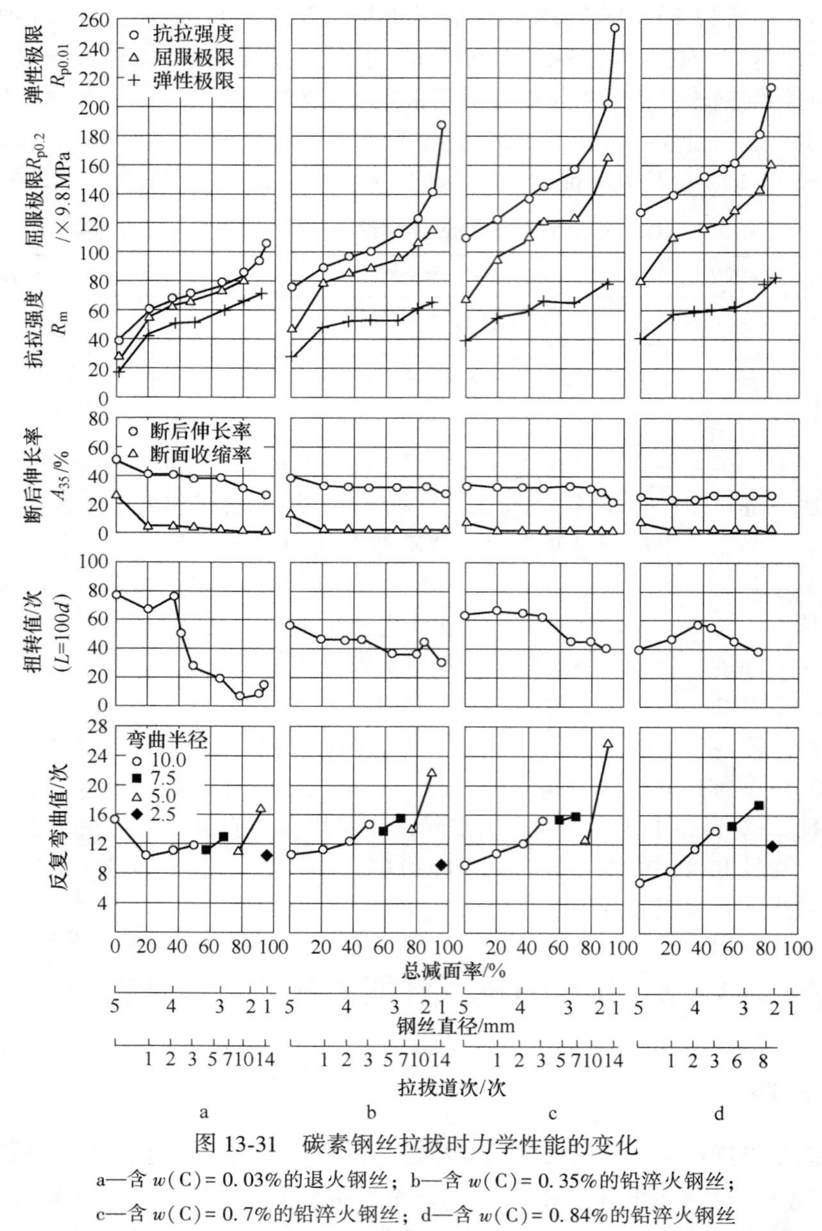

图 13-31　碳素钢丝拉拔时力学性能的变化

a—含 w(C) = 0.03%的退火钢丝；b—含 w(C) = 0.35%的铅淬火钢丝；
c—含 w(C) = 0.7%的铅淬火钢丝；d—含 w(C) = 0.84%的铅淬火钢丝

显微组织结构对冷加工强化系数有决定性的影响，从表 13-11 可以看出，在不同组织结构的碳素钢丝中，索氏体钢的冷加工强化系数最大，粒状珠光体钢的冷加工强化系数最低。广而言之，奥氏体钢的冷加工强化系数最大，铁素体钢的冷加工强化系数最低。对于同一炉号的钢，只要其组织结构相同，冷加工强化系数一般是恒定的。

表 13-11 不同牌号、不同组织结构钢丝的冷加工强化系数（K）[10]

牌 号	组织结构	抗拉强度 R_m/MPa	K, ΔR_m/1.0%q	牌 号	组织结构	抗拉强度 R_m/MPa	K, ΔR_m/1.0%q
35	粒状珠光体	440	4.2	65Mn	粒状珠光体	540	4.8
	片状珠光体	510	4.5		片状珠光体	640	5.5
	索氏体	750	6.3		索氏体	1100	8.0
T9A	粒状珠光体	620	5.3	4Cr5MoSiV1(H13)	珠光体	780	8.8
	片状珠光体	750	6.1	60Si2MnA	珠光体	750	8.0
	索氏体	1320	9.5	GCr15	粒状珠光体	650	7.7
06Cr17Ni12Mo2	奥氏体	640	12.5	10Cr18Ni9Ti	奥氏体	670	11.8
06Cr19Ni9（304）	奥氏体	650	13.7	12Cr18Ni9（302）	奥氏体	660	14.4
24Cr19Ni9Mo2（3J9）	奥氏体	780	15.4	12Cr18Mn9Ni5N（202）	奥氏体	800	15.7
04Cr24（446）	铁素体	490	4.5	022Cr11MoTi（409）	铁素体	430	4.4
3Cr13	马氏体不锈	640	6.2	08Mn2SiA	低碳马氏体	505	6.7

注：R_m 为热处理状态的抗拉强度；ΔR_m为拉拔时抗拉强度增加值；K 为总减面率 70%～85%拉拔时的平均冷加工强化系数。

13.8.2 工艺性能

13.8.2.1 成型性能

反复弯曲、缠绕和扭转是弹簧成型和服役时必须承受的应力状态，通称为韧性指标，是弹簧钢丝的重要考核指标。

图 13-31 显示，反复弯曲次数、缠绕性能和扭转次数是随拉拔减面率的增加而缓慢下降的，但又并非完全如此。因为这三项指标除受冷加工强化影响外，还受钢的化学成分、纯净度、组织结构的均匀性、气体含量（尤其是［H］含量）、钢丝残余应力的分布状况以及应变时效脆化效应的影响，而且后者的作用往往远大于前者。通过调整化学成分和拉拔工艺，钢丝在获得预定抗拉强度的同时，可以得到不同等级的韧性指标。图 13-32 给出了生产 ϕ2.0mm，抗拉强度 1600～1850MPa（160～185kg/mm^2）级制绳钢丝的几种工艺方案。

方案 a 选用 60 钢、ϕ5.5mm 热轧盘条，表面处理后直接拉拔到 ϕ2.0mm，此时抗拉强度刚达到下限要求，考虑到性能的波动，必须加大投料尺寸，但钢丝断后伸长率已降到很低水平，扭转值已超过最高点并开始下降，显然是不合适的。正确的方法是选用含碳量为 0.65%的盘条。

方案 b 选用 70 钢盘条预拉到 ϕ5.0mm，然后铅淬火，再拉拔到 ϕ2.0mm，钢丝的抗拉强度达到了上限要求，尽管断后伸长率较低，但断面收缩率和扭转值处于较好水平。

方案 c 选用 80 钢、ϕ5.5mm 盘条，首先进行铅淬火，预拉到 ϕ3.45mm，再经铅淬火后拉拔到 ϕ2.0mm。钢丝在获得期望抗拉强度的同时，断面收缩率处于高水平，扭转值也处于上升阶段。

从图 13-31 和图 13-32 两事例中可以看出碳素钢丝冷拉过程中扭转值、塑性和强度变化的某些规律：

（1）图 13-31 和图 13-32 中显示的扭转值随减面率变化的规律不一致，其中图 13-32 方案 c 显示的规律与生产实践相吻合，即扭转值在前一两道次拉拔时稍有下降，然后随减面率加大逐步回升，总减面率 72%～86%（碳含量越高，峰值出现得越早）时达到最高值，并稳定一个阶段，然后又急剧下降，出现后一种情况，通常称为冷加工过度。扭转值出现图 13-31 的情况估计与拉丝机冷却效果不太好有关，相比较图 13-32 的冷却效果明显好点。

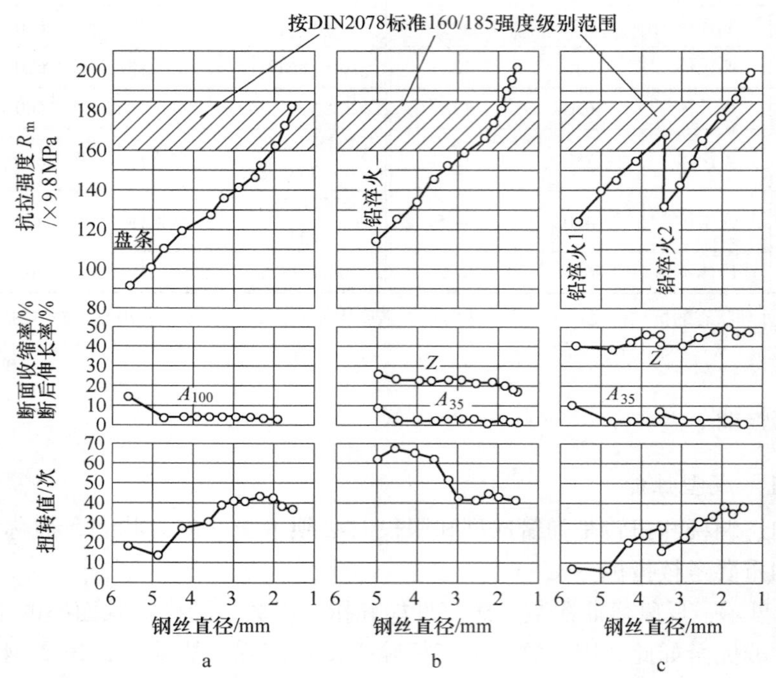

图 13-32　为获得预定抗拉强度，钢丝化学成分和工艺流程整合方式

a—w(C)= 0.60%，w(Mn)= 0.55%；b—w(C)= 0.70%，w(Mn)= 0.34%；c—w(C)= 0.80%，w(Mn)= 0.56%

（2）在拉拔工艺相同，模具、润滑和冷却亦相同的条件下，索氏体钢的扭转值最高；钢丝索氏体化程度越高，索氏体片间距越细，组织均匀性越好，扭转值越高。两次铅淬火的钢丝索氏体度更高，均匀性更好，扭转值自然偏高。此外，奥氏体晶粒度偏大，索氏体团偏大的钢丝，扭转值也明显偏高。

（3）碳素钢丝不管组织结构如何，也不管碳含量高低，在冷拔初期（减面率 35%左右）断后伸长率很快降到很低水平（6%以下）；而断面收缩率因组织结构不同，拉拔过程中出现很大差距，索氏体钢随减面率增加先减后升，变化幅度不大。分析起来，断后伸长率可反映钢丝均匀变形能力，断面收缩率反映钢丝局部变形能力，由此推论：能体现钢丝可拉拔性或拉拔塑性的指标是断面收缩率，而不是断后伸长率。

（4）屈服极限在拉拔初期增加的幅度比抗拉强度的增幅大得多，当总减面率继续加大时，屈服极限与抗拉强度同步增长，直到拉断时屈服极限已非常接近抗拉强度了。

（5）拉拔初期，弹性极限的增长相当缓慢，总减面率继续加大时，弹性极限的增长还将进一步减慢。

如前所述，钢丝的扭转、缠绕和弯曲性能与钢丝内部残余应力分布直接关联，凡能降低钢丝表面与芯部应力差距，或能降低表面拉应力的工艺措施，如增加拉拔道次，降低最后两道次的拉拔减面率，成品钢丝经矫直处理等均能改善上述韧性指标，强化拉丝冷却效果和使用反拉力当然也是有效措施。据德国 L. 西蒙斯的研究表明：在无反拉力或反拉力很小时，钢丝芯部的维氏硬度要比表面低得多，随反拉力的增加，芯部与表面硬度差逐步缩小，当反应力增加到拉拔力的 80%时，整个横断面的硬度基本相同，由此推论：反拉力可以改善钢丝扭转性能。W. 卢埃格证实上述推论，施加 40%的反拉力，经 4 道次拉拔的钢丝，抗拉强度和弯曲次数的变化可以忽略不计，扭转次数比无反拉力拉拔提高了 20%～25%。

不同组织结构的钢丝在冷拉过程中力学性能和工艺性能变化规律不尽相同，以索氏体组织为主的碳素钢丝为例，研究冷拉减面率对其力学性能和工艺性能的影响（见图 13-33），能反映出钢丝冷拉时性能变化的基本趋势。

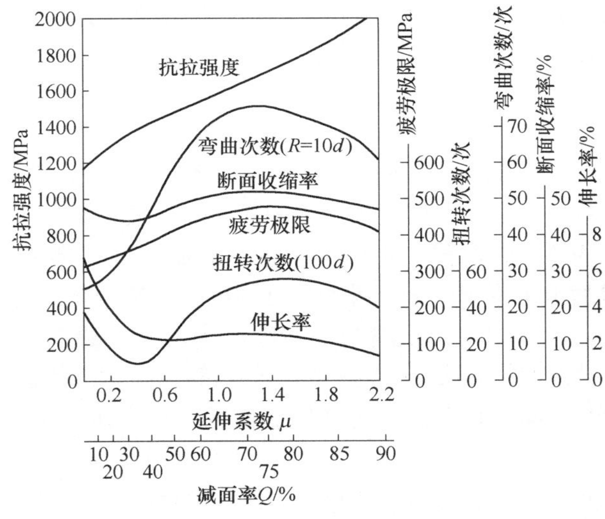

图 13-33 冷拉对钢丝力学性能和工艺性能的影响

13.8.2.2 疲劳极限

工程中用疲劳极限来衡量弹簧钢丝的疲劳性能好坏，一般将经 10^7 次循环动作，不产生断裂时的最大负载应力称为疲劳极限。弹簧钢丝的疲劳极限与钢丝的表面质量（有无裂纹、划伤、凹坑和毛刺等缺陷），有无脱碳层，钢的纯净度和次表层夹杂分布状况，以及钢丝横截面硬度和应力均匀性密切相关。一般说来，弹簧钢丝的疲劳极限与钢丝的屈服极限成正比，要提高疲劳极限就应设法提高钢丝的屈服强度，或提高屈强比。拉拔早期疲劳极限随抗拉强度同步上升，达到抗拉强度的 30%时开始下降，与韧性指标的扭转次数有相似的变化规律。碳含量越低疲劳极限的峰值向更高减面率方向移动；在碳含量固定的条件下，铅淬温度越高（抗拉强度偏低），疲劳极限的峰值也向更高减面率方向移动。

13.8.2.3 焊接性

焊接性指材料在限定的施工条件下，焊接成设计要求的构件，并满足预定服役要求的能力。焊接性受材料、焊接方法、构件类型及使用要求四个因素的影响。焊丝的焊接性主要取决于化学成分，碳当量（CE）是评估其焊接性的常用指标，碳当量是把钢中的合金元素的含量换算成碳的相当量，作为评定焊口金属淬硬、冷裂及脆化等性能的参考指标。当 CE<0.4%时，焊口金属硬度一般不超过 250HV，焊接性能良好，焊前不需要预热；当 CE>0.47%时，热影响区的硬度可能超过 350HV，易产生裂纹，焊前必须预热才能防止产生裂纹。碳当量常用的计算公式为：

$$CE = w(C) + w(Mn)/6 + w(Si)/24 + w(Cr)/5 + w(Ni)/15 + w(Mo)/4 + w(Cu)/13 + w(P)/2 + w(V)/10$$

冷拉对焊接性能无直接影响，但为保持平直度，焊丝一般以轻拉和冷拉状态交货。中细规格的气体保护焊丝和埋弧焊丝，为保证送丝顺畅，要求以较高抗拉强度交货，规格越细强度要求越高，一般要求 ϕ2.0mm 的焊丝，R_m控制在 900～1150MPa；ϕ0.8mm 的焊丝，$R_m \geqslant$1100MPa。

13.8.2.4 切削性能

冷加工变形对大多数钢的切削性能有增进，易切削钢尤其是这样。当然由于冷加工硬化引起的强度升高，致使切削困难是另一回事。

13.8.3 物理性能

（1）密度（比重）。一般说来，钢丝经冷加工后其密度稍有下降。含碳 0.7%的碳素钢经 96.5%的减面率拉拔后，相对密度由原来的 7.851 降至 7.822。

（2）电阻率。大部分钢丝经冷加工后电阻率增加，也有部分丝材（如 Cr20Ni80、0Cr25Al5 等）经拉拔后电阻率下降。这种现象称为电阻反常变化。

（3）耐腐蚀性能。冷拉钢丝的耐腐蚀性能较原来（热处理状态）有所下降。此外，组织结构对钢丝的耐腐蚀性能有决定性的影响：碳素钢丝在索氏体状态下耐应力腐蚀性能最好，奥氏体不锈钢丝在固溶状态下耐腐蚀性能最好，马氏体不锈钢丝在淬火-回火状态下耐腐蚀性能最好。

（4）弹性模量。拉伸弹性模量（E）和切变弹性模量（G）随拉拔减面率的增加有所下降，消除残余应力处理或时效处理后，弹性模量可以恢复到原有水平。

13.9 拉丝配模计算

拉丝的方式有单拉和连拉两种，单次拉丝机每次通过一个模具拉拔，当一盘丝拉完后，将丝材从卷筒上取下，重新穿头，进行下道次的拉拔。为提高拉拔速度和减少辅助操作时间，提高生产效率，常将数台单拉机串联起来，组成连续拉丝机，这样一次可连续穿几个模子，实现连续拉拔。显而易见，在连续拉拔中，丝材直径变细，长度增加，要保证连拉正常运行，丝材与各卷筒（塔轮）之间有一定的配合关系的。根据通过模具后丝材与卷筒（塔轮）有无相对运动，连续拉丝机可分为非滑动式和滑动式两种。老式积线式滑轮拉丝机和现代直线式拉丝机拉拔过程中丝材与卷筒之间没有相对滑动，称为非滑动式拉丝机。水箱式拉丝机在拉拔过程中，丝材和塔轮之间存在相对滑动，称为滑动式拉丝机。

13.9.1 非滑动拉丝机配模计算

13.9.1.1 拉拔道次估算

减面率是实际生产中最常使用的变形参数，用同一道次减面率连续拉拔数道次后的总减面率，并不等于各道次减面率之和，为便于根据总减面率确定拉拔道次，提供道次减面率与总减面率计算表，见表13-12。拉拔时，总减面率的选择和各道次之间减面率分配方法可参考本书13.6.6小节提供的原则确定。

表13-12 道次减面率与总减面率计算表

道次减面率	重复拉拔数道次后的总减面率 Q						
q	2	3	4	5	6	7	8
10.0	19.0	27.1	34.4	41.0	46.9	52.2	57.0
11.0	20.8	29.5	37.3	44.2	50.3	55.8	60.6
12.0	22.6	31.9	40.0	47.2	53.6	59.1	64.0
13.0	24.3	34.1	42.7	50.2	56.6	62.3	67.2
14.0	26.0	36.4	45.3	53.0	59.5	65.2	70.1
15.0	27.8	38.6	47.8	55.6	62.3	67.9	72.8
16.0	29.4	40.7	50.2	58.2	64.9	70.5	75.2
17.0	31.1	42.8	52.5	60.6	67.3	72.9	77.5
18.0	32.8	44.9	54.8	62.9	69.6	75.1	79.6
19.0	34.4	46.9	57.0	65.1	71.8	77.1	81.5
20.0	36.0	48.8	59.0	67.2	73.8	79.0	83.2
21.0	37.6	50.7	61.0	69.2	75.7	80.8	84.8
22.0	39.2	52.5	63.0	71.1	77.5	82.4	86.3
23.0	40.7	54.3	64.8	72.9	79.2	84.0	87.6
24.0	42.2	56.1	66.6	74.6	80.7	85.4	88.9
25.0	43.8	57.8	68.4	76.3	82.2	86.7	90.0
26.0	45.2	59.5	70.0	77.8	83.6	87.8	91.0
27.0	46.7	61.1	71.6	79.3	84.9	89.0	91.9
28.0	48.2	62.7	73.1	80.7	86.1	90.0	92.8
29.0	49.6	64.2	74.6	82.0	87.2	90.9	93.5
30.0	51.0	65.7	76.0	83.2	88.2	91.8	94.2
31.0	52.4	67.1	77.3	84.4	89.2	92.6	94.9
32.0	53.8	68.6	78.6	85.5	90.1	93.3	95.4
33.0	55.1	69.9	79.8	86.5	91.0	93.9	95.9
34.0	56.4	71.3	81.0	87.5	91.7	94.5	96.4
35.0	57.8	72.5	82.1	88.4	92.5	95.1	96.8
36.0	59.0	73.8	83.2	89.3	93.1	95.6	97.2

13.9.1.2　以减面率为依据的配模计算方法

A　计算公式

总减面率与道次平均减面率的关系可表示为：

$$1 - Q = (1 - q_p)^n$$

式中　q_p ——道次平均减面率。

从上式可推导出以下各式：

$$n = \frac{\lg(1 - Q)}{\lg(1 - q_p)} \tag{13-41}$$

$$q_p = 1 - \sqrt[n]{1 - Q} \tag{13-42}$$

B　配模计算步骤

（1）确定总减面率，初步确定道次平均减面率。主要从成品性能，设备能力，以及各项经济、技术指标等方面来考虑。

（2）求拉拔道次

$$n = \frac{\lg(1 - Q)}{\lg(1 - q_p)}$$

（3）确定拉拔道次和道次平均减面率

$$q_p = 1 - \sqrt[n]{1 - Q}$$
$$T = q_p \cdot n$$

（4）分配各道次减面率（q）

通常先根据第一道次和最后一道次减面率稍小，其他各道次减面率递减分配的原则，进行初步分配。然后求出各道次减面率之和，与 T 进行比较。并对各道次减面率进行适当调整，使各道次减面率之和正好等于 T。

（5）求出各拉拔道次模具尺寸

$$d_n = d_K \sqrt{\frac{1}{1 - q_K}}$$

C　举例

要生产 ϕ2.5mm、65Mn 弹簧钢丝，按 GB/T 4358—1995 G 组要求交货，计算拉拔道次和拉拔工艺。

（1）查 GB/T 4358—1995 标准，G 组 ϕ2.5mm 钢丝的抗拉强度为 1620~1860MPa。按碳素弹簧钢丝抗拉强度预测程序[10]，测算出成前投料尺寸为 ϕ5.2mm。

（2）确定总减面率，初步确定道次平均减面率。

计算数据：$d_0 = 5.2$、$d_K = 2.5$、$Q = 76.9\%$。

拉拔道次：$n = \frac{\lg(1 - Q)}{\lg(1 - q_p)} = \frac{\lg 0.231}{\lg 0.815} = 7.16$（次）

（3）确定拉拔道次，计算道次平均减面率，求道次之和减面率 T。

7.16 次靠近 7 次，对照表 13-12 中道次减面率 19%一栏，连续 7 道拉拔的总减面率为 77.1%，所以确定拉拔道次为 7 次是合理的。

$$q_p = 1 - \sqrt[n]{1 - Q} = 1 - \sqrt[7]{1 - 0.769} = 18.9\%$$
$$T = 18.9 \times 7 = 132.3$$

（4）道次减面率的初步分配

道次	1	2	3	4	5	6	7	T
减面率/%	22	21	20	19	18	16	14.5	130.5

（5）数据比较：130.5−T=130.5−132.3=−1.8，两者差1.8%，需对道次减面率进行调整。

（6）重新调整后道次减面率为

道次	1	2	3	4	5	6	7	T
减面率/%	22	20.8	20	20	18.5	16.5	14.5	132.3

（7）求各拉拔道次模具尺寸：

$$d_7 = 2.5 \qquad (d_K = d_7)$$

$$d_6 = d_7 \cdot \sqrt{\frac{1}{1 - q_7}} = 2.5 \times \sqrt{\frac{1}{1 - 0.145}} = 2.7$$

$$d_5 = d_6 \cdot \sqrt{\frac{1}{1 - q_6}} = 2.7 \times \sqrt{\frac{1}{1 - 0.165}} = 2.95$$

$$d_4 = d_5 \cdot \sqrt{\frac{1}{1 - q_5}} = 2.95 \times \sqrt{\frac{1}{1 - 0.185}} = 3.25$$

$$d_3 = d_4 \cdot \sqrt{\frac{1}{1 - q_4}} = 3.25 \times \sqrt{\frac{1}{1 - 0.20}} = 3.65$$

$$d_2 = d_3 \cdot \sqrt{\frac{1}{1 - q_3}} = 3.65 \times \sqrt{\frac{1}{1 - 0.20}} = 4.1$$

$$d_1 = d_2 \cdot \sqrt{\frac{1}{1 - q_2}} = 4.1 \times \sqrt{\frac{1}{1 - 0.208}} = 4.6$$

$$d_0 = d_1 \cdot \sqrt{\frac{1}{1 - q_1}} = 4.6 \times \sqrt{\frac{1}{1 - 0.22}} = 5.2$$

13.9.2　滑动拉丝的原理及配模计算

13.9.2.1　滑动拉丝的原理

A　塔轮式滑动拉丝

水箱拉丝机都有两对塔轮。每个塔轮有7~9级阶梯。处于拉丝模前的塔轮称之为主动轮，拉丝模后的塔轮为被动轮。主动轮起拉拔牵引的作用，被动轮起导向作用。在拉拔过程中，如把塔轮传动线速度定为v，线材运动速度定为B，显然丝材运动速度要低于或等于塔轮线速度，即：

$$B \leqslant v$$

由于每级塔轮的直径是逐步加大的，邻近两级之间的速度比为：

$$r_{n+1} = \frac{v_{n+1}}{v_n} = \frac{D_{n+1}}{D_n} \tag{13-43}$$

式中　r_{n+1} ——塔轮速度比；

v_n，v_{n+1} ——第 n 级，第 n+1 级塔轮线速度；

D_n，D_{n+1} ——第 n 级，第 n+1 级塔轮直径。

丝材每经一道次的拉拔，都要伸长，其延伸系数为 μ。

$$\mu_{n+1} = \frac{A_n}{A_{n+1}} = \frac{d_n^2}{d_{n+1}^2} \tag{13-44}$$

为保证拉拔的顺利进行，则丝材每道次的延伸系数（μ_n）必须大于（至少等于）塔轮的速比。否则丝材将因供不应求而断线。

$$\mu_n \geqslant r_n$$

$$\frac{\mu_n}{r_n} \geqslant 1 \tag{13-45}$$

由此可知，丝材在拉拔过程中牵引和滑动同时存在，丝材时而紧绕在塔轮上同步前进，时而又松开打滑。滑动量的大小可用滑动系数表示。

$$J_n = \frac{\mu_{n+1}}{r_{n+1}} \tag{13-46}$$

在实际生产中，滑动量一定要取的适当，滑动系数过大，加快塔轮的磨损，丝材表面容易被拉毛，而且能量消耗也增大。滑动系数过小又会造成配模范围狭小，对模具的测量精度及其公差的要求加严，往往难于做到。一般滑动系数取 1.02～1.10 范围内。模具精度高时，最好控制在 1.015～1.04 范围内。

B　缠绕圈数与摩擦力

十七模拉丝机的穿模顺序为：丝材穿过第一个模子后，在主动塔轮的第一级阶梯上绕 2～3 圈，然后引到被动塔轮第二级阶梯上绕半圈，穿第二个模子，再在主动轮第二级阶梯上绕 2 圈，引到被动轮上……，直至绕上成品轴线。

丝材在塔轮上绕 2～3 圈后，伸出端被拉紧时，丝材与塔轮表面产生很大的摩擦力。这种摩擦力使丝材产生拉拔牵引的作用。摩擦力的大小，与缠绕圈数和摩擦系数有关。圈数越多，摩擦力越大。摩擦系数与丝材和塔轮的材质和表面状况有关。根据挠性物体在圆柱形表面的摩擦定律，牵引力计算公式为：

$$P = F \cdot \ln f\varphi \tag{13-47}$$

式中　P——牵引力；

F——从塔轮上引出的丝材的张力；

f——丝材与塔轮表面摩擦系数；

φ——丝材对塔轮的包角（弧度）。

此外线材直径和强度与摩擦力也有一定的关系。摩擦力过小，牵引力不足，易引起断丝。摩擦力过大，在滑动时，丝材不易松开，将引起该级阶梯伸出端丝材粘附在塔轮表面，造成塔轮表面压线，甚至断头。丝材在塔轮表面缠绕圈数过多和塔轮表面出现粗糙或出现沟槽都是造成摩擦力过大的主要原因。因此，实际操作中一般前几个模子出线端绕 2～3 圈，接近成品时绕 1～2 圈。拉拔较细丝时，所绕圈数应更少，甚至只绕半圈。十四模拉丝机一般只绕半圈。

13.9.2.2　滑动式拉丝机配模计算

在滑动式拉丝机上，除最后一道次（K 道次）线速等于轮速（$B_K = v_K$），因而没有滑动外，其余各道次的轮速均大于线速（$v_n > B_n$）。表示滑动程度大小的概念有：绝对滑动量，相对滑动率（简称滑动率），相对前滑系数（简称滑动系数），累计滑动率，累计滑动系数。

A　滑动率

绝对滑动量（$v-B$）在实践中不能直接反映滑动程度的大小，实用意义不大。通常用滑动率来表示滑动程度的大小。

$$T_n = \frac{v_n - B_n}{B_n} = \frac{v_n}{B_n} - 1 \tag{13-48}$$

式中　T_n ——滑动率；

v_n ——塔轮运动线速度（轮速）；

B_n ——线材运动速度（线速）。

B　滑动系数

滑动系数（ J_n ）定义为塔轮运动线速度与丝材运动速度之比。它在数值上等于滑动率加 1。

$$J_n = \frac{v_n}{B_n} = T_n + 1 \tag{13-49}$$

C　本次滑动率（ T_n ）

本次滑动率（ T_n ），即 $v_n > B_n$ 在第 n 级塔轮上产生的滑动率。根据穿模条件，此滑动率必须大于零。在推导 T_n 计算公式时，我们模拟穿模情况，把塔轮 $n+1$ 级阶梯的出线拉紧，使该级塔轮没有滑动。即以 $v_{n+1} = B_{n+1}$ 为条件，以排除以后各道次滑动对本次滑动带来的影响。

设线材截面积为 A，由式（13-43）和式（13-44）可知：

$$r_{n+1} = \frac{v_{n+1}}{v_n},\ \mu_{n+1} = \frac{A_n}{A_{n+1}},\ v_n = \frac{v_{n+1}}{r_{n+1}}$$

根据秒体积不变定律可知：

$$B_n \cdot A_n = B_{n+1} \cdot A_{n+1}$$

$$B_n = \frac{B_{n+1} \cdot A_{n+1}}{A_n} = \frac{B_{n+1}}{\dfrac{A_n}{A_{n+1}}} = \frac{B_{n+1}}{\mu_{n+1}}$$

将上式代入式（13-48）中：

$$T_n = \frac{v_n}{B_n} - 1 = \frac{v_n}{\dfrac{B_{n+1}}{\mu_{n+1}}} - 1 = \frac{v_{n+1}}{r_{n+1}} \cdot \frac{\mu_{n+1}}{B_{n+1}} - 1$$

又因为　$v_{n+1} = B_{n+1}$

所以：

$$T_n = \frac{\mu_{n+1}}{r_{n+1}} - 1 \tag{13-50}$$

式（13-50）清楚表明第 n 级塔轮上的本次滑动率是由第 $n+1$ 道拉丝时 $\mu_{n+1} > r_{n+1}$ 造成的。

D　本次滑动系数（J_n）

将式（13-50）代入式（13-49）可得出：

$$J_n = T_n + 1 = \frac{\mu_{n+1}}{r_{n+1}} - 1 + 1 = \frac{\mu_{n+1}}{r_{n+1}} \tag{13-51}$$

E　累积滑动率

累计滑动率（T'_n）也可由式（13-48）导出，但在推导中不再假定 $n+1$ 级塔轮上没有滑动，而应考虑第 n 道次以后各道滑动在 n 级塔轮上的累计作用。

由秒体积不变定律可知：

$$B_n \cdot A_n = B_K \cdot A_K$$

$$B_n = \frac{B_K \cdot A_K}{A_n}$$

由式（13-48）可知

$$\begin{aligned} T'_n &= \frac{v_n}{B_n} - 1 = \frac{v_n}{B_K} \cdot \frac{A_n}{A_K} - 1 \\ &= \frac{\left(\frac{v_n}{v_{n+1}} \cdot \frac{v_{n+1}}{v_{n+2}} \cdots \frac{v_{K-1}}{v_K} \cdot v_K\right) \cdot A_n}{B_K \cdot \left(A_n \cdot \frac{A_{n+1}}{A_n} \cdot \frac{A_{n+2}}{A_{n+1}} \cdots \frac{A_K}{A_{K-1}}\right)} - 1 \\ &= \frac{\frac{1}{r_{n+1}} \cdot \frac{1}{r_{n+2}} \cdots \frac{1}{r_K} \cdot v_K \cdot A_n}{\frac{1}{\mu_{n+1}} \cdot \frac{1}{\mu_{n+2}} \cdots \frac{1}{\mu_K} \cdot B_K \cdot A_n} - 1 \\ &= \frac{\mu_{n+1} \cdot \mu_{n+2} \cdots \mu_K \cdot v_K}{r_{n+1} \cdot r_{n+2} \cdots r_K \cdot B_K} - 1 \end{aligned}$$

因为第 K 道塔轮上没有滑动，$v_K = B_K$

$$\begin{aligned} T'_n &= \frac{\mu_{n+1}}{r_{n+1}} \cdot \frac{\mu_{n+2}}{r_{n+2}} \cdots \frac{\mu_K}{r_K} - 1 \\ &= J_n \cdot J_{n+1} \cdots J_{K-1} - 1 \end{aligned} \tag{13-52}$$

F　累计滑动系数（J'_n）

$$\begin{aligned} J'_n &= T'_n + 1 = J_n \cdot J_{n+1} \cdots J_{K-1} - 1 + 1 \\ &= J_n \cdot J_{n+1} \cdots J_{K-1} \end{aligned} \tag{13-53}$$

式（13-53）表明第 n 级塔上的累计滑动系数等于 $n \sim k-1$ 级塔轮上本次滑动系数的连乘积。也表明不同道次上的本次滑动是以连乘方式向前（进线方向）传播和累积的。

从上面推导可知，道次越前，累积滑动越大。由于道次越前，线径越大，拉拔负荷也大，累积滑动引起的功率损耗增大，对丝材表面和塔轮表面的磨伤也必然更加严重。

国外近年来采取一种新方法，解决该问题。其方法为：加大 μ_n 和 r_n 的比值，使 T_{K-1} 加大至 10%，而把其他道次的 T_n 降低至 0~1%。这种做法的主要优点是：

（1）给最后几道模孔磨大和尺寸偏差留下较大的余地。可减少换模数和拉断现象。

（2）充分利用滑动向前传播和累积的特性，使 $K-1$ 道次以前各级塔轮上都有 10%左右的滑动率，而没有或极少有更多的累积效应。因此，各道滑动都均匀，整机的滑动功率损耗降低，塔轮和线材表面磨伤现象大大减少。

（3）各道次预留的约 10%的累计滑动，对模孔尺寸的增大和偏差也都有了足够的余地，可减少换模次数和减少拉断现象。

13.9.2.3 以延伸系数为依据的配模计算方法

以延伸系数来计算配模路线，方法比较简单，适用于塔轮速比已经固定的水箱拉丝机，具体计算中常引用以下公式：

（1）求道次平均延伸系数：

$$\mu_{\mathrm{p}} = \sqrt[n]{\mu_{总}}$$

（2）求总延伸系数：

$$\mu_{总} = \mu_{\mathrm{p}}^{n}$$

（3）求拉拔道次：

$$n = \frac{\lg\mu_{总}}{\lg\mu_{\mathrm{p}}}$$

（4）求实际部分延伸系数：

$$\mu_{\mathrm{p}}^{n} = \mu_1 \cdot \mu_2 \cdots \mu_n$$

（5）确定各拉拔道次模具尺寸：

$$d_n = d_K \sqrt{\mu_n}$$

按照上述计算方法，灵活运用滑动拉丝理论，就可以解决水箱式拉丝机的配模问题。

参 考 文 献

[1] 李志深．钢丝生产工艺（下册）［M］．冶金部金属制品情报网，湘潭钢铁公司职工大学出版，1992：3~66.

[2] П. И. Львович，В. М. Зиновьевич. 拉拔理论［M］．首都钢铁公司特钢公司钢丝厂，译．北京：首都钢铁公司特钢公司，1986：7~25，51~71.

[3] 赵志业．金属塑性加工力学［M］．北京：冶金工业出版社，1987.

[4] 曹鸿德．塑性变形力学基础与轧制原理［M］．北京：机械工业出版社，1983：3~7，33~40.

[5] 钢铁冶金工作者协会．钢丝生产．张炳南，殷祥华，冯雅观译校．湘潭钢铁厂科技情报研究室印编印．

[6] 孙金茂，冶金部金属制品技工教材编写组．碳素钢丝生产［D］．武汉：上钢二厂技工学校出版，1982.

[7] 五弓勇雄．金属塑性加工技术［M］．陈天忠，张荣国，译．北京：冶金工业出版社，1987：332 ~338.

[8] 艾伦·德福．钢丝［M］．卢冬良等译．线材国际协会．郑州：中钢集团金属制品研究院，94 ~102.

[9] 袁康．拉丝基础理论 特钢丛书 特殊钢钢丝［M］．北京：冶金工业出版社，2005：1~47.

[10] 徐效谦．碳素弹簧钢丝抗拉强度预测［J］．金属制品，1992（5）：9~14.

14 辊轮传输工作原理和应用实例

钢丝生产过程中必须借助导辊、辊轮、卷筒等辅助装置，完成开卷、传输、导向、盘卷、收线、矫直和机械去皮等操作，掌握辅助装置工作原理，对辅助装置的设计、制造和调整、使用，对产品质量的稳定和提高至关重要。

本章节搜集了钢丝传输的理论知识和生产经验，对钢丝收线、矫直、盘卷和机械去皮等辅助设施的选型、设计、制造，以及生产过程中设备的操作和调整有一定的指导作用。

14.1 钢丝传输过程中保持挺直的条件

钢丝要保持挺直状态，必须保证钢丝收线弯曲应力小于钢丝的弯曲弹性极限，钢丝的收线弯曲应力可通过下式计算[1]：

$$\sigma = \frac{d}{D}E$$

式中 σ——弯曲应力，MPa；

d——钢丝直径，mm；

D——收线卷筒直径，mm。

油淬火-回火和铅淬火碳素弹簧钢丝的弯曲弹性极限保守地估算约等于抗拉强度的75%，据此可以推算出生产不同规格钢丝时收线卷筒的最小直径见表 14-1。油淬火-回火钢丝和预应力钢丝等对成品弹直性能要明确要求，可参考表 14-1 的计算方法确定收线卷筒的直径。

表 14-1 钢丝直径与收线卷筒直径的对应关系

项目	钢丝直径/mm	1.0	2.0	3.0	4.0	5.0	6.5	8.0	10.0	12.0
TDCrSi级钢丝①	抗拉强度/MPa		2000~2250	1930~2100	1870~2030	1830~1980	1760~1910	1710~1860	1660~1810	1660~1810
	最小弯曲弹性极限/MPa		1500	1448	1402	1373	1320	1282	1245	1245
	收线卷筒直径（>）/mm		270	422	580	741	1002	1270	1640	1960
弹簧② T9A	抗拉强度/MPa	1382	1370	1360	1350	1340	1325	1310	1290	1270
	最小弯曲弹性极限/MPa	1037	1028	1020	1013	1005	994	983	967	953
	收线卷筒直径（>）/mm	184	382	578	776	931	1285	1600	2032	2474

注：美国《弹簧设计手册》推荐：油淬火-回火 Cr-Si 弹簧钢丝 $E=203400$MPa，碳素钢丝铅淬火后的 $E=196500$MPa。

①TDCrSi 级钢丝抗拉强度见 GB/T 18983—2003《油淬火-回火弹簧钢丝》；

②铅淬火碳素钢丝的抗拉强度 $R_m=980w(C)+510-10d$。

14.2 钢丝平立辊式矫直器的选用

钢丝矫直器由水平和垂直两组辊轮组成，每组工作辊轮个数最多 13 个、最少 3 个，通常水平和垂直两组的工作辊轮个数相同。工作辊轮均为奇数，常用矫直器有 7 辊轮或 9 辊轮，辊轮分两排交错平列。其中一排的辊轮个数比另一排少一个，多一个辊轮的一排一般固定在机架上，辊轮位置相对固定。另一排辊轮可通过螺栓和滑块做垂直于钢丝方向的移动，以适应不同规格钢丝的矫直要求。

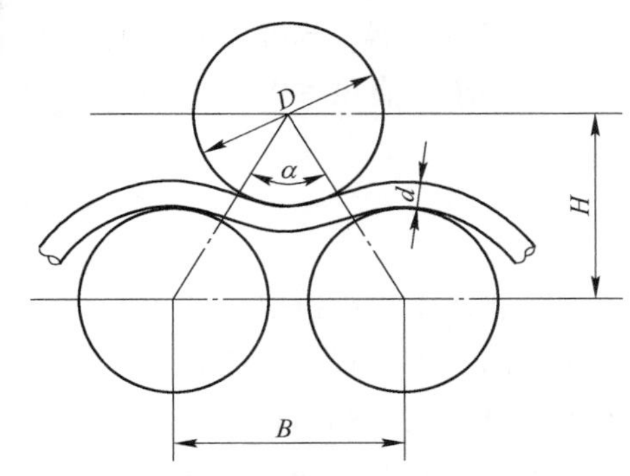

图 14-1 矫直器示意图

矫直器（见图 14-1）选用的关键是辊轮直径和个数。辊轮个数越多产生的波浪弯越多，矫直效果越好，所以强度高、弹力大，难矫直的钢丝必须选用多辊矫直器。钢种与工作辊轮个数的对应关系见表 14-2。

表 14-2 钢种与工作辊轮个数的对应关系

钢种	低碳钢	中碳钢	合金钢	高碳钢
工作辊轮个数	3~5	5~7	7~9	9~13

工作辊轮的直径取决于钢丝的直径，常用辊轮直径 $D = 20 \sim 150$mm，辊轮直径与钢丝直径的对应关系见表 14-3。

表 14-3 辊轮直径与钢丝直径的对应关系 （mm）

钢丝直径	0.6~1.0	0.8~1.2	1.0~1.6	1.4~3.0	2.0~4.0	3.0~6.0	4.5~8.0	6.0~10	8.0~13	10~16
辊轮直径	20	25	30	40	50	60	80	100	125	150

矫直效果除与辊轮直径和辊轮个数有关外，还与辊轮对钢丝的包角有关，包角 α 越大，钢丝承受弯曲变形应力越大、施力时间越长，相对矫直效果越好。包角的大小取决于辊轮的相对位置 B 和 H，以及钢丝的直径和力学性能，B 和 H 与 d 和 α 的关系可用下式表示[2]：

$$B = (D + d)\sqrt{2(1 - \cos\alpha)}$$

$$H = (D + d)\sqrt{\frac{1}{2}(1 + \cos\alpha)}$$

$$\frac{B}{H} = 2\tan\frac{\alpha}{2}$$

式中 D——辊轮直径，mm；

d——钢丝直径，mm；

α——包角，(°)。

辊轮之间的中心距 B 和 H 都是可变数，生产中可根据钢丝直径和钢丝力学性能进行调整，由于调整 H 比较方便，通常 B 取固定值。

辊轮式矫直器具有改变钢丝表面应力分布状态和消除钢丝表面应力分布不均的功能，既可以用于钢丝矫直，又可以用于钢丝弯曲成型。值得注意的是上述功能有方向性，在要求不严（如平直度≤2.0mm/m）的条件下，功能作用范围为 180°，所以一般矫直器均安装平立两组矫直器。当要求较严时（如平直度≤1.0mm/m），多选用三组互为 120°装配的矫直器。要求平直度≤0.5mm/m 时，则应选用回旋式矫直机。

14.3　回旋式矫直机[3]

回旋式矫直机由进料、矫直、切断和直条收集装置 4 个部分组成。通常在矫直器前安装一对或两对输入辊，在矫直器后安装一对输出辊。矫直细钢丝一般只开输出辊即可；矫直中等规格（ϕ3~8mm）钢丝前后两对输送辊全部开动；矫直粗钢丝需配置两对输入辊。输送辊表面刻有不同深度的沟槽，前、后和中间都装有定心孔，生产中应根据钢丝直径调整定心孔位置，选用相应沟槽。输送辊表面质量和调整精度对矫直钢丝的表面质量有重要影响，要特别注意维护输送辊沟槽形状和粗糙度，及时更换备件。输送辊一般选用耐磨钢制造，生产较软或对表面质量要求严格的钢丝，经常选用胶木或塑料输送辊。输送辊还有防止钢丝随矫直器一起旋转的作用，压力调整也是一个关键环节，压力太大，钢丝表面会产生压痕或压扁；压力不足，钢丝易产生滑动，形成表面扭纹、划伤和斑疤。

矫直器的结构见图 14-2。矫直器是用合金钢铸造的回转体，体内装有 5~7 个矫直模，矫直模垂直于回转体的轴线，位置可以上下随意调整，交错分布，矫直模个数越多，可弯曲次数也越多。矫直模间距（L）一般根据矫直机使用范围取固定值，通常推荐 $L=(11\sim18)d$，合金钢丝或高强度钢丝多取下限值。回转体用楔形皮带带动，以衡定速度运转，矫直时，矫直模随矫直器旋转，钢丝承受全圆周性的旋转弯曲应力，只要应力超过钢丝的屈服极限，钢丝就会产生多方向的局部变形，内部原有不均匀分布的应力得到释放，钢丝变直。因为回旋式矫直是全圆周性的矫直，其矫直精度自然优于平立辊式半圆周矫直精度。矫直工艺操作要点为：

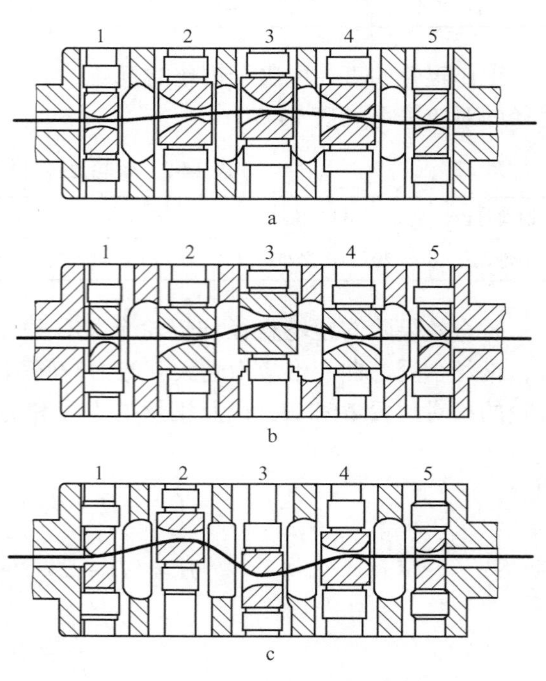

图 14-2　回旋式矫直器结构图

a—长弯曲；b—短弯曲；c—波形弯曲

（1）矫直运行速度取决于输送辊的转速，输送辊使用多级机械调速或无级变频调速。合理选择运行速度对钢丝的平直度、力学性能、工艺性能和表面质量有决定性的作用。一般说来，应根据钢丝直径和抗拉强度选择运行速度：高强度、细钢丝选择较小的运行速度，较低强度、粗钢丝选择较快的运行速度。

（2）回旋式矫直机矫直器的旋转速度通常是恒定的，理论分析认为：输送辊的传输速度与矫直器的旋转速度应有一定的对应关系，相关资料[4]给出的理论公式为：

$$v = \frac{I - 2}{600K} pn$$

式中 v——输送辊的理论传输速度，m/min；

I——矫直模个数；

p——矫直模平均弯曲距，m；

n——转动速度，r/min；

K——产生弯曲的次数。

从公式可以看出，输送辊的理论传输速度与矫直器的旋转速度、矫直模平均弯曲距和弯曲的次数有关，计算图 14-2 中长弯曲（a）的理论传输速度时，弯曲距 p 为矫直模中心距 3 倍值，$K=1$；短弯曲（b）的弯曲距 p 为矫直模中心距的 2 倍值（即 2~4 的中心距），$K=1$；波形弯曲（c）的平均弯曲距 p 为矫直模中心距 2 倍值（1~3 的中心距），$K=2$。

理论传输速度主要用于矫直机的设计和制造，通常 p 取矫直模中心距的 2 倍值；5 模 K 取 2，6 和 7 模 K 取 3。计算结果×1.05（5%的滑动系数）作为输送辊线速度的基准值。

（3）矫直模常用淬火钢、灰口铸铁、磷青铜、胶木或塑料制作，模孔直径应比钢丝直径大 50%。

（4）矫直模在矫直器中等距离分布，其偏心量调整的基本原则是：第一个（1）和最后一个（5）矫直模必须同心；第 2 个和第 4 个矫直模的偏心量尽可能一致，最好保持对称，这样回转体处于动平衡状态，可以延长设备的使用寿命。

（5）通常调整矫直模位置，使钢丝弯曲成长弯（a）、短弯（b）或波形（c）。长弯曲适用于软钢丝和粗钢丝的矫直，短弯曲适用于较硬钢丝和细钢丝的矫直，对于高强度，难于矫直的中细规格钢丝，最好选用波形弯曲矫直。

（6）异形钢丝和截面不对称的钢丝不能采用回旋式矫直机矫直，推荐采用平立辊矫直器矫直。

（7）值得指出的是：矫直后的钢丝因为内部应力得到释放，普遍存在“涨尺”效应；钢丝抗拉强度会产生一定（约 8%~10%）波动，退火钢丝强度上升，冷拉钢丝强度下降，而且冷加工强化越快的钢丝下降幅度明显偏大；钢丝的工艺性能，尤其是弯曲和扭转性能，矫直后产生不可避免的明显下降，如果直条弹簧钢丝成型后采用消除应力回火处理，弯曲和扭转性能基本恢复原状。

14.4 包角与张紧力

钢丝传输过程中，钢丝与导轮两者表面产生一定的摩擦，每通过一个导轮时钢丝的张紧力均有所增加，张紧力的增幅与两者包角和摩擦系数有关，根据挠性物体在圆柱表面的摩擦定律（艾利尔公式），张紧力的增幅可根据艾利尔公式进行计算。表 14-4 列出 $e^{f\alpha}$ 与摩擦系和包角的对应关系[5]：

$$P = F \cdot e^{f\alpha}$$

式中　P——钢丝出导辊处张紧力，N；

F——钢丝进导辊前张紧力，N；

e——自然对数的底；

f——钢丝与导辊之间的摩擦系数；

α——包角，弧度（180°=π）。

表 14-4　$e^{f\alpha}$与摩擦系数和包角的对应关系[5]

钢丝缠绕圈数 $\alpha/2\pi$	$e^{f\alpha}$ 值				
	f=0.05	f=0.075	f=0.10	f=0.15	f=0.20
1	1.36	1.64	1.87	2.75	3.51
1.5	1.67	2.18	2.83	4.72	6.60
2	1.87	2.46	3.51	6.59	12.35
2.5	2.20	3.26	4.85	10.70	23.00
3	2.57	4.12	6.59	19.90	43.38
3.5	3.00	5.49	9.03	27.00	81.00
4	3.51	6.54	12.35	43.38	151.40

水箱式拉丝机用塔轮传送钢丝，实现连续拉拔：钢丝经过第 1 道模孔后，需在拉拔塔轮上缠绕两圈，再通过导向塔轮进行第 2 道拉拔。此时拉拔塔轮产生的张紧力就是第 1 道次的拉拔力，导向塔轮产生的张紧力就是第 2 道次拉拔的反张力。钢丝与塔轮的摩擦系数约为 0.05~0.075。

14.5　倒立式收线装置

倒立式收线装置线架上方往往安装一组 3 辊轮矫直器，此时矫直器起“矫弯”作用，即将钢丝弯曲成与收线架相适应的圈形。要保证下线规整和顺畅，起码应做到以下几点：

（1）倒立式收线卷筒（或 V 型槽）应能有序地排绕数圈钢丝，产生足够的张紧力（钢丝与铸钢卷筒的摩擦系数约为 0.15~0.17）；卷筒（或 V 型槽）表面应光洁，下线时不会造成钢丝表面划伤。

（2）钢丝进矫直器的导入点、矫直器所有工作辊轮、收线卷筒（或 V 型槽）的进线点，三者必须处于同一水平线上，即“三点一线”，才能实现无扭转下线，确保钢丝在水平方向上不产生扭曲和翘起，圈形规整，下线顺畅。

（3）根据钢丝直径选用不同直径的工作辊轮，保证辊距 H 可以方便、准确地进行调整。

（4）选用直径适宜的传输导辊，所有导辊的中心线应尽可能保持在一条直线上，防止传输过程中钢丝掉辊或脱落。不允许钢丝传输时有任何机械划伤。

（5）收线卷筒、矫直辊轮和所有导辊都应进行淬火-回火处理，或进行表面硬化涂敷，表面光洁、无毛刺，具有良好的耐磨性能。

14.6　机械弯曲去皮机

氧化铁皮脆而延伸小，经反复弯曲很容易剥落。拉伸试验表明，碳素钢试样当伸长率达3%~5%时氧化皮拉裂，达8%~9%时绝大多数氧化皮脱落，达12%时残余氧化皮全部脱落。反复弯曲法去除钢丝表面氧化铁皮的基本原理是：通过反复弯曲使外圈钢丝产生一定量的伸长，钢丝表层脆而延伸小的氧化皮自行脱落。直条钢钢丝要弯成圈形，势必要使外圈钢丝产生一定量的伸长，很容易导出外圈钢丝相对伸长率（A）的计算公式[6]：

$$A = \frac{(D + 2d) - (D + d)}{D + d} \times 100\%$$

外圈钢丝相对伸长率的大小与辊轮直径有直接对应关系，见表14-5。

表14-5　相对伸长率与辊轮直径的对应关系

相对伸长率/%	辊轮直径/mm	相对伸长率/%	辊轮直径/mm
5	19.0d	9	10.1d
6	15.6d	10	9.0d
7	13.2d	11	8.1d
8	11.5d	12	7.3d

弯曲去皮机一般配置平立两组辊轮，辊轮直径可参照表14-5选定。碳素钢氧化皮比较疏松，与基体黏附性较差，选用相对伸长率10%对应的辊轮直径基本可满足使用要求。合金钢丝，尤其含量Cr、Ti、Al较高的高合金钢丝，必须选用相对伸长率12%以上对应的辊轮直径，才能取得良好的去皮效果。不锈钢丝和电热合金丝因为氧化致密，与基体黏附牢靠，用弯曲法达不到去皮效果。

14.7　拉丝卷筒

广义上可以把拉丝卷筒看成一种传输辊轮，卷筒直径首先必须保证钢丝弯曲成型，又不至于产生太大的弯曲应力。其次必须保证钢丝在拉拔应力推动下自动上行，或规整下落（倒立式拉丝机），因此拉丝卷筒必须有适宜的锥度，卷筒的外形结构见图14-3。

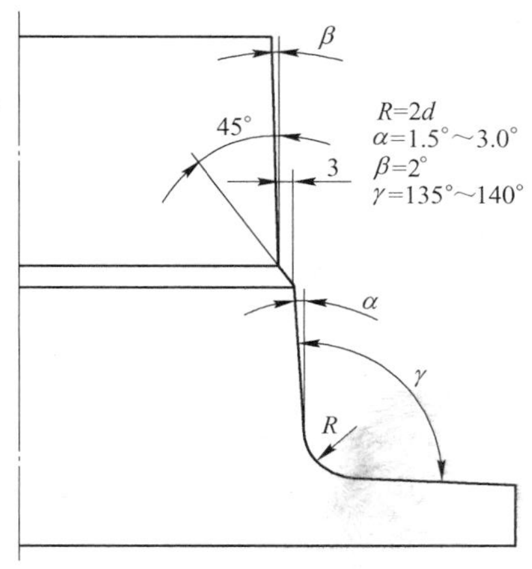

图14-3　拉丝卷筒外形结构图

拉丝卷筒底部是钢丝切线进入卷筒的切入点，生产时要保证钢丝盘卷规整，首先必须保证钢丝运行方向与卷筒轴线垂直，以切线方向卷到卷筒上，此时钢丝与切入点到卷筒中心的连线形成90°角。切入角大于90°，拉出的钢丝会“胀圈”；切入角小于90°，拉出的钢丝会“缩圈”。其次必须保证钢丝与拉丝模中心线重合，保证钢丝进入模具点、出模具点和进卷筒切入点处于同一水平线上。如钢丝以前部下倾方式切入卷筒，拉出的钢丝会产生元宝形“翘曲”；如钢丝以前部上倾方式切入卷筒，拉出的钢丝会产生反向“翘曲”。

卷筒底部 R 起保证切入点稳定、推动钢丝自动上行用。一般取最大拉拔直径的 2 倍，老式卷筒也有用 30°斜坡（坡面与卷筒轴线夹角）代替弧线的事例[3]。

拉丝卷筒一级台阶的锥度 α 是根据拉拔钢丝向上推力的大小选定的，主要考虑钢丝直径和强度：大规格钢丝选下限锥度（1.5°）、小规格钢丝选上限锥度；高强度钢选下限锥度、低强度钢选上限锥度。用于退火钢丝收线的卷筒，因为钢丝强度低，推力不足，即使卧式收线卷筒，α 通常为 3°~5°。

拉丝卷筒的 45°倒角及二级台阶的锥度 β 一般是固定值，该部分的主要作用是使钢丝圈产生适度的错位，保证卷筒能存积更多的钢丝。

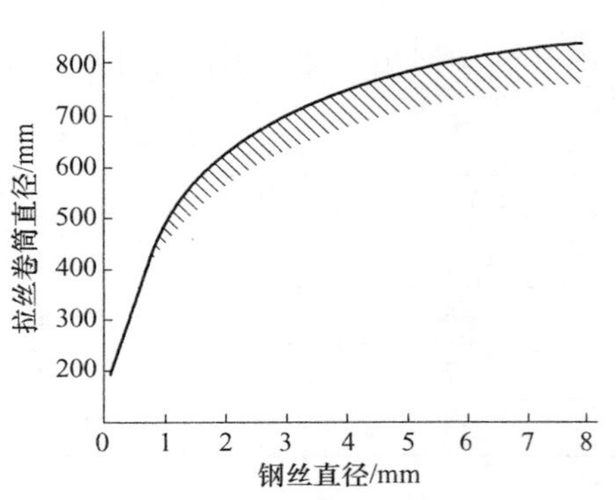

图 14-4　钢丝直径与卷筒直径对应关系

拉丝卷筒直径对钢丝的性能和卷形平整度都有一定的影响，一般说来，卷筒直径越大，钢丝变形均匀性越好，残余应力分布的不均匀越小，钢丝的弯曲性有所改善，见图 14-4。表 14-6 显示了用相同的拉拔工艺，在冷却条件相同，卷筒直径不同的拉丝机上生产的 ϕ1.2mm 弹簧钢丝，力学性能和弯曲检测结果的统计数据，可以看出：随着拉丝卷筒直径缩小，钢丝抗拉强度上升，弯曲次数下降，成品合格率也有所降低。对钢丝卷形平整度而言，卷筒直径太大或太小都会增加调整难度。综合考虑，通常按钢丝直径选择拉丝卷筒直径，表 14-6 提供的钢丝直径和拉丝卷筒直径对应关系有一定的参考价值。

表 14-6　拉丝卷筒直径对成品钢丝性能的影响

卷筒直径/mm	数据来源	抗拉强度/MPa（kg/mm²）			弯曲次数			一次合格率/%
		min	max	$\overline{X}$	min	max	$\overline{X}$	
	标准	1910（195）	2350（240）		7			
560	实测	2107（215）	2166（221）	2132（217.5）	8	14	9.6	100
450	实测	2146（219）	2264（231）	2205（225）	7	9	8.2	100
406	实测	2166（221）	2283（233）	2220（226.5）	6	9	8.1	87.5

参 考 文 献

[1] 艾伦 · 德福．钢丝［M］．卢冬良等编译，郑州：中钢集团金属制品研究院，1991：187.
[2] 李健全．钢丝（绳）矫直器的选用［J］．金属制品．1989，5：50~51.
[3] 维尔纳 · 巴普斯多夫，等．钢丝生产［M］．张炳南，殷祥华．冯雅观等译校，湘潭钢铁厂情报研究室编印，1985：239~240，232.
[4] 崔甫．矫直理论与参数计算［M］．第 2 版．北京：机械工业出版社，1994：216.
[5] 钢丝与钢绳．1979，2：29~30.
[6] 钢丝与钢绳．1979，1：68.

附　　录

附录 1　超马氏体钢的典型热处理工艺及性能参数

附表 1-1　超马氏体钢的典型热处理工艺及性能参数

牌　号	热处理工艺制度	$R_{p0.002}$ /MPa	$R_{p0.2}$ /MPa	R_m /MPa	A_5/%	Z/%	α_{KV} /J·cm^{-2}	硬度	K_{IC} /MPa·mm$^{-3/2}$
04Cr13Ni5Mo（美 S41500）	用 04Cr13Ni5Mo 焊接 022Cr17Ni6Mo 厚板（δ190mm）时焊口性能		730~740	865~870	21~22	67.5~69.3	20~25	HV>320	
	1080℃×2h 空冷或淬水+600℃×4h 回火		740~775	855~865	19~21.8	58.5~69.3	12~25	HV>270	
04Cr13Ni4Mo	1000℃×30min 油冷+610℃×2h 回火，板厚（δ26mm）		714~716	791~798	21~22	78.0~78.7	A_{KV} 226~228J	260HB	
03Cr14Ni6Mo	950℃×2h 空冷+600℃×2h 回火，板厚（δ120mm）		866~871		20~21	60.2~63.2	A_{KV} 116~120J		
022Cr13Ni6MoNb	760~950℃×1h 空冷		853	910	22.5	78.5	319		
	760~950℃×1h 空冷+580℃×1h 空冷		922	956	20.5	75.0	294		
04Cr16Ni5Mo（阿维斯塔·谢菲尔德 248SV）	同钢种焊口性能		≥620	≥830	≥15		≥59J	260~300HB	
03Cr12Ni10Cu2TiNb（03Х12Н10Д2ТБ）	950℃×1h 固溶+-70℃×2h 深冷+450℃×6h	1260	1700	1800	10			450HV	

续附表 1-1

牌　号	热处理工艺制度	$R_{p0.002}$ /MPa	$R_{p0.2}$ /MPa	R_m /MPa	A_5/%	Z/%	α_{KV} /J · cm^{-2}	硬度	K_{IC} /MPa · mm$^{-3/2}$
022Cr12Ni9Cu2NbTi (Custom455/S45500/ XM-16)	816～843℃×30min 水冷，带材（δ4.0mm）		926	1098	18	54		33HRC	
	816～843℃×30min+480℃×2h 空冷		1784	1818	8	25	A_{KV} 12～19J	31HRC	
	816～843℃×30min+510℃×2h 空冷		1612	1646	10	48			
03Cr11Ni9Mo2Cu2TiAl (04X11H9M2Д2TЮ/ ЭП832)	890～920℃×1h 固溶+500℃×5h 空冷		1650～1880	1700～1900	3～8	30～40			1200～1600
	700～750℃×1h 固溶+570～600℃时效×4h 空冷		1200～1420						3500～4500
015Cr12Ni10AlTi (UnimarCR-1)	816℃×1h 空冷		755	890	17	75			
	816℃×1h 空冷+480℃×3h 空冷		1475	1545	13	60		48HRC	
022Cr15Ni6Ti (美 Almar362)	810℃×1h 空冷+482℃×8h 空冷		1275	1345	13～15	50～60			
02Cr12Ni9Mo4Cu2TiAl (瑞典 1RK91/S46910)	1050℃×1h 固溶空冷+≥75%冷加工			1200～2150				387HV	
	1050℃×1h 空冷+≥75%冷加工+450～475℃×4h 时效空冷			1650～3000				655HV	
015C12Ni11Mo1Ti (Custom465/S46500)	980℃× 1 h 快冷+-73℃×8h 深冷+510℃×4h 空冷		1620	1750	14	63		49HRC	84
	980℃× 1 h 固溶+75%冷轧+510℃×4h 空冷		2100	2130	6.5				
022Cr12Ni10Mo2CuTiAlVB	1000℃×1h 淬水+-78℃×8h 深冷+510℃×4h 空冷		1480 1510	1610 1620	12.5 13.0	55.5 56.0	A_{KU} 81J A_{KU} 78J		94
02Cr10Ni10Mo2TiAl (Marvac736/In736)[11]	815℃×1h 空冷		738	958	16	58			
	815℃×1h 空冷、480℃×3h 空冷		1282	1310	14	38			

续附表 1-1

牌　号	热处理工艺制度	$R_{p0.002}$ /MPa	$R_{p0.2}$ /MPa	R_m /MPa	A_5/%	Z/%	α_{KV} /J·cm^{-2}	硬度	K_{IC} /MPa·mm$^{-3/2}$
02Cr13Ni4Co13Mo5（日 NASMA-164）	950℃×1 h 固溶		520	1155	21.9	66.3			
	950℃×1 h 固溶+-73℃×16h 深冷		810	1245	2.2	66.4			
	950℃×1 h 固溶+-73℃×16h 深冷+525℃×4h 空冷		1620	1795	19.7	49.1			
022Cr10Ni7Co10Mo5（Pyromet X-23）	925℃×30min 空冷+550℃×4h 空冷		1475	1610	17	60	A_{KV} 67J		
	815~980℃×1h 空冷+480~565℃×5h 空冷		1630	1770	15	58	A_{KV} 80J		
03Cr14Ni4Co13Mo3Ti（04X14K13H4M3T）	1050℃×1h 空冷+-70℃×16h 深冷+520℃×5h 空冷		1325	1375	12				
03Cr14Ni4Co13Mo3TiNbW（04X14K13H4M3TБВ）① ЭП767	1050℃×1h 空冷+-70℃×2h 深冷+520℃×5h 空冷	$\tau_{p0.005}$ 150	$\tau_{p0.3}$ 900	τ_m 1260				475HV	$(\Delta\tau/\tau_0)\times$ 100%① 8.7
	1050℃×1h 空冷+-70℃×16h 深冷+520℃×5h 空冷	280	1020	1310				—	5.0②
03Cr12Ni4Co15Mo4Ti（H4X12K15M4T）①	— 950℃×2h 空冷+-70℃×16h 深冷+550℃×6h，上述工艺+500℃×1h 二次补充时效	$R_{p0.002}$ 1260	$R_{p0.2}$	R_m	A_5	R_P 1490	— 使用温度	— 460HV	$(\Delta R/R_0)$ ×100%③ 2.0③
	950℃×2h 空冷+50%冷加工+-70℃×16h 深冷+520℃×4h	1300	1650	1670	10	—	400~450℃	510HV	— 1.6③

①（$\Delta\tau/\tau_0$）×100 %指钢在室温、100h、τ_0=600MPa 条件下的扭转应力松弛性能；

②（$\Delta\tau/\tau_0$）×100 %指钢在 400℃、100h、τ_0=600MPa 条件下的扭转应力松弛性能；

③（$\Delta R/R_0$）×100%指钢在 20℃、100h、R_0=1200MPa 条件下的拉伸应力松弛性能。

附录 2　工艺环节简称

TDS ——铁水预处理脱硫
TDP ——铁水预处理脱磷
LD（LD-AC）——氧气顶吹转炉（复吹转炉）
BOF ——氧气顶吹转炉
EAF ——电弧炉
ESR ——电渣重熔
VAR ——真空电弧重熔
ASM ——氩气炉外精炼
EBT ——偏心炉底出钢电炉
AOD ——氩氧脱碳精炼炉
VOD ——真空氩氧精炼炉
LF ——钢包炉（氩气搅拌成分调节）
RH ——循环脱气真空处理
VD ——真空脱气处理
AP ——吹氩处理
KRT ——钢包喷粉
KIP ——钢包喷粉（超低硫）
CC ——连续铸钢
IC ——模铸
IP ——喷吹处理
PI ——喷枪喷粉
LTS ——强力搅拌
OBM ——底吹氧转炉炼钢
Q-BOP（Quiet BOP）——底吹转炉
KST ——钢包喷粉
CAS-OB —— 在 CAS 装置上加一支氧枪
RH-OB —— RH 法加铝、吹氧提温

焊接工艺代号：
PWHT ——焊后热处理
HAZ ——热影响区
AW ——焊态
BM ——母材
WM ——焊缝
BTR ——脆性温度区间
E_{min}——最小临界应变
VTE ——脆性转变温度
SMAW ——手工焊条电弧焊
BMAW ——无气体保护电弧焊
MF ——自保护药芯焊丝电弧焊
RSW ——点焊
SAW ——埋弧焊
PAW ——等离子电弧焊
GTAW ——钨极气体保护电弧焊
GMAW ——熔化极气体保护电弧焊
MIG ——熔化极惰性气体保护焊
MAG ——熔化极活（非惰）性气体保护焊
TIG ——钨极惰性气体保护电弧焊
FCAW ——药芯焊丝电弧焊
OAW ——氧-乙炔焊
B(Brazing)——硬钎焊
S(Soldering)——软钎焊

金相检测装置代号：
OM ——光学显微镜
SEM ——扫描电镜
TEM ——透射电镜
XRD —— X 射线衍射

附录3　伸长率相关系数的测定及数据汇总

附表3-1　0Cr17Ni12Mo2伸长率相关系数的测定及数据汇总表　　试验日期：　年　月　日

试验号	3	炉号	824 154	牌号	0Cr17Ni12Mo2	规格	$3.7^{-0.06}$	状态	R	组织	奥氏体

化学成分（质量分数）/%

C	Si	Mn	P	S	Cr	Ni	Mo	Cu				
0.08	0.47	1.43	0.029	0.003	17.30	11.70	2.45					

生产工艺：连续炉固溶处理	矫直前抗拉强度和断面收缩率				矫直后抗拉强度和断面收缩率			
	R_m	$\overline{X}$	Z	$\overline{X}$	R_m	$\overline{X}$	Z	$\overline{X}$
	783	783	69.8	69.8	783～797	793	69.8	69.8

检验数据

试样编号	P_{max}	ϕ_{min}	L_{20}	L_{40}	L_{100}		试样编号	P_{max}	ϕ_{min}	L_{20}	L_{40}	L_{100}	
1	8300	2.0	28.2	53.9	128.0		7	8250	2.0	28.5	54.2	131.7	
2	8250	2.0	28.7	54.4	129.5		8	8150	2.0	28.3	53.0	127.2	
3	8300	2.0	28.3	54.4	129.5		9	8250	2.0	28.3	53.0	127.2	
4	8300	2.0	28.6	53.9	129.5		10	8300	2.0	28.9	54.0	128.7	
5	8250	2.0	27.9	53.4	129.5		11						
6	8200	2.0	28.1	54.6	129.5		12						

计算数据

试样编号	R_m	Z	A_{20}	A_{40}	A_{100}	S_o	试样编号	R_m	Z	A_{20}	A_{40}	A_{100}	$\sqrt{S_o}$
1	797	69.8	41	34.75	28.0	10401	7	793	69.8	42.5	35.5	27.2	3.225
2	793	69.8	43.5	36.0	29.5		8	783	69.8	41.5	32.5	27.2	
3	797	69.8	41.5	36.25	29.5		9	793	69.8	41.5	32.5	28.7	

续附表 3-1

试验号	3	炉号	824 154	牌号	0Cr17Ni12Mo2	规格	$3.7^{-0.06}$	状态	R	组织	奥氏体

计算数据

试样编号	R_m	Z	A_{20}	A_{40}	A_{100}	S_o	试样编号	R_m	Z	A_{20}	A_{40}	A_{100}	$\sqrt{S_o}$
4	797	69.8	43.0	34.75	29.5		10	797	69.8	44.5	35.0	29.5	
5	793	69.8	39.5	33.5	29.5		11						
6	787	69.8	40.5	36.5	31.7		12						

平均值	R_m	Z	A_{20}	A_{40}	A_{100}
	793	69.8	41.9	34.7	29.0
n_1	n_2	n_3	R_1	R_2	R_3
0.272	0.196	0.229	63.73	61.9	63.86
$\overline{n}$	0.23		$\overline{R}$	63.2	

计算公式：

$n = \lg(A_r/A)/\lg(L_o/L_{or})$

$R = A/(\sqrt{S_o}/L_{or})^n$

附表 3-2　3Cr13 伸长率相关系数的测定及数据汇总表　　　试验日期：　　年　　月　　日

试验号	10	炉号	0712702 0083_ 01	牌号	3Cr13	规格	$3.2^{-0.08}$	状态	R	组织	马氏体

化学成分（质量分数）/%

C	Si	Mn	P	S	Cr	Ni	Mo	Cu					
0.32	0.33	0.39	0.022	0.002	13.95	0.11							

生产工艺：氮气保护井式炉退火

矫直前抗拉强度和断面收缩率				矫直后抗拉强度和断面收缩率			
R_m	$\overline{X}$	Z	$\overline{X}$	R_m	$\overline{X}$	Z	$\overline{X}$
582	582	73.7	73.7	582～595	588	73.7	73.7

检验数据

试样编号	P_{max}	ϕ_{min}	L_{20}	L_{40}	L_{100}		试样编号	P_{max}	ϕ_{min}	L_{20}	L_{40}	L_{100}	
1	4550	1.6	26.0	48.4	114.1		7	4500	1.6	25.4	49.8	118.1	
2	4500	1.6	27.0	50.9	116.4		8	4500	1.6	27.7	49.6	117.2	
3	4450	1.6	26.6	50.8	120.6		9	4500	1.6	26.5	49.3	118.4	
4	4500	1.6	27.2	50.6	118.9		10						
5	4500	1.6	26.1	49.2	114.6		11						

续附表 3-2

试验号	10	炉号	0712702 0083_ 01	牌号	3Cr13		规格	$3.2^{-0.08}$	状态	R		组织	马氏体
检验数据													
试样编号	P_{max}	ϕ_{min}	L_{20}	L_{40}	L_{100}		试样编号	P_{max}	ϕ_{min}	L_{20}	L_{40}	L_{100}	
6	4550	1.6	26.0	48.6	116.5		12						
计算数据													
试样编号	R_m	Z	A_{20}	A_{40}	A_{100}	S_o	试样编号	R_m	Z	A_{20}	A_{40}	A_{100}	$\sqrt{S_o}$
1	595	73.7	30	21	14.1	7.642	7	588	73.7	27	24.5	18.1	2.764
2	588	73.7	35	27.25	16.4		8	588	73.7	38.5	24	17.2	
3	582	73.7	33	27	20.6		9	588	73.7	32.5	23.25	18.4	
4	588	73.7	36	26.5	18.9		10						
5	588	73.7	30.5	23	14.6		11						
6	595	73.7	30	21.5	16.5		12						
计算公式：								平均值	R_m	Z	A_{20}	A_{40}	A_{100}
$n = \lg(A_r/A)/\lg(L_o/L_{or})$									588	73.7	32.5	24.2	17.2
$R = A/(\sqrt{S_o}/L_{or})^n$								n_1	n_2	n_3	R_1	R_2	R_3
								0.425	0.373	0.395	71.71	70.47	72.24
								$\overline{n}$	0.40		$\overline{R}$	71.5	

附表 3-3　35CrMoA 伸长率相关系数的测定及数据汇总表　　试验日期：　年　月　日

试验号	25－2	炉号	36－1143	牌号	35CrMoA		规格	$7.0^{-0.005}$	状态	油淬火－回火		组织	回火索氏体
化学成分（质量分数）/%													
C	Si	Mn	P	S	Cr	Ni	Mo	Cu					
0.35	0.30	0.56	0.012	0.017	0.96	0.07	0.20	0.18					

续附表 3-3

试验号	25 - 2	炉号	36 - 1143	牌号	35CrMoA	规格	$7.0^{-0.005}$	状态	油淬火 - 回火	组织	回火索氏体

生产工艺：850℃ ×20min 油淬 +550℃ ×10min 油冷。

矫直前抗拉强度和断面收缩率				矫直后抗拉强度和断面收缩率			
R_m	$\overline{X}$	Z	$\overline{X}$	R_m	$\overline{X}$	Z	$\overline{X}$
854 ~ 860	857	54.7 ×2	54.7	775 ~ 770	773	61.4 ~ 61.7	61.6

检　验　数　据

试样编号	P_{max}	$P_{0.2}$	ϕ_{min}	L_{40}	L_{70}	L_{100}	试样编号	P_{max}	$P_{0.2}$	ϕ_{min}	L_{40}	L_{70}	L_{100}
1	47800	47600	4.6	45.2	76.6	107.6	7	45800	45400	4.5	45	76.2	107.5
2	46600	46400	4.5	45.8	77.1	108.5	8	48000	17600	4.6	15.5	77.2	107.7
3	47600	47200	4.4	45.4	77.2	108.2	9	46100	45700	4.4	15	76	707
4	47600	47200	4.4	45.5	77	108.4	10	47700	47400	4.5	45.6	77.5	109
5	47000	46600	4.4	45.3	77.3	108.3	11						
6	45400	48000	4.6	45.2	77	108.4	12						

计　算　数　据

试样编号	R_m	$R_{p0.2}$	Z	A_{40}	A_{70}	A_{100}	试样编号	R_m	$R_{p0.2}$	Z	A_{40}	A_{70}	A_{100}
1	1262	1257	56.1	13	9.45	7.6	7	1210	1199	58.0	12.5	8.86	7.5
2	1231	1225	58.0	14.25	10.14	8.5	8	1268	1257	56.1	13.75	10.28	7.7
3	1257	1247	59.9	13.5	10.28	8.2	9	1218	1207	29.9	12.5	8.57	7.0
4	1257	1247	59.9	13.75	10	8.4	10	1260	1252	58.0	14	10.71	9.0
5	1241	1231	59.9	13.25	10.43	8.3	11						
6	1278	1268	56.1	13	10	8.4	单项平均	1248	1239	58.2	13.35	9.87	8.06

总平均值	R_m	Z	A_{40}	A_{70}	A_{100}
	1238	61.0			
n_1	n_2	n_3	R_1	R_2	R_3
0.54	0.56	0.55	36.58	36.691	36.326
$\overline{n}$	0.54		$\overline{R}$	37.5	

计算公式：

$n = \lg(A_r/A)/\lg(L_o/L_{or})$

$R = A/\left(\sqrt{S_o}/L_{or}\right)^n$

附录4　钢的临界温度参考值

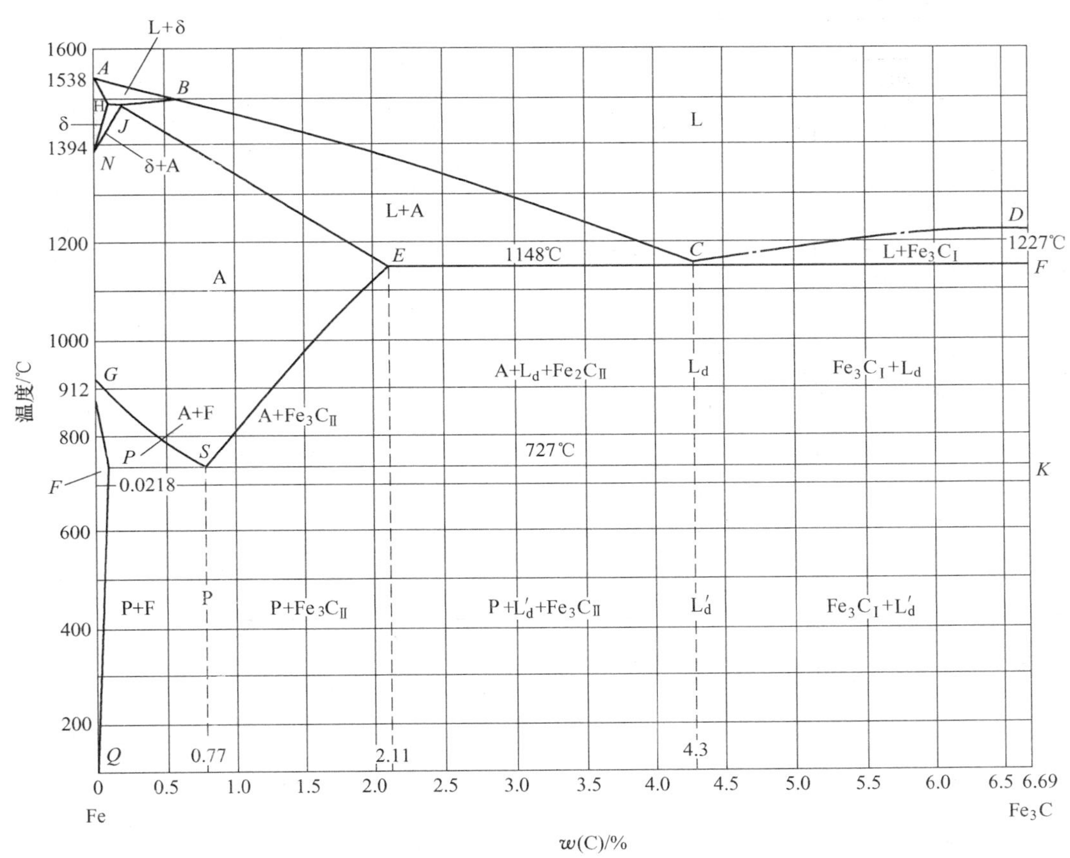

附表4-1　钢的临界温度参考值　（℃）

牌　号	Ac_1	Ac_3	Ar_1	Ar_3	Ms
碳素结构钢					
08	732	874	680	854	480
10	730	877	682	849	
15	735	863	685	840	450
20	735	846	682	816	
25	735	840	680	824	380
30	732	813	677	788	380
35	724	802	680	774	360
40	727	793	671	757	340
45	725	770	690	720	336
50	727	768	682	741	300
55	727	774	690	755	290

续附表 4-1

牌　号	Ac_1	Ac_3	Ar_1	Ar_3	Ms
碳素结构钢					
60	727	746	685	743	265
65	727	752	696	730	265
70	727	732	691	710	240
75	725	740	690	727	230
80	729	735	693	699	230
85	723	737	690	695	220
15Mn	735	863	685	840	
16Mn	736	850	682	835	410
20Mn	735	854	682	835	420
25Mn	735	830	680	800	
30Mn	734	812	675	796	355
35Mn	730	800	680	770	
40Mn	726	790	689	768	
Y40Mn	731	807			280
45Mn	726	770	689	768	
50Mn	720	760	660		320
60Mn	727	765	689	741	280
65Mn	726	765	689	741	270
70Mn	723	740	680		
合金结构钢					
10Mn2	720	830	620	710	
20Mn2	725	840	610	740	400
30Mn2	718	804	627	721	360
35Mn2	713	793	630	710	325
40Mn2	713	766	627	704	320
45Mn2	711	765	626	704	320
50Mn2	710	760	596	680	320
08Mn2Si	735	905			300
15Mn2SiCrMo	725	855			380
45MnSiV	735	805	642	718	295
18MnMoNb	736	850	646	756	370
20MnMo	730	839	685	729	380
30MnMo	715	815			
38MnMo	720	820			
45MnMo	725	790			400

续附表 4-1

牌　号	Ac_1	Ac_3	Ar_1	Ar_3	Ms
合金结构钢					
30Mn2MoWA	720	845			330
35MnMoWV	740				390
45MnMoV	727	791			240
18MnMoNb	763	850	646	756	
15MnNi	707	858			
20MnNiCu	705	805			390
15MnNiMo	714	854			
20MnNiMo	685	845			420
15MnTiRE	734	865	615	779	390
09MnVRE	640	800		730	320
12MnV	734	865	615	779	
15MnV	720	850	635	780	
20MnV	730	853	630	750	415
25Mn2V	724	839	620	710	365
35Mn2V	715	770			320
42Mn2V	725	770			310
45Mn2V	725	770			310
14MnMoV	710～727	880～908	561～665	763～800	
14MnVTiRE	725	885			
20SiMn	732	840			
27SiMn	750	880		750	355
35SiMn	735	795	690		330
40SiMn	760	815			290
42SiMn	740	800	645	715	330
44Mn2Si	730	810			285
50SiMn	710	797	636	703	305
27Si2Mn2Mo	745	820			340
32Si2Mn2MoA（防弹钢）	727	891	620	774	315
15SiMn3MoA	680	860	327	396	290
15SiMn3MoWV（A）	685	830	345	415	360
20SiMn2MoV	727 *	877 *	640	816	330 *
25SiMn2MoV	727 *	866 *	640	785	319 *
30SiMn2MoVA	725	845	630	725	310
30Si2Mn2MoWV	739	798			310
35SiMn2MoV	735	780			306

续附表 4-1

牌　号	Ac_1	Ac_3	Ar_1	Ar_3	Ms
合金结构钢					
37SiMn2MoV	729	823			314
37SiMn2MoWV	720	835	350	510	290
40SiMn2MoWV	722	836			290
42SiMnMoV	755	870			295
35B	730	802	691	791	
40B	730	790	690	727	
45B	725	770	690	720	280
50B（A）	740	790	670	719	280
60B	740	745			270
15MnB	720	847			410
20Mn2B	730	853	613	736	380
30Mn2B	726	786			
40MnB	730	780	650	700	325
40MnBRE	725	805			340
45MnB	727	780			
60MnB	710	740			280
12MoVWBSiRE	835	940	804	880	
14MnMoVBRE	757	900	700	773	
20MnMoB	740	850	690	750	
30Mn2MoB	734	800			
30Mn2MoTiB（A）	733	814	640	698	
40MnMoB	724	805	652	737	
20MnTiB（RE）	715	843	625	795	395
20Mn2TiB	708	870	605	705	
25MnTiBRE	708	810	605	705	391
15MnVB	730	840	635	770	430
20MnVB	720	840	635	770	435
40MnVB	730	774	639	681	
40MnWB	736	800	630	695	320
20SiMnVB	726	866	699	779	
22SiMnMoWTiB	744	862			
40CrB	741	777			
40CrMnB	729	785	676		350
18CrMnMoB	740	840			
20CrMnMoVB		850	675	780	

续附表 4-1

牌　号	Ac_1	Ac_3	Ar_1	Ar_3	Ms
合金结构钢					
40CrMnMoVBA	734	792			
22CrMnWMoTiB	744	862	450	513	267
10CrNiMoVB	724	876			
12Cr2MoWVTiB	820~845	950~980	730~740	830~855	420
12Cr3MoVSiTiB	840	958			374
15CrMoVB	756	896			
18CrMn2MoBA	741	854			320
18Cr2Mn2MoB	741	840			
18Cr2Mn2MoTiB	770	860			
20Cr1Mo1VNbB	827	909	793	862	
25CrMnMoTiB	765	851	653	756	403
30Cr2MnMoB	724	815			
15Cr	766	838	702	799	
20Cr	765	836	702	799	390
30Cr	775	810	670		355
35Cr	745	795	670		360
38CrA	740	780	693	730	350
30CrAl	780	865			360
38CrAl	760	885	675	740	360
40Cr	743	805	693	730	355
45Cr	745	790	660	693	355
50Cr	735	780	660	693	250
60Cr	740	760			
45Cr3	780	820			330
15CrMn	750	845	690		400
20CrMn	765	835	700	798	360
40CrMn	740	775	690		350
50CrMn	740	785			300
35CrMn2	730	775	630	680	300
50CrMn2	730	760			290
18CrMnNiMo	730	795	490	690	380
20CrMnNiMo	720	800			400
40CrMnNiMo	390	780			290
30CrMnMoTiA	755	830			350
35CrMnMoWV	730	820		490	320

续附表 4-1

牌　号	Ac_1	Ac_3	Ar_1	Ar_3	Ms
合金结构钢					
30CrMn2MoNb	765			401	305
35CrMn2MoNb	725	780			320
20CrMnSi（A）	755	840	690		
20Cr2Mn2SiMo（A）	725	835	615	700	305
25CrMnSi（A）	760	880	680		305
30CrMnSi（A）	760	830	670	705	360
35CrMnSi（A）	775	830	700	755	330
40CrMnSiMoVA	780	830			288
40CrMnSiNiMo	695	800			330
45CrMnSi（A）	790	880			295
50CrMnSiMo	790	815			275
15CrMn2SiMoA	732	805	389	478	360
14CrMnSiNi2MoA	724	805	607	690	364
30CrMnSiNi2A（超高强钢）	750~760	805~830			310~320
18CrMnTi	730	820	690		365
20CrMnTi	740	825	680	730	360
30CrMnTi	765	790	660	740	
40CrMnTi	765	820	640	680	310
25CrMnV	735	820			420
35CrSi	755	830	715		340
38CrSi	763	810	680	755	330
40CrSi	760	815	715		325
16CrSiNi	745 *	845 *			390 *
30CrSiMo	780	860			350
40CrSi2Ni2MoA	748	802			290
16Mo	735	875~900	610	830	420
20Mo	726 *	845 *			420 *
30Mo	724 *	825 *			390 *
12CrMo	720	880	695	790	
12Cr1Mo	790	900			380
15CrMo	745	845	695	790	435
20CrMo	745	840	504	746	380
25CrMo	750	830	665	745	365
30CrMo	757	807	693	763	345
35CrMo	755	800	695	750	320

续附表 4-1

牌　号	Ac_1	Ac_3	Ar_1	Ar_3	Ms
合金结构钢					
38CrMo	760	780			320
42CrMo	730	780	690		310
45CrMo	730	800			310
50CrMo	725	760			290
25Cr3Mo	770	835			360
30Cr3MoA（渗碳、渗氮钢）	765	810			335
38CrMoAlA（渗碳、渗氮钢）	760	885	675	740	360
15CrMnMo	710	830	620	740	
20CrMnMo	710	830	620	740	249
30CrMnMo	730	795			385
40CrMnMo	732	774	640		246
20Cr2Mn2MoA	761	828	655	735	310
30CrMnMoTiA	755	830			350
30CrMnWMoNbV	720	825	515		355
12CrMoV	790	900	774	865	
12Cr1MoV	774～803	882～914	761～787	830～895	400
12Cr1Mo1V	795	930			
15CrMnMoVA	770	870	674	780	376
17CrMo1V	783～803	885～922	741～785	811～838	
20Cr1Mo1VNbB	827	909	793	862	
20CrMoWV	800	930			330
20Cr3MoWVA	820	930	690	790	330
24CrMoV	790	840	680	790	
25Cr2MoV	770	840	690	780	340
25Cr2Mo1VA	780	870	700	790	
30Cr2MoV	781	833	711	747	330
32Cr3MoVA（渗碳、氮钢）	795	835			310
35CrMoVA	755	835	600		356
35 Cr1Mo2V	770	895			270
38Cr2Mo2VA（超高强钢）	780	850			320
45CrMoV	750	830			320
55CrMoV	755	790	680	715	265
30Ni	690	810			365
40Ni	715	770			330
50Ni	725	755			320

续附表 4-1

牌　号	Ac_1	Ac_3	Ar_1	Ar_3	Ms
合金结构钢					
15NiMo	725	800	650	750	330
10Ni2	710	820			425
12Ni3	685	810			450
25Ni3	690	760			340
30Ni3	670	750			310
35Ni3	670	750			310
40Ni3	665	740			310
60Ni4	650	720			
10Ni5	615	775			
13Ni5	610	765			350
40Ni5	650	710			360
50Ni5	650				240
15NiMo	725	800	650	750	330
12CrNi	715	830	670		
20CrNi	720	800	680	790	410
40CrNi	730	770	660	702	305
45CrNi	725	775	680		310
50CrNi	725	770	680		300
12CrNi2A	732	794	671	763	395
12CrNi3A（渗碳、渗氮钢）	710	820	660		380
20CrNi3A	700	760	500	630	340
30CrNi3A	699	780	650		320
37CrNi3A	710	770	640		280
18CrNi4A（渗碳、渗氮钢）	695	780	570	670	360
20Cr2Ni2V	720	795			390
12Cr2Ni4A（渗碳、渗氮钢）	670	780	605	675	390
20Cr2Ni4A	685	775	575	660	330
35Cr2Ni4A	685	760	621	649	320
40Cr2Ni4	680	750			240
20CrNiMo	725	815			396
30CrNiMo	730	775			340
35CrNiMo	730	810			340
40CrNiMoA	720	790	680	469	320
17CrNi2Mo	690	810			
30CrNi2Mo	695	785			350

续附表 4-1

牌　号	Ac_1	Ac_3	Ar_1	Ar_3	Ms
合金结构钢					
35CrNi2Mo	695	780			310
40CrNi2Mo	680	775			300
12CrNi3Mo	710	800			385
16CrNi3MoA（渗碳、氮钢）	695	770			320
25CrNi3MoAl	740	780			290
30CrNi3Mo	680	770			310
35CrNi3Mo	705	760			310
12CrNi4Mo	690	790			370
30CrNi4MoA	700	740			325
35CrNi4Mo	700	750			270
35Cr2NiMo	720	775			330
30Cr2Ni2Mo	718	780			345
35Cr2Ni2Mo	718	775			325
12Cr2Ni3Mo	700	800			395
35Cr2Ni3Mo	730	770			395
12Cr2Ni4Mo	660	770			370
18Cr2Ni4Mo	700	810			370
20Cr2Ni4Mo	700	820			390
35Cr2Ni4MoA（超高强钢）	700	765			200
45CrNiMoVA	720	790	650		275
30CrNi2MoVA	720	780	640		320
25CrNi3MoV	690	800			330
30CrNi3MoV	706	790			320
35CrNi3MoV	700	780			320
32CrNi2MoTiA（防弹钢）	720	774			318
15CrV	755	870	770		435
20CrV	766	840	704	782	435
30CrV	765	820			355
40CrV	755	790	700	745	340
45CrV	740	780		746	315
50CrVA	752	780	688	746	300
35Cr2V	760	850			310
35CrW	750	810			370
18CrNiWA	730	800			310
40CrNiWA	730 *	785 *			310 *

续附表 4-1

牌　号	Ac_1	Ac_3	Ar_1	Ar_3	Ms
合金结构钢					
30Cr2Ni2WVA	755 *	828 *			335 *
18Cr2Ni4WA（渗碳、氮钢）	700	810	350	400	310
25Cr2Ni4WA	695	770	300		290
35Cr2Ni4W	695	760			280
16Co14Ni10Cr2MoE	600	800			310~320
12WMoVSiRE	835	940	804	880	380
非调质钢					
LF10MnSiTi	795	862	696		
LF10Mn2VTiB	654	840	623	714	405
LF20Mn2V	715	845			394
GF30Mn2SiV	720	798	608	702	
GF32Mn2SiV	720	798			343
YF35V	715	800			350
YF35MnV	708	798			351
YF35MnVN	735	818	639	731	296
F40MnV	746	796	667	755	
YF40MnV	725	800	619	714	320
F40MnV（Ti）	728	815	632	694	405
GF40SiMnVS	735	800			345
F45V	749	800	680	747	310
YF45V	740	797			310
YF45MnV	740	790			260
碳素工具钢					
T7（A）	725	765	700		280
T8（A）	730	750	700		220
T8Mn（A）	725	730	690		210
T9（A）	730	760	700		190
T10（A）	730	(800)	700		200
T11（A）	730	(810)	700		185
T12（A）	730	(820)	700		200
T13（A）	730	(830)	700		190
T10Mn2	710	(850)			125
合金工具钢					
SM1CrNi3（P6）	720	810	600	715	409
1Ni3Mn2MoCuAl	675	821	382	517	270

续附表 4-1

牌　号	Ac_1	Ac_3	Ar_1	Ar_3	Ms
合金工具钢					
2Cr3Mo2NiVSi	776	851	672		
Y20CrNi3MnMoAl（P21）	740	780			290
3Cr2MoWVNi	816	833			268
3Cr2MnNiMo	715	770			280
3Cr2Mo（P20）	770	825	640	760	335
3Cr3Mo3VNb	825	920	734	810	355
3Cr3Mo3W2V	840	922	786	839	373
3Cr2W4V	820	840	690		400
3Cr2W8V（H21）	820	(925)	773	(838)	380
3Cr3Mo3VNb	825	(920)	734	810	355
4CrMnSiMoV	792	855	660	770	290
4CrSi	745	860	725		290
4CrSiV	765	830	725		330
4CrMoVSi	850	910			130
4CrW2Si（SKS41）	780	840	735		315
4CrW2VSi	800	875	730		275
4Cr3Mo2MnVB	801	874	680	759	342
4Cr3Mo2MnVNbB	789	910			263
4Cr3Mo2MnWV	770				320
4Cr3Mo2NiVNb	770				320
4Cr3Mo3SiV（H10）	810	910	750		360
4Cr3Mo3W2V	850	930	735	825	400
4Cr3Mo3W4VTiNb	821	880	752	850	
4Cr4Mo2WVSi	830	910	670	750	255
4Cr5MoSiV（H11）	853	912	735	810	310
4Cr5MoSiV1（H13）	860	915	775	815	340
4Cr5MoWSiV	835	920	740	825	290
4Cr5Mo2MnVSi	815	893			271
4Cr5W2VSi	875	915	730	840	275
5SiMn	755	790	690		
5SiMnMoV（S2）	764	788			300
5Cr3MnSiMo1V（S7）	792 *	835 *			254 *
5Cr3W3MoSiVNb	780	920	665	725	330
5CrMnSiMoV	710	760	650		215
5CrMnMo	710	760	650	680	220

续附表 4-1

牌　号	Ac_1	Ac_3	Ar_1	Ar_3	Ms
合 金 工 具 钢					
5CrNiMo（L6）	730	780	680		230
5CrNiMoV	740	815	650	730	210
5CrNiMnMoVSCa	695	735	305	378	220
5CrNiTi	720	770	700		230
5CrNiW	730	820			205
5Cr2NiMoVSi	750	874	625	751	243
5Cr4Mo3SiMnVAl	837	902			277
5Cr4Mo2W2SiV	810	885	700	785	290
5Cr4Mo2W5V	836	893	744	816	250
5CrW2Si（S1）	775	860	725		295
6CrSi	770	830	710		250
6CrNiMnSiMoV	705	740	580	605	174
6Cr4Mo3Ni2WV	737	822	650		180
6CrW2Si	775	810	725		280
6Cr4W3Mo2VNb	820		730		220
6Cr6W3MoVSi	875	(905)	755	790	250
6W6Mo5Cr4V	820		730		240
7MnSi2	750	775			215
7CrSiMnMoV	776	834	694	732	211
7Cr4W3Mo2VNb	810~830		740~760		220
7Cr7Mo3V2Si（LD1）	876	(925)	725	(816)	105
7Cr4W7MoV	785				184
8Cr2MnMoWVS	770	820	660	710	180
8Cr3	785	830	750	770	370
8CrV	740 *	761 *	700		215
8CrWV（SJ9）	750	765			286
9Mn2	710	(760)	625		205
9Mn2V（O2）	736	(765)	652	(690)	180
9SiCr	770	(870)	730		160
9Cr2	730	(860)	700		270
9Cr2Mo	755	(850)			190
9CrWMn	750	(900)	710		230
MnSi	760	(865)	708		245
MnCrWV（O1）	750	(780)	655		190
SiMnMo	735	(770)	676	(720)	180

续附表 4-1

牌 号	Ac_1	Ac_3	Ar_1	Ar_3	Ms
合金工具钢					
SiMnWVNb	750	(785)			130
Cr	745	(900)	700		240
V	730	770	700		200
Cr06	730	(950)	700	(740)	
CrMn	740	(980)	700		245
CrMnSi	730	(930)	700		
Cr2	745	(900)	700		240
Cr2Mn2SiWMoV	770	740	640	(605)	190
Cr4W2MoV	795	(900)	760		142
Cr5Mo1V (A2)	785	(835)	705	(750)	180
Cr8Mo2SiV (DC53)	845	(905)	715	(800)	115
Cr12 (SKD1)	810	(835)	755	(770)	180
Cr12MoV (SKD11)	830	(855)	750	(785)	230
Cr12Mo1V1 (D2)	810	(875)	750	(695)	190
Cr12Mo	810	(875)	695		230
Cr12MoW	815				255
Cr12V	810		760		180
V	730	(770)	700		200
VTi	740	(760)	670	(680)	250
W (F1)	740	(820)	710		
W2	745	(950)	720		
W3CrV	770~805		710~730		
CrW	760	(805)	725		
CrW4	760	(790)			
CrW5	760	(790)	700	(730)	
CrWMn (SKD31)	750	(940)	710		255
高速工具钢					
9Cr6W3Mo2V2	795	(820)			220
Cr4W2MoV	795	(900)	760		142
Cr6WV	815	(845)	625	(775)	150
Cr8MoWV3Si	858	907			215
Cr12W	815	(865)	715		180
9W18Cr4V	810	(845)			135
W18Cr4V (T1)	820	(860)	760		210
W18Cr4VCo5 (T4)	820	(875)			130~190

续附表 4-1

牌　号	Ac_1	Ac_3	Ar_1	Ar_3	Ms
高 速 工 具 钢					
W14Cr4VMnRE	795	(860)			
W12Cr4V4Mo	835	855	770		225
W12Mo3Cr4V3N	830	870	765		175
W12Mo3Cr4V3Co5Si	835~860				140
W12Cr4V5Co5	843~873		740		
W10Cr4V4Co5	820				170
W10Mo4Cr4V3Al	830~860	(890)			115
W9Cr4V2	820	(870)	740	(780)	200
W9Mo3Cr4V	830	(875)			
CW9Mo3Cr4VN	810	(850)			195
W9Mo3Cr4V3	840	(875)			160
W9Mo3Cr4VAl	850	(890)			220
W9Mo3Cr4VCo5	810	(845)			195
W8Mo5Cr4VCo3N	820				116
W7Mo4Cr4V	750	(830)			145
W6Mo5Cr4V2 (M2)	835	(885)	736	(781)	131
W6Mo5Cr4V2Co5	823~852				220
W6Mo5Cr4V2Al	845	(924)			120
W6Mo5Cr4V3	810~845				140
W6Mo5Cr4V5SiNbAl	830~860				160
W6Mo5Cr4V2Co5	836~877		739~753		220
W4Mo3Cr4VSi	815	(855)			170
W3Mo2Cr4VSi	815	(865)			140
W2Mo9Cr4V (M1)	827				195
W2Mo9Cr4V2 (M7)	810~820	845~860			210
W2Mo9Cr4VCo8 (M42)	830~855				150
弹　簧　钢					
30W4Cr2VA	820	840	690		400
50CrMn	740	785	690		300
50CrMnV	735	787	686	745	290
50CrVA	752	788	688	746	300
67CrVA (TDCrV)	740	770 *			280 *
55CrMnVA	750	787	686	745	275
55SiMnB	740	780	648	680	240
55Si2Mn	775	840	690		300

续附表 4-1

牌　号	Ac_1	Ac_3	Ar_1	Ar_3	Ms
		弹　簧　钢			
55Si2MnB	770	825	690	745	289
55SiMnMoV	745	815	610	690	290
55SiMnMoVNb	730	770	590	685	292
55SiMnVB	750	775	670	700	
55CrMnA	750	775			250
55CrSi（TDSiCr）	755 *	803 *			290 *
60CrSiV（TDSiCrV）	765 *	823 *			221 *
60SiMn	730	790			285
60SiMnMo	700	760			264
60Si2MnA	755	810	700	770	305
60Si2CrA	765	780	700		
60Si2CrVA	770	780	710		
60Si2Mo	740	790			260
60CrMnA	735 *	765 *			260 *
60CrMnBA	735 *	765 *			260 *
60CrMnMoA	700	805	655		255
60CrMnSiVA	745	800			270
65MnSiV	755	802	675	705	255
65Si2MnWA	765	780	700		
70Si2CrA	756	800			220
70Si3Mn（A）	780	810	700		290
70VNbRE	730	775			250
80CrWVRE	745	755			295
80WVRE	724	753	663	708	295
		轴　承　钢			
G20CrMo（AISI4118）	750	825	680	775	380
G20CrNiMo（AISI8620）	730	830	669	770	395
G20CrNi2Mo（AISI4320）	725	810	630	740	380
G20Cr2Ni4	685	775	585	630	305
G55SiMoVA	765	858	687	759	304
G8Cr15（AUJ1）	752	（824）	684	780	240
GCr4V（T10V）	735	（750）			200
GCr6	727	（760）	700		192
GCr9	740	（887）	690	721	205
GCr9SiMn	738	（775）	700	724	170

续附表 4-1

牌　号	Ac_1	Ac_3	Ar_1	Ar_3	Ms
轴　承　钢					
GCr15	760	(900)	695	707	240
GCr15SiMn	770	(872)	708		200
GCr15SiMo	750	(785)	695		210
GCrSiWV(GCr15SiWV)	765	(810)	692		200
GMnMoV(RE)	743	(873)	677	(698)	175
GSiMn(RE)	745		674		150
GSiMnV	755	(780)	680	(705)	100
GSiMnVRE	745	(785)	680	(730)	125
GSiMnMoV	740	(800)	681	(727)	115
GSiMnMoVRE	742	(887)	682	(702)	
Cr4Mo4V(M50)	724	(840)	720	(778)	130
Cr14Mo4V(AISI618)	875	(925)	745	(800)	
不锈耐热钢					
1(12)Cr6Si2Mo	850	890	765	790	
0(06)Cr13	800	905	780	820	370
1(12)Cr13	820	850	700	820	340
2(20)Cr13	820	893	671	743	320
3(30)Cr13	800~840	950	700	742	240
3(30)Cr13Si	830				250
3(32)Cr13Mo	840	890	750	790	
4(40)Cr13	800~850	1000	780		270
6(60)Cr13Mo	825	900			210
3(31)Cr17Mo	860	985			175 *
1Cr10Co6MoVNb	760	815			360
1(13)Cr11Ni2W2MoV	735~785	885~920			279~345
1Cr12Ni3Mo2V	715	815			305
1(14)Cr12Ni2WMoVNb	760	810			290
1(15)Cr12WMoV	820	890	670	760	
1(12)Cr13Ni2(414)	732				274
1(14)Cr17Ni2(431)	727				143
2(25)Cr13Ni2	706	780			320
4(42)Cr9Si2	865	935	805	830	190
4(40)Cr10Si2Mo	900	970	810	870	280
8(83)Cr20Si2Ni	840	920			305
9(95)Cr18	810	840	740	765	170

续附表 4-1

牌　号	Ac_1	Ac_3	Ar_1	Ar_3	Ms
		不锈耐热钢			
102Cr17Mo(9Cr18Mo)	815		765		145
11(108)Cr17(440C)	815	840	740	765	145
(110)Cr14Mo4V	875	925	745	800	

注：1. 钢的显微组织转变点 A_1、A_3和 A_{cm}是在缓慢加热、缓慢冷却条件下测得的临界点，因同一牌号钢的化学成分不尽相同、加热和冷却速度也有差别，实测临界温度出现波动是正常的。实际生产中，钢的组织转变总有滞后现象，实现组织转变，加热温度要高于临界点，冷却温度要低于临界点。通常把加热时的临界点表示为 Ac_1、Ac_3和 Ac_{cm}，把冷却时的临界点表示为 Ar_1、Ar_3和 Ar_{cm}。另外，用 Ms 和 Mf 表示马氏体开始转变和转变终了温度。

2. ＊表示计算值，计算采用安德鲁斯（K. W. Andrews）公式[16]

$Ac_1=723-10.7w(\mathrm{Mn})-16.9w(\mathrm{Ni})+29.1w(\mathrm{Si})+16.9w(\mathrm{Cr})+290w(\mathrm{As})+6.38w(\mathrm{W})$　（℃）

$Ac_3=910-203\sqrt{w(\mathrm{C})}-15.2w(\mathrm{Ni})+44.7w(\mathrm{Si})+104w(\mathrm{V})+31.5w(\mathrm{Mo})+13.1w(\mathrm{W})$　（℃）

$Ms=539-423w(\mathrm{C})-30.4w(\mathrm{Mn})-17.7w(\mathrm{Ni})-12.1w(\mathrm{Cr})-7.5w(\mathrm{Mo})$　（℃）

3. 按 GB/T 20878—2007 规定，不锈耐热牌号表示方法变更见附表 4-2：用牌号前（）中的数字代替第 1 位数字，作为新牌号。

附表 4-2　马氏体沉淀硬化不锈钢的临界点参考值

牌　号	Ac_1/℃	Ac_3/℃	Ms/℃	δ 含量/%	A. R. I
06Cr17Ni7AlTi（StainlessW）	650①	705④	93	11.7	16.2
05Cr17Ni4Cu4Nb（17-4 PH）	670	740	140	8.0	15.5
05Cr15Ni5Cu4Nb（15-5 PH）	662①	702④	165③	4.2	14.5
06Cr15Ni5Cu2Ti (08X15H5Д2T)	640	750	140	3.4	13.9
04Cr15Ni6Cu2Nb (Custom450/XM-25)	632	707	118	2.6	17.2
035Cr16Ni7AlTi (Croloy16-6PH /ЭИ814)	613①	690④	69②	5.7	20.1
05Cr14Ni5MoCu2Nb (FV520B)	667①	790④	162②	1.2	17.5
04Cr13Ni8Mo2Al (PH13-8Mo)	655①	790④	121	-4.7	19.7
15Cr15Co13Mo5V（AFC-77）	775①	830④	140③	-2.6	18.8
12Cr12Co10Mo6（X12K10M6）	810①	890④	155③	0.6	16.0

注：1. И. Я. 索科夫（Сокол）公式：δ（%）$=2.4w(\mathrm{Cr})+1.0w(\mathrm{Mo})+1.2w(\mathrm{Si})+14w(\mathrm{Ti})+1.4w(\mathrm{Al})+1.7w(\mathrm{Nb})+1.2w(\mathrm{V})-41w(\mathrm{C})-0.5w(\mathrm{Mn})-2.5w(\mathrm{Ni})-0.3w(\mathrm{Cu})-1.2w(\mathrm{Co})-18$（适用于不锈钢，$+1.0w(\mathrm{Mo})+1.7w(\mathrm{Nb})+1.2w(\mathrm{V})-0.3w(\mathrm{Cu})-1.2w(\mathrm{Co})$为笔者增补的修正项。负数表示钢中不含 δ 铁素体）。

2. A. R. I 称为奥氏体保留系数，用来衡量淬火后钢中残余奥氏体留存量。

①不锈钢临界点计算公式：$Ac_1(℃)=820-25w(\mathrm{Mn})-30w(\mathrm{Ni})-11w(\mathrm{Co})-10w(\mathrm{Cu})+25w(\mathrm{Si})+7(w(\mathrm{Cr})-13)+30w(\mathrm{Al})+20w(\mathrm{Mo})+50w(\mathrm{V})$（Irving 公式，适用于含 Cr12%～17% 马氏体和沉淀硬化不锈钢的 Ac_1点计算，$-11w(\mathrm{Co})-10w(\mathrm{Cu})$ 和$+7(w(\mathrm{Cr})-13)$为笔者增补的修正项，Mo 的系数由 25 修订为 20）。

②沉淀硬化不锈钢临界点 Ms 的计算公式：Ms（℃）$=1180-1450(w(\mathrm{C})+w(\mathrm{N}))-30w(\mathrm{Si})-30w(\mathrm{Mn})-37w(\mathrm{Cr})-57w(\mathrm{Ni})-22w(\mathrm{Mo})-32w(\mathrm{Cu})$（魏振宇公式适用于经充分奥氏体化后淬水状态的沉淀硬化型不锈钢的临界点计算，$-32w(\mathrm{Cu})$ 为笔者增补的修正项）。

③不锈钢临界点 Ms 的计算公式：Ms（℃）$=635-450w(\mathrm{C})-450w(\mathrm{N})-30w(\mathrm{Mn})-50w(\mathrm{Si})-20w(\mathrm{Cr})-20w(\mathrm{Ni})-45w(\mathrm{Mo})+10w(\mathrm{Co})-35w(\mathrm{Cu})-36w(\mathrm{W})-46w(\mathrm{V})-53w(\mathrm{Al})$（Pickering 公式，适用于 0.10%C-17.0%Cr-4.0%Ni 为基础的钢和含钴、钨、钒、铝的钢）。

④不锈钢临界点 Ac_3的计算公式：Ac_3（℃）$=910-203\sqrt{w(\mathrm{C})}+44.7w(\mathrm{Si})-10w(\mathrm{Mn})-9w(\mathrm{Cr})-15.2w(\mathrm{Ni})+31.5w(\mathrm{Mo})-15.5w(\mathrm{Cu})+104w(\mathrm{V})+13.1w(\mathrm{W})+80w(\mathrm{Al})+100w(\mathrm{Ti})+250w(\mathrm{Nb})-4w(\mathrm{Co})$（安德鲁斯（K. W. Andrews）公式，$-10w(\mathrm{Mn})-9w(\mathrm{Cr})-15.5w(\mathrm{Cu})+80w(\mathrm{Al})+100w(\mathrm{Ti})+250w(\mathrm{Nb})-4w(\mathrm{Co})$ 为笔者增补的修正）。

附表 4-3　半奥氏沉淀硬化不锈钢的临界点参考值

牌　　号	Ac_1/℃	Ac_3/℃	M_{d30}/℃	Ms/℃	δ 含量/%
07Cr17Ni7Al（17-7PH/631）	660①	725④	64	-15②	3.7
07Cr15Ni7Mo2Al（PH15-7Mo）	700①	820④	41	-6②	-0.6
07Cr14Ni8Mo2Al（PH14-8Mo）	660①	808④	52	-9②	-2.1
09Cr17Ni5Mo3N（美 S35000/AM350/633）	755①	830④	46	-35③	6.7
12Cr16Ni5Mo3NbN（美 S35500/AM355/634）	745①	827④	28	-33③	3.0
07Cr12Mn5Ni4Mo3Al	605	658④	69	-10	5~20
06Cr16Ni6（16-6PH /07X16H6）	600	650④	57	-9	2.6

注：1. Augel 公式：M_{d30}（℃）= 413-462w(C+N)-8.1w(Mn)-9.2w(Si)-13.7w(Cr)-9.5w(Ni)-18.5w(Mo)。

2. И. Я. 索科夫（Сокол）公式：δ（%）= 2.4w(Cr)+1.0w(Mo)+1.2w(Si)+14w(Ti)+1.4w(Al)+1.7w(Nb)+1.2w(V)-41w(C)-0.5w(Mn)-2.5w(Ni)-0.3w(Cu)-1.2w(Co)-18（适用于不锈钢，+1.0w(Mo)+1.7w(Nb)+1.2w(V)-0.3w(Cu)-1.2w(Co) 为笔者增补的修正项。负数表示钢中不含 δ 铁素体）。

①不锈钢临界点计算公式：Ac_1（℃）= 820-25w(Mn)-30w(Ni)-11w(Co)-10w(Cu)+25w(Si)+7(w(Cr)-13)+30w(Al)+20w(Mo)+50w(V)（Irving 公式，适用于含 Cr12%~17% 马氏体和沉淀硬化不锈钢的 Ac_1 点计算，-11w(Co)-10w(Cu) 和+7(w(Cr)-13) 为笔者增补的修正项，Mo 的系数由 25 修订为 20）。

②沉淀硬化不锈钢临界点 Ms 的计算公式：Ms（℃）= 1180-1450w(C+N)-30w(Si)-30w(Mn)-37w(Cr)-57w(Ni)-22w(Mo)-32w(Cu)（魏振宇公式适用于经充分奥氏体化后淬水状态的沉淀硬化型不锈钢的临界点计算，-32(Cu)为笔者增补的修正项）。

③不锈钢临界点 Ms 的计算公式：Ms（℃）= 635-450w(C)-450w(N)-30w(Mn)-50w(Si)-20w(Cr)-20w(Ni)-45w(Mo)+10w(Co)-35w(Cu)-36w(W)-46w(V)-53w(Al)（Pickering 公式，适用于 0.10%C-17.0%Cr-4.0%Ni 为基础的钢和含钴、钨、钒、铝的钢）。

④不锈钢临界点 Ac_3的计算公式：Ac_3(℃) = 910-203 $\sqrt{w(C)}$ +44.7w(Si)-10w(Mn)-9w(Cr)-15.2w(Ni)+31.5w(Mo)-15.5w(Cu)+104w(V)+13.1w(W)+80w(Al)+100w(Ti)+250w(Nb)-4w(Co)（安德鲁斯(K. W. Andrews）公式，-10w(Mn)-9w(Cr)-15.5w(Cu)+80w(Al)+100w(Ti)+250w(Nb)-4w(Co) 为笔者增补的修正）。

附表 4-4　超马氏体不锈钢的临界点参考值

牌　　号	Ac_1/℃	Ac_3/℃	Ms/℃	δ/%	A. R. I
04Cr13Ni5Mo（美国 S41500）	680①	715⑥	105④	0.1	15.9
022Cr13Ni6MoNb	650①	765	153⑤	-0.7	18.4
025Cr16Ni5M（阿维斯塔·谢菲尔德 248SV）	480②	693	63	6.9	18.4
022Cr12Ni10Cu2TiNb（H10X12Д2ТБ）	500②	760	82⑤	-8.0	19.6
022Cr12Ni8Cu2TiNb（Custom/S45500/XM-16）	550①	760	96⑤	3.2	18.3

续附表 4-4

牌　号	Ac_1/℃	Ac_3/℃	Ms/℃	δ/%	A. R. I
03Cr11Ni9Mo2Cu2TiAl (04X11H9M2Д2TЮ)	590①	770⑥	66③	2. 8	19. 4
015Cr12Ni10AlTi	530①	765⑥	98⑤	-9. 2	19. 9
02Cr12Ni7MoAlCu	640①	745⑥	93④	-4. 7	17. 3
008Cr12Ni6Mo3Ti (住友 13-6-2. 5Ti)	675①	785⑥	35④	-1. 4	17. 3
022Cr15Ni6Ti (Almar362)	630①	735⑥	86④	10. 6	18. 1
015Cr12Ni5Mo2V (英钢联 12-5-2)	690①	780⑥	68④	-0. 9	16. 5
015Cr13Ni5Mo2Cu2 (新日铁 CRS)	690①	735⑥	30④	1. 3	15. 4
015Cr12MnNi7Mo3Cu (沙勒洛伊 12-6. 5-2. 5)	645①	752⑥	98⑤	-3. 8	17. 6
02Cr12Ni9Mo4Cu2TiAl (瑞典 1RK91/S46910)	618①	865	14③	4. 6	21
022Cr12Ni9Mo2Si	618①	775⑥	17⑤	-8. 4	19. 4
012Cr12Ni9Mo2AlTi (X1CrNiMoAlTi12-9-2)	604①	827⑥	75⑤	-5. 0	19. 8
015Cr12Ni11Mo1Ti (Custom465/S46500)	505①	812⑥	42③	6. 3	21. 2
022Cr12Ni10Mo2CuTiAlVB	562①	795⑥	6. 6④	5. 8③	21. 3
02Cr10Ni10Mo2TiAl (Marvac736/In736)	565②	760⑥	113⑤	-11. 9	18. 9
01Cr13Ni7Mo4Co4W2Ti	635①	775⑥	55③	-6. 4	22. 0
02Cr13Ni4Co13Mo5 (日 NASMA-164)	643①	810⑥	174⑤	-10	21. 3
022Cr12Co12Cu2 (03X12K12Д2)	665①	700⑥	215④	-4. 2	13. 5
03Cr14Ni4Co13Mo3Ti (04X14K13H4M3T)	610①	770⑥	42④	-4	20. 9

续附表 4-4

牌　　号	Ac_1/℃	Ac_3/℃	Ms/℃	δ/%	A. R. I
03Cr12Ni4Co15Mo4Ti (H4X12K15M4T)	610①	860⑥	21④	-2.5	20.7

注：1. 安德鲁斯（K. W. Andrews）合金钢临界点 Ms 的计算公式：$Ms=539-423w(C)-30.4w(Mn)-17.7w(Ni)-12.1w(Cr)-7.5w(Mo)$。

2. И. Я. 索科夫（Сокол）公式：$\delta(\%)=2.4w(Cr)+1.0w(Mo)+1.2w(Si)+14w(Ti)+1.4w(Al)+1.7w(Nb)+1.2w(V)-41w(C)-0.5w(Mn)-2.5w(Ni)-0.3w(Cu)-1.2w(Co)-18$（δ 表示高温铁素体的百分含量，公式适用于不锈钢，$+1.0w(Mo)+1.7w(Nb)+1.2w(V)-0.3w(Cu)-1.2w(Co)$ 为笔者增补的修正项。负数表示钢中不含 δ 铁素体）。

3. A. R. I 称为奥氏体保留系数，用来衡量淬火后钢中残余奥氏体留存量。

①不锈钢临界点计算公式：$Ac_1(℃)=820-25w(Mn)-30w(Ni)-11w(Co)-10w(Cu)+25w(Si)+7(w(Cr)-13)+30w(Al)+20w(Mo)+50w(V)$（Irving 公式，适用于含 Cr12%～17%马氏体和沉淀硬化不锈钢的 Ac_1 点计算，$-11w(Co)-10w(Cu)$ 和$+7(w(Cr)-13)$ 为笔者增补的修正项，Mo 的系数由 25 修订为 20）。

②不锈钢临界点计算公式：$Ac_1(℃)=154.4+19.4w(Cr)+1.9(w(Cr)-17)2+33.3w(Mo)+40.5w(Si)+84.4w(Nb)+161w(V)+344.4w(Ti)+416.7w(Al)+777.8w(B)-138.9w(C)-155.6w(N)-63.9w(Ni)-36.7w(Mn)-10w(Cu)$（Tricot 和 Castro 公式，适用于以 17w(Cr)为基准钢的 Ac_1 点计算）。

③沉淀硬化不锈钢临界点 Ms 的计算公式：$Ms(℃)=1180-1450w(C+N)-30w(Si)-30w(Mn)-37w(Cr)-57w(Ni)-22w(Mo)-32w(Cu)$（魏振宇公式适用于经充分奥氏体化后淬水状态的沉淀硬化型不锈钢的临界点计算，$-32(Cu)$ 为笔者增补的修正项）。

④不锈钢临界点 Ms 的计算公式：$Ms(℃)=502-810w(C)-1230w(N)-13w(Mn)-12w(Cr)-30w(Ni)-54w(Cu)-46w(Mo)$（Pickering 公式，适用于奥氏体-马氏体不锈钢的临界点计算）。

⑤不锈钢临界点 Ms 的计算公式：$Ms(℃)=635-450w(C)-450w(N)-30w(Mn)-50w(Si)-20w(Cr)-20w(Ni)-45w(Mo)+10w(Co)-35w(Cu)-36w(W)-46w(V)-53w(Al)$（Pickering 公式，适用于 0.10%C-17.0%Cr-4.0%Ni 为基础的钢和含钴、钨、钒、铝的钢）。

⑥不锈钢临界点 Ac_3 的计算公式：$Ac_3(℃)=910-203\sqrt{w(C)}+44.7w(Si)-10w(Mn)-9w(Cr)-15.2w(Ni)+31.5w(Mo)-15.5w(Cu)+104w(V)+13.1w(W)+80w(Al)+100w(Ti)+250w(Nb)-4w(Co)$（安德鲁斯（K. W. Andrews）公式，$-10w(Mn)-9w(Cr)-15.5w(Cu)+80w(Al)+100w(Ti)+250w(Nb)-4w(Co)$ 为笔者增补的修正）。

附表 4-5　超临界机组用耐热钢的临界点参考值

牌　　号	Ac_1/℃	Ac_3/℃	Ms/℃	δ/%	Bs/℃
ER90S-B9	804①	875	370⑤	-0.8	—
T/P9（12Cr9NiMo、X11CrMo9-1+1）	792①	845	350⑤	-1.7	—
T/P91（10Cr9Mo1VNbN、X10Cr MoVNb9-1、日 HCM9S）	820①	900③	378⑤	1.0	——
T/P92（10Cr9MoW2VNbN、X10CrWMoVNb9-2、NF616）	835②	912③	370⑤	1.7	—
T/P122（10Cr11MoW2VNbCu1BN、X10CrWMoVNb9-2、日 HCM12A）	820②	925③	350⑥	5.3	—
T/P911（11Cr9Mo1W1VNbBN、X11CrMoWVNb9-1-1）	830②	915③	357⑤	1.0	—
ZG13Cr9MoVNbN (GX12CrMoVNbN9-1)	815②	880③	353⑤	-0.3	—
09Cr5MoTi（T/P5C）	765②	880③	330④	-2.6	440⑦
10Cr5MoWVTiB（G106）	800②	935③	315④	-0.4	400⑦

续附表 4-5

牌　号	Ac_1/℃	Ac_3/℃	Ms/℃	δ/%	Bs/℃
10CrMoG（T/P12、10CrMo5-5）	750②	870③	355④	-18.5	530⑦
15CrMoG（13CrMo44）	730②	820③	370④	-21.7	572⑦
12Cr2MoG（$2^1/_4$Cr1Mo）（T/P22）	760②	845②	440⑥	-15.7	513⑦
12Cr2MoWVTiB（G102）	780②	920③	450⑥	-14.5	500⑦
07Cr2MoW2VNbB（T/P23）	780②	903③	450⑥	-14.0	510⑦
07Cr2MoVTiB（T/P24）	776②	900③	425⑥	-12.5	490⑦
15Ni1MnMoNbCu（15NiCuMoNb5-6-4、T/P36）	715②	850③	330⑥	-25.2	530⑦
12Cr3MoVSiTiB（П11）	784②	952③	315④	-11.3	460⑦
25Cr2Ni4MoV（26NiCrMoV14-5）	695②	755③	315⑥	-32.4	465⑦
30Cr1MoV	760②	840③	302⑥	-27.0	503⑦
30Cr2Ni4MoV	700②	750③	304⑥	-34.1	470⑦
34CrNi1Mo	700②	735③	315⑥	-35.5	480⑦
34CrNi3MoV	700②	765③	315⑥	-36.8	490⑦
12Cr12Mo	810②	815③	313⑥	6.4	—
15Cr11MoV	820②	853③	315⑤	2.3	—
15Cr12NiWMoV	820②	835③	270⑤	4.0	—
12Cr10MoWVNbN（X12CrMoWVNbN10-1-1）	830②	890	310⑤	2.5	—
18Cr11NiMoVNbN（X20）	820②	900③	265⑤	3.7	—
06Cr11MoW2Co2VNbBN（欧 NF12）	835②	900③	380⑤	2.4	—
15Cr11MoW1Co1VNbBN（德 VM12）	840②	890③	315⑤	3.5	
09Cr11Co3W3VNbBN（G112）	836②	900③	368⑤	1.1	—
08Cr11Co3W3VNbTaNdN（日 SAVE12）	840②	900③	385⑤	3.5	—
12Cr10MoWVNbN（X12CrMoWVNbN10-1-1）	830②	880③	315⑤	2.9	—
11Cr10MoW2Co3VNbBN（俄 TOS 303）	805③	870③	400⑤	-0.5	—

注：δ_1(%) = 2.4w(Cr)+1.0w(Mo)+1.2w(Si)+14w(Ti)+1.4w(Al)+1.7w(Nb)+1.2w(V)+0.5w(W) -41w(C)-0.5w(Mn)-2.5w(Ni)-0.3w(Cu)-1.2w(Co)-18（И. Я. 索科夫（Сокол）公式，适用于不锈钢，+1.0w(Mo)+1.7w(Nb)+1.2w(V)+0.5w(W)-0.3w(Cu)-1.2w(Co)为笔者增补的修正项。负数表示钢中不含 δ 铁素体）。

①不锈钢临界点计算公式：Ac_1(℃) = 820-25w(Mn)-30w(Ni)-11w(Co)-10w(Cu)+25w(Si)+7(w(Cr)-13)+30w(Al)+20w(Mo)+50w(V)（Irving 公式，适用于含 Cr12%～17%马氏体和沉淀硬化不锈钢的 Ac_1 点计算，-11w(Co)-10w(Cu) 和+7(w(Cr)-13) 为笔者增补的修正项，Mo 的系数由 25 修订为 20）。

②Ac_1(℃) = 723+25w(Si)-7w(Mn)+6.2w(Cr)-15w(Ni)+20w(Mo)-12w(Cu)+50w(V)-10w(Co)+21w(W)（适用于 Cr 含 0.10%～15.0%的合金耐热钢）。

③Ac_3(℃) = 910-203$\sqrt{w(C)}$+44.7w(Si)-10w(Mn)-4w(Cr)-15.2w(Ni)+31.5w(Mo)-15w(Cu)+104w(V)+21w(W)+200w(Al)+200w(Ti)+250w(Nb)-4w(Co)（安德鲁斯（K. W. Andrews）公式中+31.5w(Mo) 修改为+35w(Mo)、+13.1w(W) 修改为+21w(W)，-10w(Mn)-9w(Cr)-15w(Cu)+200w(Al)+200w(Ti)+250w(Nb)-4w(Co) 为笔者增补的修正项，Cr≥6%时，随着 Cr 增加需将系数逐步调小，马氏体耐热钢 Cr 为 8%～12%时系数可设为 4）。

④Ms[1](℃) = 502-810w(C)-13w(Mn)-12w(Cr)-30w(Ni)-54w(Cu)-46w(Mo)-1230w(N)（Pickering 公式，适用于奥氏体-马氏体不锈钢的临界点计算）。

⑤Ms[2](℃) = 550-350w(C)-40w(Mn)-35w(V)-20(w(Cr)-3)-17w(Ni)-10w(Cu)-10w(Mo)-5w(W)+15w(Co)+30w(Al)+67w(B)（适用于马氏体耐热钢的 Ms 点的预测）。

⑥Ms[3] = 539-423w(C)-30.4w(Mn)-17.7w(Ni)-12.1w(Cr)-7.5w(Mo)-35w(V)-5w(W)+15w(Co)+30w(Al)（安德鲁斯（K. W. Andrews）公式，-35w(V)-5w(W)+15w(Co)+30w(Al) 为笔者增补的修正项，适用于合金结构钢）。

⑦贝氏体转变温度 Bs(℃) = 630-45w(Mn)-35w(Si)-30w(Cr)-20w(Ni)-24w(Mo)-40w(V)-12w(W)（适用于 Cr-Mo-V 型耐热合金钢，当钢的成分处于下列范围：C 0.1%～0.55%、Mn 0.2%～1.7%、Cr 0.1%～3.5%、Ni 0.1%～5.0%、Mo 0.1%～1.0%时测算偏差为±20～25℃）。

经过 38 年持续不断地收集、整理、分析、验证和修订，编制了本附录。本附录提供了 645 个牌号，9 种临界转变点的数值，以及一系列钢种的临界点预测经验公式，是目前所能搜查到相关资料中列举牌号最多，数据准确性最高的参考资料。可为各类钢产品工艺改进和新产品的开发提供有力的技术支持。

参 考 文 献

[1] 本溪钢铁公司第一炼钢厂，清华大学机械系金属材料教研组．钢的过冷奥氏体转变曲线第一图册，1978.

[2] 冶金工业部《合金钢钢种手册》编写组．合金钢钢种手册　（第一册~第五册）［M］．北京：冶金工业出版社，1983.

[3] 胡志忠．钢及其热处理曲线手册［M］．北京：国防工业出版社，1986.

[4] H. B. 尔格尔．合金钢热处理手册［M］．北京：中国铁道出版社，1985.

[5] 美国金属学会．热处理工作者手册［M］．北京：机械工业出版社，1986.

[6] G. 克劳斯．钢的热处理原理［M］．北京：冶金工业出版社，1987.

[7] 王洪明．结构钢手册［M］．石家庄：河北科学技术出版社，1985.

[8] 董成瑞，等．微合金非调质钢［M］．北京：冶金工业出版社，2000.

[9] 钟顺思．轴承钢［M］．北京：冶金工业出版社，2000.

[10] 邓玉昆，等．高速工具钢［M］．北京：冶金工业出版社，2002.

[11] 徐进，等．模具钢［M］．北京：冶金工业出版社，2002.

[12] 中国航空材料手册编辑委员会．中国航空材料手册［M］．第 2 版．北京：中国标准出版社，2002.

[13] 中国特钢协会不锈钢分会．不锈钢实用手册［M］．北京：中国科学技术出版社，2003.

[14] 中国机械工程学会热处理学会．热处理手册（第四卷）　［M］．第 3 版．北京：机械工业出版社，2006.

[15] 樊东黎，徐跃明，佟晓辉．热处理技术数据手册［M］．第 2 版．北京：机械工业出版社，2006.

[16] 刘宗昌，等．材料组织结构转变原理［M］．北京：冶金工业出版社，2006.

[17] 张会英，刘辉航，王德成．弹簧手册［M］．第 2 版．北京：机械工业出版社，2008.

[18] 郝少祥．模具材料及热处理技术问答［M］．北京：化学工业出版社，2010.

[19] 中国金属学会高温材料分会．中国高温合金手册［M］．北京：中国质检出版社，中国标准出版社，2012.

[20] 约瑟夫·戴维斯，等．金属手册·案头卷（下册）［M］．陆济国，金锡志，译．北京：机械工业出版社，2014.

[21] 李国彬．热处理工艺规范与数据手册［M］．北京：化学工业出版社，2013.

[22] 瓦卢端克·曼内斯曼钢管公司《T/P91 和 T/P92 钢手册》（T/P91 和 T/P92 为超马氏体型焊接材料，用于超超临界机组锅炉结构焊接）.

[23] 美国 ASME SA213M—2010《锅炉过热器和换热器用铁基合金钢和奥氏体钢无缝钢管》，美国 ASME SA335M—2010《高温用铁基合金钢无缝管》.

[24] GB 5310—2008《高压锅炉用无缝钢管》.